Haeckel

GENERELLE MORPHOLOGIE
DER ORGANISMEN.

ALLGEMEINE GRUNDZÜGE

DER ORGANISCHEN FORMEN-WISSENSCHAFT,

MECHANISCH BEGRÜNDET DURCH DIE VON

CHARLES DARWIN

REFORMIRTE DESCENDENZ-THEORIE,

VON

ERNST HAECKEL.

ZWEITER BAND:

ALLGEMEINE ENTWICKELUNGSGESCHICHTE

DER ORGANISMEN.

„E PUR SI MUOVE!"

MIT ACHT GENEALOGISCHEN TAFELN.

BERLIN.

VERLAG VON GEORG REIMER.

1866.

ALLGEMEINE ENTWICKELUNGSGESCHICHTE DER ORGANISMEN.

KRITISCHE GRUNDZÜGE

DER MECHANISCHEN WISSENSCHAFT

VON DEN ENTSTEHENDEN FORMEN

DER ORGANISMEN,

BEGRÜNDET DURCH DIE DESCENDENZ-THEORIE,

VON

ERNST HAECKEL,

DOCTOR DER PHILOSOPHIE UND MEDICIN, ORDENTLICHEM PROFESSOR DER ZOOLOGIE UND DIRECTOR DES ZOOLOGISCHEN INSTITUTES UND DES ZOOLOGISCHEN MUSEUMS AN DER UNIVERSITAET JENA

„E PUR SI MUOVE!“

MIT ACHT GENEALOGISCHEN TAFELN.

BERLIN.
VERLAG VON GEORG REIMER.
1866.

„Müsset im Naturbetrachten
Immer Eins wie Alles achten;
Nichts ist drinnen, Nichts ist draussen:
Denn was innen, das ist aussen
So ergreifet ohne Säumniss
Heilig öffentlich Geheimniss."

Göthe

DEN BEGRÜNDERN DER DESCENDENZ-THEORIE,

DEN DENKENDEN NATURFORSCHERN,

CHARLES DARWIN,

WOLFGANG GOETHE,

JEAN LAMARCK,

WIDMET DIESE

GRUNDZÜGE DER ALLGEMEINEN ENTWICKELUNGSGESCHICHTE

IN VORZÜGLICHER VEREHRUNG

DER VERFASSER

Inhaltsverzeichniss

des zweiten Bandes

der generellen Morphologie.

Systematische Einleitung in die allgemeine Entwickelungsgeschichte.

Fünftes Buch.

Erster Theil der allgemeinen Entwickelungsgeschichte.

Sechstes Buch.

Zweiter Theil der allgemeinen Entwickelungsgeschichte.

Siebentes Buch.

Achtes Buch.

Systematische Einleitung

in die

allgemeine Entwickelungsgeschichte.

Genealogische Uebersicht

des natürlichen Systems der Organismen.

„Alle Gestalten sind ähnlich und keine gleichet der andern;
Und so deutet der Chor auf ein geheimes Gesetz,
Auf ein heiliges Räthsel!"

Goethe.

I. Die Entwickelungsgeschichte und die Systematik.

Das natürliche System der Organismen ist ihr Stammbaum oder Genealogema. Mit diesen wenigen Worten haben wir in unserer Einleitung in die generelle Morphologie der Organismen (Bd. I, S. 37, 196) das äusserst wichtige Verhältniss bezeichnet, welches die sogenannte „organische Systematik" zur Entwickelungsgeschichte, und überhaupt zur gesammten Morphologie der Organismen einnimmt. Wir haben daselbst zu zeigen gesucht, dass die Systematik keineswegs, wie gewöhnlich angenommen wird, eine besondere Wissenschaft ist, sondern vielmehr nur eine besondere Darstellungsform der organischen Morphologie, ein concentrirter übersichtlicher Extract ihres wichtigsten Inhalts, ein übersichtlich nach der Blutsverwandtschaft geordnetes, durch compacte morphologische Charakteristiken motivirtes Sach- und Namen-Register der Organismen (vergl. das dritte Capitel des ersten Bandes S. 31—42).

Diese Erkenntniss der genealogischen Bedeutung des natürlichen Systems, welche durch die von Charles Darwin reformirte Descendenz-Theorie zu einer unerschütterlich festen Induction geworden ist, halten wir für die erste und unerlässlichste Bedingung eines klaren und naturgemässen Verständnisses der organischen Formen, welche uns in ihrer unendlichen Mannichfaltigkeit und dennoch überall sich verrathenden Aehnlichkeit ohne jene Erkenntniss als eben so viele unlösbare Räthsel gegenüber stehen. „Stammverwandtschaft"! ist das „glücklich lösende Wort des heiligen Räthsels, des geheimen Gesetzes", welches Goethe in dem allgemeinen Widerstreit zwischen der unendlichen Verschiedenheit und der unleugbaren Aehnlichkeit der organischen Formen entdeckte.

Die fundamentale Bedeutung, welche die Entwickelungsgeschichte für die Systematik hat, ist im Laufe unseres Jahrhunderts, und namentlich der letzten drei Decennien desselben, unter den organischen Morphologen zu immer allgemeinerer und maassgebender Anerkennung gelangt. Mehr und mehr hat sich die Ueberzeugung Bahn gebrochen, dass nur dasjenige zoologische und botanische System ein wirklich „natürliches" ist, welches der comparativen individuellen Entwickelungsgeschichte genügend Rechnung trägt. Dennoch war diese Ueberzeugung nur der erste Schritt zu dem vollen und klaren Verständniss des natürlichen Systems. Der zweite und bedeutendste Schritt, welcher dieses Verständniss erst vollendet, ist die Erkenntniss, dass das natürliche System der Stammbaum der Organismen ist; die hohe Bedeutung der individuellen Entwickelungsgeschichte für die Systematik erklärt sich dann einfach aus dem Umstande, dass die individuelle Entwickelungsgeschichte oder die Ontogenie nur eine kurze und gedrungene Wiederholung, gleichsam eine Recapitulation der paläontologischen Entwickelungsgeschichte oder der Phylogenie ist.

Die äusserst innigen und wichtigen Wechselbeziehungen, welche zwischen diesen beiden Zweigen der Morphogenie oder der organischen Entwickelungsgeschichte, zwischen der Ontogenie und der Phylogenie bestehen, haben wir bereits im dritten Capitel des ersten Buches hervorgehoben, als wir den beiden Hauptästen der organischen Morphologie, der Anatomie und der Entwickelungsgeschichte, ihre Aufgabe bestimmten und sie in untergeordnete Wissenschaften eintheilten (Bd. I, S. 24, 50—60). Wir haben daselbst auch bereits mehrfach auf eine der wichtigsten allgemeinen organischen Erscheinungsreihen hingewiesen, auf die dreifache genealogische Parallele nämlich, welche zwischen den drei aufsteigenden Stufenleitern der paläontologischen (phyletischen), der individuellen (biontischen) und der systematischen (specifischen) Entwickelung besteht. Da wir diesen Gegenstand, der bisher eben so allgemein vernachlässigt, als von der allergrössten monistischen Bedeutung für die gesammte Morphologie der Organismen ist, im dreiundzwanzigsten Capitel noch besonders erörtern werden, so beschränken wir uns hier auf die Bemerkung, dass ohne die richtige Werthschätzung jenes dreifachen genealogischen Parallelismus sowohl das volle Verständniss der Entwickelungsgeschichte selbst, als auch der Systematik nothwendig verschlossen bleibt. Dieses gewinnen wir erst durch die Erkenntniss, dass die Stufenleiter des natürlichen Systems mit den parallelen Stufenleitern der individuellen und der paläontologischen Entwickelung in dem engsten mechanischen Causalnexus steht.

Da die genealogische Darstellung und Motivirung des natürlichen Systems Gegenstand der speciellen Morphologie und insbesondere der speciellen Entwickelungsgeschichte der Organismen ist, so können wir in diesem Werke, welches nur die Grundzüge der generellen Morphologie sich zur Aufgabe gestellt hat, nicht näher auf die Systematik eingehen. Da jedoch die genealogische Begründung des natürlichen Systems ihrerseits wiederum den grössten Werth für das Verständniss der allgemeinen Entwickelungsgeschichte besitzt, da ferner auf diesem höchst interessanten, bisher aber fast ganz uncultivirten Gebiete noch Alles zu thun übrig ist, so haben wir es nicht für überflüssig erachtet, hier als Einleitung zu unserer allgemeinen Entwickelungsgeschichte eine kurze Uebersicht des natürlichen Systems der Organismen zu geben, wie dasselbe nach unserer Ansicht ungefähr genealogisch zu begründen sein würde.

Unsere Eintheilung der gesammten Organismenwelt in drei oberste Hauptgruppen oder Reiche: Thierreich, Protistenreich und Pflanzenreich, haben wir bereits im siebenten Capitel des ersten Bandes ausführlich gerechtfertigt (S. 203 ff.). Ebendaselbst haben wir auch vorläufig die Bedeutung der Systemgruppen als subordinirter genealogischer Kategorieen des Stammbaums erörtert (S. 195 ff.), welche im vierundzwanzigsten Capitel ausführlicher motivirt werden wird. Auch haben wir dort bereits die verschiedenen Stämme oder Phylen in den drei organischen Reichen namhaft gemacht, welche mit einiger Wahrscheinlichkeit bei dem gegenwärtigen unvollkommenen Zustande unserer biologischen Kenntnisse unterschieden werden können (S. 203—206). Unter Stamm oder Phylum verstehen wir, wie dort festgestellt wurde, ein für allemal „die Gesammtheit aller jetzt noch existirenden oder bereits ausgestorbenen Organismen, welche von einer und derselben gemeinsamen Stammform ihre Herkunft ableiten". Diese Stammform selbst mussten wir uns stets als ein autogones Moner denken.

Es kann sich hier für uns natürlich nur um eine ganz allgemeine und skizzenhafte Feststellung der ersten Grundlinien für die Stammbäume oder Genealogeme handeln, in welchen die Morphologie der Zukunft allen natürlichen Gruppen der Organismen ihren Platz anzuweisen haben wird. Wir geben diese Skizze zugleich als Erläuterung zu dem ersten Versuche genealogisch-systematischer Tafeln, welche wir diesem Bande angehängt haben. Wir heben ausdrücklich hervor, dass wir in diesen genealogischen Tafeln, wie in der nachfolgenden genealogischen Uebersicht des natürlichen Systems der Organismen nur den ersten provisorischen Versuch zur Begründung der organischen Genealogeme geben wollen! Die ungeheure Schwierigkeit, welche diesen ersten derartigen Versuchen entgegensteht, und der wirkliche, obwohl nur annähernde, Werth, welchen dieselben besitzen, wird nur denjenigen, von der Descendenz-Theorie vollständig überzeugten, denkenden Morphologen klar sein, welche vielleicht selbst einmal im Entwurfe solcher Stammbäume sich versucht haben. Von den zahlreichen Gegnern derselben aber verlangen wir, dass sie dieselben nicht bloss tadeln, sondern etwas Besseres an ihre Stelle setzen!

Wir beginnen mit einer kurzen genealogischen Uebersicht über die problematischen Stämme des Protistenreichs, lassen auf diese die Phylen des Pflanzenreichs, und zuletzt diejenigen des Thierreichs folgen. Die letzteren liefern uns bei weitem die reichste und sicherste Ausbeute, wogegen wir von den ersteren bei dem gegenwärtigen, höchst unvollkommenen Zustande unserer Kenntnisse nur sehr wenig Befriedigendes zu geben vermögen. Wegen der näheren Begründung der nachfolgenden genealogischen Skizze verweisen wir auf das fünfte und sechste Buch, und ganz besonders auf das XXIV. und XXV. Capitel. Die neuen Namen, welche wir zur Bezeichnung der neu von uns aufgestellten natürlichen Gruppen einzuführen gezwungen worden sind, haben wir durch ein angehängtes H. bezeichnet.

II. Das natürliche System des Protistenreichs.

Das Reich der Protisten oder Urwesen betrachten wir, wie bereits im sechsten Capitel des zweiten Buches ausgeführt wurde, als eine Collectivgruppe von mehreren selbstständigen organischen Stämmen oder Phylen, welche sich ohne Zwang weder dem Thierreiche noch dem Pflanzenreiche einordnen lassen. Es zeigt sich diese zweifelhafte Zwitterstellung am deutlichsten darin, dass alle diejenigen Organismen, welche wir als Protisten zusammenfassen, von den verschiedenen Naturforschern bald als Pflanzen, bald als Thiere ausgegeben worden sind, und dass der Streit über ihre zweifelhafte Stellung auch heutzutage noch keineswegs entschieden ist. Manche Protisten sind sowohl von den Botanikern als von den Zoologen verschmäht, andere wiederum sowohl von diesen als von jenen für sich in Anspruch genommen worden. Viele Protisten verhalten sich in ihrer ganzen Anatomie, Morphogenie und Physiologie so indifferent, dass sie in der That weder für Thiere, noch für Pflanzen gelten können; andere zeigen eine so eigenthümliche Mischung von beiderlei Charakteren, dass man sie jedem der beiden Reiche mit gleichem Rechte zustellen könnte. Aus diesen und anderen bereits oben erörterten Gründen haben wir uns für berechtigt gehalten, neben dem Pflanzenreiche und dem Thierreiche noch das Protistenreich als eine selbstständige Hauptabtheilung der Organismenwelt aufzustellen, und haben diese Neuerung bereits oben gerechtfertigt (Bd. I, S. 203, 215; vergl. auch die übrigen Abschnitte des sechsten Capitels).

Da die allermeisten Organismen des Protistenreiches wegen ihrer sehr geringen Grösse dem unbewaffneten Auge verborgen bleiben und aus diesen und vielen anderen Gründen erst in den letzten Decennien genauer untersucht worden sind, da aber auch jetzt immer nur sehr wenige Naturforscher sich mit diesen höchst interessanten und wichtigen Organismen abgegeben haben, so ist unsere Kenntniss derselben leider noch höchst unvollständig, und gar nicht mit derjenigen der Thiere und Pflanzen zu vergleichen. Es ist aus diesem Grunde eigentlich auch gar nicht möglich, jetzt schon ein natürliches System des Protistenreiches aufzustellen. Wenn wir dennoch hier den provisorischen Versuch dazu unternehmen, so geschieht es bloss, weil doch einmal damit ein Anfang gemacht werden muss, weil wir hoffen, dadurch Anregung zu baldiger Verbesserung dieses höchst unvollkommenen Wagnisses zu geben, und weil wir mit Goethe der Ansicht sind, dass „eine schlechte Hypothese besser ist, als gar keine".

Wir haben im siebenten Capitel acht verschiedene selbstständige Stämme von Protisten unterschieden, nämlich: 1. *Spongiae*, 2. *Noctilucae*, 3. *Rhizopoda*, 4. *Protoplasta*, 5. *Moneres*, 6. *Flagellata*, 7. *Diatomeae*, 8. *Myxomycetes*. Von diesen werden die letzten zwei oder drei Gruppen gegenwärtig meistens für Pflanzen, die ersten drei oder vier meistens für Thiere gehalten, während die Moneren durchaus zweifelhafter Natur sind. Wahrscheinlich ist jedoch die Zahl der selbstständigen Stämme des Protistenreichs sehr viel grösser, und vielleicht entstehen noch gegenwärtig durch Archigonie stets neue Protisten, während dies von Thieren und Pflanzen nicht wahrscheinlich ist. Sowohl die Bestimmung der Anzahl als des Umfangs der angeführten Protisten-Stämme betrachten wir natürlich nur als eine ganz provisorische, und geben sie nur, um überhaupt etwas Positives und eine erste Grundlage für die Genealogie des Protistenreiches, einen festen Boden zur Discussion und zur Verständigung über diese äusserst wichtige und interessante Frage zu liefern.

Eine gemeinsame Abstammung, ein genealogischer Zusammenhang der verschiedenen Phylen, wie er für die thierischen und pflanzlichen Stämme (und namentlich für die letzteren) sehr wahrscheinlich ist, erscheint dagegen für die Protisten-Phylen durchaus unwahrscheinlich. Vielmehr spricht Alles dafür, dass nicht nur die angeführten acht, sondern auch noch sehr zahlreiche andere Protisten-Stämme sich vollkommen unabhängig von einander aus selbstständigen autogonen Stammformen entwickelt haben, und vielleicht noch heutzutage durch Archigonie entstehen. Andererseits ist es sehr wohl möglich, dass einige der hier zu den Protisten gerechneten Formen niedere Entwickelungsstufen theils von Thieren, theils von Pflanzen sind. Da wir diese Frage noch im fünfundzwanzigsten Capitel näher zu erörtern haben, so wollen wir hier nicht weiter darauf eingehen. Wenn man unser Protistenreich verwirft und bloss die beiden Reiche der Thiere und Pflanzen anerkennen will, so würde man die Diatomeen und Myxomyceten wohl am passendsten dem Pflanzenreiche, die Rhizopoden, Noctiluken und Spongien dem Thierreiche anschliessen müssen, wogegen die systematische Stellung der Flagellaten, Protoplasten und Moneren unter allen Umständen höchst zweifelhaft bleiben muss.

Erster Stamm des Protisten-Reiches:
Moneres, H. *Moneren.*

Moneren[1]) nennen wir alle vollkommen structurlosen und homogenen Organismen, welche lediglich aus einem Stückchen Plasma (einer schleimartigen Eiweiss-Verbindung) bestehen, das sich einfach durch Endosmose ernährt, und durch Schizogonie oder Sporogonie fortpflanzt. Die meisten Moneren führen trotz alles Mangels differenzirter Bewegungs-Organe ausgezeichnete Bewegungen aus, die bald mehr denen der Amoeben (*Protamoeba*), bald mehr denen der Rhizopoden gleichen (*Protogenes*). Einige von ihnen scheiden im Ruhezustand eine äussere Hülle (Cyste) aus. Stets sind sie einfachste Cytoden. Diese äusserst merkwürdigen und höchst wichtigen Organismen, welche sich von allen andern bekannten Organismen durch den vollständigen Mangel jeglicher Structur unterscheiden, und in der That nur ein Stückchen lebendiges Eiweiss oder Schleim darstellen, sind erst in neuester Zeit Gegenstand der verdienten Aufmerksamkeit geworden.

Das grösste bis jetzt bekannte Protist, welches in den Stamm der Moneren gehört, ist von uns im Mittelmeere entdeckt und als *Protogenes primordialis* beschrieben und abgebildet worden[2]). Es stellt einen kolossalen homogenen Plasmaklumpen dar, welcher nach Art der echten Rhizopoden (Acyttarien und Radiolarien) nach allen Seiten verästelte und verschmelzelnde Pseudopodiencomplexe ausstrahlt, und sich durch Theilung vermehrt. Unserem *Protogenes primordialis* nächstverwandt ist der kleinere, von Max Schultze im adriatischen Meere beobachtete *Protogenes porrectus* (*Amoeba porrecta*). Die Gattung *Protogenes* stellt zeitlebens denselben einfachsten biologischen Zustand dar, den die Plasmodien einiger Myxomyceten in ihrer Jugend durchlaufen.

Im Süsswasser haben wir ein amoebenartiges, aber kernloses homogenes Wesen entdeckt, welches wir oben als *Protamoeba primitiva* beschrieben haben (Bd. I, S. 133). Seitdem sind die höchst interessanten neuen

[1]) μονήρης, einfach Vergl. Bd. I, S. 135.

[2]) E. Haeckel. über den Sarcodekörper der Rhizopoden, Zeitschr für wissenschaftl. Zoologie, XV, 1865, S. 342, 360, Taf. XXVI, Fig 1, 2.

„Beiträge zur Kenntniss der Monaden" von L. Cienkowski[1]) erschienen, worin dieser ausgezeichnete Protistiker die vollständige und höchst wichtige Naturgeschichte einer Anzahl neuer, der *Protamoeba* nächst verwandter Moneren gegeben hat. Wir verweisen hier vorzüglich auf diese letztere Arbeit, welche um so mehr zu beachten ist, als sie von einem Naturforscher herrührt, der nicht allein als objectiver und vorurtheilsfreier Beobachter mit Recht anerkannt ist, sondern auch logisch zu denken, richtig zu vergleichen und aus der Synthese der einzelnen analytischen Beobachtungen allgemeine Schlüsse zu ziehen versteht, eine unter den organischen Morphologen wirklich seltene Eigenschaft! Unter den von Cienkowski als Monaden beschriebenen Wesen gehören zwei kernlose, lediglich aus einem lebenden Plasmaklümpchen bestehende Formen zu unserem Moneren-Stamm, nämlich die Zoosporen bildende *Monas amyli*, welche wir als *Protomonas amyli* von den übrigen Monaden sondern, und die äusserst merkwürdigen Vampyrellen, rothe Moneren, welche sich nicht durch Schwärmsporen, sondern durch actinophrys-ähnliche Keime fortpflanzen. Von *Vampyrella* hat Cienkowski drei verschiedene Arten: *V. vorax*, *V. pendula* und *V. spirogyrae* beschrieben. Endlich müssen wir zu den Moneren auch die seltsame Organismen-Gruppe der Vibrioniden rechnen, welche zuerst Ehrenberg in seinem grossen Infusorienwerke näher beschrieben und in die Gattungen *Vibrio*, *Bacterium*, *Spirochaeta*, *Spirillum*, *Spirodiscus* geschieden hat.

Alle echten Moneren, so verschieden sie auch sonst sein mögen, stimmen darin überein, dass sie zeitlebens structurlose und homogene Plasmakörper bleiben und keinerlei Organisation erhalten. Es sind „Organismen ohne Organe" (vergl. Bd. I, S. 135). Der einzige Differenzirungs-Process, den sie erleiden können, besteht darin, dass sie beim Uebergange in den Ruhezustand eine Hülle (Cyste) abscheiden (*Protomonas*, *Vampyrella*). Die Gymnocytode wird dadurch zur Lepocytode. Niemals aber differenzirt sich im Plasma der echten Moneren ein Kern; niemals wird also aus der Cytode eine Zelle. Die Bewegungen, welche das structurlose Eiweissstückchen des Moneres ausführt, sind sehr verschiedenartig, bald wie bei den Amoeben (*Protamoeba*), bald wie bei den echten Rhizopoden (*Protogenes*), bald zu verschiedenen Lebenszeiten verschieden (*Protomonas*, *Vampyrella*), bald charakteristisch lebhaft schlängelnd (die Vibrionen).

Will man unter den Moneren verschiedene Gruppen unterscheiden, so können wir als solche die Gymnomoneren und Lepomoneren bezeichnen. Die Gymnomoneren (*Protogenes*, *Protamoeba*, *Bacterium*, *Vibrio* etc.) bleiben zeitlebens nackt, während die Lepomoneren (*Protomonas*, *Vampyrella*) beim Uebergange in den Ruhezustand eine Hülle ausschwitzen.

Was die Phylogenie der Moneren anbelangt, so ist uns dieselbe noch ganz unbekannt. Nach unserer persönlichen Ueberzeugung entstehen dieselben, wenigstens zum Theil, noch fortwährend durch Archigonie, sei es nun durch Autogonie oder durch Plasmogonie (S. 33). Ob dieselben noch gegenwärtig sich zu höheren Organismen weiter entwickeln, wissen wir nicht. Doch kann es uns nicht zweifelhaft sein, dass die autogonen Stammformen sämmtlicher organischer Stämme, sowohl der protistischen als der vegetabilischen und animalischen Phylen, den morphologischen Charakter der Moneren besessen haben müssen. Aus einem *Protogenes* können sich vielleicht zunächst der Rhizopoden-Stamm, aus einer *Amoeba* der Protoplasten-Stamm etc. entwickelt haben, wie die Jugendzustände dieser Phylen beweisen.

[1]) Max Schultze, Archiv für mikr. Anatomie. I, 1865, S. 203, Taf. XII—XIV.

Zweiter Stamm des Protisten-Reiches:
Protoplasta, H. *Protoplasten.*

In dem Phylum der Protoplasten[1]) vereinigen wir mehrere sehr niedrig stehende Organismen-Gruppen, welche bisher gewöhnlich als Glieder des sogenannten Protozoen-Kreises aufgeführt wurden, nämlich die entozoischen Gregarinen und die freien Sphygmiken, welche bald als *Infusoria rhizopoda* oder als *Atricha* mit den echten Infusorien (Ciliaten), bald als *Lobosa* oder *Amoebina* mit den echten Rhizopoden vereinigt wurden. Den Ausgangspunkt des Stammes bilden die echten Amoeben, von denen wahrscheinlich ein Theil durch Uebergang zur entoparasitischen Lebensweise zu Gregarinen geworden ist, während ein anderer Theil durch Ausscheidung einer Schaale die Arcelliden-Gruppe gebildet hat. Wir können diese drei Gruppen als Ordnungen der Protoplasten-Classe, der einzigen ihres Stammes, unterscheiden. Alle echten Protoplasten enthalten zu irgend einer Zeit ihres Lebens einen oder mehrere Kerne, sind also nicht mehr blosse Cytoden, sondern echte Zellen. Viele besitzen ausserdem eine Haut oder Schaale.

Von den Protoplasten sind viele früheste Entwickelungszustände anderer Organismen nicht zu unterscheiden; sowohl Thiere als Pflanzen durchlaufen sehr allgemein einen Entwickelungszustand, der von gewissen Protoplasten (Amoeben, Gregarinen) nicht anatomisch verschieden erscheint. Die Eier der meisten Thiere und Pflanzen haben den morphologischen Werth von einzelligen Amoeben oder einzelligen Gregarinen (Monocystideen). Vielleicht ist daher das Phylum der Protoplasten ebenso wie das der Moneren Ausgangspunkt und gemeinsame Wurzel für andere Stämme. Vielleicht ist dasselbe aber andererseits selbst aus mehreren ursprünglich selbstständigen Phylen zusammengesetzt.

Erste Ordnung der Protoplasten-Classe:
Gymnamoebae, H. *Nackt-Amoeben.*

Diese Ordnung wird durch die *Autamoeba* oder die echte kernhaltige *Amoeba* als die ursprüngliche Grundform des ganzen Stammes, und durch die verwandten Gattungen *Petalopus*, *Podostoma* etc. gebildet. Auch einige von den Monaden Cienkowski's gehören hierher, nämlich die Zoosporen bildende *Pseudospora* und die durch actinophrys-ähnliche Keime sich fortpflanzende *Nuclearia*. Die meisten Gymnamoeben enthalten in ihrem nackten homogenen Plasmakörper einen einzigen Kern, sind also einfache Nackt-Zellen (Gymnocyta). Einige (*Nuclearia delicatula*) sind im erwachsenen Zustande mehrzellig, da der Plasmakörper mehrere Kerne enthält. Die meisten Gymnamoeben enthalten ausserdem eine oder mehrere contractile Blasen.

Zweite Ordnung der Protoplasten-Classe:
Lepamoebae, H. *Schaal-Amoeben.*

Diese Ordnung hat sich aus den Gymnamoeben durch Secretion einer mehr oder weniger differenzirten Schale entwickelt, die bald eine weiche Haut, bald ein fester Panzer ist. Es gehört hierher der grösste Theil der Arcelliden (*Arcella*, *Difflugia*, *Euglypha*, *Echinopyxis* etc.), welche gewöhnlich zu den echten einkammerigen Rhizopoden oder Monothalamien (*Gromia*, *Lagynis* etc.) gestellt werden.

[1]) πρωτόπλαστος, zuerst gebildet, zuerst entstanden.

Dritte Ordnung der Protoplasten-Classe:

Gregarinae. *Gregarinen.*

Wie die Lepamoeben durch progressive, so sind die Gregarinen durch regressive Metamorphose aus den Gymnamoeben hervorgegangen. Wir betrachten diese ausschliesslich parasitische Protisten-Gruppe als Gymnamoeben, welche sich an entoparasitische Lebensweise gewöhnt und sich mit einer schützenden Hülle umgeben, vielleicht auch ihre contractile Blase, falls sie eine solche besassen, verloren haben. Die Ordnung zerfällt in zwei Familien: Monocystidea (*Monocystis*) und Polycystidea (*Stylorhynchus*), jenachdem der reife Körper aus einer einzigen oder aus mehreren (meist zwei oder drei) verbundenen Zellen besteht.

Dritter Stamm des Protisten-Reiches:

Diatomea. *Kieselzellen.*

Die formenreiche Gruppe der Diatomeen wurde früher wegen ihrer eigenthümlichen Bewegungen gewöhnlich zu den Thieren (Infusorien), neuerdings meist zu den Pflanzen (Algen) gerechnet. Am passendsten erscheint es, dieselbe als ein selbstständiges Protisten-Phylum aufzufassen, welches durch seine eigenthümliche Kieselschalenbildung und Bewegung hinlänglich charakterisirt ist. Diese Ansicht hat auch schon Max Schultze in seinen neuesten „Mittheilungen über die Bewegungen der Diatomeen" begründet, worin er zeigt, dass dieselben weder Thiere noch Pflanzen, sondern „Urorganismen" sind [1]). Verbindende Uebergangsformen zu anderen Organismen-Gruppen sind nicht vorhanden. Am nächsten scheinen ihnen sonst die Desmidiaceen unter den Algen zu stehen. Von diesen unterscheiden sie sich aber wesentlich durch die spaltförmige Oeffnung (Raphe) in der kieseligen Zellenwand, durch welche ihr Protoplasma-Körper frei zu Tage tritt.

Die Paläontologie zeigt uns, dass dieses Phylum schon seit sehr langer Zeit in wenig verändertem Zustande existirt hat. Schon in der Steinkohle finden sich Diatomeen. Häufig sind sie in den Feuersteinen der Kreide. In der älteren Tertiärzeit bilden sie mächtige Lager. Ein Stammbaum der Gruppe lässt sich aber aus ihren fossilen Resten bis jetzt nicht construiren, so wenig als bei den Rhizopoden.

Die Diatomeen sind entweder einfache kieselschalige Zellen, oder mehr oder weniger innig verbundene kieselschalige Zellencomplexe. Theils schwimmen sie frei umher, theils sitzen sie fest. Nach der Structur der Kieselschaale unterscheidet man drei Gruppen: 1) Gestreifte, Striatae (*Surirella, Navicula*); 2) Striemige, Vittatae (*Licmophora, Tabellaria*); 3) Gefelderte, Areolatae (*Coscinodiscus, Tripodiscus*).

Vierter Stamm des Protisten-Reiches:

Flagellata. *Geisselschwärmer.*

Die systematische Stellung der Flagellaten ist noch heutzutage völlig unentschieden, da eben so viel Stimmen sie zu den Pflanzen, wie zu den Thieren zählen. Viele hierher gehörige Organismen sind nicht zu unterscheiden von den Jugendzuständen (Schwärmsporen) echter Pflanzen (Algen) und gewisser Protisten anderer Stämme (Myxomyceten); andere schliessen

[1]) Max Schultze, Archiv f. mikr. Anat. I, 1865, S. 400

sich mehr an die echten Infusorien (Ciliaten), also an unzweifelhafte Thiere an. Es erscheint daher am passendsten, die unzweifelhaft selbstständigen Formen, welche hierher gehören und welche alle unter sich sehr nahe verwandt sind, als Zweige eines selbstständigen Protisten-Stammes zu betrachten. Mit Ausnahme der Cilioflagellaten (Peridinien), deren charakteristisch gebildete Kieselschalen sich bisweilen im Jura und in der Kreide finden, sind keine fossilen Reste dieses Stammes bekannt.

Der Flagellaten-Stamm kann in zwei Ordnungen gespalten werden. Die niedere Ordnung der Nudoflagellaten oder der unbewimperten Geisselschwärmer umfasst die Familien der Astasiaeen (*Euglena*, *Astasia*), Dinobryinen (*Dinobryon*), Volvocinen (*Volvox*, *Gonium*), Hydromorinen (*Spondylomorum*) und einige verwandte Familien. Die höhere Ordnung der Cilioflagellaten, welche vielleicht aus ersterer sich entwickelt hat, enthält bloss die eine Familie der Peridiniden (*Peridinium*, *Ceratium* etc.).

Fünfter Stamm des Protisten-Reiches:
Myxomycetes. *Schleimpilze.*

(Synonym: *Mycetozoa. Myxogastres.*)

Die merkwürdige Gruppe der Myxomyceten stand wegen der Aehnlichkeit ihrer reifen Zustände mit unzweifelhaften Pilzen, den echten Gastromyceten, unangefochten in der Classe der Pilze und wurde gleich diesen als echte Pflanzen angesehen, bis vor sieben Jahren A. de Bary durch seine ausgezeichneten Untersuchungen nachwies, dass dieselben durch ihre höchst eigenthümliche Entwickelung sich gänzlich von allen Pilzen nicht nur, sondern von allen Pflanzen überhaupt entfernen. Der gastromyceten-ähnliche Fruchtkörper oder das Sporangium der Myxomyceten entwickelt sich unmittelbar durch einen sehr merkwürdigen Differenzirungs-Process aus einem grossen Plasmodium, einem homogenen und structurlosen Plasmakörper, welcher durch Verwachsung (Concrescenz) vieler ursprünglich selbstständiger amoebenförmiger Keime entsteht, deren jeder nach seinem Ausschlüpfen aus der Spore sich frei umherbewegt hat.

Dieser höchst eigenthümliche Entwickelungsmodus veranlasste de Bary, die Myxomyceten als Mycetozoen zu dem Thierreich zu stellen, wo sie den Rhizopoden unter den Protozoen am nächsten stehen würden. Gleich den echten Rhizopoden selbst betrachten wir auch die Myxomyceten als Glieder eines selbstständigen Protisten-Stammes, der seine eigene phyletische Entwickelung ganz unabhängig von anderen Organismen durchlaufen hat. Doch können wir auf seine Phylogenie nur aus seiner biontischen Entwickelung schliessen, da die empirische Paläontologie uns über die erstere gar keine Aufschlüsse liefert. A. de Bary hat vier verschiedene Ordnungen aufgestellt, in welche der Myxomyceten-Stamm sich differenzirt hat; diese sind: 1) Physareae (*Physarum*, *Aethalium*); 2) Stemoniteae (*Stemonitis*, *Enerthenema*); 3) Trichiaceae (*Licea*, *Arcyria*); 4) Lycogaleae (*Lycogala*, *Reticularia*).

Sechster Stamm des Protisten-Reiches:
Noctilucae. *Meerleuchten.*

Als einen eigenthümlichen Stamm des Protisten-Reiches müssen wir die merkwürdige Gruppe der Meerleuchten oder Noctiluken (*Myxocystodea*) auffassen, welche bloss aus dem einzigen Genus *Noctiluca* besteht. Von dieser

Gattung ist nur eine Art (*N. miliaris*) mit Sicherheit bekannt. Es sind kleine pfirsichförmige Bläschen, welche gegen 1^{mm} Durchmesser erreichen und das Meer oft in so ungeheuren Massen bedecken, dass sie eine mehr als zolldicke Schleimschicht auf dessen Oberfläche bilden. Sie sind eine der wesentlichsten Ursachen des Meeresleuchtens.

Eine Verwandtschaft der Noctiluken zu anderen Organismen ist durchaus nicht mit Sicherheit zu ermitteln. Einige stellen sie zu den Rhizopoden, andere zu den Infusorien; doch könnte man sie fast mit demselben Rechte auch in die Reihe der grossen Diatomeen stellen. Da sie keine harten, der Fossilisation fähigen Theile besitzen und da auch ihre Ontogenese zur Zeit noch ganz unbekannt ist, so sind wir über ihre Phylogenie gänzlich im Dunkeln. Unter diesen Umständen erscheint es am sichersten, sie als einen eigenen, besonderen Stamm des Protisten-Reiches aufzufassen.

Siebenter Stamm des Protisten-Reiches:
Rhizopoda. *Wurzelfüsser.*

Eine der formenreichsten und merkwürdigsten Organismen-Gruppen bildet die grosse Abtheilung der Rhizopoden, welche wir als einen vollkommen selbstständigen Stamm des Protistenreiches betrachten Zwar werden dieselben gewöhnlich als Thiere aufgeführt; indessen ist irgend ein Uebergang oder überhaupt nur irgend eine unzweifelhafte Beziehung zu echten Thieren nicht vorhanden. Die einzigen Organismen, mit denen man die echten Rhizopoden allenfalls in Verbindung bringen könnte, sind einerseits die Spongien, andererseits die Protoplasten, von welchen letzteren bisher ein Theil (Amoebiden und Arcelliden) gewöhnlich mit den echten Rhizopoden vereint gewesen ist. Doch sind auch die Beziehungen zu diesen Gruppen so allgemeiner und indifferenter Natur, dass es uns vorläufig bei weitem am sichersten scheint, die echten Rhizopoden als ein eigenes selbstständiges Phylum zu sondern.

Fossile Reste von Rhizopoden sind in Masse bekannt, und zwar sind die kieselschaligen Radiolarien bisher nur tertiär, die kalkschaligen Acyttarien dagegen schon von den ältesten Formationen an gefunden worden. Doch hat es bis jetzt nicht gelingen wollen, in der Masse der paläontologischen Thatsachen das Gesetz der phyletischen Entwickelung des Rhizopoden-Stammes zu erkennen.

Der Rhizopoden-Stamm, wie wir ihn nach Ausschluss der Protoplasten begrenzen, umfasst ausschliesslich hautlose Protisten, deren nackter Protoplasmakörper allenthalben verästelte und confluirende Pseudopodien ausstrahlt und ausserdem meistens ein kieseliges oder kalkiges Skelet ausscheidet. Eine contractile Blase, wie sie die Infusorien und Protoplasten meistens besitzen, fehlt stets. Es gehören hierher die beiden umfangreichen Gruppen der Acyttarien und Radiolarien und die kleine Gruppe der Heliozoen (*Actinosphaerium* und die verwandten Rhizopoden), von denen die letzteren vielleicht alte Süsswasser-Formen repräsentiren, die sich von dem gemeinsamen Urstamm der Rhizopoden schon frühzeitig abgezweigt haben.

Erste Classe des Rhizopoden-Stammes:
Acyttaria, H. *Spiralrhizopoden.*

(Synonym: *Polythalamia. Foraminifera. Reticularia.*)

Die Acyttarien-Classe, welche im Ganzen den Gruppen der Polythalamien, Foraminiferen oder Reticularien, im Sinne der neueren Autoren, jedoch nach Ausschluss gewisser Gruppen entspricht, ist die niedere und unvollkommnere Abtheilung des Rhizopoden-Stammes. Der Weichkörper des Thieres besteht hier lediglich aus nicht differenzirter Sarcode, in welcher sich jedoch häufig (vielleicht immer?) Kerne entwickelt haben. Es fehlt aber die Centralkapsel, welche den Radiolarien eigenthümlich ist. Meist ist eine kalkige, seltener eine häutige oder kieselige Schale vorhanden, welche in den vollkommneren Acyttarien einen hohen Grad von Complication in Form und Structur erhält. Ueber die Classification dieser formenreichen Classe ist die neueste Bearbeitung derselben von Carpenter zu vergleichen[1]). Max Schultze hatte dieselben nach Zahl und Anordnung der Schalenkammern in Einkammerige oder Monothalamia (*Gromia*, *Lagynis*) und Vielkammerige oder Polythalamia eingetheilt, und unter letzteren die Gruppen der Acervuliniden, Nodosariden, Milioliden, Nautiloiden, Turbinoiden, Alveoliniden und Soritiden unterschieden[2]). Carpenter dagegen unterscheidet nach der Beschaffenheit der Schalenwand-Structur die beiden Ordnungen der Imperforata mit undurchbohrter und der Perforata mit durchbohrter Schale. Zu ersteren gehören die Gromiden, Milioliden und Lituoliden, zu letzteren die Lageniden, Globigeriniden und Nummuliniden. Wir halten uns hier nicht mit deren Anordnung auf, da die Ergebnisse aller bisherigen Classifications-Versuche noch nicht in Einklang mit den paläontologischen Resultaten haben gebracht werden können und für die Phylogenie werthlos sind.

Die Acyttarien sind dadurch merkwürdig, dass zu ihnen der älteste bekannte fossile Rest eines Organismus gehört, die Kalkschale von *Eozoon canadense*, welche vor wenigen Jahren in der unteren laurentischen Formation Canadas (Ottawa) gefunden worden ist, und plötzlich die ungeheuer lange Zeit der organischen Erdgeschichte noch um colossale Zeiträume verlängert hat. Sehr zahlreich finden sich Polythalamien-Schalen auch schon im Silur und Devon, namentlich kieselige Steinkerne derselben. Ihre eigentliche Acme erreicht die Classe jedoch erst in der Kreide- und besonders in der älteren Tertiär-Zeit (Nummuliten-Formation!), wo sowohl die Anzahl ihrer verschiedenen Arten und die bedeutende Grösse eines Theiles derselben (*Nummulites*), als auch besonders die ungeheure Masse der Individuen erstaunlich ist, die oft ganze Berge fast allein zusammensetzen.

Zweite Classe des Rhizopoden-Stammes:
Heliozoa, H. *Sonnenthierchen.*

Die Classe der Heliozoen oder Actinosphäriden wird bis jetzt mit Sicherheit nur durch ein einziges Protist repräsentirt, durch *Actinosphaerium Eichhornii* (*Actinophrys Eichhornii*), den bedeutendsten unter den wenigen Vertretern der echten Rhizopoden im süssen Wasser. Wahrscheinlich ist derselbe als ein sehr alter und wenig veränderter directer Abkömmling der älteren Rhizopoden-Vorfahren zu betrachten (wie auch *Gromia* unter den Acyttarien), welcher sich, gleich anderen alten Süsswasser-Formen (*Hydra*, *Ganoida*) in dem einfacheren Kampfe um das Dasein gut conservirt hat. Seiner Structur nach scheint *Actinosphaerium* zwischen den Acyttarien und Radiolarien in der Mitte zu stehen, kann jedoch keiner von beiden Abtheilungen zugerechnet werden. Insbesondere fehlt ihm die charakteristische Centralkapsel der Radiolarien.

[1]) Carpenter, Introduction to the study of the Foraminifera. London 1862.
[2]) Max Schultze, über den Organismus der Polythalamien, Leipzig 1854.

Dritte Classe des Rhizopoden-Stammes:

Radiolaria. *Strahlrhizopoden.*

(Synonym: *Cytophora. Polycystina. Echinocystida.*)

Die Radiolarien-Classe ist noch ungleich formenreicher als die Acyttarien-Classe, von der sie sich wesentlich durch den Besitz einer Centralkapsel unterscheidet, welche der letzteren stets fehlt. Gewöhnlich sind ausserdem noch gelbe Zellen in der die Kapsel umhüllenden Sarcode-Masse vorhanden. Meistens ist ein Kieselskelet ausgebildet, welches die zierlichsten und mannichfaltigsten Formen darbietet, die überhaupt in der organischen Natur vorkommen. Wir haben in unserer Monographie der Radiolarien versucht, die reiche Fülle dieser höchst verschiedenartigen Formen auf Grund ihrer vergleichenden Anatomie derartig in eine genealogische Verwandtschaftstabelle systematisch zu ordnen, dass daraus die Möglichkeit einer gemeinsamen Abstammung derselben von einer einzigen Grundform (*Heliosphaera*) ersichtlich wird [1]).

Die fossilen Reste der Radiolarien bieten für ihre Phylogenie eben so wenig Anhaltspunkte, als es bei den Acyttarien der Fall ist. Uebrigens sind sie ungleich seltener, als die der letzteren. In grossen Massen, und ganz vorwiegend das Gestein bildend, sind die Kieselschalen der Radiolarien bisher nur an zwei Orten, auf der Insel Barbados und den Nikobaren-Inseln, gefunden worden (l. c. S. 191). Diese sowohl, als alle anderen Gesteine, welche fossile Radiolarien enthalten, sind in der Tertiärzeit abgelagert worden.

Achter Stamm des Protisten-Reiches:

Spongiae. *Schwämme.*

(Synonym: *Porifera. Amorphozoa. Spongida. Spongiaria.*)

Die schwierige und viel verhandelte Frage von der systematischen Stellung der Schwämme oder Spongien scheint uns ebenso wie diejenige von der Stellung der Rhizopoden am besten dadurch gelöst zu werden, dass wir sie als einen besonderen und unabhängigen Stamm des Protisten-Reiches hinstellen. Unter allen Organismen stehen die Rhizopoden den Schwämmen am nächsten, doch nicht in solcher Beziehung, dass wir sie mit diesen in einem einzigen Phylum vereinigen können. Früherhin wurden die Spongien meistens von den Zoologen für Pflanzen, von den Botanikern für Thiere angesehen, und deshalb von Beiden vernachlässigt. Erst als vor zehn Jahren ihre Biologie durch die vortrefflichen Untersuchungen von Lieberkühn näher bekannt wurde, beschloss man allgemein sie für Thiere zu erklären, obwohl in den wichtigen Resultaten jener Untersuchungen selbst durchaus kein genügender Grund für diese Bestimmung lag. Sie wurden nun als eine besondere Classe bald in den Protozoen-Kreis, bald in den Coelenteraten-Kreis eingereiht. Die Aehnlichkeit mit den letzteren ist aber offenbar bloss Analogie, keine Homologie.

---

[1]) Ernst Haeckel, die Radiolarien. Eine Monographie. Berlin, G. Reimer 1862, S. 234. Wie wir dort ausdrücklich bemerkt haben, wollten wir durch jenen provisorischen Versuch nur zeigen, dass die unendlich mannichfaltige Radiolarien-Classe als eine einzige blutsverwandte Gruppe nachgewiesen werden kann. Als eigentliche Ausgangsform oder gemeinsame Stammform würde nicht *Heliosphaera*, sondern ein einfachstes Radiolar der Colliden-Familie, etwa eine der *Thalassosphaera* nahe stehende Form anzusehen sein.

Alle jetzt lebenden Schwämme besitzen kein zusammenhängendes Skelet. Die einzelnen Skeletstücke (Spicula etc.), welche das Fasergerüst der meisten stützen, sind zwar vielfach in fossilem Zustande erhalten, vermögen uns aber keinerlei Aufschluss über ihre Phylogenie zu ertheilen. Dagegen giebt es eine grosse Anzahl von sehr charakteristisch geformten fossilen Körpern, welche man gewöhnlich als „*Petrospongiae*" der Schwammclasse einverleibt. Wir gestehen, dass wir diese Vereinigung nur mit dem grössten Misstrauen betrachten können, und aus vielen, an einem anderen Orte ausführlich zu erörternden Gründen, vielmehr geneigt sind, die Petrospongien für einen eigenthümlichen, schon am Beginn der Tertiärzeit völlig ausgestorbenen Protisten-Stamm zu halten. Da wir jedoch, bei unserer höchst unvollständigen Kenntniss desselben, keine genügende Charakteristik davon geben können, und er immerhin unter allen anderen Organismen den echten Spongien am nächsten zu stehen scheint, so wollen wir denselben hier als eine besondere Classe des Spongien-Stammes den echten Spongien oder Autospongien gegenüber stellen:

Erste Classe des Spongien-Stammes:
Autospongiae, H. *Echte Schwämme*

Diese Classe umfasst alle jetzt lebenden Schwämme, von denen keiner ein derartiges verwickelt organisirtes Skelet und eine so ausgezeichnete und regelmässige Form besitzt, wie die fossilen Petrospongien. Wenn die Autospongien ein Skelet besitzen, so besteht es bloss aus einzelnen kieseligen oder kalkigen Stücken: Nadeln (Spicula), Kreuzen, Stachelsternen, Amphidisken, Siebkugeln etc. Diese sind auch sehr zahlreich in fossilem Zustande, besonders in den Tertiär-Gebilden, erhalten gefunden worden, ohne dass sie über die Phylogenie der Autospongien irgend etwas Bestimmtes aussagten. Die lebenden Autospongien zerfallen nach der chemischen Beschaffenheit ihres Skelets in vier Ordnungen: I. Myxospongiae oder Schleimschwämme (*Halisarca*) ohne jedes Skelet, bloss aus weichen Plastiden zusammengesetzt. II. Ceratospongiae oder Hornschwämme (*Euspongia*, *Filifera*, *Darwinella*) mit organischem Skelet von hornähnlicher oder chitinähnlicher Consistenz. III. Silicispongiae oder Kieselschwämme (*Clione*, *Halichondria*, *Spongilla* etc.) mit kieseligem Skelet. IV. Calcispongiae (*Grantia*, *Sycon*) mit kalkigem Skelet. Offenbar bilden die Myxospongien die älteste Stammform, aus der sich erst später die Ceratospongien entwickelt haben. Aus den letzteren sind dann als zwei unabhängige divergirende Zweige die Silicispongien und Calcispongien hervorgegangen, wie es Fritz Müller so klar erläutert hat[1]).

Zweite Classe des Spongien-Stammes:
Petrospongiae. *Becherschwämme.*

Diese sehr merkwürdige Organismengruppe, welche aller Wahrscheinlichkeit nach einen ganz besonderen und selbstständigen, schon im Beginn der Tertiärzeit völlig erloschenen Stamm des Protistenreiches darstellt und sich durch seine charakteristische Form und Structur sehr wesentlich von den Autospongien unterscheidet, umfasst folgende fünf Ordnungen: I. Turonida (*Turonia*, *Stromatopora*, *Amorphospongia*); II. Bothroconida (*Spar-*

---

1) Fritz Müller, über *Darwinella aurea*, einen Schwamm mit sternförmigen Hornnadeln. Archiv f. mikr. Anat 1865, S 344

sispongia, *Bothroconis*, *Pleurostoma*); III. Lymnorida (*Lymnorea*, *Liospongia*, *Actinospongia*); IV. Siphonida (*Siphonia*, *Eudea*, *Cnemidium*); V. Ocellarida (*Coeloptychium*, *Ocellaria*, *Guettardia*). Die formenreiche Petrospongien-Classe beginnt bereits mit *Stromatopora* und *Palaeospongia* im unteren Silur, bleibt aber in der Primärzeit im Ganzen noch spärlich. Massenhaft entwickelt sie sich von Beginn der Secundärzeit an, für welche sie sehr charakteristisch ist, und erreicht die Acme ihre Entwickelung am Ende der Mesolithzeit, in der Weisskreide. Dann stirbt sie fast völlig aus, und nur ein einziger, merkwürdiger Repräsentant, *Guettardia Thiolati*, findet sich noch als letzter Ausläufer im Beginn der Tertiärzeit, im Nummulitenkalk.

III. Das natürliche System des Pflanzenreichs.

Von den drei organischen Reichen oder obersten Hauptgruppen, denen sich sämmtliche Organismen einordnen lassen, repräsentirt das Pflanzenreich am meisten eine geschlossene Einheit, so dass, falls man jedes der drei Reiche als einen einzigen natürlichen Stamm (Phylum) auffassen und für jedes derselben eine selbstständige autogone Stammform annehmen wollte, diese Annahme sich noch am ersten für das Pflanzenreich rechtfertigen liesse. Der Unterschied, den das Pflanzenreich in dieser Beziehung gegenüber dem Protistenreiche und dem Thierreiche darbietet, ist sehr augenfällig, und äussert sich unter Anderem auch darin, dass die Botaniker keine solchen grossen natürlichen Hauptabtheilungen des Pflanzenreichs aufzustellen vermocht haben, wie sie im Thierreiche gegenwärtig von allen Zoologen als unabhängige „Typen" oder „Kreise" (Orbes, Branches, Embranchements, Subkingdoms) anerkannt sind. Die charakteristische Eigenthümlichkeit dieser thierischen „Kreise" oder „Unterreiche" besteht darin, dass jeder derselben seinen eigenen „Organisationsplan oder Organisationstypus" besitzt, welcher ihm eigenthümlich und ausschliesslich zukommt, und welcher innerhalb des Kreises sich zu einem hohen Grade der Vollkommenheit entwickeln kann, unabhängig von allen anderen Kreisen. Die anatomischen, embryologischen und paläontologischen Verhältnisse dieser Kreise führten uns zu der Vorstellung, dass jeder derselben einem natürlichen Stamme oder Phylum entspricht. Wir konnten daher das Thierreich als ein Aggregat von fünf verschiedenen Stämmen auffassen, welche den fünf allgemein anerkannten Typen oder Subkingdoms entsprechen: Vertebraten, Articulaten, Mollusken, Echinodermen und Coelenteraten. Keine von diesen Abtheilungen kann einfach als eine niedere Entwickelungsstufe der anderen angesehen werden. Eine analoge Eintheilung ist nun im Pflanzenreiche keineswegs durchführbar. Jenen fünf thierischen Abtheilungen entsprechen nicht die wenigen grossen Hauptabtheilungen, welche man im Pflanzenreiche schon seit langer Zeit als Cryptogamen und Phanerogamen, oder als Thallophyten und Cormophyten, oder als Plantae cellulares und Plantae vasculares unterschieden hat. Vielmehr erscheint es hier ungleich natürlicher, die ersteren nur als persistente Nachkommen von niederen Entwickelungsstufen der letzteren anzusehen.

Wenn wir die ganze Anatomie und Morphogenie des Pflanzenreichs vergleichend ins Auge fassen, so erscheint es uns wohl am natürlichsten, dasselbe als einen einzigen Stamm oder Phylum aufzufassen, jedoch nach Ausschluss derjenigen, bald zum Thierreich, bald zum Pflanzenreich gerechneten Stämme, welche wir bereits im Vorhergehenden als zu den Protisten gehörig bezeichnet haben: Myxomyceten, Diatomeen, Flagellaten etc. Wir haben auf Taf. II den Versuch gemacht, diese Anschauung durch die Darstellung eines Stammbaums, welcher sämmtliche echte Pflanzen umfasst, zu erläutern.

Neigt man andrerseits mehr zu der Ansicht, dass auch das Pflanzenreich, gleich dem Thierreich und dem Protistenreich, aus mehreren verschiedenen, selbstständigen Stämmen zusammengesetzt ist, so würden als solche isolirte Phylen sich vielleicht zunächst diejenigen vier Hauptgruppen darbieten, die wir bereits oben (Bd. I, S. 220) unterschieden haben, nämlich die Phycophyten, Characeen, Nematophyten und Cormophyten. Jedoch ist der genealogische Zusammenhang auch dieser vier Gruppen uns aus mehreren Gründen sehr wahrscheinlich, und es ist sehr leicht möglich, dass nicht allein die Characeen und Nematophyten, sondern auch die Cormophyten aus dem Phycophyten-Stamme ihren Ursprung genommen haben. Dagegen ist das Phylum der Phycophyten selbst vielleicht ein Aggregat von mehreren ganz selbstständigen Stämmen, und es ist z. B. sehr leicht möglich, dass die Florideen ein eigenes Phylum bilden, ebenso die Fucoideen und andere Gruppen der sogenannten Algenclasse. Da wir diese schwierige Frage im fünfundzwanzigsten Capitel nochmals berühren werden, so halten wir uns hier nicht länger bei derselben auf, und wenden uns zu einer kurzen Uebersicht des natürlichen Systems des Pflanzenreichs, wobei wir zugleich auf Cap. XXV, sowie Taf. II und deren Erklärung verweisen. Den vier Stämmen, welche wir bereits im siebenten Capitel geschieden haben, fügen wir hier noch als zwei selbstständige Phylen die eben genannten eigenthümlichen Algengruppen hinzu, indem wir die Algenclasse in drei Stämme auflösen, in die Archephyten, Florideen und Fucoideen. Wir erhalten demnach sechs verschiedene Stämme des Pflanzenreichs, welche jedoch höchst wahrscheinlich sämmtlich an ihrer Wurzel zusammenhängen und gemeinsamen Ursprungs sind, wie es Taf. I andeutet. Die Paläontologie vermag über diese wichtige Frage wieder keine Auskunft zu geben, da fast alle fossilen Pflanzenreste, welche deutlich erkennbar und von phylogenetischer Bedeutung sind, dem Cormophyten-Stamme angehören.

Erster Stamm des Pflanzenreichs:
Archephyta, H. *Urpflanzen.*

Als Archephyten oder Urpflanzen fassen wir den grössten Theil der niederen Algen zusammen, welche von der Algengruppe nach Abzug der Fucoideen und Florideen und derjenigen einfachsten Pflanzen übrig bleiben, welche die Stammformen der übrigen vegetabilischen Phylen sind. Wenn das ganze Pflanzenreich einem einzigen Phylon entsprechen sollte, wie es auf Taf. II dargestellt ist, so würden die Archephyten wahrscheinlich zugleich die ältesten Stammformen und die am wenigsten veränderten Nachkommen derselben enthalten. Wir würden dann die Archephyten als Wurzel des ganzen Pflanzenreichs zu betrachten haben. Leider wissen wir von ihrer Phylogenie so gut wie nichts, da die meisten Archephyten äusserst weich und zart, und gar nicht der Erhaltung in fossilem Zustande fähig sind. Einzelne unsichere Reste finden sich in verschiedenen Schichten, die ältesten bisher bekannten im Perm (Ulvaceen) und in der Kreide (Confervaceen). Jedoch lässt sich aus diesen unbedeutenden Resten kein Schluss auf die paläontologische Entwickelung der Gruppe ziehen. Von allen echten Pflanzen stehen die Archephyten den Protisten, und namentlich den Flagellaten und Protoplasten am nächsten. Vielleicht ist dieser Stamm auch, gleich mehreren Protisten-Stämmen, ein Aggregat von mehreren selbstständigen Phylen. Wir theilen den Archephyten-Stamm in fünf Ordnungen, die jedoch schwer zu trennen sind und vielfach zusammenhängen.

Erste Ordnung der Archephyten:
Codiolaceae, H. *Einsiedler-Algen.*

Codiolaceen nennen wir die einfachsten und unvollkommensten monoplastiden Archephyten (*Codiolum*, *Hydrocytium*, *Protococcus*, *Ophiocytium* etc.). Die Phylogenie dieser Ausgangsgruppe ist ganz unbekannt. Es gehören hierher ausschliesslich monocytode und einzellige Algen.

Zweite Ordnung der Archephyten:
Desmidiaceae. *Ketten-Algen.*

Die Ordnung der Desmidiaceen umfasst die in ausgezeichneter Form entwickelten monoplastiden oder zu charakteristischen polyplastiden Synusieen (Ketten) verbundenen Algen, welche sich gleich den Zygnemaceen durch Conjugation fortpflanzen. Es gehören hierher die bekannten Genera *Closterium*, *Micrasterias*, *Euastrum*, *Staurastrum* etc. Ihre Phylogenie ist ganz unbekannt. Wahrscheinlich stammen sie von Codiolaceen ab.

Dritte Ordnung der Archephyten:
Nostochaceae. *Gallert-Algen.*

In dieser Ordnung finden sich, wie in der der Codiolaceen, viele äusserst einfache und unvollkommene Algen, welche vielleicht zum Theil Ausgangspunkte für höhere Gruppen abgeben. Sie kann in die drei Familien der Palmellaceen (*Palmella*, *Coccochloris*), Spermosireen (*Nostoc*, *Spermosira*) und Hydrureen (*Hydrurus*, *Hydrococcus*) gespalten werden. Auch von diesen Ordnungen ist die Phylogenie ganz unbekannt. Sie sind vielleicht theilweis auch Voreltern höherer Pflanzengruppen.

Vierte Ordnung der Archephyten:

Confervaceae. *Faden-Algen.*

Die Ordnung der Confervaceen ist aus den Unter-Ordnungen der Oscillatorieen (*Oscillaria, Lingbya, Rivularia*), der Ectocarpeen (*Myxonema, Conferva, Ectocarpus*) und der Zygnemaceen (*Zygnema, Spyrogyra* etc.) zusammengesetzt. Die Algen dieser Ordnung sind zum Theil schon höher entwickelt, als die vorigen; doch ist auch ihre Phylogenie uns ganz unbekannt. Einige Arten *Confervites* sind in der Kreide fossil gefunden, einige andere tertiär.

Fünfte Ordnung der Archephyten:

Ulvaceae. *Schlauch-Algen.*

Auch von dieser Algengruppe ist leider die Phylogenie fast ganz unbekannt. *Caulerpites Bronni* findet sich fossil in der Steinkohle; viele andere Arten derselben Gattung im Perm. Diese Ordnung ist die am höchsten entwickelte und vollkommenste Gruppe unter den echten Archephyten. Es gehören hierher die drei Unterordnungen der Siphoneen (*Vaucheria, Bryopsis, Caulerpa, Codium*), der Corallineen (*Corallina, Acetabularia*) und der echten Ulven oder Porphyraceen (*Ulva, Porphyra*). Sowohl die Corallineen als die Siphoneen gehören vielleicht selbstständigen Phylen an.

Zweiter Stamm des Pflanzenreichs:

Florideae. *Roth-Algen.*

Die schöne und interessante Algengruppe der Florideen oder Pyrrhophyten, meistens roth gefärbter Meerpflanzen, ist durch so viele Eigenthümlichkeiten im Bau, in der embryologischen Entwickelung und in den physiologischen Ernährungs- und Fortpflanzungs-Verhältnissen ausgezeichnet, dass man dieselbe wohl als einen besonderen selbstständigen Stamm des Pflanzenreichs betrachten kann, der sich aus einer eigenen autogonen Moneren-Form entwickelt hat; doch hängt derselbe vielleicht an seiner Wurzel mit anderen Algenstämmen zusammen und würde dann wahrscheinlich von der Archephyten-Gruppe sich abgezweigt haben. Leider ist auch von dieser Algengruppe die Phylogenie sehr unbekannt. Die weichen, zarten und sehr leicht zerstörbaren Körper dieser Seepflanzen sind nur selten der fossilen Erhaltung fähig. Doch finden sich Abdrücke von ziemlich vielen Arten in verschiedenen Schichten vom Devon an aufwärts, vorzüglich im unteren Jura, seltener in der Kohle.

Erste Ordnung der Florideen:

Ceramiaceae. *Horn - Tange.*

Von den beiden Ordnungen, welche wir in der Florideen-Classe unterscheiden, umfasst die artenreiche Gruppe der Ceramiaceen die kleineren und unvollkommneren Formen: *Nemastoma, Ceramium, Callithamnion, Chondrus* etc. Ihre Phylogenie ist sehr unbekannt. Viele Arten *Chondrites* finden sich im Devon, Carbon und Jura; viele Arten *Halymenites* im Jura. Unter ihnen finden sich wahrscheinlich die Voreltern der Sphaerococcaceen.

Zweite Ordnung der Florideen:

Sphaerococcaceae. *Purpur - Tange.*

Diese Ordnung umfasst die ausgebildeteren und vollkommneren Formen der Florideen-Classe, die *Polysiphonia*, *Sphaerococcus*, *Rhodomela*, *Delesseria*, *Plocamium* etc. Auch ihre Phylogenie ist wieder sehr unbekannt. Viele Arten von *Sphaerococcites* finden sich im Devon, Jura und Tertiär; mehrere Arten *Rhodomelites* in der Kohle und Kreide, und *Delesserites* im Eocen.

Dritter Stamm des Pflanzenreichs:

Fucoideae. *Braun - Algen.*

(Synonym: *Fucaceae. Phyceae. Phycoda.*)

Von dieser umfangreichen und vielgestaltigen Algengruppe, welche die grössten und vollkommensten aller marinen Cryptogamen umfasst, gilt dasselbe, was wir im Allgemeinen von der Florideen-Gruppe gesagt haben. Auch diese Gruppe zeichnet sich durch ihre anatomischen und physiologischen Verhältnisse so sehr vor den übrigen Algen, und namentlich einerseits vor den Florideen, andererseits vor den Archephyten aus, dass man sie wohl als ein besonderes Phylum auffassen kann. Andererseits ist es leicht möglich, dass auch sie sich aus den Archephyten hervorgebildet hat, wie es auf Taf. II angedeutet ist. Leider ist uns auch von dieser wichtigen Pflanzengruppe die Phylogenie höchst unbekannt. Die weichen, schleimigen und leicht zerstörbaren Körper dieser Seepflanzen sind trotz ihrer sehr bedeutenden Grösse nur sehr selten der fossilen Erhaltung fähig. Einzelne Abdrücke finden sich in verschiedenen Schichten, von der Kohle an, besonders im Jura, sind jedoch ohne Bedeutung.

Erste Ordnung der Fucoideen:

Chordariaceae. *Strick - Tange.*

Diese Ordnung umfasst die niedersten Fucoideen, *Chordaria*, *Haliseris*, *Asperococcus*, *Eucoelium* etc. Ihre Phylogenie ist sehr unbekannt. Einzelne Arten von *Haliserites* und *Eucoelites* finden sich im unteren Jura.

Zweite Ordnung der Fucoiden:

Laminariaceae. *Blatt - Tange.*

Auch von dieser Ordnung, zu welcher die colossalen Blatt-Tange *Laminaria*, *Haligenia*, *Alaria* etc. gehören, ist die Phylogenie fast ganz unbekannt. Einzelne Arten von *Laminarites* enthält das Carbon und Tertiär.

Dritte Ordnung der Fucoiden:

Sargassaceae. *Baum - Tange.*

Die Ordnung der Sargassaceen, welche die grössten und vollkommensten von allen Algen enthält (*Fucus*, *Halidrys*, *Cystoseira*, *Sargassum* etc.), giebt uns leider durch ihre wenigen und unvollständigen fossilen Reste eben so wenig befriedigende Aufschlüsse über ihre phyletische Entwickelung, als alle vorhergehenden Gruppen. Einzelne Arten von *Laminarites* sind fossil in der Steinkohle und im Tertiär gefunden worden.

Vierter Stamm des Pflanzenreichs:
Characeae. *Armleuchter-Pflanzen.*

(Synonym: *Gyrophyceae. Charaphyta. Spiral-Tange.*)

Diese merkwürdige Pflanzengruppe besteht nur aus den beiden Gattungen *Nitella* und *Chara*. Ihre Phylogenie ist ganz unbekannt. Die weichen und leicht zerstörbaren Körper dieser Wasserpflanzen sind nur selten der fossilen Erhaltung fähig. Abdrücke einzelner Arten finden sich im Tertiär-Gebirge, vom Eocen an. Die Früchte finden sich öfter in eocenen und miocenen Süsswasser-Schichten und sind als Gyrogoniten beschrieben worden. Doch kann man aus diesen unbedeutenden Resten keinerlei Schlüsse auf ihre paläontologische Entwickelung ziehen. Die ganz eigenthümlichen anatomischen, ontogenetischen und physiologischen Verhältnisse der Characeen berechtigen zu der Annahme, dass sie einem selbstständigen Phylum angehören, welches sich aus einem eigenen autogonen Moner entwickelt hat. Doch ist es andererseits auch leicht möglich, dass sich die Characeen von den Archephyten, sei es von den Codiolaceen, oder von den Confervaceen oder von einer andern, vielleicht ausgestorbenen und uns nicht bekannten Gruppe abgezweigt haben, wie es auf Taf. II angedeutet ist.

Fünfter Stamm des Pflanzenreichs:
Inophyta. *Faser-Pflanzen.*

Als Inophyta (Faser-Pflanzen) oder Nematophyta (Faden-Pflanzen) fassen wir hier die beiden nächstverwandten Classen der Pilze (Fungi) und Flechten (Lichenes) zusammen, welche höchst wahrscheinlich gemeinsamen Ursprungs sind. Auch von ihnen ist leider die Phylogenie ganz unbekannt. Die weichen und leicht zerstörbaren Körper dieser Pflanzen, vorzüglich der Pilze, sind nur selten der Erhaltung fähig, sondern sehr rasch vergänglich. Viele leben als Parasiten, viele andere als Baumbewohner etc. und gelangen deshalb selten in Verhältnisse, welche der fossilen Conservation günstig sind. Einzelne, sehr unbedeutende und zum Theil unsichere Reste sind in verschiedenen Formationen gefunden worden, die ältesten in der Steinkohle. Die Inophyten müssen entweder aus den Archephyten sich entwickelt haben, oder aus einem oder mehreren autogonen Moneren. Im letzteren Falle müssten sie eine oder mehrere besondere Phylen bilden.

Erste Classe der Nematophyten:
Fungi. *Pilze.*

Die paläontologische Entwickelung der Pilze ist ganz unbekannt. Wenige unbedeutende Reste von Hyphomyceten (***Rhizomorphites***, ***Nyctomyces***) finden sich im Tertiär, von Gasteromyceten (***Excipulites*** in der Steinkohle, ***Xylomites*** im Jura, ***Hysteristes*** im Tertiär), sowie von Pyrenomyceten (***Sphaeria***) im Tertiär. Auch ein Hymenomycet (***Polyporites***) wird aus der Steinkohle angegeben. Aus allen diesen unbedeutenden Resten lässt sich kein Ergebniss für die Phylogenie der Pilze gewinnen.

Zweite Classe der Nematophyten:
Lichenes. *Flechten.*

Auch die paläontologische Entwickelung der Flechten ist uns ebenso wie diejenige der Pilze gänzlich unbekannt. In kenntlichem fossilen Zustande finden sich nur sehr wenige, ganz unbedeutende und zum Theil auch noch zweifelhafte Reste: *Ramallinites* im Jura und *Verrucarites* im Tertiär. Wahrscheinlich haben sich die Flechten, vereinigt mit den Pilzen, aus Archephyten entwickelt.

Sechster Stamm des Pflanzenreichs:
Cormophyta. *Stockpflanzen.*

Den sechsten und letzten Stamm des Pflanzenreichs bildet die umfangreiche Abtheilung der Cormophyta. Wir fassen hier die Gruppe in demselben Umfange auf, wie sie Unger und Endlicher aufgestellt haben und stellen darin also die sämmtlichen Phanerogamen oder Anthophyten mit den höheren Cryptogamen zusammen, und zwar mit den sämmtlichen moosartigen (Bryophyten) und farrnartigen (Pteridophyten). Es gehören mithin zu den Cormophyten sämmtliche Pflanzen mit Ausnahme der Thallophyten, wenn man unter diesem Ausdruck die fünf vorhergehenden Stämme zusammenfasst.

Dass alle Pflanzen, welche wir in dem Phylum der Cormophyten zusammenfassen, durch das Band wirklicher Blutsverwandtschaft zusammenhängen, scheint uns durch die vergleichende Anatomie, Ontogenie und Phylogenie dieser Gruppe auf das Bündigste bewiesen zu werden. Zunächst ist es klar, dass sämmtliche Phanerogamen (trotz aller Mannichfaltigkeit im Einzelnen) dennoch durch die wesentlichsten Grundzüge ihres Baues und ihrer Entwickelung so innig verbunden sind, dass ihre gemeinsame Abstammung nicht geleugnet werden kann. Ebenso klar ist dies andererseits für die Pteridophyten und Bryophyten, von denen ein Theil der letzteren permanente Prothallium-Formen der ersteren repräsentirt. Die unmittelbare Verbindung der angiospermen Phanerogamen mit den Pteridophyten wird durch die Gymnospermen hergestellt, von denen die Coniferen den Lepidophyten nächst verwandt sind.

Während die Paläontologie uns für die Phylogenie aller vorhergehenden Stämme so gut wie gar keine empirischen Grundlagen lieferte, so bietet sie uns dagegen für die Construction des Cormophyten-Stammbaums die werthvollsten Materialien. Wenn man dieselben unbefangen und reiflich in Erwägung zieht und mit den Daten der vergleichenden Anatomie und Embryologie der Cormophyten zusammenstellt, so wird man, glauben wir, nicht leicht zu einem wesentlich anderen Resultate hinsichtlich ihrer Genealogie kommen können, als es von uns auf Tafel II entworfen worden ist.

Hiernach haben sich also zunächst aus den Moosen die Pteridophyten entwickelt, deren Lepidophyten-Zweig den gymnospermen Anthophyten den Ursprung gegeben hat. Aus diesen haben sich weiterhin die Angiospermen entwickelt, welche sich wahrscheinlich schon frühe in die beiden Gruppen der Monocotylen und Dicotylen differenzirt haben. Von letzteren sind offenbar zuerst die Monochlamydeen entstanden, aus denen sich erst später die Polypetalen, und aus diesen zuletzt die Gamopetalen hervorgebildet haben.

Soweit lässt sich der Cormophyten-Stammbaum mit befriedigender Sicherheit herstellen. Es entsteht nun aber weiter die Frage, welche Pflanzenformen zwischen den Moosen, als den niedersten unzweifelhaften Gliedern des Stammes, und zwischen ihren autogonen Stammformen liegen. Am nächstliegenden erscheint es es hier, auf die Thallophyten, und zwar entweder zunächst auf die Flechten, oder unmittelbar auf die Archephyten zurückzugehen, auf welche das Prothallium der Moose uns hinführt. Wir gelangen also auch auf diesem Wege zu der Annahme, welche wir aus vielen

Gründen für die Genealogie des Pflanzenreichs als die wahrscheinlichste ansehen: dass die sechs von uns provisorisch aufgestellten Phylen des Pflanzenreichs an ihrer Wurzel zusammenhängen und dass das ganze Pflanzenreich ein einziges zusammenhängendes Phylum darstellt, wie Taf. II es andeutet.

Erster Unterstamm der Cormophyten:
Prothallophyta, H. *Vorkeim-Pflanzen.*

(Synonym: *Cryptogamae phyllogonicae. Blatt-Cryptogamen.*)

Die Abtheilung der Prothallophyten umfasst die moosartigen (*Muscinae*) und farrnartigen Cryptogamen (*Filicinae*) im weiteren Sinne, also sämmtliche zur Differenzirung von Stengel und Blatt gelangte Cryptogamen. Sie können daher auch Blatt-Cryptogamen (*Phyllogonicae*) heissen, im Gegensatz zu den die fünf vorhergehenden Phylen bildenden Thallus-Cryptogamen (*Thallogonicae*). Die Ontogenie sämmtlicher hierher gehörigen Pflanzen, soweit sie bekannt ist, verläuft mit echtem Generationswechsel (Metagenesis productiva). Die erste Generation (Prothallium) zeigt noch den einfachen Zustand der alten Voreltern der Classe, ein algen- oder flechtenähnliches Prothallium, ohne Differenzirung von Stengel und Blättern. Letztere tritt erst in der zweiten höher entwickelten Generation auf. Die Entwickelung des Prothalliums beweist theils die gemeinsame Abstammung aller von uns hier vereinigten Pflanzen, theils ihren Ursprung aus niederen Thallophyten, welche vielleicht den vorigen Stämmen (Archephyten, Nematophyten) angehören, in welchem Falle diese Stämme zu verschmelzen sind (vgl. Cap. XXV). Das Prothallium der Moose weist auf Archephyten, das Prothallium der Farrne auf Lebermoose und weiterhin auf Flechten zurück. Leider kann uns die Paläontologie für diese wichtige Frage keine Anhaltspunkte liefern, während sie dagegen die weitere Phylogenie der Pteridophyten in sehr befriedigender Weise erläutert.

Erster Cladus der Prothallophyten:
Bryophyta. *Moose.*

(Synonym: *Muscinae. Musci* (sensu ampliori). *Bryomorpha*).

Die Phylogenie der Moose ist ganz unbekannt, soweit sie sich auf fossile Reste stützt. Dagegen lassen Anatomie und Ontogenie derselben keinen Zweifel darüber, dass sie sich aus niederen Thallophyten und wahrscheinlich aus confervenartigen Archephyten entwickelt haben. Der deutlichen Erhaltung in fossilem Zustande sind die sehr zarten und zerstörbaren, auch meist sehr kleinen Pflanzenkörper nur sehr selten fähig. Auch ihr Wohnort begünstigt dieselbe nicht. Einzelne unbedeutende Reste sind in verschiedenen Tertiär-Gebilden gefunden worden.

Erste Classe der Bryophyten:
Thallobrya. *Lebermoose.*

(Synonym: *Hepatobrya. Hepaticae. Musci hepatici. Thallusmoose.*)

Die Lebermoose vermitteln in ausgezeichneter Weise den Uebergang von den Thallophyten zu den Cormophyten, da die Differenzirung von Stengel und Blatt aus einem nicht differenzirten Thallus innerhalb dieser Classe vor sich geht. Wir können daraus auf die phyletische Abstammung der Cormophyten von einfachen Thallophyten schliessen. Die fossilen Reste dieser Classe sind nur sehr unbedeutend; die ältesten finden sich tertiär: mehrere Arten von *Jungermannites* (*transversus*, *contortus*, *Neesianus*) in eocenem Bernstein; *Marchantites sezannensis* ebenfalls im Eocen.

Zweite Classe der Bryophyten:

Phyllobrya. *Laubmoose.*

(Synonym: *Musci* (sensu strictiori). *Musci frondosi*: *Blattmoose.*)

Die Laubmoose haben bereits sämmtlich wohl differenzirte Stengel- und Blatt-Organe, und sind demnach vollkommene Uebergangsformen von den Thallobryen zu den Pteridophyten, und insbesondere zu den Lepidophyten. Die fossilen Reste der Laubmoose sind ebenso wie die der Lebermoose nur von sehr geringer Bedeutung. Ihre Phylogenie ist fast ganz unbekannt. Die ältesten bekannten Reste finden sich im unteren Tertiär: mehrere Arten von *Muscites* (*apiculatus*, *confertus*, *hirsutissimus*) im eocenen Bernstein; ferner *Muscites Tournalii* im Miocen von Armissan und *Muscites Schimperi* im Pliocen von Parschlug.

Zweiter Cladus der Prothallophyten:

Pteridophyta, H. *Farrn-Pflanzen.*

(Synonym: *Filicinae. Cryptogamae vasculares.*)

Die paläontologische Entwickelung dieser Gruppe ist ziemlich vollständig bekannt und von der grössten Bedeutung. Diese Pflanzengruppe bildete in dem ganzen paläolithischen Zeitalter den bei weitem überwiegenden Bestandtheil der gesammten Landvegetation, so dass man dieses Zeitalter eben so gut, wie das Zeitalter der Fische, auch das Zeitalter der Farrn-Pflanzen (Filicinen oder Pteridophyten) nennen könnte. Die Angiospermen (Monocotylen und Dicotylen), welche gegenwärtig ungefähr $^4/_5$ der Artensumme des Pflanzenreichs ausmachen, fehlten damals noch völlig und neben den Pteridophyten kamen von höheren und grösseren Landpflanzen nur noch Gymnospermen vor. Nach einer Angabe von Bronn betrug die bekannte Arten-Zahl sämmtlicher paläolithischen Pflanzen im Jahre 1855 im Ganzen ungefähr Eintausend. Darunter befanden sich 872 Arten von Pteridophyten, 77 Arten von Gymnospermen, 40 Arten von Thallophyten (grösstentheils Florideen, Fucoiden und Ulvaceen) und gegen 20 unsichere Cormophyten (wohl irrthümlich für Monocotylen gehalten). Die gesammten Pteridophyten, welche gegenwärtig noch leben, erscheinen nur als die letzten unbedeutenden Ausläufer jener ausserordentlich mannichfaltig und vollkommen entwickelten paläolithischen Filicinen-Flora. Letztere verhält sich zu ersteren ungefähr ebenso, wie die Ganoiden-Fauna der Primärzeit zur jetzigen. Die echten Farrne sowohl (Filices), als die Schafthalme (Equisetaceen) und Bärlappe (Lycopodiaceen) enthielten damals weit zahlreichere, mannichfaltigere und grossartigere Repräsentanten, als gegenwärtig, und ausserdem hatte sich aus jenen Gruppen noch eine Anzahl von eigenthümlichen Pflanzen-Ordnungen abgezweigt, welche entweder schon gegen Ende der Primärzeit oder wenig später völlig zu Grunde gingen, so namentlich die Calamiten, Asterophylliten, Lepidodendren und Sigillarien. Sehr viele von diesen Pteridophyten waren in Gestalt mächtiger Bäume entwickelt, welche, grossentheils blattlos oder nur mit ganz kleinen und rudimentären Blättern bedeckt, der paläozoischen Flora ein höchst eigenthümliches Aussehen müssen verliehen haben.

Die Stämme dieser baumartigen Filicinen sind es vorzüglich, welche die mächtigen Kohlenflötze der Steinkohlen-Formation zusammensetzen. Neben diesen oft sehr schön erhaltenen Stämmen finden sich noch die Blätter (Wedel) der Farrne, sowie die Früchte anderer Filicinen sehr zahlreich und schön erhalten vor. Zweifelsohne entwickelten sich sämmtliche Pteridophyten aus niederen Cryptogamen, zunächst wahrscheinlich aus Bryophyten, vielleicht auch direct aus niederen Thallophyten. Die erste Generation derselben, welche ein thallusförmiges Prothallium darstellt, beweist dies deutlich [1]). Diese Entwickelung fand höchst wahrscheinlich in der langen Antedevon-Zeit statt, da in den silurischen Schichten die Pteridophyten, wie alle Landpflanzen, noch völlig fehlen, während in den devonischen Schichten sämmtliche Gruppen der Filicinen bereits vertreten sind; doch sind dieselben im Devon noch spärlich gegenüber den colossalen Massen, welche sie in der Steinkohlenzeit bilden. Diejenigen Ordnungen der Filicinen, welche am meisten von den jetzt lebenden abweichen, die Asterophylliten, Lepidodendren und Sigillarien, scheinen unmittelbar nach der Steinkohlenzeit (in der Anteperm-Zeit) ausgestorben zu sein, da sie sich in späteren Schichten nicht mehr finden. Die Calamiten reichen noch bis zum Keuper. Sämmtliche Pteridophyten erreichen in der Steinkohlen-Zeit den Gipfel ihrer Entwickelung. Nur die Classe der Rhizocarpeen ist hiervon ausgeschlossen; doch ist deren Phylogenie überhaupt nur höchst unvollständig bekannt.

Erste Classe der Pteridophyten:
Calamophyta, H. *Hohlschaft-Pflanzen.*

Die Phylogenie dieser Classe, in welcher wir die Equisetaceen, Calamiteen und Asterophylliteen vereinigen, ist durch zahlreiche und sehr merkwürdige paläolithische Reste bekannt. Sie entwickelte sich wahrscheinlich in der Antedevon-Zeit entweder aus moosartigen Pflanzen oder aus niederen Cryptogamen (Thallophyten), und erreichte in der Steinkohlen-Zeit die Höhe ihrer Bildung. Die Asterophylliten starben bald nachher aus, während sich die Calamiten bis zum Keuper, und die Equisetaceen in verkümmerten Zwergformen bis heute fortsetzen. Alle drei Ordnungen scheinen nach dem Bau des hohlen gegliederten und gerippten Stengels, und der quirlförmig die Internodien umstehenden Aeste und Blätter nächstverwandt zu sein. Doch werden die Asterophylliten von Anderen zu den Gymnospermen gezählt.

Erste Ordnung der Calamophyten:
Equisetaceae. *Schafthalme.*

Die heutigen Equisetaceen erscheinen nur als die dürftigen, kümmerlich erhaltenen Reste der reichen Calamophyten-Flora, welche in der paläolithischen Zeit sich entwickelt hatte. Am nächsten verwandt diesen degenerirten Epigonen sind die mächtigen, baumartig entwickelten *Equisetites*, von denen sich zahlreiche Arten in fossilem Zustande erhalten haben. Die ältesten Arten finden sich im Devon (*E. radiatus*, *Brongniarti*), zahlreichere in der Steinkohle, die meisten im Keuper der Trias, einzelne auch noch im Jura bis zum Wealden hinauf. Einige Arten des echten *Equisetum*, welches nur einen schwachen Ausläufer der *Equisetites* darstellt, finden sich tertiär.

---

1) Specielle Schlüsse aus dem Generations-Wechsel der Pteridophyten auf ihre Phylogenie sind übrigens sehr schwierig, und nur mit grösster Vorsicht anzustellen, wie dies z. B. auch von der Metamorphose der Insecten gilt (vergl. unten).

Zweite Ordnung der Calamophyten:

Calamiteae. *Riesenhalme.*

An die Equisetaceen schliessen sich als ihre nächsten Verwandten die *Calamites* an, meist mächtige starke Stämme, den *Equisetites* nahe stehend, gegen 50 Fuss hoch. Die ältesten *Calamites*-Arten finden sich im Devon, die bei weitem grösste Zahl in der Steinkohle, aber auch noch viele Arten im Perm und in der Trias, woselbst sie mit dem Keuper ganz oder grösstentheils aufhören. Einige setzen sich vielleicht auch bis in den unteren Jura hinein fort.

Dritte Ordnung der Calamophyten:

Asterophylliteae. *Sternblatthalme.*

Diese ganz eigenthümliche Pflanzen-Ordnung ist von den Botanikern an sehr verschiedene Stellen des Systems versetzt worden. Vielleicht gehört sie schon zu den Gymnospermen (in die Nähe der *Phyllocladus* unter den Coniferen), vielleicht auch bildet sie eine Zwischenform zwischen Equisetaceen und Coniferen; höchst wahrscheinlich sind sie jedoch den Calamiten und Equisetaceen nächst verwandt, und stellen einen eigenthümlichen Zweig der Calamophyten-Classe dar. Die Asterophylliten sind ausschliesslich auf die Primär-Zeit beschränkt; sie treten zuerst mit wenigen Arten im Devon auf (*Asterophyllites pygmaeus* und *Römeri*) und erreichen eine sehr hohe Entwickelung in der Steinkohle, mit welcher sie erlöschen (*Asterophyllites*, *Volkmannia*, *Sphenophyllum*, *Annularia*, *Vertebraria* und mehrere andere Gattungen mit sehr zahlreichen Arten).

Zweite Classe der Pteridophyten:

Filices. *Farrne.*

(Synonym: *Geopterides. Filicinae verae.*)

Die echten Farrne oder Farrnkräuter beginnen mit wenigen Arten im Devon und erreichen eine ausserordentlich massenhafte und hohe Entwickelung in der Steinkohlen-Periode, in welcher sie vielleicht den überwiegend grösseren Bestandtheil vieler Wälder bildeten. Die Form der baumartigen Farrnkräuter erreichte hier ihre höchste Entwickelung, um nachher abzunehmen, so dass die jetzt lebenden Baumfarrne nur als einzelne dürftige Reste jener reichen und vielgestaltigen paläolithischen Farrnwälder gelten können. Sowohl Stämme als Blätter (Wedel) sind massenhaft erhalten, aber meist nur unsicher auf einander zu beziehen. Die artenreichsten Gattungen waren *Sphenopteris*, *Hymenophyllites*, *Neuropteris*, *Odontopteris*, *Cyclopteris*, *Cyatheites*, *Alethopteris*, *Pecopteris* etc. Zu den ältesten devonischen gehören viele Arten *Cyclopteris*. Im Perm sowohl als in der Trias (im bunten Sandstein und Keuper) sind die Baumfarrne noch stark entwickelt, nehmen aber dann sehr rasch ab.

Dritte Classe der Pteridophyten:

Rhizocarpeae. *Wasser-Farrne.*

(Synonym: *Hydropterides. Marsileaceae. Wurzelfrüchter.*)

Die Phylogenie dieser Classe, welche gegenwärtig die Gattungen *Marsilea*, *Pilularia*, *Isoetes* etc. umfasst, ist sehr wenig bekannt, viel weniger als diejenige der anderen Filicinen. Als meistens zarte und kleine Süsswasser-Pflanzen sind sie zur fossilen Erhaltung schlecht geeignet. In verschiedenen Schichten des Jura, vom Lias an, werden mehrere Arten von *Baiera*, *Isoetites* und *Pilularites* angegeben. Wahrscheinlich haben sie sich aus gemeinsamer Wurzel mit der folgenden Ordnung entwickelt, und sind als Lepidophyten zu betrachten, welche sich an das Wasserleben angepasst haben.

Vierte Classe der Pteridophyten:

Lepidophyta, H. *Schuppen-Pflanzen.*

Die Phylogenie dieser Classe, in welcher wir die Lycopodiaceen, Lepidodendren und Sigillarien (nebst Stigmarien) vereinigen, ist durch zahlreiche, sehr wichtige und merkwürdige fossile Reste bekannt. Sie entwickelte sich wahrscheinlich gleich der vorigen (und mit ihr vereinigt) in der Antedevon-Zeit aus niederen Cryptogamen, vielleicht zunächst aus Moosen, und erreichte ihre höchste Entwickelung in der Steinkohlen-Zeit, nach welcher ihre hervorragendsten Vertreter, die mächtigen Lepidodendren und Sigillarien, ausstarben. Die heutigen Lycopodiaceen sind nur schwache Reste dieser wichtigen und eigenthümlichen Pflanzenform, welche in der Steinkohlen-Zeit nebst den Farrnen vorzugsweise die sumpfigen Wälder bildete. Die Lepidophyten, und zwar vermuthlich die Lycopodiaceen, sind aller Wahrscheinlichkeit nach diejenigen Pteridophyten, aus denen sich die Gymnospermen und somit alle Anthophyten oder Phanerogamen hervorgebildet haben.

Erste Ordnung der Lepidophyten:

Lycopodiaceae. *Bärlappe.*

Die Lycopodiaceen beginnen im Devon mit zahlreichen Arten von *Knorria* und mit einzelnen Arten von *Lycopodites*, welche Gattung durch zahlreiche Arten in der Steinkohle, durch einzelne auch noch im Keuper und im unteren Jura vertreten ist. Im Lias kommen mehrere Arten von *Psilotites* vor. In mehreren Beziehungen scheinen diese und andere fossile Lycopodiaceen näher den Lepidodendren und zum Theil selbst den Coniferen, als den heutigen Lycopodiaceen gestanden zu haben, und stellen die wahrscheinlichen Stammeltern der Gymnospermen dar.

Zweite Ordnung der Lepidophyten:

Lepidodendraceae. *Schuppenbäume.*

Diese wichtige Ordnung, welche in der Steinkohle mit Stämmen von mehr als funfzig Fuss Höhe mächtige und sehr eigenthümliche Wälder bildete, beginnt mit mehreren Arten von *Sagenaria* und *Aspidiaria* im Devon, und erreicht ihre höchste Ausbildung in der Steinkohle, mit welcher sie aufhört. Die Gattungen *Lepidodendron*, *Ulodendron*, *Sagenaria*, *Bergeria* etc. vertreten sie durch zahlreiche Arten, welche zum Theil sich den Coniferen eng anzuschliessen scheinen. Vielleicht gehören hierher die alten Stammeltern der Coniferen.

Dritte Ordnung der Lepidophyten:

Sigillariaceae. *Siegelbäume.*

Auch diese wichtige Ordnung beginnt gleich der vorigen mit einzelnen Arten im Devon, erreicht dann in der Steinkohle eine äusserst mächtige Entwickelung, und hört mit dieser auf. Die zahlreichsten Arten enthält die

Gattung *Sigillaria*, von welcher wahrscheinlich die als besondere Gattung betrachtete *Stigmaria* nur die Wurzeln bildete. Die Sigillarien bildeten in der Steinkohlen-Zeit an vielen Orten der Erde fast allein ungeheure Wälder, und ihre Stämme setzen oft fast allein ganze Kohlenflötze zusammen. Von Anderen werden die Sigillarien bereits zu den Gymnospermen gerechnet, mit denen sie jedenfalls, gleich den Lepidodendren, sehr nah verwandt sind. Ob aber die Gymnospermen sich unmittelbar aus den Sigillarien, oder aus den Lepidodendren, oder aus den Lycopodiaceen, oder aus einer gemeinsamen, vielleicht nicht einmal unmittelbar zu den Lepidophyten gehörigen Wurzelform entwickelten, muss dahingestellt bleiben.

Zweiter Unterstamm der Cormophyten:
Phanerogamae. *Blüthen-Pflanzen.*

(Synonym: *Anthophyta. Cotyledoneae.*)

Die Phylogenie der Phanerogamen oder cotyledonen Cormophyten lässt sich aus paläontologischen, embryologischen und anatomischen Daten mit Sicherheit dahin feststellen, dass offenbar alle Phanerogamen sich aus den Gefäss-Cryptogamen oder Pteridophyten hervorgebildet haben. Doch gilt dies zunächst wohl nur von der Abtheilung der Gymnospermen (Cycadeen und Coniferen), welche sich in der paläolithischen Zeit, wie es scheint, unmittelbar aus Lepidophyten entwickelt haben. Ob dieser Uebergang gewisser Lepidophyten in die niedersten Gymnospermen schon in der antedevonischen oder in der devonischen, oder erst in der antecarbonischen Zeit stattfand, ist noch unsicher. In der Kohlenzeit waren jedenfalls Gymnospermen schon reichlich entwickelt. Dagegen haben sich die Angiospermen wahrscheinlich erst sehr viel später, nämlich in der Antecreta-Zeit, entwickelt, da sichere Reste von ihnen erst in den Kreide-Schichten auftreten. Zwar werden einzelne Monocotyledonen-Reste schon in der Kohlen-Zeit und von da an aufwärts bis zur Kreide angegeben. Indessen sind diese so zweifelhafter Natur, dass bedeutende Paläontologen sie nicht als solche anerkannt haben. Vielmehr scheinen die ersten Angiospermen, die gemeinsamen Stammformen der Monocotyledonen und Dicotyledonen, erst nach der Jura-Zeit sich von den Gymnospermen, und zwar wahrscheinlich von den Cycadeen, abgezweigt zu haben. Jedenfalls bekräftigt die Phylogenie der Anthophyten den wichtigen Schluss, zu dem auch die Ontogenie und Anatomie führt, dass die Dicotyledonen viel näher mit den Monocotyledonen, als mit den Gymnospermen verwandt sind, und dass es nicht richtig ist, die letzteren, wie noch vielfach jetzt geschieht, mit den Dicotyledonen zu vereinigen und den Monocotyledonen gegenüberzustellen.

Erster Cladus der Phanerogamen:
Gymnospermae. *Nacktsamen-Pflanzen.*

Die paläontologische Entwickelung des Gymnospermen-Cladus, welcher die beiden Classen der Cycadeen und Coniferen umfasst, ist durch zahlreiche fossile Reste bis zur Steinkohlen-Zeit hinauf festgestellt. In den Steinkohlen-Schichten treten bereits die beiden durch ihre Holzstructur und ihren Fruchtbau leicht kenntlichen Classen in deutlich erkenntbaren Resten auf, und es würde demnach zu schliessen sein, dass dieselben in der Antecarbon-Zeit sich von den Pteridophyten abgezweigt haben. Neuerdings scheinen indessen auch im Devon bereits Spuren derselben erkennbar geworden zu sein, und dann würde man den Zeitpunkt ihrer Entwickelung in der Devon- oder Antedevon-Zeit suchen müssen. Diejenige Filicinen-Gruppe, welche wahrscheinlich als die nächste Stammform der Gymnospermen betrachtet werden muss, sind die Lepidophyten, unter denen sowohl die Lepidodendren und die Lycopodiaceen, als auch die Sigillarien bereits vielfache Anklänge an die Gymnospermen und namentlich an die Coniferen zeigen. Andererseits finden wir auch bei den Asterophylliten mehrfache Hinweise auf die Coniferen, und bei den echten Farrnen (Geopterides) auf die Cycadeen. Selbst die Rhizocarpeen (Hydropterides) zeigen sich den Gymnospermen nahe verwandt. Alles zusammen genommen, ist kein Zweifel daran, dass der Gymnospermen-Ast von dem Pteridophyten-Ast sich abgezweigt hat, während die Frage, welche Ordnung der letzteren hierbei am nächsten betheiligt ist, vorläufig noch offen bleibt.

Erste Classe der Gymnospermen:
Coniferae. *Nadelhölzer.*

Unzweifelhafte Nadelbäume finden sich nicht selten bereits in der Steinkohle, besonders viele Arten der den Araucarien nahe stehenden Gattung *Araucarites* und des diesem nahe verwandten *Pissadendron*, sowie auch einige Arten von *Pinites*. Noch ältere Reste scheinen neuerlich im Devon nachgewiesen zu sein. Eine sehr bedeutende Entwickelung erreicht die Classe in dem bunten Sandstein oder dem Vogesen-Sandstein der Trias, welcher sogar als das Reich der Coniferen κατ' ἐξοχήν bezeichnet werden kann, insofern dieselben hier als der ganz überwiegende Bestandtheil der Wälder auftreten. Besonders sind es mehrere Arten der Gattungen *Voltzia* (*V. heterophylla*, *V. acutifolia*) und *Haidingera* oder *Albertia* (*A. latifolia*, *elliptica*, *Braunii*, *speciosa*), welche hier in grossen Individuen-Massen dichte Nadelwälder bildeten. In der Jura-Zeit treten die Coniferen ganz gegen die Cycadeen zurück, noch mehr in der Kreide. Doch beginnt hier bereits die Entwickelung einer zweiten mächtigen Coniferen-Flora, welche in der Tertiärzeit, besonders im Eocen und Miocen, ihre eigentliche Ausbildung erlangt. Die zahlreichen Coniferen-Arten, welche die Wälder in dieser zweiten Blüthen-Periode der Classe zusammensetzten, sind aber wesentlich verschieden von denen der ersten Blüthen-Periode. In der Steinkohle und Trias waren es vorzüglich Verwandte der Araucarien, welche jetzt vorzugsweise an das Tropenklima gebunden sind. In der Tertiärzeit dagegen überwiegen Verwandte der Abietineen (*Pinites*, *Abietites*), Cupressineen (*Cupressinites*, *Juniperites*, *Thuites*) und Taxineen (*Taxites*). Vorzüglich sind die Gattungen *Pinites* und *Cupressinites* hier durch sehr zahlreiche Arten vertreten.

Zweite Classe der Gymnospermen:
Cycadeae. *Palmenfarrne.*

Die nahe anatomische und embryologische Verwandtschaft der Cycadeen und Coniferen macht es höchst wahrscheinlich, dass sie beide divergente Zweige einer gemeinsamen Gymnospermen-Form sind, welche sich vermuthlich in der devonischen oder antecarbonischen Zeit aus den Lepidophyten oder einer anderen Pteridophyten-Form entwickelt hat. Doch ist die paläontologische Entwickelung des Cycadeen-Zweiges langsamer vor sich gegangen, als die des Coniferen-Zweiges, und er erreicht auch dem entsprechend später, erst im Jura, die Höhe seiner Entwickelung. Die ältesten Cycadeen-Reste finden sich in der Steinkohle, doch nur wenige Arten von *Cycadites*, *Zami-*

tes und *Pterophyllum.* Auch in der Trias (Buntsand und Keuper) sind sie nur spärlich. Dagegen erscheinen die Cycadeen in ausserordentlichen Massen in der Jura-Zeit, in welcher sie eben so überwiegend die Wälder zusammensetzen, wie die Coniferen in der Trias, die Pteridophyten in der Steinkohle. Durch sehr zahlreiche Arten sind hier namentlich die Genera *Nilssonia*, *Pterophyllum* und *Zamites* vertreten. Nach dem Jura sinken die Cycadeen rasch von dieser Höhe herab. In der Kreide finden sich nur noch wenige Arten von *Pterophyllum* und *Zamiostrobus*, im Tertiär einige Arten von *Raumeria*, *Cycadites* und *Zamites*. Die jetzt noch lebenden Cycadeen erscheinen nur als schwache und cataplastische Reste der reichen Cycadeen-Flora, welche in der Jura-Zeit dominirte. Als wenig veränderte Nachkommen der mächtigen Gymnospermen, aus denen sich zunächst die Angiospermen hervorbildeten, sind sie jedoch von hohem Interesse.

Zweiter Cladus der Phanerogamen: Angiospermae. *Decksamen-Pflanzen.*

Die Phylogenie der Angiospermen beweist uns in Uebereinstimmung mit ihrer Ontogenie und Anatomie, dass diese höchstentwickelte Pflanzengruppe, welche die Hauptmasse der gegenwärtigen Erdflora bildet, erst verhältnissmässig spät aus der Gymnospermen-Gruppe sich entwickelt hat. Wie schon vorher bemerkt, ist es das Wahrscheinlichste, dass die ersten Angiospermen gemeinsame Stammformen der Monocotyledonen und Dicotyledonen waren, und dass dieselben erst in der Antecreta-Zeit von dem Gymnospermen-Aste, und zwar wahrscheinlich von der Cycadeen-Gruppe, sich abzweigten. Allerdings werden in den Petrefacten-Verzeichnissen schon seit langer Zeit eine Anzahl von angeblichen Monocotyledonen-Resten angeführt, die bedeutend älter als die Kreide sein sollen, namentlich Palmenreste aus der Steinkohle. Bronn führt 1855 aus letzterer 20 Arten von Monocotyledonen an, ferner 8 Arten aus der Trias und 25 Arten aus dem Jura. Indessen ist es nach dem Zeugnisse eines der bedeutendsten Paläophytologen (A. Brongniart), welchem auch Bronn später zugestimmt hat, sehr wahrscheinlich, dass diese zweifelhaften und spärlichen Reste nicht von Monocotyledonen herrühren. Ganz sichere und unzweifelhafte, wenn auch spärliche Reste derselben finden sich erst in der Kreide, woselbst auch gleichzeitig die ersten sicheren Dicotyledonen-Reste auftreten. Wir können daraus den wichtigen Schluss ziehen, dass erst in der Antecreta-Zeit, zwischen Jura und Kreide, die Umbildung eines Gymnospermen-Zweigs in die ersten Angiospermen stattgefunden hat. Höchst wahrscheinlich waren es nicht Coniferen, sondern Cycadeen, oder diesen verwandte ausgestorbene Gymnospermen, aus deren Umbildung jene ersten Angiospermen-Formen hervorgingen, die sich dann in Monocotyledonen und Dicotyledonen differenzirten. Ebenso wie uns die Phylogenie der ganzen Angiospermen-Gruppe so einen ausgezeichneten Beweis für das Fortschritts-Gesetz liefert, so thun dies gleicherweise auch die einzelnen Hauptzweige der Gruppe und vorzüglich die verschiedenen Unterclassen der Dicotyledonen-Classe, wie wir sogleich bei dieser zeigen werden. Die Angiospermen-Flora tritt übrigens in der Kreide noch sehr zurück gegen die Gymnospermen und Pteridophyten, und erlangt erst in der Tertiär-Periode die ganz überwiegende Bedeutung, welche sie noch gegenwärtig besitzt. Ganz besonders wichtig ist es, dass die formenreichste und höchstentwickelte Pflanzengruppe der Gegenwart, diejenige der Gamopetalen, erst in der Tertiär-Zeit auftritt. Alle Dicotyledonen der Kreide-Zeit gehören entweder der Polypetalen- oder der Apetalen-Gruppe an.

Erste Classe der Angiospermen:

Monocotyledones. *Einkeimblätterige.*

(Synonym: *Endogenae. Dictyogenae. Amphibrya. Monocotyleae.*)

Die Phylogenie der Monocotyledonen ist weit unvollständiger bekannt, als diejenige der Dicotyledonen. Die Mehrzahl der ersteren ist ihrer Structur nach weit weniger zur Erhaltung in fossilem Zustande befähigt, als die Mehrzahl der letzteren. Ausserdem sind die Laubblätter, welche in weit höherem Maasse als die Blüthenblätter erhaltungsfähig sind, bei den Monocotyledonen höchst einförmig und weit weniger differenzirt, als bei den Dicotyledonen, so dass Abdrücke der Laubblätter von letzteren weit wichtiger und instructiver als von ersteren sind. Endlich ist auch die Differenzirung aller Theile bei den Dicotylen viel weiter als bei den Monocotylen gegangen. Unter den letzteren giebt es keine solchen natürlichen und stark divergenten Unterclassen, wie es die Gruppen der Apetalen, Polypetalen und Gamopetalen sind.

Wenn wir von den oben erwähnten, ganz zweifelhaften, angeblichen Monocotyledonen-Resten in Steinkohle, Trias und Jura absehen, so finden wir die ersten sicheren Spuren derselben in der Kreide, aber auch nur spärlich: mehrere Arten von Palmen (*Flabellaria, Cocites*) und von Seegras oder *Zosterites* (Najadeen); im Ganzen nur etwa ein Dutzend Arten. In der Tertiär-Zeit nehmen die Monocotyledonen allmählich zu und differenziren sich, besonders in den älteren Tertiär-Schichten. Immerhin bleiben auch hier ihre Reste sehr unbedeutend gegenüber denen der Dicotyledonen. Die meisten tertiären Monocotyledonen-Reste gehören Palmen, Pandaneen und Najadeen an. Unter den Palmen ist besonders die Gattung *Flabellaria* sehr artenreich, unter den Pandaneen *Nipadites*. Als andere Palmen werden im Eocen *Palmacites*, im Miocen *Phoenicites* genannt. Unter den tertiären Najadeen sind die Genera *Zosterites*, *Caulinites*, *Ruppia*, *Potamogeton* und andere durch mehrere Arten vertreten. Ausserdem finden sich noch spärliche Reste von Liliaceen, Typhaceen, Gräsern und einigen anderen Familien. Im Ganzen sind jedoch alle diese Spuren nur sehr unbedeutend.

Zweite Classe der Angiospermen:

Dicotyledones. *Zweikeimblätterige.*

(Synonym: *Exogenae. Acramphibrya. Dicotyleae.*)

Die Phylogenie der Dicotyledonen ist, wie bemerkt, ungleich besser bekannt, als diejenige der Monocotyledonen, und liefert zugleich ausgezeichnete Argumente für das Fortschritts-Gesetz. Aus anatomischen und ontogenetischen Gründen zerfällt diese äusserst formenreiche Pflanzengruppe, welche gegenwärtig die Hauptmasse der Vegetation bildet, zunächst in zwei Hauptgruppen: Monochlamydeen und Dichlamydeen. Bei den tiefer stehenden Monochlamydeen ist, gleichwie bei den Monocotyledonen, noch nicht die Differenzirung der Blüthenhülle in Kelch und Krone eingetreten, durch welche sich die Gruppe der Dichlamydeen als die vollkommenste aller Pflanzengruppen auszeichnet. Diese letztere zerfällt selbst wieder in zwei Untergruppen, die Dialypetalen (Polypetalen) und Gamopetalen (Monopetalen). Bei ersteren bleiben die einzelnen Blätter der Blumenkrone getrennt, während sie bei den letzteren zu einem einzigen Organ verwachsen. Nun entwickeln sich zwar im Ganzen die Polypetalen und Gamopetalen jede in ihrer Art selbstständig. Aber dennoch muss aus vielen ontogenetischen und anatomischen, besonders aus promorphologischen Gründen, die gamopetale Form als die vollkommnere gelten. Dieser Schluss wird durch die Phylogenie vollkommen bestätigt, indem die fossilen Gamopetalen ausschliesslich der Tertiär-Zeit angehören, während die Polypetalen und ebenso die Monochlamydeen bereits in der Kreide erscheinen. Wir können hieraus schliessen, dass die Gamopetalen, als die vollkommensten Pflanzen, sich zu allerletzt, erst in dem Zeitraume zwischen Kreide- und Tertiär-Zeit, durch Verwachsung der bis dahin getrennten Blumenblätter aus den Polypetalen entwickelt haben.

Erste Unterclasse der Dicotyledonen:

Monochlamydeae. *Kelchblüthige.*

(Synonym: *Apetala. Dicotyledonen mit homogener Blüthenhülle.*)

Die Phylogenie dieser Unterclasse bestätigt, was übereinstimmend durch die allgemeinen Gesetze der Ontogenie und Anatomie dargethan wird, dass sie die unvollkommenste, weil am wenigsten differenzirte unter allen drei Abtheilungen der Dicotyledonen ist. Durch die mangelnde Differenzirung der Blüthenhülle, deren Blattkreise sich nicht in Kelch und Krone scheiden, stimmt sie noch vollständig mit den Monocotyledonen überein, und zweifelsohne ist es diese Abtheilung der Dicotyledonen, welche sich zuerst und unmittelbar entweder aus den Monocotyledonen selbst, oder aus einer gemeinsamen Stammform der Monocotylen und Dicotylen, während der Antecreta-Zeit entwickelt hat. Zwar erscheinen neben den Monochlamydeen in der Kreide-Zeit auch bereits einzelne Polypetalen, indessen nur sehr spärliche und aus verhältnissmässig tief stehenden Familien. Nur vier Arten Polypetalen sind mit einiger Sicherheit aus der Kreide bekannt, während die Anzahl der sicheren Monochlamydeen-Arten hier mehr als dreissig beträgt. Dieselben gehören grösstentheils zur Gruppe der Cupuliferen oder kätzchentragenden Laubbäume und der Salicineen oder Weiden. Die merkwürdigen Crednerien, welche in der Kreide durch verhältnissmässig viele Arten vertreten werden, sind von zweifelhafter Stellung, vielleicht Ausläufer der gemeinsamen Stammform von Monocotyledonen und Dicotyledonen. Ebenso sind auch andere derartige zweifelhafte Dicotyledonen vielleicht Uebergangsformen. Im Tertiär-Gebirge sind die Monochlamydeen durch sehr zahlreiche (mehr als 600) Arten vertreten, welche grösstentheils unseren gewöhnlichen Waldbäumen aus den Gruppen der Cupuliferen, Salicineen, Ulmaceen, Betulaceen etc. angehören. Auch Myriceen, Plataneen, Laurineen etc. sind durch viele Arten vertreten.

Zweite Unterclasse der Dicotyledonen:

Dichlamydeae. *Kronenblüthige.*

(Synonym: *Coralliflorae. Dicotyledonen mit differenzirter Blüthenhülle.*)

Die Phylogenie dieser Gruppe ist, wie bemerkt, dadurch sehr interessant, dass sie vollkommen das Fortschritts-Gesetz bestätigt. Von den beiden grossen Reihen derselben, Polypetalen und Gamopetalen, tritt die unvollkommnere und niedere Stufe, die Reihe der Polypetalen, zuerst, schon in der Kreide auf, während die vollkommnere und höhere Stufe, die Reihe der Gamopetalen, erst in dem Eocen der Tertiär-Zeit erscheint. Offenbar ist die letztere aus der ersteren in der Anteocen-Zeit oder Zwischenzeit zwischen Kreide- und Tertiär-Zeit durch Verwachsung der ursprünglich getrennten Blumenblätter entstanden.

Erste Legion der Dichlamydeen:

Polypetalae. *Sternblüthige.*

(Synonym: *Dialypetalae. Choristopetalae. Diapetalae.*)

Die Phylogenie dieser Legion beginnt entweder in der Kreide-Zeit oder in der Antecreta-Zeit, in welcher dieselbe sich aus den Monochlamydeen durch Differenzirung der einfachen Blüthenhülle in Kelch und Krone entwickelte. Die ältesten Reste, welche sich in der Kreide finden, sind nur sehr spärlich, darunter eine Wallnuss (*Juglandites minor*); einige davon auch zweifelhaft, wie z. B. *Acerites cretaceus*, *Sedites Rabenhorsti*. Eine bedeutendere Entwickelung erreicht auch diese Reihe, wie die folgende, erst in der Tertiär-Zeit. Hier sind im Eocen vorzüglich Leguminosen, Oenothereen (*Trapa*) und Malvaceen (*Hightea*) bemerkenswerth. Im Miocen finden wir viele Leguminosen, Umbelliferen, Acerineen, Juglandeen, Rhamneen, Anacardiaceen etc. Endlich kommen dazu im Pliocen noch zahlreiche Rosaceen, Pomaceen, Amygdaleen, Celastrineen und viele andere Polypetalen. Die meisten derselben gehören, ebenso wie die meisten Monochlamydeen- und Gamopetalen-Reste, strauchartigen und baumartigen Pflanzen an, deren Theile besser als diejenigen krautartiger Gewächse sich fossil erhalten können.

Zweite Legion der Dichlamydeen:

Gamopetalae. *Glockenblüthige.*

(Synonym: *Monopetalae. Sympetalae.*)

Mit der Phylogenie der Gamopetalen schliesst die paläontologische Entwickelungsgeschichte des Pflanzenreichs in ihren Hauptzügen ab. Wie die Phylogenie den aus ontogenetischen und anatomischen Verhältnissen erschlossenen Satz bestätigt, dass die Gamopetalen vollkommener als die Polypetalen sind, ist schon vorher bewiesen worden. Nach Allem, was wir bis jetzt wissen, ist die grosse Pflanzengruppe der Gamopetalen, zu welcher die vollkommensten aller Pflanzen-Familien, die Synanthereen (Compositen), Labiaten, Primulaceen, Rubiaceen, Gentianeen etc. gehören, die höchst differenzirte und zugleich diejenige, welche zuletzt in der Erdgeschichte auftritt. Sie erscheint erst in der Tertiär-Zeit, und zwar zuerst im Eocen mit einigen Ericaceen (*Dermatophyllites*). Diesen schliessen sich im Miocen einige Rubiaceen (*Steinhauera*) und im Pliocen eine grössere Anzahl von anderen Gamopetalen an. Das Fortschrittsgesetz wird dadurch lediglich bestätigt.

IV. Das natürliche System des Thierreichs.

Weit umfassendere, festere und wichtigere Resultate, als die systematische Genealogie des Protistenreiches und des Pflanzenreiches, liefert uns diejenige des Thierreiches. Wenn wir unter den gesammten Protisten nur mit der grössten Unsicherheit eine Anzahl selbstständiger Phylen erkennen und umschreiben, eine paläontologische Begründung ihres Stammbaumes aber nirgends gehörig durchführen konnten, wenn wir ferner unter den Pflanzen dies nur für den einen Stamm der Cormophyten vermochten, für die übrigen drei bis fünf Stämme aber ganz darauf verzichten mussten, so gelangen wir dagegen im Thierreiche mit sehr befriedigender Sicherheit zu der Aufstellung eines genealogischen Systems von fünf deutlich geschiedenen Phylen und vermögen mit Hülfe der Paläontologie, sowie der vergleichenden Anatomie und Embryologie, ihre Phylogenie wenigstens den Grundzügen nach festzustellen.

Wir haben bereits im siebenten Capitel des ersten Bandes die Zahl der thierischen Stämme, die wir gegenwärtig zu unterscheiden vermögen, auf fünf fixirt. Es entsprechen dieselben sechs von den sieben thierischen Typen oder Kreisen, in welche gegenwärtig das Thierreich fast allgemein eingetheilt wird. Unsere fünf Stämme sind: I. Die Wirbelthiere (Vertebrata); II. Die Weichthiere (Mollusca); III. Die Gliederthiere (Articulata); IV. Die Fünfstrahlthiere (Echinodermata) und V. Die Nesselthiere (Coelenterata). In dem Stamme der Gliederthiere oder Articulaten fassen wir die beiden gewöhnlich getrennten Typen der Gliederfüsser (Arthropoda) und der Würmer (Vermes) zusammen, welche wir nicht zu trennen vermögen, und gesellen ihnen ausserdem die Infusorien hinzu, welche wir für die Ausgangsform des ganzen Phylon halten. Die letzteren werden jetzt ziemlich allgemein mit den Rhizopoden, Spongien, Noctiluken und Flagellaten in einem siebenten und letzten „Kreise", dem der Urthiere oder Protozoen, zusammengefasst. Wir halten diese Abtheilung für keinen natürlichen Stamm, und haben sie daher aufgelöst, indem wir die meisten hierher als „Protozoën-Classen" gestellten Gruppen in der That für selbstständige „Protisten-Phylen" halten. Wenn wir dann noch die Infusorien, als unzweifelhafte Thiere, mit den Würmern und dadurch mit den Articulaten vereinigen, so beschränken wir das eigentliche Thierreich auf die fünf genannten Stämme.

Dass die drei Phylen der Vertebraten, Articulaten und Mollusken drei vollkommen selbstständige, natürliche Gruppen sind, deren jede ihren eigenen sogenannten „Organisations-Plan" besitzt, ist allgemein anerkannt, seitdem im Anfange unseres Jahrhunderts zwei der grössten Zoologen, Bär und Cuvier, gleichzeitig und unabhängig von einander, der erstere durch gedankenvolle vergleichend-embryologische, der letztere durch umfassende vergleichend-anatomische Untersuchungen geleitet, die vier „Typen" oder „Grundpläne" oder „Kreise" des Thierreichs aufstellten. Von dem vierten Typus, den Bär und Cuvier unterschieden, den Radiaten, hat dann zuerst Leuckart 1848 nachgewiesen, dass derselbe in zwei ganz verschiedene Typen, die Echinodermen und Coelenteraten, gespalten werden müsse. Dass nun diese „Typen, Kreise oder Unterreiche" des Thierreichs (Orbes, Branches, Embranchements) in der That „Phylen oder Stämme" in unserem Sinne sind, d. h. Einheiten von blutsverwandten Organismen, glauben wir durch ihre ganze paläontologische, embryologische und systematische Entwikkelungsgeschichte und die äusserst wichtige dreifache Parallele derselben auf das Bestimmteste nachweisen zu können. Wir halten den einheitlichen Organisations-Typus jedes Kreises, den mystischen „Grundplan“ ihres Baues, einfach für die nothwendige Folge der gemeinsamen Abstammung von einer und derselben Stammform; für eine Folge der Vererbungs-Gesetze.

Wir glauben, dass diese unsere Auffassung der fünf echten thierischen „Typen“ als besonderer „Phylen“ zunächst unter den Anhängern der Descendenz-Theorie am meisten ansprechen und Beifall finden wird. Die Stammbäume, welche wir auf Tafel III—VIII entworfen haben, sprechen für sich selbst. Wir können aber hier nicht verschweigen, dass wir selbst noch einen Schritt weiter über die hier durchgeführte Annahme hinausgehen, und dass wir, je länger und inniger wir die Verwandtschafts-Verhältnisse des Thierreichs durchdacht haben, desto entschiedener zu diesem wichtigen Schritt hingedrängt worden sind — zu der Annahme nämlich, dass auch die fünf thierischen Phylen an ihrer Wurzel zusammenhängen, und dass nicht allein die Vertebraten, Arthropoden und Mollusken, sondern auch die Echinodermen und Coelenteraten, aus dem Würmer-Stamme hervorgegangen sind. Wir würden dann also ebenso für das Thierreich, wie für das Pflanzen-Reich einen einzigen Stamm annehmen, während wir das Protisten-Reich unter allen Umständen für einen Complex von mehreren selbstständigen Stämmen halten. Da wir diese wichtige Frage im XXV. Capitel noch näher erörtern werden, so gehen wir hier ohne Weiteres zur genealogischen Uebersicht der fünf einzelnen thierischen Phylen über.

Erster Stamm des Thierreichs:
Coelenterata. *Nesselthiere.*

(Synonym: *Acalephae. Cnidae. Zoophyta. Nematozoa. Cnidozoa.*)

Die Thiergruppe der Coelenteraten, welche den Acalephen des Aristoteles, den Zoophyten in dem beschränkten Sinne der neueren Autoren entspricht[1]), ist gegenwärtig als ein vollkommen „natürlicher“ und einheitlicher Kreis oder Typus des Thierreichs, als eine selbstständige, eigenthümlich organisirte Hauptgruppe oder ein Unterreich, allgemein anerkannt. In der That stimmen sämmtliche Glieder dieses umfangreichen Thierkreises so vollkommen in den charakteristischen Grundzügen ihrer Organisation überein, dass über ihre wirkliche und nahe Blutsverwandtschaft kein Zweifel herrschen kann und dass wir mit voller Sicherheit ihre gemeinsame Abstammung von einer einzigen Stammform annehmen können. Die sehr eigenthümliche

[1]) Die Acalephen oder Cniden des Aristoteles (αἱ ἀκαλῆφαι, αἱ κνίδαι) entsprechen vollkommen dem Coelenteraten-Stamme, wie Leuckart dessen Umfang und Inhalt festgestellt hat. Aristoteles fasste bereits mit richtigem Instinkte die beiden wesentlich verschiedenen Haupttypen, welche wir unterscheiden, unter jenen Begriff zusammen, nämlich die an Felsen festsitzenden Petracalephen oder Polypen (Actinien) und die frei schwimmenden Nectacalephen (Medusen).

Einrichtung des Gastrovascular-Apparats oder des coelenterischen Gefäss-Systems, die allgemeine Bewaffnung der Haut mit Nesselorganen, der pflanzenähnliche Wachsthums-Modus, das Vorherrschen der homostauren und autopolen Grundform etc. zeichnen die Coelenteraten so bestimmt als einen besonderen Stamm aus, dass sie mit keiner anderen Thiergruppe Berührungen zu haben scheinen. Wir betrachten demgemäss, gestützt vor allen auf die enge anatomische Verwandtschaft aller Coelenteraten, auf die gemeinsamen Charaktere ihrer Ontogenese und auf die Andeutungen ihrer Phylogenese, die ganze Gruppe als einen einzigen natürlichen Stamm, als das niederste Phylon des eigentlichen Thierreichs.

Das Phylon der Coelenteraten ist entweder aus einer einzigen autogonen Moneren-Form als ganz selbstständiger Stamm hervorgegangen, oder es hängt an seinem unteren Stammende mit den tieferen Stufen anderer Gruppen, und zwar höchstwahrscheinlich der Würmer zusammen. Sowohl unter den Infusorien, als unter den niedersten Platyelminthen lassen sich Anknüpfungspunkte für diese Verbindung finden, wie wir im XXV. Capitel zeigen werden.

Ein einziges Coelenterat existirt, welches uns noch von der ungefähren Beschaffenheit der gemeinsamen Stammform aller Coelenteraten eine annähernde Vorstellung zu geben vermag. Dieser uralte, wenig veränderte Typus ist die *Hydra*, nebst *Cordylophora* der einzige Süsswasser-Repräsentant des ganzen Stammes, welcher gleich vielen anderen Süsswasser-Bewohnern, (wegen der einfacheren Verhältnisse des Kampfs ums Dasein im süssen Wasser) seine ursprüngliche einfache Structur nur wenig verändert zu haben scheint. Die *Hydra* spielt in dieser Beziehung unter den Coelenteraten eine ähnliche Rolle, wie *Actinophrys* und *Gromia* unter den Rhizopoden, die Ganoiden unter den Fischen. Sämmtliche anatomische und ontogenetische Verhältnisse der *Hydra* deuten darauf hin, dass sie sich am wenigsten unter allen noch lebenden Coelenteraten von ihrem ursprünglichen gemeinsamen Stammvater entfernt hat, und dass sie als ein nur sehr wenig veränderter, conservativer Nachkomme jener uralten gemeinsamen Stammformen aller Coelenteraten zu betrachten ist, aus denen sich schon in früher archolithischer Zeit alle übrigen hervorgebildet haben, und welche wir als Archydrae zusammenfassen wollen.

Alle uns bekannten Coelenteraten zerfallen in zwei Gruppen, von denen wir glauben, das sie sich schon sehr frühzeitig als zwei selbstständige Hauptäste oder Unterstämme von dem gemeinsamen *Archydra*-Stamme losgelöst und nach zwei divergenten Richtungen hin entwickelt haben. Das eine Subphylum umfasst die alte gemeinsame Stammgruppe der Archydren selbst, und den mächtigen, zunächst von ihm abgelösten Unterstamm, welcher durch die Polypen im engeren Sinne des Worts oder die Corallen (Anthozoa) gebildet wird. Da diese sämmtlich ebenso wie die alten Archydren während des grössten Theiles ihres Lebens (meistens an Felsen) festsitzen, nennen wir das ganze Subphylum „Petracalephen" oder „Haftnesseln". Das andere, frühzeitig von diesem divergirend abgegangene Subphylum umfasst die Gruppe der Medusen oder Quallen in dem weitesten und ältesten Sinne des Wortes, nämlich die Classe der Hydromedusen (mit den Subclassen der Leptomedusen, Trachymedusen und Discomedusen) und die Classe der Ctenophoren, welche offenbar erst später von der Hydromedusen-Classe sich abgezweigt hat. Wir nennen dieses Subphylum „Nectacalephen" oder Schwimmnesseln, weil die meisten Thiere dieser Gruppe sich während der längsten Zeit ihres Lebens frei schwimmend umher bewegen. (Vergl. Taf. III.)

Erstes Subphylum der Coelenteraten:
Petracalephae, H. *Haftnesseln oder Polypen.*

Dieser Unterstamm zerfällt in zwei sehr ungleichwerthige Gruppen, in die Classe der Archydren, von der uns nur noch die *Hydra* und vielleicht auch noch einige nahverwandte marine Hydroidpolypen übrig sind, und in die umfangreiche und vielgestaltige Classe der Corallen oder Anthozoen, welche sich, ebenso wie das Subphylum der Nectacalephen, selbstständig von der Archydren-Wurzel abgezweigt hat. Strenggenommen müssten wir die Nectacalephen und die Anthozoen als die beiden coordinirten Hauptäste des Archydren-Stammes, als Stammäste oder Unterstämme des gemeinsamen ältesten Phylum ansehen, dessen Schattenbild noch gegenwärtig in der *Hydra* lebt. Da wir jedoch von dem ganzen Urstamm so wenig kennen, und die Anpassung an die festsitzende Lebensweise der Archydren sich bei den Corallen constanter erhalten hat, als bei den Nectacalephen, dürfen wir die Corallen mit den Archydren als Petracalephen vereinigt lassen. Sie entsprechen den „an Felsen haftenden" Acalephen des Aristoteles, während die Nectalephen den „weichen und abgelösten, frei schwimmenden Acalephen" desselben correspondiren.

Erste Classe der Petracalephen:
Archydrae, H. *Urpolypen.*

Diese Classe würde die älteste Stammform des Coelenteraten-Stammes und deren Abkömmlinge umfassen, soweit dieselben nicht schon entweder der Anthozoen- oder der Nectalephen-Gruppe angehören. Es würden dahin also alle Coelenteraten der ältesten Primordialzeit, von der Entstehung des Phylum bis zu seiner Spaltung in die Anthozoen- und Nectacalephen-Gruppe, zu rechnen sein. Da uns fossile Reste dieser Urpolypen nicht mit Sicherheit bekannt sind, so können wir auf die Beschaffenheit derselben nur aus den frühesten Entwickelungsstadien ihrer Nachkommen, insbesondere aus den infusorienähnlichen Larven der Anthozoen und Nectacalephen schliessen, und aus den hydraförmigen einfachen Polypen, welche aus diesen zunächst hervorgehen. Als einen sehr wenig veränderten, directen Nachkommen des Archydrenstammes, der für die Coelenteraten eine ähnliche Bedeutung hat, wie *Amphioxus* für die Wirbelthiere, dürfen wir den Süsswasser-Polypen, die echte *Hydra* auffassen. Ausserdem könnten vielleicht noch eine Anzahl von niedrigsten Nectaphalephen hierher gezogen werden, jene unvollkommneren marinen Hydroid-Polypen nämlich, welche sich zunächst an *Hydra* anschliessen und gleich dieser keine Medusen, sondern ganz einfache Geschlechtskapseln in ihrer Leibeswand erzeugen. Daher könnte ein Theil derjenigen „Hydroid-Polypen", welche gewöhnlich mit den niedersten Hydromedusen (Leptomedusen) vereinigt werden, insbesondere eine Anzahl von Sertulariden und Tubulariden unter die Archydren gestellt werden. Ebenso könnte wohl noch andererseits von den Anthozoen die Tubulosen-Gruppe hierher gerechnet werden, bei welcher die charakteristischen Radial-Septa der übrigen Anthozoen nicht entwickelt sind. Innere Scheidewände, welche die Leibeshöhle in getrennte Fächer theilen, wie jene Radial-Septa der Anthozoen, finden sich auch bereits bei mehreren Hydroid-Polypen vor (*Tubularia*, *Parypha*, *Corymorpha* etc.). Doch sind diese Verhältnisse im Ganzen noch zu unbekannt, um sie hier näher zu erörtern.

Zweite Classe der Petracalephen:
Anthozoa. *Corallen.*

(Synonym: *Coralla. Corallia. Corallaria. Polypi sensu strictiori.*)

Die umfangreiche und vielgestaltige Corallen-Classe ist die einzige Coelenteraten-Gruppe, über deren Phylogenese uns die Paläontologie directe Aufschlüsse giebt. Die sehr ausgedehnte und starke Verkalkung, welche bei einem grossen Theile dieser Thiere statt fand und welche ihre Form und Structur auch am todten Thiere fast vollständig erhielt, hat zur Conservation sehr zahlreicher und werthvoller fossiler Reste derselben geführt, welche uns über die Aufeinanderfolge einzelner Gruppen derselben (jedoch nicht aller!) in der Erdgeschichte sehr bedeutende Aufschlüsse geben. Zweifelsohne haben sich die Corallen aus den Archydren als ein selbstständiger Zweig entwickelt, welcher von dem anderen Hauptzweige der Nectacalephen sich schon in sehr früher Primordialzeit abgelöst hat. Auf die nahe Verwandtschaft beider deuten auch die rudimentären Radialsepta hin, welche bereits bei grösseren Hydroidpolypen (*Tubularia, Corymorpha* etc.) sich finden und als Anfänge der bei den Anthozoen ausgebildeten radialen Scheidewände zwischen Magen- und Leibeswand gelten können. Andrerseits sind diese bei den Tubulosen so unentwickelt, dass wir diese vielleicht noch zu den Archydren rechnen dürfen. Als Eintheilungs-Moment für die verschiedenen Anthozoen-Gruppen benutzen wir in erster Linie die Antimeren-Zahl, welche hier (im Gegensatz zu den Nectacalephen) eine sehr bemerkenswerthe Constanz zeigt. Wahrscheinlich haben sich die Anthozoen nach ihrer Trennung von den Nectacalephen alsbald in zwei Aeste gespalten, bei deren einem sich die Sechszahl, bei dem anderen die Vierzahl der Antimeren frühzeitig fixirt hat, und von dem letzteren haben sich dann diejenigen abgezweigt, bei denen durch constante Verdoppelung der Antimeren die Achtzahl derselben sich befestigt hat. So erhalten wir drei natürliche Gruppen, welche auch in anderer Hinsicht als nächstverwandte erscheinen, und welche wir, nach ihrer bestimmenden homotypischen Grundzahl, die Tetracorallien, Octocorallien und Hexacorallien nennen wollen.

Erste Subclasse der Anthozoen:
Tetracorallia, H. *Vierzählige Corallen.*

Diese Gruppe umfasst diejenigen Corallen, welche sich durch Befestigung der homotypischen Vierzahl am nächsten an die Nectacalephen anschliessen und wahrscheinlich schon sehr frühzeitig von dem gemeinsamen Anthozoen-Stamme abgezweigt haben. Wir vereinigen darin die umfangreiche und sehr alte Abtheilung der stark verkalkten Rugosen mit der eigenthümlichen Gruppe der noch lebenden Cereanthiden, welche wir als einen nicht verkalkten Ausläufer derselben Unterklasse betrachten.

Erste Ordnung der Tetracorallien:
Rugosa. *Furchencorallen.*

Die Rugosen stellen eine sehr eigenthümliche, auf die archolithische und paläolithische Zeit beschränkte Ordnung dar, welche sich aus den Familien der Cystiphylliden, Cyathophylliden, Cyathaxoniden und Stauriden zusammensetzt. Gewöhnlich werden sie mit der Mehrzahl der Hexacorallen in der Abtheilung der sogenannten Sclerodermata, von Anderen dagegen mit den Hydroidpolypen vereinigt. Indessen sind sie durch die constante Vierzahl der Antimeren, den vollständigen Mangel des Coenenchyms etc. ebenso von den ersteren, wie durch die entwickelte Ausbildung zahlreicher Systeme von starken, radialen Septen von den letzteren entfernt. Schon im Silur zahlreich vertreten, erreichten sie ihre Acme im Devon und haben ihren jüngsten Repräsentanten im Perm, so dass sie ausschliesslich auf die primordiale und primäre Zeit beschränkt bleiben.

Zweite Ordnung der Tetracorallien:
Paranemata. *Cereanthiden.*

Diese kleine Ordnung besteht bloss aus der Familie der Cereanthiden (*Cereanthus* und *Saccanthus*) und wird gewöhnlich mit den sechszähligen Malacodermen vereinigt. Sie unterscheidet sich aber von diesen und von den anderen Hexacorallen sehr wesentlich nicht allein durch die constante Vierzahl der Antimeren, sondern auch durch die ganz eigenthümliche doppelte Tentakelkrone, einen labialen und einen marginalen Kreis von Tentakeln, die in denselben Meridianebenen (nicht alternirend!) stehen. Ebenso sind sie sehr ausgezeichnet durch ihren eigenthümlichen Hermaphroditismus. Wir erblicken daher in den Cereanthiden einen isolirten, sehr alten Ueberrest einer vormals bedeutenden Gruppe, den letzten Ausläufer des sehr früh entwickelten skeletlosen Hauptzweiges der Tetracorallen, von dem die Rugosen sich erst später abgezweigt haben. Da sie keine harten Theile besitzen, sind fossile Reste nicht vorhanden.

Zweite Subclasse der Corallen:
Octocorallia, H. *Achtzählige Corallen.*

Diese Gruppe, welche sehr wahrscheinlich schon in früher Zeit aus den Tetracorallen durch Verdoppelung der vier Antimeren entstanden ist, und durch Befestigung der homotypischen Achtzahl sich von denselben abgezweigt und selbstständig entwickelt hat, umfasst die Alcyonarien oder Octactinoten und die bloss der Primordial-Zeit angehörigen Graptolithen, welche wir als besondere Ordnung neben jene stellen.

Erste Ordnung der Octocorallien:
Graptolithi. *Graptocorallen.*

Die Graptolithen bilden eine sehr eigenthümliche Coelenteraten-Gruppe, welche wir nur aus der Silurzeit kennen. Gewöhnlich werden sie als die nächsten Verwandten der Alcyonarien und namentlich der Pennatuliden betrachtet. Doch ist ihre Stellung noch sehr zweifelhaft. Andere betrachten sie als Hydroidpolypen, welche den Sertulariden am nächsten stehen.

Zweite Ordnung der Octocorallien:
Alcyonaria. *Federcorallen.*

(Synonym: *Octactinia. Monocyclia octarithma.*)

Diese umfangreiche Gruppe umfasst die Familien der Tubiporiden, Alcyoniden, Gorgoniden und Pennatuliden, welche sämmtlich in der constanten Achtzahl der Antimeren, und in der Structur des einfachen Cyclus von acht platten gefiederten Tentakeln übereinstimmen. Die Phylogenie der Gruppe ist nur sehr unvollständig bekannt, da sie sich wenig zur fossilen Erhaltung in deutlich erkennbarer Form eignet. Man kennt einige Reste schon aus der Primärzeit, welche das hohe Alter der Ordnung beweisen. In allen Formationen bleiben sie aber selten, und fehlen in vielen ganz.

Dritte Subclasse der Anthozoen:
Hexacorallia, H. *Sechszählige Corallen.*

Alle Corallen, welche wir in dieser Ordnung zusammenstellen, stimmen überein in der constanten Sechszahl der Antimeren, welche neben anderen Indicien auf eine nähere Blutsverwandtschaft zwischen denselben, als zwischen ihnen und den Octocorallien und Tetracorallien hinweist. Wir glauben daher, dass die verschiedenen Zweige der Hexacorallien-Gruppe erst nach ihrer Trennung von den vereinigten vierzähligen und achtzähligen Anthozoen sich von einander entfernt haben.

Erste Ordnung der Hexacorallien:
Tubulosa: *Röhrencorallen.*

Diese kleine Gruppe sechszähliger Polypen, welche nur die Familie der Auloporiden, (*Aulopora*, *Pyrgia*) umfasst, scheint uns einen der ältesten Seitenzweige der Anthozoenclasse darzustellen, welcher eigentlich (wegen der nicht entwickelten Septa) kaum dazu gerechnet werden kann, und wahrscheinlich eine Uebergangsform von den Archydren zu den Anthozoen repräsentirt. Sie finden sich nur fossil, und nur in wenigen silurischen und paläolithischen Formen, und scheinen mit der Kohle bereits aufzuhören.

Zweite Ordnung der Hexacorallien:
Tabulata. *Bödencorallen.*

Zu dieser Gruppe gehören die Familien der Favositiden, Milleporiden, Seriatoporiden und Theciden, welche alle die constante Sechszahl der Antimeren und die horizontalen Kelch-Böden gemein haben, sonst aber sich so vielfach unterscheiden, dass sie, falls sie Aeste eines gemeinsamen Zweiges sind, jedenfalls weit divergiren. Ueberhaupt ist ihre Stellung unter den Corallen noch unsicher. Neuerdings sind sie auch zu den Hydroidpolypen unter die Nectacalephen gestellt worden, denen namentlich die Milleporiden sehr nahe zu stehen scheinen. Die Seriatoporiden schliessen sich zunächst an die Syringoporen an, aus denen sie wahrscheinlich hervorgegangen sind. Die ganze Ordnung ist sehr alt und hatte bereits in der Silur-Zeit ihre Acme erreicht. Während der Primärzeit nimmt sie stark ab, und setzt sich nach derselben nur durch einige wenige Repräsentanten fort, von denen einige Pocilloporen, Milleporen und Seriatoporen noch heute leben.

Dritte Ordnung der Hexacorallien:
Cauliculata. *Staudencorallen.*

(Synonym: *Antipatharia. Zoantharia sclerobasica. Monocyclia hexarithma.*)

Diese Ordnung umfasst nur die eine Familie der Antipathiden (*Antipathes*, *Hyalopathes* etc.) und ist, mit Ausnahme des zweifelhaften miocenen *Liopathes*, in fossilem Zustande nicht bekannt. Wegen ihres einfachen Kranzes von sechs Tentakeln und ihrer sonstigen anatomischen Eigenthümlichkeiten ist die Ordnung an die verschiedensten Stellen des Corallen-Systems versetzt worden. Sie scheint uns ein einzelner sehr alter Zweig des Hexacorallen-Astes zu sein, welcher sich von demselben schon ablöste, ehe die Multiplication der Septa und Tentakeln begonnen hatte, durch welche die meisten übrigen Hexacorallen ausgezeichnet sind.

Vierte Ordnung der Hexacorallien:

Halirhoda, H. *Seerosen.*

Diese Ordnung umfasst die skeletlosen sechszähligen Corallen, welche man gewöhnlich als „Zoantharia malacodermata" bezeichnet, jedoch nach Ausschluss der Paranemen oder Cereanthiden, welche wir für eine ganz verschiedene und weit entfernte Corallenform halten. Dagegen scheinen uns die Halirhoden mit den Eporosen und Perforaten so nahe verwandt zu sein, dass wir am liebsten diese drei Gruppen als Unterordnungen in einer einzigen Ordnung zusammenstellen möchten, die man „Anthocorallien" nennen könnte. Wahrscheinlich hat sich diese Ordnung aus Tabulaten hervorgebildet. Von den skeletlosen, sehr weichen Seerosen, welche die Familien der Autactiniden (Actiniden), Phyllactiniden, Thalassanthiden und Zoanthiden umfassen, sind natürlich keine fossilen Reste bekannt.

Fünfte Ordnung der Hexacorallien:

Perforata. *Porencorallen.*

Diese Ordnung, welche in mehrfacher Beziehung, besonders aber durch ihre unvollkommene Skelet-Entwickelung, den Uebergang zwischen den Halirhoden und Eporosen bildet, hat sich wahrscheinlich entweder aus den ersteren oder aus dem einen Zweige der Tabulaten, oder aus einem gemeinsamen Aste mit letzteren hervorgebildet. Gleich der folgenden Ordnung hat sie sich erst spät reichlicher entwickelt. Doch finden sich bereits Vertreter im Silur. Von den beiden hierher gehörigen Familien ist diejenige der Poritiden (die niedere und unvollkommnere, die sich zunächst an die Halirhoden anschliesst) bereits im Silur (durch *Protaraea*) und im Devon (durch *Pleurodictyum*) vertreten. Die andere (höhere und vollkommnere) Familie, die der Madreporiden, beginnt erst (mit *Discopsammia*) in der Weisskreide. Beide werden erst im Tertiär häufiger und sind noch jetzt in Epacme begriffen.

Sechste Ordnung der Hexacorallien:

Eporosa. *Riffcorallen.*

Diese ausserordentlich umfangreiche Gruppe umfasst die höchsten und vollkommensten, und zugleich vorzüglich diejenigen Corallen, welche durch ihre colossalen Stöcke die Corallenriffe bilden. Es gehören hierher die wichtigen und formreichen Familien der Turbinoliden, Oculiniden, Astraeiden und Fungiden. Gleich den vorigen hat sich diese Ordnung erst spät entwickelt. Mit einziger Ausnahme des silurischen *Paläocyclus*, welcher zu den Fungiden gehört, sind sämmtliche Eporosen und Perforaten der secundären, tertiären und quartären Zeit angehörig. In der Trias noch spärlich vertreten, nehmen dieselben im Jura und von da bis zur Jetztzeit mächtig zu, sind also noch in der Epacme begriffen. Wahrscheinlich haben sie sich aus den Perforaten hervorgebildet.

Zweites Subphylum der Coelenteraten: Nectacalephae, H. *Schwimmnesseln. Medusen.*

In dem zweiten Unterstamm der Acalephen oder Coelenteraten vereinigen wir die Classe der Hydromedusen mit derjenigen der Ctenophoren, welche offenbar nur einen einzelnen, einseitig entwickelten Zweig der letzteren darstellt. Die meisten Repräsentanten dieser Gruppe sind, wenigstens zu gewissen Zeiten, pelagische Schwimmer. Wir sind der Ansicht, dass dieser ganze Unterstamm, ebenso wie die Classe der Corallen oder Anthozoen, sich selbstständig, (also unabhängig von der letzteren,) aus dem Urstamm der Archydren entwickelt hat. Im Gegensatz zu den Corallen sind die meisten Nectacalephen ohne Skelet und haben daher nur seltene und im Ganzen werthlose Spuren ihrer Phylogenie in der Erdrinde hinterlassen. Wir können daher auf ihre phyletische Entwickelung nur aus ihrer Anatomie und Ontogenie schliessen. Doch sind die sich hieraus ergebenden Verwandtschafts-Verhältnisse so äusserst verwickelter Natur, dass wir nur mit sehr grosser Ungewissheit den folgenden Stammbaum aufstellen können.

Erste Classe der Nectacalephen: **Hydromedusae:** *Polypenquallen.*

Die äusserst vielgestaltige Hydromedusen-Classe, welche sich zweifelsohne unmittelbar aus den Archydren entwickelt hat, wird gewöhnlich in zwei Subclassen oder Ordnungen eingetheilt: die niederen Hydromedusen oder Craspedota (Synonym: *Cryptocarpae*, *Gymnophthalmata*, *Hydroida*), und die höheren Hydromedusen oder Acraspeda (Synonym: *Phanerocarpae*, *Steganophthalmata*, *Discophora*). Jedoch erscheint es natürlicher, wie es bereits Fritz Müller vorgeschlagen hat, diese sehr verwickelte Gruppe in drei coordinirte Ordnungen oder besser Subclassen zu spalten, deren jede sich relativ unabhängig von der anderen entwickelt hat, obwohl sie an der Wurzel sicher zusammenhängen. Wir benennen diese drei Unterclassen nach der charakteristischen Beschaffenheit ihres Schirms als Leptomedusen, Trachymedusen und Discomedusen.

Erste Subclasse der Hydromedusen: Leptomedusae, H. *Zartquallen.*

Zu dieser Gruppe würden zunächst die uns unbekannten Coelenteraten zu rechnen sein, welche, unmittelbar aus den Archydren sich hervorbildend, die gemeinsamen Stammformen der ganzen Hydromedusen-Classe wurden und deren nächste Verwandte wir wohl in einem grossen Theile der Hydroid-Polypen zu suchen haben. Ferner rechnen wir hierher die Siphonophoren, und sodann den grössten Theil der sogenannten craspedoten oder cryptocarpen Medusen, jedoch nach Ausschluss der Trachymedusen. Wahrscheinlich hat sich der älteste Leptomedusen-Stamm zunächst in drei Zweige gespalten, nämlich die Siphonophoren, Ocellaten und Vesiculaten, von denen jedoch die beiden letzteren unter sich wieder näher zusammenzuhängen scheinen.

Erste Ordnung der Leptomedusen:

Vesiculata, H. *Randbläschen-Medusen.*

Diese Ordnung umfasst den grössten Theil der sertularienartigen Hydroidpolypen und derjenigen craspedoten oder cryptocarpen Medusen, welche Randbläschen besitzen und welche die Unterordnung der *Sertulariae* im Sinne von Agassiz bilden, jedoch nach Ausschluss der Trachymedusen. Die Genitalien liegen meistens längs der Radiärcanäle. Als charakteristische Typen der Ordnung können die Eucopiden (niederste Form) und Aequoriden (höchste Form) gelten. Ausserdem gehören hierher die Geryonopsiden, Plumulariden, die meisten Campanularien und ein grosser Theil der übrigen Sertulariden und der Thaumantiaden. Es befinden sich in dieser Ordnung die einfachsten und unvollkommensten aller Medusen, welche wir vielleicht als Ausgangspunkte nicht allein für die höheren Vesiculaten, sondern auch für die Trachymedusen und Discomedusen betrachten können. Doch sind die Verwandtschafts-Verhältnisse dieser Gruppe so äusserst verwickelt, dass sich zur Zeit noch nichts Näheres darüber angeben lässt.

Zweite Ordnung der Leptomedusen:

Ocellata, H. *Augenfleck-Medusen.*

Diese Ordnung entspricht im Ganzen (jedoch mit Ausschluss mehrerer Gruppen) der Unterordnung der *Tubulariae* im Sinne von Agassiz, oder der Oceaniden-Familie von Gegenbaur, und umfasst den grössten Theil der tubularienartigen Hydroidpolypen und derjenigen craspedoten oder cryptocarpen Medusen, welche keine Randbläschen, dafür aber Augenflecke als Sinnesorgane besitzen. Die Genitalien liegen meistens in der Magenwand. Es gehören dahin die Familien der Tiariden (Oceaniden oder Nucleiferen), Sarsiaden, Hippocreniden, Cladonemiden und ein grosser Theil der Tubulariden und Thaumantiaden. Wahrscheinlich hat sich diese Ordnung unabhängig von der vorigen aus den Archydren hervorgebildet und hat wahrscheinlich auch den Ausgangspunkt für die Siphonophoren abgegeben.

Dritte Ordnung der Leptomedusen:

Siphonophora. *Schwimmpolypen (Medusenstöcke).*

Diese Ordnung wird gewöhnlich als eine besondere Hauptabtheilung (etwa äquivalent den Leptomedusen oder Discomedusen) hingestellt. Doch ist der Polymorphismus, welcher diese schwimmenden Medusenstöcke in so hohem Grade auszeichnet, gleicherweise auch schon bei anderen, festsitzenden Hydroidenstöcken, besonders bei den Hydractinien, zu finden, mit denen sie auch sonst eng zusammenhängen. Es scheint daher am passendsten, die Siphonophoren nur als eine Ordnung der Leptomedusen zu betrachten, welche in die Familien der Velelliden, Physaliden, Physophoriden und Calycophoriden zerfällt. Indessen sind diese Familien nicht gleichwerthig und es entfernt sich namentlich diejenige der Velelliden (*Velella, Porpita*) weiter von den übrigen, und ist vielleicht besonderen Ursprungs. Die Siphonophoren müssen sich entweder aus den Ocellaten oder direct aus den Archydren hervorgebildet haben.

Zweite Subclasse der Medusen:

Trachymedusae, H. *Starrquallen.*

Diese Gruppe setzt sich aus verschiedenen, offenbar einem gemeinsamen Zweige angehörigen Medusen zusammen, welche bisher theils mit den Craspedoten, theils mit den Acraspeden vereinigt waren. Der gemeinsame Charakter derselben liegt zunächst in einer eigenthümlichen Starrheit und oft fast knorpelartigen Härte des Gallertschirms, welcher auch ihren Bewegungen einen eigenthümlichen Charakter verleiht; diesem entspricht auch eine besondere Entwickelung des Velum, welches meist sehr breit, dick und herabhängend ist. Wie hierdurch mit den Craspedoten, so stimmen sie durch den gelappten Schirmrand mit den Acraspeden überein. Als Ausgangsform der Subclasse betrachten wir die uralten Aeginiden, von denen aus sich die drei Ordnungen der Phyllorchiden, Marsiporchiden und Elasmorchiden abgezweigt haben.

Erste Ordnung der Trachymedusen:

Phyllorchida, H. *Phyllorchiden.*

In dieser Ordnung haben wir bereits früher die beiden Familien der Aeginiden und Geryoniden vereinigt, welche durch die seltsame, von uns entdeckte und als Alloeogenesis beschriebene Form des Generationswechsels so innig zusammenhängen, dass wir sie nicht zu trennen vermögen. Die Aeginiden (*Cunina Aegineta*) betrachten wir als eine ganz alte, sehr wenig veränderte Medusenform, wofür schon die schwankende und nicht befestigte Antimeren-Zahl (ebenso wie bei den Asteriden unter den Echinodermen) den Beweis liefert. Die Geryoniden haben sich zweifelsohne erst aus den Aeginiden entwickelt, ebenso wie wir als einen zweiten Ast dieses Zweiges die Marsiporchiden, und als einen dritten die Elasmorchiden betrachten (vergl. unten S. 93, Anm.).

Zweite Ordnung der Trachymedusen:

Marsiporchida, H. *Marsiporchiden.*

In dieser Ordnung vereinigen wir die eigenthümliche Familie der Trachynemiden (*Trachynema*, *Rhopalonema*) mit derjenigen der Aglauriden (*Aglaura*, *Lessonia*), mit welcher sie uns durch den starren Charakter des fast knorpelartigen Schirms, sowie des eigenthümlichen Velum, die Structur der Tentakeln, der beutelförmig herabhängenden Genitalien und der Randbläschen nächstverwandt zu sein scheint. Wahrscheinlich gehören hierher auch noch andere, bisher in verschiedene Craspedoten-Familien vertheilte Medusen, z. B. *Sminthea*, *Circe* etc.

Dritte Ordnung der Trachymedusen:

Elasmorchida, H. *Elasmorchiden.*

Diese Gruppe umfasst die beiden merkwürdigen Familien der Charybdeiden (*Charybdea periphylla*), und Marsupialiden (*Marsupialis*, *Tamoya*, *Chiropsalmus*, *Bursarius*), welche in mancher Beziehung als die höchstorganisirten Medusen gelten können, aber von den Discomedusen, mit denen sie bisher vereinigt waren, ganz getrennt werden müssen. Am richtigsten hat sie Fritz Müller aufgefasst, welcher sie als einseitig entwickelte und höchst vervollkommnete Ausläufer der Aeginiden-Familie betrachtet. Ob sie unmittelbar von diesen oder von den Marsiporchiden abstammen, erscheint zweifelhaft.

Vierte Ordnung der Trachymedusen:
Calycozoa, *Haftmedusen*.

(Synonym: *Podactinaria. Lucernarida.*)

Diese scheinbar sehr isolirte Coelenteraten-Gruppe, welche gewöhnlich mit den Corallen vereinigt, oder als eine besondere Classe zwischen diese und die Hydromedusen gestellt wird, scheint sehr eng mit der vorhergehenden Subclasse der Trachymedusen und namentlich mit der Ordnung der Elasmorchiden zusammenzuhängen, aus welcher sie sich wahrscheinlich unmittelbar entwickelt hat. Die Lucernarien sind Medusen und zwar wahrscheinlich Trachymedusen, welche ihre schwimmende Lebensweise aufgegeben und sich festgesetzt haben. Neuerlich sind sie in die beiden Familien der Cleistocarpiden (*Halimocyathus*) und Eleutherocarpiden (*Haliclystus*) gespalten worden. Will man sie als besondere Subclasse aufstellen, so müssen sie ihren Platz zwischen Trachymedusen und Discomedusen erhalten.

Dritte Subclasse der Medusen:
Discomedusae, H. *Scheibenquallen*.

(Synonym: *Discophorae*, *Acraspeda*, *Phanerocarpae*; pro parte!)

Diese Gruppe entspricht im Ganzen den Acraspeden oder Phanerocarpen, jedoch nach Ausschluss der Charybdeiden. Sie zerfällt in die beiden Ordnungen der Semäostomeen und Rhizostomeen, von denen sich die letzteren aus den ersteren entwickelt haben. Ob die ersteren von den Trachymedusen oder Leptomedusen, oder direct von Archydren abstammen, erscheint zweifelhaft. Doch ist das Letztere das Wahrscheinlichste. Fossile Abdrücke von hierher gehörigen Medusen sind im lithographischen Schiefer des Jura aufgefunden worden, sowohl von Semäostomeen, als von Rhizostomeen.

Erste Ordnung der Discomedusen:
Semaeostomeae. *Seeflaggen*.

Diese Ordnung umfasst die typischen Discomedusen, welche sich in die drei Familien der Pelagiden (*Nausithoe*, *Pelagia*), Cyaneiden (*Cyanea*, *Patera*), Sthenoniden (*Sthenonia*, *Phacellophora*) und Aureliden (*Aurelia*) spalten. Ihrer Ontogenese nach zu urtheilen, haben sie sich unmittelbar aus Archydren entwickelt, vielleicht jedoch auch (theilweis?) aus Leptomedusen oder Trachymedusen (Aeginiden?).

Zweite Ordnung der Discomedusen:
Rhizostomeae. *Wurzelquallen*.

Diese Ordnung hat sich erst secundär, durch Verwachsung der Falten des Mundrandes zu Röhren, aus den Semäostomeen hervorgebildet, und zwar sicher lange vor der Jura-Zeit. Denn im lithographischen Schiefer von Solenhofen finden sich ausgezeichnet erhaltene Abdrücke von bereits völlig entwickelten Rhizostomen vor (*Rhizostomites admirandus* etc.) Die Ordnung spaltet sich in die sechs Familien der Favoniden, Polycloniden, Cepheidem, Cassiopeiden, Leptobrachiden und Rhizostomiden. Sie können als in einseitiger Richtung höchst entwickelte und als die vollkommensten aller Hydromedusen gelten, wie sie auch die absolut grössten Formen der Classe enthalten.

Zweite Classe der Nectacalephen.

Ctenophora. *Kammquallen.*

(Synonym: *Vibrantes. Ciliograda. Jriptera. Beroida.*)

Die Ctenophoren fassen wir, wie bemerkt, als einen einseitigen und in einer einzigen Richtung sehr hoch entwickelten Ausläufer der Hydromedusen-Classe auf, der sich zu dieser ähnlich verhält, wie die Vögel zu den Reptilien. Obwohl die Entwickelungsgeschichte der Ctenophoren noch sehr wenig bekannt ist, so geht doch aus Allem, was wir davon wissen, sowie aus ihrer gesammten Anatomie, mit Sicherheit hervor, dass sie nur einen späten und verhältnismässig kleinen Zweig der Hydromedusen-Classe bilden. Ob sie sich aber aus den Leptomedusen oder aus den Trachymedusen oder aus den Discomedusen herangebildet haben, ist vorläufig noch nicht zu sagen. Doch ist das letztere vielleicht das Wahrscheinlichste und spricht dafür namentlich die auffallende Aehnlichkeit, welche die Larven gewisser Rhizostomiden mit Beroiden haben. Die Classe zerfällt in zwei Subclassen, Eurystomen und Stenostomen, von denen sich die letzteren ebenso aus den ersteren, wie diese aus den Hydromedusen entwickelt haben.

Erste Subclasse der Ctenophoren:

Eurystoma. *Weitmündige Ctenophoren.*

Diese Subclasse umfasst nur die einzige Ordnung der Beroiden oder Eurystomen, welche in die drei Familen der Rangiden, Neisiden und Pandoriden zerfällt. Vor diesen stehen in mancher Beziehung die Rangiden, in anderer die Pandoriden den Discomedusen am nächsten und haben sich wohl unmittelbar von diesen abgezweigt. Jedenfalls sind die Eurystomen die älteren Ctenophoren, welche sich unmittelbar aus den Hydromedusen entwickelt, und aus denen sich erst später die Stenostomen differenzirt haben.

Zweite Subclasse der Ctenophoren:

Stenostoma. *Engmündige Ctenophoren.*

Diese Subclasse umfasst die drei Ordnungen der *Saccatae*, *Lobatae* und *Taeniatae*. Von diesen haben sich zunächst wohl als zwei divergirende Aeste einerseits die Saccaten (Cydippiden, Mertensiden, Callianiriden), andererseits die Lobaten (Euchariden, Calymmiden, Boliniden) aus den Beroiden entwickelt. Entweder aus diesen oder aus jenen hat sich zuletzt die höchst differenzirte Ordnung der Täniaten (*Cestum*) hervorgebildet. Doch sind die Verwandtschafts-Verhältnisse und namentlich die ontogenetischen Beziehungen der verschiedenen Ctenophoren-Gruppen zu verwickelt und noch zu wenig bekannt, als dass wir jetzt schon den Stammbaum derselben näher feststellen könnten. Fossile Reste derselben sind nicht bekannt.

Zweiter Stamm des Thierreichs:
Echinodermata. *Fünfstrahlthiere.*

Alle Echinodermen, welche wir kennen, stimmen in ihrer gesammten Organisation und Entwickelung durch so zahlreiche besondere und auszeichnende Charaktere überein, dass über ihre natürliche Blutsverwandtschaft kein Zweifel bestehen kann. Das ganz eigenthümliche locomotorische Wassergefässsystem oder Ambulacral-System und die ausgezeichnete Form der Verkalkung des Perisoms sind so hervorragende Charaktere, dass man kein Echinoderm mit Thieren eines anderen Stammes verwechseln kann. Dazu kommt noch der eigenthümliche Generationswechsel, die successive Metagenesis, welche nur noch einige Würmer mit ihnen theilen (vergl. unten S. 95, 97). Während die erste Generation aus sehr kleinen und zarten wurmartigen Ammen besteht, die mittelst einer Wimperschnur frei im Meere umherschwimmen, und gleich den Würmern bald eudipleure, bald eutetrapleure Grundform besitzen, erscheint dagegen die zweite Generation sehr viel grösser, stärker und robuster, sitzt fest oder kriecht auf dem Grunde des Meeres umher, und ist fast constant aus fünf Antimeren zusammengesetzt, so dass die Körpergrundform entweder pentactinot oder pentamphipleurisch ist. Die nahe und innige Verwandtschaft, welche alle Echinodermen hierdurch verbindet, ist demgemäss auch so allgemein anerkannt, dass dieser „Typus“ des Thierreichs als ebenso „natürlich“, d. h. völlig abgeschlossen, wie der der Vetebraten, betrachtet wird, und dass wir bei den Anhängern der Descendenz-Theorie gewiss keinen Widerspruch finden werden, wenn wir alle Echinodermen als blutsverwandte Descendenten einer und derselben Stammform betrachten. Dieser, auf die Anatomie und Ontogenie der Echinodermen gegründete Schluss wird in ausgezeichneter Weise durch die paläontologische Entwickelungsgeschichte bestätigt, deren Verlauf durch so zahlreiche und wohlerhaltene Reste fest bezeichnet ist, dass wir wenigstens bis zur Silurzeit hinauf mit seltener Sicherheit ihren natürlichen Stammbaum reconstruiren können (Taf. IV).

Während so über den genealogischen Zusammenhang aller Echinodermen unter sich kein Zweifel sein kann, ist dagegen die Frage über die successive Entwickelung der verschiedenen Echinodermen-Gruppen aus einer gewissen Stammform, und die Frage nach der Natur dieser hypothetischen Stammform, sowie über ihren eventuellen Zusammenhang mit anderen thierischen Stämmen sehr viel schwieriger. Was die Verwandtschaft mit anderen Phylen betrifft, so gelten noch fast allgemein als die nächsten Verwandten der Echinodermen die Coelenteraten, und selbst Agassiz hat noch neuerdings diese beiden gänzlich verschiedenen Thierstämme in der veralteten und durchaus künstlichen Abtheilung der Radiaten oder Strahlthiere vereinigt erhalten, obschon Leuckart und Johannes Müller längst die völlige Unhaltbarkeit dieser Gruppe dargethan hatten. Mit demselben Rechte, mit dem man Coelenteraten und Echinodermen als Radiaten vereinigt, könnte man auch Vertebraten, Würmer und Mollusken als Dipleure vereinigen. Dagegen zeigen die Echinodermen sehr wichtige und innige, bisher aber meistens gänzlich übersehene Verwandtschafts-Beziehungen zu den Würmern, von denen einige (Nemertiden, Sipunculiden) denselben eigenthümlichen successiven Generationswechsel (S. 97) und die meisten ein ähnliches „Wassergefässsystem" besitzen. Zwar fungirt dies bei den Würmern nicht als ambulacraler, sondern als excretorischer Apparat, ist aber doch höchstwahrscheinlich dem der Echinodermen wirklich homolog. Die Echinodermen-Larven stehen ausserdem gewissen Würmerlarven so nahe, dass sie früher allgemein für solche gehalten wurden. Der erste Zoologe, der diese sehr wichtigen Verwandtschaftsbeziehungen gehörig gewürdigt hat, ist Huxley, welcher 1864 (l. c. p. 76, 79) auf Grund derselben die Echinodermen mit den Scoleciden (Würmer nach Ausschluss der Anneliden) in dem besondern Typus der *Annuloida* vereinigt hat, wie er andererseits die Anneliden mit den Arthropoden in dem Unterreiche der *Annulosa* zusammenstellt. Doch hat er keine Andeutungen weiter über den etwaigen Ursprung der Echinodermen aus den Scoleciden gegeben.

Nach unserer Ansicht sind die Echinodermen als echte Stöcke oder Cormen von gegliederten Würmern zu betrachten, welche durch innere Knospung oder vielmehr durch fortschreitende Keimknospenbildung (*Polysporogonia progressiva*, S. 53) im Inneren echter Würmer entstanden sind. Wir denken uns diesen Vorgang in ähnlicher Weise, wie die innere Keimbildung in *Ascaris nigrovenosa* oder in den viviparen Larven der Cecidomyien. Wir denken uns, dass eine Anzahl solcher gegliederter Würmer im Inneren ihres Mutterleibes mit ihrem einen Ende durch eine Art Conjugations-Process (Concrescenz) verwachsen sind, und sich an der Verwachsungsstelle in ähnlicher Weise eine gemeinschaftliche Ingestions-Oeffnung gebildet haben, wie die Botrylliden unter den zusammengesetzten Ascidien sich eine gemeinsame Egestionsöffnung geschaffen haben. Diese Hypothese scheint uns sowohl durch die Anatomie der Echinodermen als durch ihre Ontogenie und Phylogenie lediglich bestätigt zu werden. Die zusammengesetzten Augen, welche wir selbst an den Asteriden nachgewiesen haben, kommen ausserdem nur noch bei Descendenten des Articulaten-Stammes vor. Die ausgezeichnete Metameren-Bildung der Echinodermen mit ihrem hoch differenzirten Bewegungs-Apparat (Musculatur und Hautskelet) erinnern gleichfalls an die Articulaten, und vorzugsweise an die Crustaceen.

Jedes Echinodermen-Bion würde nach dieser Vorstellung nicht als eine Person, sondern als ein echter Stock (also als ein morphologisches Individuum sechster, nicht fünfter Ordnung) zu betrachten sein. Jedes Antimer des fünfstrahligen Echinoderms dagegen würde ursprünglich eine Metameren- (nicht Epimeren-!) Kette, eine gegliederte Wurmperson (also ein Form-Individuum fünfter Ordnung) darstellen. Auch die getrennte Entstehung der fünf Antimeren in vielen Echinodermen-Larven, wo sie sich als fünf ganz selbstständige Stücke um den Magen herum anlegen, scheint uns diese Ansicht lediglich zu bestätigen. Der Nervenstrang, welcher in der Mitte jeder Ambulacralfurche verläuft, muss dann dem Bauchmark der Articulaten homolog sein, und der Nervenring, welcher den Mund umgiebt, würde erst eine secundär entstandene Commissur zwischen den ursprünglich getrennten Wurmleibern darstellen.

Wir sind darauf gefasst, unsere Hypothese als einen paradoxen Einfall verspottet zu sehen, und er ist uns selbst anfangs als solcher erschienen. Je mehr wir aber darüber nachgedacht, je intensiver wir die innigen Verwandtschafts-Beziehungen der Echinodermen und der scheinbar so weit davon entfernten Articulaten erwogen haben, desto bestimmter hat sich in uns die Ueberzeugung von der Richtigkeit jener Vorstellung befestigt. Der paradoxe Generationswechsel der Echinodermen scheint uns in keiner anderen Weise erklärbar. Wenn man aber unsere Hypothese verwirft, so bleibt nichts übrig, als eine gänzlich unbekannte Reihe von älteren, archolithischen Stammformen für die Echinodermen anzunehmen, die sich aus einer eigenen autogonen Moneren-Form völlig selbstständig entwickelt haben.

Vielleicht kann auch die Verwandtschaft der Holothurien mit den Gephyreen (Sipunculiden, Echiuriden), welche schon früher zu einer Vereinigung dieser Würmer mit den Echinodermen geleitet hat, zu Gunsten unserer Hypothese angeführt werden. Wenn diese Hypothese von der Abstammung der Echinodermen von echten Würmern richtig ist, so können wir als die ursprüngliche gemeinsame Stammform der Echinodermen nur Asteriden denken, welche offenbar die ursprüngliche Stockform des Echinoderms am deutlichsten zeigen. Das grösste Gewicht legen wir hierbei auf die wechselnde Antimeren-Zahl der Asteriden, welche dagegen bei allen andern Echinodermen sich bereits auf fünf fixirt hat. Bekanntlich kommen nicht allein unter denjenigen Seestern-Arten, welche gewöhnlich fünf Antimeren besitzen, sehr häufig auch Exemplare mit mehr oder weniger als fünf Antimeren vor; sondern es giebt auch zahlreiche Seestern-Arten, welche ganz constant eine verschiedene, meist grössere und wechselnde Anzahl von Antimeren besitzen (*Solaster papposus* z. B. 11—13, *Asteracanthion tenuispinus* 5—10 (meist 6—8), *A. helianthus* 20—40, *Luidia senegalensis* constant 9, *L. Savignyi* constant 7, *Brisinga endecacnemos* constant 11). Alle anderen Echinodermen dagegen besitzen constant fünf Antimeren. Offenbar hatte sich also die Fünfzahl der Antimeren bereits fixirt, ehe die übrigen Echinodermen sich von dem Urstamme der Seesterne abzweigten. Auch ist bei allen anderen Echinodermen in viel höherem Grade eine mehr oder weniger vollständige Centralisation des Cormus eingetreten, als bei den Asteriden, deren einzelne Antimeren noch sehr vollständig sind, und den ursprünglichen gegliederten Wurmleib noch am deutlichsten erhalten zeigen. Unter den Asteriden selbst sind es die Colastren oder die echten Asteriden im engeren Sinne (*Asteracanthion* oder *Uraster*, *Solaster*, *Archaster* etc.), welche in dieser Beziehung am wenigsten verändert sind, und den ursprünglichen Typus, obwohl in seiner Art sehr hoch vervollkommnet, doch am getreuesten erhalten zeigen.

Die glänzendsten Bestätigungen unserer Hypothese haben die äusserst wichtigen paläontologischen Entdeckungen der jüngsten Zeit geliefert. Während man früher die Asteriden für jüngere, die Crinoiden für die ältesten Vertreter des Echinodermen-Kreises hielt, sind jetzt so zahlreiche und mannichfaltige Asteriden-Reste, (vorzüglich durch Salter) im silurischen Systeme Englands und Nord-Amerikas aufgefunden worden, dass mit Sicherheit daraus hervorgeht, dass die Asteriden-Classe von keiner andern Echinodermen-Classe an Alter übertroffen wird. Und was das Wichtigste ist, diese ältesten silurischen Seesterne sind theils von den heutigen Colastren (insbesondere *Asteracanthion* oder *Uraster*), kaum oder nicht generisch zu unterscheiden, theils entschiedene Zwischenformen sowohl zwischen Colastren und Ophiastren (*Tocastra*) als auch zwischen Colastren und Crinoiden (*Crinastra*). Wir halten demnach die Crinoiden nicht, wie es allgemein geschieht, für die älteste und ursprünglichste Echinodermen-Form, sondern sind vielmehr der Ansicht, dass sich die Crinoiden aus den

Asteriden durch Anpassung an festsitzende Lebensweise (also durch phyletische Rückbildung) entwickelt haben. Die Echiniden scheinen aus den Crinoiden, mit denen sie durch die Palechiniden und Cystideen unmittelbar zusammenhängen, hervorgegangen zu sein, während die Holothurien sich sehr wahrscheinlich aus den Echiniden entwickelt haben. Da wir an einem anderen Orte diese Ansicht ausführlicher begründen werden, so begnügen wir uns hier mit einer kurzen Skizze derselben und einem Hinweis auf den Stammbaum der Tafel IV.

Erste Classe der Echinodermen: **Asterida.** *Seesterne.*

(Synonym: *Haliastra*, H. *Asteriae. Asteractinota. Stellerida.*)

Die Phylogenie der Asteriden eröffnet nach unserer Ansicht diejenige des gesammten Echinodermen-Stammes, da wir diese Gruppe für den Ausgangspunkt des ganzen Phylums halten. Wenn unsere Annahme richtig ist, dass die Echinodermen von den Würmern abstammen, so ist die Asteriden-Classe die einzige, deren Entwickelung in dieser Weise leicht zu denken ist. Die ältesten Seesterne stellten demgemäss echte Würmerstöcke dar, die sich allmählich immer mehr centralisirten. Die Asteriden galten bis vor Kurzem allgemein für eine spätere Echinodermen-Gruppe, die erst mit den Autechiniden gleichzeitig in der Trias zuerst auftreten sollte. Dagegen haben neuere Entdeckungen von der grössten Wichtigkeit nachgewiesen, dass zahlreiche echte Seesterne sich bereits in den ältesten Erdschichten finden, welche überhaupt fossile Echinodermen enthalten, nämlich im unteren Silur, und zwar befinden sich unter diesen Asteriden sowohl echte Colastren, welche von der heute noch lebenden Gattung *Uraster* (*Asteracanthion*) kaum zu unterscheiden sind, als auch sehr eigenthümliche, weder mit den Colastren, noch mit den Ophiastren vereinbare Seesterne, welche gemeinsame Stammformen theils der beiden letzten Ordnungen, theils der Colastren und der Crinoiden darstellen. Wir nennen die letzteren Crinastra, die ersteren Tocastra, und stellen diese beiden ausgestorbenen Ordnungen den vier jetzt noch lebenden Seestern-Gruppen an die Seite.

Erste Ordnung der Asteriden: **Tocastra,** H. *Stammsterne.*

In dieser Ordnung fassen wir diejenigen Seesterne zusammen, welche bestimmende Charaktere der Colastren und der Ophiastren in der Weise vereinigt zeigen, dass man sie weder den ersteren noch den letzteren unmittelbar einreihen kann. Vielleicht stellen dieselben die gemeinsamen Stammformen beider Ordnungen dar, und höchst wahrscheinlich die unmittelbaren und wenig veränderten Nachkommen jener archolithischen Seesterne, welche wir als die gemeinsamen Stammväter des gesammten Echinodermen-Stammes ansehen. Der grösste Theil der hierher gehörigen Seesterne (vielleicht alle) findet sich in den Silurschichten, und zwar meistens in den unteren Silurschichten. Die wichtigsten Gattungen sind: *Palaeodiscus*, *Palaeaster*, *Lepidaster*, *Archasterias*, *Aspidosoma*, *Palaeocoma*, *Rhopalocoma* etc. Auch einige Arten von *Protaster* gehören hierher, z. B. *Protaster Miltoni*, welcher gleich *Palaeodiscus* eine ausgezeichnete Zwischenform zwischen den Colastren und Ophiastren ist. Der obersilurische *Lepidaster Grayi* (mit dreizehn Antimeren!) zeigt auch schon Crinoiden-Charaktere. Als ein noch lebender Ausläufer dieser wichtigen Asteriden-Ordnung ist vielleicht die merkwürdige *Brisinga hendecacnemos* zu betrachten, welche ebenfalls eine Mischung von Colastren- und Ophiastren-Charakteren darbietet.

Zweite Ordnung der Asteriden:

Colastra, H. *Gliedersterne.*

(Synonym: *Asteriac. Asteriadae. Asterida* sensu strictiori. *Colasteriae.*)

Als Colastra oder Gliedersterne bezeichnen wir die sogenannten „echten Seesterne" oder Asterien, welcher Name aber oft auch auf die ganze Classe ausgedehnt wird. Es gehören also zu den Colastren die Familien der Urasteriden (*Uraster*, *Asteracanthion*, mit 4 Fussreihen und mit After), Solasteriden (mit 2 Fussreihen und mit After, *Solaster*, *Archaster*) und Astropectiniden, mit 2 Fussreihen, ohne After (*Astropecten*, *Luidia*). Die Phylogenie dieser Ordnung ist besonders dadurch höchst interessant, dass von ihr (ebenso wie von *Lingula* unter den Brachiopoden) schon in den ältesten silurischen Schichten Repräsentanten gefunden werden, welche von den jetzt noch lebenden nicht generisch, zum Theil selbst kaum specifisch verschieden zu sein scheinen. Diese haben sich also am wenigsten von allen Echinodermen seit jenen ältesten Zeiten verändert. Am merkwürdigsten in dieser Beziehung ist das Genus *Asteracanthion* (oder *Uraster*), zu welchem der gemeinste lebende Seestern der deutschen Küsten gehört: *A. rubens*. Aus dem unteren Silur sind schon fünf Arten desselben bekannt: *A. obtusus*, *hirudo*, *primaevus*, *Ruthveni* und *matutinus*. Ihnen sehr nahe steht *Tropidaster* aus dem Jura. Im Jura finden sich auch bereits Reste von *Astrogonium*, *Solaster*, in der Kreide von *Oreaster* und *Goniodiscus*. Aber auch die afterlosen Gattungen *Astropecten* und *Luidia* kommen bereits im Jura und der Kreide vor. Wenn nicht zu den Tocastren, würden wir wahrscheinlich zu den Colastren jene ältesten unbekannten Seesterne stellen müssen, welche unmittelbar aus den Würmern entstanden sind (vergl. S. LXIII).

Dritte Ordnung der Asteriden:

Brisingastra, H. *Brisingasterne.*

Diese, in fossilem Zustande nicht bekannte Ordnung wird nur durch die merkwürdige *Brisinga hendecacnemos* gebildet, den seltsamen norwegischen Seestern mit elf Antimeren, welcher in auffallender Weise Charaktere der Colastren und Ophiastren verbindet. Falls derselbe nicht ein Ausläufer der Tocastren-Gruppe ist, müssen wir ihn als eine sehr alte Fortsetzung der verbindenden Uebergangs-Formen von den Colastren zu den Ophiastren ansehen. Da reine Ophiuren-Formen erst in der Trias auftreten, werden sich die Brisingasterne schon vor dieser Zeit von jenen Zwischenformen zwischen vorigen und folgenden abgezweigt haben.

Vierte Ordnung der Asteriden:

Ophiastra, H. *Schlangensterne.*

(Synonym: *Ophiurae. Ophiurida. Ophiasteriae.*)

Die Phylogenie dieser Asteriden-Ordnung ist weniger sicher bekannt, als diejenige der meisten anderen Echinodermen, was wohl mit der geringen Grösse und der ausserordentlichen Zerbrechlichkeit dieser zierlichen Seesterne zusammenhängt. Mit voller Sicherheit kennt man fossile Ophiuren-Reste nur aus dem Mesolith- und Caenolith-Zeitalter, und es würde daraus zu schliessen sein, dass dieselben erst in der Antetrias-Zeit von ihren Stammeltern, den Tocastren, sich abzweigten. Doch ist es auch möglich, dass diese Differenzirung schon früher erfolgte, da einige silurische Tocastren den echten Ophiastren schon sehr nahe zu stehen scheinen Die ältesten Ophiastren, zu den Gattungen *Acroura*, *Aspidura*, *Aplocoma* gehörig, finden sich im Muschelkalk der Trias. In dem lithographischen Schiefer des Jura finden sich die Genera *Ophiurella*, *Geocoma* und das noch lebende *Ophioderma*. Von da an scheinen sie zugenommen zu haben, obwohl ihre Abdrücke immer noch selten bleiben.

Fünfte Ordnung der Asteriden:
Phytastra, H. *Baumsterne*.

(Synonym: *Euryalae. Euryalida. Astrophyta. Costata. Phytasteriae.*)

Die Phylogenie dieser Seestern-Abtheilung ist am wenigsten von allen bekannt. Von den jetzt lebenden Phytastren (*Asterophyton*, *Euryale*, *Trichaster*, *Asteronyx*) sind keine fossilen Reste bekannt. Dagegen ist die ausgezeichnete fossile Gattung *Saccocoma*, welche gewöhnlich als eine besondere Abtheilung der Crinoiden unter dem Namen *Costata* aufgestellt wird, sehr wahrscheinlich eine fossile *Euryale*, oder doch wenigstens ein Zweig ihrer unmittelbaren Vorfahren. Die Gattung *Saccocoma* (mit 3 Arten) ist bis jetzt nur im lithographischen Schiefer des Jura gefunden worden, woraus zu schliessen wäre, dass die Phytastren sich vor dieser Zeit von den übrigen Asteriden abgezweigt haben. Als ihre unmittelbaren Vorfahren würden entweder Ophiastren oder Tocastren anzusehen sein (vielleicht auch Crinastren, z. B. einige Arten von *Protaster?*).

Sechste Ordnung der Asteriden:
Crinastra, H. *Liliensterne*.

In dieser Gruppe würden wir diejenigen, noch sehr wenig bekannten Seesterne zusammenfassen, welche den unmittelbaren Uebergang zu den Crinoiden und dadurch zugleich zu den übrigen Echinodermen herstellen. Da wir im unteren Silur die Crinoiden bereits entwickelt antreffen, so müssen die eigentlichen Stammformen derselben schon vorher sich von dem gemeinsamen Tocastren-Stamme abgezweigt haben, und es können daher die paläolithischen Crinastren nur als wenig veränderte Ausläufer jener Uebergangsformen angesehen werden. Es gehören hierher einige Arten der Gattung *Protaster* (*P. Sedgwickii* Forbes u. a. aus dem Silur, *P. Arnoldi* aus dem Devon der Eifel), welche von den zu den Tocastren gehörigen Arten derselben Gattung (*Protaster Miltoni* etc.) so sehr verschieden sind, dass wir erstere hier als *Encrinaster* (*E. Sedgwickii*, *E. Arnoldi* etc.) absondern. Auch *Lepidaster* und einige andere Tocastren-Gattungen, welche bereits Crinoiden-Charaktere zeigen, müssen vielleicht später hierher gezogen werden.

Zweite Classe der Echinodermen:
Crinoida. *Seelilien.*

(Synonym: *Halicrina*, H. *Crinoidea. Actinoidea. Crinactinota.*)

Die Phylogenie der Crinoiden lässt sich, wie diejenige der Asteriden und Echiniden, im Ganzen recht gut errathen, obwohl auch hier, wie überall, sich sehr empfindliche Lücken finden. Besonders ist zu bedauern, dass uns die sämmtlichen archolithischen Crinoiden, welche vor der Silurzeit lebten (abgesehen von einigen unbedeutenden Cystideen-Resten im cambrischen System), so gut wie unbekannt sind. Ihre Kenntniss würde uns die gemeinsame Abstammung aller Crinoiden von den Asteriden enthüllen. In dem unteren Silur, welches die ältesten bekannten deutlichen Echinodermen-Reste enthält, sind bereits die verschiedenen Abtheilungen der Crinoiden, Brachiaten, Cystideen und Blastoideen so reichlich neben einander entwickelt, dass offenbar schon sehr lange Zeit seit ihrer Abzweigung von den Asteriden verflossen sein musste. Dass diese letztere unzweifelhaft ist, glauben wir auf Grund ausgedehnter anatomischer und morphogenetischer Vergleichungen. Die Crinastren bilden bereits den Uebergang von den Asteriden zu den Brachiaten. Aus den letzteren sind wahrscheinlich erst die beiden anderen Abtheilungen: Cystideen und Blastoideen, hervorgegangen.

Erste Subclasse der Crinoiden:
Brachiata. *Armlilien.*

(Synonym: *Autocrina*, H. *Brachiocrina*. *Crinoidea* sensu strictiori.)

Die Phylogenie dieser Subclasse bildet den Ausgangspunkt für diejenige der ganzen Crinoiden-Classe, da sehr wahrscheinlich Brachiaten oder Autocrinen es waren, welche zuerst aus den Asteriden sich entwickelten, und von denen später erst einerseits die Blastoideen, andererseits die Cystideen sich abzweigten. Die fossilen Reste dieser Subclasse sind äusserst zahlreich und mannichfaltig, und gehen von den untersten Silurschichten durch alle Formationen bis zur Jetztzeit hindurch, in welcher sie durch die lebenden *Pentacrinus* und *Comatula* vertreten sind. Die Autocrinen zerfallen in zwei grosse Ordnungen, von denen die eine aus der anderen hervorgegangen ist. Die erste Ordnung, die Phatnocrinen oder Tafel-Lilien, sind fast ausschliesslich paläolithisch (vom Silur bis zum Perm; nur ein einziger Ausläufer derselben (*Marsupites*) reicht bis zur weissen Kreide. Die zweite Ordnung dagegen, die Colocrinen oder Glieder-Lilien, sind ausschliesslich mesolithisch oder caenolithisch, und reichen von der Trias bis jetzt, so dass sie vollständig die primären Phatnocrinen in der Secundär- und Tertiär-Zeit vertreten. Zweifelsohne haben sich daher die vollkommneren Colocrinen aus den unvollkommneren Phatnocrinen in der Antetrias-Zeit entwickelt.

Erste Ordnung der Brachiaten:
Phatnocrina, H. *Tafellilien.*

(Synonym: *Tessellata. Tessellocrina. Phatnocrinoidea.*)

Diese Ordnung, die umfangreichste der ganzen Crinoiden-Classe, bildet mit sehr zahlreichen Familien, Gattungen und Arten den grössten Theil der mannichfaltigen paläolithischen Crinoiden-Fauna. Sie beginnt schon im unteren Silur, mit Formen, welche sich zum Theil sehr nahe den Crinastren, Phytastren und Tocastren anschliessen (*Rhodocrinus*, *Glyptocrinus*, *Heterocrinus* etc.). Im Obersilur sind *Thysanocrinus*, *Eucalyptocrinus* und *Platycrinus* zu bemerken, im Devon *Cyathocrinus*, *Cupressocrinus*, *Hexacrinus*, in der Kohle *Poteriocrinus*, *Actinocrinus*, *Dichocrinus* etc. Im Perm finden sich nur noch sehr wenige Arten (*Cyathocrinus*). Die ganze Ordnung erreicht in der Kohle ihre höchste Blüthe. Nur ein einzelner Ausläufer setzt sich in die Secundär-Zeit fort, der dem carbonischen *Astylocrinus* nächstverwandte *Marsupites*, welcher mit drei Arten in der weissen Kreide erscheint.

Zweite Ordnung der Brachiaten:

Colocrina, H. *Gliederlilien.*

(Synonym: *Articulata. Arthrocrina. Colocrinoidea.*)

Diese Ordnung ist auf das secundäre und tertiäre, wie die vorige (*Marsupites* ausgenommen) auf das primordiale und primäre Zeitalter beschränkt. Zwar werden auch einige ältere Arten in paläolithischen Schichten angegeben, doch sind diese ganz unsicher. Es ist demnach das Wahrscheinlichste, dass die Colocrinen sich in der Antetrias-Zeit aus den Phatnocrinen entwickelt haben, während die letzteren grösstentheils ausstarben. Die ältesten, mit Sicherheit bekannten Colocrinen bilden die Familie der Encriniden (*Encrinus*, *Flabellocrinus*), welche der Trias ausschliesslich eigenthümlich ist. Daneben finden sich in der Trias auch mehrere Arten *Pentacrinus*. Die höchste Entwickelung erreicht die Ordnung in der Jura-Zeit, wo besonders *Eugeniacrinus*, *Apiocrinus*, *Millerocrinus* und *Pentacrinus* durch sehr zahlreiche Arten vertreten sind. In der Kreide- und in der Tertiär-Zeit nehmen die Colocrinen schnell ab, und sind gegenwärtig nur noch durch *Pentacrinus caput Medusae* und durch die beiden Gattungen *Comatula* und *Alecto* vertreten.

Zweite Subclasse der Crinoïden:

Blastoidea. *Knospen-Lilien.*

(Synonym: *Blastocrina. Blastactinota. Pentremitida. Pentatrematitida.*)

Diese Crinoïden-Gruppe weicht so sehr von den Brachiaten und von den Cystideen ab, dass sie vielleicht am besten als eigene Classe aufgestellt würde. Immerhin steht sie den ersteren näher, als allen anderen Echinodermen-Gruppen. Durch die Bildung der fünf Genitalspalten-Paare nähert sie sich den Ophiuren und Echiniden. Höchstwahrscheinlich hat sich diese alte Subclasse in antesilurischer (also archolithischer) Zeit aus den Phatnocrinen oder aus gemeinsamer Wurzel mit diesen, vielleicht aber auch aus dem Crinastren-Zweige, oder noch tiefer aus der Asteriden-Wurzel heraus entwickelt. Sie erscheint zuerst im oberen Silur mit 3 Arten *Pentremites* (oder *Pentatrematites*). Ihre Zahl nimmt zu im Devon, und besonders im Kohlengebirge, wo sie ihr Maximum (über 40 Arten) und zugleich ihren Schluss erreicht. Das sehr stark amphipleurisch differenzirte Genus *Eleutherocrinus* (im Devon) verdient eine besondere Ordnung zu bilden. Eine Fortsetzung in späterer Zeit scheinen die Blastoideen nicht gehabt zu haben. Wir betrachten sie als einen einseitig entwickelten Seitenzweig der Crinoiden, welcher auf das primordiale und primäre Zeitalter beschränkt bleibt.

Erste Ordnung der Blastoideen:

Elaeacrina, H. *Eläacriniden.*

Diese Gruppe umfasst die eigentlichen Pentremitiden, die Gattungen *Pentremites*, *Codonaster* und *Elaeacrinus*, welche vom oberen Silur bis zur Kohle gehen. Abgesehen von dem excentrischen After, ist die Grundform fast ganz regelmässig pentactinot, nicht amphipleurisch.

Zweite Ordnung der Blastoideen:

Eleutherocrina, H. *Eleutherocriniden.*

Diese merkwürdige Gruppe besteht zwar bis jetzt nur aus einer einzigen devonischen Form, welche aber durch die sehr starke Differenzirung ihrer Antimeren und die ausgezeichnete Pentamphipleuren-Form, sowie durch andere anatomische Verhältnisse von den Elaeacrinen mindestens eben so sehr abweicht, als die petalostichen von den desmostichen Echiniden. Wir müssen daher dieser weit vollkommneren Form den Rang einer besonderen Ordnung zugestehen.

Dritte Subclasse der Crinoiden:

Cystidea. *Blasen-Lilien.*

(Synonym: *Cystocrina. Pseudocrinida. Sphaeronitida.*)

Auch diese Crinoiden-Gruppe entfernt sich so sehr von den Brachiaten, dass sie als eine eigene Classe angesehen werden kann. Sie ist sehr wichtig als die wahrscheinliche Stammform der Echiniden, welche sie mit den Autocrinen verbindet. Gleich den Blastoideen sind auch die Cystideen auf die archolithische und paläolithische Zeit beschränkt, haben sich aber wohl in noch früherer Zeit, als letztere, von den Brachiaten oder von den Crinastren abgezweigt. Sie zeigen sich nämlich vereinzelt schon in der cambrischen Formation, und haben im unteren Silur bereits das Maximum ihrer Entwickelung erreicht. Schon im oberen Silur werden sie seltener, und im Devon und der Kohle finden sich nur noch einzelne Arten. Schon im Perm fehlen sie ganz. Wir können zwei Ordnungen unterscheiden, die Agelacrinen und die Echinencrinen.

Erste Ordnung der Cystideen:

Agelacrina, H. *Agelacriniden.*

(Synonym: *Thyroidea. Edrioasterida.*)

Diese neuerlich erst mehr bekannt gewordene Ordnung scheint eine unmittelbare Zwischenform zwischen den Asteriden (vielleicht den Crinastren) und den echten Cystideen herzustellen. Die meisten Arten finden sich im Unter-Silur (*Edriaster, Hemicystites, Agelacrinus* etc.). Einzelne gehen bis zum Devon hinauf. Es fehlt ihnen der Stiel der echten Cystideen.

Zweite Ordnung der Cystideen:

Echinencrina, H. *Echinencriniden.*

Diese Ordnung, welche die Cystideen im engeren Sinne enthält (*Sphaeronites, Caryocystites, Echinencrinus, Stephanocrinus* etc.), ist ebenfalls im unteren Silur am häufigsten, und hört mit der Kohle auf. Sie scheint Uebergangsformen zu den Palechiniden zu enthalten.

Dritte Classe der Echinodermen:

Echinida. *Seeigel.*

(Synonym: *Halechini*, H. *Echini. Echinoidea. Echinactinota.*)

Die Phylogenie der Seeigel ist am besten von allen Echinodermen bekannt, und liefert uns in ihrer Vollständigkeit viele treffliche Beweise für die Descendenz-Theorie, und besonders für das Fortschritts-Gesetz. Die Echiniden verdanken dieses besondere Interesse dem festen Bau und den deutlichen Formverhältnissen ihrer Kalkschale, welche besser als das Skelet der meisten anderen Echinodermen der vollständigen Erhaltung fähig ist. Vielleicht ist keine andere Abtheilung der Wirbellosen reicher an paläontologischen Beweismitteln für das Progressions-Gesetz, bis auf die einzelnen Familien hinab. Eine sorgfältige Vergleichung der fossilen und lebenden Formen erlaubt es, hier den Stammbaum an vielen einzelnen Zweigen bis zu den Gattungen und Arten hinab festzustellen. Wir behalten die detaillirte Darstellung dieser interessanten Verhältnisse einer anderen Arbeit vor, und beschränken uns hier auf die allgemeinsten Züge. Die Echiniden stellen zweifelsohne die vollkommenste und höchstentwickelte Echinodermen-Classe dar (abgesehen vielleicht von den Holothurien, welche sie in einzelnen Beziehungen übertreffen). Sie erreichen daher ihre höhere Entwickelung erst in späterer Zeit als die Crinoiden und Asteriden, aus denen sie sich hervorgebildet haben. Ihre nächsten Stammeltern sind höchstwahrscheinlich die Cystideen, und zwar die Echinencrinen, mit denen ihre niedersten Formen, die Palechiniden, nächstverwandt sind. Letztere finden sich schon im Silur und bleiben auf die paläolithische Zeit beschränkt. Aus ihnen haben sich erst in der Antetrias-Zeit die höheren Formen entwickelt, die Autechiniden, welche sämmtlich der secundären und tertiären Zeit angehören. Bei allen Autechiniden ist die Kalkschale aus 20 meridianalen Plattenreihen in der Art zusammengesetzt, dass 5 Paare ambulacraler Reihen mit 5 Paaren interambulacraler Reihen abwechseln. Bei den Palechiniden dagegen sind mindestens 3, gewöhnlich 5—6 interambulacrale Plattenreihen zwischen je 2 Ambulacralfelder eingeschaltet.

Erste Subclasse der Echiniden:

Palechinida, H. *Vielreihige Seeigel.*

(Synonym: *Tessellata. Perischoechinoidea. Palaechinoidea. Crinechini.*)

Die Unterclasse der Palechiniden umfasst alle paläolithischen Seeigel, da alle Echiniden, welche wir aus dem primären Zeitalter kennen, mehr als 2, meistens 5—6 interambulacrale Plattenreihen zwischen je 2 ambulacralen besitzen. Diese Gruppe hat sich zweifelsohne aus den Crinoiden und zwar höchstwahrscheinlich aus der Echinencrinen-Ordnung der Cystideen hervorgebildet. Sie bildet das vermittelnde Zwischenglied zwischen diesen und den Autechiniden. Im Silur beginnend, hört sie nach dem Perm bereits wieder auf. Man kann sie in zwei Ordnungen theilen, die sich sehr wesentlich durch die Bildung der Ambulacralfelder unterscheiden, die Melonitiden und Eocidariden.

Erste Ordnung der Palechiniden:

Melonitida, H. *Melonitiden.*

Diese Gruppe ist bis jetzt nur durch die Gattung *Melonites* vertreten, von der man nur eine Art kennt, *M. multipora* aus dem Kohlenkalk von S. Louis (Missouri). Doch ist dieselbe durch ihre Schalenstructur so sehr ausgezeichnet, dass wir nicht anstehen, auf dieselbe eine besondere Ordnung zu gründen. Während nämlich alle anderen Seeigel, sowohl die Autechiniden, als die Eocidariden, nur 2 Plattenreihen in jedem Ambulacralfelde besitzen, finden sich bei *Melonites* deren nicht weniger als 8 vor. Auch sind die einzelnen Platten meist vierseitig oder sechsseitig, während sie bei allen übrigen meist fünfseitig sind. Da ausserdem in jedem Interambulacralfeld nicht weniger als 7 Plattenreihen vorhanden sind, so erreicht hier die Gesammtzahl der meridianalen Plattenreihen die ausserordentliche Höhe von 75, wovon 40 ambulacral, 35 interambulacral sind. Bei den anderen Palechiniden erreicht sie höchstens 40. Bei allen Autechiniden sind deren stets nur 20 vorhanden. Die Melonitiden stehen demnach den Cystideen, und namentlich den Echinencrinen noch näher, als die Eocidariden und vermitteln den Uebergang von jenen zu diesen.

Zweite Ordnung der Palechiniden:

Eocidarida, H. *Eocidariden.*

Diese Gruppe umfasst alle Palechiniden mit Ausnahme von *Melonites.* Es sind hier stets nur 2 Plattenreihen in jedem Ambulacrum vorhanden, wie bei den Autechiniden. Dagegen beträgt die Anzahl der Plattenreihen in jedem Interambulacrum mindestens 3, gewöhnlich aber 5 — 6. Sie bilden also den unmittelbaren Uebergang von den Melonitiden zu den Autechiniden. Die Gruppe beginnt im Silur mit *Protechinus Phillipsiae* (*Palaechinus Phillipsiae* Autorum), ist durch mehrere Arten von *Eocidaris* und *Archaeocidaris* im Devon vertreten und erreicht die Höhe ihrer Entwickelung im Kohlenkalk (viele Arten der Genera *Palaechinus, Archaeocidaris, Eocidaris, Perischodomus, Lepidocentrus* etc.) Die letzten Vertreter finden sich im Perm (*Eocidaris Kaiserlingii*).

Zweite Subclasse der Echiniden:

Autechinida, H. *Zwanzigreihige Seeigel.*

(Synonym: *Euechinoidea. Typica. Echinida* sensu strictiori.)

Die Unterclasse der Autechiniden umfasst sämmtliche mesolithische und cänolithische Seeigel, da alle Echiniden, welche wir aus der Secundär- und Tertiär-Zeit kennen, nur 2 interambulacrale Plattenreihen zwischen je 2 ambulacralen besitzen. Sie sind demnach für diese beiden Zeitalter ebenso ausschliesslich charakteristisch, wie die Palechiniden für das primäre, und vertreten hier vollständig die Stelle der letzteren. Zweifelsohne haben sich demnach die Autechiniden während der Antetrias-Zeit aus den Palechiniden durch Transformation hervorgebildet. Wir zerfällen diese wichtige Subclasse, welche alle sogenannten „echten oder typischen Seeigel“ umfasst, in zwei Ordnungen, die sich wesentlich durch die Differenzirung der ambulacralen Plattenreihen unterscheiden. Bei den älteren und unvollkommneren Desmostichen sind die Ambulacra einfach bandartig, bei den jüngeren und vollkommneren Petalostichen dagegen petaloid differenzirt. Erstere beginnen schon in der Trias, letztere erst im Jura.

Erste Ordnung der Autechiniden:

Desmosticha, H. *Autechiniden mit Band-Ambulacren.*

In dieser Ordnung vereinigen wir alle sogenannten „regulären Seeigel“ oder Endocyclica (die grosse Familie der Cidariden, sowie die Saleniden und Echinometriden) und einen Theil der sogenannten irregulären oder Exocyclica, nämlich die Familien der Galeritiden, Echinoniden und Dysasteriden. Alle diese Seeigel stimmen überein in dem Mangel der petaloiden Differenzirung der Ambulacra, welche die Petalostichen auszeichnet. Die Ambulacra laufen als einfache, nicht petaloide Bänder vom oralen zum aboralen Pol. Aus diesen und anderen Gründen ist die Gruppe der Desmostichen unvollkommener, als die der Petalostichen. Die ersteren bilden den Uebergang von den Palechiniden zu den Petalostichen. Hiermit stimmt ihre Phylogenie völlig überein.

Die Demostichen treten bereits in der Trias auf, mit der Familie der angustistellen Cidariden, welche sich wahrscheinlich in der Antetrias-Zeit aus den Eocidariden entwickelt haben.

Erste Familie der Desmostichen:
Goniocidarida, H. *Turban-Igel.*

(Synonym: *Angustistellae. Cidarida* sensu strictiori. *Cidarida anguste-stellata.*)

Diese Familie enthält die ältesten und zugleich die regelmässigsten Formen von allen Autechiniden, welche am wenigsten differenzirt sind. Die Pentactinoten-Form ist hier meistens eben so rein, wie bei den Palechiniden erhalten. Sie schliessen sich unmittelbar an letztere an und haben sich jedenfalls aus denselben durch Transformation entwickelt. Sie sind die einzigen Autechiniden der Trias, wenn man von einigen zweifelhaften Arten *Hypodiadema* der folgenden Familie absicht, welche sich in den obersten Trias-Schichten (S. Cassian) finden sollen. Die älteste Gattung von allen Autechiniden ist *Eucidaris* (*Cidaris sensu strictissimo*), welche mit zahlreichen Arten (*E. pentagona, venusta, subsimilis* etc.) in der Trias von S. Cassian (Keuper) erscheint. Ebenda findet sich auch eine Species von *Hemicidaris*. Die Familie der Angustistellen oder Goniocidariden erreicht die Blüthe ihrer Entwickelung im Jura, wo allein mehr als hundert Arten von *Eucidaris* vorkommen, und sinkt dann allmählich herab bis zur Gegenwart, wo sie nur durch wenige Arten vertreten ist.

Zweite Familie der Desmostichen:
Echinocidarida, H. *Kronen-Igel.*

(Synonym: *Latistellae. Echinida* sensu strictissimo. *Cidarida late-stellata.*)

Diese Familie schliesst sich zunächst an die vorige an, mit welcher sie gewöhnlich unter dem vieldeutigen Namen der Cidariden vereinigt wird. Sie hat sich höchst wahrscheinlich aus derselben entwickelt, und ist ihr gegenüber als spätere und vollkommnere Gruppe zu bezeichnen. Wenn man von den oben erwähnten problematischen Arten von *Hypodiadema* aus der Trias absieht, so erscheint diese Familie zum ersten Male im Jura, und zwar in den untersten Schichten desselben. Sie hat sich also sehr wahrscheinlich erst in der Antejura-Zeit (vielleicht schon in der Keuper-Epoche der Trias-Zeit) aus einem Zweige der vorigen Familie hervorgebildet. *Hemicidaris* und die verwandten Formen vermitteln den unmittelbaren Uebergang zwischen Beiden. Auch diese Familie erreicht, gleich der vorigen, ihre Blüthezeit im Jura, wo sehr zahlreiche Arten von *Pseudodiadema, Hemipedina, Stomechinus* etc. vorkommen. Sie nimmt schon in der Kreide, und noch stärker späterhin bis zur Gegenwart ab.

Dritte Familie der Desmostichen:
Echinometrida. *Quer-Igel.*

Diese Familie (die „Latestellati polypori transversi" Desor's), welche die Genera *Echinometra, Podophora* und *Acrocladia* umfasst, und welche sich durch die Verlängerung der lateralen Richtaxe so auffallend vor allen anderen Echiniden auszeichnet, ist in fossilem Zustande nicht bekannt. Sie scheint sich demnach erst in neuerer Zeit von den Echinocidariden, unter denen *Heliocidaris* ihr am nächsten steht, abgezweigt zu haben.

Vierte Familie der Desmostichen:
Salenida. *Höcker-Igel.*

Diese Familie scheint ebenso einen seitlich entwickelten Zweig der Goniocidariden oder Augustistellen zu bilden, wie die vorige einen besonderen, divergenten Seitenzweig der Latistellen darstellt. Sie ist ausschliesslich auf die secundäre Jura- und Kreide-Zeit beschränkt, und umfasst zwei verschiedene Unterfamilien, welche in parentalem Verhältniss zu einander stehen. Die Subfamilie der Acrosaleniden (*Acrosalenia*) umfasst die artenreiche Gruppe der älteren Saleniden, welche ausschliesslich im Jura vorkommen, und sich durch perforirte Stachelhöcker auszeichnen. Die Subfamilie der Hyposaleniden dagegen (*Salenia, Hyposalenia, Peltaster* etc.) begreift die jüngeren Saleniden, welche undurchbohrte Stachelhöcker besitzen, und nur in der Kreide vorkommen. Offenbar sind also die Hyposaleniden ebenso durch Transformation aus den Acrosaleniden, wie diese aus den Goniocidariden hervorgegangen.

Fünfte Familie der Desmostichen:
Galeritida. *Pyramiden-Igel.*

Diese Familie scheint sich ebenso, wie die Familie der Echinometriden, aus den Latistellen oder Echinocidariden entwickelt zu haben. Sie ist auf die beiden secundären Formationen Jura und Kreide beschränkt, in welcher letzteren sie ihre Blüthe erreicht.

Sechste Familie der Desmostichen:
Echinonida. *Nuss-Igel.*

Diese Familie, welche man gewöhnlich mit der vorigen unter dem Namen der Galerideen vereinigt, scheint sich zwar, gleich den echten Galeritiden, ebenfalls von den Latistellen abgezweigt zu haben, aber selbstständig, und erst in späterer Zeit. Sie ist in fossilem Zustande nicht bekannt.

Siebente Familie der Desmostichen:
Dysasterida. *Streck-Igel.*

Diese merkwürdige Familie, welche sich durch die räumliche Trennung der beiden aboralen Convergenzpunkte des Bivium und Trivium so auffallend vor allen anderen Echiniden auszeichnet, steht dennoch den Galeritiden sehr nahe und hat sich entweder aus diesen selbst, oder mit ihnen zusammen aus gemeinsamer Wurzel, aus den Latistellen oder Echinocidariden hervorgebildet. Sie beginnt mit der artenreichen Gattung *Collyrites* schon im Lias, erreicht ihre Blüthe im mittleren und oberen Jura, und nimmt in der Kreide bereits wieder ab, mit welcher sie auch aufhört.

Zweite Ordnung der Autechiniden:
Petalosticha, H. *Autechiniden mit Blatt-Ambulacren.*

In dieser Ordnung fassen wir alle diejenigen „irregulären" Seeigel oder Exocyclica zusammen, welche sich durch petaloid differenzirte Ambulacra (blumenblattförmige Ambulacralkiemen) auszeichnen. Offenbar ist diese morphologische und physiologische Differenzirung ein Akt der Vervollkommnung, und dem entsprechend sehen wir diese höchst entwickelte Echiniden-Gruppe erst durch progressive Transformation eines Seitenzweiges der Desmostichen sich entwickeln, und erst in späterer Zeit, als die letzteren ihre Blüthezeit erreichen. Erst in der Jura-Zeit zweigen sie sich von den Desmostichen ab, aus welchen sie zweifelsohne durch Transmutation hervorgegangen sind.

Erste Familie der Petalostichen: Cassidulida. *Helm-Igel.*

Die Cassiduliden sind von allen Petalostichen die ältesten, indem sie bereits im Jura erscheinen, während die anderen alle erst in der Kreide auftreten. Da sie zugleich in anatomischer Hinsicht den Desmostichen näher stehen, so dürfen wir wohl mit Sicherheit annehmen, dass sie zuerst von allen Petalostichen sich aus den Desmostichen hervorgebildet haben. Da unter den letzteren die Galeritiden ihnen am nächsten stehen, so haben sie sich vermuthlich aus diesen in der früheren Jura-Zeit oder in der Antejura-Zeit entwickelt. Die Cassiduliden-Familie zerfällt in drei Subfamilien, von denen diejenige der Echinanthiden, als die älteste, den Ausgangspunkt bildet. Sie tritt mit vielen Arten von *Clypeus* und *Echinobrissus* bereits im unteren Jura auf, erreicht in der Kreide eine sehr starke Entwickelung, und sinkt im Eocen schon wieder herab. Die beiden anderen Subfamilien sind nur unbedeutende Seitenzweige, welche in der Kreide-Zeit von den Echinanthiden sich abzweigen. Die seltsame und spärliche Subfamilie der Claviastriden, ein gleichsam monströs degenerirter Seitenzweig, bleibt auf die Kreide beschränkt, während die andere Subfamilie, die der Caratomiden, noch mit einigen Ausläufern in die Eocen-Zeit hineinreicht.

Zweite Familie der Petalostichen: Spatangida. *Herz-Igel.*

Diese umfangreiche und vielgestaltige Echiniden-Gruppe wird gewöhnlich als die vollkommenste von allen angesehen, und in vielen Beziehungen ist sie zweifelsohne am höchsten differenzirt. In anderen Beziehungen dagegen scheinen uns die Clypeastriden vollkommener zu sein, und hiermit stimmt auch ihre Phylogenie überein. Die Spatangiden treten mit sehr zahlreichen Arten bereits in der Kreide auf und scheinen gegen Ende der Kreide-Zeit bereits die Höhe ihrer Entwickelung erreicht zu haben, während allerdings die am höchsten differenzirten Formen derselben erst in der Jetztzeit zu ihrer vollen Blüthe zu gelangen scheinen. Die Familie zerfällt in zwei Subfamilien, die Ananchytiden und Brissiden, von denen die erstere auf die Kreide-Zeit beschränkt ist. Die Ananchytiden scheinen sich in der Antecreta-Zeit, wahrscheinlich durch Transformation eines Cassiduliden-Zweiges, vielleicht jedoch auch direct aus den Galeritiden (oder Dysasteriden?) entwickelt zu haben. Die Spatangiden im engeren Sinne, oder die Brissiden, dagegen sind erst aus den Ananchytiden, vielleicht auch aus gemeinsamer Wurzel mit ihnen, entsprungen.

Dritte Familie der Petalostichen: Clypeastrida. *Schild-Igel.*

In vielen Beziehungen steht diese Familie, wie bemerkt, an der Spitze der ganzen Echiniden-Classe, vorzüglich durch die ausserordentliche Entwickelung der petaloiden Ambulacren, welche hier allein die Interambulacra oft so bedeutend an Breite übertreffen, dass diese nur als schmale Bänder zwischen ihnen erscheinen. Auch durch sehr beträchtliche Körpergrösse, Differenzirung der inneren Organe und eigenthümliche Ausbildung der äusseren Körperform übertreffen viele Clypeastriden (am meisten die Mellitiden und Euclypeastriden) so sehr die übrigen Echiniden, dass wir sie als die höchst entwickelte Gruppe ansehen, wenngleich sie in anderer Beziehung hinter den Spatangiden zurücksteht. Dafür spricht auch ihre Phylogenie. Denn die Clypeastriden-Familie ist die jüngste von allen Echiniden, und fast ausschliesslich tertiär, mit Ausnahme von ein Paar *Echinocyamus*-Arten aus der oberen Kreide. Sie haben sich also erst in dieser Zeit von den übrigen Petalostichen abgezweigt, und zwar höchst wahrscheinlich von den Cassiduliden, so dass wir Clypeastriden und Spatangiden als zwei selbstständige divergente Seitenzweige der Cassiduliden zu betrachten haben. Die Clypeastriden-Familie zerfällt in drei Subfamilien. Von diesen ist diejenige der Laganiden die älteste und der eigentliche Stamm der Familie, welcher sich direct aus den Cassiduliden hervorgebildet hat. Zu ihr gehört die einzige Clypeastriden-Gattung der Secundär-Zeit (*Echinocyamus* aus der oberen Kreide). Diese Stamm-Gruppe erreicht schon in der Eocen-Zeit ihre höchste Blüthe und sinkt dann herab. Dagegen erreichen die beiden anderen Subfamilien, Euclypeastriden und Scutelliden, welche aus den Laganiden erst in der Tertiär-Zeit hervorgegangen sind, erst in der Gegenwart ihre volle Entwickelung. Zuerst scheint sich von den Laganiden die Subfamilie der Euclypeastriden (*Clypeaster*) in der Eocen-Zeit abgezweigt zu haben, worauf aus dieser sich die Subfamilie der Scutelliden oder Mellitiden (*Encope, Rotula*) entwickelte, die erst im Miocen beginnt.

Vierte Classe der Echinodermen:
Holothuriae. *Seewalzen.*

(Synonym: *Haliposthae*, H. *Scytodermata. Scytactinota.*)

Im Gegensatze zu allen übrigen Echinodermen, deren mehr oder minder vollständig verkalktes und zusammenhängendes Hautskelet meistens der Erhaltung in fossilem Zustande ausgezeichnet fähig ist, besitzen die Holothurien nur einzelne zerstreute Kalkkörperchen in der Haut, welche zwar einzeln wohl der Erhaltung fähig, aber theils wegen ihrer sehr geringen (meist mikroskopischen) Grösse schwer zu entdecken, theils nicht im Stande sind, nähere Auskunft über die Beschaffenheit des ganzen Körpers zu geben; die ältesten derartigen Kalkkörperchen, den bekannten Kalk-Ankerchen der Synapten sehr ähnlich, sind in den Bayreuther Scyphien-Kalken des Jura gefunden worden (*Synapta Sieboldii*). Die Paläontologie wird uns also niemals über die Phylogenie der Holothurien belehren.

Aber auch die sonstigen Verwandtschafts-Verhältnisse der Holothurien, soweit wir dieselben durch die vergleichende Anatomie und durch die Ontogenie ermitteln können, sind uns nur sehr unvollständig bekannt, und wir können nicht wagen, einen Stammbaum derselben zu entwerfen. Gewöhnlich wird die Holothurien-Classe in die beiden Ordnungen der fusslosen (Apodia) und der wasserfüssigen (Eupodia) gespalten. Zu den Apodia gehören zwei sehr verschiedene Familien: 1. Synaptida (*Synapta*, *Chirodota*); 2. Liodermatida (*Lioderma*, *Molpadia*). Die Ordnung der Eupodia umfasst ebenfalls zwei Familien: 1) Aspidochirota (*Aspidochir*, *Mülleria, Thelenota* [*Holothuria*], *Bohadschia*); 2) Dendrochirota (*Pentacta, Psolus, Cuvieria*). Die beiden letzteren Familien sind wahrscheinlich divergirende

Zweige eines gemeinsamen Eupodien-Astes; doch sind die Verwandtschafts-Beziehungen aller verschiedenen Holothurien-Gruppen zu einander so verwickelt und noch so wenig bekannt, dass wir dieselben hier nicht in der Weise wie die der übrigen Echinodermen systematisiren können.

Unter den übrigen Echinodermen scheinen uns die Echiniden den Holothurien am nächsten verwandt zu sein, und wir vermuthen demnach, dass sich die letzteren aus einem Zweige der ersteren hervorgebildet haben. Sobald das Hautskelet der Echiniden weich wird, sobald die Kalkablagerung bloss zur Bildung isolirter Stückchen zurückgeführt wird, kann man sich ohne Schwirigkeit den Uebergang eines Echiniden in eine Holothurie vorstellen. Wahrscheinlich erfolgte derselbe erst im Beginn der Secundär-Zeit, als die Autechiniden sich von den Palechiniden abzweigten.

Dritter Stamm des Thierreichs:

Articulata. *Gliederthiere.*

Den Stamm der Articulaten behalten wir, geringe Modificationen abgerechnet, in fast demselben Umfange bei, in welchem Bär und Cuvier denselben aufgestellt haben. Er umfasst die beiden mächtigen Subphylen der Würmer (*Vermes*) und der Gliederfüsser (*Arthropoda*), welche gegenwärtig fast allgemein als zwei getrennte Typen oder Unterreiche aufgeführt werden und als solche zwei selbstständigen Phylen entsprechen würden. Indessen stellen nach unserer Ansicht die Arthropoden, welche sich nur durch die stärkere Differenzirung (Heteronomie) der Metameren (Rumpf-Segmente), und die Gliederung der an denselben befindlichen Extremitäten unterscheiden, nur einen höher entwickelten Zweig des Würmerstammes dar. Die gesammte Organisation beider Subphylen stimmt im Uebrigen so vollständig überein, dass wir dieselben nicht zu trennen vermögen.

Als ein drittes Subphylum des Articulaten-Stammes schliessen wir den vereinigten Würmern und Arthropoden die Classe der echten Infusorien an, welche wir allein von allen Gliedern des aufgelösten Protozoen-Kreises für echte Thiere halten können. Wir betrachten die Infusorien als überlebende Reste der alten gemeinsamen Stammform der Articulaten, und zwar scheinen sich aus denselben zunächst die Strudelwürmer oder Turbellarien entwickelt zu haben, aus deren Differenzirung dann weiter die übrigen Würmer hervorgegangen sind.

Wie wir im fünfundzwanzigsten Capitel besonders erörtern werden, müssen wir für den Fall, dass wir eine gemeinsame Wurzel aller thierischen Stämme, d. h. ihre Abstammung von einer gemeinschaftlichen Stammform, annehmen, in der Würmer-Gruppe diese Stammform suchen. Auf Tafel I ist im Felde g h y n die eventuelle Form dieses Zusammenhanges dargestellt. Falls wir nicht für jeden der vier übrigen Stämme eine besondere autogone Moneren-Form als Ausgangspunkt annehmen, erscheint es am natürlichsten, letzteren in den niederen Würmern, und zwar entweder unter den Strudelwürmern oder unter den Infusorien zu suchen.

Die Verwandtschafts-Verhältnisse des Articulaten-Stammes, und vorzüglich des Subphylum der Würmer, sind die complicirtesten von allen thierischen Stämmen, selbst von jenem möglichen genealogischen Zusammenhange mit den übrigen Thierstämmen abgesehen. Die meisten Aufschlüsse liefert uns noch die vergleichende Anatomie. Dagegen kennen wir die Ontogenie der meisten Articulaten erst sehr unvollständig; und die Paläontologie besitzt nur von den hartschaligen und wasserbewohnenden Crustaceen zahlreichere Reste, von den übrigen, meistens landbewohnenden Arthropoden nur verhältnissmässig sehr wenige und unbedeutende, von der ungeheuren Masse der Würmer und Infusorien wegen ihrer weichen und zerstörbaren Leibesbeschaffenheit fast gar keine nennenswerthen und kenntlichen Reste. Wir können aus diesen Gründen hier nur die allgemeinsten und flüchtigsten Umrisse des Stammbaums der Articulaten skizziren, und müssen den besten Theil dieser eben so interessanten als schwierigen Aufgabe der besser unterrichteten Zukunft überlassen. Den autogonen Moneren, welche den Infusorien den Ursprung gegeben haben müssen, nächstverwandte Formen sind vielleicht noch heute unter den Moneren des Protistenreichs zu finden, ebenso wie vielleicht weitere Entwickelungs-Stadien derselben unter den Protoplasten und Flagellaten, die bereits zu den Infusorien hinüber zu leiten scheinen.

Erstes Subphylum des Articulaten-Stammes: **Infusoria.** *Infusionsthierchen.*

Der Unterstamm der Infusorien, wie wir denselben hier als Ausgangsgruppe des Articulaten-Stammes betrachten, umfasst bloss die beiden Classen der Ciliaten (Wimper-Infusorien) und der Suctorien (Acineten). Diese beiden Classen, welche in ihrer Metaplase so weit auseinander gehen, scheinen doch durch ihre Ontogenese auf das Innigste zusammenzuhängen. Sowohl die Ciliaten als die Acineten scheinen sich nach den neueren Untersuchungen durch acinetenähnliche Larven oder sogenannte „Schwärmsprösslinge" fortzupflanzen, die in beiden Classen nicht zu unterscheiden sind. Sie tragen Saugröhren wie die festsitzenden Acineten, und schwimmen mittelst eines Wimperkleides umher wie die Ciliaten. Diese gemeinsamen Jugendformen scheinen uns unzweifelhaft (zwar keinen ontogenetischen! wohl aber) einen phylogenetischen Zusammenhang zu beweisen. Wir betrachten Infusorien, welche zeitlebens in der Form der bewimperten actinetenartigen Larven verharrten, als die uralten Stammeltern aller Infusorien (und somit aller Articulaten), und nehmen an, dass sich die beiden Classen der Acineten und Ciliaten als zwei divergente Zweige aus denselben entwickelten; die Acineten verloren durch Anpassung an festsitzende Lebensweise die Wimpern der Larven und behielten die Saugröhren; die Ciliaten umgekehrt behielten die Wimpern und verloren die Saugröhren. Was den tieferen Ursprung der Gruppe anbelangt, so sind die alten Urahnen, welche die Brücke zwischen der autogonen Moneren-Form des Articulaten-Stammes (und somit vielleicht des ganzen Thierreichs) und den bewimperten Acineten-Larven herstellen, vielleicht noch heute in Protisten des Flagellaten- oder des Protoplasten-Stammes zu finden.

Erste Classe der Infusorien: **Ciliata.** *Wimper-Infusorien.*

Von den vier Ordnungen, in welche diese Classe gegenwärtig gewöhnlich zerfällt wird, scheinen uns die Holotricha (*Glaucoma*, *Opalina*, *Paramecium*, *Nassula* etc.) die älteste und am wenigsten differenzirte Gruppe zu bilden, aus denen sich die drei anderen Ordnungen erst durch Differenzirung des Wimperkleides hervorgebildet haben. Diese drei Ordnungen sind die Heterotricha (*Bursaria*, *Stentor*, *Tintinnus* etc.), die Hypotricha (*Loxodes*, *Oxytricha*, *Euplotes* etc.) und die Peritricha (*Vorticella*, *Ophrydium*, *Trichodina* etc.).

Zweite Classe der Infusorien:
Acinetae (*Suctoria*). *Saug-Infusorien.*

Die Classe der Acineten oder Sauginfusorien, welche ihren gemeinsamen phyletischen Ursprung mit den Ciliaten deutlich durch ihre gleichen Larven verrathen, umfasst die beiden Ordnungen oder Familien der Podophryida (*Podophrya*, *Trichophrya*, *Autacineta*) und der Dendrocometida (*Dendrocometes*, *Ophryodendron*). Vielleicht hängt diese Classe mit den Rhizopoden oder den Protoplasten unmittelbar zusammen.

Zweites Subphylum des Articulaten-Stammes:
Vermes. *Würmer.*

Der Unterstamm der Würmer, wie wir denselben hier umschreiben, umfasst drei Hauptäste oder Claden, nämlich: I. die Würmer im engeren Sinne (*Scolecida* oder Helminthes); II. die Ringelwürmer (*Annelida*) und III. die Räderthierchen (*Rotatoria*). Entweder bloss der letztere oder auch die beiden letzten Claden werden von Anderen bereits zu den Arthropoden gezogen. Sowohl die Rotatorien als die Anneliden stellen eigenthümlich entwickelte Zweige der Scoleciden dar, welche ihrerseits durch die Turbellarien mit den Infusorien zusammenhängen.

Erster Cladus der Würmer:
Scolecida (*Helminthes*). *Urwürmer.*

Dieser umfangreiche Ast des Subphylum der Articulaten umfasst die drei Classen der Platyelminthen, Rhynchelminthen und Nematelminthen, von denen die beiden letzteren divergirende Aeste der ersteren darstellen.

Erste Classe der Scoleciden:
Platyelminthes. *Plattwürmer.*

Diese Classe bildet unzweifelhaft den Ausgangspunkt für den gesammten Unterstamm der Würmer, da derselbe durch die Turbellarien unmittelbar mit den Ciliaten zusammenhängt. Man pflegt gewöhnlich an den Anfang desselben die Cestoden als die unvollkommensten Würmer zu stellen. Indessen sind diese zweifelsohne ebenso wie die Trematoden erst aus den Turbellarien durch Anpassung an parasitische Lebensweise hervorgegangen.

Erste Ordnung der Platyelminthen:
Turbellaria. *Strudelwürmer.*

Von allen Würmern stehen diese ohne Zweifel den Infusorien am nächsten, und sind selbst durch einige so zweifelhafte Uebergangs-Formen mit den Ciliaten verbunden, dass ihre Abstammung von diesen nicht geleugnet werden kann. Wir beschränken diese Ordnung auf die eigentlichen Turbellarien, die hermaphroditischen und afterlosen (*Aprocta*), indem wir die sehr viel höher entwickelten afterführenden und gonochoristischen Nemertinen (*Proctucha*) als besondere Ordnung abtrennen. Die Ordnung der Turbellarien spaltet sich in zwei Unterordnungen: Dendrocoela (*Planaria*, *Stylochus*) und Rhabdocoela (*Monocelis*, *Vortex*). Von diesen stehen die Dendrocoelen offenbar tiefer und den Ciliaten näher; aus ihnen wahrscheinlich haben sich die anderen Platyelminthen und vielleicht auch die Rhabdocoelen hervorgebildet. Diese letzteren betrachten wir als Stammgruppe der Nemertinen, der übrigen Würmer, und der Rotatorien, und dadurch zugleich aller höheren Articulaten. Unter den Dendrocoelen befinden sich vielleicht Uebergangsformen von den Ciliaten zu den Rhabdocoelen.

Zweite Ordnung der Platyelminthen:
Trematoda. *Saugwürmer.*

Diese parasitischen Würmer sind wohl jedenfalls durch Anpassung an parasitische Lebensweise aus den Turbellarien und zwar aus den Dendrocoelen hervorgegangen. Durch weiter gehenden Endoparasitismus und entsprechende phyletische Degeneration haben sich aus ihnen die Cestoden hervorgebildet, während andererseits vielleicht die Hirudineen als höher entwickelte ectoparasitische Trematoden zu betrachten sind.

Dritte Ordnung der Platyelminthen:
Cestoda. *Bandwürmer.*

Mit Unrecht, wie bemerkt, werden die Bandwürmer gewöhnlich als unvollkommenste Wurmgruppe an den Anfang der Würmergruppe gestellt. Offenbar können sie nicht Ausgangspunkt derselben sein, sondern haben sich erst secundär durch phyletische Degeneration aus den Turbellarien in ähnlicher Weise entwickelt, wie die Acanthocephalen aus den Gephyreen. Dass die Cestoden durch weiter gehende parasitische Rückbildung aus den Trematoden entstanden sind, zeigen deutlich die völlig zweifelhaften Uebergangsformen zwischen beiden Gruppen (*Amphiptyches*, *Amphilina* etc.).

Vierte Ordnung der Platyelminthen:
Hirudinea (*Discophora*). *Egel.*

Die Hirudineen haben sich wahrscheinlich ebenso durch fortschreitende, wie die Cestoden durch rückschreitende phyletische Metamorphose aus den Trematoden entwickelt. Zahlreiche, neuerdings entdeckte Uebergangsformen zwischen beiden Ordnungen scheinen diese, besonders von Leuckart betonte nahe Verwandtschaft beider Gruppen zu bestätigen, obwohl die Möglichkeit nicht ausgeschlossen bleibt, dass sich die Hirudineen als ein Seitenast von den Anneliden abgezweigt haben.

Fünfte Ordnung der Platyelminthen:
Onychophora. *Krallenwürmer.*

Diese ausgezeichnete kleine Gruppe, welche nur die Familie der Peripatiden mit der einzigen Gattung *Peripatus* umfasst, wird gewöhnlich zu den Anneliden (Chaetopoda) gestellt. Sie schliesst sich aber durch viele und wichtige anatomische Charaktere viel näher an die Plattwürmer, und unter diesen zunächst an die Hirudineen an. Insbesondere ist sehr wichtig die völlige Uebereinstimmung im Bau der Leibes-Muskulatur, auf deren grosse systematische Bedeutung zuerst A. Schneider mit Recht hingewiesen hat. Falls nicht aus den Hirudineen selbst, mit denen sie auch noch die Zwitterbildung theilen, haben sich die Onychophoren wohl tiefer unten von dem Platyelminthen-Aste abgezweigt.

Sechste Ordnung der Platyelminthen:
Nemertina. *Schnurwürmer.*

Die Ordnung der Nemertinen hängt mit der Ordnung der Turbellarien, und insbesondere mit den Rhabdocoelen, so eng zusammen, dass sie gewöhnlich nicht von dieser Ordnung getrennt wird. Zweifelsohne hat sie sich unmittelbar aus den letzteren entwickelt. Indessen entfernt sie sich doch wesentlich von ihnen schon durch die Differenzirung der Geschlechter, durch die Entwickelung einer Leibeshöhle und durch andere Eigenthümlichkeiten. Vielleicht haben sich die echten Anneliden (Chaetopoden) aus ihnen hervorgebildet.

Zweite Classe der Scoleciden:
Rhynchelminthes. *Rüsselwürmer.*

Als Rüsselwürmer fassen wir nach dem Vorgange von A. Schneider die beiden Ordnungen der Gephyreen und Acanthocephalen zusammen, welche in dem eigenthümlichen Bau ihrer Leibes-Muskulatur und ihres Hakenrüssels auffallend übereinstimmen und sich dadurch zugleich von allen andern Würmern entfernen, so dass sie weder den Platyelminthen, noch den Nematelminthen, noch den Anneliden, ohne Zwang eingefügt werden können. Wir betrachten die Rhynchelminthen als einen Scoleciden-Zweig, welcher wahrscheinlich unmittelbar aus den Rhabdocoelen, und unabhängig von den beiden Aesten der Anneliden und Nematelminthen, vielleicht jedoch auch im Zusammenhang mit einem der beiden letzteren Zweige hervorgegangen ist. Die Acanthocephalen sehen wir als Gephyreen an, welche durch Anpassung an Entoparasitismus rückgebildet worden sind.

Erste Ordnung der Rhynchelminthen:
Gephyrea. *Sternwürmer.*

Die Gruppe der Gephyreen, welche die Familien der Priapuliden, Sipunculiden, Echiuriden und Sternaspiden umfasst, hat an den verschiedensten Stellen des Systems ihren Platz gefunden. Gewöhnlich wird sie entweder als eine besondere Würmer-Classe oder als eine Ordnung der Anneliden-Classe angesehen, bisweilen auch mit den Nematoden vereinigt. Früher galten die Gephyreen lange für Echinodermen, von denen insbesondere die Holothurien Manches mit ihnen gemein haben. Wahrscheinlich haben sie sich als selbstständiger Ast von den Rhabdocoelen abgezweigt, vieleicht in Zusammenhang mit denjenigen unbekannten Würmern, welche Stammväter der Echinodermen wurden.

Zweite Ordnung der Rhynchelminthen:
Acanthocephala. *Kratzwürmer.*

Von den Nematoden, mit welchen die Acanthocephalen gewöhnlich vereinigt werden, entfernen sie sich durch den Bau ihrer Muskulatur eben so sehr, als sie dadurch andrerseits mit den Gephyreen übereinstimmen, mit denen sie auch den retractilen, mit rückwärts gerichteten Haken besetzten Rüssel theilen. Wir vermuthen, dass die Acanthocephalen ebenso durch phyletische Rückbildung aus den Gephyreen, wie die Cestoden und Trematoden aus den Turbellarien entstanden sind. Beide Gruppen zeigen uns in ausgezeichneter Weise den hohen Grad, welchen die paläontologische Degeneration in Folge langer Anpassung an entoparasitische Lebensweise erreichen kann, und der sich namentlich im Verlust des Darmcanals ausspricht.

Dritte Classe der Scoleciden:
Nematelminthes. *Rundwürmer.*

Die Rundwürmerclasse beschränken wir auf die beiden Abtheilungen der Chaetognathen (*Sagittae*) und der echten Nematoden (*Strongyloidea*). Beide sind, wie A. Schneider gezeigt hat, besonders durch den eigenthümlichen Bau ihrer Leibesmuskulatur auf das nächste verwandt. Der cylindrische Körper aller Nematoden ist stets deutlich aus vier Antimeren zusammengesetzt, welche durch die vier longitudinalen Muskelfelder, 2 dorsale und 2 ventrale, bezeichnet werden. Diese sind getrennt in der Medianebene durch die dorsale und ventrale Medianlinie (area mediana), in der Lateralebene durch die rechte und linke Seitenlinie (area lateralis) [1])

Erste Ordnung der Nematelminthen:
Chaetognathi. *Pfeilwürmer.*

Die merkwürdige Ordnung der Chaetognathen oder Oestelminthen wird gegenwärtig nur durch die einzige Gattung *Sagitta* gebildet. Diese erscheint nach unserer vorhergehenden Auseinandersetzung als ein ausserordentlich alter Wurm-Typus, welcher sich von seinen alten Stammeltern seit dem archolithischen Zeitalter, in welchem sich vermuthlich die Wirbelthiere von letzteren abzweigten, nur wenig entfernt hat. Wie auch ihre durch Gegenbaur bekannt gewordene Ontogenie beweist, bilden die Sagitten einen sehr conservativen Typus, der uns die ursprüngliche gemeinsame Stammform der Nematoden und Vertebraten vielleicht nur wenig modificirt zeigt.

Zweite Ordnung der Nematelminthen:
Nematoda. *Fadenwürmer.*

(Synonym: *Nematoidea. Strongyloidea. Filariae. Filarina.*)

Die Fadenwürmer müssen, nach dem Bau ihrer Muskulatur zu schliessen, Sagittinen sein, welche durch Anpassung an entoparasitische Lebensart in ähnlicher Weise, obwohl nicht so weit gehend, zurückgebildet sind, wie die Acanthocephalen und Cestoden. Wahrscheinlich gehören in diese Ordnung nicht allein die Strongyloideen (*Anguillula, Filaria, Ascaris*), sondern auch die Gordiaceen, welche einen weiteren Grad der phyletischen Degene-

---

[1]) Auf diese Form-Verhältnisse legen wir das grösste Gewicht, nicht allein, weil sie Nematoden und Chaetognathen als zwei nächst verwandte Würmergruppen nachweisen, sondern vielmehr besonders desshalb, weil sie uns einen Anknüpfungs-Punkt für die wichtigsten Descendenz-Fragen anderer Thierstämme darzubieten scheinen. Wenn die Wirbelthiere, wie wir glauben, nicht aus einem eigenen Stamm sich entwickelt, sondern von den Würmern abgezweigt haben, so stehen sie offenbar den Nematelminthen am nächsten, und die Idee Meissner's von einem verwandtschaftlichen Zusammenhang der Sagitten und Vertebraten, welche so viel verspottet wurde, hat doch vielleicht eine etwelche Begründung. Wie uns der Querschnitt jedes Fisch-Schwanzes deutlich beweist, ist auch der Wirbelthier-Rumpf ursprünglich aus vièr (nicht aus zwei!) Antimeren zusammengesetzt (Vergl. Bd. I, S. 516, 517), und zwar zeigen die niederen Vertebraten genau dieselbe Ausführung der interradialen eutetrapleuren Grund-

ration zeigen. Vielleicht jedoch sind die Gordiaceen nicht zu den Nematelminthen, sondern zu den Rhynchelminthen zu stellen, worauf möglicherweise der Hakenrüssel ihrer Larven hindeuten würde.

Zweiter Cladus der Würmer:

Annelida. *Ringelwürmer.*

Dieser weniger mannichfaltig entwickelte Ast des Subphylum der Würmer zeigt uns diejenige Würmer-Form, welche durch die Homonomie zahlreicher Metameren besonders in die Augen springt, und bereits in den Cestoden-Ketten einen Ausdruck findet, zur höchsten Höhe entwickelt. Aller Wahrscheinlichkeit nach haben sich die Anneliden aus den Nemertinen oder aus gemeinsamer Wurzel mit diesen entwickelt, wiewohl andere Anzeichen auf eine nähere Verwandtschaft mit den Nematelminthen hindeuten. Man pflegt neuerdings den Anneliden-Cladus gewöhnlich in fünf Ordnungen einzutheilen, nämlich 1. Gephyrea. 2. Hirudinea. 3. Onychophora. 4. Oligochaeta. 5. Chaetopoda. Von diesen haben wir die drei ersten bereits vorher an andere Stellen gewiesen, so dass bloss die beiden letzten als echte Anneliden übrig bleiben. Bei ihrer bedeutenden Verschiedenheit glauben wir denselben den Rang von Classen ertheilen zu müssen.

Erste Classe der Anneliden:

Drilomorpha, H. *Kahlwürmer.*

Wir vereinigen in dieser Classe die beiden Ordnungen der Oligochaeten und der von Victor Carus zuerst unterschiedenen Haloscolecinen, von denen die letzteren wahrscheinlich als Uebergangsstufe von den ersteren zu den Chaetopoden von Wichtigkeit sind. Ob dieselben wirklich sich aus gemeinsamer Wurzel mit den Chaetopoden entwickelt haben, ist jedoch nicht ganz sicher, da sie in mancher Beziehung den Nematelminthen näher stehen.

Erste Ordnung der Drilomorphen.

Oligochaeta. *Land-Kahlwürmer.*

(Synonym: *Lumbricina. Scoleina. Terricolae.*)

Von allen echten Anneliden stehen die Oligochaeten auf der tiefsten Stufe, und bieten uns vielleicht in den Naidinen noch wenig veränderte, alte Süsswasserformen, welche den Typus der gemeinsamen Anneliden-Vorfahren sehr conservativ festgehalten haben. Wahrscheinlich sind es diese unvollkommensten Anneliden, welche zunächst aus den Scoleciden hervorgegangen sind, und zwar vermuthlich aus der Nemertinen- oder doch gemeinschaftlich mit diesen aus der Rhabdocoelen-Gruppe. Von den Naidinen oder von den Tubificinen, oder von nahen Verwandten dieser im Süsswasser lebenden Oligochaeten haben sich wohl die Enchytraeinen und die Lumbricinen abgezweigt, welche sich an das Landleben gewöhnt haben.

---

form, wie die Nematoden. Auch bei den Fischen finden wir noch deutlich die vier longitudinalen Muskelgruppen der Nematoden („Seitenrumpfmuskeln"), welche rechts und links (in der Lateralebene) durch die beiden „Seitenlinien", oben und unten (in der Medianebene) durch die beiden „Medianlinien" geschieden werden. Vielleicht ist daher unsere Vermuthung richtig, dass die alten Ureltern der Wirbelthiere eben so einerseits durch progressive, wie die Nematoden andrerseits durch regressive Metamorphose aus den Vorfahren der nur wenig veränderten Chaetognathen sich hervorgebildet haben.

Zweite Ordnung der Drilomorphen:

Haloscolecina. *See-Kahlwürmer.*

Diese Gruppe von Seewürmern umfasst die beiden Familien der Capitelliden oder Halelminthen (*Capitella*, *Lumbriconais*) und der Halonaiden (*Dero*, *Polyophthalmus*, *Pleigophthalmus* etc.). Sie bilden den unmittelbaren Uebergang von den Oligochaeten zu den Chaetopoden.

Zweite Classe der Anneliden:

Chaetopoda. *Borstenwürmer.*

(Synonym: *Polychaeta. Branchiata. Annulata.*)

Die Chaetopoden-Classe, wie wir sie hier begrenzen, umfasst die drei Ordnungen der Gymnocopen, Tubicolen und Vagantien. Von diesen hat sich wahrscheinlich die letzte unmittelbar aus den Haloscolecinen entwickelt, während die beiden ersteren specielle Anpassungs-Formen von divergenten Zweigen der Vagantien darstellen.

Erste Ordnung der Chaetopoden:

Vagantia. *Raubwürmer.*

(Synonym: *Dorsibranchia. Rapacia. Errantia.*)

Diese äusserst formenreiche Ordnung bildet den eigentlichen Hauptstamm sowohl der Chaetopoden-Classe als auch des ganzen Anneliden-Cladus. Es gehört hierher nicht allein die bei weitem grösste Zahl aller Anneliden-Familien, sondern auch die höchsten und vollkommensten echten Würmer, unter denen namentlich die Aphroditen, Amphinomen, Nereiden etc. sich auszeichnen. Durch unmittelbare Uebergangs-Formen mit den Haloscolecinen verbunden, haben sich die Vagantien vermuthlich zunächst aus diesen entwickelt.

Zweite Ordnung der Chaetopoden:

Tubicolae. *Röhrenwürmer.*

(Synonym: *Capitibranchia. Limivora. Sedentia.*)

Diese Ordnung umfasst diejenigen Würmer, welche die zahlreichsten fossilen Reste hinterlassen haben, nämlich harte, meist verkalkte Röhren, welche leicht sich erhalten konnten, und welche in allen Formationen, von den silurischen an, gefunden werden. Doch sagen dieselben bei ihrer indifferenten Form und als blosse Hautausscheidungen von sehr verschieden gebauten Thieren über deren Beschaffenheit gar nichts Näheres aus. Für die Phylogenie sind diese, wie alle anderen fossilen Würmer-Reste völlig werthlos. Es gehören zu den Tubicolen die Serpulaceen, von denen *Serpula*, *Vermilia* und *Spirorbis*, die Terebellaceen, von denen *Terebella*, und andere Familien, von denen verschiedene Gattungen fossile Röhren hinterlassen haben. Die Ordnung hat sich jedenfalls erst durch Anpassung an sitzende Lebensweise aus den Vagantien hervorgebildet.

Dritte Ordnung der Chaetopoden;

Gymnocopa. *Ruderwürmer.*

Diese kleine, aber sehr eigenthümliche Gruppe, welche nur die Familie der frei schwimmenden Tomopteriden umfasst (*Tomopteris*), scheint uns nur einen divergenten, durch besondere Anpassungs-Verhältnisse veränderten Seitenzweig der Vagantien-Ordnung darzustellen.

Dritter Cladus der Würmer:
Rotatoria. *Räderthierchen.*

Dieser kleine Ast des Subphylum der Würmer umfasst nur die einzige Classe der Räderthierchen, welche aber durch ihre vielfachen und verwickelten Verwandtschafts-Beziehungen zu fast allen Hauptgruppen des Articulaten-Stammes von ganz besonderem Interesse ist, und daher auch den Systematikern von jeher die grössten Schwierigkeiten verursacht hat. Bald sind die Rotatorien zu den Infusorien, bald zu den Turbellarien, bald zu den Anneliden, bald zu den Crustaceen gestellt, und von den Einen eben so entschieden für echte Würmer, wie von den Andern für echte Arthropoden erklärt worden. In der That sind verwandtschaftliche Beziehungen zu allen diesen Gruppen vorhanden, und der lebhafte Streit über ihre Stellung in dieser oder jener Gruppe zeigt deutlich, wie alle Systematik ohne das Licht der Descendenz-Theorie im Dunkeln tappt.

Nach unserer Ansicht ist die Classe der Räderthierchen ein sehr alter Ueberrest von demjenigen Aste des Articulaten-Stammes, aus welchem sich zunächst die Crustaceen und somit weiterhin die Arthropoden überhaupt entwickelt haben. Einerseits sind die Rotatorien durch ihre tiefsten Formen so innig mit den Turbellarien (Rhabdocoelen) und selbst noch mit den Infusorien, andrerseits durch ihre höchsten Formen so nah mit den Crustaceen (Entomostraca) und dadurch mit dem Subphylum der Arthropoden verbunden, dass wir dieselben als eine Zwischenform zwischen den Scoleciden und den Arthropoden betrachten müssen, d. h. als uralte und sehr wenig veränderte directe Descendenten von jenen Würmern, aus denen sich die Arthropoden entwickelt haben. Die verschiedenen Formen, welche gegenwärtig noch aus der Rotatorien-Gruppe leben und nur dürftige Zweiglein eines vormals gewiss sehr entwickelten Astes darstellen, lassen unter sich keine derartigen Unterschiede wahrnehmen, dass wir darauf hin einen Stammbaum der Classe selbst entwerfen könnten.

Drittes Subphylum des Articulaten-Stammes:
Arthropoda. *Gliederfüsser.*

Der Unterstamm der Arthropoden wird zwar gewöhnlich dem der Würmer als völlig getrennt gegenübergestellt, und Beide werden als zwei selbstständige Phylen betrachtet. Indessen müssen wir die schon von Bär und Cuvier bewerkstelligte Vereinigung derselben in dem „Typus" oder Unterreich der Articulaten als völlig berechtigt reconstituiren, da die Arthropoden nur einen höher entwickelten und weiter differenzirten Zweig des Würmerstammes darstellen. Abgesehen von den allgemeinen morphogenetischen Gründen, durch welche diese Ansicht fest gestützt wird, sind selbst die anatomischen Homologieen zwischen Beiden so zahlreiche, dass eine systematische Trennung sehr schwierig ist, und dass insbesondere die beiden Claden der Rotatorien und der Anneliden von den einen Zoologen mit eben so viel Bestimmtheit zu den Arthropoden, wie von den Anderen zu den echten Würmern im engeren Sinne, den Scoleciden gezogen werden. Welche von diesen beiden Claden, ob die Anneliden oder die Rotatorien, unmittelbar den genealogischen

Uebergang von den Scoleciden zu den Arthropoden herstellen, könnte zweifelhaft erscheinen. Indessen glauben wir, dass bei weitem mehr Argumente zu Gunsten der Rotatorien sprechen, während wir die Anneliden vielmehr für einen den Arthropoden parallel aufsteigenden Zweig des Würmerstammes halten, der sich schon früh von den Rotatorien getrennt hat.

Das Subphylum der Arthropoden wird gegenwärtig allgemein in die vier Classen der Crustaceen, Arachniden, Myriapoden und Insecten eingetheilt. Indessen ist es offenbar, dass die drei letzteren Classen unter sich viel inniger zusammenhängen und viel geringere Differenzen darbieten, als die verschiedenen Legionen und selbst die verschiedenen Ordnungen der Crustaceen. Diese könnten mit demselben oder noch grösserem Rechte als selbstständige Classen betrachtet werden. Wir vereinigen daher jene drei (durch Tracheen Luft athmenden) Arthropoden-Classen nach dem Vorgange von Bronn in dem Cladus der Tracheaten und stellen diesem als zweiten Cladus die (durch Kiemen Wasser athmenden) Crustaceen als Cariden gegenüber. Offenbar haben sich die Tracheaten erst aus den Cariden, diese dagegen unmittelbar aus den Würmern, und zwar am wahrscheinlichsten aus den Rotatorien entwickelt. Die Paläontologie liefert uns leider hierüber nur geringe Andeutungen, viel wichtigere die Ontogenie. Die phyletische Entwickelung der Hauptabtheilungen der Arthropoden fällt grösstentheils in die archolithische Zeit, aus welcher uns nur die wenigen cambrischen und die silurischen Reste berichten. Zudem sind die Körper der meisten Tracheaten und auch die der zarteren Crustaceen, nur wenig der Fossilisation fähig.

Erster Cladus der Arthropoden:
Carides. *Krebse (Kiemenathmende Arthropoden).*

Dieser Zweig umfasst nur die formenreiche Classe der Crustaceen, deren einzelne Hauptabtheilungen (Subclassen, Legionen, Ordnungen) man recht gut als selbsständige Classen aufführen könnte, wenn nicht so viele verbindende Zwischenglieder zwischen denselben existirten. Die Paläontologie liefert uns über die Phylogenie der Cariden weit umfassendere Aufschlüsse als über die der Tracheaten, jedoch wesentlich nur über das successive Auftreten einzelner Legionen. Am wichtigsten erscheint in dieser Beziehung das ganz überwiegende Vorherrschen der Trilobiten in der Primärzeit, der Macruren (und vielleicht auch der Poecilopoden?) in der Secundärzeit, während für die Tertiärzeit die Brachyuren bezeichnend sind.

Einzige Classe des Cariden-Cladus:
Crustacea. *Kruster.*

Diese Classe ist nebst den Radiolarien (vergl. S. XXIX) die einzige unter den wirbellosen Thieren, welche bisher eine genealogische Analyse im Sinne der Descendenz-Theorie gefunden hat. Fritz Müller hat sich dieser eben so schwierigen als interessanten Aufgabe mit so viel Geist und mit so tiefem Verständniss unterzogen, dass wir hier nichts besseres thun, als auf seine ausgezeichnete Schrift „Für Darwin" verweisen können (Vergl. unten S. 185). Allerdings sind unsere Kenntnisse dieser äusserst differenzirten und auf das Mannichfaltigste durch Anpassung veränderten Classe immer noch so unvollkommen, dass Fritz Müller es noch nicht wagte, „die einzelnen Fäden, welche die Jugendformen der verschiedenen Kruster liefern, zu einem Gesammtbilde der Urgeschichte dieser Classe zu verweben." Wenn wir trotz unserer viel geringeren Kenntniss derselben dennoch diesen Versuch hier wagen, so geschieht es nur, um einen festen und angreifbaren Boden zur Discussion dieser Fragen vorzubereiten. Als die gemeinsame Stammform aller Crustaceen ist zweifelsohne der *Nauplius* zu betrachten, welchen die vergleichende Ontogenie der Cariden mit der überraschendsten Sicherheit als solchen nachweist.

Erste Subclasse der Crustaceen:
Archicarida, H. *Urkrebse.*

Diese Subclasse enthält die uns unbekannten selbstständigen, persistenten *Nauplius*-Formen, welche den Uebergang von den Rotatorien zu den übrigen Krustern herstellten. Zweifelsohne hat die *Nauplius*-Form in der älteren archolithischen Zeit, lange vor der Silur-Zeit, einen sehr formenreichen Cariden-Zweig gebildet, dessen Repräsentanten uns jedoch wegen ihrer sehr geringen Grösse und Consistenz nicht erhalten bleiben konnten. Wahrscheinlich schon in der laurentischen, vielleicht schon in der antelaurentischen Zeit hat sich der *Nauplius* aus den Rotatorien, oder mit diesen zusammen aus niederen Scoleciden entwickelt. Als divergente Zweige der gemeinsamen *Nauplius*-Form sind alle übrigen Subclassen der Crustaceen-Classe zu betrachten. Einerseits ging aus dem *Nauplius* die *Zoëa* hervor, welche der Stammvater aller Malacostraca und wahrscheinlich auch der Tracheaten wurde. Andrerseits entwickelten sich aus der *Nauplius*-Gruppe, ohne Zwischentritt der *Zoëa*-Form, alle übrigen Cariden-Legionen, welche früher als Entomostraca zusammengefasst wurden.

Zweite Subclasse der Crustaceen:
Pectostraca, H. *Haftkrebse.*

In dieser Legion fassen wir die beiden merkwürdigen, und von den übrigen Krustern sich am meisten entfernenden Ordnungen der Cirripedien und Rhizocephalen zusammen, von denen uns die ersteren vorzüglich durch die classischen Untersuchungen von Charles Darwin, die letzteren durch diejenigen von Fritz Müller genauer bekannt geworden sind. Wie der letztere nachgewiesen hat, stimmen die *Nauplius*-Stadien beider Ordnungen so sehr unter sich überein und weichen durch wesentliche Charaktere so sehr von denen der anderen Crustaceen ab, dass wir Beide als divergente Aestchen eines einzigen, tief unten abgehenden Zweiges betrachten müssen. Beide sind durch Hermaphroditismus ausgezeichnet. Durch weit gehende phyletische Degeneration entstehen aus ihnen die seltsamsten Gestalten.

Erste Legion der Pectostraken:
Rhizocephala. *Wurzelkrebse.*

Diese höchst merkwürdige Krebs-Legion, welche die Gattungen *Peltogaster*, *Sacculina* und *Lernaeodiscus* umfasst, zeigt uns den äussersten Grad parasitischer Degeneration unter den Gliederthieren, indem der ganze Körper zu einem einfachen, beiderlei Geschlechtsproducte erzeugenden Sacke reducirt wird. Ihre Ontogenie beweist, dass sie neben den Cirripedien als besonderer Zweig der Pectostraken-Gruppe zu betrachten sind. Fossile Reste konnten sie nicht hinterlassen.

Zweite Legion der Pectostraken:
Cirripedia. *Rankenfüsser.*

Diese ausgezeichnete Krebslegion besitzt harte Kalkschalen, welche der fossilen Erhaltung fähig sind. Sichere Reste von den Balaniden (*Chthamalus*) sind bereits in der Kreide, von den Lepadiden (*Pollicipes*) im Jura gefunden. Vielleicht aber ist auch der devonische *Bostrichopus* ein Cirriped. Wahrscheinlich haben sich die Cirripedien schon in der archolithischen Zeit von den andern Crustaceen abgezweigt.

Dritte Subclasse der Crustaceen:
Ostracoda. *Muschelkrebse.*

Diese sehr eigenthümliche Krebsgruppe, welche nur die eine Ordnung der Conchocariden, mit den Familien der Cypriden, Cytheriden und Cypridiniden umfasst, zeigt so höchst verwickelte Verwandtschafts-Beziehungen zu fast allen übrigen Subclassen der Crustaceen; dass ihr ein Platz an den verschiedensten Orten angewiesen worden ist. Bald haben die Ostracoden für nächste Verwandte der Cirripedien, bald der Branchiopoden, bald der Poecilopoden, bald der Isopoden gegolten. Hieraus und aus ihrer Ontogenie geht hervor, dass wir es mit einer sehr alten und seit der archolithischen Zeit sehr wenig veränderten Thiergruppe zu thun haben, welche sich gleich den Pectostraken schon sehr frühzeitig, und zwar wahrscheinlich aus gemeinsamer Wurzel mit diesen, aus der Archicariden- Gruppe entwickelt hat. Die nächste Verwandtschaft mit den Cirripedien wird insbesondere durch die zweiklappige Schale bewiesen, welche die jugendlichen Larven („Cypris-Stadien") der letzteren mit den Ostracoden theilen. Fossile Schalen von Ostracoden (*Cypris*, *Cythere*, *Cypridina*) finden sich massenhaft schon in den ältesten Formationen, vom Silur an, am reichlichsten in den tertiären Ablagerungen.

Vierte Subclasse der Crustaceen:
Copepoda. *Ruderkrebse.*

Diese Subclasse, welche ihre phyletische Entwickelung aus den Archicariden noch heute in ihrer Ontogenie sehr deutlich erkennen lässt, umfasst die beiden Legionen der Eucopepoden und Siphonostomen, von denen fossile Reste nicht bekannt sind. Die letzteren sind lediglich durch Parasitismus rückgebildete Seitenzweige der ersteren.

Erste Legion der Copepoden:
Eucopepoda, H. *Freilebende Copepoden.*

Diese Legion, welche die Familien der Cyclopiden, Calaniden, Corycaeiden, Notodelphyiden und viele Andere umfasst, bildet den eigentlichen Stamm der Copepoden-Gruppe, welcher sich unmittelbar aus den Archicariden entwickelt hat.

Zweite Legion der Copepoden:
Siphonostoma. *Parasitische Copepoden.*

Diese Legion, welche früher als eine besondere Hauptabtheilung der Crustaceen aufgeführt wurde, besteht lediglich aus echten Copepoden, welche durch Anpassung an parasitische Lebensweise die ausgezeichnetsten regressiven Metamorphosen erlitten haben. Es gehören hierher die Ergasiliden, Caligiden, Chondracanthiden, Penelliden etc.

Fünfte Subclasse der Crustaceen:
Branchiopoda. *Blattkrebse.*

Diese Subclasse steht der vorigen am nächsten, und hat sich wahrscheinlich aus der gleichen Archicariden-Form mit derselben hervorgebildet. Doch erreicht sie einen weit höheren Entwickelungsgrad als die Copepoden. Es gehören hierher die beiden lebenden Legionen der Cladoceren und der Phyllopoden, und wahrscheinlich auch die ausgestorbene Legion der Trilobiten, welche in der Primär-Zeit die Hauptmasse der Kruster bildete.

Erste Legion der Branchiopoden:
Phyllopoda. *Blattfüsser.*

Diese Legion, welche den eigentlichen Stamm der Branchiopoden-Gruppe bildet, umfasst die Familien der Artemiden (*Artemia*, *Branchipus*), der Apusiden (*Apus*) und der Estheriden (*Estheria*, *Limnadia*). Sie hat sich scheinbar seit ihrer Abzweigung von den Archicariden in sehr gerader Linie entwickelt, und ist nur wenig durch Anpassung verändert worden. Apus-Formen, welche von dem heutigen *Apus* sehr wenig abweichen, finden sich bereits in der Kohle und in der Trias.

Zweite Legion der Branchiopoden:
Cladocera. *Wasserflöhe.*

Diese Legion, welche die einzige Ordnung der Daphniden umfasst (*Daphnia*, *Sida*, *Polyphemus* etc.) betrachten wir als einen Seitenzweig der Phyllopoden, welcher aus diesen durch besondere Anpassungs-Verhältnisse entstanden ist. Fossile Reste sind nicht bekannt.

Dritte Legion der Branchiopoden:
Trilobita. *Palaeaden.*

Wahrscheinlich unmittelbar aus den Phyllopoden hervorgegangen, bildete diese Legion in der primordialen und primären Zeit eine äusserst vielgestaltige und hoch entwickelte Gruppe, welche damals der Hauptrepräsentant nicht allein der Crustaceen, sondern der Gliederthiere überhaupt war. Schon im oberen cambrischen Systeme vorhanden, erreichten die Trilobiten in der jüngeren Silurzeit die Acme ihrer Entwickelung, wo sie ausserordentlich massenhaft entwickelt waren, nahmen dann im Devon schon stark ab, und starben in der Kohle aus. Vielleicht entwickelte sich aus ihnen die folgende Subclasse.

Sechste Subclasse der Crustaceen:
Poecilopoda. *Schildkrebse.*

Diese sehr eigenthümliche Subclasse umfasst die beiden Legionen der Xiphosuren und der Gigantostraken, von denen nur noch die ersteren einen einzigen lebenden Repräsentanten zeigen. Wahrscheinlich bildete diese Subclasse in der primordialen, primären und secundären Zeit einen vielgestaltigen Zweig von sehr hoch entwickelten Crustaceen, welche erst später im Kampfe um das Dasein dem Andrange der stärker sich entwickelnden Malakostraken unterlagen. Weder ihre noch ganz unbekannte Ontogenie, noch ihre Paläontologie vermag uns gegenwärtig über ihre Phylogenie aufzuklären. Doch haben sie sich aller Wahrscheinlichkeit nach aus der vorigen Subclasse entwickelt, entweder aus den Trilobiten oder tiefer herab, aus älteren Branchiopoden. Die Gigantostraken sind vielleicht eine eigene Subclasse.

Erste Legion der Poecilopoden:
Xiphosura. *Pfeilschwänzer.*

Nur die einzige Sippe *Limulus* giebt uns heutzutage noch ein Bild von dieser abweichenden Krebsgruppe, welche besonders in der Secundär-Zeit reichlich entwickelt gewesen zu sein scheint. Fossile Reste derselben finden sich bereits im Carbon (*Bellinurus*) und im Perm (*Limulus*), jedoch selten. Reichlicher werden sie erst in der Trias (*Halycine*) und im Jura, wo sie ihre Acme erreichen.

Zweite Legion der Poecilopoden:
Gigantostraca, H. *Riesenkrebse.*

In dieser Legion vereinigen wir eine Anzahl von sehr eigenthümlichen ausgestorbenen Crustaceen, welche sich den Xiphosuren zunächst anzuschliessen scheinen, nämlich die beiden Gruppen der Pterygotiden (*Pterygotus*), welche im Silur und Devon, und der Eurypteriden (*Eurypterus*), welche im Devon und der Steinkohle vorkommen. Es finden sich unter ihnen kolossale Formen, welche gegen sieben Fuss Länge erreichten, und also alle anderen bekannten Arthropoden bei weitem an Grösse übertrafen. Früher wurden sie zum Theil für Fische gehalten. Wahrscheinlich haben sich dieselben, zugleich mit den Limuliden oder getrennt von diesen, aus den Branchiopoden hervorgebildet. Vielleicht bilden sie mehrere verschiedene Legionen.

Siebente Subclasse der Crustaceen:
Malacostraca. *Panzerkrebse.*

Diese umfangreiche Subclasse umfasst den bei weitem grössten Theil aller jetzt lebenden Crustaceen, welche jedoch unter sich sämmtlich so nahe verwandt sind, dass wir dieser Subclasse keinen höheren Rang, als den sechs vorhergehenden einräumen können. Obgleich mit ihren ältesten Wurzeln bis in die Primärzeit hinabreichend, hat sie sich doch erst in der Jurazeit reichlicher entwickelt und ist erst in der Tertiärzeit zu ihrer vollen Blüthe und zur Herrschaft über die übrigen Crustaceen gelangt, so dass namentlich die Poecilopoden und Branchiopoden, welche in den älteren Zeiträumen herrschten, jetzt ganz gegen sie zurücktreten. Von den beiden Legionen, in welche sich die Malacostraca theilen, den Podophthalmen und den Edriophthalmen, sind letztere die jüngeren, welche sich erst in der Jurazeit aus den ersteren entwickelt zu haben scheinen. Die Phylogenie dieser wichtigen Gruppe ist durch Fritz Müller's glückliche und geistvolle Untersuchungen („Für Darwin") und insbesondere durch seine Entdeckung der *Nauplius*-Larven bei Eucariden, plötzlich so überraschend aufgeklärt worden, dass über die Abzweigung auch dieser Subclasse von den Archicariden kein Zweifel mehr bestehen kann. Auch die Stammform dieser Subclasse ist, wie bei allen vorhergehenden, ein *Nauplius*, welcher bei seiner weiteren Metamorphose in den für diese Abtheilung ganz charakteristischen *Zoëa*-Zustand übergeht, der sich noch wenig von den Phyllopoden entfernt. Diese *Zoëa*-Form ist höchst wichtig nicht allein als gemeinsame Stammform aller Malacostraken, sondern höchst wahrscheinlich auch der Tracheaten.

Erste Legion der Malacostraca:
Podophthalma. *Stielaugen.*

Die Podophthalmen oder Thoracostraken umfassen den älteren und mächtigeren Zweig der Malacostraca, welcher sich in die vier Ordnungen der Zoëpoda, Schizopoda, Stomatopoda und Decapoda spaltet. Von diesen sind die beiden letzteren divergirende Zweige der Schizopoden, die ihrerseits aus den Zoëpoden hervorgegangen sind.

Erste Ordnung der Podophthalmen:
Zoëpoda, H. *Zoëa-Krebse.*

Diese Ordnung umfasst die uns unbekannten, ältesten, gemeinsamen Stammformen aller Malacostraken, welche schon in der Primordial-Zeit von den Archicariden sich müssen abgezweigt, uns aber keine fossilen Reste hinterlassen haben. Die merkwürdigen *Zoëa*-Zustände, welche noch heute in der Ontogenese der meisten Podophthalmen eine so wichtige Rolle spielen, geben uns ein Bild von der Form dieser alten *Malacostraca*-Ahnen, welche, wie Fritz Müller trefflich gezeigt hat (l. c. S. 86), eine phyletische Entwickelungsstufe der Malacostraken darstellen, die durch eine ganze Reihe geologischer Formationen als bleibende Form bestanden haben muss. Aus ihr haben sich höchstwahrscheinlich als zwei divergente Zweige die Schizopoden und die Protracheaten entwickelt, von denen jene die gemeinsame Stammform aller Malacostraken, diese aller Tracheaten wurden.

Zweite Ordnung der Podophthalmen:
Schizopoda. *Spaltfüsser.*

Die Schizopoden oder Caridioiden repräsentiren in den Genera *Mysis*, *Euphausia* etc. die ältesten jetzt noch lebenden Ahnen der Malakostraken, welche unmittelbar aus den Zoëpoden hervorgegangen sind. Als zwei divergirende Zweige dieser Ordnung sind die Stomatopoden und Decapoden zu betrachten, von denen man bald diese bald jene Gruppe mit den Schizopoden vereinigt hat. Gewisse Eucariden (*Peneus*) und andere Macruren durchlaufen noch gegenwärtig während ihrer Ontogenese das Stadium der *Mysis*.

Dritte Ordnung der Podophthalmen:
Stomatopoda. *Maulfüsser.*

Diese Gruppe bildet den bei weitem schwächeren Zweig des Schizopoden-Astes, welcher nur die Familie der Squilliden oder Heuschreckenkrebse (*Squilla, Gonodactylus, Erichthus* etc.) umfasst. Er hat sich wahrscheinlich viel später als der Decapoden-Zweig, aus den Schizopoden hervorgebildet. Die ältesten fossilen Reste desselben finden sich im Jura (*Squilla*).

Vierte Ordnung der Podophthalmen.
Decapoda. *Zehnfüsser.*

Diese äusserst formenreiche Gruppe, zu welcher die grössten und stärksten aller jetzt lebenden Krebse gehören, und welche seit der Tertiärzeit ebenso dominirt, wie in der Silurzeit die Trilobiten, wird allgemein in die drei Unterordnungen der Macruren, Anomuren und Brachyuren eingetheilt. Von diesen haben sich die Macruren als die ältesten unmittelbar aus den Schizopoden entwickelt, während die Brachyuren als die vollkommensten erst in der Kreidezeit ans den Anomuren, und durch diese aus den Macruren hervorgegangen sind. Die Unterordnung der Macrura beginnt mit der wichtigen Familie der Eucariden oder Caridinen (Garneelen), von denen einige *Peneus*-Arten nach der interessanten Entdeckung Fritz Müller's die Phylogenie der Decapoden noch ausgezeichnet in ihrer Ontogenie conservirt haben. Diese Peneus-Arten durchlaufen nach einander folgende vier Stadien: I. *Nauplius;* II. *Zoëa;* III. *Mysis;* IV. *Peneus;* und bestätigen so auf das Bestimmteste ihren vorher erläuterten Stammbaum. Bei den meisten anderen Decapoden ist das Nauplius-Stadium, und bei sehr Vielen auch das Zoëa-Stadium durch secundäre Abkürzung der Entwickelung verloren gegangen. Die Eucariden sind offenbar die reinsten Repräsentanten der alten gemeinsamen Stammform aller Decapoden. Aus ihnen haben sich als zwei divergirende Zweige einerseits die übrigen, jüngeren und vollkommneren Macruren (die Familien der Scyllariden und Astaciden), andererseits die Unterordnung der Anomura entwickelt. Die letzteren sind theils besondere Anpassungs-Zustände der Macruren (*Galathea, Pagurus*), theils Uebergangs-Formen zu der Unterordnung der Brachyura oder Krabben, welche sich in der Kreidezeit aus ihnen entwickelt haben. Die Macruren, von denen die ältesten Reste (*Gampsonyx*) schon in der Steinkohle liegen, scheinen bereits im Jura die Acme ihre Phylogenese erreicht zu haben, während die Brachyuren als die vollkommensten Decapoden noch gegenwärtig in Zunahme begriffen sind.

Zweite Legion der Malacostraca:
Edriophthalma. *Sitzaugen.*

Die Edriophthalmen oder Arthrostraken, welche in mehrfacher Beziehung, obgleich verhältnissmässig unansehnlich, als die vollkommensten Crustaceen angesehen werden müssen, haben sich, wie es scheint, am spätesten von allen entwickelt, und zwar bilden sie wohl einen, von den Decapoden divergirenden Zeitenzweig der Schizopoden. Sie spalten sich in die beiden Ordnungen der Isopoden und Amphipoden, von denen die ersteren im Jura, die letzteren im Eocen ihrer ältesten (übrigens unbedeutenden) Reste hinterlassen haben.

Erste Ordnung der Edriophthalmen:
Amphipoda. *Flohkrebse.*

Diese Ordnung spaltet sich in die drei Unterordnungen der Saltatoria (*Gammarus, Orchestia*), der Ambulatoria (*Hyperia, Phronima*) und der Laemodipoda (*Caprella, Cyamus*) von denen die beiden letzteren wohl aus den ersteren als zwei divergirende Aeste durch Anpassung entstanden sind. Die Laemodipoden bilden meist eine besondere Ordnung.

Zweite Ordnung der Edriophthalmen:

Isopoda. *Asselkrebse.*

In mehrfacher Beziehung verdient diese Ordnung, welche neben den Amphipoden, und aus gemeinsamer Wurzel mit ihnen von den Schizopoden abgegangen zu sein scheint, an die Spitze der Crustaceen-Classe gestellt zu werden. Durch Anpassung an sehr verschiedene Lebensverhältnisse zerfällt die Ordnung in eine Anzahl von Unterordnungen und Familien, die theils, wie die schmarotzenden Bopyriden (*Bopyrus*, *Entoniscus*, *Cryptoniscus*) eine rückschreitende phyletische Umbildung höchsten Grades erleiden, theils, wie die landbewohnenden Onisciden, sich zur Luftathmung erheben und Analogieen (aber keine Homologieen!) mit den Tracheaten, insbesondere den Myriapoden erwerben.

Zweiter Cladus der Arthropoden:

Tracheata. *Kerfe (Tracheenathmende Arthropoden).*

Dieser Cladus der Arthropoden umfasst die drei Classen oder Subclassen der Arachniden, Myriapoden und der echten Insecten (im engeren Sinne), und in den letzteren zugleich die bei weitem artenreichste Abtheilung des ganzen Thierreichs. Jedenfalls haben sich die Tracheaten aus den Crustaceen und höchst wahrscheinlich aus den Zoëpoden entwickelt, worauf bereits Fritz Müller hindeutete Unter sich sind die drei Tracheaten-Gruppen so nah verwandt, dass man sie füglich eher, als die verschiedenen Subclassen der Crustaceen, in einer einzigen Classe vereinigen könnte. Die gemeinsame, uns unbekannte Stammform der drei Classen, ein Zoëpode, welcher sich an das Landleben und an die Luftathmung gewöhnte, und so allmählich im Laufe langer Generationen die sehr charakteristische Tracheen-Athmung erwarb, muss in dem Zeitraum zwischen der Silur-Zeit und der Kohlenzeit (also entweder in der Antedevon-, in der Devon- oder in der Antecarbon-Zeit) sich entwickelt haben; denn in der Silur-Zeit gab es noch keine landbewohnenden Organismen, in der Steinkohle aber traten bereits die ersten entwickelten Tracheaten, und zwar sowohl Insecten als Arachniden auf. Wir wollen diese Stammformen als Protracheaten den drei übrigen Classen voranstellen.

Erste Classe der Tracheaten:

Protracheata. *Urkerfe.*

Von diesen zwischen Silurzeit und Kohlenzeit aus den Zoëpoden entwickelten Stammformen der Tracheaten sind uns zwar keine fossilen Reste bekannt. Indessen erlaubt uns die vergleichende Ontogenie der Malacostraken, Arachniden, Myriapoden und Insecten, mit ziemlicher Sicherheit auf die Form derselben bestimmte Schlüsse zu ziehen. Gleich mehreren Zoëpoden (die uns noch jetzt in Zoëa-Stadien conservirt sind), und zugleich den echten Insecten, zwischen welchen sie mitten inne standen, müssen die Protracheaten, als deren Typus man das hypothetische Genus *Zoëntomon* hinstellen könnte, drei Paar Kiefern und drei Paar locomotorische Extremitäten besessen haben. Aus diesen sechsbeinigen Zoentomiden haben sich höchst wahrscheinlich als gerade aus laufender Hauptzweig die Insecten, als schwächerer Seitenzweig die Arachniden entwickelt Die Myriapoden stellen nur ein unbedeutendes Seitenästchen der Insecten dar. Ob jetzt noch Protrocheaten leben, ist zweifelhaft. Vielleicht könnte man die Solifugen hierher stellen, vielleicht auch jene „flügellosen Insecten", bei denen der Flügelmangel ursprünglich, nicht durch Anpassung erworben ist (falls es unter den lebenden Insecten solche giebt!).

Zweite Classe der Tracheaten:

Arachnida. *Spinnen.*

Die Spinnen besassen ursprünglich, gleich den echten Insecten, drei Beinpaare, an drei getrennten Brust-Metameren befestigt, wie es die heute noch lebenden Solifugen deutlich erkennen lassen. Erst später hat sich bei der Mehrzahl derselben das hintere Kieferpaar den drei echten Beinpaaren assimilirt, daher man den Arachniden allgemein (aber mit Unrecht) als Unterschied von den Insecten vier echte Fusspaare zuschreibt. Die Verwandtschaft der verschiedenen Spinnen-Ordnungen ist nach unserer Ansicht bisher gewöhnlich sehr unrichtig beurtheilt worden, indem man sich dabei fast immer nur oder doch vorwiegend auf die Analogieen, und nicht auf die Homologieen derselben stützte. Hier, wie bei den Crustaceen, bringt plötzlich die Descendenz-Theorie helles Licht in das dunkle Chaos der Gestalten-Masse. Abgesehen von den beiden Legionen der Arctisken und Pantopoden, welche wir am liebsten ganz aus der Arachniden-Classe entfernen möchten, zerfallen die übrigen, echten Arachniden nach unserem Dafürhalten in zwei divergente Zweige, Arthrogasteres und Sphaerogasteres, welche beide von der den Protracheaten nächstverwandten Solifugen-Form ihren Ausgang genommen haben. Die Arctisken und Pantopoden, namentlich die ersteren, haben sich dagegen wahrscheinlich schon viel früher von dem Arthropoden-Stamme abgezweigt. wir bilden daher aus ihnen die Subclasse der Pseudarachnen und stellen diesen die echten Spinnen als Autarachnen gegenüber.

Erste Subclasse der Arachniden:

Pseudarachnae, H. *Scheinspinnen.*

Die Stellung dieser Gruppe unter den Arachniden betrachten wir als eine provisorische. Sie wird aber so lange beibehalten werden müssen, als nicht die Stelle ihrer Abzweigung vom Articulaten-Stamme entdeckt ist. Die beiden hierher gehörigen Legionen, Arctisken und Pantopoden, zeigen unter sich keine nähere Verwandtschaft.

Erste Legion der Pseudarachnen:

Arctisca. (*Tardigrada*). *Bärthierchen.*

Diese Legion umfasst nur die einzige Ordnung und Familie der Arctisken oder Tardigraden, die wir als einen uralten Zweig des Gliederthier-Stammes betrachten, der wahrscheinlich viel älteren Ursprungs als die Arachniden-Classe ist. Die Vierzahl der Beinpaare scheint uns nicht auf Homologie, sondern auf Analogie mit den Arachniden zu beruhen. Wir vermuthen, dass dieselben näher den Würmern als den übrigen Glieder-Thieren stehen und vielleicht den Rotatorien, vielleicht den Scoleciden, mehr als den echten

Arthropoden verwandt sind. Stammen sie wirklich von den Protracheaten ab, so würden sie vielleicht als eigenthümlich angepasste, sehr alte Sphaerogastern anzusehen sein und wohl den Milben am nächsten stehen.

Zweite Legion der Pseudarachnen:

Pantopoda. (*Pycnogonida*). *Asselspinnen.*

Diese Legion umfasst nur die einzige Ordnung und Familie der Pycnogoniden, eine gleich der vorigen sehr eigenthümliche Articulaten-Gruppe, welche jedoch viel nähere Verwandtschafts-Beziehungen zu den übrigen Arthropoden zeigt. Vielleicht kann dieselbe als ein Zweig der Sphaerogastres betrachtet werden, der durch die einfache Anpassung an das Küstenleben seltsam modificirt worden ist. Vielleicht sind aber die Pantopoden auch sehr aberrante Crustaceen.

Zweite Subclasse der Arachniden:

Autarachnae, H. *Echte Spinnen.*

Hierher gehören alle Arachniden mit Ausnahme der Arctisken und Pantopoden. Alle Spinnen dieser Abtheilung sind zweifelsohne blutsverwandte Glieder eines einzigen Astes, welcher sich neben dem der vereinigten Insecten und Myriapoden von der Protracheaten-Classe abgezweigt hat. Diejenige Form, welche letztern am nächsten steht, sind die Solifugen, von denen aus sich wahrscheinlich sowohl die Arthrogastres als Sphaerogastres, die beiden natürlichen Hauptgruppen der Autarachnen, als zwei divergente Zweige entwickelt haben. Zur Unterscheidung der verschiedenen Gruppen hat man bisher bei den Autarachnen, wie bei den Arachniden überhaupt, vorzugsweise die Differenzirung der Respirations-Organe benutzt. Offenbar ist diese hier aber nur von ganz untergeordnetem morphologischen Werthe, da sie bei nächstverwandten Arachniden durch verschiedene Anpassungs-Verhältnisse sehr verschieden abgeändert ist. Die fossilen Reste der Autarachnen (von den Pseudarachnen kennt man keine) sind im Ganzen sehr spärlich. Doch finden sich einzelne sehr deutliche Abdrücke von Arthrogastren (*Scorpio*, *Chelifer*) bereits in der Steinkohle, wogegen die Sphaerogastres erst im Jura auftreten (*Palpipes*). Dies stimmt überein mit unserer Vermuthung, dass die Sphaerogastres erst einen späteren Seitenzweig der Solifugen repräsentiren.

Erste Legion der Autarachnen:

Arthrogastres. *Streckspinnen* (*Skorpione*).

Diese Legion umfasst die Reihe der langgestreckten sogenannten „Arachnida crustaceiformia", welche man auch kurzweg nach ihrem am höchsten entwickelten Zweige die Skorpione nennen könnte. Sie beginnt mit den Solifugen, welche durch die Phryniden mit den echten Skorpionen, und mit deren degenerirtem Seitenast, den Pseudoscorpionen verbunden sind.

Erste Ordnung der Arthrogastres:

Solifugae. *Skorpionspinnen.*

Die höchst interessante Ordnung der Solifugen wird gegenwärtig nur durch die einzige Familie der Solpugiden (*Solpuga*, *Galeodes* etc.) vertreten. Wir erblicken in diesen Autarachnen die von allen lebenden Arachniden am wenigsten veränderten directen Nachkommen derjenigen Protracheaten, welche zwischen Silurzeit und Kohlenzeit von dem Hauptaste der Protracheaten sich abzweigten, um später die gemeinsamen Stammformen aller Autarachnen zu werden. Obgleich durch Anpassung sehr hoch entwickelt und zu den vollkommensten Arachniden gehörig, haben dennoch andererseits die Solifugen den ursprünglichen Protracheaten-Typus, der alle Arachniden, Myriapoden und Insecten als nächste Blutsverwandte verbindet, in so ausgezeichneter Weise conservirt, dass sie als unschätzbare Zeugen dieser innigen Stammverwandtschaft an den Anfang der Autarachnen gestellt werden müssen. Wenn alle übrigen Arthrogastren ausgestorben wären, und bloss die „eigentlichen" Spinnen (Araneae) existirten, würde man die Solifugen mit mehr Recht den Insecten, als den letzteren anfügen. Von den uralten Stammvätern der Autarachnen, die den Solifugen am nächsten standen, haben sich wahrscheinlich als drei divergente Zweige erstens die zu den Skorpionen hinüberführenden Phryniden, zweitens die Phalangiten und drittens die Araneen abgezweigt [1]).

Zweite Ordnung der Arthrogastres:

Tarantulae. (*Phrynida*). *Taranteln.*

Auch bei dieser Ordnung, welche die einzige Familie der Phryniden (*Phrynus, Thelyphonus*) umfasst, sind noch, wie bei den Solifugen, die drei echten Beinpaare völlig von dem hinteren Kiefertasterpaar (dem sogenannten ersten Beinpaar) verschieden, obgleich bereits Kopf und Brust verschmolzen sind. Die Phryniden sind offenbar die unmittelbare Uebergangsstufe von den Solifugen zu den echten Scorpionen.

Dritte Ordnung der Arthrogastres:

Scorpioda. *Skorpione.*

Diese Ordnung, welche die einzige Familie der echten Skorpione oder der Skorpioniden (*Scorpio, Buthus*) umfasst, hat sich höchst wahrscheinlich aus den Phryniden, und zunächst aus dem *Thelyphonus* ähnlichen Formen entwickelt, und zwar schon vor der Kohlenzeit, denn in der Steinkohle findet sich bereits ein echter Skorpion (*Cyclophthalmus*).

Vierte Ordnung der Arthrogastres:

Pseudoscorpioda. *Afterskorpione.*

Diese kleine Ordnung, welche nur die Familie der Obisiden (*Obisium, Chelifer*) umfasst, betrachten wir als einen verkümmerten Seitenzweig der vorigen Ordnung, welcher sich zu dieser ähnlich, wie die Milben zu den Araneen verhält. Uebergangsformen zwischen Scorpio und Chelifer finden sich schon in der Steinkohle (*Microlabis*).

---

[1]) Ganz wie bei den echten Insecten, ist auch bei den Solifugen der Rumpf noch aus drei völlig getrennten Stücken zusammengesetzt, Kopf, Thorax und Abdomen. I. Der Kopf trägt 1. das Augenpaar, 2. das Antennenpaar (Kieferfühler) 3. zwei Kiefertasterpaare (zwei Unterkieferpaare). II. Die drei Metameren der Brust tragen die drei echten Beinpaare. III. Der anhangslose Hinterleib ist aus zehn Metameren zusammengesetzt. Bei allen übrigen echten Spinnen sind nicht allein die drei Metameren des Thorax unter sich, sondern auch mit dem Kopfe zusammen zum Cephalothorax verschmolzen. Auch bei den Pantopoden sind jene vier Metameren noch von einander getrennt.

Fünfte Ordnung der Arthrogastres:
Opiliones. *Afterspinnen.*

Die Ordnung der Phalangier, welche aus der einzigen Familie der Opilioniden oder Phalangiden besteht (*Phalangium*, *Opilio*), steht durch ihre eigenthümlichen Verwandtschafts-Beziehungen so isolirt, dass sie keiner der übrigen Autarachnen-Ordnungen unmittelbar angeschlossen werden kann; bald wird sie mit den Arthrogastres, bald mit den Sphaerogastres vereinigt. In der That steht sie zwischen Beiden in der Mitte. Uns scheint sie ein sehr alter, selbstständiger Ausläufer des Solifugen-Stammes zu sein, welcher sich nicht in andere Ordnungen fortsetzt. Sie ist die einzige Arachniden-Ordnung, welche mit den Solifugen die verästelten Tracheenbüschel theilt.

Zweite Legion der Autarachnen:
Sphaerogastres, H. *Rundspinnen.*

Diese Legion umfasst die Hauptmasse der Arachniden, nämlich die sogenannten „echten Spinnen“ im engeren Sinne oder die Webespinnen (Araneae), und die Milben (Acara). Die Acaren sind nach unserer Ansicht Nichts weiter als ein rückgebildeter Seitenzweig der Araneen, welche letzteren sich als selbstständiger Ast aus den Solifugen entwickelt haben. Diese Entwickelung ist vorzüglich erfolgt durch Concentration des articulirten Rumpfs, durch Verschmelzung der Metameren, und die dadurch bedingte Centralisation der Organsysteme, welche die Sphaerogastren vor allen andern Tracheaten auszeichnet, und ihnen unter diesen eine ähnliche Stellung giebt, wie den Brachyuren unter den Crustaceen.

Erste Ordnung der Sphaerogastres:
Araneae. *Webespinnen.*

Diese formenreiche Gattung umfasst die typischen oder „eigentlichen Spinnen“ im engsten Sinne, welche sich aus den Solifugen, unabhängig von den divergenten Aesten der Scorpione und Opilionen, entwickelt haben. Die den Solifugen noch am nächsten stehenden scheinen die *Salticus* zu sein. Den eigentlichen Stamm der Ordnung bildet die Unterordnung der Zweilungen-Spinnen (Dipneumones), welche in die beiden Sectionen der nichtwebenden Vagabundae (*Salticus*, *Lycosa*) und der webenden Sedentariae (*Tegenaria*, *Argyroneta*) zerfällt. Ueber letztere hat sich die zweite Unterordnung der Vierlungen-Spinnen (Tetrapneumones) als ein höchst entwickelter Ast erhoben (*Cteniza*, *Mygale*). Fossile Reste der Araneen treten zuerst im Jura auf (*Palpipes*).

Zweite Ordnung der Sphaerogastres:
Acara. *Milben.*

Diese ebenfalls sehr formenreiche Ordnung, welche gewöhnlich mit Unrecht an den Anfang der Arachniden-Classe gestellt wird, halten wir nicht für den Ausgangspunkt, sondern für einen einseitig verkümmerten Seitenzweig der Classe, welcher durch besondere einfache Anpassungs-Verhältnisse aus den Araneen (oder vielleicht auch aus den Opilionen?) hervorgegangen ist. Der grösste Theil der hierher gehörigen, meist sehr kleinen und verkümmerten Spinnen ist durch das Schmarotzerleben sehr stark degenerirt, am stärksten die wurmförmigen Linguatuliden (*Acanthotheca*) und Simoniden (*Demodex*). Dagegen sind die nicht schmarotzenden Oribatiden (*Oribates*) weniger entartet, ebenso die Hydrachniden (*Limnochares*), Bdelliden (*Bdella*) etc.[1]).

Dritte Classe der Tracheaten:

Myriapoda. *Tausendfüsser.*

Diese kleine Tracheaten-Gruppe erscheint in entwickeltem Zustande so sehr von den übrigen Articulaten verschieden, dass man sie weder den echten Insecten, noch den Arachniden (und am wenigsten den Crustaceen!) einreihen kann, obwohl man alle drei Versuche gemacht hat. Wie jedoch die vergleichende Anatomie und namentlich die Ontogenie beweist, sind die Myriapoden den Insecten nächstverwandt, und besassen ursprünglich, gleich allen Tracheaten, drei Beinpaare. Die Vielzahl der Beinpaare ist hier (ebenso wie bei den Arachniden die Vierzahl) erst als secundär erworben zu betrachten. Die jungen aus dem Ei entschlüpfenden Myriapoden besitzen nur drei Beinpaare, wie sie ihre alten Voreltern zeitlebens behielten. Die Myriapoden haben sich wohl viel später, als die Arachniden, von dem in die Insecten-Classe sich fortsetzenden Hauptstamme der Tracheaten abgezweigt, jedenfalls vor der Jura-Zeit, da sie sich im Jura bereits fossil finden (*Geophilus*). Die kleine Classe enthält nur zwei Ordnungen: Chilopoda oder Syngnatha (*Geophilus, Scolopendra*) und Diplopoda oder Chilognatha (*Julus, Polydesmus*), von denen wahrscheinlich die ersteren dem ursprünglichen Myriapoden-Stammvater näher stehen, als die mehr veränderte letztere Gruppe.

Vierte Classe der Tracheaten:

Insecta. *Insecten.*

Die Classe der echten oder sechsbeinigen Insecten als die formenreichste aller Thiergruppen hat in vieler Beziehung für die organische Morphologie eine besondere Bedeutung, besonders auch deshalb, weil nirgends so wie hier die unwissenschaftlichste und gedankenloseste Formenspielerei als „morphologische Wissenschaft“ cultivirt und verherrlicht worden ist. Ihr grösstes reales Interesse für die wirklich wissenschaftliche Morphologie liegt darin, dass sie uns zeigt, wie innerhalb des engsten anatomischen Spielraums und ohne tiefere wesentliche Organisations-Modificationen die grösste Mannichfaltigkeit der Formen realisirt werden kann. In der That sind alle Insecten, trotz ihrer zahllosen Gattungen und Arten, so innig verwandt, und durch so wenig wesentliche und tiefer greifende Organisations-Differenzen getrennt, dass sie sich in sehr wenige Hauptabtheilungen (Ordnungen) zusammenfassen lassen, und dass selbst diese qualitativ weniger divergiren, als viele andere „Ordnungen“ des Thierreichs.

Was den Ursprung der Insecten-Classe betrifft, so haben wir bereits bemerkt, dass dieselben die wenig veränderte Fortsetzung der aus den Zoëpoden entsprungenen Protracheaten darstellen. Das erste Protracheat, wel-

---

[1]) Wenn man die Milben an den Anfang der Arachniden stellt, so ist dies eben so falsch, wie wenn man die Cestoden an den Anfang der Würmer, die Siphonostomen an den Anfang der Crustaceen stellt. Die niedrige Organisation dieser Gruppen ist erst durch Anpassung erworben, nicht ursprünglich!

ches zwei entwickelte Flügelpaare besass, können wir als den gemeinsamen Stammvater aller uns bekannten jetzt lebenden und fossilen Insecten betrachten, da die flügellosen Formen zweifelsohne sämmtlich von geflügelten Voreltern (ebenso wie die zweiflügeligen von einflügeligen) abstammen und erst durch Anpassung und secundäre Degeneration ihre Flügel eingebüsst haben. Die Entwickelung jenes Stammvaters fällt in den Zeitraum zwischen Silurzeit und Kohlenzeit, wahrscheinlich in die antedevonische oder die devonische Zeit. In der Steinkohle (vielleicht schon im Devon!) treten zum ersten Male unzweifelhafte Insecten auf, und zwar ausschliesslich kauende Insecten (*Orthoptera*, *Neuroptera*, *Coleoptera*). Erst viel später (im Jura) erscheinen die vollkommensten Kauenden (*Hymenoptera*) und die echten saugenden Insecten (*Hemiptera*, *Diptera*), am spätesten (erst tertiär) die Schmetterlinge (*Lepidoptera*). Offenbar haben sich also die Sugentien erst später aus den ursprünglich allein vorhandenen Masticantien hervorgebildet[1]).

Erste Subclasse der Insecten:

Masticantia. *Kau-Insecten.*

Diese Gruppe steht den übrigen Tracheaten und namentlich den Solpugiden, viel näher, als die erst später von ihr abgezweigte Gruppe der Sugentien. Sie allein ist in der Primärzeit vorhanden gewesen. Die allerältesten Insecten waren höchstwahrscheinlich entweder Orthopteren oder Neuropteren, oder Mischformen zwischen diesen beiden Ordnungen, welche wir in der Ordnung der Tocoptera oder Stamm-Insecten vereinigen, da wir dieselben in keiner Weise scharf zu trennen vermögen.

Erste Ordnung der Insecten:

Tocoptera, H. *Stamm-Insecten.*

Diese Ordnung gründen wir für die vereinigten Ordnungen der Orthoptera und Neuroptera, welche durch die Pseudoneuroptera so unmittelbar verbunden sind, dass wir (bei der bereits bemerkten phylogenetischen Werthlosigkeit der Insecten-Metamorphose) dieselben in keiner Weise scharf zu

[1]) Sowohl diese paläontologische Urkunde, als viele andere Gründe beweisen, dass bei den Insecten der Umstand, ob die Entwickelung mit oder ohne Metamorphose verläuft, nur ein secundäres Interesse besitzt, und für die morphologische Erkenntniss ihrer Verwandtschafts-Verhältnisse nur mit der grössten Vorsicht und Kritik verwerthet werden kann. Bei den Crustaceen, bei den Anneliden, bei den Mollusken, bei den Echinodermen ist der Fall keineswegs selten, dass von nächstverwandten Arten (die oft selbst einem Genus angehören!) die einen mit der ausgezeichnetsten Metamorphose, die andern dagegen ganz direct, ohne alle Metamorphose sich entwickeln! Dies rührt daher, dass die Metamorphose bald durch das Gesetz der abgekürzten Vererbung zusammengezogen, bald durch Anpassung weiter ausgedehnt, bald selbst neu erworben wird. Wie Fritz Müller (l. c. S. 80) sehr richtig bemerkt, ist wahrscheinlich auch die vollkommene Metamorphose vieler, wenn nicht aller Insecten als eine solche durch neue Anpassungen während der Ontogenese erworbene (nicht von dem ursprünglichen Stammvater der Insecten ererbte!) anzusehen, wobei jedoch immer Rückschläge in die Metamorphosen früherer Voreltern mit im Spiel sein mögen. Jedenfalls müssen wir die Eintheilung der Insecten in Ametabola und Metabola völlig verwerfen. Offenbar ist für diese falsche Trennung das Wort „vollkommene“ Metamorphose verhängnissvoll geworden! Nach aller sonstigen Analogie müssten gerade die unvollkommensten Insecten die vollkommenste Metamorphose haben (wie die Eucariden unter der Malacostraca), während die vollkommensten Insecten gar keine Metamorphose mehr besitzen müssten (wie die Edriophthalmen unter den Malacostraca!). In der That ist es aber gerade umgekehrt!

trennen im Stande sind. Sowohl die Orthopteren als die Neuropteren umfassen eine Anzahl von ziemlich verschiedenartigen, niedrig stehenden und offenbar sehr alten Insectenformen, von denen mehrere darauf Anspruch machen könnten, als die nächsten Verwandten der uralten Stammform aller Insecten zu gelten. Nebst den aus ihnen entwickelten Coleopteren sind die Tocopteren die einzigen Insecten, die sich schon in der Steinkohle finden.

Erste Unterordnung der Tocoptera:
Pseudoneuroptera. *Urnetzflügler.*

Diese Unterordnung ist wahrscheinlich von allen jetzt lebenden Insecten-Gruppen die älteste und umfasst vermuthlich diejenigen Stamminsecten, aus denen sich demnächst erst Orthopteren und Neuropteren als zwei divergente Zweige entwickelt haben. Es gehören hierher die vier Sectionen der Amphibiotica (*Ephemerida*, *Libellulida*, *Perlida*), der Corrodentia (*Termitida*, *Embida*, *Psocida*), der Thysanoptera (*Physopoda*, *Thripida*) und der Thysanura (*Lepismida*, *Podurida*). Von diesen sind wahrscheinlich die Amphibiotica diejenigen, welche von allen bekannten Insecten der ältesten gemeinsamen Stammform am nächsten stehen. Aus den Tracheen-Kiemen, welche die Larven dieser Thiere besitzen, sind vielleicht die Insecten-Flügel entstanden. Fossile Reste derselben finden sich bereits in der Steinkohle (*Termes*).

Zweite Unterordnung der Tocoptera:
Neuroptera. *Netzflügler.*

Diese Ordnung hat sich wahrscheinlich erst aus der vorigen, mit der sie nächstverwandt ist, entwickelt. Vielleicht ist jedoch das parentale Verhältniss auch umgekehrt. Sie umfasst drei Sectionen: I. Planipennia (*Panorpida*, *Sialida*, *Hemerobida*), welche den eigentlichen Stamm der Gruppe bilden; II. Trichoptera (*Phryganida*) und III. Strepsiptera (*Rhipiptera*), welche beide erst von den ersteren als zwei besondere Aeste sich abgezweigt haben. Die in der Steinkohle gefundene *Dictyophlebia* stellt eine verbindende Zwischenform zwischen den Sialiden (Neuropteren) und Libelluliden (Pseudoneuropteren) her.

Dritte Unterordnung der Tocoptera:
Orthoptera. *Gradflügler.*

Diese Unterordnung hat sich wahrscheinlich gleich der vorigen von den Pseudoneuropteren abgezweigt, mit welchen dieselbe gewöhnlich vereinigt wird. Jedenfalls ist auch dieser Zweig einer der ältesten und am wenigsten veränderten. Es gehören hierher die beiden Sectionen der Ulonata (Blattiden und Heuschrecken) und der Labidura (Forficuliden), von denen die letztere wahrscheinlich einen kleinen, durch specielle Anpassung abgeänderten Seitenzeig der ersteren darstellt. Fossile Reste von Blattiden, Acridiern und Locustiden finden sich bereits in der Steinkohle.

Zweite Ordnung der Insecten:
Coleoptera. *Käfer.*

Die Käfer-Ordnung ist wohl von allen Gruppen der Organismen diejenige, bei welcher die unendliche Mannichfaltigkeit im Einzelnen und Kleinen das grösste Missverhältniss zu der typischen Einförmigkeit im Grossen und Ganzen zeigt. Daher erscheint auch eine genealogische Anordnung ihrer zahlreichen Familien, und selbst eine Gruppirung derselben in wenige grössere Sectionen noch ganz unmöglich. Zweifelsohne haben sich die Käfer aus den Tocopteren, und zwar wahrscheinlich aus einem Zweige der Orthopteren entwickelt. Sie sind die einzigen Insecten, welche ausser den Tocopteren bereits in der Steinkohle vorkommen (einige Curculioniden).

Dritte Ordnung der Insecten:
Hymenoptera. *Hautflügler.*

Gleich den Käfern erscheint auch die Ordnung der Hymenopteren als eine so einheitliche und in sich abgeschlossene Gruppe, dass keine Verbindungsglieder mit andern Insecten-Ordnungen bekannt sind. Gleich den Käfern sind auch die Hymenopteren jedenfalls aus den Tocopteren entstanden, und zwar wahrscheinlich aus einem Zweige der Neuropteren oder der Pseudoneuropteren. Von allen kauenden Insecten haben sie sich am spätesten entwickelt. Die ersten fossilen Reste derselben gehören dem Jura an.

Zweite Subclasse der Insecten:
Sugentia. *Saug-Insecten.*

Die Insecten mit saugenden Mundtheilen oder die Sugentien, welche die drei Ordnungen der Hemiptera, Diptera und Lepidoptera umfassen, haben sich erst spät aus der Subclasse der Masticantien entwickelt und zwar höchstwahrscheinlich aus den Tocopteren. Der nähere Ort ihres Ursprungs aus diesen wird sehr schwierig zu ermitteln sein, da alle drei Ordnungen in sich abgeschlossene Gruppen ohne Uebergangs-Formen (gleich den Hymenopteren und Käfern) darstellen, und da uns weder die Ontogenie noch die Paläontologie über ihre Genealogie belehren. Wahrscheinlich sind Hemiptera und Lepidoptera als zwei divergente Zweige aus den Tocopteren, vermuthlich aus den Pseudoneuropteren oder aus den Neuropteren entstanden, wogegen die Dipteren sich aus den Hemipteren entwickelt haben werden. Die ältesten bekannten Reste gehören dem Jura an.

Vierte Ordnung der Insecten:
Hemiptera. *Schnabelkerfe.*

Diese Ordnung ist höchst wahrscheinlich unter den Insecten mit saugenden Mundtheilen die älteste, welche sich vielleicht schon in der Primärzeit von den Tocopteren abgezweigt hat. Wenigstens scheint darauf der kürzlich von Dohrn beschriebene *Eugereon* aus dem Perm zu deuten, welcher eine Mischung von Charakteren der Neuropteren und Hemipteren darstellt und auf eine Uebergangsform von erstern zu letztern als auf ihren gemeinsamen Stammvater hindeutet. Von den beiden grossen Unterordnungen, in welche die Ordnung zerfällt, den Homoptera (Blattläusen und Cicaden) und den Heteroptera (Wanzen), sind die ersten wahrscheinlich die älteren. Von Beiden finden sich bereits Reste im Jura vor. Die Läuse oder Pediculiden, welche man als eine dritte Unterordnung betrachten kann, sind Hemipteren, welche durch Anpassung an Parasitismus in ähnlicher Weise rückgebildet sind, wie die Flöhe unter den Dipteren.

Fünfte Ordnung der Insecten:
Diptera. *Fliegen.*

Diese höchst umfangreiche Insecten-Ordnung hat sich wahrscheinlich aus den Hemipteren (vielleicht jedoch auch aus gemeinsamer Wurzel mit diesen oder direct aus den Tocopteren) entwickelt. Von den beiden grossen Unterordnungen, in welche die Ordnung zerfällt, den Nemocera (Mücken) und den Brachycera (Fliegen) sind die ersteren sehr wahrscheinlich die älteren, aus denen sich die letzteren erst später entwickelt haben. Von Beiden finden sich die ältesten Reste im Jura. Als zwei weitere Unterordnungen kann man die Aphaniptera (Flöhe) und die Pupipara (Lausfliegen) betrachten, welche wahrscheinlich aus den Brachycera (vielleicht aber auch aus einer älteren Gruppe der Dipteren) durch specielle Anpassungs-Verhältnisse entstanden sind.

Sechste Ordnung der Insecten:
Lepidoptera. *Schmetterlinge.*

Diese Ordnung, welche in mehrfacher Beziehung als die vollkommenste der saugenden Insecten betrachtet werden kann, und den vorigen gegenüber eine ähnliche Stellung einnimmt, wie die Hymenopteren gegenüber den anderen Masticantien, scheint sich am spätesten von allen Insecten-Ordnungen entwickelt zu haben. Sichere fossile Reste derselben sind erst aus der Tertiärzeit bekannt. Ihre Abstammung erscheint sehr schwierig zu ermitteln, da auch diese Ordnung, gleich den vier vorhergehenden, in der Gegenwart sehr abgeschlossen erscheint und da alle verbindenden Zwischenformen und Uebergangsglieder zu anderen Ordnungen ausgestorben zu sein scheinen. Aller Wahrscheinlichkeit nach haben sich die Schmetterlinge aus den Tocopteren (vielleicht aus gemeinsamer Wurzel mit den Hymenopteren oder aus diesen selbst?) entwickelt.

Vierter Stamm des Thierreichs:
Mollusca. *Weichthiere.*

Die Thiergruppe der Mollusken oder Weichthiere wird seit Bär und Cuvier von den meisten Zoologen als eine einheitliche und selbstständige Hauptabtheilung des Thierreichs angesehen, welche der der Wirbelthiere, der Articulaten etc. äquivalent ist, mithin einen selbstständigen Stamm, ein eigenes Phylon des Thierreichs darstellt. Erst neuerdings hat man diesen Stamm in zwei Hauptgruppen gespalten, welche von hervorragenden Zoologen, wie namentlich von Huxley, als zwei besondere „Typen oder Unterreiche" des Thierreichs angesehen werden und demnach zwei besonderen „Phylen" entsprechen würden: die eine dieser Hauptgruppen umfasst die Molluscoiden oder falschen Mollusken, die drei Classen der Bryozoen, Tunicaten und Spirobranchien; die andere umfasst die Mollusken im engeren Sinne, oder die echten Mollusken, die vier Classen der Rudisten (vielleicht Molluscoiden?), der Elatobranchien, Cochliden (Cephalophoren) und Cephalopoden. Nach unserer Ansicht ist es das Wahrscheinlichste, dass diese beiden Hauptgruppen nicht besondere Phylen, sondern nur Subphylen eines und desselben Mollusken-Stammes sind. Die Molluscoiden verhalten sich zu den echten Mollusken ähnlich, wie die Würmer (Vermes), zu den Gliederfüssern (Arthropoden); d. h. die ersteren enthalten die niederen und unvollkommneren phyletischen Entwickelungs-Stufen, aus welchen die letztern als höhere und vollkommnere, stärker differenzirte Formen sich erst später hervorgebildet haben. Wir glauben die Organisations-Unterschiede zwischen den beiden stammverwandten Hauptgruppen hinreichend hervorzuheben, indem wir dieselben als besondere Subphylen über einander stellen. Die Molluscoiden in dem Umfange, in welchem wir dieselben hier begrenzen (die drei Classen der Bryozoen, Tunicaten und Spirobranchien) bezeichnen wir als Himatogen (Mantelthiere oder Sackthiere im weiteren Sinne). Die höheren oder eigentlichen Mollusken, welche sich unter Anderem durch den Besitz einer Herz-Vorkammer und dreier Haupt-Ganglien-Paare von jenen unterscheiden, stellen wir ihnen als Otocardier (Mollusken mit Herzvorkammer) gegenüber.

Die Paläontologie der Mollusken ist in vieler Beziehung äusserst merkwürdig und lehrreich, insbesondere für die Erkenntniss des Leichtsinns und des Mangels an kritischem Urtheil, mit dem bisher gewöhnlich das paläontologische Material verwerthet worden ist. Kein einziger organischer Stamm hat eine solche ausserordentliche Masse von fossilen Resten in allen Schichten der Erdrinde, von den silurischen an, hinterlassen, als das Phylum der Mollusken, sowohl was die Anzahl der Arten, als die ungeheuren Mengen der Individuen betrifft. Und dennoch haben diese Massen von petrificirten Mollusken-Resten für ihre Phylogenie nur ein ganz untergeordnetes Interesse. Deutlicher als irgendwo tritt hier die weite Kluft zu Tage zwischen dem Werthe, welchen die empirische Paläontologie für die wissenschaftliche Phylogenie, und demjenigen, welchen sie für die praktische Geologie besitzt. Für die letztere sind die fossilen Mollusken-Reste von der allergrössten Wichtigkeit, und spielen als „Leitmuscheln", als „Denkmünzen der Schöpfung", welche die einzelnen Formationen und Systeme charakterisiren, die bedeutendste Rolle. Für die Phylogenie dagegen sind die fossilen Mollusken-Reste fast von geringerem Interesse, als diejenigen irgend einer anderen Hauptabtheilung der Organismen, die überhaupt zahlreiche Reste hinterlassen hat. Im Hinblick auf die ausserordentliche Menge und Mannichfaltigkeit ihrer fossilen Formen besitzt die Paläontologie der Mollusken für die Geologie das grösste, für die Phylogenie das geringste Interesse.

Dieser auffallende Umstand erklärt sich unserer Ansicht nach einfach daraus, dass die eigentliche Entwickelungs-Zeit des Mollusken-Stammes als Ganzen, seine Epacme, schon in die ältere archolithische Zeit fällt, welche vor der Silur-Zeit verfloss. In den silurischen Schichten, den ältesten von allen petrefactenreichen Formationen, finden wir bereits das fertige und reife Resultat des ungeheuer langen Entwickelungs-Processes, welchen die Mollusken bereits vor der silurischen Zeit müssen durchgemacht haben. Wir finden daselbst nicht nur die niederen, sondern auch bereits die vollkommenste Mollusken-Classe, die der Cephalopoden, in der reichlichsten Entwickelung vor. Viele Mollusken-Gruppen befinden sich in der Silur-Zeit offenbar bereits in der Acme, viele selbst schon in der Paracme. Diese silurischen Mollusken führen uns aber nicht, wie gewöhnlich angenommen wird, die ersten Anfänge, sondern vielmehr ein sehr spätes Entwickelungs-Stadium dieses Stammes vor Augen. Offenbar haben die Mollusken, (und gleicherweise vermuthlich auch die Coelenteraten) in der archolithischen Zeit eine ebenso hervorragende und herrschende Stellung behauptet, wie die Arthropoden und Vertebraten von Beginn der Secundär-Zeit an. Die Blüthe der letzteren bezeichnet ebenso die secundäre und tertiäre, wie die Blüthe der ersteren die primordiale und primäre Zeit.

Diese Ansicht erscheint um so zutreffender, je mehr uns auch die vergleichende Anatomie und Ontogenie lehrt, dass der Mollusken-Stamm als Ganzes eine sehr tiefe, und unter den drei höheren (dipleuren) Thierstämmen jedenfalls die tiefste Stufe einnimmt. Besonders ist für denselben der fast gänzliche Mangel der Metameren-Bildung sehr bezeichnend. Während die Arthropoden und Vertebraten durch allgemeine und sehr reichliche Metameren-Entwickelung stets als Bionten den Rang von Personen, oder von Form-Individuen fünfter Ordnung einnehmen, bleiben die meisten Mollusken (und grade die höheren, die Otocardier, allgemein!) als Bionten auf der vierten Stufe der morphologischen Individualität, auf der des einzelnen Metameres stehen. Die Skeletbildung ist hier im Ganzen unvollkommener, als in irgend einem anderen Thierstamme, da sie sich meistens auf die Ausscheidung sehr einfach gebauter Kalkschalen beschränkt. Die Organisation des Central-Nervensystems, des Muskel-Systems etc. ist ebenfalls weit unvollkommner, als bei den Vertebraten und Arthropoden, und selbst als bei den Echinodermen.

Da die meisten äusseren Mollusken-Schalen (und nur diese sind gewöhnlich erhalten) an und für sich sehr wenige Beziehungen zu den tieferen Organisations-Verhältissen der Thiere haben, so sind dieselben nur mit grosser Vorsicht zu Schlüssen auf letztere zu verwerthen. Sehr weit entfernte Mollusken haben oft höchst ähnliche Schalen, und von zwei sehr nah verwandten Mollusken-Gattungen (z. B. *Helix* und *Arion*) besitzt oft die eine eine sehr ausgebildete, die andere gar keine Schale. Die zahlreichen nackten, aller Schalen entbehrenden Mollusken konnten gar keine fossilen Spuren hinterlassen. Und doch ist zu vermuthen, dass grade in der frühern Zeit die nackten Mollusken im Verhältniss noch weit massenhafter werden entwickelt gewesen sein, als die beschalten. Nach der gewöhnlichen Logik der Zoologen und Botaniker könnte man allerdings behaupten, dass keine nackten Mollusken vor der Jetztzeit existirten, weil wir keine fossilen Spuren von ihnen finden, und dass dieselben alle erst im Anfang der „Jetztzeit“ (nach Abschluss der „Vorzeit“!) „geschaffen“ worden seien!

Da der Mollusken-Stamm in der Silurzeit bereits einen so hohen Entwickelungs-Grad erreicht hatte, dass (ausser den Rudisten) alle Classen desselben, (und selbst die meisten Hauptgruppen der einzelnen Classen) neben einander existirten, so dürfen wir uns nicht wundern, dass uns die Paläontologie über deren successive Entwickelung so wenig Aufschlüsse liefert, und dass namentlich auch verbindende Zwischenformen zwischen den einzelnen Hauptgruppen hier im Ganzen seltener als sonst sind. Diese, sowie die alten gemeinsamen Stammeltern aller Mollusken, waren längst vor der Silur-Zeit schon ausgestorben. Auch die Ontogenie der Mollusken liefert uns aus diesem Grunde über ihre Phylogenie nur verhältnissmässig wenig Aufschlüsse; auch sie bezeugt vorzugsweise (namentlich in der Embryologie der Cephalopoden!) das ausserordentlich hohe Alter des Stammes. Unter diesen Umständen müssen wir die Phylogenie der Mollusken mehr aus ihrer vergleichenden Anatomie, als aus ihrer Ontogenie und Paläontologie construiren.

In kurzen Zügen stellt sich die Phylogenie der Mollusken-Classen nach unserer jetzigen Auffassung folgendermaassen dar: Am tiefsten von allen bekannten (!) Mollusken stehen die Bryozoen, welche wir demnach als Ausgangspunkt betrachten müssen. Aus diesen entwickelten sich als divergente Zweige einerseits die Tunicaten (welche sich nicht weiter in andere Classen fortsetzten), andrerseits die Spirobranchien, aus denen wahrscheinlich die Rudisten und die Elatobranchien entsprangen. Unter den letzteren führen die Inclusen (Pholadaceen) unmittelbar zu den Scaphopoden (Dentaliden) und durch diese zu den Pteropoden hinüber. So hat sich wahrscheinlich die höchst stehende Gruppe der mit Kopf und Zahn-Apparat versehenen Mollusken (Odontophora) aus den niedern, kopflosen und zahnlosen Mollusken (Elatobranchien und Himategen) hervorgebildet. Die beiden Classen der Odontophoren, (Cochliden und Cephalopoden) betrachten wir als zwei divergente Aeste der Pteropoden-Gruppe (Vergl. Taf. VI).

Entweder hat sich der Mollusken-Stamm als ganz selbstständiges Phylum aus einer eigenen autogonen Moneren-Form entwickelt, oder er hängt an seiner Wurzel mit anderen thierischen Stämmen zusammen. Im letzteren Falle hat er sich aller Wahrscheinlichkeit nach von den Würmern, und zwar von den Turbellarien abgezweigt (S. unten S. 413). Falls Himategen und Otocardier zwei getrennte Phylen repräsentiren sollten (was wir nicht glauben!), so würden vielleicht die ersteren durch die Bryozoen, die letzteren durch die Lipobranchien (*Rhodope!*) mit den Würmern (Turbellarien) zusammenhängen.

Erstes Subphylum der Mollusken:
Himatega, H. *Niedere Mollusken (ohne Herzohr).*

Als Himategen vereinigen wir die drei niederen und unvollkommneren Classen des Molluskenstammes: Bryozoen, Tunicaten und Spirobranchien, welche durch unvollkommneres Centralnervensystem und Circulationssystem, und speciell durch Mangel der Herzvorkammer, sich wesentlich von dem zweiten Subphylum, den Otocardiern unterscheiden. Bald werden alle drei Classen, bald nur die Bryozoen und Tunicaten, als Molluscoiden zusammengefasst. Vielleicht gehört als eine vierte Classe noch die der Rudisten hierher, welche zwischen den Spirobranchien und Elatobranchien mitten inne steht. Die Wurzel der Himategen, wie der Mollusken überhaupt, bilden die Bryozoen, von denen Tunicaten und Spirobranchien als zwei divergente Aeste ausgehen.

Erste Classe der Himategen:
Bryozoa. *Moosthiere.*

Von allen Mollusken stehen die Bryozoen hinsichtlich ihrer Gesammt-Organisation am tiefsten, wie schon der Mangel des Herzens und besonderer Sinnes-Organe, sowie überhaupt der niedere Differenzirungsgrad sämmtlicher Organsysteme beweist. Zugleich stehen dieselben von allen Mollusken den Würmern am nächsten, so dass sie selbst von vielen Zoologen gar nicht als Mollusken, sondern vielmehr als echte Würmer angesehen werden. Doch ist sowohl die Stelle des Articulaten-Stammbaums, von welchem sich die Bryozoen eventuell abgezweigt haben könnten, ganz unbekannt, als auch ihr unmittelbarer Zusammenhang mit den übrigen Mollusken-Classen sehr zweifelhaft. Am nächsten scheinen sie den Brachiopoden zu stehen, deren Larven gewissen Bryozoen sehr ähnlich sind. Innerhalb der ganzen formenreichen Classe erscheint die gesammte innere Organisation so einförmig, dass wir daraus auf eine schon vor sehr langer Zeit (in früherer Primordial-Zeit) stattgefundene Abtrennung der Bryozoen von den übrigen Mollusken schliessen können. Die fossilen Reste von Bryozoen sind zwar schon von den ältesten Formationen an sehr zahlreich, sagen indess über die Phylogenie derselben nur sehr wenig aus, da nur die härteren, mit festeren und stark verkalkten Gehäusen versehenen Bryozoen der Fossilisation fähig sind. Von den sieben Ordnungen, in welche die Classe zerfällt wird, haben fünf Ordnungen gar keine, und nur zwei Ordnungen (Cyclostomen und Chilostomen) sehr zahlreiche fossile Reste hinterlassen. Ein sicherer Stammbaum ist daher nicht zu entwerfen. Von den beiden Subclassen, auf welche sich diese sieben Ordnungen vertheilen, *Gymnolaema* und *Phylactolaema*, sind die ersteren offenbar die älteren, aus denen sich die letzteren erst später entwickelt haben.

Erste Subclasse der Bryozoen:
Gymnolaema. *Moosthiere ohne Kragen.*

Diese Subclasse, welche an Umfang bei weitem die andere übertrifft, erscheint in jeder Beziehung als die unvollkommnere und niedriger organisirte von Beiden. Sie zerfällt in fünf Ordnungen: 1. Cyclostomata (*Centrifuginea*), 2. Ctenostomata, 3. Chilostomata (*Radicellata et Incrustata*, s. *Cellulinea*), 4. Paludicellea, 5. Urnatellea. Von diesen haben die beiden letzteren, sowie die Ctenostomen, gar keine fossilen Reste hinterlassen. Von den beiden Unterordnungen der Chilostomen haben die Radicellaten fast gar keine, nur die Incrustaten zahlreiche Petrefacten geliefert; nur die einzige Ordnung der Cyclostomen scheint ziemlich vollständig conservirt zu sein. Alle Bryozoen-Reste, von der cambrischen *Oldhamia* an bis zum Jura, gehören der Ordnung der Cyclostomen oder Centrifugineen an. Erst im Jura erscheinen die ersten vereinzelten Spuren von Chilostomen oder Cellulineen, welche in der Kreide bereits eine sehr starke Entwickelung zeigen, und gleich allen anderen bekannten Ordnungen noch jetzt am Leben sind.

Zweite Subclasse der Bryozoen:
Phylactolaema. *Moosthiere mit Kragen.*

Diese Subclasse, die höhere und vollkommnere von Beiden, hat sich offenbar erst aus der vorigen entwickelt. Sie umfasst die beiden Ordnungen der Pedicellinea (*Pedicellinida*) und der Lophopodia (*Plumatellida et Cristatellida*). Von Beiden sind fossile Reste nicht bekannt.

Zweite Classe der Himategen:
Tunicata. *Mantelthiere.*

(Synonym: *Ascidiae. Tethya. Gymnacephala. Perigymna. Xylimatia.*)

Die Tunicaten oder Mantelthiere stimmen sämmtlich durch ihre Gesammt-Organisation und durch besondere Eigenthümlichkeiten derselben so sehr unter einander überein, dass sie von allen anderen Mollusken-Classen scharf getrennt erscheinen, und eine sogenannte „gute oder natürliche" Classe bilden. Dies heisst mit anderen Worten nichts weiter, als dass wir ihre verwandtschaftliche Verkettung mit den anderen Mollusken, und namentlich ihre Vorfahren, nicht kennen. Alles deutet darauf hin, dass die Tunicaten schon sehr frühzeitig von der gemeinsamen Mollusken-Wurzel sich abgezweigt und als selbstständige isolirte Gruppe entwickelt haben. Um so mehr ist es zu bedauern, dass grade diese, in mehrfacher Beziehung sehr ausgezeichnete Gruppe, eine von den wenigen Thierclassen ist, welche gar keine fossilen Reste hinterlassen haben. Wir sind daher bezüglich ihrer Abstammung lediglich auf die Zeugnisse der vergleichenden Anatomie und Ontogenie angewiesen. Diese lehren uns nahe Verwandtschafts-Beziehungen der Tunicaten sowohl zu den Bryozoen, als zu den Brachiopoden und Lamellibranchien. Doch sind diese Beziehungen so allgemeiner Natur, dass wir keine speciellen phylogenetischen Schlüsse darauf gründen können. Wie es scheint, haben sich die Tunicaten von dem gemeinsamen Himategen-Stamme schon sehr tief unten abgezweigt, früher als die Brachiopoden. Die Bryozoen, wie wir sie jetzt kennen, lassen sich kaum als die unmittelbaren Vorfahren der Tunicaten, wohl aber als Abkömmlinge derselben Wurzel betrachten. Auch innerhalb der Tunicaten-Classe ist der Stammbaum schwer herzustellen, da alle gegenwärtig lebenden Tunicaten (— und bloss aus diesen kennen wir die Classe! —) wohl nur spärliche Reste einer vormals sehr reich entwickelten Thiergruppe sind. Der uralten gemeinsamen Stammform aller Tunicaten scheint von den gegenwärtig lebenden die Ordnung der Appendicularien am nächsten zu stehen, von welcher als zwei divergente Hauptäste einerseits die schwimmenden, andrerseits die festsitzenden Tunicaten ausgehen. Diese beiden Subclassen, *Nectascidiae* und *Chthonascidiae*, scheinen zwei unabhängig von einander entwickelte Hauptzweige der Classe darzustellen.

Erste Subclasse der Tunicaten:

Nectascidiae. *Schwimmende Mantelthiere.*

Diese Subclasse umfasst vier verschiedene Ordnungen, nämlich: I. Copelata (Einzige Familie: Appendicularida. Genus: *Appendicularia*). II. Thaliada (Einzige Familie: Salpida. Genera: *Salpa*. *Salpella*). III. Cyclomyaria (Einzige Familie: Doliolida. Genus: *Doliolum*). IV. Luciae (Einzige Familie: Pyrosomatida. Genus: *Pyrosoma*). Wir sind gegenwärtig noch ausser Stande, die genealogischen Beziehungen dieser vier Ordnungen zu einander näher zu erörtern. Wahrscheinlich sind die drei letzten Ordnungen vereinzelte Reste von divergenten Zweigen eines fast ganz untergegangenen und früher vermuthlich reich entwickelten Nectascidien-Astes. Viel älter ist wahrscheinlich die kleine Ordnung der Copelaten, welche das einzige Genus *Appendicularia* umfasst. Sie scheint unter allen bekannten Tunicaten der ursprünglichen gemeinsamen Stammform derselben am nächsten zu stehen. Insbesondere zeigt sie mit den jüngsten Larven der Chthonascidien grosse Uebereinstimmung. Sie ist daher wahrscheinlich als ein wenig veränderter gradliniger Descendent der uralten Tunicaten-Wurzel zu betrachten, von welcher einerseits die Chthonascidien, andrerseits die übrigen Nectascidien, als zwei divergirende Aeste, ausgegangen sind.

Zweite Subclasse der Tunicaten:

Chthonascidiae. *Festsitzende Mantelthiere.*

Diese Subclasse umfasst zwei verschiedene Ordnungen: I. Monascidiae, H. mit den beiden Familien: 1. Pelonaeida (Genus: *Pelonaea*); 2. Phallusida (Ascidiae simplices: Genera: *Phallusia*, *Boltenia*, *Cynthia* etc.). II. Synascidiae, H. mit den beiden Familien: 1. Clavelinida (Ascidiae sociales: Genera: *Clavelina*, *Perophora* etc.). 2. Botryllida (Ascidiae compositae: Genera: *Botryllus*, *Leptoclinum*, *Amaru-*

cium etc.). Von diesen beiden Ordnungen sind zunächst jedenfalls die einzeln lebenden (Monascidiae) aus den Copelaten entstanden, mit welchen die jugendlichen Larven der Phallusiden noch sehr grosse Aehnlichkeit zeigen. *Pelonaea* scheint ein rückgebildeter Seitenzweig (also eine cataplastische, keine anaplastische!) Entwickelungsstufe der Monascidien-Ordnung zu sein. Die Ordnung der zu Colonieen verbundenen Synascidien ist wohl erst später aus den Monascidien entstanden, und zwar scheinen Claveliniden und Botrylliden aus mehreren, von einander ziemlich unabhängigen Seitenzweigen zu bestehen.

Dritte Classe der Himategen:

Spirobranchia. *Spiralkiemer.*

(Synonym: *Brachiopoda. Brachionopoda. Spirobrachia. Spiracephala. Brachiobranchia.*)

Die eigenthümliche Mollusken-Classe der Spirobranchien oder Brachiopoden ist uns noch gegenwärtig so wenig bekannt, dass ihre systematische Stellung, und also auch ihre genealogischen Beziehungen zu den übrigen Mollusken nur sehr unsicher zu bezeichnen sind. Nachdem man sie früher allgemein als echte Bivalven mit den Lamellibranchien vereinigt hatte, haben die neueren Untersuchungen immer sicherer herausgestellt, dass sie von diesen Mollusken sehr verschieden, viel niedriger organisirt, und dagegen den Bryozoen wahrscheinlich viel näher verwandt sind. Insbesondere ist die von Fritz Müller beobachtete Brachiopoden-Larve, welche den Bryozoen sehr ähnlich erscheint, in dieser Beziehung von grosser Bedeutung geworden. Dass die Aehnlichkeit der Spirobranchien mit den Lamellibranchien nur von sehr untergeordneter Bedeutung ist, geht schon daraus hervor, dass die beiden Schalenklappen bei den letzteren rechte und linke, bei den ersteren dorsale und ventrale sind. Die Elatobranchien erscheinen mithin lateral, die Spirobranchien dagegen dorsoventral comprimirt. Jedoch wird dadurch die Möglichkeit eines tiefer an der Wurzel stattfindenden genealogischen Zusammenhangs der beiden Classen immerhin nicht vollständig ausgeschlossen. Vielmehr erscheinen die Spirobranchien auch jetzt immer noch als das wichtigste Bindeglied zwischen den Himategen und Otocardiern, und zunächst zwischen den Bryozoen und Lamellibranchien.

Die Spirobranchien haben ihre zweiklappige Schale in solchen Massen fossil in den verschiedensten Formationen hinterlassen, dass sie für die Geologie und die ihr dienstbare Petrefacten-Kunde zu den wichtigsten Thierclassen gehören. Dagegen ist ihre Bedeutung für die Phylogenie der Mollusken trotzdem nur sehr gering. Es geht daraus bloss hervor, dass die Spirobranchien eine der ältesten Thierclassen bilden, welche bereits in der Silur-Zeit, also schon am Ende der Primordial-Zeit, die Acme ihrer phyletischen Entwickelung erreicht hatte, und von da an bis zur Jetztzeit stetig abnimmt. Von den beiden Subclassen, in welche sie zerfällt, war die niedere und unvollkommnere, die der Ecardines (*Pleuropygia*) in jener frühesten Zeit verhältnissmässig stärker entwickelt und nahm rascher ab, als die höhere und vollkommnere Subclasse, die der Testicardines (*Apygia*). Sehr interessant sind die Spirobranchien dadurch, dass mehrere ihrer Genera (soweit aus der Schale allein zu urtheilen ist!) sich fast unverändert seit der Primordial-Zeit bis jetzt erhalten haben (gleichwie *Asteracanthion* oder *Uraster* unter den Asteriden). Von den Pleuropygiern haben sich *Lingula*, *Discina* und *Crania*, von den Apygiern *Rhynchonella*, seit der Silur-Zeit bis jetzt durch alle Formationen fortgesetzt.

Erste Subclasse der Spirobranchien:

Ecardines *(Pleuropygia). Angellose.*

Diese Subclasse, welche die drei Familien der Linguliden, Disciniden und Craniaden umfasst, erscheint durch unvollkommnere Ausbildung der Nervencentren, des Herzens und des Schliess-Apparats der Schale als niedere und unvollkommnere, trotzdem sie sich durch den Besitz eines Afters über die folgende erhebt. Sie nähert sich einerseits mehr den Bryozoen, andererseits mehr den Lamellibranchien, als die folgende Subclasse, und steht also wahrscheinlich der gemeinsamen Stammform der Spirobranchien und Lamellibranchien viel näher, als die folgende, welche wohl erst in späterer archolithischer Zeit aus ihr entstanden ist. Die Pleuropygier sind in den cambrischen und silurischen Schichten relativ weit zahlreicher als die Apygier vertreten, und nehmen in der Folgezeit weit rascher, als diese ab.

Zweite Subclasse der Spirobranchien:

Testicardines. *(Apygia.) Angelschalige.*

Diese Subclasse umfasst die beiden Ordnungen der Lineicardines (Familien der Calceoliden und Productiden) und der Denticardines (Familien der Chonetiden, Strophomeniden, Rhynchonelliden, Spiriferiden und Terebratuliden), von denen die letzte wahrscheinlich ebenso als eine höhere Entwickelungsstufe aus der ersteren, wie diese aus der vorigen Subclasse hervorgegangen ist. Die Lineicardines sind ausschliesslich auf die primordiale und primäre Zeit beschränkt, beginnen im Cambrischen, erreichen im Carbon ihre Acme und hören im Perm bereits auf. Die Denticardines kommen zwar auch schon in der cambrischen Formation vor und erreichen in der Silur-Zeit ihre Acme, gleich den Ecardines. Allein sie nehmen langsamer ab und erhalten sich bis in die Jetztzeit stärker als die letzteren.

Zweites Subphylum der Mollusken:

Otocardia. *Höhere Mollusken (mit Herzohr).*

Als Otocardier fassen wir hier die vier höheren Mollusken-Classen, die Rudisten, Elatobranchien (Lamellibranchien), Cochliden (Cephalophoren) und Cephalopoden zusammen, welche man auch wohl als „eigentliche oder echte Mollusken“ den Himategen oder Molluscoiden gegenüber zu stellen pflegt. Als eine vollkommnere und höhere Organisations-Stufe erscheinen die Otocardier (im Gegensatz zu den Himategen) insbesondere durch ihr Centralnervensystem, welches stets mindestens drei getrennte Ganglien-Paare besitzt (Ganglion cephalicum, G. pedale, G. parietosplanchnicum), und durch ihr Herz, welches stets aus Kammer und Vorkammer besteht. Im Uebrigen zeigen die vier Classen der Otocardier eben so wenig festere Beziehungen als die drei Classen der Himategen, und hier wie dort ist daher der Stammbaum schwer herzustellen. Zweifelsohne haben sich die Otocardier erst später aus den Himategen entwickelt, welche in einem sehr grossen Theile der Primordial-Zeit allein den Mollusken-Stamm repräsentirt haben müssen. Indessen ist offenbar die Divergenz aller Mollusken-Classen schon so frühzeitig vor der cambrischen und silurischen Zeit (wahrscheinlich in der laurentischen Zeit) erfolgt, dass wir in den silurischen und selbst in den cambrischen Petrefacten des Mollusken-Stammes bereits das fertige Resultat jener Divergenz vor uns sehen. Das Subphylum der Otocardier zerfällt naturgemäss in zwei Claden oder Stammäste, von denen der eine (Anodontoda) die beiden Classen der Rudisten und Elatobranchien, der andere (Odontophora) die beiden Classen der Cochliden (Cephalophoren) und der Cephalopoden umfasst.

Erster Cladus der Otocardier:
Anodontoda. *Zahnlose Otocardier.*

Von den vier Classen der Otocardier stehen die kopflosen und zahnlosen Anodontoden (Rudisten und Elatobranchien) im Ganzen viel niedriger und den Himategen, insbesondere den Spirobranchien viel näher, als die Odontophoren, welche wahrscheinlich erst viel später von ihnen sich abgezweigt haben. Unter den Spirobranchien zeigen die tiefsten und unvollkommensten Formen, insbesondere *Lingula*, die meisten Beziehungen zu den Anodontoden und stehen wohl den gemeinsamen Stammformen derselben am nächsten. Von den Rudisten ist es selbst noch zweifelhaft, ob dieselben nicht wirklich echte Spirobranchien, und mithin Himategen sind.

Erste Classe der Anodontoden:
Rudista. *Rudisten.*

Diese Mollusken-Classe erscheint hinsichtlich ihrer Structur und Entwickelung als eine der räthselhaftesten Thiergruppen. Plötzlich in dem oberen Neocom der Kreide auftretend, bleiben sie ausschliesslich auf die Kreidezeit beschränkt. Aus den Schalen, welche wir allein kennen, lässt sich kein bestimmter Schluss auf die Organisation des darin eingeschlossenen Thieres ziehen, und es ist namentlich noch ganz unsicher, ob dasselbe nähere Verwandtschaft zu den Spirobranchien oder zu den Elatobranchien besitzt. Fast ebenso viele und bedeutende zoologische Autoritäten haben sich für die erstere als für die letztere Classe ausgesprochen. Unter diesen Umständen erscheint es das Sicherste, die Rudisten als eine besondere Classe aufzufassen, welche einen ganz eigenthümlichen und nur kurze Zeit persistirenden Seitenzweig, entweder der Spirobranchien oder der Elatobranchien darstellt; unter letzteren stehen ihnen die Chamaceen am nächsten. Sollten sie sich direct aus den Spirobranchien entwickelt haben, so würden sie wahrscheinlich nicht den Otocardiern, sondern den Himategen einzureihen sein. Unter sich zeigen alle Rudisten so viel Uebereinstimmung, dass man sie kaum in Ordnungen oder Familien eintheilen kann. Gewöhnlich werden jetzt drei Gruppen unterschieden: I. Hippuritida (*Hippurites*); II. Caprinulida (*Caprinula*); III. Radiolitida (*Radiolites*). Alle drei Gruppen finden sich ausschliesslich in der Kreide, vom Neocom bis zur Weisskreide hinauf.

Zweite Classe der Anodontoden:
Elatobranchia. *Blattkiemer.*

(Synonym: *Lamellibranchia. Elatacephala. Pelecypoda. Cormopoda. Conchifera.*)

Die Blattkiemer treten zwar, gleich den Spiralkiemern, auch schon im Silur mit zahlreichen Arten auf, zeigen indessen, im Gegensatz zu letzteren, im Grossen und Ganzen eine beständige Zunahme bis zur Jetztzeit. Die drei Hauptabtheilungen derselben, Integripalliaten, Sinupalliaten und Inclusen, liefern sowohl in ihrem gegenseitigen Verhalten, als in dem ihrer einzelnen Abtheilungen, ausgezeichnete Beweise für das Fortschritts-Gesetz, wie insbesondere Bronn nachgewiesen hat. Aller Wahrscheinlichkeit nach haben sich die Elatobranchien schon lange vor der Silurzeit von den Spirobranchien, und zwar wahrscheinlich von den Pleuropygiern abgezweigt.

Erste Subclasse der Elatobranchien:

Integripalliata *(Asiphonia). Ganzmantelige Blattkiemer.*

Diese Abtheilung umfasst die zahlreichsten, darunter alle niedrigeren und unvollkommneren Lamellibranchien, ohne Mantelbucht, und meistens auch ohne entwickelte Siphonen: die neun Ordnungen der Ostreaceen, Aviculaceen, Aetheriaceen, Mytilaceen, Arcaceen, Lyriodontaceen, Najadeen, Lucinaceen und Cyprinaceen. Sie ist die älteste von den drei Subclassen, herrscht in der silurischen und palaeolitischen Zeit ganz überwiegend vor, erreicht ihre Acme in der Secundär-Zeit, und nimmt von der Eocen-Zeit an rasch bis zur Jetztzeit ab. Die Ostreaceen (insbesondere die Anomiaden) schliessen sich von Allen zunächst an die Spirobranchien an.

Zweite Subclasse der Elatobranchien:

Sinupalliata *(Siphoniata). Buchtmantelige Blattkiemer.*

Diese Abtheilung enthält die höheren und vollkommneren Blattkiemer, mit Mantelbucht und mit gut entwickelten Siphonen: die drei Ordnungen der Veneraceen, Myaceen und Solenaceen. Sie ist jünger, als die vorige, älter, als die folgende Subclasse. Sie hat sich erst später aus den Integripalliaten entwickelt. In der silurischen und palaeolitischen Zeit nur durch einzelne wenige Repräsentanten vertreten, nimmt sie in der Secundär-Zeit allmählich zu und erreicht ihre stärkste Entwickelung in der Tertiär-Zeit und in der Gegenwart. Durch die Solenaceen schliesst sie sich unmittelbar an die Pholadaceen an.

Dritte Subclasse der Elatobranchien:

Inclusa *(Tubicolae). Röhrenbewohnende Blattkiemer.*

Diese Abtheilung umfasst nur die eine Ordnung der Pholadaceen, mit den drei Familien der Clavagelliden, Pholadiden und Terediniden. Von allen drei Subclassen der Lamellibranchien ist sie die vollkommenste, und demgemäss auch die jüngste. Sie fehlt in der Primärzeit ganz, tritt zum ersten Male in der Secundärzeit, jedoch noch spärlich auf, und nimmt erst in der Tertiärzeit mehr zu, bis zur Gegenwart. Durch *Teredo* schliesst sie sich unmittelbar an die Scaphopoden (*Dentalium*) und somit an die Otocardier an.

Zweiter Cladus der Otocardier:

Odontophora. *Bezahnte Otocardier.*

Dieser Cladus enthält die höchst entwickelten Weichthiere, die Cephalophoren oder Kopf-Mollusken (Cephalota) im weiteren Sinne, welche sich durch den Besitz eines Kopfes und insbesondere einer Bezahnung von allen vorhergehenden Mollusken unterscheiden. Es gehören hierher die beiden Classen der Schnecken (*Cochlides*) und der Dintenfische (*Cephalopoda*). Von diesen haben sich die letzteren jedenfalls aus tiefstehenden Gliedern der ersteren, sowie diese wahrscheinlich aus den höchsten Gliedern der Elatobranchien entwickelt. Doch ist auch hier, wie bei allen Mollusken, die specielle Genealogie zweifelhaft.

Erste Classe der Odontophoren:
Cochlides. *Schnecken.*

(Synonym: *Cephalophora. Gasteropoda. Cochli. Cochleae. Cochlaceae*)[1]).

Die äusserst vielgestaltige und umfangreiche Classe der Schnecken oder Cochliden bietet hinsichtlich ihrer Genealogie noch grössere Schwierigkeiten, als die übrigen Mollusken-Gruppen dar. Zwar zeigen ihre verschiedenen Abtheilungen mehrfache Berührungspunkte unter einander und mit anderen Gruppen; indessen lässt sich daraus keineswegs ein irgend sicherer Stammbaum herstellen. Die Scaphopoden (*Dentalium*) schliessen sich von allen zunächst an die Elatobranchien, als die nächstniedere Mollusken-Classe an. Dagegen sind gewisse Lipobranchien (*Rhodope* etc.) kaum von niederen Plattwürmern (Turbellarien) zu unterscheiden. Eine der ältesten Gruppen unter den uns bekannten Cochliden scheinen die Pteropoden zu sein, welche wir mit den nächstverwandten Scaphopoden als Perocephala zusammenfassen. Von den Pteropoden scheinen als zwei divergente Hauptzweige einerseits die übrigen Cochliden, andererseits die Cephalopoden ausgegangen zu sein. Unter den übrigen Schnecken, welche wir wegen ihres höher differenzirten Kopfes als Delocephala den Perocephalen gegenüberstellen, treten als zwei Hauptgruppen (Legionen) die Lungenschnecken (*Pneumocochli*) den Kiemenschnecken (*Branchiocochli*) gegenüber. Erstere haben sich erst spät aus den letzteren entwickelt.

Erste Subclasse der Schnecken:
Perocephala, H. *Stummelköpfe.*

In dieser Subclasse vereinigen wir die beiden naheverwandten Legionen der Scaphopoden und Pteropoden, von denen die ersteren den unmittelbaren Uebergang von den Elatobranchien zu den Cochlen, die letzteren dagegen den Ausgangspunkt sowohl für die Delocephalen als für die Cephalopoden bilden.

Erste Legion der Perocephalen:
Scaphopoda. *Schaufelschnecken.*

(Synonym: *Solenoconchae. Prosopocephala. Cirrobranchia. Dentalida.*)

Diese Legion wird nur durch die einzige Familie der Dentaliden, mit den beiden Sippen *Dentalium* und *Siphonodentalium* gebildet. Es sind die unvollkommensten aller Schnecken, welche den Elatobranchien (und speciell den Teredinen) am nächsten stehen, so dass sie selbst von Vielen als eine besondere Classe der Blattkiemer betrachtet werden. In der That zeigen sie eine so vollständige Vermischung von Charakteren der Elatobranchien (namentlich der Pholadaceen) einerseits, und der Cochliden (speciell der Pteropoden) andererseits, dass wir sie als gradlinige und wenig verän-

---

[1]) κοχλίς, ἡ oder κόχλος, ὁ die Schnecke; *Cochlea.*

derte Nachkommen der uralten Uebergangsform von den Elatobranchien zu den Cochliden betrachten dürfen. Ihre ältesten fossilen Reste, die man kennt, sind im Devon gefunden worden.

Zweite Legion der Perocephalen:
Pteropoda. (*Coponautae*). *Flügelschnecken.*

Diese Legion scheint unter allen Cochlen, von den Scaphopoden abgesehen, die tiefste Stufe einzunehmen, und enthält in ihren gegenwärtigen Repräsentanten wahrscheinlich nur wenig veränderte Nachkommen von den uralten Stammschnecken, aus denen sich als zwei divergirende Zweige einerseits die Delocephalen, andererseits die Cephalopoden entwickelt haben. Wahrscheinlich haben sich die Pteropoden entweder unmittelbar aus den Scaphopoden, oder doch aus gemeinsamer Wurzel mit diesen entwickelt. Die Paläontologie lässt uns auch hier wieder im Stich. Zwar werden allgemein eine Menge angeblicher Pteropoden-Schalen aus den silurischen und aus allen paläolithischen Formationen angeführt (während dieselben in allen mesolithischen Bildungen gänzlich fehlen sollen!). Indessen sind die Gründe, auf welche hin man jene Schalen gerade den Pteropoden zugeschrieben hat, nur schwacher Natur, und sie gehören vielleicht ganz anderen Organismen an. Von den beiden Ordnungen, in welche man die Legion zerfällt hat, scheinen die Gymnosomata (*Clioidea*), welche wegen Mangels einer Schale überhaupt keine fossilen Reste hinterlassen konnten, die älteren, niederen und unvollkommneren zu sein, aus denen sich die beschalten Thecosomata (*Cymbulida*, *Hyalaeida*, *Limacinida*) erst später entwickelt haben. Von diesen letzteren konnten die Cymbuliden, mit knorpelähnlicher, nicht verkalkter Schale, ebenfalls nicht conservirt werden. Es konnten also bloss Hyalaeiden und Limaciniden erhalten bleiben. Die zahlreichen silurischen und paläolithischen Schalen sind aber von diesen so sehr verschieden, dass man sie nicht mit Sicherheit denselben anschliessen kann.

Zweite Subclasse der Schnecken:
Delocephala, H. *Kopfschnecken.*

Diese Subclasse umfasst sämmtliche Schnecken, nach Ausschluss der Pteropoden und Scaphepoden, von denen sie sich durch den deutlich entwickelten Kopf und überhaupt einen höheren Grad der Differenzirung wesentlich unterscheiden. Vermuthlich sind alle Delocephalen erst später aus den Perocephalen hervorgegangen, welche anfangs allein die Cochliden-Classe vertraten. Wir theilen die Delocephalen in zwei Legionen: Branchiocochli (Kiemenschnecken) und Pneumocochli (Lungenschnecken) von denen sich die letzteren ebenso aus den ersteren, wie diese aus den Pteropoden entwickelt haben.

Erste Legion der Delocephalen:
Branchiocochli, H. (*Branchiogasteropoda*). *Kiemenschnecken.*

Diese Legion enthält den bei weitem grössten Theil der ganzen Schnekken-Classe, nämlich die drei grossen Gruppen der Opisthobranchien, Prosobranchien und Heteropoden, von denen wir die beiden letzteren nebst den Chitoniden als Opisthocardier zusammenfassen. Diese haben sich jedenfalls erst später aus den Opisthobranchien entwickelt, welche zunächst aus den Pteropoden hervorgegangen sind.

Erste Sublegion der Kiemenschnecken:
Opisthobranchia. *Hinterkiemer.*

Von allen Delocephalen enthält diese Gruppe die niedersten und unvollkommensten Formen, welche sich zunächst an die Pteropoden anschliessen, und wohl direct von diesen abstammen. Sie theilen mit ihnen die sehr einfache Zwitterbildung, die Opisthobranchien-Circulation und andere niedrige Organisations-Verhältnisse. Es gehören hierher drei Ordnungen: I. Lipobranchia, H. oder Fehlkiemer (*Rhodopida, Pontolimacida, Phyllirrhoida, Elysida*). II. Notobranchia oder Rückenkiemer (*Cerabranchia, Cladobranchia, Pygobranchia*). III. Pleurobranchia oder Seitenkiemer (*Dipleurobranchia, Monopleurobranchia*). Von diesen drei Ordnungen haben sich wahrscheinlich die beiden letzteren als divergente Zweige aus der ersteren, vielleicht aber auch die Pleurobranchien aus den Notobranchien, wie diese aus den Lipobranchien entwickelt. Doch können die letzteren auch wohl eine, durch specielle Anpassungen rückgebildete Gruppe darstellen. Die auffallend nahe Verwandtschaft einiger Lipobranchien (*Rhodope*) mit niederen Plattwürmern (Turbellarien) ist höchst merkwürdig, beruht indessen wahrscheinlich mehr auf Analogie (Anpassung an ähnliche Existenz-Bedingungen), als auf Homologie (wirklicher Blutsverwandtschaft). Die Paläontologie berichtet uns über die Entwickelung der Prosobranchien, welche wir für die ältesten von allen Delocephalen halten, so gut wie Nichts, da die meisten Schnecken dieser Sublegion keine erhaltbaren Schalen besassen. Einzelne hierher gerechnete Schalen werden fast in allen Formationen, von der silurischen an, aufgeführt. Vermuthlich war diese Gruppe in der archolithischen und paläolithischen Zeit sehr reichlich entwickelt. Als zwei divergente Aeste haben sich aus den Opisthobranchien wahrscheinlich einerseits die Opisthocardier und andererseits die Pneumocochlen hervorgebildet.

Zweite Sublegion der Kiemenschnecken:
Opisthocardia, H. *Hinterherzen.*

Diese Abtheilung besteht aus der äusserst umfangreichen Ordnung der Prosobranchien und den beiden kleinen Ordnungen der Entomocochlen und der Heteropoden, welche in ihrer wesentlichen Organisation so nahe verwandt sind, dass wir sie nicht getrennt lassen können. Die Kielfüsser oder Heteropoden, welche sich in die beiden Familien der Pterotracheaceen und Atlantaceen spalten, scheinen uns nur einen einzelnen Seitenzweig der auf dem Boden kriechenden Prosobranchien darzustellen, welcher sich durch Anpassung an schwimmende pelagische Lebensweise eigenthümlich verändert hat. Unter den Vorderkiemern oder Prosobranchien bildet die Hauptmasse die äusserst formenreiche Unterordnung der *Taenioglossa*, an welche sich als divergente Zweige die kleineren Unterordnungen der *Toxoglossa, Rhachiglossa, Ptenoglossa* und *Rhipidoglossa* (*Aspidobranchia*) anschliesen. Einen besondern Seitenzweig bildet die eigenthümliche Unterordnung der *Cyclobranchia* (*Patellida*), welche von allen bekannten Schnecken sich am nächsten an die eigenthümliche Ordnung der Entomocochli (*Chitonida*) anschliesst.

Letztere ist vielleicht ein isolirter Ueberrest einer vormals reich entwickelten Schnecken-Gruppe, die möglicherweise sehr tief unten von dem gemeinsamen Opisthocardier-Stamme sich abgezweigt hat. Die harten Kalkschalen, welche die allermeisten Opisthocardier besitzen, sind in den Erdschichten von der silurischen Formation an zahlreich erhalten worden. Es ergiebt sich daraus eine stetige Zunahme dieser Sublegion von der silurischen bis zur Jetztzeit.

Zweite Legion der Delocephalen:

Pneumocochli, H. (*Pulmogasteropoda*) *Lungenschnecken.*

Diese Legion, weit kleiner, als die vorhergehende, umfasst nur die einzige Ordnung der Pulmonaten oder Lungenschnecken, zu welcher der bei weitem grösste Theil aller landbewohnenden Schnecken gehört. Sie ist zusammengesetzt aus den Familien der Auriculiden, Limnaeiden, Peroniaden, Veronicelliden, Janelliden, Limaciden, Testacelliden und Heliciden. Diese Legion hat sich am spätesten von allen Schnecken-Gruppen entwickelt, wie sie denn auch in mehrfacher Beziehung als die höchste und vollendetste erscheint. Die ersten, jedoch vereinzelten Reste derselben finden sich in den untersten Kreideschichten (in der Wälderformation); alle hier befindlichen Pulmonaten sind Süsswasserbewohner (*Planorbis*, *Lymnaeus*, *Physa* etc.). Erst in der Anteocen-Zeit scheinen dieselben zum Landleben übergegangen zu sein. Schon in den Eocen-Schichten treffen wir zahlreiche landbewohnende Pulmonaten an, welche von nun an durch alle tertiären Schichten hindurch bis zur Jetztzeit zunehmen. Aller Wahrscheinlichkeit nach haben sich die Pneumocochlen nicht aus den gonochoristischen Prosobranchien, sondern aus den hermaphroditischen Opisthobranchien entwickelt.

Zweite Classe der Odontophoren:

Cephalopoda. *Dintenfische.*

Die Classe der Cephalopoden, welche (in scheinbarem Widerspruch mit dem Fortschritts-Gesetz) bereits in der Silurzeit als eine vielgestaltig entwickelte Gruppe auftritt, und von da an bis zur Jetztzeit allmählich abnimmt, obschon sie die vollkommenste aller Mollusken-Classen ist, beweist uns deutlich das hohe Alter des Mollusken-Stammes, welcher bereits in der archolithischen Zeit seine eigentliche Entwickelung, und schon gegen Ende dieser Zeit die Acme derselben erreicht hatte. Allem Anscheine nach haben sich die Cephalopoden (unabhängig von den Delocephalen) aus den Pteropoden entwickelt, welche ihnen von allen Mollusken am nächsten stehen. Von den beiden Subclassen, in welche die Classe zerfällt, Tetrabranchiaten und Dibranchiaten, scheinen die ersteren sehr lange Zeit hindurch, von der cambrischen bis zur Jura-Zeit, allein die ganze Classe vertreten zu haben, und erst in der Antejura-Zeit haben sich die letzteren aus ihnen entwickelt.

Erste Subclasse der Cephalopoden:

Tetrabranchia (*Tentaculifera*). *Vierkiemige Cephalopoden.*

Diese Subclasse enthält die niederen und unvollkommneren Cephalopoden, welche sich zunächst aus den Pteropoden in der archolithischen Zeit entwickelt haben. Sie zerfällt in die beiden Ordnungen der Nautiliden und Ammonitiden. Die Nautiliden als die ältesten von Allen beginnen bereits im cambrischen System und nehmen vom silurischen System an allmählich ab, setzen sich jedoch mit einem Genus (*Nautilus*) durch alle Formationen bis zur Gegenwart fort. Die Ammonitiden haben sich wahrscheinlich erst aus den Nautiliden während der antesilurischen oder silurischen Zeit entwickelt, bleiben in der ganzen paläolithischen Zeit sehr spärlich und erreichen erst in der Jura-Zeit eine sehr starke, und in der Kreide-Zeit die stärkste Entwickelung, worauf sie in der Anteocen-Zeit völlig aussterben. Aus der ganzen Tertiär-Zeit sind keine fossilen Ammonitiden bekannt.

Zweite Subclasse der Cephalopoden:
Dibranchia *(Acetabulifera). Zweikiemige Cephalopoden.*

Diese Subclasse enthält die höheren und vollkommneren Cephalopoden, welche sich aus den Tetrabranchien erst in der mesolithischen Zeit, wahrscheinlich erst in der Antejura-Zeit (vielleicht auch schon in der Trias-Zeit) entwickelt haben. Sie zerfällt in die beiden Ordnungen der Decabrachien und Octobrachien. Die Decabrachien (Belemnitiden, Spiruliden, Sepiaden und Teuthiden) haben die Subclasse während der Secundär-Zeit wohl allein vertreten, beginnen im Jura (vielleicht schon in der Trias?) und erreichen ebendaselbst (oder in der Kreide?) ihre Acme, worauf sie in der Teritär-Zeit abnehmen. Von den Octobrachien (Cirroteuthiden, Eledoniden, Philonexiden), welche meistens keine harten, der fossilen Erhaltung fähigen Theile besitzen, kennt man nur vereinzelte Reste (*Argonanta*) aus mittlern und neuern Tertiär-Schichten. Vielleicht haben sie sich als die vollkommensten Cephalopoden erst in der Tertiär-Zeit aus den Decabrachien entwickelt.

Fünfter Stamm des Thierreichs:
Vertebrata. *Wirbelthiere.*

Das Phylum der Wirbelthiere ist in sehr vielen Beziehungen der wichtigste und interessanteste Stamm, nicht allein im Thierreiche, sondern unter allen Organismen. Da der Mensch selbst, als der vollkommenste und höchste aller Organismen, Nichts weiter ist, als ein einzelnes, sehr junges Aestchen dieses Stammes, und da die Beweise, welche die vergleichende Anatomie und Ontogenie für die Wirbelthier-Natur des Menschen liefert, auch von denjenigen nie bestritten werden konnten, welche seine Abstammung von andern Vertebraten auf das Hartnäckigste leugneten, so musste das Phylum der Vertebraten schon aus diesem Grunde seit den ältesten Zeiten die besondere Aufmerksamkeit auf sich ziehen, und wir kennen seine gesammte Anatomie, Ontogenie und Phylogenie besser, als diejenige irgend einer anderen Abtheilung der drei organischen Reiche.

Die Paläontologie liefert uns über die Phylogenie der Wirbelthiere äusserst zahlreiche und wichtige Aufschlüsse. Zwar sind die fossilen Reste der Wirbelthiere nicht entfernt so massenhaft erhalten als diejenigen der Mollusken und Echinodermen. Auch konnten sehr viele und namentlich niedere Wirbelthiere, wegen Mangels eines festen Skelets, oder (wie die Vögel) wegen dessen Zerbrechlichkeit keine oder nur wenige Spuren hinterlassen; und offenbar geben alle bekannten fossilen Wirbelthier-Reste zusammengenommen nur eine sehr schwache Vorstellung von dem Formenreichthum des Stammes in der vormenschlichen Zeit Dennoch sind diese Reste als Fingerzeige von der grössten Bedeutung, und sehr oft schon hat ein einzelner Zahn, ein einzelner Knochen, eine einzelne Schuppe eines Wirbelthiers uns über Alter und Phylogenie einer ganzen Gruppe die wichtigsten Aufschlüsse gegeben. Diese ausserordentlich hohe Bedeutung der fossilen Vertebraten-Reste ist vorzüglich darin begründet, dass die erhaltenen Theile allermeistens Stücke des inneren Skelets sind, eines morphologisch höchst wichtigen Organ-Systems, welches in den meisten Fällen besser als irgend ein anderes System des Körpers die Verwandtschafts-Verhältnisse und die systematische Stellung des Wirbelthiers erläutert. Nur die Echinodermen können sich in dieser Beziehung den Vertebraten vergleichen. Freilich sind auch die Schwierigkeiten, welche sich der Erkenntniss der fossilen Vertebraten-Skelete entgegenstellen, sehr bedeutende, zumal nur selten ganze zusammenhängende Skelete, meistens nur einzelne abgetrennte Skelettheile erhalten sind.

Wenn nun schon die Paläontologie uns für die Bildung der genealogischen Hypothesen, durch welche allein wir die Phylogenie der Vertebraten construiren können, die wichtigsten empirischen Grundlagen liefert, so gilt dies doch in fast noch höherem Maasse von der vergleichenden Anatomie und Ontogenie der Wirbelthiere, und insbesondere von der letzteren. Nirgends so wie bei den Vertebraten, wird die ausserordentlich hohe Bedeutung völlig klar, welche die dreifache genealogische Parallele, der causal-mechanische Parallelismus zwischen der phyletischen, biontischen und systematischen Entwickelungsreihe besitzt (vergl. unten S. 371). Es würde uns unmöglich sein, den äusserst wichtigen und interessanten Stammbaum der Wirbelthiere so, wie wir es auf den folgenden Seiten versuchen, zu construiren, wenn nicht die Paläontologie, die Embryologie und die vergleichende Anatomie (die anatomisch begründete Systematik) sich gegenseitig in der ausgezeichnetsten Weise erläuterten, und als drei parallele Entwickelungs-Stufenleitern ergänzten. Weder allein die Paläontologie, noch allein die Embryologie (Ontogenie), noch allein die vergleichende Anatomie (Systematik) der Wirbelthiere, vermag uns ihre Phylogenie herzustellen, während dies durch die denkende Benutzung und vergleichende Synthese jener drei parallelen und durch den innigsten Causalnexus verbundenen Erscheinungsreihen in der überraschendsten und lehrreichsten Weise möglich wird. Da nun in der Regel die Paläontologen Nichts von Embryologie, und nur sehr Wenig von vergleichender Anatomie, die Embryologen und die vergleichenden Anatomen Nichts oder nur sehr Wenig von Paläontologie verstehen, so erklärt sich hieraus hinreichend, warum bisher noch so wenige Versuche gemacht sind, die offen da liegenden Fäden der Wirbelthier-Entwickelung zu dem Gewebe ihres Stammbaums zu verknüpfen, und warum die hierauf zielenden trefflichen Bemühungen von Gegenbaur und Huxley (s. unten S. 277. Anm.) bisher so isolirt dastehen. Keine andere Gruppe von Organismen zeigt so klar, wie diejenige der Vertebraten, dass nur die gründliche Kenntniss und die denkende Vergleichung ihrer paläontologischen (phylogenetischen), embryologischen (ontogenetischen) und systematischen (anatomischen) Entwickelung uns das volle Verständniss der Gruppen und ihrer Entstehung eröffnet.

Im vollen Gegensatze zu den Mollusken sind die Wirbelthiere eine verhältnissmässig erst spät entwickelte Thiergruppe. Von allen thierischen Stämmen ist das Phylum der Vertebraten, wie der höchste und vollkommenste, so auch der späteste und jüngste. Erst in der Tertiär-Zeit erreicht er seine volle Blüthe und befestigt die in der Secundär-Zeit errungene Herrschaft über alle übrigen Organismen. Die Entwickelung der grösseren und kleineren Gruppen liegt, im Grossen und Ganzen betrachtet, hier ausserordentlich klar vor Augen, und liefert sowohl im Ganzen, als im Einzelnen die glänzendsten Beweise für das Fortschritts-Gesetz. Aus der ganzen archolithischen Zeit kennen wir von den Vertebraten Nichts, als aus dem allerletzten Abschnitt derselben (aus der jüngsten Silur-Zeit) einige wenige Spuren von Fischen (Selachiern und Ganoiden). In der ganzen paläolithischen Zeit, vom Antedevon bis zum Perm, kennen wir fast ausschliesslich Fische (Selachier und Ganoiden). Erst in der Kohle treten die ersten vereinzelten landbewohnenden Wirbelthiere, und zwar gepanzerte Amphibien (Ganocephalen) auf, und erst im Perm die ersten amniotischen Vertebraten, einige eidechsenähnliche Reptilien (*Proterosaurus* und *Rhopalodon*). In der Secundär-Periode ist der Stamm ganz vorwiegend durch die Reptilien vertreten, an deren Stelle in der Tertiär-Zeit die Säugethiere treten. Doch beginnt die Entwickelung der niederen Säugethiere aus den Amphibien, sowie die Entwickelung der Vögel aus den Reptilien, bereits zu Anfang oder gegen die Mitte der mesolithischen Zeit, woselbst auch die ersten Knochenfische (Teleostier) auftreten. Monodelphe Säugethiere sind mit Sicherheit erst aus der Tertiär-Zeit bekannt, gegen deren Ende wahrscheinlich bereits (oder vielleicht auch erst im Beginn der Quartär-Zeit) der wichtigste Schritt in der phyletischen Wirbelthier-Entwickelung geschah, die Umbildung des Affen zum Menschen.

Die Phylogenie der Wirbelthiere, wie sie uns so durch die Paläontologie in ihren Grundzügen skizzirt wird, erhält nun die werthvollsten Ergänzungen durch die Resultate der vergleichenden Anatomie und Embryologie. Hieraus lässt sich folgender Entwickelungsgang unseres Stammes entwerfen: Zuerst, in früherer archolithischer Zeit, war aller Wahrscheinlichkeit nach das Vertebraten-Phylum bloss durch Leptocardier repräsentirt, von denen uns der einzige lebende *Amphioxus* noch Kunde giebt. Aus diesen entwickelten sich (innerhalb oder vor der Silur-Zeit) die echten Fische (vielleicht zunächst aus den Monorrhinen oder Marsipobranchien, die aber vielleicht auch einen selbstständig auslaufenden Zweig der Leptocardier darstellen). Die ältesten echten Fische waren Selachier und zwar wahrscheinlich den Haifischen (Squalaceen) nächstverwandt. Aus diesen entsprangen fünf divergente Zweige, die drei Gruppen der Chimären, Rajaceen und Dipneusten (welche sich weiter nicht bedeutend differenzirten), und die beiden Gruppen der Ganoiden und Phractamphibien, von denen erstere den Teleostiern, letztere den übrigen Amphibien (Lissamphibien) den Ursprung gaben. Aus den Amphibien entstanden (wahrscheinlich in der Perm-Zeit) die ersten Amnioten, eidechsenartige Reptilien (Tocosaurier). Aus diesen ersten Reptilien entsprangen dann als vier divergirende Zweige die Hydrosaurier, Dinosaurier, Lepidosaurier und Rhamphosaurier, von denen die letzteren den Vögeln den Ursprung gaben. Die Säugethiere dagegen entwickelten sich wahrscheinlich unabhängig von den Reptilien, unmittelbar aus den Amphibien, oder hingen nur unten an der Wurzel mit den ältesten Reptilien zusammen.

Der erste Ursprung der Wirbelthiere ist noch in tiefes Dunkel gehüllt, da ihre ältesten und unvollkommensten Repräsentanten, die Leptocardier, obwohl sehr niedrig organisirt, dennoch offenbar bereits das Resultat eines sehr langen phyletischen Entwickelungs-Processes sind. Die Meisten werden vielleicht geneigt sein, eine besondere autogone Moneren-Form als ersten Anfang das Vertebraten-Phylum anzunehmen und dieses mithin für völlig selbstständig anzusehen. Nach unserem Dafürhalten ist es wahrscheinlicher, dass die ältesten Wirbelthiere (noch tief unter dem *Amphioxus* stehend) aus Würmern, und zwar aus Nematelminthen sich entwickelt haben. In diesem Falle würden die Sagitten (Chaetognathen) und demnächst die Nematoden, unsere nächsten Verwandten unter den wirbellosen Thieren sein (vergl. oben S. LXXXII und unten S. 414). Man könnte vielleicht auch die anatomischen „Verwandtschaftsbeziehungen“, welche zwischen den Vertebraten einerseits und den Mollusken und Arthropoden andererseits bestehen, in genealogischem Sinne verwerthen wollen. Insbesondere könnte hierbei die Aehnlichkeit des Kiemenkorbes der Leptocardier und Tunicaten, die Aehnlichkeit des Rückenmarks der Vertebraten und des Bauchmarks der Arthropoden und andere derartige (namentlich histologische) Aehnlichkeiten in Frage kommen. Indessen halten wir diese doch nur für Analogieen, nicht für wahre Homologieen.

Erstes Subphylum der Wirbelthiere:
Leptocardia. *Röhrenherzen.*

Einzige Classe der Leptocardier:
Acrania. *Schädellose.*

Der erste Unterstamm des Vertebraten-Phylum wird durch die einzige Classe der Schädellosen (*Acrania*) oder Gehirnlosen (*Anencephala*) gebildet, welche man wegen ihres eigenthümlichen Circulations-Systems gewöhnlich Röhrenherzen (*Leptocardia*) nennt. Der einzige bekannte Repräsentant dieser merkwürdigen Hauptabtheilung des Wirbelthier-Stammes ist *Amphioxus lanceolatus*. Zwar wird dieses Thier gewöhnlich als ein Fisch angesehen, und sogar meistens als eine den übrigen Fisch-Ordnungen gleichwerthige Ordnung; oft wird er selbst nur als eine eigene Familie mit den niederen Fischordnungen vereinigt. Da indess, wie bekannt, dieses Wirbelthier sich durch seine gesammte Organisation sehr viel weiter von allen übrigen Vertebraten entfernt als irgend ein anderes Glied dieses Stammes, da der Mangel des Schädels und des Gehirns, der Mangel eines compacten Herzens und viele andere Charaktere ihn als eine ganz besondere Abtheilung auszeichnen, so nehmen wir keinen Anstand, denselben nicht allein als Vertreter einer besonderen Classe, sondern auch eines besonderen Unterstammes von allen übrigen Wirbelthieren zu trennen Wir erblicken in demselben den einzigen überlebenden Ausläufer einer Wirbelthier-Abtheilung, die wahrscheinlich in früheren Perioden der Erdgeschichte einen reich entwickelten und viel verzweigten Baum darstellte. Wegen Mangels fester Skelettheile konnten keine fossilen Reste derselben erhalten bleiben. *Amphioxus* ist also wahrscheinlich der letzte Mohikaner jener niederen Vertebraten-Abtheilung. welche sich zunächst von den Würmern abzweigte, und aus welcher erst später die vollkommneren Pachycardien sich entwickelten.

Zweites Subphylum der Wirbelthiere: Pachycardia, H. *Centralherzen.*

(Synonym: *Craniota*, Schädelthiere. *Encephalota*, Gehirnthiere.)

Zu dieser zweiten Hauptabtheilung des Wirbelthierstammes gehören alle bekannten Wirbelthiere, mit einziger Ausnahme des *Amphioxus lanceolatus*. Sie unterscheiden sich sehr wesentlich von diesem durch den Besitz eines Gehirns, eines Schädels, eines compacten Herzens und durch viele andere Charaktere, welche sie hoch über denselben erheben. Offenbar haben sie sich erst später (jedoch schon innerhalb oder vor der Silurzeit) aus dem Unterstamme der Leptocardier entwickelt. Das Subphylum der Pachycardier zerfällt zunächst in zwei sehr ungleiche Stammäste, von denen der eine bloss die kleine Gruppe der Monorrhinen (Classe der Marsipobranchien), der andere sämmtliche übrigen Vertebraten (Amphirrhinen) umfasst.

Erster Cladus der Pachycardier: Monorrhina, H. *Unpaarnasen.*

Als Monorrhinen sondern wir hier von den übrigen Pachycardiern die Classe der Cyclostomen oder Marsipobranchien ab, welche sich durch so wesentliche anatomische und ontogenetische Charaktere von den übrigen Wirbelthieren unterscheidet, dass wir sie nicht mit Recht als eine Abtheilung der echten Fische betrachten können. Während alle übrigen Pachycardier drei Bogengänge im Labyrinth des Gehörorgans besitzen, haben die Monorrhinen deren nur ein oder zwei. Während bei allen übrigen die Nase paarig, ist sie bei ihnen unpaar angelegt. Während alle übrigen ein sympathisches Nervensystem besitzen, ist dieses bei ihnen noch nicht entdeckt. Auch die Structur der Gewebe (insbesondere des Nerven-Gewebes) ist bei ihnen so eigenthümlich, dass sie dadurch viel weiter von allen Pachycardiern sich entfernen, als irgend zwei verschiedene Gruppen der letzteren unter sich. Die Fische sind dem Menschen und den übrigen Säugethieren viel näher verwandt, als die Monorrhinen den Fischen. Daher glauben wir vollkommen im Recht zu sein, wenn wir die Marsipobranchien allen übrigen Pachycardiern als besonderen Cladus gegenüberstellen. Wir erblicken in ihnen die letzten überlebenden Repräsentanten eines früher vermuthlich mannichfaltig entwickelten Vertebraten-Astes, der unabhängig von den Amphirrhinen aus den Leptocardiern sich entwickelte.

Einzige Classe der Monorrhinen: Marsipobranchia. *Beutelkiemer.*

(Synonym: *Cyclostomi*, Rundmäuler. *Myzontes*, Schleimfische.)

Die wenigen jetzt noch lebenden Glieder des Monorrhinen-Cladus, welche wir sämmtlich in der einen Classe der Marsipobranchien zusammenfassen, können uns wohl nur eine schwache Vorstellung von der Formen-Mannichfaltigkeit geben, welche aller Wahrscheinlichkeit nach diese Wirbelthier-Gruppe ebenso wie diejenige der Leptocardier, in den früheren Perioden der Erdgeschichte entwickelt hat. Wahrscheinlich schon in oder vor der silurischen Zeit haben sich die Marsipobranchien aus den Leptocardiern, divergent von den Amphirrhinen, hervorgebildet. Fossile Reste konnten sie aus Mangel an harten Skelettheilen nicht hinterlassen. Sie zerfallen in zwei Ordnungen: I. Hyperotreta (*Myxinoida*), *Myxine*, *Gastrobranchus*, *Bdellostoma*, Beutelkiemer mit durchbohrtem Gaumen, mit einem einzigen Halbcirkel-Canal des Gehörorgans. II. Hyperoartia (*Petromyzonida*), *Petromyzon* (und seine Larve *Ammocoetes*), Beutelkiemer mit undurchbohrtem Gaumen, mit zwei Halbcirkelcanälen des Gehörorgans. Die Hyperoartien erscheinen in jeder Beziehung als eine jüngere, höher ausgebildete Gruppe, welche sich wahrscheinlich erst später aus den Hyperotreten entwickelt hat; doch sind letztere vielleicht auch durch Parasitismus rückgebildet.

Zweiter Cladus der Pachycardier:
Amphirrhina, H. *Paarnasen.*

Alle Amphirrhinen besitzen ein sympathisches Nervensystem, ein paariges Geruchsorgan, drei Bogengänge am Gehörorgan und niemals die beutelförmigen Kiemen der Monorrhinen. Diese Gruppe unterscheidet sich, wie schon erwähnt, durch die angeführten Charaktere so sehr von den Monorrhinen, dass wir sie als einen durchaus einheitlich organisirten Cladus oder Stammast sowohl den Monorrhinen als den Leptocardiern gegenüber stellen müssen. Offenbar sind alle hierher gehörigen Wirbelthiere Glieder eines einzigen Hauptastes, welcher sich schon sehr frühzeitig entweder ganz selbstständig aus den Leptocardiern hervorgebildet oder von den Monorrhinen abgezweigt hat. Diese Trennung muss in oder vor der Silurzeit erfolgt sein. Der Cladus der Amphirrhinen zerfällt in zwei Subcladen: Anamnien und Amnioten. Zu den ersteren gehören die drei Classen der Fische, Dipneusten und Amphibien, zu den letzteren die drei Classen der Reptilien, Vögel und Säugethiere. Die Amnioten als die vollkommneren Amphirrhinen haben sich erst spät (wahrscheinlich in der Anteperm-Zeit, oder in der Perm-Zeit) aus den Anamnien entwickelt, welche ihrerseits unmittelbar entweder von den Monorrhinen, oder direct von den Leptocardiern sich abgezweigt haben.

Erster Subcladus der Amphirrhinen:
Anamnia, H. *Amnionlose.*

Der Unterast der Anamnien umfasst die sogenannten niederen Wirbelthiere oder Anallantoidien, nach Ausschluss der Monorrhinen und der Leptocardier. Sie unterscheiden sich von den höheren Wirbelthieren wesentlich durch den Mangel des Amnion und den Besitz von wirklich athmenden Kiemen zu irgend einer Lebenszeit. Meistens ist auch die Allantois bei ihren Embryonen nicht entwickelt. Die Schädelbasis der Embryonen ist nicht geknickt. Es besteht dieser Subcladus aus den beiden Classen der echten Fische und Amphibien, und aus der Beide verbindenden Classe der Dipneusten. Von diesen sind zunächst die Fische aus den Monorrhinen oder aus den Leptocardiern entstanden.

Erste Classe der Anamnien.
Pisces. *Fische.*

Die Classe der echten Fische beschränken wir auf die drei Subclassen der Selachier, Ganoiden und Teleostier, indem wir einerseits die

Leptocardier und Monorrhinen, andererseits die Dipneusten aus ihr ausschliessen. In dem so begrenzten Umfange erscheint die Fischclasse als eine einheitliche Gruppe, deren sämmtliche Mitglieder in einer grossen Anzahl von wichtigen und eigenthümlichen Charakteren völlig übereinstimmen. Die Fischclasse ist die älteste von allen Anamnien und zugleich von allen Amphirrhinen. Fossile Reste derselben sind bereits im Silur vorhanden. Erst später haben sich aus ihr die beiden Classen der Dipneusten und Amphibien und noch viel später aus den letzteren die Amnioten entwickelt. Von den drei Subclassen der echten Fische ist ohne Zweifel die der Selachier die älteste, aus welcher erst später die Ganoiden, und aus diesen noch später die Teleostier sich entwickelt haben.

Erste Subclasse der Fische:
Selachii. *Urfische.*

(Synonym: *Elasmobranchii. Chondropterygii. Placoida. Plagiostomi* sensu ampliori.)

Den Ausgangspunkt aller echten Fische und somit zugleich aller Amphirrhinen, bildet die höchst interessante und wichtige Subclasse der Selachier, zu welcher die silurischen Ahnen aller Amphirrhinen und also auch des Menschen gehörten. Die gegenwärtig lebenden und uns allein genauer bekannten Selachier erscheinen als sehr wenig typisch veränderte, obgleich in ihrer Art, in ihrem Typus sehr hoch entwickelte, directe Nachkommen der niedrig organisirten archolithischen Urfische, aus welchen sich alle anderen Fische einerseits, alle Amphibien und somit auch alle Amnioten andererseits hervorgebildet haben. Leider liefert uns die Paläontologie über die nähere Beschaffenheit dieser unserer alten Urahnen keine befriedigenden Aufschlüsse. Da das Skelet der Selachier grösstentheils nicht der Erhaltung im fossilen Zustande fähig ist, so sind uns von denselben fast bloss die härteren Zähne und Flossenstacheln (Ichthyodorulithen) erhalten. Nur insofern sind dieselben von Interesse, als sie in grosser Zahl fast in allen Formationen, vom Silur an, vorkommen, und also die Existenz der Selachier-Gruppe schon in der Silurzeit beweisen. Uebrigens liesse sich diese auch ohne jene Reste schon aus den silurischen Ganoiden erschliessen, da diese als Descendenten der Selachier erst auf die letzteren gefolgt sein können. Die Selachier haben sich entweder unmittelbar aus den Leptocardiern, oder mittelbar aus einem gemeinsamen Ast mit den Monorrhinen entwickelt, sich jedoch schon sehr frühzeitig (wohl lange vor der Silurzeit) von diesen abgezweigt. Die Subclasse spaltet sich in zwei divergente Aeste, die Plagiostomen und Holocephalen.

Erste Legion der Selachier:
Plagiostomi. *Quermäuler.*

Diese Legion bildet aller Wahrscheinlichkeit nach die Hauptstammgruppe der Fische, aus welcher sich einerseits die Holocephalen, andererseits die Ganoiden, und wahrscheinlich als zwei besondere Aeste die Dipneusten und die Amphibien entwickelt haben. Sie wird zusammengesetzt aus den beiden Ordnungen der Haifische (Squalaceen) und Rochen (Rajaceen). Nicht so sicher, als die Abstammung der Ganoiden, Dipneusten und Amphibien von den Plagiostomen, erscheint diejenige der Holocephalen, welche sich vielleicht auch unabhängig von den eigentlichen Plagiostomen aus gemeinsamen Stammformen mit ihnen entwickelt haben.

Erste Ordnung der Plagiostomen:
Squalacei (*Squali*). *Haifische.*

Wie die Plagiostomen unter den Selachiern, so bilden die Squalaceen unter den Plagiostomen den eigentlichen Kern der Gruppe, welcher den alten Urstamm in gerader Linie fortsetzt. Von allen jetzt lebenden Amphirrhinen sind die Haifische aller Wahrscheinlichkeit nach diejenigen, welche den silurischen Ahnen des Menschen und der Amphirrhinen überhaupt am nächsten stehen, und uns diesen Typus unserer gemeinsamen Stammeltern aus der archolithischen Zeit am reinsten erhalten zeigen. Da die fossilen Reste der Haifische sich auf ihre Zähne und Flossenstacheln beschränken, so sind dieselben von eben so geringer specieller, als von grosser genereller Bedeutung. Die ältesten finden sich im obern Silur.

Zweite Ordnung der Plagiostomen:
Rajacei (*Rajae*). *Rochen.*

Die Rochen betrachten wir als einen eigenthümlich angepassten Seitenzweig der Haifische, welcher sich wohl erst in der Mitte der paläolithischen Zeit von diesen abgezweigt hat und aus welchem keine weiteren Vertebraten-Gruppen entsprungen sind. Die ältesten Reste derselben finden sich in der Steinkohle. Es gehören hierher die Familien der Squatinorajiden (*Squatinoraja*), Trygoniden (*Trygon*), Myliobatiden (*Myliobates*) etc.

Zweite Legion der Selachier:
Holocephali. *Seekatzen.*

Diese Legion umfasst nur die einzige Ordnung der Chimaeraceen und die einzige Familie der Chimaeriden, welche wahrscheinlich gleich den Rochen einen sehr eigenthümlich durch Anpassung entwickelten Seitenzweig der Selachier darstellt, der sich nicht in andere Thiergruppen fortgesetzt hat. Jedoch haben sich die Chimaeren offenbar viel weiter als die Rochen von den Haifischen entfernt, falls nicht überhaupt der ganze Holocephalen-Ast etwa noch früher, als der eigentliche Plagiostomen-Ast von den unbekannten Zwischenformen zwischen den Selachiern und Leptocardiern sich abgezweigt hat. Als fossile Reste der Holocephalen haben sich bloss ihre eigenthümlichen Zahnplatten erhalten, welche sich zuerst in der Trias, besonders zahlreich im Jura finden. Die gegenwärtig allein noch lebenden beiden Genera *Chimaera* und *Calorrhynchus* sind die letzten Ausläufer dieser vormals reich entwickelten Gruppe.

Zweite Subclasse der Fische:
Ganoides. *Schmelzfische.*

Die merkwürdige Subclasse der Ganoiden oder der schmelzschuppigen Fische bildet den unmittelbaren Uebergang von den Selachiern zu den Teleostiern. Von den drei Legionen, welche wir in derselben unterscheiden, schliessen sich die Tabuliferen, als die ältesten, unmittelbar an die Selachier an und haben sich wohl direct aus diesen entwickelt, während die beiden andern Legionen, Rhombiferen und Cycliferen, wahrscheinlich als zwei divergente Aeste aus den Tabuliferen entsprungen sind. Aus den Cycliferen haben sich die Teleostier entwickelt.

Erste Legion der Ganoiden:
Tabuliferi, H. (*Placoganoides*). *Panzer-Ganoiden.*

Diese Legion wird durch die beiden sehr eigenthümlichen Fisch-Ordnungen der Pamphracten und Sturionen gebildet, von denen die letzteren nur aus der secundären und tertiären Zeit bekannt und noch in der Gegenwart durch einzelne Repräsentanten vertreten sind, während die ersteren auf die primordiale und primäre Zeit beschränkt waren. Wahrscheinlich sind die Sturionen die unmittelbare Fortsetzung eines einzelnen Zweiges der Pamphracten, welche sich ihrerseits unmittelbar aus den Selachiern entwickelt haben. Beide Ordnungen stimmen überein in der eigenthümlichen Täfelung des Körpers mit grossen Knochenplatten, und in der fehlenden oder höchst mangelhaften Verknöcherung der Wirbelsäule und des inneren Skelets überhaupt. Die meisten Tabuliferen besitzen keine Zähne.

Erste Ordnung der Tabuliferen:
Pamphracti, H. *Schildkröten-Fische.*

Als Pamphracten fassen wir die beiden ausgezeichneten Familien der Cephalaspiden und Placodermen zusammen, welche ausschliesslich in der primordialen und primären Zeit lebten, und unter denen sich die ältesten bekannten Fische nächst den Selachiern befinden. Bei den Cephalaspiden ist der Kopf von einer einzigen grossen halbmondförmigen Knochenplatte bedeckt, bei den Placodermen dagegen, wie der übrige Körper, mit mehrern grossen Knochenplatten getäfelt. Die Cephalaspiden (*Cephalaspis*, *Pteraspis*, *Menaspis*) finden sich im oberen Silur, im Devon und im Perm (*Menaspis*). Es gehört hierher der älteste aller bekannten Ganoiden (*Pteraspis ludensis*, aus den unteren Ludlow-Schichten im oberen Silur). Die Placodermen (*Asterolepis*, *Pterichthys*, *Coccosteus*, *Cheliophorus*) sind bisher nur im devonischen System, und einzeln auch in der Steinkohle gefunden worden. Es finden sich unter ihnen kolossale Formen von 20—30 Fuss Länge. Aus den Cephalaspiden haben sich wahrscheinlich die Sturionen, aus den Placodermen als zwei divergente Aeste einerseits die Rhombiferen, andrerseits die Cycliferen entwickelt.

Zweite Ordnung der Tabuliferen:
Sturiones. *Stör-Fische.*

Die Ordnung der Störe scheint die unmittelbare Fortsetzung der Pamphracten in der secundären und tertiären Zeit bis zur Gegenwart zu bilden. Von den beiden Familien, welche die Ordnung enthält, finden sich die echten Störe oder Accipenseriden (*Accipenser*) fossil schon in den untersten Jura-Schichten (*Chondrosteus* im Lias). Die nackten Löffelstöre oder Spatulariden (*Spatularia*) konnten keine fossilen Reste hinterlassen.

Zweite Legion der Ganoiden:
Rhombiferi. (*Rhomboganoides*) *Eckschuppen-Ganoiden.*

Diese Legion bildet die Hauptmasse und den eigentlichen Kern der Ganoiden-Gruppe, so dass man sie auch oft als Ganoiden im engeren Sinne bezeichnet. Zu ihr gehört der bei weitem grösste Theil aller Fische, welche vom Beginn der devonischen bis zum Ende der Jura-Zeit lebten. Sie sind demnach die vorzüglichsten Repräsentanten der Fische während der ganzen primären und der ersten Hälfte der secundären Zeit, und zugleich die charakteristischen Vertebraten der Primärzeit überhaupt. Vom Jura an nehmen sie rasch ab, und sind in der Gegenwart nur noch durch wenige spärliche Ausläufer vertreten (*Polypterus*, *Lepidosteus*). Wahrscheinlich haben sich die Rhombiferen im Beginn der Primär-Zeit entweder aus den ältesten Cycliferen, oder im Zusammenhang mit diesen aus den Tabuliferen, oder aber (unabhängig von den Cycliferen) unmittelbar aus den Tabuliferen entwickelt. Der Stammbaum der formenreichen Rhombiferen-Gruppe ist jedoch schwer zu ermitteln, und die verschiedenen Versuche, die zahlreichen Genera und Familien der Rhombiferen in wenige grössere Gruppen zu ordnen, haben zu keinem befriedigenden Resultate geführt. Wir unterscheiden drei verschiedene Ordnungen: Efulcri, Fulcrati und Semaeopteri.

Erste Ordnung der Rhombiferen:
Efulcri, H. *Schindellose Eckschuppen-Fische.*

Diese Ordnung umfasst die drei ausgestorbenen Familien der Acanthodiden (ausschliesslich paläolithisch: *Acanthodes*, *Diplacanthus*), der Dipteriden (ausschliesslich devonisch: *Dipterus*, *Diplopterus*) und der Pycnodontiden (von der Steinkohle bis in die Tertiärzeit: *Pycnodus*, *Sphaerodus*). Durch den Mangel der Fulcren oder Flossenschindeln, welche die Fulcraten auf der Rückenfirst der Schwanzflosse und oft auch der übrigen Flossen tragen, erscheinen die Efulcren, letzteren gegenüber, als eine einheitlich charakterisirte Gruppe.

Zweite Ordnung der Rhombiferen:
Fulcrati, H. *Schindelflossige Eckschuppen-Fische.*

Alle Fische dieser Ordnung tragen Flossenschindeln (Fulcra) auf der Rückenfirst der Schwanzflosse, und oft auch der übrigen Flossen. Es gehören hierher die beiden umfangreichen Familien der Monostichen (*Palaeoniscus*, *Dapedius*) mit einer Schindelreihe, und der Distischen (*Lepidotus*, *Lepidosteus*) mit zwei Schindelreihen. Von Andern werden beide Familien als Lepidosteiden zusammengefasst, und in die beiden Gruppen der kegelzähnigen Sauroiden und der hechelzähnigen Lepidoiden vertheilt. Sie sind in allen paläolithischen und mesolithischen Formationen, vom Devon bis zum Jura zahlreich, jetzt nur noch durch *Lepidosteus* vertreten.

Dritte Ordnung der Rhombiferen:
Semaeopteri, H. *Fahnenflossige Eckschuppen-Fische.*

Diese sehr ausgezeichnete Rhombiferen-Ordnung wird nur durch die eine Familie der Polypteriden gebildet, mit dem einzigen jetzt lebenden Genus *Polypterus*, welches sich durch mancherlei Eigenthümlichkeiten von allen anderen Rhombiferen unterscheidet. Fossile Reste der Semaeopteren sind nicht bekannt.

Dritte Legion der Ganoiden:
Cycliferi. (*Cycloganoides*) *Rundschuppen-Ganoiden.*

Die Ganoiden mit runden Schuppen sind vorzüglich wichtig und interessant als die verbindenden Zwischenformen zwischen den übrigen Ganoiden und den Teleostiern. Wahrscheinlich haben sie sich unabhängig von den Rhombiferen im Beginne der Primär-Zeit (in der Antedevon-Zeit) aus den Tabuliferen entwickelt, denen namentlich die Holoptychiden noch sehr nahe stehen. Diese führen durch die Coelacanthiden (mit denen wir sie als Coeloscolopen vereinigen) zu den Pycnoscolopen hinüber, welche sich durch die Leptolepiden (Thrissopiden) unmittelbar in die Teleostier fortsetzen.

Erste Ordnung der Cycliferen:
Coeloscolopes, H. *Hohlgräthen.*

Als Coeloscolopen, d. h. Cycliferen mit hohlen Gräthen, fassen wir die beiden nächstverwandten Familien der Holoptychiden und Coelacanthiden zusammen, welche nicht allein durch die hohlen Knochen und Gräthen, sondern auch durch viele andere Charaktere nächstverwandt sind. Die Holoptychiden (*Holoptychius*, *Rhizodus*, *Actinolepis*) bilden den Ausgangspunkt der Cycliferen-Legion, und hängen unmittelbar mit den Pamphracten zusammen, von denen wahrscheinlich die Placodermen ihre Voreltern sind. Sie finden sich ausschliesslich im Devon und der Kohle. Von den Holoptychiden haben sich schon frühzeitig (in der Devonzeit) die Coelacanthiden abgezweigt (*Coelacanthus*, *Glyptolepis*, *Macropoma*), welche in der Steinkohle ihre Acme erreichen, sich aber mit einzelnen Repräsentanten bis in die Kreide hinein fortsetzen.

Zweite Ordnung der Cycliferen:
Pycnoscolopes, H. *Dichtgräthen.*

Als Pycnoscolopen, d. h. Cycliferen mit dichten (nicht hohlen) Gräthen, vereinigen wir hier diejenigen rundschuppigen Ganoiden, welche den Uebergang von den Coeloscolopen zu den Teleostiern (*Thrissopiden*) vermitteln. Es sind dies die drei Familien der Coccolepiden (*Coccolepis*, im Jura), der Megaluriden (*Megalurus*, *Oligopleurus*, im Jura) und der Amiaden (die *Amia* der Jetztzeit). Sie sind den Thrissopiden nächstverwandt.

Dritte Subclasse der Fische:
Teleostei. *Knochenfische.*

Wie die Ganoiden im primären und secundären, so sind die Teleostier im tertiären und quartären Zeitalter die vorzüglichen Repräsentanten der Fisch-Classe. Erst in der Mitte der Secundär-Periode, in der Jura-Zeit treten sie zum ersten Male auf, und in Uebereinstimmung mit dieser wichtigen paläontologischen Thatsache beweist ihre gesammte Anatomie und Ontogenie, dass sie sich unmittelbar aus den Ganoiden entwickelt haben. Die directen Verbindungs-Glieder sind einerseits die Pycnoscolopen, andrerseits die Thrissopiden, welche von den einen Zoologen noch als Ganoiden, von den anderen als Teleostier betrachtet werden. Sie schliessen sich unmittelbar an die Physostomen (Clupeiden) an, welche wir als gemeinsamen Ausgangspunkt der ganzen Teleostier-Subclasse zu betrachten haben.

Die Subclasse der Teleostier wird nach den vorzüglichen Untersuchungen von Johannes Müller, welcher zuerst die natürlichen Hauptgruppen der Fische erkannte, und die künstlichen Fisch-Systeme von Cuvier und Agassiz durch ein natürliches, auf die Blutsverwandtschaft begründetes ersetzte, in die sechs Ordnungen der Lophobranchien, Plectognathen, Physostomen, Pharyngognathen, Anacanthinen und Acanthopteren eingetheilt. Indessen sind diese sechs Ordnungen keineswegs gleichwerthig. Vielmehr glauben wir, dass die Physostomen einerseits den fünf übrigen Ordnungen andrerseits gegenüber zu stellen sind. Wir fassen die letzteren als Physoclisten (Fische mit geschlossener Schwimmblase) zusammen. Es fehlt ihnen ein sehr wichtiger embryonaler Charakter, welchen die Physostomen mit den Ganoiden theilen, nämlich der Luftgang, welcher die Schwimmblase mit dem Schlunde verbindet. Auch durch andere Eigenthümlichkeiten beweisen die Physostomen, dass sie älter sind, als die Physoclisten, welche sich erst aus ihnen entwickelt haben.

Erste Legion der Teleostier:

Physostomi. *Aeltere Knochenfische (mit Luftgang der Schwimmblase).*

Diese Legion enthält die ältesten Teleostier, welche sich unmittelbar aus den cycliferen Ganoiden entwickelt haben. Die Stammformen dieser Legion, und somit aller Teleostier, enthält die Familie der Thrissopiden (oder der Leptolepiden im engeren Sinne), welche die Genera *Thrissops*, *Leptolepis*, *Tharsis* umfasst. Es sind dies häringsartige Fische aus dem Jura, welche bereits in dessen untersten Schichten, im Lias, beginnen, aber in der Kreide schon wieder aufhören. Einerseits schliessen sich die Thrissopiden ebenso eng an die Cycliferen (Pycnoscolopen), wie andrerseits an die Physostomen (Clupeiden) an, und werden desshalb bald mit diesen, bald mit jenen vereinigt. Die Physostomen sind die einzigen Teleostier während der ganzen Jura-Zeit. Sie zerfallen in zwei Ordnungen, Thrissogenen und Enchelygenen, von denen die letzteren nur einen divergenten Seitenzweig der ersteren darstellen.

Erste Ordnung der Physostomen:

Thrissogenes, H. *(Physostomi abdominales.) Bauchflossige Physostomen.*

Diese Ordnung umfasst die Hauptmasse der Physostomen und den eigentlichen Kern dieser Legion: die Familien der Thrissopiden, Clupeiden, Salmoniden, Scopeliden, Cyprinoiden, Characinen, Siluroiden etc. Die allermeisten dieser Fische besitzen wohl entwickelte Bauchflossen. Die Thrissogenen sind die Stammgruppe aller Teleostier, aus welcher sich als zwei divergente Zweige einerseits die Enchelygenen, andrerseits die Physoclisten entwickelt haben. Während der Jura-Zeit ist diese Ordnung nur durch die Familie der Thrissopiden, die älteste aller Teleostier, vertreten, welche den Clupeiden am nächsten steht und den grössten Theil der Leptolepiden enthält (*Thrissops*, *Leptolepis*, *Tharsis*). In der Kreide finden sich bereits echte Clupeiden und daneben noch Scopeliden und Salmoniden. Die meisten andern Familien der Thrissogenen, namentlich auch die Cyprinoiden und Siluroiden, erscheinen erst in der Tertiär-Zeit.

Zweite Ordnung der Physostomen:

Enchelygenes, H. *(Physostomi apodes.) Bauchflossenlose Physostomen.*

Wie die Thrissogenen („Häringskinder") die unmittelbaren Nachkommen der Thrissopiden und Häringe, so sind die Enchelygenen („Aalkinder") die unmittelbaren Epigonen der Ur-Aale, welche sich aus den ersteren erst später entwickelt haben. Die Enchelygenen oder Aale umfassen die drei Familien der Muraeniden, Gymnotiden und Symbranchiden. Fossile Reste kennt man bloss von den Muraeniden, und zwar nur aus der Tertiär-Zeit. Die Enchelygenen stellen einen isolirten Seitenzweig der Thrissogenen dar, welcher sich nicht weiter entwickelt hat.

Zweite Legion der Teleostier:
Physoclisti, H. *Jüngere Knochenfische (ohne Luftgang der Schwimmblase).*

Diese Legion hat sich, wie bemerkt, erst später aus den Physostomen, und zwar aus den Thrissogenen, entwickelt; wie es scheint, erst während der Kreidezeit, da die ältesten sicheren fossilen Reste von Physoclisten dem Grünsande angehören. Die Legion besitzt nicht mehr den embryonalen Charakter, welchen die Physostomen noch mit den Ganoiden theilen, den Luftgang, der die Schwimmblase mit dem Schlund verbindet Den Hauptstamm der Physoclisten bildet die Ordnung der Stichobranchien, während die beiden anderen Ordnungen, Plectognathen und Lophobranchien, nur als eigenthümlich angepasste Seitenzweige der ersteren erscheinen.

Erste Ordnung der Physoclisten:
Stichobranchii, H. *Reihenkiemer.*

In dieser Ordnung, welche unmittelbar aus den Physostomen hervorgegangen ist, fassen wir drei Unterordnungen Johannes Müller's zusammen, die *Acanthopteri*, *Anacanthini* und *Pharyngognathi*. Den Hauptstamm der Ordnung, wie der ganzen Physoclisten-Legion, bildet die sehr umfangreiche Unterordnung der Acanthopteren, zu welchen die Percoiden, Cataphracten, Sparoiden, Sciaenoiden, Scomberoiden, Blennioiden und zahlreiche andere Familien gehören. Unter allen Fischgruppen ist diese die bei weitem formenreichste; jedoch entwickelt sie ihre ausserordentliche Mannichfaltigkeit innerhalb eines sehr engen anatomischen Breitengrades, durch oberflächliche Anpassung an verschiedene Existenzbedingungen. Die ältesten Reste derselben finden sich in der Kreide, vorzüglich im Grünsande, und gehören meistens Percoiden, Cataphracten, Scomberoiden und Sphyraeniden an. Sehr zahlreich erscheinen die meisten Familien der Acanthopteren im Tertiärgebirge. Die Unterordnung der Pharyngognathen umfasst theils Stachelflosser, welche den Acanthopteren näher stehen (Labroiden, Pomacentriden, Holconoten, Chromiden), theils Weichflosser sehr eigenthümlicher Art (Scomberesoces). Die meisten fossilen Reste derselben gehören der Tertiär-Zeit, nur einzelne der Kreide an. Von der dritten Unterordnung der Stichobranchien, den Anacanthinen, kennt man nur sehr wenige fossile Reste, und zwar nur aus der Tertiärzeit (Pleuronectiden und Gadoiden).

Zweite Ordnung der Physoclisten:
Plectognathi. *Heftkiefer.*

Diese eigenthümliche Ordnung, welche früher wegen ihrer Hautbedeckung mit den Panzer-Ganoiden vereinigt wurde, scheint nur ein eigenthümlich angepasster Seiten-Zweig der Stichobranchien zu sein. Von den beiden hierher gehörigen Familien, Sclerodermen und Gymnodonten, kennt man fossile Reste aus der Tertiär-Zeit, von ersteren auch einzeln aus der Kreide-Zeit.

Dritte Ordnung der Physoclisten:
Lophobranchii. *Büschelkiemer.*

Auch diese Ordnung halten wir, gleich der vorigen, bloss für einen eigenthümlich entwickelten Seitenzweig der Stichobranchien. Es gehören hierher die Familien der Syngnathiden, Pegasiden und Solenostomiden. Alle fossilen Reste derselben gehören der Tertiär-Zeit an.

Zweite Classe der Anamnien:
Dipneusti. *Molchfische.*

(Synonym: *Dipnoi. Lepidota. Protopteri. Pneumoichthyes. Sirenoida.*)

Die Classe der Dipneusten ist in den letzten Jahrzehnten zu hervorragender Berühmtheit gelangt durch die ausgezeichnete Mittelstellung, welche sie zwischen den echten Fischen und den Amphibien einnimmt. In der That vereinigt dieselbe so vollständig viele charakteristische Eigenthümlichkeiten der Fische und der Amphibien, dass ausgezeichnete und kritische Forscher für die Stellung der Dipneusten sowohl unter jenen als unter diesen gewichtige Gründe anführen konnten. Will man die Dipneusten durchaus einer von jenen beiden Classen einreihen, so erscheint es immerhin passender, sie den Fischen, als den Amphibien zuzurechnen. Will man aber diese beiden Classen durch eine scharfe Definition trennen, so erscheint es umgekehrt bequemer, die Dipneusten wegen ihrer doppelten Herzvorkammer und ihrer wahren (der Schwimmblase homologen) Lungen den Amphibien beizugesellen.

Wie alle systematischen Fragen, so kann auch diese viel behandelte Streitfrage nur durch die Descendenz-Theorie klar und endgültig entschieden werden. Diese lehrt uns, dass die Dipneusten sich aus den Fischen ebenso wie die Amphibien entwickelt haben, und zwar wahrscheinlich unabhängig von diesen letzteren. Man könnte geneigt sein, in den jetzt lebenden Dipneusten die geradlinigen und wenig veränderten Nachkommen jener uralten Anamnien zu sehen, welche in der Primärzeit, während der Entwickelung der Amphibien aus den Fischen, den Uebergang zwischen beiden Classen vermittelten. Indessen ist es wohl wahrscheinlicher, dass die lebenden Dipneusten die Nachkommen solcher aus den Fischen entwickelten Anamnien sind, welche nicht weiter zu Amphibien sich fortgebildet haben, gewissermassen also fehlgeschlagene Versuche der Fische, sich zum Landleben und zur Luftathmung zu erheben. Unter diesen Umständen erscheint es uns am passendsten, die Dipneusten als eine besondere Classe zu betrachten.

Die jetzt lebenden Dipneusten bilden nur die einzige Ordnung und Familie der Protopteriden, mit den beiden Genera *Protopterus* und *Lepidosiren.* Aller Wahrscheinlichkeit nach sind dieselben nur die vereinzelten letzten Ausläufer einer vormals reich entwickelten Dipneusten-Classe, welche aber wegen Mangels harter Skelettheile keine fossilen Reste hinterlassen konnten. Was ihre unmittelbaren Voreltern unter den Fischen betrifft, so sind diese wohl in den Selachiern, und nicht in den Ganoiden zu suchen, mit denen man die Dipneusten neuerdings hat vereinigen wollen. Die Dipneusten, Ganoiden und Amphibien sind wahrscheinlich drei Geschwister-Gruppen, welche von dem gemeinsamen parentalen Selachier-Stamm an verschiedenen Stellen sich abgelöst haben. Man kann dieselben daher nicht in eine einzige Reihe ordnen, wie es mehrfach versucht worden ist.

Dritte Classe der Anamnien:

Amphibia. *Lurche.*

Die höchst wichtige Classe der Amphibien ist uns, gleich der vorhergehenden, hinsichtlich ihrer Phylogenie leider nur höchst unvollständig bekannt, viel unvollständiger als die der Fische. Alles, was uns die Paläontologie von den Amphibien der früheren Erdperioden erhalten hat, zusammengenommen mit allen jetzt lebenden Amphibien, ist aller Wahrscheinlichkeit nach nur ein verschwindend geringer Rest von der reich und mannichfaltig entwickelten Amphibien-Classe, welche in der secundären und insbesondere in der primären Zeit die Erdrinde belebt hat. Als nach Ablauf der Silurzeit zum ersten Male das Leben auf dem Festlande begann, und in der langen antedevonischen Zeit von verschiedenen Gruppen der wasserbewohnenden Pflanzen und Thiere Versuche gemacht wurden, sich dem Landleben anzupassen, haben sich wahrscheinlich aus den Fischen mehrere solcher Landansiedler gleichzeitig und unabhängig von einander entwickelt. Als eine solche, nicht weiter zu hoher Differenzirung gelangte Gruppe haben wir bereits vorher die Dipneusten bezeichnet. Eine zweite solche Gruppe von Luftathmern bildet die Classe der Amphibien, die übrigens wahrscheinlich aus mehreren Classen zusammengesetzt ist, deren jede sich unabhängig von den andern aus den Fischen entwickelt hat. Insbesondere dürften die beiden Subclassen, welche wir hier unterscheiden, Phractamphibien und Lissamphibien, zwei selbstständige Classen darstellen. Beide haben sich wohl getrennt von einander aus den Selachiern entwickelt. Die ältesten bekannten Amphibien-Reste sind in der Steinkohle gefunden worden.

Erste Subclasse der Amphibien:

Phractamphibia, H. *Panzerlurche.*

Diese Subclasse umfasst die merkwürdige Ordnung der Labyrinthodonten und die neuerdings davon abgelöste Ordnung der Ganocephalen, welche den Fischen noch näher steht, und aus welcher sich wahrscheinlich die erstere erst entwickelt hat.

Erste Ordnung der Phractamphibien:

Ganocephala. *Schmelzköpfe.*

Diese Ordnung ist bis jetzt nur durch drei Genera vom Amphibien bekannt, welche sämmtlich der Steinkohlenzeit eigenthümlich sind: ***Archegosaurus***, ***Dendrerpeton*** und ***Raniceps***. Von allen Amphibien stehen diese den Fischen am nächsten, und sind wahrscheinlich direct aus den Selachiern oder sehr tief unten aus dem Ganoiden-Stamm (aus den Pamphracten?) hervorgegangen.

Zweite Ordnung der Phractamphibien:

Labyrinthodonta. *Wickelzähner.*

Diese bisher meist mit der vorigen vereinigte Ordnung hat sich erst später aus derselben entwickelt und ist bereits bedeutend höher differenzirt. Namentlich besitzt sie schon zwei entwickelte Condyli occipitales, welche den vorigen noch fehlten. In der Primärzeit ist sie bloss durch den carbonischen ***Baphetes*** und durch den permischen ***Zygosaurus*** vertreten. Ihre eigentliche

Acme, eine hohe und reiche Entwickelung, erreicht sie in der Trias, mit welcher sie auch erlischt (*Mastodonsaurus*, *Trematosaurus*, *Capitosaurus* etc.). Die Labyrinthodonten scheinen keine Nachkommen hinterlassen zu haben.

Dritte Ordnung der Phractamphibien:

Peromela. *Blindwühlen.*

(Synonym: *Apoda. Gymnophiona. Ophiomorpha. Caeciliae.*)

Diese kleine Ordnung, welche nur die einzige Familie der Caeciliden (*Caecilia*, *Siphonops* etc.) umfasst, ist in fossilem Zustand nicht bekannt. Sie ist wahrscheinlich der letzte überlebende Rest einer vormals reich entwickelten Amphibien-Gruppe, welcher nicht bloss wegen seines Schuppenkleides, sondern auch durch andere Charaktere den Ganocephalen und auch den Fischen viel näher steht, als die Gymnamphibien. Sie hat sich wahrscheinlich von dem Ganocephalen-Aste abgezweigt.

Zweite Subclasse der Amphibien:

Lissamphibia, H. *Nacktlurche.*

Diese Subclasse unterscheidet sich von der vorigen nicht allein äusserlich sehr auffallend durch die vollkommen glatte und nackte Haut, ohne alle Verknöcherungen, sondern auch durch innere anatomische Eigenthümlichkeiten, so dass Beide sich wohl schon sehr frühzeitig als divergente Aeste von dem gemeinsamen Amphibien-Stamme getrennt haben, falls sie überhaupt in einem solchen vereinigt waren. Die fossilen Reste dieser Gruppe sind nur äusserst spärlich erhalten und von sehr geringer Bedeutung. Theils ihre Lebensweise, vorzugsweise aber die zarte und oft nur theilweis knöcherne Beschaffenheit ihres Skelets entzog sie der Petrification. Man kennt bloss tertiäre Reste und diese nur sehr dürftig. Aller Wahrscheinlichkeit nach waren aber die Lissamphibien in der ganzen Secundär-Zeit vorhanden und haben sich wohl bereits in dem älteren Abschnitt der Primär-Zeit aus den Selachiern, vielleicht aus gemeinsamer Wurzel mit den Phractamphibien, vielleicht auch aus einem Ausläufer der letztern entwickelt. Die noch lebenden Lissamphibien legen uns in ihrer systematischen ebenso wie in ihrer ontogenetischen Entwickelungsreihe den paläontologischen Entwickelungsgang der Subclasse sehr deutlich vor Augen.

Erste Ordnung der Lissamphibien:

Sozobranchia (*Perennibranchiata*). *Kiemenlurche.*

Diese Ordnung umfasst diejenigen nackten Amphibien, welche auf der niedersten Entwickelungsstufe stehen bleiben, indem sie zeitlebens ihre äusseren Kiemen beibehalten. (Genera: *Siren*, *Proteus*, *Menobranchus* etc.) Fossile Reste derselben sind nicht bekannt.

Zweite Ordnung der Lissamphibien:

Sozura (*Caudata*). *Schwanzlurche.*

Diese Ordnung geht in ihrer Entwickelung einen Schritt weiter, als die vorige, indem sie die Kiemen verliert, den Schwanz aber noch behält. Es gehören hierher die beiden Familien der Derotremen (*Menopoma*, *Cryptobranchus*), welche noch die Kiemenspalten an der Halsseite behalten, und der Lipotremen (*Triton*, *Salamandra*), welche auch diese Kiemenspalten verlieren. Von Beiden sind tertiäre Reste vorhanden, unter denen besonders der *Andrias Scheuchzeri* als „Homo diluvii testis“ berühmt geworden ist. Aus dieser Ordnung haben sich wahrscheinlich die Anuren sowohl, als auch die Reptilien (Tocosaurier) und die Mammalien entwickelt.

Dritte Ordnung der Lissamphibien:
Anura (*Ecaudata*). *Froschlurche.*

Diese Ordnung erreicht den höchsten Grad der Entwickelung unter den Amphibien. Sie verliert nicht nur Kiemen und Kiemenspalten, sondern auch den Schwanz. Es gehören hierher die drei Familien der Zungenlosen (*Aglossa*) der Kröten (*Bufonida*) und der Frösche (*Ranida*), von denen bloss die letzteren zahlreiche (jedoch unbedeutende) Reste in der Tertiär-Zeit hinterlassen haben.

Zweiter Subcladus der Amphirrhinen:
Amniota, H. *Amnionthiere.*

Wir haben oben die Amphirrhinen, d. h. die Wirbelthiere, welche nach Ausschluss der Leptocardier und Monorrhinen übrig bleiben, in zwei Hauptgruppen gespalten, welche sehr wesentlich verschieden sind, in Anamnien und Amnioten. Zu den Anamnien gehören die drei Classen der Fische, Dipneusten und Amphibien; zu den Amnioten gehören die drei Classen der Reptilien, Vögel und Säugethiere. Die Amnioten unterscheiden sich von den Anamnien hauptsächlich durch den Besitz des embryonalen Amnion, sowie dadurch, dass sie zu keiner Zeit ihres Lebens durch Kiemen athmen. Ferner ist die Schädelbasis ihrer Embryonen stets stark geknickt, während die der Anamnien grade gestreckt ist. Endlich entwickeln ihre Embryonen sämmtlich eine Allantois, wesshalb man sie auch Allantoidia genannt hat. Doch kann man die Anamnien nicht Anallantoidien nennen, da auch von diesen Viele bereits eine deutliche, wenn auch kleine Allantois besitzen. Die gesammte Anatomie, Ontogenie und Phylogenie der Amphirrhinen beweist übereinstimmend, dass dieser Cladus ursprünglich (bis zur Permzeit) allein aus den Anamnien bestand, und dass erst später die Amnioten sich aus diesen entwickelten. Jedenfalls sind die Amnioten unmittelbar aus den Amphibien entstanden; und zwar haben sich als zwei divergente Zweige, unabhängig von einander, einerseits die Monocondylien (Reptilien und Vögel), andrerseits die Amphicondylien (Säugethiere) entwickelt.

Erste Serie der Amnioten:
Monocondylia, H. *Amnioten mit einfachem Occipital-Condylus.*

Als Monocondylien fassen wir hier die beiden Classen der Reptilien und Vögel zusammen, welche unter sich viel näher, als mit den Säugethieren verwandt sind. Die grosse Kluft, welche diese von jenen trennt, hat neuerdings besonders Huxley hervorgehoben, welcher die Monocondylien von den Mammalien unter dem bereits mehrfach verbrauchten und vieldeutigen Namen der Sauroiden abtrennte. Dieselben sind vorzüglich charakterisirt durch einen einfachen Condylus occipitalis, durch die verwickelte Zusammensetzung des Unterkiefers, und seine Articulation an einem besonderen Quadratbein, durch rothe Blut-Zellen (kernführende Plastiden), durch partielle Dotterfurchung, durch Mangel des Parasphenoid, der Milchdrüsen etc. Von den beiden Classen der Monocondylien haben sich die Vögel ebenso als ein höherer Seitenzweig aus den Reptilien, wie diese aus den Amphibien (und zwar wahrscheinlich aus den Sozuren) entwickelt.

Erste Classe der Monocondylien:
Reptilia. *Saurier.*

Diese äusserst vielgestaltige und interessante Wirbelthierclasse beherrscht das mesolithische Zeitalter in ähnlicher Präponderanz, wie die Fische das paläolithische, die Säugethiere das cänolithische. Den verschiedenartigsten Existenz-Bedingungen passten sie sich in der mannichfaltigsten Weise an und entwickelten dadurch eine bewunderungswürdige Formen-Divergenz, welche ihre Genealogie ausserordentlich erschwert. Dazu kommt, dass alle fossilen Reste der Reptilien zusammengenommen, obwohl äusserst werthvolle „Denkmünzen der Schöpfung", dennoch nur ein blasses Schattenbild von dem wunderbaren Reiche landbewohnender Reptilien darstellen, welches in der Secundärzeit existirte. Die Verwandtschafts-Verhältnisse der verschiedenen Hauptgruppen der Reptilien unter einander sind so äusserst verwickelte, dass es sehr schwer ist, ihren Stammbaum zu entwerfen. Wir betrachten daher auch die nachfolgende Genealogie nur als einen ganz provisorischen Versuch. Als Ausgangsgruppe der Classe, welche unmittelbar aus den Amphibien (und wahrscheinlich aus den Sozuren) entstand, betrachten wir die I. Subclasse, die der Tocosaurier, welche ausser den triassischen Thecodonten die ältesten aller Reptilien, die permischen Dichthacanthen enthält. Sie sind nebst den Rophalodonten die einzigen Saurier der Primärzeit. Alle anderen Reptilien gehören der Secundär-Zeit an. Von Jenen aus haben sich wahrscheinlich als divergente Zweige folgende vier Subclassen entwickelt: II. die Hydrosaurier (Halisaurier und Crocodilier); III. die Dinosaurier; IV. die Lepidosaurier (Lacertilier und Ophidier) und endlich V. die Rhamphosaurier, mit der Stamm-Ordnung der Anomodonten, aus der wahrscheinlich als drei divergente Zweige sich die Pterosaurier, Chelonier und Vögel entwickelten.

Erste Subclasse der Reptilien:
Tocosauria, H. *Stamm-Reptilien.*

In dieser Subclasse, welche den Ausgangspunkt aller übrigen Reptilien bildet, fassen wir die beiden Ordnungen der Dichthacanthen und Thecodonten zusammen, welche unter sich nächstverwandt und wahrscheinlich gradlinige Nachkommen der unbekannten Reptilien sind, aus welchen sich alle übrigen Subclassen als divergente Zweige entwickelten.

Erste Ordnung der Tocosaurier:
Dichthacantha, H. *Gabeldorner.*

Diese Ordnung umfasst die einzige Familie der Proterosauriden, mit dem einzigen Genus *Proterosaurus*, welches in vielfacher Beziehung von ausserordentlichem Interesse ist. Abgesehen von dem im russischen Perm gefundenen *Rhopalodon*, welcher vielleicht den Uebergang von den Dichthacanthen zu den Anomodonten bildet, sind die Proterosauren die einzigen, bis jetzt bekannten Reptilien, welche man mit voller

Sicherheit als paläolithische betrachten kann; alle anderen Saurier, welche man bisher der Primärzeit zuschrieb, haben sich neuerdings als viel jünger, als secundär (meistens als triassisch) herausgestellt. Zugleich sind es die einzigen Reptilien, welche gabelspaltige Dornfortsätze der Wirbelsäule besitzen, (wesshalb wir sie Dichthacanthen nennen). Auch ausserdem, obwohl den Lacertilien anscheinend sehr ähnlich, sind sie mehrfach von den übrigen Reptilien unterschieden. Wahrscheinlich haben wir in diesen ältesten bekannten Repräsentanten der Reptilien-Classe ganz eigenthümliche Mischformen vor uns, welche den unbekannten, aus den Amphibien (Sozuren) entstandenen Stamm-Vätern aller Reptilien am nächsten stehen. Die Dichthacanthen sind zufällig zugleich diejenigen fossilen Reptilien, welche von allen zuerst (schon 1710!) wissenschaftlich untersucht und beschrieben worden sind (durch den Berliner Arzt Spener). Bisher sind sie ausschliesslich im Thüringer Perm, und zwar im Kupferschiefer von Eisenach, gefunden worden. Die älteste und bekannteste Art ist *Proterosaurus Speneri*, eine andere *P. macronyx*.

Zweite Ordnung der Tocosaurier:
Thecodonta. *Fachzähner.*

Diese Ordnung, welche der vorigen von allen Reptilien am nächsten verwandt ist, und vielleicht von ihr direct abstammt, gehört wahrscheinlich zu der gemeinsamen Stammgruppe, aus welcher sich alle oder doch viele der übrigen Reptilien als divergente Aeste entwickelt haben. Alle bis jetzt sicher bekannten Thecodonten gehören der Trias, und zwar meistens dem Keuper an. Bisher galten dieselben fast allgemein für paläolithisch, da man die Schichten, in denen sie sich finden, (insbesondere das Bristol-Conglomerat) irrthümlich für permisch hielt. Es gehören hierher mit Sicherheit die vier Genera: *Paläosaurus* (*platyodon*, *cylindrodon*), *Thecodontosaurus* (*antiquus*), *Belodon* (*Plieningeri*) und *Cladyodon* (*Lloydii*). Ausserdem gehören höchst wahrscheinlich auch die beiden Genera *Bathygnathus* (*borealis*) und *Telerpeton* (*elginense*) hierher. Letzteres (auch als *Leptopleuron lacertinum* beschrieben) galt lange Zeit für das älteste nicht allein aller Reptilien, sondern sogar aller landbewohnenden Wirbelthiere, da man die triassischen Schichten, in denen es sich fand, irrthümlich für devonisch hielt.

Zweite Subclasse der Reptilien:
Hydrosauria. *Wasserdrachen.*

In dieser Subclasse vereinigen wir nach dem Vorgange von Carl Vogt die beiden Ordnungen der Halisaurier und der Crocodilier, von denen sich vielleicht die letzteren aus den ersteren entwickelt haben. Doch ist es auch sehr wohl möglich, dass diese beiden Ordnungen an sehr verschiedenen Stellen, unabhängig von einander, von dem Reptilienstamme sich abgezweigt haben.

Erste Ordnung der Hydrosaurier:
Halisauria. *Seedrachen.*

(Synonym: *Enaliosauria. Nexipoda. Hydropterygia*).

Diese ausgezeichnete Reptilien-Ordnung ist ausschliesslich auf die Secundär-Periode beschränkt, welche sie von Anfang bis zu Ende durchlebt hat. Ihre vielfachen Aehnlichkeiten mit den Fischen und insbesondere mit den Ganoiden haben zu der Annahme geführt, dass sie diesen näher als den übrigen Reptilien verwandt seien, und man hat selbst neuerdings versucht, die Ganoiden, Ganocephalen, Labyrinthodonten, Ichthyosaurier und Sauropterygier (Nothosaurier und Plesiosaurier) als fortlaufende Glieder einer einzigen Entwickelungsreihe darzustellen. Indessen ist es viel wahrscheinlicher, dass diese Aehnlichkeiten nur Anpassungs-Aehnlichkeiten sind, und dass die Halisaurier sich zu den übrigen Reptilien verhalten, wie die Cetaceen zu den Säugethieren. Wahrscheinlich sind sie aus den Tocosauriern in der Antetrias-Zeit entstanden. Wir zerfällen die Ordnung der Halisaurier in drei Unterordnungen: I. Simosauria oder Urdrachen (*Simosaurus*, *Nothosaurus*, *Dracosaurus*) ausschliesslich in der Trias, die ältesten Vertreter der Halisaurier, und ihre einzigen Repräsentanten in der Trias, haben sich vermuthlich aus den Thecodonten entwickelt. II. Die Plesiosauria oder Schlangendrachen (*Plesiosaurus*) in allen Schichten des Jura und der Kreide, haben sich wohl in der Antejurazeit aus den Simosauriern entwickelt, und gehen durch *Spondylosaurus* und *Pliosaurus* unmittelbar in die Ichthyosauren über. III. Die Ichthyosauria oder Fischdrachen (*Ichthyosaurus*), ebenfalls nur im Jura und (selten) in der Kreide, haben sich demnach ebenso aus den Plesiosauren, wie diese aus den Ichthyosauren entwickelt.

Zweite Ordnung der Hydrosaurier:
Crocodilia (*Loricata*). *Crocodile.*

Die Stellung der Crocodile ist ziemlich unsicher, da sie gleichzeitig zu mehreren Reptilien-Subclassen mehrfache Beziehungen besitzen. Es ist möglich, dass dieselben an ihrer Wurzel mit mehreren andern Subclassen unmittelbar zusammenhängen. Vielleicht haben sie sich auch als selbstständiger Ast direct aus den Tocosauriern hervorgebildet. Am wahrscheinlichsten ist es jedoch, dass sie sich von den Halisauriern abgezweigt haben, unter denen insbesondere *Pliosaurus* sich den Crocodilen sehr nähert. Jedenfalls muss diese Abzweigung schon vor der Jura-Zeit erfolgt sein, da die Crocodile im Lias bereits entwickelt auftreten. Die Ordnung zerfällt in drei Unterordnungen, von denen die der Amphicoelen oder Teleosaurier die älteste ist (*Mystriosaurus*, *Gnathosaurus*, *Teleosaurus* etc.). Diese Unterordnung ist durch biconcave, denen der Halisaurier gleiche Wirbel ausgezeichnet. Sie bleibt auf den Jura beschränkt. Aus ihr haben sich als zwei divergente Aeste einerseits die Opisthocoelen, andrerseits die Prosthocoelen entwickelt; bei erstern ist die Chorda dorsalis bloss am vorderen (oralen), bei letzteren bloss am hinteren (aboralen) Ende der Wirbelkörper durch Knochen ersetzt worden. Die Opisthocoelen oder Steneosaurier (*Cetiosaurus*, *Steneosaurus*) bleiben auf Jura und Kreide beschränkt, während die Prosthocoelen oder Alligatoren, zu welchen alle jetzt lebenden Crocodile gehören (*Gavialis*, *Alligator*, *Crocodilus*) erst in der Kreide auftreten, und vorzüglich in der Tertiärzeit entwickelt sind.

Dritte Subclasse der Reptilien:
Dinosauria (*Pachypoda*). *Lindwürmer.*

Eine der merkwürdigsten Reptilien-Gruppen ist die der Dinosaurier oder Pachypoden, welche während der Secundär-Zeit die gewaltigsten und colossalsten Landbewohner erzeugte. Sie finden ihresgleichen an Umfang und Schwerfälligkeit nur in den pachydermen Säugethieren der tertiären und quartären Zeit, und vertraten diese damals in ähnlicher Weise auf dem Lande, wie die Halisaurier im Meere das Aequivalent der carnivoren Cetaceen waren. Die Dinosaurier zeigen unter allen Reptilien am meisten anatomische Beziehungen zu den Säugethieren, ähnlich wie die Pterosaurier zu den Vögeln. Doch sind diese Aehnlichkeiten nur Analogieen, keine Homologieen. Wahrscheinlich haben sich die Dinosaurier unmittelbar aus der Stammgruppe der Tocosaurier, (vielleicht auch in Zusammenhang mit den Crocodilen, wahrscheinlicher aber in Zusammenhang mit den Lacertilien, insbesondere den Leguanen) entwickelt. Unter den Tocosauriern zeigt *Belodon* zu ihnen die nächsten Beziehungen, und *Plateosaurus* aus dem Keuper scheint bereits zu ihnen zu gehören. Ihre eigentliche Entwickelung erreichten sie jedoch gegen Ende der Jura- und im Beginn der Kreide-Zeit (Wealden). Wir zerfällen die Dinosaurier in zwei Ordnungen, fleischfressende und pflanzenfressende Lindwürmer.

Erste Ordnung der Dinosaurier:
Harpagosauria, H. *Carnivore Lindwürmer.*

Die fleischfressenden Dinosaurier bilden den eigentlichen Stamm der Subclasse. Sie beginnen wahrscheinlich schon in der Trias (mit *Plateosaurus* aus dem Keuper). Hierher gehören *Megalosaurus* (30—40 Fuss lang) aus dem Jura, und *Hylaeosaurus* und *Pelorosaurus* aus dem Wealden (letzterer wohl 40—80 Fuss lang). Leider sind ihre Reste, wie die der meisten mesolithischen landbewohnenden Vertebraten, sehr selten und unvollständig.

Zweite Ordnung der Dinosaurier:
Therosauria, H. *Herbivore Lindwürmer.*

Die pflanzenfressenden Dinosaurier sind bis jetzt bloss durch den colossalen *Iguanodon Mantelli* bekannt, den grössten Pflanzenfresser der Secundär-Zeit, viel grösser und stärker als ein Elephant. Er ist bisher ausschliesslich in den unteren Formationen des Kreide-Systems, im Wealden und Neocom gefunden worden, und stellt wahrscheinlich einen Seitenzweig der Harpagosaurier dar.

Vierte Subclasse der Reptilien:
Lepidosauria, H. *Schuppen-Saurier.*

Diese Subclasse umfasst die beiden nächstverwandten Ordnungen der Lacertilien und Ophidier, von denen die letzteren bloss einen eigenthümlich entwickelten Seitenzweig der ersteren darstellen. Die Lacertilien stehen unter allen Reptilien den Tocosauriern, als dem Stamm der ganzen Classe, am nächsten, und bilden gewissermaassen deren gradlinige Fortsetzung bis zur Gegenwart.

Erste Ordnung der Lepidosaurier:
Lacertilia. *Eidechsen.*

Unter allen Reptilien scheinen die gewöhnlichen Eidechsen die conservativste Gruppe darzustellen, welche die ursprüngliche Form der gemeinsamen Stammgruppe, der Tocosaurier, am reinsten erhalten hat. Die jetzt lebenden Lacertilien spielen daher unter den Reptilien eine ähnliche

Rolle, wie die Selachier der Gegenwart unter den Fischen, oder die Beutelthiere der Jetztzeit unter den Säugethieren. Die fossilen Reste dieser Ordnung sind sehr spärlich. Die ältesten bekannten Reste stammen aus den obersten Schichten des Jura und den untersten der Kreide, zahlreichere aus der Tertiärzeit. Unter den Lacertilien der Kreide zeichnen sich die Mosasaurier (*Mosasaurus, Geosaurus* etc.), welche den Monitoren nächstverwandt sind, durch riesige Grösse aus. Von den beiden Unterordnungen der Lacertilien haben nur die echten Eidechsen oder Autosauria (*Squamata*) fossile Reste hinterlassen, nicht aber die Ringeleidechsen oder Glyptodermata (*Annulata*).

Zweite Ordnung der Lepidosaurier:
Ophidia. *Schlangen.*

Die Gruppe der Schlangen ist Nichts weiter als ein eigenthümlich entwickelter Seitenast der Lacertilien, welcher sich wahrscheinlich erst im Beginn der Tertiär-Zeit (in der Anteocen-Zeit) von den Lacertilien abgezweigt hat. Ihre fossilen Reste sind selten und spärlich, alle nur in tertiären Schichten, vom Eocen an, gefunden. Die Schlangen-Ordnung ist die einzige Reptilien-Ordnung, welche auf die Tertiärzeit und die Gegenwart beschränkt erscheint.

Fünfte Subclasse der Reptilien:
Rhamphosauria, H. *Schnabelsaurier.*

In dieser Subclasse vereinigen wir die drei Ordnungen der Anomodonten, Pterosaurier und Chelonier, welche unter sich mehr Verwandtschaft als zu den übrigen Reptilien zeigen, und deren jede durch eine Anzahl von Charakteren bereits zu den Vögeln hinüber neigt. Indessen sind wegen der Mangelhaftigkeit ihrer fossilen Reste ihre Beziehungen doch noch zu wenig bekannt, als dass wir mit voller Sicherheit ihr genealogisches Verhältniss zu einander und zu den Vögeln feststellen könnten. Wahrscheinlich haben sich die Anomodonten, als die ältesten Rhamphosaurier, von den Tocosauriern abgezweigt, und haben ihrerseits als drei divergente Zweige die Pterosaurier, die Chelonier und die Vögel entwickelt. Vielleicht sind aber auch Pterosaurier und Anomodonten zwei divergente Zweige eines alten (aus den Tocosauriern entstandenen) Rhamphosaurier-Stammes, und aus den Anomodonten haben sich als zwei divergente Aeste einerseits die Chelonier, andererseits die Vögel entwickelt.

Erste Ordnung der Rhamphosaurier:
Anomodonta. *Schnabel-Eidechsen.*

Diese Ordnung kennen wir bisher nur aus verhältnissmässig wenigen, aber sehr interessanten fossilen Resten, welche derselben eine ausserordentliche Wichtigkeit beilegen. Sie besteht aus den drei Familien oder Unterordnungen der Rhopalodonten, Dicynodonten und Cryptodonten. Die Familie der Rhopalodontia, die älteste, wird durch die im russischen Perm gefundene Sippe *Rhopalodon* (mit 2 Arten) gebildet, nächst dem *Proterosaurus* die einzigen bis jetzt mit Sicherheit bekannten Reptilien der Primärzeit. Sie scheinen den Uebergang von den Tocosauriern zu den Dicynodonten zu vermitteln. Die Familie der Dicynodontia wird durch die beiden südafrikanischen Genera *Dicynodon* (mit 4 Arten) und *Ptychognathus* (mit 3 Arten) gebildet, welche der Trias angehören (nicht dem Perm, wie man früher glaubte). Sie nähern sich durch die ausgezeichnete Bildung ihres Schädels und Schnabels noch mehr, als die Rhopalodonten, den Schildkröten und Vögeln und sind wahrscheinlich nächste Verwandte von deren gemeinsamen Stammeltern. Die dritte Familie endlich, die der Cryptodontia, wird durch die beiden triassischen Genera *Udenodon* (*U. Bainii* aus Südafrica) und *Rhynchosaurus* (*R. articeps* aus England) gebildet. Diese vermitteln den unmittelbaren Uebergang zu den Cheloniern und Vögeln. Während die Rhopalodonten in ihrem Schnabel ausser mehreren kleinen angewachsenen Zähnen ein paar grosse Hauzähne, die Dicynodonten bloss diese beiden letzteren tragen, sind bei den Cryptodonten alle Zähne aus dem Schnabel verschwunden.

Zweite Ordnung der Rhamphosaurier:
Pterosauria. *Flug-Eidechsen.*

Diese Ordnung umfasst die ältesten fliegenden Wirbelthiere, von denen man mit Sicherheit weiss. Sie beginnen mit *Rhamphorhynchus macronyx* in den ältesten Schichten des Jura, und sind durch zahlreiche Arten von *Pterodactylus* im mittleren und oberen Jura und der Kreide vertreten, bis zur Weisskreide hinauf, in der sich kolossale Formen finden. Man hat die Pterosaurier vielfach für unmittelbare Uebergangsformen von den Reptilien zu den Vögeln gehalten. Indessen ist es viel wahrscheinlicher, dass sich die Pterosaurier tiefer unten, als die Vögel, von den Anomodonten, oder selbst unmittelbar von den Tocosauriern abgezweigt haben. Keinenfalls haben sie sich unmittelbar in die Vögel fortgesetzt. Die Pterosaurier baben keine Nachkommen hinterlassen.

Dritte Ordnung der Rhamphosaurier:
Chelonia. *Schildkröten.*

Diese Ordnung nähert sich von allen jetzt lebenden Reptilien-Ordnungen am meisten den Vögeln, und zeigt namentlich auch zu diesen nähere Verwandtschaft als die Pterosaurier. Am wahrscheinlichsten dürfte die Vermuthung sein, dass Chelonier und Vögel als divergente, an ihrer Wurzel vielleicht noch zusammenhängende Zweige sich aus den Anomodonten entwickelt haben. Diese Divergenz hat jedenfalls vor der Jurazeit, wahrscheinlich schon im Beginn der Secundär-Periode stattgefunden. Fussspuren, sowohl von Schildkröten als von Vögeln, werden bereits im Sandstein der Trias angegeben; doch sind diese sehr unsicher. Die ältesten sicheren Reste von Cheloniern gehören dem Jura an, und zwar finden sich hier bereits Reste von drei verschiedenen Familien, den Thalassiten oder Seeschildkröten (*Chelone*), den Potamiten oder Flussschildkröten (*Trionyx*) und den Eloditen oder Sumpfschildkröten (*Emys*). Dagegen erscheint die vierte und vollkommenste Familie, die der Chersiten oder Landschildkröten (*Testudo*) erst in der Tertiär-Zeit; unter diesen letzteren ist die riesige *Colossochelys atlas* aus dem Subhimalaja hervorzuheben. Bei den ältesten Schildkröten ist der Knochenpanzer noch sehr wenig entwickelt, unvollkommen verknöchert oder aus zahlreicheren Stücken zusammengesetzt, wie bei den Embryonen der höheren Chelonier.

Zweite Classe der Monocondylien:

Aves. *Vögel.*

Im Gegensatze zu den Reptilien liefert uns die Paläontologie über die Entwickelung der Vögel nur sehr geringfügige Aufschlüsse. Dagegen können wir aus ihrer vergleichenden Anatomie und Embryologie mit voller Sicherheit schliessen, dass die Vögel unmittelbar aus den Reptilien entstanden sind, und dass sie nur einen eigenthümlich angepassten Seitenzweig dieser Classe darstellen. Wie schon bemerkt, haben sich die Vögel höchstwahrscheinlich aus den Anomodonten, als ein von den Cheloniern divergirender Zweig dieser Subclasse, entwickelt; und zwar wohl im Beginn oder gegen die Mitte der mesolithischen Zeit. Aus der Trias-Zeit kennt man zahlreiche Fussspuren (besonders im nordamerikanischen Sandstein von Connecticut), welche riesigen Vögeln zugeschrieben werden. Doch können dieselben eben so gut auch Sauriern angehört haben. Die Reptilien, welche die Voreltern der Vögel waren, können sehr wohl bereits ihre charakteristische Fussbildung besessen haben. Der älteste wirkliche Vogelrest ist die berühmte *Archaeopteryx lithographica* aus dem Jura. In der Kreide folgen einzelne Reste von Stelz- und Schwimm-Vögeln. Alle Paedotrophen-Reste gehören der Tertiär-Zeit an. Die Bestimmung der fossilen Vogelreste im Einzelnen ist sehr schwierig, da dieselben meist nur sehr schlecht und höchst unvollständig erhalten sind, und da überdies fast alle systematischen Differenzen sich auf die Bildung des Schnabels und der Füsse beschränken. Die Vögel-Classe ist in ähnlicher Weise, wie die der Insecten, nur sehr einförmig, innerhalb eines sehr engen Spielraumes entwickelt; sie verhalten sich zu den viel gestaltenreicheren Reptilien ähnlich, wie die Insecten zu den Crustaceen. Was die historische Reihenfolge der einzelnen Hauptgruppen der Vögel betrifft, so haben sich aus den Anomodonten zunächst die Sauriuren, aus diesen erst die Ornithuren entwickelt, und zwar Autophagen; aus diesen sind erst in der Tertiär-Zeit die typischen Vögel, die Nesthocker (*Insessores*) entstanden.

Erste Subclasse der Vögel:

Sauriurae, H. *Fiederschwänzige Vögel.*

Die Subclasse der Sauriuren stellen wir für diejenigen Vögel auf, welche den unmittelbaren Uebergang von den Reptilien zu den echten Vögeln vermitteln, und welche im Beginn und in der Mitte der Secundär-Zeit vermuthlich in grosser Mannichfaltigkeit vorhanden waren. Bis jetzt ist uns diese Subclasse nur durch die sehr wichtige *Archaeopteryx lithographica* (*macrura*) aus dem Jura des lithographischen Schiefers von Solenhofen bekannt. In der ausgezeichneten Bildung ihres Schwanzes, welcher ganz von dem aller übrigen Vögel abweicht, besitzt dieselbe einen Charakter, welchen die letzteren nur als Embryonen noch einige Zeit hindurch zeigen, und welcher lediglich die Abstammung der Vögel von den Reptilien bestätigt. Die älteste Ahnenreihe der Vögel zu Ende der primären und im Beginn der secundären Zeit war wahrscheinlich folgende: 1. Tocosauria, 2. Anomodonta (I. Rhopalodon, II. Dicynodon, III. Cryptodon), 3. Sauriurae (Archaeopteryx), 4. Ornithurae (Saurophalli).

Zweite Subclasse der Vögel: Ornithurae, H. *Fächerschwänzige Vögel.*

Diese Subclasse umfasst die echten Vögel, welche bereits die charakteristische Schwanzbildung aller jetzt lebenden Vögel, und gar nicht (oder nur als Embryonen) den verlängerten Eidechsen-Schwanz der Sauriuren besitzen. Jedenfalls sind die Ornithuren erst später aus den Sauriuren, wie diese früher aus den Anomodonten entstanden. Von den beiden Legionen, in welche die Ornithuren gewöhnlich zerfällt werden, sind die Paedotrophen erst später (wahrscheinlich in der Tertiär-Zeit) aus den Autophagen entstanden.

Erste Legion der Ornithuren: Autophagae. (*Nidifugae*) *Nestflüchter.*

Diese Legion umfasst diejenigen Ornithuren, welche sehend das Ei verlassen und sich sogleich selbst ernähren. Es gehören hierher folgende Ordnungen: 1. Natatores (*Palmipedes*), 2. Grallatores, 3. Rasores (*Gallinaceae*, nach Ausschluss der Penelopiden) 4. Ineptae (*Didus*) 5. Saurophalli (*Penelopida*, und dreizehige Strausse: *Rhea*, *Dromaeus*, *Casuarius*), 6. Apterygia (*Apteryx*, *Palapteryx*, *Dinornis*), 7. Struthocameli (*Struthio*) [1]).

Was die Genealogie dieser Ordnungen betrifft, so ist dieselbe zur Zeit noch sehr dunkel, und lediglich aus ihrer vergleichenden Anatomie muthmaasslich zu erschliessen. Die wahrscheinliche Ausgangsgruppe der Autophagen, welche sich unmittelbar aus den Sauriuren entwickelt hat, scheinen die Saurophallen zu bilden, von welchen sich vielleicht als divergente Zweige die vier Ordnungen der Natatores, Rasores, Apterygier und Struthocamelen abgezweigt haben. Den Uebergang zwischen den Saurophallen und den Natatores vermitteln die (noch mit dem gleichen Penis versehenen) Anatiden (Lamellirostres); zwischen den Saurophallen und Rasores stehen die Penelopiden; die Apterygier sind unter den Saurophallen dem *Casuarius*, die Struthocamelen dagegen der *Rhea* am nächsten verwandt. Die Grallatores haben sich wahrscheinlich aus den Rasores (vielleicht auch aus den Apterygiern?) entwickelt. Auch die Inepten sind vermuthlich ebenso wie die Columben, und vielleicht mit diesen im Zusammenhange aus den Rasores entstanden. Die äusserst dürftigen fossilen Reste der Autophagen klären uns leider über ihre Phylogenie nicht auf; die ältesten sind in der Kreide gefunden worden, und gehören einem Natator

---

[1]) Wir sehen uns hier gezwungen, die Ordnung der Cursores oder Laufvögel, eine der künstlichsten Gruppen des Thierreichs, in Ordnungen aufzulösen, da diese unter sich in höherem Grade verschieden sind, als die übrigen anerkannten Ordnungen der Vögelclasse. Die Penelopiden (*Penelope*, *Crax*, *Urax*), welche allgemein zu den Rasores gestellt werden, sind den dreizehigen Straussen (*Rhea*, *Dromaeus*, *Casuarius*) viel näher als den Hühnern verwandt, und verdienen schon allein wegen ihrer merkwürdigen Penis-Bildung (abgesehen von anderen anatomischen Verwandtschafts-Documenten) mit ihnen als „Saurophalli" vereinigt zu werden. Dagegen ist der zweizehige Strauss (*Struthio camelus*), durch den ganz eigenthümlichen Bau seines Penis und seines Beckens, sowie durch andere merkwürdige Charaktere so ausgezeichnet, dass er eher den Rang einer besondern Ordnung verdient, als z. B. die verschiedenen Ordnungen der Paedotrophen. Auch die Apterygier und die Inepten sind so ausgezeichnet, dass sie weder mit den Strothocamelen, noch mit den Saurophallen vereinigt bleiben können.

(*Cimoliornis diomedeus*), und einem Grallator (*Scolopax*) an. Vielleicht rühren auch die Ornithichnithen der Trias von Autophagen her.

Zweite Legion der Ornithuren:
Paedotrophae. (*Insessores*) *Nesthocker*.

Diese Legion umfasst diejenigen Ornithuren, welche blind das Ei verlassen und von ihren Eltern gefüttert werden. Alle fossilen Reste von Paedotrophen gehören der Tertiär-Zeit an. Es gehören hierher folgende fünf Ordnungen: 1. Peristerae (*Columbae*), 2. Clamatores, 3. Oscines, 4. Scansores, 5. Raptatores. Unter diesen scheinen die Tauben (Peristerae) in ähnlicher Weise den Ausgangspunkt der Paedotrophen-Gruppe zu bilden, wie die Saurophallen denjenigen der Autophagen. Wahrscheinlich sind die Peristeren direct aus den Rasores entstanden, mit denen sie durch die Pterocliden unmittelbar zusammenhängen. Aus den Peristeren (vielleicht aber auch direct aus den Rasores) sind als zwei divergente Zweige vermuthlich die Clamatores und Scansores entstanden, von denen wahrscheinlich die ersteren den Oscines, die letzteren den Raptatores den Ursprung gegeben haben. Vielleicht sind aber auch die Raptatores aus den Clamatores, oder direct aus den Columben entwickelt. Da zwischen allen verschiedenen Vögel-Ordnungen Uebergangs-Bildungen vorkommen, und da uns ihre spärlichen und ganz unbedeutenden fossilen Reste gar Nichts über ihre Phylogenie berichten, so ist jede Specialisation des ornithologischen Stammbaums zur Zeit noch sehr schwierig.

Zweite Serie der Amnioten:
Dicondylia, H. *Amnioten mit doppeltem Occipital-Condylus*.

Die Gruppe der Dicondylien umfasst bloss die eine Classe der Säugethiere (Mammalia), welche von den Monocondylien, den beiden Classen der Vögel und Reptilien, viel weiter entfernt sind, als die beiden letzteren unter sich. Die Dicondylien unterscheiden sich von den Monocondylien wesentlich nicht allein durch den doppelten Condylus occipitalis, sondern auch durch die viel einfachere Zusammensetzung des Unterkiefers, den Mangel eines besonderen Quadratbeins, durch den Besitz eines Parasphenoid, durch rothe Blut-Cytoden (kernlose Plastiden), durch totale Dotterfurchung, durch die ganz eigenthümlichen Milchdrüsen, und durch zahlreiche andere wichtige Charaktere. Aller Wahrscheinlichkeit nach haben sich die Dicondylien unmittelbar aus den Amphibien, oder aus dem unbekannten paläozoischen Amnioten-Stamme (vielleicht im Zusammenhang mit der Tocosaurier-Gruppe) entwickelt (vergl. Taf. VII).

Einzige Classe der Dicondylien:
Mammalia. *Säugethiere.*

Die Classe der Säugethiere zerfällt in drei Subclassen von sehr ungleichem Umfange, die Ornithodelphia, welche bloss die beiden Genera *Ornithorhynchus* und *Echidna*, die Didelphia, welche die Beutelthiere oder *Marsupialia*, und die Monodelphia, welche die ganze Masse der übrigen Säugethiere (*Placentalia*) umfassen. Die beiden Subclassen der Ornithodelphien und Didelphien werden häufig in einer Subclasse als *Implacentalia* zusammengefasst, und den Placentalien gegenüber gestellt. Diese Zweitheilung der

Säugethierclasse ist aber in sofern nicht richtig, als die Differenzen zwischen den Ornithodelphien und Didelphien, wenn auch anderer Art, doch nicht minder wichtig sind, als diejenigen zwischen den Didelphien und Monodelphien. Richtiger würde es sein, die Ornithodelphien als Amasta (ἄμαστα, Brustwarzenlose) den vereinigten Didelphien und Monodelphien als Mastophora (μαστόφορα, mit Brustwarzen Versehene) gegenüber zu stellen. Die Amasten oder Ornithodelphien stehen offenbar den unbekannten Stammformen der Säugethiere, welche aus den Amphibien entstanden, viel näher, als die Mastophoren, welche sicher viel späteren Ursprungs sind. Leider lässt uns die Paläontologie bei dieser sehr wichtigen Frage wieder im Stich, da grade aus der langen Secundär-Periode, während welcher die Entwickelung der Säugethier-Classe aus den Amphibien oder aus den niedersten Amnioten, wenn nicht ausschliesslich, doch vorwiegend stattfand, nur sehr wenige und unbedeutende Säugethier-Reste erhalten sind. Diese gehören alle Didelphien an. Von den Ornithodelphien berichtet uns die Paläontologie leider gar Nichts. Verhältnissmässig zahlreich und wichtig sind die fossilen Reste der Monodelphien, welche ausschliesslich der Tertiär- und Quartär-Zeit angehören. Wahrscheinlich haben sich also die Monodelphien erst im Beginn der Tertiär-Zeit (in der langen Anteocen-Zeit) aus den Didelphien entwickelt; wogegen diese vermuthlich schon im Beginn der Secundär-Zeit (in der Antetrias- oder Trias-Zeit) aus Ornithodelphien entstanden sein werden. (Vergl. Taf. VII und VIII.)

Erste Subclasse der Säugethiere:

Ornithodelphia *(Amasta). Brustlose.*

Aus dieser Subclasse kennen wir bloss die eine Ordnung der Monotremata oder Kloakenthiere, welche gegenwärtig nur noch durch zwei australische Genera: *Ornithorhynchus* und *Echidna* vertreten ist. Diese höchst eigenthümlichen Mammalien, welche offenbar nur die letzten überlebenden Reste einer vormals reich entwickelten Säugethier-Gruppe sind, verhalten sich zu den übrigen Mammalien ähnlich, wie *Amphioxus* zu dem ganzen Wirbelthier-Stamme, oder wie *Hydra* zu dem Coelenteraten-Stamme. Leider sind gar keine fossilen Reste von den nächsten Verwandten und Vorfahren derselben erhalten worden. Sie stehen in vielen Beziehungen den Monocondylien näher, als alle anderen Mammalien, und sind daher als uralte, höchst conservative Formen zu betrachten, welche von allen bekannten Gliedern der Classe den im Beginn der Secundär-Zeit lebenden Uebergangs-Formen der Amphibien in die Säugethiere am nächsten stehen.

Zweite Subclasse der Säugethiere:

Didelphia *(Marsupialia). Beutelthiere.*

Auch diese Subclasse der Säugethiere ist gleich der vorhergehenden im Aussterben begriffen, und nur verhältnissmässig unbedeutende Reste derselben haben in Australien (einige wenige auch auf den Sunda-Inseln und in Amerika) im Kampfe um das Dasein sich zu erhalten vermocht. Wahrscheinlich hat dieselbe in der ganzen Secundär-Zeit mit den Monotremen zusammen die Säugethier-Classe allein repräsentirt und damals eine ähnliche Formen-Mannichfaltigkeit durch Anpassung an verschiedene Lebens-Verhältnisse entwickelt, wie in der Tertiär-Zeit und in der Gegenwart die Monodelphien. Die fossilen Reste der Didelphien sind äusserst spärlich und dürftig, und nur insofern von hohem Interesse, als sie erstens die weite geographische Verbreitung der Subclasse in der Secundär-Zeit, und zweitens ihr hohes Alter beweisen. Die ältesten Reste finden sich im Keuper der Trias in Deutschland und England. (*Microlestes antiquus*.) Ausserdem sind neuerdings im Jura von England zahlreiche Reste von fossilen Marsupialien gefunden worden: *Thylacotherium* (*Amphitherium*), *Phascolotherium*, *Amphilestes*, *Stereognathus*, sämmtlich im Bath oder unteren Oolith (in den Schiefern von Stonesfield); ferner *Spalacotherium*, *Plagiaulax*, *Triconodon*, im Portland oder oberen Oolith (in den jüngsten Purbeck-Schichten). Die meisten Reste sind Unterkiefer und gehören carnivoren und insectivoren, einige jedoch (*Stereognathus*) auch herbivoren Marsupialien an.

Die Beutelthiere werden gewöhnlich als eine einzige Ordnung betrachtet: doch sind die einzelnen Familien durch ihre Anpassung an die verschiedenartigste Lebensweise im Gebiss und übrigen Köperbau nicht weniger differenzirt, als die verschiedenen Ordnungen der Monodelphien, und es ist daher richtiger, sie als diesen äquivalente Ordnungen zu betrachten, zumal sie in vielen Beziehungen auffallende Parallelen zu diesen darbieten. Dieser Paralleiismus wird durch die nachfolgende Uebersicht anschaulich; von den hier aufgeführten acht Didelphien-Ordnungen kann man die vier ersten als Legion der fleischfressenden Marsupialien (*Zoophaga*), die vier letzten als Legion der pflanzenfressenden Marsupialien (*Botanophaga*) zusammenfassen.

Parallele der didelphen und monodelphen Säugethier-Ordnungen.

Ordnungen der Didelphien:	Typus der Didelphien-Ordnung:	**Ordnungen der Monodelphien:**	Typus der Monodelphien-Ordnung:
1. Creophaga	*Thylacinus*, *Dasyurus*	1. Carnivora	*Canis*
2. Cantharophaga	*Perameles*, *Myrmecobius*	2. Insectivora	*Erinaceus*
3. Edentula	*Tarsipes*	3. Edentata	*Dasypus*
4. Pedimana	*Didelphys*, *Chironectes*	4. Prosimiae	*Lemur*
5. Carpophaga	*Petaurus*, *Phalangista*	5. Simiae	*Hapale*
6. Rhizophaga	*Phascolomys*	6. Rodentia	*Castor*
7. Barypoda	*Diprotodon*, *Nototherium*	7. Pycnoderma	*Hippopotamus*
8. Macropoda.	*Halmaturus*, *Hypsiprymnus*	8. Ruminantia	*Cervus*

Dieser schon vielfach und mit Recht hervorgehobene Parallelismus ist besonders desshalb von hohem Interesse, weil er zeigt, bis zu welchem Grade die Anpassung an gleiche Existenz-Bedingungen und gleiche Lebensweise (insbesondere auch gleiche Nahrung) im Stande ist, entsprechend gleiche Form-Umbildungen (besonders auch in der Bildung des Gebisses) zu bewirken. Denn offenbar sind alle diese Aehnlichkeiten nur Analogieen, nicht Homologieen. Die einzelnen Monodelphien-Ordnungen sind nicht durch Transformation (etwa durch Erwerbung einer Placenta) aus den entsprechenden Didelphien-Ordnungen entstanden, sondern vielmehr das Differenzirungs-Product eines einzigen Placentalien-Zweiges, welcher wahrscheinlich nur aus einer einzigen Didelphien-Form entstanden ist (Vergl. Taf. VIII).

Was die Genealogie der Marsupialien betrifft, so sind leider ihre fossilen Reste viel zu dürftig und unvollständig, um sie paläontologisch begründen zu können. So weit sich aus ihrer vergleichenden Anatomie schliessen lässt, bildet den Ausgangs-Punkt (ebenso wie unter den Deciduaten die Prosimien) die Ordnung der Pedimanen, welche unter allen Didelphien den Monodelphien, und zwar den Prosimien am nächsten zu stehen scheinen. Aus diesen sind als zwei divergente Zweige einerseits die Cantharophagen (Zoophagen!), andrerseits die Carpophagen (Botanophagen!) hervorgegangen. Aus den Cantharophagen haben sich wahrscheinlich die Edentula und Creophaga, aus den Carpophagen dagegen die Rhizophaga, Macropoda und Barypoda entwickelt.

Dritte Subclasse der Säugethiere:

Monodelphia *(Placentalia). Placentalthiere.*

Aus der Thatsache, dass alle fossilen Säugethier-Reste der Secundär-Zeit Didelphien angehören, lässt sich der Schluss ziehen, dass die Monodelphien erst im Beginn der Tertiär-Zeit aus den ersteren entstanden sind. Doch ist dieser Schluss keineswegs sicher, da wir aus dem ungeheuer langen Zeitraum zwischen Ablagerung der obersten Jura-Schichten (Purbeck) und der untersten Tertiär-Schichten gar keine Säugethier-Reste besitzen. Es ist sehr leicht möglich, dass die Umbildung der Marsupialien zu Placentalien bereits während der Kreide-Zeit oder noch früher (in Antecreta- oder Jura-Zeit) stattgefunden hat. Jedenfalls wäre die Anteocen-Zeit die jüngste mögliche Zeit dieses Umbildungs-Processes, da wir das Resultat desselben schon in den ältesten Eocen-Schichten vollendet vor uns sehen.

Wir zerfällen die Subclasse der Monodelphien in zwei Legionen, welche wahrscheinlich schon sehr frühzeitig sich von einander getrennt haben, und als zwei divergente Hauptäste der ältesten Placentalien-Gruppe zu betrachten sind, welche unmittelbar aus den Didelphien entsprang. Diese beiden Legionen, wesentlich durch die Structur (weniger durch die äussere Form!) der Placenta verschieden, sind die Indeciduen und die Deciduaten. Die specielle Ableitung ihres Ursprungs und ihrer gegenseitigen Beziehungen ist noch äusserst dunkel. Wahrscheinlich sind die Deciduaten erst später aus den Indeciduen entstanden. Vielleicht aber sind beide divergente Zweige eines einzigen Monodelphien-Stammes.

Erste Legion der Monodelphien:

Indecidua. *Placentalthiere ohne Decidua.*

Diese Legion umfasst diejenigen monodelphien Säugethiere, deren Uterus keine Decidua bildet. Es wird dieselbe aus zwei sehr divergenten Gruppen gebildet, einerseits den Edentaten, andrerseits den Pycnodermen, welche jedoch trotz anscheinend sehr grosser Verschiedenheit vielfache Verwandtschafts-Beziehungen zeigen und offenbar zwei Aeste eines einzigen Indeciduen-Zweiges sind.

Erste Sublegion der Indeciduen:

Edentata *(Bruta). Zahnlose.*

Diese Sublegion enthält die einzige Ordnung der Edentata oder Zahnlosen, welche unter allen bekannten Placentalien die tiefste Stufe einzunehmen und sehr alten Ursprungs zu sein scheint. Wahrscheinlich sind die jetzt lebenden Edentaten, ebenso wie die Marsupialien der Jetztzeit, nur die letzten kümmerlichen Reste einer vormals reich entwickelten Thiergruppe. Noch in der Diluvial-Zeit besass dieselbe einen hohen Grad der Entfaltung, wie die colossalen Skelete der Macrotherien, Glyptodonten und Gravigraden beweisen. Die Phylogenie der Edentaten ist sehr schwierig zu errathen, da uns offenbar sehr viele alte Stammformen und Zwischenglieder fehlen. Wahrscheinlich haben sich von den Pycnodermen zunächst die Vermilinguien abgezweigt, aus denen vielleicht die Gravigraden entstanden sind. Da diese letzteren offenbar die Charaktere der Cingulaten und Bradypoden gemischt enthalten, sind sie wahrscheinlich die gemeinsamen Stammformen dieser beiden Gruppen.

Zweite Sublegion der Indeciduen:
Pycnoderma., H. *Derbhäuter.*

Als Pycnodermen vereinigen wir hier die beiden Ordnungen der Cetaceen und der Ungulaten, welche nicht allein durch die Beschaffenheit ihrer Placenta und ihrer Haut, sondern auch durch viele andere Charaktere als nächstverwandte Glieder eines einzigen Astes sich erweisen. Lediglich die Anpassung an den Aufenthalt im Wasser hat die Cetaceen in ähnlicher Weise von den Ungulaten entfernt, wie die Pinnipedien von den Carnivoren.

Erste Ordnung der Pycnodermen:
Ungulata. *Hufthiere.*

Die Ordnung der Ungulaten ist von allen Thiergruppen eine der interessantesten und lehrreichsten, vorzüglich auch desshalb, weil sie in der ausgezeichnetsten Weise die Unentbehrlichkeit der paläontologischen Entwickelungsgeschichte für das Verständniss der natürlichen Verwandtschaften nachweist. Wir zerfällen diese sehr natürliche Ordnung, welche eine trotz alles Formenreichthums durchaus einheitlich organisirte Gruppe darstellt, (gleichwie unter den Deciduaten die Nagethiere) in zwei Unterordnungen, Artiodactylen und Perissodactylen.

Soweit sich die Genealogie der Ungulaten gegenwärtig übersehen lässt, scheint die Familie der Lophiodonten den Ausgangspunkt der ganzen Ordnung zu bilden. Zu ihnen gehören die ältesten aller bekannten Ungulaten-Reste, welche sich schon im untersten Eocen (London-Thon) finden (*Coryphodon*). Ausserdem nehmen sie eine so zweifelhafte Mittelstellung zwischen Artiodactylen (Suilliden) und Perissodactylen (Tapiriden) ein, dass sie bald mit den ersteren, bald mit den letzteren vereinigt werden. Wahrscheinlich sind sie demnach die Stammväter der Ordnung, von denen die beiden Unterordnungen als zwei divergente Aeste ausgegangen sind.

Aus den Anoplotheriden, den Stammeltern des Artiodactylen-Zweiges, haben sich als zwei divergente Aeste die Anthracotheriden und Xiphodonten entwickelt, jene zu den Setigera und Obesa, diese zu den Ruminantia hinüberführend. Die ältesten Stammformen der Ruminantien sind die Dremotheriden, Mittelformen zwischen Moschiferen und Cervinen, aus denen diese beiden als divergente Aeste entstanden sind. Die Giraffen sind wohl bloss ein Zweig des Cervinen-Astes. Die Cavicornien haben sich wohl ebenfalls aus den Cervinen entwickelt, und zwar zunächst die Antilopiden, aus diesen die Aegoplasten (Caprinen). Aus letztern sind wahrscheinlich die Probatoden (Ovina) und aus diesen die Tauroden (Bovina) entstanden.

Aus den Palaeotheriden, den Stammeltern des Perissodactylen-Zweiges, haben sich wahrscheinlich als zwei divergente Aeste die Nasicornien und die Tapiriden entwickelt. Aus den Tapiriden sind als zwei divergirende Zweige die Macrauchenien und die Anchitherien hervorgegangen, jene zur Section der Camele (Tylopoda), diese zur Section der Pferde (Solidungula) hinüberführend. Die Camele entfernen sich durch viele Charaktere (namentlich durch osteologische Eigenthümlichkeiten und durch die Placentarbildung) von den Ruminantien und nähern sich vielmehr den Pferden und den Tapiren, mit denen sie durch *Macrauchenia* verbunden sind.

Zweite Ordnung der Pycnodermen:
Cetacea. *Wale.*

Die Ordnung der Wale oder Walfische ist, wie bemerkt, den Ungulaten nächst verwandt, und verhält sich zu diesen eben so wie die Pinnipedien zu den Carnivoren. Die Cetaceen sind Ungulaten, welche durch Anpassung an das Leben im Wasser sich Fischen analog umgebildet haben Bei der innigen anatomischen uud systematischen Verwandtschaft der beiden Ordnungen kann der Ursprung der Cetaceen aus den Ungulaten kaum zweifelhaft sein. Wir theilen die Ordnung der Cetaceen in drei Unterordnungen: I. Phycoceta (*Sirenia*) oder pflanzenfressende Cetaceen (***Halicore***, ***Manatus***, ***Rhytina***). II. Autoceta (***Balaenia***) oder fleischfressende Cetaceen (***Delphinus***, ***Hyperoodon***, ***Monodon***, ***Physeter***, ***Balaena***). III. Zeugloceta (***Zeuglodontia***) oder Hydrarchen (***Zeuglodon*** s. ***Hydrarchos***). Von diesen drei Unterordnungen sind wahrscheinlich zunächst die Sirenien aus den Ungulaten hervorgegangen und zwar aus den Artiodactylen, unter denen die Obesen (***Hippopotamus***) ihnen am nächsten stehen. Die Autoceten und Zeugloceten sind wahrscheinlich zwei divergente Aeste der Phycoceten.

Zweite Legion der Monodelphien:
Deciduata. *Placentalthiere mit Decidua.*

Diese Legion umfasst alle Monodelphien, nach Ausschluss der Edentaten und Pycnodermen, welche sich durch Mangel der Decidua - Bildung wesentlich von den Deciduaten unterscheiden. Wir zerfällen diese Legion in zwei Sublegionen, welche durch die Form der Placenta verschieden sind: I. Zonoplacentalia, mit ringförmiger Placenta, und II. Discoplacentalia, mit scheibenförmiger Placenta.

Erste Sublegion der Deciduaten:
Zonoplacentalia. *Deciduaten mit gürtelförmiger Placenta.*

In dieser Sublegion fassen wir die beiden Ordnungen der Chelophoren und Carnarien zusammen, von denen jene die 4 Unterordnungen der Hyraciden, Toxodonten, Dinotherien und Elephanten, diese die beiden Unterordnungen der Landraubthiere (Carnivora) und der Seeraubthiere (Pinnipedia) enthält. So verschieden auch diese Zonoplacentalien durch Anpassung an verschiedenartige Nahrung und Lebensweise differenzirt sein mögen, so stimmen sie doch alle wesentlich überein durch einen sehr wichtigen anatomischen Charakter, welcher ihre nahe Blutsverwandtschaft beweist, nämlich die ringförmige Placenta. Offenbar ist diese ein gemeinsames Erbstück von einer gemeinschaftlichen unbekannten Stammform, und verbindet die beiden Ordnungen der Zonoplacentalien in ähnlicher Weise, wie die scheibenförmige Placenta die Discoplacentalien. Leider sind uns die fossilen Reste dieser Gruppe nur höchst unvollständig bekannt, und ihre Phylogenie daher zur Zeit noch sehr unklar. Wahrscheinlich war die gemeinsame Stammform der Zonoplacentalien ebenso wie diejenige der Discoplacentalien, ein omnivores Deciduat, von dem als zwei divergente Zweige die beiden Ordnungen der pflanzenfressenden Chelophoren und der fleischfressenden Carnarien ausgingen. Unter den Discoplacentalien entsprechen den letzteren die Insectivoren, den ersteren die Rodentien.

Erste Ordnung der Zonoplacentalien:

Chelophora, H. *Hufträger*.

Diese Ordnung, welche den Rodentien unter den Discoplacentalien correspondirt, ist uns nur höchst unvollkommen durch einige wenige lebende Formen und sehr unvollständige fossile Fragmente bekannt, so dass ihre Genealogie sich nur sehr unsicher errathen lässt. Gewöhnlich werden die Chelophoren als Pachydermen (also als ein Theil der Ungulaten betrachtet), von denen sie aber nicht allein durch den Besitz einer Decidua und durch die gürtelförmige Placenta, sondern auch durch zahlreiche und sehr wichtige osteologische Charaktere wesentlich verschieden sind. Die auffallenden äusseren Aehnlichkeiten der Chelophoren und Ungulaten sind nur Analogieen, nicht Homologieen. Viel näher als den Ungulaten, sind die Chelophoren den Rodentien verwandt. Wir zerfällen die Chelophoren in vier Unterordnungen, die übrigens trotz aller gemeinsamen Charaktere so sehr divergiren, dass wir ihnen lieber den Rang von Ordnungen zugestehen möchten: I. Lamnungia: Familie der Hyraciden (*Hyrax*). II. Toxodonta: Familie der Toxodontiden (*Toxodon*). III. Gonyognatha: Familie der Dinotheriden (*Dinotherium*). IV. Proboscidea (*Mastodon*, *Elephas*). Die näheren Beziehungen der vier Unterordnungen zu einander sind wegen des Mangels ihrer verbindenden Zwischenformen schwer zu bestimmen. Doch zeigen einerseits die Lamnungien und Toxodonten, andrerseits die Gonyognathen und Proboscideen mehr Aehnlichkeit; vielleicht sind aber auch Toxodonten und Dinotherien nahe verwandt gewesen. Falls die letzteren Wasserthiere waren, verhielten sie sich zu den Elephanten ähnlich, wie die Cetaceen zu den Ungulaten.

Zweite Ordnung der Zonoplacentalien:

Carnaria, H. *Raubthiere*.

Diese Ordnung entspricht ebenso den Insectivoren unter den Discoplacentalien, wie die vorige den Rodentien. Doch ist sie uns weit vollständiger, als die vorhergehende, durch zahlreiche lebende und fossile Repräsentanten bekannt. Die Carnarien zerfallen in zwei nahverwandte Unterordnungen: I. Carnivora oder Landraubthiere, und II. Pinnipedia oder Seeraubthiere. Die letzteren sind erst später aus den ersteren durch Anpassung an das Leben im Wasser entstanden, und verhalten sich zu diesen ebenso, wie die Cetaceen zu den Ungulaten. Den Ausgangspunkt, und den elterlichen Stamm der ganzen Gruppe bildet die ausgestorbene Familie der Arctocyoniden oder Bärenhunde, welche durch Sohlengang und plumpe Körperform mehr mit den Bären, durch die Bildung des Gebisses dagegen mehr mit den Hunden (und theilweis auch mit den Viverren) übereinstimmten. Es gehören hierher die ältesten aller bekannten fossilen Carnarien, *Arctocyon* und *Palaeonyctis* aus dem unteren Eocen (Londonthon). Aus dieser Familie haben sich zunächst als reine Sohlengänger (Plantigrada) die Bären (Ursina) entwickelt, welche in der älteren Tertiär-Zeit überwiegend die Carnivoren repräsentiren. Aus ihnen haben sich weiterhin die Halbsohlengänger (Semiplantigrada) hervorgebildet, die Familien der Viverrinen und Mustelinen, von denen namentlich die ersteren bereits mehrfache Uebergänge zu den echten Zehengängern (Digitigrada) enthalten, den Familien der Hunde (Canina) und Hyänen (Hyaenida). Aus den letzteren sind schliesslich die Katzen (Felina) als der höchst entwickelte Carnivoren-Zweig hervorgegangen. Die Hunde haben sich vielleicht auch unabhängig von den Viverren und Katzen direct aus den Bären oder aus den Arctocyoniden entwickelt. Die zweite Unterordnung, die der Seeraubthiere oder Pinnipedien hat sich wahrscheinlich aus den Musteliden entwickelt, unter denen noch jetzt die *Lutra* und *Enhydris* unmittelbare Uebergangsformen darstellen.

Zweite Sublegion der Deciduaten:

Discoplacentalia. *Deciduaten mit scheibenförmiger Placenta.*

Diese Legion erscheint weit formenreicher und entwickelungsfähiger, als die der Zonoplacentalien; doch können wir auch hier die beiden divergenten Gruppen der Pflanzenfresser und Fleischfresser unterscheiden, von denen die ersteren (den Chelophoren entsprechend) hier vorzüglich durch die Rodentien, die letzteren (den Carnivoren correspondirend) durch die Insectivoren vertreten werden. Einen eigenthümlichen Seitenzweig bilden die Fledermäuse (Chiroptera). Zwischen jenen beiden divergenten Gruppen hat sich jedoch bei den Discoplacentalien der gemeinsame omnivore Ahnenstamm, durch die Prosimien noch jetzt repräsentirt, nicht allein erhalten, sondern in der Ordnung der echten Affen, zu welcher auch der Mensch gehört, zur höchsten Organisations-Höhe emporgehoben. Dass diese fünf Ordnungen (Prosimiae, Rodentia, Insectivora, Chiroptera, und Simiae) nächst verwandt sind, wird nicht allein durch ihre scheibenförmige Placenta, sondern auch durch viele andere anatomische Eigenthümlichkeiten, sowie durch zahlreiche noch vorhandene Zwischenformen zwischen den einzelnen Ordnungen bewiesen. Da der Mensch selbst ein Glied dieser Legion ist, so erscheinen grade hier diese Uebergangsformen von der höchsten Bedeutung.

Erste Ordnung der Discoplacentalien:

Prosimiae (*Hemipitheci*). *Halbaffen.*

Die sehr merkwürdige und wichtige Ordnung der Halbaffen, von deren früherem Formenreichthum uns leider nur noch sehr wenige lebende Repräsentanten eine dürftige Vorstellung geben, und deren fossile Reste uns noch unbekannt sind, betrachten wir als die gradlinige Fortsetzung des uralten Discoplacentalien-Stammes, aus welchem sich die übrigen Ordnungen dieser Sublegion als divergente Aeste entwickelt haben. Wir glauben, dass diese Ansicht durch ihre zahlreichen und verwickelten Verwandtschafts-Beziehungen und durch die einzelnen, aber sehr wichtigen Uebergangs-Formen zu anderen Gruppen lediglich bestätigt wird. Es führen die Leptodoctyla, (*Chiromys*) von den Prosimien unmittelbar zu den Rodentien hinüber, die Macrotarsi (*Tarsius*, *Otolicnus*) zu den Insectivoren, die Ptenopleura (*Galeopithecus*) zu den Chiropteren, die Brachytarsi (*Lemur*, *Stenops*) zu den Simien. Sehr wichtig erscheint es uns ferner in dieser Beziehung, dass die niederen Prosimien unter allen bekannten Monodelphien in vielen Beziehungen den Didelphien am nächten stehen, insbesondere den Pedimanen (*Didelphys*). Alle diese Beziehungen sprechen dafür, dass die Prosimien (ähnlich wie die Selachier unter den Fischen, die Sozuren unter den Amphibien, die Lacertilien unter den Reptilien, die Saurophallen unter den Vögeln) ein sehr alter idealer Typus sind (s. unten S. 222), von welchem viele verschiedene praktische Typen als divergente Aeste ausgegangen sind.

Zweite Ordnung der Discoplacentalien:

Rodentia (*Glires*). *Nager.*

Diese formenreiche, aber trotz aller Anpassungs-Divergenzen sehr einheitlich organisirte Ordnung bildet den rein herbivoren Zweig der Discoplacentalien, und entspricht als solcher den Chelophoren unter den Zonoplacentalien, zu denen sie noch vielfache Beziehungen besitzen (insbesondere die Subungulaten und Hyraciden). Die Ordnung der Nagethiere zerfällt in vier Unterordnungen. Von diesen hat sich zunächst wahrscheinlich diejenige der Eichhornartigen oder Sciuromorpha aus den Prosimien entwickelt, mit denen sie durch *Chiromys* noch jetzt unmittelbar verbunden ist. Hiermit stimmt auch die Paläontologie der Rodentien trefflich überein. Alle fossilen Nagethier-Reste der Eocen-Zeit gehören ausschliesslich Sciuriden oder Uebergangsformen derselben zu den anderen Ordnungen an. Aus den Sciuriden haben sich wahrscheinlich als zwei divergente Aeste die beiden Ordnungen der Mäuseartigen oder Myomorpha und der Stachelschweinartigen oder Hystrichomorpha entwickelt, jene durch eocene Myoxiden, diese durch eocene Psammoryctiden unmittelbar mit den Sciuriden zusammenhängend. Die vierte Unterordnung endlich, die der Hasenartigen oder Lagomorpha (Leporiden) ist hinsichtlich ihres Ursprungs durch keine fossilen Documente aufgeklärt, hat sich aber wahrscheinlich aus Hystrichomorphen entwickelt.

Dritte Ordnung der Discoplacentalien:

Insectivora. *Insectenfresser.*

Wie die Rodentien den rein herbivoren, so repräsentiren die Insectivoren den rein carnivoren Zweig des Discoplacentalien-Stammes. Sie sind den Nagern viel näher als den Carnivoren verwandt, mit denen sie früher als „Ferae" vereinigt wurden. Ausser der scheibenförmigen Placenta stimmen sie mit den Rodentien namentlich durch den Besitz grosser Samenblasen überein, welche den zonoplacentalien Carnivoren stets fehlen. Durch ähnliche Anpassung haben sich die einzelnen Gruppen der Insectivoren und Rodentien in auffallendem Parallelismus entwickelt. Es entsprechen die kletternden Scandentia (Cladobatida) den Sciuromorphen, die Soricida den Mäusen, die Talpida den Wühlmäusen unter den Myomorphen; die Igel (Aculeata) correspondiren den Hystrichomorphen. Die älteste Ausgangsgruppe der Ordnung scheinen die Scandentien zu bilden, welche den Macrotarsen unter den Prosimien am nächsten verwandt sind.

Vierte Ordnung der Discoplacentalien:

Chiroptera (*Volitantia*). *Fledermäuse.*

Die Ordnung der fliegenden Chiropteren ist ein Zweig des Discoplacentalien-Astes, welcher in ähnlicher Weise durch specielle Anpassung an das Leben in der Luft abgeändert worden ist, wie die Gruppe der schwimmenden Pinnipedien unter den Zonoplacentalien durch Anpassung an das Leben im Wasser. Wahrscheinlich haben sich die Chiropteren unmittelbar aus den Prosimien entwickelt, unter denen die Galeopitheken noch jetzt den Uebergang zu vermitteln scheinen. Von den beiden Unterordnungen der Chiropteren-

Ordnung, den Pterocynen (Frugivoren) und den Nycteriden (Insectivoren) haben sich wahrscheinlich die letzteren erst später aus den ersteren, diese dagegen unmittelbar aus den Prosimien entwickelt.

Fünfte Ordnung der Discoplacentalien: **Simiae** (*Pitheci*). *Affen.*

Die Ordnung der echten Affen oder Simien, die letzte und oberste des Thierreichs, ist die höchste und vollkommenste Ordnung nicht allein unter den Discoplacentalien, sondern unter allen Säugethieren, da auch der Mensch aus derselben nicht ausgeschlossen werden kann. Die Affen haben sich jedenfalls unmittelbar aus den Halbaffen entwickelt, mit denen sie gewöhnlich als Primates vereinigt werden. Die Ordnung zerfällt in drei Unterordnungen: I. Arctopitheci oder Krallenaffen: Familie der Hapaliden (*Hapale*); II. Platyrrhinae oder Plattnasen (Amerikanische Affen): Familien der Aphyocerken (*Pithecia, Callithrix*) und Labidocerken (*Mycetes, Lagothrix*); III. Catarrhinae oder Schmalnasen (echte Affen der alten Welt): Section der Menocerken: Familie der Anasken (*Semnopithecus*) und der Ascopareen (*Cynocephalus*, *Inuus*); und Section der Lipocerken: Familien der Tylogluten (*Hylobates*), der Lipotylen (*Satyrus*, *Engeco, Gorilla, Dryopithecus*), und der Erecten (*Homo*) [1]).

1) Die systematischen Benennungen der drei grossen lebenden (Lipotylen) dürften am passendsten in der Weise geordnet werden, dass man jeden derselben als Repräsentanten eines besonderen Genus ansieht, da die Differenzen zwischen denselben vollkommen zu einer generischen Trennung hinreichen. Gewöhnlich werden Gorilla und Chimpanze als zwei Arten des Genus *Troglodytes* aufgeführt. Dieser Gattungs-Name ist zuerst von Géoffroy S. Hilaire 1812 für den Chimpanze eingeführt worden. Allein bereits 6 Jahre früher (1806) hatte Vieillot denselben generischen Namen für das Vogel-Genus aufgestellt, zu welchem unser kleinster europäischer Vogel, der Zaunkönig, *Troglodytes parvulus* gehört, und diese Benennung ist allgemein angenommen. Es muss daher der Genus-Name *Troglodytes*, wenn man Gorilla und Chimpanze unter demselben vereinigen will, durch eine neue Bezeichnung ersetzt werden, für welche der alte Name *Pongo* sich am besten eignen dürfte. Es wäre dann der Gorilla als *Pongo gorilla*, der Chimpanze als *Pongo troglodytes* zu bezeichnen. Will man dagegen, was uns passender erscheint, beide Affen als besondere Gattungen trennen, so ist für den Gorilla der bereits in Gebrauch gekommene Name *Gorilla engena* oder *Gorilla gina* beizubehalten. Der Chimpanze dürfte als generischen Namen am passendsten die Bezeichnung beibehalten, welche er in seiner Heimath bei den Negern führt: *Engeco*; und die Art würde nach den Regeln der systematischen Nomenclatur *Engeco troglodytes* zu nennen sein. Der Orang führt gewöhnlich entweder den Namen *Simia satyrus* oder *Pithecus satyrus*; da jedoch sowohl der Ausdruck *Simia* als auch *Pithecus* sehr häufig zur Bezeichnung der ganzen Ordnung der echten Affen, im Gegensatz zu den Halbaffen (*Prosimiae*, *Hemipitheci*) gebraucht wird, so erscheint es passend, seinen bisher gebräuchlichen Species-Namen zur Bezeichnung des Genus zu erheben, als welcher er bereits 1641 von Tulpius zur Bezeichnung eines Anthropoiden, „von den Indiern Orang-Outang genannt", verwendet wurde. Falls der *Simia morio* Owen's, wie es scheint, eine gute Art ist, so würde man beide Orang-Arten als *Satyrus orang* und *Satyrus morio* trennen können. Die Synonymie der Anthropoiden wäre demnach folgende:

1) Gorilla engena (*Gorilla gina*, *Simia gorilla*, *Troglodytes gorilla*, *Pongo gorilla*).
2) Engeco troglodytes (*Simia troglodytes*, *Pithecus troglodytes*, *Troglodytes niger*, *Troglodytes leucoprymnus*, *Pongo troglodytes*).
3) Satyrus orang (*Simia satyrus*, *Pithecus satyrus*).
4) Satyrus morio (*Simia morio*, *Pithecus morio*).

Anhang zur systematischen Einleitung in die Entwickelungsgeschichte.

Der Stammbaum des Menschen.

Bei der ausserordentlich hohen Bedeutung, welche die Systematik der Wirbelthiere und insbesondere der Affen für die „Frage aller Fragen", für die Frage „von der Stellung des Menschen in der Natur" besitzt, erscheint es gerechtfertigt, hier auf das System der Affen, mit welchem wir unsere vorhergehende genealogische Uebersicht des natürlichen Systems der Organismen abgeschlossen haben, noch einen näheren Blick zu werfen, und die systematische Stellung des Menschen in demselben zu erläutern. Wie wir unten im siebenten Buche zeigen werden, findet die Descendenz-Theorie ebenso auf den Menschen, wie auf jeden anderen Organismus, ihre volle und unbedingte Anwendung. Kein objectiver und vorurtheilsfreier Naturforscher kann bestreiten, dass der Mensch ein Wirbelthier, und zwar ein Säugethier, gleich allen anderen ist, und dass er demgemäss, wenn überhaupt die Descendenz-Theorie wahr ist, sich aus einem und demselben Stamme mit den ersteren entwickelt haben muss. Die Theorie, dass der Mensch von niederen Wirbelthieren, und zwar zunächst von unter ihm stehenden Säugethieren abstammt, ist eine vollkommen gesicherte und nothwendige Deduction, welche wir aus dem umfassenden Inductions-Gesetz der Descendenz-Theorie ableiten. Da wir dieses Verhältniss unten im XXVII. Capitel noch näher erörtern werden, wollen wir uns hier nicht länger bei der allgemeinen Begründung dieser hochwichtigen Frage aufhalten. Vielmehr soll hier lediglich die specielle Stellung des Menschen im System der Säugethiere vom rein zoologischen Standpunkte aus erörtert werden.

Glücklicherweise ist die Stellung des Menschen im System der Säugethiere so deutlich und fest ausgeprägt, es sind seine Verwandtschafts-Beziehungen zu den verschiedenen übrigen Gruppen der Säugethiere so klar und bestimmt durch seine noch lebenden nächsten Verwandten offenbart, dass der Stammbaum des Menschen mit viel grösserer Sicherheit und Leichtigkeit, als die Genealogie sehr vieler anderer Thiere sich in seinen allgemeinen Grundzügen feststellen lässt. Die anatomische Verwandtschaft des Menschen zu den Affen springt so sehr in die Augen, dass sie von allen Menschen, wenn auch nur als „körperliche Aehnlichkeit", unbestritten anerkannt wird, und dass bereits der Gründer der formalen Systematik, Linné, den Menschen mit den echten Affen und den Halbaffen in einer und derselben Ordnung der Primates vereinigte. Zwar haben verschiedene Schriftsteller den

Versuch gemacht, dem Menschen dadurch eine eximirte Stellung zu wahren, dass sie ihn zum Repräsentanten einer besonderen Subclasse der Säugethiere (*Archencephala*) oder gar einer besonderen Wirbelthierclasse (*Anthropi*) erhoben, und Einige sind sogar so weit gegangen, neben dem Pflanzenreich und dem Thierreich noch ein besonderes Menschenreich zu errichten. Indessen springt die Verkehrtheit aller dieser Versuche so sehr in die Augen, dass wir uns nicht mit deren Widerlegung aufzuhalten brauchen. Jeder objective Zoologe muss zugeben, dass in dem vorstehenden System der Säugethiere, welches auf den wichtigsten Vererbungs-Beziehungen der natürlichen Bluts-Verwandtschaft fusst, der Mensch ein Glied aus der Sublegion der Discoplacentalien ist. Gleich allen Affen, Fledermäusen, Insectenfressern, Nagethieren und Halbaffen gehört der Mensch in die Subclasse der Monodelphien oder der placentalen Säugethiere, in die Legion der Deciduaten, in die Sublegion der Discoplacentalien.

Weniger einfach ist die Beantwortung der Frage, welche Stellung der Mensch innerhalb der Discoplacentalien-Gruppe einzunehmen hat. Fast allgemein wird noch heute die Sublegion der Discoplacentalien in folgende fünf Ordnungen eingetheilt: 1. Rodentia (Nagethiere). 2. Insectivora (Insectenfresser). 3. Chiroptera (Fledermäuse). 4. Quadrumana (Vierhänder). 5. Bimana (Zweihänder). Die Ordnung der Bimana umfasst allein den Menschen, während die Ordnung der Quadrumana die echten Affen (Simiae) und die Halbaffen (Prosimiae) enthält. Huxley hat das Verdienst, in seinen vortrefflichen „Zeugnissen für die Stellung des Menschen in der Natur" zuerst nachgewiesen zu haben, dass diese Eintheilung eine völlig unberechtigte, die Trennung der Primaten-Ordnung Linné's in Bimana und Quadrumana eine durchaus künstliche ist, und dass der Fuss aller Affen und Halbaffen keine Hand, sondern ebenso ein echter Fuss, wie der Fuss des Menschen ist. Der Fuss unterscheidet sich von der Hand durch die charakteristische Anordnung der Fusswurzelknochen, die von der der Handwurzelknochen wesentlich verschieden ist, und durch den Besitz dreier besonderer charakteristischer Muskeln, welche der Hand fehlen (*Musculi peronaeus longus*, *flexor brevis*, *extensor brevis*). Diese Differenz von Hand und Fuss findet sich bei allen Primaten ebenso wie beim Menschen. Alle Primaten, alle echten Affen und Halbaffen, sind also in der That nicht *Quadrumana*, sondern *Bimana*, sie besitzen alle zwei Hände und zwei Füsse. Die Unterschiede aber, welche sich in der speciellen Differenzirung der Extremitäten bei den verschiedenen Primaten vorfinden, sind geringer zwischen dem Menschen und den nächstverwandten lipocerken Affen (*Gorilla* insbesondere), als zwischen diesen und den niederen Affen.

Ebenso wie mit den Extremitäten, welche man für den wichtigsten Differential-Charakter der Thiere hielt, verhält es sich mit allen anderen Charakteren. Der Bau des Schädels, des Gehirns und jedes anderen Körpertheils zeigt grössere Differenzen zwischen den niederen und den höchsten Affen, als zwischen diesen und dem Menschen. Huxley hat diese wichtige, fundamentale Thatsache (l. c.) so ausführlich und unumstösslich festgestellt, dass wir hier lediglich auf seine oben erwähnte Abhandlung zu verweisen brauchen, in welcher er auf Grund der sorgfältigsten anatomischen Untersuchungen zu dem höchst wichtigen Schlusse gelangt: „Wir mögen daher ein System von Organen vornehmen, welches wir wollen, die Vergleichung ihrer Modificationen in der Affenreihe führt uns zu einem und demselben Resultate:

dass die anatomischen Verschiedenheiten, welche den Menschen vom Gorilla und Chimpanze scheiden, nicht so gross sind, als die, welche den Gorilla von den niedrigeren Affen trennen."

Die Ordnung der Bimana ist also definitiv aufgelöst. Der Mensch kann innerhalb des zoologischen Systems nicht Anspruch darauf machen, Repräsentant einer besonderen Säugethier-Ordnung zu sein. Höchstens können wir ihm das Recht zugestehen, innerhalb der Primaten-Gruppe oder innerhalb der echten Affen-Ordnung eine besondere Familie zu bilden. Wir sagen: Höchstens! denn in der That sind die von Huxley so vortrefflich erläuterten „Beziehungen des Menschen zu den nächstniederen Thieren" noch innigere und nähere, als es nach seinem System scheinen könnte. Wir glauben, dass Huxley's System der Primaten in dieser Beziehung nicht scharf genug die bedeutenden quantitativen und qualitativen Differenzen der verschiedenen Primaten-Gruppen hervorhebt, und dass das verwickelte Verhältniss der Coordination und Subordination dieser Gruppen noch eine schärfere Definition erfordert. Huxley zerfällt die Ordnung der Primates in folgende „sieben Familien von ungefähr gleichem systematischen Werthe": 1. Anthropini (*Homo*), 2. Catarrhini (*Cynocephalus*, *Gorilla* etc.), 3. Platyrrhini (*Callithrix*, *Mycetes* etc.), 4. Arctopitheci (*Hapale*), 5. Lemurini (*Stenops*, *Tarsius* etc.), 6. Chiromyini (*Chiromys*), 7. Galeopithecini (*Galeopithecus*). Die ununterbrochene Stufenleiter von höchst vollkommenen zu höchst unvollkommenen Discoplacentalien, welche diese Kette der Primaten-Familien darbietet, begleitet Huxley mit folgender treffender Bemerkung: „Es bietet wohl kaum eine Säugethier-Ordnung eine so ausserordentliche Reihe von Abstufungen dar, wie diese; sie führt uns unmerklich von der Krone und Spitze der thierischen Schöpfung zu Geschöpfen herab, von denen scheinbar nur ein Schritt zu den niedrigsten, kleinsten und wenigst intelligenten Formen der placentalen Säugethiere ist. Es ist, als ob die Natur die Anmaassung des Menschen selbst vorausgesehen hätte, als wenn sie mit altrömischer Strenge dafür gesorgt hätte, dass sein Verstand durch seine eignen Triumphe die Sclaven in den Vordergrund stellt, den Eroberer daran mahnend, dass er nur Staub ist." So gewiss gerade diese ununterbrochene Stufenfolge von den niedrigsten nagethierartigen Discoplacentalien bis zu den höchsten, bis zum Menschen hinauf, von der höchsten Bedeutung ist, so wird doch das wahre genealogische Verhältniss der verschiedenen Gruppen zu einander nicht einfach durch das Bild einer Stufenleiter, sondern vielmehr durch dasjenige einer Astgruppe ausgedrückt, wie dies in der rechten oberen Ecke des Stammbaums auf Taf. VIII angedeutet ist. Zur näheren Erläuterung unseres schon vorher aufgestellten Affen-Systems mögen daher noch folgende Bemerkungen dienen.

Die Auflösung der Primaten-Ordnung in die beiden Ordnungen der echten Affen (*Simiae*) und der Halbaffen (*Prosimiae*) scheint uns deshalb geboten, weil die Ordnung der Halbaffen nach unserer Anschauung die Stammgruppe der Discoplacentalien bildet, welche zu allen übrigen Ordnungen dieser Sublegion in parentalem Verhältnisse steht, und selbst noch gegenwärtig durch vermittelnde Zwischenstufen unmittelbar mit ihnen verbunden ist. Wir betrachten also die Prosimien als gradlinige und sehr wenig veränderte Nachkommen des Discoplacentalien-Stammes, aus welchem die vier Ordnungen der Rodentien, Insectivoren,

Chiropterien und Simien als divergente Seitenlinien hervorgingen. Die Rodentien sind noch heute unmittelbar durch die Leptodactyla (*Chiromys*), die Insectivora durch die Macrotarsi (*Tarsius*, *Otolicnus*), die Chiroptera durch die Ptenopleura (*Galeopithecus*), die Simiae endlich durch die Brachytarsi (*Stenops*, *Lemur*) mit der parentalen Stammgruppe der Prosimiae oder Hemipitheci auf das innigste vereinigt. Dabei erinnern wir nochmals ausdrücklich daran, dass von allen Monodelphien die Prosimien den Didelphien, und zwar deren Stammgruppe, den Pedimanen (*Didelphys*) am nächsten stehen, und uns die Abkunft der ersteren von den letzteren zu verrathen scheinen.

Das System der echten Affen (*Simiae* s. *Pithеci*), welche demnach von den Halbaffen zu trennen sind und mit Einschluss des Menschen eine besondere Ordnung für sich bilden, scheint sich nach folgenden Gesichtspunkten ordnen zu lassen. Zunächst kann man als zwei selbstständige Aeste eines uralten Simien-Stammes, welche sich unabhängig von einander auf ihrem eigenen, scharf abgegränzten geographischen Gebiete entwickelt haben, die Affen der alten Welt (*Heopitheci*) und die Affen der neuen Welt (*Hesperopitheci*) trennen. Die ersteren bilden die Unterordnung der Schmalnasen oder Catarrhinae, die letzteren die Unterordnung der Plattnasen oder Platyrrhinae. Die kleine Familie der Hapaliden (*Hapale*, *Midas*), welche wir als eine dritte Unterordnung (Arctopitheci) aufgeführt haben, und welche ebenfalls auf die neue Welt beschränkt sind, hat sich entweder unten von der Wurzel der Platyrrhinen abgezweigt, oder schon früher von dem gemeinsamen uralten Simien-Stamme, vielleicht auch direct von den Prosimien. Wenn wir von dieser kleinen, tiefstehenden Affengruppe absehen, welche für den menschlichen Stammbaum weiter kein Interesse haben, so bleiben uns nur die beiden Unterordnungen der echten Affen der alten und neuen Welt, Catarrhinen und Platyrrhinen übrig, welche in ihrer unabhängigen und doch parallelen Entwickelung ein ungewöhnliches Interesse darbieten. Man kann nicht einfach die Platyrrhinen als niedere und unvollkommnere, die Catarrhinen als höhere und vollkommnere Affen bezeichnen, denn beide Gruppen haben sich unabhängig von einander, als zwei divergente, coordinirte Zweige, zu ihrer typischen Vollkommenheit selbstständig entwickelt; und unter den Platyrrhinen in Amerika haben sich die am meisten veredelten Affen (*Callithrix*, *Cebus*) durch fortschreitende Vervollkommnung des Schädels und Gehirns und dem entsprechend ihres Geistes, ebenso über die niederen Plattnasen erhoben, wie die Menschen über die Affen der alten Welt.

Der Mensch ist ohne Zweifel aus den Catarrhinen der alten Welt entstanden und er kann von dieser Unterordnung der echten Affen im Systeme nicht getrennt werden. Wir können nicht Anthropinen, Catarrhinen nnd Platyrrhinen als drei coordinirte Familien betrachten. Der Mensch hat dieselbe charakteristische Nase wie alle Catarrhinen, eine schmale Nasenscheidewand, und nach unten gerichtete Nasenlöcher, während alle Platyrrhinen eine breite Nasenscheidewand besitzen, so dass die Nasenlöcher nicht nach unten, sondern nach der Seite geöffnet sind. Der Mensch hat ferner vollkommen dasselbe Gebiss, wie alle Catarrhinen, nämlich in jeder Kieferhälfte zwei Schneidezähne, einen Eckzahn, zwei Lückenzähne (falsche Backzähne) und drei Mahlzähne (echte Backzähne), zusammen also 32 Zähne. Alle Platyrrhinen haben dagegen 36 Zähne, nämlich in jeder Kieferhälfte einen Lückenzahn mehr [1]).

Wir können also keinen zoologischen Charakter entdecken, durch welchen wir den Menschen als besondere Unterordnung von den Catarrhinen zu trennen vermöchten. Sehen wir nun weiter zu, wie sich der Mensch zu den verschiedenen untergeordneten Gruppen der Catarrhinen verhält. Man kann in dieser Unterordnung zunächst als zwei divergente Gruppen die beiden Sectionen der geschwänzten (*Menocerca*) und der schwanzlosen Catarrhinen (*Lipocerca*) unterscheiden. Bekanntlich wird von den meisten Menschen ein ausserordentlicher Werth gerade auf den Besitz eines Schwanzes, als auf das wesentlichste differentielle Merkmal der echten Affen gelegt, und die Entdeckung „geschwänzter Menschen" galt lange als das erste Postulat für den Nachweis wirklicher Verwandtschaft von Menschen und Affen. Und doch ist die ganze Section der Lipocerken oder Anthropoiden ebenso ungeschwänzt, wie der Mensch selbst, oder vielmehr, sie besitzen, ebenso wie der Mensch selbst, unter der Haut versteckt die rudimentäre Schwanzwirbelsäule (Vertebrae coccygeae), welche als dysteleologisches Erbstück von ihren gemeinsamen Voreltern von sehr hoher morphologischer Bedeutung ist. Wenn wir also Menocerke und Lipocerke unter den Catarrhinen unterscheiden wollen, so unterliegt es keinem Zweifel, dass der Mensch zur Section der Lipocerken gerechnet werden muss. Dabei ist noch besonders hervorzuheben, dass die Differenzen, welche den Menschen vom vollkommensten Lipocerken, dem Gorilla trennen, immer noch geringer sind, als diejenigen, welche den letzteren von den unvollkommneren Menocerken, z. B. dem Cynocephalus, trennen.

Man könnte endlich noch einen Schritt weiter gehen und die Lipocerken in Tylogluten und Lipotylen trennen. Die Tylogluten, durch das Genus *Hylobates* repräsentirt, haben noch dieselben Gesässschwielen (Tyla glutaea), welche sämmtliche Anasken und Ascopareen besitzen. Die Lipotylen oder die eigentlichen Anthropoiden haben nicht bloss den Schwanz, sondern auch die Gesässschwielen verloren. Das Gesäss ist hier behaart, während es beim Menschen nackt ist: auch durch eine Anzahl anderer Charaktere nähern sich die *Hylobates* mehr den Menocerken, als den Lipotylen, und man kann daher ganz wohl die Tylogluten als eine Uebergangsform von jenen zu diesen auffassen. Als eine dritte Familie der Lipocerken kann man dann den Tylogluten und den Lipotylen die Menschen-Gruppe als *Gymnogluta* oder *Erecta* odert *Humana* gegenüber stellen.

Zu den Lipotylen gehören die berühmten menschenähnlichen Affen oder die Anthropoiden im engeren Sinne, die drei Genera *Satyrus*, *Engeco* und *Gorilla*, sowie höchst wahrscheinlich auch der neuerdings entdeckte fossile *Dryopithecus*, welcher eine sehr wichtige Zwischenform zwischen dem Gorilla und dem Menschen herstellt. Zwar kennt man von

[1]) Nicht mit Recht legt man noch immer allgemein grosses Gewicht auf die vollkommen geschlossene Zahnreihe des Menschen, welche ausserdem nur noch die Anoplotherien, die alten Stammväter der Ungulaten oder Hufthiere, mit dem Menschen theilen sollen. Und doch sind Menschen mit einer grossen Zahnlücke, verursacht durch das Herüberragen der übermässig entwickelten Eckzähne aus der einen in die andere Kieferhälfte, keineswegs selten. Gewiss die meisten Schädelsammlungen werden menschliche Schädel besitzen, bei denen diese starken Eckzähne (oft ganz wie Stosszähne oder „Hauer"), ebenso oder noch stärker, als bei andern Catarrhinen, vorragen.

diesem *Dryopithecus Fontani* bis jetzt fast bloss Unterkiefer und Zähne, welche 1856 in einer miocenen Süsswasser-Ablagerung am Fusse der Pyrenäen gefunden wurden. Indessen beweisen dieselben zur Genüge die miocene oder mitteltertiäre Existenz eines riesigen europäischen Anthropoiden, welcher den Gorilla an Grösse übertraf, und dem Menschen wahrscheinlich noch bedeutend näher stand, als alle jetzt noch lebenden Authropoiden. Wenigstens ist die Form des Unterkiefers selbst noch menschenähnlicher, als selbst diejenige des Chimpanze[1]).

Was nun die Blutsverwandtschaft des Menschen zu diesen Anthropoiden betrifft, so darf jedenfalls keines der drei noch lebenden Genera (wie überhaupt keine der lebenden Affen-Formen) als ein unmittelbarer Vorfahr des Menschen angesehen werden; dagegen ist es wohl möglich, dass der fossile *Dryopithecus* zu diesen Vorfahren zählt. Eben so sicher erscheint uns aber auf der andern Seite der Schluss, dass alle bekannten Lipocerken, Hylobates, Gorilla, Engeco und Satyrus und der Mensch selbst, von einem und demselben alten, uns unbekannten lipocerken Catarrhinen, als gemeinsamem Stammvater, abstammen.

Die Frage, ob man dem Menschen die Ehre gönnen soll, eine besondere Familie: *Erecta, Humana* oder *Anthropina*, neben den Anthropoiden und Tylogluten, oder eine besondere Section neben den Lipocerken zu repräsentiren, oder ob man ihn mit den Anthropoiden zusammen in der Familie der Lipotylen vereinigt lassen soll, ist im Ganzen nur von sehr untergeordnetem Werthe. Denn die Discoplacental-Natur des Menschen, die Thatsache, dass er in den Anthropoiden seine nächsten Blutsverwandten besitzt, wird dadurch in keiner Weise verwischt, dass wir eine besondere Familie für ihn stiften, ebenso wenig als durch die verunglückten Versuche, den Menschen als Repräsentanten einer besonderen Ordnung, einer besondern Classe oder gar eines besondern Reiches hinzustellen. Von rein zoologisch-systematischem Standpunkte aus würde es schwer halten, irgend ein anatomisches Merkmal aufzufinden, welches in so scharfer und präciser Form die Humanen gegenüber den Anthropoiden charakterisirt, und dieselben von den Lipocerken so scharf trennt, wie der Besitz des Schwanzes die Menocerken trennt. Am ersten könnte noch der aufrechte Gang des Menschen angeführt werden, den aber auch bereits mehrere *Hylobates*-Arten und der Gorilla zeitweis annehmen. Auch die Bildung der Extremitäten und des Gebisses erlaubt uns nicht, eine scharfe Diagnose aufzustellen, welche den Menschen ebenso streng von den Lipocerken, wie diese von den Menocerken scheidet. Jedenfalls bleiben die Menschen im zoologischen System ein Bestandtheil der Unterordnung Catarrhinae, und entfernen sich innerhalb derselben weniger von den übrigen Lipocerken, als diese von den Menocerken.

System der Säugethiere.

(Erläuterung der Tafel VIII.)

Classis: **Mammalia.**

Erste Subclasse der Säugethiere:
Ornithodelphia (s. *Amasta*). *Brustlose.*

I. Ordo: **Monotremata.** *Kloakenthiere.*

1. Familia: Ornithorhynchida *(Ornithorhynchus)*
2. Familia: Echidnida *(Echidna)*.

Zweite Subclasse der Säugethiere:
Didelphia (s. *Marsupialia*). *Beutelthiere.*

Erste Legion der Didelphien:
Botanophaga, H. *Pflanzenfressende Beutelthiere.*

I. Ordo: **Carpophaga.** *Früchtefressende Beutelthiere.*

1. Familia: Phalangistida *(Phalangista, Petaurus)*
2. Familia: Phascolarctida *(Phascolarctos)*.

II. Ordo: **Rhizophaga.** *Wurzelfressende Beutelthiere.*

1. Familia: Phascolomyida s. *Glirina (Phascolomys)*.

III. Ordo: **Barypoda,** H. *Hufbeutelthiere.*

1. Familia: Stereognathida *(Stereognathus, Pliolophus)*.
2. Familia: Nototherida *(Nototherium, Diprotodon)*.

IV. Ordo: **Macropoda.** *Känguruhs.*

1. Familia: Halmaturida *(Halmaturus, Macropus, Hypsiprymnus)*.

Zweite Legion der Didelphien:
Zoophaga, H. *Fleischfressende Beutelthiere.*

I. Ordo: **Pedimana.** *Affenfüssige Beutelthiere.*

1. Familia: Didelphyida *(Didelphys)*
2. Familia: Chironectida *(Chironectes)*.

II. Ordo: **Cantharophaga,** H. *Insectenfressende Beutelthiere.*

1. Familia: Phascolotherida *(Phascolotherium, Thylacotherium, Microlestes)*
2. Familia: Myrmecobida *(Myrmecobius, Plagiaulax)*
3. Familia: Peramelida s. *Syndactylina (Perameles, Choerupus)*.

III. Ordo: **Edentula.** *Zahnarme Beutelthiere.*

1. Familia: Tarsipedina *(Tarsipes)*.

IV. Ordo: **Creophaga,** H. *Raubbeutelthiere.*

1. Familia: Dasyurida *(Dasyurus, Thylacinus)*.

Dritte Subclasse der Säugethiere:
Monodelphia (*s. Placentalia*). *Placentalthiere.*

Erste Legion der Monodelphien:
Indecidua. *Placentalthiere ohne Decidua.*

Erste Sublegion der Indeciduen:
Edentata (*Bruta*). *Zahnlose.*

I. Ordo: **Edentata** (*Bruta*). *Zahnlose.*

1. Familia: Vermilinguia (*Myrmecophaga*, *Manis*, *Macrotherium*)
2. Familia: Cingulata (*Dasypus*, *Chlamyphorus*, *Glyptodon*)
3. Familia: Gravigrada (*Megatherium*, *Mylodon*, *Megalonyx*)
4. Familia: Bradypoda (*Bradypus*, *Choloepus*).

Zweite Sublegion der Indeciduen:
Pycnoderma, H. *Derbhäuter.*

I. Ordo: **Ungulata.** *Hufthiere.*

I. Subordo: **Artiodactyla.** *Paarzehige* [1]).

1. Sectio: Choeromorpha, H. *Schweineförmige.*

1. Familia: Lophiodonta (*Lophiodon*, *Coryphodon*, *Pachynolophus*)
2. Familia: Anoplotherida (*Anoplotherium*, *Chalicotherium*, *Eurytherium*)
3. Familia: Anthracotherida (*Anthracotherium*, *Choeropotamus*)
4. Familia: Setigera s. Suillida (*Sus*, *Dicotyles*, *Palaeochoerus*)
5. Familia: Obesa s. Hippopotamida (*Hippopotamus*)
6. Familia: Xiphodonta (*Xiphodon*, *Dichodon*, *Dichobune*)

2. Sectio: Ruminantia. *Wiederkäuer.*

I. Subsectio: **Elaphia**, H. *Hirschförmige.*

1. Familia: Dremotherida (*Poëbrotherium*, *Dremotherium*, *Dorcatherium*)
2. Familia: Moschifera (*Amphitragulus*, *Tragulus*, *Moschus*)
3. Familia: Cervina (*Orotherium*, *Palaeomeryx*, *Cervus*)
4. Familia: Giraffae s. Devexa (*Sivatherium*, *Camelopardalis*)

II Subsectio: **Cavicornia.**

5. Familia: Antilopida s. Gazellae (*Antilope*, *Capella*)
6. Familia: Aegomorpha s. Caprina (*Capra*, *Ibex*)
7. Familia: Probatoda s. Ovina (*Tragelophus*, *Ovis*)
8. Familia: Tauroda s. Bovina (*Ovibos*, *Bos*)

II. Subordo: **Perissodactyla.** *Unpaarzehige.*

1. Sectio: Tapiromorpha, H. *Tapirförmige.*

1. Familia: Palaeotherida (*Propalaeotherium*, *Palaeotherium*)
2. Familia: Tapirida s. Nasuta (*Tapirus*)
3. Familia: Nasicornia s. Rhinocerida (*Acerotherium*, *Rhinoceros*)

2. Sectio: Tylopoda. *Schwielenfüsser.*

4. Familia: Camelida (*Macrauchenia*, *Auchenia*, *Camelus*)

3. Sectio: Solidungula. *Einhufer.*

5. Familia: Equuina (*Anchitherium*, *Hipparion*, *Equus*).

---

1) Noch immer werden fast allgemein die Ungulaten in die drei Ordnungen der Pachydermata, Ruminantia und Solidungula gespalten, obgleich längst die zahlreichen fossilen Ungulaten bekannt sind, welche diese Eintheilung als eine durchaus künstliche und unnatürliche nachweisen. Die ganz verwerfliche Gruppe der Pachydermen enthält theils Artiodactylen (*Choeromorpha*), theils Perissodactylen (*Tapiromorpha*), von denen erstere mit den Ruminantien, letztere mit den Solidungulen enger und näher, als beide unter sich verwandt sind. Ausserdem werden zu den Pachydermen auch noch die Proboscideen (*Elephas*) und Lamnungien (*Hyrax*) gerechnet, welche echte Deciduaten sind.

II. Ordo: **Cetacea.** *Walthiere.*

I. Subordo: **Phycoceta,** H. (*Sirenia*). *Pflanzenfressende Wale.*

1. Familia: Manatida (*Manatus, Halicore, Halianassa*)
2. Familia: Rhytinida (*Rhytine*).

II. Subordo: **Autoceta,** H. (*Balaenia*). *Fleischfressende Wale.*

1. Familia: Delphinida (*Delphinus, Phocaena, Arionius, Stereodelphis*)
2. Familia: Hyperoodonta (*Hyperoodon, Ziphius, Dioplodon*)
3. Familia: Monodonta (*Monodon*)
4. Familia: Physeterida (*Physeter*)
5. Familia: Balaenida (*Balaena, Balaenoptera*).

III. Subordo: **Zeugloceta,** H. (*Zeuglodonta*). *Drachenwale.*

1. Familia: Zeuglodontida (*Zeuglodon* s. *Hydrarchos*).

Zweite Legion der Monodelphien:

Deciduata. *Placentalthiere mit Decidua.*

Erste Sublegion der Deciduaten:

Zonoplacentalia. *Deciduaten mit gürtelförmiger Placenta.*

I. Ordo: **Chelophora,** H. *Hufträger.*

I. Subordo: **Lamnungia.** *Klippdachse.*

1. Familia: Hyracida (*Hyrax*).

II. Subordo: **Toxodonta.** *Pfeilzähner.*

1. Familia: Toxodonta (*Toxodon, Nesodon*).

III. Subordo: **Gonyognatha,** H. *Winkelkiefer.*

1. Familia: Dinotherida (*Dinotherium*).

IV. Subordo: **Proboscidea.** *Elephanten.*

1. Familia: Elephantida (*Mastodon, Elephas*).

II. Ordo: **Carnaria,** H. *Raubthiere.*

I. Subordo: **Carnivora.** *Landraubthiere*

1. Familia: Arctocyonida (*Arctocyon, Palaeonyctis*)
2. Familia: Amphicyonida (*Amphicyon, Hyaenodon*)
3. Familia: Ursina (*Tylodon, Ursus, Procyon, Nasua*)
4. Familia: Viverrina (*Viverra, Sorícictis*)
5. Familia: Mustelina (*Mustela, Gulo, Lutra, Thalassictis*)
6. Familia: Canina (*Palaeocyon, Cynodon, Canis*)
7. Familia: Hyaenida (*Hyaena*)
8. Familia: Felina (*Pseudailurus, Machaerodus, Felis*).

II. Subordo: **Pinnipedia.** *Seeraubthiere.*

1. Familia: Phocida (*Phoca, Cystophora, Otaria*)
2. Familia: Trichecida (*Trichecus*).

Zweite Sublegion der Deciduaten:

Discoplacentalia. *Deciduaten mit scheibenförmiger Placenta.*

I. Ordo: **Prosimiae** (*Hemipitheci*). *Halbaffen.*

1. Familia: Leptodactyla (*Chiromys*)
2. Familia: Ptenopleura (*Galeopithecus*)
3. Familia: Macrotarsi (*Tarsius, Otolicnus*)
4. Familia: Brachytarsi (*Lemur, Stenops*).

II. Ordo: **Rodentia** *(Glires)*. *Nagethiere.*

I. Subordo: **Sciuromorpha.** *Eichhornköpfige Nagethiere.*

1. Familia: Sciurina (*Sciurus*, *Tamias*, *Pteromys*)
2. Familia: Arctomyida (*Arctomys*, *Spermophilus*, *Plesiarctomys*).

II. Subordo: **Myomorpha.** *Mäuseköpfige Nagethiere.*

1. Familia: Myoxida (*Myoxus*)
2. Familia: Sciurospalacida (*Ascomys*, *Thomomys*)
3. Familia: Murina (*Mus*, *Cricetus*, *Hypudaeus*)
4. Familia: Georrhychida (*Spalax*, *Georrhychus*, *Bathyergus*)
5. Familia: Castorida (*Castor*)
6. Familia: Jaculina (*Jaculus*, *Dipus*, *Pedetes*).

III. Subordo: **Hystrichomorpha.** *Stachelschweinköpfige Nagethiere.*

1. Familia: Hystricida (*Hystrix*, *Synetheres*)
2. Familia: Psammoryctida (*Psammoryctes*, *Myopotamus*, *Adelomys*)
3. Familia: Lagostomida (*Lagostomus*, *Eriomys*, *Lagidium*)
4. Familia: Dasyproctida s. *Subungulata* (*Dasyprocta*, *Cavia*, *Hydrochoerus*).

IV. Subordo: **Lagomorpha.** *Hasenköpfige Nagethiere.*

1. Familia: Leporina s. *Duplicidentata* (*Lagomys*, *Lepus*).

III. Ordo: **Insectivora.** *Insectenfresser.*

I. Subordo: **Menotyphla,** H. *Insectenfresser mit Blinddarm.*

1. Familia: Cladobatida s. *Scandentia* (*Cladobates*, *Tupaja*)
2. Familia: Macroscelidia s. *Salientia* (*Macroscelides*, *Rhynchocyon*).

II. Subordo: **Lipotyphla,** H. *Insectenfresser ohne Blinddarm.*

1. Familia: Soricida (*Sorex*, *Crossopus*, *Crocidura*)
2. Familia: Talpida (*Talpa*, *Condylura*, *Chrysochloris*)
3. Familia: Erinaceidea (*Erinaceus*, *Gymnura*)
4. Familia: Centetida (*Centetes*, *Solenodon*).

IV. Ordo: **Chiroptera.** *(Volitantia) Fledermäuse.*

I. Subordo: **Pterocynes.** (*Frugivora*) *Früchtefressende Fledermäuse.*

1. Familia: Pteropodida (*Pteropus*, *Macroglossus*)
2. Familia: Hypodermida (*Hypoderma*).

II. Subordo: **Nycterides.** (*Insectivora*) *Insectenfressende Fledermäuse.*

1. Familia: Gymnorrhina (*Vespertilio*, *Dysopes*, *Noctilio*)
2. Familia: Histiorrhina (*Rhinolophus*, *Megaderma*, *Phyllostoma*).

V. Ordo: **Simiae.** *(Pitheci) Affen.*

I. Subordo: **Arctopitheci.** *Krallenaffen.*

1. Familia: Hapalida (*Hapale*, *Midas*).

II. Subordo: **Platyrrhinae.** *Plattnasige Affen.*

1. Familia: Aphyocerca, H. (*Nyctipithecus*, *Pithecia*, *Callithrix*)
2. Familia: Labidocerca, H. (*Mycetes*, *Lagothrix*, *Ateles*).

III. Subordo: **Catarrhinae.** *Schmalnasige Affen.*

1. Sectio: Menocerca, H. *Geschwänzte Catarrhinen.*

1. Familia: Anasca, H. (*Colobus*, *Semnopithecus*)
2. Familia: Ascoparea, H. (*Cynocephalus*, *Inuus*, *Cercopithecus*).

2. Sectio: Lipocerca, H. *Schwanzlose Catarrhinen.*

1. Familia: Tylogluta, H. (*Hylobates*)
2. Familia: Lipotyla, H. (*Satyrus*, *Engeco*, *Gorilla*, *Dryopithecus*)
3. Familia: Erecta s. *Humana* (*Pithecanthropus*, *Homo*).

Fünftes Buch.

Erster Theil der allgemeinen Entwickelungsgeschichte.

Generelle Ontogenie

oder

Allgemeine Entwickelungsgeschichte der organischen Individuen.

(Embryologie und Metamorphologie.)

„Wagt ihr, also bereitet, die letzte Stufe zu steigen
Dieses Gipfels, so reicht mir die Hand und öffnet den freien
Blick ins weite Feld der Natur. Sie spendet die reichen
Lebensgaben umher, die Göttin; aber empfindet
Keine Sorge, wie sterbliche Frau'n, um ihrer Gebornen
Sichere Nahrung; ihr ziemet es nicht: denn zwiefach bestimmte
Sie das höchste Gesetz, beschränkte jegliches Leben,
Gab ihm gemessnes Bedürfniss, und ungemessene Gaben,
Leicht zu finden, streute sie aus, und ruhig begünstigt
Sie das muntre Bemühn der vielfach bedürftigen Kinder;
Unerzogen schwärmen sie fort nach ihrer Bestimmung."

„Zweck sein selbst ist jegliches Thier; vollkommen entspringt es
Aus dem Schooss der Natur und zeugt vollkommene Kinder.
Alle Glieder bilden sich aus nach ew'gen Gesetzen,
Und die seltenste Form bewahrt im Geheimen das Urbild."

„So ist jedem der Kinder die volle reine Gesundheit
Von der Mutter bestimmt: denn alle lebendigen Glieder
Widersprechen sich nie und wirken alle zum Leben.
Also bestimmt die Gestalt die Lebensweise des Thieres;
Und die Weise zu leben, sie wirkt auf alle Gestalten
Mächtig zurück. So zeiget sich fest die geordnete Bildung,
Welche zum Wechsel sich neigt durch äusserlich wirkende Wesen.
Doch im Innern befindet die Kraft der edlern Geschöpfe
Sich im heiligen Kreise lebendiger Bildung beschlossen.
Diese Grenzen erweitert kein Gott, es ehrt die Natur sie:
Denn nur also beschränkt war je das Vollkommene möglich."

„Dieser schöne Begriff von Macht und Schranken, von Willkür
Und Gesetz, von Freiheit und Maass, von beweglicher Ordnung,
Vorzug und Mangel, erfreue dich hoch; die heilige Muse
Bringt harmonisch ihn dir, mit sanftem Zwange belehrend.
Keinen höhern Begriff erringt der sittliche Denker,
Keinen der thätige Mann, der dichtende Künstler; der Herrscher,
Der verdient es zu sein, erfreut nur durch ihn sich der Krone.
Freue dich, höchstes Geschöpf der Natur, du fühlest dich fähig,
Ihr den höchsten Gedanken, zu dem sie schaffend sich aufschwang,
Nachzudenken. Hier stehe nun still und wende die Blicke
Rückwärts, prüfe, vergleiche, und nimm vom Munde der Muse,
Dass du schauest, nicht schwärmst, die liebliche volle Gewissheit."

Goethe (die Metamorphose der Thiere. 1819).

Sechzehntes Capitel.

Begriff und Aufgabe der Ontogenie.

Werdend betrachte sie nun, wie nach und nach sich die Pflanze,
Stufenweise geführt, bildet zu Blüthen und Frucht.
Also prangt die Natur in hoher voller Erscheinung;
Und sie zeiget, gereiht, Glieder an Glieder gestuft.
Jede Pflanze verkündet dir nun die ew'gen Gesetze,
Jede Blume, sie spricht lauter und lauter mit dir.
Aber entzifferst du hier der Göttin heilige Lettern,
Ueberall siehst du sie dann, auch in veränderten Zug;
Kriechend zaudre die Raupe, der Schmetterling eile geschäftig,
Bildsam ändre der Mensch selbst die bestimmte Gestalt!
Goethe (die Metamorphose der Pflanzen. 1817).

I. Die Ontogenie als Entwickelungsgeschichte der Bionten.

Die Ontogenie oder Entwickelungsgeschichte der organischen Individuen ist die gesammte Wissenschaft von den Formveränderungen, welche die Bionten oder physiologischen Individuen während der ganzen Zeit ihrer individuellen Existenz durchlaufen, von ihrer Entstehung an bis zu ihrer Vernichtung. Die Aufgabe der Ontogenie ist mithin die Erkenntniss und die Erklärung der individuellen Formveränderungen, d. h. die Feststellung der bestimmten Naturgesetze, nach welchen die Formveränderungen der morphologischen Individuen erfolgen, durch welche die Bionten repräsentirt werden.

Begriff und Aufgabe der Ontogenie im Allgemeinen haben wir bereits im ersten Buche (Bd. I, S. 53) festgestellt, wo wir die gesammte Morphogenie oder Entwickelungsgeschichte der Organismen in die beiden coordinirten und parallelen Zweige der Ontogenie und Phylogenie, die Entwickelungsgeschichte der Individuen (Onten oder Bionten) und der Stämme (Phylen oder Typen) gespalten haben. Die nahe Verwandtschaft zwischen diesen beiden sich gegenseitig ergänzenden Disciplinen ist dort hervorgehoben. Allgemein pflegt man unter Entwickelungsgeschichte der Organismen nur diejenige der organischen Individuen, die Ontogenie, zu verstehen, und dieselbe gewöhnlich als Embryologie zu bezeichnen. Die Entwickelungsgeschichte der organischen Stämme oder Phylen dagegen, die Phylogenie, welche die Genealogie und Paläontologie der Organismen umfasst, ist in ihrem wahren Werthe als Entwickelungsgeschichte bisher nur von wenigen Naturforschern gewürdigt und von den meisten als eine weit abliegende, der Embryologie fremde Wissenschaft betrachtet worden. Und doch sind auch die Stämme oder Typen organische Einheiten, welche sich entwickeln, und lassen sich als genealogische Individualitäten höheren Ranges den physiologischen Individuen, welche Object der Ontogenie sind, an die Seite stellen.

Die organischen Individuen, deren Entwickelung die Ontogenie untersucht, sind die physiologischen Individuen oder Bionten, deren Natur im zehnten Capitel erläutert worden ist. Wie wir dort sahen, haben die actuellen physiologischen Individuen, d. h. die Lebenseinheiten, welche als concrete, räumlich abgeschlossene Repräsentanten der Species sich selbst zu erhalten und eine unabhängige Existenz zu führen fähig sind, in den verschiedenen Abtheilungen der drei organischen Reiche, und ebenso in den verschiedenen Lebensaltern einer und derselben organischen Species einen sehr verschiedenen morphologischen Werth. Alle die sechs verschiedenen Ordnungen von morphologischen Individuen, welche wir im neunten Capitel geschildert haben, können zeitlebens die physiologische Individualität repräsentiren und ebenso muss jedes physiologische Individuum, welches eine höhere morphologische Stufe darstellt, im Laufe seiner individuellen Entwickelung die vorhergehenden niederen Stufen, von der ersten Ordnung, der Plastide an, durchlaufen haben.

Wenn wir also auch allgemein und mit Recht als die Aufgabe der Ontogenie die Entwickelungsgeschichte der physiologischen Individuen bezeichnen können, so wird doch der reale Inhalt dieser Disciplin eigentlich die concrete Entwickelungsgeschichte der morphologischen Individuen sein, welche in allen sechs verschiedenen Stufen, von der Plastide bis zum Cormus, die physiologische Individualität repräsentiren können. Denn immer ist es entweder eine einzelne Plastide, oder (in den meisten Fällen) eine Mehrheit von Plastiden, zu einer höheren morphologischen Einheit verbunden, welche der Lebenseinheit des Bion als materielles Substrat dient. Im ersteren Falle, wenn das physiologische Individuum oder Bion zeitlebens auf der Stufe einer Formeinheit erster Ordnung (Plastide) stehen bleibt, ist seine Ontogenie die Entwickelungsgeschichte dieser Plastide (z. B. bei vielen Protisten, den einzelligen Algen). Im zweiten Falle dagegen, wenn das Bion seine ursprüngliche niederste Existenzstufe als einfache Plastide überschreitet und sich zu einem morphologischen Individuum zweiter oder höherer Ordnung entwickelt, wird seine Ontogenie die Entwickelungsgeschichte aller der Stufen sein, welche das Bion durchläuft, von der ersten bis zur letzten. Wir werden daher in jeder individuellen Entwickelungsgeschichte sorgfältig die Ontogenie der einzelnen Individualitäten verschiedener Ordnung zu unterscheiden haben, aus welchen sich der vollendete Organismus zusammensetzt. Dieser wichtigsten und ersten Anforderung der Ontogenie ist bisher in den wenigsten Fällen genügt worden. Man hat z. B. in der Entwickelungsgeschichte der Wirbelthiere neuerdings zwar schärfer zwischen Entwickelung der Gewebe (Histogenese) und der Organe (Organogenese) unterschieden, dagegen die Ontogenese der Form-Individuen höherer Ordnung (Antimeren, Metameren, Personen) meist nicht besonders hervorgehoben; und doch ist diese Unterscheidung, richtig gewürdigt, von der grössten Bedeutung für das Verständniss des ganzen Körpers. Die genetische Betrachtung des letzteren, die Erkenntniss seiner Zusammensetzung aus den differenzirten Metameren etc. hat man, im Verhältniss zu der Sorgfalt, welche man auf die Ontogenese der Organe verwandt hat, gewöhnlich sehr vernachlässigt, was allerdings aus dem Grundfehler der herrschenden analytischen Methoden sich wohl erklären lässt, nur die Kenntniss des Einzelnen zu verfolgen und darüber die höhere Aufgabe der Erkenntniss des Ganzen zu vergessen.

Wenn wir diesen Fehler vermeiden wollen, so werden wir bei der individuellen Entwickelungsgeschichte jedes Organismus die Ontogenie der morphologischen Individuen aller Ordnungen, aus denen derselbe zusammengesetzt ist, gleichmässig zu berücksichtigen, und danach allgemein folgende sechs Zweige der Ontogenie, entsprechend den sechs Ordnungen der morphologischen Individualität, zu unterscheiden haben: 1) *Plastidogenie;* 2) *Organogenie;* 3) *Antimerogenie;* 4) *Metamerogenie;* 5) *Prosopogenie;* 6) *Cormogenie.* Eine allgemeine Darstellung derselben versucht das achtzehnte Capitel.

Ueber die Ausdrücke, welche wir uns hier zur kurzen und bequemen Bezeichnung der verschiedenen Zweige der individuellen Entwickelungsgeschichte einzuführen erlauben, ist noch zu bemerken, dass wir unter Genesis (*γένεσις*) ein für allemal nur den Vorgang der organischen Entwickelung selbst, unter Genie (*γενεά*) dagegen die Wissenschaft von demselben, die Entwickelungsgeschichte begreifen wollen. Ontogenesis ist also die Entwickelung der physiologischen Individuen oder Bionten, Ontogenie dagegen die Entwickelungsgeschichte derselben. Den Ausdruck Gonie (*γονεία*) gebrauchen wir stets nur zur Bezeichnung der Zeugung, also des Entstehungsaktes der organischen Individuen. Ontogonie ist demnach die Zeugung der Bionten.

II. Die Ontogenie und die Descendenztheorie.

„Die Entwickelungsgeschichte ist der wahre Lichtträger für Untersuchungen über organische Körper. Bei jedem Schritte findet sie ihre Anwendung, und alle Vorstellungen, welche wir von den gegenseitigen Verhältnissen der organischen Körper haben, werden den Einfluss unserer Kenntniss der Entwickelungsgeschichte erfahren. Es wäre eine fast endlose Arbeit, den Beweis für alle Zweige der Forschung führen zu wollen." Carl Ernst v. Bär: „Ueber Entwickelungsgeschichte der Thiere. Beobachtung und Reflexion." (1828, Bd. I, S. 231.)

Dieser Ausspruch des anerkannt „grössten Forschers im Gebiete der Entwickelungsgeschichte" bezeichnet so treffend die biologische Bedeutung dieser Wissenschaft, dass wir mit keinen besseren Worten unsere Ueberzeugung von derselben ausdrücken könnten. Auch ist der unschätzbare Werth der Entwickelungsgeschichte, obgleich sie kaum mehr als ein Jahrhundert alt ist, und obgleich seit ihrer Anerkennung als selbstständige Wissenschaft kaum ein halbes Jahrhundert verflossen ist, doch jetzt von den wirklich wissenschaftlichen Zoologen und Botanikern so allgemein und tief empfunden, dass wir nicht nöthig haben, ihn besonders hervorzuheben[1]). In den letzten dreissig Jahren ist der Ruf „Entwickelung" das maassgebende Losungswort aller wahrhaft wissenschaftlichen Arbeiten auf dem Gebiete der organischen Morphologie geworden, und es ist die Entwickelungsgeschichte als die erste und unentbehrlichste Grundlage aller anatomischen Erkenntnisse von den hervorragendsten Morphologen anerkannt worden. Alle wirklich bedeutenden Fortschritte der organischen Morphologie, welche nicht bloss in einer Bereicherung derselben mit neuen Thatsachen, sondern mit neuen Erkenntnissen bestehen, verdanken wir dem Verständnisse der organischen Formen, zu welchem uns allein die Entwickelungsgeschichte hinzuführen vermag.

So allgemeine Anerkennung und Anwendung aber auch die Entwickelungsgeschichte in unserem Jahrhundert in der Zoologie und Botanik erlangt hat, so haben dennoch die meisten Biologen unsrer Ansicht nach weder den weiten Umfang ihres Gebiets, noch den eigent-

---

[1]) „Die einzige Möglichkeit, zu wissenschaftlicher Einsicht in der Botanik zu gelangen, und somit das einzige und unumgängliche methodische Hülfsmittel, welches aus der Natur des Gegenstandes sich von selbst ergiebt, ist das Studium der Entwickelungsgeschichte. Alle übrigen Bemühungen haben immer nur adminiculirenden untergeordneten Werth und führen nie zu einem sicheren Abschlusse auch nur des unbedeutendsten Punktes. Nur die Entwickelungsgeschichte kann uns über die Pflanze das Verständniss eröffnen." Schleiden, Grundzüge der wissenschaftl. Botanik I. Bd. III. Aufl. S. 142. Vergl. auch ebendaselbst S. 146.

lichen Grund ihres hohen morphologischen Werthes richtig begriffen. Es wird dies sofort klar werden, wenn wir daran erinnern, dass man unter Entwickelungsgeschichte bisher fast immer nur diejenige der Individuen, und nicht diejenige der Stämme begriffen hat. Die Ontogenie oder Entwickelungsgeschichte der physiologischen Individuen ist aber unzertrennlich und auf das innigste verbunden mit der Phylogenie oder Entwickelungsgeschichte der genealogischen Stämme (Phylen), welche wir im sechsten Buche als die genealogischen Individualitäten dritter Ordnung näher kennen lernen werden. Freilich haben in der ganzen Biologie kaum zwei Wissenschaftszweige so weit von einander entfernt gestanden, als die Ontogenie und die Phylogenie. Wie innig dieselben überall zusammenhängen, wie wesentlich sie sich gegenseitig bedürfen und ergänzen, wie erst aus der engen Verschmelzung beider sich die eigentliche Entwickelungsgeschichte der Organismen im vollen Sinne des Wortes construiren lässt, ist bisher von den meisten Biologen entweder nicht richtig gewürdigt oder auch gänzlich übersehen worden. Wie wir selbst dieses Verhältniss auffassen, haben wir bereits im dritten Capitel kurz dargelegt, wo wir die Nothwendigkeit bewiesen haben, Ontogenie und Phylogenie als die beiden coordinirten Hauptzweige der allgemeinen organischen Entwickelungsgeschichte, der Morphogenie, zu betrachten.

Freilich kann man zu der vollen Einsicht dieses wichtigen Verhältnisses und zu der richtigen Schätzung seines ausserordentlichen Werthes nur durch die Descendenztheorie gelangen, welche uns allein den Schlüssel des Verständnisses für die wundervollen Erscheinungen der Entwickelungsgeschichte liefert und welche uns zeigt, dass die Ontogenie weiter nichts ist als eine kurze Recapitulation der Phylogenie. Hierin gerade liegt die unermessliche Bedeutung der Abstammungslehre und hierin liegt die Quelle des ausserordentlichen Verdienstes, welches sich Darwin durch die Reformation und die causale Begründung der Descendenztheorie erworben hat. Die Abstammungslehre allein vermag uns die Entwickelungsgeschichte der Organismen zu erklären. Der Grundgedanke dieser Theorie, den zuerst Lamarck klar ausgeführt hat, dass alle organischen Species, auch die höchsten und vollkommensten, die divergent entwickelten und umgebildeten Nachkommen einiger wenigen einfachsten autogonen Stammformen oder Urarten sind, dieser Grundgedanke allein vermag eine Erklärung der organischen Entwickelungserscheinungen zu geben. Dieser erhabene Grundgedanke ist es, von dem Goethe mit Recht sagt:

„Freue dich, höchstes Geschöpf der Natur, du fühlest dich fähig,
Ihr den höchsten Gedanken, zu dem sie schaffend sich aufschwang,
Nachzudenken!“

Genau hundert Jahre waren verflossen, seitdem der grosse Wolff durch seine Theoria generationis 1759 den Grundstein zu dem stolzen Baue der Entwickelungsgeschichte gelegt hatte. Charles Darwin war es vorbehalten, 1859 das erhabene Gerüst dieses Baues durch die Theorie der natürlichen Züchtung zu krönen, und durch die Entwickelungsgeschichte der Arten diejenige der Individuen zu erläutern. Genau ein Jahrhundert hat die Entwickelungsgeschichte der Individuen als eine Wissenschaft der ontogenetischen Thatsachen bestanden, bis sie durch die Reformation der Abstammungslehre eine Wissenschaft der ontogenetischen Ursachen wurde. Und welch' seltsame Parallele der Entwickelung zwischen beiden Entwickelungstheorieen! Die Theorie der Epigenesis, welche durch Wolff's bahnbrechende Arbeiten die Grundlage der ganzen Ontogenie wurde, musste im ersten halben Jahrhundert ihrer Existenz ein latentes Leben, gleichsam in embryonaler Abgeschiedenheit, führen, ehe sie 1806 durch Oken's Entwickelungsgeschichte des Darmcanals neu belebt und 1812 durch Meckel's Uebersetzung der Wolff'schen Arbeiten in das öffentliche Leben der Wissenschaft hinausgeführt wurde. Ebenso musste die Theorie der Transmutation oder Descendenz, welche, obwohl von Goethe schon früher ausgesprochen, doch erst durch Lamarck's Philosophie zoologique 1809 begründet und zur Basis der Phylogenie erhoben wurde, im ersten halben Jahrhundert ihrer Existenz in einem latenten Leben, in embryonaler Verborgenheit, verharren, ehe sie 1859 durch Darwin neu belebt und zum lebendigen Gemeingute der biologischen Wissenschaft wurde.

Wir sind gewiss weit entfernt davon, die ausserordentlichen Verdienste der vielen trefflichen Forscher zu unterschätzen, welche in unserem Jahrhundert durch eine Reihe der vorzüglichsten Arbeiten die Ontogenie zu einer biologischen Wissenschaft ersten Ranges erhoben haben; Arbeiten, die eben so durch sorgfältige Untersuchung der Thatsachen, wie durch das gedankenvolle Streben nach einer harmonischen Verknüpfung derselben sich auszeichnen. Aber das müssen wir doch sagen, dass alle diese Arbeiten vergeblich nach der Erreichung ihres hohen Zieles hinstrebten und dasselbe unmöglich ganz erreichen konnten, insofern nicht der Grundgedanke der Descendenztheorie sie leitete. Zwar ist die auffallende Parallele zwischen der ontogenetischen (embryonalen) und der phylogenetischen (paläontologischen) Entwickelung schon seit langer Zeit von den hervorragendsten Genealogen anerkannt worden, und merkwürdiger Weise gerade am meisten von demjenigen, der der eifrigste Gegner der Descendenztheorie zu sein scheint, von Agassiz. Indessen konnte diese Parallele doch erst ihre richtige Würdigung finden und die wahre Bedeutung der Phylogenie (Paläontologie) für die Ontogenie (Embryologie) doch erst anerkannt werden, seitdem die Abstammungslehre den Causalzusammenhang derselben enthüllt hat.

Indem die Descendenztheorie die beiden Zweige der allgemeinen Entwickelungsgeschichte oder Morphogenie, diejenige der Individuen (Ontogenie) und diejenige der Stämme (Phylogenie), unmittelbar verknüpft, indem sie den innigsten causalen Zusammenhang zwischen diesen beiden scheinbar weit entfernten Wissenschaften nachweist, vermag sie uns allein zu erklären, warum sich die Organismen überhaupt entwickeln, und warum sie sich gerade so entwickeln, wie es uns die parallel laufenden Thatsachen der Embryologie und Paläontologie vor Augen legen. Wenn daher im Allgemeinen schon jeder Zweig der biologischen Wissenschaft, welcher ein wirkliches Verständniss der Thatsachen, d. h. eine causale Erklärung derselben anstrebt, die Abstammungslehre durchaus nicht entbehren kann, so gilt dies in ganz besonderem Maasse von der gesammten Entwickelungsgeschichte, der Morphogenie, und von ihren beiden coordinirten Zweigen, der Ontogenie und der Phylogenie. Wie wir den Gedanken der Abstammung aller organischen Species von wenigen einfachsten Grundformen als die unentbehrliche Grundlage der gesammten Biologie ansehen müssen, wie schon Goethe ihn als den höchsten Gedanken der Naturwissenschaft, und insbesondere der organischen Morphologie bezeichnete, so verdient er diese Würde gewiss ganz besonders als das causale Fundament der gesammten Entwickelungsgeschichte; derjenigen Wissenschaft, welche selbst wieder alle biologischen Disciplinen erklärend verbindet. Keine Gruppe von Naturerscheinungen ist bisher so sehr von dem allein richtigen, d. h. dem monistischen Verständniss ausgeschlossen geblieben, keine hat sich so sehr der mechanisch-causalen Erklärung entzogen, als die organische Morphologie und ganz besonders die Entwickelungsgeschichte, welche deren allgemeine Grundlage bildet. Nun wird uns dieses monistische Verständniss aber in der That von der Descendenztheorie geliefert, welche uns in den physiologischen Functionen der Vererbung (die mit der Fortpflanzung zusammenhängt) und der Anpassung (die in der Ernährung begründet ist) die mechanisch wirkenden Ursachen der Morphogenesis nachweist, und dadurch die gesammte Morphologie der Organismen monistisch erklärt. Wir glauben daher, den unschätzbaren Werth der Descendenztheorie, deren Grundzüge wir im neunzehnten Capitel erläutern werden, nicht besser aussprechen zu können, als mit den Worten: Die Descendenztheorie ist die wissenschaftliche Begründung der gesammten Entwickelungsgeschichte durch das allgemeine Causalgesetz.

Gewiss bleibt Bär's wichtiges Wort vollkommen richtig: „Die Entwickelungsgeschichte ist der wahre Lichtträger für Untersuchungen über organische Körper." Aber eben so wichtig und eben so richtig ist nach unserer Ansicht der allgemein maassgebende, fundamentale Satz: „Die Abstammungslehre ist der wahre Lichtträger für die gesammte Entwickelungsgeschichte."

III. Typus und Grad der individuellen Entwickelung.

Der unschätzbare Werth, den die Descendenztheorie als das causal erklärende Fundament der Entwickelungsgeschichte besitzt, zeigt sich nirgends vielleicht schlagender, als in den allgemeinsten Gesetzen, zu welchen sich die letztere erhoben hat. Als das oberste dieser allgemeinen Gesetze, welches aus der verglichenen Summe aller ontogenetischen Thatsachen hervorgeht, gilt mit Recht die von Bär[1]) festgestellte Theorie, dass die individuelle Entwickelung jedes Organismus von zwei verschiedenen und gewissermaassen entgegengesetzten Momenten geleitet werde, dem Typus der Organisation und dem Grade der Ausbildung. Bär formulirt dieses Gesetz in folgenden Worten:

„Die Entwickelung eines Individuums einer bestimmten Thierform wird von zwei Verhältnissen bestimmt: 1) von einer fortgehenden Ausbildung des thierischen Körpers durch wachsende histologische und morphologische Sonderung; 2) zugleich durch Fortbildung aus einer allgemeineren Form des Typus in eine mehr besondere. — Der Grad der Ausbildung des thierischen Körpers besteht in einem grösseren oder geringeren Maasse der Heterogenität der Elementartheile und der einzelnen Abschnitte eines zusammengesetzten Apparats, mit einem Worte, in der grösseren histologischen und morphologischen Sonderung (Differenzirung). Je gleichmässiger die ganze Masse des Leibes ist, desto geringer die Stufe der Ausbildung. Je verschiedener sie ist, desto entwickelter das thierische Leben in seinen verschiedenen Richtungen. — Der Typus dagegen ist das Lagerungsverhältniss der organischen Elemente und der Organe. Dieses Lagerungsverhältniss ist der Ausdruck von gewissen Grundverhältnissen in der Richtung der einzelnen Beziehungen des Lebens. Der Typus ist von der Stufe der Ausbildung durchaus verschieden, so dass derselbe Typus in mehreren Stufen der Ausbildung bestehen kann, und umgekehrt, dieselbe Stufe der Ausbildung in mehreren Typen erreicht wird. Das Product aus der Stufe der Ausbildung mit dem Typus giebt erst die einzelnen grösseren Gruppen von Thieren, die man Klassen genannt hat."

In diesen beiden entgegenwirkenden Principien, dem Typus der Bildung und dem Grade der Ausbildung, hatte Bär vollkommen richtig

[1]) Carl Ernst v. Bär, über Entwickelungsgeschichte der Thiere. Königsberg 1828. Bd. I, S. 207, 208, 231.

die beiden einzigen Factoren der organischen Formbildung erkannt und das allgemeinste Resultat aus seinen classischen embryologischen Untersuchungen gezogen. Worin bestehen nun aber die weiteren Ursachen, welche sowohl diesen als jenen, einerseits den Typus als das Lagerungsverhältniss der Theile, andererseits den Grad der histologischen und morphologischen Differenzirung bestimmen? Die Antwort auf diese tiefer gehende Frage hat man durch die mannichfaltigsten Phrasen zu geben versucht, die aber in der That nichts weiter, als leere Umschreibungen des Bär'schen Gesetzes sind. Insbesondere hat man den Typus der Bildung als einen „verkörperten Grundgedanken des Schöpfers“ bezeichnet, als den Ausfluss eines prädestinirten „Planes der Entwickelung“, eines „typischen Bildungsplanes“. Eben so hat man andererseits den Grad der Ausbildung angesehen als die Folge eines „allgemeinen Entwickelungsgesetzes“, eines „Gesetzes der fortschreitenden Entwickelung“, eines „Planes der typischen Vervollkommnung“. Alle diese Ausdrücke sind entweder nur mehr oder weniger dunkle Umschreibungen der beiden von Bär aufgestellten Gesetze, oder nichtssagende, leere Phrasen, die theils wegen ihres offenbaren Anthropomorphismus, theils wegen ihrer teleologischen oder vitalistischen Basis keinen Anspruch auf wissenschaftliche Erörterung machen können.

Wie anders erklären sich uns jene Räthsel, wenn wir die Descendenztheorie befragen, welche dieselben allein zu lösen vermag! Sie erklärt die gesammte organische Formbildung und Entwickelung aus der beständigen Wechselwirkung zweier entgegengesetzter physiologischer Functionen, der Vererbung, welche eine Theilerscheinung der Fortpflanzung, und der Anpassung, welche eine Theilerscheinung der Ernährung ist. Beide sind reine physiologische Functionen, welche als solche auf rein mechanisch-causaler Basis beruhen und lediglich durch physikalische und chemische Ursachen bewirkt werden.

Nun ist es klar, dass Bär's Typus der Entwickelung weiter nichts ist, als die Folge der Vererbung und Bär's Grad der Ausbildung weiter nichts als die Folge der Anpassung. Jener lässt sich also auf die Fortpflanzung, dieser auf die Ernährung als auf seinen physiologischen Grund zurückführen. Offenbar thun wir aber durch diese Zurückführung einen ausserordentlich bedeutenden Schritt. Denn es werden dadurch die beiden morphologischen Grundgesetze, und somit überhaupt alle Erscheinungen der organischen Entwickelung aus physiologischen Fundamenten erklärt, welche ihrerseits lediglich auf mechanisch wirkenden Ursachen, auf chemischen und physikalischen Processen beruhen.

Während also die beiden Grunderscheinungen der organischen Entwickelung, Bildungstypus und Ausbildungsgrad, welche Bär richtig als die beiden formbildenden Kräfte der gesammten Organismenwelt aus rein morphologischen Inductionen erkannte, ohne die Abstammungslehre für uns zwei unverstandene Räthsel bleiben, welche weder durch die anthropomorphe Vorstellung eines vorbedachten „Schöpfungsplans oder Entwickelungsplans“, noch durch die leere Phrase eines „allgemeinen Entwickelungsgesetzes oder Bildungsgesetzes“ dem tieferen wissenschaftlichen Verständniss, d. h. der monistischen, causalen Erkenntniss näher gerückt werden, so werden uns durch die Descendenztheorie diese beiden Räthsel im monistischen Sinne gelöst: wir erkennen in dem Bildungstypus die Wirkung des inneren Bildungstriebes der Vererbung, in dem Ausbildungsgrad die Wirkung des äusseren Bildungstriebes der Anpassung, jene eine Theilerscheinung der Fortpflanzung, diese der Ernährung. Diese beiden aber beruhen anerkanntermaassen auf denselben physikalischen und chemischen Processen, welche die gesammte organische und anorganische Natur einheitlich beherrschen. So gelangen wir denn an das höchste Ziel, welches Bär der Entwickelungsgeschichte gesteckt hat, die Zurückführung der bildenden Kräfte des organisirten Körpers auf die allgemeinen Kräfte des Weltganzen!

IV. Evolution und Epigenesis.

Unter Entwickelungsgeschichte (Evolutionis historia) der organischen Individuen versteht man heutzutage allgemein einen organischen Bildungsprocess, der gerade das Gegentheil von dem ist, was man bis zu Ende des vorigen Jahrhunderts fast ohne Ausnahme unter diesem Ausdruck verstand. Bis zu dieser Zeit nämlich war die allgemein herrschende Vorstellung von der Entstehung der Organismen durch Zeugung die Einschachtelungstheorie, wonach die organischen Individuen bereits vollständig in der keimfähigen Substanz des Eies präformirt enthalten sein sollten. Gleichsam schlafend oder in einem Zustande latenten Lebens sollte das physiologische Individuum, morphologisch vollkommen ausgebildet, in dem Eie enthalten sein. Der Befruchtungsprocess sollte den schlafenden Embryo nur erwecken, sein latentes potentielles Leben zur Action veranlassen; und die ganze embryonale Entwickelung sollte demgemäss in einer wirklichen Evolution, d. h. einer blossen Entfaltung und Vergrösserung eines bereits fertig vorgebildeten Organismus bestehen. Hiernach wäre der Embryo nicht das Product, sondern das Educt des befruchteten Eies, welches durch den Zeugungsakt nicht wirklich erzeugt, sondern bloss „ausgewickelt“, zur Evolutionsbewegung veranlasst würde. Diese seit langer Zeit herrschende Ansicht wurde im vorigen Jahrhundert insbesondere von Bonnet, Leibnitz und Haller unterstützt, welcher letztere sich folgerichtig zu dem Satze verstieg, dass eine eigentliche Zeugung überhaupt nicht existire: „*nil noviter generari*“. Schon im Alterthume war eine ähnliche Ansicht von Diogenes und Hippon und von den Stoikern vorgetragen worden, welche behaupteten, dass in dem männlichen Sperma bereits der ausgebildete Organismus vorhanden sei, welcher durch den Begattungsakt nur auf einen zu seiner Entwickelung, d. h. Vergrösserung tauglichen Ernährungsboden, das Ei, versetzt werde. Durch die Entdeckung der beweglichen fadenförmigen Zoospermien von Leeuwenhoek schien diese Ansicht eine neue Begründung zu erhalten, indem man nun in dem einzelnen „Samenthier“ den involvirten, bloss des Wachsthums bedürftigen Zustand des ausgebildeten Thieres zu finden glaubte. So entstanden die besonders in der ersten Hälfte des vorigen Jahrhunderts sehr allgemein herrschenden Streitigkeiten der Animalculisten und Ovisten, von denen jene behaupteten, dass das präformirte Individuum bereits im Samenthiere, diese, dass es im Eie enthalten sei.

Diese falsche Ansicht von der Präformation des Individuums in den Geschlechtsproducten (entweder im Samen oder im Eie) bezeichnet man allgemein als die Theorie der Evolution, weil der Entwickelungsprocess lediglich in einer „Auswickelung“ des eingewickelten präformirten Embryo bestehen sollte. Sie fand lange allgemeinen Beifall, trotz der Absurdität der Consequenzen, zu denen dieselbe dadurch führt, dass sie die Einschachtelung aller Generationen einer Species in einander fordert; und trotzdem eigentlich schon Senebier dadurch, dass er diese Consequenzen mit Klarheit zog, den apagogischen Beweis für ihre Unrichtigkeit lieferte. Da die Evolutionstheorie im Grunde sowohl die Zeugung, als die Entwickelung selbst verneinte, so konnte es auch unter ihrer Herrschaft keine eigentliche Entwickelungsgeschichte geben, und wir können daher deren Existenz erst von dem Zeitpunkte an datiren, in welchem die entgegengesetzte Theorie der Epigenesis mit Bestimmtheit formulirt und durch die empirische Beobachtung als die allein richtige Entwickelungstheorie nachgewiesen wurde. Dies geschah im Jahre 1759 durch die Inauguraldissertation von Caspar Friedrich Wolff: Theoria generationis, in welcher zum ersten Male der wirkliche Nachweis einer epigenetischen Entwickelung und einer Differenzirung des zusammengesetzten und verwickelt gebauten Organismus aus einer ganz einfachen Grundlage gegeben wurde. Er verfolgte die Epigenese des Hühnchens von seinen ersten Anfängen an und wies bereits nach, dass selbst ein so verwickeltes Gebilde, wie es der Wirbelthierdarm ist, aus einer ganz einfachen, blattförmigen, primitiven Anlage durch Differenzirung und Umbildung entstehe. Wolff legte aber nicht allein den Grund zu der epigenetischen Entwickelungsgeschichte der Thiere, sondern auch der Pflanzen. Er wies nach, dass ebenso wie bei den Wirbelthieren die complicirtesten Organe aus ganz einfachen, blattförmigen Anlagen („Keimblättern") sich entwickeln, eben so auch bei den Pflanzen alle verschiedenen Organe und Theile, mit Ausnahme des Stengels, sich aus der gemeinsamen Grundlage der einfachen Blattform hervorbilden. So sprach er bereits den Grundgedanken aus, welchen nachher Goethe so geistvoll in seiner berühmten Lehre von der „Metamorphose der Pflanzen" entwickelte, und welcher die Grundlage der ganzen Entwickelungsgeschichte der Pflanzen geworden ist. Indessen wurden Wolff's epochemachende Entdeckungen, welche wir geradezu als den Zeugungsakt der wahrhaft wissenschaftlichen, d. h. epigenetischen Entwickelungsgeschichte bezeichnen müssen, ein halbes Jahrhundert hindurch fast gar nicht anerkannt und sie waren selbst Lorenz Oken unbekannt, als er 1806 seine vortreffliche Arbeit über die Bildung des Darmcanals veröffentlichte. Erst nachdem sie 1812 durch Meckel's Uebersetzung bekannt geworden waren, begann ein neues Stadium in der Entwickelung der Ontogenie mit den classischen Arbeiten von Christian Pander (1817) und Carl Ernst v. Bär. Des letzteren „Entwickelungsgeschichte der Thiere, Beobachtung und Reflexion" (1828), das bedeutendste Werk in der gesammten ontogenetischen Literatur, haben wir bereits wiederholt als ein Muster echter Naturphilosophie im besten Sinne des Wortes hervorgehoben. Insbesondere die Entwickelungsgeschichte der Wirbelthiere wurde durch Bär so weit gefördert, dass selbst der bedeutendste seiner Nachfolger, Remak (1850), nur das Verdienst hat, Bär's Ansichten im Einzelnen ausgebildet und verbessert und durch die Entwickelungsgeschichte der Gewebe (Histogenie) wesentlich ergänzt zu haben. Wie nun die Entwickelungsgeschichte der Wirbelthiere als die Grundlage der wissenschaftlichen, d. h. epigenetischen Ontogenie, allein von Deutschen begründet und fast allein von Deutschen entwickelt wurde, so waren es auch Deutsche, welche in der ersten Hälfte dieses Jahrhunderts die epigenetische Entwickelungsgeschichte im Gebiete der wirbellosen Thiere und der Pflanzen begründeten. Wir nennen hier von zahlreichen trefflichen Werken über die Entwickelungsgeschichte der wirbellosen Thiere nur die von Rathke (Crustaceen, Insecten etc.) und Johannes Müller (Echinodermen, Würmer etc.), und von botanischen epochemachenden Arbeiten die Metamorphose der Pflanzen von Goethe und die vorzüglichen Grundzüge der wissenschaftlichen Botanik von Schleiden, in welchen letzteren die Entwickelungsgeschichte als das allein maassgebende Fundament auch auf dem botanischen Gebiete mit der gebührenden Consequenz und der philosophischen Schärfe hervorgehoben ist, die Schleiden vor so vielen anderen Biologen auszeichnet. So können wir Deutschen denn mit gerechtem Stolze die epigenetische Ontogenie oder die Entwickelungsgeschichte der organischen Individuen, die Wissenschaft, welche das Fundament der ganzen Biologie bildet, als eine

Wissenschaft bezeichnen, welche in Deutschland geboren und von Deutschen entwickelt ist, und welche fast ausschliesslich in Deutschland das erste Jahrhundert ihrer Existenz durchlebt hat.

Alle diese ontogenetischen Werke haben übereinstimmend die Theorie der Epigenesis als den allein wirklichen Grundgedanken der Ontogenie festgestellt und wir können daher von einer „Entwickelung" als Evolution nur noch in einem Sinne sprechen, welcher seinem ursprünglichen geradezu entgegengesetzt ist. Alle Evolution, alle Entwickelung der organischen Individuen ist in Wahrheit Epigenesis, d. h. eine Lebensthätigkeit, welche wesentlich auf Vorgängen der Zeugung, des Wachsthums und der Differenzirung beruht, auf einer Umbildung gleichartiger Theile zu ungleichartigen, und einer wirklichen Entstehung neuer Individuen aus nicht individualisirten Materien. Bei denjenigen Organismen, welche zeitlebens auf der niedrigsten Stufe eines morphologischen Individuums erster Ordnung stehen bleiben, ist die Ontogenie des physiologischen Individuums nur eine Geschichte seiner Entstehung durch Zeugung, seines Wachsthums und seiner Differenzirung. Bei der grossen Mehrzahl der Organismen aber, welche die höhere Stufe eines morphologischen Individuums zweiter und höherer Ordnung erreichen, durchläuft das physiologische Individuum (Bion) die vorausgehenden niederen Stufen, indem durch bleibende Vereinigung, durch Synusie von Individuen niederer Ordnung, Individuencolonieen entstehen, welche als physiologische Einheiten sich selbstständig differenziren und umbilden. In allen diesen Vorgängen, wie verschiedenartig sie sich auch als Hinaufbildung, Umbildung und Rückbildung, als progressive und regressive Metamorphose äussern mögen, bleibt das leitende Grundgesetz die Theorie der Epigenesis.

V. Entwickelung und Zeugung.

Die eigenthümliche Stellung, welche die Entwickelungsgeschichte zwischen der Morphologie und Physiologie einnimmt, haben wir bereits im sechsten Abschnitt des dritten Capitels (Bd. I, S. 50) eingehend erörtert. Wir haben dort gesehen, dass die Entwickelungsgeschichte einerseits zur Physiologie oder Biodynamik gerechnet werden kann, insofern sie die Reihe von Formveränderungen, d. h. Bewegungserscheinungen untersucht, welche die organischen Formen während ihrer individuellen Existenz durchlaufen. Andererseits waren wir genöthigt dieselbe für die Morphologie oder Biostatik in Anspruch zu nehmen, insofern diese als blosse Anatomie, ohne die Entwickelungsgeschichte, keiner wahren wissenschaftlichen Existenz fähig ist. Da die Kenntniss der werdenden Form des Organismus uns allein zum Verständniss der gewordenen oder vollendeten Form desselben hinüberzuleiten vermag, mussten wir Anatomie und Morphogenie als die beiden coordinirten Hauptzweige der organischen Morphologie betrachten, und wir konnten dies mit um so grösserem Rechte, als die Entwickelungsgeschichte der Organismen bisher fast ausschliesslich Gegenstand anatomischer und nicht physiologischer Forschungen war, und demgemäss auf ihrer gegenwärtigen niederen Entwickelungsstufe wesentlich eine statische und nicht eine dynamische Disciplin darstellt. Denn in Wahrheit ist fast Alles, was wir in der Zoologie, Protistik und Botanik Entwickelungsgeschichte nennen, bisher wesentlich eine Kenntniss der morphogenetischen Thatsachen, nicht aber eine Erkenntniss ihrer physikalisch-chemischen Ursachen gewesen. Wenn wir zu letzterer gelangen wollen, und wenn wir also die Morphogenie wirklich causal begründen wollen, so müssen wir nothwendig auch an die Physiologie der Entwickelung uns wenden.

Nun haben wir keineswegs die Absicht, in den folgenden Blättern eine allgemeine Beschreibung der bekannten organischen Entwickelungserscheinungen zu geben; vielmehr verfolgen wir das höhere Ziel einer allgemeinen Erklärung derselben. Wir wollen den schwierigen und bisher noch nicht unternommenen Versuch einer solchen mechanisch-causalen Erklärung der morphogenetischen Erscheinungsreihen wenigstens anbahnen, und zwar auf Grund derjenigen Theorie, welche allein diese Erklärung zu liefern vermag, der Descendenztheorie. Insofern nun aber diese Theorie eine physiologische Erklärung der morphologischen Erscheinungen giebt, werden wir uns nicht auf den morphologischen Theil der Entwickelungsgeschichte beschränken können, sondern auch ihren physiologischen Theil berücksichtigen müssen (vergl. Bd. I, S. 52). Es ist die Physiologie der Zeugung oder Generation, deren Grundgesetze wir in ihren allgemeinsten Zügen verstehen müssen, um zu einem wirklichen monistischen Verständniss der Entwickelungsgeschichte zu gelangen.

Die Physiologie der Zeugung oder Fortpflanzung hängt, wie wir oben gezeigt haben, auf das engste zusammen mit der Physiologie der Ernährung und des Wachsthums (Bd. I, S. 150, 238). „Das Wachsthum ist Ernährung mit Bildung neuer Körpermasse — in der That eine fortgesetzte Zeugung, und die Zeugung ist nichts als der Anfang eines individuellen Wachsthums.“ (Bär l. c. Bd. II, S. 4.) Die Fortpflanzung ist eine Ernährung und ein Wachsthum des Organismus über das individuelle Maass hinaus, welche einen Theil desselben zum Ganzen erhebt. Alle Organismen haben eine beschränkte Zeitdauer ihrer individuellen Existenz als Bionten, und die Arten der Organismen würden einem beständigen Wechsel durch Aussterben der bestehenden Arten unterliegen, wenn nicht die Fortpflanzung dieser Gefahr entgegenwirkte. Daher ist die Fortpflanzung ebenso als die Selbsterhaltung der Art bezeichnet, wie die Ernährung als die Selbsterhaltung der Individuen. Wie aber die Ernährung nur durch den Stoffwechsel möglich ist, so beruht die Arterhaltung auf dem Individuen-Wechsel. Wie bei der Ernährung beständig die materiellen Bestandtheile des Organismus, welche durch die Lebensthätigkeit verbraucht wurden, durch andere, neue, gleichartige Theile ersetzt werden, so werden bei der Fortpflanzung beständig die aussterbenden Individuen (Bionten) durch neue Individuen ersetzt.

Die durch Fortpflanzung entstehenden neuen Individuen, die kindlichen Organismen (Partus) sind also allgemein Theile von bestehenden Individuen, von elterlichen Organismen (Parens). Diese Theile haben sich in Folge des übermässigen totalen oder partiellen Wachsthums von dem Ganzen abgelöst und wachsen nun selbst wieder zur Grösse und Form des Ganzen heran, indem sie sich ergänzen oder reproduciren. Für diesen Vorgang als Wachsthumserscheinung sind insbesondere die Ergänzungs- oder Reproductionserscheinungen sehr lehrreich, welche wir sehr allgemein bei niederen, aber auch bei höheren Organismen eintreten sehen, wenn einzelne Theile durch traumatische oder sonstige äussere Einflüsse verloren gegangen sind. Bei hochorganisirten Wirbelthieren, z. B. den Amphibien, und Gliederthieren, z. B. den Crustaceen, sehen wir, dass selbst ganze verlorene Extremitäten mit Skelet, Muskeln, Nerven etc. vollständig wieder erzeugt, reproducirt werden. Bei niederen Thieren kann durch künstliche Theilung das Individuum vervielfältigt werden, indem jedes der künstlich getrennten Theilstücke sich alsbald wieder zu einem vollständigen Individuum ergänzt. Diese wichtigen Wachsthumserscheinungen werfen das bedeutendste Licht auf die Fortpflanzungsvorgänge, welche uns in ihren höchsten Formen als ein ganz eigenthümlicher und schwer begreifbarer Lebensprocess erscheinen, während doch die niedersten Formen sich unmittelbar an jene Wachsthums- und Reproductionsprocesse anschliessen. Bei der natürlichen Selbsttheilung, als der einfachsten Fortpflanzungsform, spaltet sich das Individuum spontan in zwei Hälften, deren jede sich alsbald wieder durch Wachsthum zu einem vollständigen Individuum, einem actuellen Bion reproducirt. Jede Hälfte fungirt hier ebenso als virtuelles oder potentielles Bion, wie bei der Fortpflanzung durch Eier oder Keimzellen (Sporen) die einzelne, vom elterlichen Organismus abgesonderte Plastide.

Die weitere Betrachtung der verschiedenen Fortpflanzungsformen bleibt dem siebzehnten Capitel vorbehalten. Hier wollten wir als Grundlage für die Betrachtung der gesammten Ontogenie den wichtigen Satz feststellen, dass die Fortpflanzung und die unmittelbar damit zusammenhängende Entwickelung physiologische Functionen sind, welche in den materiellen Wachsthumsgesetzen begründet sind.

VI. Aufbildung, Umbildung, Rückbildung.

Wenn wir oben als die Aufgabe der Ontogenie die Erkenntniss der Formenreihe hingestellt haben, welche jeder individuelle Organismus während der gesammten Zeit seiner individuellen Existenz durchläuft, so haben wir damit der Entwickelungsgeschichte ein weiteres Ziel gesteckt und einen grösseren Umfang vindicirt, als ihr fast allgemein zugestanden wird. Man pflegt fast immer unter Entwickelung nur diejenigen Formveränderungen zu begreifen, welche das Individuum von dem Momente seines Entstehens an bis zur erlangten Reife durchläuft, und diese Auffassung findet ihre Berechtigung sowohl in der ursprünglichen Bedeutung des Wortes „Entwickelung" (Evolutio), als in dem allgemeinen Sprachgebrauche desselben. Der letztere versteht unter Entwickelung allgemein eine fortschreitende, aufsteigende Reihe von organischen Formveränderungen, welche wesentlich in einer Zunahme der Grösse und Vollkommenheit des organischen Individuums besteht, also in Wachsthum und Differenzirung. Dagegen versteht man unter Entwickelung gewöhnlich, oder doch bei den meisten Organismen, nicht die rückschreitende Reihe von Formveränderungen, welche sehr oft auf die fortschreitende folgt, und welche in einer gewissen Abnahme der Vollkommenheit und oft auch der Grösse des organischen Individuums besteht. Im Gegentheil pflegt man ziemlich allgemein diese regressive Veränderung der individuellen Form jener progressiven scharf entgegenzustellen und „Rückbildung" als das Gegentheil der „Entwickelung" zu betrachten.

Dennoch werden wir, sobald wir uns auf den höheren Standpunkt erheben, von dem wir alle verschiedenen Formen der individuellen organischen Entwickelung mit einem Blicke vergleichend überschauen, nicht umhin können, diesen Gegensatz von Rückbildung und Entwickelung nur als einen untergeordneten und theilweisen anzusehen, und den Begriff der Entwickelung auf die gesammte Reihe aller Formveränderungen auszudehnen, welche das Individuum während der ganzen Zeit seiner Existenz, von seiner Entstehung durch Zeugung bis zu seiner Vernichtung durch Tod oder Selbsttheilung durchläuft. Denn abgesehen davon, dass sehr vielen organischen Individuen die regressive Veränderung der Rückbildung ganz fehlt, finden wir dieselbe bei den anderen meistens so eng mit der fortschreitenden Entwickelung verbunden, beide greifen so vielfach und innig in einander über, dass es gewöhnlich ganz unmöglich ist, die Grenze zwischen beiden irgendwie zu fixiren. Einzelne Körpertheile können schon einer weit gegangenen Rückbildung unterlegen sein, während andere noch in steter Entwickelung begriffen sind. Auch pflegt der Rückbildungsprocess so langsam und allmählich einzutreten, oft sich auf einen so geringen Grad der rückschreitenden Veränderung zu beschränken, dass selbst das Wesen desselben ausserordentlich schwer zu erfassen und zu bestimmen ist.

Andere Naturforscher haben die Grenze der eigentlichen Entwickelung in der „Reife" des Organismus finden wollen und danach die Entwickelungsgeschichte als die Lehre von den Formveränderungen bezeichnet, welche der Organismus von Beginn seiner individuellen Existenz an bis zur erlangten Reife durchläuft. Der Begriff der Reife kann aber eben so wenig als der Begriff der Rückbildung scharf bestimmt werden. Allgemein hat man wohl die Beendigung des Wachsthums (der Grössenzunahme) als den Beginn der Reife bezeichnet. Das Individuum ist reif, wenn es „ausgewachsen" ist. Die Fortdauer der Wachsthumsbewegung führt dann nicht mehr zur Vergrösserung des Individuums, sondern zur Fortpflanzung, zur Zeugung neuer Individuen. Es würde dann also der Beginn der Reife mit dem Beginn der Fortpflanzungsfähigkeit zusammenfallen. Daher hat man bei denjenigen Individuen, welche sich geschlechtlich differenziren, den Eintritt der Reife durch die vollständige Ausbildung der Geschlechtsproducte zu bestimmen gesucht. Der Organismus gilt hier für reif von dem Zeitpunkte an, in welchem er der sexuellen Fortpflanzung fähig wird. Allein diese Bestimmung ist schon deshalb nicht durchführbar, weil sehr viele organische Individuen sich bereits fortpflanzen, ehe sie ihre volle Grösse und Reife erreicht haben (z. B. viele Hydromedusen). Das Wachsthum dauert hier oft noch lange fort, nachdem bereits ungeschlechtliche und selbst geschlechtliche Zeugungsfähigkeit eingetreten ist. Andererseits werden viele Organismen erst geschlechtsreif, nachdem schon lange der entschiedenste Rückbildungsprocess eingetreten ist, z. B. viele Parasiten (besonders auffallend parasitische Crustaceen). Hier fällt also die Geschlechtsreife eben so hinter die eigentliche individuelle Reife, sofern man darunter die Höhe der individuellen Vollkommenheit nach Abschluss des Wachsthums versteht, wie im ersteren Falle die Geschlechtsreife vor diese eigentliche Reife fällt. Endlich werden auch viele Organismen vollständig reif, ohne jemals fähig zu werden, sich auf irgend eine Weise, geschlechtlich oder ungeschlechtlich, fortzupflanzen.

Schon aus diesen Erwägungen, welche leicht noch beträchtlich verstärkt und vermehrt werden könnten, geht hervor, dass es eben so unmöglich ist, irgend eine scharfe Grenze zwischen Entwickelung und Reife, wie zwischen Entwickelung und Rückbildung, wie zwischen Reife und Rückbildung zu unterscheiden. Wir werden vielmehr genöthigt, diese drei verschiedenen Bewegungserscheinungen der organischen Formen, welche nur in ihren Extremen deutlich getrennt erscheinen, dagegen in ihren weniger ausgeprägten Erscheinungsweisen nicht von einander zu trennen sind, und thatsächlich auf das vielfältigste in einander greifen und innigst verbunden sind, als Modificationen und untergeordnete Abstufungen einer und derselben grossen Erscheinungsreihe, einer und derselben continuirlich zusammenhängenden und geschlossenen Kette der individuellen Entwickelung zu betrachten.

Wir verstehen demnach unter morphologischer Entwickelung des Individuums, wie wir nochmals ausdrücklich hervorheben, die continuirlich zusammenhängende zeitliche Kette von Formveränderungen, welche das organische Individuum während der gesammten Zeit seines individuellen Lebens, vom Beginn seiner Existenz an bis zum Abschluss derselben, durchläuft.

Immerhin wird es in vielen Fällen von Vortheil sein, die verschiedenen Stadien der individuellen Entwickelung, welche wir so eben als „eigentliche Entwickelung", Reife und Rückbildung unterschieden haben, als drei untergeordnete Abschnitte des individuellen Entwickelungskreises künstlich zu trennen und die Vorgänge, welche dieselben kennzeichnen, gesondert zu betrachten. In diesen Fällen schlagen wir vor, die drei Stadien der Entwickelung, welche wir im siebzehnten Capitel allgemein zu charakterisiren versuchen werden, bestimmter mit folgenden Benennungen zu bezeichnen.

I. Anaplasis oder Aufbildung (Evolution). Erstes Stadium der individuellen Entwickelungskette. Sogenannte „eigentliche Entwickelung" oder Entwickelung im engeren Sinne.

II. Metaplasis oder Umbildung (Transvolution). Zweites Stadium der individuellen Entwickelungskette. Sogenannte „Reife" oder Vollendungszustand des Individuums.

III. Cataplasis oder Rückbildung (Involution). Drittes Stadium der individuellen Entwickelungskette. Decrescenz. Senilität.

VII. Embryologie und Metamorphologie.

Die Entwickelungsgeschichte der organischen Individuen, welche wir Ontogenie nennen, wird gewöhnlich als Embryologie bezeichnet. Indessen ist dieser Ausdruck nicht hierfür passend und nicht allgemein anwendbar. Die eigentliche Embryologie ist nur ein Theil der Ontogenie und bei sehr vielen Organismenarten kann man überhaupt nicht von Embryologie sprechen.

Der Begriff „Embryo" kann, wie bereits im dritten Capitel erwähnt wurde, nur dann scharf bestimmt und mit Nutzen angewandt werden, wenn man darunter den „Organismus innerhalb der Eihüllen" versteht. Diesen festbestimmten Sinn hatte der Begriff des Embryo bereits im ganzen Alterthum, wo man stets „die ungeborene Frucht im Mutterleibe" (bei den Römern Foetus, richtiger Fetus) darunter verstand [1]). Mit dem Geburtsakte galt das embryonale oder fe-

[1]) „τὸ ἐντὸς τῆς γαστρὸς βρύον" Eust. Zusammengezogen Em-bryon.

tale Leben als beendet und der Embryon oder Fetus wurde durch denselben zum selbstständigen, freien Organismus. Eben so wurde von den meisten neueren Naturforschern sowohl der thierische als pflanzliche Organismus stets nur so lange als Embryo bezeichnet, so lange er sich innerhalb der Eihüllen befand. Erst den letzten beiden Decennien, welche sich durch die überhandnehmende Verwilderung der Begriffe und fortschreitende Verwirrung der Anschauungen in stets zunehmendem Maasse vor den früheren Zeiten auszeichneten, blieb es vorbehalten, auch diesen klaren und festen Begriff zu vernichten und durch die Einführung von „freien Embryonen“ in die Wissenschaft diese aufs Neue eines sicheren Begriffs zu berauben. Seitdem man begonnen hat, die „Larven“ als Embryonen mit freiem und selbstständigem Leben zu bezeichnen, hat man sich leider in weiten Kreisen daran gewöhnt, die gänzlich verschiedenen Begriffe der Larve und des Embryo (besonders bei den niederen Thieren) gemischt zu gebrauchen, so dass gegenwärtig der missbräuchliche Ausdruck des „freien Embryo“ statt der „Larve“ leider sehr verbreitet ist. Insbesondere nennt man häufig so die bewimperten, frei im Wasser schwimmenden Larven vieler niederer Thiere, welche gewissen Infusorien sehr ähnlich sind. Für diese werden die Ausdrücke Schwärm-Embryo, Wimper-Embryo, infusorienartiger Embryo etc. so vielfältig gebraucht, dass darüber die eigentliche Bedeutung des „Embryo“ ganz vergessen worden ist. Es ist dies um so mehr zu bedauern, als gar kein zwingendes Moment vorlag, den sicheren und feststehenden Begriff des Embryo aufzugeben. Wir halten daher unbedingt an demselben fest und verstehen ein für allemal unter Embryo ausschliesslich den Organismus innerhalb der Eihüllen, und unter „embryonalem Leben“ diejenige Periode der individuellen Existenz, welche mit der Entstehung des kindlichen Individuums durch den geschlechtlichen Zeugungsakt beginnt und mit seinem Durchbruch der Eihüllen abschliesst. Diese beiden Momente sind vollkommen scharf bestimmt und lassen keinerlei Verwechselung zu.

Nun ist es ohne Weiteres klar, dass man die gesammte Entwickelungsgeschichte des physiologischen Individuums, wie wir deren Umfang soeben bezeichnet haben, in keinem einzigen Falle mit dem Namen der Embryologie belegen darf, falls dieser Ausdruck irgend einen bestimmten Sinn haben soll. Denn es giebt keinen einzigen Organismus, dessen individuelle Existenz sich auf das embryonale Leben beschränkt. Vielmehr erscheint dieses letztere, vom physiologischen Gesichtspunkte aus betrachtet, stets nur als die vorbereitende Einleitung der individuellen Existenz, vom morphologischen Gesichtspunkte aus als die „Recapitulation der paläontologischen Entwickelung des Stammes“, zu welchem die durch das Individuum repräsentirte Art gehört. Die Entwickelung, welche der Organismus ausserhalb der Eihüllen durchläuft, ist aber nicht minder Entwickelung, Genesis, als diejenige, welche derselbe innerhalb derselben durchzumachen hat. Wir werden also bei denjenigen Organismen, welche sich aus einem befruchteten Ei entwickeln, allgemein zu unterscheiden haben zwischen der embryonalen und der postembryonalen Entwickelung, welche beide durch eine unzweideutige Grenzmarke von einander getrennt sind. Der Begriff der Embryologie ist demnach zu beschränken auf die Wissenschaft von der embryonalen Entwickelung. Dagegen bezeichnen wir die Wissenschaft von der postembryonalen Entwickelung mit dem Namen der Metamorphologie.

Embryologie und Metamorphologie als subordinirte Zweige der Ontogenie können natürlich nur bei denjenigen organischen Individuen unterschieden werden, welche sich aus einem befruchteten Ei entwickeln, also einem sexuellen Zeugungsakte ihre Entstehung verdanken. Da dies meistens (und nur mit wenigen Ausnahmen) bloss der Fall ist bei Individuen vierter und fünfter Ordnung (Metameren und Personen), seltener auch bei Individuen niederer Ordnung, da ferner auch bei den geschlechtlich zeugenden Arten sehr häufig die sexuelle Zeugung von Bionten mit der geschlechtslosen regelmässig abwechselt (Metagenesis), so kann natürlich bei diesen, wie bei allen denjenigen Species, denen die geschlechtliche Zeugung überhaupt fehlt (viele Protisten und niedere Pflanzen), weder von Embryologie noch von Metamorphologie die Rede sein. Vielmehr müssen wir hier allgemein die Entwickelungsgeschichte der Individuen als Ontogenie bezeichnen. Will man in dieser noch verschiedene Zweige unterscheiden, entsprechend den drei Entwickelungsstadien der Aufbildung (Evolution), Umbildung (Transvolution) und Rückbildung (Involution), so würden diese drei untergeordneten Theile der Ontogenie allgemein zu bezeichnen sein als Anaplastologie, Metaplastologie und Cataplastologie.

I. Anaplastologie, Aufbildungslehre: Entwickelungsgeschichte des organischen Individuums während der Periode der Aufbildung (Evolution). Dieser Theil der Ontogenie ist derjenige, welcher allen organischen Individuen (erster bis letzter Ordnung) ohne Ausnahme zukommt, da alle ein Stadium der Aufbildung durchmachen, welches vorzugsweise in Wachsthum und Differenzirung besteht. Es gehört hierher alle Embryologie und derjenige Theil der Metamorphologie, welcher bis zur erlangten Reife sich erstreckt. Die Anaplastologie entspricht mithin der Entwickelungsgeschichte im Sinne der meisten Menschen.

II. Metaplastologie, Umbildungslehre: Entwickelungsgeschichte des organischen Individuums während der Periode der Umbildung (Transvolution). Dieser Theil der Ontogenie fehlt denjenigen organischen Individuen, deren Existenz zugleich mit ihrer Aufbildung abschliesst, z. B. den embryonalen Zellen, den Moneren und vielen anderen Protisten, welche sich nach Erlangung der vollständigen Grösse alsbald theilen. Er umfasst hauptsächlich Differenzirungsvorgänge.

III. Cataplastologie, Rückbildungslehre: Entwickelungsgeschichte des organischen Individuums während der Periode der Rückbildung (Involution). Dieser Theil der Ontogenie fehlt vollständig bei der grossen Anzahl derjenigen organischen Individuen, welche überhaupt keine Rückbildung erleiden, vielmehr ihre Existenz mit erlangter Differenzirung abschliessen. Dagegen ist er sehr wichtig bei denjenigen Species, welche parasitisch leben. Er umfasst hauptsächlich Degenerationsprocesse.

VIII. Entwickelung und Metamorphose.

Die Metamorphose oder Verwandelung und ihre Beziehungen zur Entwickelung der Organismen sind auf verschiedenen Gebieten von den Biologen in einer sehr verschiedenen Bedeutung aufgefasst worden. Die Botaniker verstehen seit Goethe[1]) unter „Metamorphose der Pflanzen" die gesammte Entwickelungsgeschichte des Blüthensprosses oder des Individuums fünfter Ordnung bei den Phanerogamen, welches denselben morphologischen Werth hat, wie die thierische Person. Goethe führte 1790 geistvoll den zuerst von C. F. Wolff (1764) ausgesprochenen Gedanken aus, dass alle wesentlichen Theile der Phanerogamen-Blüthe, mit Ausnahme der Stengelorgane (Axorgane), nichts Anderes seien; als „umgewandelte, metamorphosirte" Blätter, d. h. verschiedenartig differenzirte Modificationen eines und desselben Grundorgans, des Blattes. Das Wesentliche in diesem Verwandelungsprocesse der Phanerogamen-Blüthe ist also das Wachsthum und die Differenzirung, auf welcher die gesammte Entwickelung derselben beruht. Die Lehre von der Metamorphose umfasst daher hier die gesammte Anaplase und Metaplase, und es erscheint nicht nöthig, für diese die besondere Bezeichnung der Metamorphose als eines besonderen ontogenetischen Vorganges beizubehalten. Vielmehr fällt in diesem allgemeineren Sinne der Begriff der Metamorphose mit dem Begriffe der epigenetischen Entwickelung überhaupt zusammen.

In einer wesentlich anderen Bedeutung wird dagegen der Begriff der Metamorphose seit langer Zeit von den Zoologen angewendet. Diese verstehen darunter grösstentheils die auffallenderen Formwandelungen,

---

[1]) Goethe bestimmte den Begriff der „Metamorphose der Pflanzen" in folgenden Worten (1790): „die geheime Verwandtschaft der verschiedenen äusseren Pflanzentheile, als der Blätter, des Kelchs, der Krone, der Staubfäden, welche sich nach einander und gleichsam aus einander entwickeln — die Wirkung, wodurch ein und dasselbe Organ sich uns mannichfaltig verändert sehen lässt — das Wachsthum der Pflanze, wodurch gewisse äussere Theile derselben sich manchmal verwandeln und in die Gestalt der nächstliegenden Theile, bald ganz bald mehr oder weniger, übergehen."

welche zahlreiche, vorzüglich wirbellose Thiere während ihrer postembryonalen Entwickelung durchmachen, ehe sie ihren Reifezustand erreichen. Ausgehend von dem am längsten und allgemeinsten bekannten Beispiele der Insecten, bei denen Raupe, Puppe und Schmetterling und ebenso Made, Puppe und Fliege als drei auffallend verschiedene und scharf von einander abgegrenzte Entwickelungszustände eines und desselben organischen Individuums auf einander folgen, belegte man allgemein die ähnlichen Formfolgen, welche in neuerer Zeit bei so vielen wirbellosen Thieren aufgefunden wurden, und bei denen ebenfalls ein und dasselbe Thier in mehreren auffallend verschiedenen äusseren Formen nach einander erscheint, mit dem Namen der Metamorphose. Da nun aber ähnliche „auffallende" Formveränderungen, wie sie hier vom Organismus ausserhalb der Eihüllen, also in der postembryonalen Zeit, durchlaufen werden, bei vielen anderen Thieren, bei denen dies nicht der Fall ist, innerhalb des embryonalen Lebens durchgemacht werden, so dehnte man späterhin den Begriff der thierischen Metamorphose noch weiter aus und verstand darunter die sämmtlichen auffallenden Formveränderungen, welche der thierische Organismus während der Aufbildungsperiode, der Anaplase, durchläuft. Man konnte demnach zwischen einer embryonalen und einer postembryonalen Metamorphose unterscheiden, wie es auch neuerdings vielfach geschehen ist. Hier würde nun wieder der Begriff der Metamorphose mit dem der individuellen Entwickelung überhaupt zusammenfallen, oder man könnte diese letztere höchstens insofern in Ontogenie mit und ohne Metamorphose unterscheiden, als die Formveränderungen des sich entwickelnden Individuums bald auffallende und plötzliche, bald unmerkliche und allmähliche sind. Da nun aber gerade im embryonalen Leben eine solche Unterscheidung gar nicht durchzuführen ist und da streng genommen alle embryonale Anaplase mit Metamorphose verbunden ist, so müssen wir den Begriff der Metamorphose auf die postembryonale Ontogenie beschränken und denselben auf diesem Gebiete schärfer zu bestimmen versuchen.

Ohne nun auf die zahlreichen verschiedenen und sehr divergirenden Versuche, welche in dieser Beziehung gemacht worden sind, näher einzugehen, wollen wir hier nur denjenigen Begriff der postembryonalen Metamorphose feststellen, der uns allein bei einer vergleichenden Betrachtung aller Organismen durchführbar zu sein scheint. Wir nennen Metamorphose in diesem engeren Sinne diejenige Art der postembryonalen Umbildung oder Entwickelung, bei welcher der jugendliche Organismus, ehe er in die geschlechtsreife Form übergeht, bestimmt geformte Theile abwirft; derselbe ist also ausgezeichnet durch den Besitz provisorischer Theile (gewöhnlich Organe), welche er später als geschlechtsreifer Repräsentant der Species nicht mehr besitzt. Der

Verlust dieser provisorischen Theile ist der eigentliche Kern der Metamorphose im engeren Sinne. Diese Theile können sehr verschiedenartig sein; gewöhnlich sind es Individuen zweiter Ordnung oder Organe (z. B. die Wimperkränze vieler wirbelloser Larven), oft aber auch Individuen dritter und höherer Ordnung, wie z. B. bei den Batrachiern der Schwanz, eine Kette von Metameren. Bei niederen Organismen, welche als geschlechtsreife Bionten nur den Werth von Individuen erster oder zweiter Ordnung haben (z. B. Protisten und niedere Algen), können es auch nur Individuen erster Ordnung (Plastiden) oder selbst nur Theile von solchen sein (z. B. Wimpern, fadenförmige Fortsätze einer Plastide), welche als provisorische Theile abgeworfen oder eingezogen werden und das Wesen der Metamorphose constituiren. Besonders häufig ist die gesammte äussere Körperdecke der provisorische Theil und das Wesen der Metamorphose liegt dann in der Häutung. Jedoch kann diese nur dann so bezeichnet werden, wenn die alte und die neue Haut wesentliche Verschiedenheiten nicht bloss in der Grösse, sondern auch in Form und Entwickelung einzelner Theile darbieten. So leicht es übrigens einerseits ist, die Metamorphose als solche da anzuerkennen, wo die provisorischen Theile im Verhältniss zum übrigen Körper durch Grösse und Form sich sehr auffallend auszeichnen, so schwierig wird dies andererseits in den ebenfalls häufigen Fällen, wo dieselben im Verhältniss zum Ganzen wenig in die Augen fallen. Hier ist die Grenze zwischen postembryonaler Entwickelung mit und ohne Metamorphose oft vollständig verwischt; so bei sehr vielen Wirbellosen. Ebenso ist es auch oft sehr schwierig, die Metamorphose vom Generationswechsel zu unterscheiden, da nicht selten Fälle vorkommen, in denen der provisorische Theil, welcher abgeworfen wird, fast denselben morphologischen Werth besitzt, wie der Rest des Körpers, welcher sich weiter entwickelt, so dass man beide Theile als verschiedene Generationen betrachten könnte. So ist es z. B. bei den Trematoden. Aus diesen und anderen Gründen wird es in der ontogenetischen Praxis oft sehr schwer, die postembryonale Entwickelung mit Metamorphose als solche bestimmt nachzuweisen.

Die Entwickelungszustände der metamorphen Organismen, welche durch den Besitz provisorischer Theile ausgezeichnet sind, hat man seit langer Zeit als Larven (Larvae) oder Schadonen (Aristoteles) bezeichnet, die reifen Formen, welche aus der Larve durch die Metamorphose entstehen, als Bilder (Imagines). Es könnte demnach die Lehre von den postembryonalen Verwandelungen oder die eigentliche Metamorphosenlehre auch als Larvenlehre (Schadonologie)[1]) un-

[1]) Indem wir den Begriff der Schadonologie auf die Lehre von den echten postembryonalen Metamorphosen beschränken, corrigiren wir die weitere Fassung des Begriffs, welche demselben im dritten Capitel (S. 54) unpassend gegeben war, wo wir denselben

terschieden werden. Indessen hat diese Unterscheidung insofern wenig Werth, als sie immer nur einen untergeordneten Theil der Ontogenie bildet, der oft bei nahe verwandten Organismen von äusserst ungleicher Bedeutung ist. Ebenso wenig Werth besitzt für die allgemeine Ontogenie die Unterscheidung verschiedener untergeordneter Glieder des Larvenlebens, unter denen insbesondere der Ruhezustand der Puppe (Pupa) bei den metabolen Insecten sich auszeichnet. Je weiter man die Vorgänge der Metamorphose bei den verschiedenen Organismen kennen lernt, eine desto grössere Ungleichmässigkeit und Ungleichwerthigkeit derselben stellt sich heraus, was durch die sehr verschiedenen Anpassungsbedingungen zu erklären ist, unter denen die Larvenzustände entstanden sind.

Wichtiger ist im Allgemeinen die Unterscheidung zwischen progressiver und regressiver Metamorphose. Diese beiden Formen der echten postembryonalen Metamorphose, obwohl auch bisweilen in einander übergreifend, unterscheiden sich wesentlich dadurch, dass die morphologische Differenzirung und also die Vollkommenheit des ganzen Individuums im Falle der progressiven Metamorphose grösser ist bei der Imago als bei der Larve; im Falle der regressiven Metamorphose umgekehrt grösser bei der Larve als bei der Imago. Die fortschreitende oder progressive Verwandlung ist die gewöhnliche Art der Metamorphose; die rückschreitende oder regressive Verwandlung, welche durch Anpassung an einfachere Existenzbedingungen entsteht, findet sich vorzüglich bei parasitischen Thieren, z. B. vielen Crustaceen.

IX. Genealogische Individualität der Organismen.

Ausser der morphologischen und physiologischen Individualität der Organismen, welche im neunten und zehnten Capitel geschildert worden ist, lässt sich auch noch eine genealogische Individualität derselben unterscheiden, wie wir im achten Capitel bei der allgemeinen Uebersicht der verschiedenen über die organische Individualität herrschenden Ansichten bereits erwähnt haben (Bd. I, S. 262). Bei den vielfachen Versuchen, diesen schwierigen Begriff zu bestimmen, hat man auch die Einheit der Entwickelung als Kriterium benutzt. Insbesondere ist von Gallesio für die Pflanzen, von Huxley für die Thiere diejenige einheitliche Reihe von zusammenhängenden Formen, welche aus der Entwickelung eines einzigen Eies hervorgeht, und welche wir demgemäss am kürzesten als Eiproduct bezeichnen, als das organische Individuum κατ᾽ ἐξοχήν hingestellt worden. Offenbar sind die genannten Naturforscher zu dieser Bestimmung der

als gleichbedeutend mit der Metamorphologie hinstellten. Die erstere ist aber nur ein Theil der letzteren, ihr subordinirt.

organischen Individualität dadurch gekommen, dass sie von der bei weitem überwiegenden Mehrzahl der höheren Thiere und Pflanzen ausgingen, bei denen die im gewöhnlichen Sinne als Individuum angesprochene Formeinheit, nämlich das physiologische Individuum, in der That das Product der Entwickelung eines einzigen Eies ist.

Bei allen Wirbelthieren und allen höheren Mollusken, ferner bei den meisten Arthropoden und einer Anzahl von niederen Weichthieren, Würmern und Cölenteraten, sowie bei der Mehrzahl der höheren Pflanzen, sehen wir in der That, dass jedes physiologische Individuum (welches zugleich dem Individuum im gewöhnlichen Sinne entspricht) das Resultat der Entwickelung eines einzigen Eies ist, und dass alle verschiedenen Formen, welche das einzelne Ei im Gange seiner Entwickelung durchläuft, zusammen eine continuirliche Kette bilden, einer einzigen, zwar in der Zeit veränderlichen, aber räumlich und materiell zusammenhängenden Formeinheit angehören, welche mit der Geschlechtsreife des werdenden Organismus abschliesst. Hier entspricht also das Eiproduct in der That vollkommen der Gesammtheit aller Formen, welche das einzelne Bion durchläuft.

Anders aber verhält sich diese Formenreihe, sobald wir zu den niederen Thieren und niederen Pflanzen herabsteigen. Hier fällt verhältnissmässig nur selten das Eiproduct mit der Formenreihe eines einzigen physiologischen Individuums zusammen. Vielmehr sehen wir, hauptsächlich durch das häufige Auftreten der ungeschlechtlichen Fortpflanzungsweise und ihr Alterniren mit der geschlechtlichen bedingt, dass aus einem einzigen Eie eine Mehrzahl, oft eine ungeheuere Anzahl von Bionten als physiologische Individuen hervorgehen können; Bionten, die bald räumlich vereinigt bleiben, bald auch räumlich sich trennen, sich von einander ablösen können, und die im letzteren Falle Jedermann als ebenso viele einzelne Individuen betrachten wird, obwohl nicht jede aus einem besonderen Ei hervorgegangen ist. So sehen wir im Laufe eines einzigen Sommers aus einer einzigen Blattlaus-Amme, welche das Product eines einzigen Eies ist, durch innere Keimzeugung Millionen vollkommen entwickelter und selbstständiger Blattlaus-Individuen hervorgehen, die in jeder Beziehung, mit Ausnahme des Mangels der Geschlechtsorgane, vollkommene Repräsentanten ihrer Art sind, und die Niemand als Glieder eines einzigen Bion wird betrachten wollen. So sind alle Trauerweiden, die wir in Europa besitzen, auf ungeschlechtlichem Wege (durch Bildung von Ableger-Sprossen) aus einem einzigen weiblichen Baume der *Salix babylonica* gezogen worden; keine einzige ist ein Eiproduct. Sollen wir deshalb alle diese selbstständigen Bäume, die über einen ganzen Erdtheil zerstreut sind, als Theile eines einzigen Individuums betrachten? Wenn wir die geschlechtliche Zeugung mit Gallesio und Huxley als das Kriterium der organischen Individualität betrachten, müssen wir dies consequenter Weise thun. Allein in diesen wie in sehr vielen anderen Fällen sind diejenigen Individuen, die auf ungeschlechtlichem Wege, durch Sprossung, Keimbildung oder Theilung entstehen, durchaus nicht oder nur in höchst untergeordneten Beziehungen von dem aus einem Ei hervorgegangenen Individuum zu unterscheiden. Zwar lässt Huxley nur die aus einem Ei entstandenen Thiere als wirkliche Individuen gelten und bezeichnet die ungeschlechtlich erzeugten als „Zooiden". Allein gerade bei den Blattläusen, welche er als Beispiel anführt, ist mit dieser Benennung doch wenig geholfen, da der Mangel des vollständigen Geschlechtsapparates bei diesen Zooiden uns gewiss nicht wird bestimmen können, dieselben vom morphologischen Gesichtspunkte aus anders anzusehen, als die geschlechtsreif werdenden Insecten, welche sonst ganz dieselben tectologischen Eigenschaften besitzen. Es wird also, wie wir schon im achten Capitel gezeigt haben, diese Bestimmung der organischen Individualität sich nicht festhalten lassen, wenn man zu einer anatomischen Begriffsbestimmung derselben gelangen will.

Dagegen verdient die organische Individualität, wie sie von Gallesio und Huxley als Eiproduct bestimmt worden ist, und wie sie zweifelsohne bei vielen Organismen eine natürliche Entwickelungseinheit darstellt, allerdings Berücksichtigung in der Entwickelungsgeschichte und wir können die Bezeichnung derselben als Eiproduct mit Vortheil benutzen, wenn es gilt, einen allgemeinen Ueberblick über die verschiedenen Entwickelungsformen der Organismen zu gewinnen. Wir können dann das Eiproduct oder den Eikreis, welcher den geschlossenen Formenkreis der geschlechtlichen Zeugung (Cyclus amphigenes) darstellt, allgemein als ein genealogisches Individuum erster Ordnung bezeichnen, gegenüber der Species und dem Phylon, welche man als genealogische Individuen zweiter und dritter Ordnung auffassen kann (vergl. Bd. I, S. 57). Jedoch bedarf dann der Begriff des Eiproductes einer gewissen Ergänzung, da er nicht auf alle Species anwendbar ist.

Der Begriff des Eiproductes oder des amphigenen Zeugungskreises, wie er in dem Individuum von Gallesio und Huxley liegt, würde nur dann auf alle Organismen anwendbar sein, wenn alle Species sich auf geschlechtlichem Wege, wenigstens zeitweise, fortpflanzten. Nun kennen wir aber in den meisten Protisten und in vielen niedersten Pflanzen Organismen, welche niemals zur geschlechtlichen Differenzirung sich erheben, sondern ausschliesslich auf ungeschlechtlichem Wege sich fortpflanzen. Es ist dies der Fall bei den meisten Stämmen des Protistenreiches, bei allen Moneren, Protoplasten, Rhizopoden, Diatomeen, Myxomyceten, bei den meisten (wenn nicht allen) Flagellaten, Myxocystoden und einzelligen Algen. Die Erhaltung der Art erfolgt hier lediglich durch Theilung, Knospenbildung, Keimbildung etc. Zwar ist häufig und auch neuerdings wiederholt das Dogma ausgesprochen worden, dass auch diesen unvollkommensten Organismen eine geschlechtliche Fortpflanzung zukommen müsse, und uns nur noch nicht bekannt sei; indessen ist dieses Dogma seinem ganzen Wesen nach durchaus falsch und es lässt sich vielmehr, gestützt auf die Descendenztheorie, mit aller Bestimmtheit die entgegengesetzte Behauptung aussprechen, dass nämlich sehr zahlreiche Organismen existirt haben müssen und auch gegenwärtig noch existiren können, welchen die geschlechtliche Fortpflanzung völlig abgeht; denn offenbar kann dieser Process keine ursprüngliche physiologische Function der Organismen sein, sondern kann sich erst spät durch Differenzirung von Keimen, durch Arbeitstheilung in männliche befruchtende und weibliche befruchtungsbedürftige Geschlechtsorgane gebildet haben. Sicher werden lange Zeiträume in der ältesten Erdgeschichte verflossen sein, innerhalb deren sich die autogonen Moneren und ihre differenzirten Nachkommen lediglich auf dem einfachsten ungeschlechtlichen Wege, durch Theilung und Knospenbildung, später auch durch Bildung innerer Keime fortgepflanzt haben. Die Differenzirung der Geschlechter ist erst ein verhältnissmässig später Sonderungsprocess einer ursprünglich ungeschlechtlichen Form. Auch steht kein Hinderniss der Annahme im Wege, dass solche Species ohne sexuelle Differenzirung noch jetzt existiren und in den aufgezählten Protisten etc. zu finden sind.

Jedenfalls werden wir also den Begriff des Eiproductes, durch welchen wir bei den geschlechtlich zeugenden Organismen den geschlossenen Cyclus aufeinander folgender Formzustände bezeichnen, der innerhalb der Species sich in rhythmischem Wechsel vom mütterlichen Ei bis zum kindlichen Ei beständig wiederholt, nicht allgemein anwenden können. Allerdings existirt der gleiche Cyclus als Entwickelungseinheit auch bei den geschlechtslosen Species. Er wird hier repräsentirt durch die Reihe von Formen, welche zwischen den beiden ungeschlechtlichen Zeugungsacten eines elterlichen und eines kindlichen Bion mitten inne liegt und welche also mit der Entstehung des physiologischen Individuums durch Spaltung (Theilung, Knospenbildung) oder Keimbildung beginnt und mit der Spaltung oder Keimbildung desselben Individuums abschliesst. Wir können daher diesen Formenkreis hier allgemein als Spaltungskreis oder Spaltungsproduct bezeichnen, und es fällt bei diesen Organismen stets der Begriff des physiologischen Individuums, wenn man es nach seiner zeitlichen Existenz beurtheilt, mit dem Begriff des Spaltungsproductes oder des ungeschlechtlichen Zeugungskreises (Cyclus monogenes) zusammen. Bei den meisten Protisten, ebenso bei den nicht geschlechtlich differenzirten niederen Pflanzen, beginnt dieser monogene Zeugungskreis oder Spaltungskreis mit der Selbsttheilung eines Bionten, oder mit der Entstehung einer Knospe oder Spore, und dauert bis zu dem Momente, in welchem das erwachsene Zeugungsproduct oder das actuelle Bion selbst wieder auf irgend einem ungeschlechtlichen Wege sich fortpflanzt.

Das Spaltungsproduct hat also als genealogisches Individuum erster Ordnung für die geschlechtslosen organischen Species dieselbe Bedeutung, wie das Eiproduct für die geschlechtlich differenzirte Art. Beide bezeichnen die rhythmisch sich wiederholende Entwickelungseinheit, aus deren Vielheit sich die Species aufbaut. Beide Generationskreise zusammen, den ungeschlechtlichen Spaltungskreis und den geschlechtlich differenzirten Eikreis, können wir allgemein als Zeugungsproduct oder Keimproduct bezeichnen, besser vielleicht noch als Zeugungskreis. Dieser Cyclus Generationis ist unser genealogisches Individuum erster Ordnung.

Die organische Species oder Art ist nichts als eine Summe von gleichen Zeugungskreisen und setzt sich in ähnlicher Weise aus einer Vielheit von Zeugungskreisen zusammen, wie jeder einzelne Zeugungskreis aus einer Vielheit von Formzuständen, welche entweder ein einzelnes Bion oder eine Summe von zu einem Cyclus gehörigen Bionten während der Zeit ihrer individuellen Existenz durchläuft. Hierdurch erhalten wir den Begriff der Species als eines genealogischen Individuums zweiter Ordnung.

Die Species selbst ist eben so wenig als der Zeugungskreis eine absolute und unveränderliche organische Individualität. Vielmehr ändert sie ab mit den Existenzbedingungen, unter welchen sie lebt, und durch Anpassung an neue Existenzbedingungen geht sie in neue Arten über. Alle die zahlreichen Arten der drei Reiche, welche jemals auf unserer Erde gelebt haben, sind in dieser Weise, unter dem Einflusse der von Darwin entdeckten natürlichen Zuchtwahl, im Laufe der Zeit aus einer geringen Anzahl autogener Species hervorgegangen. Diese autogonen Stammformen aller organischen Species können, wie wir im sechsten und siebenten Capitel gezeigt haben, nur structurlose Moneren einfachster Art gewesen sein. So wenig aber die Species und der Zeugungskreis eine unveränderliche und geschlossene Entwickelungseinheit ist, so können wir dieselben doch einer vollkommen abgeschlossenen und natürlichen genealogischen Individualität dritten und höchsten Ranges unterordnen. Diese ist der Stamm oder das Phylon, die Summe aller organischen Species, welche aus einer und derselben autogonen Moneren-Form hervorgegangen ist. So gelangen wir zum Begriffe des Phylon als eines genealogischen Individuums dritter Ordnung.

Wir können demgemäss die Summe aller organischen Entwickelungseinheiten in ähnlicher Weise in eine aufsteigende Stufenleiter von genealogischen Individualitäten einreihen, wie wir die Summe aller anatomischen Formeinheiten in eine aufsteigende Stufenreihe von morphologischen (richtiger anatomischen) Individuen zusammengefasst haben. Wie hier, so entspricht auch dort jede Einheit höherer Ordnung einer Vielheit von Einheiten der nächstniederen Ordnung. Wie jeder einzelne Stock eine Vielheit von Personen, jede einzelne Person eine Vielheit von Metameren ist, so stellt jedes einzelne Phylon eine Vielheit von Species, und jede einzelne Species eine Vielheit von Zeugungskreisen oder Keimproducten dar. Der einzelne Zeugungskreis selbst aber ist wieder eine Vielheit von morphologischen Individuen, die in der Zeit auf einander folgen, und bei denjenigen Organismen, welche zeitlebens auf der Plastidenstufe verharren, eine Vielheit von Formzuständen, welche ein und dieselbe Plastide während ihrer individuellen Existenz durchläuft. Die genealogische Individualität ist demnach nicht, wie die morphologische, eine Raumeinheit, die wir im Momente der Beurtheilung als unveränderlich betrachten, sondern eine Zeiteinheit, die erst durch die geschlossene Reihenfolge ihrer räumlichen Veränderungen zur Individualität wird.

Ohne auf die Naturgeschichte der Species und der Stämme hier näher einzugehen, wollen wir doch schon hier auf ein Verhältniss zwischen denselben und den Zeugungskreisen besonders aufmerksam machen, welches zwar in neuerer Zeit allgemeinere Beachtung, aber doch nur bei sehr wenigen Naturforschern tieferes Verständniss gefunden hat. Dieses äusserst interessante und wichtige Verhältniss, welches wir als eine der grössten und lehrreichsten Erscheinungsreihen der organischen Natur betrachten, ist die dreifache Parallele der drei genealogischen Individualitäten, d. h. die merkwürdige Uebereinstimmung in der Stufenleiter von aufeinander folgenden Formzuständen, welche sich zwischen den drei verschiedenen Ordnungen der genealogischen Individualität offenbart. In diesem dreifachen Parallelismus der individuellen, der systematischen und der paläontologischen Entwickelung, in der genetischen Analogie des Bion, der Species und des Phylon, erblicken wir einen der unwiderleglichsten Beweise für die Wahrheit der Descendenztheorie, weil die letztere allein uns diese Parallele mechanisch-causal zu erklären vermag.

Die Untersuchung der genealogischen Individualitäten zweiter und dritter Ordnung, der Species und Stämme, bleibt dem sechsten Buche vorbehalten. Hier beschäftigen wir uns nur mit der Entwickelungseinheit erster Ordnung, dem Zeugungskreise oder Generationscyclus, dessen einzelne Formen wir im folgenden Capitel näher betrachten wollen.

Siebzehntes Capitel.

Entwickelungsgeschichte der physiologischen Individuen.

(Naturgeschichte der Zeugungskreise oder der genealogischen Individuen erster Ordnung.)

„Die Vergleichung beider Geschlechter mit einander ist, zu tieferer Einsicht in das Geheimniss der Fortpflanzung, als des wichtigsten Ereignisses, der Physiologie unentbehrlich. Beider Objecte natürlicher Parallelismus erleichtert sehr das Geschäft, bei welchem unser höchster Begriff, die Natur könne identische Organe dergestalt modificiren und verändern, dass dieselben nicht nur in Gestalt und Bestimmung völlig andere zu sein scheinen, sondern sogar in gewissem Sinne einen Gegensatz darstellen, bis zur sinnlichen Anschauung heranzuführen ist."
Goethe.

I. Verschiedene Arten der Zeugung.

Die Entwickelung der organischen Individuen in dem Umfange, welchen wir oben für diesen Begriff festgestellt haben, dauert ihr ganzes Leben hindurch; denn das ganze Leben ist eine continuirliche Kette von Bewegungserscheinungen der organischen Materie, welche immer mit entsprechenden Formveränderungen verknüpft sind. Die Erkenntniss dieser gesammten Formveränderungen, mögen dieselben nun progressive oder regressive sein, ist das Object der Ontogenie, in dem weiteren Sinne, welchen wir dieser Wissenschaft vindiciren. Da die organische Individualität, welche jene Kette von Entwickelungsformen durchläuft, als physiologisches Individuum (Bion) auftritt, so ist die Ontogenie des ganzen Organismus die Entwickelungsgeschichte seiner physiologischen Individualität.

Die Existenz jedes physiologischen Individuums beginnt mit dem Momente seiner Entstehung durch Zeugung und hört auf entweder mit seinem Tode oder mit seinem vollständigen Zerfall in zwei oder mehrere kindliche Individuen (Selbsttheilung). Wir werden daher die allgemeine Entwickelungsgeschichte der physiologischen Individuen mit einer allgemeinen Erörterung der Zeugungserscheinungen anfangen müssen, mit denen die Existenz aller organischen Individuen ohne Ausnahme beginnt.

Der Begriff der Zeugung fällt zusammen mit dem Begriff der Entstehung der organischen Individualität. Durch jeden Zeugungsprocess entsteht ein organisches Individuum, welches vorher nicht existirte, und der Moment der Zeugung ist der Moment des Beginnes seiner individuellen Existenz und seiner Entwickelung. Alle Zeugung, d. h. also alle Entstehung organischer Individuen, ist entweder Urzeugung (Generatio spontanea) oder Elternzeugung (Generatio parentalis). Die letztere geht aus von vorhandenen organischen Individuen, die erstere nicht.

A. *Urzeugung.*

(Archigonia. Generatio spontanea.)

Die elternlose Zeugung oder Urzeugung (Generatio spontanea, originaria, aequivoca, primaria etc.) besteht darin, dass organische Individuen erster Ordnung von der einfachsten Beschaffenheit (structurlose und homogene Moneren) unter bestimmten Bedingungen in einer nicht organisirten Flüssigkeit entstehen, welche die den Organismus zusammensetzenden Stoffe entweder in anorganischen oder in organischen Verbindungen gelöst enthält. Wenn die chemischen Elemente, welche zu verwickelten Verbindungen zusammengesetzt den Moneren-Körper constituiren, in anorganischer Form (d. h. zu einfachen und festen Verbindungen, Kohlensäure, Ammoniak, binären Salzen etc.) vereinigt in der Bildungsflüssigkeit gelöst sind, so nennen wir diesen Modus der Generatio spontanea Autogonie. Wenn dagegen jene Elemente bereits zu organischen Verbindungen (d. h. zu verwickelten und lockeren Kohlenstoff-Verbindungen, Eiweiss, Fett, Kohlenhydraten etc.) vereinigt in der Bildungsflüssigkeit gelöst sind, so nennen wir diese Art der Generatio spontanea Plasmogonie.

Die elternlose Zeugung in einer „anorganischen" Bildungsflüssigkeit, die Autogonie oder Selbstzeugung, ist derjenige Modus der Generatio spontanea, mit welchem nothwendig das organische Leben auf der früher unbelebten Erdrinde zu irgend einer Zeit begonnen haben muss. Da uns dieser Vorgang bis jetzt nicht durch empirische Beobachtung bekannt ist, wissen wir nicht, ob derselbe gegenwärtig noch fortdauert. Nothwendig aber ist der wichtige Deductionsschluss, dass irgend einmal organische Individuen einfachster Art (Moneren) unmittelbar durch den Zusammentritt einfacher (anorganischer) Verbindungen zu verwickelten (eiweissartigen Kohlenstoff-Verbindungen) entstanden sein müssen. In diesem Sinne haben wir den Process der Autogonie im sechsten Capitel eingehend erörtert (Bd. I, S. 179—190).

Die andere Art der elternlosen Zeugung, die Plasmogonie oder Plasmazeugung, durch welche organische Individuen einfachster Art ausserhalb bestehender Organismen in einer „organischen" Bildungsflüssigkeit entstehen, haben wir ebendaselbst bereits einer allgemeinen Betrachtung unterzogen (Bd. I, S. 176). Auch diesen Process, welchen man allgemein als „Generatio aequivoca oder spontanea" bezeichnet (obwohl er nur der eine Modus derselben ist), hat man noch nicht mit Sicherheit beobachtet. Jedoch ist es möglich, und selbst wahrscheinlich, dass derselbe noch jetzt existirt. Die bis jetzt in dieser Beziehung angestellten Experimente haben die Existenz der Plasmogonie (welche neuerdings besonders von Pouchet vertheidigt wird) nicht mit Bestimmtheit nachzuweisen vermocht. Ebenso wenig, oder vielmehr noch weniger haben sie aber die Nichtexistenz derselben (die namentlich Pasteur vertritt) beweisen können; dieser Beweis ist überhaupt nicht zu liefern (vergl. Bd. I, S. 177). Diejenigen, durch Beobachtung empirisch festgestellten Vorgänge, welche der Plasmogonie am nächsten stehen und dieselbe am besten erläutern, sind die verschiedenen Formen der sogenannten „freien Zellbildung", welche wir als emplasmatische Zellbildung oder Emplasmogonie unten noch besprechen werden; insbesondere die emplasmatische Entstehung neuer Zellen in der durch Histolyse entstandenen formlosen Bildungsmasse der Fliegenlarve, und die emplasmatische Entstehung neuer Zellen (der Keimbläschen) im Embryosack der Phanerogamen. Der wesentliche Unterschied zwischen dieser Emplasmogonie und der Plasmogonie liegt nur darin, dass dort die formlose organische Substanz, in welcher Plastiden frei entstehen, innerhalb, hier dagegen ausserhalb eines bestehenden Organismus liegt.

B. *Elternzeugung.*

(Tocogonia. Generatio parentalis.)

Unter dem Begriffe der elterlichen Zeugung oder Tocogonie fasst man allgemein alle diejenigen Entstehungsweisen organischer Individuen zusammen, welche von bereits bestehenden organischen Individuen ausgehen. Die Lebensthätigkeit der bestehenden oder elterlichen Individuen, durch welche die neu entstehenden oder kindlichen Organismen hervorgebracht werden, heisst allgemein Fortpflanzung (Propagatio). Das Wesen dieses Vorganges als einer Wachsthumserscheinung haben wir bereits oben erörtert. Indem das Individuum über sein individuelles Maass hinaus wächst, löst sich das überschüssige Wachsthumsproduct in Form eines Theiles von ihm ab, welcher sich alsbald wieder zu einem vollständigen Individuum durch eigenes Wachsthum ergänzt. Der neu erzeugte, kindliche Organismus (Partus) ist also ein abgelöster Theil des elterlichen Organismus (Parens). Die Ablösung kann vollständig oder unvollständig sein. Im ersteren Falle erhält das neu erzeugte morphologische Individuum durch den Ablösungsakt die Selbstständigkeit des physiologischen Individuums (Bion). Im letzteren Falle bleibt das kindliche morphologische Individuum mit dem elterlichen mehr oder minder innig verbunden und bildet mit ihm einen Complex oder eine Colonie (Synusia), ein physiologisches Individuum, welches einer höheren morphologischen Ordnung angehört, als die beiden Componenten.

Man pflegt die Tocogonie oder parentale Zeugung allgemein in zwei verschiedene Reihen einzutheilen, unter welche sich alle die zahlreichen Modificationen, welche dieselbe bei den verschiedenen Organismengruppen zeigt, subsumiren lassen: die geschlechtslose oder monogone und die geschlechtliche oder amphigone Fortpflanzung. Bei der Monogonie oder ungeschlechtlichen Fortpflanzung ist das einzelne Wachsthumsproduct, welches sich von dem elterlichen Organismus ablöst, zur Selbsterhaltung und zum selbstständigen Wachsthum befähigt, ohne dazu der Mitwirkung eines anderen Wachsthumsproductes zu bedürfen. Bei der Amphigonie oder geschlechtlichen Fortpflanzung dagegen wird das einzelne Wachsthumsproduct erst durch materielle Verbindung mit einem zweiten davon verschiedenen Wachsthumsproducte, durch geschlechtliche Vermischung (Gamos) zur Selbsterhaltung und zum selbstständigen Wachsthum befähigt. Die Grenze zwischen diesen beiden, in ihren Extremen sehr abweichenden Fortpflanzungsarten, welche früherhin für vollständig verschiedene Zeugungsformen galten, ist durch die neueren Entdeckungen über die Parthenogenesis so sehr verwischt worden, dass es schwierig ist, eine scharfe Definition derselben zu geben. Insbesondere haben die Fälle von Parthenogenesis bei den Insecten (Bienen, Psychiden) dazu geführt, als das Kriterium der geschlechtlichen Zeugung nicht die materielle Verbindung zweier verschiedener Individuen zu bestimmen, sondern die Entstehung der Keime, aus denen sich die neuen Individuen bilden, in einem „Geschlechtsapparate“; die in dem „Eierstock“ gebildete „Eizelle“ soll hier entscheidend sein, und es kann diese Ansicht namentlich gestützt werden durch die Betrachtung der Bienen, bei denen eine und dieselbe Zelle, wenn sie befruchtet wird, sich zum Weibchen, wenn sie nicht befruchtet wird, zum Männchen entwickelt. Indessen ist es nicht möglich, die Geschlechtsorgane und die Geschlechtsproducte, namentlich die Eizelle, als solche vom morphologischen Gesichtspunkte irgendwie scharf zu charakterisiren, da bei den niederen Thieren die Bildung der Geschlechtsproducte oft nicht auf besondere Organe localisirt ist, und Zellen, welche morphologisch von Eizellen nicht zu unterscheiden und gleich diesen entwickelungsfähig sind, an den verschiedensten Stellen des Körpers sich bilden können (z. B. bei vielen Hydromedusen). Auch giebt es bei einigen Thieren besondere Keimorgane, sogenannte „Keimstöcke“ (z. B. bei den Aphiden, bei den Salpen und anderen Mollusken), welche sich in morphologischer Beziehung den Geschlechtsorganen sehr ähnlich verhalten und dennoch nicht als solche gedeutet werden können. Es bleibt also nichts Anderes übrig, als das Kriterium der geschlechtlichen Zeugung in die materielle Verbindung zweier verschiedener Zeugungsstoffe zu setzen, von denen der weibliche Zeugungskörper, das befruchtungsbedürftige Ei (Ovum), erst durch die Berührung mit dem männlichen Zeugungskörper, dem befruchtenden Samen (Sperma), zur Entwickelung befähigt wird. Durch die materielle Verbindung der beiderlei Geschlechtsproducte, die wirkliche chemische Mischung der beiden verschiedenen Stoffe, wird die gemischte Uebertragung der Eigenschaften von beiden Eltern auf das Kind bedingt, welche ebenso für die geschlechtliche Zeugung charakteristisch, wie für die Vererbungsgesetze von der grössten Wichtigkeit ist.

1. Ungeschlechtliche Fortpflanzung.

(Monogonia. Generatio monogenea.)

Die ungeschlechtliche oder monogene Zeugung (Monogonie) ist dadurch charakterisirt, dass das Wachsthumsproduct des elterlichen Organismus selbstständig entwickelungsfähig ist, ohne der Befruchtung, der Vermischung mit einem anderen Wachsthumsproducte zu bedürfen. Sie ist auch als Spaltung (Fissio) bezeichnet worden, weil der entwickelungsfähige Theil des Individuums, welcher sich zu einem neuen Individuum entwickelt, sich früher oder später von dem ersteren abspaltet, und durch diese unvollständige oder vollständige Spaltung selbstständig wird. Indessen scheint es passender, den Begriff der Spaltung auf die beiden Formen der monogenen Fortpflanzung, welche man als Theilung und Knospenbildung bezeichnet, zu beschränken, da die dritte Hauptform derselben, die Sporenbildung, ebenso wie die Bildung der Geschlechtsproducte, mehr auf einer inneren Aussonderung eines einzelnen Wachsthumsproductes, als auf einer eigentlichen äusseren Spaltung des ganzen Individuums beruht. Wir können also allgemein zunächst zwei Hauptgruppen unter den verschiedenen monogenen Fortpflanzungsformen unterscheiden, nämlich I) die Spaltung oder Schizogonie (Fission) und II) die Keimbildung oder Sporogonie. Bei der ersteren (Selbsttheilung und Knospenbildung) bleibt das Wachsthumsproduct entweder dauernd mit dem elterlichen Individuum in Verbindung, oder es löst sich (meist äusserlich) von dem parentalen Organismus erst ab, nachdem es schon eine grössere oder geringere Selbstständigkeit und Ausdehnung erlangt hat. Meist entspricht dasselbe bereits einem differenzirten Plastidencomplexe, wenn die Abspaltung erfolgt. Bei der Sporogonie dagegen sondert sich das Wachsthumsproduct (meist innerlich) schon frühzeitig von dem elterlichen Organismus ab, ehe es sich selbstständig entwickelt hat, und stellt zur Zeit der Ablösung meist eine einfache Plastide dar. In dieser Beziehung erscheint also die Spore oder Keimplastide nicht sowohl als Spaltungs-, wie als Absonderungsproduct des elterlichen Organismus, und schliesst sich vielmehr den ebenfalls abgesonderten Geschlechtsproducten an, denen sie auch in ihren Entwickelungs- und besonders in den Vererbungserscheinungen oft näher verwandt ist. Da nämlich die Continuität zwischen elterlichem und kindlichem Organismus bei der Theilung und Knospenbildung inniger ist und längere Zeit hindurch fortdauert, als bei der Sporenbildung und geschlechtlichen Zeugung, so werden auch bei der ersteren die individuellen Eigenschaften des elterlichen Organismus genauer und strenger auf das kindliche Individuum übertragen, als bei der letzteren [1]).

A. Ungeschlechtliche Zeugung durch Spaltung.

(Generatio fissipara. Fissio. Schizogonia.)

Die Monogonie durch Spaltung (Fissio) ist dadurch charakterisirt, dass das Wachsthumsproduct sich (meistentheils äusserlich) vom elterlichen Organismus entweder überhaupt gar nicht oder erst dann ablöst, nachdem dasselbe bereits eine im Verhältniss zu letzterem beträchtliche Ausdehnung und morphologische Differenzirung erhalten hat. Bei den polyplastiden Organismen stellt dasselbe zur Ablösungszeit bereits eine Mehrheit von Plastiden dar. Die beiden Hauptformen, welche man unter den verschiedenen Modificationen der Spaltung unterscheidet, sind I) die Selbsttheilung oder Divisio und II) die Knospenbildung oder Gemmatio. Bei der Selbsttheilung ist das die Fortpflanzung einleitende Wachsthum des Individuums ein totales und es zerfällt dasselbe bei der Spaltung in seiner Totalität, so dass die Theilungsproducte gleichwerthig sind. Bei der Knospenbildung dagegen ist es ein einzelner Körpertheil des Individuums, welcher durch bevorzugtes Wachsthum zur Bildung einer neuen Individualität (Knospe)

[1]) Von diesem Gesichtspunkte aus betrachtet könnte es sogar passender erscheinen, als die beiden Hauptformen der Tocogonie nicht die geschlechtslose und geschlechtliche Fortpflanzung, sondern die Fortpflanzung durch Abspaltung (Fissio) und durch Absonderung (Secretio) zu unterscheiden. Für die erstere würde man als das Kriterium entweder die Theilung des Organismus in seiner Totalität oder die Ablösung eines Plastiden-Complexes hinstellen müssen, für die letztere die Ablösung einer einzelnen Plastide. Es würden dann also unter der Tocogonie folgende Modificationen zu unterscheiden sein:

I. Spaltung (Fissio):
   1) Selbsttheilung (Divisio);
   2) Knospenbildung (Gemmatio).

II. Keimabsonderung (Secretio):
   1) Einfache oder Ungeschlechtliche Keimbildung (Sporogonia);
   2) Zweifache oder Geschlechtliche Keimbildung (Amphigonia).

führt, und diese trennt sich dann von dem elterlichen Individuum unvollständig oder vollständig, ohne dass dessen eigene Individualität dadurch vernichtet wird. Es sind also die beiden Spaltungsproducte hier ungleichwerthig.

Aa. Die Selbsttheilung oder Division.
(Generatio scissipara sive divisiva. Divisio. Scissio.)

Die Selbsttheilung wird eingeleitet durch ein allseitiges Wachsthum des Individuums, welches bei Ueberhandnahme desselben in seiner Totalität zerfällt und durch den Theilungsprocess selbst vernichtet wird. Die Theilungsproducte sind von gleichem Alter, also coordinirt, und auch ihrer morphologischen Bedeutung nach meistens vollkommen oder doch annähernd gleichwerthig. Aeusserlich beginnt der Theilungsprocess mit der Bildung einer ringförmigen Furche an der Körperoberfläche, welche tiefer und tiefer greift und endlich oft mit der Bildung einer vollständigen Theilungsebene durchschneidet. Indessen geht dieser äusserlichen Abschnürung immer als wesentliches Moment des Processes die Bildung zweier neuen Wachsthumscentra in dem decentralisirten Individuum vorher. Sehr oft kommt auch die Theilung äusserlich gar nicht als Furchung oder Abschnürung zur Erscheinung, während sie doch dadurch in gewisser Hinsicht vollständig wird, dass sich eine heterogene Scheidewand zwischen den beiden homogenen Hälften ausbildet. Dies ist insbesondere sehr allgemein bei der Selbsttheilung der Plastiden der Fall, welche zu Parenchym mit einander verbunden bleiben.

Man unterscheidet gewöhnlich vollständige Theilung (Divisio completa), bei welcher die aus der Theilung entstehenden kindlichen Individuen sich gänzlich von einander trennen, und unvollständige Theilung (Divisio incompleta), bei welcher dieselben zu Individuencomplexen oder Synusieen vereinigt bleiben. Letztere ist ausserordentlich wichtig, da auf ihr meistens die Bildung der Individuen höherer Ordnung beruht. Ausserdem pflegt man noch, je nach der verschiedenen Richtung der Theilungsebene zum Körper, Längstheilung und Quertheilung zu unterscheiden. Da eine schärfere Unterscheidung dieser Formen, als bisher üblich war, für verschiedene Entwickelungsverhältnisse von hoher Bedeutung ist, so wollen wir auf dieselben hier etwas näher eingehen.

Zunächst erscheint uns hier besonders wichtig der bisher nicht berücksichtigte Unterschied zwischen der Zweitheilung (Dimidiatio), wobei das Individuum in zwei gleiche Hälften, und der Strahltheilung (Diradiatio), bei welcher dasselbe in drei oder mehr gleiche Stücke zerfällt. Die letztere theilen wir wieder ein in paarige (artia) und unpaarige Diradiation (anartia).

I. Die Zweitheilung.
(Divisio bifida sive Dimidiatio)

Um die verschiedenen, gewöhnlich nur als longitudinale und transversale Theilung unterschiedenen Zweitheilungs-Formen schärfer zu umschreiben, ist es nothwendig, auf die Promorphologie der Individuen zurückzugehen. Das Bestimmende für die Unterscheidung und Bezeichnung der verschiedenen Zweitheilungs-Modificationen finden wir in dem Verhältniss der Theilungsebenen zu der Hauptaxe und zu den Kreuzaxen. Wir können in dieser Beziehung vier verschiedene Modificationen unterscheiden, nämlich 1) die Stücktheilung, 2) die Längstheilung, 3) die Quertheilung, 4) die Diagonaltheilung.

1. Die Stücktheilung.
(Divisio indefinita sive Partitio.)

Die Stücktheilung kommt allgemein bei denjenigen Individuen vor, welche ihrer Grundform nach zu den Anaxonien gehören, bei denen also die Körperform überhaupt nicht zu bestimmen und eine deutliche Axe nicht ausgesprochen ist. Wir finden dies bei vielen Protisten und bei vielen Organen und Plastiden der höheren Thiere und Pflanzen vor. Hier wird also dann der Charakter der Theilung, der sie von der Knospung unterscheidet, wesentlich darin zu finden sein, dass die Masse der beiden formlosen Spaltungsproducte gleich oder doch nahezu gleich ist. Die Theilungsebene ist hier vollkommen unbestimmt, da keine eigentliche Axe vorhanden ist, zu der sie eine bestimmte Beziehung besitzen könnte. Wenn das formlose Individuum eine kernhaltige Zelle ist, so wird der Theilungsprocess zugleich dadurch charakterisirt sein, dass jedes der beiden Theilstücke die Hälfte des vorher getheilten Kernes erhält. Dieselbe Stücktheilung oder Partition ist ferner der ausschliessliche Theilungsmodus bei den vollkommen regelmässigen Grundformen, den Homaxonien (Kugeln), sowie bei den Polyaxonien, bei denen mehrere gleiche Hauptaxen vorhanden sind.

2. Die Längstheilung
(Divisio longitudinalis sive Dichotomia)

Die Längstheilung findet sich sehr häufig vor bei denjenigen Individuen, deren Grundform eine deutlich ausgesprochene Hauptaxe (Längsaxe) besitzt (Protaxonien). Die Theilungsebene fällt hier stets mit der Längsaxe zusammen. Bei den Zeugiten (allopolen Stauraxonien), bei denen die beiden Richtaxen verschieden sind, fällt die Theilungsebene ausserdem zugleich mit der Dorsoventralaxe zusammen, so dass dieselbe durch diese beiden Axen fest bestimmt wird; der Körper zerfällt bei diesen daher durch die Theilung in eine rechte und linke Hälfte. Die Dichotomie oder Längstheilung ist sehr verbreitet unter denjenigen Plastiden, welche eine deutliche Längsaxe haben (z. B. die regulären Cylinder-Zellen, Kegel-Zellen etc.). Aber auch bei Individuen höherer Ordnung ist sie in gewissen Abtheilungen sehr häufig, besonders bei den Personen der Anthozoen (bei den Madreporarien und den Zoantharien überhaupt, vorzüglich aber bei den Turbinoliden und Astraeiden). Unter den Infusorien ist sie besonders bei den Vorticellinen und Ophrydinen verbreitet (jedoch hier neuerdings theilweis als Copulation gedeutet). Unter den Thallophyten ist unvollständige Längstheilung oder Dichotomie ebenfalls sehr häufig; unter den Phanerogamen dagegen scheint dieselbe nur als Monstrosität vorzukommen, als die sogenannte Fasciation; eine ihrer eigenthümlichsten Formen (den Maeandrinen sehr ähnlich) findet sich bei *Celosia cristata*. Die allgemeinste und oft selbst ausschliessliche Form der Fortpflanzung ist die Längstheilung bei den Diatomeen; auch bei vielen anderen Protisten, z. B. Flagellaten, und niederen Algen ist sie häufig. Wenn die Halbirung unvollständig ist, führt sie in vielen Fällen zur Bildung von sehr regelmässig gabelspaltigen Colonieen, z. B. bei den Vorticellinen, Gomphonemen, Cocconemen etc., ferner bei den genannten Anthozoen, und bei der Fasciation der Phanerogamen.

3. Die Quertheilung.
(Divisio transversa sive Articulatio divisiva.)

Dieser Theilungsmodus ist, wie der vorige, sehr verbreitet bei denjenigen Individuen, deren Grundform durch eine deutliche Längsaxe oder Hauptaxe bestimmt ist (Protaxonien). Die Theilungsebene steht hier immer senkrecht auf der Längsachse. Bei den Zeugiten, bei denen die beiden Richtaxen verschieden sind, fällt die Theilungsebene ausserdem zugleich mit der Lateralaxe zusammen oder läuft ihr parallel. Der Körper zerfällt durch die Quertheilung stets in eine vordere und hintere Hälfte. Dieser Theilungsmodus kommt gleich dem vorigen sehr häufig bei den Plastiden vor, deren Grundform protaxon ist. Bei sehr zahlreichen Protisten, niederen Pflanzen (Algen, Nematophyten) und Thieren (Infusorien, z. B. die Ophryoscolecinen, *Halteria;* selten bei Würmern) entstehen durch vollständige Quertheilung neue Bionten. Nicht minder wichtig ist die unvollständige Quertheilung, welche häufig zur Entstehung von Individuen vierter Ordnung, von Metameren, Veranlassung giebt. Gewöhnlich wird sie hier kurzweg als Articulation oder Gliederung bezeichnet und ist oft sehr schwer zu unterscheiden von der terminalen Knospenbildung, durch welche z. B. die Wirbelsegmente des Vertebraten-Rumpfs, die Zoniten der Articulaten und vieler Coelenteraten, die Stengelglieder der Phanerogamen u. s. w. entstehen. Bisweilen sind hier lebhafte Streitigkeiten darüber geführt worden, ob die Zeugung der Metameren als Quertheilung oder als Terminalknospenbildung zu betrachten sei, so z. B. bei den Naiden, wo auch die Ablösung der Metameren-Ketten, die sich zu selbstständigen Personen entwickeln, von den einen (z. B. Max Schultze) als Quertheilung, von den anderen (z. B. Leuckart) als Knospenbildung gedeutet worden ist. In beiden Fällen ist das Wesentliche des Processes ein überwiegendes Wachsthum in der Richtung der Längsaxe, welches entweder durch äussere Bildung eines queren Spaltes oder durch innere Bildung einer queren Scheidewand zur Abgliederung der beiden Metameren führt. Findet das Wachsthum des Metameres an beiden Polen der Längsaxe statt und zerfällt dasselbe in seiner Totalität in zwei gleichwerthige neue Glieder, so haben wir den Spaltungsprocess als Quertheilung aufzufassen. Findet dagegen das Wachsthum des Metameres nur an einem Pole seiner Längsaxe statt, so verhält sich das jüngere Wachsthumsproduct gegenüber dem ungleichwerthigen älteren Hauptstücke als Knospe, und der Spaltungsprocess muss dann als terminale Knospenbildung aufgefasst werden. In beiden Fällen ist es gleichgültig für diese Auffassung, ob die Spaltung der beiden Glieder eine vollständige oder unvollständige ist, worauf man früher zu viel Werth legte. Durch fortgesetzte unvollständige Abspaltung von Metameren entstehen Metameren-Ketten vom Werthe der Personen, sowohl bei bipolarem Wachsthum (Quertheilung), als bei unipolarem Wachsthum (Terminalknospenbildung).

4. Die Schieftheilung.
(Divisio diagonalis sive obliqua.)

Dieser Theilungsmodus scheint der am wenigsten verbreitete von allen zu sein und ist bisher an freien Bionten nur sehr selten, nur bei wenigen niederen Pflanzen (einigen einzelligen Algen), Protisten (z. B. *Chlorogonium*) und Infusorien (z. B. *Lagenophrys*) beobachtet worden. Sie unterscheidet sich von allen anderen dadurch, dass sich die Theilungsebene unter einem bestimmten schiefen Winkel mit der Längsaxe kreuzt. Bei *Chlorogonium* findet dieselbe gleichzeitig wiederholt an einem und demselben Individuum statt und es liegen hier die verschiedenen Theilungsebenen einander parallel. Häufiger findet sich Diagonaltheilung unter den Plastiden des Pflanzen-Parenchyms vor, wo die Scheidewandbildung zwischen zwei sich theilenden Zellhälften oft unter einem ganz constanten schiefen Winkel gegen die Längsaxe der Zelle gerichtet ist. Viel seltener, als im Gewebe der Pflanzen, ist im Parenchym der Thiere dieser Winkel so constant, dass er sich mit mathematischer Sicherheit bestimmen lässt, so z. B. bei den Knorpelzellen, welche in den sogenannten „fächerig gebauten“ Tentakeln vieler Medusen reihenweise hinter einander liegen.

II. Die Strahltheilung.
(Divisio radialis sive Diradiatio.)

Die Strahltheilung der Individuen oder die Diradiation halten wir für einen äusserst wichtigen und sowohl von den vorher aufgeführten Theilungsformen als von der Knospenbildung wesentlich verschiedenen Theilungsprocess, der aber bisher als solcher, wenigstens in seiner allgemeinen Bedeutung, nicht gewürdigt ist. Es beruht darauf die Bildung der meisten sogenannten „strahligen oder radiären" Formen, also die charakteristische Form der Blüthenknospen (Personen) bei den allermeisten Phanerogamen, der Personen bei den sogenannten Strahlthieren (Coelenteraten und Echinodermen) etc. Wir haben im vierten Buche gesehen, dass die charakteristische Form aller dieser strahligen oder „regulären" Formen darauf beruht, dass der individuelle Körper aus mehr als zwei, mindestens drei Antimeren zusammengesetzt ist, welche sich in der Hauptaxe (Längsaxe) berühren. Die Axen, welche in der Mitte der Antimeren, senkrecht auf der Hauptaxe verlaufen, haben wir radiale Kreuzaxen genannt. Der Theilungsprocess durch Diradiation besteht nun im Wesentlichen darin, dass ein nur mit einer Hauptaxe versehener Körper (eine Protaxonform) sich in mehr als zwei, mindestens drei gleiche Stücke theilt, welche sich in der Hauptaxe berühren. Die Mittellinien dieser Theilstücke sind die Strahlaxen. Es bildet sich hier also nicht, wie bei allen vorigen Theilungsformen, eine einzige Theilungsebene, sondern es entstehen hier stets mehrere, mindestens zwei Theilungsebenen, welche mit der Längsaxe zusammenfallen. Dadurch, dass die Längsaxe in die Theilungsebene fällt, schliesst sich die Strahltheilung an die Längstheilung an, welche gewissermaassen den einfachsten Fall derselben darstellt. Die Strahltheilung entfernt sich aber von der Längstheilung und allen anderen Theilungsarten dadurch, dass durch den Theilungsprocess nicht zwei, sondern drei oder mehrere Theilstücke entstehen, welche man allgemein als Strahlstücke (Partes radiales) oder Actinomeren bezeichnen kann. Wenn die Strahltheilung ein Individuum vierter oder fünfter Ordnung betrifft, so nennen wir die Strahlstücke Antimeren oder Gegenstücke; wenn sie ein Individuum zweiter oder erster Ordnung betrifft, so bezeichnen wir sie als Parameren oder Nebenstücke. So entstehen z. B. als Antimeren durch Diradiation einer Person die sogenannten „Kreisglieder" der Blüthensprosse bei den meisten Phanerogamen, die „Radialsegmente" vieler Echinodermen und der gegliederten Coelenteraten (vieler Anthozoen etc.). Ebenso entstehen als Antimeren durch Diradiation eines Metamers die Radialsegmente von Stengelgliedern bei Phanerogamen mit kreuzständigen oder wirtelständigen Blättern. Parameren, welche durch Diradiation eines Organs entstehen, sind z. B. die einzelnen Blätter eines zusammengesetzten handförmigen oder palmatifiden Blattes, die einzelnen fünf Zehen des Wirbelthier-Fusses. Parameren, welche durch Diradiation einer Plastide entstehen, sind die einzelnen divergirenden Fortsätze vieler strahlender oder sternförmiger Zellen (z. B. Pflanzenhaare, einzellige Algen). Die Diradiation ist meistens eine mehr oder minder unvollständige, so dass die Radialtheile beisammen bleiben. Seltener ist sie vollständig, d. h. mit Ablösung der Strahltheile verbunden.

Wie wir unter der Zweitheilung oder Dimidiation die vier verschiedenen Formen der Stück-, Längs-, Quer- und Diagonaltheilung je nach der verschiedenen Lage der Theilungsebene zu den Körperaxen unterschieden haben, so können wir auch nach demselben Princip zwei verschiedene Arten der Strahltheilung unterscheiden, nämlich die paarige oder unpaare Diradiation.

1. Die paarige Strahltheilung.
(Diradiatio artia s. par.)

Die paarige oder artische Strahltheilung besteht darin, dass an einem protaxonien (sehr häufig z. B. konischen oder eiförmigen) Individuum, also einem Körper mit einer Hauptaxe (Längsaxe) sich gleichzeitig zwei oder mehrere mit der Hauptaxe zusammenfallende (meridianale) Theilungsebenen bilden, welche durch den ganzen Körper (in der Richtung von Kreuzaxen) hindurchgehen. Es zerfällt also der Körper in doppelt so viel Antimeren (oder Parameren), als Theilungsebenen vorhanden sind. Jede Theilungsebene ist hier vollständig interradial und fällt mit der Längsaxe und mit einer Zwischenstrahlaxe zusammen, während in der Mitte der Antimeren (oder Parameren), die dadurch entstehen, die Strahlaxen verlaufen. Mithin entstehen durch paarige oder artische Diradiation allgemein diejenigen Formen, welche wir als isopole Homostauren und autopole Heterostauren bezeichnet haben, alle strahligen Formen, deren homotypische Grundzahl paarig (2 n) ist. Es gehören also hierher die Personen-Formen der allermeisten Coelenteraten, insbesondere alle Ctenophoren, die meisten Hydromedusen und Anthozoen, ferner diejenigen Blattsprosse (ungeschlechtliche Prosopen) und Blüthensprosse (geschlechtliche Prosopen) der Phanerogamen, welche eine paarige Grundzahl haben, also z. B. die vierkantigen Stengel mit kreuzständigen oder gegenständigen Blättern, die Blüthen mit 4 Antimeren (Cruciferen) und überhaupt mit 2 n Antimeren. Die Differenzirung der gleichartigen radialen Theile (Antimeren oder Parameren), welche sich in der Hauptaxe berühren, kann hier deshalb allgemein als Strahltheilung bezeichnet werden, weil das Individuum in derselben mehr oder weniger vollständig aufgeht.

2. Die unpaare Strahltheilung.
(Diradiatio anartia s. impar.)

Die unpaare oder anartische Strahltheilung ist der vorigen dadurch entgegengesetzt, dass an einem protaxonien (z. B. kegelförmigen oder eiförmigen) Individuum sich gleichzeitig drei oder mehrere mit der Hauptaxe zusammenfallende (meridianale) Theilungsebenen bilden, welche (in der Richtung der Kreuzaxen) nur durch den halben Körper hindurchgehen. Es zerfällt also der Körper in eben so viel Antimeren (oder Parameren), als Theilungsebenen vorhanden sind. Jede Theilungsebene ist hier halb radial, halb interradial, und fällt mit der Längsaxe und mit einer Halbstrahlaxe zusammen. Die wirkliche Theilung findet nur in der interradialen Hälfte der Theilungsebene statt, während die radiale Hälfte derselben die Mitte eines Antimeres (oder Parameres) bildet. Mindestens drei Theilungsebenen sind hierzu erforderlich. Es entstehen durch diese unpaare oder anartische Diradiation allgemein diejenigen Formen, welche wir als anisopole Homostauren, als Pentamphipleuren etc. bezeichnet haben, alle strahligen Formen, deren homotypische Grundzahl unpaar (2n — 1) ist. Es gehören also hierher die Personen-Formen der allermeisten Echinodermen (Pentamphipleura), der dreistrahligen Radiolarien (Triamphipleura), ferner diejenigen Blattsprosse und Blüthensprosse der Phanerogamen, welche eine unpaare Grundzahl haben, z. B. die Blattsprosse mit dreikantigem Stengel, die Blüthen mit 3 Antimeren (die meisten Monocotyledonen), mit 5 Antimeren (die meisten Dicotyledonen) und überhaupt alle Prosopen mit 2n — 1 Antimeren.

Ab. Die Knospung oder Knospenbildung.
(Generatio gemmipara. Gemmatio.)

Die Knospenbildung oder Gemmation als die zweite Hauptform der Spaltung oder Fission ist, wie oben bemerkt, wesentlich dadurch von der Selbsttheilung verschieden, dass sie durch ein einseitiges (nicht allseitiges) Wachsthum des Individuums eingeleitet wird und dass daher bei der Abspaltung des einseitig gewucherten Theiles die Individualität des Ganzen nicht zerstört wird, sondern vielmehr erhalten bleibt. Die Knospungsproducte sind also von ungleichem Werthe und es ist von Anfang an das elterliche Individuum von dem kindlichen, welches als Knospe aus ihm hervorwächst, verschieden. Die beiden Spaltungsproducte sind bei der Knospung von verschiedenem Alter, bei der Theilung von gleichem Alter. Bei der letzteren spaltet sich das Individuum in zwei oder mehrere coordinirte, bei der ersteren in zwei oder mehrere subordinirte Theile. Der durch bevorzugtes partielles Wachsthum ausgebildete kindliche Organismus oder die Knospe ist dem elterlichen knospenden Individuum untergeordnet, wenn er auch denselben Grad morphologischer Ausbildung erreicht.

Wie bei der Theilung unterscheidet man auch bei der Knospung gewöhnlich nach der verschiedenen Dauer des Zusammenhanges zwischen beiden Spaltungsproducten zwei Gemmationsarten: die vollständige Knospenspaltung (Gemmatio completa), bei welcher das kindliche Individuum, die Knospe, sich vollständig von dem elterlichen ablöst, und die unvollständige Knospenspaltung (Gemmatio incompleta), bei welcher dieselben als Individuenstock oder Synusie vereinigt bleiben. Die letztere kommt in ausserordentlich mannichfaltiger Form zur Ausführung, besonders im Pflanzenreiche und bei den Coelenteraten, wo die charakteristische Form der Cormen grösstentheils durch die Form der unvollständigen Knospenspaltung bedingt wird.

Der Begriff der Knospe (Gemma) ist ein streng physiologischer (so gut als der irgend eines anderen Spaltungsproductes) und bedeutet stets ein physiologisches Individuum (Bion), welches von einem vorher bestehenden elterlichen Individuum durch den soeben geschilderten Spaltungsprocess, die Knospenbildung oder Gemmation, erzeugt wird. Es ist sehr wichtig, diese einzig durchführbare scharfe Bestimmung des Begriffs „Knospe“ streng festzuhalten, und ebenso sie bestimmt zu unterscheiden von dem rein morphologischen Begriff des Sprosses (Blastos), welcher sehr häufig, besonders in der Botanik, damit verwechselt wird. Durch diese Verwechselung der beiden ganz verschiedenen Begriffe, welche beide einen scharf bestimmten Umfang und Inhalt haben, ist schon unendliche Verwirrung angerichtet worden. Der Spross ist von der Knospe ebenso verschieden, wie die Zelle, oder wie der Stock. Der Spross oder Blastos ist, wie wir im neunten Capitel festgestellt haben, das morphologische Individuum fünfter Ordnung, die Person oder das Prosopon; bei den Thieren meistens als das „eigentliche Individuum“, bei den Pflanzen bald als Spross, bald als Knospe bezeichnet. Die Knospe (Gemma) dagegen kann als physiologisches Individuum (Bion) von den morphologischen Individuen aller sechs Ordnungen vertreten werden. Durch Knospung entstehen nicht allein die meisten Sprosse, sondern auch die meisten Stöcke, die meisten Organe (z. B. Blätter, Extremitäten), sehr viele Zellen und Cytoden. Alle diese Form-Individuen verschiedenen Ranges können mit Rücksicht auf ihre Entstehung als Knospen (Gemmae) bezeichnet werden.

Als die verschiedenen Hauptformen der Knospen werden in der Botanik allgemein die drei Formen der Terminalknospen, Axillarknospen und Adventivknospen unterschieden. Wichtiger ist die in der Zoologie gebräuchliche Unterscheidung der äusseren und inneren Knospenbildung, je nachdem die Knospen äusserlich auf der Oberfläche, oder innerlich in einem Hohlraum des elterlichen Individuums entstehen.

I. Die äussere Knospenbildung.
(Gemmatio externa.)

Die äussere Knospenbildung ist weit allgemeiner verbreitet und weit mannichfaltiger modificirt, als die innere, und es gehört hierher die grosse Mehrzahl aller Gemmationsformen. Die Knospe entsteht hier auf der äusseren Oberfläche des elterlichen Individuums und wächst über dieselbe in Form eines anfangs sehr kleinen und einfachen (gewöhnlich kegelförmigen) Höckers hervor, welcher sich mit zunehmender Grösse in Form und Zusammensetzung zu differenziren beginnt. Es erhebt sich also hier stets über die Oberfläche des elterlichen Individuums eine Wucherung, ein partielles, locales Wachsthumsproduct, welches sich erst späterhin, nachdem es eine bestimmte Grösse und Ausbildungshöhe erreicht hat, vollständig oder unvollständig von dem ersteren ablöst. Bei den Plastiden ist dieser Spaltungsvorgang im Ganzen viel seltener, bei den Personen dagegen viel häufiger, als die Theilung. Die Plastidenknospen sind locale Wucherungen der Plastide, welche erst mit der Trennung von der elterlichen Plastide (durch Scheidewandbildung oder durch Ablösung) den morphologischen Werth eines Individuums erster Ordnung erreichen. Die Knospen von Individuen zweiter und höherer Ordnung sind dagegen stets Mehrheiten von Plastiden, welche, falls sie durch vollständige Abspaltung sich trennen, schon vorher gewöhnlich durch bestimmte Differenzirungsvorgänge ihre individuelle Selbstständigkeit erreicht haben. Bisweilen entwickelt sich auch bei der äusseren Knospenbildung, wie es öfter bei der inneren geschieht, ein besonderes Knospungsorgan, d. h. ein besonderer Körpertheil, welcher gewissermaassen die Knospungsfunction allein, als ein besonderes Individuum zweiter Ordnung, statt des elterlichen Individuums vollzieht. Ein solches besonderes Knospungsorgan findet sich als sogenannter „äusserer Knospenstock oder Knospenzapfen“ (Blastorganon externum) z. B. bei *Doliolum* (Tunicaten).

Die äussere Knospenbildung kann, ebenso wie die innere, entweder eine vollständige oder eine unvollständige sein, je nachdem die reife Knospe mit dem elterlichen Organismus in Zusammenhang bleibt oder nicht. Während bei der inneren Knospung die vollständige Ablösung der Knospe die Regel ist (z. B. Salpen, Medusen), ist bei der äusseren Knospenbildung die bleibende Vereinigung der gewöhnliche Fall, und es entstehen dadurch die Individualitäten höherer Ordnung, deren jede einzelne eine Mehrheit von coordinirten und vereinigten Knospen in sich begreift. Diese unvollständige äussere Knospung (Gemmatio externa incompleta) findet sich bei Individuen verschiedener Ordnungen. So entstehen durch bleibende Vereinigung von terminalen Knospen, nämlich hervorgeknospten Metameren, z. B. die

Personen der Wirbelthiere, der Arthropoden, der höheren Würmer; ebenso die gegliederten Prosopen (Sprosse) der Phanerogamen. Ebenso entstehen durch Beisammenbleiben von lateralen Knospen, nämlich hervorgeknospten Personen, z. B. die verzweigten Stöcke (Cormen) der Phanerogamen („zusammengesetzte Pflanzen") und der ihnen so ähnlichen Coelenteraten. Vollständige äussere Knospenbildung (Gemmatio externa completa), d. h. vollständige Ablösung der Knospen, ist viel seltener, und findet sich z. B. bei knospentreibenden Plastiden, bei hervorgeknospten Organen (z. B. *Hectocotylus* der Cephalopoden, Dorsallappen von *Thetis*), bei den durch terminale Knospung entstandenen Metameren der Cestoden (Proglottiden) und den ebenso entstandenen Personen der Naiden und anderer Anneliden; ferner bei den durch laterale Knospung entstandenen Infusorien und Medusen, und „Brutknospen" (Bulbi und Bulbilli) der Pflanzen, welche den morphologischen Werth von Personen haben oder sich doch bald nach ihrer Ablösung zu solchen entwickeln (z. B. *Mnium androgynum* unter den Moosen, *Asplenium bulbiferum* unter den Farrnen, *Lilium bulbiferum* unter den Monocotyledonen, *Dentaria bulbifera* unter den Dicotyledonen).

Der wichtigste Unterschied, welchen die verschiedenen Formen der äusseren Knospenbildung darbieten, besteht darin, dass die Hauptaxe (Längsaxe) der Knospe in der einen Reihe von Fällen mit der Hauptaxe des elterlichen Individuums zusammenfällt, in der anderen Reihe nicht. Erstere bezeichnen die Botaniker mit dem Namen der Terminalknospen, letztere mit dem Namen der Lateralknospen.

1. Die Endknospenbildung.
(Gemmatio terminalis.)

Unter Terminalknospen-Bildung (von vielen Zoologen irrthümlich als Axillarknospenbildung bezeichnet) verstehen wir ein für allemal die Bildung von Knospen (bei Individuen verschiedener Ordnung), deren Hauptaxe (Längsaxe) mit derjenigen des elterlichen Individuums zusammenfällt [1]). Die ideale oder reale Spaltungsebene steht hier senkrecht auf der Hauptaxe, welche beiden Individuen, dem zeugenden und dem erzeugten, gemeinsam ist. Durch diesen Charakter stimmt die Terminalknospenbildung mit der Quertheilung (Divisio transversa) überein, mit welcher sie daher sehr oft verwechselt worden ist, besonders in der Zoologie. Die beiden Spaltungsformen unterschei-

---

[1]) Häufig ist allerdings das durch terminale Knospung entstandene Glied (z. B. bei den „geknieten", d. h. knieförmig gebogenen Stengeln vieler Phanerogamen, caules geniculati) unter einem bestimmten Winkel gegen das vorhergehende elterliche Glied geneigt, was indessen nur secundäre Folge eines alternirend ungleichstarken Wachsthums auf entgegengesetzten Seiten ist. Ursprünglich ist auch hier jedes neue Glied die unmittelbare Verlängerung des vorhergehenden und aus dem einen Pole seiner Längsaxe hervorgewachsen.

den sich aber wesentlich dadurch, dass bei der Quertheilung, die z. B. bei Infusorien und Algen sehr häufig ist, das Individuum als Ganzes (nach beiden Polen der Längsaxe hin, nach vorn und nach hinten) wächst und in seiner Totalität zerfällt, während bei der Terminalknospenbildung ein einzelner Endtheil des Individuums (nach einem Pole der Längsaxe hin, nach vorn oder nach hinten) wächst und sich als kindliches Individuum von dem elterlichen abgliedert. Beide Spaltungsproducte sind also dort coordinirt und von gleichem Alter; hier dagegen ist die jüngere Endknospe dem älteren elterlichen Individuum subordinirt. Beide Processe, Endknospenbildung und Quertheilung, sind also wesentlich verschieden, und das einzige Gemeinsame zwischen Beiden ist lediglich die sogenannte Gliederung, d. h. die senkrechte Stellung der Längsaxe auf der idealen oder realen Spaltungsebene. Wie man daher die Quertheilung als „Gliederung durch Theilung" bezeichnet hat, so kann man die Terminalknospenbildung „Gliederung durch Knospung" nennen. Bei der ersteren, der „Articulatio divisiva", wird das Individuum als solches vernichtet, indem es durch den Theilungsprocess in zwei neue Individuen zerfällt. Bei der letzteren dagegen, der „Articulatio gemmascens", bleibt das elterliche Individuum neben der erzeugten Knospe fortbestehen.

Die Terminalknospenbildung hat sowohl im Thierreiche als im Pflanzenreiche eine sehr ausgedehnte Geltung. Es beruht darauf meistens die Erscheinung der sogenannten „Gliederung" (Articulatio, Segmentatio, Catenatio), da die Articulatio gemmascens viel häufiger ist, als die Articulatio divisiva. Wenn die Abspaltung der Knospe unvollständig ist, so entsteht dadurch die charakteristische Form der Ketten (Catenae) oder gegliederten Rumpfe und Stengel (Trunci, Caules). Die einzelnen beisammenbleibenden Endknospen können dann allgemein als Kettenglieder oder Stengelglieder (Internodia) bezeichnet werden. Die terminale Gemmation kann, wie die laterale, bei Individuen aller Ordnungen vorkommen. So entstehen z. B. bei vielen Algen durch Endknospenbildung von Plastiden einfache, einreihige Zellenketten. So entstehen durch Endknospenbildung von Organen echte Organketten, wie sie z. B. die „gegliederten" Extremitäten der Wirbelthiere und Gliederfüsser, die „gefiederten" Blätter der Phanerogamen und Farrne darstellen, und wir bezeichnen in diesem Falle die Kettenglieder als Hinterstücke oder Epimeren. Solche vollkommen analoge (nicht homologe!) Epimeren sind z. B. die drei Abschnitte der Wirbelthier-Extremitäten, die fünf Abschnitte der Gliederfüsser (Coxa, Trochanter, Femur, Tibia, Tarsus), die einzelnen Fiederpaare der gefiederten Blätter etc. Bei weitem die grösste Bedeutung hat aber die unvollständige Endknospenbildung als der gewöhnliche und hauptsächliche Entstehungsmodus der Folgestücke oder Metameren. Durch sie entstehen die gegliederten Stämme oder Rumpfe (Trunci) der Wirbelthiere, Gliederthiere und Echinodermen; die gegliederten Stengel (Caules) der Phanerogamen und Farrne. Alle diese zusammengesetzten Individualitäten fünfter Ordnung oder Personen entstehen durch incomplete terminale Knospung von Individuen vierter Ordnung oder Metameren. Viel seltener entstehen dieselben durch echte Quertheilung. Vollständige Abspaltung der terminalen Knospen findet sich seltener, so z. B. bei den Ephyren der Acraspeden, welche sich von der Strobila ablösen, die durch Terminalknospung aus dem Scyphistoma entstand; so bei den ganz analogen Proglottiden der Taenien, welche sich von der Strobila ablösen, die durch Endknospung aus dem Scolex entstand.

Als zwei verschiedene Hauptformen der terminalen Knospung lassen sich uniparentale und omniparentale unterscheiden. Bei der Gemmatio uniparentalis entstehen alle Glieder der Kette aus einem einzigen, dem ersten Gliede (Strobila der Cestoden und Acraspeden). Bei der Gemmatio omniparentalis entsteht jedes Glied der Kette aus dem vorhergehenden Gliede (Internodien der Phanerogamen.)

2. Die Seitenknospenbildung.
(Gemmatio lateralis.)

Unter Lateralknospenbildung verstehen wir stets nur diejenige Form der äusseren Knospenbildung (bei Individuen verschiedener Ordnung), bei welcher die Hauptaxe (Längsachse) der Knospe nicht mit derjenigen des elterlichen Individuums zusammenfällt, sondern vielmehr dieselbe unter einem bestimmten Winkel schneidet. Die ideale oder reale Spaltungsebene schneidet die Längsaxe unter einem schiefen (nicht rechten!) Winkel. Durch diese Richtung der Spaltungsebene stimmt die laterale Gemmation mit der Diagonaltheilung überein. Die Seitenknospe bildet also niemals die terminale Fortsetzung („Verlängerung") des Individuums, wie die Endknospe, sondern sie wächst stets seitlich, einer ihr eigenthümlichen, besonderen Hauptaxenrichtung folgend, unterhalb des Endes (des Poles der Längsaxe) aus der seitlichen Peripherie des Individuums hervor.

Wie die terminale, so kommt auch die laterale Knospung bei Individuen aller Ordnungen vor. Es entstehen so neue Plastiden (z. B. bei vielen Algen und Protisten); neue Organe (die meisten Blätter der Pflanzen, die meisten Extremitäten der Thiere); neue Personen (die meisten „Sprosse" oder Blasten der Pflanzenstöcke). Wie die terminale Knospung die grösste Wichtigkeit besitzt für die Bildung der Individuen vierter Ordnung (Metameren), so hat die laterale Gemmation den höchsten Werth für die Entstehung der Individuen zweiter, fünfter und sechster Ordnung. Durch seitliche Knospung entstehen als Individuen zweiter Ordnung insbesondere bei den höheren Thieren viele innere und äussere Organe, bei den Coelenteraten und Pflanzen die meisten Organe (Tentakeln der Coelenteraten, Blätter der Pflanzen); durch seitliche Knospung entstehen bei den Coelenteraten und Pflanzen als Individuen fünfter Ordnung die meisten Sprosse (Blasti), welche nicht der Amphigonie oder der Theilung ihren Ursprung verdanken; durch seitliche Knospenbildung entstehen endlich bei den Coelenteraten und Pflanzen als Individuen sechster Ordnung die allermeisten Stöcke (Cormi).

Die Botaniker theilen die Lateralknospen fünfter Ordnung (Sprosse oder Blasten) ein in Axillarknospen [1]) (Gemmae axillares), welche in der Achsel eines Blattes sich bilden, und in Nebenknospen oder Adventivknospen (Gemmae adventitiae), welche nicht in einer Blattachsel, sondern irgendwo frei an der lateralen Peripherie des Stengels sich bilden. Aehnliche untergeordnete Modificationen der lateralen Knospenbildung sind mehrfach von den Zoologen (bei den Coelenteraten) unterschieden worden, aber meistens in so unlogischer und unbestimmter Weise, dass es nicht lohnt, sie hier aufzuführen.

II. Die innere Knospenbildung.
(Gemmatio interna.)

Die innere Knospenbildung ist viel seltener als die äussere und findet sich vorzüglich bloss bei niederen Thieren vor. Sie ist aber morphologisch von besonderem Interesse als Uebergang von der Spaltung zur Sporenbildung, und selbst zur geschlechtlichen Zeugung. Die Knospe entsteht hier im Inneren des elterlichen Individuums in einer besonderen Höhle (bei den Salpen in der Kiemenhöhle, bei den Medusen [Geryoniden, Aeginiden] in der Magenhöhle). Die Knospe wächst aus der Oberfläche der Wand dieser Höhle ganz ebenso in deren Lumen hinein, wie die äussere Knospe über die äussere Oberfläche des Körpers hervorwächst. Es erhebt sich hier über die innere Oberfläche zunächst ein kleines (meist kegelförmiges) Wärzchen, welches sich erst mit zunehmender Grösse in äusserer Form und innerer Zusammensetzung differenzirt. Während bei der äusseren Knospenbildung die unvollständige Ablösung der Knospe die Regel ist, finden wir sie hier nur als Ausnahme vor. Daher entstehen durch innere Knospung in der Regel keine bleibenden Stöcke. Wohl aber finden wir hier, umgekehrt wie bei der äusseren Knospung, den Knospungsprocess

[1]) In Leuckart's Artikel „Zeugung" in R. Wagner's Handwörterbuch der Physiologie findet sich (S. 970) der in viele zoologische Schriften übergegangene Irrthum, dass die Terminalknospen (z. B. der Würmer) Axillarknospen oder „Axenknospen" seien. Der Terminus „axillaris" bedeutet aber gerade das Gegentheil, und ist nicht von Axe (Axis), sondern von Achsel (Axilla) abgeleitet.

in der Regel durch ein besonderes, lediglich diese Function erfüllendes Organ des elterlichen Individuums bewirkt, den sogenannten „inneren Knospenstock" oder „Knospenzapfen". Je nach dem Mangel oder der Anwesenheit dieses besonderen „Knospungs-Organes" können wir folgende zwei Formen der inneren Knospung unterscheiden.

1. Die innere Knospung ohne Knospenzapfen.
(Gemmatio coeloblasta.)

Die inneren Knospen wachsen aus der Wand einer inneren Körperhöhle (gewöhnlich der Magenhöhle oder eines anderen Abschnittes des Ernährungsapparats) hervor, ohne dass hier ein besonderes Knospungsorgan sich findet; so bei niederen Medusen, besonders Aeginiden (z. B. *Aegineta prolifera*, Gegenbaur).

2 Die innere Knospung an einem Knospenzapfen.
(Gemmatio organoblasta.)

Die inneren Knospen wachsen aus einem besonderen Knospungsorgane hervor, dem Knospenzapfen (Blastorganon), welcher aus der Wand einer inneren Körperhöhle (gewöhnlich eines Abschnittes des Ernährungsapparats) entsprosst. Bei den Salpen wächst dieser Knospenzapfen aus der Wand der Kiemenhöhle in diese hinein, bei den Geryoniden aus der Wand der Magenhöhle (als „Zungenkegel" oder „Zunge"). Bei den Salpen ist es die ungeschlechtliche solitäre Generation, welche an diesem Blastorgane ganze Reihen von geschlechtsreif werdenden Knospen erzeugt, die sich als sociale „Ketten-Generation" ablösen. Bei den Geryoniden ist es die geschlechtsreife *Carmarina hastata*, welche an dem Blastorgane (der Zunge) Trauben einer ganz verschiedenen Medusen-Art (*Cunina rhododactyla*) hervorbringt.

B. Ungeschlechtliche Zeugung durch Keimbildung.
(Generatio sporipara. Sporogonia.)

Die Sporogonie oder ungeschlechtliche Fortpflanzung durch Keime unterscheidet sich als die zweite Hauptart der Monogonie von der ersten, der Spaltung, wesentlich dadurch, dass das Wachsthumsproduct im Inneren abgesondert wird und schon sehr frühzeitig, ehe es entwickelt und differenzirt ist, von dem elterlichen Organismus sich ablöst. Die Trennung von demselben ist vollständig und erfolgt schon, ehe das locale Wachsthumsproduct eine im Verhältniss zum elterlichen Organismus irgend bedeutende Ausdehnung und morphologische Differenzirung erreicht hat. Von den vorher aufgeführten Formen der Monogonie steht die innere Knospenbildung der Sporogonie am nächsten. Allein dort erreicht die Knospe schon einen weit höheren Grad der individuellen Entwickelung, ehe sie sich vom Eltern-Individuum ablöst. Es ist die physiologische Abhängigkeit des kindlichen vom parentalen Organismus bei der Knospenbildung eine grössere, als bei der Sporogonie, während die morphologische Abhängigkeit umgekehrt bei der letzteren grösser erscheinen kann, als bei der ersteren. Die selbstständige Centralisation der Spore ist viel bedeutender und beginnt viel früher, als es bei der Knospe der Fall ist. Ein wesentlicher Unterschied zwischen Beiden liegt auch darin, dass die innere Knospe in einer Höhle des parentalen Individuums, aber in Continuität mit deren Wand, sich entwickelt, während der Keim oder die Spore mitten im Parenchym desselben entsteht, durch Absonderung von der umhüllenden Parenchymmasse, mit welcher er nur in lockerer Contiguität bleibt. Es ist daher die Sporogonie auch weniger eine Abspaltung (Fissio) als vielmehr eine Absonderung (Secretio), und hierdurch schliesst sie sich, wie oben bemerkt, unmittelbar an die sexuelle Zeugung an, mit welcher sie durch die Parthenogenesis fast untrennbar verbunden ist. Die beiden Hauptformen der Sporogonie können wir als polyspore und monospore unterscheiden. Bei der ersteren ist das Absonderungsproduct zur Zeit, wo es sich vom parentalen Organismus vollständig ablöst, eine Mehrheit von Plastiden, bei der letzteren eine einzige Plastide.

I. Keimknospenbildung.

(Sporogonia polyspora. Polysporogonia.)

Das Wachsthumsproduct, welches bei der polysporen Sporogonie aus dem Inneren des zeugenden Individuums abgesondert wird, ist ein Plastiden-Complex, eine Einheit von mehreren innig verbundenen Individuen erster Ordnung, welche wir allgemein mit dem Namen der Polyspore bezeichnen können. Dieselbe schliesst sich unmittelbar an die mehrzelligen inneren Knospen an, von denen sie sich eigentlich nur entweder durch die frühzeitige Trennung (Absonderung) von dem elterlichen Parenchym oder durch einen geringeren Grad der Differenzirung unterscheidet, den sie bei der Ablösung vom parentalen Organismus darbietet. Man hat daher bei einigen Thieren diese innerlich erzeugten polyplastiden Keime auch wohl als „Brutknospen" (Bulbilli) bezeichnet, welche aber nicht mit den gleichnamigen echten Knospen der Pflanzen zu verwechseln sind. Im Ganzen ist dieser Fortpflanzungsmodus selten. Er findet sich bei Infusorien und Würmern, besonders Trematoden vor, vielleicht auch bei den Coelenteraten. Auch die Gemmulae der Spongien müssen hierher gerechnet werden. Wenn das letztere, wie wir glauben, berechtigt ist, so können wir zwei verschiedene Formen der polysporen Sporogonie unterscheiden, nämlich eine progressive und eine regressive. Bei der progressiven Polysporogonie bilden sich die Polysporen im Laufe der aufsteigenden Entwickelung (Anaplase) dadurch, dass mitten im Parenchym des sich entwickelnden Organismus einzelne Plastiden-Complexe sich absondern und zu selbstständigen Bionten ausbilden (Würmer, Infusorien). Bei der regressiven Polysporogonie dagegen entstehen die Polysporen im Laufe der absteigenden Entwickelung oder Rückbildung (Cataplase) dadurch, dass das Parenchym des bereits entwickelten, sich rückbildenden Organismus ganz oder theilweis in einzelne Plastiden-Complexe zerfällt, welche sich absondern und vom Neuen zu selbstständigen Bionten entwickeln.

1. Fortschreitende Keimknospenbildung.

(Polysporogonia progressiva.)

Diese anaplastische Art der polysporen Sporogonie findet sich in sehr ausgezeichneter Weise bei den Würmern und Infusorien, vielleicht auch bei den Coelenteraten. Wir rechnen dahin namentlich die Entstehung der Cercarien im Leibe der Sporocysten und Redien bei den Distomeen unter den Platyelminthen, ferner die Bildung der acinetenähnlichen Schwärmsprösslinge der Infusorien in denjenigen Fällen, in welchen dieselbe nicht auf geschlechtlichem Wege erfolgt. Auch die merkwürdige Entstehung der in einander geschachtelten Generationen von *Gyrodactylus elegans* kann hierher gerechnet werden. Alle diese Fälle stimmen darin überein, dass sich die Keimknospe oder Polyspore während der Entwickelung oder des Reifezustandes des elterlichen Organismus in seinem Parenchyme absondert. Sie entsteht in der Regel als ein kugeliger oder doch rundlicher Plastidencomplex, welcher zwar mit dem elterlichen Parenchym, von dem er umschlossen ist, durch innige Contiguität verbunden ist, aber doch schon von Beginn seiner Existenz an ein selbstständiges Ernährungs-Centrum, einen autonomen Wachsthumsmittelpunkt bildet. Dadurch unterscheidet sich die progressive Polyspore wesentlich von der inneren Knospe, welche noch längere Zeit nach ihrer ersten Entstehung in unmittelbarer Continuität mit dem elterlichen Individuum und dadurch in grösserer nutritiver Abhängigkeit von demselben verharrt.

2. Rückschreitende Keimknospenbildung.

(Polysporogonia regressiva.)

Dieser merkwürdige cataplastische Modus der polysporen Sporogonie ist bis jetzt ausschliesslich bei den Spongien bekannt, wo sich derselbe in der Bildung der sogenannten „Gemmulae" äussert. Zu bestimmten Zeiten lösen sich die amoeboiden Schwammzellen, welche das Skeletgerüst des Schwammes überziehen und seine Hohlräume auskleiden, von diesem Gerüste ab und sammeln sich in zahlreiche einzelne Gruppen. Jede dieser Zellengruppen encystirt sich, indem sie sich mit einem kugeligen, festen, dickwandigen Gehäuse umgiebt, welches oft durch besondere Kieselbildungen (Amphidisken) gestützt ist. Da der ganze Schwamm als Bion durch diesen Encystirungsprocess seiner Theile vernichtet wird, so haben wir den ganzen Vorgang wesentlich als eine Cataplase, als einen Rückbildungsprocess zu betrachten. Derselbe ist aber unmittelbar mit der Production zahlreicher Polysporen verbunden. Denn als solche müssen wir zweifelsohne die „Gemmulae" auffassen. Nachdem dieselben längere Zeit (z. B. den Winter hindurch) in latentem Ruhezustande in ihren Cysten (den Gehäusen oder Schalen der Gemmulae) verharrt haben, kriechen sie durch einen besonderen Porus der Schale wieder hervor und überziehen entweder das alte abgestorbene Schwammgerüste, indem sie sich unter einander verbinden, oder jede Gemmula wächst selbstständig zu einem neuen Spongien-Bion heran.

II. Keimplastidenbildung.

(Sporogonia monospora. Monosporogonia.)

Das Wachsthumsproduct, welches bei der monosporen Sporogonie in dem Inneren des parentalen Organismus sich absondert, ist eine einzelne Plastide, ein Individuum erster Ordnung, welches schon seit lange mit dem Namen der Spore belegt ist; zwar wird sehr häufig eine grosse Anzahl solcher „Keimkörner" oder Keimplastiden, wie sie genauer heissen, gleichzeitig abgesondert; allein jede derselben entwickelt sich unabhängig von den anderen zu einem neuen Individuum, ohne sich mit ihnen zu einem Plastiden-Complexe zu verbinden. Die entwickelungsfähige Keim-Plastide oder Spore ist entweder eine Cytode oder eine Zelle. Eine Cytode (also eine kernlose Plastide) ist das sogenannte „Sommer-Ei" der Aphiden, Cocciden und Daphniden, die Spore vieler Protisten (Protoplasten, Rhizopoden etc.) und vieler niederer Pflanzen (Algen und Nematophyten). Eine Zelle (also eine kernhaltige Plastide) ist die Spore der meisten sporogonen Pflanzen und Thiere und vieler Protisten (z. B. Myxomyceten, Flagellaten etc.). Die Sporen entstehen entweder an unbestimmten Stellen im Parenchym des Körpers (bei Plastiden mitten im gesammten Protoplasma, so z. B. bei den Protoplasten, Acyttarien) oder an bestimmten Stellen, welche oft zu besonderen Organen differenzirt sind, den Sporenfrüchten oder Keimorganen (Sporocarpia).

Die Fortpflanzung durch Keimplastiden oder Sporen ist in der ganzen Organismenwelt sehr weit verbreitet, besonders aber bei den noch nicht geschlechtlich differenzirten Protisten und niederen Pflanzen, seltener bei den niederen Thieren (Infusorien und Trematoden) und noch seltener bei höheren Thieren (parthenogonen Crustaceen, Insecten und Bryozoen). Sehr häufig ist die Sporenbildung namentlich bei den wasserbewohnenden Organismen, und hier ist die Spore oft durch besondere Bewegungsorgane (Wimpern) befähigt, sich frei im Wasser umherzubewegen (Schwärmspore) [1]). Sehr oft entwickelt sich die Spore noch innerhalb des elterlichen Organismus zum Embryo. Allein der Zusammenhang mit dem letzteren ist dann doch bloss ein lockerer, wie bei den Eiern der viviparen Thiere, und die physiologische Selbstständigkeit der Spore als Bion ist von ihrer Absonderung an eben so gross, als bei dem Ei. Wie nun die vollkommene Selbstständigkeit und Entwickelungsfähigkeit der einzelnen abgesonderten Plastide bei der Spore und dem Ei ganz dieselbe ist, so stimmen auch viele Sporen mit vielen Eiern wesentlich darin überein, dass sie sich in besonderen, lediglich zur Bildung der Fortpflanzungszellen bestimmten Organen ausbilden, und sowohl durch Grösse, als durch Form, als durch Bildung besonderer Hüllen, von den übrigen Plastiden desselben Organismus wesentlich unterscheiden. Die Sporenbildungs-Organe, welche einerseits den vorhin erwähnten Knospenstöcken, andererseits den Eierstöcken morphologisch vollkommen entsprechen und oft kaum zu unterscheiden sind, werden von den Zoologen gewöhnlich als „Keimstöcke" bezeichnet, besser von den Botanikern als Sporenfrüchte (Sporocarpien). Durch alle diese Verhältnisse schliesst sich die Sporogonie so unmittelbar an die sexuelle Fortpflanzung an, dass kein anderes Kriterium zwischen Beiden übrig bleibt, als dass das Ei befruchtungsbedürftig ist, die Spore nicht. Bei den Bienen wird aber auch diese letzte Grenze dadurch verwischt, dass ein und dieselbe Fortpflanzungszelle sowohl als Ei, wie als Spore sich entwickeln kann. Befruchtet entwickelt sie sich als Ei zu einem weiblichen, unbefruchtet als Spore zu einem männlichen Individuum. Will man die Grenze zwischen geschlechtlicher und ungeschlechtlicher Fortpflanzung aufrecht erhalten, so ist dies nur dadurch möglich, dass man die wirklich erfolgte Befruchtung des Eies, d. h. die thatsächliche Vermischung zweier verschiedenen Zeugungsstoffe, als das Kriterium der ersteren ansieht. Wir werden also auch alle Fälle von echter Parthenogenesis, wo wirklich unbefruchtete Eier sich entwickeln, zur Sporogonie zu stellen haben.

Da wir irgend einen bestimmten und durchgreifenden morphologischen Charakter nicht kennen, der alle Eier von allen Sporen unterscheidet, da wir eben so wenig irgend einen morphologischen Charakter kennen, der alle Sporocarpien von allen Ovarien unterscheidet, so sind wir nicht einmal im Stande, hier zwischen Parthenogenesis und

[1]) Sehr unpassend werden auch neuerdings wieder die aus befruchteten Eiern hervorgegangenen bewimperten Larven niederer Organismen (z. B. der Schwämme und Coelenteraten) als „Schwärmsporen" bezeichnet. Die Schwärmspore ist aber stets eine einfache Plastide, welche sich ohne vorhergegangene Befruchtung entwickelt.

echter Sporogonie irgend einen allgemein durchgreifenden Unterschied aufzustellen. Jedoch glauben wir einen hypothetischen Unterschied zwischen den bis jetzt bekannten Fällen von Parthenogenesis und der echten Sporogonie in folgender Erwägung zu finden.

Offenbar ist die Trennung der Geschlechter ein Differenzirungsprocess, welcher erst in späterer Zeit der Erdgeschichte entstanden ist, nachdem schon lange Perioden hindurch ungeschlechtliche Fortpflanzung bestanden und sich durch Theilung und Knospenbildung endlich zur Keimbildung entwickelt hatte. Man könnte nun vielleicht glauben, in den jetzt bekannten Fällen von Parthenogonie die noch existirende paläontologische Uebergangsstufe von der Sporogonie zur sexuellen Fortpflanzung zu finden. Indessen ist es viel wahrscheinlicher, dass alle bis jetzt bekannten Fälle von Parthenogonie, wenigstens bei den höheren Pflanzen[1]) (*Coelebogyne ilicifolia*) und Thieren (*Aphis, Psyche, Cecidomyia* und vielen anderen Insecten) nicht eine solche noch persistirende progressive Zwischenform darstellen, sondern durch allmähliche Rückbildung der amphigenen zur monogenen Fortpflanzung erfolgt sind. Offenbar könnte uns über die wahre Bedeutung der uns bekannten Fälle von Parthenogenesis nur ihre paläontologische Entwickelungsgeschichte Aufschluss geben. Da wir diese aber nicht kennen, müssen wir nach Analogie schliessen, und da ist es das Wahrscheinlichste, dass jene parthenogenetischen, zum Theil sehr hoch entwickelten Organismen, deren jetzt lebende niedere Verwandte allgemein sich geschlechtlich fortpflanzen, und deren gemeinsame Voreltern also auch bis zu einer gewissen Zeit hinauf sexuell differenzirt gewesen sind, nur einzelne Ausnahmen darstellen, in denen die Befruchtungsbedürftigkeit der Eier unter gewissen Bedingungen ausgefallen und diese wieder auf den Werth der Spore zurückgesunken sind. Wir glauben also, dass die Voreltern der parthenogenetischen Insecten, Crustaceen, Euphorbiaceen etc., wenn auch in weit zurückgelegenen Generationen, sexuell differenzirt waren, und dass die einzelnen Rückschläge in den diesen noch vorhergegangenen früheren Zustand durch Ausfall der Befruchtungsbedürftigkeit entstanden sind. Wir halten die bekannten Fälle von Parthenogenesis (wenigstens bei den höher differenzirten Organismen) nicht für progressive, sondern für regressive Uebergangsformen zwischen Amphigonie und Sporogonie und nehmen demnach z. B. an, dass die viviparen parthenogenetischen Blattläuse gegenwärtig Ammen sind, welche in Sporocarpien (Keimstöcken) Sporen erzeugen, während die (vielleicht weit zurückliegenden) Voreltern derselben Blattläuse allgemein geschlechtlich differenzirt waren, theils Männchen welche Sperma,

[1]) Ueber die Parthenogenesis der Pflanzen sind die trefflichen Arbeiten von Alexander Braun in den Abhandl. der Berl. Akad. nachzusehen, welche wir durch die dogmatischen und kritiklosen Angriffe seiner Gegner nicht für widerlegt halten.

theils echte Weibchen, welche in Eierstöcken befruchtungsbedürftige Eier erzeugten. Die Differenzen, welche gegenwärtig zwischen den Eiern der geschlechtlichen und den Keimen (Sporen) der ungeschlechtlichen Generation, ebenso wie zwischen den Eierstöcken der ersteren und den Keimstöcken der letzteren, sowie zwischen der sonstigen Form ihres Geschlechtsapparates existiren (z. B. der Mangel der Samentasche bei den Ammen) erklären sich vollkommen aus den Gesetzen der Descendenztheorie. Auch der ganze merkwürdige Generationswechsel der Blattläuse erklärt sich von diesem Gesichtspunkte aus vortrefflich, da die geschlechtliche Generation, welche nach einer Reihenfolge von mehreren ungeschlechtlichen wiederkehrt, uns ja factisch in rhythmischer Wiederkehr die sexuell differenzirte Form vor Augen führt, aus welcher sich die parthenogenetischen Generationen erst im Laufe paläontologischer Perioden entwickelt haben. Da uns hier ein Rückbildungsprocess der Amphigonie vorzuliegen scheint, so können wir erwarten, dass sich die Blattläuse in späteren Zeiten vielleicht ausschliesslich durch Sporen fortpflanzen und also auf den Zustand derjenigen Lepidopteren zurücksinken werden, bei denen die Befruchtungsbedürftigkeit der Eier und damit auch das männliche Geschlecht allmählich gänzlich ausgefallen ist (Psychiden).

Wir können demnach wohl allgemein zwei verschiedene Formen der monosporen Sporogonie unterscheiden, nämlich die echte, ursprüngliche oder progressive und die secundäre oder regressive Monosporogonie, welche mit der Parthenogenesis zusammenfällt.

I. Fortschreitende Keimplastidenbildung.
(Monosporogonia progressiva.)

Die progressive Bildung der Keimcytoden und Keimzellen ist bei den niederen Organismen sehr allgemein verbreitet, unter den Pflanzen insbesondere bei den Algen, Nematophyten (Pilzen und Flechten) und überhaupt den meisten Cryptogamen. Unter den Protisten finden wir dieselbe bei den Myxomyceten, Flagellaten, Rhizopoden, Protoplasten (Pseudonavicellen der Gregarinen) etc. Die progressive Monosporogonie wird gewöhnlich als „Sporenbildung“ *κατ᾽ ἐξοχήν* bezeichnet, und die dadurch erzeugte Keimplastide als Spore, genauer als Monospore. Bald ist dieselbe eine kernlose Cytode, bald eine kernhaltige Zelle. Bei vielen niederen Organismen ist die Monosporogonie die einzige Art der Fortpflanzung (viele Protisten und einzellige Algen), bei anderen ist sie durch Generationswechsel mit Amphigonie verbunden (die meisten Cryptogamen). Morphologische Charaktere, welche die Monospore allgemein von dem Ei unterscheiden, existiren nicht. Das Ei ist bloss dadurch von der Keimplastide verschieden, dass es zu seiner Entwickelung der Befruchtung durch das Sperma bedarf.

II. Rückschreitende Keimplastidenbildung.
(Monosporogonia regressiva.)

Die Bildung von Keim-Cytoden oder Keimzellen bei höheren Organismen, deren Stammeltern sexuell differenzirt waren, findet sich als echte Parthenogonie bei vielen Bryozoen, Insecten und Crustaceen, einigen Euphorbiaceen und Cryptogamen. Wahrscheinlich ist sie durch natürliche Züchtung aus geschlechtlicher Zeugung entstanden [1]) und dadurch nach unserer vorher begründeten Ansicht wesentlich von der vorhergehenden progressiven Monosporogonie verschieden. Erst in den letzten Jahren genauer untersucht, hat sich diese regressive Monosporogonie schon bei einer beträchtlichen Anzahl von Articulaten und anderen Wirbellosen nachweisen lassen. Seltener scheint sie im Ganzen bei den Pflanzen zu sein, wo als ganz sichere Beispiele nur die merkwürdige Euphorbiacee *Coelebogyne ilicifolia* und die Cryptogame *Chara crinita* durch Alexander Braun's treffliche Untersuchungen festgestellt sind. Die Spore, genauer Monospore, ist auch hier bald eine kernlose Cytode (bei den Aphiden, Cocciden, Daphniden), bald eine kernhaltige Zelle (die „Sommer-Eier" der Rotatorien und Bryozoen), die unbefruchtet sich entwickelnden „Eier" (also „falsche Eier"!) der Psychiden und Bienen. Sehr oft entstehen die Monosporen in besonderen Organen, den Sporenstöcken (Sporocarpia), welche offenbar rückgebildete Ovarien sind und deutlich beweisen, dass die Parthenogonie durch Rückbildung aus der Amphigonie entstanden ist.

2. Geschlechtliche Fortpflanzung.
(Amphigonia. Generatio digenea.)

Die geschlechtliche oder digene Zeugung (Amphigonia) lässt sich, wie wir im Vorhergehenden gezeigt haben, nur dadurch scharf charakterisiren, dass wir als Kriterium derselben die Vermischung zweier verschiedener Stoffe festhalten, welche von zwei verschiedenen Individuen oder von zwei verschiedenen Theilen (Geschlechtstheilen) eines und desselben Individuums producirt sind. Der weibliche, befruchtungsbedürftige Geschlechtsstoff erscheint meistens in der organisirten Form einer einzigen Zelle, des Eies (Ovum), welche in mehrfacher Beziehung (wie die Spore) durch Grösse, Form, Zusammensetzung, Umhüllung etc. vor

[1]) Für die Vorstellung, dass die Parthenogenesis der höheren Organismen durch Rückbildung aus der sexuellen Zeugung ihrer Voreltern entstanden sei, erinnern wir daran, dass jede Differenzirung, also auch die geschlechtliche, nicht bloss mit Vortheilen, sondern auch mit Nachtheilen verbunden ist, und dass also auch die geschlechtlich differenzirten Individuen, welche ausschliesslich durch Amphigonie sich fortpflanzten, gewisse Nachtheile im Kampfe um das Dasein gehabt haben werden, gegenüber denjenigen Individuen, welche zuerst wieder anfingen, sich durch Sporen fortzupflanzen.

den übrigen Plastiden desselben Organismus besonders ausgezeichnet ist [1]). Seltener erscheint der weibliche Zeugungsstoff nur als ein formloser und structurloser homogener Plasmaklumpen (bei einigen Protisten, die durch Copulation zeugen), also auf der einfachsten Stufe der Plastidenentwickelung, der kernlosen Cytode. Wir können diese, zum Unterschiede von der Eizelle, Ei-Cytode nennen. Bisweilen scheint der weibliche Zeugungsstoff nicht eine einzige Plastide, sondern ein Plastidenaggregat darzustellen. So ist bei den Insecten nach den Beobachtungen von Stein und Lubbock, welche Weismann neuerdings bestätigt hat, das Ei wirklich aus mehreren Zellen zusammengesetzt. Wir können also allgemein drei Ausbildungsformen des weiblichen Zeugungsstoffes oder Eies unterscheiden, nämlich: 1) die Eicytode, 2) die Eizelle, 3) den Eizellenhaufen. Ebenso erscheint auch der männliche, befruchtende Geschlechtsstoff, der Same (Sperma), auf drei wesentlich verschiedenen Ausbildungsstufen, nämlich 1) als Samencytode, 2) als Samenzelle, 3) als Zoosperm (Samenzellentheil). Die Samencytode ist ein formloser und structurloser homogener Plasmaklumpen und findet sich bei einigen durch Copulation zeugenden Protisten; er stellt hier die einfachste Stufe der Plastidenentwickelung dar, die kernlose Cytode, eben so wie der entsprechende weibliche Stoff, mit dem er sich bei der Copulation vermischt. Als kernhaltige Samenzelle tritt der befruchtende männliche Zeugungsstoff auf bei den meisten Crustaceen und den Phanerogamen (hier Pollenkorn genannt), ferner auch bei gewissen Algen; als Zoosperm oder Samenfaden endlich, d. h. als frei beweglicher Faden, welcher durch Umbildung eines Theils einer Samenzelle entsteht, bei den meisten Thieren, den Spongien unter den Protisten und den meisten Cryptogamen. Männliches Geschlechtsproduct (Sperma) und weibliches Geschlechtsproduct (Ovum) kann man allgemein, ohne Rücksicht auf ihre morphologische Eigenthümlichkeit, als Geschlechtsproducte (Producta genitalia) bezeichnen.

Die verschiedenen Formen der geschlechtlichen Fortpflanzung unterscheiden sich zunächst am meisten durch die Vertheilung oder Vereinigung der beiden Geschlechtsproducte, Ei und Samen, auf verschiedene Individuen. Man pflegt hiernach allgemein „Individuen mit vereinigten Geschlechtsproducten“ (Zweigeschlechtige, Bisexuales, Zwitter oder Hermaphroditen) und „Individuen mit getrennten Geschlechtsproducten“ (Getrenntgeschlechtige oder Eingeschlechtige, Unisexuales) zu unterscheiden. Die Botaniker unterscheiden ferner zwischen monoecischen und dioecischen Pflanzen. Monoecische oder einhäusige sind solche unisexuelle Pflanzen, bei denen beiderlei eingeschlechtige Individuen (d. h. Blüthen, Individuen fünfter Ordnung) auf einem

[1]) Von den Botanikern wird die Eizelle gewöhnlich als Keimbläschen bezeichnet, während die Zoologen hierunter den Kern der Eizelle verstehen.

und demselben „zusammengesetzten Individuum" (d. h. auf einem Individuum sechster Ordnung oder Stock) vereinigt sind. Dioecische oder zweihäusige sind solche unisexuelle Pflanzen, bei denen beiderlei eingeschlechtige Blüthen auf verschiedene Stöcke vertheilt sind. Dieselbe Unterscheidung monoecischer und dioecischer Stöcke ist auch bei den Coelenteraten, insbesondere den Anthozoen, welche den „zusammengesetzten Pflanzen" in ihrer Stockbildung so auffallend gleichen, von einigen Zoologen richtig gemacht worden. Man kann also zunächst unter den Organismen allgemein Monoecisten und Dioecisten unterscheiden, je nach der Vertheilung der beiderlei Geschlechtsproducte auf eines oder auf verschiedene Individuen sechster Ordnung (Stöcke), und unter den Monoecisten wiederum Bisexuelle und Unisexuelle, je nach der Vertheilung der beiderlei Geschlechtsproducte auf eines oder auf verschiedene Individuen fünfter Ordnung (Personen, Blüthensprosse). Diese Unterscheidung ist aber insofern ungenügend, als dabei die Vertheilung der beiderlei Geschlechtsproducte auf eines oder auf verschiedene Individuen der niederen Ordnungen (vierter, dritter, zweiter Ordnung) nicht berücksichtigt ist. Wie man überhaupt bisher diese niederen Individualitätsgrade, die doch für das Verständniss des ganzen Organismus so wichtig sind, nicht gehörig unterschieden hat, so ist auch jenes besondere Verhältniss ihrer geschlechtlichen Differenzirung meist gänzlich übersehen oder doch nicht richtig beurtheilt worden, und daher, besonders in der Zoologie, eine ungemeine Verwirrung in der Auffassung der Geschlechtsverhältnisse eingerissen. Bei den Coelenteraten z. B. weiss Niemand mehr, was er unter vereinigten und getrennten Geschlechtern verstehen soll, da diese Ausdrücke bunt durch einander für monoecische und dioecische, unisexuelle und bisexuelle Organismen, und ausserdem ohne alle Unterscheidung der Geschlechtsverhältnisse bei den Individuen niederer Ordnung gebraucht werden. Daher erscheint es uns unerlässlich, diese Begriffe scharf zu bestimmen und das Verhältniss der Vereinigung oder Trennung der Geschlechter bei den Individuen aller Ordnungen scharf zu unterscheiden.

Wir bezeichnen demnach ganz allgemein zunächst die Vereinigung der beiderlei Genitalproducte auf einem Individuum (gleichviel welcher Ordnung) als Zwitterbildung oder Hermaphroditismus. Jedes Individuum (irgend einer Ordnung) als Zwitter (Hermaphroditus) vereinigt in sich beiderlei Geschlechtsstoffe, Ovum und Sperma. Der Gegensatz hierzu ist die Trennung der Genitalien, die Vertheilung der beiderlei Geschlechtsstoffe auf zwei Individuen (gleichviel welcher Ordnung), welche wir als Geschlechtstrennung oder Gonochorismus bezeichnen [1]). Jedes Individuum irgend einer Ordnung als Nicht-

[1]) γονή, ἡ, Genitale, Geschlechtstheil; χωριστός, getrennt. Wir führen dieses neue

zwitter (Gonochoristus) besitzt nur einen von beiden Geschlechtsstoffen, Ovum oder Sperma. Das getrenntgeschlechtliche Individuum mit Ovum, ohne Sperma, wird allgemein als weibliches (femininum), das nichtzwitterige Individuum mit Sperma, ohne Ovum, als männliches (masculinum) bezeichnet. Das weibliche Individuum fünfter Ordnung (weibliche Person, weibliche Blüthe) ist das Weib (femina); das männliche Individuum fünfter Ordnung ist der Mann (mas). Der Gonochorismus kommt bei Individuen aller sechs Ordnungen vor. Der Hermaphroditismus kommt sicher bei allen fünf höheren Individualitätsordnungen vor; dagegen ist es zweifelhaft, ob er auch der ersten zukömmt. Indem wir die zwölf möglichen verschiedenen Fälle des Gonochorismus und Hermaphroditismus einzeln betrachten, finden wir das Gesetz, dass immer der Hermaphroditismus einer bestimmten Individualitätsordnung mit Gonochorismus einer niedrigeren Ordnung verbunden ist.

I. Geschlechtsverhältnisse der Plastiden (Cytoden und Zellen).

Ia. Hermaphroditismus der Plastiden.

Zwitterbildung der Individuen erster Ordnung.

Die beiderlei Geschlechtsstoffe sind in einem Individuum erster Ordnung (Plastide) vereinigt.

Der Hermaphroditismus der Plastiden ist von den zwölf möglichen Fällen, welche uns die zweifach verschiedenen Geschlechtsverhältnisse der Individuen von sechs verschiedenen Ordnungen darbieten können, der einzige, dessen Existenz nicht ganz sicher nachgewiesen ist. Es ist uns kein Fall mit Sicherheit bekannt, dass eine und dieselbe Plastide (sei es nun eine Cytode oder eine Zelle) beiderlei Geschlechtsstoffe in sich erzeugt hätte. Weder bei den Thieren, noch bei den Protisten, noch bei den Pflanzen sind unzweifelhaft zwitterige Cytoden oder Zellen beobachtet worden, d. h. einzelne Plastiden, die in einem Theile ihres Leibes weibliche, in einem anderen männliche Zeugungsstoffe producirt hätten. Selbst bei den einzelligen Algen, welche geschlechtlich zeugen, entstehen entweder die beiden Geschlechtsproducte in zwei verschiedenen Individuen (Zellen), oder wenn ein einzelnes Individuum sie beide erzeugt, geschieht dies in besonderen Abtheilungen der Zelle, welche sich vorher durch Scheidewände von den übrigen Theilen der Zelle getrennt haben, also im Grunde selbst schon wieder selbstständige Zellen darstellen. Vielleicht findet sich jedoch wirklicher

Wort hier ein, weil es bisher seltsamer Weise gänzlich an einer allgemeinen Bezeichnung der Geschlechtstrennung mangelte, während man für die Zwitterbildung deren mehrere besass (Hermaphroditismus, Androgynie).

Hermaphroditismus der Plastiden bei einem Theile derjenigen niederen Pflanzen (Desmidiaceen und Zygnemaceen), Protisten (Gregarinen) und Thiere (Infusorien), welche durch Conjugation und Copulation zeugen. Bekanntlich besteht dieser Process darin, dass zwei Individuen erster Ordnung oder Plastiden (bald Zellen, bald Cytoden) mit einer Stelle ihres Leibes sich an einander legen, hier verwachsen und endlich theilweise oder vollständig verschmelzen. Die vollständige Verschmelzung, bei welcher aus zwei Individuen Eines wird, bezeichnet man als Copulation (z. B. bei Gregarinen und anderen Protoplasten, Rhizopoden, einigen Infusorien); dagegen die unvollständige Verschmelzung, bei welcher die Individualität der beiden verschmelzenden Plastiden mehr oder weniger erhalten bleibt, als Conjugation (z. B. bei den Conjugaten [Zygnemaceen, Desmidiaceen]). Das Resultat dieser Verschmelzung ist die Bildung einer einzigen oder mehrerer, zur selbstständigen Entwickelung fähiger Plastiden, welche man gewöhnlich als Sporen bezeichnet. Nach unserer Auffassung ist die besonders von de Bary aufgestellte Ansicht die richtigere, dass wir es hier mit einer wirklichen geschlechtlichen Zeugung zu thun haben, und das Product derselben, die Zygospore, ist demnach nicht als Spore, sondern als sexuelles Zeugungsproduct, als „befruchtetes Ei" zu bezeichnen. Offenbar ist das Wesentliche dieses Processes, wie bei jeder geschlechtlichen Zeugung, die Vermischung zweier verschiedenen Stoffe, welche zur Bildung eines neuen Individuums führt. Von den übrigen Formen der geschlechtlichen Zeugung ist die Copulation und Conjugation nur dadurch verschieden, dass diese beiden verschiedenen Geschlechtsstoffe nicht geformt sind, und gerade hierin liegt für uns die grosse Bedeutung derselben, da sie offenbar den primitivsten Anfangszustand der Amphigonie repräsentiren, der sich unmittelbar an die ungeschlechtliche Sporogonie anschliesst. Man könnte nun wohl daran denken, dass bereits in den noch nicht zur Copulation oder Conjugation gelangten Plastiden eine Sonderung des Plasma in zweierlei verschiedene Zeugungsstoffe eingetreten sei, und es würde dann der Process der Copulation und Conjugation selbst als eine wechselseitige Befruchtung zweier hermaphroditischer Individuen erster Ordnung aufzufassen sein, wie wir dieselbe sehr häufig bei zwitterigen Individuen höherer Ordnung (z. B. den Schnecken) finden. Insbesondere könnte hierführ angeführt werden, dass unter Umständen auch die einzelnen Individuen, welche gewöhnlich conjugiren (z. B. Zygnemen) oder copuliren (z. B. Gregarinen) selbstständig „Sporen" in ihrem Inneren erzeugen können. Indessen muss es vorläufig zweifelhaft bleiben, ob hier eine Selbstbefruchtung einer hermaphroditischen Zelle, oder eine Parthenogenesis, die schon zur Sporogonie zu rechnen sein würde, vorliegt, da wir noch nicht im Stande gewesen sind, die Verschiedenheit der beiderlei Zeugungsstoffe in den einzelnen copulirenden und conjugirenden Individuen (weder in chemischer, noch in morphologischer Beziehung) zu constatiren. Aus diesen Gründen können wir daher nicht mit Sicherheit die (jetzige) Existenz eines Hermaphroditismus der Plastiden annehmen, und es würden demnach sämmtliche Fälle von Amphigonie, von geschlechtlicher Differenzirung der Plastiden, als Gonochorismus derselben zu betrachten sein.

Ib. Gonochorismus der Plastiden.

Geschlechtstrennung der Individuen erster Ordnung.

Die beiderlei Geschlechtsstoffe sind auf zwei verschiedene Individuen erster Ordnung (Plastiden) vertheilt.

Dieser Fall der Geschlechtstrennung ist der allgemeinste von allen sechs möglichen Fällen des Gonochorismus, und wenn ein Hermaphroditismus der Plastiden nicht existirte, so würden eigentlich sämmtliche Fälle der geschlechtlichen Differenzirung und Zeugung überhaupt hierher zu ziehen sein. Denn bei allen sexuellen Individuen zweiter und höherer Ordnung, mögen dieselben nun Hermaphroditen oder Gonochoristen sein, finden wir die beiderlei Geschlechtsproducte von verschiedenen Individuen erster Ordnung erzeugt. In allen uns bekannten Geschlechtsorganen giebt es männliche und weibliche Plastiden (selten Cytoden, meistens Zellen) neben einander, aber keine Plastiden, welche zugleich männliche und weibliche Geschlechtsstoffe bildeten. Zwitterige Zellen sind bisher so wenig innerhalb eines Geschlechtsorgans, als in frei lebenden monoplastiden Organismen beobachtet worden. Wenn wir also von den so eben erwähnten möglichen Fällen des Hermaphroditismus bei copulirenden und conjugirenden Plastiden absehen, so würden wir den Gonochorismus der Plastiden als allgemeine Eigenschaft sämmtlicher amphigoner Organismen ansehen können. Gewöhnlich sind die geschlechtlich differenzirten Individuen erster Ordnung Zellen, seltener Cytoden (bei manchen Algen). Die weibliche Geschlechtszelle erzeugt gewöhnlich ein einziges Ei, d. h. sie wandelt sich in ihrer Totalität in ein Ei um. Seltener bildet dieselbe einen Zellencomplex, z. B. bei den Insecten-Eiern. Die einzelne männliche Geschlechtszelle (Samenzelle) dagegen erzeugt sehr häufig einen Complex von mehreren Zoospermien (besonders bei den höheren Thieren); anderemale fungirt sie in ihrer Totalität (Crustaceen, Pollenkorn der Phanerogamen). Die Formen-Mannichfaltigkeit der Zoospermien bei den verschiedenen Organismen ist ausserordentlich gross. Besonders bemerkenswerth ist die auffallende Aehnlichkeit der fadenförmigen beweglichen Zoospermien bei den Cryptogamen und den meisten Thieren. Ebenso zeigt auch die Form der Eizelle, und besonders ihre Hüllenbildung, bei Pflanzen und Thieren mannichfache Analogieen.

II. Geschlechtsverhältnisse der Organe.

IIa. Hermaphroditismus der Organe.

Zwitterbildung der Individuen zweiter Ordnung.

Die beiderlei Geschlechtsproducte sind in einem Individuum zweiter Ordnung (Organ) vereinigt.

Die Zwitterbildung der Organe ist im Ganzen selten, da bei den meisten hermaphroditischen Organismen die beiden Geschlechtsstoffe auf zwei verschiedene Individuen dritter oder höherer Ordnung vertheilt sind. Doch finden wir in sehr ausgezeichneter Weise beiderlei Zeugungsstoffe von einem einzigen Organe producirt bei manchen Mollusken, und zwar am auffallendsten bei den sonst hoch differenzirten Lungenschnecken (Pulmonaten). Trotz der ausserordentlichen Complication, welche der Geschlechtsapparat dieser Thiere im Uebrigen darbietet, werden dennoch die Eier und Samenzellen von einem und demselben Organe unmittelbar neben einander erzeugt. Eine gleiche Zwitterdrüse (Glandula hermaphrodita) findet sich bei *Synapta* unter den Echinodermen. Sehr allgemein verbreitet scheint ein ähnliches Organ bei den Infusorien zu sein, wo als Ovarium der sogenannte Nucleus, als Hode der Nucleolus erkannt worden ist. Da jedoch der letztere dem ersteren unmittelbar anliegt und in manchen Fällen selbst im Inneren desselben zu liegen scheint, so kann man Beide zusammen wohl als Zwitterdrüse bezeichnen. Unter den Pflanzen kommen ähnliche Zwitterdrüsen, d. h. Organe, welche männliche und weibliche Geschlechtsproducte zugleich erzeugen, nur sehr selten vor, z. B. bei *Marsilea*, *Pilularia* und einigen anderen Rhizocarpeen.

IIb. Gonochorismus der Organe.

Geschlechtstrennung der Individuen zweiter Ordnung.

Die beiderlei Geschlechtsproducte sind auf zwei verschiedene Individuen zweiter Ordnung (Organe) vertheilt.

Die Vertheilung der Geschlechtsthätigkeit auf verschiedene Organe ist die allgemeine Regel für die grosse Mehrzahl aller Organismen, auch für die meisten sogenannten „Zwitter-Individuen“ (d. h. hermaphroditischen Individuen dritter und höherer Ordnung). Die weiblichen Organe, welche die Eier produciren, heissen bei den Thieren allgemein Eierstöcke (Ovaria), bei den phanerogamen Pflanzen Samenknospen (Gemmulae)[1]), bei den meisten cryptogamen Oogonien oder

[1]) Leider werden hier sehr häufig, wie es auch im Uebrigen vielfach geschieht, in der Botanik und Zoologie Objecte, welche gar keine Analogie besitzen, mit denselben Namen, und Objecte, welche wirkliche Analogie besitzen, mit verschiedenen Namen belegt. In der Regel sollte hier wohl die zoologische Bedeutung des Wortes, als die ältere und allgemeiner anerkannte, das Recht der Priorität haben und die fälschlich davon abge-

Archegonien (oder Pistillidien). Die männlichen Organe, welche das Sperma produciren, heissen bei den Thieren allgemein Hoden (Testiculi), bei den Phanerogamen Antheren oder Staubblätter, bei den Cryptogamen Antheridien. Bei den Thieren entwickeln sich sehr häufig weibliche und männliche Geschlechtsorgane aus einer und derselben Anlage, so zwar, dass bei den beiderseitigen Embryonen beiderlei Organe bis zu einer gewissen Zeit nicht zu unterscheiden sind und sich erst später differenziren (z. B. bei den Wirbelthieren). Bei den phanerogamen Pflanzen dagegen sind beiderlei Organe in morphologischer Beziehung wesentlich verschieden, indem die männliche Geschlechtsdrüse ein reines Blattorgan („Staubblatt"), die weibliche Geschlechtsdrüse (Samenknospe) dagegen entweder ein reines Axenorgan oder eine wirkliche Knospe (ein Axenorgan mit Blattorganen) ist. Zwischen den vollkommen getrennten Geschlechtsorganen und den vorhin erwähnten Zwitterdrüsen giebt es bei den Thieren (insbesondere Schnecken und Würmern) eine Menge vermittelnder Uebergänge, welche die allmähliche Hervorbildung der ersteren aus den letzteren in schlagender Weise bekunden. Insbesondere sind die Ausführungsgänge der männlichen und weiblichen Drüsen oft noch auf kürzere oder längere Strecken hin vereinigt.

III. Geschlechtsverhältnisse der Antimeren.

IIIa. Hermaphroditismus der Antimeren.

Zwitterbildung der Individuen dritter Ordnung.

Die beiderlei Geschlechtsorgane sind in einem Individuum dritter Ordnung (Antimer) vereinigt.

---

leitete botanische Bedeutung eliminirt werden. Was die Botaniker gewöhnlich als „Ovarium" bezeichnen, ist der unterste Theil des Pistills, welcher besser Fruchtknoten (Germen) heisst. Dagegen ist der dem thierischen Ovarium wirklich entsprechende Theil der weiblichen Blüthe die Samenknospe oder Gemmula, welche gewöhnlich von den Botanikern als Eichen (Ovulum) bezeichnet wird. Das wirkliche Pflanzenei dagegen, welches dem thierischen Ovum entspricht, heisst hier gewöhnlich Keimbläschen, während die Zoologen mit diesem Namen den Kern des thierischen Eies belegen. Eine Uebersicht der analogen Theile in den weiblichen Geschlechtsorganen der Thiere und Pflanzen ergiebt demnach allgemein folgendes Resultat:

	Thiere	Phanerogamen	Cryptogamen
Weibliches Geschlechtsorgan	Ovarium	Gemmula (Ovulum)	Archegonium (Oogonium)
Weibliche Geschlechtszelle	Ei (Ovum)	Embryobläschen (Keimbläschen)	Archegonium - Centralzelle
Kern der weiblichen Geschlechtszelle . .	Keimbläschen (Purkyne's Bläschen)	Kern (des Keimbläschens)	Kern der Archegonium-Centralzelle

Dieser Fall ist die allgemeine Regel bei den allermeisten hermaphroditischen Individuen vierter und höherer Ordnung. Insbesondere bei den zwitterigen Thieren besitzt meist jeder homotypische Abschnitt beiderlei Geschlechtsorgane. Fast allgemein finden wir bei den dipleuren Zwitterthieren beiderlei Organe sowohl auf der rechten als auf der linken Hälfte, bei den centraxonien und amphipleuren Zwitterthieren in jedem ihrer „Strahltheile". Weniger allgemein ist dieses Verhältniss bei den Pflanzen, wo öfters insbesondere die weiblichen Organe in einem oder mehreren Antimeren abortiren, so dass diese bloss eingeschlechtig sind.

IIIb. Gonochorismus der Antimeren.

Geschlechtstrennung der Individuen dritter Ordnung.

Die beiderlei Geschlechtsorgane sind auf zwei verschiedene Individuen dritter Ordnung (Antimeren) vertheilt.

Dieser Fall ist im Ganzen viel seltener als der vorige, besonders im Thierreiche. Hier kommt es nur ausnahmsweise vor, dass bei einem hermaphroditischen Organismus die Genitalien des einen Antimeren männlich, die des anderen weiblich sind. So giebt es einige Anthozoen-Arten, bei denen die Mesenterialfalten (welche in der Medianebene der Antimeren liegen) alternirend männliche und weibliche Genitalien einschliessen. Derartige Zwitter finden sich bisweilen auch bei dipleuren Thieren, die sonst getrennten Geschlechts sind, bei denen aber beiderlei Organe sich aus derselben Anlage hervorbilden, wie z. B. bei den Wirbelthieren. Unter letzteren sind solche Zwitterbildungen, wo die rechte Hälfte weiblich, die linke männlich differenzirt war, oder umgekehrt, mehrfach beobachtet worden, in einzelnen Fällen auch beim Menschen (sogenannter Hermaphroditismus lateralis). Eben solche Fälle sind auch von unseren Flussmuscheln (*Unio*, *Anodonta*) bekannt, wo bisweilen das Geschlechtsorgan der rechten Seite ein Hoden, der linken ein Eierstock ist, und umgekehrt. Häufiger ist diese sexuelle Differenzirung der Antimeren bei den phanerogamen Pflanzen, wo oft in einer Zwitterblüthe (Person), die im einen Geschlechtskreise (Metamer) weibliche, im anderen männliche Organe auf mehrere Antimeren vertheilt trägt, der eine oder andere homotypische Abschnitt kein Geschlechtsorgan entwickelt (abortirt), so dass ein Theil der Antimeren bloss männlich, ein anderer Theil bloss weiblich wird. Selten aber ist dieser Abortus in beiden Kreisen (männlichen und weiblichen) so regelmässig complementär, dass die ganze Blüthe (Person) bloss aus rein männlichen und rein weiblichen Antimeren zusammengesetzt ist. Vielmehr behält meistens ein Theil der Antimeren (gewöhnlich die Mehrzahl) die ursprüngliche Zwitterbildung bei. In höchst ausgezeichneter Weise findet sich der reine Gonochorismus der Antimeren constant bei

Canna, wo nicht zwei Metameren (Blattkreise) geschlechtlich differenzirt sind, sondern wo nur ein einziger Blattkreis (Metamer) zur geschlechtlichen Entwickelung gelangt, und wo in diesem, aus drei Antimeren bestehenden Kreise, das eine Antimer männlich, das zweite weiblich wird und das dritte abortirt.

IV. Geschlechtsverhältnisse der Metameren.

IVa. Hermaphroditismus der Metameren.

Zwitterbildung der Individuen vierter Ordnung.

Die beiderlei Geschlechtsorgane sind in einem Individuum vierter Ordnung (Metamer) vereinigt.

Dieser Fall ist die allgemeine Regel bei den hermaphroditischen Thieren, bei welchen die physiologische Individualität den Rang eines Metameres hat. Hier müssen natürlich die beiderlei Genitalorgane auf einem und demselben Metamer vereinigt sein, z. B. bei den Trematoden, Zwitterschnecken. Bei den zwitterigen Articulaten, welche durch Aggregation von Metameren Personen herstellen, wie z. B. bei den Bandwürmern, wiederholen sich gewöhnlich ganz regelmässig weibliche und männliche Organe in mehr oder minder inniger, theilweiser Vereinigung in jedem Metamer, mit Ausnahme der geschlechtslosen. Doch kommt es hier auch häufig vor (z. B. bei den Hirudineen, Lumbricinen), dass nur einige Metameren hermaphroditisch, die anderen dagegen unisexuell, bloss männlich oder bloss weiblich sind. Viel seltener als bei den Thieren ist der Hermaphroditismus der Metameren bei den phanerogamen Pflanzen (z. B. *Canna*); vielmehr ist der umgekehrte folgende Fall hier die Regel.

IVb. Gonochorismus der Metameren.

Geschlechtstrennung der Individuen vierter Ordnung.

Die beiderlei Geschlechtsorgane sind auf zwei verschiedene Individuen vierter Ordnung (Metameren) vertheilt.

Im Gegensatz zu den zwitterigen Thier-Personen zeichnen sich die hermaphroditischen Blüthen der phanerogamen Pflanzen dadurch aus, dass gewöhnlich die männlichen und weiblichen Geschlechtsorgane auf verschiedene Metameren oder Glieder vertheilt sind. In den allermeisten Fällen ist ein unteres (hinteres) Stengelglied vorhanden, welches den Kreis der männlichen Staubblätter, und ein oberes (vorderes), welches den (inneren) Kreis der weiblichen Fruchtblätter trägt, an denen die Samenknospen sitzen. Da nun morphologisch jedes Stengelglied, das einen Blattkreis trägt, auch wenn es ganz unentwickelt ist, ein vollständiges Metamer darstellt, so sehen wir bei den meisten Phanerogamen die Blüthe aus einem (oder mehreren) weiblichen (oberen) und männlichen (unteren) Metameren zusammengesetzt; das obere weibliche Metamer heisst der Kreis der Fruchtblätter (Carpella), das untere männliche der Kreis der Staubblätter (Antherae). Unter den geschlechtlichen Kreisen stehen dann noch mehrere geschlechtslose Metameren, welche nicht sexuell differenzirte Blattkreise (Blumen-, Kelch-, Deckblätter etc.) tragen. Unter den Thieren ist dieser Gonochorismus der Metameren sehr verbreitet bei den gonochoristen Bionten vierter Ordnung, insbesondere bei den höheren Mollusken, welche alle den morphologischen Rang eines Metameres haben. Selten dagegen ist er bei zwitterigen Bionten fünfter Ordnung. In ausgezeichneter Weise findet er sich so bei *Sagitta*, welche aus zwei zwitterigen Antimeren und zwei Metameren besteht, und wo das vordere Metamer (entsprechend dem oberen [vorderen] der Phanerogamen) weiblich, das hintere (entsprechend dem unteren) männlich ist.

V. Geschlechtsverhältnisse der Personen.

Va. Hermaphroditismus der Personen (Monoclinia).

Zwitterbildung der Individuen fünfter Ordnung.

Die beiderlei Geschlechtsorgane sind auf einem bisexuellen Individuum fünfter Ordnung (Prosopon) vereinigt.

Dieser Fall wird von den Zoologen gewöhnlich als „Hermaphroditismus“ schlechtweg bezeichnet, weil die meisten Thiere auf der (fünften) tectologischen Rangstufe der Personen stehen bleiben. Bei den Pflanzen dagegen, welche meistens die höhere (sechste) Rangstufe des Stockes erreichen, unterscheiden die Botaniker sorgfältiger zwischen der Zwitterbildung der Personen (Monoclinia) und der Stöcke (Monoecia). Unter den Thieren ist der Hermaphroditismus der Personen vorzugsweise bei den kleineren und niederen Formen verbreitet. Im Stamme der Vertebraten findet er sich nur ausnahmsweise (bei einigen Kröten, wenigstens rudimentär; bei *Serranus* unter den Fischen); im Stamme der Articulaten selten bei den höher stehenden Arthropoden (Tardigraden unter den Arachniden, Cirripedien unter den Crustaceen), häufiger bei den tiefer stehenden Würmern (Hirudineen, Scoleinen, Sagitta etc.); im Echinodermenstamme nur bei *Synapta;* auch im Coelenteratenstamme nur ausnahmsweise. Ungleich verbreiteter ist der Hermaphroditismus der Personen bei den Pflanzen, wo er sich bei der grossen Mehrzahl aller Phanerogamen und sehr vielen Cryptogamen findet.

Vb. Gonochorismus der Personen (Diclinia).

Geschlechtstrennung der Individuen fünfter Ordnung.

Die beiderlei Geschlechtsorgane sind auf zwei verschiedene unisexuelle Individuen fünfter Ordnung vertheilt.

Die gonochoristen Personen sind es, welche die Zoologen gewöhnlich als „getrennt-geschlechtige“ Thiere im engeren Sinne, die Botaniker schärfer als „diclinische“ Pflanzen unterscheiden. Die weibliche Person wird bei den Phanerogamen als „weibliche Blüthe“ bezeichnet; die männliche Person als „männliche Blüthe“. Dieselbe Trennung der Geschlechter findet sich bei der grossen Mehrzahl aller Thiere; bei allen Vertebraten (einige Kröten und *Serranus* ausgenommen), bei den meisten Arthropoden (die Cirripedien und Tardigraden ausgenommen), bei den meisten höheren Würmern und den meisten Coelenteraten. Unter den Pflanzen ist sie umgekehrt die Ausnahme. Es gehören hierher alle Personen (Blüthensprosse) der Phanerogamen, welche monoecische und dioecische Stöcke zusammensetzen, ausserdem aber auch alle unisexuellen Blüthen, welche keine Stöcke bilden (besonders unter den Cryptogamen).

VI. Geschlechtsverhältnisse der Stöcke.

VIa. Hermaphroditismus der Stöcke (Monoecia).

Zwitterbildung der Individuen sechster Ordnung.

Die beiderlei Geschlechtspersonen sind auf einem bisexuellen Individuum sechster Ordnung (Cormus) vereinigt.

Alle hierher gehörigen Fälle von Zwitterbildung bei den Phanerogamen hat Linné in seiner einundzwanzigsten Phanerogamen-Klasse, den Monoecia, zusammengefasst. Die sogenannte „zusammengesetzte Pflanze“, d. h. der Stock, ist hier hermaphroditisch, die einzelnen Personen aber (Blüthensprosse), welche ihn zusammensetzen, diclinische, theils männliche, theils weibliche Blüthen. Es ist dies z. B. der Fall bei den Birken, Buchen, Eichen, Rietgräsern etc. Ganz dieselbe Vereinigung der beiderlei unisexuellen Personen auf einem Stocke findet sich unter den Thieren bei den allermeisten Siphonophoren-Stöcken, dagegen nur ausnahmsweise bei den Corallen-Stöcken (Anthozoen).

VIb. Gonochorismus der Stöcke (Dioecia).

Geschlechtstrennung der Individuen sechster Ordnung.

Die beiderlei Geschlechtspersonen sind auf zwei verschiedene unisexuelle Individuen sechster Ordnung (Cormen) vertheilt.

Dieser zwölfte und letzte, am weitesten gehende Fall von Trennung der Geschlechter gab Linné Veranlassung zur Aufstellung seiner zweiundzwanzigsten Phanerogamenclasse, der Dioecia. Die sogenannte „zusammengesetzte Pflanze“ oder der Stock ist hier unisexuell, entweder männlich oder weiblich. Alle einzelnen denselben zusammensetzenden Personen sind diclinisch und gehören einem und demselben Geschlechte an. Es ist dies der Fall bei den Weiden und Pappeln, den meisten Palmen und vielen Wasserpflanzen. Ferner gehören hierher unter den Thieren die meisten Anthozoen-Stöcke, aber nur wenige Siphonophoren-Stöcke, z. B. *Diphyes quadrivalvis*.

II. System der ungeschlechtlichen Fortpflanzungsarten.

				Beispiele.
A. Ungeschlechtliche Zeugung durch Spaltung **Schizogonia** Generatio fissipara	a) Selbsttheilung **Divisio** (Spaltung mit Vernichtung des zeugenden Individuums)	I. Zweitheilung Dimidiatio (Theilung in zwei Hälften)	1. Stücktheilung Divisio indefinita	Viele Protisten. Viele Plastiden von Thieren und Pflanzen.
			2. Längstheilung Divisio longitudinalis	Diatomeen. Astraeiden. Turbinoliden.
			3. Quertheilung Divisio transversalis	Ophryoscolecinen. Halteria.
			4. Diagonaltheilung Divisio diagonalis	Chlorogonium. Lagenophrys.
		II. Strahltheilung Diradiatio (Theilung in mehr als zwei Stücke)	5. Paarige Strahltheilung Diradiatio artia	Vierzählige Phanerogamen-Blüthensprosse. Die meisten Coelenteraten.
			6. Unpaarige Strahltheilung Diradiatio anartia	Die meisten Blüthensprosse der Phanerogamen. Die meisten Echinodermen.
	b) Knospung **Gemmatio** (Spaltung ohne Vernichtung des zeugenden Individuums)	I. Aeussere Knospenbildung Gemmatio externa	1. Endknospenbildung Gemmatio terminalis	Internodien der Phanerogamen. Strobila der Cestoden.
			2. Seitenknospenbildung Gemmatio lateralis	Axillarknospen der Phanerogamen und Bryozoen.
		II. Innere Knospenbildung Gemmatio interna	3. Innere Knospung ohne Knospenzapfen Gemmatio coeloblasta	Medusen, z. B. Aegineta prolifera.
			4. Innere Knospung an einem Knospenzapfen Gemmatio organoblasta	Salpa. Carmarina (Geryonia).
B. Ungeschlechtliche Zeugung durch Keimbildung **Sporogonia** Generatio sporipara	I. Keimknospenbildung Polysporogonia. Product der Keimbildung eine Mehrheit von Plastiden (Polyspora).		1. Fortschreitende Keimknospenbildung Polysporogonia progressiva	Distomeen. Gyrodactylus. Infusorien.
			2. Rückschreitende Keimknospenbildung Polysporogonia regressiva	Gemmulae der Spongien.
	II. Keimplastidenbildung Monosporogonia. Product der Keimbildung eine einzelne Plastide (Monospora).		3. Fortschreitende Keimplastidenbildung Monosporogonia progressiva	Algen. Rhizopoden. Protoplasten.
			4. Rückschreitende Keimplastidenbildung Monosporogonia regressiva Parthenogonia (pro parte?)	Chara crinita. Coelebogyne. Aphis. Apis. Coccus.

III. System der geschlechtlichen Fortpflanzungsarten.

I. Hermaphroditismus der sechs Individualitäts-Ordnungen.

Verschiedene Formen der Geschlechtsvertheilung.	Beispiele aus dem Pflanzenreiche.	Beispiele aus dem Thierreiche.
1. Hermaphroditismus der Plastiden (Zwitterbildung erster Ordnung).	Conjugatae? (Desmidiaceae. Zygnemaceae)	(Gregarinae Protista!!)? Infusoria?
2. Hermaphroditismus der Organe (Zwitterbildung zweiter Ordnung).	Einige Rhizocarpeen (Pilularia, Marsilea).	Synapta, Gasteropoda pulmonata.
3. Hermaphroditismus der Antimeren (Zwitterbildung dritter Ordnung)	Die meisten zwitterigen Phanerogamen, z. B. Liliaceen, Primulaceen.	Die meisten zwitterigen Thiere, z. B. Trematoden, Cirripedien.
4. Hermaphroditismus der Metameren (Zwitterbildung vierter Ordnung).	Sehr wenige zwitterige Phanerogamen, z. B. Canna.	Die meisten zwitterigen Thiere, z. B. Trematoden, Cestoden, Planarien, Mollusken.
5. Hermaphroditismus der Prosopen (Zwitterbildung fünfter Ordnung). (Monoclinia.)	Die meisten zwitterigen Phanerogamen, z. B. Liliaceen, Primulaceen.	Wenige zwitterige Thiere, z. B. Tardigraden, Cirripedien.
6. Hermaphroditismus der Cormen (Zwitterbildung sechster Ordnung). (Monoecia.)	Viele Bäume (Betula, Quercus). Viele Wasserpflanzen (Myriophyllum, Typha).	Wenige Corallenstöcke (Anthozoen). Die meisten Siphonophorenstöcke.

II. Gonochorismus der sechs Individualitäts-Ordnungen.

1. Gonochorismus der Plastiden (Geschlechtstrennung erster Ordnung).	Die meisten (alle?) sexuell differenzirten Pflanzen.	Die meisten (alle?) sexuell differenzirten Thiere.
2. Gonochorismus der Organe (Geschlechtstrennung zweiter Ordnung).	Die meisten sexuell differenzirten Pflanzen.	Die meisten sexuell differenzirten Thiere.
3. Gonochorismus der Antimeren (Geschlechtstrennung dritter Ordnung).	Einige zwitterige Phanerogamen, z. B. Canna.	Einige Anthozoen mit alternirend männlichen u. weiblichen Antimeren
4. Gonochorismus der Metameren (Geschlechtstrennung vierter Ordnung).	Die meisten Phanerogamen, z. B. Liliaceen, Primulaceen.	Sagitta. Die meisten Mollusca cephalota. (Alle Cephalopoden etc.)
5. Gonochorismus der Prosopen (Geschlechtstrennung fünfter Ordnung). (Diclinia.)	Alle monoecischen und dioecischen Phanerogamen.	Die meisten Vertebraten und Arthropoden (ausgenommen Tardigraden und Cirripedien.)
6. Gonochorismus der Cormen (Geschlechtstrennung sechster Ordnung). (Dioecia.)	Viele Bäume (Salix, Populus). Viele Wasserpflanzen (Hydrocharis, Vallisneria).	Die meisten Corallenstöcke (Anthozoen). Wenige Siphonophorenstöcke (z. B. Diphyes quadrivalvis).

IV. Verschiedene Functionen der Entwickelung.

„Die Entwickelungsgeschichte des Individuums ist die Geschichte der wachsenden Individualität in jeglicher Beziehung.“ In diesen wenigen treffenden Worten spricht Bär das allgemeinste Resultat seiner classischen Untersuchungen und Beobachtungen über die Entwickelungsgeschichte der Thiere aus (l. c. S. 263). In der That ist das Wachsthum der Individuen diejenige organische Function, welche den wichtigsten Entwickelungsvorgängen zu Grunde liegt. Selbst die Zeugung, mit der jede individuelle Entwickelung beginnt, ist im Grunde, wie wir sahen, unmittelbar mit dem Wachsthum zusammenhängend und in den allermeisten Fällen (die Generatio spontanea ausgenommen) die directe Folge des Wachsthums über das individuelle Maass hinaus. Obgleich wir also allgemein das Wachsthum als die bedeutendste Fundamentalfunction der ontogenetischen Processe bezeichnen können, müssen wir dennoch, wenn wir den Begriff der Ontogenesis in dem weitesten oben festgestellten Umfange fassen, und nicht nur die Anaplase, sondern auch die Metaplase und Cataplase darunter verstehen wollen, neben dem Wachsthum noch einige andere organische Functionen unterscheiden, welche zwar ebenfalls Ernährungsvorgänge sind und schon als solche mit demselben zusammenhängen, aber doch wesentlich von ihm verschieden sind. Es sind dies namentlich die Erscheinungen der Differenzirung, welche wir im neunzehnten Capitel noch eingehender betrachten werden, und die Vorgänge der Degeneration oder Entbildung. Wir können demnach allgemein als verschiedene „Functionen der Ontogenesis“ folgende vier Processe unterscheiden: 1) die Zeugung; 2) das Wachsthum im engeren Sinne; 3) die Differenzirung; 4) die Degeneration. Alle vier Processe, auf welche sich sämmtliche übrigen ontogenetischen Vorgänge zurückführen lassen, sind physiologische, d. h. physikalisch-chemische Functionen, welche unmittelbar mit der allgemeinen organischen Fundamentalfunction der Ernährung zusammenhängen.

1. Die Zeugung (Generatio).

Die Entstehung des organischen Individuums durch Zeugung ist der erste und fundamentalste Process, mit welchem jede individuelle Entwickelung beginnt. Da wir ihre verschiedenen Formen im Vorhergehenden bereits betrachtet haben, so heben wir hier bloss nochmals hervor, dass die Zeugung nicht allein als der erste Entstehungsakt die Ontogenesis jedes organischen Individuums einleitet, sondern auch das Wachsthum der Individuen zweiter und höherer Ordnung dadurch bewirkt, dass beständig die Individuen erster Ordnung, welche dieselben zusammensetzen, durch wiederholte Zeugungsakte sich vermehren.

2. Das Wachsthum (Crescentia).

Das Wachsthum im engeren Sinne (Crescentia) zeigt sich äusserlich allgemein in einer Grössenzunahme des Individuums, einer totalen oder partiellen Vermehrung seines Volums und seiner Masse. Das innere Wesen dieser unmittelbar mit der Ernährung zusammenhängenden Function haben wir bereits im fünften Capitel eingehend erläutert (Bd. I, S. 141—149). Wir führten dort aus, dass das Wachsthum sowohl der organischen als der anorganischen Individuen wesentlich darin beruht, dass das vorhandene Individuum, ein festflüssiger oder fester Körper, als Attractionscentrum wirksam ist, und aus einer umgebenden Flüssigkeit bestimmte Moleküle anzieht, welche in dieser gelöst sind, und welche er aus dem flüssigen in den festflüssigen Aggregatzustand überführt. Die Anziehung der Moleküle geschieht mit einer bestimmten, durch die chemische Wahlverwandtschaft des Körpers bedingten Auswahl. Das Wachsthum der organischen und anorganischen Individuen ist durchaus analog und beruht in beiden Fällen auf den physikalischen Gesetzen der Massenbewegung, Anziehung und Abstossung. Der wesentliche Unterschied im Wachsthum beider Gruppen von Naturkörpern besteht darin, dass das Wachsthum des festflüssigen organischen Individuums durch Intussusception nach innen, dasjenige des festen anorganischen Individuums (Krystalls) durch Apposition von aussen erfolgt. Wenn wir im Folgenden vom Wachsthum im engsten Sinne, oder vom „einfachen Wachsthum" (Crescentia simplex) der Organismen sprechen, so verstehen wir darunter lediglich diesen Process, die Vergrösserung (Volumvermehrung) durch Aufnahme neuer Moleküle. Diese einfache Wachsthumsfunction wird eigentlich nur von den Individuen erster Ordnung (Plastiden) geübt. Denn das Wachsthum aller Individuen zweiter und höherer Ordnung ist erst das mittelbare Resultat des einfachen Wachsthums der Individuen erster Ordnung, und kann insofern als „zusammengesetztes Wachsthum" (Crescentia composita) unterschieden werden, als es stets auf einer Verbindung der beiden angeführten Entwickelungsfunctionen, Zeugung und Wachsthum der Plastiden, beruht. Wir können es daher als allgemeines Gesetz aussprechen, dass das Wachsthum der morphologischen Individuen erster Ordnung ein directes oder einfaches, das Wachsthum der morphologischen Individuen zweiter und höherer Ordnung dagegen ein indirectes oder zusammengesetztes ist, zusammengesetzt aus den beiden zusammenwirkenden Functionen der Zeugung und des Wachsthums der constituirenden Plastiden. Obwohl die Entwickelungsfunction des Wachsthums vorzugsweise in dem Stadium der Anaplase wirksam erscheint, setzt dieselbe dennoch ihre Thätigkeit auch noch während der Stadien der Metaplase und Cataplase beständig fort, da die Deckung der Substanzverluste, welche durch die Lebensfunctionen herbeigeführt werden, in letzter Instanz immer wieder durch die Ernährung und das Wachsthum der Plastiden bewirkt wird.

3. Die Differenzirung (Divergentia) oder Arbeitstheilung (Polymorphismus).

Die dritte wichtige Fundamentalfunction, welche bei der Entwickelung der organischen Individuen wirksam ist, und auf welcher alle höhere Entwickelung, alle Vervollkommnung derselben beruht, bezeichnet man allgemein mit dem Namen der Differenzirung oder Arbeitstheilung. Man versteht bekanntlich unter diesem wichtigen Processe ganz im Allgemeinen eine Hervorbildung ungleichartiger Theile aus gleichartiger Grundlage, welche durch Anpassung derselben an ungleiche Existenzbedingungen bewirkt wird. Im neunzehnten Capitel werden wir die Divergenz des Charakters, welche dieser ungleichartigen Entwickelung von ursprünglich gleichartigen Theilen zu Grunde liegt, näher zu erläutern und auf die Gesetze der Anpassung und Vererbung zurückzuführen haben. Hier sei daher nur so viel bemerkt, dass wir den Begriff der Differenzirung im weitesten Sinne fassen. Gewöhnlich wird derselbe nur auf die Bionten oder physiologischen Individuen angewandt. Wie wir aber das Verständniss von deren Entwickelung nur dadurch erlangen können, dass wir die Ontogenesis der morphologischen Individuen aller Ordnungen erkennen, so verstehen wir auch den Polymorphismus der Bionten nur dadurch, dass wir die Differenzirung aller untergeordneten Individualitäten erkennen, welche die höheren zusammensetzen. Ja wir gehen noch weiter, und leiten die divergente Entwickelung der Individuen erster Ordnung, der Plastiden, von einer Arbeitstheilung der Eiweissmoleküle des Plasma ab, welches die active Plastiden-Substanz bildet. Wir führen mit einem Wort die morphologische und physiologische Differenzirung auf die chemische Arbeitstheilung der Moleküle zurück. Aus diesem Molekularvorgang resultiren alle höheren Differenzirungs-Processe, welche die divergente Entwickelung der vollkommenen Organismen möglich machen. So allgemein nun auch diese Function in der ganzen organischen Welt und ganz besonders bei der Metaplase wirksam ist, so ist es doch sehr bemerkenswerth, dass bei den einfachsten Organismen, den Moneren, dieselbe fehlt. Bei diesen homogenen und structurlosen Protisten, welche sich zunächst an die Krystalle anschliessen, beschränkt sich die Ontogenesis auf die beiden Functionen der Zeugung und des Wachsthums, ohne dass eine Differenzirung eintritt. Die Moneren schliessen sich in dieser, wie in mehreren anderen Beziehungen näher an die anorganischen Krystalle, als an die übrigen Organismen an (vergl. das fünfte Capitel).

4. Die Entbildung (Degeneratio).

Unter Entbildung oder Degeneration verstehen wir hier diejenige Veränderung der organischen Individuen, deren Resultat eine Beschränkung oder Verminderung oder eine gänzliche Vernichtung ihrer physiologischen Function zur Folge hat, und welche sich stets auch in entsprechenden morphologischen Veränderungen ihrer Form und oft in Verminderung ihres Volums kundgiebt. Es ist dieser Process also dem des Wachsthums gewissermaassen entgegengesetzt und wie das letztere die Grundlage der Anaplase, so bildet die Degeneration das Fundament der Cataplase. Wir betrachten die Rückbildung, welche oft der Entwickelung im engeren Sinne geradezu entgegengesetzt wird, dennoch als einen Theil derselben, da wir oben gezeigt haben, dass sich diese Vorgänge nicht scharf trennen lassen, und dass die vollständige Ontogenie alle Stadien der individuellen Existenz zu begreifen hat. Wir nennen die Degeneration, welche oft auch als „Rückbildung“ bezeichnet wird, „Entbildung“, um sie scharf von der eigentlichen Rückbildung oder Cataplase zu unterscheiden, von der sie nur einen Theil darstellt. Die Rückbildung betrifft den ganzen Organismus in seiner Totalität, die Entbildung nur einzelne Theile desselben. Durch den Abschluss der Rückbildung wird die Existenz des organischen Individuums vernichtet, durch den Abschluss der Entbildung dagegen nicht; vielmehr verliert dasselbe durch letztere nur einzelne Theile. Jede Entbildung eines Individuums zweiter oder höherer Ordnung ist verbunden mit einer Rückbildung einer Anzahl von Individuen erster Ordnung (Plastiden), welche das erstere zusammensetzen. Aber nicht jede Entbildung einer Plastide ist zugleich ihre Rückbildung. Es kann z. B. eine einzelne, stark differenzirte Pflanzenzelle einen Entbildungs-Process (z. B. Verlust bestimmter Fortsätze oder Inhaltstheile der Zelle) vollständig von Anfang bis zu Ende durchmachen, ohne dass dadurch ihre Rückbildung eintritt. Wir müssen also diese beiden Processe, die totale Rückbildung des Bionten und seine partielle Entbildung wohl unterscheiden, wenngleich immer die Rückbildung der Individuen zweiter und höherer Ordnung auf einer Entbildung eines Theiles ihrer constituirenden Plastiden beruht. Im Ganzen sind die Vorgänge der Entbildung oder Degeneration noch sehr wenig untersucht, da man sie meistens gar nicht als Theile der Entwickelungsgeschichte betrachtet hat. Nur in der pathologischen Physiologie des Menschen, wo sie von grosser praktischer Bedeutung sind, haben dieselben eine eingehendere Untersuchung (besonders von Virchow) erfahren. Es gehören dahin besonders die Processe der fettigen Degeneration, der Erweichung, Verkalkung, amyloiden Degeneration etc., kurz alle diejenigen, welche man als Necrobiose zusammengefasst hat. Bei den Pflanzen gehören dahin die Verdickungen der Zellwände, die Bildung der lufthaltigen Spiralgefässe durch Verschmelzung und Degeneration von Zellen etc. Für die Cataplase und namentlich auch für die regressive Metamorphose im engeren Sinne sind diese Vorgänge der Degeneration von der grössten Bedeutung und verdienen ein weit eingehenderes Studium, als ihnen bisher zu Theil geworden ist.

Werfen wir nach dieser kurzen Uebersicht der vier verschiedenen Functionen der individuellen Entwickelung auf dieselbe noch einen vergleichenden Rückblick, so sehen wir, dass dieselbe im Grossen und Ganzen den verschiedenen Stadien der individuellen Entwickelung entsprechen, so jedoch, dass gewöhnlich keine der ersteren ausschliesslich für sich allein eines der letzteren bildet. Es betheiligt sich die Zeugung und das Wachsthum vorzugsweise an der Anaplase, die Differenzirung vorzugsweise an der Metaplase und die Degeneration vorzugsweise an der Cataplase. Eine genauere Betrachtung der drei Entwickelungsstadien wird uns dies noch bestimmter nachweisen.

V. Verschiedene Stadien der Entwickelung.

1. Anaplasis oder Aufbildung (Evolutio).

(Aetas juvenilis. Juventus. Adolescentia. Jugendalter.)

Wir haben oben (S. 18) im Allgemeinen drei Stadien oder Perioden der individuellen Entwickelung unterschieden, die Aufbildung, Umbildung und Rückbildung, und werden nun versuchen, den Charakter derselben etwas schärfer zu bestimmen. Das erste Stadium derselben, die Aufbildung oder Anaplase, ist dasjenige, welches der Entwickelung (Evolutio) im gewöhnlichen Sinne des Wortes entspricht. Es umfasst die aufsteigende oder fortschreitende Reihe von Formveränderungen, welche das organische Individuum von dem Momente seiner Entstehung an bis zur erlangten Reife durchläuft. Im weiteren Sinne kann man diese Periode als das Jugendalter (Juventus, Aetas juvenilis) des Individuums bezeichnen. Auch der Ausdruck Adolescentia wird dafür gebraucht, der aber deshalb zweideutig ist, weil er von Anderen (nicht mit Recht) zur Bezeichnung des reifen Alters (Maturitas) verwandt wird.

Die Entwickelungsfunctionen, welche das Stadium der Anaplase vorzugsweise charakterisiren, sind die Vorgänge der Zeugung und des Wachsthums. Wie diese beiden Processe mit der Ontogenese aller organischen Individuen ohne Ausnahme verbunden sind, so ist auch das Aufbildungsalter das einzige, welches allen Organismen ohne Ausnahme zukömmt. Bei den niedersten Organismen, den Moneren, beschränkt sich die gesammte Entwickelung des Individuums auf diese beiden Functionen, auf seine Entstehung durch Zeugung (entweder Archigonie oder Monogonie) und auf sein Wachsthum. Hierin stimmen diese einfachsten Bionten wesentlich mit den Krystallen überein, deren Entwickelung ebenfalls auf die beiden Momente ihrer Entstehung (durch einen der Archigonie ganz analogen Vorgang) und ihres Wachsthums beschränkt bleibt. Bei den allermeisten Organismen kömmt aber später noch die dritte Function der Differenzirung hinzu, durch welche das anfangs gleichartige Individuum in ein ungleichartiges umgewandelt wird. Diese Differenzirung tritt schon bei den meisten derjenigen Organismen ein, welche zeitlebens auf der niedersten morphologischen Stufe der Plastide stehen bleiben. Sie erreicht aber ihre eigentliche Bedeutung und eine entschiedenere Wirksamkeit erst dann, wenn durch Synusie von mehreren Plastiden ein Form-Individuum zweiter oder höherer Ordnung entsteht.

Die relative Ausdehnung und Bedeutung des Jugendalters ist bei den Individuen verschiedener Ordnung und bei den Bionten verschiedener Stämme und Klassen ausserordentlich verschieden und man kann daher nicht allgemein bestimmte untergeordnete Perioden desselben unterscheiden. Bei denjenigen Individuen, welche durch geschlechtliche Zeugung entstehen, zerfällt dasselbe stets in die beiden Abschnitte der embryonalen Jugend und der freien Jugend. So lange das jugendliche Individuum in den Eihüllen eingeschlossen ist, heisst es Embryo, sobald es dieselben verlassen hat, entweder Junges (Juvenis, Pullus) oder Larve (Larva); letzteres, wenn es noch eine wirkliche Metamorphose (durch Abwerfen provisorischer Theile) durchzumachen hat, ersteres, wenn dies nicht der Fall ist. Bei denjenigen Individuen, welche sich mit Metamorphose entwickeln, kommt also auch die vierte Entwickelungsfunction, die Degeneration zur Geltung, indem lediglich durch diesen Process der Verlust der provisorischen Theile oder Larven-Organe bedingt wird. Sonst ist die Entbildung oder Degeneration diejenige von den vier ontogenetischen Functionen, welche am wenigsten von allen bei der Anaplase in Wirkung tritt.

Bei sehr zahlreichen organischen Individuen ist das Stadium der Anaplase das einzige Entwickelungsstadium, welches sie durchlaufen, da sie weder zur Reife, noch zur Rückbildung gelangen. Solche Individuen sind z. B. die Furchungskugeln, die Embryonalzellen und überhaupt alle in lebhafter Vermehrung begriffenen Plastiden. Aber auch viele Individuen höherer Ordnung giebt es, welche weder einer Metaplase noch einer Cataplase unterworfen sind, und bei denen mithin die ganze Zeit der individuellen Existenz sich auf das Jugendalter beschränkt. Dies ist z. B. der Fall bei allen Individuen, welche, sobald sie durch Wachsthum eine bestimmte Grenze erreicht haben, sich theilen und durch Zerfall in mehrere neue Individuen untergehen. Insbesondere ist dies bei den niederen Organismen sehr allgemein der Fall.

Aber auch die meisten Pflanzen, selbst die höchst entwickelten, sind den meisten Thieren gegenüber dadurch ausgezeichnet, dass sehr Viele von ihren Individualitäten (besonders die geschlechtslosen Sprosse und die Stöcke) ein unbegrenztes Wachsthum besitzen und also nie eigentlich in das Reife-Alter übertreten. Bei den Thieren sind viele niedere Formen durch die relativ bedeutendere Länge der Juventus ausgezeichnet.

2. Metaplasis oder Umbildung (Transvolutio).

(Maturitas. Adultas. Aetas matura. Reifealter.)

Das mittlere der drei individuellen Entwickelungsstadien, die Periode der Reife oder Maturität, ist, wie wir schon oben zeigten, in keiner allgemein gültigen Weise scharf von den beiden anderen zu trennen. Einerseits geht es ebenso allmählig aus dem Jugendalter hervor, wie es sich andererseits in das Greisenalter verliert. Allgemein kann man nur den Abschluss des Wachsthums als den bezeichnenden Beginn der Reife ansehen. Der Organismus gilt meistens für „reif" oder „vollendet", wenn er „ausgewachsen" ist. Bei den geschlechtlich entwickelten Organismen pflegt man aber als das eigentliche Kriterium des Reifealters die Fortpflanzungsfähigkeit anzusehen, die vollständige Ausbildung der Geschlechtstheile oder die Geschlechtsreife. Wir haben indess schon oben (S. 19) gezeigt, dass dieses Kriterium zwar in vielen Fällen, aber keineswegs allgemein anwendbar ist, da sehr häufig der Abschluss des Wachsthums nicht mit der Geschlechtsreife zusammenfällt. Viele Thiere (z. B. Coelenteraten) und noch mehr Pflanzen (aus vielen Gruppen) pflegen sich sowohl geschlechtlich als ungeschlechtlich schon lange fortzupflanzen, ehe ihr Wachsthum seine Grenze erreicht hat; andere umgekehrt erst längere Zeit, nachdem schon diese Grenze überschritten ist. Ueberdies giebt es zahlreiche organische Individuen, die sich niemals fortpflanzen, und die dennoch ein entschiedenes Alter der Reife erreichen. Wollen wir daher anders den Begriff der Maturität irgendwie scharf gegen den der Juventus abgrenzen, so müssen wir sagen: das organische Individuum (aller Ordnungen) ist reif, sobald es ausgewachsen ist, sobald es seine volle individuelle Grösse erreicht hat.

Nicht minder schwierig, meistens sogar noch weit schwieriger, ist andererseits die Abgrenzung des Reifealters von dem der Rückbildung. Auch hier hat man bei denjenigen Individuen, welche sexuell differenzirt sind, besonders das Aufhören der Geschlechtsthätigkeit als den Beginn der Cataplase betrachtet. Indessen ist hier dieses Kriterium noch weniger anwendbar, da viele Organismen noch die volle Zeugungsfähigkeit besitzen, während bereits entschiedene Rückbildung eingetreten ist, andere umgekehrt dieselbe schon lange vorher verlieren. Auch erleiden viele Individuen eine Rückbildung, welche niemals geschlechtsreif werden, und andere verlieren ihre Zeugungsfähigkeit, ohne sich rückzubilden. Hier scheint also nichts Anderes übrig zu bleiben, als das Ende der Reife und den Beginn der Rückbildung durch das Auftreten von entschiedenen Degenerations-Processen einzelner integrirender Bestandtheile zu bestimmen, welche an dem ausgebildeten Organismus in voller Function waren.

Die Entwickelungsfunction, welche das Stadium der Metaplase vorzugsweise charakterisirt, ist die Differenzirung. Wie das Wachsthum für die Anaplase, wie die Degeneration für die Cataplase, so ist die Differenzirung der Theile für die Metaplase das vorzugsweise charakteristische Moment, und strenggenommen die einzige plastische Function derselben, welche dem Individuum selbst zu Gute kommt. Wenn die Ernährungsvorgänge, welche das Wachsthum veranlassen, während der Metaplase noch fortdauern, so führen dieselben nicht mehr zur Vergrösserung des Individuums, sondern zu seiner Fortpflanzung, zur Erzeugung neuer Individuen, und diese Thätigkeit erscheint, wie bemerkt, bei sehr vielen (aber nicht bei allen!) organischen Individuen zunächst als die am meisten auffallende Aeusserung der Reife. Man kann also sagen, dass zwar das Wachsthum an dem reifen und „ausgewachsenen" Individuum noch fortdauert, aber nicht mehr eine Volumvermehrung desselben, sondern nur eine Ablösung der überschüssigen Wachsthumsproducte, eine Abspaltung der Keime von neuen Individuen zur Folge hat. Eigentliche Degenerationsvorgänge sind im Alter der Reife unter normalen (nicht pathologischen) Verhältnissen gewöhnlich ausgeschlossen und ihr Eintreten bezeichnet bereits den Beginn der Cataplase.

Das Maturitäts-Stadium tritt, wie schon bemerkt, keineswegs bei allen organischen Individuen ein, fehlt vielmehr allgemein da, wo die individuelle Existenz mit dem Abschluss des Wachsthums selbst beendigt ist. Die Zeitdauer der Reife steht bei den höheren Thieren häufig (aber nicht immer) in einem gewissen Verhältniss zur Vollkommenheit derselben, so dass die Maturität, gegenüber der Juventus und Senectus, um so länger dauert, je vollkommener das Thier ist. Anderemale nimmt aber auch bei sehr vollkommenen Organismen die Anaplase einen weit längeren Zeitraum in Anspruch, als die Metaplase, so z. B. bei sehr vielen metabolen Insecten.

3. Cataplasis oder Rückbildung (Involutio).

(Senilitas. Aetas senilis. Deflorescentia. Decrescentia. Greisenalter.)

Das letzte der drei individuellen Entwickelungsstadien, die Periode der Abnahme oder Rückbildung, ist dasjenige, welches im Allgemeinen die geringste Bedeutung hat und daher bis jetzt auch nur sehr wenig sowohl in physiologischer als morphologischer Beziehung berücksichtigt ist. Bei sehr vielen organischen Individuen fehlt es ganz und nur bei verhältnissmässig wenigen nimmt dasselbe eine längere Zeit der individuellen Existenz ein. Dennoch kann man dasselbe in vielen Fällen deutlich als einen besonderen letzten Lebensabschnitt unterscheiden, und bei vielen höher entwickelten Organismen ist es von nicht geringer physiologischer Bedeutung und sein Verlauf sowohl für die richtige Beurtheilung der allgemeinen Lebensvorgänge, wie der partiellen Degenerationserscheinungen, von hohem Interesse.

Der Charakter des Greisenalters liegt im Allgemeinen in einer Abnahme theils der gesammten Lebensthätigkeit des Individuums, theils besonderer physiologischer Leistungen und namentlich der Fortpflanzungsfunctionen. Mit dieser Decrescenz der Functionen geht eine entsprechende rückschreitende Veränderung auch der Formverhältnisse Hand in Hand, welche allerdings oft mehr im Allgemeinen zu bemerken, als im Einzelnen scharf nachzuweisen ist. Doch können wir das morphologische Kriterium für den Beginn der Deflorescenz und ihre Abgrenzung von dem Reifealter nur darin finden, dass Degenerationsprocesse an einzelnen Theilen des Individuums auftreten, welche an dem erwachsenen Organismus sich beständig in ihrer Integrität erhalten hatten. Es ist also ganz besonders die Entwickelungsfunction der Entbildung oder Degeneration, welche für dieses dritte und letzte Hauptstadium der individuellen Entwickelung charakteristisch ist. Das Individuum, welches während der Metaplase lediglich in Differenzirungs- und Fortpflanzungsprocessen sich bewegt hatte, beginnt die Cataplase mit dem Eintritt degenerativer Processe in einzelnen Theilen. Bei der menschlichen Person, wo wir das Greisenalter besonders genau kennen, sind es insbesondere fettige und kalkige Degenerationen, Erweichungen und Verhärtungen der Gewebe etc., welche in den verschiedensten Organen das Signal der beginnenden Rückbildung, des Greisenalters geben. Das Wachsthum und die Zeugungsfähigkeit haben schon vorher aufgehört oder dauern doch nur kurze Zeit fort. Selten ist aber die Grenze zwischen den beiden Perioden der Reife und der Decrescenz scharf zu ziehen, und bei sehr vielen Organismen können wir letztere als besondere Periode schon deshalb nicht unterscheiden, weil bereits unmittelbar mit dem Aufhören des Wachsthums oder mitten in der vollen Reife plötzlich die Vernichtung der individuellen Existenz eintritt, entweder durch Selbsttheilung oder durch den Tod.

Sämmtliche Formveränderungen der organischen Individuen, welche während der Cataplase auftreten, sind ebenso wie alle Formveränderungen, welche während der Metaplase und Anaplase vor sich gehen, die nothwendigen Wirkungen von physiologischen Ernährungsveränderungen, und als solche auf mechanische, physikalisch-chemische Ursachen zurückführbar. Der specielle Verlauf jener ontogenetischen

Formveränderungen wird mit causaler Nothwendigkeit durch den Verlauf der Wechselwirkung von Vererbung und Anpassung bedingt, welche die paläontologische Entwickelung der Vorfahren des Individuums bestimmte und leitete.

VI. Verschiedene Arten der Zeugungskreise.

In den vorhergehenden drei Abschnitten dieses Capitels haben wir die verschiedenen Formen der Zeugung, die verschiedenen Functionen der Ontogenesis und die verschiedenen Stadien derselben kennen gelernt, und es erübrigt nun noch, einen Ueberblick über die verschiedenen Zeugungskreise zu gewinnen, welche durch die mannichfaltigsten Combinationen der verschiedenen Zeugungs- und Entwickelungsarten bei den verschiedenen Individualitäten zu Stande kommen.

Als Zeugungskreis (Cyclus generationis) haben wir oben die genealogische Individualität erster Ordnung bezeichnet, den geschlossenen Kreis oder die volle Summe aller der organischen Formen, welche aus einem einzigen physiologischen Individuum hervorgehen, von dem Zeitpunkte an, wo dasselbe erzeugt wurde, bis zu dem Zeitpunkte, wo dasselbe selbst wieder die gleiche organische Form entweder direct oder indirect (durch Einschaltung verschiedener Generationen) erzeugt hat. Diese geschlossene Entwickelungseinheit, eine ringförmige Kette von Formzuständen, deren Ausgangspunkt und Ende gleich ist, erscheint für uns von grosser Bedeutung als die concrete Grundlage der höheren Entwickelungseinheit, welche wir Art oder Species nennen. Der Zeugungskreis ist diejenige individuelle Einheit (das genealogische Individuum erster Ordnung), aus deren Vielheit die höhere Einheit der Art oder Species (das genealogische Individuum zweiter Ordnung) zusammengesetzt ist. In dieser Beziehung ist auch der Zeugungskreis von einigen Autoren nicht passend als „Artindividualität" bezeichnet worden. Dieser Ausdruck muss der Species selbst vorbehalten bleiben, während man den Zeugungskreis, um jenes Verhältniss auszudrücken, das Glied der Art nennen könnte. In der That setzt sich die genealogische Einheit der Species in ganz ähnlicher Weise aus einer Vielheit von subordinirten Zeugungskreisen zusammen, wie die morphologische Einheit der Person aus einer Vielheit von subordinirten Gliedern oder Metameren.

Wir haben oben im Allgemeinen zwei verschiedene Hauptformen von Zeugungskreisen oder Generationscyclen aufgestellt, welche sich durch den Mangel oder die Anwesenheit der geschlechtlichen Differenzirung unterscheiden. Diejenige einfachere Hauptform der Zeugungskreise, welche bloss aus Wachsthumsvorgängen und einem einzigen ungeschlechtlichen Zeugungsakt, oder aber aus einer Reihe von ungeschlechtlichen Zeugungsakten zusammengesetzt ist, haben wir den Spaltungskreis oder das Spaltungsproduct benannt (Cyclus monogenes), und den Entwickelungsvorgang innerhalb desselben Monogenesis oder Entwickelung mit ausschliesslich monogener Zeugung. Die entgegengesetzte höhere Hauptform der Zeugungskreise, welche stets von einem geschlechtlichen Zeugungsakte ausgeht und zu diesem zurückkehrt, haben wir als Eikreis oder Eiproduct (Cyclus amphigenes) unterschieden, und den Entwickelungsprocess innerhalb desselben als Amphigenesis oder Entwickelung mit geschlechtlicher Zeugung. Indem wir von diesem Hauptunterschiede in der Entstehung der Zeugungskreise ausgehen, können wir unter jeder der beiden Hauptformen vier untergeordnete Formen von Generationscyclen unterscheiden. Der monogene Zeugungskreis zerfällt in die beiden Entwickelungsarten der Schizogenese und Sporogenese, je nachdem er mit einfacher Spaltung (Theilung oder Knospenbildung) oder mit Sporenbildung abschliesst. Unter beiden Genesis-Arten können wir wieder als zwei Unterarten die monoplastide und die polyplastide trennen, je nachdem die reife Speciesform (das zeugungsfähige Bion) eine einfache Plastide (Form-Individuum erster Ordnung) oder einen Plastiden-Complex (Form-Individuum zweiter Ordnung) darstellt. Der amphigene Zeugungskreis zerfällt ebenfalls in zwei untergeordnete Entwickelungsarten, die Metagenese (mit Generationswechsel) und die Hypogenese (ohne Generationswechsel). Unter der Metagenese unterscheiden wir die beiden subordinirten Formen des productiven und des successiven Generationswechsels, je nachdem der amphigene Cyclus aus mehr als zwei, oder nur aus zwei Bionten besteht. Unter der Hypogenese endlich, bei welcher der Eikreis nur durch ein einziges Bion gebildet wird, können wir als zwei untergeordnete Formen die metamorphe und die epimorphe Hypogenese unterscheiden, erstere mit, letztere ohne postembryonale Metamorphose.

Indem wir auf den folgenden Seiten eine systematische Uebersicht und eine allgemeine Charakteristik der verschiedenen Arten der Zeugungskreise zu geben versuchen, erinnern wir ausdrücklich daran, dass die ontogenetischen Erscheinungen, welche den Inhalt der individuellen Entwickelungsgeschichte bei allen Organismen bilden, nur zu verstehen sind durch die Erkenntniss ihres causalen Zusammenhanges mit der parallelen Phylogenie, mit der Entwickelungsgeschichte des gesammten Stammes (Phylon), und speciell aller Vorfahren, von welchen das Individuum in continuirlicher Erbfolge abstammt. Die Reihe von Formveränderungen, welche den Zeugungskreis jedes individuellen Organismus constituiren, ist die kurze und schnelle Recapitulation der wichtigsten Formveränderungen, welche die gesammte Reihe seiner Vorfahren während ihrer langsamen paläontologischen Entwickelung in langen Zeiträumen durchlaufen hat.

VII. System der verschiedenen Arten der Zeugungskreise.

Monogenesis. Entwickelung ohne geschlechtliche Zeugung. Alle Bionten der Species entstehen durch ungeschlechtliche Zeugung. Generations-Cyclus ist ein Spaltungskreis (Cyclus monogenes).	**Schizogenesis.** Spaltungskreis oder Spaltproduct (Cyclus monogenes) durch Theilung oder Knospenbildung erzeugt.	Reifes, spaltungsfähiges Bion eine einfache Plastide.	**Schizogenesis monoplastidis.** Die einfachsten monoplastiden Protisten (Moneren, Protoplasten, Flagellaten, Diatomeen) und die einfachsten „einzelligen" Algen.
		Reifes, spaltungsfähiges Bion eine Plastiden-Colonie.	**Schizogenesis polyplastidis.** Viele polyplastide Protisten (Flagellaten, Diatomeen etc.) und einige „mehrzellige", nicht sporenbildende niedere Pflanzen.
	Sporogenesis. Spaltungskreis oder Spaltproduct (Cyclus monogenes) durch Sporenbildung erzeugt.	Reifes, sporenbildendes Bion eine einzige Plastide.	**Sporogenesis monoplastidis.** Viele monoplastide Protisten (Protoplasten, Acyttarien, Flagellaten) und „einzellige Pflanzen", z. B. Codiolum, Hydrocytium.
		Reifes, sporenbildendes Bion eine Plastiden-Colonie.	**Sporogenesis polyplastidis.** Viele polyplastide Protisten (Flagellaten, Radiolarien (?), Myxocystoden, Myxomyceten) und viele niedere Pflanzen (Desmidiaceen und andere Algen).
Amphigenesis. Entwickelung mit geschlechtlicher Zeugung. Entweder ein Theil der Bionten oder alle Bionten der Species entstehen durch geschlechtliche Zeugung. Generations-Cyclus ist ein Eikreis (Cyclus amphigenes).	**Metagenesis.** Eikreis oder Eiproduct (Cyclus amphigenes) aus zwei oder mehr Bionten zusammengesetzt.	Eikreis aus mehr als zwei Bionten zusammengesetzt.	**Metagenesis productiva.** Aphis, Daphniden, viele Würmer (Platyelminthen etc.), viele Mollusken (Tunicaten, Bryozoen), die meisten Hydromedusen, viele Cryptogamen, Phanerogamen mit Brutknospen.
		Eikreis aus zwei Bionten zusammengesetzt.	**Metagenesis successiva.** Die Mehrzahl der Echinodermen und einige Würmer (Pilidium-Nemertine, Actinotrocha-Sipunculide).
	Hypogenesis. Eikreis oder Eiproduct (Cyclus amphigenes) aus einem einzigen Bionten bestehend.	Postembryonale Entwickelung mit echter Metamorphose.	**Hypogenesis metamorpha.** Amphibien und einige Fische. Die Mehrzahl der Articulaten und Mollusken (Cochleen und Lamellibranchien).
		Postembryonale Entwickelung ohne echte Metamorphose.	**Hypogenesis epimorpha.** Alle allantoiden und die meisten anallantoiden Wirbelthiere. Cephalopoden. Ametabole Insecten. Wenige andere Wirbellose. Die meisten Phanerogamen. Einige Cryptogamen (Fucaceen etc.).

VIII. Allgemeine Charakteristik der Zeugungskreise.

I. Monogenesis.

Entwickelung ohne Amphigonie.

(Ontogenesis der Spaltungsproducte.)

Der Zeugungskreis ist ein monogener Generationscyclus. Alle Bionten, welche die Species repräsentiren, entstehen durch ungeschlechtliche Fortpflanzung.

Die Bionten, welche die Species zusammensetzen, entwickeln niemals Geschlechtsorgane und pflanzen sich niemals durch befruchtete Eier fort. Das Spaltungsproduct oder der Spaltungskreis, die Formenreihe, welche die Species innerhalb ihres ungeschlechtlichen Fortpflanzungscyclus (von der vollständigen Spaltung bis zur vollständigen Spaltung oder von der Spore bis zur Spore) durchläuft, wird stets nur durch ein physiologisches Individuum (Bion) repräsentirt. Die Entwickelung ist entweder ausschliessliches Wachsthum, oder mit Differenzirung verbunden. Je nachdem der Fortpflanzungsprocess einfache Spaltung (Theilung oder Knospenbildung) oder Sporenbildung ist, unterscheiden wir Schizogenesis und Sporogenesis.

I, 1. Schizogenesis.

Entwickelung des Spaltungsproductes ohne Sporenbildung

Monogene Entwickelung mit Spaltung (Theilung oder Knospenbildung) und mit einfachem oder zusammengesetztem Wachsthum, ohne Sporenbildung. Der monogene Zeugungskreis bildet ein einziges Bion erster oder höherer Ordnung.

Der Organismus, welcher entweder einer einzigen oder einem Complex von mehreren Plastiden entspricht, pflanzt sich ausschliesslich durch einfache Spaltung (Theilung oder Knospenbildung) fort. Die dadurch erzeugten Theilstücke ergänzen sich durch Wachsthum zu der elterlichen Form, aus deren Spaltung sie entstanden sind. Ist die Spaltung stets vollständig, so sind die Bionten der Species Monoplastiden; ist sie abwechselnd unvollständig, so entstehen Polyplastiden.

1 A. Schizogenesis monoplastidis.

Monogene Entwickelung einer einfachen Plastide, mit einfachem Wachsthum. Fortpflanzung durch vollständige Spaltung. Der monogene Zeugungskreis bildet ein Bion erster Ordnung (eine einfache Plastide).

Die monoplastide Schizogenese ist die einfachste und ursprünglichste von allen verschiedenen Arten der Fortpflanzung und Entwickelung. Sie findet sich bloss bei den jetzt noch lebenden Organismen niederster Stufe vor, bei den Moneren, vielen einzelligen Protoplasten und Flagellaten, den einzelligen Diatomeen, vielleicht auch einigen einzelligen Algen. Die Fortpflanzung ist hier möglichst einförmig, indem sie stets beschränkt bleibt auf die einfache Selbsttheilung oder Knospenbildung der Individuen. Ebenso beschränkt sich die Entwickelung der durch Theilung entstandenen neuen Individuen auf einfaches Wachsthum bis zu dem Maasse, welches die Species vor der Theilung als erwachsenes Individuum besass. Diese einfachste Art der Zeugung und Entwickelung ist für uns insofern von besonderem Interesse, als sie höchst wahrscheinlich die ursprüngliche Fortpflanzungsweise der autogonen Moneren darstellt, aus denen sich zuerst alle organischen Phylen entwickelt haben. Eigentlich kann hier von Entwickelung kaum die Rede sein, da die einzige Veränderung des werdenden Organismus eine Grössenveränderung ist, die Form der Species aber in allen Stadien dieselbe bleibt. Mehr als alle anderen Organismen schliessen sich diese einfachsten Moneren den anorganischen Krystallen an, so auch darin, dass ihre Entwickelung bloss Wachsthum ist. Das physiologische Individuum (Bion) ist hier jederzeit nur ein einfachstes morphologisches Individuum erster Ordnung, eine einfache Cytode oder eine einfache Zelle.

1 B. Schizogenesis polyplastidis.

Monogene Entwickelung einer Plastiden-Colonie, mit zusammengesetztem Wachsthum und unvollständiger Spaltung. Fortpflanzung durch vollständige Spaltung. Der monogene Zeugungskreis bildet ein Bion zweiter oder höherer Ordnung.

Diese Form der Ontogenesis schliesst sich zunächst an die vorige an, und unterscheidet sich nur dadurch, dass die Theilung der einfachen Bionten nicht stets vollständig, sondern auch unvollständig ist, so dass dieselben zu einer Plastiden-Colonie vereinigt bleiben. Der einfachste derartige Fall findet sich bei den Monerenstöcken der Vibrioniden, welche durch Gliederung Ketten von vollkommen homogenen und structurlosen Gymnocytoden herstellen. Durch diese Articulation entstehen hier Individuen zweiter Ordnung, Plastiden-Colonieen, welche sich dadurch fortpflanzen, dass sich die einzelnen Glieder ablösen und selbstständig durch Articulation zu neuen Ketten entwickeln. Die Entwickelung besteht also auch hier wesentlich, wie bei der Schizogenese, in dem Wachsthum der homogenen Organismen und in der Kettenbildung durch unvollständige Theilung. Indessen kommt hier zu der einfachen Grössenveränderung doch schon die Formveränderung der Species, welche durch die Kettenbildung der einfachen Individuen selbst bewirkt wird. An die einfachste Form der Gemeindebildung bei den Moneren schliesst sich auch die Familienbildung derjenigen Diatomeen an (*Bacillaria, Fragillaria* etc.), bei denen ebenfalls die durch unvollständige Theilung entstandenen Individuen vereinigt bleiben. Diese Plastiden-Gemeinden pflanzen sich einfach dadurch fort, dass die einzelnen Zellen-Individuen sich ablösen und durch abermalige unvollständige Theilung gleich wieder zu neuen Gemeinden entwickeln. Ausser bei den Protisten, bei welchen die polyplastide Schizogonie unter mehreren Stämmen sehr verbreitet ist, findet sich dieselbe auch noch bei niederen Pflanzen (Algen und Nematophyten) vor.

I, 2. Sporogenesis.

Entwickelung des Spaltungsproductes mit Sporenbildung.

Monogene Entwickelung mit Sporenbildung, mit einfachem oder zusammengesetztem Wachsthum, und mit Differenzirung. Der monogene Zeugungskreis bildet ein einziges Bion erster oder höherer Ordnung.

Der Organismus, welcher entweder einer einzigen oder einem Complex von mehreren Plastiden entspricht, erzeugt Keimkörner (Sporen), welche sich von ihm ablösen und sich durch Wachsthum und Differenzirung zu der elterlichen Form entwickeln. Die Spore ist meistens eine Monospore (eine einfache Plastide), seltener eine Polyspore (ein Plastiden-Complex).

2 A. Sporogenesis monoplastidis.

Monogene Entwickelung einer einfachen Plastide, mit einfachem Wachsthum und Differenzirung. Fortpflanzung durch Sporenbildung. Der monogene Zeugungskreis bildet ein Bion erster Ordnung (eine einfache Plastide).

Die monoplastide Sporogenese scheint unter den einfachsten Organismen-Arten erster morphologischer Ordnung weit verbreitet zu sein. Sie besteht darin, dass Species, welche nicht den Rang der einfachen Plastide überschreiten, in ihrem Inneren Keimkörner (Sporen) erzeugen, welche aus der elterlichen Plastide heraustreten und sich ausserhalb derselben zu ihres Gleichen entwickeln. Da in diesem Falle die Keimkörner oder Sporen stets nicht allein an Grösse, sondern auch an Form von der elterlichen Plastide sich unterscheiden, so besteht hier die Entwickelung des Bionten nicht allein mehr in einer Veränderung der Grösse, sondern auch der Form. Mithin beschränkt sich die Ontogenese nicht auf ein einfaches Wachsthum, sondern ist mit einer Formveränderung verbunden, welche bereits den Namen der Differenzirung verdient. Wir finden diese einfache Sporogenese unter verschiedenen Stämmen sowohl des Protisten- als des Pflanzenreiches, unter den Protisten besonders bei den Protoplasten, Acyttarien, Flagellaten, unter den Pflanzen bei „einzelligen Algen“ (z. B. *Codiolum, Hydrocytium*).

2 B. Sporogenesis polyplastidis.

Monogene Entwickelung einer Plastiden-Colonie, mit zusammengesetztem Wachsthum, Differenzirung und unvollständiger Spaltung. Fortpflanzung durch Sporenbildung. Der monogene Zeugungskreis bildet ein Bion zweiter oder höherer Ordnung.

Die polyplastide Sporogenese ist, wie die monoplastide, unter den einfacheren Organismen des Protisten- und Pflanzenreiches weit verbreitet. Sie besteht darin, dass Species, welche den Rang einer einfachen Plastide überschreiten und durch unvollständige Theilung Plastiden-Colonieen oder selbst differenzirte Plastiden-Aggregate (Formindividuen zweiter und höherer Ordnung) darstellen, in ihrem Inneren Keimkörner (Sporen) erzeugen, welche sich ausserhalb des elterlichen Plastidenstockes durch fortgesetzte unvollständige Theilung und Differenzirung wieder zu gleichen Plastidenstöcken entwickeln. Dies ist der Fall bei vielen mehrzelligen oder stockbildenden Protisten, bei den Protoplasten, Flagellaten, Myxocystoden, Myxomyceten, wohl auch vielen Rhizopoden (vielleicht bei den Radiolarien). Unter den niederen Pflanzen ist dieser Fortpflanzungsmodus ebenfalls sehr verbreitet, namentlich bei den niederen Algen (Desmidiaceen etc.). Bei den letzteren werden zum Theil selbst von einer Plastiden-Species verschiedene Sporen-Arten gebildet. Die Entwickelung der aus der Spore austretenden Plastide besteht hier in Wachsthum, unvollständiger Theilung und Differenzirung der Theilproducte. Die Differenzirung erreicht jedoch auch bei dieser vollkommensten Form der Monogenesis niemals dieselbe Höhe, wie bei der Amphigenesis.

II. Amphigenesis.

Entwickelung mit Amphigonie.

(Ontogenesis der Eiproducte.)

Der Zeugungskreis ist ein amphigener Generationscyclus. Entweder ein Theil der Bionten, oder alle Bionten, welche die Species repräsentiren, entstehen durch geschlechtliche Fortpflanzung.

Alle Bionten oder ein Theil der Bionten, welche die Species zusammensetzen, entwickeln weibliche und männliche Geschlechtsorgane und pflanzen sich durch befruchtete Eier fort. Das Eiproduct oder der Eikreis, die Formenreihe, welche die Species innerhalb ihres geschlechtlichen Fortpflanzungscyclus (vom Ei bis wieder zum Ei) durchläuft, wird entweder durch ein einziges oder durch mehrere physiologische Individuen (Bionten) repräsentirt. Die Entwickelung ist niemals bloss einfaches Wachsthum, sondern stets mit Differenzirung und häufig mit Metamorphose verbunden. Je nachdem das Eiproduct von einem einzigen oder von mehreren Bionten repräsentirt wird, unterscheiden wir die Entwickelung der Eiproducte in Hypogenesis und Metagenesis. Beide können mit und ohne Metamorphose verlaufen.

II, 1. Metagenesis.

Entwickelung des Eiproductes mit Generationswechsel.

Amphigene Entwickelung mit monogener Entwickelung von Bionten innerhalb jedes Zeugungskreises abwechselnd. Der amphigene Zeugungskreis ist aus zwei oder mehreren Bionten zusammengesetzt, von denen mindestens eines stets geschlechtlich, das andere nicht geschlechtlich differenzirt ist.

Das Eiproduct oder der Eikreis wird durch zwei oder mehrere verschiedene physiologische Individuen (Bionten) repräsentirt. Aus jedem befruchteten Ei entsteht eine Formenkette, welche sich mindestens in zwei physiologische Individuen spaltet und dadurch mindestens einmal unterbrochen wird, ehe sie mit der Geschlechtsreife abschliesst. Es ist also stets die geschlechtliche mit der ungeschlechtlichen Fortpflanzung innerhalb des Formenkreises der Species combinirt.

Der echte Generationswechsel oder die Metagenesis besteht in allen Fällen aus einer Verbindung von geschlechtlicher und ungeschlechtlicher Zeugung, in der Weise, dass die periodisch wiederkehrende Formenkette des regelmässigen Zeugungskreises mindestens aus zwei Bionten besteht, einem ungeschlechtlich und einem geschlechtlich erzeugten physiologischen Individuum. Bei allen Organismen mit echtem Generationswechsel entspringt aus dem befruchteten Ei ein Individuum, welches zunächst bloss auf ungeschlechtlichem Wege, durch Theilung, Knospung oder Keimbildung sich fortpflanzt, und die so erzeugten Individuen werden entweder alle oder theilweis wieder geschlechtsreif, oder sie erzeugen selbst wieder auf ungeschlechtlichem Wege eine oder mehrere folgende Generationen, deren letzte endlich wieder Geschlechtsproducte erzeugt. Hiermit ist der regelmässige Cyclus von Generationen geschlossen. Das geschlechtlich erzeugte Individuum kann zwar in manchen Fällen auch selbst wieder geschlechtsreif werden (z. B. Anneliden), aber doch erst, nachdem es eines oder mehrere neue Bionten auf ungeschlechtlichem Wege erzeugt hat. Die unmittelbar aus dem befruchteten Ei entspringende Generationsform, welche auf irgend einem ungeschlechtlichen Wege die nächste Generation erzeugt, wird allgemein als Amme (Altrix) bezeichnet. Die Amme als Zwischenform, welche bei dem Generationswechsel in den continuirlichen Entwickelungslauf des Eiproductes eingeschaltet ist, unterscheidet sich von der

Larve, welche als Zwischenform bei der Metamorphose sowohl in die Hypogenese als in die Metagenese eingeschaltet werden kann, dadurch, dass die Amme wirklich selbstständige neue Keime von Bionten, die Larve dagegen nur provisorische Organe entwickelt. Die geschlechtslose Amme geht beim Generationswechsel zu Grunde, ohne in das physiologische Individuum, welches geschlechtsreif wird, überzugehen, während die geschlechtslose Larve bei der Metamorphose unmittelbar in die letztere übergeht.

Um die äusserst verwickelten und mannichfaltigen Vorgänge des Generationswechsels in ihrem eigentlichen Wesen richtig zu erfassen, ist es nothwendig, die oben aufgestellte Charakteristik desselben stets im Sinne zu behalten. Der echte Generationswechsel oder die Metagenesis, wie wir sie hier scharf bestimmen, ist wesentlich dadurch charakterisirt und von allen anderen Entwickelungsarten unterschieden, dass der Zeugungskreis nicht aus einem einzigen physiologischen Individuum oder Bion besteht, sondern aus zwei oder mehreren Bionten zusammengesetzt wird. Sowohl bei allen Formen der Monogenesis, wie bei der Hypogenesis ist es ein und dasselbe physiologische Individuum, an welchem der ganze Generationscyclus, dort ungeschlechtlich als Spaltungskreis, hier geschlechtlich als Eikreis, von Anfang bis zu Ende abläuft. Bei der Metagenesis dagegen finden wir stets mindestens zwei (Echinodermen), gewöhnlich aber mehrere physiologische Individuen, zu einem einzigen Zeugungskreis verbunden. Dieser metagenetische Zeugungskreis hat das Eigenthümliche, dass er aus einem monogenen und einem amphigenen zusammengesetzt ist. Der eine Theil der Bionten wird ungeschlechtlich, der andere geschlechtlich erzeugt.

Durch diese scharfe Charakteristik der Metagenese trennen wir dieselbe bestimmt von ähnlichen, aus ungeschlechtlichen und geschlechtlichen Zeugungsakten zusammengesetzten Entwickelungsprocessen, auf welche man neuerdings ebenfalls den Begriff des Generationswechsels ausgedehnt hat, welche sich aber wesentlich dadurch unterscheiden, dass der ganze Zeugungskreis, vom Ei bis wieder zum Ei, an einem und demselben physiologischen Individuum abläuft. Dies ist z. B. bei dem sogenannten Generationswechsel der Phanerogamen der Fall, welcher nach unserer Ansicht als Hypogenesis aufgefasst werden muss. Wir werden dies im nächsten Abschnitte zu begründen suchen, wo wir allgemein die dem Generationswechsel ähnlichen Entwickelungsvorgänge, welche sich aus geschlechtlichen und ungeschlechtlichen Zeugungsakten zusammensetzen, aber an einem einzigen Bion ablaufen, als Generationsfolge oder Strophogenesis von der echten Metagenesis unterscheiden werden, mit welcher wir uns hier allein beschäftigen.

Obgleich noch nicht ein halbes Jahrhundert verflossen ist, seitdem der Dichter Adalbert Chamisso 1819 den Generationswechsel der

Salpen entdeckte, und noch nicht ein Vierteljahrhundert, seitdem J. Steenstrup 1842 diese Entdeckung mit den inzwischen aufgefundenen ähnlichen Fortpflanzungsvorgängen bei den Hydromedusen, Trematoden etc. verglich und sie unter dem Namen des Generationswechsels zusammenfasste, ist dennoch seit dieser kurzen Zeit die Thatsache der Metagenesis als eine weit im Thier- und Pflanzenreiche verbreitete festgestellt worden. Doch hat man neuerdings sein Gebiet allzusehr ausgedehnt, indem man auch alle verschiedenen Formen der eben erwähnten Strophogenesis damit vereinigte. Erstere ist aber nur eine Theilerscheinung der letzteren.

Die echte Metagenesis, bei welcher der amphigene Zeugungskreis aus zwei oder mehreren, theils geschlechtlich, theils ungeschlechtlich erzeugten Bionten zusammengesetzt ist, findet sich vor: I) im Thierreiche: Unter den Arthropoden bei den Blattläusen, Cecidomyien, Rotatorien, Phyllopoden, Daphniden etc.; unter den Würmern bei den Anneliden (Protula, Syllis, Sabella, Nais etc.), Gephyreen (Actinotrocha), Nematoden (Ascaris nigrovenosa), Platyelminthen (Nemertinen, Trematoden, Cestoden); unter den Mollusken bei den Tunicaten und Bryozoen; unter den Echinodermen fast allgemein; unter den Coelenteraten vorzüglich bei den Hydromedusen in der mannichfaltigsten Form; II) im Protistenreiche bei den Schwämmen, indem die ungeschlechtliche Biontenbildung durch Gemmulae mit der geschlechtlichen durch befruchtete Eier (fälschlich sogenannte „Schwärmsporen") alternirt; III) im Pflanzenreiche bei vielen Cryptogamen, insbesondere sehr allgemein bei den Gefäss-Cryptogamen: Farrnen, Lycopodiaceen, Equisetaceen und Moosen. Dagegen fehlt die echte Metagenesis bei den meisten Phanerogamen (mit Ausnahme derjenigen, welche durch Brutknospen [Zwiebeln und Bulbillen] neue Bionten auf monogenem Wege erzeugen). Ebenso fehlt sie allen Wirbelthieren und allen höheren Mollusken (Cephalopoden, Cochlen, Lamellibranchien, Brachiopoden), sowie der grossen Mehrzahl der Arthropoden.

Nicht allein eine sehr ausgedehnte Verbreitung, sondern auch eine unerwartete Mannichfaltigkeit in der speciellen Ausführung des metagenetischen Entwickelungsmodus haben uns die fleissigen Untersuchungen der letzten beiden Decennien eröffnet; so zwar, dass in dieser Beziehung die Entwickelung mit Generationswechsel unendlich viel mannichfaltiger erscheint, als alle anderen Entwickelungsformen zusammengenommen. Es ist hier nicht der Ort, auf diese zahlreichen und in vieler Hinsicht verschiedenen Modificationen der Metagenese näher einzugehen, und es ist auch die Masse der bis jetzt bekannten verschiedenartigen Thatsachen noch keineswegs in der Weise geordnet, dass ein zusammenhängender Ueberblick möglich wäre. Wir wollen daher hier nur einige derjenigen Seiten des Generationswechsels betrachten, welche sich auf die Individualitätsfrage beziehen, und nur diejenigen Modificationen hervorheben, welche uns auf einer wesentlich verschiedenen causalen Entstehung zu beruhen scheinen, und die deshalb von ganz verschiedenem morphologischem Werthe sind.

Ein sehr wichtiges, bisher nicht hervorgehobenes Moment, welches sich auf die Entstehung, auf die paläontologische Entwickelung des Generationswechsels bezieht, lässt nach unserer Auffassung alle verschiedenen Formen der Metagenese in zwei entgegengesetzte Reihen vereinigen, welche den entgegengesetzten Formen der Sporogonie entsprechen und welche wir demgemäss als progressive und regressive Reihe unterscheiden können. Der fortschreitende Generationswechsel (Metagenesis progressiva) findet sich bei denjenigen Organismen, welche gewissermaassen noch auf dem Uebergangsstadium von der Monogonie zur Amphigonie sich befinden, deren frühere Stammeltern also niemals ausschliesslich auf geschlechtlichem Wege sich fortpflanzten. Dies ist wahrscheinlich bei der grossen Mehrzahl der bekannten Formen von Metagenesis der Fall, z. B. bei den Trematoden, Hydromedusen etc. Hier haben immer, seitdem die geschlechtliche Zeugung aus der ungeschlechtlichen sich hervorbildete, ungeschlechtliche und geschlechtliche Generationen neben einander bestanden und mit einander abgewechselt. Niemals ist die Species in der Lage gewesen, sich ausschliesslich durch Amphigonie fortzupflanzen. Das Gegentheil zeigt uns der rückschreitende Generationswechsel (Metagenesis regressiva), welchen wir als einen Rückschlag der Amphigonie in die Monogonie auffassen. Diese merkwürdige Entwickelungsweise glauben wir bei denjenigen höheren Organismen mit Generationswechsel zu finden, deren nächste Verwandte sich allgemein auf rein hypogenem Wege, durch ausschliessliche Amphigonie fortpflanzen, und bei welchen ausserdem die ungeschlechtlich erzeugten Keime (Monosporen, „Sommereier") in besonderen Keimstöcken oder Sporocarpien entstehen, welche offenbar rückgebildete Eierstöcke sind. Dies ist der Fall bei den meisten Insecten mit Generationswechsel (Aphiden, Cocciden), wahrscheinlich auch bei den Bryozoen, Rotatorien, Daphniden, Phyllopoden etc. Die unverkennbare Homologie, welche die Sporen („Sommereier") dieser Thiere mit den echten Eiern („Wintereiern") der geschlechtlich entwickelten Generation, die keimbildenden Sporocarpien (Keimstöcke) mit den echten Ovarien (Eierstöcken) der letzteren zeigen, scheint uns diese Formen des Generationswechsels, welche also in einem regelmässigen Wechsel von Amphigonie und Parthenogonie bestehen, nicht anders erklären zu lassen, als durch die Annahme, dass die früheren Stammeltern der betreffenden Organismen ausschliesslich auf geschlechtlichem Wege sich fortpflanzten und erst später in den ungeschlechtlichen Propagationsmodus noch früherer Zeit zurückfielen, aus welchem sich die sexuelle Zeugung erst differenzirt hatte. Offenbar ist die biologische Bedeutung dieser beiden Metagenesis-Arten eine gänzlich entgegengesetzte, und wie wahrscheinlich ihre paläontologische Entstehung grundverschieden war, so lässt sich vermuthen, dass auch ihre Zukunft es sein wird. Die progressive Metagenese der Hydromedusen, Trematoden etc. wird sich allmählig zu reiner Hypogenese erheben können, wie es bei nahe verwandten Formen (z. B. Pelagia, Polystomeen) bereits der Fall ist. Die regressive Monogenese der Insecten, Crustaceen etc. wird dagegen umgekehrt zu reiner Monogenese zurücksinken können, wie es bei den Psychiden thatsächlich stattgefunden hat.

Von einem anderen Gesichtspunkte aus kann man die verschiedenen Formen des Generationswechsels in zwei andere Gruppen zusammenstellen, welche wir kurz als productive und successive Metagenese unterscheiden wollen. Diese Unterscheidung ist namentlich insofern interessant, als der successive Generationswechsel gewöhnlich als metamorphe Hypogenese aufgefasst wird und als Uebergangsbildung zu letzterer betrachtet werden kann. Je nachdem nämlich der metagenetische Zeugungskreis bloss aus zwei oder aus mehreren Bionten zusammengesetzt ist, können wir allgemein Generationswechsel mit und ohne Vermehrung der sexuellen Bionten unterscheiden. Bei dem productiven Generationswechsel, zu welchem die grosse Mehrzahl der Fälle gehört, producirt der ungeschlechtliche Zeugungsakt eine Mehrheit von physiologischen sexuellen Individuen, bei dem successiven dagegen (wie er bei den Echinodermen erscheint) nur ein einziges. Im letzteren Falle ist daher das Eiproduct nur aus zwei, im ersteren aus mehr als zwei Bionten zusammengesetzt.

II, 1A. Metagenesis productiva.

Generationswechsel mit Zusammensetzung des amphigenen Cyclus aus mehr als zwei physiologischen Individuen.

Bei den allermeisten Formen des Generationswechsels erzeugt die ungeschlechtliche Generation, welche aus dem befruchteten Ei entstanden ist, zwei oder mehrere (nicht bloss ein einziges) Individuen, welche entweder selbst oder in ihren ungeschlechtlich erzeugten Nachkommen wieder zur Geschlechtsreife gelangen. Es besteht das Eiproduct hier mindestens aus drei Bionten, nämlich einem geschlechtlich erzeugten und zwei ungeschlechtlich erzeugten. Gewöhnlich ist aber die Zahl der letzteren sehr gross, so dass das Eiproduct aus einer beträchtlichen Anzahl von physiologischen Individuen zusammengesetzt und die Species in ungleich stärkerem Grade vervielfältigt wird, als es bei der bloss sexuellen Fortpflanzung der Fall wäre. Entweder werden die durch Theilung, Gliederung, Knospung entstandenen Individuen selbst wieder geschlechtsreif oder sie erzeugen selbst erst eine oder mehrere Generationen, deren letzte wiederum Geschlechtsorgane erhält. Die Formen der verschiedenen Generationen sind bald nur sehr wenig (z. B. bei den Aphiden), bald ausserordentlich stark verschieden (z. B. bei den Hydromedusen). Ebenso ist der Grad und die Art der Metamorphose, welche die verschiedenen Generationen während ihrer Entwickelung erleiden, äusserst verschieden. Die Ammen, welche auf ungeschlechtlichem Wege zeugen, bleiben gewöhnlich geschlechtslos, seltener werden sie selbst nachträglich geschlechtsreif (z. B. bei den Anneliden, bei *Hydra*). Gewöhnlich schliessen sich geschlechtliche und ungeschlechtliche Zeugung als gleichzeitige Functionen eines und desselben Individuums aus. Sehr selten kommen beide gleichzeitig neben einander vor [1]). Die Zahl der ungeschlechtlichen Generationen und ihr Verhältniss zu den geschlechtlichen ist sehr verschieden, namentlich bei den Pflanzen. Man pflegt gewöhnlich die ungeschlechtliche Generation allgemein als die erste und niedere anzusehen und die geschlechtsreif werdende Generation als die zweite und höhere. Bei den Thieren ist dies wohl meistens der Fall. Bei den Pflanzen dagegen kann, wie besonders Alexander Braun gezeigt hat, auch die erste und niedere

[1]) Eine der merkwürdigsten Formen des Generationswechsels, bei welcher dasselbe Individuum gleichzeitig durch geschlechtliche und ungeschlechtliche Zeugung sich fortpflanzt, und bei welcher ausserdem die geschlechtsreif werdenden, ungeschlechtlich erzeugten Formen gänzlich von der elterlichen geschlechtsreifen Form abweichen, habe ich im vorigen Jahre unter dem Namen der Alloeogenesis bei einer Geryoniden-Meduse aus dem Mittelmeer beschrieben. Bei *Geryonia (Carmarina) hastata* nämlich, einer sechsstrahligen Meduse, welche der *Geryonia proboscidalis* nahe steht, sprossen aus dem in der Magenhöhle befindlichen Zungenkegel, und zwar bei beiden Geschlechtern zu derselben Zeit, wo sie reife Geschlechtsproducte in ihren Genitalien entwickeln, zahlreiche achtstrahlige Knospen hervor, welche sich zu der sechzehnstrahligen *Cunina rhododactyla* entwickeln, einer gänzlich von *Geryonia* verschiedenen Medusen-Form, welche der Familie der Aeginiden angehört. Die Aeginiden galten bisher für eine von den Geryoniden gänzlich verschiedene Medusen-Familie, so dass sie selbst in verschiedene Ordnungen der Hydromedusen-Classe gestellt wurden. Gegenüber der mehrfach geäusserten Vermuthung, dass hier ein Parasitismus und kein Generationswechsel vorliege, bemerke ich wiederholt und ausdrücklich, dass sich das Hervorwachsen der achtstrahligen *Cunina*-Knospen aus der Zunge der sechsstrahligen *Geryonia* Schritt für Schritt mit solcher Sicherheit verfolgen lässt, dass ich einen Parasitismus bestimmt in Abrede stellen muss. Dieser Verdacht wird auch durch die wichtige Thatsache widerlegt, welche das paradoxe Verhältniss wenigstens einigermaassen aufzuklären im Stande ist, dass die sechsstrahligen Larven der *Geryonia hastata*, deren Metamorphose ich von den frühesten Stadien bis zur geschlechtsreifen Form verfolgt habe, in wesentlichen Grundzügen ihres Baues mehr der achtstrahligen *Cunina rhododactyla*, als der entwickelten sechsstrahligen *Geryonia* gleichen. Vergl. E. Haeckel, Beiträge zur Naturgeschichte der Hydromedusen. Leipzig 1865 (Abdruck aus der Jenaischen Zeitschrift für Medicin und Naturwissenschaft I. und II. Band) und die vorläufige Mittheilung in den Monatsberichten der Berliner Akademie vom 2. Februar 1865.

Generation geschlechtsreif werden, und häufig entwickelt sie allein Geschlechtsorgane, während die zweite und höhere Generation nur zur geschlechtslosen Zeugung (durch Sporen) gelangt, so namentlich bei den Equiseten und Farrnen. Wir bemerken dazu, dass man natürlich als erste (niedere) Generation stets diejenige betrachten muss, welche in der paläontologischen Entwickelung der Species oder des Stammes zuerst aufgetreten ist; als zweite (höhere) diejenige, welche erst später im Laufe der Erdgeschichte sich aus der ersteren entwickelt hat. Sehr wahrscheinlich müssen auch diese Fälle des Generationswechsels (bei den Equiseten, Farrnen etc.), gleichwie diejenigen der Insecten, Crustaceen etc. ganz oder theilweis als Metagenesis regressiva aufgefasst werden. Offenbar erklärt sich das Paradoxe ihrer Erscheinung, welches in der Entstehung der morphologisch vollkommneren Form durch die physiologisch unvollkommnere Zeugungsart liegt, am besten durch die Annahme, dass die früheren Stammeltern dieser Organismen sich ausschliesslich geschlechtlich fortpflanzten, und dass diese Form der Metagenese erst secundär aus reiner Hypogenese hervorgegangen ist.

Da die geschlechtliche Differenzirung sich bei Bionten von sehr verschiedenem morphologischen Range entwickelt, so wird auch echter productiver Generationswechsel bei Organismen vorkommen können, deren Bionten durch verschiedene Grade der morphologischen Individualität repräsentirt werden. In der That ist dies der Fall, und wir können danach Metagenesis von mindestens drei verschiedenen Ordnungen (Metameren, Personen und Stöcken) unterscheiden. Die niederste Form, Metagenesis der Metameren, findet sich in ausgezeichneter Weise bei denjenigen Thieren, bei welchen das Bion zeitlebens die Metamerenstufe nicht überschreitet, bei den niederen Mollusken und Würmern, besonders ausgezeichnet bei den Bryozoen, Tunicaten, Trematoden und einigen wenigen Bandwürmern. Bei den Mollusken (Tunicaten und Bryozoen) erfolgt die ungeschlechtliche Zeugung theils durch Knospenbildung, theils durch Sommereier oder Sporen (Keimbildung). Bei den Würmern erfolgt sie theils ebenfalls durch Sporogonie oder Keimbildung (Trematoden), theils durch Knospenbildung (Echeneibothrium minimum). Die Metagenesis der Personen ist besonders unter den Arthropoden und Würmern verbreitet. Die ungeschlechtliche Zeugung erfolgt hier theils durch Knospenbildung (Cestoden, Anneliden), theils durch Sporenbildung („Sommereier" der Rotatorien, Phyllopoden, Daphniden, Cocciden, Aphiden etc.). Bei den Cestoden geht die Metagenesis der Metameren (Echeneibothrium) allmählich in diejenige der Personen über (Taenia). Vergl. Bd. I, S. 353. Als Metagenesis der Cormen endlich kann der Generationswechsel vieler Cryptogamen (Farrne etc.) angesehen werden. Hier ist es meistens die höhere (zweite) Generation, welche sich ungeschlechtlich fortpflanzt, und zwar durch Sporen.

II, 1 B. Metagenesis successiva.

Generationswechsel mit Zusammensetzung des amphigenen Cyclus aus zwei physiologischen Individuen.

Diejenige Form des Generationswechsels, bei welcher der vollständige Generationscyclus nur aus zwei Bionten zusammengesetzt ist, einem geschlechtlichen und einem ungeschlechtlichen Bion, hat nur einen sehr beschränkten Verbreitungsbezirk in der Organismenwelt, ist aber wegen der hierbei stattfindenden Complicationen von ganz besonderem Interesse. Es findet sich diese merkwürdige Form der Metagenesis fast ausschliesslich bei den Echinodermen, und ist erst neuerlich auch bei einigen Würmern (Nemertinen und Sipunculiden) aufgefunden worden.

Die Echinodermen-Entwickelung (wobei wir von den seltenen, in diesem Stamme vorkommenden und jedenfalls durch paläontologische Abkürzung der Metagenese entstandenen Ausnahmsfällen einfacher Hypogenesis hier ganz absehen) wird gewöhnlich bekanntermaassen als Metamorphose aufgefasst, obwohl sie sich wesentlich von allen übrigen Formen der Metamorphose unterscheidet. Aus dem Ei entwickelt sich zunächst eine bewimperte Amme, gewöhnlich Larve genannt, welche zu einem barok geformten mit bewimperten Fortsätzen versehenen eudipleuren Gerüste auswächst. Diese geschlechtslos bleibende Amme hat einen Darmcanal mit Mund, Magen und After; später entwickelt sich in ihr noch ein innen wimpernder sackförmiger Schlauch, welcher durch einen Porus der Rückenfläche ausmündet. Ihre ganze eudipleure Körperform ist so wesentlich von der gewöhnlich pentactinoten Form des geschlechtsreif werdenden Echinoderms verschieden, dass die Zusammengehörigkeit der beiden verschiedenen Formen erst vor zwei Jahrzehnden von Johannes Müller erkannt worden ist. Im Inneren der eudipleuren sogenannten Larve, welche aber viel mehr den Namen einer Amme verdient, entwickelt sich nun das junge pentactinote Echinoderm in höchst eigenthümlicher Weise durch innere Knospung, indem der Keim der neuen Person um den Darm der Amme (Larve) herum angelegt wird und so einen Theil des Darms der ersteren, sowie die aus dem Wimperschlauch und Rückenporus (Madreporenplatte) hervorgebildete Anlage des Ambulacralsystems in seinen eigenen Körper mit hinübernimmt. Das Ammengerüste, welches verhältnissmässig nur von sehr geringer Grösse ist, bleibt bald ganz hinter dem mächtig wachsenden und vom Ammendarm aus sich weiter entwickelnden jungen pentactinoten Echinoderm zurück und zerfällt in Trümmer, indem es von innen heraus durch dieses verdrängt wird. Sehr wichtig ist dabei noch der Umstand, dass bei manchen Asteriden und Echiniden die fünf Antimeren des Echinoderms in ihrer ersten Anlage als fünf getrennte Blastemstücke (Zellenhaufen mit Kalkskelet) rings um Darm und Wassercanal herum angelegt werden, und erst nachträglich zu einer einzigen Person zusammenwachsen. Es führt uns dies zu der einzigen Erklärung dieser merkwürdigen und in mehr als einer Beziehung so paradoxen Entwickelungsweise hin, welche uns für jetzt möglich scheint, nämlich, dass ursprünglich fünf getrennte eudipleure Personen durch innere Knospung in der wurmförmigen eudipleuren Amme hervorgesprosst sind, welche sich erst secundär zu einer Wurmcolonie oder einem Articulatenstock verbunden haben. Da wir diese Hypothese, welche uns zur Annahme einer gemeinsamen Wurzel des Echinodermen- und Articulaten-Stammes führt, im sechsten Buche noch näher zu begründen haben, so wollen wir dieselbe hier nur insofern betonen, als sie auch unsere Auffassung der Echinodermen-Metamorphose als wirklicher Metagenese rechtfertigt. Gewöhnlich wird bekanntlich diese höchst merkwürdige Art der Entwickelung als Metamorphose und die ungeschlechtliche Zwischenform als Larve bezeichnet. Sie unterscheidet sich aber von der echten Metamorphose dadurch, dass die Zwischenform nicht bloss durch den Besitz besonderer Organe von ihrer geschlechtlichen Stammform verschieden ist, sondern ein von dieser in jeder Beziehung gänzlich verschiedenes Bion darstellt. Während das sexuelle Echinoderm meistens die reine Pentactinotenform und später häufig die Pentamphipleurenform zeigt, meistens also aus fünf, immer aber aus mehr als zwei Antimeren zusammengesetzt ist, zeigt die Amme die Eudipleurenform oder die Eutetrapleurenform und besteht also bloss aus zwei oder vier Antimeren. Auch entsteht die erstere in der letzteren durch einen Neubildungs-Process, der in der That nur als innere Knospung bezeichnet werden kann. Zwar nimmt sie einen Theil des Darmcanals aus der Amme mit; allein alle anderen Organe werden selbstständig, neu, und nach einer von der Larve völlig verschiedenen Grundform angelegt und ausgebildet, so dass man diesen Process keinesfalls als einfache Metamorphose im strengeren Sinne auffassen kann. Andererseits unterscheidet sich freilich dieser Entwickelungscyclus von den übrigen Formen des Generationswechsels dadurch, dass nur eines, nicht mehrere Bionten von der ungeschlechtlichen Form (Amme) erzeugt werden; indess kann dieser Unterschied doch im Grunde nicht für so wesentlich gelten, dass wir deshalb diesen Modus überhaupt nicht als Metagenese auffassen sollten. Jedenfalls muss zugegeben werden, dass das Eiproduct aus zwei verschiedenen Bionten zusammengesetzt ist, während auch bei den extremsten Formen der echten Metamorphose das Eiproduct trotz alles Formenwechsels dennoch stets deutlich nur ein einziges Bion repräsentirt und dieses Bion, immer einfach, ein und dasselbe bleibt. Wenn unsere Ansicht, dass die Echinodermen mit den Articulaten in genealogischem Zusammenhange stehen, richtig ist, so erscheint die Auffassung des ausgebildeten pentactinoten Echinoderms als eines aus fünf Articulaten-Personen zusammengesetzten Stockes ganz natürlich; und dann kann kein Zweifel sein, dass ihre Entwickelung wirkliche, echte und zwar productive Metagenese ist, welche erst durch paläontologische Abkürzung der Ontogenese zu einer Art Metamorphose zusammengezogen ist.

Immerhin wird es uns aus diesen Gründen am natürlichsten erscheinen, die ganz eigenthümliche Entwickelungsweise der Echinodermen (zumal sie in einigen Fällen in die einfache Metamorphose übergeht) als einen besonderen Generationsmodus aufzufassen, der zwischen Metamorphosis und Metagenesis in der Mitte steht, und für den aus diesem Grunde vielleicht der Name der Metamorphogenesis am passendsten erscheinen dürfte, falls man nicht lieber denselben als successive (nicht productive) Metagenese dem echten productiven Generationswechsel anschliessen will.

Die Würmer, bei denen eine ähnliche Entwickelung, wie bei den Echinodermen, vorkömmt, gehören den Klassen der Nemertinen und Gephyreen an. Bei den Nemertinen ist es die eigenthümliche, einem Federhut ähnliche Ammenform des *Pilidium*, welche die Rolle der barok gestalteten Echinodermen-Larven übernimmt. Wie bei den letzteren entwickelt sich die Person (*Alardus*), welche die zweite geschlechtsreif werdende Generation repräsentirt, durch einen eigenthümlichen inneren Keimungsprocess in der Umgebung des Darms der frei umher schwimmenden Amme, zwischen Darm und Leibeswand. Die kahnförmige Bildungsmasse umwächst den Darm des *Pilidium*, den sie sich ebenso aneignet, wie das pentactinote Echinoderm den mittleren Darmtheil der eudipleuren Larve (Amme) und durchbricht endlich den Ammenleib, um als selbstständige, von dem letzteren sehr verschiedene Wurmform weiter zu leben und sich zur Geschlechtsreife zu entwickeln. In ähnlicher Weise entwickelt bei den Gephyreen die frei umher schwimmende gewöhnlich als Larve aufgefasste Ammenform *Actinotrocha* einen von ihr sehr verschieden geformten Sipunculiden. Gleich dem *Pilidium* und den Echinodermen-Ammen schwimmt auch die *Actinotrocha* mittelst eigenthümlicher bewimperter Lappen und Fortsätze frei im Meere umher und ernährt sich, mit Mund und Darmcanal ausgerüstet, als selbstständiges Bion einer ersten geschlechtslosen Generation. An ihrer Bauchseite entwickelt sich ein langer gewundener Schlauch, der den Darm der Amme in sich aufnimmt, sich umstülpt und zur Leibeswand des Sipunculiden wird, während der übrige Theil des Ammenkörpers theils durch letztere verdrängt wird, theils zerfällt.

In allen diesen Fällen ist nicht daran zu zweifeln, dass die sogenannte Larve und das ausgebildete Thier ganz verschiedene Bionten sind. Man pflegt die hier angeführte Entwickelung gewöhnlich als „Metamorphose“ zu bezeichnen, weil die zweite, geschlechtsreif werdende Generation aus der ersten, geschlechtslosen, einen Körpertheil, nämlich ein Stück des Darmcanals (und bei den Echinodermen auch die Anlage des Ambulacralsystems), in sich aufnimmt. Allein bei jeder Form der geschlechtslosen Zeugung geht ein kleinerer oder grösserer Theil (bei der inneren Keimbildung oft ein sehr bedeutender Theil) des zeugenden Individuums in das erzeugte über, und der einzige Unterschied ist der, dass hier das übernommene Stück bereits ein Theil eines differenzirten Organes ist. Dieser Umstand scheint uns aber ganz unerheblich gegenüber der viel wichtigeren morphologischen Thatsache, dass der Leib der geschlechtlich sich entwickelnden Thiere von Anfang an als eine selbstständige Person auftritt, deren ganze tectologische Anlage von der der geschlechtslosen Elternform verschieden ist und sich selbstständig differenzirt. Wir fassen demgemäss mit Victor Carus die sogenannte „Metamorphose" der Echinodermen und die verwandte Entwickelung einiger Nemertinen und Sipunculiden als Generationswechsel auf und betrachten die paradoxen „Larven" der Echinodermen (*Pluteus*, *Bipinnaria* etc.), Nemertinen (*Pilidium*) und Gephyreen (*Actinotrocha*) als wirkliche Ammen (Altrices). Der wesentlichste Unterschied von der gewöhnlichen Metagenese liegt darin, dass die monogene Zeugung hier nicht, wie bei der letzteren, mit einer Vermehrung der physiologischen Individuen verbunden ist. Jedoch ist dieser Unterschied, wie auch J. Müller selbst hervorgehoben hat, ganz unwesentlich, und wir drücken denselben hinreichend dadurch aus, dass wir die Metagenese ohne Vermehrung der Bionten als bloss successive von der mit Vermehrung der Bionten verbundenen productiven trennen.

Endlich könnte den angeführten Beispielen von successiver Metagenese vielleicht auch noch die höchst merkwürdige Entwickelung der Musciden angeschlossen werden, welche uns durch Weismann's ausgezeichnete Untersuchungen in neuester Zeit bekannt geworden ist. Bei der postembryonalen Entwickelung dieser Fliegen, welche man bisher allgemein als „Metamorphose" auffasste, zerfallen sämmtliche Organe der Larve, theils vollständig, theils histolytisch. Bei dieser von Weismann so genannten Histolyse lösen sich die histologischen Elemente zu einem Blastem auf, indem sie der fettigen Degeneration erliegen und einen structurlosen Trümmerhaufen, theils aus Fett- theils aus Eiweiss-Molekülen bestehend, bilden, aus dem neue Elementartheile selbstständig sich herausbilden. Bei den Nervencentren und den Malpighi'schen Gefässen scheinen die Kerne der Zellen zu persistiren und den Anstoss zur Bildung neuer Zellen und Zellenderivate zu geben; am Darme scheinen selbst die Kerne zu zerfallen. In der fettig-albuminösen Detritusmasse entstehen durch freie Zellbildung (Generatio spontanea aus organischem Blastem) neue Zellen, aus denen sich der Fliegenleib vollständig neu aufbaut. Allerdings aber ist insofern eine etwelche Continuität zwischen der zerfallenen Larve und der neu sich bildenden Fliege, der Imago, gewahrt, als es kein Stadium während der Puppen-Entwickelung giebt, in dem nicht entweder noch Larvenorgane vorhanden oder aber bereits Theile der Fliege neugebildet sind. Die Auflösung des Larvenkörpers geschieht allmählich und ihr parallel geht eine Reihe von Neubildungsprocessen, die auch darin mit der Neubildung des Echinoderms in der Amme grosse Aehnlichkeit haben, dass im Inneren des Ammen- oder Larvenkörpers mehrere getrennte indifferente Zellenhaufen entstehen, welche sich selbstständig differenziren und erst nachträglich zur Person verbinden. Hierin und besonders in dem Umstande, dass während der Fliegen-Umbildung kein Wachsthum stattfindet, sieht Weismann den bestimmenden Grund, dieselbe nicht als Metagenese, sondern als Metamorphose aufzufassen, und wir schliessen uns ihm an, indem wir auf den letzteren Umstand das Hauptgewicht legen. Das Wachsthum, und zwar das über die individuelle Grenze hinaus schreitende Wachsthum, welches zur Ablösung neuer selbstständiger Keime vom Individuen führt, ist das charakteristische Moment im Fortpflanzungsprocess, und aus diesem Grunde betrachten wir die Musciden-Neubildung, welche ohne Wachsthum erfolgt, nur als eine höchst vollendete Metamorphose; die Neubildung der Echinodermen dagegen, welche mit beständigem Wachsthum über das individuelle Ammenmaass hinaus verknüpft ist, als Metagenese.

II, 2. Hypogenesis.

Entwickelung des Eiproductes ohne Generationswechsel

Amphigene Entwickelung ausschliesslich die Zeugungskreise bildend. Der amphigene Zeugungskreis besteht stets nur aus einem einzigen Bion, welches geschlechtlich erzeugt ist und selbst geschlechtsreif wird.

Das Eiproduct oder der Eikreis wird durch ein einziges physiologisches Individuum (Bion) repräsentirt. Aus jedem befruchteten Ei entsteht eine einfache Formenkette, welche continuirlich bis zur Geschlechtsreife durchgeführt wird. Jeder individuelle Formzustand ist ein Glied dieser Kette und das unmittelbare Resultat einer am vorhergegangenen Zustande oder Gliede stattgefundenen Differenzirung. Es ist also niemals die geschlechtliche mit der ungeschlechtlichen Fortpflanzung innerhalb des Formenkreises der Species combinirt.

Die einfache geschlechtliche Fortpflanzung oder die ausschliessliche Entwickelung der Bionten aus befruchteten Eiern, welche wir hier mit dem Namen der Hypogenese belegen, findet sich vorzugsweise bei den höheren und vollkommeneren Classen des Thier- und Pflanzenreiches, und bei den höchsten Abtheilungen der niederen Classen. Insbesondere ist sie die ausschliessliche Entwickelungsform bei allen noch jetzt lebenden Gliedern des Vertebraten-Stammes, bei der grossen Mehrzahl aller Arthropoden, bei allen höheren Weichthieren (Cephalopoden, Cephalophoren, Lamellibranchien, Brachiopoden) und vielen höheren Würmern, sowie bei der grossen Mehrzahl der Phanerogamen. Dagegen kommt sie bei den Echinodermen, Hydromedusen und Cryptogamen nur selten, bei den Protisten vielleicht niemals vor. In allen Fällen durchläuft bei dieser einfach continuirlichen Entwickelung das physiologische Individuum, welches aus dem befruchteten Eie entspringt, eine einzige ununterbrochene Formenreihe, welche mit der Production von Geschlechtsorganen ihr Ziel erreicht. Jeder Zustand der Species ist das unmittelbare Differenzirungsproduct des nächst vorhergegangenen Zustandes. Niemals wird diese zusammenhängende Kette von epigenetisch aus einander hervorgehenden Zuständen durch einen ungeschlechtlichen Zeugungsakt unterbrochen, welcher ein zweites selbstständiges Bion producirt. Man hat freilich auch viele Wachsthums- und Differenzirungsakte, welche im Bion während der hypogenetischen Entwickelung vor sich gehen, als ungeschlechtliche Zeugungsakte (Knospung, Theilung etc.) bezeichnet, und es ist dies vollkommen richtig. Allein alle diese ungeschlechtlichen Zeugungsakte produciren nicht neue physiologische, sondern nur morphologische Individuen, und diese letzteren sind niemals von dem Range, welchen die Species in ihrer geschlechtsreifen vollendeten Form erreicht, sondern stets morphologische Individuen niederen Ranges. So ist z. B. bei der Epigenese der Wirbelthiere schon die Furchung des Eies ein Akt der Theilung von Plastiden, die Entstehung der Urwirbel ein Akt der terminalen Knospenbildung von Metameren, das Hervorsprossen der Extremitäten ein Akt der lateralen Knospung von Organen, das Hervorsprossen der Zehen ein Akt der Diradiation, und das Wachsthum, sowie das Entstehen jedes neuen Organes ist mit Theilungsakten von Plastiden verknüpft. Allein alle diese ungeschlechtlichen Zeugungsakte führen zusammen nur zur Entwickelung eines einzigen Bion, welches als morphologisches Individuum fünfter Ordnung die reife und vollendete Species-Form repräsentirt, und diese Person pflanzt sich nur auf geschlechtlichem Wege fort. Das Eiproduct ist demnach in allen Fällen echter Hypogenesis ein einziges physiologisches Individuum.

Man pflegt gewöhnlich die einfache Entwickelung aus befruchteten Eiern, welche wir Hypogenesis nennen, einzutheilen in eine Entwickelung mit und ohne Verwandlung, und wir werden, dieser Eintheilung folgend, Hypogenesis metamorpha, mit Metamorphose, und Hypogenesis epimorpha, ohne Metamorphose unterscheiden. Wir halten dabei den Begriff der Metamorphose, wie wir ihn oben definirt haben, fest, als die Entwickelung ausserhalb der Eihüllen mit Production provisorischer Organe, welche durch den Verwandlungsprocess verloren gehen.

II, 2 A. Hypogenesis metamorpha.

Amphigene Entwickelung ohne Generationswechsel, mit postembryonaler Metamorphose.

Das physiologische Individuum, welches aus dem befruchteten Ei hervorgeht, entwickelt sich ausserhalb der Eihüllen zur Geschlechtsreife, nachdem es provisorische Theile abgeworfen hat.

Der wesentliche Charakter der postembryonalen Metamorphose, welche man gewöhnlich schlechtweg als Metamorphose bezeichnet, liegt, wie wir oben zeigten, darin, dass das Bion nach dem Verlassen der Eihüllen provisorische Organe besitzt oder erhält, welche es verliert, ehe es sich zur Geschlechtsreife entwickelt[1]). So lange das den Eihüllen entschlüpfte Individuum solche provisorische Organe besitzt, wird dasselbe als Larve (Larva, Nympha) bezeichnet. Der Verlust dieser Organe ist der eigentliche Akt der Verwandelung, durch welchen die Larve entweder zum jungen Bion (Juvenis) oder, wenn dabei die Geschlechtsorgane sich entwickeln, zum reifen und vollendeten Bion (Adultum) wird. Das Verhältniss der Larven zu den jungen und reifen Bionten ist bei den verschiedenen Organismen ein ausserordentlich verschiedenes, je nach der Grösse, Ausdehnung und Form der provisorischen Organe. Es liessen sich hiernach eine Masse von verschiedenen Formen bei der Metamorphose ebenso wie beim Generationswechsel unterscheiden. Indessen ist die Masse der in dieser Beziehung bekannten Thatsachen ebenso ungenügend geordnet, als umfangreich, so dass es vorläufig noch nicht möglich ist, in übersichtlicher Zusammenstellung das Verhältniss der einzelnen Metamorphosen-Arten zu einander zu erörtern. Eine zukünftige kritische und denkende Vergleichung derselben wird hier ebenso wie beim Generationswechsel eine sehr reiche Fülle leichterer und tieferer Modificationen zu unterscheiden haben. Für uns genügt hier die Anführung einiger weniger Beispiele. Als den extremsten Grad der Metamorphose müssten wir vor allen die zuletzt als successive Metagenese aufgeführte Entwickelungsweise bezeichnen, falls wir der herrschenden Anschauung gemäss diesen Entwickelungsprocess, welcher zwischen productiver Metagenese und Metamorphose die Mitte hält, der letzteren und nicht der ersteren anreihen wollten. Warum wir diese höchstgradige „Metamorphose" der Echinodermen, Nemertinen etc. für wirkliche Metagenese halten, haben wir soeben entwickelt; ebenso warum wir die daran zunächst sich anschliessende postembryonale Entwickelung der Musciden für wirkliche Metamorphose halten. Freilich geht diese so weit, dass fast die ganze embryonale Entwickelung des physiologischen Individuums wieder von vorn an-

---

[1]) Ueber die verschiedene Bedeutung des Begriffs der Metamorphose bei den verschiedenen Autoren vergl. oben S. 23—26, sowie Victor Carus, System der thierischen Morphologie S. 264.

fängt, und dass eigentlich nicht einzelne Organe, sondern alle Organsysteme, mithin die ganze Larve selbst als provisorische Form aufgefasst werden muss. So sehr nun auch diese extremste Form der Metamorphose bei den Fliegen von der Metamorphose sich zu entfernen scheint, so ist sie dennoch in der That durch eine lange und allmähliche Kette von Uebergangsformen mit dem geringeren und zuletzt dem ganz geringen Grade der Metamorphose verbunden, und zwar von Uebergangsformen, welche alle in derselben Insecten-Classe vorkommen. Während noch bei den Schmetterlingen, den Käfern und den meisten anderen Insecten mit sogenannter vollkommener Verwandlung gewöhnlich drei scharf getrennte Abschnitte der postembryonalen Umbildung sich unterscheiden lassen (Larve, Puppe und Imago), finden wir dagegen bei den Insecten mit sogenannter unvollkommener oder halber Verwandelung den Process der Metamorphose auf verschiedene Häutungen und auf die Entwickelung der Flügel etc. beschränkt. Die Formunterschiede der verschiedenen Häutungszustände sind bald so bedeutend, dass die Häutung noch als unvollkommene Metamorphose bezeichnet werden kann, bald so gering, dass sie unmittelbar in die epimorphe Hypogenese übergeht. Auch bei den übrigen Articulaten und überhaupt bei der grossen Mehrzahl aller Wirbellosen sehen wir die Hypogenese mit Metamorphose verbunden, so bei den meisten Crustaceen, Würmern, Mollusken, Coelenteraten; sehr häufig treten hier zugleich sehr verwickelte Formfolgen dadurch ein, dass sich die Metamorphose mit der Metagenese verbindet. Unter den Wirbelthieren ist die postembryonale Metamorphose auf den Amphioxus, die Cyclostomen und Amphibien beschränkt.

II, 2 B. Hypogenesis epimorpha.

Amphigene Entwickelung ohne Generationswechsel und ohne postembryonale Metamorphose.

Das physiologische Individuum, welches aus dem befruchteten Ei hervorgeht, entwickelt sich ausserhalb der Eihüllen zur Geschlechtsreife, ohne provisorische Theile abzuwerfen.

Die epimorphe Hypogenese, die postembryonale Entwickelung ohne Verwandlung, ist diejenige Entwickelungsform, welche vorzugsweise für die Ontogenie der grössten und höchst entwickelten Organismen, sowohl im Pflanzenreich, als im Thierreich, geeignet erscheint, vielleicht schon deshalb, weil hier alle provisorischen Formzustände innerhalb der Eihüllen durchlaufen und alle provisorischen Organe während des embryonalen Lebens rückgebildet werden und verloren gehen. Der Embryo durchbricht hier also die Eihüllen schon in der ausgebildeten wesentlichen Form des reifen Thieres und alle postembryonalen Veränderungen beschränken sich auf die Entwickelung der Geschlechtsorgane und auf das blosse Wachsthum, welches allerdings dadurch, dass es in verschiedenen Körpertheilen verschieden rasch fortschreitet und verschieden lange dauert, immerhin ziemlich beträchtliche Proportionsunterschiede in der Grösse und dadurch auch in der Form des vollendeten und des werdenden Individuums hervorzurufen vermag. Wir finden diese Hypogenese ohne Metamorphose bei den allermeisten Wirbelthieren (mit Ausnahme der Amphibien, Cyclostomen und Leptocardier), also bei allen Säugern, Vögeln, Reptilien und echten Fischen. Unter den Mollusken besitzen sie fast nur die Cephalopoden, welche sich auch in anderen Entwickelungsverhältnissen wesentlich von den übrigen Mollusken unterscheiden. Unter den Articulaten ist die epimorphe Hypogenese im Ganzen selten, ebenso unter allen übrigen Wirbellosen. Obgleich man diesen Entwickelungsmodus gewöhnlich für einen sehr einfachen zu halten pflegt, ist er doch, entsprechend schon der hohen Organisationsstufe, welche die betreffenden Thiere erreichen, umgekehrt für einen der complicirtesten zu erachten, und vom phylogenetischen Standpunkte aus für eine Art der Ontogenese, welche erst durch lange dauernde „Abkürzung der Entwickelung" entstanden ist.

Im Pflanzenreiche finden wir die epimorphe Hypogenese ebenso wie im Thierreiche als die fast ausschliessliche Entwickelungsform aller höheren und grösseren Organismen wieder (mit Ausnahme der höheren Cryptogamen). Wir finden dieselbe vor bei den höheren Algen (Fucaceen), ferner fast allgemein bei den Phanerogamen, nur diejenigen ausgenommen, welche durch frei sich ablösende Brutknospen (Bulbi und Bulbilli) auf monogenem Wege neue Bionten erzeugen (echte Metagenesis). Warum wir den Zeugungskreis der Phanerogamen nicht als echte Metagenesis anerkennen können, werden wir sogleich bei Betrachtung der Strophogenese näher begründen. Die ganze Formenfolge vom Ei bis zum Ei bildet hier eine einzige geschlossene Entwickelungskette und erscheint als ununterbrochene Differenzirungsreihe von successiven Formzuständen eines einzigen Bion, ganz wie bei den höheren Thieren. Es könnte demnach nur die Frage entstehen, ob wir die Ontogenese der Phanerogamen als metamorphe oder als epimorphe auffassen sollen, d. h. ob mit ihrer postembryonalen Entwickelung eine Metamorphose verbunden ist oder nicht. Dass die sogenannte „Metamorphose der Pflanzen", und der Phanerogamen insbesondere, wesentlich eine Differenzirungserscheinung ist, und keine Verwandlung in dem Sinne, in welchem der Begriff der Metamorphose von den Zoologen fast allgemein und täglich gebraucht wird, haben wir bereits oben (S. 23) gezeigt. Es könnte sich also nur fragen, ob sich ausserdem noch bei den hypogenen Pflanzen eine echte Metamorphose in dem vorher festgestellten Sinne findet, d. h. eine postembryonale Entwickelung mit Verlust provisorischer Theile. Als solche „provisorische Theile" könnte man bei den Phanerogamen die Cotyledonen oder Keimblätter auffassen; und wenn man diese Auffassung gelten lässt, so würde die Hypogenesis der Phanerogamen nicht als epimorphe, sondern als metamorphe Entwickelung zu betrachten sein, und der Verlust der Keimblätter als Akt der Verwandelung. Die Keimpflanze, d. h. die dem Samen entkeimte, aus den Eihüllen hervorgebrochene junge Pflanze wäre dann als „Larve" zu betrachten, so lange sie noch die Cotyledonen („Larvenorgane") besitzt.

Man pflegt den Entwickelungsmodus der epimorphen Hypogenese, wie er den meisten höheren Thieren und Pflanzen zukommt, gewöhnlich als einen „sehr einfachen" zu bezeichnen, gegenüber der metamorphen Hypogenese und der Metagenese. Indessen übersieht man dabei, dass die Entwickelungsvorgänge, welche hier innerhalb des Eies verborgen verlaufen, viel complicirtere und aus grösseren Reihen differenter Zeugungsakte zusammengesetzt sind, als bei denjenigen anscheinend äusserlich mehr zusammengesetzten Entwickelungsreihen, welche beim Generationswechsel etc. auftreten. Wahrscheinlich sind auch die scheinbar einfachsten Formen der epimorphen Hypogenese durch paläontologische „Abkürzung der Entwickelung" secundär aus viel verwickelteren Generationsreihen von metagenetischer Form hervorgegangen, in ähnlicher Weise, wie es die sogleich zu besprechende Strophogenese ahnen lässt.

IX. Metagenesis und Strophogenesis.

(Generationswechsel und Generationsfolge.)

Die Charakteristik des echten Generationswechsels oder der Metagenesis, welche wir oben festzustellen versuchten, hob als das wesentlichste Moment dieses Entwickelungsmodus die Zusammensetzung des Zeugungskreises aus zwei oder mehreren successiven Bionten hervor, welche theils auf geschlechtlichem, theils auf ungeschlechtlichem Wege entstehen. Es wird also hier die Species durch zwei oder mehr verschiedene, theils sexuelle, theils esexuelle Bionten oder physiologische Individuen vertreten, von denen die ersteren die unmittelbaren Erzeugnisse der letzteren sind.

Wie schon dort hervorgehoben wurde, hat man neuerdings den Begriff des Generationswechsels viel weiter ausgedehnt, indem man auch ähnliche Entwickelungsreihen von höheren Organismen und insbesondere von den Phanerogamen hereinzog. Allerdings ist der Zeugungskreis, welchen die Stöcke der Phanerogamen durchlaufen, in mancher Hinsicht der echten Metagenesis sehr ähnlich, aber dennoch unserer Ansicht nach in anderer Beziehung wesentlich verschieden, und gerade derjenige Charakter, den wir oben als den entscheidenden hingestellt haben, fehlt denselben. Bei allen Phanerogamen-Stöcken entspringt aus der geschlechtlichen Zeugung ein Spross (Blastus), also ein Form-Individuum fünfter Ordnung, welches durch wiederholte ungeschlechtliche Zeugungsakte, nämlich durch unvollständige äussere Knospenbildung, zahlreiche andere Sprosse erzeugt, die zu einem Stocke oder Cormus vereinigt bleiben. Dieser Cormus ist aber ein einziges Form-Individuum sechster und höchster Ordnung, und als solches zugleich das physiologische Individuum (Bion), welches als concrete Lebenseinheit die Art repräsentirt oder das Speciesglied bildet. Da nun dieser Stock selbst wieder geschlechtsreif wird, oder da, genauer ausgedrückt, unmittelbar aus den integrirenden Bestandtheilen dieses Stocks, nämlich aus den geschlechtlich differenzirten Personen (Blüthensprossen) der Same amphigen erzeugt wird, welcher dem Stocke selbst den Ursprung giebt, so haben wir den ganzen Zeugungskreis als einen einfachen hypogenen Generationscyclus aufzufassen. In der That haben wir vom Ei bis zum Ei die vollkommen geschlossene Formenkette des einen physiologischen Individuums, welches als Stock aus einem Ei entsteht, und selbst wieder Eier zeugt. Der gewöhnliche Zeugungskreis der Phanerogamen ist also eben so gut ein einfacher hypogener, wie derjenige der Wirbelthiere.

Die Ansicht, dass der Entwickelungskreis der Phanerogamenstöcke auf einem echten Generationswechsel beruhe, würde dann richtig sein, wenn der Spross (Blastus) das physiologische Individuum derselben wäre [1]). Dies ist aber nicht der Fall, wie wir im dritten Buche gezeigt haben. Vielmehr ist der Spross, welcher als Form-Individuum fünfter Ordnung bei den Wirbelthieren in der That das physiologische Individuum bildet, bei den Phanerogamen nur ein untergeordneter Bestandtheil des Stockes oder Cormus, welcher hier als Form-Individuum sechster Ordnung die physiologische Individualität repräsentirt. Und da der letztere sich allerdings durch ungeschlechtliche Zeugungsakte entwickelt, aber lediglich durch geschlechtliche Zeugungsakte fortpflanzt, so ist unzweifelhaft der gewöhnliche Generationscyclus der Phanerogamen keine Metagenesis, sondern einfache Hypogenesis, wie bei den Wirbelthieren. Der Unterschied zwischen Beiden besteht nur darin, dass die physiologische Individualität hier durch ein morphologisches Individuum fünfter, dort aber sechster Ordnung, repräsentirt

---

[1]) Die Ansicht, dass der Spross das „eigentliche" Individuum der Pflanze sei, ist, wie wir im dritten Buche sahen, insofern richtig, als der Spross der thierischen Person morphologisch vollkommen entspricht, insofern aber unrichtig, als er bei den stockbildenden Pflanzen nicht das physiologische Individuum ist. Die in morphologischer Beziehung vollkommen richtige Ansicht von der Aequivalenz des pflanzlichen Sprosses und der thierischen Person ist am ausführlichsten von Alexander Braun begründet worden in seinen an gedankenvoller Naturbetrachtung so reichen Schriften über die „Verjüngung in der Natur", „das Individuum der Pflanze" etc., wo auch die Ansicht vom Generationswechsel der Phanerogamen am treffendsten ausgeführt ist.

wird. Als echten Generationswechsel, als wirkliche Metagenesis können wir bei den Phanerogamen nur jene Fälle auffassen, in denen sich Brutknospen (Bulbi, Bulbilli etc.) selbstthätig vom Stocke ablösen und also wirklich monogen erzeugte neue Bionten bilden (z. B. *Lilium bulbiferum*, *Dentaria bulbifera* etc.).

Die Vergleichung des scheinbaren Generationswechsels der Phanerogamen mit dem echten Generationswechsel der Cryptogamen und der höheren Thiere führt uns unmittelbar zu einer Betrachtung, welche sowohl für das Verständniss des zusammengesetzten Baues der höheren Organismen überhaupt, als auch besonders ihrer Entwickelungsverhältnisse von der grössten Bedeutung ist. Bei den Phanerogamen, wie sie uns besonders Alexander Braun's klare Betrachtungsweise tectologisch erläutert hat, ist es nämlich ganz richtig, dass der Stock (Cormus), also das morphologische Individuum sechster Ordnung, als einfaches Bion durch eine Reihe von ungeschlechtlichen Zeugungsprocessen untergeordneter morphologischer Individualitäten entsteht, welche endlich mit der Erzeugung geschlechtlicher Keime in den Blüthensprossen abschliessen. Verfolgen wir den gewöhnlichen Phanerogamen-Cormus auf seinem Lebenswege von der Theilung des Eies (Keimbläschen) an, so können wir eine Reihe von ungeschlechtlichen Zeugungsakten verschiedener Ordnungen unterscheiden, welche endlich mit der Eibildung den amphigenen Zeugungskreis vollendet. Ganz dasselbe finden wir aber auch, wenn wir die einzelnen Entwickelungsakte der höheren Thiere, z. B. der Wirbelthiere, vergleichen, deren Ontogenesis doch allgemein und ohne Widerspruch als einfache Hypogenesis, als Amphigenesis ohne Generationswechsel, aufgefasst wird. Auch hier stossen wir von der Theilung (Furchung) des Eies an auf eine ganze Reihe von ungeschlechtlichen Zeugungsakten, welche endlich mit der Geschlechtsreife den amphigenen Zeugungskreis abschliesst. Die im nächstfolgenden Abschnitte aufgestellte Parallele zwischen den ontogenetischen monogenen Zeugungsakten der Vertebraten und Dicotyledonen wird diese Uebereinstimmung anschaulicher erläutern und sogar bis zu einem Grade nachweisen, welcher wahrhaft erstaunlich ist. Bei den Wirbelthieren ebenso wie bei den Phanerogamen durchläuft das Bion während seiner ontogenetischen Entwickelung die ganze Reihe von untergeordneten morphologischen Individualitäten, welche derjenigen vorausgehen, in der es schliesslich als reifes Bion die Species repräsentirt. Jede höhere Individualitäts-Ordnung wird durch einen besonderen ungeschlechtlichen Zeugungsakt von der vorhergehenden nächst niederen erzeugt, und auch innerhalb des Entwickelungslaufes jeder einzelnen Individualitäts-Ordnung finden wir noch massenhaft wiederholte monogene Zeugungsakte der Plastiden, welche die Organe etc. constituiren. Dennoch wird es Niemand einfallen, diese Entwickelungsreihe, die aus einer ganzen Kette von verschiedenen, monogen aus einander hervorgehenden, untergeordneten Generationen besteht, als echte Metagenesis betrachten zu wollen. Denn die ganze Zeugungskette verläuft Schritt für Schritt im ununterbrochenen Zusammenhange an einem und demselben physiologischen Individuum oder Bion. Der einzige Unterschied zwischen der Hypogenese der höchsten Pflanzen und Thiere ist der, dass die letzteren (Vertebraten, Arthropoden) nicht die letzte und höchste, die sechste Stufe der morphologischen Individualität erreichen, sondern vorher auf der fünften stehen bleiben. Der Cormus ist aber ebenso die specifische Form des reifen Bion bei den Phanerogamen, wie die Person bei den Vertebraten und Arthropoden.

Ganz ähnliche Reihen von eng verketteten ungeschlechtlichen Zeugungsakten begleiten die Ontogenesis bei allen Organismen, die nicht als Bionten auf der ersten Stufe der Plastide stehen bleiben. Bei den höheren Mollusken z. B., deren physiologische Individualität stets auf der vierten Stufe des Metameres stehen bleibt, können wir ganz eben solche Zeugungsreihen unterscheiden, ohne dass wir auch hier von einer echten Metagenese sprechen können. Die Cephalopoden, Cochleen, Lamellibranchien etc. verhalten sich in dieser Beziehung ganz ähnlich zu den Wirbelthieren, wie diese ihrerseits zu den Phanerogamen.

Wir glauben daher nicht zu irren, wenn wir alle diese ungeschlechtlichen Zeugungsketten, die an einem einzigen, geschlechtlich erzeugten und selbst geschlechtsreif werdenden Bion verlaufen, von dem echten Generationswechsel, der stets an zwei oder mehreren Bionten abläuft, unterscheiden, und schlagen vor, dieselben allgemein mit dem Namen der Generationsfolge oder Strophogenesis zu bezeichnen. Es kann demnach der scheinbare Generationswechsel der Phanerogamen als Strophogenesis von Cormen, die individuelle Entwickelung der Vertebraten und Arthropoden als Strophogenesis von Personen, diejenige der höheren Mollusken als Strophogenesis von Metameren bezeichnet werden. Will man diese Auffassung bis zu ihren letzten Consequenzen verfolgen, so muss eigentlich alle Amphigenesis von polyplastiden Organismen als Strophogenesis aufgefasst werden, da alles „zusammengesetzte Wachsthum“ derselben mit Zeugungsakten von Plastiden verbunden ist.

Die objective Betrachtung der Strophogenesis und ihr Vergleich mit der Metagenesis ist äusserst wichtig und lehrreich, besonders auch für das Verständniss der Parallele zwischen der Ontogenese und Phylogenese. Es ist leicht möglich, dass viele Processe, die wir jetzt zur Strophogenese rechnen müssen, in früheren Zeiten der Erdgeschichte wirkliche Metagenese waren und erst nachträglich durch „Abkürzung der Entwickelung“ zusammengezogen wurden. In welcher Weise wir uns die Entstehung der höheren Organismen durch Strophogenese ungefähr denken, mag das nachfolgende Beispiel zeigen.

X. Parallele Strophogènesis der dicotyledonen Phanerogamen und der Vertebraten.

I. Dicotyledonen.

Erster Zeugungs-Akt: Das Bion entsteht als Pflanzen-Ei (Embryobläschen) im Embryosack durch Emplasmogonie.

Erste Generation: Das Bion ist ein Form-Individuum erster Ordnung, eine einfache Plastide: Pflanzen-Ei (Embryobläschen, Keimbläschen).

Zweiter Zeugungs-Akt: Das Bion wird durch fortgesetzte Theilung zum einfachen Organ: Proembryo.

Zweite Generation: Das Bion ist ein Körper vom morphologischen Werthe eines einfachen Organs (aus einer Zellenart zusammengesetzt) oder ein Form-Individuum zweiter Ordnung: Vorkeim oder Proembryo.

Dritter Zeugungs-Akt: Das Bion (jetzt Proembryo) erzeugt durch Spaltung (laterale Knospenbildung) ein neues Individuum zweiter Ordnung: eigentlicher Keim oder Embryo. Da Embryo und Proembryo aus differenten Plastiden bestehen, erscheint das ganze Bion jetzt als „zusammengesetztes Organ".

Dritte Generation: Das Bion ist ein morphologisches Individuum zweiter Ordnung (ein zusammengesetztes Organ), welches sich auf Kosten des elterlichen Proembryo entwickelt: Keim oder eigentlicher Embryo.

Vierter Zeugungs-Akt: Das Bion (jetzt Embryo) erzeugt durch Wachsthum, Differenzirung und unvollständige laterale Knospenbildung zwei neue Individuen zweiter Ordnung (Organe), die beiden Cotyledonen (rechtes und linkes Keimblatt). Durch die gegenständige Stellung derselben und die zwischen beiden sich erhebende Axenspitze (Terminalknospe) zerfällt der Embryo in zwei Form-Individuen dritter Ordnung (Antimeren) und wird dadurch selbst zu einem Individuum vierter Ordnung: Metamer.

II. Vertebraten.

Erster Zeugungs-Akt: Das Bion entsteht als Thier-Ei durch Zellentheilung (?) im Eierstock.

Erste Generation: Das Bion ist ein Form-Individuum erster Ordnung, eine einfache Plastide: Thier-Ei (Ovum, Ovulum).

Zweiter Zeugungs-Akt: Das Bion wird durch fortgesetzte Theilung zum einfachen Organ: Blastoderma.

Zweite Generation: Das Bion ist ein Körper vom morphologischen Werthe eines einfachen Organs (aus einer Zellenart zusammengesetzt) oder ein Form-Individuum zweiter Ordnung: Keimhaut oder Blastoderma.

Dritter Zeugungs-Akt: Das Bion (jetzt Blastoderma) erzeugt durch Spaltung (Theilung) drei neue Individuen zweiter Ordnung: die drei Keimblätter, welche in der Mitte sich verdicken und zur Embryonal-Anlage (Doppelschild) verwachsen. Da die drei Keimblätter aus differenten Plastiden bestehen, erscheint das Ganze jetzt als „zusammengesetztes Organ".

Dritte Generation: Das Bion ist ein morphologisches Individuum zweiter Ordnung (ein zusammengesetztes Organ), welches sich auf Kosten des elterlichen Blastoderma entwickelt: Doppelschild oder Embryonalanlage, eigentlicher Embryo.

Vierter Zeugungs-Akt: Das Bion (jetzt Embryo) erzeugt durch Wachsthum, Differenzirung und unvollständige Längstheilung zwei neue Individuen zweiter Ordnung (Organe), die beiden Medullarplatten oder Rückenwülste (rechte und linke Rückenplatte). Durch die gegenseitige Stellung derselben und die zwischen Beiden sich vertiefende Axenrinne (Primitivrinne) zerfällt der Embryo in zwei Form-Individuen dritter Ordnung (Antimeren) und wird dadurch selbst zu einem Individuum vierter Ordnung: Metamer.

Vierte Generation: Das Bion ist ein morphologisches Individuum vierter Ordnung (Metamer), welches aus zwei Form-Individuen dritter Ordnung (Antimeren) zusammengesetzt ist: der eudipleure Embryo mit den beiden Cotyledonen, welche denselben in linke und rechte Seitenhälfte theilen und die drei Richtaxen bestimmen.

Fünfter Zeugungs-Akt: Das Bion (jetzt eudipleurer Embryo mit Cotyledonen) erzeugt durch wiederholte Terminalknospenbildung eine Kette von unvollständig getrennten Metameren, den Stengelgliedern (Internodien), welche als „Plumula" die Grundlage eines Form-Individuums fünfter Ordnung bilden, des Sprosses (Blastos).

Fünfte Generation: Das Bion als eudipleurer Embryo mit Cotyledonen und Plumula ist ein morphologisches Individuum fünfter Ordnung (Spross) und verlässt als solcher die Eihüllen, um sich ausserhalb derselben weiter zu entwickeln. Die junge einfache Pflanze besteht als Spross aus einem einzigen, aus Stengelgliedern zusammengesetzten Axorgan und aus seitlichen Blattorganen (Cotyledonen und Blattanlagen der Plumula), welche durch ihre Stellung die Grundform bestimmen.

Sechster Zeugungs-Akt: Das Bion (jetzt vollständiger Spross [Blastos] oder einfache Pflanze) erzeugt durch laterale Knospenbildung neue Sprosse (Blasten), welche mit ihm in Verbindung bleiben und so ein Form-Individuum sechster und letzter Ordnung herstellen, einen Stock (Cormus).

Sechste Generation: Das Bion als „zusammengesetzte Pflanze" oder Stock (Cormus) ist ein morphologisches Individuum sechster Ordnung und hat als solches den höchsten Grad der morphologischen Individualität erreicht, welcher überhaupt vorkommt. Er entwickelt sich durch einfache Hypogenese (durch zusammengesetztes Wachsthum und Differenzirung) weiter bis zum geschlechtsreifen Bion.

Vierte Generation: Das Bion ist ein morphologisches Individuum vierter Ordnung (Metamer), welches aus zwei Form-Individuen dritter Ordnung (Antimeren) zusammengesetzt ist: der eudipleure Embryo mit der Primitivrinne und den beiden Medullarwülsten, welche denselben in linke und rechte Seitenhälfte theilen und die drei Richtaxen bestimmen.

Fünfter Zeugungs-Akt: Das Bion (jetzt eudipleurer Embryo mit Primitivrinne und Medullarwülsten) erzeugt durch wiederholte Terminalknospenbildung eine Kette von unvollständig getrennten Metameren, den Urwirbeln, welche als „Urwirbelsäule" die Grundlage eines Form-Individuums fünfter Ordnung bilden, der Person (Prosopon).

Fünfte Generation: Das Bion als eudipleurer Embryo mit Medullarrohr und Urwirbelsäule ist ein morphologisches Individuum fünfter Ordnung (Person) und hat als solcher den höchsten Grad der morphologischen Individualität erreicht, welcher im Wirbelthier-Phylon vorkommt. Er verlässt als solcher die Eihüllen und entwickelt sich durch einfache Hypogenese weiter bis zum geschlechtsreifen Bion.

Achtzehntes Capitel.

Entwickelungsgeschichte der morphologischen Individuen.

„Betrachten wir alle Gestalten, besonders die organischen, so finden wir, dass nirgend ein Bestehendes, nirgend ein Ruhendes, ein Abgeschlossenes vorkommt, sondern dass vielmehr Alles in einer stäten Bewegung schwankt. Das Gebildete wird sogleich wieder umgebildet, und wir haben uns, wenn wir einigermassen zum lebendigen Anschaun der Natur gelangen wollen, selbst so beweglich und bildsam zu erhalten, nach dem Beispiele, mit dem sie uns vorgeht." Goethe.

I. Ontogenie der Plastiden.

Individuelle Entwickelungsgeschichte der Plasmastücke.

Die Ontogenie der Plastiden oder Plasmastücke, der morphologischen Individuen erster Ordnung, ist die allgemeine Basis der gesammten individuellen Entwickelungsgeschichte. Da jeder Organismus als Bion oder physiologisches Individuum entweder durch eine einzige Plastide oder durch einen Complex von mehreren vereinigten Plastiden, also durch ein Form-Individuum zweiter bis sechster Ordnung repräsentirt wird, so lässt sich die Entwickelung desselben stets auf die Genesis der Plastiden zurückführen. Wie alle physiologischen Functionen des Organismus bei den monoplastiden Bionten die Functionen einer einzigen Plastide, bei den polyplastiden Bionten aber in letzter Instanz nichts Anderes sind, als das Resultat der Functionen aller Plastiden, welche denselben als Aggregat zusammensetzen, so gilt dies natürlich auch von denjenigen Lebenserscheinungen, auf welchen alle organische Entwickelung beruht, von der Zeugung, dem Wachsthum, der Differenzirung und Degeneration. Die Reihe von continuirlichen Formveränderungen, welche der concrete, sinnlich wahrnehmbare Ausdruck dieser Lebensbewegungen und das reale Object der individuellen Entwickelungsgeschichte ist, lässt sich demgemäss in letzter Instanz ebenfalls als das nothwendige Gesammtresultat aller derjenigen Formveränderungen ansehen, welche an den constituirenden Plastiden, den Cytoden und Zellen, verlaufen. Dieses wichtige Gesetz gilt sowohl von der Structur als von der Grundform aller Individuen zweiter bis sechster Ordnung. Sowohl die tectologischen als die promorphologischen Verhältnisse jedes Individuums, welches einer der fünf höheren Individualitäts-Ordnungen angehört, sind unmittelbar abhängig von den bestimmenden Verhältnissen der nächstniederen constituirenden Individualitäts-Ordnung, und also in letzter Instanz allemal von den Plastiden. Wie die vollendete Form, so muss sich auch die werdende verhalten, und so ist in der That die Entwickelung aller zusammengesetzten Individuen, vom Organ bis zum Cormus, unmittelbar bedingt durch die Plastidogenesis. Diese Andeutungen mögen genügen, um wiederholt auf die ausserordentlich hohe und fundamentale Bedeutung hinzuweisen, welche die Plastidogenie für die Entwickelungsgeschichte aller Form-Individuen zweiter bis sechster Ordnung und somit für die gesammte Ontogenie besitzt.

Die physiologischen Functionen, auf denen die Entwickelung der Plastiden beruht, sind dieselben wie bei allen übrigen Individualitäten, nämlich Vorgänge der Zeugung, des Wachsthums, der Differenzirung und der Degeneration (vergl. S. 72—76). Da von den drei letzteren Entwickelungsfunctionen sich sehr wenig Allgemeines aussagen lässt, was nicht schon im Vorhergehenden erwähnt wäre, so werden wir auf dieselben sowohl hier bei den Plastiden, als auch nachher bei den Form-Individuen zweiter bis sechster Ordnung, nur einen flüchtigen Seitenblick werfen, und dagegen vorzugsweise die Entstehung der Individuen durch verschiedene Arten der Zeugung berücksichtigen, welche wesentlichere und allgemeiner zu unterscheidende Differenzen bei den verschiedenen Organismen zeigt. Nächst der Zeugung ist es vorzüglich die Differenzirung, welche das meiste Interesse darbietet, jedoch im Einzelnen schon zu viel tiefgreifende Verschiedenheiten selbst bei nächstverwandten Organismen zeigt, als dass eine allgemeine vergleichende Behandlung derselben schon jetzt sehr fruchtbar erscheinen könnte.

Wir werden aus diesen Gründen auf eine gleichmässig eingehende Behandlung aller vier verschiedenen Entwickelungsfunctionen bei dem ganz allgemeinen und flüchtigen Ueberblicke, den die Entwickelungsgeschichte der morphologischen Individuen gegenwärtig zu gewähren vermag, verzichten müssen. Dasselbe gilt in noch höherem Grade von den drei verschiedenen Stadien der Entwickelung, welche wir im Vorhergehenden unterschieden haben, der Aufbildung (Anaplasis), der Umbildung (Metaplasis) und der Rückbildung (Cataplasis). Welche grossen Schwierigkeiten auch bei der allgemeinsten Betrachtung einer scharfen Trennung dieser drei Stadien entgegenstehen, ist daselbst bereits erwähnt. Die Ontogenie der Individuen aller verschiedenen Ordnungen legt uns diese Hindernisse überall in unseren Weg, wenngleich an verschiedenen Stellen in verschiedenem Maasse. Die mechanische Entwickelungsgeschichte der Zukunft, welche strenger den Causalnexus der ontogenetischen Erscheinungen erfasst haben wird, kann mit mehr Aussicht auf Erfolg den allgemeinen Versuch einer durchgreifenden Trennung und vergleichenden Darstellung der verschiedenen Stadien der Ontogenesis unternehmen, als es uns gegenwärtig möglich sein würde. Wir verzichten daher hier vollständig auf eine scharfe Charakteristik der ontogenetischen Stadien, und wenden uns bloss zu ihren allgemeinen Functionen.

Die Plastidogenie [1]) oder die Entwickelungsgeschichte der Plastiden ist, wie die gesammte Plastidologie oder die sogenannte Histologie eine noch sehr junge Wissenschaft, welche erst seit der Begründung der Zellentheorie durch Schleiden (1837) und Schwann (1839) ihr noch weit entferntes Ziel mit Bewusstsein zu verfolgen beginnen konnte. Allerdings ist nun in den drei seitdem verflossenen Decennien durch die reichen empirischen Beiträge zahlloser Einzelforscher die Histologie rasch zu einem ungeheuren Umfang angeschwollen. Indessen ist der wirklich wissenschaftliche Kern, das bleibend werthvolle Endresultat dieses colossalen Materials verhältnissmässig nur ein sehr geringes, da man allgemein viel zu einseitig bestrebt war, Einzelheiten zu sammeln, ohne an die allgemeinen Gesetze zu denken, die sich aus ihnen ergeben sollen. Den meisten Mikroskopikern war es hauptsächlich darum zu thun, möglichst viele neue und seltsame Zellenformen aufzufinden und in der Darstellung und Benennung dieser Formen dieselbe Formenspielerei zu treiben, welche sie bei den makroskopischen descriptiven „Systematikern" verachteten. Nur eine geringe Anzahl von Histologen hat bisher gründlich vergleichende und denkende Beobachtungsreihen angestellt und nur sehr Wenige sind bisher bestrebt gewesen, in dem Chaos der unendlich mannichfaltigen Zellenformen das Gemeinsame ihrer Bildungsgesetze zu erkennen. Daher hat man auch der Entwickelungsgeschichte der Plastiden verhältnissmässig viel weniger Aufmerksamkeit, als ihrer Anatomie geschenkt, zumal dieselbe eine weit intensivere Beobachtung und denkendere Betrachtung erforderte, als bei den Meisten beliebt, und als zu der blossen Beschreibung der

[1]) Die Entwickelungsgeschichte der morphologischen Individuen erster Ordnung oder der Plastiden (Cytoden und Zellen) wird gewöhnlich als Entwickelungsgeschichte der Gewebe oder als Histogenie bezeichnet. Jedoch ist der Begriff des „Gewebes", wie wir im neunten Capitel gezeigt haben, keiner scharfen Definition fähig; da man unter den einfachen oder niederen Geweben nur die verschiedenen Formen („Arten") der Plastiden, unter den zusammengesetzten oder höheren Geweben aber bereits Individuen zweiter Ordnung oder Organe (Zellfusionen, Zellstöcke, einfache Organe etc.) versteht. Schon aus diesem Grunde erscheint es passend, den gebräuchlichen Namen der Histogenie durch den schärfer und umfassender bezeichnenden Begriff der Plastidogenie zu ersetzen.

fertigen Elementartheile erforderlich ist. Und doch ist der hohe Werth, den die Entwickelungsgeschichte der Organismen für das Verständniss ihrer Structur, den die Kenntniss des Werdens für die Erkenntniss des Gewordenen besitzt, nirgends von solcher fundamentalen Bedeutung, als bei den organischen Individuen erster Ordnung, aus denen sich alle höheren erst zusammensetzen.

Als den wesentlichen, charakteristischen und nie fehlenden Formbestandtheil aller Plastiden haben wir im neunten Capitel ein zusammenhängendes Plasmastück oder einen Plasmaklumpen nachgewiesen, d. h. ein individuelles Aggregat von Molekülen jener complicirt zusammengesetzten, festflüssigen Eiweiss-Verbindung, welche wir in allen Fällen als den eigentlichen „Lebensstoff", als das materielle active Substrat der Lebensbewegungen betrachten müssen. Besteht der ganze active Plastidenkörper bloss aus einem solchen Plasmaklumpen, so nennen wir ihn Cytode; hat er sich dagegen in einen centralen Kern und eine peripherische Plasma-Substanz differenzirt, so nennen wir ihn Zelle. Wie alle Functionen, alle activen Lebenserscheinungen der Plastiden, so geht auch ihre Entwickelung, so gehen auch die Functionen der Zeugung und des Wachsthums, der Differenzirung und der Degeneration lediglich von jenem activen Bestandtheile aller Plastiden aus, bei den Cytoden also allein vom Plasma, bei den Zellen vom Plasma und zugleich vom Kern. Die Entwickelungsgeschichte der Cytoden sowohl als der Zellen muss daher alle Formveränderungen, welche an diesen Form-Individuen erster Ordnung vor sich gehen, als das nothwendige Resultat der Bewegungs-Erscheinungen zu erkennen suchen, welche von den Molekülen der Eiweiss-Verbindungen ausgehen, die sowohl das Plasma, als den Nucleus constituiren. Sowohl die Anaplase, die Entstehung und Aufbildung der Plastiden, als ihre Metaplase und Cataplase, ihre Umbildung und Rückbildung, werden in erster Linie immer durch chemisch-physikalische Veränderungen jener activen Albuminate bewirkt, denen alle anderen Gewebsbestandtheile als passive „Plasma-Producte" gegenüberstehen (vergl. Bd. I, S. 279).

Die Plastidogenesis beginnt mit der E n t s t e h u n g d e r P l a s t i d e n durch Zeugung. Sowohl bei den Cytoden als bei den Zellen wird diese in der Regel durch Spaltung, und zwar meistens durch Zweitheilung vorhandener Plastiden bewirkt. Die Zellen können immer nur entweder aus vorhandenen elterlichen Zellen oder aus Cytoden erzeugt werden, wogegen die Cytoden ausser der parentalen Zeugung auch durch Urzeugung oder Archigonie entstanden sein müssen. Bei der ausserordentlich hohen Bedeutung, welche diese ersten Anfänge der organischen Entwickelung für die gesammte Ontogenie haben, wollen wir hier nochmals kurz darauf zurückkommen, und die Genesis der Cytoden und der Zellen gesondert ins Auge fassen.

Die Cytoden, als die niedrigsten aller organischen Individuen, deren activer Körper lediglich aus einem einfachen, nicht differenzirten Plasmastücke besteht, sind für uns hier deshalb von besonderer Bedeutung, weil ihre einfachsten Formen, die homogenen, structurlosen Moneren, die einzigen Organismen sind, welche wir uns durch Urzeugung entstanden denken können. Mit diesen muss nothwendig das Leben auf unserer Erde zu irgend einer Zeit zum ersten Male begonnen haben, und zwar mit derjenigen Form der Archigonie, welche wir oben als Autogonie erörtert haben (Bd. I, S. 179). Wie wir dort ausführten, müssen wir uns die Autogonie oder Selbstzeugung der Moneren als einen physikalisch-chemischen, der Krystallisation analogen Akt denken, durch den in einer Flüssigkeit, welche (analog einer Mutterlauge) die zur Constitution der complicirten Eiweiss-Verbindungen gehörigen Stoffe gelöst enthält, diese unter bestimmten Bedingungen wirklich zur Bildung von Eiweiss-Molekülen zusammentreten. Durch die Aggregation einer Summe von solchen Eiweiss-Molekülen zu einem individuellen, räumlich begrenzten, und lebenden, d. h. sich ernährenden (und durch Spaltung fortpflanzenden) Körper entsteht autogon eine Cytode einfachster Art, ein Moner. Die Hypothese dieser Autogonie ist für uns ganz unentbehrlich. Denn die allgemein angenommene Erdbildungstheorie von Kant und Laplace involvirt selbstverständlich die Annahme, dass das Leben auf der Erde zu irgend einer Zeit einmal einen Anfang hatte, und diesen Anfang können wir uns nicht als „Schöpfung", sondern nur als Urzeugung (Generatio spontanea), und zwar nur als Autogonie denken. Die noch jetzt lebenden Moneren, die Protamoeben, Protogeniden, Vibrionen, Protomonaden etc. führen uns die wahrscheinliche, oder doch die mögliche Beschaffenheit jener autogonen Cytoden unmittelbar vor Augen (vergl. S. 33).

Ob ausser der Autogonie, durch welche nothwendig die ersten lebenden Organismen auf unserer Erde, die autogonen Moneren, entstanden sein müssen, auch die andere Form der Urzeugung, die Plasmogonie, zur Entstehung von elternlosen Cytoden die Veranlassung gegeben hat, und vielleicht noch giebt, ist nicht festgestellt. Die Plasmogonie unterscheidet sich von der Autogonie, wie wir oben sahen (S. 34), dadurch, dass die eiweissartigen Kohlenstoff-Verbindungen, aus welchen die Cytoden entstehen, bereits in bildungsfähigem Zustande in der Bildungsflüssigkeit (Cytoblastema) gelöst sind. Wenn die Bildung der Gährungspilze, wie sie nach Schleiden und Schwann in gährenden Flüssigkeiten durch Archigonie erfolgen sollte, richtig wäre, so würde dieser Vorgang als eine echte Plasmogonie aufzufassen sein. Obgleich durch das herrschende Dogma von der Unmöglichkeit der Urzeugung jetzt allgemein zurückgedrängt, existirt diese Plasmogonie vielleicht heute dennoch thatsächlich, selbst in weiterer Ausdehnung.

Jedenfalls schliesst sich die empirisch festgestellte Emplasmogonie der Zellen, welche sogleich noch zu erwähnen ist, unmittelbar an dieselbe an.

Die weitere Entwickelung der archigonen Cytoden können wir uns zunächst nur denken als ein einfaches Wachsthum derselben bis zu einem gewissen Maasse. Wie die Autogonie im Ganzen der Krystallisation, so haben wir auch dieses Wachsthum der Moneren dem Wachsthum der Krystalle oben eingehend verglichen (Bd. I, S. 142 ff.). Der wesentliche Unterschied zwischen beiden liegt nur darin, dass bei den festen Krystallen das Wachsthum durch Apposition, bei den festflüssigen Moneren dagegen durch Intussusception erfolgt. Wenn das Wachsthum des Moneres bis zu einem Maasse fortschreitet, welches die Cohäsion aller Eiweiss-Moleküle zu einer einzigen Masse nicht mehr gestattet, so zerfällt dasselbe in mehrere; es entstehen durch Spaltung der elterlichen Cytode zwei oder mehrere neue, kindliche Cytoden; das Wachsthum geht über in die Fortpflanzung.

Die Spaltung der Cytoden, welche gegenwärtig der gewöhnliche Vorgang ihrer Vermehrung ist, besteht allgemein darin, dass die Cytode (gleichviel ob sie autogon oder durch Spaltung aus einer anderen Cytode entstanden ist) in zwei oder mehrere Cytoden zerfällt, sobald sie die Grenze ihres individuellen Wachsthums überschreitet. Sobald die Cohäsion der Eiweiss-Moleküle, welche durch Intussusception von der wachsenden Cytode aufgenommen und dem Attractionscentrum zugeführt werden, nicht mehr ausreicht, die gesammte Masse als Individuum zusammenzuhalten, bilden sich zwei oder mehrere neue Attractionscentra, um welche sich die Plasma-Moleküle in zwei oder mehreren getrennten Haufen sammeln. Die äussere Form der Cytoden-Spaltung ist sehr mannichfaltig. Am häufigsten ist die Theilung, seltener die Knospenbildung derselben. Bei der Theilung zerfällt die ganze Cytode entweder in zwei (Dimidiatio) oder in mehrere (Diradiatio) gleiche Theile, die entweder gleich bleiben oder sich nachträglich differenziren können. Bei der Knospenbildung dagegen spaltet sich in Folge localen, partiellen Wachsthums ein einzelnes Stück der Cytode als Knospe von der elterlichen Cytode ab.

Bei vielen niedersten, besonders monocytoden Organismen-Arten (Protisten, Algen) scheint dieser einfachste Zeugungsmodus der Spaltung die einzige Propagationsform der Cytode zu sein. Bei anderen dagegen vermehrt sich die Cytode auch durch Keimbildung oder Sporogonie. Es bilden sich dann im Inneren der Cytode mehrere selbstständige (centralisirte) Plasmaklumpen, welche als „Keimkörner" oder Sporen aus dem elterlichen Körper heraustreten und sich ausserhalb desselben zu neuen Individuen seines Gleichen durch Wachsthum ergänzen. Sehr häufig geht dieser Sporogonie der Cytoden eine Conjugation oder Copulation derselben voraus: Zwei selbstständige Cytoden verschmelzen mit einander und in dem verschmolzenen Plasma entstehen Keimkörner, wie bei der Keimbildung; so z. B. bei manchen Pilzen und kernlosen Algen. Dieser Vorgang ist wesentlich von der einfachen Sporogonie dadurch verschieden, dass nicht die einzelne Plastide für sich, sondern erst in Verbindung mit einer anderen, fortpflanzungsfähig wird. Er bereitet die geschlechtliche Zeugung vor oder kann auch schon als deren Beginn betrachtet werden.

Die Zellen, oder die kernhaltigen Plastiden, können eigentlich niemals unmittelbar, gleich den kernlosen Cytoden, durch Urzeugung oder Archigonie entstehen, da ihre Zusammensetzung aus zwei differenten Materien, Kern und Plasma, immer bereits einen stattgefundenen Differenzirungsprocess voraussetzt. Diejenige Form der Zellenentstehung, welche sich der Archigonie am nächsten anschliesst, ist die sogenannte „freie Zellenbildung“, welche besser als „emplasmatische Zellenbildung oder Emplasmogonie“ bezeichnet wird. Es besteht dieser wichtige und merkwürdige Modus der Cytogonie darin, dass in einer formlosen Eiweissmasse, z. B. in derjenigen, welche durch Histolyse der Fliegenlarve entsteht, ferner im Plasma des Embryosacks der Phanerogamen, durch Aggregation von Plasma-Molekülen sich Kerne bilden, welche als Attractionscentra auf das umgebende Plasma wirken, sich mit einer Plasmahülle, oft noch äusserlich mit einer Membran umgeben, und so zu Zellen werden. Der wesentliche Unterschied zwischen dieser Emplasmogonie und der wirklichen Urzeugung in einer organischen Bildungsflüssigkeit (Plasmogonie) liegt darin, dass bei letzterer das productive Plasma ausserhalb, bei ersterer innerhalb eines bestehenden Organismus liegt. Allein der Entstehungsprocess eines individuellen, lebendigen, activen Plasmakörperchens durch Aggregation von Plasma-Molekülen, bedingt durch einfache physikalische Gesetze der Massen-Anziehung und Abstossung, ist in beiden Fällen derselbe. Ebenso wie wir dadurch bei der empirisch festgestellten Emplasmogonie mitten im structurlosen Plasma geformte Kerne (die Centra der Zellen) entstehen sehen, ebenso können wir uns dadurch bei der hypothetischen Plasmogonie mitten in dem structurlosen Cytoblastem geformte Cytoden einfachster Art entstehend denken, welche durch einen nachfolgenden Differenzirungsprocess von Kern und Plasma zu Zellen werden.

Die unmittelbare Entstehung von Zellen aus Cytoden durch Differenzirung von Kern und Plasma, wie wir sie hier hypothetisch als ursprünglichen Entstehungsmodus der ersten Zellen voraussetzen, scheint übrigens, auch abgesehen von jener Emplasmogonie, thatsächlich noch jetzt weit verbreitet zu sein. Wenn die von den meisten Embryologen noch gegenwärtig behauptete Thatsache wirklich richtig ist, dass in dem ersten Entwickelungsstadium des thierischen Eies gewöhnlich das Keimbläschen oder der Eikern nicht unmittelbar in die beiden Kerne der zwei ersten Furchungskugeln sich spaltet, sondern vielmehr in dem Plasma (Dotter) der Eizelle sich vorher auflöst, so wird diese letztere dadurch zur Cytode, und wenn sie durch Neubildung eines neuen Kernes im Plasma wiederum zur Zelle wird, so müssen wir diesen Vorgang zweifelsohne als eine „Entstehung einer Zelle aus einer Cytode durch Differenzirung von Plasma und Kern" ansehen.

Die Spaltung der Zellen ist der gewöhnliche Vorgang ihrer Entstehung. Sie besteht allgemein darin, dass die Zelle (gleichviel ob sie durch Differenzirung aus einer Cytode oder durch Spaltung aus einer anderen Zelle entstanden ist), in zwei oder mehrere Zellen zerfällt, sobald sie die Grenze ihres individuellen Wachsthums überschreitet. In den allermeisten Fällen, wahrscheinlich sogar immer, geht der Spaltung der ganzen Zelle eine Spaltung des Kernes vorher, so dass der ganze Spaltungsvorgang der Zelle in zwei Akte zerfällt: I) Spaltung des Kernes, II) Spaltung des Plasma, welches den Kern umgiebt. Es entstehen also zunächst in der sich theilenden einfachen Zelle, deren einer Kern einen einheitlichen Lebensheerd repräsentirt und das Ganze als Individuum zusammenhält, zwei oder mehrere Kerne, indem der eine ursprüngliche Kern sich theilt. Jeder der neuen Kerne wirkt sofort als Attractionscentrum auf die nächstgelegenen, zunächst ihn umschliessenden Plasmatheile, welche sich um ihn ansammeln und so die Spaltung der ganzen Zelle herbeiführen.

Trotz der grossen Mannichfaltigkeit, welche die Spaltung der Zellen bei den verschiedenen Organismen-Arten zeigt, kann man dennoch alle verschiedenen Formen derselben entweder als Theilung (Divisio) oder als Knospenbildung (Gemmatio) auffassen. Die Theilung der Zellen, welche besonders im Thierreiche sehr allgemein verbreitet ist, wird eingeleitet durch Theilung des Zellenkernes. Erst nachher zerfällt auch das Plasma und somit die ganze Zelle in zwei oder mehrere gleiche Theile, die entweder gleich bleiben oder sich nachträglich differenziren können. Leicht zu verfolgen ist die Zweitheilung bei den Blutzellen der Embryonen, bei vielen Epithelzellen, Furchungskugeln etc. Es sammelt sich um jeden der durch Theilung des ursprünglichen Kernes neugebildeten Kerne eine gleiche Quantität von Plasma an; die beiden Kerne weichen auseinander, und zwischen ihnen entsteht eine Spaltungsebene, welche auch die beiden Plasmahälften von einander trennt. Offenbar wirken hier die Kerne als active Attractionscentra auf das umgebende Plasma ein. Die Spaltungsebene ist entweder ideal und führt zu einer vollständigen räumlichen Trennung beider Theilproducte, oder sie ist real und wird durch eine Scheidewand gebildet, welche (gewöhnlich von der Membran der Mutterzelle auswachsend) die beiden Tochterzellen trennt und zugleich in Contiguität vereinigt erhält. Wenn die Zellenmembran oder die äussere Hülle der Mutterzelle bei ihrem Zerfall in Tochterzellen ungetheilt bleibt, wie z. B. bei den Knorpelzellen, Furchungskugeln und vielen Pflanzenzellen, hat man diese unwesentliche Modification der Zellentheilung als einen besonderen Modus der Zellenvermehrung unter dem Namen der endogenen Zellenbildung unterschieden. Seit jedoch neuerdings die richtige Auffassung von der secundären Bedeutung der Zellenmembran allgemeiner geworden ist, hat jener Modus seinen früheren Werth verloren. Gewöhnlich ist die Zellentheilung Zweitheilung, und zwar bald indefinite, bald longitudinale, bald transversale, bald diagonale Halbirung. Selten ist Strahltheilung der Zellen (Diradiation), wobei dieselben gleichzeitig in drei oder mehrere gleiche Stücke zerfallen, z. B. die Epithelialcylinder im Darme der Froschlarven.

Die Knospenbildung der Zellen ist besonders im Pflanzenreiche sehr verbreitet: die ganze Zelle zerfällt hierbei zunächst in zwei oder mehrere ungleiche Theile, die entweder ungleich bleiben oder nachträglich gleich werden können; so z. B. bei allen Pflanzenzellen, bei denen das Wachsthum einseitig in einer bestimmten Richtung fortschreitet, und die Gipfelzellen, welche sich von den vorhergehenden Mutterzellen abschnüren, zu diesen sich gleich anfänglich wie Knospen verhalten. Es sammelt sich hier um jeden der durch Theilung des ursprünglichen Kernes neugebildeten Kerne eine ungleiche Quantität von Plasma an. Von den Botanikern wird zwar auch diese Spaltungsart der Zelle gewöhnlich als „Zelltheilung" bezeichnet. Indessen können wir dieselbe nur dann mit vollem Rechte so nennen, wenn das Wachsthum, welches die Theilung der Mutterzelle einleitet, ein totales ist, und wenn diese dann in zwei oder mehrere gleiche, coordinirte Tochterzellen von gleichem Alter und Werthe zerfällt. Wenn dagegen, wie es bei der sogenannten Theilung der Pflanzenzellen sehr häufig der Fall ist, das einleitende Wachsthum nur ein einseitiges oder partielles ist, und wenn demgemäss die beiden Theilproducte (Tochterzellen) von ungleichem Alter und Werthe sind, die eine der anderen subordinirt, so müssen wir folgerichtig diesen Process als Knospenbildung auffassen, und die jüngere Tochterzelle, welche sich von dem älteren Reste der Mutterzelle abschnürt, als Knospe. Dies ist z. B. sehr klar bei der von den Botanikern sogenannten Zelltheilung der Algenfäden und der Fadenzellen der Nematophyten (Pilze und Flechten). Auch der Unterschied von terminaler und lateraler Knospenbildung der Zellen tritt bei den langgestreckten Fadenzellen dieser Thallophyten sehr schön hervor. Nicht minder deutlich ist dies an den langgestreckten cylindrischen Zellen vieler Phanerogamen (z. B. Haaren) zu unterscheiden. Viel seltener als bei den Pflanzen ist die Fortpflanzung der Zellen durch

Knospenbildung bei den Thieren, wo als bekanntestes Beispiel gewöhnlich die Eier der Nematoden angeführt werden.

Während die Entstehung der Zellen durch Spaltung (entweder Theilung oder Knospenbildung) die bei weitem häufigste Zeugungsart der Zellen ist, und zwar namentlich bei den Parenchymzellen der Thiere und Pflanzen, findet sich endlich daneben noch ein anderer Zeugungsmodus von Zellen, welcher vorzüglich für viele Protisten wichtig ist und hier auch oft allein die Fortpflanzung der Art vermittelt (z. B. bei vielen Protoplasten und Flagellaten, auch bei eizelligen Algen). Wir glauben denselben als Keimbildung oder Sporogonie der Zellen (und zwar als Monosporogonie oder Keimplastidenbildung) bezeichnen zu können. Es bilden sich in der zeugenden Zelle neben dem Kerne oder nach dessen Auflösung selbstständig im Plasma neue Kerne. Jeder neugebildete Kern wirkt wieder als Anziehungsmittelpunkt auf die benachbarten Plasma-Moleküle, welche dadurch von dem elterlichen Plasma abgelöst und zu neuen Zellen werden. Diese treten als Sporen aus der berstenden Mutterzelle hervor (z. B. Hydrocytien, Gregarinen, Flagellaten).

Nicht selten geht dieser Sporogonie eine Conjugation oder Copulation der Zellen voraus, welche ebenfalls vorzüglich bei den Protisten und bei den niederen Algen verbreitet ist. Sie unterscheidet sich von allen vorhergegangenen Zeugungsformen der Zellen wesentlich dadurch, dass nicht die einzelne Zelle für sich vermehrungsfähig ist, sondern erst nach ihrer Verbindung mit einer anderen Zelle. Es verschmelzen zwei Zellen theilweis oder völlig mit einander, die Kerne der beiden verschmolzenen Zellen lösen sich gewöhnlich auf, und in dem verschmolzenen Plasma entstehen, wie bei der Keimbildung, neue Kerne, um welche sich Plasma-Portionen ansammeln. Es sind also diese kindlichen Zellen durch die Verbindung zweier elterlichen erzeugt. Ist die Verschmelzung der beiden zeugenden Zellen vollständig, wie bei den Gregarinen, so nennen wir sie Copulation. Ist sie unvollständig, wie bei den Desmidiaceen, Conjugation. Wir erblicken darin den ersten Schritt zur geschlechtlichen Zeugung. Da das Wesen der letzteren lediglich in der Nothwendigkeit beruht, dass Plasma-Stoffe von zwei verschiedenen elterlichen Individuen sich vereinigen müssen, um die neuen kindlichen Individuen zu erzeugen, so können wir die Copulation der Plastiden, welche gleicherweise bei den Zellen, wie bei den Cytoden stattfindet, in der That als „geschlechtliche Zeugung der Plastiden“ von den drei vorher aufgeführten ungeschlechtlichen Zeugungsformen trennen (vergl. oben S. 62).

Das Wachsthum der Plastiden, welches wir als die zweite fundamentale Entwickelungs-Function hier unmittelbar auf die Zeugung folgen lassen, besteht in allen Fällen darin, dass die Plastide durch

Aufnahme neuer Stoff-Moleküle von aussen und Assimilation derselben ihr Volum vermehrt, sich vergrössert. Das Wachsthum der morphologischen Individuen erster Ordnung ist daher stets ein einfaches Wachsthum (Crescentia simplex, primaria) und, wie wir oben zeigten (S. 73), wesentlich von dem zusammengesetzten Wachsthum verschieden, durch welches sich die Form-Individuen zweiter bis sechster Ordnung vergrössern. Diese letzteren wachsen stets nur mittelbar, indirect, durch die wiederholten Zeugungsprocesse und das unmittelbare Wachsthum der constituirenden Plastiden. Aus diesem Grunde können wir die Crescentia composita (secundaria) aller Organe, Antimeren, Metameren, Personen und Stöcke lediglich als die secundäre, nothwendige Folge des primären, unmittelbaren Wachsthums der Plastiden ansehen. Dieses letztere aber, welches demnach als der einzige unmittelbare Wachsthumsprocess aller organischen Körper erscheint, ist in seinen einfachsten Formen nicht wesentlich von dem Wachsthum der Krystalle verschieden und lässt sich auf einfache Vergrösserung des Individuums durch Anziehung fremder Theile zurückführen (vergl. Bd. I, S. 141).

Die Differenzirungs-Processe der Plastiden sind für die gesammten Differenzirungs-Erscheinungen aller übrigen Individualitäten (zweiter bis sechster Ordnung) von ebenso hervorragender und fundamentaler Bedeutung, wie das einfache Wachsthum der ersteren für das zusammengesetzte Wachsthum der letzteren. In der That sind sämmtliche Divergenz-Erscheinungen, alle Akte der Arbeitstheilung oder des Polymorphismus, welche wir während der individuellen Entwickelung an den Organen, Antimeren, Metameren, Personen und Stöcken auftreten sehen, nichts weiter, als die unmittelbaren Wirkungen und die nothwendigen Resultate der gesammten Differenzirungs-Processe, welche an den constituirenden Plastiden (Cytoden und Zellen) ablaufen. Die Veränderungen aber, welche wir an diesen letzteren schnell und in kurzer Zeit vor unseren Augen vor sich gehen sehen, sind nichts Anderes, als kurze Wiederholungen der gleichen Veränderungen, welche die Voreltern dieser Plastiden langsam und in langen geologischen Perioden während ihrer paläontologischen Entwickelung durchlaufen haben. Diese Veränderungen sind lediglich durch die mechanisch wirkenden Ursachen der Anpassung und Vererbung bedingt, und durch natürliche Züchtung im Kampfe um das Dasein erworben. Man pflegt in der neueren Histologie die sämmtlichen Differenzirungs-Processe der Plastiden als „Metamorphose der Zellen" (richtiger Plastiden) zusammenzufassen. Diese Metamorphose der Plastiden, wie wir sie während des schnellen Laufes der individuellen Entwickelung Schritt für Schritt verfolgen können, ist nicht, wie sie von den Meisten angesehen wird, ein räthselhafter, auf unbekannten Ursachen beruhender, ganz eigenthümlicher Lebensakt. Vielmehr ist sie eine mechanisch-physiologische Function, causal begründet in den Naturgesetzen der Anpassung und der Vererbung, welche auf Ernährungsfunctionen beruhen. Der physiologische Polymorphismus oder die Arbeitstheilung, welche im Laufe zahlreicher Generationen sich unter den alten Vorfahren der betreffenden Plastiden allmählich durch natürliche Züchtung im Kampfe um das Dasein ausgebildet hat, lässt die Spuren seiner phylogenetischen oder paläontologischen Entwickelung uns noch heutzutage in der Metamorphose oder morphologischen Differenzirung der heutigen Plastiden erkennen. Wie uns nun diese Erwägung — und sie allein! — das richtige Verständniss für die Differenzirung der Plastiden oder die sogenannte Zellenmetamorphose eröffnet, so liefert sie uns zugleich den Schlüssel für die Erklärung der Differenzirungs-Phänomene an sämmtlichen übrigen Individualitäten (zweiter bis sechster Ordnung).

Auf die unendlich mannichfaltigen Vorgänge der Differenzirung der Plastiden im Einzelnen einzugehen, oder auch nur die verschiedenen Modificationen ins Auge zu fassen, welche dieselben bei der Ontogenie der Individuen in den verschieden grösseren Organismengruppen darbieten, ist hier nicht der Ort. Wir wollen daher nur ganz kurz Folgendes hervorheben. Gänzlicher Mangel von Differenzirung findet sich bei den Moneren, jenen einfachsten aller Organismen, welche bloss aus einem homogenen und structurlosen Plasmaklumpen bestehen. Bei diesen beschränkt sich die ganze Ontogenie des Individuums auf seine Entstehung durch den Zeugungsakt und auf sein einfaches Wachsthum. Nachdem dies eine bestimmte Grenze erreicht hat, zerfällt das Moner, ohne sich differenzirt zu haben, in zwei Moneren u. s. w. Ganz ebenso verhalten sich auch die embryonalen Cytoden und Zellen der meisten Organismen, sowohl die eigentlichen „Furchungskugeln", als die aus diesen zunächst hervorgehenden indifferenten Plastiden. Die Vermehrung derselben geht so rasch vor sich, dass sie durch Spaltung in kindliche Plastiden zerfallen, ehe noch irgend welche Differenzirung eingetreten ist.

Die Differenzirung der Cytoden, der kernlosen Plastiden, ist im Ganzen bei weitem weniger mannichfaltig, als diejenige der Zellen. Zunächst äussert sie sich meistens in einer partiellen oder totalen Encystirung der Cytode; diese bildet sich eine unvollständige oder vollständige Schale oder Hülle, d. h. die Gymnocytode wird zur Lepocytode, zum kernlosen Schlauche oder Hautklumpen. Eine vollständige Hülle, ein geschlossenes Säckchen, bilden sich z. B. die langgestreckten fadenförmigen Cytoden (sogenannten Fadenzellen) der Nematophyten. Eine unvollständige Hülle (und zwar meistens eine sehr complicirt gebaute Kalkschale mit vielen Oeffnungen) bilden sich die Cytoden, welche die actuellen Bionten der meisten Acyttarien repräsentiren

(Polythalamien und Athalamien). Andere Differenzirungs-Processe der Cytoden können zur Bildung von festgeformten Inhaltsbestandtheilen („inneren Plasma-Producten“) führen, z. B. von Fettkörnern, Pigmentkörnern, Cellulose-Fäden, welche das Plasma der Cytode durchsetzen (z. B. bei *Caulerpa*) etc. Der wichtigste aber von allen Differenzirungsprocessen, welche die Cytode treffen können, ist die Divergenz des Plasma in zwei verschiedene Eiweisskörper, in einen inneren Kern (Nucleus) und ein äusseres Plasma (Protoplasma) im engeren Sinne. Dadurch wird die Cytode zur Zelle.

Die Differenzirung der Zellen, der kernhaltigen Plastiden, übertrifft an unerschöpflicher Mannichfaltigkeit bei weitem diejenige der Cytoden. Die Ursache dieser weit grösseren Entwickelungsfähigkeit liegt offenbar zunächst und ursprünglich in dem wichtigen Gegensatze und der beständigen Wechselwirkung von Nucleus und Plasma, deren Differenzirung die Zelle von der homogenen Cytode so wesentlich unterscheidet. Indem der Zellenkern als hauptsächlicher Träger der Fortpflanzungs- und somit der Vererbungs-Erscheinungen, das Plasma der Zelle dagegen als das besondere Substrat der Ernährungs- und somit der Anpassungs-Erscheinungen wirksam ist, vermögen Beide zusammen durch diese Arbeitstheilung weit mehr zu leisten, als es dem homogenen, nicht differenzirten Plasma der kernlosen Cytode für sich allein möglich ist. Die unendlich mannichfaltigen Differenzirungs-Producte der Zellen, welche durch die fundamentale und höchst wichtige Arbeitstheilung des Nucleus und Plasma entstehen, haben wir im neunten Capitel als Plasma-Producte im weitesten Sinne zusammengefasst, und auf zwei natürliche Gruppen, innere und äussere Plasma-Producte, vertheilt. Als äussere Plasma-Producte, welche man gewöhnlich als „Ausscheidungen“ des Plasma zu betrachten pflegt, fassten wir die sogenannten „Zellenmembranen“ und „Intercellularsubstanzen“ zusammen, welche in keiner Weise scharf von einander getrennt werden können. Als innere Plasma-Producte bezeichneten wir den sogenannten „Zellsaft“ und „Zellinhalt“, kurz alle diejenigen, theils formlosen, theils geformten Producte des Plasma, welche durch Differenzirung desselben in seinem Inneren abgelagert werden (vergl. Bd. I, S. 279—289).

Die Degeneration der Plastiden ist ebenso die Grundlage sämmtlicher organischen Degenerationsprocesse bei allen zusammengesetzten morphologischen Individuen (zweiter bis sechster Ordnung), wie die Differenzirung der letzteren immer auf eine Differenzirung der ersteren sich zurückführen lässt. Es sind also auch in dieser Beziehung die Plastiden die wahren „Elementar-Organismen“, und obwohl man gerade ihren regressiven Veränderungen bisher am wenigsten Aufmerksamkeit geschenkt hat, verdienen sie dieselbe doch in nicht geringerem Grade als die progressiven Vorgänge des Wachsthums und der

Differenzirung. Denn auf der Degeneration der Plastiden beruhen alle cataplastischen Vorgänge, welche wir an den organischen Individuen aller Ordnungen wahrnehmen, und in letzter Folge also auch der Tod, welcher durch die Häufung derselben herbeigeführt wird. Ebenso wie das Wachsthum der Plastiden die Anaplasis, die Differenzirung derselben die Metaplasis, so veranlasst vorzüglich die Degeneration der Plastiden die Cataplasis, nicht allein der Plastiden selbst, sondern auch aller Form-Individuen zweiter bis sechster Ordnung, welche aus denselben zusammengesetzt sind.

Die Degenerations-Processe der Plastiden schliessen sich unmittelbar an ihre Differenzirungs-Erscheinungen an und sind in keiner Weise scharf von diesen zu unterscheiden. Sehr oft ist die Degeneration eines bestimmten Theiles einer Plastide mit einer correspondirenden progressiven Metamorphose eines anderen Theiles derselben verbunden, und beide Functionen greifen nach dem Gesetze der Wechselbeziehung der Entwickelung in einander. Es tritt also bereits bei den Plastiden der Fall ein, der sich bei den Form-Individuen aller Ordnungen wiederholt, dass die Degeneration eines Theiles nicht nothwendig die vollständige Rückbildung des Ganzen nach sich zieht, sondern vielmehr unter Umständen auch der progressiven Entwickelung eines anderen Theiles und dadurch dem Ganzen zu Gute kommen kann. Für viele Plastiden ist sogar der Degenerations-Process die nothwendige Bedingung für die vollständige Entfaltung ihrer specifischen Function, wie es z. B. bei den verholzten Pflanzenzellen und bei den lufthaltigen Spiralgefässen der Phanerogamen, bei den Drüsenzellen, Pigmentzellen und Knochenzellen der Thiere der Fall ist.

Die Mannichfaltigkeit der physiologischen und der entsprechenden morphologischen Processe, auf denen die verschiedenen Degenerations-Erscheinungen der Plastiden beruhen, ist zwar jedenfalls weit geringer, als diejenige der progressiven Differenzirungsvorgänge. Doch ist es sehr schwer, darüber schon gegenwärtig etwas Allgemeines auszusagen, da die ersteren noch viel weniger, als die letzteren, von einem allgemeinen und vergleichenden Gesichtspunkte aus untersucht worden sind. Am meisten hat man sich mit denselben in der pathologischen Physiologie der Wirbelthiere, und speciell in der Pathologie des Menschen beschäftigt, weil hier die physiologischen Degenerationsprocesse der Plastiden durch eine gefahrbringende, besorgnisserregende Steigerung ihrer Quantität und Intensität zu pathologischen Erscheinungen werden und als Ursachen der „Krankheiten" eine höchst bedeutende praktische Wichtigkeit erlangen. Unter den hier herrschenden Degenerations-Phänomenen, welche vorzüglich durch Rudolf Virchow's bahnbrechende Untersuchungen richtiger und schärfer erkannt worden sind, scheint das wichtigste die fettige Entbildung zu sein (Verfettung, fettige Entartung der Plastiden), demnächst die kalkige Entbildung (Verkalkung), die amyloide und colloide Degeneration, die verschiedenen Formen der Erweichungen (Malaciae, Emollities) und Verhärtungen (Indurationes, Scleroses), die Pigmentirung etc. Alle diese pathologischen Processe, auf welchen die Degeneration aller Form-Individuen höherer Ordnung beruht, haben ihre normalen Paradigmata in rein physiologischen Vorgängen. Bei den Pflanzen scheint der wichtigste Degenerationsprocess der Plastiden die Bildung der Verdickungsschichten der Cellulose-Kapsel zu sein, in welcher sich die meisten pflanzlichen Plastiden encystiren, der entsprechende Schwund des Protoplasma, und die partielle und endlich totale Ersetzung desselben durch andere Stoffe, z. B. in den Spiralgefässen durch Luft.

Alle Formveränderungen, welche wir bei der individuellen Entwickelung der Plastiden wahrnehmen, sowie alle Entwickelungsfunctionen, auf welchen dieselben beruhen, also alle Processe der Zeugung und des Wachsthums, der Differenzirung und der Degeneration von Plastiden, welche bei der Plastidogenesis zusammenwirken, sind lediglich entweder unmittelbar durch Anpassung an neue Existenzbedingungen erworbene Veränderungen, oder zusammengedrängte, schnelle, durch die Gesetze der Anpassung und Vererbung bedingte Wiederholungen der ursprünglichen paläontologischen Erscheinungen, welche in langen Zeiträumen durch viele Generationen hindurch langsam zur Entstehung der gegenwärtig existirenden specifischen Plastiden-Formen geführt haben. Alle Erscheinungen, welche die individuelle Entwickelung der Plastiden begleiten, erklären sich lediglich entweder aus der unmittelbaren Anpassung an die dabei wirksamen Existenzbedingungen oder aus der paläontologischen Entwickelung der Vorfahren der betreffenden Plastiden. Die gesammte Ontogenie der Plastiden, insofern sie nicht unmittelbar durch neue Anpassungsbedingungen modificirt wird, ist eine kurze Recapitulation ihrer Phylogenie.

II. Ontogenie der Organe.

Individuelle Entwickelungsgeschichte der Werkstücke.

Die Ontogenie der Organe oder Werkstücke, der morphologischen Individuen zweiter Ordnung, ist derjenige Theil der individuellen Entwickelungsgeschichte, welcher bisher bei weitem am meisten Berücksichtigung gefunden hat. Sowohl in der Zoologie als in der Botanik bestehen die meisten Fortschritte, welche die Ontogenie gemacht hat, in der Vermehrung unserer Kenntnisse von der Entwickelung der Organe. Erst neuerdings hat man begonnen, neben der Organogenese auch die Plastidogenese eingehender zu berücksichtigen. Dagegen ist die Ontogenese der Form-Individuen dritter bis sechster Ordnung bisher gewöhnlich sehr zu Gunsten jener beiden Kategorieen vernachlässigt worden. Dies hat seinen natürlichen Grund in der hervorragenden physiologischen Bedeutung der Organe und Plastiden. Dasselbe Uebergewicht, welches diese Form-Individuen erster und zweiter Ordnung bisher in der Anatomie und Physiologie besassen, übten sie nicht minder in der Morphogenie aus.

Bei der unendlichen Mannichfaltigkeit, welche die verschiedenen Organe bei den verschiedenen Organismen ebenso in ihrer Entwickelung, wie in ihren anatomischen Verhältnissen zeigen, ist es sehr schwierig, die allgemeinen Bildungsgesetze, welche die Genesis der Organe leiten, in kurzen Zügen zusammenzufassen. Es lässt sich hier kaum etwas Anderes aussagen, als dass die gesammte Organogenesis unmittelbar bedingt ist durch die Entwickelung der constituirenden Plastiden, und dass die ganze Mannichfaltigkeit, welche wir in den physiologischen Entwickelungsfunctionen der Zeugung und des Wachsthums, der Differenzirung und Degeneration bei den Plastiden wahrgenommen haben, unmittelbar auch bei der Entwickelung der Organe wirksam ist, welche in allen Fällen einen einheitlichen Complex von eng verbundenen Plastiden darstellen. Dies gilt auch von allen fünf Ordnungen von Organen, welche wir im neunten Capitel unterschieden haben (Bd. I, S. 291). Sämmtliche Organe erster bis fünfter Ordnung, die Zellfusionen oder „höheren Elementartheile" (S. 296), die Homoplasten oder einfachen Organe (S. 298), die Heteroplasten oder zusammengesetzten Organe (S. 299), die Organsysteme (S. 301) und endlich die Organapparate (S. 302) zeigen uns in ihrer gesammten Entwickelung lediglich das nothwendige Resultat der Entwickelungsfunctionen ihrer constituirenden Plastiden (Cytoden und Zellen), und zwar lediglich der vier Functionen der Zeugung, des Wachsthums, der Differenzirung und Degeneration.

Die Entstehung der Organe, mit welcher die Organogenesis beginnt, geht theils aus von vorhandenen Organen, theils von einzelnen Plastiden. Im letzteren Falle haben wir dieselbe auf einfache Zeugungsakte der Plastiden zurückzuführen. Die Cytoden oder Zellen, welche durch diese Generationsakte (Theilung, Knospung etc.) sich vermehren, bleiben zu einem Complex (Colonie, Synusie) vereinigt und bilden dadurch unmittelbar ein Organ. Im ersteren Falle, wenn die Zeugung der Organe von einem bereits vorhandenen Organe ausgeht, kommen ebenfalls die verschiedenen Formen der ungeschlechtlichen Zeugung in Betracht, welche wir oben unterschieden haben. Doch ist im Ganzen die Knospenbildung hier bei weitem häufiger und allgemeiner wirksam, als die Theilung.

Die Knospenbildung ist der allgemeinste Spaltungsmodus, durch welchen Organe aus bestehenden Organen hervorgehen, und zwar ist dieselbe in der Mehrzahl der Fälle laterale, seltener terminale Gemmation. Durch laterale Knospenbildung entstehen z. B. die meisten Extremitäten (Beine, Arme, Tentakeln etc.) der Thiere, die meisten Blätter der Pflanzen. Durch terminale Knospung dagegen entstehen meistens die einzelnen Abschnitte (Epimeren) dieser Extremitäten, z. B. Oberschenkel, Unterschenkel und Fuss am Beine, die einzelnen Fiederpaare und die entsprechenden Blattstiel-Glieder an den gefiederten Blättern.

Die Theilung, und zwar bald die vollständige, bald die unvollständige Theilung ist im Ganzen bei der Organogenese seltener wirksam, als die Knospenbildung. Doch lassen sich als unvollständige Theilungsprocesse auch viele Zeugungsweisen von Organen auffassen, welche man gewöhnlich in der Entwickelungsgeschichte als Differenzirung der Organe zu betrachten pflegt. Die Theilung der Organe, durch welche neue Organe in Mehrzahl entstehen, ist entweder Zweitheilung oder Strahltheilung. Durch Zweitheilung oder Dimidiation eines Organs entstehen z. B. die meisten zweispaltigen oder zweitheiligen Extremitäten der Thiere und Blätter der Pflanzen. Ebenso entstehen durch Strahltheilung oder Diradiation die meisten dreispaltigen oder mehrspaltigen (handförmigen oder palmatifiden) Extremitäten der Thiere (z. B. die fünfzehigen Wirbelthierfüsse) und Blätter der Pflanzen (z. B. die dreizähligen Kleeblätter). Die Theilung ist im Ganzen der häufigere Entstehungsmodus bei denjenigen Organen, welche wir Parameren, die Knospenbildung dagegen bei denjenigen, welche wir Epimeren genannt haben (vergl. Bd. I, S. 311, 316).

Als einen besonderen, sehr eigenthümlichen und zunächst an die Copulation oder Conjugation der Plastiden sich anschliessenden, wenn auch nur entfernt analogen Process, welcher besonders bei der Entstehung von zusammengesetzten Organen und Organapparaten eine sehr bedeutende, bisher jedoch sehr wenig berücksichtigte Rolle spielt, haben wir endlich noch die Entstehung von Organen durch secundäre Vereinigung von primär getrennten Organen hervorzuheben. In der Ontogenie der Wirbelthiere ist dieser Process mehrfach und in sehr merkwürdiger Form wirksam, besonders bei mehreren sogenannten „Verwachsungen von Blättern".

Was die Entstehung der Organe verschiedener Ordnung betrifft, so gestalten sich auch bei diesen im Einzelnen die verschiedenen Zeugungsprocesse so äusserst mannichfaltig, dass sich kaum etwas weiteres Allgemeines darüber aussagen lässt. Die Zellfusionen (z. B. die quergestreiften Muskelfasern, die Nervenfasern der höheren Thiere, die Gefässe der höheren Pflanzen) entstehen theils durch einfache Spaltungsprocesse, theils durch einen der Copulation zuzurechnenden Verschmelzungsprocess von Plastiden. Unter den Spaltungsprocessen ist hier im Ganzen die unvollständige Theilung häufiger als die Knospenbildung, und zwar ist unter den verschiedenen Theilungsformen die Dimidiation allgemeiner, als die Diradiation, unter den Knospungsformen die terminale häufiger als die laterale Knospenbildung. Die Homoplasten oder die einfachen Organe, also Organe zweiter Ordnung, welche aus einer einzigen Gewebsform (Plastiden-Art) zusammengesetzt sind, können auf den verschiedensten Wegen der Spaltung entweder aus einer einzelnen Plastide oder aus einem bereits existirenden Homoplasten hervorgehen. Welche Formen der Theilung und Knospenbildung hier im Ganzen die vorherrschenden sind, lässt sich bei der ausserordentlichen Verschiedenheit derselben in den einzelnen Organismen-Arten nicht sagen. Im Allgemeinen scheint die Knospung häufiger als die Theilung zu sein, obwohl beide sehr oft vereinigt zusammenwirken. Dasselbe gilt ebenso auch von den Heteroplasten oder den zusammengesetzten Organen, welche sich als Organe dritter Ordnung von der vorigen durch die Zusammensetzung aus zwei oder mehreren verschiedenen Gewebsformen (Plastiden-Species) unterscheiden. Doch dürfte bei diesen im Allgemeinen die Knospung und besonders die laterale Knospung der bei weitem häufigste Zeugungsmodus sein. Selten ist hier die terminale Gemmation und die Theilung, und unter der letzteren wieder die Zweitheilung seltener als die Strahltheilung. Die Organe vierter Ordnung, die Organ-Systeme, entstehen vorzüglich durch Differenzirungsprocesse, welche sich, wenigstens in sehr vielen Fällen, als unvollständige Theilung von Organen erster bis dritter Ordnung nachweisen lassen. Viel seltener als die Theilung ist die Knospenbildung bei der Entstehung von Organ-Systemen wirksam. In dieser Beziehung ihnen ähnlich verhalten sich auch im Ganzen die Organe fünfter Ordnung, die Organ-Apparate. Doch ist bei deren verwickelter Entstehung die Knospenbildung von bereits existirenden Organen oft nicht minder wesentlich, als ihre Theilung. Ferner sind die Organ-Apparate in ontogenetischer Beziehung dadurch ausgezeichnet, dass häufig zu ihrer Bildung mehrere primär getrennte Organe secundär in Verbindung treten, durch einen mehr oder minder innigen Verschmelzungsprocess, welcher den Vorgängen der Conjugation und Copulation im weiteren Sinne zugerechnet werden kann. So z. B. treten bei der Entwickelung des Gesichts-Apparates der Wirbelthiere eine Anzahl von ganz verschiedenen und vorher völlig getrennten Organen secundär zur Augenbildung zusammen. Der nervöse Theil des optischen Apparates wächst aus der Gehirnblase nach aussen hervor, während der lichtbrechende Theil umgekehrt von der äusseren Haut aus nach innen hineinwächst und den ersteren in sich hineinstülpt. Die Verbindung beider, einem Conjugationsprocesse analog, ist nachher so innig, als ob eine Differenzirung eines einzigen, ursprünglich einheitlichen

Organes stattgefunden hätte. Derartige Entstehung von complicirt gebauten Organen durch secundäre, innige Verbindung mehrerer primär getrennter Organe kommt übrigens nicht allein bei den Organ-Apparaten, sondern auch, wie oben erwähnt, bei anderen Organen verschiedener Ordnung (besonders Organ-Systemen und Heteroplasten) nicht selten vor.

Das Wachsthum der Organe, welches in der Organogenie nach der Zeugung derselben zunächst in Betracht kömmt, ist, wie schon oben bemerkt wurde, wesentlich von dem Wachsthum der Plastiden verschieden. Die letzteren allein, als die Form-Individuen erster Ordnung, besitzen ein einfaches oder primäres, unmittelbares Wachsthum, indem das Volum jeder wachsenden Plastide durch Attraction und Assimilation neuer, von aussen aufgenommener Massen-Moleküle vergrössert wird. Bei den Organen dagegen, sowie bei allen anderen Form-Individuen höherer (dritter bis sechster) Ordnung ist das Wachsthum nur ein mittelbares oder secundäres, indem es lediglich das Resultat der Vermehrung und des Wachsthums der constituirenden Plastiden ist. Wir haben diesen mittelbaren Wachsthumsmodus ein für allemal als zusammengesetztes Wachsthum (Crescentia composita, secundaria) bezeichnet, weil sich derselbe aus zwei verschiedenen Processen zusammensetzt, nämlich aus dem einfachen Wachsthum der constituirenden Plastiden und aus der Vermehrung derselben durch fortgesetzte Zeugung. Das Wachsthum sämmtlicher Organe, und ebenso das Wachsthum sämmtlicher morphologischen Individuen höherer (dritter bis sechster) Ordnung ist also in der That weiter nichts, als die unmittelbare und nothwendige Folge der Vermehrung der constituirenden Plastiden am Volum (durch einfaches Wachsthum) und an Zahl (durch Zeugung).

Die Differenzirungs-Processe der Organe bilden das Object des bei weitem grössten Theiles der gegenwärtig existirenden Ontogenie. Sowohl in der Zoologie als in der Botanik mussten diese Entwickelungsvorgänge vor allen anderen die Aufmerksamkeit und das Interesse der Beobachter erregen, und daher kommt es, dass dieser kleine Zweig der Ontogenie vor allen anderen cultivirt und sogar häufig als Entwickelungsgeschichte κατ᾽ ἐξοχήν bezeichnet wurde. So ist z. B. die sogenannte „Metamorphose der Pflanze", welche den grössten Theil der Ontogenese bei den Phanerogamen bildet, nichts weiter, als die Differenzirung der Blatt-Organe. So ist der grösste Theil der menschlichen Embryologie im Wesentlichen die Lehre von den Differenzirungs-Processen der Organe, welche den Körper des menschlichen Embryo zusammensetzen. Ebenso war bei den meisten anderen individuellen Entwickelungsgeschichten von Thieren und Pflanzen das Augenmerk der Beobachter bisher ganz vorwiegend, und oft ausschliesslich, auf die „Entwickelung der ungleichartigen Körpertheile aus gleichartiger Grundlage“ gerichtet, d. h. mit anderen Worten, auf die Differenzirung oder Divergenz der Organe. Da fast jede individuelle Entwickelungsgeschichte die Richtigkeit dieser Behauptung bestätigt, so haben wir nicht nöthig, dieselbe hier durch Beispiele zu belegen. Ein näheres Eingehen auf die unendlich mannichfaltigen Differenzirungs-Processe der Organe im Einzelnen ist hier nicht am Orte. Eine umfassende und allgemeine Erörterung derselben, eine kurze Uebersicht ihrer wichtigsten Modificationen ist aber zur Zeit noch ganz unmöglich, da man bisher noch nicht versucht hat, die embryonalen Differenzirungs-Processe der Organe bei den verschiedenen Organismen-Gruppen vergleichend zusammenzustellen und nach allgemeinen Gesichtspunkten zu ordnen. Das Einzige, was wir demnach hier darüber zu bemerken haben, worauf wir aber besonders aufmerksam machen wollen, ist der allgemeine Causalnexus, welcher überall zwischen der ontogenetischen und der phylogenetischen Differenzirung der Organe besteht. Alle Differenzirungs-Vorgänge der Organe, welche während des raschen Laufes der individuellen Entwickelung auftreten, können nur dann richtig verstanden werden, wenn man sie als die kurzen Recapitulationen der Arbeitstheilungen betrachtet, welche langsam, im Verlauf langer Zeiträume, unter dem beständigen Einfluss der natürlichen Züchtung im Kampfe um das Dasein, sich bei den Vorfahren oder parentalen Generationen der gegenwärtig existirenden Organe allmählich herangebildet haben. Es gilt also von der Differenzirung oder dem Polymorphismus der Organe ganz dasselbe, wie von der Arbeitstheilung oder der Divergenz der Plastiden, auf welche letztere ohnehin die erstere immer unmittelbar zurückzuführen ist. Denn thatsächlich ist die Differenzirung der Organe lediglich das unmittelbare und nothwendige Resultat von der Differenzirung der constituirenden Plastiden, wie dieselbe andererseits auch allen Differenzirungs-Processen der Form-Individuen höherer Ordnung mittelbar zu Grunde liegt.

Die Degeneration der Organe hängt, wie diejenige der Plastiden, unmittelbar mit ihrer Differenzirung zusammen und ist oft gar nicht von letzterer zu trennen. Vielmehr greifen der regressive Entwickelungsprocess der ersteren und der progressive der letzteren oft so vielfältig in einander, dass sie gemeinsam die wichtigsten Veränderungen herbeiführen. Auch ist die Degeneration eines bestimmten Theiles eines Organes oft von entschiedenem und überwiegendem Vortheil für die progressive Entwickelung der übrigen Theile und dadurch des Ganzen, so dass durchaus nicht jede partielle Degeneration eines Organes zu einer Cataplase des Ganzen führt. Ebenso wie bei den Form-Individuen höherer Ordnung oft die Rückbildung einzelner Organe oder anderer subordinirter Form-Individuen einen Fortschritt in der Ausbildung des Ganzen bezeichnet, so sehen wir oft die Vervollkommnung eines zusammengesetzten Organes wesentlich an die Degeneration einzelner einfacher Organe und Plastiden, welche dasselbe constituiren, gebunden. Die natürliche Züchtung im Kampfe um das Dasein bewirkt nicht allein progressive, sondern auch regressive Veränderungen, wenn die letzteren dem ganzen Organismus nützlicher sind, als die ersteren, so namentlich bei der Anpassung an einfachere Existenzbedingungen, z. B. Parasitismus. So sind auch im Laufe der paläontologischen Organogenese die sogenannten „rudimentären Organe" entstanden, welche als die Fundamente der Dysteleologie von so hervorragender Bedeutung sind.

Alle Formveränderungen, welche wir bei der individuellen Entwickelung der Organe wahrnehmen, sowie alle Entwickelungsfunctionen, auf welchen dieselben beruhen, also alle Processe der Zeugung und des Wachsthums, der Differenzirung und Degeneration von den constituirenden Plastiden (und bei den zusammengesetzten Organen auch von den subordinirten Organen), welche bei der Organogenesis zusammenwirken, sind lediglich zusammengedrängte, schnelle, durch die Gesetze der Anpassung und Vererbung bedingte Wiederholungen der ursprünglichen paläontologischen Erscheinungen, welche in langen Zeiträumen durch viele Generationen hindurch langsam zur Entstehung der gegenwärtig existirenden specifischen Organ-Formen geführt haben. Alle Erscheinungen, welche die individuelle Entwickelung der Organe begleiten, erklären sich lediglich aus der paläontologischen Entwickelung ihrer Vorfahren. Die gesammte Ontogenie der Organe ist eine kurze Recapitulation ihrer Phylogenie.

III. Ontogenie der Antimeren.

Individuelle Entwickelungsgeschichte der Gegenstücke.

Die Ontogenie der Antimeren oder Gegenstücke (homotypen Theile), der morphologischen Individuen dritter Ordnung, ist bisher noch äusserst wenig berücksichtigt worden; ja man hat selbst bei vielen Organismen, besonders Thieren, deren Organogenese und Histogenese sehr genau untersucht worden ist, auf die Antimerogenese gar keine Rücksicht genommen. Diese einseitige Vernachlässigung der morphologisch so wichtigen Antimeren erscheint nicht mehr auffallend, sobald man bedenkt, wie die gesammte Morphologie der Antimeren in Folge ihrer geringen oder uns doch unbekannten physiologischen Bedeutung bisher entweder gar keine oder nur beiläufige und oberflächliche Berücksichtigung gefunden hat. Da nicht einmal die vollendete Form der Antimeren, welche für die typische Gesammtform der Metameren und Personen so grosse Bedeutung besitzt, von der Anatomie untersucht worden ist, so dürfen wir noch weniger erwarten, dass die werdende Form der Antimeren in der Morphogenie Berücksichtigung gefunden hat. Sowohl letztere als erstere erwarten ihre volle und gerechte Würdigung erst von der Morphologie der Zukunft.

Soweit wir aus unseren eigenen Untersuchungen über die homotypischen Theile und aus dem Wenigen, was die embryologische Literatur beiläufig darüber liefert, die Ontogenie der Antimeren beurtheilen können, so scheint dieselbe im Ganzen nach sehr einfachen und bei den verschiedenen Organismen sehr gleichförmigen Gesetzen zu verlaufen. Die Entstehung der Antimeren beruht fast immer auf einfachen Spaltungsprocessen von Organen, und zwar besonders auf unvollständiger Längstheilung und Strahltheilung; vielfach kann aber auch die Entstehung der Antimeren als einfache Differenzirung eines Organes aufgefasst werden.

Bei den zahlreichen Organismen, deren Grundform die reguläre oder die amphithecte Pyramide, oder überhaupt eine Strahlform ist, und bei denen die Antimerenzahl drei oder mehr ist, entwickeln sich die Antimeren durch den Spaltungsprocess, den wir oben allgemein als Diradiation bezeichnet haben und welcher für die ursprüngliche Entstehung der sogenannten strahligen oder regulären Formen (mit mehr als zwei Antimeren) von der grössten Bedeutung ist (S. 42). Die Diradiation oder Strahltheilung besteht, wie wir sahen, allgemein darin, dass drei oder mehr gleichartige Theile oder Organe aus einer gemeinsamen einfachen Grundlage heraus in der Weise hervorwachsen, dass sie von einander und von einer gemeinsamen Axe oder einem gemeinsamen Mittelpunkte gleichen Abstand haben, wenn auch bei weiterer Entwickelung dieser Abstand und die ursprünglich gleiche Beschaffenheit der Theile oder Organe selbst ungleich wird. Solche nach verschiedenen Richtungen von einem gemeinsamen Centrum aus divergirende gleichartige Theile sind unsere Gegenstücke oder Antimeren. (In gleicher Weise entwickeln sich auch meistens diejenigen untergeordneten Theile von Plastiden und Organen, welche wir wegen ihrer (den Antimeren ähnlichen) Strahlform Parameren genannt haben.)

Die Entwickelung der Antimeren durch Diradiation ist an vielen Geschlechtspersonen der Phanerogamen (Blüthensprossen) und an einzelnen Metameren und Personen der Hydromedusen, und der Coelenteraten überhaupt, leicht wahrzunehmen. Aus der einfachen kegelförmigen oder cylindrischen Monaxon-Form des unentwickelten Bion, welches noch den Formwerth eines Organs besitzt, wachsen rings um den Oralpol der Hauptaxe, in gleichem Abstand von demselben, und in gleichem Abstand von einander, die peripherischen Organe hervor (Blüthenblätter der Phanerogamen, Tentakeln der Coelenteraten), welche durch ihre Zahl und Stellung die homotypische Grundzahl und die stereometrische Grundform der Person bestimmen. Es lässt sich dieses

Hervorwachsen der peripherischen Theile der radialen Antimeren aus der Peripherie einer monaxonen Form weder als einfache Differenzirung ihrer Peripherie, noch als einfaches Hervorknospen der Organe auffassen, sondern als eine Verbindung beider Processe, welche eine unvollständige radiale Theilung des ganzen Körpers bewirkt, und welche wir passend mit dem Ausdrucke der Diradiation oder Strahltheilung zu bezeichnen glauben. Die näheren Verhältnisse dieses wichtigen Vorganges sind für die Entwickelung der Gesammtform sowohl bei den Metameren, als bei den Personen äusserst wichtig, aber bisher noch sehr wenig untersucht. Eines der wichtigsten hierauf bezüglichen Gesetze ist, dass alle Antimeren eines Kreises ursprünglich gleich sind, in gleicher Beschaffenheit aus der Peripherie der Person hervorsprossen. Die Verschiedenheiten, welche sich bei den Antimeren eines und desselben Kreises später finden, und bei den Amphipleuren-Formen später so auffallend hervortreten (z. B. in den Pentamphipleuren-Formen der „bilateralen" Spatangiden und Clypeastriden, der Leguminosen und Violaceen etc., in den Triamphipleuren-Formen der Orchideenblüthen, vieler Radiolarien etc.), entstehen erst nachträglich durch Differenzirung der ursprünglich gleichartigen Antimeren.

Der Gruppe der „strahligen" Organismen, mit drei oder mehreren Antimeren, steht gegenüber als eine andere Hauptgruppe diejenige der zweiseitigen oder dipleuren Organismen, deren Körper nur aus zwei symmetrisch gleichen Antimeren zusammengesetzt ist. Wie bei jenen ersteren die Antimeren durch unvollständige Strahltheilung, so entstehen dieselben bei diesen letzteren durch unvollständige Längstheilung. Wir haben diesen Spaltungsprocess oben gewissermaassen als den einfachsten Fall der Strahltheilung hingestellt (S. 42); beide Spaltungsformen haben das mit einander gemein, dass die Theilungsebenen mit der Längsaxe oder Hauptaxe des Körpers zusammenfallen. Diese Auffassung wird durch die Entwickelungsgeschichte gerechtfertigt, da in der That die Entstehung der beiden Antimeren bei den dipleuren Formen, welche durch Längstheilung erfolgt, sich unmittelbar an die Entstehung der drei oder mehr Antimeren bei den strahligen Formen anschliesst, welche durch Diradiation erfolgt. Der einzige Unterschied ist, dass im ersteren Falle eine einzige, im letzteren zwei oder mehrere Theilungsebenen entstehen, welche mit der Hauptaxe des Körpers zusammenfallen. Man könnte vielleicht zunächst mehr geneigt sein, die Entstehung der zwei symmetrisch-gleichen Antimeren bei den dipleuren Formen allgemein als einen zweiseitigen Differenzirungsprocess aufzufassen, gleichwie die Entstehung der drei oder mehr Antimeren bei den strahligen Formen zunächst oft mehr ein Knospungsprocess zu sein scheint. Indessen glauben wir, dass diese Betrachtungsweise mehr der äusserlichen Erscheinungsweise als dem inneren Wesen der Antimerogenese entspricht, da doch in der That durch dieselbe das vorher einfache Form-Individuum zweiter Ordnung vollständig in zwei oder mehrere Form-Individuen dritter Ordnung zerfällt. Mögen diese Spaltungsproducte auch noch so innig vereinigt bleiben, so sind doch stets die Grenzebenen, welche dieselben trennen, und welche sich als interradiale Kreuzebenen in der Längsaxe schneiden, so haarscharf ausgesprochen, dass über die Zugehörigkeit sämmtlicher Körpertheile zu den einzelnen Antimeren gar kein Zweifel stattfinden kann. Allerdings wird bei den höheren Thieren, deren Grundform die dipleure ist, die Entstehung der beiden Antimeren in der Regel als eine bilaterale oder zweiseitige Differenzirung der einfachen Körperanlage aufgefasst. Gewöhnlich tritt dieselbe schon in sehr früher Zeit des embryonalen Lebens als Gegensatz von rechter und linker Körperhälfte hervor. Bei den Wirbelthieren z. B. wird sie schon durch das erste Auftreten des Primitivstreifes (Bär) oder der Axenplatte (Remak) gegeben, welche die kreisförmige und bereits in drei Blätter gesonderte Embryonalanlage in die beiden correspondirenden Hälften oder Antimeren (rechte und linke Körperhälfte) spaltet. Sobald hier durch das erste Erscheinen des Primitivstreifes in der Medianlinie der Embryonalanlage die Längsaxe oder Hauptaxe derselben ausgesprochen ist, so entwickeln sich fortan die beiden dadurch geschiedenen Körperhälften, rechte und linke, in entgegengesetzter Richtung. Gewiss lässt sich diese absolut entgegengesetzte, aber relativ gleiche Entwickelung der beiden symmetrisch-gleichen Körperhälften von einem gewissen Gesichtspunkte aus als eine „bilaterale" oder richtiger dipleure Differenzirung auffassen, insofern bereits vorhandene und gleichartig angelegte Theile eine verschiedene, und zwar eine diametral entgegengesetzte Richtung der Entwickelungs-Bewegung einschlagen. Andererseits aber glauben wir dieselbe doch mit noch grösserem Rechte, und mit mehr Vortheil für das tectologische und promorphologische Verständniss, als unvollständige Längstheilung auffassen zu können, weil in der That das vorher einfache Individuum zweiter Ordnung oder das „Organ" dadurch in zwei Individuen dritter Ordnung oder Antimeren zerfällt. Allerdings ist die dichotome Spaltung meistens nicht äusserlich durch eine mehr oder minder tiefgehende Furche ausgesprochen. Allein die longitudinale Halbirungsebene geht als eine ideale, interradiale Grenzebene der beiden entgegengesetzten Körperhälften so vollständig durch den ganzen Körper hindurch, wie es nur bei der realen Scheidewand zwischen zwei durch Längstheilung entstehenden Zellhälften der Fall sein kann. Wir glauben daher, dass sich in den allermeisten Fällen die Entstehung der Antimeren als unvollständige Theilung auffassen lässt, entweder als Längstheilung (bei Organismen mit zwei Antimeren) oder als Strahltheilung (bei Organismen mit drei und mehr Antimeren).

Während in allen diesen Fällen die Antimeren durch innere Trennung von zwei oder mehreren vorher vereinigten Theilen entstehen, so giebt es nun auch andererseits einige merkwürdige Fälle, in denen umgekehrt die Antimeren durch äussere Vereinigung von zwei oder mehreren vorher getrennten Theilen entstehen. Wir meinen die Formen, welche durch den eigenthümlichen Verwachsungsprocess der Conjugation entstehen, z. B. bei der Algengruppe der Conjugaten (Desmidiaceen und Zygnemaceen). Indem hier zwei gleiche Individuen, welche den Formwerth eines Organes hatten, mit einer entsprechenden Körperstelle verwachsen, erhalten dieselben offenbar an dem so entstehenden Doppelkörper durch ihre Verbindung den Formwerth von zwei Antimeren und der Doppelkörper selbst erscheint nunmehr als ein Form-Individuum vierter Ordnung, als ein Metamer.

Durch einen Vorgang, welcher dieser Conjugation sehr nahe steht, wenn er nicht ursprünglich damit identisch ist, entstehen die Antimeren auch bei einigen Echinodermen. Wir meinen nämlich jene Fälle von Asteriden-Entwickelung, bei denen die fünf Antimeren des Seestern-Körpers als fünf getrennte Anlagen um den Darmcanal der Amme herum isolirt durch innere Keimbildung entstehen und erst nachträglich mit ihren centralen Enden in Verbindung treten, um die Mittelscheibe des Seestern-Körpers herzustellen. Wir erblicken in diesem Umstande ein sehr wichtiges Argument für unsere, im sechsten Buche näher begründete Vermuthung, dass der pentactinote Echinodermen-Körper ursprünglich durch secundäre Verbindung oder Conjugation von fünf einzelnen zygopleuren Wurmkörpern entstanden ist, welche im Inneren des elterlichen Wurms (dessen Reste noch in der Amme persistiren) getrennt von einander hervorkeimten und erst nachträglich mit ihrem einen Ende sich verbanden. Dann wären die fünf Strahlstücke, welche wir gegenwärtig als Antimeren betrachten, ursprünglich Personen und das ganze Echinoderm eigentlich ein Stock gewesen.

Das Wachsthum der Antimeren, welches ihre gesammte weitere Entwickelung bedingt, beruht wesentlich auf der Entwickelung der nächst untergeordneten Individualitäten, der Organe und der diese constituirenden Plastiden. In letzter Linie sind es fortgesetzte Zeugungsakte von Plastiden, verbunden mit Volumvermehrung derselben, welche das Wachsthum der Organe und dadurch dasjenige der Antimeren bedingen.

Die Differenzirungs-Processe, welche während der weiteren Ontogenie der Antimeren eintreten, sind ausserordentlich mannichfaltige und von der hervorragendsten Bedeutung für die Entwickelung der Grundform. Wie wir im vierten Buche gezeigt haben, ist es in den meisten Fällen lediglich die Differenzirung der Antimeren, welche die niedere Grundform des jüngeren Organismus in die höhere Promorphe des ausgebildeten hinüberführt. So entsteht namentlich durch Differenzirung der einfacheren Homostauren-Form die vollkommnere Grundform der Heterostauren. Die Autopolen-Form entwickelt sich durch Differenzirung der Antimeren aus der Isopolen-Form, z. B. die Octophragmen-Form der Ctenophoren aus der octactinoten Grundlage, die Hexaphragmen-Form der Madreporen aus der hexactinoten Grundlage. In gleicher Weise geht aus der triactinoten Anlage der Gramineen-Blüthe die triamphipleure Form der ausgebildeten Blüthe hervor, aus der pentactinoten Anlage des jugendlichen Spatangus, der Compositen- und Leguminosen-Blüthe die pentamphipleure Form der Erwachsenen. Ebenso entwickelt sich unter den Zygopleuren durch Differenzirung der Antimeren die dystetrapleure Schwimmglocken-Form der Abyla aus ihrer eutetrapleuren und zuerst sogar tetractinoten Grundlage, und ebenso die dysdipleure Form der Pleuronectiden aus der eudipleuren allgemeinen Wirbelthier-Form. Diese wenigen Beispiele mögen genügen, um zu zeigen, welche ausserordentlich hohe Bedeutung die Differenzirung der Antimeren für die Promorphologie besitzt, und wie dieser bisher gänzlich vernachlässigte Theil der Entwickelungsgeschichte lediglich schon wegen seiner promorphologischen Bedeutung einer der interessantesten werden wird.

Die Degeneration der Antimeren, bisher ebenfalls gänzlich ausser Acht gelassen, ist oft von nicht geringerem promorphologischen Interesse als ihre Differenzirung, und wirkt oft, mit letzterer unmittelbar verbunden, mächtig bestimmend auf die Grundform ein. Am klarsten und leichtesten nachzuweisen ist dies bei der Phanerogamen-Blüthe, wo sehr allgemein in einzelnen Metameren (Blattkreisen) der Blüthe das eine oder andere Antimer durch Degenerations-Processe rückgebildet wird, und dann, obwohl ursprünglich angelegt, dennoch späterhin völlig verschwindet. Die Botaniker pflegen diese Entbildung der Antimeren, welche wesentlich modificirend auf die Grundform der Blüthe, und insbesondere auf die homotypische Grundzahl des betreffenden Metameres einwirkt, als Abortus oder Fehlschlagen zu bezeichnen. So schlägt z. B. in dem männlichen Metamere (Staubfadenkreise) der Labiaten-Blüthe, welches pentactinot angelegt und eutetrapleurisch ausgeführt ist, fast immer ein Antimer fehl, bisweilen aber (*Salvia, Lycopus*) sogar drei. So schlagen auch bei den pentactinot angelegten, später aber pentamphipleurisch ausgeführten Holothurien nicht selten zwei Antimeren fehl und bloss drei werden ausgebildet.

Alle Formveränderungen, welche wir bei der individuellen Entwickelung der Antimeren wahrnehmen, sowie alle Entwickelungsfunctionen, auf welchen dieselben beruhen, also alle Processe der Zeugung und des Wachsthums, der Differenzirung und Degeneration von Plastiden und Organen, welche bei der Antimerogenesis zusammenwirken, sind lediglich zusammengedrängte, schnelle, durch die Gesetze der Anpassung und Vererbung bedingte Wiederholungen der ursprünglichen paläontologischen Erscheinungen, welche in langen Zeiträumen durch viele Generationen hindurch langsam zur Entstehung der gegenwärtig existirenden, specifischen Antimeren-Formen geführt haben. Alle Erscheinungen, welche die individuelle Entwickelung der Antimeren begleiten, erklären sich lediglich aus der paläontologischen Entwickelung ihrer Vorfahren. Die gesammte Ontogenie der Antimeren ist eine kurze Recapitulation ihrer Phylogenie.

IV. Ontogenie der Metameren.

Individuelle Entwickelungsgeschichte der Folgestücke.

Die Ontogenie der Metameren oder Folgestücke, der morphologischen Individuen vierter Ordnung, hat sowohl die Entwickelung der Gesammtform bei denjenigen Organismen zu untersuchen, welche als actuelle Bionten durch ein einzelnes Metamer repräsentirt werden (z. B. die meisten Mollusken), als auch die Entwickelung derjenigen homodynamen Körperabschnitte, welche als subordinirte Metameren, zu einer Colonie verbunden, die Individuen fünfter Ordnung, die Personen oder Sprosse zusammensetzen. Diese Fälle sind bisher nicht gleichmässig in der Entwickelungsgeschichte berücksichtigt worden. Der erstere hat eine sehr eingehende, der letztere dagegen nur eine sehr oberflächliche Berücksichtigung gefunden; und doch ist dieser von keiner geringeren Bedeutung als jener. Da, wo die Metameren als actuelle Bionten, als die concreten Repräsentanten der Species auftreten, ist die Ontogenie der Metameren zugleich im weiteren Sinne die Entwickelungsgeschichte der gesammten Körperform der reifen Species-Repräsentanten; dies ist der Fall bei den meisten Mollusken, vielen niederen Würmern (Trematoden etc.) und Coelenteraten. Hier ist daher die Metamerogenie zugleich derjenige Theil der individuellen Entwickelungsgeschichte, welchen man als „die Lehre von der Entwickelung der äusseren Körperform oder der Gesammtform" zu bezeichnen pflegt. Wo dagegen die Metameren nur als subordinirte „Glieder" eines Form-Individuums fünfter Ordnung, einer Person auftreten, und wo man sie deshalb gewöhnlich nicht in ihrem individuellen Formwerthe anerkannt hat, da hat auch gewöhnlich ihre Entwickelung nur sehr wenig selbstständige Berücksichtigung gefunden. Dies gilt insbesondere von denjenigen Personen, bei denen die homodyname Zusammensetzung aus einer Metamerenkette nur innerlich deutlich ausgesprochen ist, wie bei den Vertebraten und meisten Echinodermen, weniger von denjenigen, bei welchen dieselbe äusserlich scharf hervortritt, wie bei den Gliederfüssern, Gliederwürmern, Phanerogamen und den Cryptogamen mit gegliedertem

Stengel. Gewöhnlich ist die Metamerogenese hier einestheils mit der Organogenese, anderntheils mit der Prosopogenese vereinigt abgehandelt worden. Ihre besondere selbstständige Behandlung erscheint uns aber auch hier von grosser Wichtigkeit, namentlich für das Verständniss der paläontologischen Prosopogenese.

Die Entstehung der Metameren beruht zunächst und unmittelbar immer auf Spaltungs-Processen, und zwar entweder von schon bestehenden Metameren, oder von untergeordneten Individualitäten erster bis dritter Ordnung. Wenn die Zeugung des entstehenden Metameres von einem schon existirenden, elterlichen Metamer ausgeht, so ist der gewöhnliche Spaltungsmodus derjenige der Knospenbildung, seltener der Theilung. Der bei weitem häufigste Zeugungsmodus, durch welchen Metameren aus bestehenden Metameren entstehen, ist die terminale Knospung. Auf diese Weise bilden sich in den allermeisten Fällen die Metameren, welche den Rumpf der Wirbelthiere, Gliederthiere und Echinodermen, sowie den gegliederten Stengel der Phanerogamen und höheren Cryptogamen zusammensetzen. Die Endknospenbildung ist hier meistens omniparental, seltener uniparental. Bei der gewöhnlichen, omniparentalen Knospung entsteht jedes neue Metamer aus dem nächstvorhergehenden. Bei der selteneren uniparentalen Knospung dagegen entstehen alle Metameren aus einem einzigen (so z. B. bei der Strobila der Acraspeden und Cestoden). Im letzteren Falle ist das letzte Glied der Kette das zweitälteste, im ersteren dagegen das jüngste. Viel seltener entstehen bei den Thieren Metameren durch laterale Knospung, so z. B. bei den Tunicaten und Bryozoen, und bei vielen Coelenteraten; sehr häufig dagegen bei den Pflanzen.

Die Entstehung der Metameren durch Theilung ist im Ganzen viel seltener als diejenige durch Knospung, vorzüglich bei den subordinirten Metameren, welche Ketten-Personen bilden. Am häufigsten ist sie noch bei denjenigen Metameren, welche selbstständig als actuelle Bionten auftreten, wie z. B. bei den Infusorien, einigen Coelenteraten und Cryptogamen. Gewöhnlich ist die Theilung hier Längstheilung oder Quertheilung. Die letztere schliesst sich unmittelbar an die Endknospenbildung an, und in manchen Fällen ist es schwer zu entscheiden, ob die Gliederung oder Articulation, durch welche neue Metameren entstehen, Quertheilung (Articulatio divisiva) oder Endknospenbildung (Articulatio gemmascens) ist.

Wenn die Entstehung der Metameren nicht unmittelbar von bestehenden Metameren ausgeht, sondern von subordinirten Individuen nächst niederer Form-Ordnungen, so ist dieser Akt gewöhnlich als Differenzirung oder als unvollständige Theilung eines Organs aufzufassen, und fällt dann zusammen mit demjenigen Processe, den wir im vorhergehenden Abschnitte als den gewöhnlichen Entstehungsmodus der Antimeren hingestellt haben. Wie wir dort sahen, können wir ganz wohl den radialen oder bilateralen Differenzirungs-Process, durch welchen ein Form-Individuum zweiter Ordnung, ein Organ, in zwei oder mehrere Antimeren zerfällt, als unvollständige Theilung des Organs auffassen, und zwar als Längstheilung, wenn dadurch bloss zwei, als Strahltheilung, wenn dadurch drei oder mehrere Metameren entstehen. Dieser wichtige, aber bisher wenig beachtete Process ist nun stets zugleich mit der Entstehung eines Metameres verbunden. Denn indem das Form-Individuum zweiter Ordnung (Organ) in zwei oder mehrere, vereinigt bleibende Form-Individuen dritter Ordnung (Antimeren) zerfällt, wird aus dem ersteren eo ipso zugleich ein Form-Individuum vierter Ordnung oder ein Metamer. So wird also z. B. die Embryonal-Anlage des Wirbelthieres, welche den Form-Werth eines Organs besitzt, durch das Auftreten des Primitivstreifes nicht bloss in zwei Antimeren getheilt, sondern zugleich selbst in ein Metamer verwandelt.

Das Wachsthum der Metameren, welches ihre gesammte weitere Entwickelung bis zur erreichten vollen Grösse bedingt, beruht wesentlich auf der Entwickelung der nächst untergeordneten Individualitäten, der Antimeren. In letzterer Linie sind es fortgesetzte Zeugungsakte der Plastiden, verbunden mit Volumvermehrung derselben, welche das Wachsthum der Organe und Antimeren und dadurch zugleich dasjenige der Metameren bedingen.

Die Differenzirungs-Processe der Metameren, welche ihr Wachsthum und ihre weitere Entwickelung begleiten, sind ausserordentlich mannichfaltige. Bei denjenigen Organismen, welche als actuelle Bionten durch Metameren repräsentirt werden, wie z. B. bei den Infusorien, Trematoden, allen höheren und den meisten niederen Mollusken, entstehen dadurch die verschiedenen „Species"-Formen. Bei denjenigen Organismen, bei welchen die Metameren als subordinirte Glieder zur höheren Einheit der Person verbunden sind, wird ebenfalls die Formen-Mannichfaltigkeit der Species durch die Vielseitigkeit in der Differenzirung der Metameren, ausserdem aber auch der Vollkommenheitsgrad der Personen durch den Differenzirungsgrad der constituirenden Metameren bedingt. Hierauf beruht also z. B. wesentlich die höhere Vollkommenheitsstufe, welche die „heteronom gegliederten" Arthropoden gegenüber den „homonom gegliederten" Anneliden, und ebenso die heteronom gegliederten „Blüthensprosse" der Phanerogamen gegenüber den homonom gegliederten „Blattsprossen" einnehmen. Weiterhin ist es dann vorzugsweise die polymorphe Differenzirung der Metameren, welche überhaupt eine höhere organische Vervollkommnung des Organismus ermöglicht. Dies zeigen sehr deutlich die „gegliederten" Wirbelthiere, Gliederthiere und Echinodermen gegenüber den „ungegliederten" Mollusken etc. Aber auch innerhalb jeder kleineren Abtheilung ist der Vollkommenheitsgrad der Personen wesentlich durch den Differenzirungsgrad der Metameren bedingt, wie es insbesondere bei den verschiedenen Wirbelthier-Abtheilungen durch die maassgebende Differenzirung der Wirbelabschnitte, bei den verschiedenen Dicotyledonen-Gruppen (Monochlamydeen, Dichlamydeen) durch den bestimmenden Differenzirungsgrad der Blattkreise der Blüthe sehr deutlich dargethan wird.

Die Degeneration der Metameren, gleich derjenigen der Antimeren bisher meist gar nicht berücksichtigt, ist ebenfalls von sehr bedeutendem morphologischen Interesse. Wir erinnern bloss daran, dass dieser Process allein schon in vielen Fällen höchst eigenthümliche Bildungen hervorzubringen vermag, und zwar sowohl regressive als progressive Formen. Lediglich cataplastisch wirkt natürlich die Degeneration immer auf die einzelnen Metameren, welche dadurch auf eine niedere Bildungsstufe zurücksinken. So ist es namentlich sehr deutlich bei parasitischen Species, welche als actuelle Bionten durch einzelne Metameren repräsentirt werden, z. B. bei der in *Synapta* schmarotzenden *Entoconcha mirabilis,* bei vielen parasitischen ungegliederten Würmern etc. In solchen Organismen dagegen, bei denen die Metameren bloss als subordinirte Glieder einer Person erscheinen, kann die Degeneration einzelner Metameren nicht bloss cataplastisch wirken (wie z. B. bei den parasitischen Crustaceen), sondern auch umgekehrt anaplastisch. Ja es kann sogar der höhere Vollkommenheitsgrad einer Form gegenüber niederen verwandten Formen wesentlich durch die Entbildung eines oder mehrerer Metameren bedingt sein. Es scheint dies damit zusammenzuhängen, dass die regressive Entwickelung, die Cataplase einzelner Metameren in einer langen Metamerenkette, unmittelbar (durch Wechselbeziehung der Entwickelung) die progressive Entwickelung, die Anaplase anderer Metameren in derselben Kette begünstigt. Dies sehen wir z. B. sehr ausgezeichnet bei vielen geschwänzten Thieren. Die Reduction des Schwanzes gilt in vielen Fällen (aus verschiedenen Gründen) für eine Vervollkommnung; daher werden allgemein die brachyuren Deacopoden als vollkommener angesehen gegenüber den unvollkommneren Macruren, ebenso der Mensch und die anderen ungeschwänzten Affen gegenüber den geschwänzten Affen. Die Rückbildung des Schwanzes, welche hier offenbar wesentlich zur Vervollkommnung führte, ist nichts Anderes, als die Degeneration einer Anzahl von Metameren.

Alle Formveränderungen, welche wir bei der individuellen Entwickelung der Metameren wahrnehmen, sowie alle Entwickelungs-Functionen, auf welchen dieselben beruhen, also alle Processe der Zeugung und des Wachsthums, der Differenzirung und der Degeneration von

Plastiden, Organen und Antimeren, welche bei der Metamerogenesis zusammenwirken, sind lediglich zusammengedrängte, schnelle, durch die Gesetze der Anpassung und Vererbung bedingte Wiederholungen der ursprünglichen paläontologischen Erscheinungen, welche in langen Zeiträumen durch viele Generationen hindurch langsam zur Entstehung der gegenwärtig existirenden specifischen Metameren-Formen geführt haben. Alle Erscheinungen, welche die individuelle Entwickelung der Metameren begleiten, erklären sich lediglich aus der paläontologischen Entwickelung ihrer Vorfahren. Die gesammte Ontogenie der Metameren ist eine kurze Recapitulation ihrer Phylogenie.

V. Ontogenie der Personen.

Individuelle Entwickelungsgeschichte der Prosopen.

Die Ontogenie der Personen oder Prosopen, der morphologischen Individuen fünfter Ordnung, hat bei den höheren Thieren sowohl, wo die physiologische Individualität allgemein in der Ausbildung der Person ihr Ziel erreicht, als bei den Coelenteraten und den höheren Pflanzen, wo dieselbe als Spross oder Gemma gewöhnlich mit anderen Personen oder Sprossen zu Stöcken verbunden ist, eine ausgedehntere Bearbeitung und eine gerechtere Würdigung gefunden, als die Ontogenie der Metameren und Antimeren. In der Botanik spielt die „Entwickelungsgeschichte der Knospen", d. h. der Sprosse, schon längst eine hervorragende Rolle, und ebenso in der Zoologie die entsprechende „Entwickelungsgeschichte der Gesammtform oder der äusseren Körperform", besonders bei den am meisten in dieser Beziehung untersuchten und am längsten bekannten Wirbelthieren und Gliederthieren. Da bei allen Wirbelthieren und Echinodermen, den meisten Articulaten und vielen anderen Thieren das actuelle Bion durch die Person oder das morphologische Individuum fünfter Ordnung repräsentirt wird, so schliesst hier die Ontogenie der Species mit der Prosopogenie ab, während bei den meisten Pflanzen und bei den Coelenteraten, wo sich die morphologische Individualität des Bion bis zur sechsten und letzten Ordnung, dem Stock, erhebt, die Prosopogenie der Cormogenie sich unterordnet. Bei den letzteren kann daher dieselbe nicht als der Schlussstein und das letzte Ziel der gesammten Embryologie und Metamorphologie betrachtet werden, wie bei den ersteren.

Die Entstehung der Personen beruht zunächst und unmittelbar immer auf Spaltungs-Processen und zwar geht diese Spaltung entweder von bereits existirenden Personen, oder von der nächst untergeordneten Individualität des Metameres aus. Alle Personen müssen entweder durch Spaltung von Personen oder von Metameren entstehen. Die Form-Individuen vierter und fünfter Ordnung verhalten sich in dieser Beziehung ganz gleich. Der gewöhnliche Spaltungsmodus ist bei beiden die Knospung, seltener die Theilung.

Wenn neue Personen von bereits bestehenden Personen unmittelbar erzeugt werden, so ist der gewöhnliche Zeugungsmodus die Knospenbildung, und zwar meistens die laterale, seltener die terminale Knospung. Durch Lateralknospenbildung entstehen namentlich die allermeisten pflanzlichen Personen, welche bei den Phanerogamen und höheren Cryptogamen (mit wenigen Ausnahmen) zu Colonieen vereinigt die Stöcke oder Cormen zusammensetzen. Ebenso ist es laterale Knospung, durch welche die Personen entstehen, die die meisten Coelenteratenstöcke zusammensetzen. Personen, welche aus vorhandenen Personen unmittelbar durch Terminalknospung entstehen, sind viel seltener, so z. B. manche Anneliden. Es entstehen dadurch, so lange die in einer gemeinsamen Längsaxe hinter einander liegenden Personen vereinigt bleiben, die seltsamen, aber meist rasch sich auflösenden Kettenstöcke, z. B. von *Autolytus, Syllis, Nais* etc., welche sich ebenso zu den Personen verhalten, wie die Ketten-Personen zu den Metameren.

Viel seltener, als durch Knospung, gehen Personen aus existirenden Personen durch Theilung hervor, und zwar meistens durch Längstheilung, seltener durch einen anderen Modus der Division. Am weitesten verbreitet finden wir diesen Modus der Propagation bei den Anthozoen, und insbesondere bei den Turbinoliden und Astraeiden. Durch fortgesetzte unvollständige Längstheilung entstehen hier die seltsamen Corallenstöcke der Maeandrinen, Manicinen, Coelorien, Stellorien etc., bei denen die Grenzen der einzelnen Personen so verwischt sind, dass ihre Trennung, und selbst die Erkenntniss der Centra der Einzelthiere ganz unmöglich wird.

Wenn die Entstehung der Personen nicht unmittelbar von bestehenden Personen ausgeht, sondern von subordinirten Individuen der nächst niederen Ordnung, von Metameren, so ist dieser Zeugungsakt stets eine unvollständige Knospenbildung von Metameren. Denn da der morphologische Charakter der Person oder des Prosopon in der bleibenden Vereinigung von zwei oder mehreren Metameren liegt, so muss jede unvollständige Knospenbildung eines Metameres, d. h. jede bleibende Vereinigung (Synusie) von zwei oder mehreren, durch Knospung aus einem einzigen entstandenen Metameren, eo ipso bereits als eine Person betrachtet werden. Ist die unvollständige Knospenbildung der Metameren lateral, so entstehen dadurch Buschpersonen (Prosopa fruticosa), wie bei den meisten sogenannten Stöcken der Tunicaten und Bryozoen. Ist dagegen die unvollständige Knospenbildung der Metameren terminal, so entstehen dadurch Ketten-Personen (Prosopa catenata). Dieser letztere Zeugungsmodus ist äusserst verbreitet; denn es entstehen durch denselben die Personen der Wirbelthiere, Gliederthiere, Echinodermen etc., und alle Pflanzensprosse, welche nicht unmittelbar durch Lateralknospung aus bereits existirenden Pflanzensprossen hervorgehen. Der Wirbelthier-Embryo ist ein einfaches Metamer, so lange noch keine Urwirbel an ihm differenzirt sind. Sobald durch den Differenzirungs-Process der Urwirbel, welcher ursprünglich offenbar eine Form der unvollständigen Terminalknospung ist, die Urwirbelsäule, eine Metameren-Kette entstanden ist, ist das einfache Metamer dadurch bereits zur Person geworden. Ebenso wird die einfache ungegliederte Keimpflanze der Phanerogamen, welche gleichfalls Metameren-Rang besitzt, zur Person, sobald das zweite Stengelglied durch Terminalknospung aus dem ersten hervorgegangen ist.

Das Wachsthum der Personen, welches ihre gesammte weitere Entwickelung bis zur erreichten vollen Grösse bedingt, beruht wesentlich auf der Entwickelung der nächstuntergeordneten Individualität, der constituirenden Metameren, und zwar auf einer Zunahme derselben sowohl an Grösse und Vollkommenheit, als an Zahl. Die Grössenzunahme und Differenzirung der Metameren dauert meistens noch lange fort, nachdem die volle Zahl derselben bereits erreicht ist, insbesondere bei den Thieren, weniger bei den Pflanzen. In letzter Linie sind es fortgesetzte Zeugungsakte der Plastiden, verbunden mit Volumvermehrung derselben, welche das Wachsthum der Organe, Antimeren und Metameren, und dadurch zugleich dasjenige der Personen bedingen.

Die Differenzirungs-Processe der Personen, welche das Wachsthum und die weitere Entwickelung derselben begleiten, sind ausserordentlich mannichfaltige. Bei denjenigen Organismen, welche als actuelle Bionten durch Personen repräsentirt werden, also bei allen Wirbelthieren, Gliederfüssern und Echinodermen, bei den meisten Würmern etc., beruht die unendliche Mannichfaltigkeit der Species zunächst auf der unbeschränkten Differenzirungs-Fähigkeit der Personen, welche ihrerseits zunächst wieder durch die reiche Differenzirung der constituirenden Metameren und Antimeren bedingt ist. Bei denjenigen Organismen dagegen, bei welchen die Personen als Sprosse integrirende subordinirte Bestandtheile der höheren Einheit des Stockes oder Cormus sind, bedingt die Differenzirung der Personen nicht allein die specifische Verschiedenheit der Arten, sondern auch den Vollkommenheitsgrad der Cormen. Je grösser dann die Differenzirung oder die Arbeitstheilung der verschiedenen Personen ist, desto vollkommener ist der Stock, wie es z. B. die polymorphen Stöcke der Siphonophoren und Phanerogamen sehr deutlich zeigen. Bei denjenigen Thieren, bei welchen viele polymorphe Personen zwar nicht zu der realen Formeinheit des Stockes, aber doch zu der idealen Functionseinheit der Gemeinde, der Heerde oder des Staates verbunden sind, ist es ebenfalls wesentlich der Differenzirungsgrad der Personen, welcher die Vollkommenheit des idealen staatlichen Organismus bedingt. Je grössere Freiheit hier den einzelnen Individuen behufs ihrer selbstständigen Entwickelung und Differenzirung gegeben ist, desto vollkommener ist auch der Staat. Daher erhebt sich der republikanische Staat über den monarchischen nicht nur hinsichtlich seiner Gesammtleistung, sondern auch hinsichtlich der vollkommenen Entwickelung der constituirenden Personen. Dies zeigt deutlich der republikanische Ameisenstaat gegenüber dem monarchischen Bienenstaat. Dieselben Gesetze, welche in dieser Beziehung die Entwickelung der menschlichen Staatenbildung leiten, gelten in gleicher Weise für die Gemeinden und Staaten der übrigen Thiere.

Die Degeneration der Personen wirkt, ebenso wie diejenige der Metameren, bloss dann ausschliesslich rückbildend, wenn sie einzelne Personen an sich betrifft. Auch hier treten die Wirkungen dieser Entwickelungsfunction besonders dann deutlich hervor, wenn Personen durch Anpassung an niedere Existenzbedingungen zu allgemeiner Rückbildung veranlasst werden. Am auffallendsten zeigen diese Verhältnisse unter den Thieren die parasitischen Arthropoden, und namentlich die Crustaceen, wo fast alle Ordnungen ausgezeichnete Beispiele von dieser Cataplase durch Parasitismus liefern. Unter den Pflanzen nehmen wir dasselbe bei den parasitischen Orobanchen, Cuscuten etc. nicht minder deutlich wahr. Bei den Thieren genügt häufig schon für den Eintritt entschiedener Degenerations-Processe der Uebergang von der frei beweglichen Lebensweise der umherschweifenden jugendlichen Person zu der festsitzenden Lebensweise der Erwachsenen. Bei denjenigen Personen dagegen, welche als polymorphe Glieder einer höheren Einheit, sei es nun der realen Formeinheit des Stockes oder der idealen Formeinheit des Staates vereinigt leben, kann ebenso, wie wir es vorher von den Metameren gezeigt haben, die Degeneration einzelner Personen der vollkommenen Ausbildung anderer und selbst des Ganzen zum Vortheil gereichen. Auch dieses Gesetz der Wechselbeziehung der Entwickelung gilt ebenso für die Staaten der Menschen und der höheren Thiere, wie für die Stöcke der Pflanzen und Coelenteraten. Bei den letzteren ist z. B. die Degeneration der passiven Schutz-Individuen, der Deckstücke, von Vortheil für die höhere Entwickelung der activen Schutz-Individuen, der Nesselfäden. Ebenso ist in den menschlichen Staaten die Degeneration der Aristokratie z. B., die Rückbildung der Adelskasten und Priesterkasten, von Vortheil für die vollkommnere und freiere Entwickelung der von diesen unterdrückten niederen Volksklassen, und dadurch zugleich des ganzen Staates. Eine eingehendere vergleichende Beobachtung zeigt auch hier wieder überall, dass dieselben Entwickelungsgesetze die Staatenbildung der Menschen und der anderen höheren Thiere, wie die Stockbildung der niederen Thiere und der Pflanzen beherrschen.

Alle Formveränderungen, welche wir bei der individuellen Entwickelung der Personen wahrnehmen, sowie alle Entwickelungs-Functionen, auf welchen dieselben beruhen, also alle Processe der Zeugung und des Wachsthums, der Differenzirung und Degeneration von Plastiden, Organen, Antimeren und Metameren, welche bei der Prosopogenesis zusammenwirken, sind lediglich zusammengedrängte, schnelle, durch die Gesetze der Anpassung und Vererbung bedingte Wiederholungen der ursprünglichen paläontologischen Erscheinungen, welche in langen Zeiträumen durch viele Generationen hindurch langsam zur Entstehung der gegenwärtig existirenden specifischen Personen-Formen geführt haben. Alle Erscheinungen, welche die individuelle Entwickelung der Personen begleiten, erklären sich lediglich aus der paläontologischen Entwickelung ihrer Vorfahren. Die gesammte Ontogenie der Personen ist eine kurze Recapitulation ihrer Phylogenie.

VI. Ontogenie der Stöcke.

Individuelle Entwickelungsgeschichte der Cormen.

Die Ontogenie der Cormen oder Stöcke, der morphologischen Individuen sechster Ordnung, ist der beschränkteste von allen sechs Theilen der Ontogenie, weil einerseits die Bildung echter Stöcke auf die Phanerogamen und höheren Cryptogamen, die Coelenteraten und wenige andere Thiere beschränkt ist, andererseits aber die morphologischen Verhältnisse derselben im Ganzen viel weniger Mannichfaltigkeit zeigen, als diejenigen der fünf untergeordneten Individualitäts-Ordnungen. Auch hat bisher die Zoologie der Entwickelungsgeschichte der Stöcke nur sehr geringe Aufmerksamkeit zugewendet, selbst bei denjenigen Thieren, welche, wie die Siphonophoren und Anthozoen, am meisten dazu auffordern. Viel ausgedehntere Berücksichtigung hat die Cormogenesis in der Botanik gefunden, besonders in der Lehre von der Sprossfolge und von der Entwickelung der Blüthenstände. Doch steht auch hier die Cormogenie noch keineswegs auf gleicher Stufe der Ausbildung, wie die Prosopogenie.

Die Entstehung der Cormen oder der echten Stöcke zeigt, wie es schon ihre einfacheren promorphologischen Verhältnisse vermuthen lassen, trotz aller Mannichfaltigkeit im Einzelnen, doch im Ganzen grosse Uebereinstimmung. Der allgemeine Entwickelungsprocess, durch welchen zunächst unmittelbar alle Stöcke entstehen, ist die unvollständige Spaltung von Personen, und zwar ist diese Spaltung allermeistens Knospenbildung, viel seltener Theilung.

Die unvollständige Knospenbildung von Personen, durch welche die allermeisten Stöcke entstehen, ist fast immer laterale Knospenbildung. So entstehen die Stöcke der allermeisten Coelenteraten und höheren Cryptogamen und aller Phanerogamen. Die grösste Mannichfaltigkeit in der gegenseitigen Lagerung, Verbindung, Grösse, Zahl und Differenzirung der Personen, welche durch Lateralknospung den Stock zusammensetzen, findet sich bei den sexuellen Stöcken der Phanerogamen, den sogenannten Blüthenständen. Durch terminale Knospenbildung von Personen können zwar auch Stöcke entstehen, aber diese persistiren nicht, sondern stellen nur eine schnell vorübergehende Vereinigung von mehreren Personen dar, welche nachher getrennt weiter leben. Dies ist der Fall bei den provisorischen Kettenstöcken der Anneliden, z. B. *Autolytus*, *Syllis*, *Nais* etc.

Die unvollständige Theilung von Personen ist als Entstehungsmodus von Stöcken viel seltener und beschränkter, als die unvollständige Knospung. Sie findet sich bei den Anthozoen unter den Coelenteraten, vorzugsweise bei den Astraeiden und Turbinoliden, ferner bei niederen Cryptogamen. Unter den Phanerogamen kommt sie nur ausnahmsweise, als Fasciation vor, nicht unter normalen Verhältnissen. Die incomplete Personentheilung, durch welche Cormen entstehen, ist fast immer Längstheilung, seltener Strahltheilung (bei einigen Astraeiden), oder Stücktheilung.

Das Wachsthum der Stöcke, welches ihre gesammte weitere Entwickelung bedingt, beruht wesentlich auf der Entwickelung der nächst untergeordneten Individualitäten, der constituirenden Personen, und zwar vorzugsweise auf einer fortdauernden Zunahme derselben an Zahl und Grösse. Dieses Wachsthum ist bei den Cormen viel weniger beschränkt, als bei allen übrigen Individualitäten; ja, in vielen Fällen scheint dasselbe sogar unbeschränkt zu sein. Während wir bei den Form-Individuen der fünf niederen Ordnungen, von der Plastide bis zur Person, fast immer eine bestimmte Wachsthumsgrenze antreffen, welche für die betreffende Organismen-Art charakteristisch ist, so fehlt diese bei sehr vielen Stöcken gänzlich. Es hängt dieses unbegrenzte Wachsthum der Cormen in vielen Fällen damit zusammen, dass der Cormus beständig am einen Ende der Längsaxe abstirbt, während er am anderen Ende fortwächst, so namentlich bei den unterirdischen kriechenden Stöcken (Wurzelstöcken, Rhizomen) vieler Pflanzen, und bei den ähnlichen Formen vieler Corallenstöcke. Bei den letzteren kommt dazu noch der Umstand, dass die abgestorbenen Skelettheile zahlloser früherer Generationen untrennbar mit denen der jüngsten und allein lebenden Generation von Anthozoen, die sich auf der Oberfläche des Corallenstocks befindet, zusammenhängen, und dass bei eintretenden langsamen Senkungen des Meerbodens das an der Oberfläche beständig fortdauernde Wachsthum des sinkenden Corallenstocks das Volum desselben zum Umfange von grossen Inseln anzuschwellen vermag. In letzter Instanz sind es natürlich auch hier die unaufhörlich fortgesetzten Zeugungsakte der Plastiden, verbunden mit Volumvermehrung derselben, welche das Wachsthum der Organe, Antimeren, Metameren und Personen, und dadurch zugleich dasjenige der Cormen bedingen.

Die Differenzirungs-Processe der Stöcke, welche das Wachsthum und die weitere Entwickelung derselben begleiten, sind im Ganzen viel weniger auffallende und mannichfaltige, als bei den Personen und bei den anderen subordinirten Individualitäten. Es geht dies schon hervor aus der grossen Einfachheit und geringen Mannichfaltigkeit der Grundformen, welche die meisten Stöcke vor den übrigen Individualitäten auszeichnet. Ferner zeigt sich dieser geringe Differenzirungsgrad deutlich in dem Umstande, dass die Gesammtform des Stockes nur selten für die betreffenden Organismen-Species charakteristisch ist, und nur in wenigen Fällen als diagnostisches Merkmal benutzt werden kann. Daher haben auch die Stöcke allgemein in der Systematik eine viel geringere Berücksichtigung gefunden, als die Personen. Offenbar ist es die festsitzende Lebensweise der allermeisten Stöcke, welche diesen geringen Differenzirungsgrad grösstentheils bedingt. Dies zeigt schon die verhältnissmässig grosse Differenzirung der frei beweglichen Siphonophorenstöcke. Am einförmigsten und am wenigsten mannichfaltig differenzirt zeigen sich die Stöcke der Anthozoen und die geschlechtslosen (nicht blühenden) Phanerogamen-Stöcke. Je weiter die Arbeitstheilung unter den constituirenden Personen geht, desto grösser wird die Differenzirung des Stockes. Die höchste Entwickelung zeigen in dieser Beziehung die polymorphen Cormen der Siphonophoren. Unter den Pflanzen zeigt sich die mannichfaltigste Differenzirung in der Bildung der Geschlechtsstöcke bei den Phanerogamen, in der Form der Blüthenstände oder Inflorescentien. Dass im Uebrigen die Differenzirung der Cormen als realer Bionten sechster Ordnung nach denselben Entwickelungsgesetzen erfolgt, wie die Differenzirung der Staaten als idealer Bionten sechster Ordnung, und dass sowohl hier wie dort die Differenzirung der höheren Einheit unmittelbar durch diejenige der constituirenden Personen bedingt ist, haben wir schon im vorhergehenden Abschnitte gezeigt.

Die Degeneration der Stöcke ist an sich, ebenso wie ihre Differenzirung, von viel geringerer Bedeutung als diejenige der Personen. Da die Stöcke, abgesehen von dem Unterschiede der einfachen und zusammengesetzten Cormen (vergl. Band I, S. 330), niemals als untergeordnete Form-Individuen eine höhere Individualität zusammensetzen, und da es mithin reale morphologische Individuen siebenter Ordnung bei keiner Organismen-Species giebt, so kann die Degeneration einzelner Stöcke auch niemals in der Weise zur Differenzirung und correspondirenden Entwickelung einer höheren Individualität beitragen, wie es bei den Personen, Metameren etc. der Fall war. Degeneration von Stöcken durch Anpassung an einfachere Existenzbedingungen sehen wir an vielen parasitischen Pflanzenstöcken eintreten. Sehr häufig ist an den Stöcken partielle Degeneration zu beobachten, so namentlich bei den durch unbeschränktes Wachsthum ausgezeichneten Cormen. Oft geht hier die Degeneration des einen Endes der Hauptaxe (z. B. bei den kriechenden Rhizomen) gleichen Schritt mit den fortschreitenden Zeugungs- und Wachsthums-Processen am anderen Ende derselben, so dass wir an einem und demselben Stocke vorn anaplastische, in der Mitte metaplastische und hinten cataplastische Processe gleichzeitig vorfinden[1]).

Alle Formveränderungen, welche wir bei der individuellen Entwickelung der Stöcke wahrnehmen, sowie alle Entwickelungsfunctionen, auf welchen dieselben beruhen, also alle Processe der Zeugung und des Wachsthums, der Differenzirung und Degeneration von Plastiden, Organen, Antimeren, Metameren und Personen, welche bei der Cormogenesis zusammenwirken, sind lediglich zusammengedrängte, schnelle, durch die Gesetze der Anpassung und Vererbung bedingte Wiederholungen der ursprünglichen paläontologischen Erscheinungen, welche in langen Zeiträumen durch viele Generationen hindurch langsam zur Entstehung der gegenwärtig existirenden specifischen Stock-Formen geführt haben. Alle Erscheinungen, welche die individuelle Entwickelung der Stöcke begleiten, erklären sich lediglich aus der paläontologischen Entwickelung ihrer Vorfahren. Die gesammte Ontogenie der Stöcke ist eine kurze Recapitulation ihrer Phylogenie.

---

[1]) Die vier Entwickelungsfunctionen (S. 72) sind also bei den Stöcken dieselben, wie bei allen untergeordneten Form-Individuen. Vielleicht könnte an diese noch als eine fünfte Entwickelungsfunction die Verwachsung *(Concrescentia)* angeschlossen werden, d. h. die secundäre Verbindung von mehreren primär getrennten Individuen, durch welche zugleich ein Form-Individuum nächst höherer Ordnung entsteht. Bei den Stöcken zeigt sich dieser Vorgang in dem Verschmelzen von zwei oder mehreren, in unmittelbarer Berührung befindlichen Baumstämmen (sehr häufig an den Oelbäumen in Südeuropa zu beobachten), sowie in dem Zusammenhange der Wurzeln der verschiedenen Tannenbäume eines Waldes. Bei den Personen ist eine gleiche Verwachsung nicht selten unter den Coelenteraten (besonders Anthozoen) und Pflanzen zu beobachten, sowohl an freien Personen, als an Sprossen der Stöcke. Als Concrescenz von Metameren könnte die Doppelbildung von *Diplozoon paradoxum*, als Verwachsung von Antimeren die oben (S. 134) erwähnten Fälle von Asteriden-Entwickelung angesehen werden. Auch die Entstehung der gamopetalen Blumenkrone aus der polypetalen beruht auf einer secundären Concrescenz von Antimeren. Endlich würden als Concrescenz von Form-Individuen zweiter und erster Ordnung die oben angeführten Vorgänge von Verwachsung, Conjugation und Copulation der Organe (S. 127) und der Plastiden (S. 119, 62) hierher gezogen werden können. Doch sind uns im Ganzen diese Verschmelzungs-Processe noch zu wenig bekannt, als dass wir die Concrescenz als eine besondere fünfte Entwickelungsfunction ansehen könnten.

Neunzehntes Capitel.

Die Descendenz-Theorie und die Selections-Theorie.

„Diess also hätten wir gewonnen, ungescheut behaupten zu dürfen, dass alle vollkommneren organischen Naturen, worunter wir Fische, Amphibien, Vögel, Säugethiere und an der Spitze der letzten den Menschen sehen, alle nach Einem Urbilde geformt seien, das nur in seinen sehr beständigen Theilen mehr oder weniger hin- und herweicht, und sich noch täglich durch Fortpflanzung aus- und umbildet."

Goethe 1796.

I. Inhalt und Bedeutung der Descendenz-Theorie.

Alle Organismen, welche heutzutage die Erde bewohnen und welche sie zu irgend einer Zeit bewohnt haben, sind im Laufe sehr langer Zeiträume durch allmähliche Umgestaltung und langsame Vervollkommnung aus einer geringen Anzahl von gemeinsamen Stammformen (vielleicht selbst aus einer einzigen) hervorgegangen, welche als höchst einfache Urorganismen vom Werthe einer einfachsten Plastide (Moneren) durch Autogonie aus unbelebter Materie entstanden sind.

In diesem Satze formuliren wir den Inhaltskern der Descendenz-Theorie [1]), jener äusserst wichtigen Lehre, die wir bereits an verschiedenen Stellen unserer allgemeinen Anatomie als den unentbehrlichen Grundgedanken der gesammten wissenschaftlichen Biologie, und der organischen Morphologie insbesondere bezeichnet haben (vergl. besonders das vierte, sechste und siebente Capitel). Wie wir bereits in den einleitenden Bemerkungen zur allgemeinen Entwickelungsgeschichte hervorhoben, wird diese letztere erst durch die Descendenz-Theorie zur

1) Die Descendenz-Theorie oder Abstammungs-Lehre wird von anderen Autoren auch oft als Transmutations- oder Transformations-Theorie (Umwandlungs- oder Umbildungs-Lehre) bezeichnet. Diese verschiedenen Ausdrücke sind identisch.

eigentlichen Wissenschaft, indem dadurch ihre empirischen Kenntnisse zu philosophischen Erkenntnissen werden. Ohne die Abstammungslehre ist die Morphogenie nur eine empirische Sammlung von Thatsachen, welche erst in den von der ersteren enthüllten wirkenden Ursachen ihre Erklärung finden. Wir durften daher den wichtigen Grundsatz aussprechen: „die Descendenz-Theorie ist die wissenschaftliche Begründung der gesammten Entwickelungsgeschichte durch das allgemeine Causalgesetz“ (S. 9).

Da es von der grössten Wichtigkeit ist, diese fundamentale Vorstellung stets im Gedächtnisse zu behalten, und da dieselbe seltsamer Weise von den meisten Naturforschern, sowohl Anhängern, als Gegnern, theils nicht genug gewürdigt, theils ignorirt, theils nicht begriffen wird, so müssen wir hier nochmals ausdrücklich auf das bereits oben darüber Gesagte verweisen (S. 6—12). Was speciell die Bedeutung der Abstammungslehre für die Morphologie der Organismen betrifft, so erblicken wir diese vorzüglich darin, dass sie die letztere als eine monistische oder mechanische Wissenschaft auf die Lehre von den „wirkenden Ursachen“ *(Causae efficientes)* begründet und dadurch dieselbe auf eine Stufe mit den gesammten übrigen Naturwissenschaften erhebt. Bisher stand die organische Morphologie in der That ganz ausserhalb der letzteren, und steht hier bei den Gegnern der Descendenz-Theorie noch heute. Der widerspruchsvolle und absolut verwerfliche Dualismus der letzteren scheidet die gesammte Naturwissenschaft in zwei vollkommen getrennte und schroff entgegengesetzte Wissenschaftsgebiete, in eine mechanische und eine vitalistische Hälfte. Die mechanische oder monistische Naturwissenschaftshälfte, welche das gesammte Gebiet der Abiologie (oder Anorganologie, Bd. I, S. 21) und zugleich die Physiologie der Organismen (Biodynamik) umfasst, erklärt die empirischen Thatsachen mechanisch, aus physikalisch-chemischen Verhältnissen, aus wirkenden Ursachen *(Causae efficientes)*. Die vitalistische oder dualistische Naturwissenschaftshälfte dagegen, welche das gesammte Gebiet der organischen Morphologie oder Biostatik (Anatomie und Entwickelungsgeschichte Bd. I, S. 30) umfasst, erklärt die empirischen Thatsachen teleologisch, aus unbekannten vitalistischen Verhältnissen, aus zweckthätigen Ursachen *(Causae finales;* vergl. Bd. I, S. 94—105). Der unlösliche Widerspruch, welcher in diesem Dualismus liegt, tritt so handgreiflich zu Tage, dass man ihn für längst überwunden halten sollte, zumal neuerdings die mechanische Natur der Physiologie (allerdings gewöhnlich diejenige des Central-Nervensystems ausgenommen!) allgemein anerkannt ist. Man sollte meinen, dass die Morphologie der Organismen schon längst nothwendig der Physiologie auf das mechanisch-causale Gebiet des Monismus hätte folgen müssen. Dennoch ist dies thatsächlich nicht der Fall.

Die tiefen Wurzeln, welche der vitalistisch-teleologische Dualismus im Laufe von Jahrtausenden in dem menschlichen Gehirne geschlagen hat, sitzen hier bei der grossen Masse der Menschen noch fest und unerschüttert. Sowohl die gesammte Morphologie der Organismen, als auch die Physiologie des Central-Nervensystems, die Psychologie, wird von den Meisten noch immer dualistisch aufgefasst, während die gesammte übrige Physiologie und die gesammte Abiologie von denselben Leuten monistisch behandelt wird. Dieser unhaltbare Zwiespalt, welchen allerdings schon consequentes Denken in seiner ganzen Absurdität enthüllen sollte, wird von der Descendenz-Theorie vollständig vernichtet. Sie zeigt uns, das die gesammte Morphologie der Organismen eben so wie die Physiologie und die Abiologie auf mechanich-causaler Basis beruhen muss, und dass die Ursachen sämmtlicher Naturerscheinungen, auch der am meisten zusammengesetzten organischen Entwickelungs-Phänomene, lediglich mechanische, wirkende Ursachen, niemals finale, zweckthätige Ursachen sind.

Diesen äusserst wichtigen Punkt glauben wir nicht genug hervorheben zu können. Er ist die unangreifbare Citadelle der wissenschaftlichen Biologie. Wenn man dieses fundamentalen Punktes stets eingedenk ist, so wird man die unermessliche Bedeutung der Abstammungslehre niemals unterschätzen. Es giebt in der That nur noch eine einzige Theorie, welche sich in diesen Beziehungen mit ihr messen kann, die Gravitations-Theorie der Weltkörper. Was diese für die anorganische, das leistet die Descendenz-Theorie für die organische Natur. Nur durch sie werden alle biologischen Zweige der Naturwissenschaft auf mechanischer Basis causal begründet, und dadurch mit allen abiologischen Zweigen zu einer monistischen Gesammtwissenschaft vereinigt. Nur durch sie gelangen wir zu der Ueberzeugung von der Einheit der organischen und anorganischen Natur, von der absoluten Nothwendigkeit, welche dieselbe beherrscht, von dem allgemeinen Causalgesetz, welches dieselbe mechanisch regiert. Nur durch sie lösen wir die letzte und höchste Aufgabe, welche Bär der Entwickelungsgeschichte, und dadurch zugleich der gesammten Morphologie der Organismen gesteckt hat: „die Zurückführung der bildenden Kräfte des organisirten Körpers auf die allgemeinen Kräfte des Weltganzen“ (S. 12).

II. Entwickelungsgeschichte der Descendenz-Theorie.

Eine umfassende oder auch nur einigermassen vollständige Entwickelungsgeschichte der Descendenz-Theorie zu schreiben, ist weder hier am Ort, noch gegenwärtig schon an der Zeit. Diese schöne und interessante Aufgabe wird erst später gelöst werden können, wenn die unermessliche Bedeutung der Abstammungslehre praktische Anwendung im Leben der gesammten Wissenschaft gefunden und wenn dieselbe die gesammte menschliche Weltanschauung auf mechanischer Basis reformirt haben wird. Zuvor müssen die nothwendigen Consequenzen der Descendenz-Theorie allgemein anerkannt werden: die vollständige Einheit der gesammten organischen und anorganischen Natur und die alleinige Geltung der mechanisch-wirkenden Ursachen in allen Naturerscheinungen, die vollständige Einheit von Kraft und Stoff und die alleinige Geltung der chemisch-physikalischen Nothwendigkeits-Gesetze in allen wahrnehmbaren Vorgängen, die vollständige Einheit der Structur und Abstammung des Menschen und der übrigen Wirbelthiere, und die alleinige Geltung der causal-mechanischen Nothwendigkeits-Herrschaft auch in der gesammten Anthropologie, die Psychologie nicht ausgenommen. Erst wenn diese nothwendigen Consequenzen der Abstammungslehre in Wissenschaft und Leben als unwiderlegliche, auf empirischer Basis begründete Naturwahrheiten anerkannt sein werden, erst wenn durch ihre reformatorische Kraft menschliche Wissenschaft und menschliches Leben aus ihrem gegenwärtigen niederen und rohen Zustande auf eine höhere Stufe der Entwickelung erhoben sein werden, wird eine vollständige „Entwickelungsgeschichte der Descendenz-Theorie“ an der Zeit sein.

Für uns kann hier nur die Aufgabe vorliegen, die ersten Stadien dieses weltbewegenden Entwickelungsvorganges, in denen wir uns noch gegenwärtig befinden, in ihren wesentlichsten Momenten zu fixiren, und mit unparteiischer Hand den Lorbeerkranz auf das Haupt jener kühnen Geisteshelden zu legen, welche zuerst mit gewaltiger Hand den Grundstein zur Descendenz-Theorie gelegt und die Zwingburg des herrschenden teleologisch-vitalistischen Wunderglaubens in Trümmer geschlagen haben. Dieser schönen Pflicht aber können wir uns um so weniger entziehen, als schon gegenwärtig nicht nur unter den Gegnern, sondern auch unter den Anhängern der Descendenz-Theorie die Stimmen über Verdienst und Antheil ihrer Begründer sehr getheilt sind.

Zunächst scheint es uns hier nöthig, hervorzuheben, dass keiner von denjenigen Recht hat, welche den Ruhm die Descendenz-Theorie begründet zu haben, einem einzelnen Naturforscher ganz allein vindiciren möchten. Weder Darwin, noch Wallace, weder Goethe, noch Oken, weder Geoffroy S. Hilaire, noch Lamarck können ausschliesslich für sich allein diesen Ruhm beanspruchen. Vielmehr gilt von der Descendenz-Theorie dasselbe, wie von allen anderen epochemachenden Entdeckungen und Fortschritten des Menschengeistes, dass sie ein Kind ihrer Zeit sind, und dass sie mehr oder minder bestimmt geahnt und angedeutet wurden, ehe der selbstbewusste Genius sie an das Tageslicht förderte und mit voller Klarheit scharf formulirte. Wie die Entwickelungsbewegung der gesammten organischen Natur eine continuirliche Kette von successiv fortschreitenden Differenzirungs-Processen ist, die mit absoluter Nothwendigkeit aus einander hervorgehen, so waltet auch in dem geistigen Entwickelungsgange der denkenden Menschheit, der nur ein Theil jener grossen Kette ist, dasselbe Nothwendigkeits-Gesetz. Sobald die Zeit der Reife für eine neue grosse Idee gekommen, sobald die Hülle des herrschenden Dogma zu eng für den wachsenden Menschengeist geworden, muss mit Nothwendigkeit diese Hülle gesprengt werden und der Häutungs-Akt stattfinden, gleichviel ob dieser oder jener grosse Genius den ersten Anstoss zum Durchbruch giebt. Unnütz und wirkungslos ist ein solcher Anstoss zwar nie; wohl aber kann er nur unbedeutende Resultate erzielen und scheinbar wirkungslos vorübergehen, wenn er vor der vollen Reifezeit erfolgt.

Die Gültigkeit dieses Naturgesetzes, die wir bei allen grossen geistigen Metamorphosen der fortschreitenden Menschheit bestätigt finden, zeigt sich auch in der Entwickelungsgeschichte der Descendenz-Theorie. Durch Goethe und Lamarck ein halbes Jahrhundert zu früh ins Dasein gerufen, blieb sie fast ohne Wirkung. Erst der Reifegrad, den in den folgenden fünfzig Jahren die gesammte Biologie durch das colossale Wachsthum ihrer empirischen Kenntnisse erlangt hatte, lieferte den fruchtbaren und empfänglichen Boden zur Aufnahme der Ideen von Darwin und Wallace. Je mehr in allen Zweigen der Biologie, und besonders in der Physiologie, durch die allseitig zunehmende Ausdehnung unserer Erfahrungskenntnisse die monistische Naturauffassung an Boden gewann, desto mehr musste sie sich auch Geltung in der organischen Morphologie erwerben, und zum Angriff auf das herrschende teleologische Dogma der Species-Schöpfung vorbereiten. So finden wir denn auch, namentlich von hervorragenden deutschen Biologen, in der ersten Hälfte unseres Jahrhunderts wiederholt den Grundgedanken der Descendenz-Theorie, die Abstammung der verwandten Species von gemeinsamen Stammformen, ausgesprochen, so besonders von Bär[1]), der durch seine classischen Untersuchungen über die gemeinsamen Entwickelungsformen der verschiedenen Thierclassen, von Schleiden[2]), der durch seine philosophische Untersuchung des Species-Begriffes, und von Victor Carus, der durch sein „System der thierischen Morphologie“ (S. 5) mit Nothwendigkeit zur Auflehnung gegen das bestehende

1) C. E. v. Bär, Das allgemeinste Gesetz der Natur in aller Entwickelung (1834) in „Reden“ etc., Petersburg 1864, und besonders die vortrefflichen beiden Aufsätze „Zwei Worte über den jetzigen Zustand der Naturgeschichte.“ Königsberg 1821.

2) Schleiden, Grundzüge der wissenschaftl. Botanik III. Aufl. 1850, II. Thl. S. 515. Ueber Species und Specification.

Dogma hingeführt wurde. Doch gelangten dieselben nicht zu einer bestimmten und vollständigen Formulirung der Abstammungslehre[1]).

Wenden wir uns nun zu denjenigen Naturforschern, welche in engerem Sinne als die Begründer der Abstammungslehre bezeichnet zu werden verdienen, so glauben wir vor Allen Lamarck und Geoffroy S. Hilaire in Frankreich, Goethe und Oken in Deutschland, Darwin und Wallace in England hervorheben zu müssen[2]). Das Ver-

---

1) Ebenso wie in Deutschland von Bär, Schleiden und Carus, wurden auch von einigen englischen und französischen Naturforschern im vierten und fünften Decennium unsers Jahrhunderts mehrfach Andeutungen im Sinne der Descendenz-Theorie gemacht. Vergl. Darwin's Vorrede zur deutschen Uebersetzung seines Werkes.

2) Die Descendenz-Theorie ist ein Kind unseres Jahrhunderts, und ihr Geburtsjahr, durch Lamarck's fundamentales Werk bezeichnet, ist 1809. Allerdings hatte Goethe seine wichtigsten darauf bezüglichen Ideen schon im letzten Decennium des vorigen Jahrhunderts (1790, 1796) niedergeschrieben; doch wurden sie (abgesehen von der Metamorphose der Pflanze, die bereits 1790 erschien) erst später veröffentlicht. Was den ersten Ursprung der Transmutations-Theorie und ähnlicher Ideen betrifft, so haben allerdings schon einzelne hervorragende Naturforscher früherer Jahrhunderte, und selbst schon mehrere bedeutende Philosophen des Alterthums mehr oder minder bestimmt den Gedanken ausgesprochen, dass die verschiedenartigen, aber doch von einem gewissen Zuge von Familienähnlichkeit zusammengehaltenen Arten der Organismen entweder aus einander oder aus einem gemeinsamen Grundtypus, einer uralten Stammform, durch allmähliche Umbildung entstanden seien. Und in der That wird dieser Gedanke durch einen synthetisch vergleichenden Ueberblick der ungleichen und doch so ähnlichen organischen Formen, durch einen weiter eingehenden Rückblick auf ihre zeitliche Entwickelung, durch eine aufmerksame Erwägung der individuellen Unterschiede von mehreren Kindern eines und desselben Elternpaars, dem denkenden Menschen so nahe gelegt, dass es nicht der entwickelten biologischen Wissenschaft bedurfte, um von der Wahrheit desselben durchdrungen zu werden. Indessen sind die einzelnen Aeusserungen dieses Gedankens, welche vor dem neunzehnten Jahrhundert gethan wurden, theils so unbestimmt und allgemein gehalten, theils in so phantastischer Form ausgesprochen, dass sie in keiner Weise gegen die Verdienste Lamarcks und seiner Nachfolger Prioritätsansprüche erheben können. Die Einheit des Bauplanes in den verwandten Organismen („l'unité de composition organique") wurde zwar schon von der vergleichenden Anatomie des vorigen Jahrhunderts als ein Grundgesetz anerkannt, aber doch niemals auf ihre gemeinsame Abstammung als mechanische Ursache bezogen. Wir finden diesen monistischen Einheitsgedanken schon beim Vater der Naturgeschichte, Aristoteles, ausgesprochen, welcher im Anfang seiner Geschichte der Thiere sagt, dass man zwischen verschiedenen und doch ähnlichen Thieren eine „Analogie" finden könne; die Vogelfeder entspricht nach ihm der Fischschuppe, und die Theile, welche die verschiedenen Individuen zusammensetzen, sind „ἕτερα καὶ τὰ αὐτά". In der Mitte des sechzehnten Jahrhunderts bezeichnet Belon die homologen Theile des menschlichen und des Vogel-Skelets mit denselben Buchstaben und sagt ausdrücklich, dass diese gleiche Bezeichnung zeigen solle: „combien l'affinité est grande des uns et des autres." Auch der grosse Newton konnte nicht zweifeln, dass die thierischen Körper nach demselben Gesetz der einheitlichen Bildung gebaut sind, wie die Weltkörper. Herder hebt in seinen berühmten „Ideen zur Philosophie der Geschichte der Menschheit" die Einheit des Organisationstypus in der unendlichen Mannigfaltigkeit der lebenden Wesen hervor, und ähnlich äusseren sich in Frankreich Buffon und Vicx d'Azyr.

dienst, die Grundgedanken der Species-Transmutation und der sich daraus unmittelbar ergebenden Folgerungen zuerst klar und bestimmt als wissenschaftliche Theorie ausgesprochen zu haben, gebührt jedenfalls dem grossen französischen Naturforscher Jean Lamarck, dessen merkwürdige *Philosophie Zoologique* (1809), als die erste, systematisch abgerundete und offen bis zu allen Consequenzen verfolgte Darstellung der Abstammungslehre den Beginn einer neuen Periode in der geistigen Entwickelungsgeschichte der Menschheit bezeichnet[1]).

1) J. B P A Lamarck (Jean Baptiste Pierre Antoine, geboren 1744, gestorben 1829) Philosophie Zoologique ou Exposition des considérations relatives à l'histoire naturelle des animaux; à la diversité de leur organisation et des facultés, qu'ils en obtiennent; aux causes physiques, qui maintiennent en eux la vie et donnent lieu aux mouvemens, qu'ils exécutent; enfin, à celles qui produisent, les unes le sentiment, et les autres l'intelligence de ceux qui en sont doués." II Tomes. Paris, Dentu, 1809. In neuer Form entwickelte Lamarck dieselbe Lehre 1815 im ersten Bande seiner berühmten „Histoire naturelle des animaux sans vertèbres". Da die „Philosophie Zoologique" wenig bekannt ist, und es von hohem Interesse ist, zu sehen, wie weit Lamarck der ihn nicht verstehenden Zeit vorausgeeilt war, so geben wir hier die wichtigsten von seinen kühnen Sätzen wörtlich wieder Die Capitel, in denen sie sich finden, sind durch römische Ziffern bezeichnet. Première Partie: I. Les distrubutions systématiques, les classes, les ordres, les familles, les genres, et la nomenclature, ne sont que des parties de l'art (!). II. La connaissance des rapports entre les productions naturelles connues, fait la base des sciences naturelles, et donne de la solidité à la distribution génèrelle des animaux. III. Les espèces se sont formées successivement, n'ont qu'une constance relative, et ne sont invariables, que temporairement (!). IV Les actions des animaux ne s'exécutent que par des mouvemens excités; et il n'est pas vrai, que tous les animaux jouissent du sentiment, ainsi que de la faculté d'exécuter des actes de volonté (!). V. La connaissance des rapports, qui existent entre les différens animaux, est le seul flambeau qui puisse guider dans l'établissement de leur distribution, en sorte que son usage en fait disparaître l'arbitraire. VI. La progression dans la composition de l'organisation subit, çà et là, dans la série générale des animaux, des anomaliees opérées par l'influence des circonstances d'habitation, et par celle des habitudes contractées. VII. La diversité des circonstances influe sur l'état de l'organisation, la forme générale, et les partiecs des animaux (!) VIII. La nature, ayant formés les animaux successivement, a nécessairement commencé par les plus simples, et n'a produit qu'en dernier lieu ceux qui ont l'organisation la plus composée (!) Seconde Partie: I. Les animaux sont essentiellement distingués des végétaux par l'irritabilité. II. La vie en elle-même n'est qu'un phénomène physique (!). Tome second. III. Les mouvemens organiques, ainsi que ceux qui constituent les actions des animaux, ne s'exécutent que par l'action d'une cause excitatrice. IV L'irritabilité est une faculté exclusivement propre aux parties souples des animaux. V. Le tissue cellulaire est la matrice générale de toute organisation (!). VI. Au moyen de générations directes ou spontanées, formées au commencement de l'échelle, soit animale, soit végétale, la nature est parvenue à donner progressivement l'existence à tous les autres corps vivans (!). VII. Il n'est pas vrai que les corps vivans aient la faculté de résister aux lois et aux forces auxquelles tous les corps non vivans sont asujettis, et qu'ils se régissent par des lois qui leur sont particulières (!). VIII. La vie donne généralement à tous les corps qui la

Lamarck hatte durch das sorgfältigste Studium der wirbellosen Thiere, insbesondere der lebenden Mollusken und ihrer auffallenden Verwandtschaft mit den fossilen Formen der Tertiärzeit, sich die Vorstellung eines genealogischen Zusammenhanges derselben erworben, und er bildete diese systematisch aus, indem er die Abstammung aller höher organisirten Thiere und Pflanzen von einer Anzahl höchst einfacher, durch Urzeugung entstandener Stammformen annahm. Aus diesen haben sich nach ihm im Laufe der Zeit die unendlich mannigfach gebildeten verschiedenen Arten oder Species in ganz ähnlicher Weise entwickelt, wie es die „Rassen" der Hausthiere und Culturpflanzen unter unseren Augen thun. Die Ursachen der allmählichen Umbildung suchte Lamarck theils in der Einwirkung der äusseren Lebensbedingungen, theils in der Kreuzung und Bastardirung der Arten, vorzugsweise aber in der Wirkung der Gewohnheit, in dem Gebrauche und Nichtgebrauche der Organe. Für diese allmählige Transformation der Organe nahm Lamarck sehr lange Zeiträume (geologische Perioden) in Anspruch. Die Kategorieen der botanischen und zoologischen Systeme erklärte er für künstliche Abgrenzungen, welche nur den Differenzgrad der natürlichen Blutsverwandtschaft bezeichnen. Besonders interessant aber ist es, dass Lamarck bereits die wichtigste und weitgreifendste Consequenz der Umwandelungslehre vertrat, und die Transmutation des Affen in den Menschen behauptete, welche nach seiner Ansicht vorzüglich durch die veränderte Lebensweise der Affen und insbesondere durch die Gewohnheit des aufrechten Ganges und die damit verbundene Differenzirung der vorderen und hinteren Extremitäten erfolgte[1]).

possèdent des facultés qui leur sont communes. IX. Toute faculté particulière à certains corps vivans, provient d'un organe spécial qui y donne lieu. Troisième partie. I. Le système nerveux est particulier à certains animaux, et parmi ceux qui le possèdent, on le trouve dans des différens états de composition et de perfectionnement (!). II. Le fluide nerveux est l'agent singulier par lequel se forment les idées, et tous les actes d'intelligence (!). III. Le sentiment est le produit d'une action sur le fluid nerveux. IV. Le sentiment interieur est le lieu qui réunit le physique au moral (!). V. L'instinct dans les animaux, est un penchant qui entraîne, que des sensations provoquent en faisant naître des besoins, et qui fait exécuter des actions, sans la participation d'aucune pensée, ni d'aucun acte de volonté. VI. La volonté n'est jamais véritablement libre (!). VII. Tous les actes de l'entendement exigent un système d'organes particulier pour pouvoir s'exècuter. VIII. La raison n'est autre chose qu'un degré acquis dans la nectitude des jugemens (!).

1) Allerdings zog sich Lamarck „dadurch die entschiedenste Missachtung Napoleons des Ersten zu, den er durch seine übrigen systematischen, wirklich classischen Untersuchungen kaum versöhnen konnte." So erzählt W. Keferstein in einer höchst lesenswerthen Kritik der Transmutations-Lehre, welche für den Standpunkt der Gegner Darwins sehr bezeichnend ist (Göttinger gelehrte Anzeigen 1862, V. S. 198). Es ist gewiss ein wahres Glück für unsere Wissenschaft, dass Darwin von diesem schreck-

Wie weit der grosse Lamarck seiner Zeit vorauseilte, geht am schlagendsten daraus hervor, dass sein Werk an den allermeisten Zeitgenossen spurlos vorüber ging. Cuvier hielt es in seinem Bericht über die Fortschritte der Naturwissenschaften nicht der Mühe werth, Lamarcks Buch, welches seine ganze Wissenschaft von Grund aus umgestaltete, auch nur mit einem Worte zu erwähnen, obwohl die unbedeutendsten Kleinigkeiten in jenem Berichte Aufnahme fanden. Merkwürdig ist es aber, dass auch die Schule der französischen Naturphilosophen, die sich bald nach jener Zeit entwickelte, von dem Einfluss Lamarcks wenig berührt worden zu sein scheint. Selbst der bedeutendste derselben, E. Geoffroy S. Hilaire, scheint viele der wichtigsten Ideen seines grossen Vorgängers gar nicht verstanden oder doch ihren Werth nicht erkannt zu haben. Zwar nimmt er auch im Wesentlichen die Abstammungslehre an, allein ohne sie so klar und bestimmt, wie Lamarck, zu präcisiren. Als die Hauptursache der allmählichen Umänderung der organischen Welt betrachtet er gewisse Veränderungen in der Beschaffenheit (Wärme, Dichtigkeit, Wassergehalt, Kohlensäuregehalt etc.) der Atmosphäre. Diese äusseren Einflüsse sind gewiss auch von hoher Wichtigkeit, aber an unmittelbarer Tragweite nicht mit den viel bedeutenderen Wirkungen der Uebung und Gewohnheit zu vergleichen, denen Lamarck mit Recht eine allgemeine und ausserordentlich hohe Bedeutung zuschrieb. Während der letztere sich in der scharfen Hervorhebung der „wirkenden Ursachen“ als einziger formbildender Elemente entschieden als mechanisch erklärenden Monisten zeigt, sehen wir dagegen Geoffroy durch die stärkere Betonung eines gemeinsamen Bauplanes aller Organismen sich mehr zu einem teleologischen Dualismus hinneigen. Wir haben bereits oben (Bd. I, S. 69) den Conflikt erwähnt, welcher später zwischen Geoffroy und Cuvier im Schoosse der Pariser Akademie ausbrach, und wobei es sich wesentlich um die Transmutations-Theorie handelte. Die letztere unterlag den unmittelbar anschaulichen und greifbaren Argumenten Cuviers, welcher sich einfach auf die Behauptung empirisch feststehender Thatsachen beschränkte, und den über die Erfahrung hinausgreifenden Speculationen der Naturphilosophen keinerlei Einfluss zugestand. Im Grunde leugnete Cuvier damit nicht nur die Berechtigung einzelner inductiver und deductiver Schlüsse, durch deren Anwendung

lichen Schicksale Lamarcks Nichts gewusst hat! Sonst hätte er vielleicht gewaltige Angst bekommen, möglicherweise sich die „entschiedenste Missachtung“ Napoleons des Dritten zuzuziehen, und würde dann wahrscheinlich seine Theorie der „Natural selection“ gar nicht veröffentlicht haben! Und ob jetzt Napoleon der Dritte durch Darwins „systematische, wirklich classische“ Monographie der Cirripedien so leicht zu versöhnen wäre, wie Napoleon der Erste durch Lamarcks „Historie naturelle des animaux sans vertèbres“, muss dem vergleichenden Psychologen in der That sehr zweifelhaft sein!

er selbst so grosse Resultate erzielt hatte, sondern auch den hohen Werth, welchen die Theorie überhaupt, als Ausdruck für allgemein gültige Naturgesetze, behaupten muss. Durch jenen anerkannten Sieg Cuviers (entschieden am 22. Februar 1830) wurde nicht nur das seit Linné herrschende Dogma von der Constanz der Species aufs neue befestigt, und die Umwandelungslehre in den Bann gethan, sondern es wurde zugleich die einseitig empirische Richtung der organischen Morphologie herrschend, welche in den nächsten drei Decennien allgemein für die allein berechtigte galt, und welche sich mit der Kenntniss der nackten morphologischen Thatsachen begnügte, ohne sich um die Erkenntniss der ihnen zu Grunde liegenden Ursachen und Gesetze zu bekümmern.

Unter den deutschen Naturphilosophen, welche sich unabhängig von der französischen Schule entwickelten, haben wir vor allen Goethe und Oken als entschiedene Anhänger der monistischen Naturbetrachtung und der damit verknüpften Transmutations-Theorie hervorzuheben. Mit besonderem Stolze dürfen wir Deutschen hier Wolfgang Goethe als einen der wenigen Naturforscher hervorheben, welcher sich am eifrigsten „im Stillen um die Analogieen der Geschöpfe und ihre geheimnissvollen Verwandtschaften bemüht hat“, und welcher am tiefsten in das eigentliche Wesen dieser Verwandtschaft eingedrungen ist. Wir Deutschen pflegen in der Regel unseren grössten Dichter, um den uns alle Nationen beneiden müssen, nicht als Naturforscher zu betrachten, und weil er in seiner „Farbenlehre“ auf einen Irrweg gerathen war, das viel tiefere Verständniss der organischen Natur gänzlich zu übersehen, welches sich in einem wahrhaft überraschenden Grade an zahlreichen Stellen von Goethe's Werken ausspricht. Wir glauben, es wird hinlänglich aus den goldenen Worten Goethe's hervorleuchten, mit denen wir den Eingang in die Bücher und Capitel dieses Werkes geziert haben. Freilich hat Goethe nicht, wie viele andere sogenannte Naturforscher, dicke Bände von Beschreibungen organischer Naturkörper hinterlassen; freilich war er nicht mit alle dem gedankenlosen systematischen und anatomischen Wuste, der unsere zoologische und botanische Literatur erfüllt, in Einzelnen vertraut; freilich hat er nicht Bücher mit Verhandlungen über die alberne Streitfrage angefüllt, ob diese oder jene Thier- oder Pflanzenform als Genus, als Species, oder als Varietät anzusehen sei. Wenn wir aber als Naturforscher nicht bloss den grossen Tross der gedankenlosen Naturbeschreiber ansehen dürfen, sondern auch die hervorragenden Männer, welche mit rastlosem und kühnem Forschungstriebe bis in die innersten Geheimnisse des Naturlebens hineingedrungen sind, welche mit tiefinnerem Verständnisse das Wesen der Erscheinungen von dem Zufälligen zu sondern verstanden, welche die unermessliche Complication der Lebensbewegungen in ihrer zartesten und höchsten Blüthe zu würdigen wussten, so dürfen wir gewiss mit Recht Goethe nicht nur als den grössten deutschen Dichter, sondern auch als einen der grössten Naturforscher verehren[1]). Erst in neuerer Zeit sind wir auf diese bewundernswürdige Seite des begabtesten deutschen Geistes aufmerksamer geworden, besonders seitdem Helmholtz[2]), Oscar Schmidt[3]), Lewes[4]) und Virchow[5]) „Goethe als Naturforscher" gefeiert haben. Kein anderer Mensch hat es vermocht, das tiefste Verständniss der Erscheinungen der lebendigen Natur in so vollendeter dichterischer Form auszusprechen, als dies unser Goethe so viel und so mannichfaltig gethan hat. Jene seltene Objectivität, jene klare „Gegenständlichkeit", welche einen hervortretenden Charakterzug von Goethe's Wesen bildeten, und seine herrlichen Dichtungen überall beleben, befähigten ihn zugleich in besonderem Maasse, seine geliebte „lebendige Natur" selbst in ihrem innersten Wesen zu erkennen und darzustellen.

Allein abgesehen von den vielen wundervollen Gedanken, welche Goethe über die Natur im Ganzen und insbesondere über die Natur des Lebendigen, dieses „köstlichen herrlichen Dinges" ausgesprochen hat, finden wir speciell hier doppelte Veranlassung, seine grossen Verdienste um die organische Morphologie besonders hervorzuheben. Seine Metamorphose der Pflanzen, in welcher er das Blatt als das einfache, unendlich mannichfaltig differenzirte und metamorphosirte Grundorgan der verschiedenartigsten pflanzlichen Organe nachwies und so die Entwickelungsgeschichte der Pflanzen begründete, seine Wirbeltheorie des Schädels, worin er denselben als zusammengesetzt aus mehreren typischen, eigenthümlich metamorphosirten Wirbeln erkannte, dürfen wir

1) Was die Deutschen leider so oft erfahren, dass ihre Verdienste eher im Auslande, als daheim gewürdigt werden, hat auch Goethe als Naturforscher erfahren müssen Geoffroy S. Hilaire in Frankreich, Richard Owen in England haben seine ausserordentlichen naturwissenschaftlichen Verdienste früher, als die deutschen Landsleute, gebührend hervorgehoben. Letzterer sagt: „Durch seine Entdeckung des Zwischenknochens in der oberen Kinnlade des Menschen hat Goethe für alle derartigen Untersuchungen, welche die durchgehende Einheit der Natur erweisen, die Führung genommen, und die naturphilosophischen Anschauungen in seinen berühmten anatomischen Abhandlungen haben die werthvollen Arbeiten verwandter Geister, eines Oken, Bojanus, Meckel, Carus und anderer bedeutender Forscher auf diesem Gebiete in Deutschland hervorgerufen."

2) H. Helmholtz, „Ueber Goethe's naturwissenschaftliche Arbeiten" in der Kieler „Monatsschrift für Wissenschaft und Literatur" 1853, I, S 383.

3) Oscar Schmidt, Goethe's Verhältniss zu den organischen Naturwissenschaften. Berlin 1853.

4) G. H Lewes, Goethe's Leben und Schriften, aus dem Englischen übersetzt von J Frese Berlin 1858 (Die bei weitem beste Biographie Goethe's.)

5) Rudolf Virchow, Goethe als Naturforscher, und in besonderer Beziehung auf Schiller Berlin 1861

geradezu für morphologische Entdeckungen ersten Ranges erklären, welche ihm schon allein einen bleibenden Namen in unserer Wissenschaft sichern. Und wie charakteristisch ist es, dass die Kleinigkeitskrämer der Wissenschaft auch hierin den grossen Genius, der seiner Zeit so weit vorausgeeilt war, völlig verkannten, und dass erst eine viel spätere Zeit diesen grossen Entdeckungen die verdiente Anerkennung erringen musste! Dabei müssen wir noch besonders hervorheben, dass Goethe zu diesen höchst bedeutenden Entdeckungen keinesweges bloss durch glückliche Einfälle und geistvolle Combination zufällig sich darbietenden Beobachtungen gelangte, sondern auf Grund anhaltender und sorgfältiger, viele Jahre hindurch mit rastlosem Eifer fortgesetzter selbstständiger Untersuchungen [1]).

„Freudig war seit vielen Jahren
Eifrig so der Geist bestrebt,
Zu erforschen, zu erfahren,
Wie Natur im Schaffen lebt!“

Es ist bekannt, mit welchem unermüdlichen Fleisse, fast ganz auf seine eigene Kraft angewiesen, Goethe als originaler Autodidact in die verschiedensten Fächer der Naturwissenschaft eindrang, und wie er durch keine Hindernisse, durch keine Missgunst der engherzigen Fachgelehrten sich in seiner emsigen Arbeit stören liess. Weniger bekannt aber sind die herrlichen Früchte dieser Arbeit, besonders auf dem Gebiete der organischen Morphologie, und wir wollen daher hier nochmals ausdrücklich hervorheben, dass er, auch abgesehen von der Metamorphose der Pflanzen und von der Wirbeltheorie des Schädels, mehrere grosse allgemeine Gesetze entdeckte, die gegenwärtig, späteren Naturforschern zugeschrieben, als fundamentale Grundsätze der organischen Morphologie gelten, so insbesondere die Gesetze von der Arbeitstheilung und Differenzirung, von der Subordination der verschiedenen Individualitäten, von der Correlation der Theile u. s. w. (vergl.

1) Für das lebendige Interesse und die echt naturwissenschaftliche, empirisch-philosophische Methode, mit der Goethe seine anatomischen Beobachtungen anstellte, ist unter den osteologischen Entdeckungen besonders diejenige des Zwischenkiefers sehr merkwürdig. Bekanntlich bestritten die vergleichenden Anatomen zu Goethe's Zeit, dass der Mensch, gleich den übrigen Säugethieren, einen Zwischenkiefer besitze, und fanden hierin einen der wesentlichsten anatomischen Unterschiede des Menschen von den letzteren und namentlich von den Affen. Goethe wies anatomisch nach, dass dieser Unterschied nicht existire, und dass der Mensch so gut sein „Os intermaxillare“ habe, als die übrigen Säuger; und er wies dies nach gegenüber den bedeutendsten vergleichenden Anatomen seiner Zeit, welche weder seine wichtige Entdeckung anerkennen wollten, noch auch den hohen theoretischen Werth derselben begriffen. Besonders charakteristisch dabei war aber die echt philosophische Methode, mittelst welcher Goethe diese Entdeckung machte, nicht durch zufälliges Finden, sondern durch bewusstes, planmässiges Suchen, ein Muster von echter Induction und Deduction. Der Mensch „musste“ einen Zwischenkiefer haben und so fand er sich!

die citirten Schriften, besonders Lewes und Virchow). Was späterhin Cuvier und Geoffroy, Bär und Johannes Müller, Milne-Edwards und Bronn hierüber im Einzelnen gesagt und empirisch begründet haben, ist im Allgemeinen und Wesentlichen bereits lange zuvor von Wolfgang Goethe klar und kurz ausgesprochen worden (vergl. Bd. I, S. 240).

Das Wichtigste aber, was wir von Goethe als Naturforscher hier hervorheben müssen, und was unseres Erachtens noch Niemand gebührend gewürdigt hat, ist, dass wir ihn als den selbstständigen Begründer der Descendenz-Theorie in Deutschland feiern dürfen. Zwar führte er dieselbe nicht, wie Lamarck, in Form eines wissenschaftlichen Lehrgebäudes aus, und er versuchte nicht, wie Darwin, physiologische Beweise für die gemeinsame Abstammung der Organismen aufzufinden; aber die Idee derselben schwebte ihm klar und bestimmt vor; alle seine morphologischen Arbeiten waren von diesem monistischen Gedanken der ursprünglichen Einheit der Form und der Abstammung durchdrungen, und wir finden den Grundgedanken der Abstammungslehre vor Lamarck und vor dem neunzehnten Jahrhundert nirgends klarer und schärfer ausgesprochen als bei Goethe, welcher ihn (schon 1796!) für die Wirbelthiere in den oben angeführten merkwürdigen Worten aussprach: „Diess also hätten wir gewonnen, ungescheut behaupten zu dürfen, dass alle vollkommneren organischen Naturen, worunter wir Fische, Amphibien, Vögel, Säugethiere **und an der Spitze der letzten den Menschen** sehen, alle nach Einem Urbilde geformt seien, das nur in seinen sehr beständigen Theilen mehr oder weniger hin- und herweicht, **und sich noch täglich durch Fortpflanzung aus- und umbildet**[1]).“ Wenn je der dichterische Genius in Wahrheit auf den Flügeln der Phantasie seiner Zeit weit vorausgeeilt war, so ist es gewiss hier der Fall, wo wir Goethe mit der vollsten Klarheit und Bestimmtheit auf der Höhe einer Anschauung sehen, die eben so wohl zu den wichtigsten Errungenschaften des menschlichen Forschungsgeistes gehört, als sie noch weit entfernt ist, die allgemeine Anerkennung einer fundamentalen Wahrheit gefunden zu haben.

Als der bedeutendste der deutschen Naturphilosophen wird gewöhnlich nicht Goethe, sondern Lorenz Oken angesehen, welcher allerdings nicht nur an speciellen Kenntnissen auf dem ganzen Gebiete der Naturwissenschaft ersterem weit überlegen war, sondern auch durch den Ausbau eines speciell durchgeführten naturphilosophischen Systems sich eine weit allgemeinere Geltung als Naturforscher erwarb. Verglei-

1) Goethe, Vorträge über die drei ersten Capitel des Entwurfs einer allgemeinen Einleitung in die vergleichende Anatomie, ausgehend von der Osteologie (1796).

chen wir jedoch seine Arbeiten mit denen von Goethe, so finden wir bei dem letzteren nicht nur tieferes Verständniss der organischen Natur, und insbesondere der Morphologie der Organismen, sondern auch grössere Vorsicht und Umsicht in der Aufstellung allgemeiner Gesetze, und selbst eine schärfere und klarere Beurtheilung der Einzelheiten in den organischen Formverhältnissen. Oken verlor sich, bei allen seinen Verdiensten, doch nur allzuleicht und allzutief in unbestimmten und mystischen naturphilosophischen Träumereien, und brachte noch dazu diese phantastischen Einbildungen in einer so dunkeln orakelhaften Weise vor, oft so leichtfertig die empirische Basis verlassend, dass die bald emporkommende exact-empirische Schule Cuvier's sich gar nicht mehr um ihn bekümmerte. Um aber doch gerecht zu sein, müssen wir hervorheben, dass manche Grundgedanken Oken's vollkommen richtig waren und selbst seiner Zeit weit vorauseilten. Dem Urschleim, welchen Oken als das allgemeine active Substrat der Lebenserscheinungen in den Organismen erkannte, schrieb er, als dem allgemeinen activen Träger der Lebensbewegungen, wesentlich dieselben Eigenschaften zu, die wir heutzutage vom Protoplasma oder Plasma kennen. Ferner sprach Oken mit Bestimmtheit aus, dass alle Organismen aus sehr kleinen, mikroskopischen, aus solchem Urschleim bestehenden Bläschen zusammengesetzt seien, welche er Mile oder Infusorien nannte, und denen er wesentlich alle dieselben Eigenschaften zutheilte, die wir heute den Zellen vindiciren. Die ersten Organismen sollten als solche einfache Urschleim-Bläschen frei im Meere durch Urzeugung entstanden sein, und aus diesen sich durch Fortpflanzung, Synthese und Metamorphose alle höheren Organismen allmählich entwickelt haben. Kein Organismus sollte selbstständig erschaffen, alle allmählich entwickelt sein. Wie man hieraus sieht, sprach Oken sowohl die Grundzüge der Zellen-Theorie, als auch der Transmutations-Lehre deutlich schon zu einer Zeit aus, wo jene noch gar nicht vorhanden, und diese noch nicht in Geltung war [1]).

Die Niederlage, welche Cuvier in seinem Kampfe mit Geoffroy 1830 öffentlich der Naturphilosophie und speciell der Descendenz-Theorie bereitet hatte, war scheinbar so gründlich und wurde so allgemein anerkannt, dass in der nun folgenden Periode, beinahe volle drei Decennien hindurch, von einer Umwandlung der Species, ja überhaupt von einer Entstehung derselben, fast nirgends mehr die Rede war. Diese Frage galt für ein unauflösliches Problem, dessen Lösung jenseits der Grenzen der Naturwissenschaft liege. Um eine Theorie zu vermeiden, welche noch nicht hinlänglich bewiesen und begründet erschien, um

1) Diese Bemerkung gilt besonders von einigen früheren Arbeiten Oken's, in denen sich zum Theil sehr treffende Bemerkungen und Belege für die Entwickelungs-Theorie finden. Späterhin verlor er sich immer mehr in phantastischen Träumereien.

als allgemeine Basis der Biologie zu dienen, warf man sich einem Dogma in die Arme, dessen einzige Stärke in seiner Unbegreiflichkeit und seiner Unvereinbarkeit mit allen allgemeinen Entwickelungserscheinungen der Natur bestand. Dieses Dogma von der Constanz und absoluten Selbstständigkeit der Species, welches nunmehr zur Basis der organischen Morphologie erhoben wurde, konnte natürlich Nichts erklären, sondern musste bei jedem Erklärungsversuche auf lauter Widersprüche und übernatürliche Eingriffe in den gesetzlichen Gang der Natur, auf „Wunder" stossen. Und diese metaphysischen Vorstellungen wurden um so beliebter und mächtiger, als man dadurch jeder Anstrengung des Nachdenkens über die Ursachen überhoben wurde, und als eine Menge äusserlicher, egoistischer Motive diese Vorstellungen kräftigst unterstützten. So kam es, das man sich in der organischen Morphologie allmählich daran gewöhnte, auf eine natürliche Erklärung ihrer Erscheinungen überhaupt zu verzichten, und die blosse Beschreibung derselben als Wissenschaft anzusehen. So entstand zugleich die sich rasch erweiternde Kluft zwischen der Physiologie und der Morphologie der Organismen. Während die Physiologie, in richtiger Erkenntniss ihres Zieles und der dahin führenden Methoden, sich immer ausschliesslicher einer monistischen, d. h. absolut mechanischen und wirklich causalen Beobachtung der Lebensvorgänge zuwandte, entfernte sich die Morphologie in gleichem Grade immer entschiedener von derselben, und warf sich einer dualistischen, d. h. durchaus vitalistischen und wirklich teleologischen Betrachtung in die Arme. So entstand das gedankenlos zusammengehäufte Chaos von zahllosen unzusammenhängenden Einzel-Beobachtungen, welches gegenwärtig die Morphologie der Organismen repräsentirt.

So entschieden wir nun auch die dogmatische Einseitigkeit der seit 1830 als Alleinherrscherin anerkannten „exact-empirischen" Richtung der organischen Morphologie und ihres gänzlich unwissenschaftlichen Grundgedankens von einer selbstständigen Erschaffung aller einzelnen „Species" verurtheilen müssen, so sind wir doch weit entfernt davon, den hohen Werth zu unterschätzen, den die massenhafte Anhäufung des empirischen Rohmaterials zu dieser Zeit besass. Indem sich auf allen Gebieten der botanischen und zoologischen Morphologie, in der Histologie und Organologie, in der Embryologie und Palaeontologie, Beobachtung auf Beobachtung, Entdeckung auf Entdeckung thürmte, indem alle diese riesigen Massen von empirisch festgestellten Thatsachen ohne Ordnung und bunt durch einander gewürfelt sich häuften, wurde das Bedürfniss nach einer lichtvollen Ordnung und einer denkenden Verbindung derselben immer dringender, der stille oder ausgesprochene Wunsch nach der Auffindung leitender Gesetze in diesem Chaos immer allgemeiner. So bereitete sich, gerade durch die emsige Thätigkeit der rein empirischen Morphologie, immer schneller die Zeit vor, in welcher eine philosophische Reform derselben, eine Erlösung von dem fesselnden Wuste der todten Thatsachen durch den befreienden Gedanken der lebendigen Ursachen, nothwendig eintreten musste. Diese Erlösung konnte nur erfolgen durch eine Wiederbelebung und Neubegründung der Descendenz-Theorie, und der Held, an dessen Namen sich diese Reformation in erster Linie knüpft, ist Charles Darwin.

„Ueber die Entstehung der Arten im Thier- und Pflanzenreich durch natürliche Züchtung oder Erhaltung der vervollkommneten Rassen im Kampfe ums Dasein" lautet der Titel des grossartigen Werkes, durch welches Charles Darwin[1]) 1859 eine neue Periode zunächst der gesammten Morphologie und Physiologie, dadurch aber zugleich der Anthropologie und der gesammten menschlichen Wissenschaft überhaupt begründete. Indem wir nun in eine nähere Betrachtung von Darwin's Lehre eintreten, können wir nicht umhin zunächst der ausserordentlichen Bewunderung und der hohen Verehrung Ausdruck zu geben, mit welcher uns die Geistesthätigkeit dieses grossen Naturforschers erfüllt hat. Wenn man aufmerksam und nachdenkend Darwin's Buch liest und wieder liest, steigert sich die Verehrung des ausserordentlichen Mannes in immer höherem Grade, und man weiss wirklich nicht, was man mehr bewundern soll, die Fülle und Allseitigkeit seiner empirischen Kenntnisse, oder die Reinheit und Folgerichtigkeit seines philosophischen Verständnisses, den sittlichen Muth seiner tiefen Ueberzeugung, oder die ungeheuchelte Bescheidenheit, mit welcher er dieselbe ausspricht, die Innigkeit und Tiefe seiner Naturbeobachtung im Kleinen und Einzelnen, oder die Macht und Grösse seiner Naturanschauung im Grossen und Ganzen.

---

1) Charles Darwin, geboren 1808, wurde zu einer umfassenden und grossartigen Naturbetrachtung zunächst hingeleitet durch eine Erdumsegelung, welche er als Naturforscher an Bord des „Beagle" in den Jahren 1832—1837 ausführte, und auf welcher er namentlich in Südamerika zahlreiche und verschiedenartige Eindrücke sammelte, die ihn auf die Erforschung des Problems von der Entstehung der Arten hinleiteten. Seit seiner Rückkehr war er mehr als zwanzig Jahre lang im Stillen eifrigst beschäftigt, möglichst umfangreiche Mengen von Thatsachen zu sammeln, welche ihn zur Lösung jenes Problems hinführen könnten. Insbesondere beschäftigte er sich angelegentlich mit den höchst lehrreichen, von den Naturforschern meist ganz vernachlässigten, Veränderungen, welche die „Rassen" und „Arten" der Hausthiere und Culturpflanzen unter unseren Augen in verhältnissmässig kurzer Zeit eingehen. Indem er das causale Wesen und den mechanischen Verlauf der Entstehung neuer Formen, die unsere künstliche Züchtung unter unseren Augen bewirkt, auf das gegenseitige Wechselverhältniss der Organismen im wilden Naturzustande übertrug, und in der geistvollsten Weise mit dem „Kampfe um das Dasein" zusammenwirken liess, entdeckte er die „natürliche Zuchtwahl", welche die Basis der ihm eigenthümlichen Selections-Theorie ist. Mit weiterer Ausarbeitung derselben beschäftigt lebt Darwin gegenwärtig, leider sehr kränkelnd, auf seinem Gute Down-Bromley in Kent.

Durch eine seltene Vereinigung dieser seltenen menschlichen Eigenschaften steht Darwin unendlich erhaben über der Mehrzahl seiner Gegner da, deren beschränkter Horizont gewöhnlich nicht ausreicht, um auch nur das von ihm entworfene einheitliche Gesammtbild der organischen Natur als Ganzes übersehen zu können.

Darwin's epochemachendes Buch ist übrigens nur ein kurzer und in Eile vollendeter Auszug aus den umfangreichen Vorarbeiten, mit denen derselbe seit mehreren Decennien behufs der Herausgabe eines grösseren und mit den umfassendsten Beweismitteln ausgerüsteten Werkes über denselben Gegenstand beschäftigt ist. Von den berühmten englischen Naturforschern Lyell und Hooker, welche seine hierauf bezüglichen Untersuchungen seit vielen Jahren kennen, wiederholt vergeblich zur vorläufigen Veröffentlichung seiner Theorie gedrängt, wurde Darwin endlich hierzu vermocht, als 1858 ein anderer englischer Naturforscher, Alfred Wallace, ihm ein Manuscript zusendete, welches denselben Gegenstand in nahezu gleicher Weise behandelte. Wallace, welcher seit vielen Jahren die Thierwelt des ostindischen Archipelagus an Ort und Stelle, und mit besonderer Beachtung ihrer geographischen und systematischen Verhältnisse studirt hatte, war dadurch, ganz unabhängig von Darwin, zu denselben Grundideen, wie der letztere, gelangt, und namentlich auch zu der Annahme, dass die Entstehung neuer Species durch unbegrenzte und divergente Abänderung der vorhandenen, von einem „natürlichen Auswahl-Process" (Natural Selection) geleitet werde. Dieser folgt mit Nothwendigkeit aus der natürlichen Neigung aller Organismen, sich in geometrischer Progression zu vermehren, während ihre nothwendigen Existenz-Bedingungen (und besonders die unentbehrlichen Nahrungsmittel) nur in arithmetischer Progression wachsen. Es wird dadurch ein „Kampf um das Dasein" bedingt, welcher „züchtend" neue Species hervorbringt. Dieser Grundgedanke, welcher eine Uebertragung der Uebervölkerungs-Lehre von Malthus auf das gesammte Thier- und Pflanzenreich ist, wurde sowohl von Wallace als von Darwin, unabhängig von einander entwickelt, wie aus den beiden ersten hierauf bezüglichen Mittheilungen der beiden englischen Naturforscher zu ersehen ist, die gleichzeitig 1858 in den Schriften der Linné'schen Gesellschaft veröffentlicht wurden[1]). 1859 erschien dann das berühmte Buch von Darwin, welches nicht nur jenen Grundgedanken ausführlich begründet, sondern auch die gesammte Abstammungslehre in einem bisher ungeahnten Glanze unter Benutzung aller biologischen Argumente entwickelt.

---

1) Alfred Wallace: über die Neigung der Spielarten, sich unbegränzt von ihrem ursprünglichen Vorbild zu entfernen; und Charles Darwin: über die Neigung der Arten, Spielarten zu bilden, und über die Fortdauer der Arten und Spielarten durch die natürlichen Mittel der Auswahl. Journal of the Linnean Society. August 1858.

Nach unserer Ansicht hat Charles Darwin als Reformator der Transmutations-Theorie zwei grosse und wesentlich verschiedene Verdienste. Erstens hat er die Abstammungslehre in einer weit strengeren und eingehenderen Weise, als seine Vorgänger durchgeführt, und hat dazu das inzwischen massenhaft angehäufte Material aus allen Gebieten der Biologie in der umfassendsten Weise benutzt; und zweitens hat er durch die Aufstellung der Selections-Theorie der Umwandlungslehre einen causalen Beweisgrund geliefert, gegen welchen alle vorher noch möglichen Zweifel verstummen müssen. Was zunächst das erste Verdienst betrifft, so würde es allein schon genügen, Darwin als wirklichen Reformator der Abstammungslehre unsterblich zu machen. Mit bewunderungswürdigem Ueberblick des organischen Naturganzen und allseitiger Kenntniss aller einzelnen Gebietstheile desselben, hat derselbe die verschiedenartigen Thatsachen-Reihen zusammengestellt, welche Systematik und Verwandtschaftslehre, Anatomie und Entwickelungsgeschichte, Geologie und Palaeontologie, Physiologie der Zeugung und der geographischen Verbreitung uns liefern, und aus deren genereller Vergleichung allein schon die Descendenz-Theorie mit unabweisbarer Nothwendigkeit folgen muss. Von der Morphologie, und zwar sowohl von der Anatomie, als von der Morphogenie zeigt Darwin[1]), dass alle ihre allgemeinen Resultate mit den Gesetzen der Descendenz-Theorie im vollsten Einklange stehen, und dass die letztere allein im Stande ist, alle allgemeinen Gesetze der Systematik (Classification) und der vergleichenden Anatomie, und ebenso diejenigen der Ontogenie (Embryologie) und Phylogenie (Palaeontologie) wirklich zu erklären. Dasselbe gilt von der Physiologie, deren gesammte Conservations- und Relations-Phaenomene (Bd. I, S. 238) mit der Descendenz-Theorie vollkommen übereinstimmen. Unter den Functionen der Relation sind dafür besonders wichtig die bisher so wenig berücksichtigten, vielfältigen Beziehungen der Thiere und Pflanzen zu einander und zu den umgebenden Existenzbedingungen,

1) Wenn wir die biologischen Erscheinungsreihen, welche in Darwin's Werk bezüglich ihrer Bedeutung für die Transmutations-Theorie erläutert und zusammengefasst werden, und welche in verschiedenen Capiteln des Werkes in etwas lockerer Form geordnet auftreten, von strengerem biologischen Gesichtspunkt aus ordnen, so würden sich dieselben etwa folgendermaassen auf die verschiedenen Capitel (die wir durch die eingeklammerten römischen Ziffern bezeichnen) vertheilen. **A. Morphologie** (IX, X, XIII). a) Anatomie (XIII); b) Morphogenie: 1) Ontogenie (XIII), 2) Phylogenie (IX, X). **B. Physiologie.** a) Physiologie der Nutrition (Ernährungs-Functionen) (I, II, V); b) Physiologie der Generation (Fortpflanzungs-Functionen) (IV, VI, VIII); c) Physiologie der Relation (Beziehungs-Functionen) (III, VII, XI, XII). Im XIV. Capitel giebt Darwin eine allgemeine Wiederholung und Zusammenfassung seiner Lehre, und im XV. Capitel begleitet der Uebersetzer des Werkes, der treffliche, der Wissenschaft zu früh entrissene Bronn (einer der wenigen denkenden Morphologen) das Werk mit einem empfehlenden Nachwort.

wodurch die Anpassungen im Kampfe um das Dasein und die äusserst verwickelten Erscheinungen der geographischen Verbreitung bedingt werden. Auch diese lassen sich lediglich aus der Descendenz-Theorie erklären und begreifen, wie es Darwin schlagend nachweist. Das grösste Gewicht legte derselbe jedoch unter allen physiologischen Erscheinungsreihen auf die Abänderungen durch Anpassung und auf die Fortpflanzungs-Functionen, welche sowohl in den Erscheinungen der Bastardbildung, als ganz besonders der Vererbung uns eine Reihe von Thatsachen lehren, die eben so von der grössten Wichtigkeit, als bisher fast ganz vernachlässigt sind. Indem Darwin diese Erscheinungen, auf denen die künstliche Züchtung beruht, in der geistvollsten Weise mit den complicirten Verhältnissen der Wechselbeziehung der Organismen, und besonders des Kampfes um das Dasein combinirt, gelangt er zur Aufstellung der auch von Wállace in ähnlichem Sinne ausgedachten Selections-Theorie, deren ausführliche und auf breitester morphologischer und physiologischer Basis ausgeführte Begründung wir als das zweite grosse Verdienst von Darwin und als sein besonderes Eigenthum hier einer eingehenden Betrachtung zu unterwerfen haben.

III. Die Selections-Theorie. (Der Darwinismus.)

Die Lehre von der natürlichen Züchtung („Natural Selection") der Organismen oder von der „Erhaltung der vervollkommneten Rassen im Kampfe um das Dasein", welche wir im Folgenden immer kurz als die Zuchtwahl-Lehre oder Selections-Theorie bezeichnen werden, ist von Charles Darwin zuerst aufgestellt und in so vollkommener Weise als die eigentlich causale oder mechanische Basis der gesammten Transmutations-Theorie nachgewiesen worden, dass die letztere erst durch die erstere als eine vollberechtigte und vollkommen sicher gestellte Theorie ersten Ranges ihren unvergänglichen Platz an der Spitze der biologischen Wissenschaften erhalten hat. Diese Selections-Theorie ist es, welche man mit vollem Rechte, ihrem alleinigen Urheber zu Ehren, als Darwinismus bezeichnen kann, während es nicht richtig ist, mit diesem Namen, wie es neuerdings häufig geschieht, die gesammte Descendenz-Theorie zu belegen, die bereits von Lamarck als eine wissenschaftlich formulirte Theorie in die Biologie eingeführt worden ist, und die man daher entsprechend als Lamarckismus bezeichnen könnte [1]). Die Descendenz-Theorie fasst die gesammten allgemeinen (morphologischen und physiolo-

1) Die entgegengesetzte dogmatische Lehre von der absoluten Constanz und der selbstständigen Erschaffung der Species, kann eben so nach Cuvier, ihrem hervorragendsten Vertheidiger, Cuvierismus genannt werden.

gischen) Erscheinungsreihen der organischen Natur in ein einziges grosses harmonisches Bild zusammen, und zeigt, wie sich uns alle Züge desselben aus einem einzigen physiologischen Natur-Processe, aus der Transmutation der Species, harmonisch und vollständig erklären. Die Selections-Theorie zeigt uns dagegen, wie dieser Process der Species-Transmutation vor sich geht, und warum derselbe nothwendig gerade so vor sich gehen muss, wie es thatsächlich geschieht; sie erklärt diesen physiologischen Process selbst, indem sie uns seine mechanischen Ursachen, die Causae efficientes, kennen lehrt. Wenn daher Lamarck immer das Verdienst bleiben wird, die Abstammungslehre zuerst in die Wissenschaft als selbstständige Theorie eingeführt zu haben, so wird dagegen Darwin das nicht geringere Verdienst behalten, dieselbe nicht allein, entsprechend dem wissenschaftlichen Fortschritt eines halben Jahrhunderts, vielseitiger und umfassender ausgebildet, sondern das grössere und ebenso unsterbliche Verdienst, ihr durch die Aufstellung der Zuchtwahl-Lehre erst die causale, d. h. die unerschütterliche mechanische Basis gegeben zu haben [1]).

Der Grundgedanke von Darwin's Selections-Theorie liegt in der Wechselwirkung zweier physiologischer Functionen, welche allen Organismen eigenthümlich sind, und welche wir, ebenso wie die Ernährung und Fortpflanzung, mit denen sie unmittelbar zusammenhängen, als allgemeine organische Functionen bezeichnen können.

1) Wir heben hier absichtlich diese wesentliche Verschiedenheit der Verdienste von Lamarck und Darwin scharf hervor, weil der kleinliche Neid bald Lamarck und bald Darwin, am liebsten aber allen Beiden, das Verdienst der Aufstellung und Begründung der Descendenz-Theorie entreissen möchte. Aus mancherlei der Theorie günstigen Aeusserungen, welche in neuerer Zeit laut geworden sind, blickt nicht selten ein theils persönlicher, theils nationaler Egoismus hervor, welcher jenes Verdienst Anderen zuwenden möchte. Einige Franzosen haben hervorgehoben, dass ja Lamarck und Geoffroy schon ganz dasselbe, wie Darwin, gesagt hätten, und dass des letzteren Arbeit nur ein schwacher Abklatsch von jenen der ersteren sei. Diesen ist einfach zu entgegnen, dass sie Darwin's Werk gar nicht verstanden und die Selections-Theorie gar nicht begriffen haben. Einige Deutsche haben gleicher Weise behauptet, dass schon mehr als ein hervorragender deutscher Naturforscher die Descendenz-Theorie ausgesprochen habe, und dass diesen die Priorität vor Darwin gebühre. Auch dies ist nicht richtig. Dass der Grundgedanke der Descendenz-Theorie ein alter ist, und dass er sich schon vielen denkenden Naturforschern früherer Zeiten mehr oder minder bestimmt aufdrängen musste, haben wir oben gezeigt, ebenso, dass von den neueren deutschen Naturforschern mehrere Coryphaeen, namentlich Bär und Schleiden, denselben betont haben. Keiner von ihnen aber hat ihn als selbstständige Theorie ausgebildet, wie dies von Lamarck und Darwin geschehen ist. Auch die merkwürdigen Aussprüche von Goethe, die allein neben letzteren genannt werden können, entbehren der ausführlichen Begründung. Was aber zweitens die Selections-Theorie betrifft, so ist deren Aufstellung und wissenschaftliche Durchführung Darwin's eigenthümliches Verdienst, und nur Wallace könnte auf Theilnahme an demselben Anspruch erheben.

Es sind dies die beiden äusserst wichtigen Leistungen der Vererbung und der Anpassung, welche nach unserer Ansicht wesentlich den beiden formbildenden Elementen entsprechen, die wir oben im zweiten Buche als inneren und äusseren Bildungstrieb einander gegenübergestellt haben. (Vergl. Bd. I, S. 154.) Die Erblichkeit oder der innere Bildungstrieb (die innere Gestaltungskraft) äussert sich darin, dass jeder Organismus bei der Fortpflanzung seines Gleichen erzeugt, oder, genauer ausgedrückt, einen ihm (nicht gleichen, sondern) ähnlichen Organismus. Die Anpassungsfähigkeit oder der äussere Bildungstrieb dagegen (die äussere Gestaltungskraft) äussert sich darin, dass jeder Organismus durch Wechselwirkung mit seiner Umgebung einen Theil seiner ererbten Eigenschaften aufgiebt und dafür neue Eigenschaften annimmt, so dass er mithin dem Organismus, der ihn erzeugte, niemals absolut gleich, sondern nur ähnlich ist. Aus der allgemein stattfindenden Wechselwirkung dieser beiden gestaltenden Principien geht die ganze Mannigfaltigkeit der Organismenwelt hervor. Wäre die Erblichkeit eine absolute, so würden alle Organismen eines jeden Stammes einander gleich sein; wäre umgekehrt die Anpassung eine absolute, so würden alle Organismen völlig verschieden sein. Der factisch vorhandene Grad der Wechselwirkung zwischen beiden Bildungskräften bedingt den factisch vorhandenen Grad der Aehnlichkeit und Verschiedenheit zwischen allen Lebewesen. Alle Charactere der Organismen (und zwar sowohl chemische, als morphologische, als physiologische Eigenschaften) sind entweder durch Vererbung, oder durch Anpassung erworben; ein drittes formbildendes Element neben diesen beiden existirt nicht (vergl. Buch II, Capitel V).

Die nächste Folge der Wechselwirkung zwischen der Vererbung und der Anpassung, und insbesondere der Vererbung der durch Anpassung erworbenen Abänderungen, ist die dadurch bewirkte Divergenz ihres Charakters oder die Differenzirung. Indem die Organismen auf ihre Nachkommen durch Vererbung nicht allein die von ihnen ererbten, sondern auch die von ihnen durch Anpassung erst erworbenen Eigenschaften (Abänderungen) übertragen, gehen ihre Nachkommen aus einander, divergiren, und indem diese Divergenz wegen der unbegrenzten Abänderungsfähigkeit oder Variabilität in einem gewissen Sinne keine Schranken hat, indem vielmehr der Organismus stets anpassungsfähig, also variabel bleibt, so können im Laufe zahlreicher Generationen aus einer und derselben ursprünglichen Stammform gänzlich verschiedene Nachkommen hervorgehen. Aus einer und derselben Art entstehen durch Anpassung an sehr verschiedene Lebensbedingungen im Laufe von Generationen sehr verschiedene Arten. Je mehr die Erblichkeit in der Generationsfolge überwiegt, desto constanter ist die Art und desto längere Zeit erhält sie sich; je mehr die Anpassung überwiegt, desto variabler ist die Art und desto rascher entstehen aus ihr neue Arten.

Die ganze unendliche Mannichfaltigkeit der organischen Formen wird also in letzter Instanz lediglich durch die Wechselwirkung dieser beiden physiologischen Functionen, der Anpassung und der Vererbung hervorgebracht. Sehr wichtig sind aber weiter die besonderen Verhältnisse, unter denen diese Wechselwirkung überall stattfindet, und von denen sie in hohem Maasse begünstigt wird. Die Summe dieser Verhältnisse nennt Darwin mit einem metaphorischen Ausdruck den „Kampf ums Dasein". Indem nämlich jeder Organismus den auf ihn einwirkenden äusseren Umständen entgegenwirkt, kämpft er mit denselben. Da nun alle Individuen einer Organismenart nicht absolut gleich, sondern bloss ähnlich sind, so verhalten sie sich den gleichen äusseren Einflüssen gegenüber verschieden. Ausser diesem Kampfe mit den Anpassungs-Bedingungen findet aber ferner auch überall ein Wettkampf zwischen den zusammenlebenden Organismen statt. Da nämlich alle Organismen eine weit zahlreichere Nachkommenschaft produciren, als sich zu erhalten im Stande ist, so werden von derselben diejenigen sich am leichtesten und besten erhalten, welche sich am leichtesten und besten den umgebenden Existenz-Bedingungen, dem äusseren Bildungstriebe anpassen. Es sterben daher die am wenigsten angepassten Individuen frühzeitig aus, ohne sich fortpflanzen zu können, während die am besten angepassten Individuen erhalten bleiben und sich fortpflanzen. Die ersteren werden von den letzteren in dem unvermeidlichen Wettkampfe um die Erlangung der unentbehrlichen, aber nicht für Alle ausreichenden Existenz-Bedingungen besiegt. Es kommt hier die oben erwähnte Populations-Theorie von Malthus zur Anwendung. Diesen Sieg der befähigteren und besser angepassten Organismen im Kampfe um das Dasein nennt Darwin „Natural selection" oder natürliche Zuchtwahl (natürliche Züchtung oder Auslese), weil der Kampf um das Dasein hier dieselbe auslesende, auswählende (züchtende) Wirkung auf viele ungleiche Individuen einer und derselben Art ausübt, welche bei der „künstlichen Züchtung" die absichtliche, zweckmässige Auswahl des Menschen übt.

Die natürliche Selection wählt also im Kampfe um das Dasein diejenigen Individuen zur Fortpflanzung aus, welche sich am besten den Existenz-Bedingungen anpassen können, und da in den meisten Fällen diese Individuen die besseren, die vollkommneren sind, so ist im Allgemeinen (einzelne besondere Fälle ausgenommen!) damit zugleich eine zwar langsame, aber beständig wirkende Vervollkommnung, ein Fortschritt in der Organisation nothwendig verbunden. Da ferner der Kampf um das Dasein zwischen den zusammenlebenden Individuen einer und derselben Art um so heftiger (also auch um so gefährlicher) sein muss, je mehr sie sich gleichen, um so weniger heftig, je mehr sie von einander abweichen, so werden die am stärksten divergirenden oder von einander abweichenden Individuen am meisten Aussicht haben, neben einander fortzuexistiren und sich fortzupflanzen, und dadurch besonders wird allgemein die oben hervorgehobene Divergenz des Charakters begünstigt, welche uns die allgemeine Neigung der Organismen erklärt, immer mehr abzuändern, und immer mehr neue und mannichfaltige Arten zu bilden. Aus der unendlich verwickelten Wechselwirkung dieser inneren und äusseren formbildenden Verhältnisse, und aus den nothwendigen Folgerungen, welche sich unmittelbar daraus ableiten lassen, erklärt sich die ganze Mannichfaltigkeit der organischen Natur, welche uns umgiebt. Um dieses äusserst wichtige Verhältniss zu würdigen, müssen wir zunächst die beiden entgegenwirkenden Functionen der Vererbung und der Anpassung einer eingehenderen physiologischen Betrachtung unterwerfen, als es bisher geschehen ist.

IV. Erblichkeit und Vererbung.

(Atavismus, Hereditas.)

IV, A. Thatsache und Ursache der Vererbung.

Die Erblichkeit (Atavismus) als virtuelle Kraft, und die Vererbung (Hereditas) als actuelle Leistung der organischen Individuen, sind allgemeine physiologische Functionen der Organismen, welche mit der fundamentalen Function der Fortpflanzung unmittelbar zusammenhängen, und eigentlich nur eine Theilerscheinung der letzteren darstellen. Sie äussern sich in der Thatsache, dass jeder Organismus, wenn er sich fortpflanzt, Nachkommen erzeugt, welche entweder ihm selbst ähnlich sind, oder deren Nachkommen doch wenigstens (nach Dazwischentreten einer oder mehrerer Generationen) ihm ähnlich werden. Diese Erscheinung ist eine so allgemeine, und alltäglich zu beobachtende, dass sie, eben wegen dieser Allgemeinheit, als etwas Selbstverständiches gilt. Die wichtigen biologischen Schlüsse aber, welche aus dieser Thatsache hervorgehen, werden von der gewöhnlichen oberflächlichen Naturbetrachtung entweder übersehen oder doch nicht in ihrer vollen Bedeutung für die Charakterbildung der Organismen erkannt. Gewöhnlich werden nur auffallende Abweichungen von der Erblichkeit besonders hervorgehoben. Denn man findet es allgemein ganz „natürlich“, dass das Kind Eigenschaften seiner Eltern theilt („erbt“), und dass der Baum dem elterlichen Stamme ähnlich ist, von dem er als Same oder als Knospe entnommen wurde. „Der

Apfel fällt nicht weit vom Stamm." Der allgemeinste Ausdruck für das Grundgesetz der Erblichkeit dürfte in den Worten liegen: „Aehnliches erzeugt Aehnliches", oder genauer: „Jedes organische Individuum erzeugt bei der Fortpflanzung direct oder indirect ein ihm ähnliches Individuum."

Die Ursachen der Erblichkeit sind ebenso wie die Gesetze ihrer vielfachen Modificationen, bisher noch äusserst wenig untersucht worden. Sie hängen aber offenbar direct mit den Gesetzen der Fortpflanzung des Organismus zusammen und bestehen wesentlich in einer unmittelbaren Uebertragung von materiellen Theilen des elterlichen Organismus auf den kindlichen Organismus, die mit jeder Fortpflanzung nothwendig verbunden ist. Alle, auch die verschiedenartigsten und scheinbar von den Fortpflanzungs-Erscheinungen unabhängigsten Vererbungs-Erscheinungen sind physiologische Functionen, welche sich in letzter Instanz auf die Fortpflanzungs-Thätigkeit des Organismus zurückführen lassen. Die Erblichkeit ist also keinesweges eine besondere organische Function. Vielmehr ist in allen Modificationen derselben das wesentliche causale Fundament die materielle Continuität vom elterlichen und kindlichen Organismus. „Das Kind ist Fleisch und Bein der Eltern." Lediglich die partielle Identität der specifisch-constituirten Materie im elterlichen und im kindlichen Organismus, die Theilung dieser Materie bei der Fortpflanzung, ist die Ursache der Erblichkeit.

Wir haben im dritten Abschnitt des fünften Capitels gezeigt, dass die individuelle Form jedes Naturkörpers das Product aus der Wechselwirkung von zwei entgegesetzten Factoren, einem äusseren und einem inneren Bildungstriebe ist. Bei allen organischen Individuen, welche nicht durch spontane, sondern durch parentale Generation entstehen, ist der innere Bildungstrieb oder die innere Gestaltungskraft (Vis plastica interna) identisch mit der Erblichkeit (Bd. I, S. 155).

IV, B. Vererbung und Fortpflanzung.

Die Fortpflanzung (Propagatio) ist eine physiologische Function der Organismen, welche unmittelbar mit den allgemeinen organischen Functionen der Ernährung und des Wachsthums zusammenhängt, wie bereits im fünften und im siebzehnten Capitel ausgeführt wurde. Wir konnten dies allgemein mit den Worten ausdrücken: die Fortpflanzung ist ein Wachsthum des Organismus über das individuelle Maass hinaus. Die Wachsthumserscheinungen der Organismen und die Eigenthümlicheiten, welche dasselbe von dem Wachsthum der Anorgane unterscheiden, haben wir dort bereits in Betracht gezogen. Insbesondere fanden wir dabei von hoher Wichtigkeit die verwickelte atomistische Zusammensetzung der activen lebendigen Materien, der Kohlenstoff-Verbindungen, und namentlich der Eiweissstoffe, aus denen der lebendige Plastiden-Körper besteht; ferner ihre Imbibitionsfähigkeit, den festflüssigen Aggregatzustand, als Eigenschaften, welche die eigenthümliche Art des Wachsthums der Organismen durch „Intussusception" bedingen. Um diesen Vorgang des Wachsthums und die daraus erfolgende Function der Fortpflanzung richtig zu verstehen, ist es besonders vortheilhaft, die einfachsten aller Organismen ins Auge zu fassen, die Moneren *(Protogenes etc.* Bd. I, S. 133, 135), deren ganzer Körper einen einzigen einfachen, formlosen und durch und durch structurlosen Plasmaklumpen darstellt, ein Stück Eiweiss, welches sich durch Imbibition ernährt (assimilirt), wächst und durch Theilung fortpflanzt. Ein solches Moner theilt sich, sobald sein Wachsthum, die Aufnahme neuer Moleküle in das Innere des lebendigen Eiweissklumpens, denjenigen Grad übersteigt, welcher eine Cohäsion der Moleküle zu einer einzigen individuellen Plastide gestattet. So lange dieser Grad des Wachsthums, dieses Maass der Grössenzunahme nicht überschritten ist, vermögen sich die Plasma-Moleküle zu einem einzigen Klumpen zusammengeballt zu erhalten, indem (vielleicht in Folge ungleichen Wassergehalts in verschiedenen peripherischen Schichten des Moneres) eine bestimmte Gruppe (von vielleicht dichter beisammenstehenden Molekülen) die übrigen durch Attraction zusammenhält. Sobald aber dieses Maass der individuellen Grösse erreicht ist, und nun durch fortdauernde Aufnahme neuer Moleküle überschritten wird, so bilden sich statt des einen vorhandenen zwei oder mehrere neue Centralheerde von dichter beisammenstehenden Molekülen, welche nun in der Weise als Attractionscentren auf die übrigen Moleküle einwirken, dass der ganze Plasmakörper in zwei oder mehrere selbstständige Individuen zerfällt.

Wir heben diese einfachste Form der Fortpflanzung, durch Selbsttheilung, hier deshalb nochmals ausdrücklich hervor, weil dieselbe uns in der einfachsten und klarsten Weise die Thatsache der Vererbung als eine nothwendige Theilerscheinung der Fortpflanzung erklärt. Denn es müssen natürlich die Theilproducte, welche aus jenem einfachen Spaltungsprocess hervorgehen, die Eigenschaften des Ganzen, zu welchem sie sich alsbald wieder durch Reproduction ergänzen, „erblich" beibehalten. Wir finden unter den Protisten (Protoplasten, Rhizopoden, Diatomeen, Flagellaten etc.) zahlreiche „Species", welche entweder *(Protamoeba, Protogenes)* zeitlebens auf dem einfachen Zustande eines Moneres verharren oder doch höchstens den morphologischen Werth einer einfachen Plastide (bald Cytode, bald Zelle) erhalten, und welche als solche einfache (monoplastide) Organismen sich fortpflanzen. Hier finden wir es ohne Weiteres ganz natürlich, dass das Theilungsproduct, welches z. B. durch Halbirung entstanden ist, und sich alsbald durch Reproduction der anderen Hälfte wieder ergänzt, dem früheren Ganzen ähnlich oder fast gleich wird. Ganz dieselbe Auffassung lässt sich aber auch auf alle höheren Organismen anwenden. Wir wissen, dass alle ohne Ausnahme entweder einfache Plastiden oder individualisirte Aggregate von mehr oder weniger differenzirten Plastiden sind, und wir wissen, dass die Fortpflanzung dieser Plastiden immer in der allereinfachsten mechanischen Weise, und allermeist nach dem eben geschilderten Typus, durch einfache Theilung oder durch Knospenbildung geschieht. Wenn sich nun ein solcher höherer Organismus fortpflanzt, der eine Summe von Plastiden repräsentirt, der also nicht den Werth eines Individuums erster, sondern zweiter oder höherer Ordnung besitzt, so ist auch hier der Vorgang ein ganz ähnlicher. Auch hier muss uns die Vererbung der elterlichen Eigenschaften auf den kindlichen Organismus als die nothwendige Folge der Fortpflanzung erscheinen. Wie bei den monoplastiden Organismen ein Theil der constituirenden Plasma-Moleküle, so geht bei den polyplastiden ein Theil der constituirenden Plastiden vom zeugenden Organismus auf den erzeugten über. Die Vorgänge der Theilung, und somit auch der Vererbung, sind in beiden Fällen ganz ähnliche. Wie die Theilung der Moneren und der übrigen einfachen Plastiden dadurch zu Stande kömmt, dass eine gewisse Anzahl von Plasma-Molekülen sich um ein oder mehrere neue Attractionscentra gruppiren und nun die neu hineintretenden Moleküle sich ebenfalls um diese neuen Anziehungs-Mittelpunkte (Gruppen von dichter gestellten Molekülen) ansammeln, so geschieht auch bei den höheren, mehrzelligen Organismen die einfachste Art der Fortpflanzung, die Selbsttheilung, dadurch, dass eine oder mehrere Plastiden (Zellen oder Cytoden), welche vorher den übrigen coordinirt waren, sich von denselben sondern und als selbstständige Anziehungs-Mittelpunkte auftreten, zu denen die eintretende Ernährungsflüssigkeit vorzugsweise hingeleitet wird, und von denen aus nun der neue Plastidenbildungs-Process, das „zusammengesetzte Wachsthum" des Ganzen lebhaft ausgeht. So entstehen um die gesonderten Zellen gesonderte Zellgruppen, welche sich dann endlich mehr oder weniger vollständig trennen und so den Zerfall des elterlichen Organismus in zwei oder mehrere neue Individuen herbeiführen. Wie bei der Selbsttheilung der Plastiden (oder der Individuen erster Ordnung) einzelne stärker anziehende Plasma-Moleküle, so sind es bei der Selbsttheilung mehrzelliger Organismen (oder der Individuen zweiter oder höherer Ordnung) einzelne stärker anziehende Zellen, welche über die anderen coordinirten das Uebergewicht gewinnen, und so innerhalb des einen individuellen, centralisirten Organismus zwei oder mehrere neue Bildungscentra, Anziehungs-Mittelpunkte für die Ernährung herstellen. Diese neuen centralen Bildungsheerde, welche bereits die Anlagen der neuen

Individuen sind und welche vollkommen selbstständig werden, sobald sie sich in die Restbestandtheile des elterlichen Organismus getheilt haben, müssen natürlich die wesentlichen, specifischen Eigenschaften desselben beibehalten, und wir finden es auch hier nicht wunderbar, dass diese kindlichen Individuen bei ihrer Ergänzung zum elterlichen die gleiche Ernährungsrichtung, und somit auch die gleiche Bildungsrichtung beibehalten.

Wie nun die Vererbung der specifischen Eigenschaften durch die Fortpflanzung uns bei dieser einfachsten Form derselben, bei der monogenen Spaltung, und insbesondere bei der Selbsttheilung, als eine nothwendige Folge der partiellen Identität des kindlichen und parentalen Organismus ganz natürlich erscheinen muss, so gilt dies auch von allen anderen Arten der Fortpflanzung, welche wir im siebzehnten Capitel unterschieden haben. Mögen dieselben noch so sehr verschieden sein, so stimmen sie dennoch sämmtlich in der fundamentalen Erscheinung überein, dass ein (bald totales, bald partielles) Wachsthumsproduct des individuellen Organismus, und zwar stets ein grösserer oder kleinerer Theil des lebendigen bildungsfähigen Eiweissstoffes (Plasma der Plastiden) sich von demselben ablöst, um als neues Individuum selbstständig weiter zu leben. Da es dieselben Stoffe sind, welche die active Grundlage des elterlichen und des kindlichen Organismus bilden, dieselben specifisch constituirten Eiweiss-Verbindungen, so können wir schon a priori erwarten, dass dieselben Kräfte (Lebenserscheinungen) und dieselben Formen an dem kindlichen ebenso wie an dem elterlichen Individuum haften werden. Dies sehen wir überall bestätigt a posteriori durch die Erscheinungen der Erblichkeit, welche einzig und allein in jener materiellen Continuität wurzeln. Bei den höheren Organismen erscheint es uns wunderbar, dass eine einzige einfache Zelle, das Ei, alle die äusserst complicirten morphologischen und physiologischen Eigenschaften des elterlichen Organismus auf den kindlichen zu übertragen vermag, und es scheint schwer zu begreifen, wie die Plasma-Moleküle des Eies und des Sperma lediglich vermöge ihrer specifischen materiellen Constitution diese äusserst verwickelten Complexe hoch differenzirter Eigenschaften sollen übertragen können. Indessen verliert sich diese Schwierigkeit, sobald wir an die unendliche Feinheit in der uns unbekannten Molekular-Structur und atomistischen Constitution des Plasma denken und an die wichtige Thatsache, dass die ganze individuelle Entwickelung eine continuirliche Kette von molecularen Bewegungs-Erscheinungen des activen Plasma ist. Der Anstoss zu dieser specifischen Bewegung wird bei dem Fortpflanzungs-Akte zugleich mit dem materiellen Substrate selbst vom elterlichen auf den kindlichen Organismus übertragen, und die unmittelbare Continuität jener unendlich verschiedenartigen und complicirten Entwickelungs-

Bewegungen ist die wirkende Ursache der unendlich verschiedenartigen und complicirten Vererbungs-Erscheinungen.

IV, C. Grad der Vererbung.

Da die materielle Continuität des elterlichen und des kindlichen Organismus bei den verschiedenen angeführten Arten der Fortpflanzung einen verschiedenen Grad der Ausdehnung und der Dauer zeigt, so lässt sich von vornherein schon erwarten, dass auch der Grad der Erblichkeit bei denselben verschieden sein werde, und auch dies sehen wir überall durch die Erfahrung bestätigt. Je grösser im Verhältniss zum ganzen zeugenden Individuum der Theil desselben ist, der sich als überschüssiges Wachsthumsproduct von ersterem isolirt, desto grösser ist die Gemeinschaftlichkeit der materiellen Grundlage, desto grösser ist der Grad der Erblichkeit, d. h. die Uebereinstimmung in Form und Function des zeugenden und des erzeugten Organismus. Daher ist die letztere viel bedeutender bei der Theilung und Knospenbildung, wo ein verhältnissmässig grosser Theil sich von dem zeugenden Individuum ablöst, als bei der Keimzellen-Bildung und geschlechtlichen Zeugung, wo nur ein verhältnissmässig kleiner Theil aus dem elterlichen Organismus sich abscheidet. Ebenso ist die längere Dauer des Zusammenhanges beider Organismen hierbei von Einfluss. Je länger der materielle Zusammenhang beider dauert, je später sich das kindliche Individuum von dem elterlichen trennt, desto gleichartiger werden sich beide, als Theile eines und desselben materiellen Ganzen, ausbilden, und desto grösser wird der Grad der Erblichkeit, der biologischen Uebereinstimmung zwischen beiden sein. Dieser Umstand wirkt meist mit dem vorigen zusammen. Da auch diese Dauer des Zusammenhanges bei der Theilung und Knospenbildung grösser ist, als bei der Keimbildung und sexuellen Fortpflanzung, so wird auch aus diesem Grunde der Grad der hereditären Aehnlichkeit bei letzteren geringer, als bei ersteren sein. Die Beispiele hierfür sind bei denjenigen Organismen zahlreich, welche sich gleichzeitig auf geschlechtlichem und ungeschlechtlichem Wege fortpflanzen. Unsere veredelten Obstsorten z. B. können wir nur durch ungeschlechtliche Vermehrung (Ablösung von Knospen, Ablegern, Senkern etc.) fortpflanzen, wodurch die feinen individuellen Vorzüge des veredelten Baumes sich genau auf seine Nachkommen übertragen, während dieselben bei der geschlechtlichen Fortpflanzung (durch Samen) Nachkommen liefern, die sich weit von ihren Eltern entfernen und Rückschläge in die nicht veredelte wilde Stammform zeigen. Ebenso können sogenannte Spielpflanzen, mit sehr ausgeprägten, und namentlich mit plötzlich aufgetretenen individuellen Charakteren (z. B. die Blutbuche, die Rostkastanien mit gefüllten Blüthen, viele Trauerbäume oder Bäume mit hängenden Zweigen) nur auf ungeschlechtlichem, nicht auf geschlechtlichem Wege fortgepflanzt werden. Dagegen entstehen solche auszeichnende individuelle Bildungen, Monstrositäten etc., weit häufiger bei solchen Individuen, die sexuell, als bei solchen, die esexuell erzeugt sind. Allgemein lässt sich das Erblichkeits-Gesetz, welches diesen Erscheinungen zu Grunde liegt, folgendermaassen formuliren: „Jede Vererbungs-Erscheinung der Organismen ist durch die materielle Continuität zwischen elterlichem und kindlichem Organismus bedingt und der Grad der Vererbung (d. h. der Grad der morphologischen und physiologischen Aehnlichkeit zwischen elterlichem und kindlichem Organismus) steht in geradem Verhältnisse zu der Zeitdauer des continuirlichen Zusammenhanges zwischen zeugendem und erzeugtem Individuum, und in umgekehrtem Verhältniss zu dem Grössenunterschiede zwischen Beiden."

IV, D. Conservative und progressive Vererbung.

(Vererbung ererbter und erworbener Charaktere.)

Die ausserordentliche Wichtigkeit der Erblichkeits-Erscheinungen für die Erklärung der organischen Form-Bildung konnte erst erkannt werden, seit man den Grundgedanken der Descendenz-Theorie erfasst hatte, und es hat sich daher auch die allgemeine Aufmerksamkeit den ersteren erst dann mehr zugewendet, als Darwin die letztere durch seine Selections-Theorie causal begründet hatte. Wir werden uns daher nicht wundern, dass vorher noch keine ernstlichen Versuche gemacht worden waren, die Masse der hierher gehörigen verschiedenartigen Erscheinungen zu ordnen und als „Erblichkeits-Gesetze" zu formuliren. Auch in den wenigen seitdem verflossenen Jahren sind hierzu keine umfassenderen Schritte gethan worden; und es ist dies erklärlich bei den grossen Schwierigkeiten, welche jeder geordneten Betrachtung des ungeheuren Chaos von ontogenetischen Thatsachen sich entgegenstellen. Die sehr zahlreichen und verschiedenartigen Beobachtungen über Vererbung, welche wir aus älterer und neuerer Zeit besitzen, sind grösstentheils nicht von streng naturwissenschaftlich gebildeten Beobachtern, sondern von Landwirthen, Gärtnern, Thierzüchtern u. dergl. mehr gesammelt worden, deren Angaben zum grossen Theil sehr ungenau und unzuverlässig sind. Auch war für diese bei Wiedergabe ihrer Beobachtungen meist nicht der theoretisch-wissenschaftliche, sondern vielmehr der praktisch-zweckdienliche Standpunkt maassgebend, und es ist daher sehr schwer, diese Angaben mit Sicherheit zu verwerthen. Die Zoologen und Botaniker aber, für welche die wissenschaftliche Erkenntniss der Vererbungserscheinungen schon längst die dringendste Pflicht hätte sein sollen, waren meist viel zu sehr mit der Species-Fabrication und der anatomischen Darstellung der vollendeten

Formen in ihren todten Museen und Herbarien beschäftigt, als dass sie Zeit und Lust gehabt hätten, die Erblichkeits-Erscheinungen an den lebendigen Organismen zu studiren, und in der Erkenntniss des Werdens der Formen das Verständniss der vollendeten zu gewinnen. Es gilt also von den Vererbungs-Gesetzen dasselbe, wie von den Anpassungs-Gesetzen, dass ihre wissenschaftliche Begründung der Zukunft angehört. Vor Allem wird diese das äusserst werthvolle Material zu verwerthen haben, welches die Aerzte über die Vererbungen pathologischer Zustände gesammelt haben, und welches ebenfalls noch ganz ungeordnet ist. Wenn wir trotzdem hier den Versuch machen, die wichtigsten Gesetze der Vererbung und der Anpassung vorläufig zu formuliren, so wollen wir damit nur eine neue Anregung zur weiteren Gesetzes-Erforschung, keinesweges aber eine vollständige Reihe von feststehenden Gesetzen geben. Wir müssen deshalb für diesen Versuch besondere Nachsicht beanspruchen.

Bevor wir die verschiedenen Gesetze der Erblichkeit, welche sich mit einiger Sicherheit schon jetzt als besonders wichtig hervorheben lassen, einzeln formuliren, erscheint es nothwendig, den wesentlichen Unterschied zwischen zwei verschiedenen Hauptformen der Heredität hervorzuheben, nämlich zwischen der Vererbung ererbter und derjenigen erworbener Charaktere. Alle verschiedenen Erblichkeits-Erscheinungen lassen sich entweder der einen oder der anderen Kategorie unterordnen. Beide sind aber bisher in sehr ungleichem Maasse berücksichtigt worden. Die meisten Zoologen und Botaniker haben immer das grösste Gewicht auf Vererbung bereits ererbter Charaktere oder auf die conservative Vererbung gelegt, und dagegen die Vererbung erworbener Charaktere oder die progressive Vererbung entweder gar nicht berücksichtigt oder doch nicht in ihrem ausserordentlichen morphologischen Werthe erkannt. Hieraus vorzüglich erklärt sich die Zähigkeit, mit welcher das falsche Dogma von der Constanz der Species selbst noch von Einsichtigeren festgehalten wird. Denn aus der einseitigen Berücksichtigung bloss der conservativen Vererbung entspringt die irrige Vorstellung, dass alle Glieder einer Species durch eine bestimmte Summe von unveränderlichen Charakteren als ein natürliches Ganzes zusammengehalten werden, und dass ihre unbestreitbare Variation oder Abänderung bestimmte enge Grenzen nicht überschreitet. Erst durch die gerechte Würdigung der entgegengesetzten progressiven Vererbung wird die unbegrenzte Veränderlichkeit der organischen Formen und die freie Transmutation der Species erkannt, aus welcher sich alle Thatsachen der organischen Morphologie erklären.

Das Gesetz der conservativen oder beharrlichen Heredität oder der Vererbung ererbter Charaktere sagt aus, dass alle Descendenten ihren Eltern ebenso wie allen vorhergehenden Generationen gleichen. Jeder Organismus vererbt dieselben morphologischen und physiologischen Eigenschaften auf seine Nachkommen, welche er selbst von seinen Eltern und Vorfahren ererbt hat. In der einseitigen Auffassung, in welcher dasselbe gewöhnlich die dogmatischen Vorstellungen der Systematiker beherrscht, würde dasselbe lauten: Alle Eigenschaften, welche der Organismus von seinen Eltern ererbt hat, und nur diese, vererbt derselbe auch ebenso vollständig auf seine Nachkommen. Daher sind alle Generationen einer und derselben Species wesentlich gleich und die Abänderungen durch Anpassung überschreiten niemals bestimmte enge Grenzen. Die Species muss hiernach wirklich constant sein; denn „Gleiches erzeugt Gleiches". Wenn diese falsche Vorstellung in ihrer ganzen Einseitigkeit consequent festgehalten wird, so bleibt die erste Entstehung der erblichen Eigenschaften, welche durch die Fortpflanzung unverändert übertragen werden, vollständig unerklärt und man muss nothwendig zu der absurden dualistischen Vorstellung einer „Schöpfung der einzelnen Species" flüchten. Jede organische Art entsteht dann plötzlich zu irgend einer Zeit der Erdgeschichte lediglich durch den „Willen des Schöpfers", d. h. ohne Ursachen! Sie überträgt alle ihre „specifischen, wesentlichen Charaktere" unverändert auf ihre Nachkommen mittelst der Fortpflanzung (also durch wirkende Ursachen!), und nachdem sie eine bestimmte Reihe von Generationen hindurch sich in dieser Constanz erhalten hat, geht sie ganz unmotivirt wieder unter, ohne Ursachen!

Dass diese Vorstellung von der einseitigen und ausschliesslichen Gültigkeit der conservativen Heredität grundfalsch ist, liegt auf der Hand. Zwar beherrscht dieselbe noch heute die ganze zoologische und botanische Systematik, weil die nicht monistisch gebildete Mehrheit der Morphologen daraus das Dogma von der Species-Constanz ableitet, welches sie für unentbehrlich hält. Allein es bedarf nur eines einfachen Hinweises auf die alltäglichen Züchtungs-Erfahrungen der Gärtner und Landwirthe, um sie zu widerlegen. Die ganze künstliche Züchtung (und ebenso die natürliche) beruht darauf, dass die conservative Heredität nicht ausschliesslich wirkt, sondern vielmehr beständig und überall neben und mit der progressiven Vererbung thätig ist.

Das Gesetz der progressiven oder fortschreitenden Heredität oder der Vererbung erworbener Charaktere sagt aus, dass alle Descendenten von ihren Eltern nicht bloss die alten, von diesen ererbten, sondern auch die neuen, von diesen erst während ihrer Lebenszeit erworbenen Charaktere, wenigstens theilweis, erben. Jeder Organismus vererbt auf seine Nachkommen nicht bloss die morphologischen und physiologischen Eigenschaften, welche er selbst von seinen Eltern ererbt, sondern auch einen Theil derjenigen, welche er selbst während seiner individuellen Existenz durch Anpassung erworben hat. Dieses äusserst wichtige Gesetz läuft dem vorigen in gewisser Beziehung beschränkend zuwider, und wenn man dasselbe in gleicher Weise wie jenes berücksichtigt hätte, so würde man längst das Dogma von der Species-Constanz, und damit die hinderlichste Schranke der monistischen Morphologie beseitigt haben. Obwohl die Thatsachen, auf welchen dieses fundamentale Gesetz unumstösslich fusst, alltäglich zu beobachten und allbekannt sind, haben sich dennoch die meisten Morphologen seiner Anerkennung auf das beharrlichste verschlossen. Freilich führen die nothwendigen Consequenzen desselben den vollständigen Ruin des unheilvollen Species-Dogma und des darauf begründeten teleologischen Dualismus unaufhaltsam herbei. Denn es ist klar, dass daraus zunächst die unbegrenzte Veränderlichkeit der Species folgt. Dass die einzelnen Individuen während ihrer beschränkten Lebenszeit, in Folge der unendlich mannichfaltigen Abänderung ihrer Ernährung, den mannichfaltigsten und tiefgreifendsten Abänderungen unterliegen können, uud dass eine bestimmte Schranke dieser individuellen Abänderung nicht existirt, ist allgemein anerkannt; wenn nun zugleich das Gesetz von der progressiven Heredität als wahr anerkannt wird, — und es ist dies bei aufrichtiger Betrachtung mit offenen Augen nicht zu vermeiden — so folgt daraus unmittelbar, dass auch eine Schranke der Species-Transmutation nicht existirt, dass die Veränderlichkeit der Art unbegrenzt ist, weil jede neue, durch Anpassung erworbene Eigenschaft unter günstigen Umständen vom elterlichen Organismus auf den kindlichen vererbt werden kann. Und so ist es in der That.

Die ganze Formen-Mannichfaltigkeit der Thier- und Pflanzenwelt, wie sie uns gegenwärtig umgiebt, und wie sie sich während deren paläontologischer Entwickelung allmählich umgestaltet hat, liefert uns für diese Wechselwirkung von progressiver und conservativer Vererbung den deutlichsten Beleg. Denn das beständige Schwanken zwischen Erhaltung und Abänderung, zwischen Constanz und Transmutation, welches uns alle Thier- und Pflanzen-Species zeigen, erklärt sich uns einfach aus der Thatsache, dass die Vererbung der Charaktere niemals ausschliesslich eine conservative, sondern stets zugleich eine progressive ist. Wenn die conservative Vererbung der ererbten Charaktere allein herrschte, so würde die gesammte Organismen-Welt durchaus constant, zu allen Zeiten der Erdgeschichte dieselbe sein, und es würden nur soviel Species existiren, als ursprünglich „geschaffen" wurden (d. h. durch Archigonie entstanden). Dies wird durch die Palaeontologie widerlegt. Wenn umgekehrt die progressive Vererbung allein wirksam wäre, so würde die gesammte Organismen-Welt durchaus inconstant sein, und es würden sich gar keine verschiedenen Species unterscheiden lassen. Es würden eben so viele Species als Individuen existiren. Auch dies wird durch die Palaeontologie widerlegt. Alle palaeontologischen und systematischen (anatomischen) Thatsachen erklären sich nur aus der Annahme eines fortwährenden Ineinandergreifens, einer beständigen Wechselwirkung der conservativen und progressiven Heredität.

Eine eingehende physiologische Betrachtung der Ernährungs- und Fortpflanzungs-Verhältnisse der Organismen zeigt uns, dass dies gar nicht anders sein kann. Wir sahen, dass die Vererbung durch die Fortpflanzung vermittelt wird und in einer materiellen Continuität, einer partiellen Identität des elterlichen und kindlichen Organismus besteht. Andererseits werden wir bei der Betrachtung der Anpassung sehen, dass jede Anpassung auf einer Ernährungs-Veränderung beruht. Da nun die Ernährungs-Verhältnisse, d. h. überhaupt die gesammten Existenz-Bedingungen, im weitesten Sinne, überall und zu jeder Zeit verschieden sind, da jeder individuelle Organismus sich seinen speciellen Ernährungs-Bedingungen bis zu einem gewissen Grade anpassen muss und dadurch bestimmte Veränderungen erleidet, da endlich jede Veränderung nicht einen einzelnen Körpertheil ausschliesslich betrifft, sondern auf alle anderen Theile mit zurückwirkt, so muss auch bei der Fortpflanzung des Individuums stets ein, wenn auch noch so kleiner, Theil der erworbenen Veränderung mittelst der elterlichen Materie auf die kindliche übertragen werden und in dieser wirksam bleiben.

Das Resultat dieser Untersuchung ist also die nothwendige Wechselwirkung von conservativer und progressiver Vererbung. Der Grad der Constanz jeder organischen Species wird durch den Antheil der conservativen Vererbung, der Grad der Abänderung jeder organischen Species durch den Antheil der progressiven Vererbung bedingt.

IV, E. Gesetze der Vererbung.

Ea. Gesetze der conservativen Vererbung.

1. Gesetz der ununterbrochenen oder continuirlichen Vererbung.

(Lex hereditatis continuae.)

Bei den meisten Organismen sind alle unmittelbar auf einander folgenden Generationen einander in allen morphologischen und physiologischen Charakteren entweder nahezu gleich oder doch sehr ähnlich.

Die ununterbrochene Conservation der specifischen Charaktere in allen auf einander unmittelbar folgenden Generationen einer und derselben Species ist die allgemeine Regel bei allen höheren Thieren und Pflanzen. Wenn wir die Kette der successiven Generationen mit den

Buchstaben des Alphabets bezeichnen, so ist bei den meisten höheren Organismen A = B = C = D = E = F u. s. w. Die Gültigkeit dieses Gesetzes ist aber nicht allein allgemein anerkannt, sondern auch übertrieben worden, indem man die continuirliche Vererbung als das allgemeine Grundgesetz der Vererbung für alle Organismen ansah. Erst als man die weite Verbreitung des Generationswechsels kennen lernte, und als dasjenige, was man zuerst „als Ausnahme ansah, sich im Gange der Natur als die Regel" herausstellte, nämlich das Alterniren der Generationen bei den niederen Organismen entsprechend dem nächstfolgenden zweiten Gesetze, musste das Gesetz der continuirlichen Vererbung als das nicht ausschliesslich herrschende erkannt werden. Auf jener früheren allzuweit gehenden Verallgemeinerung desselben beruht auch die weit verbreitete, aber unbegründete Definition der Species, als des „Inbegriffes aller Individuen von gleicher Abkunft, und derjenigen, welche ihnen eben so ähnlich, als diese unter sich sind."

2. Gesetz der unterbrochenen oder verborgenen oder abwechselnden Vererbung.

(Lex hereditatis interruptae s. latentis s. alternantis.)

Bei vielen Organismen sind nicht die unmittelbar auf einander folgenden Generationen einander in allen morphologischen und physiologischen Charakteren entweder nahezu gleich oder doch sehr ähnlich; sondern nur diejenigen, welche durch eine oder mehrere davon verschiedene Generationen von einander getrennt sind.

Die Vererbungserscheinungen, welche dieses wichtige Gesetz begründen, sind allbekannt. Die Kette der auf einander folgenden Generationen ist hier aus zwei oder mehreren verschiedenen Gliedern zusammengesetzt, die alterniren. Nur die mittelbaren Descendenten jedes Individuums sind demselben nahezu gleich oder nur sehr wenig verschieden, während die unmittelbaren Descendenten einen geringeren oder höheren Grad bemerkbarer Abweichung zeigen. In sehr vielen menschlichen Familien z. B. besitzen die Kinder, sowohl in psychischer als in somatischer Beziehung, eine weit auffallendere Aehnlichkeit mit ihren Grosseltern, als mit ihren Eltern. Dasselbe ist an den Hausthieren sehr oft zu beobachten. Es bleibt also hier ein Theil der am meisten auffallenden und das Individuum auszeichnenden (individuellen) Charaktere eine oder mehrere Generationen hindurch latent, ohne sichtbare Uebertragung durch die unmittelbare Fortpflanzung, um erst nach Verlauf derselben plötzlich wieder in einer entfernteren Generation zu Tage zu treten.

Dieses Gesetz ist äusserst wichtig für die Erklärung des Generationswechsels, da offenbar ein sehr grosser (vielleicht der grösste)

Theil der verschiedenen Metagenesis-Formen unmittelbar durch eine lange Zeit hindurch fortgesetzte und dadurch befestigte „latente Vererbung“ entstanden ist. So lässt sich z. B. der Generationswechsel der Salpen sicher auf diese Weise erklären, indem sich allmählich die unmittelbar auf einander folgenden Generationen (Eltern und Kinder) mehr und mehr differenzirten, während die dritte Generation (Enkel) immer wieder in die erste Generation zurückschlug, so dass Enkel und Grosseltern einander constant gleich wurden. Wenn wir verschiedene Formen des Generationswechsels in dieser Beziehung vergleichen, so können wir mehrere verschiedene Modificationen der latenten Erblichkeit unterscheiden, zunächst je nachdem eine oder zwei oder mehrere Generationen überschlagen werden, ehe der ursprüngliche Charakter der Stammeltern sich wieder geltend macht. Bezeichnen wir die unmittelbar auf einander folgende Kette der Generationen mit den laufenden Buchstaben des Alphabets, so ist I, im ersten Falle, bei Ueberschlagung einer Generation (z. B. beim Generationswechsel der Salpen), A = C = E = G und ebenso B = D = F = H etc.; II, im zweiten Falle, bei Ueberschlagung zweier Generationen (z. B. beim Generationswechsel vieler Trematoden etc., einiger Arten von *Doliolum)* A = D = G und ebenso B = E = H, ferner C = F = J u. s. w. In denjenigen weiteren Fällen, wo mehr als zwei Generationen überschlagen werden, compliciren sich die Verhältnisse oft ausserordentlich. Wir wollen jedoch auf dieselben hier um so weniger eingehen, als fast noch nichts geschehen ist, um den Generationswechsel vom Gesichtspunkt der Vererbungsgesetze aus zu erklären.

Wenn ein individueller Charakter eine längere Reihe von Generationen hindurch latent bleibt, und erst nach Einschaltung einer grösseren Anzahl verschieden gebildeter Zwischen-Generationen wieder zur Geltung kommt, so bezeichnet man diese Modification der latenten Erblichkeit als Rückschlag. Bekanntlich spielt derselbe bei der Züchtung unserer Hausthiere und Culturpflanzen eine ausserordentlich grosse und wichtige Rolle, und es ist erstaunlich, welche ausserordentlich lange Reihe von Generationen verstreichen kann, ehe gewisse auszeichnende Charaktere einer alten Stammform wieder zur Geltung kommen. Dies gilt z. B. von den bisweilen auftretenden Streifen an unseren einfarbigen Pferden, welche als Rückschlag in ihre uralte gestreifte Stammform erklärt werden müssen. Dasselbe beobachtet man sehr häufig bei der „Verwilderung“ domesticirter Formen, z. B. der Obstsorten, des Kohls etc. Regelmässig tritt dieselbe Erscheinung in vielen Formen des Generationswechsels (z. B. bei den Blattläusen, vielen Phanerogamen) auf, wo die geschlechtlich entwickelten Generationen nur periodisch auftreten, nachdem eine längere oder kürzere Reihe von Zwischen-Generationen eingeschaltet worden ist.

3. Gesetz der geschlechtlichen Vererbung.

(Lex hereditatis sexualis.)

Bei allen Organismen mit getrennten Geschlechtern vererben sich die primären und secundären Sexualcharaktere einseitig fort; d. h. es gleichen die männlichen Descendenten in der wesentlichen Summe der secundären Sexual-Charaktere mehr dem Vater, die weiblichen mehr der Mutter.

Dieses Gesetz ist von grosser Bedeutung für die Conservation, Befestigung und weitere Differenzirung der Geschlechtsunterschiede, und besonders der secundären Sexualcharaktere, bei den amphigonen Organismen. Wir verstehen darunter diejenigen Unterschiede der beiden Geschlechter, welche dieselben, auch abgesehen von der Differenz der primären Sexualcharaktere (der unmittelbar die Fortpflanzung bewirkenden Geschlechtsorgane), unterscheiden. Solche secundäre Geschlechtseigenthümlichkeiten sind sowohl unter den niederen als unter den höheren Thieren mit getrennten Geschlechtern sehr allgemein verbreitet: es gehören dahin z. B. die ausgezeichneten Unterschiede der gesammten Köperform und Grösse, welche die getrennten Geschlechter vieler Hydroidpolypen, vieler Insecten, Crustaceen etc. zeigen, ferner die auffallenden Differenzen in Grösse, in Färbung des Federkleides, in der Bildung gewisser Zierrathe (z. B. Hahnenkamm) der Vögel, ferner die meist bloss dem männlichen Geschlechte eigenen Geweihe, Hörner, Haarbüschel etc. der Wiederkäuer. Beim Menschen gehört dahin der Bart und die entwickeltere Muskelkraft, Willensthätigkeit und Denkthätigkeit des Mannes, die zartere Beschaffenheit und geringere Behaarung der Haut, die entwickeltere Empfindungsthätigkeit des Weibes. Alle diese nur einem der beiden Geschlechter zukommenden Eigenthümlichkeiten werden von demselben nach dem obigen „Gesetz der sexuellen Vererbung“ in der Regel nur auf das eine der beiden Geschlechter und zwar auf das entsprechende weiter vererbt. So bleiben im Laufe langer Generations-Reihen die männlichen Individuen den männlichen Vorfahren, die weiblichen Individuen den weiblichen Vorfahren gleich oder doch in allen wesentlichen Charakterzügen sehr ähnlich.

4. Gesetz der gemischten oder beiderseitigen Vererbung.

(Lex hereditatis mixtae s. amphigonae.)

Bei allen Organismen mit getrennten Geschlechtern vererben sich die nicht sexuellen Charaktere gemischt fort, d. h. es gleichen die männlichen Descendenten zwar in den meisten und wichtigsten Charakteren mehr dem Vater, aber in einigen auch mehr der Mutter, und ebenso gleichen die weiblichen Descendenten zwar in den meisten und wichtigsten Charakteren mehr der Mutter, aber in einigen auch mehr dem Vater.

Dieses Gesetz scheint dem vorigen, dem der sexuellen Vererbung, in gewisser Beziehung zu widersprechen und es ist in der That eine Modification desselben. Es verhält sich zu jenem ähnlich, wie das Gesetz der latenten zu dem der continuirlichen Vererbung. Wahrscheinlich ist es sehr allgemein herrschend, allein gewöhnlich schwer zu constatiren, weil die betreffenden „gekreuzten" Charaktere, welche vom Vater auf die Tochter, von der Mutter auf den Sohn übergehen, meist untergeordneter Natur oder doch für unsere groben Beobachtungs-Mittel schwer oder gar nicht wahrzunehmen sind. Von der grössten Bedeutung ist das Gesetz der gemischten Vererbung für die Erscheinungen der Bastard-Zeugung und Kreuzung. Die Hybridismus-Gesetze, welche gegenwärtig sich noch nicht scharf formuliren lassen, werden grossentheils auf dieses Gesetz zurückzuführen sein. Am deutlichsten gewahren wir die Wirkungen der gemischten Vererbung bei Betrachtung der Erblichkeits-Erscheinungen am Menschen selbst, welcher überhaupt für das Studium der gesammten Erblichkeitsgesetze weit interessantere und lehrreichere Beispiele liefert, als die meisten anderen Thiere. Es hängt dies theils ab von der grösseren individuellen Differenzirung des Menschen, theils von unserer grösseren Fähigkeit, die feineren Differenzen in Form und Function hier zu erkennen. Nun ist es allbekannt, wie allgemein in den menschlichen Familien die gemischte oder gekreuzte Vererbung herrschend ist, wie der eine Junge oder das eine Mädchen in dieser oder jener Beziehung bald mehr dem Vater, bald mehr der Mutter gleicht. Grade durch diese Mischung der Charaktere von beiden Geschlechtern in den Nachkommen wird die unendliche Mannichfaltigkeit der individuellen Charaktere in erster Linie bedingt. Bekannt ist, was Goethe in dieser Beziehung von sich aussagt:

„Vom Vater hab ich die Statur,
Des Lebens ernstes Führen;
Vom Mütterchen die Frohnatur
Und Lust zu fabuliren."

5. Gesetz der abgekürzten oder vereinfachten Vererbung.

(Lex hereditatis abbreviatae s. simplicatae.)

Die Kette von ererbten Charakteren, welche in einer bestimmten Reihenfolge successiv während der individuellen Entwickelung vererbt werden und nach einander auftreten, wird im Laufe der Zeit abgekürzt, indem einzelne Glieder derselben ausfallen.

Obgleich im Ganzen die individuelle Entwickelungsgeschichte jedes organischen Individuums eine kurze Wiederholung der langen paläontologischen Entwickelung seiner Vorfahren, die Ontogenie eine kurze Recapitulation der Phylogenie ist, so müssen wir dennoch als eine sehr wichtige Ergänzung dieses fundamentalen Satzes hinzufügen, dass diese Wiederholung niemals eine ganz vollständige ist. Es finden bei jeder individuellen Entwickelungsgeschichte zahlreiche Abkürzungen und Vereinfachungen statt, indem nach und nach die vollständige Kette aller derjenigen Veränderungen, welche die Vorfahren des Individuums durchliefen, durch Ausfall einzelner Glieder immer kürzer zusammengezogen und dadurch immer unvollständiger wird. Wie Fritz Müller in seiner ausgezeichneten und höchst nachahmungswürdigen Schrift über die Morphogenie der Crustaceen[1]) schlagend gezeigt hat, „wird die in der individuellen Enwickelungsgeschichte erhaltene geschichtliche Urkunde allmählich verwischt, indem die Entwickelung einen immer geraderen Weg vom Ei zum fertigen Thiere einschlägt, und sie wird häufig gefälscht durch den Kampf ums Dasein, den die frei lebenden Larven zu bestehen haben. Die Urgeschichte der Art (Phylogenie) wird in ihrer Entwickelungsgeschichte (Ontogenie) um so vollständiger erhalten sein, je länger die Reihe der Jugendzustände ist, die sie gleichmässigen Schritts durchläuft, und um so treuer, je weniger sich die Lebensweise der Jungen von der der Alten entfernt, und je weniger die Eigenthümlichkeiten der einzelnen Jugendzustände als aus späteren in frühere Lebensabschnitte zurückverlegt oder als selbstständig erworben sich auffassen lassen.“ Je verschiedenartiger die Existenzbedingungen sind, unter denen das Individuum in den verschiedenen Zeitabschnitten seiner Entwickelung lebt, desto mehr wird dasselbe sich diesen anpassen müssen und dadurch von der Entwickelung seiner Vorfahren entfernen. Je heftiger der Kampf um das Dasein ist, den die jungen Individuen und die Larven zu bestehen haben, desto mehr ist es für sie von Vortheil, wenn sie möglichst rasch den vollendeteren späteren Zuständen sich nähern, und indem also die schneller sich entwickelnden, bei denen die Ontogenesis zufällig abgekürzt wird, oder bei denen einzelne

[1]) Fritz Müller, Für Darwin. Leipzig. W. Engelmann 1864. Wir können diese geistvolle und höchst wichtige Schrift, welche ein Muster denkender Naturforschung liefert, hier nicht erwähnen, ohne dieselbe als ein unübertroffenes Beispiel monistisch-causaler Behandlung der Entwickelungsgeschichte besonders hervorzuheben, und ohne darauf aufmerksam zu machen, wie dieselbe durch die wichtige Verbindung der individuellen und der paläontologischen Entwickelungsgeschichte einige der schwierigsten und verwickeltsten Fragen der thierischen Morphologie zu einer ebenso klaren als einfachen Lösung führt. Wenn die von Fritz Müller meisterhaft durchgeführte Behandlung einiger der schwierigsten morphogenetischen Aufgaben erst allgemein geworden sein wird, so wird unsere Wissenschaft auf den gegenwärtigen Zustand der Morphologie als auf ein Stadium unbegreiflicher Gedankenlosigkeit zurückblicken.

Abschnitte derselben ausfallen, dadurch einen Vortheil im Kampf um das Dasein erlangen, werden sie die langsamer sich entwickelnden überleben, und so ihre individuelle schnellere Entwickelungsweise als eine nützliche „Abkürzung oder Vereinfachung der Entwickelung" auf ihre Nachkommen vererben. Wenn diese Vereinfachung weit geht, so kann sie selbst bei nächst verwandten Arten eine sehr verschiedene Ontogenese bedingen. So ist z. B. nach Fritz Müllers schöner Entdeckung die gemeinsame ursprüngliche Larvenform der Podophthalmen und vieler niederer Crustaceen, der *Nauplius*, bei den allermeisten stieläugigen Krebsen, wo derselbe späterhin in die *Zoea*-Form übergeht, durch Vereinfachung der Entwickelung verschwunden, und nur bei einigen Garneelen *(Peneus)* übrig geblieben. Bei den letzteren ist also nicht dieselbe Abkürzung der Vererbung (durch Ausfall des *Nauplius*-Stadiums) eingetreten, wie bei den meisten anderen Podophthalmen, wo die *Zoea* unmittelbar aus dem Ei kommt. In ähnlicher Weise erklärt uns die Abkürzung oder Vereinfachung der Entwickelung viele der wichtigsten ontogenetischen Erscheinungen, besonders bei den höheren Thieren und Pflanzen.

Eb. Gesetze der progressiven Vererbung.

6. Gesetz der angepassten oder erworbenen Vererbung.

(Lex hereditatis adaptatae s. accommodatae.)

Alle Charaktere, welche der Organismus während seiner individuellen Existenz durch Anpassung erwirbt, und welche seine Vorfahren nicht besassen, kann derselbe unter günstigen Umständen auf seine Nachkommen vererben.

Gleichwie alle von den Voreltern ererbten, so können auch alle neu erworbenen Eigenschaften der Materie durch die Vererbung fortgepflanzt werden. Es giebt keine morphologischen und physiologischen Eigenthümlichkeiten, welche das organische Individuum durch die Wechselwirkung mit der umgebenden Aussenwelt erwirbt, mit einem Worte keine „Anpassungen", welche nicht durch Vererbung auf die Nachkommenschaft übertragen werden könnten. Dieses grosse Gesetz ist von der höchsten Wichtigkeit, weil darauf unmittelbar die Veränderlichkeit der Arten, die Möglichkeit, dass verschiedene neue Species aus einer vorhandenen hervorgehen, beruht. Wir kennen in der That keine einzige, in die Mischung, Form oder Function des Organismus eingreifende Veränderung, welche nicht unter bestimmten (uns gewöhnlich ganz unbekannten) Verhältnissen auf wenige oder auf viele Generationen hinaus vererbt werden könnte. Am leichtesten geschieht dies, wenn die Veränderung sehr langsam und allmählich erfolgt (wie z. B. bei Erwerbung chronischer Krankheiten, die viel leichter als acute vererbt werden).

Am schwersten dagegen tritt die Vererbung der Veränderung ein, wenn die letztere ganz plötzlich (z. B. traumatisch) erfolgte[1]). Gewöhnlich springen die Fälle, wo eine plötzlich aufgetretene Veränderung auf eine oder mehrere Generationen vererbt wird, sehr deutlich dann in die Augen, wenn die betreffende Veränderung eine „monströse" ist, d. h. einzelne Theile des Organismus in ungewöhnlicher Zahl, Grösse, Form oder Farbe entwickelt zeigt, so z. B. die Fälle, in denen sechs Finger an jeder Hand mehrere Generationen hindurch beim Menschen vererblich blieben, ferner die berühmten Stachelschwein-Menschen aus der Familie Lambert, wo eine eigenthümliche schuppenähnliche monströse Hautbildung von Edward Lambert an (1735) sich durch mehrere Generationen auf die Nachkommen vererbte, und zwar bloss auf und durch die männlichen Nachkommen. Auch die häufigen Fälle von erblichem Albinismus gehören hierher, ferner die Fälle, wo ein einzelner Schafbock oder Ziegenbock mit keinem oder mit 4—8 Hörnern geboren wurde, und nun diesen individuellen Charakter auf seine Nachkommen übertrug.

Viel wichtiger, als diese monströsen, auffallend vortretenden Abänderungen, welche durch die angepasste Vererbung übertragen werden, sind die unscheinbaren und geringfügigen Abänderungen, welche erst im Laufe von Generationen durch Häufung und Befestigung ihre hohe Bedeutung für die Umbildurg der organischen Form erhalten. Die gesammten Vorgänge der künstlichen Züchtung liefern in dieser Beziehung für das Gesetz der angepassten Vererbung eine lange Beweiskette.

7. Gesetz der befestigten Vererbung.

(Lex hereditatis constitutae.)

Alle Charaktere, welche der Organismus während seiner individuellen Existenz durch Anpassung erwirbt, und welche seine Vorfahren nicht besassen, werden um so sicherer und vollständiger auf alle folgenden Generationen vererbt, je anhaltender die causalen Anpassungs-Bedingungen einwirkten, und je länger sie noch auf die nächstfolgenden Generationen einwirken.

Die grosse Bedeutung dieses Gesetzes ist wegen seiner ungemeinen praktischen Wichtigkeit für die künstliche Züchtung allgemein aner-

[1]) Gewöhnlich werden bekanntlich traumatische oder durch Verwundung entstandene Veränderungen nicht vererbt. Um so wichtiger ist es, die Fälle aufzubewahren, in denen dies doch bisweilen geschieht. So wurden kürzlich, wie mir Herr Hofrath Stöckhardt als sicherer Gewährsmann mittheilte, auf einem Gute in der Nähe von Jena mehrere schwanzlose Kälber geboren, deren Vater der Schwanz beim unvorsichtigen Zuschlagen eines Thores eingeklemmt und abgequetscht worden war.

kannt. Jeder Gärtner und Landwirth weiss, dass neu erschienene Abänderungen von Thieren und Pflanzen auf die Nachkommenschaft nur dann dauernd übertragen und befestigt werden können, wenn die Ursache, welche die Veränderung bedingte, entweder wiederholt, oder längere Zeit hindurch, am sichersten, wenn sie andauernd durch eine Reihe von vielen Generationen einwirkte. Ist dies nicht der Fall, so schlägt die veränderte Form in ihrer Nachkommenschaft sehr leicht wieder in die Stammform zurück. Die Befestigung aber ist um so tiefer, je länger die Ursache einwirkte. Jeder Organismus besitzt in dieser Beziehung einen gewissen Elasticitätsgrad. Wenn die Biegung der elastischen Form längere Zeit durch einen biegenden äusseren Einfluss erhalten wird, so bleibt sie nach dem Aufhören dieses Einflusses von selbst bestehen, während sie in den früheren, nicht gebogenen Zustand zurückschnellt, wenn der biegende Einfluss sie nur kurze Zeit zur Biegung zwang. Wie in einem künstlich gebogenen elastischen Metallstabe sich die Moleküle des Metalls bei längerer Dauer der Biegung so anordnen, dass sie auch nach Aufhören derselben diese Anordnung beibehalten, dagegen in ihre frühere Anordnung zurückkehren, wenn die biegende Kraft nur kurze Zeit einwirkte, so verhalten sich auch die Moleküle des Eiweisses in einem Organismus, welcher durch die Anpassung „gebogen" wird. Die allgemeine Gültigkeit des Gesetzes von der „Befestigung der Vererbung" ist so bekannt, dass wir kaum Beispiele anzuführen brauchen. Jeder Landwirth kann eine neue Abänderung einer Thierform, jeder Gärtner eine neue Anpassung einer Pflanzenform nur dadurch „erhalten" und dauerhaft erhalten, d. h. befestigen, wenn er sorgfältig darauf achtet, dass die neue Form erst einige Generationen hindurch unter denselben Bedingungen erhalten und „rein" fortgepflanzt wird. Wenn hierbei nicht die nöthige Vorsicht angewendet wird, so schlägt die veränderte Form schon in den ersten Generationen wieder in die ursprüngliche Stammform zurück. Es steht also der Grad der Befestigung einer Veränderung (eines erworbenen Charakters) in gradem Verhältnisse zur Zeitdauer des verändernden Einflusses und zur Zahl der Generationen, durch welche er sich bereits vererbt hat.

8. Gesetz der gleichörtlichen Vererbung.

(Lex hereditatis homotopae.)

Alle Organismen können die bestimmten Veränderungen irgend eines Körpertheils, welche sie während ihrer individuellen Existenz durch Anpassung erworben haben, und welche ihre Vorfahren nicht besassen, genau in derselben Form auf denselben Körpertheil ihrer Nachkommen vererben.

Auch dieses Gesetz der gleichörtlichen oder homotopen Vererbung hat im ganzen Thier- und Pflanzen-Reiche so allgemeine Geltung, dass man sich niemals über diese alltägliche Erscheinung wundert. Und doch ist dieselbe von der grössten Bedeutung; denn es kann kaum etwas Wunderbareres und schwerer zu Erklärendes geben, als die allbekannte Thatsache, dass der Organismus einen localen Charakter, den er während seiner individuellen Existenz erworben hat, auch genau auf denselben Körpertheil seiner Nachkommen überträgt. In der That ist der unvermeidliche und nothwendige Gedanke äusserst schwierig zu verfolgen, dass das Zoosperm des Vaters und die Eizelle der Mutter, diese minimale Quantität einer formlosen Eiweiss-Verbindung, eine äusserst geringfügige und unbedeutende Abänderung, welche irgend ein Körpertheil der Eltern zu irgend einer Lebenszeit erfahren hat, genau auf denselben Körpertheil des Embryo oder selbst erst des erwachsenen Organismus überträgt, der sich aus jenem, vom Zoosperm befruchteten Eie epigenetisch entwickelt und erst allmählich zur specifischen Form differenzirt hat. Und doch sehen wir diese Thatsache alltäglich verwirklicht vor Augen. Sie giebt uns einen Begriff von der unendlichen Feinheit der organischen Materie und der unbegreiflichen Complication der in derselben stattfindenden Molecular-Bewegungen, zu deren richtiger Würdigung gegenwärtig weder das Beobachtungs-Vermögen unserer Sinne, noch das Denk-Vermögen unsers Verstandes ausreicht.

In der auffallendsten Weise offenbart sich das Gesetz der homotopen oder gleichörtlichen Vererbung in den häufigen Fällen, in denen ein menschliches Individuum eine ihm eigenthümliche, von seinen Voreltern nicht besessene, und äusserlich leicht wahrnehmbare Veränderung in der Grösse, Form, Farbe etc. eines bestimmten Organs zeigt, die sich gleicherweise an dem gleichen Organe seiner Nachkommen wiederholt. Sehr deutlich ist dies wahrzunehmen an den sogenannten „Muttermalen“ oder „Leberflecken“, localen Pigmentanhäufungen an den verschiedensten Stellen der Haut, die sehr häufig bei allen oder doch bei einigen Nachkommen dieses Individuums Generationen hindurch an genau derselben Stelle der Haut wieder erscheinen. Dasselbe zeigen sehr auffallend die gefleckten Spielarten unserer Hausthiere und Culturpflanzen, bei denen unter gewissen Bedingungen dieser oder jener auffallende Pigmentfleck, der unvermittelt in einer Generation zum ersten Male aufgetreten ist, nun in ganz gleicher Form, Grösse und Farbe an derselben Stelle des Körpers der Nachkommen wieder auftritt. Ferner ist dasselbe bekanntlich in ausgezeichneter Weise an vielen pathologischen Erscheinungen wahrzunehmen. Eine krankhafte Veränderung eines inneren oder äusseren Organs, (z. B. eine Hypertrophie, Atrophie, chronische Entzündung), welche von einer einzelnen Person während ihres Lebens erworben ist, kehrt sehr oft in genau derselben

Form an demselben Organe der Nachkommenschaft wieder. Wenn wir aber vom weiteren Standpunkte aus das Gesetz der homotopen oder gleichörtlichen Vererbung betrachten, so erkennen wir darin, wie in dem folgenden Gesetze der homochronen oder gleichzeitlichen Vererbung, eines der ersten und wichtigsten Grundgesetze der gesammten Embryologie und der Ontogenie überhaupt.

9. Gesetz der gleichzeitlichen Vererbung.

(Lex hereditatis homochronae.)

Alle Organismen können die bestimmten Veränderungen, welche sie zu irgend einer Zeit ihrer individuellen Existenz durch Anpassung erworben haben, und welche ihre Vorfahren nicht besassen, genau in derselben Lebenszeit auf ihre Nachkommen vererben.

Dieses Gesetz ist gleich dem vorigen von der äussersten Wichtigkeit für die Erklärung der allgemeinen Erscheinungen der Embryologie und der Ontogenie überhaupt. Darwin, der zuerst hierauf hingewiesen hat, nennt dasselbe das „Gesetz der Vererbung in correspondirendem Lebens-Alter.“ Bequemer ist der kürzere Ausdruck: Gesetz der gleichzeitlichen (oder homochronen) Vererbung. Auch die Wirkungen dieses Gesetzes sind, wie die des vorigen, so alltäglich zu beobachtende, und so allgemeine, dass sie eben desshalb noch niemals besondere Bewunderung erregt und zu eingehender Untersuchung Veranlassung gegeben haben. Und doch sind auch sie von der grössten biologischen Bedeutung, und gehören zu den wunderbarsten und am schwersten zu erklärenden Erscheinungen, welche überhaupt in der Natur vorkommen. Denn ist nicht wirklich die allbekannte Thatsache äusserst wunderbar, dass eine bestimmte Veränderung, welche der Körper eines Organismus zu irgend einer Zeit seines Lebens erlitten hat, genau zu derselben Zeit auch an seinen Nachkommen wiederkehrt? Auch hier können wir kaum begreifen, wie die feinen Molecularbewegungen des Plasma, welche solchen Veränderungen zu Grunde liegen, beim Zeugungsact in der Weise mittelst des Sperma oder des Eies auf den gezeugten kindlichen Organismus von den Eltern übertragen werden, dass sie eine ganz bestimmte Zeit hindurch an dem Kinde nicht zur Erscheinung kommen (also latent existiren) und erst dann bemerkbar werden, wenn der kindliche Organismus in dieselbe Lebensperiode eingetreten ist, in welcher der elterliche jene Veränderung erworben hat.

Die Beispiele auch für diesen höchst wunderbaren Vorgang sind in der That zahllose, da die gesammte individuelle Entwickelungsgeschichte der Organismen als Illustration dieses Gesetzes angesehen werden muss. Besonders auffallende Beispiele liefert aber auch hier wieder der so fein differenzirte und so mannichfaltig abändernde menschliche Organismus. Namentlich sind hier häufig und allbekannt viele merkwürdige Thatsachen aus der Pathologie, wie z. B. die gleichzeitliche Vererbung von Krankheiten der Ernährungsorgane, des Darmes, der Leber, der Lungen etc. Alle diese Erkrankungen wiederholen sich gewöhnlich in den Familien, wo sie erblich werden, an den Nachkommen genau zu derselben Zeit, zu welcher die Eltern sie zum ersten Male erworben haben. Ferner sehen wir dasselbe Gesetz bestätigt an unseren Hausthieren und Culturpflanzen, wo ebenfalls sehr häufig auffallende äussere Veränderungen (z. B. in Form und Grösse einzelner Organe), die in späterer Lebenszeit erst von einem einzelnen Individuum erworben wurden, sich auf die Nachkommen desselben vererben, anfänglich aber latent sind, und erst dann sichtbar werden, wenn das entsprechende spätere Lebensalter erreicht ist. Wenn dagegen eine tiefe Veränderung der Organisation, wie es sehr häufig der Fall ist, bereits in sehr früher Lebenszeit des Individuums, während seiner embryonalen Entwickelung eintritt, so erscheint dieselbe auch an seinen Nachkommen zur selbigen frühen Zeit wieder, und es werden die letzteren, gleich dem ersteren, bereits mit dieser Veränderung geboren.

Auch dieses äusserst wichtige, von den Erscheinungen der embryonalen Entwickelung (Ontogenese) inductiv abgeleitete Gesetz der homochronen Vererbung erlaubt gleich demjenigen der homotopen Vererbung die weiteste deductive Anwendung auf das Gebiet der parallelen palaeontologischen Entwickelung (Phylogenie) und es ergiebt sich hieraus z. B., warum die Kälber hörnerlos geboren werden und ihre Hörner erst später erhalten, warum die Kaulquappen zuerst in fischähnlicher Form existiren und erst später die ausgebildete schwanzlose Froschform annehmen u. s. w.

V. Veränderlichkeit und Anpassung.

(Variabilitas. Adaptatio.)

V, A. Thatsache und Ursache der Anpassung.

Die **Anpassungsfähigkeit** (Adaptabilitas) oder **Veränderlichkeit** (Variabilitas) als **virtuelle Kraft**, und die **Anpassung** (Adaptatio) oder **Abänderung** (Variatio) als **actuelle Leistung** der organischen Individuen, sind allgemeine **physiologische Functionen** der Organismen, welche mit der fundamentalen Function der **Ernährung** unmittelbar zusammenhängen und eigentlich nur eine Theilerscheinung der letzteren darstellen. Sie äussern sich in der Thatsache, dass jeder Organismus sich während seiner individuellen Existenz in einer von den Erblichkeits-Gesetzen unabhängigen Weise, lediglich durch den Einfluss der ihn umgebenden Existenzbedingungen, verändern, sich den letzteren anpassen und also Eigenschaften erwerben kann, welche seine Voreltern nicht besassen. Diese Erscheinung ist, wie die Erblichkeit, eine so allgemeine und alltäglich zu beobachtende, dass sie, eben wegen dieser Allgemeinheit, von der gewöhnlichen oberflächlichen Naturbetrachtung entweder gar nicht in Betracht gezogen oder doch in ihrer fundamentalen Bedeutung für die Charakterbildung des ganzen Organismus bei weitem unterschätzt wird. Am bekanntesten, weil von unmittelbarer praktischer Bedeutung, sind diejenigen Erscheinungen der Veränderlichkeit und Anpassung, welche als Angewöhnung, Erziehung, Dressur, Erkrankung u. s. w. so vielfältig in das Culturleben des Menschen eingreifen. Alle diese Erscheinungen beruhen auf Veränderungen der Organismen, die durch ihre Anpassungsfähigkeit bedingt sind. Der allgemeinste Ausdruck für das Grundgesetz der Anpassung dürfte sich in dem Satze finden lassen: „Kein organisches Individuum bleibt den anderen absolut gleich.“

Die Ursachen der Veränderlichkeit und die Gesetze ihrer vielfachen Modificationen sind, ebenso wie diejenigen der Erblichkeit, bisher noch äusserst wenig untersucht. Sie hängen aber offenbar direct zusammen mit den Gesetzen der Selbsterhaltung und speciell mit den Gesetzen der Ernährung des Organismus; und bestehen wesentlich in einer materiellen Wechselwirkung zwischen Theilen des Organismus und der ihn umgebenden Aussenwelt. Alle, auch die verschiedenartigsten und scheinbar von der Ernährungsfunction unabhängigsten Anpassungs-Erscheinungen sind physiologische Functionen, welche sich in letzter Instanz als Ernährungs-Veränderungen des Organismus nachweisen lassen. Wenn wir sagen, dass diese oder jene Veränderung des Körpers „durch Uebung, durch Gewohnheit, durch Wechselbeziehungen der Entwickelung“ u. s. w. entstehe, so erscheint es zunächst, dass diese Ursachen der Anpassung ganz selbstständige organische Functionen seien. Sobald wir aber denselben näher nachgehen und auf den Grund derselben zu kommen suchen, so gelangen wir zu dem Resultate, dass alle diese Functionen ohne Ausnahme zuletzt wieder von der Ernährungs-Function abhängig sind. Die Veränderlichkeit oder Anpassungs-Fähigkeit ist also keinesweges eine besondere organische Function, wie dies sehr häufig angenommen wird. Vielmehr ist es sehr wichtig festzuhalten, dass alle Anpassungs-Erscheinungen in letzter Instanz auf Ernährungs-Vorgängen beruhen, und dass die materiellen, physikalisch-chemischen Processe der Ernährung ebenso die mechanischen Causae efficientes der Anpassung und der Abänderung sind, wie die materiellen physiologischen Processe der Fortpflanzung die bewirkenden Ursachen der Vererbung sind.

Wie wir im dritten Abschnitt des fünften Capitels ausführten, ist die gesammte Form jedes individuellen Naturkörpers das nothwendige Resultat aus der Wechselwirkung zweier entgegengesetzter Potenzen, eines äusseren und eines inneren Bildungstriebes. Bei allen organischen Individuen ist der äussere Bildungstrieb oder die äussere Gestaltungskraft (Vis plastica externa) identisch mit der physikalisch-chemischen Wechselwirkung des Organismus und der umgebenden Aussenwelt, und insofern diese durch die Ernährung vermittelt wird, identisch mit der Anpassung.

V, B. Anpassung und Ernährung.

Die Ernährung (Nutritio), welche auf dem organischen Stoffwechsel beruht, haben wir im fünften Capitel des zweiten Buches als die allgemeinste und fundamentalste physiologische Function aller Organismen nachgewiesen, als diejenige, welche zum Bestehen aller Organismen ohne Ausnahme nothwendig ist, und als diejenige, aus welcher alle übrigen Functionen, auch die Fortpflanzung, unmittelbar oder mittelbar sich ableiten lassen. Die Ernährung ist zugleich diejenige physikalisch-chemische Leistung der Organismen, welche dieselben am durchgreifendsten von den Anorganen unterscheidet. Die Selbsterhaltung der organischen Individuen ist nur durch den mit der Ernährung unzertrennlich verbundenen Stoffwechsel möglich, während die Selbsterhaltung der anorganischen Individuen (Krystalle etc.) gerade umgekehrt nur durch den Ausschluss jedes Stoffwechsels, durch das Beharren in der durch das Wachsthum erlangten Form möglich ist. Die Existenz der anorganischen Individuen ist also an die Constanz der gegenseitigen Lagerung und Verbindung der Moleküle ihres Körpers, die Existenz der organischen Individuen gerade umgekehrt an den Wechsel der gegenseitigen Lagerung und Verbindung der Moleküle ihres Körpers geknüpft, und an den Ersatz der durch die Lebensthätigkeit verbrauchten Stofftheilchen durch neue Stofftheilchen, welche von aussen aufgenommen werden. Dieser Stoffwechsel, welcher allen Ernährungs-Erscheinungen zu Grunde liegt, ist nun zugleich die Ursache und die Grundbedingung aller der Veränderungen, welche der Organismus durch Anpassung eingeht.

Wenn wir die letzten Ursachen des Stoffwechsels aufsuchen, so gelangen wir wiederum zu den eigenthümlichen, im fünften Capitel ausführlich erörterten chemischen und physikalischen Eigenschaften der „organischen" Materien, und vor allen der wichtigsten und complicirtesten dieser Kohlenstoff-Verbindungen, der Eiweisskörper oder Albuminate. Die ausserordentliche Imbibitionsfähigkeit dieser Materien, ihr starkes Vermögen, durch Quellung bedeutende Flüssigkeitsmengen zwischen die Moleküle aufzunehmen, bedingt die Möglichkeit, beständig die durch die Lebensthätigkeit verbrauchten Stoffe nach aussen abzuführen, und dagegen neue brauchbare Stoffe von aussen einzuführen, zu assimiliren. Die complicirte und lockere Verbindung der Atome in diesen Albuminaten zu höchst zusammengesetzten und leicht zersetzbaren Atomgruppen bedingt ihre ausserordentliche Fähigkeit der Umsetzung, ihr ausgezeichnetes Vermögen, sich selbst zu verändern und verändernd, metabolisch auf die benachbarten Stoffe einzuwirken. Dadurch ist aber zugleich den umgebenden Materien der Aussenwelt Gelegenheit gegeben, vielfach ändernd auf diese Eiweiss-Verbindungen einzuwirken, und in dieser Wechselwirkung zwischen beiden beruhen die Vorgänge der Ernährung und die unmittelbar damit zusammenhängenden Vorgänge der Veränderung der organischen Formen, der Anpassung.

Wir wissen, dass die complicirten Kohlenstoff-Verbindungen der Eiweissgruppe die „lebendigen Materien" κατ᾽ ἐξοχήν, die vorzugsweise activen „Lebensstoffe" sind, dass von ihnen als individualisirten Albuminatstücken (Plastiden) die Bildung der übrigen organischen Materien ausgeht. Alle organischen Individuen sind entweder einfache (einzelne Plastiden) oder zusammengesetzte (Plastiden-Complexe). Das einfache Individuum bleibt entweder, als Moner, auf der untersten Stufe eines ganz einfachen, formlosen oder geformten Albuminatklumpens stehen (nackter Plasma-Klumpen oder Gymnocytode), oder es entwickelt sich der individualisirte Eiweissklumpen durch Differenzirung von Plasma und Hülle (Membran) zur Lepocytode, oder weiterhin durch Differenzirung von Plasma und Kern zur Zelle. Die wachsende Plastide vermehrt sich, wenn das Wachsthum die Grenze des individuellen Maases überschreitet, durch monogone Fortpflanzung, meistens durch Theilung oder Knospung. Ist die Ablösung des neu erzeugten Individuums unvollständig, so entsteht ein zusammengesetzter polyplastider Organismus, ein Form-Individuum zweiter oder höherer Ordnung, welches aus mehreren morphologischen Individuen erster Ordnung zusammengesetzt ist. Alle die unendlich mannichfaltigen Formen und Functionen, welche wir an diesen zusammengesetzten Organismen wahrnehmen, sind bedingt durch unendlich mannichfaltige Modificationen in der Lagerung der Moleküle in jenen Plastiden oder Eiweissklumpen, welche als Individuen erster Ordnung die letzten wirksamen Lebenseinheiten sind. Jene unendlich verschiedenartige Lagerung der Moleküle ist wiederum in der verschiedenartigen Ernährung der Plastiden begründet, d. h. in der verschiedenartigen Wechselwirkung ihrer Plasma-Moleküle mit den verschiedenen Stoff-Molekülen ihrer Umgebung, und dieser unendlich complicirte und verschiedenartige Stoffwechsel ist die wirkende Ursache der unendlich complicirten und verschiedenartigen Anpassungen.

V, C. Grad der Anpassung.

Wenn wir die vorhergehenden, im fünften Capitel näher begründeten Erwägungen stets im Sinne behalten, so finden wir, dass alle die unendlich mannichfaltigen und scheinbar so äusserst zweckmässigen Anpassungen der Formen und Functionen der Organismen in letzter Instanz nichts Anderes sind, als nothwendige Folgen des unendlich mannichfaltigen Stoffwechsels, der unendlich mannichfaltigen Wechselwirkung zwischen den constituirenden Plastiden der Organismen und der sie umgebenden Aussenwelt, den unendlich mannichfaltigen Existenz-Bedingungen. Es waltet also auch hier, wie überall in der Natur, das allgemeine Causal-Gesetz. Jede Veränderung, jede Anpassung eines Organismus ist die nothwendige Folge aus dem Zusammenwirken von mehreren Ursachen, und zwar aus der Wechselwirkung der materiellen Theile des Organismus selbst und der materiellen Theile seiner Umgebung. Es muss demnach auch der Grad der Abänderung oder Anpassung dem Grade der Veränderung in den äusseren Existenz-Bedingungen entsprechen, welche mit dem Organismus in Wechselwirkung stehen. Je grösser die Verschiedenheit in den Existenz-Bedingungen ist, unter welchen der Organismus und unter welchen seine Eltern leben, desto intensiver wird die Einwirkung der ersteren sein, und desto grösser die Abänderung, d. h. die Differenz in der Beschaffenheit des kindlichen (angepassten) und des elterlichen Organismus. Ebenso wird diese Differenz (die Anpassung) um so stärker sein, je längere Zeit hindurch die umbildenden neuen Existenz-Bedingungen auf den kindlichen Organismus einwirken. Der Grad der Anpassung ist also mit Nothwendigkeit causal bedingt durch den Grad und die Zeitdauer der Einwirkung veränderter Lebensbedingungen auf den Organismus. Der Grad der Wirkung steht in bestimmtem Verhältnisse zum Grade der Ursache. So einfach und selbstverständlich dieses Gesetz ist, so wird es dennoch vielleicht nirgends häufiger übersehen und ignorirt, als in der Lehre von den Abänderungen und Anpassungen der Organismen, von denen viele (und wohl die meisten!) Morphologen die Ansicht haben, das sie „von selbst“, d. h. ohne bestimmte vorhergegangene Ursache entstünden, oder gar in Folge eines ausserhalb der Materie befindlichen „schöpferischen Gedankens“. Dem gegenüber heben wir hier als oberstes Grundgesetz der Anpassung ausdrücklich folgenden Satz hervor: „Jede Anpassungs-Erscheinung (Abänderung) der Organismen ist durch die materielle Wechselwirkung zwischen der Materie des Organismus und der Materie, welche denselben als Aussenwelt umgiebt, bedingt, und der

Grad der Abänderung (d. h. der Grad der morphologischen und physiologischen Ungleichheit zwischen dem abgeänderten Organismus und seinen Eltern) steht in geradem Verhältnisse zu der Zeitdauer und zu der Intensität der materiellen Wechselwirkung zwischen dem Organismus und den veränderten Existenz-Bedingungen der Aussenwelt."

V, D. Indirecte und directe Anpassung.

Bevor wir den Versuch machen, diejenigen Erscheinungen der Anpassung, welche als mehr oder minder bedeutende allgemeine Gesetze der Variabilität sich schon gegenwärtig formuliren lassen, zu unterscheiden, ist es nothwendig, den Unterschied hervorzuheben, welcher zwischen zwei wesentlich verschiedenen Hauptformen der Anpassung, der directen und der indirecten Adaptation besteht. Zwar ist dieser Unterschied bisher noch kaum urgirt worden; doch erscheint er uns von solcher Bedeutung, dass wir glauben, alle verschiedenen Variabilitäts-Phaenomene entweder als Wirkungen der directen oder der indirecten Anpassung betrachten zu können.

Directe Anpassungen nennen wir solche, welche durch eine unmittelbare Ernährungs-Veränderung des Organismus zu irgend einer Zeit seiner individuellen Existenz veranlasst werden und noch während derselben durch bestimmte Veränderungen der Mischung, Function und Form in die Erscheinung treten. Indirecte Anpassungen dagegen nennen wir diejenigen Ernährungs-Veränderungen des Organismus, welche erst in den von ihm erzeugten Nachkommen, also mittelbar, ihre Wirkung äussern, und bestimmte Veränderungen in der Mischung, Form und Function des kindlichen Organismus zur Erscheinung bringen, welche an dem unmittelbar betroffenen elterlichen Organismus nicht sichtbar wurden.

Um diesen wichtigen Unterschied richtig zu würdigen, müssen wir zuerst die Grenzen und den Begriff der individuellen Existenz, und namentlich deren Beginn scharf zu bestimmen suchen. So einfach und leicht diese Aufgabe zunächst erscheint, so zeigt doch eine eingehende Vergleichung bald, dass ihre Lösung oft äusserst schwierig und in vielen Fällen ganz unmöglich ist. Eigentlich müssten wir jedes durch Fortpflanzung erzeugte organische Individuum von dem Momente an für selbstständig erklären, in welchem es als selbstständiges Wachsthumscentrum den übrigen Theilen des elterlichen Organismus gegenübertritt. Doch ist dieses Moment niemals scharf zu bezeichnen. Andererseits könnte man bei der ungeschlechtlichen Fortpflanzung den Beginn der individuellen Existenz in das Moment setzen, in welchem das kindliche Individum sich von dem elterlichen räumlich vollständig trennt; bei der Theilung, Knospenbildung, Keimbildung also in das Moment, in welchem aus einem Körper zwei oder mehrere räumlich getrennt werden, entweder durch eine vollständige Spaltungsebene oder durch Bildung einer realen Scheidewand. Allein in zahlreichen, nahe mit dieser vollständigen Trennung verbundenen Fällen erfolgt die räumliche Loslösung oder die Bildung eines vollständigen realen Septum thatsächlich nicht, so z. B. bei der unvollständigen Theilung und Knospenbildung; und es ist dann oft ganz ebenso unmöglich, zeitlich wie räumlich, die Grenze des selbstständigen und unselbstständigen individuellen Lebens zu fixiren. Bei der geschlechtlichen Fortpflanzung werden wir den Beginn der individuellen selbstständigen Existenz allgemein in das Moment der Befruchtung setzen können. In diesem Moment hört das Ei auf, ein reiner Bestandtheil des mütterlichen Organismus zu sein, und verschmilzt durch wahre materielle Vermischung mit dem väterlichen Sperma zu einem neuen Individuum, welches weder Ei noch Sperma allein, sondern eine wirkliche Verbindung von beiden, ein neuer, dritter Körper ist. Die weitere Entwickelung dieses befruchteten Eies zum selbstständigen kindlichen Individuum kann zwar äusserlich noch längere Zeit vom mütterlichen Organismus abhängig erscheinen (wie bei den lebendig gebärenden Thieren, den Phanerogamen etc., wo sich der Embryo innerhalb des mütterlichen Organismus bis zu einem gewissen Grade entwickelt. Allein durch das Moment der Befruchtung ist der Beginn der individuellen Entwickelungs-Bewegung, des selbstständigen Wachsthums und überhaupt der physiologischen Selbstständigkeit des neu erzeugten Organismus bestimmt bezeichnet, und der mütterliche Organismus, mag er mit dem kindlichen noch so eng (wie bei den Säugethieren) verbunden erscheinen, ist eben so gut, wie der väterliche, für den kindlichen doch nur Aussenwelt, äussere Existenz-Bedingung. Wenn daher der kindliche Organismus hier schon, noch während seiner embryonalen Entwickelung, Veränderungen erfährt (z. B. monströse Ausbildung einzelner Theile durch mechanische, experimentell herbeigeführte Störung der Entwickelung), so sind diese Veränderungen wirkliche directe Anpassungen. Wir haben sie als solche eben so gut zu bezeichnen, wie in denjenigen Fällen, in welchen der Beginn der individuellen selbstständigen Existenz mit einer vollständigen räumlichen Trennung des elterlichen und kindlichen Organismus verbunden ist (z. B. bei der vollständigen Theilung einzelliger Protisten, der Diatomeen etc., und der Zellen innerhalb mehrzelliger Organismen).

Anders aber steht es in den eben berührten Fällen, in denen eine solche natürliche Begrenzung des Beginnes der individuellen Existenz nicht möglich ist. Hier können wir nicht so scharf zwischen der directen und indirecten Anpassung unterscheiden, weil die Ernährung der beiden Organismen, des elterlichen und kindlichen, gemeinsam bleibt und wegen der fortdauernden Continuität beider (z. B. bei der Stockbildung durch unvollständige Knospenbildung) eine beständige nutritive Wechselwirkung zwischen beiden fortdauert. Der theoretische Unterschied zwischen der directen und indirecten Anpassung ist freilich auch hier klar. Im ersteren Falle beruht die morphologische und physiologische Abänderung stets in einer Veränderung der Ernährung des angepassten Individuums selbst; im letzteren Falle dagegen auf einer Ernährungs-Veränderung, welche sowohl allein vom kindlichen, als allein vom elterlichen Organismus, als endlich auch gemischt von beiden zusammen ausgehen kann. Im concreten einzelnen Falle wird es aber ganz unmöglich sein, die Grenze zwischen diesen drei abstracten Möglichkeiten scharf zu bestimmen, ebenso unmöglich, als die Grenze der nutritiven Selbstständigkeit zwischen dem continuirlich materiell zusammenhängenden elterlichen und kindlichen Organismus scharf festzustellen ist. Wie die Knospen, welche unvollständig getrennt zu einem Stocke verbunden bleiben, so verhalten sich in dieser Beziehung auch diejenigen kindlichen Organismen, welche durch Polysporogonie und durch Parthenogonie entstehen. Die letztere erscheint auch in dieser Beziehung als ein wahrer Uebergang von der ungeschlechtlichen zur geschlechtlichen Fortpflanzung. Bei den Bienen z. B., wo wir den Beginn der selbstständigen individuellen Existenz, also den Beginn zugleich der individuellen Entwickelung und Anpassung auf das Moment der Befruchtung für die aus befruchteten Eiern sich entwickelnden weiblichen Individuen (Königinnen und Arbeiterinnen) festsetzen können, ist dies für die aus unbefruchteten Eiern entstehenden männlichen Individuen (die Drohnen) nicht möglich. Ebenso müssen wir in zahlreichen anderen Fällen theils aus theoretischen, theils aus practischen Gründen darauf verzichten, den Beginn der individuellen Existenz, d. h. der virtuellen physiologischen Individualität des Organismus scharf zu fixiren, weil sich hier die Trennung der materiellen Continuität zwischen elterlichem und kindlichem Organismus entweder niemals vollständig, oder nur ganz allmählich und unmerklich vollzieht.

Obwohl es also in diesen und in vielen anderen Fällen nicht möglich ist, die Grenze der nutritiven Selbstständigkeit des kindlichen Individuums scharf zu bestimmen, wird dadurch doch der Unterschied zwischen der indirecten und der directen Anpassung keinesweges aufgehoben. Denn es ist klar, dass der Begriff der individuellen Anpassung eigentlich streng genommen nur auf diejenigen Fälle der Abänderung angewendet werden kann, in denen die Abänderung thatsächlich durch Wechselwirkung zwischen den selbstständigen Individuen und der Aussenwelt erfolgt. Nur in diesen Fällen ist es lediglich eine Veränderung in der Ernährung dieses einzelnen Individuums, welche der Anpassung zu Grunde liegt. In den zahlreichen Fällen dagegen, wo dieselbe ein nicht vollkommen selbstständiges Individuum betrifft, ist es unmöglich, zu sagen, wieviel von der erworbenen Veränderung auf Kosten einer Ernährungs-Veränderung des Individuums selbst kömmt, wieviel auf Kosten einer Ernährungs-Veränderung des elterlichen Organismus, welcher mit dem kindlichen noch in bleibender Wechselwirkung, in unmittelbarer materieller Continuität und beständigem Stoffaustausch verharrt.

Diese Erwägung ist, wie Darwin zuerst gezeigt hat, von äusserster Wichtigkeit. Denn thatsächlich lehrt die Erfahrung, dass Ernährungs-Veränderungen, welche den elterlichen Organismus betreffen, und welche an diesem selbst nur eine geringe, oft in Form und Function nicht wahrnehmbare Mischungs-Veränderung hervorbringen, in ihrer Wirkung auf den kindlichen, von jenem erzeugten Organismus sehr bedeutende, in Form und Function oft äusserst auffallende Abänderungen hervorbringen. Obwohl also hier die wirkende Ursache bloss den elterlichen Organismus trifft, kommt sie doch nicht an diesem, sondern erst an dem kindlichen Organismus zur Erscheinung. Dieses wichtige Gesetz zeigt sich äusserst auffallend bei unseren Hausthieren und Culturpflanzen, bei denen wir nicht selten im Stande sind, durch ganz bestimmte Beeinflussung ihrer Ernährung ganz bestimmte Veränderungen in Form und Function zu erzielen, welche aber nicht an ihnen selbst, sondern erst an ihren Nachkommen in die Erscheinung treten. Dies gilt aber nicht nur für alle oben erwähnten Fälle von unvollständiger Trennung des elterlichen und kindlichen Organismus, sondern es gilt auch für alle Fälle von vollständiger Trennung und namentlich auch für alle Fälle von geschlechtlicher Fortpflanzung. Es zeigt sich hier die höchst merkwürdige und wichtige Thatsache, dass selbst leichte Ernährungs-Veränderungen, welche in den meisten Organen und Functionen des elterlichen Organismus keine bemerkbare oder nur eine ganz unbedeutende Abänderung bewirken, auf die Geschlechtsorgane desselben (nach dem Gesetz von der Wechselbeziehung der Organe) eine verhältnissmässig colossale Wirkung ausüben, und namentlich auf die noch nicht vereinigten Geschlechtsproducte (Sperma und Eier) so bedeutend einwirken, dass diese Einwirkung nach erfolgter Vereinigung derselben (Befruchtung) in Abänderungen der Form und Function des kindlichen Organismus äusserst auffallend hervortritt. Allerdings sind uns im Einzelnen diese höchst wichtigen nutritiven Wechselbeziehungen zwischen den Fortpflanzungsorganen und den übrigen Theilen des Organismus noch fast ganz unbekannt, und zum grössten Theil sehr räthselhaft. Allgemeine und sehr merkwürdige Beweise für deren Existenz besitzen wir aber sehr viele, wie z. B. die bekannten Veränderungen im Stimmorgan, in der Fettbildung und in den psychischen Thätigkeiten bei castrirten männlichen Thieren; ferner die wichtige Thatsache, dass schon leichte Ernährungs-Störungen, und bei vielen wilden Thieren sogar schon der Verlust ihrer natürlichen Freiheit und das Leben in Gefangenschaft ausreichen, um sie vollständig unfruchtbar zu machen. So pflanzen sich z. B. die Affen und die bärenartigen Raubthiere, der Elephant, die Raubvögel, Papageyen und viele andere Thiere, ebenso auch viele Pflanzen-Arten, in der Gefangenschaft und im Culturzustande niemals oder nur sehr selten fort, während andere dies regelmässig thun. Oft genügt schon übermässig reichliche Nahrung, um Sterilität (und zugleich vielfache Variationen) hervorzurufen. Ebenso wie die Sterilität, wird aber auch die Production einer sehr abweichenden und selbst monströsen Nachkommenschaft sehr oft lediglich durch derartige Ernährungs-Störungen des elterlichen Organismus bedingt, ohne dass er selbst bereits die auffallenden Charaktere seiner Kinder ausgebildet zeigt.

Diese äusserst wichtige Erscheinung, welche wir bei allen Arten der Fortpflanzung beobachten, und welche uns wiederum den innigen Zusammenhang zwischen der Fortpflanzung und Ernährung vor Augen führt, lässt sich, streng genommen, nicht als individuelle Anpassung bezeichnen, insofern es nicht das selbstständige Individuum ist, welches die Abänderung durch Wechselwirkung mit der Aussenwelt erfährt. Vielmehr wird der Grund der Abänderung vermittelst der materiellen Grundlage des elterlichen Organismus in diejenige des kindlichen Individuums gelegt, schon bevor dasselbe sich überhaupt vom elterlichen Organismus irgendwie isolirt hat. Eine individuelle Ernährungs-Modification des letztern ist die eigentliche erste Ursache. Es wird also die Anlage zur Abänderung bereits im elterlichen Organismus (durch die Ernährung) bewirkt und von diesem auf den kindlichen Organismus (durch die Fortpflanzung) übertragen. In letzterer Hinsicht könnte man versucht sein, den Vorgang eher eine Erscheinung der Vererbung, als der Anpassung zu nennen. Allein der wesentliche Unterschied von der Vererbung liegt darin, dass bei dieser letzteren die (chemischen, physiologischen, morphologischen) Eigenschaften, welche der elterliche Organismus auf den kindlichen überträgt, bei dem elterlichen bereits wirklich entwickelt in die Erscheinung getreten waren und also nicht bloss *potentia*, sondern auch *actu* in ihm vorhanden waren. Im ersteren Falle dagegen sind jene Eigenschaften in dem elterlichen Organismus bloss *potentia*, nicht *actu* vorhanden, und zwar latent in dem Keime des kindlichen Organismus, bei dessen Entwickelung erst sie in die Erscheinung treten. Wir können daher diesen Vorgang seinem Wesen nach nicht als eine Erblichkeits-Erscheinung, sondern müssen ihn als eine Anpassungs-Erscheinung auffassen, wenngleich wir hervorheben müssen, dass er eine unmittelbare Uebergangsstufe zwischen den entgegengesetzten und entgegenwirkenden Erscheinungen der Vererbung (die mit der Fortpflanzung) und der eigentlichen individuellen Anpassung (die mit der Ernährung zusammenhängt), darstellt. Um ihn von der letzteren, der actuellen oder directen Anpassung zu unterscheiden, wollen wir ihn ein für allemal als indirecte oder potentielle Anpassung bezeichnen. Alle Anpassungen, welche bei den Organismen vorkommen, gehören einer von diesen beiden Kategorieen an.

Das Gesetz der indirecten oder potentiellen Anpassung oder der Abänderung des Organismus durch Ernährungs-Modificationen seines elterlichen Organismus lässt sich demnach folgendermaassen formuliren: „Jeder Organismus kann durch Wechselwirkung mit der umgebenden Aussenwelt nutritive Veränderungen erleiden, welche nicht in seiner eigenen Formbildung, sondern erst mittelbar in der Formbildung seiner Nachkommenschaft, als indirecte Anpassung, in die Erscheinung treten."

Das Gesetz der directen oder actuellen Anpassung oder der Abänderung des Organismus durch eigene, ihn selbst betreffende Ernährungs-Modificationen würde dagegen lauten: „Jeder Organismus kann durch Wechselwirkung mit der umgebenden Aussenwelt nutritive Veränderungen erleiden, welche unmittelbar in seiner eigenen Formbildung, als directe Anpassung, in die Erscheinung treten." Hierher gehören die meisten Fälle individueller Abänderungen, welche man gewöhnlich als Anpassung (im engeren Sinne) bezeichnet.

Wenn wir nunmehr an die Betrachtung der verschiedenen Gesetze der indirecten und der directen Anpassung herantreten, welche wir gegenwärtig unterscheiden zu können glauben, so müssen wir zunächst leider dieselbe Bemerkung vorausschicken, welche wir so eben bei Besprechung der Erblichkeits-Gesetze gemacht haben, dass wir uns nämlich auf einem eben so ausgedehnten als wichtigen Gebiete der Biologie befinden, auf welchem fast noch Nichts geschehen ist, um die werthvollen daselbst verborgen liegenden Schätze zu heben. Zwar sind den Zoologen und Botanikern, seitdem Linné das systematische Studium der äusseren Morphologie begründete, zahllose Varietäten, Rassen, Spielarten und andere Abänderungs-Formen der sogenannten „guten Arten" bekannt geworden, und der grösste Theil der zoologischen und botanischen Literatur ist mit Beschreibung dieser zahllosen Abänderungsformen gefüllt und mit den unnützesten und hirnlosesten Streitigkeiten über die Frage, ob diese oder jene Form als „gute Art" oder bloss als Unterart, als Gattung oder als Varietät, als Rasse oder nur als individuelle Abänderung zu deuten sei. Da indessen die meisten hierauf bezüglichen Untersuchungen nur mit einem höchst beschränkten Materiale und mit einem noch mehr beschränkten Verstande angestellt sind, so haben dieselben keinen oder nur sehr geringen wissenschaftlichen Werth. Die meisten Botaniker und Zoologen, die ihr Leben mit solchen unnützen Spielereien zugebracht haben, sind ohne alle philosophische Basis zu Werke gegangen und haben sich weder die Mühe gegeben, über die eigentliche Bedeutung der Begriffe „Art, Unterart, Rasse, Abart, Varietät, Spielart etc." nachzudenken, noch über die Ursachen, durch welche die thatsächlichen Verschiedenheiten dieser subordinirten Kategorieen entstanden sind. An eine wissenschaftliche Untersuchung der Abänderungs-Gesetze hat aber vor Darwin fast noch Niemand gedacht und auch Darwin hat mehr Verdienst um die klare Hervorhebung der causalen Verhältnisse der Abänderungen, als um die ordnungsgemässe Unterscheidung ihrer verschiedenen Modificationen, die in diesem Chaos von ungeordneten Thatsachen allerdings eben so schwierig als wichtig ist. Unter diesen Umständen können wir eine vollständige Erkenntniss der mannichfaltigen Verhältnisse erst von der intelligenten Morphologie der Zukunft hoffen, welche bemüht sein wird, grade die feinen individuellen Unterschiede und die geringen Differenzen der Varietäten, Rassen etc. sorgfältig zu wägen und daraus zusammenhängende Entwickelungsreihen herzustellen, während die bisherige künstliche Systematik grade das Gegentheil erstrebte und nur bemüht war, die Arten scharf zu trennen, indem sie die vorhandenen Zwischenformen bei Seite schob und ignorirte. Der folgende Versuch, die verschiedenen Abänderungs-Erscheinungen als geordnete Gesetze aufzuführen, kann unter diesen Umständen nur ein ganz provisorischer sein.

V, E. Gesetze der Anpassung.

Ea. Gesetze der indirecten oder potentiellen Anpassung.

1. Gesetz der individuellen Abänderung.

(Lex variationis individualis.)

Alle organischen Individuen sind von Beginn ihrer individuellen Existenz an ungleich, wenn auch oft höchst ähnlich.

Dieses wichtige Gesetz der individuellen Abänderung, welches wir auch das der angeborenen Ungleichheit nennen könnten, ist das allgemeinste, welches sich auf die Abänderungs-Verhältnisse bezieht und steht unmittelbar gegenüber dem allgemeinsten Vererbungs-Gesetze, wonach die unmittelbaren Descendenten der Organismen ihren Eltern entweder nahezu gleich oder doch sehr ähnlich sind. Beide Gesetze widersprechen sich nicht. Denn wenn auch alle Individuen einer und derselben „Art" oder „Abart" noch so sehr ähnlich sein mögen, und wenn wir auch mit unseren besten Hülfsmitteln keine Unterschiede zwischen denselben wahrnehmen können, so haben wir doch Gründe genug zu der Annahme, dass niemals oder doch nur höchst selten und zufällig eine absolute Gleichheit zweier ähnlicher Individuen stattfindet. Wir begründen dieses Gesetz inductiv auf die allgemein bekannte Ungleichheit der menschlichen Individuen von der Zeit ihrer Geburt an. Niemand wird behaupten, dass es jemals zwei Menschen gegeben habe, welche absolut gleich gewesen seien, welche absolut dieselbe Grösse, Form und Farbe, dasselbe Gesicht, dieselbe Zahl von Epidermiszellen, Blutzellen etc., dieselben Seelenbewegungen (Wille, Empfindung, Denken in absolut gleicher Form) besessen haben. Schon bei der Geburt sind allgemein individuelle Ungleichheiten vorhanden, wenn sie auch oft schwer zu erkennen sind und erst später deutlicher hervortreten. Wenn wir allerdings auch nicht in der Lage sind, dieses Gesetz scharf beweisen zu können, so sprechen dafür doch so allgemeine Gründe, dass in der That eigentlich wohl Niemand an seiner Geltung zweifelt. Denn man nimmt ja allgemein an, dass jeder Mensch ein bestimmtes Quantum von verschiedenen Eigenschaften (z. B. Talenten) mit „auf die Welt bringe", welche nicht erst nachträglich durch Anpassung erworben werden. Und dieses Quantum wird bei allen Individuen für verschieden gehalten. Was vom Menschen, das gilt auch von den übrigen Säugethieren, und es ist allen Menschen, die sich eingehend mit einer grösseren Anzahl von Individuen einer Art beschäftigt und dieselben genau und lange Zeit beobachtet haben (z. B. den Hirten von Vieh-Heerden, den Förstern, Ausstopfern) wohl bekannt, dass alle einzelnen Individuen einer und derselben Species, trotz der grössten Aehnlichkeit, dennoch individuelle Unterschiede zeigen. Dasselbe wissen alle systematischen Botaniker, welche Massen von Individuen einer und derselben Species eingehend verglichen haben. Dasselbe weiss Jedermann von allen Bäumen eines Waldes. Niemand wird z. B. behaupten, dass es jemals zwei Bäume von einer und derselben Art, z. B. zwei Apfelbäume oder zwei Rosskastanien gegeben habe, welche in allen Beziehungen, in der Zahl der Blätter und Blüthen, der Bildung der Rinde, der Verzweigung des Stammes, in der Zahl und Form aller constituirenden Zellen absolut gleich gewesen seien. Schon eine Betrachtung einer Baumschule lehrt hiervon das grade Gegentheil, und eine sorgfältige Vergleichung der jüngsten Samenpflanzen zeigt, dass sie schon von erster Jugend an individuelle Unterschiede zeigen. Nun könnte man zwar behaupten, dass diese absolute Ungleichheit aller organischen Individuen durch die universelle directe Anpassung erworben sei, und zum grossen Theile ist dies gewiss der Fall, da niemals zwei Individuen ihr ganzes Leben unter absolut denselben Existenzbedingungen zubringen. Allein Darwin hat gezeigt, dass wir hinreichende Gründe haben, die allgemeine individuelle Ungleichheit der Organismen auch theilweis als Folge einer indirecten Abänderung derselben anzusehen, hervorgebracht durch primitive Verschiedenheiten der von den Eltern erzeugten Keime. Hierfür spricht allein schon die allgemeine Ungleichheit aller Jungen eines und desselben Wurfes, aller Sämlinge einer und derselben Frucht. Diese kann nur dadurch bedingt sein, dass die Ernährungs-Bedingungen innerhalb des elterlichen Organismus für die sich bildenden Keime verschiedene waren. In der That müssen wir hier bis zu einer ursprünglichen Ungleichheit der Geschlechtsproducte, aus denen die kindlichen Individuen entstehen, zurückgehen, und auch diese anzunehmen, steht Nichts im Wege, da offenbar niemals zwei Plastiden eines und desselben Organismus unter absolut gleichen Verhältnissen entstehen und sich entwickeln. Für unsere groben und rohen Beobachtungsmittel wird freilich meistens die ursprüngliche individuelle Verschiedenheit der Organismen verborgen bleiben.

2. Gesetz der monströsen Abänderung.

(Lex variationis monstrosae.)

Alle Organismen sind unter bestimmten, sehr abweichenden und ungewöhnlichen Ernährungsbedingungen fähig, eine Nachkommenschaft zu erzeugen, welche nicht in dem gewöhnlichen geringen Grade der individuellen Veränderlichkeit, sondern in einem so ausserordentlichen und ungewöhnlichen Grade von den Charakteren des elterlichen Organismus abweicht, dass man dieselben als Monstra oder Missbildungen bezeichnet.

Dieses noch sehr wenig bekannte, und auch hinsichtlich der zu Grunde liegenden Thatsachen noch sehr wenig untersuchte Gesetz ist, so viel wir bis jetzt wissen, nur von geringer, bisweilen vielleicht aber auch von sehr bedeutender Wichtigkeit für die Entstehung von neuen Arten. Es würden nämlich hieher wahrscheinlich alle diejenigen Fälle gehören, welche man als sprungweise Abänderung, plötzliche Ausartung, monströse Entwickelung u. s. w. bezeichnet. Bei den Menschen sowohl, als bei den andern im Culturzustande lebenden Thieren, ebenso bei den Culturpflanzen, sind solche monströse Abänderungen verhältnissmässig häufig und oft so bedeutend, dass sie nicht allein über den Charakter der Art und Gattung, sondern auch sehr oft über denjenigen der Familie und Ordnung weit hinausgreifen. Es gehören hierher z. B. die bekannten Fälle von Menschen mit sechs Fingern an jeder Hand und jedem Fuss, ferner die berühmten Stachelschweinmenschen mit schuppenartiger Epidermis, die cavicornien Wiederkäuer-Monstra ohne Hörner (von einer sonst gehörnten Art) oder mit 4—6—8 (statt der normalen zwei) Hörnern, dann der allgemeine Pigmentmangel der Haut (Leucosis) bei den Albinos der verschiedensten Thierarten, die ungewöhnlichen Grössenproportionen einzelner Körpertheile unter einander und zum Ganzen, ferner die zahlreichen höchst auffallenden und plötzlich entstehenden „monströsen" Abänderungen in Grösse, Farbe, Blätterzahl u. s. w. bei den Blüthen und Früchten unserer Culturpflanzen, viele „gefüllte Blüthen" etc. Aber nicht allein solche auffallende äusserliche, leicht erkennbare Missbildungen treten oft ganz plötzlich in einer Generation auf, sondern auch die wichtigsten Abweichungen von in der Lage, Grösse und Gestalt innerer Organe, so z. B. die Umkehrung von Rechts und Links bei dipleuren Thieren (Perversio viscerum des Menschen, links gewundene Individuen von regelmässig rechts gewundenen Schnecken u. s. w.).

Die causale Entstehung der meisten dieser plötzlich auftretenden Monstrositäten ist uns mit Sicherheit nicht bekannt. In vielen Fällen sind es mechanische oder nutritive Störungen in der Entwickelung des Embryo, welche die „Missbildung" verursachen (dann also directe Anpassungen!), in sehr vielen anderen Fällen dagegen sind es sicher Nutritions-Störungen des elterlichen Organismus, welche auf das Genitalsystem desselben zurückwirken und die auffallende Abänderung des kindlichen Organismus schon im ersten Keime, im noch nicht befruchteten Ei oder im Sperma bedingen. In einigen Fällen lässt sich dies experimentell nachweisen. Hierbei tritt der ungeheure Einfluss, den die veränderte Ernährung des Organismus auf seine Fortpflanzungsorgane hat, besonders auffallend hervor. Wie bereits Darwin hervorgehoben hat, sind solche monströse Abweichungen, welche er als „generative" bezeichnet, fast durchgängig zuerst sehr unbeständig und zeigen dies besonders darin, dass, wenn sie sich mehrere Generationen hindurch vererben, der Grad der monströsen Ausbildung in verschiedenen Generationen und Individuen ein sehr verschiedener ist. Auch verschwinden sie oft eben so plötzlich wieder in einer Generation, wie sie in einer vorhergehenden entstanden sind. Indess gelingt es der künstlichen Züchtung doch oft, dieselben zu erhalten und durch generationenlange Pflege zu befestigen, wie es z. B. bei den vierhörnigen und sechshörnigen Schafen der Fall gewesen ist, bei dem berühmten hörnerlosen Bullen von Paraguay, von dem man eine ganze Rinderrasse erzog, bei dem krummbeinigen Schaafbock von Seth Wright in Massachusetts, der ebenfalls der Stammvater einer ganzen krummbeinigen Schaafrasse (der Otterschaafe) wurde u. s. w. Ebenso gut ist es nun denkbar und vielleicht in der That sehr oft geschehen, dass eine plötzliche und starke Veränderung in der Ernährung einer

Species im Naturzustande (z. B. dadurch dass sich plötzlich das Klima einer Gegend ändert) auf die Generationsorgane plötzlich zurückwirkt, und zur massenhaften sprungweisen Erzeugung neuer monströser Formen führt, welche sich durch Inzucht fortpflanzen und eine neue „Art" bilden. So gut wir diesen Process bei wilden Pflanzen und Thieren in umgekehrter Reihenfolge, als plötzlichen „Rückschlag" verfolgen können, so gut ist es auch denkbar, dass dieselbe sprungweise Umbildung nach vorwärts eintritt und zur Bildung neuer Arten führt. So finden wir z. B. bei Lippenblüthen (und besonders häufig bei der bekannten *Linaria vulgaris*) nicht selten die auffallende „Monstrosität", welche mit dem Namen *Peloria* belegt wird, und welche offenbar als einfacher Rückschlag in die weit zurückliegende pentactinote (regulär-strahlige fünfzählige) Stammform der pentamphipleuren Lippenblüthe zu deuten ist. Wie wir hier plötzlich (oft an einzelnen Blüthen eines sonst Lippenblüthen tragenden Stockes) den weiten Sprung in die alte regulär-radiale Stammform zurück eintreten sehen, welche man als „Monstrum" bezeichnet, so kann auch umgekehrt ursprünglich die pentamphipleure Lippenblüthe, die wir jetzt als die „normale" ansehen, durch einen plötzlichen Sprung aus der ersteren als „Monstrum" entstanden sein. Besonders weit dürfte der Spielraum für die sprungweise Entstehung solcher monströser „Abarten", oder „Ausartungen", die sich dann unter günstigen Umständen zu „guten Arten" befestigten, bei den meisten Organismen hinsichtlich der Zahl der Antimeren und Metameren gewesen sein, wovon uns noch heute die grosse Variabilität der homotypischen und homodynamen Grundzahlen bei vielen Thier- und Pflanzen-Arten berichtet. Auch in Gruppen, in deren meisten Arten sich diese Grundzahlen fixirt haben, kommen einzelne Arten vor, bei denen dieselbe noch schwankt, so unter den fünfzähligen Echinodermen einzelne mit mehr als fünf (und dann mit einer schwankenden Anzahl!) Antimeren versehene Asteriden. Offenbar findet hier die Bestimmung der Grundzahl für jedes Individuum schon im ersten Anfang seiner Entwickelung statt.

3. Gesetz der geschlechtlichen Abänderung.

(Lex variationis sexualis.)

Bei allen Organismen mit geschlechtlicher Fortpflanzung vermag sowohl eine Ernährungs-Veränderung, welche auf die männlichen, als eine solche, welche auf die weiblichen Geschlechtsorgane einwirkt, eine entsprechende Abänderung der geschlechtlich erzeugten Nachkommenschaft zu veranlassen, und es äussert sich dann entweder ausschliesslich oder doch vorwiegend die Ernährungs-Veränderung der männlichen Genitalien in der Abänderung der männlichen, diejenige der weiblichen Genitalien in der Abänderung der weiblichen Nachkommen.

Dieses Gesetz der sexuellen Abänderung hängt sehr eng mit demjenigen der sexuellen Vererbung zusammen. Bei der letzteren fanden wir, dass die Gesammtcharaktere jedes der beiden Geschlechter, und zwar sowohl die primären als die secundären Sexualcharaktere, sich meistens einseitig, also entweder vorwiegend oder fast ausschliesslich nur auf das entsprechende Geschlecht vererben, so dass Generationen hindurch sich einerseits die männlichen, andrerseits die weiblichen Descendenten mehr gleichen, als beide Reihen unter sich. Bei der sexuellen Abänderung finden wir dem entsprechend, dass jede Ernährungs-Veränderung, welche eines der beiderlei Geschlechts-Organe betrifft und das andere nicht berührt, entweder vorwiegend oder selbst ganz ausschliesslich eine Veränderung bloss in demjenigen Geschlechte der Nachkommen hervorruft, welches dem veränderten Sexualsystem der Eltern entspricht; während das andere Geschlecht nicht abändert. Wenn also z. B. bei den Hühner-Vögeln eine eingreifende Veränderung in der Ernährungsweise bloss den Hahn betrifft und auf dessen Hoden zurückwirkt, während die Henne und also auch ihr Eierstock nicht von derselben betroffen wird, so wird eine entsprechende, vielleicht monströse, Abänderung in der Bildung der von beiden geschlechtlich erzeugten Nachkommen nur an den Hähnen, nicht an den Hennen sichtbar werden. Im Ganzen ist diese Erscheinung noch sehr dunkel, sehr wenig beachtet, und meist auch sehr schwierig in ihrem ursächlichen Zusammenhang zu verfolgen, vielleicht aber von grosser Wichtigkeit für die Erklärung der Entstehung der secundären Sexualcharaktere.

E b. Gesetze der directen oder actuellen Anpassung.

4. Gesetz der allgemeinen Anpassung.

(Lex adaptationis universalis.)

Alle organischen Individuen werden während ihrer individuellen Existenz durch Anpassung an verschiedene Lebens-Bedingungen ungleich, wenn sie auch oft höchst ähnlich bleiben.

Dieses Gesetz bewirkt, im Verein mit demjenigen der individuellen Anpassung, die allgemeine Ungleichheit aller organischen Individuen. Durch die universelle Anpassung wird die erworbene, durch die individuelle Anpassung dagegen die angeborene Ungleichheit aller Einzelwesen bedingt. Die erstere lässt sich viel leichter nachweisen, als die letztere, denn während wir über die angeborene Verschiedenheit aller organischen Individuen noch so sehr im Unklaren sind, dass wir die allgemeine Gültigkeit des Gesetzes der individuellen Abänderung nur mit sehr geringer Sicherheit und nur auf allgemeine Gründe gestützt, behaupten können, so ist das Gegentheil bei der erworbenen Ungleichheit der Fall, welche sich mit mathematischer Sicherheit aus dem allgemeinen Causal-Gesetze folgern lässt. Indem die äusseren Existenz-Bedingungen, wie allgemein anerkannt wird, umbildend auf den Organismus einwirken, indem ferner diese Existenz-Bedingungen für alle Individuen ungleich (niemals absolut dieselben) sind, so müssen, selbst den unwahrscheinlichen Fall angeborener Gleichheit der Individuen angenommen, in Folge der allgemeinen Ungleichheit der einwirkenden Ursachen, im Laufe der individuellen Existenz stets mehr oder minder bedeutende Unterschiede in der Bildung der Individuen eintreten. So lässt sich, selbst ohne die bestätigenden Beweise der unmittelbaren Beobachtung, eine allgemeine Ungleichheit sämmtlicher organischen Individuen mit Sicherheit behaupten. Hinsichtlich der empirischen Bestätigung berufen wir uns auch hier wieder zunächst auf den Menschen selbst, von welchem es allgemein anerkannt ist, dass die verschiedene Lebensweise und Beschäftigung, der verschiedenartige Umgang mit anderen Menschen, kurz die für jedes Individuum allgemein verschiedenen Verhältnisse der Ernährung sowohl, als der Beziehungen zur Aussenwelt, individuelle Verschiedenheiten in der Bildung, dem Charakter, den somatischen und psychischen Eigenschaften veranlassen, welche um so grösser werden, je älter der Mensch wird, d. h. je länger jene verschiedenen Ursachen einwirken. Dasselbe gilt ebenso von den Individuen aller anderen Thiere und Pflanzen, wie schon oben bei Erläuterung des Gesetzes der angeborenen Ungleichheit bemerkt wurde. Bei den Pflanzen tritt gewöhnlich die individuelle Ungleichheit viel auffallender als bei den Thieren hervor, weil die Organe dort äusserlich, hier innerlich entfaltet werden. Wie wir aber oben bereits sagten, ist es ausserordentlich schwierig, zu sagen, wieviel Antheil an der thatsächlich existirenden Verschiedenheit der erwachsenen Individuen auf Rechnung der angeborenen Ungleichheit, wieviel auf Rechnung der erworbenen Ungleichheit zu setzen ist. Darwin scheint im Ganzen grösseres Gewicht der ersteren (dem Gesetz der individuellen Abänderung) zuzuschreiben, während wir glauben möchten, dass die letztere (das Gesetz der universellen Anpassung) eine allgemeinere und eingreifendere Wirksamkeit entfalte.

5. Gesetz der gehäuften Anpassung.

(Lex adaptationis cumulativae.)

(Gesetz der Gewohnheit, der Uebung, der Akklimatisation, der Reaction etc.)

Alle Organismen erleiden bedeutende und bleibende (chemische, morphologische und physiologische) Abänderungen, wenn eine an sich unbedeutende Veränderung in den Existenz-Bedingungen lange Zeit hindurch oder zu vielen Malen wiederholt auf sie einwirkt.

In dem „Gesetze der gehäuften Anpassung" glauben wir mehrere, scheinbar sehr weit von einander entfernte Anpassungs-Gesetze vereinigen zu müssen, welche gewöhnlich als ganz verschiedene betrachtet werden, die wir aber nicht scharf zu trennen im Stande sind. Die Abänderungen nämlich, welche wir als gehäufte oder cumulative zusammenfassen, sind solche, welche von Darwin und vielen Anderen mehrfach unterschieden und wenigstens in zwei ganz verschiedene Kategorieen gebracht werden, nämlich: I) Unmittelbare Folgen der Einwirkung der äusseren Existenzbedingungen: Nahrung, Klima, Bodenbeschaffenheit, Umgebung etc. II) Folgen der Gewohnheit oder Angewöhnung (Uebung, Gebrauch oder Nichtgebrauch der Organe, Acclimatisation etc). Wir gestehen, dass wir unfähig sind, diese Kategorieen scharf zu scheiden und vielmehr glauben, dass die eigentliche ursächliche Grundlage bei allen diesen Anpassungs-Erscheinungen dieselbe ist, nämlich eine langsame aber andauernde Veränderung in der Ernährung des Organismus oder einzelner Theile, welche zwar zuerst und in jedem einzelnen Falle nur eine sehr unbedeutende Einwirkung auf die physiologische und morphologische Beschaffenheit der Organe ausübt, allein durch lang andauernde und oft wiederholte kleine Einwirkungen schliesslich sehr bedeutende Umbildungs-Resultate zu erzielen vermag. Wir wollen, um diese Anschauung zu stützen und womöglich zu beweisen, jede der beiden Kategorieen, die man unnützer Weise noch in verschiedene kleinere gespalten hat, gesondert für sich betrachten. Wir können die beiden verschiedenen Gruppen von Existenz-Bedingungen, welche durch cumulative Einwirkung gehäufte Anpassungen verursachen, als äussere und innere Existenz-Bedingungen unterscheiden.

I. Gehäufte Anpassungen durch die Wirkungen äusserer Existenz-Bedingungen.

(Anpassungen an die Nahrung; das Klima, die Umgebung etc.)

Die Abänderungen der Organismen durch die sogenannte „unmittelbare Wirkung der äusseren Existenz-Bedingungen" oder den „unmittelbaren Einfluss der Aussenwelt" sind die bekanntesten von allen und sehr viele Naturforscher sind von jeher geneigt gewesen, denselben überhaupt alle Veränderungen zuzuschreiben, die wir an den Organismen wahrnehmen. Jedermann weiss, dass die verschiedene Qualität der Nahrungsmittel, des Lichts, der Wärme, der Feuchtigkeit einen bestimmten Einfluss auf die Grösse, Farbe, Form und innere Beschaffenheit der Organismen, auf ihre morphologische Ausbildung und ihre physiologische Function ausübt. Wir brauchen statt aller Beispiele hier bloss an die Thatsache zu errinnern, wie äusserst empfindlich der menschliche Organismus gegen diesen Einfluss der „Medien" ist, wie jede Veränderung des Klimas, der Nahrung (Diät), der Umgebung u. s. w. unmittelbar eine bestimmte Veränderung des Organismus hervorruft, welche sich in seinen Functionen noch deutlicher, als in seinen Formen äussert, und welche wir entweder als heilsame, oder als gleichgültige, oder als schädliche betrachten. Dasselbe nun, was wir Alle vom Menschen anerkennen, gilt ebenso auch von allen anderen Thieren und von allen Organismen überhaupt [1]). Jeder ohne Ausnahme ist empfänglich für den Einfluss der verschiedenen Qualität und Quantität der unmittelbar eingeführten Nahrungsstoffe, des Klimas (den verschiedenen Grad von Licht, Wärme, Feuchtigkeit) u. s. w. Zunächst ist die Einwirkung derselben gewöhnlich nur an einer Abänderung der Function bemerkbar und erst später an einer Abänderung der Form des Organs, welche sich natürlich der Function entsprechend verändern muss. Man kann diese abändernden Einflüsse allgemein als die chemischen und physikalischen Agentien oder besser als die anorganischen Agentien zusammenfassen, im Gegensatz zu den organischen Agentien, welche bei der folgenden Art der Anpassung thätig sind. So wichtig diese Agentien sind, so ist dennoch gewiss ihr Einfluss gewöhnlich in so fern sehr überschätzt worden, als man sie meist viel zu ausschliesslich als die einzigen oder doch die vorzüglichsten Anpassungs-Bedingungen betrachtet hat, und insofern hat Darwin vollkommen Recht, wenn er denselben eine viel geringere Bedeutung beimisst. Indessen möchten wir ihren Einfluss doch nicht so gering, wie letzterer, schätzen, wenn wir daran denken, welche enormen Veränderungen z. B. allein unser Central-Nervensystem (die Vorstellungen des Wollens, Empfindens und Denkens) durch die Einwirkung des Klimas (Licht, Wärme, Feuchtigkeit), der verschiedenen Nahrungsmittel (alkoholische Getränke, Kaffee und Thee, Fleisch, Amylaceen etc.) zu erleiden hat; wie der Charakter ganzer Nationen durch das Klima und die Art der Nahrung bestimmt wird, wie wir bei unseren Hausthieren und Kulturpflanzen durch geringe Veränderungen der Nahrung und des

1) Die Beispiele für diese Thatsachen sind überall sehr leicht zu haben. Wir dürfen aber hier natürlich nur diejenigen Abänderungen durch den unmittelbaren Einfluss der Existenz-Bedingungen anführen, welche sich unmittelbar am einzelnen Individuum, nicht diejenigen, welche sich erst nach Generationen langer Einwirkung äussern. So z. B. verliert jede Pflanze, die man längere Zeit dem Einfluss des Sonenlichts entzieht, ihre grüne Farbe, indem die Chlorophyll-Bildung sistirt wird, welche nur unter dem Einfluss des Sonnenlichts stattfinden kann. Jede mehrjährige Pflanze, die man längere Zeit einer erhöhten Temperatur aussetzt, wächst rascher und wird in einer bestimmten Zeit grösser, als es sonst der Fall ist. Jede stark behaarte Pflanze, die man von einem trocknen in einen feuchten Standort versetzt, verliert einen Theil ihrer Behaarung oder wird ganz kahl.

Klimas bedeutende Abänderungen in Form und Function hervorrufen können etc.[1]).

Nach unserer Ansicht liegt die falsche Auffassung, welche man diesem Einflusse gewöhnlich hat angedeihen lassen, vorzüglich darin, dass man den Organismus dabei als ein ganz oder doch vorwiegend passives Wesen aufgefasst hat, während doch in der That derselbe sich allen Einflüssen gegenüber zugleich activ verhält. Jede Action eines äusseren Agens, gleichviel ob dasselbe Licht oder Wärme oder Wasser oder irgend ein anderes Nahrungsmittel, ein Medicament oder ein Gift ist; jede Action eines solchen unmittelbar auf die Ernährung des Organismus einwirkenden Agens, ruft eo ipso zugleich eine Reaction des Organismus hervor, die sich eben in der Modification der Ernährungsthätigkeit und in dem activen (abwehrenden, indifferenten oder aufnehmenden) Verhalten der Ernährungs-Organe gegenüber den Medien und der Nahrung äussert, sowie in der Rückwirkung auf die Ernährung des Ganzen. Man fasst gewöhnlich, dieses Verhältniss ignorirend, den unmittelbaren Einfluss der äusseren Existenzbedingungen als einen einseitigen, bloss äusserlichen auf und berücksichtigt nicht die active Gegenwirkung des Organismus, durch welche allein die allmähliche Anpassung möglich ist. Diese vermögen wir aber nicht von der „Gewöhnung" zu unterscheiden, welche man gewöhnlich als eine ganz verschiedene Art der Anpassung anzusehen pflegt.

II. Gehäufte Anpassungen durch die Wirkungen innerer Existenz-Bedingungen.

(Anpassungen durch Gewohnheit, Gebrauch und Nichtgebrauch der Organe etc.)

Die Abänderungen der Organismen durch die sogenannte „Gewöhnung und Uebung, den Gebrauch und Nichtgebrauch der Organe" etc. scheinen auf den ersten Blick von den vorher betrachteten hinsichtlich der bewirkenden Ursachen sehr verschieden zu sein und werden auch von Darwin und Anderen in dieser Weise aufgefasst. Es scheinen dort äussere, hier dagegen innere, im Organismus selbst liegende Impulse zu sein, welche die Abänderung veranlassen, und man könnte die bewirkenden Ursachen insofern als innere Existenz-Bedingungen jenen äusseren gegenüberstellen. Wie man aber dort die äusseren Einflüsse allein hervorhob und die innere Gegenwirkung des Organismus ignorirte, so hebt man hier umgekehrt die innere Gegen-

1) Wir erinnern in dieser Beziehung bloss an die vorzugsweise Fleisch essenden Engländer, und die vorzugsweise Kartoffeln essenden Irländer; an die Fleisch essenden Jägervölker und Nomaden, und an die Brot essenden Ackerbauvölker etc. Neben vielen anderen Einflüssen ist hier sicher die Art des vorwiegenden Nahrungsmittels nicht bloss indirect, sondern auch direct auf die Charakterbildung äusserst wirksam.

wirkung allein hervor und ignorirt die äusseren Einflüsse, durch welche die erstere überhaupt erst hervorgerufen wurde. Man vergisst ganz, dass die scheinbar spontan von innen heraus geschehenden Wirkungen des Organismus, welche man als „Angewöhnung, Uebung, Gebrauch der Organe" etc. bezeichnet, nichts weniger als spontane sind, sondern erst hervorgerufen durch die Einwirkung (den „Reiz") der äusseren Existenz-Bedingungen, also erst eine Reaction, eine Gegenwirkung des Organismus, welche jenem äusseren Einflusse adaequat ist und so lange fortdauert, als jener anhält.

Untersuchen wir näher den Ursprung der falschen Vorstellungen, welche man sich vom Wesen der Gewöhnungs-Verhältnisse gemacht hat, so glauben wir als den Grundirrthum, welcher diese lange Kette unrichtiger Vorstellungen hervorgerufen hat, das falsche Dogma von der Freiheit des Willens bezeichnen zu müssen. Man ging bei Untersuchung jener Verhältnisse aus von der Beobachtung des Menschen und anderer Thiere, und fand bald, dass die cumulativen Anpassungs-Thätigkeiten, welche wir als Gewöhnung, Uebung u. s. w. bezeichnen, ihren scheinbar letzten Grund in dem „freien Willen" der Thiere haben, welcher die Bewegungen bestimmt und durch Veranlassung bestimmter, oft wiederholter und anhaltender Bewegungen auch die Ursache der Functions-Modification und Form-Veränderung der Organe wird. Nun ist diese Ansicht von der cumulativen Wirkung der Willensbewegungen auf die Anpassung vollkommen richtig. Falsch ist nur das eine Glied der Schlusskette, dass der Wille „frei" ist, und dass er der letzte Grund der Gewöhnungs-Erscheinungen ist. Jede eingehende und objective Prüfung der freien Willenshandlungen an uns selbst und an anderen Thieren zeigt uns, dass der Wille niemals frei ist, vielmehr jede, und auch die scheinbar freieste Willenshandlung, die nothwendige Folge ist von einer langen und höchst verwickelten Kette von bewirkenden Ursachen, von Empfindungen, Denkbewegungen und anderen Ursachen, die alle selbst wiederum niemals frei, sondern in letzter Instanz causal bedingt sind entweder durch die vorher besprochenen äusseren Existenzbedingungen (Licht, Wärme, Klima etc.) oder durch die der individuellen organischen Materie inhärenten (durch Vererbung erhaltenen) Kräfte.

Dass diese Ansicht richtig ist, ergiebt sich mit Nothwendigkeit, wenn wir einzelne, aus scheinbar freiem Willen entsprungene und durch oftmalige Wiederholung (Cumulation) zur Gewohnheit gewordene Willenshandlungen (freiwillige Bewegungen) und die cumulativen Anpassungen [1]), welche der Organismus in Abänderung der Form und Function

1) Beispiele solcher cumulativen Anpassungen durch „Uebung und Gewohnheit" sind so leicht überall in der lebendigen Natur aufzufinden, dass es überflüssig scheinen könnte ein einzelnes auszuwählen. Dennoch wollen wir wegen der so allgemeinen Verkennung

der „geübten" Theile dabei erlittten hat, scharf untersuchen und bis auf ihre letzten Gründe zu verfolgen streben. Es zeigt sich dann allemal, dass sie ganz ebenso wie die vorhin aufgeführten „Wirkun-

der Rolle, welche der „freie Wille" dabei spielt, eines anführen. Nehmen wir z. B. die ausserordentliche Abänderung in Grösse, Form, Zusammensetzung und Function (Kraft), welche eine Muskel durch andauernde Uebung zu erfahren im Stande ist. Nehmen wir einen Turner, der die Beugemuskeln des Armes durch fortgesetzte Uebung in kurzer Zeit um das Doppelte ihres Volums und das Vielfache ihrer Leistungsfähigkeit vermehrt. Der Uebungs-Act selbst, die oft wiederholte Bewegung des Muskels, veranlasst zunächst eine Veränderung in der Ernährung des Muskels, welche einen vermehrten Zufluss von Nährstoffen herbeiführt. Dadurch wächst der Muskel; er nimmt zu an Zahl der Muskelprimitivfasern, vielleicht auch an denjenigen chemischen Bestandtheilen der Muskelsubstanz, welche vorzugsweise bei der Contraction thätig sind; er verbessert sich also wahrscheinlich nicht bloss quantitativ, sondern auch qualitativ, indem die im ungeübten Muskel abgelagerten Fette durch die Uebung verschwinden und durch die edleren Eiweisstoffe ersetzt werden. Jedenfalls ist diese durch den Gebrauch des Organs herbeigeführte Verbesserung desselben ein reiner Ernährungs-Process, also von den äusseren Existenz-Bedingungen der Nahrung abhängig. Aber auch, wenn wir auf die letzten Gründe der Uebung des Muskels zurückgehen, werden wir auf Ernährungs-Abänderungen als wirkende Ursachen hingeleitet. Die Willens-Bewegung, welche den Turner zur Uebung der Muskeln veranlasst, ist keineswegs „frei", sondern vielmehr die nothwendige Wirkung von Ursachen, welche in seinem Central-Nervensystem liegen. Diese bewirkenden Ursachen sind bestimmte Vorstellungen, d. h. Functionen der Ganglienzellen, welche durch die Ernährung des Gehirns bestimmt, geregelt und modificirt werden. Diese Vorstellungen können theils unmittelbar im Nervencentrum in Folge veränderter Ernährungs-Verhältnisse entstehen, theils mittelbar, reflectirt nämlich von Empfindungen, die durch den unmittelbaren Einfluss der äusseren Existenz-Bedingungen (Licht, Wärme, Feuchtigkeit etc.) hervorgerufen werden. Die fortdauernde oder oft wiederholte Einwirkung der letzteren bedingt hier zunächst eine „Uebung" der empfindenden centripetalen Nerven, welche ebenso wie jene Uebung des Muskels, mit einer Ernährungs-Veränderung des Organs verbunden ist. Diese Veränderung überträgt sich im Nervencentrum entweder unmittelbar (reflectorisch) oder durch Einschaltung von Vorstellungen auf die motorischen oder centrifugalen Nerven, die ihrerseits wieder auf den Muskel wirken. Ueberall sind es aber in dieser zusammengesetzten Kette von Ursachen und Wirkungen zuletzt „Ernährungs-Abänderungen" (Veränderungen in der gegenseitigen Lagerung, Zusammensetzung und Zahl der Stoff-Moleküle), welche die Action (eigentlich Reaction) und durch oft wiederholte Action die Uebung und die cumulative Anpassung des Organs bedingen. Ich habe eben absichtlich die Beugemuskeln des Arms erwähnt, weil ich an meinem eigenen Körper erfahren habe, welche colossale Veränderung die fortgesetzte Uebung in diesen Bewegungs-Organen, und durch Wechselwirkung der Theile auch im übrigen Organismus hervorzubringen im Stande ist. Der Umfang meiner ganz ungeübten Oberarme hatte sich innerhalb eines Zeitraumes von anderthalb Jahren durch fortgesetzte energische Turn-Uebungen fast genau verdoppelt. Dieses enorme Muskelwachsthum und die damit verbundene Uebung der Willens-Vorstellungen wirkte nun mächtig zurück auf die übrigen Vorstellungen meines Gehirns und insbesondere auf diejenigen des Denkens. Ihnen verdanke ich zum grossen Theile (zum grossen Theile allerdings auch anderen cumulativ einwirkenden Ursachen), dass die in meinem Gehirne vorherrschenden dualistischen und teleologischen Irrthümer immer mehr den monistischen und causalen Vorstellungen wichen und ihnen zuletzt vollständig das Feld liessen. Die letzten Gründe sind in diesem und ähnlichen Fällen, so befremdend diese Behauptung auch erscheinen mag, mechanische Anpassungen, und meistens cumulative Abänderungen in den Ernährungs-Verhältnissen.

gen der äusseren Existenzbedingungen" nicht einseitige Wirkungen von (hier äusseren, dort inneren) Einflüssen sind, sondern vielmehr ausnahmslos „Wechselwirkungen zwischen dem Organismus und der Aussenwelt". Auch die scheinbar freie Willenshandlung, welche durch anhaltende oder oftmalige Wiederholung zur „Gewohnheit" wird, ist in der That Nichts als eine nothwendige Reaction, eine innere Gegenwirkung gegen den äusseren Einfluss der physikalisch und chemisch einwirkenden Existenz-Bedingungen. In letzter Instanz sind es auch hier, wie dort, Ernährungs-Abänderungen, welche durch die letzteren bewirkt werden, und welche erst indirect die Abänderung auf das Central-Nervensystem, den Willen, etc. übertragen. Hier wie dort erblicken wir eine verwickelte Kette von causal bedingten und causal wirkenden Molekular-Bewegungen, bei welchen dadurch, dass die Moleküle oftmals wiederholt oder lange Zeit hindurch in einer neuen, aber immer in einer und derselben Richtung bewegt oder geordnet werden, endlich diese neue Anordnung oder Bewegungsrichtung der Moleküle zur bleibenden wird, d. h. eine feste Abänderung hervorruft.

Dass diese theoretische Anschauung in der That die richtige ist, zeigt sich auch darin, dass wie bei der praktischen Beurtheilung der gehäuften Anpassungen sehr oft nicht im Stande sind, zu sagen, ob dieselben „durch unmittelbare Einwirkung der äusseren Ezistenz-Bedingungen" oder aber durch „Uebung und Gewohnheit" bedingt sind. Dies ist z. B. bei den bekannten und wichtigen Vorgängen der Akklimatisation der Thiere und Pflanzen der Fall. Eine genaue Analyse dieser Erscheinungen beweist, dass die sogenannte „unmittelbare" Einwirkung auch hier allerdings immer die erste Ursache, aber niemals die unmittelbare Ursache der bewirkten Abänderung ist, dass diese vielmehr immer erst eine Folge der Gegenwirkung, der Reaction des Organismus ist. Auch dadurch wird diese Auffassung bestätigt, dass man bei der cumulativen Anpassung der Pflanzen fast immer ganz ausschliesslich oder doch vorwiegend die „unmittelbare Wirkung der äusseren Existenz-Bedingungen", bei der gehäuften Anpassung der Thiere dagegen ebenso ausschliesslich oder vorwiegend die „Uebung und Gewohnheit" als die wirkende Ursache betrachtet, wobei man wiederum durch die falsche Vorstellung geleitet wird, dass sich die Thiere durch einen freien Willen vor den Pflanzen auszeichnen, was wir bereits im siebenten Kapitel widerlegt haben.

In Wahrheit ist es hier wie dort, sowohl wenn die cumulative Anpassung durch die scheinbar „unmittelbare" Wirkung der äusseren Bedingungen (des Lichts, der Wärme etc.), als wenn sie durch die scheinbar „freie" Wirkung der inneren Bedingungen (der Gewohnheit, Uebung etc.) hervorgerufen wird, die Gegenwirkung (Reaction) des Organismus gegen die Einwirkung der Aussenwelt, welche umbildend, abändernd auf den Organismus einwirkt. Der Organismus verhält sich weder dort rein passiv, noch hier rein activ. Vielmehr verhält er sich in beiden Fällen reactiv, und diese Reaction ist in letzter Instanz stets eine von der Ernährung abhängige Function. Das wesentlich wirksame Moment, welches wir aber noch dabei besonders hervorheben müssen, ist die Häufung oder Cumulation der Einwirkungen und Gegenwirkungen, da sie allein bleibende Abänderungen hervorzurufen im Stande ist. Eine abändernde Ursache, welche nur einmal oder wenige Male, oder nur kurze Zeit hindurch auf den Organismus einwirkt, z. B. ein neues, wesentlich von den gewohnten verschiedenes Nahrungsmittel, ein Gift, eine Verwundung etc. vermag entweder gar keine bleibende Veränderung des Organismus hervorzurufen, oder nur dadurch, dass sie neue Molekular-Bewegungen in demselben veranlasst, welche (als Reaction) lange Zeit in demselben anhalten (z. B. bei einer traumatischen Affection). Auch in diesen, scheinbar nicht cumulativen Anpassungen ist es also dennoch im Grunde eine Cumulation von zahlreichen, oft wiederholten oder lange andauernden Molekular-Bewegungen, welche die bleibende Abänderung veranlasst. Für unsere Betrachtung sind aber diese Fälle einmaliger Einwirkung um so weniger wichtig, als die durch sie hervorgerufene Abänderung, auch wenn sie im Individuum bleibt, sich doch im Ganzen nur selten vererbt.

Um so wichtiger dagegen ist die Wirkung der Häufung oder Cumulation der Reaction, d. h. die Erscheinung, dass sehr gegeringe und unscheinbare Einwirkungen der Aussenwelt durch sehr oft wiederholte oder andauernde Einwirkung endlich die bedeutendsten und scheinbar in keinem Verhältniss stehenden Abänderungen, zunächst in der Ernährung des Organismus oder einzelner Organe, weiterhin in der Function derselben, und endlich auch, dieser entsprechend, in der Form der verändert ernährten Organe hervorrufen. Dies ist der Grundzug der cumulativen Anpassung, welche wir Uebung, Gewöhnung u. s. w. nennen, und hierin gleicht das Gesetz der gehäuften Anpassung dem oben erläuterten Gesetze der befestigten Vererbung.

Wie mächtig dieses Gesetz der Angewöhnung wirkt, ist so allbekannt, dass wir keine weiteren Beispiele anzuführen und bloss an das bekannte Sprüchwort zu erinnern brauchen: Consuetudo altera natura. Wir wollen nur noch ausdrücklich hervorheben, dass der Nichtgebrauch der Organe, welcher rückbildend auf dieselben wirkt, nicht minder wichtig ist, als der Gebrauch der Organe, welcher ausbildend auf sie wirkt. Durch die Gewohnheit des Nichtgebrauchs entstehen z. B. die meisten rudimentären Organe, welche für die Dysteleologie so bedeutsam sind.

6. Gesetz der wechselbezüglichen Anpassung.

(Lex adaptationis correlativae.)

(Gesetz von den Wechselbeziehungen der Bildung, von der Compensation der Entwickelung, von der Correlation der Theile etc.)

Alle Abänderungen, welche in einzelnen Theilen des Organismus durch cumulative oder sonstige Anpassung entstehen, wirken dadurch auf den ganzen Organismus und oft besonders noch auf einzelne bestimmte Theile desselben zurück, und bewirken hier Abänderungen, welche nicht unmittelbar durch jene Anpassung bedingt sind.

Dieses Anpassungs-Gesetz ist eines der wichtigsten und ist in seinen Wirkungen schon längst anerkannt. Die vergleichende Anatomie musste auf dieses allgemein gültige Gesetz schon sehr frühzeitig aufmerksam werden, und so finden wir es denn von fast allen bedeutenden „vergleichenden Anatomen“ hervorgehoben, oft unter sehr verschiedenen Namen, als das Gesetz von der Wechselbeziehung der Entwickelung, von der Correlation der Organe, von der Compensation der verschiedenen Körpertheile u. s. w. Besonders die Naturphilosophen, und vor Allen Goethe, haben auf die ausnehmende Wichtigkeit dieses Gesetzes beständig hingewiesen. Indessen haben die meisten Morphologen doch nur die fertige Wirkung dieses Gesetzes vor Augen gehabt, ohne sich dessen bewirkender Ursachen bewusst zu werden. Diese können nur in dem Zusammenhange der Ernährungs-Erscheinungen des Organismus gefunden werden, und zwar in einer nutritiven Wechselwirkung zwischen allen Theilen des Organismus. Eine durch äussere Einflüsse, und namentlich durch die cumulative Anpassung bewirkte Veränderung in der Ernährung eines Organs wirkt stets verändernd zurück auf den gesammten Organismus, welcher ja eine geschlossene physiologische Ernährungs-Einheit darstellt. Gewöhnlich aber sind es einzelne Theile, welche vorzugsweise durch jene rückwirkende Veränderung betroffen werden und demgemäss zunächst in ihrer Ernährung, weiterhin in ihrer bestimmten Function und Form, entsprechende Abänderungen erleiden. Vorzugsweise sind homologe und analoge Theile, wie z. B. die verschiedenen Theile des Hautsystems oder die verschiedenen Theile des Centralnervensystems von dieser wechselbezüglichen Anpassung abhängig, wie z. B. bei den Cavicornien (Rindern, Schaafen, Ziegen etc.) jede eintretende Veränderung in der Haarbildung gewöhnlich zugleich eine entsprechende Veränderung in der Ausbildung der Hörner, der Hufe etc. veranlasst. Ferner bewirkt eine Veränderung eines Sinnesorgans in der Regel eine compensatorische in den übrigen Sinnesorganen. Aber auch Theile die scheinbar in sehr geringem morphologischen und physiologischen

Zusammenhange stehen, z. B. Hautsystem und Muskelsystem, stehen in compensatorischer Wechselbeziehung, wie denn bekanntlich bei den Cavicornien bestimmte Veränderungen in der Haarbildung (z. B. der Schaafwolle) auf die Qualität des Fleisches zurückwirken. Oft sind diese Wechselbeziehungen der merkwürdigsten Art; so z. B. sind Katzen mit blauen Augen allezeit taub; Vögel mit langen Beinen haben meist auch lange Hälse und Schnäbel; blonde Menschen mit hellen Haaren und heller Hautfarbe sind für gewisse innere Krankheiten, z. B. klimatische Fieber, Leberentzündungen etc. weit empfänglicher, als brünette mit dunklen Haaren und dunkler Hautfarbe; besonders merkwürdig ist die innige Wechselbeziehung zwischen den Geschlechtsorganen und dem Centralnervensystem, welche sich bekanntlich in einer Fülle der auffallendsten Wechselbeziehungen äussert. Wie sehr gerade das Genitalsystem auf die übrigen Organsysteme zurückwirkt, zeigt vielleicht kein Beispiel auffallender, als dasjenige der Castraten, bei welchen die künstliche Verhinderung der sexuellen Entwickelung eine entsprechende Hemmungsbildung des Kehlkopfes und eine compensatorische Entwickelung des Panniculus adiposus der Haut hervorruft. Ebenso befördert man bei den Pflanzen die Blattentwickelung durch Unterdrückung der Blüthenentwickelung. Dieser allgemeine Gegensatz zwischen den generativen und nutritiven Theilen gehört zu den wichtigsten Erscheinungen, weche unter das Gesetz von der Correlation der Theile fallen. Lediglich eine Folge dieser Gegenwirkung, eine Folge der äusserst empfindlichen Reaction des Genitalsystems gegen die Ernährungs-Veränderungen des übrigen Körpers ist das äusserst wichtige Gesetz der potentiellen Anpassung oder indirecten Abänderung, welches wir in den vorhergehenden Abschnitten erläutert haben.

7. Gesetz der abweichenden Anpassung.

(Lex adaptationis divergentis.)

(Gesetz von der ungleichartigen Abänderung gleichartiger Theile.)

Gleiche Theile (gleiche Individuen einer und derselben Individualitäts-Ordnung), welche in Mehrzahl in dem Organismus verbunden sind, erleiden ungleiche Abänderungen, indem dieselben in verschiedenem Grade der cumulativen Anpassung unterliegen.

Auch dieses Anpassungs-Gesetz ist von der grössten Wichtigkeit. Denn dieses ist es vorzüglich, welches in Wechselwirkung mit den Vererbungs-Gesetzen die grossen Erscheinungen der organischen Differenzirung, der divergenten Entwickelung gleichartiger Theile bewirkt, und dadurch in erster Linie bei der Erzeugung der unendlichen Mannichfaltigkeit organischer Formen mitwirkt. Hier haben wir die divergente Adaptation natürlich nicht in der grossartigen Wirksamkeit zu betrachten, welche sie, in Verbindung mit der Erblichkeit, im Laufe von Generationen entfaltet, sondern nur insofern sie innerhalb des Laufes der individuellen Existenz wirksam ist. Da aber auf dieser beschränkten ontogenetischen Wirksamkeit des Divergenz-Gesetzes seine umfassendere Wirksamkeit als phylogenetisches Differenzirungs-Gesetz beruht, so müssen wir dasselbe hier gebührend hervorheben, um so mehr, als es in dieser Beziehung meist nicht gehörig gewürdigt wird.

Das Gesetz der divergirenden oder abweichenden Anpassung behauptet, dass allgemein in den Organismen, welche eine Wiederholung von gleichartigen Theilen enthalten, diese das Bestreben haben, sich nach ganz verschiedenen Richtungen hin zu entwickeln, indem sie in verschiedenem Grade der cumulativen oder correlativen Anpassung unterliegen. Dieses Gesetz gilt von den Individuen aller Ordnungen, von der Plastide bis zur Person hinauf, und ist die Basis des berühmten Gesetzes der Arbeitstheilung, welches allgemein, bei den Individuen aller Ordnungen, von der ersten bis zur sechsten wirksam ist. Wir sehen also, dass in einem Organe oder Organismus, welcher anfangs aus vielen gleichen Plastiden besteht, im Laufe seiner individuellen Existenz eine Differenzirung derselben eintritt, indem die einen Cytoden oder Zellen in dieser, die andern in jener Weise abändern. So differenziren sich in allen Organen (Individuen zweiter Ordnung) die anfangs gleichen Zellen später durch divergirende Anpassung in verschiedene Gewebe, indem z. B. an einer aus lauter gleichen Zellen zusammengesetzten embryonalen Extremität die einen zu Muskeln, die andern zu Nerven, die dritten zu Gefässen etc. sich gestalten. Ebenso entstehen durch Differenzirung von mehreren ursprünglich gleichartigen Organen (z. B. den fünf Zehen des Wirbelthier-Fusses) später durch divergente Ausbildung ungleichartige Organe. Ferner differenziren sich in derselben Weise die ursprünglich gleichen Metameren des Gliederthier-Körpers; während sie bei den niedersten Würmern alle gleich bleiben, sehen wir bei den höheren Würmern und den Arthropoden eine divergente Entwickelung eintreten und zwar ebenso im Laufe der Ontogenese, wie der Phylogenese. Dasselbe gilt von den Antimeren, welche ursprünglich immer gleichartige Theile darstellen und erst secundär der divergenten Anpassung unterliegen. Ebenso differenziren sich endlich die gleichartigen Personen, welche zu Stöcken zusammentreten, durch divergente Anpassung (Arbeitstheilung) zu verschiedenen Personen.

Dieses allgemeine Differenzirungs-Gesetz oder Divergenz-Gesetz ist in den vollendeten Folgen seiner ungeheuern und äusserst mannichfaltigen Wirkung von allen Naturforschern anerkannt. Viele haben auch seine causale Bedeutung und active Wirksamkeit während des Laufes der embryologischen, Wenige während des parallelen Laufes der palaeontologischen Entwickelung erkannt. Die Wenigsten aber sind von der äusserst wichtigen Thatsache durchdrungen, dass alle Differenzirungen oder Divergenzerscheinungen, welche wir während jener laufenden Entwickelungsreihe beobachten, nur die gehäuften Folgen und Wiederholungen von zahllosen einzelnen divergenten Anpassungen sind, welche die individuellen Organismen während des Laufes ihrer individuellen Existenz allmählich erfahren haben.

Die Ursachen der divergenten Anpassung liegen ganz einfach in dem Nutzen, den die Arbeitstheilung oder Differenzirung, die ungleichartige Ausbildung von ursprünglich gleichartigen Theilen, einem jeden Organismus gewährt. Jeder Mensch weiss, dass er einen Nutzen davon hat, rechte und linke Hand z. B. in verschiedener Weise auszubilden. Indem von mehreren gleichen Organen (Individuen verschiedener Ordnung) Jedes nur eine einzige Function vorzugsweise ausbildet, und zwar durch cumulative Anpassung, wird die anfangs gleichartige Ernährung der gleichen Organe eine verschiedene, und es erfolgt schliesslich als Endresultat für den Organismus die vollendete Arbeitstheilung der Organe, auf welcher alle Vervollkommnung beruht.

8. Gesetz der unbeschränkten Anpassung.

Lex adaptationis infinitae.

Alle Organismen können zeitlebens, zu jeder Zeit ihrer Entwickelung und an jedem Theile ihres Körpers, neue Anpassungen erleiden; und diese Abänderungsfähigkeit ist unbeschränkt, entsprechend der unbeschränkten Mannichfaltigkeit und beständigen Veränderung der auf den Organismus einwirkenden Existenzbedingungen.

Auch dieses Gesetz, mit welchem wir unsere Aufstellung der wichtigsten Anpassungs-Gesetze beschliessen, ist für die Umbildung der organischen Formen von nicht minderer Wichtigkeit, als alle vorhergehenden. Während die Aufstellung desselben von allen Physiologen, und von denjenigen Morphologen, welche einen weiteren Ueberblick über die gesammten Erscheinungen der organischen Natur besitzen, vielleicht für überflüssig, weil selbstverständlich, erachtet werden wird, muss dasselbe dagegen von denjenigen Morphologen, welche auf Grund ihrer beschränkten Naturanschauung die Species-Constanz vertheidigen, (und es ist dies leider noch heute die grosse Mehrzahl!) mit aller Macht bekämpft werden. Denn aus diesem grossen Grundgesetz allein schon, auch ohne Rücksicht auf die übrigen, muss die Unhaltbarkeit des Dogma von der Species-Constanz folgen. Alle Species-Dogmatiker, auch die vernünftigeren, welche einen grossen Spielraum der Variabilität für jede Species zulassen, behaupten, dass dieser Spielraum innerhalb ganz bestimmter Grenzen beschränkt sei, und dass eine „Art“, möge sie noch so sehr durch Anpassung an verschiedene Lebens-Bedingungen abändern, sich immer innerhalb eines bestimmten, von dem Schöpfer uranfänglich in dem systematischen Cataloge seiner Baupläne festgestellten Formenkreises bewege. Indem der Schöpfer jede „Species" als geschlossene Einheit nach einem vorher von ihm ausgedachten Modelle, einem architectonischen Entwurfe schuf, gab er ihr zugleich die Fähigkeit mit, sich an bestimmte Lebensbedingungen bis zu einem gewissen Grade anzupassen, bestimmte er ihr einen geschlossenen Variabilitäts-Kreis, erlaubte ihr aber nicht, diese Grenze zu überschreiten. Diese unter der grossen Mehrzahl der Morphologen noch heute verbreitete Vorstellung ist eben so absurd, als alle übrigen Consequenzen, zu welchen das Dogma von der Species-Constanz nothwendig hinführt. Indessen thut diese Absurdität der Geltung jener Vorstellung, da sie bereits durch Vererbung sich stark befestigt hat, keinen Eintrag. Um so mehr müssen wir uns hier auf das Entschiedenste dagegen erklären und das eben aufgestellte Gesetz von der unbeschränkten Anpassungsfähigkeit der Organismen auf das Bestimmteste aufrecht erhalten.

In der That finden wir in der gesammten organischen Natur nicht eine einzige Erscheinung, welche der Annahme widerspricht, dass alle Organismen zu jeder Zeit ihres Lebens und an jedem Theile ihres Körpers eine neue Abänderung erleiden können, sobald sie neuen Existenz-Bedingungen unterworfen werden. Dass immer neue Existenz-Bedingungen entstehen, dass die vorhandenen einer beständigen Veränderung unterworfen sind, dass die ganze Welt nicht still steht, sondern sich in einer beständigen Veränderung, und zwar in einer fortschreitenden Entwickelungs-Bewegung befindet, wird Niemand leugnen, der einen allgemeinen Ueberblick der uns umgebenden Erscheinungs-Welt besitzt, und bei dem nicht durch langjährige Anpassung an den beschränkten Gesichtskreis der degenerirten systematischen Morphologie sein Erkenntniss-Vermögen rudimentär geworden oder ganz verloren gegangen ist. Aus dieser beständigen, unaufhörlichen, wenn auch langsam und allmählich stattfindenden Umänderung der Aussenwelt, welche dem Organismus seine Existenz-Bedingungen vorschreibt, folgt nun schon unmittelbar eine entsprechende Umänderung der Organismen selbst, denn wo die Ursachen sich ändern, da kann auch die Wirkung nicht dieselbe bleiben. Entsprechend der überall und jederzeit stattfindenden Veränderung der Aussenwelt, mit welcher die Organismen in Wechselwirkung leben, muss auch überall und jederzeit eine Anpassung der letzteren an die erstere, also eine unbeschränkte Umgestaltung stattfinden. Diese kann zu jeder Zeit des Lebens und an jedem Theil des Organismus eintreten, da die umgestaltenden Kräfte, d. h. die Veränderungen der Existenz-Bedingungen zu jeder Zeit stattfinden und auf jeden Theil des Körpers mittelbar oder unmittelbar einwirken können.

Selbstverständlich ist eine bestimmte Schranke der Anpassungsfähigkeit allgemein durch die ihr entgegenwirkende Erblichkeit gesetzt, durch den „Typus“ des Stammes; allein innerhalb dieses Typus, innerhalb der unveräusserlichen Charaktere des Phylon, ist eine Schranke nicht vorhanden, und die parasitischen Crustaceen z. B. scheinen auch jene Grenze der Typus-Charaktere zu überschreiten.

Mit der gleichen Nothwendigkeit, mit welcher sich dieses Gesetz als eine unmittelbare Folgerung aus der grossen Erscheinung der beständigen Umänderung der Gesammtnatur (und speciell der anorganischen Natur) ableiten lässt, mit derselben Nothwendigkeit drängt sich uns unmittelbar seine allgemeine Geltung auf, wenn wir die gesammten Erscheinungsreihen der organischen Natur von dem höheren allgemeinen Gesichtspunkte aus vergleichend betrachten. Die gesammte Phylogenie, die gesammte Physiologie der Organismen liefert eine übereinstimmende Kette von Beweisen für dasselbe. Die Phylogenie zeigt uns, wie ein und derselbe Stamm von organischen Formen, z. B. der der Wirbelthiere, aus einfacher Basis entspringend, sich nach allen Seiten reich verzweigt, wie die Mannichfaltigkeit seiner divergenten Aeste mehr und mehr im Laufe der Erdgeschichte zunimmt und wie dieselben noch in der Gegenwart eine unbegrenzte Fähigkeit zur Abänderung zeigen. Freilich ist diese Fähigkeit sehr verschieden. Die einen Species sind äusserst variabel, die anderen sehr constant, eine dritte Gruppe nur in mässigem Grade abänderungsfähig. Diese Thatsache entspricht aber vollkommen der ungleichen physiologischen Constitution und Lebensweise der verschiedenen Arten. Solche Arten, die nur unter ganz beschränkten Bedingungen existiren können, die sich bereits einer grossen Summe specieller Existenz-Verhältnisse angepasst haben (wie z. B. viele Parasiten), die also auch nur einen beschränkten Verbreitungs-Bezirk haben werden, können sich nur in geringem Grade und nur nach bestimmten eng begrenzten Richtungen hin verändern und neu anpassen. Solche Arten dagegen, die unter sehr verschiedenen Bedingungen existiren können, die sich nur einer kleinen Summe specieller Existenz-Verhältnisse angepasst haben (wie z. B. die Mäuse), die also auch einen weiteren Verbreitungs-Bezirk haben werden, können sich noch in hohem Grade und nach vielen verschiedenen Richtungen hin verändern und neu anpassen. Wir können die letzteren Arten mit Snell[1]) als ideale, die ersteren dagegen als praktische Typen bezeichnen.

---

[1]) Carl Snell, die Schöpfung des Menschen. Leipzig 1863. Dieses Schriftchen ist sehr zu empfehlen wegen der anschaulichen Beweisführung, dass alle Entstehung organischer Formen nicht als Schöpfung, sodann nur als Entwickelung gedacht werden kann. Wenn auch die zoologischen Beispiele zum Theil nicht glücklich gewählt, und in der einzelnen genealogischen Speculation manche Irrthümer sind, so

Dieser Unterschied zwischen den praktischen oder einseitigen und den idealen oder vielseitigen Organisations-Typen gilt nicht allein von den einzelnen Arten, sondern auch von den Gattungen, Klassen und überhaupt von allen Zweigen des systematischen Stammbaumes. Wir können alle Kategorieen desselben allgemein in die beiden (natürlich nie scharf zu trennenden, sich aber doch im Ganzen gegenüber stehenden) Gruppen der idealen oder in weitem Umfang anpassungsfähigen Gestalten und der praktischen oder in engem Umfang adaptablen Gestalten scheiden. Ideale oder polytrope Typen sind z. B. unter den Echinodermen die Asteriden, unter den Articulaten die Anneliden, unter den Phanerogamen die Cupuliferen. Praktische oder monotrope Typen dagegen sind unter den Echinodermen die Crinoiden und Echiniden, unter den Articulaten die Cestoden und Insecten, unter den Phanerogamen die Palmen und Orchideen. Ferner sind ideale oder vielseitige Gruppen unter den Wirbelthieren z. B. die Selachier, die Eidechsen, die Halbaffen; praktische oder einseitige Gruppen dagegen sind die Teleostier, die Schildkröten, die Fledermäuse. Die idealen oder vielseitigen Gruppen passen sich weniger speciell bestimmten Bedingungen an und bleiben dadurch in höherem Grade entwickelungsfähig. Die praktischen oder einseitigen Gruppen passen sich dagegen ganz speciell bestimmten Bedingungen an, leisten auf diesem beschränkten Gebiete Grösseres, büssen dadurch aber die weitere Entwickelungsfähigkeit ein. Dieser höchst wichtige Unterschied ist auch unter den Individuen der menschlichen Gesellschaft überall und also auch in der Wissenschaft zu verfolgen. Die idealen und vielseitigen philosophisch gebildeten Köpfe, welche die Erscheinungen synthetisch vergleichen und denkend ordnen, sind es, welche die Menschheit im Ganzen weiter bringen, weil sie sie anpassungsfähig erhalten. Die praktischen und einseitigen Gelehrten dagegen, welche die Erscheinungen nur analytisch zergliedern, und welche sich nicht höheren Ideen anpassungsfähig erhalten, können jenen bloss das Material liefern, das sie zum Besten des Ganzen verwerthen.

Wie der Mensch, als das am genauesten und am längsten untersuchte Thier, für alle allgemeinen biologischen Erscheinungen, und namentlich für die von uns hier untersuchten Gesetze der Vererbung und der Abänderung die besten und schlagendsten Beispiele liefert, so giebt er uns auch den sichersten Beweis für das grosse Gesetz der unbeschränkten Anpassung. In diesem Gesetze liegt die ganze unbegrenzte Entwickelungsfähigkeit des Menschengeschlechts eingeschlossen, und für uns speciell die tröstliche Aussicht, dass der vielgerühmte Culturzustand des neunzehnten Jahrhunderts sicher nach Verlauf weni-

verdienen doch viele allgemeine Bemerkungen als höchst treffend besondere Beherzigung, und keineswegs die Verachtung, die manche Empiriker gegen dieselben ausgesprochen haben.

ger Jahrhunderte, und vielleicht schon vor Beginn des zweiten Jahrtausends n. Chr. als der Zeitpunkt des Erwachens aus den scholastischen, halb barbarischen Vorurtheilen des Mittelalters und seiner Fortsetzung bis zur Gegenwart bezeichnet werden wird. Es hiesse an dem Werthe der Menschheit und dem ungeheuren Fortschritt, den sie bereits seit ihrer Divergenz von den übrigen Affen gemacht hat, verzweifeln, wenn man nicht die gleiche Fähigkeit der dauernden Anpassung und Vervollkommnung auch für alle kommenden Zeiten behaupten wollte. Wie aber im Gehirne des Menschen sich die unbegrenzte Anpassungsfähigkeit des Organismus auf das schlagendste bekundet, so gilt dieselbe auch als allgemeines Gesetz für alle übrigen Organismen.

VI. Vererbung und Anpassung.

(Atavismus und Variabilität.)

Vererbung und Anpassung sind die beiden einzigen physiologischen Functionen, welche in ihrer beständigen Wechselwirkung die unendlich mannichfaltigen Unterschiede aller Organismen bedingen, und zwar nicht bloss die morphologischen, sondern auch die davon nicht trennbaren physiologische Unterschiede. Alle Eigenschaften, welche wir an den einzelnen Organismen wahrnehmen, und durch welche wir sie von den andern unterscheiden, und zwar ebenso alle Eigenschaften der Form, wie des Stoffes und der Function, sind lediglich die nothwendigen Producte der Wechselwirkung jener beiden formenden Kräfte. Im Allgemeinen ist jeder ausgebildete Charakter, jedes entwickelte Merkmal, jede wesentliche Eigenschaft des Organismus ein Product beider Factoren, der auf der Fortpflanzung beruhenden Vererbung und der auf der Ernährung beruhenden Anpassung. Im Besonderen jedoch können wir von jedem einzelnen Merkmal sagen, dass es in seinem gegenwärtigen Zustande entweder vorwiegend durch Vererbung oder vorwiegend durch Anpassung erworben sei; und ursprünglich sind alle Charaktere entweder vererbte oder erworbene. Wir können also, und es ist dies von der grössten Wichtigkeit für die Systematik, alle Eigenschaften, alle Charaktere der Organismen in zwei gegenüberstehende Gruppen bringen: Ererbte Eigenschaften (Characteres hereditarii) und durch Abänderung der vererbten erworbene, angepasste Eigenschaften (Characteres adaptati).

Während diese Vereinigung von ererbten und durch Anpassung erworbenen Charakteren sich bei allen Organismen findet, welche durch Fortpflanzung von elterlichen Organismen entstehen, existirt ein etwas anderes Verhältniss bei denjenigen Organismen, welche elternlos durch Selbstzeugung oder Autogonie entstanden, bei den structurlosen Moneren also, die im sechsten Capitel besprochen worden sind. Bei diesen fällt natürlich das Moment der Ererbung weg und an dessen Stelle tritt die unmittelbare physikalische und chemische Beschaffenheit der Materie, aus welcher das autogone Moner besteht. Diese ist es, welche hier der Anpassung entgegenwirkt, und welche zum erblichen Charakter wird, wenn das Moner sich fortpflanzt. Im Grunde ist aber dieser Unterschied nur sehr unwesentlich, da ja auch das Wesen der erblichen Eigenschaften in der unmittelbaren physikalischen und chemischen Beschaffenheit der Materie liegt, aus welcher der Organismus besteht. Wir kommen hier im Wesentlichen zurück auf den Unterschied der beiden in Wechselwirkung stehenden gestaltenden Kräfte, welche wir im fünften Capitel untersucht haben, auf den inneren und äusseren Bildungstrieb. Wir sprachen dort aus, dass jeder Organismus ein Product der Wechselwirkung dieser beiden Factoren ist, des inneren Bildungstriebes, d. h. der physikalischen und chemischen Kräfte, welche der den Organismus constituirenden Materie inhäriren, und des äusseren Bildungstriebes, d. h. der physikalischen und chemischen Kräfte, welche der den Organismus umgebenden Materie der Aussenwelt innewohnen und auf erstere einwirken. Offenbar ist jener nun bei allen Organismen, die durch Fortpflanzung entstanden sind, der in der Vererbung wirkende, dieser dagegen in allen Fällen der in der Anpassung und Abänderung wirkende Gestaltungstrieb. Wir können also das wichtige Gesetz, welches die gesammte Mannichfaltigkeit der Organismen-Welt auf die Wechselwirkung von nur zwei gestaltenden Kräften zurückführt, in folgende Worte zusammenfassen:

Alle Eigenschaften oder Charaktere der Organismen sind das Product der Wechselwirkung von zwei gestaltenden physiologischen Functionen, dem inneren, auf der materiellen Zusammensetzung des Organismus beruhenden und durch die Fortpflanzung vermittelten Bildungstriebe der Vererbung, und dem äusseren, auf der Gegenwirkung des Organismus gegen die Aussenwelt beruhenden und durch die Ernährung vermittelten Bildungstriebe der Anpassung. In jeder Eigenschaft des Organismus kann aber der eine der beiden Bildungstriebe als die vorzugsweise bewirkende Ursache erkannt werden, und in dieser Beziehung sind alle Charaktere des Organismus in erster Instanz entweder ererbt oder durch Anpassung erworben.

Aus Gründen, welche wir im sechsten Buche erörtern werden, bezeichnen wir die ererbten oder Vererbungs-Charaktere als homologe, die angepassten oder Anpassungs-Charaktere als analoge. Eine Hauptaufgabe der gesammten Morphologie der Organismen beruht in der Erkenntniss dieses Unterschiedes, und wenn die Systematik und die vergleichende Anatomie immer in erster Linie bestrebt gewesen wäre, diesen Unterschied zu entdecken, so würde sie ihrer Aufgabe, der Erkenntniss der natürlichen Verwandtschaften der Organismen, schon unendlich näher sein. Denn es liegt auf der Hand, dass nur die homologen oder ererbten Charaktere uns auf die Erkenntniss der natürlichen Blutsverwandtschaft hinleiten können, während die analogen oder angepassten Charaktere nur geeignet sind, dieselbe uns zu verhüllen. Die ganze Kunst der vergleichenden Morphologie (die man nur künstlich in vergleichende Anatomie und Systematik trennt) beruht also darauf, zu erkennen, ob die Aehnlichkeit, welche zwei „verwandte" Organismen verbindet, eine Homologie oder eine Analogie ist. Je mehr zwei verwandte Organismen gemeinsame Homologieen besitzen, desto enger sind sie verwandt; je mehr ihre Aehnlichkeit bloss auf Analogieen beruht, d. h. auf der Anpassung an gleiche oder ähnliche Lebens-Bedingungen, desto weniger sind sie verwandt. So stehen die Walfische durch Analogie den Fischen, durch Homologie den Menschen näher. Ebenso stehen die Insekten durch Analogie den Vögeln, durch Homologie den Würmern näher.

Die beiden allmächtigen bewegenden Kräfte der Vererbung und der Anpassung, welche wir oben auf die physiologischen Functionen der Fortpflanzung und Ernährung zurückgeführt haben, sind in ihrer allgemeinen Wechselwirkung die beiden einzigen Factoren, welche die gesammte organische Welt gebildet haben und noch immerfort bilden. Sie haben an die Stelle der inneren Idee, des Schöpfers, des zweckmässigen Bauplanes zu treten, und wie alle die irrthümlichen Vorstellungen weiter heissen mögen, welchen die Teleologie und der Dualismus überhaupt die „Schöpfung" der Organismen zuschreibt.

So einfach nun dieses grosse Gesetz ist, so fest wir überzeugt sind, dass diese beiden Factoren allein die organische Welt geschaffen haben, so ausserordentlich schwierig ist es im Einzelnen den Process ihrer Wechselwirkung zu verfolgen und von jeder einzelnen Function, von jeder einzelnen Formeigenschaft des Organismus zu sagen, wieviel davon Wirkung der Vererbung, wieviel Wirkung der Anpassung sei. Denn alle die verschiedenen Modificationen der Heredität und Adaptation, welche wir in den oben begründeten Gesetzen aufgeführt haben, treten im Organismus in eine so äusserst complicirte Wechselwirkung, dass es, wenigstens bei unseren jetzigen, noch höchst unvollständigen Kenntnissen, äusserst schwierig ist, den Process der organischen Umbildung selbst zu verfolgen.

Hier nun gelangen wir zur Betrachtung der ungemein wichtigen Gesetze, welche sich bis jetzt aus der Wechselwirkung der Vererbung und Anpassung haben ableiten lassen und deren Aufstellung das besondere und höchst bewunderungswürdige Verdienst von Charles Darwin ist. Zunächst haben wir die wichtigen Vorgänge der natürlichen und künstlichen Züchtung oder Auslese (Selection) zu betrachten, welche den werthvollen Kern seiner Selections-Theorie bilden, und demnächst die weitgreifenden Gesetze der Divergenz oder Differenzirung, und des Fortschritts oder der Vervollkommnung, welche sich als Consequenzen aus dem Selections-Gesetz ergeben.

VII. Züchtung oder Selection.

(Zuchtwahl, Auslese.)

Das erste und oberste Gesetz, welches die Entstehung neuer organischer Formen durch die Wechselwirkung von Vererbung und Anpassung regelt, ist das Gesetz der Züchtung oder Selection. Das Wesen des Züchtungs-Vorganges liegt darin, dass von zahlreichen neben einander lebenden ähnlichen, aber ungleichen Individuen von einerlei Art nur eine bestimmte Anzahl zur Fortpflanzung gelangt, und also seine individuellen Eigenschaften auf die Nachkommenschaft vererbt und dadurch erhält, während die anderen, nicht zur Fortpflanzung gelangenden Individuen derselben Art aussterben, ohne ihre individuellen Eigenschaften vererben und so in den Nachkommen erhalten zu können. Es findet also bei der Fortpflanzung aller Organismen von einerlei Art eine Auswahl oder Auslese, Selection, statt, welche die einen Individuen bevorzugt, indem sie ihnen gestattet, ihre individuellen Charaktere auf die Nachkommenschaft zu vererben, während sie die anderen Individuen benachtheiligt, indem sie ihnen dies nicht gestattet. Durch diese Auslese oder Zuchtwahl wird eine allmähliche Abänderung der ganzen Organismen-Art bedingt, indem die individuellen Charaktere des sich fortpflanzenden Bruchtheils der Art Gelegenheit erhalten, sich durch Vererbung zu befestigen und so immer stärker hervorzutreten.

Der Vorgang der Züchtung oder Auslese ist von dem Menschen künstlich betrieben worden seit jener weit zurückliegenden Zeit, in welcher er, selbst erst dem niedersten Zustande thierischer Rohheit entwachsen, zum ersten Male anfing, Thiere und Pflanzen zu seinem Nutzen bei sich zu halten und fortzupflanzen[1]). Dieser Process war von Anfang an mit einer, zunächst allerdings unbewussten Auslese oder Zuchtwahl (Selection) verbunden, indem der Mensch nur einen Bruchtheil der zu seinem Nutzen gezogenen Thiere und Pflanzen zur Fortpflanzung der Art benutzte, die übrigen dagegen in verschiedener

[1]) Viel früher, als von den Menschen, ist der künstliche Züchtungs-Process wahrscheinlich schon von anderen Thieren betrieben worden, so z. B. von den Ameisen, welche Sclaven halten, und welche die Blattläuse als ihr Melkvieh züchten.

Weise zu seinem Nutzen verwandte. Nun wird der Mensch, sobald er den grossen Nutzen einsah, der ihm durch die Cultur der Thiere und Pflanzen erwächst, schon frühzeitig auf den Gedanken gekommen sein, nicht allein dieselben durch Fortpflanzung bloss zu erhalten, sondern auch, bei der offenbaren Ungleicheit der Individuen, die für seinen Vortheil tauglicheren Individuen allein zu erhalten, die übrigen, weniger tauglichen dagegen zu vernachlässigen. Er wird also bloss die ersteren, nicht die letzteren zur Fortpflanzung (Nachzucht) benutzt haben, und hiermit war bereits die Kunst der individuellen Auswahl, der Auslese zur Nachzucht erfunden, welche das Wesen der künstlichen Züchtung bildet. Indem nämlich der Mensch bei dieser Auswahl der tauglichsten Individuen zur Nachzucht Generationen hindurch diejenigen Individuen aussuchte, die einen bestimmten (für ihn vortheilhaften) Charakter oder eine neu erworbene Abänderung besonders deutlich zeigten, die anderen dagegen, die denselben weniger ausgesprochen oder gar nicht zeigten, ausschied, wurde nicht allein dieser erwünschte Charakter oder die neue Abänderung erhalten, sondern er wurde auch nach den Vererbungs-Gesetzen durch Häufung gesteigert und befestigt. Lediglich durch diese, Generationen hindurch fortgesetzte Auswahl bestimmter Individuen zur Fortpflanzung (Nachzucht), lediglich durch diese andauernde künstliche Anslese oder Zuchtwahl, war der Mensch im Stande, die Wechselwirkung zwischen Vererbung und Abänderung so zu benutzen, dass er schliesslich die zahllosen Culturformen der Hausthiere und Nutzpflanzen erzeugte, die zum Theil von ihren natürlichen Vorfahren viel weiter verschieden sind, als es verschiedene sogenannte „gute Arten“ und selbst verschiedene Gattungen im Naturzustande sind.

Es ist nun Darwin's unschätzbares und besonderes Verdienst, nachgewiesen zu haben, dass einem ganz analogen Züchtungs-Vorgange auch die unendliche Mannichfaltigkeit der Thiere und Pflanzen im wilden Zustande ihre Entstehung verdankt, und dass überall und jederzeit in der vom Menschen unabhängigen Natur eine „natürliche Zuchtwahl“ wirksam ist, welche der künstlichen vom Menschen betriebenen Auslese durchaus analog ist. Dasjenige auslesende Princip, welches in der Natur die auswählende willkürliche Thätigkeit des Menschen ersetzt, ist das von Darwin zuerst entdeckte, äusserst wichtige und complicirte Wechselverhältniss der Organismen zu einander, welches er mit dem Namen des „Kampfes um das Dasein“ (Struggle for life) belegt. Die „natürliche Züchtung“ (Natural selection), welche dieses beständig thätige Princip ausübt, wirkt durchaus analog der vom menschlichen Willen ausgeübten „künstlichen Züchtung“ und erzielt durchaus ähnliche Resultate. Allein während die neuen Formen, welche die künstliche Züchtung hervorbringt, der menschlichen Auslese entsprechend dem Nutzen des Menschen dienen, sind dagegen die neuen Formen, welche die natürliche Züchtung hervorbringt, dem Nutzen des abgeänderten Organismus selbst dienstbar. Auch wirkt aus gleich zu erörternden Gründen die letztere zwar langsamer, aber ungleich mächtiger, stetiger und allgemeiner, als die erstere. Um den äusserst wichtigen Process der natürlichen Züchtung, welcher das Skelet der ganzen Selections-Theorie bildet, richtig zu verstehen, wollen wir zuvor den besser bekannten, aber ganz analogen Vorgang der künstlichen Züchtung noch etwas näher ins Auge fassen. Doch können wir schon jetzt den wesentlichen Unterschied zwischen beiden analogen Erscheinungen in folgenden Worten zusammenfassen:

Die künstliche Züchtung besteht darin, dass der planmässig wirkende Wille des Menschen die Fortpflanzung derjenigen Individuen begünstigt, welche durch eine für den Vortheil des Menschen nützliche individuelle Eigenthümlichkeit sich auszeichnen. Die natürliche Züchtung besteht darin, dass der planlos wirkende Kampf ums Dasein die Fortpflanzung derjenigen Individuen begünstigt, welche durch eine für ihren eigenen Vortheil nützliche individuelle Eigenthümlichkeit sich auszeichnen.

VII, A. Die künstliche Züchtung (*Selectio artificialis*).

(Zuchtwahl oder Auslese durch den Willen des Menschen.)

Die Vorgänge der künstlichen Züchtung sind ebenso für die richtige Auffassung der Veränderlichkeit des Organismus von der grössten Wichtigkeit, als sie bisher von den allermeisten Zoologen und Botanikern in der bedauerlichsten Weise vernachlässigt sind. Die letzteren hatten meistens entweder mit den unnützen Species-Spielereien oder mit den gedankenlosen anatomischen Form-Beschreibungen so Viel zu thun, dass sie sich um die unendlich wichtigeren und interessanteren Vorgänge des Lebens selbst und die dabei stattfindende beständige Umbildung der organischen Formen gar nicht kümmerten, und insbesondere die unter ihren Augen vor sich gehenden Veränderungen der Organismen im Culturzustande gänzlich ignorirten. Auch warfen sie wohl gegen eine Vergleichung der Producte künstlicher und natürlicher Züchtung ein, dass jene eben künstliche, nicht natürliche seien, und bis zu welchem Grade der Thorheit sich diese grundlosen Einwürfe verstiegen, kann das Beispiel von Andreas Wagner zeigen, welcher alles Ernstes behauptete, dass auf die Hausthiere und Culturpflanzen, welche so viel variabler, als die wilden Formen sind, überhaupt der Species-Begriff nicht anwendbar sei, weil dieselben gleich vom Schöpfer für den Culturgebrauch des Menschen geschaffen seien.

Um nun zunächst dieses meist ganz irrig aufgefasste Verhältniss des züchtenden Menschen zu den von ihm erzielten Producten klar festzustellen, müssen wir hervorheben, dass der Mensch keinesweges durch seine Züchtungskünste etwas ausserhalb der Natur der gezüchteten Thiere und Pflanzen Liegendes zu erzielen vermag. Vielmehr beschränkt sich die Thätigkeit des Menschen bei der künstlichen Züchtung lediglich darauf, dass er die Thiere und Pflanzen, welche er umändern oder „veredeln“ will, unter neue einflussreiche Existenz-Bedingungen versetzt, und dass er die dadurch hervorgebrachten Abänderungen sorgfältig ausliest, und durch Vererbung befestigt und steigert. So wenig man, wenn der Mensch Natron und Salzsäure zusammenbringt, sagen kann, er habe Kochsalz „künstlich geschaffen“, so wenig kann man jemals bei der Züchtung sagen, der Mensch habe neue Formen „künstlich geschaffen“, sobald wenigstens damit ausgedrückt werden soll, dass er etwas ausser der Natur der gezüchteten Organismen Liegendes erreicht habe. So wenig die Krankheit, wie die älteren Aerzte glaubten, eine „vita praeter naturam“ ist, sondern vielmehr lediglich die natürliche und nothwendige Reaction des Organismus gegen neue, störende, krankmachende Existenz-Bedingungen, so wenig sind die Resultate der künstlichen Züchtung „producta praeter naturam“, sondern einzig und allein die natürliche nnd nothwendige Wirkung der neuen, umgestaltenden Existenz-Bedingungen, denen der Mensch die abänderungsfähigen Organismen unter sorgfältiger Regelung der Ernährung und Fortpflanzung aussetzte.

Alle Gesetze der Vererbung und alle Gesetze der Anpassung, welche wir oben erörtert haben, kommen bei der künstlichen Züchtung zur Anwendung, und die grosse und schwere Kunst des tüchtigen Züchters besteht darin, diese Gesetze richtig zu erkennen und zu handhaben, ihre Wirksamkeit passend zu regeln und die äusserst genaue Kenntniss der Züchtungs-Objecte sich zu erwerben, welche hierfür unentbehrlich ist. Für einen guten Züchter ist daher eine scharfe und sorgfältige Naturbeobachtung sowohl, als eine tiefe und auf langen intimen Verkehr gegründete Bekanntschaft mit der Physiologie der Ernährung und Fortpflanzung, und vor allem mit der unendlichen Biegsamkeit des Organismus unentbehrlich. Er muss die kleinsten und unscheinbarsten individuellen Abweichungen einzelner Thiere und Pflanzen, welche seinem Vortheil entsprechen, erkennen, benutzen und durch sorgfältige Vererbung häufen, befestigen und steigern. Der Schlüssel für die Züchtungserscheinungen, sagt Darwin, liegt in des Menschen „accumulativem Wahlvermögen, d. h. in seinem Vermögen, durch jedesmalige Auswahl derjenigen Individuen zur Nachzucht, welche die ihm erwünschten Eigenschaften im höchsten Grade besitzen, diese Eigenschaften bei jeder Generation um einen wenn auch noch so unscheinbaren Betrag zu steigern. Die Natur liefert allmählich mancherlei Abänderungen; der Mensch befördert sie in gewissen ihm nützlichen Richtungen. In diesem Sinne kann man von ihm sagen, er schaffe sich nützliche Rassen." Es kömmt also Alles darauf an, unter zahlreichen cultivirten Individuen von einer und derselben Art diejenigen heraus zu erkennen und zur Nachzucht auszulesen, welche irgend eine ganz unbedeutende Abänderung, z. B. eine neue Färbung, zeigen, die dem Wunsche des Züchters entspricht. Indem nun diese Individuen sorgfältig fortgepflanzt werden, und indem unter ihren Nachkommen immer diejenigen zur weiteren Fortpflanzung ausgewählt werden, welche jene Abänderung am meisten ausgesprochen zeigen, wird dieser Charakter, welcher anfänglich höchst unbedeutend und dem ungeübten Auge gar nicht erkennbar war, durch Vererbung befestigt, durch fortdauernde Anpassung gehäuft, und dadurch endlich so stark entwickelt, dass er zuletzt eine neue Rasse charakterisirt.

Welche ausserordentlichen Erfolge der Mensch durch umsichtig verfahrende und andauernd wirkende Züchtung, durch sorgfältige und fortgesetzte Auslese erreichen kann, ist erstaunlich, und wenn die organischen Morphologen diese Thatsachen früher erkannt und richtiger gewürdigt hätten, so würden die unnützen und kindischen Streitigkeiten über die Differenz von Rasse und Varietät, Subspecies und Species, mit denen die systematische Literatur gefüllt ist, längst beseitigt sein. Jeder Zweig der Viehzucht und des Gartenbaues liefert uns für diese bewundernswürdige Biegsamkeit und für die in der That unbeschränkte Variabilität des Organismus so schlagende Belege, dass wir auf die Anführung einzelner Beispiele hier verzichten können; wir wollen nur an die unendlich mannichfaltigen künstlich erzeugten Umbildungen der Hunde, Pferde, Schweine, Rinder, Schafe, Kartoffeln, Erdbeeren, Aepfel, Birnen, Astern, Georginen u. s. w. erinnern.

Das wichtigste allgemeine Resultat, zu welchem uns die bewunderungswürdigen Erfolge der planmässig betriebenen künstlichen Züchtung hinführen, lässt sich in folgende Worte zusammenfassen: Die Unterschiede in physiologischen und morphologischen Charakteren der Thiere und Pflanzen, welche der Mensch durch künstliche Züchtung bei verschiedenen Nachkommen eines und desselben Organismus hervorzubringen vermag, sind oft viel bedeutender, als die Unterschiede in physiologischen und morphologischen Charakteren, welche die Botaniker und Zoologen bei den Pflanzen und Thieren im Naturzustande für ausreichend erachten, um darauf verschiedene Species oder selbst verschiedene Genera zu begründen[1]).

[1]) Dieser hochwichtige Satz ist unbestreitbar, obwohl gegenwärtig noch viele Botaniker und Zoologen demselben ihre Zustimmung versagen werden. Wer aber selbst ein-

VII, B. Die natürliche Züchtung (*Selectio naturalis*).

(Zuchtwahl oder Auslese durch den Kampf ums Dasein.)

Die Zuchtwahl, die auslesende Thätigkeit, auf welcher die Züchtung beruht, und welche bei der künstlichen Züchtung durch den „Willen des Menschen“ geübt wird, dieselbe wird bei der natürlichen Züchtung durch das gegenseitige Wechsel-Verhältniss der Organismen geübt, welches Darwin als „Kampf ums Dasein“ bezeichnet. Auf eine richtige Erfassung dieses Satzes und auf seine beständige Geltendmachung kömmt Alles an, wenn man Darwin's Entdeckung der „natürlichen Züchtung im Kampfe ums Dasein“ richtig verstehen und in ihrer ungeheuren causalen Bedeutung würdigen will. Wir müssen daher deren wesentlichen Inhalt kurz erörtern, um so mehr, als auffallender Weise derselbe den gröbsten Missverständnissen und den albernsten Entstellungen ausgesetzt worden ist.

Der Kampf um das Dasein oder das Ringen um die Existenz oder die Mitbewerbung um das Leben (*Struggle for life*, am passendsten vielleicht als „Wettkampf um die Lebens-Bedürfnisse“ zu bezeichnen) ist eines der grössten und mächtigsten Naturgesetze, welches die gesammte Organismen-Welt, die Menschen-Welt nicht ausgeschlossen, regiert,

mal mit unbefangenem Blick eine Thier- oder Pflanzen-Gruppe systematisch bearbeitet hat; wer da weiss, wie gänzlich willkürlich die Aufstellung der unterscheidenden Charaktere der Gattungen und Arten ist; wer dann die oft höchst unbedeutenden und oberflächlichen Unterschiede, welche zur Trennung der Species oder Genera benutzt werden, mit den oft höchst bedeutenden und tiefgreifenden Unterschieden zwischen vielen sogenannten künstlichen Rassen vergleicht, die von einer und derselben Stammform abstammen; wer endlich Objectivität genug besitzt, diese und jene Unterschiede vergleichend wägen und messen zu können: der kann nicht in Zweifel darüber bleiben, dass der Differenz-Grad zwischen sogenannten Rassen oder Spielarten einer Art oft viel bedeutender ist, als der Differenz-Grad zwischen sogenannten „guten Arten“ einer Gattung oder selbst zwischen verschiedenen „Genera“ einer Familie. Man vergleiche nur z. B. die zahllosen Arten von *Salix*, *Rubus*, *Hieracium etc.*, welche durch die unbedeutendsten und schwankendsten „specifischen Charaktere“ von einander nur ganz künstlich getrennt werden können, oder die verschiedenen Arten und Gattungen z. B. der Nagethiere (namentlich der Mäuse, *Hypudaeus* etc.), bei welchen Genera und Species durch die kleinlichsten Unterschiede getrennt werden; und dann vergleiche man andererseits z. B. das Riesenpferd der Londoner Brauer und den Pony von Shetland, den Pariser Karrengaul und den englischen Renner; oder die unendlich mannichfaltigen Hunde-Rassen, Windspiel und Dogge, Mops und Pudel, Dachshund und Neufundländer; oder die zahllosen Rassen und Varietäten unserer edlen Obstbäume etc. Es sind hier nicht bloss etwa Abänderungen in äusserer Körperform, Grösse, Färbung, Behaarung u. s. w., welche die Rassen trennen, sondern auch viel bedeutendere und tiefergreifende Abänderungen im Bau des Skelets und der Muskeln, und oft selbst im Bau der edelsten inneren Organe, welche zum Theil unmittelbar durch die künstliche Züchtung, zum Theil mittelbar durch Correlation der Theile entstanden sind. Wenn diese Rassen wild vorkämen, würden daraus die Systematiker verschiedene Genera machen.

und welches allenthalben und zu jeder Zeit bei der unaufhörlichen Lebensbewegung der Organismen thätig ist. Da dasselbe überall unter unseren Augen wirksam ist, könnte es höchst auffallend erscheinen, dass vor Darwin Niemand dasselbe hervorgehoben und wissenschaftlich formulirt hat, wenn es nicht eine bekannte Thatsache wäre, dass die Menschen auf die nächstliegenden Beobachtungen immer zuletzt kommen und das Einfachste und Natürlichste am wenigsten begreifen wollen; eine Thatsache, für welche die Geschichte der organischen Morphologie und vor Allem ihrer wissenschaftlichen Grundlage, der Descendenz-Theorie, auf jeder Seite schlagende Beweise liefert.

Die wesentliche Grundidee des Gesetzes vom Kampfe ums Dasein bildet die Erwägung, dass alle Organismen ohne Ausnahme durch Fortpflanzung eine unendlich viel grössere Anzahl von Individuen erzeugen, als unter den allgemein beschränkten Lebens-Verhältnissen der Organismen, innerhalb der bestimmten Grenzen ihrer nothwendigen Existenz-Bedingungen, neben einander fortexistiren können. Die bei weitem überwiegende Mehrzahl aller organischen Individuen muss nothwendig in früherer oder späterer Zeit (die meisten in der frühesten Zeit) ihrer individuellen Existenz zu Grunde gehen, ohne zur Fortpflanzung gelangt zu sein. Die allermeisten Individuen unterliegen mannichfaltigen Hindernissen der Entwickelung, und gehen frühzeitig unter in dem „Wettkampfe", den sie mit ihres Gleichen um die Erlangung der unentbehrlichen Existenz-Bedingungen zu kämpfen haben. Nur verhältnissmässig wenige von den zahlreichen Nachkommen jedes organischen Individuums sind vor den übrigen in diesem Ringen um die Existenz bevorzugt, überleben dieselben und gelangen zur Reife und zur Fortpflanzung. Diese Wenigen werden aber offenbar, da alle Individuen ungleich sind, diejenigen sein, welche sich den für Alle nicht ausreichenden Existenz-Bedingungen am besten anpassen konnten und vor den übrigen eine ihnen vortheilhafte individuelle Eigenthümlichkeit voraus hatten. Wenn sich nun dieser Vorgang, diese „Auslese der Besten", d. h. die Auswahl der am meisten Begünstigten zur Nachzucht, Generationen hindurch wiederholt, so wird sich die individuelle Eigenthümlichkeit, der vortheilhafte Charakter, die nützliche Abänderung, welche den am meisten begünstigten Individuen jenen Vortheil im Wettkampfe verlieh, nicht allein erhalten, sondern auch befestigen und häufen. So entstehen aus einer individuellen Abänderung nach den Gesetzen der Vererbung und Anpassung im Verlaufe von Generationen neue Varietäten oder Rassen, welche sich allmählich zu neuen Species divergent entwickeln und immer weiter divergirenden Nachkommen den Ursprung geben können. So bringt der Kampf ums Dasein durch natürliche Züchtung zunächst neue Varietäten, weiterhin aber auch neue Arten, Gattungen u. s. w. hervor.

Bei der ausserordentlichen Wichtigkeit dieses Verhältnisses wollen wir auf einige der wichtigsten Seiten desselben noch specieller eingehen. Was erstens die Zahlenverhältnisse der Vermehrung aller Organismen betrifft, so ist es eine allen Zoologen und Botanikern bekannte Thatsache, dass die Zahl der möglichen Individuen, d. h. derjenigen, welche als Keime producirt werden, ohne sich zu entwickeln, in gar keinem Verhältnisse steht zu der Zahl der verschwindend geringen Zahl der wirklichen Individuen, welche thatsächlich aus einzelnen Keimen zur Entwickelung gelangen. „Es giebt," sagt Darwin, „keine Ausnahme von der Regel, dass jedes organische Wesen sich auf natürliche Weise in dem Grade vermehre, dass, wenn es nicht durch Zerstörung litte, die Erde bald von der Nachkommenschaft eines einzigen Paares bedeckt sein würde[1])." Die allermeisten organischen Individuen erzeugen während ihres Lebens Hunderte und Tausende, sehr Viele aber Hunderttausende und Millionen von Keimen, welche neuen Individuen den Ursprung geben könnten. Und doch gelangen nur verhältnissmässig äusserst Wenige von diesen Keimen, oft nur ein oder zwei, sehr häufig nur ein paar Dutzend, zur Entwickelung, und von diesen sich entwickelnden ist es wiederum nur ein ganz geringer Bruchtheil, welcher zur vollständigen Reife und zur Fortpflanzung gelangt. Diese unbezweifelbare und höchst wichtige Thatsache zeigt sich am schlagendsten darin, dass die absolute Anzahl der organischen Individuen, welche unsere Erde bevölkern, im Grossen und Ganzen durchschnittlich dieselbe bleibt, und dass nur die relativen Zahlen-Verhältnisse der einzelnen Arten zu einander beständig sich ändern.

Das Missverhältniss, welches überall zwischen der äusserst geringen Zahl der wirklich entwickelten Individuen und der äusserst grossen Zahl ihrer entwickelungsfähigen Keime besteht, äussert sich nicht allein in dieser merkwürdigen Thatsache von der durchschnittlichen Constanz der Individuen-Zahl überhaupt, sondern auch in dem eben-

---

[1]) Die Zahlenverhältnisse der Fortpflanzung und Vermehrung jedes einzelnen Organismus liefern hierfür den Beweis. Zu welchen ungeheuren Zahlen die einfache geometrische Progression führt, zeigt das bekannte Beispiel vom Schachbrett und dem Weizenkorn. Schon Linné berechnete, dass, wenn eine einjährige Pflanze nur zwei Samen erzeugte (und es giebt keine Pflanze, die so wenig productiv wäre), und ihre Sämlinge gäben im nächsten Jahre wieder zwei u. s w., sie in 20 Jahren schon eine Million Pflanzen liefern würde. Von dem Elephanten, der sich am langsamsten von allen Thieren zu vermehren scheint, hat Darwin das wahrscheinliche Minimum der natürlichen Vermehrung berechnet. Vorausgesetzt, dass seine Fortpflanzung erst mit 30 Jahren beginnt und bis zum 90sten Jahre dauert, und dass er in dieser ganzen Zeit nur 3 Paar Junge zur Welt bringt, würde nach 500 Jahren die Nachkommenschaft dieses einzigen Paares schon die ungeheuere Zahl von 15 Millionen erreicht haben. Auch der Mensch, der sich doch nur langsam fortpflanzt, würde seine Anzahl schon in 25 Jahren verdoppelt haben.

falls sehr auffallenden Umstande, dass die sehr verschiedene Anzahl der von den verschiedenen Arten producirten Keime gar keinen Einfluss hat auf die verschiedene Anzahl der wirklich entwickelten Repräsentanten dieser Arten. Organismen, die nur sehr wenige Keime erzeugen, sind in ungeheurer Zahl über die ganze Erde verbreitet; und andere Organismen, die äusserst zahlreiche Keime produciren, existiren umgekehrt in nur wenigen Individuen wirklich. Der Eis-Sturmvogel *(Procellaria glacialis)*, welcher von allen Vögeln der Welt der absolut zahlreichste sein soll, legt nur ein einziges Ei, und andere Vögel (z. B. gewisse Singvögel und Hühnervögel), welche zahlreiche Eier legen, existiren nur in sehr geringer Anzahl. Viele Orchideen, welche Tausende von Samen produciren, gehören zu den seltensten Pflanzen, und viele einköpfige Compositen, die nur eine geringe Anzahl von Samen erzeugen, zu den allerhäufigsten Pflanzen. Die menschlichen Bandwürmer, welche Millionen von Eiern erzeugen, sind viel weniger zahlreich, als die Menschen, welche nur eine geringe Anzahl von Eiern produciren. Die absolute Anzahl der Individuen, welche zu einer bestimmten Zeit von einer Species wirklich leben, ist also entweder gar nicht oder nur in ganz untergeordnetem Maasse abhängig von der Zahl der Keime, welche die Species producirt, dagegen fast ganz oder doch vorwiegend abhängig von der Quantität und Qualität der Existenz-Bedingungen, auf welche jeder Organismus angewiesen ist.

Von diesen Existenz-Bedingungen der Organismen ist nun zunächst hervorzuheben, dass sie für alle Organismen-Arten ganz beschränkte sind. Kein Organismus kann auf allen Stellen der Erde leben. Vielmehr sind alle auf einen Theil der Erdoberfläche, und die allermeisten Arten auf einen sehr kleinen Theil derselben beschränkt. Mit anderen Worten, für jede einzelne Art giebt es nur eine bestimmte Anzahl von Stellen im Haushalte der Natur. Es ist durch die absolute Beschränkung der Existenz-Bedingungen ein absolutes Maximum von Individuen bestimmt, welche im günstigsten Falle auf der Erde neben einander leben können. Was die Natur der Existenz-Bedingungen selbst betrifft, so sind sie für jede einzelne Art äusserst complicirt, in den meisten Fällen aber uns ganz unzureichend bekannt oder sogar gänzlich unbekannt. Wir haben oben, als wir von den Existenz-Bedingungen der Aussenwelt sprachen, vorzugsweise die anorganischen im Auge gehabt, den Einfluss des Lichts, der Wärme, der Feuchtigkeit, der anorganischen Nahrung u. s. w. Viel wichtiger aber noch als diese und viel einflussreicher auf die Umbildung und Anpassung der Arten sind die organischen, d. h. die Wechselbeziehungen aller Organismen unter einander. Jede einzelne Organismen-Art ist abhängig von vielen anderen, welche mit ihr am gleichen Orte leben, und welche ihr entweder schädlich oder gleichgültig oder nützlich sind. Jeder Organismus hat unter den anderen Feinde und Freunde, solche die seine Existenz bedrohen und solche die sie begünstigen. Die ersteren können ihm Nahrung entziehen, z. B. Parasiten, die letzteren dagegen ihm Nahrung liefern, z. B. Nährpflanzen. Offenbar muss also die Zahl und Qualität aller organischen Individuen, welche an einem und demselben Orte beisammen leben, sich gegenseitig bedingen, und offenbar muss jede Abänderung einer einzelnen Art in Zahl und Qualität auf die übrigen, mit ihr in Wechselwirkung stehenden zurückwirken. Dass diese gegenseitigen Wechselbeziehungen aller benachbarter Organismen äusserst wichtige sind, und dass sie auf die Abänderung und Anpassung der Arten weit mehr Einfluss haben, als die anorganischen Existenz-Bedingungen, ist zuerst von Darwin mit aller Schärfe hervorgehoben worden. Leider sind uns nur diese äusserst verwickelten Wechselbeziehungen der Organismen meist gänzlich unbekannt, da man bisher fast gar nicht auf dieselben geachtet hat, und so ist denn in der That hier ein ungeheures und ebenso interessantes als wichtiges Gebiet für künftige Untersuchungen geöffnet[1]). Die Oecologie oder die Lehre vom Naturhaushalte, ein Theil der Physiologie, welcher bisher in den Lehrbüchern noch gar nicht als

[1]) Welch hohes Interesse dieser Zweig der Physiologie bietet, mag hier das von Darwin aufgeführte Beispiel von den Wechselbeziehungen der Katzen in England zum rothen Klee erläutern. Der rothe Klee, eine der wichtigsten Futterpflanzen Englands, kann allein dann Samen zur Entwickelung bringen, wenn seine Blumen von Hummeln besucht und bei dieser Gelegenheit befruchtet werden. Da andere Insekten den Nektar in diesen Blüthen nicht erreichen können, muss also die Fruchtbarkeit des Klee's von der Zahl der Hummeln in derselben Gegend abhängig sein, die ihrerseits durch die Zahl der Feldmäuse bedingt wird, welche die Nester und Waben der Hummeln zerstören. Die Zahl der Feldmäuse steht wieder in umgekehrtem Verhältnisse zu der Zahl der Katzen, ihrer ärgsten Feinde. Und so kann denn, durch die Kette von Wechselbeziehungen zwischen Katzen, Feldmäusen, Hummeln und rothem Klee, der grosse Einfluss der Katzen auf den Klee daselbst nicht geleugnet werden. Das Beispiel lässt sich aber, wie Carl Vogt gezeigt hat, noch sehr hübsch weiter verfolgen. Da der rothe Klee eines der wichtigsten und besten Nahrungsmittel für das englische Rindvieh ist, so beeinflusst seine Qualität und Quantität diejenige des Rindfleisches, welches bekanntlich für die gesunde Ernährung des englischen Volkes unentbehrlich ist. Da ferner die höchst entwickelten Functionen des letzteren, die Entwickelung seiner Industrie, seiner Marine, seiner freien staatlichen Institutionen durch die starke Entwickelung des Gehirns der Engländer bedingt ist, die wiederum von ihrer kräftigen Ernährung durch gutes Fleisch abhängig ist, so finden wir den rothen Klee von grossem Einfluss auf die gesammte Culturblüthe, durch welche gegenwärtig England in vielen Beziehungen an der Spitze aller Nationen steht. Wir haben hier also folgende interessante Kette von Wechselbeziehungen zwischen der englischen Cultur und den englischen Katzen: Viel Katzen, wenig Feldmäuse, viel Hummeln, viel Klee, viel Rindfleisch, wenig Krankheit des Menschen, viel Nervenentwickelung desselben, viel Gehirn-Differenzirung, viel Gedanken, viel Freiheit, viel Cultur.

solcher aufgeführt wird, verspricht in dieser Beziehung die glänzendsten und überraschendsten Früchte zu bringen [1]).

Die Thatsache, dass zwischen allen Organismen, welche an einem und demselben Orte der Erde beisammen leben, äusserst zusammengesetzte Wechselbeziehungen herrschen, kann nicht geleugnet werden, ebensowenig die Thatsache, dass von den zahlreichen individuellen Keimen aller Organismen nur eine ganz geringe Anzahl zur Entwickelung und Fortpflanzung gelangt. Bringen wir nun diese unleugbaren Thatsachen mit den oben festgestellten Gesetzen der Vererbung und Abänderung in Zusammenhang, so folgt aus dieser Combination mit absoluter Nothwendigkeit die Existenz und Wirksamkeit der natürlichen Züchtung. Denn da alle Individuen ungleich und abänderungsfähig sind, da nur eine beschränkte Anzahl der im Keime existirenden Individuen sich entwickeln kann, so muss nothwendig ein Kampf um das Dasein, d. h. ein Wettkampf zwischen den Organismen um die Erlangung der Existenz-Bedingungen stattfinden, in welchem die ungleichen Individuen ungleiche Stellungen und ungleiche Aussichten haben. Diejenigen Individuen, welche durch irgend eine individuelle Eigenthümlichkeit, irgend eine neu erworbene Abänderung, einen Vorzug vor den übrigen ihrer Art voraus haben, werden ihnen überlegen sein und sie besiegen. Sie allein werden zur Fortpflanzung gelangen und ihre Abänderung auf die Nachkommenschaft übertragen. Diese individuelle Eigenschaft wird sich auf die Nach-

[1]) Die bisherige einseitige, wenn auch in einzelnen Zweigen bewunderungswürdig hohe Ausbildung der Physiologie veranlasst mich hier ausdrücklich hervorzuheben, dass die Oecologie, die Wissenschaft von den Wechselbeziehungen der Organismen unter einander, und ebenso die Chorologie, die Wissenschaft von der geographischen und topographischen Verbreitung der Organismen, integrirende Bestandtheile der Physiologie sind, obwohl sie gewöhnlich gar nicht dazu gerechnet werden. Nach meiner Ansicht muss die Physiologie in drei Hauptabschnitte zerfallen: I. Physiologie der Ernährung (Nutrition); II. Physiologie der Fortpflanzung (Generation); III. Physiologie der Beziehung (Relation). Zu dieser letzteren gehört die Oecologie als die Physiologie der Wechselbeziehungen der Organismen zur Aussenwelt und zu einander, und ebenso die Chorologie als die Physiologie der geographischen und topographischen Verbreitung (ἡ χώρα, der Wohnort). Die Physiologie der Beziehungs-Verrichtungen der Thiere würde also nicht bloss die Functionen der Nerven, der Sinnesorgane, der Muskeln zu erörtern haben, sondern auch die zusammengesetzteren Functionen, welche die oecologischen und chorologischen Erscheinungen verursachen, und welche aus der einheitlichen Lebensthätigkeit des ganzen Organismus resultiren. Da die Ernährung die Erhaltung des Individuums, die Fortpflanzung die Erhaltung der Species (oder richtiger des Stammes) bewirkt, so kann man die Wissenschaft von diesen beiden Functionen auch als „Conservations-Physiologie" oder Lehre von den Selbsterhaltungs-Verrichtungen der Organismen zusammenfassen, und ihr als anderen Hauptzweig die „Relations-Physiologie" oder die Lehre von den Beziehungs-Verrichtungen der Organismen gegenüberstellen. Vergl. Bd. I, S. 238.

kommen in ungleichem Maasse vererben, und da von diesen wiederum diejenigen, welche dieselben am weitesten entwickelt zeigen, die im Kampfe bevorzugten sind, so werden sie abermals zur Fortpflanzung gelangen und ihren Vorzug weiter vererben. Indem sich dieser Process Generationen hindurch wiederholt, muss er nothwendig zunächst zur Erhaltung, dann aber weiter zur Befestigung, Häufung nnd immer stärkeren Entwickelung jenes ursprünglich erworbenen Charakters führen. Da nun offenbar die Mitbewerbung der ähnlichen Individuen, der Kampf zwischen den verschiedenen Repräsentanten einer und derselben Art um so heftiger und gefährlicher sein muss, je weniger sie verschieden sind, dagegen um so milder und schwächer, je verschiedener ihre Eigenschaften und Bedürfnisse sind, so werden die am meisten von einander abweichenden Formen einer und derselben Art sich am wenigsten bekämpfen, am leichtesten neben einander fortbestehen können, und hieraus folgt die wichtige Consequenz der natürlichen Züchtung, welche wir als Divergenz-Gesetz oder Differenzirungs-Gesetz sogleich noch näher betrachten werden.

Wie wir hieraus sehen, ist es eigentlich vor Allem die Mitbewerbung, der Wettkampf zwischen den zusammenlebenden Individuen derselben Art und der nächstverwandten Arten, welcher durch „natürliche Züchtung" umbildend wirkt. Aehnliche oder nahezu gleiche Individuen, welche dieselben Bedürfnisse haben, denselben Existenz-Bedingungen unterworfen sind, machen sich die Erlangung derselben streitig und suchen sich gegenseitig in diesem Kampfe zu überflügeln. Es findet also in dieser Hinsicht ein wahrer Wettkampf statt, und dieser Wettkampf muss natürlich um so heftiger sein, je gleichartiger die Natur der mit einander ringenden Individuen und die Natur ihrer Lebensbedürfnisse ist. Daher werden zwar immer alle Organismen überhaupt, die an irgend einem Orte der Erde zusammenleben, sich vermöge ihrer nothwendigen Berührungen und Wechselbeziehungen mit einander im Kampfe befinden; der Kampf wird aber zwischen den verschiedenen Arten von sehr verschiedener Heftigkeit, am heftigsten und wirksamsten immer zwischen Individuen einer und derselben Art sein, welche nahezu die gleiche Form und die gleichen Lebensbedürfnisse haben.

Wie die Gesetze der Vererbung und Anpassung auf den Menschen ganz ebenso wie auf alle anderen Organismen ihre Anwendung finden, so sehen wir auch das Gesetz der natürlichen Züchtung im Kampfe um das Dasein, welches auf der Wechselwirkung von Vererbung und Anpassung beruht, in der menschlichen Gesellschaft ganz ebenso wirksam wie in der übrigen Natur. Der Kampf ums Dasein, der Wettkampf der Individuen um die unentbehrlichen Lebensbedürfnisse, und die daraus hervorgehende natürliche Auslese, die Zuchtwahl der den Kampf am besten bestehenden Individuen ist es, welche die Differenzirung, Umbildung und Vervollkommnung der menschlichen Gesellschaft ganz ebenso wie der übrigen organischen Natur bedingt. Nur sind beim veredelten, hochcivilisirten Menschen die Wechselbeziehungen der zusammenlebenden Individuen und also auch die Bedingungen des Wettkampfes unendlich viel complicirter und mannichfaltiger als bei den übrigen organischen Individuen. Zwar sind auch bei den meisten Menschen, wie bei allen übrigen Organismen, die einzigen oder doch die letzten Triebfedern aller Handlungen die Triebe der Selbsterhaltung (Ernährung, Hunger) und die Triebe der Arterhaltung (Fortpflanzung, Liebe). Allein abgesehen von den niederen Menschenrassen und den niedrigst stehenden Individuen der höheren Menschenrassen, welche auf der tiefsten Stufe der thierischen Rohheit stehen geblieben sind, haben sich diese beiden Grundtriebe des Hungers und der Liebe bei den höher stehenden Menschen allgemein in hohem Maasse veredelt, höchst vielseitig entwickelt und differenzirt, so dass bei den höchst entwickelten Menschen besondere Zweige derselben sich zu besonderen, neuen, den übrigen Thieren fehlenden Trieben entwickelt haben; solche höchste menschliche Triebe sind vor allen der Anschauungstrieb (Trieb des Naturgenusses und Kunstgenusses), der Ehrgeiz und der edelste von allen, der Erkenntnisstrieb. So sehr nun auch diese neuen, nur bei dem höheren Menschen ausgebildeten Triebe denselben über die niederen erheben, so finden dennoch die Gesetze der Vererbung und Anpassung, und die Wechselwirkung derselben im Kampfe um das Dasein auch hier überall ihre Anwendung, und auch hier ist es die natürliche Züchtung, welche bei dem Wettkampfe der Bewerber um die Befriedigung jener Triebe dem am meisten bevorzugten d. h. dem talentvollsten und muthigsten oder scharfsinnigsten Kämpfer den Sieg verschafft. Auch hier muss der Kampf zwischen den nächstverwandten Individuen natürlich am heftigsten sein, und so werden z. B. zwei Künstler welche Marmorbilder schaffen, in der stärksten Mitbewerbung befindlich sein, während zwei Künstler, von denen der eine ein Bildhauer, der andere ein Maler ist, in viel geringerem Grade in Concurrenz sich befinden, und endlich zwei Künstler von denen der eine ein Bildhauer, der andere ein Musiker ist, kaum noch einen künstlerischen Kampf ums Dasein zu bestehen haben. Die freie Concurrenz der Menschen, welche als Freihandel, Freizügigkeit etc. alle unsere Culturthätigkeit hebt, alle unsere Culturerzeugnisse veredelt, ist in der That nichts Anderes, als die natürliche Züchtung im Kampfe um das Dasein.

Wenn wir den Begriff des „Kampfes ums Dasein“ scharf bestimmt anwenden wollen, so müssen wir denselben beschränken auf die gegenseitige Wechselwirkung der Organismen, auf die nothwendige Mitbewerbung der Organismen um die mehr oder weniger unentbehrlichen Lebensbedürfnisse. Wir heben dies deshalb besonders hervor, weil Darwin den Begriff allerdings vorzugsweise in dieser eigentlichen Hauptbedeutung gebraucht, gelegentlich aber auch in einer weiteren metaphorischen Ausdehnung, welche seiner Reinheit schadet und leicht zu Missverständnissen führt. Er nennt nämlich auch die Abhängigkeit der Organismen von organischen und anorganischen Existenz-Bedingungen einen „Kampf ums Dasein"; er sagt z. B., dass Pflanzen und Thiere in Zuständen des Mangels **mit** den nothwendigen Existenz-Bedingungen ringen; und nennt dies ein Ringen „**um** die Existenz", während man nur dasjenige Ringen als solches bezeichnen sollte, welches **zwischen** mehreren Organismen **um** jene nothwendigen Lebensbedürfnisse statt findet[1]). Allerdings kann man sagen, und sagt in der That häufig:

---

1) Da es uns sehr wichtig erscheint, unter „Kampf ums Dasein" lediglich den Wettkampf der in Mitbewerbung stehenden Organismen und nicht ihre Abhängigkeit von anorganischen Existenzbedingungen zu verstehen, so wollen wir die betreffende anders lautende Stelle Darwins hier ausdrücklich widerlegen; er führt (l. c. p. 68) verschiedene Beispiele vom Kampfe ums Dasein in einer Reihe an, unter denen nach unserer Ansicht echte und unechte gemischt sind. Wir wollen die unechten in *Cursivschrift* in [*Klammern*] einschalten. Darwins Worte lauten: „Ich will voraussenden, dass ich den Ausdruck: Ringen ums Dasein in einem weiten und metaphorischen Sinne gebrauche, in sich begreifend die Abhängigkeit der Wesen von einander, und, was wichtiger ist, nicht allein das Leben des Individuums, sondern auch die Sicherung seiner Nachkommenschaft. Man kann mit Recht sagen, dass zwei Hunde in Zeiten des Mangels um Nahrung und Leben mit einander kämpfen. [*Aber man kann auch sagen, eine Pflanze ringe am Rande der Wüste um ihr Dasein mit der Trockniss, obwohl es angemessener wäre, zu sagen sie sei von Feuchtigkeit abhängig.*] Von einer Pflanze, welche alljährlich tausend Samen erzeugt, unter welchen im Durchschnitt nur einer zur Entwicklung kommt, kann man noch richtiger sagen, sie ringe ums Dasein mit anderen Pflanzen derselben oder anderer Arten, welche bereits den Boden bekleiden. [*Die Mistel ist abhängig vom Apfelbaum und einigen anderen Baumarten; doch kann man nur in einem weit ausholenden Sinne sagen, sie ringe mit diesen Bäumen; denn wenn zu viele dieser Schmarotzer auf demselben Stamme wachsen, so wird er verkümmern und sterben.*] Wachsen aber mehrere Sämlinge derselben dicht auf einem Aste beisammen, so kann man in Wahrheit sagen, sie ringen mit einander. Da die Samen der Misteln von Vögeln ausgestreut werden, so hängt ihr Dasein mit von dem der Vögel ab und man kann metaphorisch sagen, sie ringen mit anderen beerentragenden Pflanzen, damit die Vögel eher ihre Früchte verzehren und ihre Samen ausstreuen, als die der anderen. In diesen mancherlei Bedeutungen, welche in einander übergehen, gebrauche ich der Bequemlichkeit halber den Ausdruck: Ums Dasein ringen."

Von diesen Beispielen sind nach unserer Ansicht die *cursiv gedruckten und eingeklammerten* Fälle nicht unter die echte Kategorie des eigentlichen Kampfes um das Dasein zu rechnen, weil sie nur die Abhängigkeit des Organismus von gewissen Existenzbedingungen ausdrücken, welche zwar an sich umbildend, anpassend, aber ohne die Mitwirkung der Vererbung nicht züchtend auf den abhängigen Organismus wirken kann. Der wirkliche Kampf ums Dasein kann nur ein Wettkampf zwischen verschieder Organismus kämpft mit Noth, ringt mit Hunger, Durst etc. Allein dieser Kampf wirkt höchstens anpassend, aber nicht züchtend. Erst wenn Anpassung und Vererbung zusammenwirken, also im Laufe von Generationen, wirkt jenes anpassende Moment züchtend, und wird dann wirklich zum Kampf ums Dasein.

Um die ungeheure Wichtigkeit, welche der Kampf ums Dasein für die Umbildung der ganzen organischen Natur besitzt, wahrhaft zu erkennen und seine unermessliche Bedeutung richtig zu schätzen, muss man nicht, wie es die meisten Biologen gegenwärtig ausschliesslich zu thun gewohnt sind, die einzelnen Lebensformen herausgreifen, und für sich betrachten; sondern man muss sie in ihrer Gesammtheit, in ihrer allgemeinen und stetigen Wechselwirkung vergleichend erfassen. Man muss in der Natur selbst diese unendlich verwickelten Wechselbeziehungen und das stete Ringen aller Individuen um die Existenz sorgfältig beobachtet haben, und man muss lange und eingehend darüber nachgedacht haben, wenn man den „Kampf um das Dasein" wirklich als das „natürlich züchtende", auslesende, Zuchtwahl übende Princip erkennen will. Und da diese nothwendigen Vorbedingungen meist nicht erfüllt sind, da die meisten Zoologen und Botaniker lediglich in der sorgfältigen analytischen Beobachtung des Einzelnen, und nicht in der ebenso wichtigen und nothwendigen synthetischen Betrachtung des Ganzen ihre Aufgabe finden, so können wir uns nicht wundern, dass der „Kampf ums Dasein" von den Meisten entweder gar nicht begriffen oder doch nur unvollkommen verstanden und nicht zur Erklärung der biologischen Erscheinungen als Causal-Moment benutzt wird. In dieser Beziehung sind Darwins Worte äusserst beherzigenswerth: „Nichts ist leichter, als in Worten die Wahrheit des allgemeinen Wettkampfs ums Dasein zuzugestehen, und Nichts schwerer, als — wie ich wenigstens gefunden habe — dieselbe im Sinne zu behalten. Und bevor wir solche dem Geiste nicht tief

denen Organismen sein, welche um die Erlangung derselben Existenz-Bedürfnisse ringen, und kann daher wirklich züchtend auch nur im Verlaufe von Generationen wirken, d. h. durch Combination von Abänderung und Vererbung. Wir können also in dem angeführten Beispiele nur die Wechselbeziehungen zwischen verschiedenen Mispelpflanzen, ferner diejenigen zwischen den Misteln und anderen beerentragenden Pflanzen als wirklichen Kampf ums Dasein bezeichnen, nicht aber diejenigen zwischen den Mispeln und den Bäumen, auf denen sie leben. Diese letztere Wechselbeziehung ist ein blosses Anpassungs-Verhältniss und wird erst zum Kampfe ums Dasein, wenn sie in Verbindung mit der Vererbung züchtend wirkt. Ein echter „Kampf ums Dasein, d. h. ein wirklich züchtendes Ringen um die Existenz kann nur stattfinden zwischen mehreren Organismen, denen dasselbe Object Lebensbedürfniss ist, nicht aber zwischen dem Organismus und diesem Lebensbedürfniss selbst. Das Ringen zwischen letzteren kann nur eine einfache Anpassung des Individuums bewirken; erst das Ringen zwischen verschiedenen Individuen, welche diese Anpassung in ungleichem Grade erben, wird zum Kampf ums Dasein, der wirklich züchtend dieselben umgestaltet.

eingeprägt, bin ich überzeugt, dass wir den ganzen Haushalt der Natur, die Vertheilungsweise, die Seltenheit und den Ueberfluss, das Erlöschen und Abändern in derselben nur dunkel oder ganz unrichtig begreifen werden." Wenn diese wahren Worte erst Geltung gefunden haben werden, wenn die Botaniker und Zoologen allgemein angefangen haben werden, den Kampf ums Dasein in der Natur eingehend zu beobachten und in seiner züchtenden, auslesenden Wirksamkeit Schritt für Schritt zu verfolgen, wenn die ungeheure Wichtigkeit, welche die züchtenden Wechselbeziehungen der Organismen als „wirkende Ursachen" der Umbildung der organischen Formen besitzen, allgemein anerkannt sein wird: dann wird die entwickeltere Generation der zukünftigen Naturforscher mit Bedauern und Verachtung auf die beschränkten und halbblinden Kleinigkeitskrämer zurückblicken, welche gegenwärtig allein die dürrsten und unfruchtbarsten Aussenseiten des weiten morphologischen Gebietes ausbeuten, ohne zu ahnen, welche unendlich lohnenderen und fruchtbareren ausgedehnten Arbeitsfelder im Inneren des uncultivirten Wissenschafts-Gebietes der Bearbeitung harren.

Da jeder tiefere Blick in die organische Natur uns die äusserst verwickelten Wechselbeziehungen der Organismen offenbart, welche den Kampf ums Dasein und die natürliche Züchtung bedingen, so könnte es überflüssig erscheinen, besondere einzelne Fälle ihrer Wirksamkeit hier anzuführen. Doch wollen wir als besonders schlagende Beispiele wenigstens zwei besondere Wirkungsweisen der natürlichen Auslese hervorheben, welche Darwin als sexuelle Zuchtwahl und als sympathische Färbung der Thiere anführt.

Die sympathische Färbung der Thiere, welche vielleicht besser die sympathische Farbenwahl oder die gleichfarbige Zuchtwahl *(Selectio concolor)* genannt würde, äussert sich in der weit verbreiteten und sehr auffallenden Erscheinung, dass die äussere Färbung sehr zahlreicher Thiere in merkwürdiger Weise übereinstimmt mit der vorherrschenden Farbe ihrer gewöhnlichen Umgebung. So sind die Blattläuse und zahlreiche andere, auf grünen Blättern lebende Insecten grün gefärbt; die meisten Bewohner der gelben oder graubraunen Sandwüsten (z. B. die Antilopen, Springmäuse, Löwen etc.) gelb oder graubraun; die Colibris und Tagfalter, welche nur um die bunten glänzenden Blüthen schweben, bunt und glänzend, wie diese; die meisten Bewohner der Polargegenden sind weiss, wie der Schnee und das Eis, von dem sie umgeben sind (Eisbär, Eisfuchs, Schneehuhn etc.). Vom den letzteren sind sogar Viele (z. B. Polarfuchs und Schneehuhn) bloss im Winter, so lange der reine weisse Schnee die Landschaft bedeckt, weiss, dagegen im Sommer, wo derselbe theilweis abgeschmolzen ist, graubraun, gleich der entblössten Erde. Nun erklärt sich diese scheinbar so auffallende Erscheinung ganz einfach durch die Wirksamkeit der natürlichen Züchtung. Nehmen wir an, dass jede Thier-Art ein veränderliches Farbenkleid besessen habe (wie es ja in der That der Fall ist) und dass verschiedene Individuen derselben Art in alle möglichen Farben-Nuancen hinein variirt haben, so haben offenbar diejenigen einen grossen Vortheil im Kampfe ums Dasein gehabt, deren Färbung sich möglichst enge an diejenige ihrer Umgebung anschloss. Denn sie wurden von ihren Feinden, die ihnen nachstellten, weniger leicht bemerkt und aufgespürt, und konnten umgekehrt, wenn sie selbst Raubthiere waren, sich ihrer Beute leichter und unbemerkter nähern, als die übrigen Individuen der gleichen Art, welche eine abweichende Färbung besassen. Die letzteren, weniger begünstigten, mussten allmählich aussterben, und den ersteren, mehr begünstigten das Feld räumen.

Aus diesem Causal-Verhältnisse der sympathischen Farbenwahl ist, wie wir glauben, auch eine der merkwürdigsten, bisher aber noch wenig gewürdigten, zoologischen Erscheinungen zu erklären, nämlich die Wasserähnlichkeit der pelagischen Fauna. Von allen den wundervollen und neuen Erscheinungen, welche den im Binnenlande erzogenen Zoologen bei seinem ersten Besuche der Meeresküste und beim ersten Anblick der unendlich mannichfaltigen Meeresfauna überraschen, erscheint vielleicht keine einzige so wunderbar, so auffallend, so unerklärlich, als die Thatsache, dass zahlreiche Seethiere aus den verschiedensten Classen und Ordnungen, ganz abweichend von den allermeisten Thieren der süssen Gewässer und des Binnenlandes, sich auszeichnen durch vollständigen Mangel der Farbe oder durch eine nur schwach bläuliche, violette oder grünliche Färbung, gleich der des Meerwassers, und dass diese farblosen Thiere dabei so vollkommen wasserhell und durchsichtig, wie Glas sind, oder wie das Meerwasser, in welchem sie leben; bei den Meisten erlaubt die vollständige glasartige Durchsichtigkeit des krystallhellen Körpers ohne Weiteres den vollständigsten Einblick in alle gröberen und feineren Verhältnisse der inneren Organisation. Zu dieser pelagischen Fauna der Glasthiere, wie man collectiv alle diese ausschliesslich im Seewasser schwimmend sich bewegenden (nicht auf dem Grunde oder an der Küste lebenden) wasserklaren Seethiere nennen kann, gehören: von den Fischen die Gruppe der Helmichthyiden (*Leptocephalus, Helmichthys, Tilurus* etc.); von den Mollusken sehr zahlreiche Repräsentanten verschiedener Classen (von den Cephalopoden *Loligopsis*, von den Cephalophoren *Phyllirrhoe* und die allermeisten Pteropoden und Heteropoden; von den Tunicaten *Pyrosoma, Doliolum* und sämmtliche Salpen); von den Crustaceen sehr zahlreiche Repräsentanten fast aller Ordnungen, vorzugsweise aber Copepoden und Amphipoden; von den Würmern die *Alciope* und *Sagitta* und zahlreiche

Larven; von den Echinodermen die schwimmenden Larven; von den Coelenteraten endlich fast alle pelagischen Formen, also die ganze Classe der Ctenophoren und alle pelagischen Hydromedusen (Acraspeden, Craspedoten, Siphonophoren). Gewiss muss es äusserst merkwürdig und seltsam erscheinen, dass so zahlreiche und in ihrer ganzen Organisation so äusserst verschiedenartige Thiere der verschiedensten Classen, als es die genannten und viele andere pelagische Thiere sind, sämmtlich in dem so höchst auffallenden Charakter der glasartigen Durchsichtigkeit des wasserhellen Körpers übereinstimmen und sich dadurch so ausserordentlich in ihrem ganzen Habitus von ihren nächsten Verwandten entfernen, welche den Boden oder die Küsten des Meeres, oder das Süsswasser oder das Festland bewohnen. Grade in diesem offenbaren thatsächlichen Zusammenhange zwischen der wasserklaren Durchsichtigkeit der Glasthiere und ihrer pelagischen Lebensweise, ihrem beständigen Aufenthalte in dem durchsichtigen Wasser, müssen wir nothwendig auch ihre causale Erklärung suchen. Der letztere ist die bewirkende Ursache der ersteren. Offenbar ist allen diesen Glasthieren in dem unaufhörlichen Kampfe, den sie mit einander führen, die glashelle Körperbeschaffenheit vom äussersten Nutzen. Die Verfolger können sich ihrer Beute unbemerkter nähern, die Verfolgten können sich den ersteren leichter entziehen, als wenn Beide gefärbt und undurchsichtig, und also im hellen Wasser leicht sichtbar wären. Nehmen wir nun an, dass von diesen Glasthieren ursprünglich zahlreiche verschiedene Varietäten, verschieden hauptsächlich in dem Grade der Durchsichtigkeit und dem Mangel der Farbe, neben einander existirt hätten, so würden sicherlich die am meisten durchsichtigen und farblosen Individuen im Kampfe um das Dasein das Uebergewicht über die anderen errungen haben, und indem sie Generationen hindurch diese individuelle vortheilhafte Eigenthümlichkeit befestigten und verstärkten, schliesslich nothwendig zur Ausbildung der vollkommen glasartigen Körperbeschaffenheit gelangt sein. Dass letztere in der That auf diesem Wege, durch natürliche Züchtung entstanden ist, kann um so weniger zweifelhaft sein, als die nächsten Verwandten der pelagischen Glasthiere, welche nicht pelagisch an der Oberfläche des Meeres (oder in tieferen Wasserschichten) leben, sondern den Grund des Meeres oder die Küste bewohnen, die glasartige Körperbeschaffenheit nicht besitzen, sondern vielmehr undurchsichtig und entsprechend den bunten Felsen und Fucoideen gefärbt sind, zwischen und auf welchen sie leben. Zur besonderen Bestätigung dieser Auffassung kann auch noch der Umstand dienen, dass viele Seethiere nur in der Jugend, so lange sie als Larven pelagisch leben, glashell und farblos sind, dagegen später, wenn sie den Meeresgrund oder die Küste bewohnen, undurchsichtig und bunt gefärbt werden, so z. B. die allermeisten Echinodermen, sehr viele Würmer etc.

Die sexuelle Zuchtwahl oder geschlechtliche Auslese *(Selectio sexualis)* wird von Darwin als eine besondere Form der Auslese oder Selection aufgeführt, „welche nicht von einem Kampfe ums Dasein, sondern von einem Kampfe zwischen den Männchen um den Besitz der Weibchen abhängt". Indessen werden wir diese sexuelle Selection doch nur als eine Modification oder eine speciellere Weise des „Kampfes um das Dasein" aufzufassen haben, sobald wir uns erinnern, dass der letztere überhaupt den „Wettkampf um die Lebensbedürfnisse" bezeichnet. Nun ist aber die Fortpflanzung (die sich bei den höheren Thieren im Triebe der sexuellen „Liebe" äussert) ebenso ein Lebensbedürfniss, eine Existenz-Bedingung, wie die Ernährung (die sich bei den höheren Thieren im Triebe des „Hungers" äussert). Und daher werden wir auch den Wettkampf der Männchen um die Weibchen, welcher bei den meisten höheren Thieren in ähnlicher Weise, wie beim Menschen stattfindet, als einen Theil des Wettkampfes ums Dasein betrachten können. Dieser sexuelle Wettkampf ist äusserst wichtig und interessant; denn auf ihm beruht grossentheils die Entstehung der merkwürdigen secundären Sexualcharaktere, durch welche sich die beiden Geschlechter der höheren Thiere so oft unterscheiden. Die Auswahl oder Selection, welche bei der künstlichen Züchtung der durch den menschlichen Vortheil geleitete Wille des Menschen, bei der natürlichen Züchtung stets der Vortheil des gezüchteten Organismus selbst ausübt, wird bei der sexuellen Züchtung, welche nur ein Theil der letzteren ist, durch den Vortheil des einen Geschlechts geübt. Darwin berücksichtigt hierbei nur das männliche Geschlecht, indem er die sexuelle Auslese allgemein als einen „Wettkampf der Männchen um den Besitz der Weibchen darstellt, dessen Folgen für den Besiegten nicht in Tod und erfolgloser Mitbewerbung, sondern in einer spärlicheren oder ganz ausfallenden Nachkommenschaft bestehen. Im Allgemeinen werden die kräftigsten, die ihre Stelle in der Natur am besten ausfüllenden Männchen die meiste Nachkommenschaft hinterlassen". Indessen glauben wir, dass die sexuelle Auslese auf beide Geschlechter wirkt und dass es auch einen „Wettkampf der Weibchen um den Besitz der Männchen" giebt, welcher entschieden ebenso umbildend und züchtend auf die Weibchen wirkt, als der von Darwin dargestellte auf die Männchen; dies lehrt schon das Beispiel des Menschen. Wir können daher allgemein die sexuelle Selection als einen beide Geschlechter umbildenden Züchtungsprocess bezeichnen; der Wettkampf der Männchen um den Besitz der Weibchen, bei welchem das auslesende, züchtende Princip unmittelbar die Vorzüge der Männchen, mittelbar aber die dadurch bewirkte active Auswahl der Weibchen ist, und bei welchem also eigentlich die Weibchen wählend, auslesend wirken, kann die weibliche Zuchtwahl *(Selectio feminina)* heissen; umgekehrt kann der Wettkampf der Weibchen um den Besitz der Männchen, bei welchem das auslesende züchtende Princip unmittelbar die Vorzüge der Weibchen, mittelbar die dadurch bewirkte active Auswahl der Männchen ist, und bei welchem also eigentlich die Männchen wählend, auslesend wirken, die männliche Zuchtwahl *(Selectio masculina)* genannt werden; hier wählen die Männchen, dort die Weibchen.

Die sexuelle Züchtung ist desshalb eine besonders interessante und wichtige Form der natürlichen Züchtung, weil sie auch im menschlichen Leben, wie bei den übrigen höheren Thieren, eine sehr bedeutend umgestaltende Wirkung auf beide Geschlechter ausübt. Die somatischen und psychischen Vorzüge des Weibes sind Producte der männlichen Zuchtwahl; die somatischen und psychischen Vorzüge des Mannes sind Producte der weiblichen Zuchtwahl. Diese auswählende, züchtende, umgestaltende Wechselwirkung beider Geschlechter ist äusserst wichtig, und wir glauben, dass ein sehr grosser Theil der vielen Vorzüge, welche den Menschen vor den übrigen Primaten auszeichnen, eine unmittelbare Wirkung der beim Menschen so sehr viel höher entwickelten sexuellen Zuchtwahl ist.

Wie beim Kampfe um das Dasein überhaupt, so sind auch beim Kampfe um die Fortpflanzung die Kämpfe unter den höheren Thieren theils mittelbare Wettkämpfe, theils unmittelbare Vernichtungskämpfe der wetteifernden Nebenbuhler. Unmittelbare Vernichtungskämpfe der um den Besitz der Weibchen streitenden Männchen finden sich häufig bei den Säugethieren; die Mähne des Löwen, die Wamme des Stiers sind offenbar Schutzwaffen — das Geweihe des Hirsches, der Hauer des Ebers, der Sporn des männlichen Schnabelthiers, der Sporn des Hahns, der geweihähnliche Oberkiefer des männlichen Hirschkäfers etc. sind offenbar Angriffswaffen, welche durch Anpassung im unmittelbaren Vernichtungskampfe der um die Weibchen kämpfenden Männchen, durch natürliche Züchtung sich entwickelten. Ebenso wird allgemein die grössere Muskelkraft der männlichen Säugethiere von diesem Kampfe abzuleiten sein. Vom Menschen wurden diese Kämpfe besonders im Alterthum und Mittelalter ausgeübt, wo zahlreiche Duelle und Turniere von den Rittern ausgeführt wurden, und wo allgemein der Stärkere die Braut heimführte, und durch Vererbung seiner individuellen Körperstärke die Muskelkraft des männlichen Geschlechts häufen und befestigen half.

Mittelbare Wettkämpfe um die Fortpflanzung finden namentlich häufig in sehr ausgezeichneter Weise bei den Vögeln und beim Menschen statt. Die Vorzüge, welche dem begünstigten Mitbewerber den

Sieg verleihen, sind hier nicht, wie beim unmittelbaren Vernichtungskampfe, körperliche Stärke und besondere Waffen, sondern vielmehr andere individuelle Eigenschaften, welche die Neigung des anderen Geschlechts erwecken. Besonders kommen hier die Vorzüge körperlicher Schönheit und der Stimme (des Gesangs) und beim Menschen die feineren psychischen Vorzüge in Betracht. Die körperliche Schönheit ist insbesondere bei den Vögeln und Schmetterlingen sehr wirksam, und zwar meistens als weibliche Zuchtwahl, indem gewöhnlich das männliche Geschlecht es ist, welches durch Ausbildung besonderer Zierden, z. B. Federbüsche, Hautlappen, bunte Flecken etc. die besondere Aufmerksamkeit und Neigung der auswählenden Weibchen zu erregen sucht. Auf diese Weise ist wohl grösstentheils die ausgezeichnet schöne und mannichfaltige Färbung vieler männlichen Vögel und Schmetterlinge entstanden, deren Weibchen einfarbig oder unansehnlich sind. Ebenso sind zweifelsohne die mannichfaltigen Hautauswüchse und Körperanhänge entstanden, die besonders bei den Hühnervögeln so entwickelt vorkommen, der radbildende Schweif des Pfauen, des Truthahns, der Pfauentaube, die Fleischkämme und bunten Hautlappen oder Federbüsche und Haarbüsche auf dem Kopfe und an der Brust des Haushahns, des Truthahns und vieler anderer Hühnervögel. Beim Menschen kann der männliche Bart als eine auf diesem Wege erworbene Zierde gelten. Gewöhnlich ist es aber beim Menschen nicht die weibliche, sondern die männliche (active) Zuchtwahl, welche durch die Entwickelung körperlicher Schönheit geleitet wird, indem hier vorzugsweise das weibliche Geschlecht die körperlichen Zierden entwickelt, durch welche es die Bewerber des andern Geschlechts anzulocken sucht. Es ist bekannt, welcher Aufwand in unseren „hoch civilisirten" Gesellschaften von den Weibern entwickelt wird, um durch künstliche Zierrathe (Geschmeide, bunte Kleider, Kopfputz u. s. w.) die vorhandenen körperlichen Vorzüge zu erhöhen oder die mangelnden zu ersetzen, und so durch möglichst starke Anziehung der wählenden Männer die übrigen Weiber in der Mitbewerbung zu überwinden.

Ausser der durch anziehende Formen und reizende Farben wirkenden körperlichen Schönheit ist es insbesondere die Entwickelung der modulirten Stimme zum Gesange, welche von einem der beiden Geschlechter benutzt wird, um das andere anzulocken, und die vollkommneren Sänger sind es, welche in diesem Falle den Sieg über ihre Mitbewerber gewinnen und vor ihnen zur Fortpflanzung gelangen. Am stärksten ist diese Art der sexuellen Auslese bei den Singvögeln und beim Menschen entwickelt, vielleicht auch bei manchen Insecten, z. B. den Heuschrecken und Cicaden. Bei den Singvögeln ist es bekanntlich gewöhnlich das Männchen, welches durch eine ausserordentliche und höchst bewunderungswürdige Modulation der Stimme sich liebenswürdig zu machen und vor seinen Nebenbuhlern bei der Bewerbung um die Weibchen sich auszuzeichnen sucht. In dieser Beziehung kommen manche Singvögel nicht allein den besten menschlichen Sängern gleich, sondern sie übertreffen sie noch bedeutend, an Wohlklang, Umfang, Zartheit, Modulationsfähigkeit der Stimme und an Mannichfaltigkeit der Singweisen. Offenbar ist die hohe Differenzirung des Kehlkopfs, welche dieser herrlichen Function zu Grunde liegt, erst durch den musikalischen Wettkampf der Männchen um die Weibchen entstanden, ebenso bei den Singvögeln, wie beim Menschen. Doch ist es gewöhnlich beim Menschen umgekehrt das weibliche Geschlecht, welches sich durch die vielseitigere und feinere Ausbildung des Stimmorgans auszeichnet, und durch einen schön modulirten Gesang die auswählenden Männer anzuziehen sucht. Diesem Umstande ist gewiss vorzugsweise die allgemeine Uebung und hohe Ausbildung des weiblichen Gesangs in unseren hochcivilisirten Gesellschaften zu verdanken.

Die starke und vielseitige Differenzirung der beiden menschlichen Geschlechter, die sich auf fast alle Theile des Körpers und seiner Functionen erstreckt, und welche gewiss eine Hauptbedingung für die fortschreitende Entwickelung der menschlichen Cultur ist, beruht also sicher zum grössten Theile auf sexueller Zuchtwahl, welche von beiden Geschlechtern gegenseitig ausgeübt wird. Wie nun aber der veredelte Mensch sich durch Nichts so sehr vor den übrigen Thieren auszeichnet, als durch die ausserordentlich weit gehende Differenzirung des Gehirns und der von diesem ausgehenden psychischen Functionen, so wird auch die sexuelle Zuchtwahl bei den höher stehenden, veredelten Menschenrassen vorzugsweise durch psychische Functionen vermittelt, und es ist dies um so mehr zu berücksichtigen, als sie offenbar in hohem Grade veredelnd auf das Gehirn selbst zurückwirkt. Dadurch kommt es, dass bei den höchst entwickelten Menschen vorzugsweise die psychischen Vorzüge (und zwar die Vorzüge der höchsten psychischen Functionen, der Gedanken) des einen Geschlechts bestimmend auf die sexuelle Wahl des anderen einwirken, und indem so bestimmte psychische Vorzüge gleich den somatischen vererbt, durch Generationen hindurch befestigt werden, erlangen die beiderseitigen Vorzüge der beiden sich ergänzenden Geschlechter jenen hohen Grad der Veredelung, welcher in der harmonischen Wechselwirkung der beiden veredelten Geschlechter in der Ehe das höchste Glück des menschlichen Lebens bedingt.

Gleich der sexuellen Zuchtwahl wirken auch die verschiedenen anderen Formen der natürlichen Auslese eben so auf den Menschen, wie auf alle übrigen Organismen, umbildend, vervollkommnend, veredelnd ein, und bringen als unscheinbare Ursachen die grössten Wirkungen hervor.

VII, C. Vergleichung der natürlichen und der künstlichen Züchtung.

Dass die künstliche und natürliche Züchtung durchaus ähnliche physiologische Vorgänge sind, und dass beide Selectionen lediglich auf der Wechselwirkung zweier allgemeiner physiologischer Functionen, Vererbung und Anpassung, beruhen, haben wir oben bereits gezeigt. Auch die wesentlichen Unterschiede, welche beide Formen der Auslese von einander trennen, sind dort bereits berührt. Doch scheint es nicht überflüssig, die wichtigsten übereinstimmenden und trennenden Momente beider Auslese-Formen nochmals vergleichend hervorzuheben, da die unmittelbar daraus folgende Selectionstheorie die causale Grundlage der ganzen Descendenztheorie bildet, und da die meisten Naturforscher, wie aus ihren unverständigen Einwürfen hervorgeht, Darwin entweder gar nicht verstanden oder doch grossentheils missverstanden haben.

I. Natürliche und künstliche Züchtung sind gleichartige physiologische Umbildungs-Vorgänge der Organismen, welche auf causal-mechanischem Wege, durch die Wechselwirkung der Vererbungs- und der Anpassungs-Gesetze, neue Formen und Functionen der Organismen hervorrufen.

II. Die Regulirung und Modification der Wechselwirkung zwischen den beiden wirkenden Grundursachen, der Vererbung und der Anpassung, wird bei der natürlichen Züchtung durch den planlos wirkenden „Kampf ums Dasein", bei der künstlichen Züchtung durch den planmässig wirkenden „Willen des Menschen" ausgeübt.

III. Die Umbildungen der Formen und Functionen der Organismen, welche die Züchtung hervorruft, fallen bei der natürlichen Züchtung zum Nutzen des gezüchteten Organismus, bei der künstlichen Züchtung zum Nutzen des züchtenden Menschen aus.

IV. Die natürliche Züchtung wirkt sehr langsam und unmerklich umbildend, da das auslesende Princip, der Kampf ums Dasein, sich nur sehr langsam und unmerklich ändert, und selten plötzlich ganz neue Existenzbedingungen einwirken lässt. Die künstliche Züchtung dagegen wirkt verhältnissmässig sehr rasch und auffallend umbildend, da das auslesende Princip, der Wille des Menschen, sich oft sehr rasch und auffallend ändert, und oft plötzlich ganz neue Existenzbedingungen einwirken lässt.

V. Die Veränderungen der Organismen, welche die natürliche Züchtung hervorbringt, wachsen sehr langsam, weil die abgeänderten Individuen sich leicht mit nicht abgeänderten kreuzen können und daher leicht wieder in die Form der letzteren zurückschlagen. Dagegen wachsen die Veränderungen, welche die künstliche Züchtung hervorbringt, sehr rasch, weil die Kreuzung der abgeänderten und der nicht abgeänderten Individuen, und dadurch der Rückschlag der ersteren in die Form der letzteren sorgfältig vermieden wird.

VI. Die durch die natürliche Züchtung bewirkten Veränderungen der Organismen gehen meist sehr tief und bleiben dauernd, weil sie durch sehr langsame Häufung der Anpassungen allmählich entstehen; die durch die künstliche Züchtung bewirkten Veränderungen dagegen sind meist nur oberflächlich und verschwinden leicht wieder, weil sie durch sehr rasche Häufung der Anpassungen in kurzer Zeit entstehen.

VIII. Die Selections-Theorie und das Divergenz-Gesetz.

Die Differenzirung *(Divergentia)* oder Arbeitstheilung *(Polymorphismus)* als nothwendige Wirkung der Selection.

Die Welt steht niemals still, sondern sie ist fortwährend in Bewegung. Dieses grosse Gesetz der rastlosen Bewegung, welches in letzter Instanz auf den beständig wechselnden Anziehungs- und Abstossungs-Verhältnissen der materiellen Theilchen, auf der Wechselwirkung zwischen den anziehend wirkenden Masse-Atomen und den abstossend wirkenden Aether-Atomen beruht, ist überall und zu jeder Zeit wirksam, in der anorganischen, wie in der organischen Welt. In der letzteren finden wir die Atome, welche die Organismen zusammensetzen, beständig in Bewegung, indem sie die beiden grossen organischen Fundamental-Functionen der Ernährung und Fortpflanzung vermitteln. Mit der Ernährung finden wir die Anpassung, mit der Fortpflanzung die Vererbung verknüpft. Indem die conservative Vererbung und die progressive Anpassung einander entgegenwirken, entsteht jener merkwürdige Kampf zwischen Beharrung und Veränderung, zwischen Constanz und Variabilität, der in allen Organismen beständig waltet. Durch das Uebergewicht der Constanz, der Erblichkeit, entsteht die scheinbare Gleichförmigkeit der Organismen-„Arten", welche oft viele Jahrhunderte, ja oft Jahrtausende hindurch kaum oder nur wenig sich ändern; durch das Uebergewicht der Variabilität, der Anpassungsfähigkeit, entsteht die Umbildung, die Transformation der Organismen-„Arten", welche alle, auch die constantesten Arten nach längerer oder kürzerer Zeit in neue Species überführt. Die Wechselwirkung zwischen diesen beiden Functionen jedes Organismus führt dadurch zur Entstehung neuer bleibender Formen, dass sie sich zu gemeinsamer Thätigkeit mit der Wechselwirkung verbindet, welche wir zwischen allen um die Existenzbedingungen mit einander ringenden Organismen als „Kampf ums Dasein" kennen gelernt haben. Dadurch entsteht die natürliche Züchtung, welche zwar viel langsamer und allmählicher, als die künstliche Züchtung wirkt, aber um so tiefer eingreifende und fester bleibende Veränderungen in den Organismen hervorruft, und welche nach Verlauf von längeren Zeiträumen zu den grössten Umgestaltungen der Lebewelt führt.

Die ganze unendliche Mannichfaltigkeit der organischen Natur und das harmonische Ineinandergreifen ihres höchst complicirten Räderwerks, welches uns so leicht zu der falschen teleologischen Vorstellung eines „zweckmässig wirkenden Schöpfungsplanes“ verführt, ist lediglich das nothwendige Resultat jener unaufhörlichen, mechanischen Thätigkeit des „Kampfes ums Dasein“, welcher durch natürliche Züchtung umbildend wirkt. Um die ganze, ungeheuere Wichtigkeit dieses interessantesten Vorgangs richtig zu würdigen, müssen wir nun noch einige unmittelbare Consequenzen desselben besonders hervorheben, deren richtiges Verständniss für die mechanische Auffassung der organischen Natur von der grössten Bedeutung ist. Zu diesen unmittelbaren und nothwendigen Wirkungen rechnen wir in erster Linie die bekannten Erscheinungen der organischen Differenzirung und sodann diejenigen der organischen Vervollkommnung.

Die organische Differenzirung *(Divergentia)* oder Arbeitstheilung *(Polymorphismus)* haben wir oben (S. 74) als eine der vier fundamentalen physiologischen Entwickelungs-Functionen aufgefasst, auf denen die gesammte Morphogenie beruht; und wir haben im achtzehnten Capitel gezeigt, dass der Differenzirungs-Process bei der Ontogenese aller morphologischen Individuen die hervorragendste Rolle spielt [1]). Die drei anderen Entwickelungs-Functionen, die Zeugung, das Wachsthum und die Degeneration konnten wir unmittelbar auf die rein physiologischen (physikalisch-chemischen) Processe der Ernährung, als auf ihre mechanische Ursache zurückführen. Dasselbe gilt auch von dem Vorgange der Verwachsung oder Concrescenz, falls wir diesen als eine besondere fünfte Entwickelungsfunction auffassen wollten (S. 147 Anm.). Dagegen konnten wir die Entwickelungs-Function der Differenzirung oder Divergenz nicht unmittelbar als eine

---

[1]) Das überaus wichtige und grossartige Gesetz der Arbeitstheilung oder des Polymorphismus ist als allgemeines organisches Gesetz zuerst am deutlichsten von Goethe (1807, vergl. Bd. I, S. 240) ausgesprochen und später besonders von Bronn und von Milne-Edwards ausgeführt und auf die gesammte Entwickelung der Organisations-Verhältnisse angewendet worden. Neuerdings ist dasselbe von allen denkenden Zoologen und Botanikern so allgemein und widerspruchslos als das wichtigste Organisations-Gesetz anerkannt und auf allen einzelnen Gebieten der Biologie mit so glücklichem Erfolge durchgeführt worden, dass wir hier von einer weiteren Erörterung seiner einzelnen Thatsachen absehen und auf die besonderen Schriften verweisen können, welche dasselbe am ausführlichsten begründen. Die eingehendste Darstellung findet sich bei Milne-Edwards (in seiner „Introduction à la Zoologie générale“, Paris 1851) und bei Bronn (in seinen vorzüglichen „Morphologischen Studien über die Gestaltungsgesetze der Naturkörper“, 1858). Bronns Erörterungen sind sowohl intensiv als extensiv bedeutender. In seinem „Gesetze progressiver Entwickelung“ ist die „Differenzirung der Functionen und Organe“ als das wichtigste aller morphologischen Grundgesetze sehr ausführlich und gründlich sowohl bei den Pflanzen, als insbesondere bei den Thieren, und bei letzteren an allen einzelnen Organen in allen Classen nachgewiesen worden (Morpholog. Stud. p. 161—409).

einfache Theilerscheinung der Ernährung und des Wachsthums auffassen. Die mechanische Erklärung dieser Function ist vielmehr nur möglich durch die Descendenz-Theorie, welche es klar zeigt, dass die Divergenz des Charakters keine besondere räthselhafte organische Erscheinung, sondern vielmehr eine nothwendige Folge der natürlichen Züchtung ist.

Die Divergenz des Charakters oder die Differenzirung der Individuen folgt nothwendig unmittelbar aus der Wechselwirkung zwischen der Vererbung und der Anpassung, und zwar speciell aus dem vorher erörterten Umstande, dass der Kampf ums Dasein zwischen Organismen, die an einem und demselben Orte mit einander um die Lebensbedürfnisse ringen, um so heftiger ist, je gleichartiger sie selbst, je gleichartiger also auch ihre Bedürfnisse sind. Umgekehrt können an einer und derselben Stelle des Naturhaushalts um so mehr Individuen neben einander existiren, je mehr ihr Charakter und ihre Bedürfnisse verschieden sind, je mehr sie „divergiren". So können z. B. auf einem Baume viel zahlreichere Käfer neben einander existiren, wenn die einen bloss von den Früchten, die anderen von den Blüthen, noch andere bloss von den Blättern leben, als wenn sie alle bloss von den Blättern leben können, und noch viel grösser wird jene Zahl, wenn daneben auch noch andere Käfer vom Holze oder von der Rinde oder von der Wurzel leben können. So können in einer und derselben kleinen Stadt sehr gut funfzig Handwerker neben einander existiren, die zehn oder zwanzig verschiedene Professionen treiben, während sie unmöglich neben einander existiren könnten, wenn sie alle auf ein und dasselbe Handwerk angewiesen wären. Ferner können alle Concurrenten, die eine und dieselbe Profession treiben, um so besser neben einander bestehen, je mehr sich dieselben auf einzelne verschiedene Zweige ihres gemeinsamen Handwerks beschränken, und je mehr jeder ein einzelnes Specialfach nach einer bestimmten Richtung hin ausbildet. Mit einem Worte, die Concurrenz zwischen allen Organismen, welche an einem und demselben Orte neben einander sich die unentbehrlichen Lebensbedürfnisse zu erringen suchen, wird um so weniger heftig, um so weniger für jeden Einzelnen gefahrdrohend sein, je verschiedenartiger ihre Bedürfnisse und demgemäss ihre Eigenschaften, ihre Thätigkeiten und ihre Charaktere sind. Es wird also durch die natürlichen Verhältnisse des Kampfes um das Dasein überall die Ungleichartigkeit, die Divergenz der Charaktere der verschiedenen Individuen begünstigt, weil sie ihnen selbst vortheilhaft ist, und weil eine Anzahl von Individuen an einer und derselben beschränkten Stelle im Naturhaushalte um so leichter und besser neben einander existiren können, je stärker sie divergiren.

Hieraus folgt dann unmittelbar weiter die höchst wichtige Thatsache, dass der Kampf um das Dasein das Erlöschen der Mittelformen, den Untergang der verbindenden Zwischenglieder zwischen den Extremen, mit Nothwendigkeit zur Folge hat. Denn diese sind immer die am meisten gefährdeten, und wenn eine Art in zahlreiche Varietäten aus einander geht, so werden die am stärksten divergirenden die vortheilhafteste, die verbindenden Zwischenformen dagegen die gefährlichste Position im Kampfe um das Dasein einnehmen.

Jede unbefangene und tiefere Betrachtung der Selections-Theorie zeigt uns, wie der Divergenz-Process der organischen Formen, das fortschreitende Auseinandergehen der divergirenden Extreme und das Erlöschen der verbindenden Mittelglieder und namentlich der gemeinsamen Stammformen der ersteren, unmittelbar und mit causaler Nothwendigkeit aus dem Kampfe um das Dasein und aus der Wechselwirkung zwischen Vererbung und Anpassung folgt. Wenn es wahr ist, dass alle Organismen den Gesetzen der Erblichkeit und Veränderlichkeit unterworfen sind — was Niemand leugnen kann — wenn es ferner wahr ist, dass alle Organismen sich überall und beständig im Kampfe um das Dasein befinden, — was eben so wenig geleugnet werden kann — so folgt hieraus von selbst und mit absoluter Nothwendigkeit die natürliche Selection, die Divergenz des Charakters und das Erlöschen der vermittelnden Zwischenformen. Darwin hat diese nothwendigen Folgerungen in dem vierten Capitel seines Werkes so meisterhaft und so ausführlich begründet, dass wir hier bloss darauf zu verweisen brauchen. Wir können aber die bindende Nothwendigkeit dieses Causalnexus zwischen Divergenz und Selection nicht genug hervorheben, weil sie uns die sicherste Gegenprobe für die Wahrheit der Selections-Theorie liefert. Die unendlich mannichfaltigen Erscheinungen der Divergenz sind allbekannte Thatsachen und werden von Niemand geleugnet. Sie erklären sich vollständig aus der Selectionstheorie, und nur allein aus dieser. Ohne letztere sind sie vollkommen unverständlich. Wir können daher mit der vollsten Sicherheit aus den Thatsachen der Differenzirung auf die Richtigkeit der Zuchtwahllehre zurückschliessen. Wenn wir Nichts von Palaeontologie und Geologie, Nichts von Embryologie und Dysteleologie wüssten, so würden wir die Abstammungslehre schon allein desshalb für wahr erkennen müssen, weil sie allein uns die mechanisch-causale Erklärung der grossen Thatsache der Divergenz zu liefern vermag.

Das Divergenz-Gesetz oder Differenzirungs-Princip, in dem Sinne wie Darwin dasselbe als die nothwendige Folge der natürlichen Züchtung entwickelt, umfasst nur diejenigen Differenzirungs-Phänomene, welche zwischen physiologischen Individuen einer und derselben Art stattfinden, und zunächst zur Bildung neuer Varietäten, späterhin zur

Bildung neuer Arten, Gattungen u. s. w. führen. Darwin begreift also unter seiner „Divergenz des Charakters" eigentlich nur die physiologische Differenzirung der Bionten, oder der physiologischen Individuen, welche die Zeugungskreise und dadurch die „Arten" zusammensetzen. Nach unserer Ansicht ist jedoch diese Divergenz der Species nicht verschieden von der sogenannten „Differenzirung der Organe", d. h. von der Arbeitstheilung der untergeordneten Form-Individuen verschiedener Ordnung, welche die Bionten constituiren. Vielmehr glauben wir, in allen Differenzirungs-Erscheinungen ein und dasselbe Grundphänomen, die durch natürliche Züchtung bedingte physiologische Arbeitstheilung erblicken zu müssen, gleichviel ob dieselbe selbstständige physiologische Individuen betrifft, welche an einem und demselben Orte mit einander um das Dasein kämpfen, oder untergeordnete morphologische Individuen verschiedener Ordnungen, welche jene als constituirende Theile zusammensetzen. Die wesentliche Thatsache des Processes ist in allen Fällen eine Hervorbildung ungleichartiger Formen aus gleichartiger Grundlage, und die mechanische Ursache derselben ist die natürliche Zuchtwahl im Kampf um das Dasein.

Da die verschiedenen Organismen-Species, welche nicht durch Archigonie, sondern durch Differenzirung aus bestehenden Species entstanden sind, als Bionten durch morphologische Individuen aller sechs Ordnungen repräsentirt werden können, so folgt hieraus von selbst schon, dass alle sechs Individualitäts-Ordnungen, von der Plastide bis zum Cormus, dem Differenzirungs-Gesetze unterliegen. Dies gilt aber von allen diesen Ordnungen nicht allein dann, wenn sie als Bionten selbstständig leben, sondern ebenso auch, wenn sie als morphologische Individuen untergeordnete Bestandtheile eines Bion bilden. Wir haben bereits im achtzehnten Capitel hervorgehoben, dass die Differenzirungs-Processe in der individuellen Entwickelungs-Geschichte der morphologischen Individuen aller sechs Ordnungen die bedeutendste Rolle spielen, bei den Plastiden (S. 120), den Organen (S. 128), den Antimeren (S. 134), den Metameren (S. 138), den Personen (S. 142) und den Stöcken (S. 146). Alle Vorgänge der Arbeitstheilung, welche diese verschiedenen Individuen betreffen, gleichviel ob sie bloss morphologische oder zugeich physiologische Individuen sind, müssen wir als die mechanische Wirkung der natürlichen Züchtung im Kampfe um das Dasein betrachten. Diese bewirkte sehr langsam und allmählich, im Verlaufe sehr langer Zeiträume, die paläontologische Differenzirung der Individuen, von der die individuelle nur eine kurze und schnelle Recapitulation ist.

Den letztgenannten Unterschied zwischen der paläontologischen und der individuellen Divergenz des Charakters müssen wir hier noch besonders betonen, da es von der grössten Wichtigkeit ist, sich dessen stets bewusst zu bleiben. Wie aber in der gesammten Entwicklungsgeschichte fast immer bloss die an sich unverständlichen individuellen, und nur selten die erklärenden paläontologischen Entwickelungs-Processe berücksichtigt worden sind, so gilt dies auch von der Entwickelungs-Function der Differenzirung oder Arbeitstheilung. Die Thatsachen der individuellen oder ontogenetischen Differenzirung, wie wir sie während des raschen Laufs der individuellen Entwickelung des Organismus Schritt für Schritt unmittelbar verfolgen und direct beobachten können, sind zunächst nur durch die Gesetze der Vererbung (und vorzüglich durch die Gesetze der abgekürzten, der gleichzeitlichen und gleichörtlichen Vererbung) bedingt; und nichts weiter als zusammengedrängte Wiederholungen der paläontologischen oder phylogenetischen Differenzirung, welche im langsamen Verlaufe der paläontologischen Entwickelung der Vorfahren des betreffenden Organismus allmählich stattgefunden hat, und welche das unmittelbare Product der Wechselwirkung von Vererbung und Anpassung, der natürlichen Zuchtwahl im Kampfe um das Dasein ist. Als unmittelbare Resultate der Arbeitstheilung im Laufe der individuellen Entwickelung können nur diejenigen Divergenz-Erscheinungen angesehen werden, welche an dem betreffenden Individuum zum ersten Male, durch Anpassung an eine neue Existenz-Bedingung veranlasst, auftreten, und welche also, wenn sie durch angepasste Vererbung auf die Nachkommen dieses Individuums übertragen werden, der individuellen Entwickelungskette ein neues Glied einfügen.

Ausser der primären paläontologischen (phylogenetischen) und der secundären individuellen (ontogenetischen) können wir übrigens noch eine dritte Art der Differenzirung unterscheiden, welche wir kurz mit dem Namen der systematischen oder specifischen Differenzirung bezeichnen wollen. Man pflegt nämlich auch die factisch bestehenden Unterschiede zwischen coexistenten verwandten Organismen als Differenzirungen zu unterscheiden. So sagt man z. B. in der zoologischen und botanischen Systematik sehr häufig bei Vergleichung verwandter Organismen-Gruppen, dass die eine mehr differenzirt oder polymorpher sei, als die andere, z. B. die Säugethiere mehr als die Vögel, die Crustaceen mehr als die Insecten, die Dicotyledonen mehr als die Monocotyledonen. Ebenso sagt man bei Vergleichung verwandter Zustände z. B. in der menschlichen Gesellschaft, dass der eine eine stärkere Differenzirung, einen höhern Grad der Arbeitstheilung zeige, als der andere, so z. B. die verschiedenen Culturzustände, Staatsformen, Lehranstalten der verschiedenen Völker u. s. w. Vorzüglich aber verfolgt die vergleichende Anatomie als ihre Hauptaufgabe die „Differenzirung der Organe“, indem sie nachweist, wie ein und dasselbe Organ bei den verschiedenen Thieren ganz verschiedene Grade der Ausbildung, ganz verschiedene Stufen der „Differenzirung“ darbietet. Hierauf vorzüglich beruht die Unterscheidung der höheren und niederen, vollkommeneren und unvollkommeneren Organe. Der Begriff der Differenzirung wird in diesen Fällen meistens ziemlich unklar, und oft in sehr verschiedener Bedeutung angewendet. Sehr häufig gebraucht man denselben als gleichbedeutend mit Vollkommenheit oder Fortschritt. Doch ist dies, wie wir im folgenden Abschnitt zeigen werden, nicht richtig. Denn obwohl in sehr zahlreichen Fällen die Erscheinungen der Divergenz und des Fortschritts zusammenfallen, so ist dennoch nicht jede Differenzirung ein Fortschritt, und nicht jeder Fortschritt ist eine Differenzirung. Andere denken dagegen, wenn sie von der Differenzirung coexistenter Formen im obigen „systematischen“ Sinne sprechen, weniger an die Vollkommenheit, als an die Mannichfaltigkeit der verglichenen Formen. Doch zeigt sich bei genauerer Betrachtung, dass der Begriff der Mannichfaltigkeit ebenso wie der der Vollkommenheit, den Begriff der Differenzirung zwar in vielen, aber keineswegs in allen Fällen deckt. Denn die Insectenclasse z. B. ist weit mannichfaltiger und artenreicher als die Crustaceen-Classe, und dennoch ist die letztere weit stärker differenzirt, als die erstere.

Versuchen wir, den Begriff der systematischen oder specifischen Differenzirung, wie er bei Vergleichung verwandter und coexistenter (nicht successiver!) Formen so oft gebraucht wird, tiefer zu ergründen, so finden wir, dass derselbe eigentlich in den meisten Fällen wesentlich mit dem Begriff der phylogenetischen Differenzirung zusammenfällt, und dass er ebenso wie der letztere, auf der Vorstellung einer Hervorbildung ungleichartiger Formen aus gleichartiger Grundlage beruht. Während aber die Betrachtung der phylogenetischen Differenzirung den gesammten Entwickelungs-Process als solchen zu erfassen und alle einzelnen Zweige und Aeste der verzweigten Divergenz-Bewegung von der Wurzel an bis zu ihren letzten Ausläufern zu verfolgen hat, so begnügt sich die Betrachtung der systematischen Differenzirung mit der Vergleichung der verschiedenen Ausläufer oder einzelnen Aeste und Zweige; d. h. sie sucht nicht den ganzen paläontologischen Differenzirungs-Process, sondern nur die fertigen Resultate desselben, wie sie in der gleichzeitigen Coexistenz verschiedener „Arten“ neben einander sich zeigen, zu erforschen, und vorzüglich den Divergenz-Grad, welcher dieselben trennte, zu messen.

Der gewöhnlichste Fehler, den man bei Untersuchung dieser systematischen Differenzirung begeht, liegt darin, dass man die verschiedenen coexistenten Zweige des Stammbaums als subordinirte Glieder einer einzigen leiterförmigen Reihe betrachtet, während sie in der

That coordinirte Zweige eines ramificirten Baues sind. Hierauf beruht z. B. der Irrthum der älteren Systematiker, welche die sämmtlichen Thiere oder Pflanzen in eine einzige Differenzirungs-Reihe zu ordnen trachteten. Statt also den Divergenz-Grad der verschiedenen Formen von der gemeinsamen Stammform zu messen, beschränkt man sich auf Messung des Unterschiedes, den sie von einander haben.

Obgleich also die systematische oder specifische Differenzirung, welche die aus gemeinsamer Wurzel stammenden Arten als fertige Producte von einander scheidet, eigentlich nicht von der paläontologischen oder phylogenetischen Differenzirung verschieden ist, sondern nur das Resultat der letzteren darstellt, wollen wir sie dennoch als einen besonderen und dritten Divergenz-Modus hier hervorheben, dessen Beziehungen zu den beiden anderen und vorzüglich ihre dreifache Parallele im folgenden Buche noch näher erörtert werden sollen. Wie die paläontologische Differenzirung Object der Phylogenie, die embryologische Object der Ontogenie, so ist die systematische Differenzirung vorzugsweise Object der vergleichenden Anatomie. Der merkwürdige und höchst wichtige Parallelismus dieser drei Divergenz-Reihen erklärt sich vollkommen aus der Selections-Theorie.

Alle die unendlich mannichfaltigen und wichtigen Naturerscheinungen, welche wir vom morphologischen Standpunkte aus als Phänomene der Differenzirung oder Divergenz des Charakters, vom physiologischen Standpunkte aus als Phänomene des Polymorphismus oder der Arbeitstheilung ansehen, sind in letzter Instanz also weiter nichts, als die unmittelbaren und nothwendigen Folgen der Züchtung; entweder (bei den Organismen im Culturzustande) Folgen der künstlichen Züchtung durch den Willen des Menschen, oder (bei den Organismen im Naturzustande) Folgen der natürlichen Züchtung durch den Kampf um das Dasein. Alle diese Divergenz-Erscheinungen sind durch die Gesetze der Anpassung (Ernährung) und Vererbung (Fortpflanzung) bedingt; und wenn uns die individuelle Entwickelungsgeschichte die ontogenetische Charakter-Divergenz der morphologischen Individuen in schneller Reihenfolge vor Augen führt, so haben wir darin lediglich die Vererbung der phylogenetischen Differenzirung zu erblicken, welche die Vorfahren des betreffenden Organismus während ihrer langsamen paläontologischen Entwickelung erlitten haben, und deren reife Früchte in der Gegenwart uns die vergleichende Anatomie als „systematische Differenzirung“ nachweist. Die Entwickelungs-Function der Differenzirung oder des Polymorphismus wird also durch die Selections-Theorie auf die physiologischen Ursachen der Vererbung und Anpassung zurückgeführt, d. h. sie wird mechanisch erklärt. Ohne die Selections-Theorie dagegen bleibt sie uns in ihrem eigentlichen Wesen unverständlich.

IX. Die Selections-Theorie und das Fortschritts-Gesetz.

Der Fortschritt *(Progressus)* oder die Vervollkommnung *(Teleosis)* als nothwendige Wirkung der Selection.

Ebenso wie die Differenzirung oder Arbeitstheilung der Organismen, müssen wir auch die nicht minder wichtige und auffallende Vervollkommnung oder den Fortschritt der Organismen, wie er sich in der gesammten individuellen und palaeontologischen Entwickelungsgeschichte und in der vergleichenden Anatomie offenbart, als die unmittelbare und nothwendige Folge der natürlichen Züchtung im Kampfe um das Dasein betrachten. Ebenso wie die Erscheinung der Differenzirung wird auch die Erscheinung der Vervollkommnung unmittelbar durch die Selections-Theorie — und nur durch diese! — mechanisch erklärt, und da wir überall die Thatsachen der Progression ebenso wie diejenigen der Divergenz vor Augen sehen, so können wir aus den ersteren, ebenso wie aus den letzteren, wiederum auf die Wahrheit der Selections-Theorie zurückschliessen.

Die Thatsachen der fortschreitenden Entwickelung oder der allmählichen Vervollkommnung der Organismen sind so allbekannt, dass wir dieselben hier nicht mit Beispielen zu belegen brauchen. Die gesammte Palaeontologie, die gesammte Embryologie, die gesammte Systematik der Thiere, Protisten und Pflanzen liefert uns hierfür eine fortlaufende Beweiskette. Alle gedankenvollen Arbeiter auf diesen Wissenschafts-Gebieten haben jenes Gesetz der fortschreitenden Entwickelung (Progressus) oder der Vervollkommnung (Teleosis) als eines der obersten organischen Grundgesetze anerkannt. Am ausführlichsten hat dasselbe in neuerer Zeit der treffliche Bronn behandelt, welcher sowohl für die palaeontologische[1]) als für die systematische Entwickelung[2]) das „Gesetz der progressiven Entwickelung" oder das Gesetz der Vervollkommnung durch eine sehr sorgfältige Zusammenstellung der beweiskräftigsten Thatsachen empirisch unumstösslich begründet hat.

Obwohl nun in den letzten Jahrzehnten die Geltung des Gesetzes der fortschreitenden Entwickelung als einer empirisch festgestellten Thatsache von den verschiedensten Seiten anerkannt worden ist, so blieb dieselbe doch für die Meisten ein räthselhaftes und unbegreifliches „organisches Naturgesetz", dessen Erklärung nur durch die dualistische Annahme eines teleologischen Schöpfungs-Plans, den der

1) Bronn, Untersuchungen über die Entwickelungs-Gesetze der organischen Welt während der Bildungszeit unserer Erdoberfläche. (Von der Pariser Akademie 1857 gekrönte Preisschrift.) Stuttgart 1858.

2) Bronn, Morphologische Studien über die Gestaltungsgesetze der Naturkörper überhaupt und der organischen insbesondere. Leipzig 1858.

Schöpfer bei Fabrication der Organismen befolgte, möglich schien. Eine naturwissenschaftliche, d. h. eine monistische, mechanisch-causale Erklärung des empirischen Gesetzes wurde erst durch die Descendenz-Theorie, und in letzter Instanz erst durch ihre causale Grund-Idee, die Selections-Theorie, möglich. Diese aber erklärt uns die Thatsachen des Fortschritts, ebenso wie diejenigen der Differenzirung, in der einfachsten Weise, als die nothwendige Wirkung der natürlichen Züchtung im Kampfe um das Dasein.

Wir müssen hier zunächst bemerken, dass das Fortschritts-Gesetz keineswegs mit dem Divergenz-Gesetz identisch ist, wie es von vielen Autoren irrthümlich angenommen wird. Sehr häufig werden diese beiden verschiedenen Begriffe vermischt. Der Grund hiervon liegt darin, dass allerdings die allermeisten Differenzirungs-Prozesse progressive Entwickelungs-Vorgänge oder Vervollkommnungen sind. Daneben giebt es jedoch auch viele Divergenz-Vorgänge, welche weder als Fortschritt noch als Rückschritt, und andere, welche entschieden als Rückschritt angesehen werden müssen. Ebenso wenig ist auf der anderen Seite jeder Fortschritt eine Differenzirung; vielmehr giebt es andere progressive Entwickelungs-Vorgänge (namentlich Wachsthums-Processe), welche keineswegs eine Divergenz, aber dennoch einen Fortschritt bewirken. Bronn, welcher am genauesten diese verschiedenen Vorgänge untersucht hat, unterscheidet demgemäss sechs verschiedene Gesetze progressiver Entwickelung. Diese Gesetze sind [1]):

---

1) Die Differenzirung oder Arbeitstheilung der Organe und Functionen wird von Bronn mit Recht als das bei weitem wichtigste und oberste Gesetz der progressiven Entwickelung betrachtet. Doch irrt auch er darin, dass er alle Differenzirungs-Processe als Fortschritte ansieht, während dies, wie bemerkt, entschieden nicht der Fall ist.

2) Das wichtigste der von Bronn aufgestellten sechs Fortschritts-Gesetze ist zweifelsohne nächst dem der Differenzirung das von ihm ausschliesslich erkannte Gesetz der Reduction der Zahl gleichnamiger (homonymer) Organe. Da Bronn dasselbe in seinen morphologischen Studien (S. 409—459) sehr ausführlich begründet und durch das ganze Pflanzen- und Thier-Reich hindurchgeführt hat, so wollen wir uns hier dabei nicht weiter aufhalten, sondern nur bemerken, dass dasselbe einer sehr bedeutenden Modification bedürftig ist. Zunächst gilt dasselbe nicht für alle gleichartigen Theile, welche in Vielzahl zu einer höheren Individualität verbunden sind, und auch nicht für alle ungleichartigen Theile, welche sich aus gleichartiger Grundlage hervorgebildet haben. Für die Antimeren, Parameren, Metameren und Epimeren unterliegt es zwar in sehr vielen Fällen keinem Zweifel, dass im Grossen und Ganzen genommen die Zahlenreduction dieser Theile einen Fortschritt in der Organisation der aus ihnen zusammengesetzten höheren Individualität bekundet, in den meisten Fällen jedoch nur dann (wie Bronn selbst richtig bemerkt), wenn die Zahlenreduction der gleichartigen Theile zugleich mit einer Differenzirung der zu reducirenden Theile verbunden ist. Bei anderen Individualitäten gilt dasselbe gar nicht, und es würde sich sogar eher ein entgegengesetztes Gesetz nachweisen lassen (das Gesetz der Aggregation gleichartiger Theile). Es ist in der von Bronn gegebenen Erläuterung des Zahlen-Reductions-Gesetzes sehr viel Richtiges, aber auch viel Irrthümliches. Nach unserer Ansicht muss dasselbe in mehrere verschiedene Ge-

1) Differenzirung der Functionen und Organe; 2) Reduction der Zahlen gleichnamiger Organe; 3) Concentrirung der Functionen und ihrer Organe auf bestimmte Theile des Körpers; 4) Centralisirung eines jeden ganzen oder theilweisen Organ-Systems, so dass seine ganze Thätigkeit von einem Central-Organe abhängig wird; 5) Internirung insbesondere der edelsten Organe, so weit sie nicht eben nothwendig an der Oberfläche hervortreten müssen, um die Beziehungen des Organismus mit der Aussenwelt zu unterhalten; 6) grössere räumliche Ausdehnung im Einzelnen und Ganzen. Obwohl es gewiss ein grosses Verdienst Bronns ist, hierdurch gezeigt zu haben, dass nicht alle Progress-Phaenomene einfache Differenzirungen sind, so müssen wir doch gegen die allgemeine Gültigkeit der sechs von ihm unterschiedenen Fortschritts-Gesetze vielfache Bedenken erheben. Nicht bloss die vier letzten, welche nur sehr beschränkte und specielle Gültigkeit haben, sondern auch das zweite Gesetz (das Gesetz der Zahlenreduction gleichartiger Theile), welches nächst dem Differenzirungs-Gesetze offenbar das wichtigte ist, müssen noch sehr bedeutende Modificationen erleiden und in anderer Form präcisirt werden. Da jedoch dieser Gegenstand, wie überhaupt die ganze Frage von der fortschreitenden Vervollkommnung der Organismen und von den Kriterien der organischen Vollkommenheit äusserst schwierig und verwickelt ist,

---

setze gespalten werden. Wir wollen jedoch hier auf deren Unterscheidung und Motivirung nicht eingehen, da dieselbe ausserordentlich schwierig und verwickelt ist, und uns viel zu weit von unserem Gegenstande abführen würde. Wir beabsichtigen bei einer anderen Gelegenheit den Versuch zu machen, diese ebenso schwierige als interessante Aufgabe zu lösen.

3) Das Gesetz der Concentrirung (Concentration) der Functionen und ihrer Organe auf bestimmte Theile des Körpers, auf welches Bronn (l. c. p. 459—471) mit Recht viel weniger Werth als auf die vorhergehenden legt, ist von einer viel beschränkteren Gültigkeit. In den meisten Fällen ist diese Concentration entweder eine Localisation (und dann auf Differenzirung zurückzuführen) oder eine Concrescenz, und dann als ein physiologischer Process der Verwachsung anzusehen (vergl. oben p. 147, Anmerkung). Oft liegt auch eine einfache Anpassung zu Grunde. Jedenfalls hat dieses Gesetz, wie auch die drei folgenden, sehr zahlreiche Ausnahmen.

4) Das Gesetz der Centralisirung (Centralisation) der Organ-Systeme gilt vorzüglich für die Thiere, weniger für die Pflanzen, jedoch auch bei den ersteren nur in beschränktem Maasse (Bronn, l. c. p. 471—475). Die Centralisation der Organ-Systeme ist offenbar ein einfaches Product der natürlichen Züchtung, und die dadurch bedingte Vervollkommnung liegt in dem Vortheil, den die einheitliche Centralisation für die Regierung des ganzen Organismus liefert.

5) Das Gesetz der Internirung der Organe hat ebenfalls nur eine sehr beschränkte Gültigkeit und lässt sich einfach aus den Anpassungs-Gesetzen erklären, und aus dem Vortheil, den die Internirung besonders der edelsten Organe im Kampfe um das Dasein bietet.

6) Das Gesetz der Grössen-Zunahme gilt ebenfalls nur innerhalb eines sehr beschränkten Gebietes und lässt sich ebenso wie die vorhergehenden aus der Selections-Theorie erklären.

und da noch keine weiteren ernstlichen Versuche gemacht sind, in das Chaos des unendlichen Materials, welches für diese wichtige Frage vorliegt, klares Licht zu bringen, so können wir nicht näher darauf eingehen und müssen die Auseinandersetzung und Begründung unserer hierauf bezüglichen Ansichten einer anderen Gelegenheit vorbehalten (vergl. Bd. I, S. 371, Anmerkung). Nur darauf wollen wir hindeuten, dass die genaue Unterscheidung der idealen (vielseitigen oder polytropen) und der praktischen (einseitigen oder monotropen) Typen (S. 222) für diese Frage von sehr grosser Bedeutung werden wird. Dass die Frage die grösste Tragweite hat, geht schon daraus hervor, dass die Fortschrittsfrage in der ganzen Menschheits-Entwickelung nicht von derjenigen in der Entwicklung der übrigen Thiere, und speciell der Wirbelthiere zu trennen ist.

Wir selbst haben oben in unserer allgemeinen Anatomie den vorläufigen Versuch gemacht, wenigstens einige der wichtigsten Vollkommenheits-Gesetze zu formuliren. Vor Allem fanden wir es nöthig, zwischen tectologischer und promorphologischer Vervollkommnung (sowohl Differenzirung, als Centralisation) zu unterscheiden. Die tectologischen Thesen, welche sich auf die Vollkommenheits-Frage beziehen, sind im elften Capitel (S. 370—374), die promorphologischen Thesen im fünfzehnten Capitel (S. 550) nachzusehen.

Da die allermeisten Fortschritts-Erscheinungen unmittelbar mit Differenzirungs-Prozessen verknüpft, oder selbst mit diesen identisch sind, so bedarf es für diese, in Hinblick auf den vorhergehenden Abschnitt, keines Beweises, dass sie unmittelbare und nothwendige Wirkungen der natürlichen Züchtung im Kampfe um das Dasein sind. Aber auch für die anderen Erscheinungen der Vervollkommnung, welche wir vorher angeführt haben, und welche nicht unmittelbar als Divergenz-Phänomene angesehen werden können, unterliegt es keinem Zweifel, dass dieselben vollständig durch die Selections-Theorie erklärt werden. Die Centralisation der Organ-Systeme, die Concentration und Internirung der Organe, die Grössenzunahme und die Zahlenreduction der gleichartigen Theile sind immer, und ganz besonders in den Fällen, wo sie einen entschiedenen Organisations-Fortschritt bekunden, entweder unmittelbare Anpassungen, oder aber durch die Wechselwirkung von Anpassung und Vererbung bedingt. Da diese progressiven Entwicklungs-Processe in allen Fällen den betreffenden Organismen im Kampfe um das Dasein nützlich sind, und ihnen entschiedene Vortheile über die nächstverwandten, nicht progressiv abgeänderten Formen gewähren, so werden sie einfach durch die natürliche Züchtung erhalten und befestigt. Alle diese Erscheinungen des Progresses oder der Vervollkommnung lassen sich mithin als nothwendige Folgen der Wechselwirkung von Vererbung und Anpassung nachweisen, und sind keineswegs die Folgen eines unbekannten und unerklärten, auf räthselhaften Ursachen beruhenden „Gesetzes der fortschreitenden Entwickelung".

Einige Autoren haben das Fortschritts-Gesetz oder das Gesetz der fortschreitenden Entwickelung als ein absolutes, allgemein gültiges und ausnahmsloses betrachtet, und behauptet, dass dasselbe allerorten und allerzeit die gesammten Organisations-Verhältnisse vorwärts treibe und ohne Unterbrechung zur beständigen Vervollkommnung anspornе. So richtig diese Behauptung im Grossen und Ganzen ist, so muss sie dennoch durch zahlreiche Ausnahmen modificirt werden. Es ist natürlich und nothwendig, dass die immer zunehmende Differenzirung aller irdischen Verhältnisse und aller Existenz-Bedingungen für die Organismen auch eine entsprechende Differenzirung der Organismen selbst zur unmittelbaren Folge hat, und in den allermeisten Fällen ist diese Differenzirung selbst ein entschiedener Fortschritt, eine unzweifelhafte Vervollkommnung. Andrerseits ist aber nicht zu vergessen, dass jede Arbeits-Theilung neben den ganz überwiegenden Vortheilen und Fortschritten auch ihre grossen Nachtheile und Rückschritte nothwendig im unmittelbaren Gefolge hat. Wir sehen dies überall in dem Polymorphismus der menschlichen Gesellschaft, welche uns in ihrer staatlichen, und socialen, besonders aber in ihrer wissenschaftlichen Entwickelung die complicirtesten und am meisten zusammengesetzten von allen Differenzirungs-Phänomenen zeigt. Wir brauchen bloss auf die Morphologie der Organismen in ihrem gegenwärtigen traurigen Zustande einen Blick zu werfen, um diese erheblichen Schattenseiten der weit vorgeschrittenen Arbeitstheilung klar vor Augen zu sehen (Vergl. Bd. I, S. 236). Wäre dies nicht der Fall, so müsste die Selections-Theorie, der grösste Fortschritt der menschlichen Wissenschaft in unserem Jahrhundert, bereits die gesammte Biologie beherrschen. Die grössten Nachtheile für die Wissenschaft entstehen dadurch, dass sich die meisten Arbeiten ganz auf ein einzelnes kleines Arbeits-Feld beschränken und den engsten Special-Anschauungen anpassen, während sie sich um das grosse Ganze nicht mehr bekümmern. Dadurch verlieren sie aber nicht nur den freien Ueberblick für das umfassende Allgemeine, sondern auch die Fähigkeit, in dem auserwählten Special-Gebiete weiter greifende Fortschritte herbeizuführen. Dieser grosse Nachtheil der einseitigen Specialisirung wird von den Meisten übersehen, gegenüber den bedeutenden Vortheilen, welche jene einseitige, specielle „Fachbildung" dem Detail-Arbeiter gewährt; und gerade dieser praktische Nutzen ist es, welcher die rückschreitende allgemeine Bildung der Specialisten begünstigt.

Was uns so die menschlichen Verhältnisse, und besonders die wissenschaftlichen, in den verwickeltsten Differenzirungs-Processen zeigen, das gilt ebenso für die gesammte organische Natur. Ueberall wird die Entwickelung der praktischen Typen auf Kosten der idealen durch die natürliche Züchtung begünstigt. Zugleich entstehen immer neben den höchsten Plätzen und den einseitig vervollkommneten Stellen im Naturhaushalte zahlreiche unvollkommene Plätze und sehr beschränkte Stellen; und die Organismen, die diesen sich anpassen, erleiden dadurch gewöhnlich eine sehr bedeutende Rückbildung. Rückschritt ist also hier neben und mit dem Fortschritt eine unmittelbare Folge der Differenzirung durch die Züchtung. Die schwächeren und unvollkommneren Individuen, welche im Wettkampfe mit den stärkeren und vollkommneren unterliegen, und nicht der von der letzteren eroberten besten Existenz-Bedingungungen theilhaftig werden, können sich nur dadurch erhalten, dass sie auf jenes höhere Ziel verzichten und sich mit einfacheren Verhältnissen begnügen. Indem sie sich diesen aber anpassen, erleiden sie nothwendig mehr oder minder bedeutende Rückbildungen, welche bei sehr einfachen Verhältnissen (z. B. Parasitismus) oft erstaunlich weit gehen. Schon aus dieser einfachen Erwägung folgt, dass die natürliche Züchtung keineswegs ausschliesslich fortbildend und vervollkommnend, sondern auch rückbildend und erniedrigend wirkt. Die Veränderungen der organischen Natur halten mit denen der anorganischen immer gleichen Schritt. Wir finden, dass in Beiden die fortschreitende Differenzirung im Ganzen zwar überwiegt, aber doch im Einzelnen zugleich nothwendig vielfache Rückschritte bedingt. Während die höheren und besseren Stellen im Naturhaushalte an Zahl und vollkommener Ausstattung beständig zunehmen, und von entsprechend verbesserten und vervollkommneten Organismen besetzt werden, benutzen die weniger begünstigten und von letzteren im Wettkampfe besiegten Organismen die gleichzeitig frei werdenden einfacheren und schlechteren Stellen des Naturhaushalts, um ihre Existenz zu retten. Während die ersteren fortschreiten, gehen die letzteren zurück. Keine Gruppe von organischen Erscheinungen zeigt uns die hohe Bedeutung dieser Thatsache so schlagend, als die mannichfaltigen Phänomene des Parasitismus, vorzüglich in den Abtheilungen der Crustaceen, Würmer und Orobancheen. Wie die Ontogenese dieser Organismen unwiderleglich zeigt, beruht ihre Phylogenese auf einer entschiedenen rückschreitenden Differenzirung, die durch die natürliche Züchtung veranlasst ist.

Wenn wir daher die gesammten Differenzirungs-Phänomene in der organischen Natur nach ihrem historischen Verlauf vergleichend überblicken, so gelangen wir zu demselben grossen und erfreulichen Gesammt-Resultat, welches uns auch die Geschichte der menschlichen Völker (oder die sogenannte Weltgeschichte) und namentlich die Culturgeschichte, allein schon deutlich zeigt: Im Grossen und Ganzen ist die Entwickelungs-Bewegung der gesammten organischen Welt eine stetig und überall fortschreitende, wenn gleich die überall wirkenden Differenzirungs-Processe nothwendig neben den überwiegenden Fortschritts-Vorgängen im Kleinen und Einzelnen auch zahlreiche, und oft bedeutende Rückschritte in der Organisation bedingen. Indessen treten diese Rückschritte, wie sie in der Völkergeschichte vorzüglich durch die Herrschaft der Priester und Despoten, in der übrigen organischen Natur vorzüglich durch Parasitismus bedingt werden, doch im Grossen und Ganzen vollständig zurück gegenüber der ganz vorherrschenden Vervollkommnung. Der Fortschritt zu höheren Stufen der Vollkommenheit ist in der gesammten organischen Natur ein genereller und universeller, der gleichzeitig stattfindende Rückschritt zu niederen Stufen ein specieller und localer Process. Sowohl der überwiegende Fortschritt in der Vervollkommnung des Ganzen als der hemmende Rückschritt in der Organisation des Einzelnen sind mechanische Naturprocesse, welche mit Nothwendigkeit durch die natürliche Züchtung im Kampfe um das Dasein bedingt sind, und durch die Selections-Theorie (und nur durch sie allein!) vollständig erklärt werden.

Dieser letztere Satz muss besonders betont werden, weil gerade an diesem Punkte die teleologische und dualistische Dogmatik besonders tiefe und feste Wurzeln geschlagen hat. Dies zeigt sich nicht allein in den kindlichen und keiner Widerlegung bedürftigen Behauptungen derjenigen Teleologen, welche in dem Gesetze der fortschreitenden Entwickelung einen besonderen Beweis für die Vortrefflichkeit des Schöpfungs-Plans und für die Weisheit des (natürlich ganz anthropomorph gedachten) Schöpfers erblicken wollten [1]). Auch monistische Naturforscher, welche im Ganzen unsere Ansichten theilen, haben sich der Annahme eines besonderen „Vervollkommnungs-Princips" nicht entziehen zu können geglaubt. So hat insbesondere Nägeli in einer trefflichen Abhandlung [2]), welche werthvolle Beiträge zur Befestigung der

---

1) Der grobe Anthropomorphismus, welcher allen Vorstellungen eines persönlichen Schöpfers zu Grunde liegt, tritt kaum irgendwo so auffallend zu Tage, als bei seiner Wirksamkeit in dem „zweckmässigen Plane der fortschreitenden Vervollkommnung", und doch ist er merkwürdiger Weise grade hier von sehr bedeutenden Naturforschern mit grosser Zähigkeit festgehalten worden, so namentlich von Agassiz (im „Essay on Classification" und an anderen Orten). Offenbar muss sich der Schöpfer nach dieser Vorstellung, indem er zuerst nur ganz rohe Schöpfungs-Entwürfe zu Stande bringt, und sich nachher stufenweis zu immer höheren Plänen erhebt, selbst erst entwickeln und einen mechanischen Lehrcursus durchmachen. Seine Pläne wachsen mit seiner eigenen Vollkommenheit. „Es wächst der Mensch mit seinen höher'n Zwecken". Der Schöpfer ist auch in diesen absurden Vorstellungen ganz das „gasförmige Wirbelthier", welches schon der alte Reil in ihm erkannte (vergl. Bd. I, S. 172, 173 Anm.).

2) Carl Nägeli, Entstehung und Begriff der naturhistorischen Art. München 1865.

Descendenz-Theorie liefert, neben der „Nützlichkeits-Theorie", wie er Darwins Selections-Theorie nennt [1]), noch eine besondere „Vervollkommnungs-Theorie" festhalten zu müssen geglaubt, welche die Annahme fordert, „dass die individuellen Abänderungen nicht unbestimmt, nicht nach allen Seiten gleichmässig, sondern vorzugsweise und mit bestimmter Orientirung nach Oben, nach einer zusammengesetzteren Organisation zielen". Nägeli glaubt zwar, für dieses Vervollkommnungs-Princip „keine übernatürliche Einwirkung nöthig zu haben". Indessen ist er den Beweis einer nothwendigen Existenz desselben und einer mechanischen Erklärung seiner Wirksamkeit schuldig geblieben, und wir glauben nicht, dass dieser wird geliefert werden können. Durch Nägeli's Annahme, „dass der Organismus in sich die Tendenz habe, in einen complicirter gebauten sich umzubilden," gerathen wir auf die schiefe Ebene der Teleologie, auf der wir rettungslos in den Abgrund dualistischer Widersprüche hinabrutschen und uns von der allein möglichen mechanischen Naturerklärung völlig entfernen. Wir können uns aber um so weniger zur Annahme eines solchen besonderen, bis jetzt ganz unerklärlichen Vervollkommnungs-Princips entschliessen, als uns die Selections-Theorie die vorwiegend fortschreitende Richtung der Differenzirung durch die natürliche Züchtung ganz wohl erklärt, und als daneben die überall vorkommenden Rückbildungen zeigen, dass der Fortschritt keineswegs ein ausschliesslicher und unbedingter ist.

Indem wir also den allgemeinen und überwiegenden, jedoch durch viele einzelne Rückschritte unterbrochenen Fortschritt als ein allgemeines mechanisches Naturgesetz festhalten, welches mit Nothwendigkeit aus der beständigen Wirksamkeit der natürlichen Züchtung folgt, haben wir schliesslich noch einen Blick auf die drei verschiedenen Erscheinungsreihen der fortschreitenden Entwickelung zu werfen, welche den drei Differenzirungsreihen entsprechen, und welche in ihrer auffallenden Parallele uns einen der wichtigsten Beweise für die Wahrheit der Descendenz-Theorie liefern. Es sind dies die drei parallelen Fortschrittsketten der paläontologischen, embryologischen und systematischen Vervollkommnung.

Die paläontologische Vervollkommnung oder der phylogenetische Fortschritt ist von diesen drei parallelen fortschreitenden Entwickelungs-Reihen (wie dies auch ebenso von den drei parallelen Differenzirungs-Reihen gilt) der ursprünglichste und daher wichtigste. Wenn wir vorher zeigten, dass der Fortschritt eine noth-

---

1) Die Bezeichnung „Nützlichkeits-Theorie" für Darwins Selections-Theorie ist aus mehreren Gründen nicht recht passend, einmal weil hiermit sehr leicht teleologische Vorstellungen verknüpft werden, und besonders weil dieselbe grade für gewisse teleologische Schöpfungs-Theorieen im Gegensatze zu den mechanischen Entwickelungs-Theorieen angewandt worden ist.

wendige Folge der Wechselwirkung von Anpassung und Vererbung sei, so galt dies zunächst nur von der phylogenetischen Vervollkommnung, welche sich in der allmählich fortschreitenden Entwickelung der Arten und Stämme zeigt, darin also, dass die Transmutation der Species nicht allein zur Erzeugung neuer, sondern im Ganzen auch vollkommnerer Arten führt, und dass mithin auch die Stämme im Ganzen sich beständig vervollkommnen. Die gesammte Paläontologie liefert hierfür eine fortlaufende Beweiskette.

Die embryologische Vervollkommnung oder der ontogenetische Fortschritt, welcher sich in der gesammten individuellen Entwickelungs-Geschichte der Organismen als die am meisten auffallende Erscheinung offenbart, ist die natürliche Folge des paläontologischen Fortschritts, und durch die Vererbungs-Gesetze (besonders durch die Gesetze der abgekürzten, der homochronen und homotopen Vererbung) mit Nothwendigkeit bedingt. Da die gesammte Ontogenie nichts weiter, als eine kurze und schnelle Recapitulation der Phylogenie des betreffenden Organismus ist, so muss natürlich auch die vorzugsweise fortschreitende Bewegung der letzteren in derselben Weise wieder in der ersteren zu Tage treten. Da wo der überwiegende paläontologische Fortschritt durch Anpassung der vollkommneren Organismen an einfachere Existenz-Bedingungen local modificirt und beschränkt worden ist, wie namentlich bei den Parasiten, da muss derselbe natürlich auch ebenso in der individuellen Entwickelung eine entsprechende „regressive Metamorphose“ zur Folge haben (sehr ausgezeichnet bei den parasitischen Crustaceen).

Die systematische Vervollkommnung oder der specifische Fortschritt endlich, welcher vorzugsweise Object der vergleichenden Anatomie ist, folgt ebenso unmittelbar wie der ontogenetische, aus dem paläontologischen Fortschritt. Zunächst ist hier zu erwägen, dass die Vervollkommnung bei den verschiedenen Organismen einen äusserst ungleichen Verlauf hinsichtlich ihrer Ausdehnung und Schnelligkeit nimmt. Während einige Organismen in verhältnissmässig kurzer Zeit einen sehr hohen Grad der Differenzirung und der Vollkommenheit erreichen (z. B. die Säugethiere unter den Wirbelthieren, und besonders die Carnivoren und Primaten) verändern sich andere, verwandte Organismen auch in sehr langen Zeiträumen nur sehr wenig, und zeigen nur einen sehr geringen Grad der Vervollkommnung und Divergenz (z. B. die Fische unter den Wirbelthieren, und besonders die Ganoiden und Rochen). Noch andere, diesen verwandte Organismen verändern sich zwar bedeutend, aber nicht in fortschreitender, sondern in rückschreitender Richtung (z. B. die Parasiten). Daher finden wir, dass sehr viele gleichzeitig existirende Organismen, obgleich sie von einer und derselben gemeinsamen Stammform abstammen, dennoch einen äusserst verschiedenen Grad der Vollkommenheit, ebenso wie der Differenzirung zeigen. Dieser systematische oder specifische Fortschritt, wie ihn die Anatomie (Systematik und vergleichende Anatomie) bei Vergleichung der verwandten und coexistenten Organismen in der Form des Systems so deutlich nachweist, erklärt sich eben so einfach, wie die beiden anderen Fortschrittsreihen, aus der Selections-Theorie (Vergl. das XXIV. Capitel). Er zeigt uns nur die reifen Früchte des fortschreitenden Vervollkommnungs-Processes, wie er sich in der Phylogenie divergirend gestaltet, und wie er sich in der Ontogenie kurz wiederholt. Die vollkommene Parallele dieser drei fortschreitenden Entwickelungsreihen, der paläontologischen, der embryologischen und der systematischen Vervollkommnung, ist einer der stärksten Beweise der Wahrheit für die Descendenztheorie.

X. Dysteleologie oder Unzweckmässigkeitslehre.

(Wissenschaft von den rudimentären, abortiven, verkümmerten, fehlgeschlagenen, atrophischen oder cataplastischen Individuen.)

X, A. Die Dysteleologie und die Selections-Theorie.

Von allen grossen und allgemeinen Erscheinungsreihen der organischen Morphologie, welche uns durch die Descendenz-Theorie vollkommen erklärt werden, während sie ohne dieselbe gänzlich unerklärt bleiben, ist nächst der dreifachen Parallele der paläontologischen, embryologischen und systematischen Entwickelung vielleicht keine einzige von so mächtiger und unmittelbar überzeugender Beweiskraft, als der ebenso interessante als wichtige Phänomenen-Complex der sogenannten „rudimentären Organe", welche man häufig auch als abortive, atrophische, verkümmerte oder fehlgeschlagene Organe bezeichnet. Wenn nicht die gesammte generelle Biologie, ebensowohl die Morphologie als die Physiologie, in allen einzelnen Abschnitten und Zweigen eine fortlaufende Kette von harmonischen Beweisen für die Wahrheit der Abstammungslehre wäre, so würde allein schon die Kenntniss jener „Organe ohne Function" uns von derselben auf das Bestimmteste überzeugen. In gleichem Maasse aber, als die Organe, welche man sowohl in der Zoologie, als in der Botanik mit jenen Namen bezeichnet, die höchste morphologische Bedeutung besitzen, in gleichem Maasse sind sie bisher fast allgemein vernachlässigt, oder doch bei weitem nicht in dem Grade, wie sie es verdienen, gewürdigt worden. Es war dies auch ganz natürlich, so lange man in Ermangelung der Descendenz-Theorie Nichts mit ihnen anfangen konnte, und auf eine allgemeine mechanisch-causale Erklärung der morphologischen, und namentlich der ontogenetischen Thatsachen überhaupt verzichten musste. Erst als Darwin die Abstammungslehre neu belebte und durch die Selections-Theorie fest begründete, kamen auch die rudimentären Organe wieder hoch zu Ehren. Sie werden von jetzt an als eines der schlagendsten und wichtigsten Argumente zu Gunsten derselben gelten müssen und als solche eine bisher nicht geahnte Bedeutung erlangen.

Wie wir schon in unserer methodologischen Einleitung hervorhoben, als wir den Gegensatz zwischen der Teleologie und Causalität besprachen, und die alleinige Anwendbarkeit der mechanisch-causalen Methode nachwiesen, giebt es nach unserer Ansicht keinen stärkeren Beweis für letztere, als die Erscheinungsreihe der rudimentären Organe, welche geradezu der unmittelbare Tod aller Teleologie ist. (Vergl. Bd. I, S. 99, 100.) Wenn die teleologische und dadurch dualistische Biologie noch heute allgemein behauptet und bis auf Darwin fast unangefochten behauptet hat, dass die morphologischen Erscheinungen im Thier- und Pflanzen-Reiche „zweckmässige Einrichtungen" seien, dass sie nach einem „zweckmässigen Plane" angelegt und ausgeführt, durch „zweckthätige Ursachen" (causae finales) bestimmt seien, so wird diese grundfalsche Ansicht, abgesehen von ihrer sonstigen Unhaltbarkeit, durch Nichts schlagender widerlegt, als durch die rudimentären Organe, welche entweder ganz gleichgültig und unnütz, oder sogar entschieden „unzweckmässig" sind. Die ausserordentliche theoretische Bedeutung, welche dieselben dadurch besitzen, die unerschütterliche Basis, welche sie der von uns vertretenen und allein wahren, monistischen, d. h. mechanisch-causalen Erkenntniss der organischen Natur liefern, ermächtigt uns, die Wissenschaft von den rudimentären Organen zu einer besonderen Disciplin der organischen Morphologie zu erheben, welcher wir die bedeutendste Zukunft versprechen können. Wir glauben diese Lehre mit keiner passenderen, und ihre hohe philosophische Bedeutung richtiger andeutenden Bezeichnung belegen zu können, als mit derjenigen der „Unzweckmässigkeitslehre oder Dysteleologie".

Die Organe, oder allgemeiner gesagt, organischen Körpertheile, welche das Object der Dysteleologie bilden, sind in der Botanik und Zoologie mit mehreren verschiedenen Namen belegt worden: rudimentäre oder verkümmerte, atrophische oder unentwickelte, abortive oder fehlgeschlagene Theile, auch wohl Hemmungsbildungen. Am besten würde man sie wohl, mit Rücksicht auf ihre Entstehung durch regressive oder cataplastische Entwickelung, „cataplastische oder rückgebildete" Theile nennen, oder, mit Rücksicht auf den physiologischen Degenerations-Process, der diese bewirkt: „degenerirte oder entbildete Theile". Im Ganzen hat man denselben in der Botanik eine weit allgemeinere Aufmerksamkeit geschenkt, als in der Zoologie, ohne dass jedoch, dort wie hier, die eigentliche Bedeutung derselben gewöhnlich richtig erkannt worden wäre. Allerdings liegen bei den Pflanzen, deren Organ-Differenzirung durchschnittlich ja sehr viel einfacher als diejenige der Thiere ist, diese cataplastischen Organe viel offener und augenfälliger zu Tage, und es lässt sich hier auch oft durch vergleichend anatomische und morphogenetische Untersuchung viel leichter der Nachweis ihrer eigentlichen Entstehung und Bedeutung führen, als bei den Thieren, doch sind dieselben auch bei den letzteren so allgemein vorhanden, dass es bei jeder genaueren vergleichenden Betrachtung dieselben in Menge nachzuweisen gelingt. Wir können fast bei allen Organismen, Thieren, Protisten und Pflanzen, rudimentäre oder cataplastische Theile erkennen, sobald dieselben überhaupt einen gewissen Differenzirungs-Grad überschritten und eine gewisse Reihe von Entwickelungs-Stadien durchlaufen haben.

Die einzige Vorsicht, welche bei der Untersuchung der rudimentären oder abortiven Theile nöthig ist, besteht darin, dass man sich vor einer Verwechslung derselben mit werdenden oder neu entstehenden Theilen hütet. Auch diese, in Anaplase begriffenen Theile, können als „Rudimente", d. h. als unbedeutende und unscheinbare, physiologisch werthlose und morphologisch unentwickelte Theile erscheinen. Meistens wird aber entweder ein Blick auf den Gang der individuellen Entwickelung oder auf die Bildung desselben Organs bei verwandten Organismen, genügen, uns erkennen zu lassen, ob dasselbe in fortschreitender Anaplase oder in rückschreitender Cataplase begriffen ist. Nur im letzteren Falle verdient dasselbe den Namen des „abortiven oder atrophischen Organs".

Am leichtesten werden wir zur Erkenntniss der rudimentären Theile gewöhnlich auf physiologischem Wege geleitet, durch die Feststellung nämlich, dass der betreffende Körpertheil, obwohl morphologisch vorhanden, dennoch physiologisch nicht existirt, indem er keine entsprechenden Functionen ausführt. In dieser Beziehung kann also der betreffende Körpertheil entweder für den Organismus vollständig nutzlos, gleichgültig, ein „Organ ohne Function", ein „Werkzeug ausser Dienst" sein, oder aber ihm sogar positiv nachtheilig und schädlich. Sehr häufig bedarf es jedoch keiner physiologischen Reflexion, um die rudimentären oder cataplastischen Theile als solche zu erkennen. Ein Blick auf ihre empirisch leicht festzustellende individuelle Entwickelung, oft schon ein vergleichend anatomischer Blick auf ihre Bildung bei verwandten Organismen, genügt, um sie als wirklich rückgebildete, cataplastische Theile nachzuweisen. Sobald man hinreichenden Ueberblick über die Morphologie der Organismen besitzt, um die dreifache Parallele der paläontologischen, embryologischen und systematischen Entwickelungsreihe zu erkennen und richtig zu würdigen, so fällt es nicht mehr schwer, bei den allermeisten Organismen-Arten rudimentäre Theile mit Sicherheit nachzuweisen.

X, B. Entwickelungsgeschichte der rudimentären oder cataplastischen Individuen.

Wenn es wirklich solche „unzweckmässige, unnütze“ oder sogar nachtheilige und positiv schädliche Theile (Form-Individuen) im Körper der meisten Organismen giebt, wie sie von der Dysteleologie in der ausgedehntesten Verbreitung nachgewiesen werden, so kann die Erklärung dieser höchst merkwürdigen Erscheinungen nur von der Entwickelungsgeschichte geliefert werden. Da die Existenz der rudimentären Theile vollkommen unvereinbar ist mit der herrschenden teleologischen Dogmatik, und speciell mit der dualistischen Annahme, dass der Organismus in allen seinen Theilen zweckmässig eingerichtet sei, dass alle Theile durch eine *Causa finalis* bestimmt werden, als zweckthätige Organe zum Besten des Ganzen zusammenzuwirken, so können nur blinde mechanische „*Causae efficientes*“ als die Ursachen ihrer Entstehung gedacht werden. Die einzig mögliche Annahme, welche dieselben zu erklären vermag, welche sie aber auch vollständig und in der befriedigendsten Weise erklärt, ist aus der Descendenz-Theorie zu entnehmen; diese behauptet, dass die cataplastischen Theile die ausser Dienst getretenen, unbrauchbar gewordenen Reste von wohl entwickelten Theilen sind, welche in den Voreltern der betreffenden Organismen zu irgend einer Zeit vollständig entwickelt, functionsfähig, und thatsächlich wirksam waren; und diese Erklärung der Abstammungslehre wird durch die Thatsachen der phylogenetischen und ontogenetischen Entwickelungsgeschichte vollkommen bestätigt. Dass diese früher gut entwickelten und leistungsfähigen Theile später in der jüngeren Generation der Species leistungsunfähig wurden, und verkümmerten, liegt zunächst und unmittelbar an einer **Ernährungs-Veränderung** des betreffenden Theils, welche durch besondere Anpassungs-Bedingungen verursacht ist. Diese Adaptations-Verhältnisse können sehr verschiedener Natur sein. Die grösste Rolle spielt dabei gewöhnlich der Nichtgebrauch des Organs, die mangelhafte oder ganz ausfallende Function. Ebenso wie durch andauernden Gebrauch und Uebung eines bestimmten Körpertheils dessen Ernährung und damit auch das Wachsthum gefördert wird, wie Gebrauch und Uebung zur Vergrösserung und Verstärkung (Hypertrophie) eines Körpertheils führen, ebenso führt umgekehrt der mangelhafte oder unvollständige Gebrauch zur Schwächung und Abnahme desselben (Atrophie), indem zunächst das Wachsthum und die Ernährung herabgesetzt wird. Indem nun diese durch Anpassung an bestimmte Existenzbedingungen bewirkte Modification eines Körpertheils von dem betreffenden Organismus auf seine Nachkommen vererbt wird, indem durch fortdauernden Nichtgebrauch des abnehmenden Organs sich die Schwächung desselben häuft, führt dieser Generationen hindurch fortgesetzte Mangel an Uebung endlich zu einem vollständigen Ausfallen, einem gänzlichen Schwunde des Organs. Es werden also Körpertheile, welche Generationen hindurch gar nicht oder nur schwach gebraucht werden, nicht allein beständig schwächer, atrophischer, rudimentärer, sondern ihr Rückbildungs-Process, ihre Cataplase, führt schliesslich zum vollständigen Schwunde, zum vollendeten „Abortus".

Der Weg, auf dem die rudimentären Theile entstehen, ist also offenbar derselbe, wie derjenige, auf dem neue Theile entstehen. Nur die Richtung der Bildungsbewegung ist in beiden Fällen entgegengesetzt. Ebenso wie bei der Neubildung eines Organs eine Reihe von vielen Generationen hindurch zahlreiche kleine Zunahmen sich häufen, und so endlich zur Entstehung eines ganz neuen Theils führen, so häufen sich bei der Rückbildung eines Organs allmählich zahlreiche kleine Abnahmen, bis dasselbe nach Verlauf einer grösseren Generations-Reihe endlich ganz verschwindet. Hier wie dort ist es die Anpassung und die Vererbung, welche zusammen wirken und welche, im Kampfe ums Dasein wirksam, die natürliche Zuchtwahl als die bildende Ursache erkennen lassen.

Wir kommen hierbei zurück auf die schon vorher (S. 262) erläuterte wichtige Thatsache, dass die natürliche Züchtung keineswegs immer bloss fortbildend, anaplastisch, sondern auch rückbildend, cataplastisch, wirkt. Sobald die Existenz-Bedingungen (z. B. beim Parasitismus) so einfach werden, dass der Organismus, vorher an complicirtere Bedingungen angepasst, seine entsprechend complicirten Organe nicht mehr braucht, so werden diejenigen Individuen, welche sich am meisten und am schnellsten zurückbilden, diesen einfacheren Lebens-Bedingungen sich am besten und vollständigsten anpassen, und daher einen Vortheil im Kampf ums Dasein vor den vollkommneren Individuen der gleichen Art besitzen. So entstehen also durch natürliche Zuchtwahl nicht nur vollkommnere, sondern auch unvollkommnere Individuen und Organe. Ein und derselbe Process führt in einem Falle zur höheren Ausbildung und Vervollkommnung des Organs und selbst zur Neubildung vorher nicht existirender Theile, im anderen Falle dagegen umgekehrt zur Rückbildung und Verkümmerung desselben, und endlich selbst zum Verschwinden mancher existirenden Theile. Schon hieraus geht hervor, dass, wie wir in den beiden vorhergehenden Abschnitten zeigten, die Differenzirung der Organismen keineswegs immer und nothwendig mit einer Vervollkommnung, vielmehr häufig mit entschiedener Rückbildung verbunden ist. Es ist besonders wichtig, hierbei ins Auge zu fassen, dass durch den Besitz hoch differenzirter Theile dem Organismus nicht allein Vortheile, sondern auch Lasten erwachsen, und dass also das Verschwinden solcher

Theile, welche immer eine bestimmte Quantität von Nahrung erfordern, für ihn ein positiver Vortheil ist, sobald dieselben nicht mehr in Gebrauch, ihm nicht mehr von Nutzen sind. So wird für eine Vogel-Art, welche aus irgend einem Grunde sich das Fliegen abgewöhnt und sich zum Laufen ausbildet, die allmähliche Verkümmerung und Reduction der Flügel schon allein aus dem Grunde ein grosser Vortheil sein, weil der beträchtliche Aufwand von Nahrungsmaterial, den die Flügel erforderten, nunmehr dem übrigen Körper zu Gute kommt. Die schwächere Ernährung der oberen, nicht mehr gebrauchten Extremitäten, wird hier unmittelbar eine entsprechend stärkere Ernährung der unteren, allein zur Ortsbewegung gebrauchten Extremitäten herbeiführen, und der Aufbildung der letzteren wird die Rückbildung der ersteren parallel gehen. Für ein parasitisches Krustenthier, welches in der Jugend frei beweglich und mit Sinnes-Organen versehen ist, wird späterhin, wenn es zur parasitischen Lebensweise übergegangen ist und sich festgesetzt hat, der Verlust der Sinnes- und Bewegungs-Organe ein entschiedener Vortheil sein. Denn dieselben Ernährungs-Säfte, dieselben Massen von Materie, welche vorher für die Unterhaltung und Uebung jener Organe verwandt wurden, können nunmehr, wo diese nicht mehr in Wirksamkeit sind, zur Bildung von Fortpflanzungs-Stoffen verwandt werden. Es ist also die möglichst ausgedehnte Rückbildung und der eventuelle Schwund der unnützen Theile für den übrigen Körper von entschiedenem Nutzen, wie wir es schon nach dem Gesetz der wechselbezüglichen Anpassung, bei der grossen Wichtigkeit der Wechselbeziehungen der verschiedenen Körpertheile zu einander, erwarten konnten. Der negative Vortheil, den der Verlust bestimmter überflüssiger oder schädlicher Theile dem Organismus gewährt, wird also im Kampfe um das Dasein ebenso züchtend wirken, wie irgend ein anderer positiver Vortheil. Er wird die Rückbildung (Cataplase) und endlich die vollständige Vernichtung (Abortus) des cataplastischen Theils bewirken.

Die Parallele zwischen der Phylogenie und Ontogenie tritt auch in diesem Falle wiederum auf das schlagendste an's Licht; denn die gesammte individuelle Entwickelunggeschichte der rudimentären Theile zeichnet uns in kurzer Zeit mit flüchtigen aber charakteristischen Strichen die Grundzüge des langen und langsamen cataplastischen Processes, durch welchen die rudimentären Theile im Laufe vieler Generationen durch Anpassung an einfachere Lebens-Bedingungen, durch Nichtgebrauch, Nichtübung etc. von ihrer früheren Ausbildungs-Höhe herabsanken. Hier, wenn irgendwo, kann auch der eifrigste Dualist, falls er nicht ganz mit teleologischer Blindheit geschlagen ist, sich monistischen Anschauungen nicht entziehen; ja dieselben sind hier sogar unbewusst schon durch den Sprachgebrauch ausgedrückt, denn die Bezeichnungen der „verkümmerten, fehlgeschlagenen, abortirten, atrophischen“ Theile involviren selbstverständlich die Annahme einer früher dagewesenen höheren Ausbildung. Bei Betrachtung der parasitischen Crustaceen und ihrer regressiven Metamorphose muss jeder Zweifel verschwinden. Hier hört jeder dualistische Erklärungs-Versuch auf. Jede Teleologie unterliegt dem Gewichte dieser handgreiflichen Argumente, und der Monismus feiert durch die Descendenz-Theorie seinen glänzendsten Sieg[1]).

X, C. Dysteleologie der Individuen verschiedener Ordnung.

1. Dysteleologie der Plastiden.

(Lehre von den cataplastischen Individuen erster Ordnung.)

Wenn bisher von rudimentären, verkümmerten, fehlgeschlagenen, atrophischen, abortiven Theilen die Rede war, hat man fast immer vorzugsweise oder allein von „Organen“ gesprochen; und auch Darwin, welcher im dreizehnten Capitel seines Werkes zuerst deren hohe Bedeutung vollkommen gewürdigt hat, spricht nur von „rudimentären Organen“. Da nun aber die Organe, morphologisch betrachtet, nichts Anderes als Individuen zweiter Ordnung sind, wird sich uns unmittelbar die Vermuthung aufdrängen, dass auch die Individuen der übrigen Ordnungen in rudimentärem Zustande sich werden finden können. Dies ist in der That der Fall, und zwar in der weitesten Ausdehnung. Individuen aller sechs Ordnungen werden in rudimentärem oder cataplastischem Zustande angetroffen, und zwar sowohl im Thier- als im Pflanzenreich in den verschiedensten Graden der Rückbildung. Obgleich gerade an den Organen, wegen deren hervorragender physiologischer Wichtigkeit, die Entstehung und Bedeutung der rudimentären Beschaffenheit recht auffallend hervortritt, so ist diese desshalb doch bei den anderen fünf Individualitäten in nicht geringerem Grade häufig und bedeutend; ja wir glauben, dass für die Morphologie, und vorzüglich für die Promorphologie, die paläontologische Cataplase der

[1]) Welche ausserordentlich hohe Bedeutung gerade die parasitischen Crustaceen in dieser Hinsicht besitzen, hat Niemand richtiger erkannt, als Fritz Müller in seiner bewundernswürdigen Schrift „Für Darwin“ (Leipzig 1864. p. 2). „Nirgends,“ sagt er, „ist die Versuchung dringender, den Ausdrücken: Verwandtschaft, Hervorgehen aus gemeinsamer Grundform — und ähnlichen, eine mehr als bloss bildliche Bedeutung beizulegen, als bei den niedern Krustern. Namentlich bei den Schmarotzerkrebsen pflegt ja längst alle Welt, als wäre die Umwandlung der Arten eine selbstverständliche Sache, in kaum bildlich zu deutender Weise von ihrer Verkümmerung durchs Schmarotzerleben zu reden. Es mochte wohl Niemandem als eines Gottes würdiger Zeitvertreib erscheinen, sich mit dem Ausdenken dieser wunderlichen Verkrüppelungen zu belustigen, und so liess man sie durch eigene Schuld, wie Adam beim Sündenfall, von der früheren Vollkommenheit herabsinken.“

Form-Individuen erster und vierter Ordnung, der Plastiden und Metameren, noch viel bedeutender und wichtiger ist, als diejenige der Organe. Wir wollen hier daher einen flüchtigen Blick auf die verschiedene Anwendung der Dysteleologie bei morphologischen Individuen aller sechs Ordnungen werfen.

Die Plastiden oder Plasmastücke, die morphologischen Individuen erster Ordnung sind in rudimentärem oder cataplastischem Zustande äusserst verbreitet. Denn jedes zusammengesetzte Form-Individuum zweiter bis sechster Ordnung, welches wir als cataplastisches betrachten müssen, verdankt seinen rudimentären Zustand und die bewirkende Ursache desselben, seine phylogenetische Degeneration, zunächst einer paläontologischen Cataplase seiner constituirenden Plastiden. Ebenso wie jede physiologische und morphologische Eigenschaft eines polyplastiden Individuums, vom Organ bis zum Stock hinauf, das unmittelbare Resultat oder die nothwendige Summe der physiologischen und morphologischen Eigenschaften der Plastiden ist, welche dasselbe zusammensetzen, ebenso ist auch jeder atrophische, abortive, cataplastische Zustand eines polyplastiden Organismus durch die entsprechende Cataplase der ihn zusammensetzenden Plastiden bedingt. Da mithin alle Fälle von Dysteleologie, welche wir an den Form-Individuen zweiter bis sechster Ordnung wahrnehmen, zugleich Fälle von Dysteleologie der Plastiden sind, so brauchen wir hier keine speciellen Beispiele für diese äusserst verbreitete Erscheinung anzuführen. Wir bemerken nur, dass die übergrosse Mehrzahl aller polyplastiden Organismen eine Anzahl von rudimentären Plastiden besitzt, da in den allermeisten Fällen die Differenzirung ihrer Vorfahren nicht ausschliesslich in progressiven, sondern auch an einzelnen Theilen des Körpers zugleich in regressiven Anpassungen bestanden hat. Gewöhnlich ist mit der fortschreitenden Metamorphose der meisten Körpertheile eine rückschreitende an einigen Stellen verbunden, und diese beruht wesentlich auf der Cataplase der constituirenden Plastiden.

Die physiologischen Processe, welche unmittelbar die Cataplase der abortirenden oder verkümmernden Plastiden bedingen, sind die verschiedenen Vorgänge der Degeneration oder Entbildung, welche wir oben bereits namhaft gemacht haben, also besonders einfache Atrophie, Erweichung, fettige Degeneration, Verhärtung, Verkalkung u. s. w. Im Einzelnen sind diese physiologischen Grundlagen der Plastiden-Cataplase noch sehr wenig untersucht.

2. Dysteleologie der Organe.

(Lehre von den cataplastischen Individuen zweiter Ordnung.)

Die Organe oder die morphologischen Individuen zweiter Ordnung sind bisher, wie bemerkt, fast ausschliesslich Gegenstand dysteleologischer Betrachtungen gewesen, und es erklärt sich dies daraus, dass gerade hier das physiologische Paradoxon ihrer Existenz bedeutend in die Augen springt. Da bei den meisten Organen mehr, als bei den meisten Form-Individuen anderer Ordnungen, die bestimmte physiologische Bedeutung klar ausgesprochen und in den meisten Fällen uns bekannt ist, so muss gerade hier der räthselhafte Widerspruch zwischen der morphologischen Existenz und der physiologischen Bedeutungslosigkeit der rudimentären Individuen besonders auffallend hervortreten und der teleologischen Naturbetrachtung unübersteigliche Hindernisse bereiten. Daher ist auch gerade hier sehr leicht zu beweisen, dass nur die Descendenz-Theorie diese, von teleologischem Standpunkte durchaus unerklärlichen Erscheinungen ebenso einfach als befriedigend zu erklären vermag. Denn was kann ein „Schöpfer" in seinem „Schöpfungsplan" mit der Bildung von unzweckmässigen Organen „bezweckt" haben, mit der zweckmässigen Einrichtung von Werkzeugen, welche niemals in Function treten? Wenn irgendwo die monistisch-mechanische Auffassung der organischen Natur vollkommen unwiderlegbar ist, so ist es an diesem Punkte; und wenn wir vorher die gesammte Dysteleologie als die Klippe bezeichnet haben, an der jeder teleologische und vitalistische Dualismus rettungslos zerschellt, so gilt dies in ganz besonderem Grade von der Dysteleologie der Organe.

„Organe" im engeren, rein morphologischen Sinne (also morphologische Individuen zweiter Ordnung), welche die Bezeichnungen „rudimentärer, atrophischer, abortiver, fehlgeschlagener, verkümmerter, entarteter Organe" u. s. w. verdienen und welche wir sämmtlich als „cataplastische Organe" zusammenfassen wollen, sind in der gesammten Organismenwelt, im ganzen Thierreich, Protistenreich und Pflanzenreich so ausserordentlich weit verbreitet, und so äusserst mannichfaltig gebildet, dass die gesammte vergleichende Anatomie in fast allen Organismen-Gruppen uns eine Fülle von schlagenden Beispielen liefert. Wir wollen nur einige der wichtigsten hervorheben.

Am auffallendsten und bemerkenswerthesten sind diejenigen Fälle von cataplastischen Organen, bei denen eine ganz bestimmte, specielle und besonders ausgebildete Function eines sehr zusammengesetzten Organs vollständig aufgehoben ist, trotzdem das Organ selbst vorhanden ist. Kein Organ des thierischen Körpers ist in dieser Beziehung vielleicht so ausserordentlich merkwürdig, als das Auge, und die rudimentären Augen der parasitischen und unterirdischen Thiere müssen selbst dem befangensten und blödesten Naturforscher-Auge die Unmöglichkeit teleologisch-vitalistischer Erklärungen klar machen. Wir finden solche rudimentäre Augen in den verschiedensten Stadien der Cataplase, nicht selten noch mit vollständig erhaltenen lichtbrechenden Medien und dem gesammten optischen Apparate der ausgebildeten und functionirenden Augen, während sie doch statt der durchsichtigen Cornea vollständig von undurchsichtiger Haut bedeckt sind, so dass kein Lichtstrahl in sie hineinfallen kann. Bei parasitischen und besonders bei Höhlen bewohnenden Thieren der verschiedensten Gruppen können wir sie von diesem ersten Stadium der Cataplase bis zur vollständigen Verkümmerung und endlich zum gänzlichen Schwunde verfolgen. Von den zahlreichen Beispielen erwähnen wir bloss: von den Säugethieren: mehrere Maulwürfe *(Talpa caeca, Chrysochloris)* und Blindmäuse (*Spalax typhlus, Ctenomys* [1]) etc.); von den Reptilien: viele unterirdisch lebende Eidechsen und Schlangen *(Typhline, Dibamus, Acontias caecus, Amphisbaena, Typhlops* etc.); unter den Amphibien: *Caecilia, Proteus anguineus* und andere Proteiden; unter den Fischen: die Heteropygier *(Amblyopsis spelaeus* und *Typhlichthys subterraneus)*, einige Welse *(Silurus caecutiens)*, einige Aale *Apterichthys caecus)*, und die parasitischen Myxinoiden (besonders *Gastrobranchus caecus)*. Noch viel zahlreicher, als unter den Wirbelthieren, sind Beispiele von rudimentären Augen unter allen Abtheilungen der Wirbellosen zu finden, besonders bei Parasiten, Höhlenbewohnern, und solchen, die auf dem dunkeln Grunde des tiefen Meeres leben; wir erinnern bloss an die zahlreichen blinden Insecten (besonders Hymenopteren und Käfer), Arachniden, Crustaceen [2]), Schnecken, Würmer etc. Alle Stadien der paläontologischen Cataplase sind hier anzutreffen und liefern die unwiderleglichsten Beweise für die Descendenz-Theorie.

Nächst den Gesichts-Organen sind es vorzüglich die Flugorgane, welche unter den cataplastischen Organen besonders merkwürdig und wichtig sind. Wir haben bloss zwei Thierklassen mit entwickelten Flug-

1) Die rudimentären Augen von *Ctenomys* sind besonders deshalb interessant, weil nach einer von Darwin darüber gemachten Mittheilung die Rückbildung der Augen bei diesem Nagethier noch gegenwärtig im Gange ist, und deutlich zeigt, dass nicht ausschliesslich der „Nichtgebrauch", sondern auch andere secundäre Ursachen die Cataplase durch natürliche Züchtung begünstigen oder veranlassen können. Darwin macht hierüber im fünften Capitel seines Werks folgende interressante Mittheilung: „Ein südamerikanischer Nager, *Ctenomys*, hat eine noch mehr unterirdische Lebensweise, als der Maulwurf, und ein Spanier, welcher oft dergleichen gefangen, versicherte mir, dass solche oft ganz blind seien; einer, den ich lebend bekommen, war es gewiss, und zwar, wie die Section ergab, in Folge einer Entzündung der Nickhaut. Da häufige Augen-Entzündungen einem jeden Thiere nachtheilig werden müssen, und da für unterirdische Thiere die Augen gewiss nicht unentbehrlich sind, so wird eine Verminderung ihrer Grösse, die Verwachsung des Augenlides damit, und die Ueberziehung derselben mit dem Felle für sie von Nutzen sein; und wenn dies der Fall, so wird natürliche Züchtung die Wirkung des Nichtgebrauchs beständig unterstützen."

2) Unter den historisch erblindeten höheren Crustaceen sind ganz besonders merkwürdig einige stieläugige Krabben (Podophthalmen), bei denen der Augenstiel noch vorhanden, obwohl das Auge selbst verloren ist. Wie Darwin treffend bemerkt, ist hier das Teleskopen-Gestell geblieben, obwohl das Teleskop selbst mit seinem Glase verloren gegangen ist.

organen, welche hier in Betracht kommen, die Vögel und die Insecten; denn die unvollkommenen Flügel (Brustflossen) der fliegenden Fische *(Dactylopterus, Exococtus, Pegasus)*, sowie der fliegenden Leguane *(Draco)*, Beutelthiere *(Petaurus)*, Nagethiere *(Pteromys)* und Dermopteren *(Galeopithecus)*, sind erst werdende (anaplastische), nicht verkümmernde Flugorgane, und unter den fliegenden Fledermäusen und Pterodactylen mit vollkommen entwickelten Flugorganen sind uns keine rudimentären oder verkümmerten Fälle bekannt. Unter den Vögeln sind durch die mehr oder weniger weit gehende Reduction der Flugwerkzeuge vorzüglich diejenigen ausgezeichnet, welche sich das Laufen angewöhnt und dabei das Fliegen verlernt haben: die merkwürdige Ordnung der Cursores: Strauss, Rhea, Casuar, Apteryx, Didus. Als rudimentäre Flugorgane können auch die Flügel der Pinguine *(Aptenodytes)*, betrachtet werden, welche jedoch in gute Schwimmorgane umgewandelt, und daher nicht so ohne Function, wie die Flügel der Cursores oder Laufvögel sind. Unter den Insecten sind die Beispiele von rudimentären oder verkümmerten Flügeln in allen Ordnungen, und in sehr vielen Familien, so überaus zahlreich, dass wir in dieser Beziehung einfach auf die Handbücher der Entomologie verweisen können. Es finden sich hier nicht allein viele Arten, bei denen eines der beiden Geschlechter (gewöhnlich das Weibchen) flügellos, das andere (gewöhnlich das Männchen) geflügelt ist, sondern auch viele Gattungen, von denen einzelne Arten mit rudimentären, die andern mit entwickelten Flügeln versehen sind, ferner ganze flügellose Gattungen neben anderen geflügelten Gattungen derselben Familie, flügellose Familien neben geflügelten Familien derselben Ordnung, und endlich eine so grosse Gruppe von niederen flügellosen Insecten ohne Verwandlung, dass man dieselben sogar als eine besondere Ordnung unter dem Namen der flügellosen Insecten (Aptera) vereinigt hat. Die Flugwerkzeuge finden sich in allen diesen Fällen auf den verschiedensten Stadien der paläontologischen Cataplase, so dass über ihre Verkümmerung durch natürliche Züchtung gar kein Zweifel existiren kann. Es sind aber diese Fälle um so wichtiger, als offenbar alle anatomischen und morphogenetischen Verhältnisse der Insecten bestimmt darauf hinweisen, dass alle Mitglieder der Insecten-Classe, in dem Umfange, in welchem wir heutzutage dieselbe kennen (also auch alle jetzt lebenden Insecten aller Ordnungen) von gemeinsamen geflügelten Voreltern abstammen, und dass demnach alle gegenwärtig existirenden Fälle von Insecten mit rudimentären Flügeln (ebenso wie alle Fälle von Vögeln mit rudimentären Flügeln) einer phylogenetischen Cataplase durch natürliche Zuchtwahl ihrem Ursprung verdanken.

Wie die Flug-Werkzeuge, so liefern uns auch die übrigen Bewegungs-Organe der Thiere eine endlose Fülle von schlagenden Beispielen für die Dysteleologie. Es gehören hierher die interessantesten Phaenomene aus der vergleichenden Anatomie der activen (Muskeln) und passiven Bewegungs-Werkzeuge (Skelettheile). Wir erinnern bloss an einen der wichtigsten und am besten bekannten Theile der vergleichenden Anatomie, an die comparative Osteologie und Myologie der Wirbelthiere. Wie dieser Theil der Morphologie von den geistreichsten vergleichenden Anatomen aller Zeiten, von Aristoteles an bis auf Goethe, Cuvier, Johannes Müller, Gegenbaur und Huxley[1]), mit Recht als besonderer Lieblingszweig bevorzugt worden ist, und wie er uns auf jeder Seite die schlagendsten Beweise für die Descendenz-Theorie in Hülle und Fülle liefert, so bereichert derselbe auch die Dysteleologie mit einer solchen Masse von Material, dass es schwer wird, einzelne Fälle besonders hervorzuheben. Es giebt fast keinen Theil des Wirbelthier-Skelets und der Wirbelthier-Muskulatur, welcher nicht durch alle Stadien der phylogenetischen Cataplase hindurch (in sehr vielen Fällen sogar bis zum vollständigen Schwunde) zu verfolgen wäre. Ganz vorzüglich gilt dies von den Extremitäten. Wir erinnern bloss daran, dass alle uns bekannten Wirbelthiere (vielleicht mit einziger Ausnahme des *Amphioxus*) von gemeinsamen archolithischen Voreltern abstammen, welche zwei Extremitäten-Paare, ein Paar Vorderbeine (Brustflossen) und ein Paar Hinterbeine (Bauchflossen) besassen, und dass diese vier Extremitäten sowohl unter den jetzt noch lebenden Vertebraten, als unter ihren ausgestorbenen Voreltern, durch alle Stadien der historischen Rückbildung oder der phylogenetischen Cataplase hindurch zu verfolgen sind, und zwar sowohl die ganzen Extremitäten, als alle ihre einzelnen Theile, von letzteren namentlich auch die fünf Zehen (welches offenbar die ursprüngliche Zehenzahl für jeden Fuss der gemeinsamen Stammeltern aller höheren Wirbelthiere von den Amphibien aufwärts war). Den Gipfel der paläontologischen Reduction der vier ursprünglichen Wirbelthier-Extremitäten finden wir erreicht in ihrem vollständigen Schwunde bei den meisten Schlangen und bei

---

1) Während die vorzüglichen vergleichend-anatomischen Arbeiten von Aristoteles, Cuvier und Johannes Müller zeigen, wie auch der grösste Genius das vielfach verschlungene Räthsel der organischen Morphologie von teleologisch-vitalistischem Standpunkte nicht zu lösen vermag, und wie auch die sorgfältigsten Untersuchungen ohne den monistischen Grundgedanken der gemeinsamen Abstammung vergeblich nach Erklärung dieser unendlich verwickelten Erscheinungen ringen, so finden wir dagegen in den entsprechenden Arbeiten von Goethe, Gegenbaur und Huxley den augenfälligen Beweis, wie dieselben durch den monistischen Grundgedanken der Descendenz-Theorie eine ebenso einfache als harmonische und vollständige Erklärung finden. Vergl. vorzüglich Gegenbaur's ausgezeichnete „Untersuchungen zur vergleichenden Anatomie der Wirbelthiere" (I, Carpus und Tarsus; II, Schultergürtel der Wirbelthiere, Brustflossen der Fische) Leipzig, 1864. 1865.; und ferner Huxley's vortreffliche „Lectures on the elements of comparative anatomy"; London, 1864.

den flossenlosen Fischen (*Apterichthys*, *Uropterygius*, *Gymnothorax* und anderen Aalen). Uebrigens sind auch bei allen Classen der Wirbellosen die Beispiele von theilweiser und vollständiger Cataplase der activen und passiven Bewegungs-Organe, und besonders der Extremitäten, so ausserordentlich zahlreich und mannichfaltig, dass wir in der That keinen besonderen Fall hervorzuheben brauchen. Die auffallendsten Beispiele liefern die Gliederthiere, vorzüglich die Parasiten in den verschiedenen Ordnungen der Crustaceen etc.

Auch unter den Ernährungs-Organen finden wir alle möglichen Stadien der phylogenetischen Cataplase durch natürliche Züchtung. Alle einzelnen Theile der Verdauungs- und Circulations-Organe, der Respirations- und Secretions-Organe, sowie diese ganzen Organ-Apparate selbst, können theilweise oder vollständig der historischen Rückbildung im Kampf ums Dasein unterliegen. Eine Menge von besonders einfachen und schlagenden Beispielen liefert das Gebiss der Wirbelthiere und besonders der Säugethiere. Namentlich sind hier die von Darwin angezogenen Beispiele der Wiederkäuer und Cetaceen von Interesse. Die Kälber der Rinder besitzen vor der Geburt im Oberkiefer verborgene Zähne, welche niemals den Kiefer durchbrechen. Ebenso besitzen die Embryonen der zahnlosen Barten-Wale in beiden Kiefern Zähne, die niemals in Function treten. Bei den meisten Ordnungen der Säugethiere sind einzelne Zähne des completen Gebisses rudimentär geworden, welches die gemeinsamen Voreltern der Mammalien besassen, bei der einen die Schneide-, bei der anderen die Eck-, bei der dritten die Backzähne. Bei den Edentaten geht diese Reduction noch viel weiter und wird oft ganz vollständig und allgemein. Die Speicheldrüsen werden bei vielen im Wasser lebenden Säugethieren rudimentär, so namentlich bei den Pinnipedien und den carnivoren Cetaceen, bei welchen letzteren sie gänzlich schwinden. Sehr häufig werden auch andere Drüsen und Anhänge des Darmcanals rudimentär, z. B. die Appendices pyloricae und die Schwimmblase bei vielen Fischen. Beim Menschen ist als ein solcher rudimentärer Darmanhang besonders der Processus vermiformis des Blinddarms hervorzuheben[1]). Ganz vollständige Verkümmerung des Darmcanals bis zum Schwinden findet sich bei einigen Imagines (namentlich Männchen)

[1]) Der menschliche Processus vermifornis verdient desshalb besondere Berücksichtigung, weil er nicht nur ein unnützes, sondern sogar ein entschieden schädliches und gefährliches „rudimentäres Organ" darstellt. Bekanntlich veranlasst das Steckenbleiben von Fruchtkernen u. dergl. im Wurmanhang sehr häufig Entzündungen desselben und seiner Umgebung (Typhlitis, Perityphlitis), welche meistens letalen Ausgang haben. Dagegen ist die Verödung und Verwachsung desselben in Folge einer solchen Entzündung durchaus mit keinem Nachtheil für den menschlichen Organismus verbunden. Es ist daher zu erwarten, dass die natürliche Züchtung denselben vollständig zum Verschwinden bringen wird.

von Insecten (deren Larven einen Darm besitzen), ferner bei einigen Crustaceen und vielen Würmern, besonders den Acanthocephalen und Cestoden, deren Voreltern zweifelsohne einen Darm besessen haben. Nicht minder zahlreich und mannichfaltig sind die dysteleologischen Beispiele im Bereiche des Circulations-Systems. Wir erinnern bloss daran, dass von den mehrfachen (3—7) Aortenbogen-Paaren, welche die gemeinsamen Voreltern aller uns bekannten Wirbelthiere besassen, die meisten Vertebraten nur einen oder einige Bogen entwickelt, den grösseren Theil verkümmert zeigen, und dass von den beiden abdominalen Aortenstämmen bei den Vögeln der linke, bei den Säugern der rechte atrophirt. Vollständigen Schwund des Circulations-Systems, und ebenso auch des Respirations-Systems finden wir bei vielen durch Parasitismus rückgebildeten Thieren, besonders Gliederthieren. Durch Schwund einer von beiden Lungen zeigen sich die meisten Schlangen und viele schlangenähnliche Eidechsen aus. Partieller Schwund der Kiemen (an der Zahlenreduction der Kiemenblattreihen sehr deutlich nachzuweisen) findet sich bei vielen Fischen. Ebenso erleiden die verschiedenartigen Secretions- und Excretions-Organe in den verschiedenen Thierklassen, oft bei nahe verwandten Arten, den verschiedensten Grad der Cataplase.

Auch die Fortpflanzungs-Organe liefern uns eine Fülle der trefflichsten dysteleologischen Beweise, die besonders dann von Interesse sind, wenn die Sexual-Organe bei beiden Geschlechtern in derselben Form angelegt und ursprünglich in der Weise differenzirt sind, dass beim männlichen Geschlecht eine Reihe, beim weiblichen Geschlecht eine andere Reihe von Theilen rudimentär geworden ist, während eine dritte Reihe bei beiden Geschlechtern zur vollständigen Entwickelung gekommen ist. Auch hier wieder sind die Wirbelthiere und namentlich die Säugethiere von besonderer Wichtigkeit. Hier werden beim Manne die Müllerschen Fäden rudimentär und nur die Reste ihres unteren Endes bilden den Uterus masculinus (die Vesicula prostatica), die Reste des oberen Endes die Morgagnische Cyste des Nebenhodenkopfs, während beim Weibe Uterus und Eileiter aus denselben Müllerschen Fäden gebildet werden. Umgekehrt verhalten sich die Wolffschen Gänge oder die Ausführungsgänge der Primordial-Nieren, welche beim Weibe (als sogenannte „Gartnersche Canäle") rudimentär werden, während dieselben beim Manne sich zu den Saamenleitern ausbilden. Ebenso schwinden auch beim Weibe die Urnieren selbst (oder die Wolffschen Körper), indem als abortiver Rest derselben bloss die Rosenmüllerschen Organe oder Nebeneierstöcke (Parovaria) übrig bleiben, wogegen aus denselben beim Manne sich der Nebenhoden (Epididymis) entwickelt. Was dagegen die äusseren Genitalien betrifft, die ebenso wie die inneren bei beiden Geschlechtern aus derselben gemeinschaftlichen Grundlage, sich entwickeln, so ist die weibliche Clitoris, welche dem männlichen Penis entspricht, nicht als ein rudimentäres cataplastisches, sondern als ein werdendes Organ zu betrachten. Die Milchdrüsen (Mammae) und die dazu gehörigen Milchzitzen (Brustwarzen) der Säugethiere finden sich ebenfalls bei beiden Geschlechtern der Säugethiere, beim männlichen aber bloss rudimentär. Bisweilen können sie auch hier wieder in Function treten und sich nochmals anaplastisch entwickeln, wie die bekannten Beispiele von säugenden Männern und Ziegenböcken beweisen, welche durch A. v. Humboldt und andere sichere Gewährsmänner festgestellt sind. Bei den alten gemeinsamen Voreltern der Säugethiere haben demnach wahrscheinlich beide Geschlechter die Jungen gesäugt und erst später ist zwischen Beiden die Arbeitstheilung des Säugegeschäfts eingetreten.

Im Pflanzenreiche haben die rudimentären Organe, hier gewöhnlich als „fehlgeschlagene oder abortirte" bezeichnet, schon seit langer Zeit weit mehr Beachtung als im Thierreiche gefunden, obwohl auch hier die wahre Erklärung der längst bekannten, aber immer falsch gedeuteten Thatsachen erst durch die Descendenz-Theorie möglich geworden ist. In allen Abtheilungen des Pflanzenreichs sind rudimentäre Organe, und bei den Cormophyten sowohl Blatt- als Stengel-Organe, in entschieden cataplastischem Zustand sehr leicht nachzuweisen. Doch müssen wir auch hier ebenso wie im Thierreiche wohl unterscheiden zwischen werdenden (anaplastischen) und rückschreitenden (cataplastischen) Organen, welche letzteren allein den Namen der „rudimentären Organe" in engerem Sinne verdienen. Diese wichtige theoretische Unterscheidung ist oft sehr schwierig, sowohl bei rudimentären Blatt- als Stengel-Organen. Als unzweifelhaft cataplastische Ernährungs-Organe können wir z. B. die haarförmigen, borstenförmigen und schuppenförmigen Blattrudimente der Cacteen, des *Ruscus*, vieler Schmarotzer (*Orobanche, Lathraea*) etc. ansehen. Aeusserst verbreitet sind cataplastische Blätter in den Fortpflanzungs-Organen (Blüthentheilen) der Phanerogamen, von denen wohl die allermeisten jetzt lebenden Arten dergleichen besitzen. Es ist nämlich aus vielen (besonders promorphologischen) Gründen zu vermuthen, dass die homotypische Grundzahl oder die Antimeren-Zahl (bei den Monocotyledonen ganz vorherrschend drei, bei den Dicotyledonen fünf, seltener vier) ursprünglich in allen Blattkreisen (Metameren) der Blüthe dieselbe gewesen ist, und dass erst durch nachträgliche Reduction (Cataplase) einzelner Antimeren in einzelnen Blattkreisen die betreffenden Geschlechtsorgane rückgebildet worden oder verloren gegangen sind. Am häufigsten trifft diese phylogenetische Cataplase die weiblichen, viel seltener die männlichen Geschlechtstheile, und von den Blüthenhüllblättern viel häufiger die Krone, als den Kelch. In sehr zahlreichen Fällen liefert uns noch gegenwärtig die Ontogenie der Blüthe den unwiderleglichen Beweis dafür, indem die später verkümmernden Theile in der ursprünglichen Anlage nicht allein vorhanden, sondern auch ebenso gut entwickelt sind, als diejenigen, welche später allein vollständig ausgebildet erscheinen. Doch ist es auch hier oft sehr schwer, zwischen der blossen Hemmungsbildung (d. h. dem Stehenbleiben einzelner Organe auf früherer, niederer Stufe und der einseitigen Ausbildung anderer coordinirter Organe) und der wirklichen paläontologischen Rückbildung zu unterscheiden. Die letztere scheint jedoch im Ganzen sehr viel häufiger als die erstere zu sein. Die besonderen Verhältnisse der natürlichen Züchtung, welche im Kampfe um das Dasein diese äusserst häufige Reduction einzelner Geschlechtsorgane bedingt haben und noch jetzt beständig begünstigen, sind uns noch ganz unbekannt. Je geringer aber das physiologische, um so höher ist das morphologische Interesse dieser für die Dysteleologie äusserst wichtigen Erscheinungs-Reihen.

Die gesammte vergleichende Anatomie der Phanerogamen-Blüthen liefert solche Massen von Beispielen für die phylogenetische Cataplase einzelner Geschlechtsorgane, dass wir hier nur ein paar Exempel für beiderlei Genitalien erwähnen wollen. Die weiblichen Genitalien, welche hierin am meisten ausgezeichnet sind, bieten dergleichen fast überall. Von den drei Griffeln der Gräser ist der eine abortirt, ebenso meist die eine von den drei Narben der Cyperaceen. Von den fünf Griffeln der Umbelliferen sind drei verkümmert, von den fünf Griffeln der *Parnassia* nur einer. Die Reduction eines Theiles der männlichen Genitalien charakterisirt oft grosse „natürliche Familien" der Phanerogamen. So ist z. B. bei den Labiaten (Didynamia) von den ursprünglichen fünf Staubfäden fast immer einer, bisweilen aber auch drei fehlgeschlagen (z. B. *Lycopus*, *Rosmarinus*, *Salvia*). Ebenso sind bei den Cruciferen (Tetradynamia) fast allgemein von den ursprünglichen acht Staubfäden zwei (der dorsale und ventrale des äusseren Kreises) abortirt, bisweilen aber auch sechs (*Lepidium ruderale*). Ebenso geht sehr häufig das eine oder andere Blatt aus den vollzähligen Blattkreisen der Blüthenhüllen, des Kelchs und besonders der Krone verloren.

3. Dysteleologie der Antimeren.

(Lehre von den cataplastischen Individuen dritter Ordnung.)

Im Gegensatz zu den rudimentären Organen, welche bisher fast ausschliesslich berücksichtigt wurden, sind die rudimentären Antimeren bis jetzt noch gar nicht in Erwägung gezogen worden. Es erklärt sich dies einestheils aus der allgemeinen Vernachlässigung, welche diese für die Morphologie so äusserst wichtigen Theile bisher allgemein erfahren haben: anderentheils aus dem Umstande, dass die Cataplase der Antimeren nicht von derjenigen Bedeutung für die Promorphologie ist, wie ihre Differenzirung. Doch ist sie sehr häufig unmittelbar mit dieser verbunden, und wird in vielen Fällen schon dadurch wichtig, dass sie die homotypische Grundzahl abändert. Dies ist insbesondere sehr häufig bei den Blüthen der Phanerogamen der Fall, wo sowohl die ursprüngliche Antimeren-Zahl einzelner Metameren (Blattkreise), als auch der gesammten Blüthe durch die mehr oder weniger vollständige Reduction einzelner Antimeren verändert werden kann. Fast alle so eben angeführten Fälle von vollständigem „Abortus" einzelner Griffel und Antheren liefern hierfür Beispiele, da ein solches Fehlschlagen eines Geschlechtsorganes in den meisten dieser Fälle zugleich von einem Abortus des ganzen zugehörigen Antimeres (in demselben Metamere!) begleitet ist. Seltener wird die ursprüngliche Grundzahl der ganzen Blüthe durch diese phylogenetische Cataplase einzelner Antimeren verändert, dann nämlich, wenn alle Blattkreise oder Metameren derselben die gleiche Reduction erleiden. Im Thierreiche findet sich dieser Fall von vollständigem Abortus einzelner Antimeren bei den höchst differenzirten Spatangiden, bei welchen von den fünf ursprünglichen Antimeren das unpaare ventrale bisweilen fast ganz rückgebildet wird. Ebenso finden wir bei den Siphonophoren von den ursprünglichen vier Antimeren oft zwei rudimentär oder auch ganz geschwunden, so dass nur noch zwei davon übrig sind. Sehr allgemein finden wir im Thierreich partielle Degeneration einzelner Antimeren.

4. Dysteleologie der Metameren.

(Lehre von den cataplastischen Individuen vierter Ordnung.)

Weit bedeutender als die phylogenetische Cataplase der Antimeren, ist diejenige der Metameren. Im Pflanzenreiche äussert sich dieselbe vorzüglich in der Bildung der Dornen (Spinae) und der Ranken (Capreoli) und derjenigen sogenannten „unentwickelten Stengelglieder", deren Vorfahren „entwickelt" waren, die also in der That rückgebildet sind. Als solche müssen wir z. B. zweifelsohne die äusserst verkürzten Internodien (Metameren) an den ganz niedrigen Stengeln der Alpenpflanzen und der Polarpflanzen ansehen, die erst in posttertiärer Zeit durch Anpassung an das kalte Klima entstanden sind, während die Vorfahren derselben in dem wärmeren Klima der Tertiärzeit meistens lange und entwickelte Stengelglieder gehabt haben werden. Im Thierreiche ist diese Cataplase ebenfalls sehr verbreitet und bei allen deutlich „segmentirten oder gegliederten" Thierklassen in sehr vielen Graden und Modificationen wahrzunehmen. Besonders ist es in sehr zahlreichen Personen des Vertebraten- und Articulaten-Stammes das hintere oder aborale Ende des gegliederten Leibes, welches uns in dem mehr oder minder verkümmerten „Schwanze“ eine Reihe von mehr oder minder cataplastischen Metameren erkennen lässt. Als ausgezeichnete Beispiele können hier eigentlich alle schwanzlosen oder kurzgeschwänzten Wirbelthiere angeführt werden, da deren paläontologische Entwickelung deutlich zeigt, dass ihre gemeinsamen Vorfahren sämmtlich langgeschwänzt waren; dies gilt also z. B. vom Menschen und den anderen ungeschwänzten Affen, bei denen übrigens das Rudiment des früheren Schwanzes noch in der kurzen Steisswirbelsäule (aus wenigen verkümmerten Vertebrae coccygeae zusammengesetzt) zu erkennen ist; ebenso sind die kurzen Schwanzstummel der Hasen, der Faulthiere, der meisten Cavicornien etc. offenbar rudimentäre Ketten von Metameren, welche in den langschwänzigen Vorfahren der betreffenden Säugethiere wohl entwickelt waren und sich in vielen verwandten Arten noch erhalten haben. Fast allgemein ist die paläontologische Rückbildung der caudalen Metameren bei den Vögeln, von denen nur *Archaeopteryx* den langen Schwanz zeigt, den zweifelsohne die gemeinsamen Stammeltern der Vögel und Reptilien besassen. Unter den Amphibien zeigen uns die ausgebildeten Ecaudaten (Frösche, Kröten) den höchsten Grad von Verkümmerung der langen Metameren-Kette, und dieser Fall ist besonders desshalb sehr bemerkenswerth, weil uns hier die Ontogenie den handgreiflichen Beweis von der phylogenetischen Cataplase derselben liefert. Denn die Larven der schwanzlosen Amphibien besitzen noch sämmtlich den langen, aus zahlreichen Metameren zusammengesetzten Schwanz, den ihre nahen Verwandten, die Sozuren (Salamander etc.) zeitlebens behalten, und den sie mit diesen zusammen von ihren langschwänzigen Vorfahren ererbt haben. Ebenso unzweifelhaft zeigt sich die paläontologische Degeneration einer Metameren-Kette in dem rudimentären Schwanze der Krabben oder brachyuren Decapoden, deren nächste Verwandte, die macruren (der Flusskrebs etc.) noch den langen Schwanz behalten haben, den ihre gemeinsamen Vorfahren besassen. Da in sehr vielen Fällen das Schwanzrudiment dieser kurzschwänzigen oder schwanzlosen Thiere ohne alle Bedeutung und ganz offenbar ohne jegliche physiologische Function ist, da ferner die Ontogenie in sehr vielen Fällen, im schönsten Einklang mit der Phylogenie, uns die historische Verkümmerung des Schwanzes unmittelbar vor Augen führt, so halten wir auch die rudimentären Metameren, ebenso wie die echten rudimentären Organe, für die stärksten Grundlagen der Dysteleologie, an denen jeder teleologische Erklärungs-Versuch rettungslos zerschellt, während dieselben durch die Descendenz-Theorie ebenso einfach als vollständig causal erklärt werden.

5. Dysteleologie der Personen.

(Lehre von den cataplastischen Individuen fünfter Ordnung.)

Als rudimentäre, verkümmerte oder cataplastische Personen können wir alle diejenigen Individuen fünfter Ordnung betrachten, welche in allen ihren Theilen eine so bedeutende paläontologische Rückbildung erlitten haben, dass ihr gesammter Körperbau weit unvollkommener und einfacher ist, als derjenige ihrer viel höher entwickelten Vorfahren. Dass sie in der That von solchen abstammen, wird sehr häufig auf das Bestimmteste durch ihre individuelle Entwickelungs-Geschichte bewiesen, deren frühere Stadien weit vollkommener organisirt sind, und meist noch lebendige Erinnerungen an die höher stehenden Vorfahren erhalten.

Die Ursachen der phylogenetischen Reduction sind auch hier, wie bei den meisten Individuen der anderen Ordnungen, Anpassungen der Organismen an einfachere Lebens-Bedingungen, welche zunächst einfachere Ernährungs-Verhältnisse, und durch fortgesetzten Nichtgebrauch der meisten Organe, welche die Beziehungen zur Aussenwelt vermitteln, Verkümmerung derselben und dadurch des ganzen Körpers herbeiführen. Kein Verhältniss wirkt in dieser Beziehung so mächtig ein, als der Parasitismus, und besonders der innere (Entozoismus) und wir können eigentlich sämmtliche parasitische Organismen als mehr oder minder rückgebildete, rudimentäre Bionten betrachten. Wo diese durch Individuen fünfter Ordnung repräsentirt werden, wie bei den Arthropoden und Cestoden, da können wir dieselben mithin als „rudimentäre oder cataplastische Personen" bezeichnen.

Unter den Thieren sind es vorzüglich die Articulaten, sowohl die Arthropoden als die Würmer, welche in ihrer unendlich mannigfaltigen Anpassung an parasitische Lebensweise uns die verschiedensten Formen und Grade der phylogenetischen Cataplase von Personen vor Augen führen. Unter den Arthropoden finden wir dergleichen bei den verschiedenen Ordnungen der Insecten, Spinnen (Milben) und ganz besonders der Crustaceen (namentlich bei den parasitischen Copepoden und Isopoden). Die letzteren sind vorzüglich desshalb von so hohem Interesse, weil uns ihre individuelle Entwickelungsgeschichte, die regressive Metamorphose der höher entwickelten Larven, den handgreiflichen Beweis von ihrer paläontologischen Rückbildung liefert und deren Geschichte in kurzen treffenden Zügen erzählt. In vielen Fällen sinkt hier die reife Person zu einem einfachen, mit Geschlechtsproducten erfüllten Sacke herab, der sich auf die einfachste Weise, fast ohne besondere Ernährungs-Organe, ernährt (die Rhizocephalen, *Sacculina* und *Peltogaster*, *Lernaea* etc.). Dasselbe finden wir unter den Würmern bei den Acanthocephalen und Cestoden wieder. In ähnlicher Weise zeigen sich aber auch viele parasitische Pflanzen-Sprossen (*Cuscuta, Orobanche* etc.) in hohem Grade verkümmert.

Eine besonderes interessante Form der Cataplase von Personen finden wir bei vielen Thieren mit getrennten Geschlechtern, wo bald das Männchen bald das Weibchen durch Anpassung an einfachere Existenz-Bedingungen (besonders wiederum Parasitismus) einen mehr oder minder bedeutenden Grad von Verkümmerung erlitten hat. Bekannt sind in dieser Beziehung die „rudimentären Männchen“ der Räderthiere (welchen der Darmcanal der Weibchen fehlt) und einiger Insecten und parasitischen Crustaceen. Bei anderen parasitischen Crustaceen sind umgekehrt die Weibchen weit mehr verkümmert als die Männchen, ebenso bei den Strepsipteren (*Stylops, Xenos*) und anderen parasitischen Insecten. In den meisten Fällen liegt hier eine Degeneration beider Geschlechter vor, die nur in dem einen von beiden einen höheren Grad erreicht hat. Durch vollständige Cataplase des männlichen Geschlechts sind vielleicht diejenigen Fälle von Parthenogonie zu erklären, in denen überhaupt nur Weibchen in einer Species vorkommen, wie bei den Sackträgern (Psychiden).

6. Dysteleologie der Cormen.

(Lehre von den cataplastischen Individuen sechster Ordnung.).

Die wenigsten und geringfügigsten Beiträge zur Lehre von den rudimentären oder cataplastischen Individuen liefern uns dic Individuen der sechsten und höchsten Ordnung, die Stöcke oder Cormen. Eigentlich können wir hier nur die entschieden degenerirten parasitischen Pflanzenstöcke anführen, bei denen sowohl die vergleichende Anatomie als die Ontogenie beweisen, dass sie degenerirte Nachkommen von höher entwickelten Vorfahren sind. Dahin gehören z. B. die Gruppen der Orobancheen, Cuscuteen, Cytineen, bei denen die paläontologische Rückbildung durch Anpassung an parasitische Lebensweise sowohl die einzelnen Personen (Sprosse) als auch den ganzen aus ihnen zusammengesetzten Stock in hohem Grade verändert hat. Gegenüber den nächstverwandten freilebenden Phanerogamen können diese parasitischen Stöcke entschieden als rückgebildete gelten, und haben dieselbe physiologische und morphologische Bedeutung, wie die „fehlgeschlagenen, abortiven, atrophischen“ Individuen der anderen Ordnungen. Dagegen tritt, abgesehen von der individuellen Entwickelungsgeschichte, die dysteleologische Bedeutung hier mehr in den Hintergrund. Diese ist immer nur dann ganz klar, wenn die phylogenetische Degeneration Form-Individuen betroffen hat, welche subordinirte Bestandtheile von Individuen höherer Ordnung bilden, und hier, wegen mangelnder physiologischer Function, als nutzloser und überflüssiger Formen-Ballast erscheinen.

XI. Oecologie und Chorologie.

In den vorhergehenden Abschnitten haben wir wiederholt darauf hingewiesen, dass alle grossen und allgemeinen Erscheinungsreihen der organischen Natur ohne die Descendenz-Theorie vollkommen unverständliche und unerklärliche Räthsel bleiben, während sie durch dieselbe eine eben so einfache als harmonische Erklärung erhalten[1]). Dies gilt in ganz vorzüglichem Maasse von zwei biologischen Phaenomen-Complexen, welche wir schliesslich noch mit einigen Worten besonders hervorheben wollen, und welche das Object von zwei besonderen, bisher meist in hohem Grade vernachlässigten physiologischen Disciplinen bilden, von der Oecologie und Chorologie der Organismen[2]).

Unter **Oecologie** verstehen wir die gesammte **Wissenschaft von den Beziehungen des Organismus zur umgebenden Aussenwelt**, wohin wir im weiteren Sinne alle „**Existenz-Bedingungen**" rechnen können. Diese sind theils organischer, theils anorganischer Natur; sowohl diese als jene sind, wie wir vorher gezeigt haben, von der grössten Bedeutung für die Form der Organismen, weil sie dieselbe zwingen, sich ihnen anzupassen. Zu den anorganischen Existenz-Bedingungen, welchen sich jeder Organismus anpassen muss, gehören zunächst die physikalischen und chemischen Eigenschaften seines Wohnortes, das Klima (Licht, Wärme, Feuchtigkeits- und Electricitäts-Verhältnisse der Atmosphäre), die anorganischen Nahrungsmittel, Beschaffenheit des Wassers und des Bodens etc.

Als organische Existenz-Bedingungen betrachten wir die sämmtlichen Verhältnisse des Organismus zu allen übrigen Organismen, mit denen er in Berührung kommt, und von denen die meisten entweder zu seinem Nutzen oder zu seinem Schaden beitragen. Jeder Organismus hat unter den übrigen Freunde und Feinde, solche, welche seine Existenz begünstigen und solche, welche sie beeinträchtigen. Die Organismen, welche als organische Nahrungsmittel für Andere dienen, oder welche als Parasiten auf ihnen leben, gehören ebenfalls in diese Kategorie der organischen Existenz-Bedingungen. Von welcher ungeheueren Wichtigkeit alle diese Anpassungs-Verhältnisse für die gesammte Formbildung der Organismen sind, wie insbesondere die or-

---

1) Diese ungeheure **mechanisch-causale Bedeutung** der **Descendenz-Theorie** für die gesammte Biologie, und insbesondere für die Morphologie der Organismen, können wir nicht oft genug und nicht dringend genug den gedankenlosen oder dualistisch verblendeten Gegnern derselben entgegen halten, deren teleologische Dogmatik nur darin ihre Stärke besitzt, dass sie alle diese grossen und allgemeinen Erscheinungsreihen der organischen Natur **gar nicht zu erklären** vermögen.

2) οἶκος, ὁ, der Haushalt, die Lebensbeziehungen; χώρα, ἡ, der Wohnort, der Verbreitungsbezirk.

ganischen Existenz-Bedingungen im Kampfe um das Dasein noch viel tiefer umbildend auf die Organismen einwirken, als die anorganischen, haben wir in unserer Erörterung der Selections-Theorie gezeigt. Der ausserordentlichen Bedeutung dieser Verhältnisse entspricht aber ihre wissenschaftliche Behandlung nicht im Mindesten. Die Physiologie, welcher dieselbe gebührt, hat bisher in höchst einseitiger Weise fast bloss die Conservations-Leistungen der Organismen untersucht (Erhaltung der Individuen und der Arten, Ernährung und Fortpflanzung), und von den Relations-Functionen bloss diejenigen, welche die Beziehungen der einzelnen Theile des Organismus zu einander und zum Ganzen herstellen. Dagegen hat sie die Beziehungen desselben zur Aussenwelt, die Stellung, welche jeder Organismus im Naturhaushalte, in der Oeconomie des Natur-Ganzen einnimmt, in hohem Grade vernachlässigt, und die Sammlung der hierauf bezüglichen Thatsachen der kritiklosen „Naturgeschichte" überlassen, ohne einen Versuch zu ihrer mechanischen Erklärung zu machen. (Vergl. oben S. 236 Anm. und Bd. I, S. 238.)

Diese grosse Lücke der Physiologie wird nun von der Selections-Theorie und der daraus unmittelbar folgenden Descendenz-Theorie vollständig ausgefüllt. Sie zeigt uns, wie alle die unendlich complicirten Beziehungen, in denen sich jeder Organismus zur Aussenwelt befindet, wie die beständige Wechselwirkung desselben mit allen organischen und anorganischen Existenz-Bedingungen nicht die vorbedachten Einrichtungen eines planmässig die Natur bearbeitenden Schöpfers, sondern die nothwendigen Wirkungen der existirenden Materie mit ihren unveräusserlichen Eigenschaften, und deren continuirlicher Bewegung in Zeit und Raum sind. Die Descendenz-Theorie erklärt uns also die Haushalts-Verhältnisse der Organismen mechanisch, als die nothwendigen Folgen wirkender Ursachen, und bildet somit die monistische Grundlage der Oecologie. Ganz dasselbe gilt nun auch von der Chorologie der Organismen.

Unter Chorologie verstehen wir die gesammte Wissenschaft von der räumlichen Verbreitung der Organismen, von ihrer geographischen und topographischen Ausdehnung über die Erdoberfläche. Diese Disciplin hat nicht bloss die Ausdehnung der Standorte und die Grenzen der Verbreitungs-Bezirke in horizontaler Richtung zu projiciren, sondern auch die Ausdehnung der Organismen oberhalb und unterhalb des Meeresspiegels, ihr Herabsteigen in die Tiefen des Oceans, ihr Heraufsteigen auf die Höhen der Gebirge in verticaler Richtung zu verfolgen. Im weitesten Sinne gehört mithin die gesammte „Geographie und Topographie der Thiere und Pflanzen" hierher, sowie die Statistik der Organismen, welche diese Verbreitungs-Verhältnisse mathematisch darstellt. Nun ist zwar dieser

Theil der Biologie in den letzten Jahren mehr als früher Gegenstand der Aufmerksamkeit geworden. Insbesondere hat die „Geographie der Pflanzen" durch die Bemühungen Alexander von Humboldt's und Frederik Schouw's lebhaftes und allgemeines Interesse erregt. Auch die „Geographie der Thiere" ist von Berghaus, Schmarda und Anderen als selbstständige Disciplin bearbeitet worden. Indessen verfolgten alle bisherigen Versuche in dieser Richtung entweder vorwiegend oder selbst ausschliesslich nur das Ziel einer Sammlung und geordneten Darstellung der chorologischen Thatsachen, ohne nach den Ursachen derselben zu forschen. Man suchte zwar die unmittelbare Abhängigkeit der Organismen von den unentbehrlichen Existenz-Bedingungen vielfach als die nächste Ursache ihrer geographischen und topographischen Verbreitung nachzuweisen, wie sie dies zum Theil auch ist. Allein eine tiefere Erkenntniss der weiteren Ursachen, und des causalen Zusammenhangs aller chorologischen Erscheinungen war unmöglich, so lange das Dogma von der Species-Constanz herrschte und eine vernünftige, monistische Beurtheilung der organischen Natur verhinderte. Erst durch die Descendenz-Theorie, welche das erstere vernichtete, wurde die letztere möglich, und wurde eine ebenso klare, als durchschlagende Erklärung der chorologischen Phaenomene gegeben. Im elften und zwölften Capitel seines Werkes hat Charles Darwin gezeigt, wie alle die unendlich verwickelten und mannichfaltigen Beziehungen in der geographischen und topographischen Verbreitung der Thiere und Pflanzen sich aus dem leitenden Grundgedanken der Descendenz-Theorie in der befriedigendsten Weise erklären, während sie ohne denselben vollständig unerklärt bleiben. Wir verweisen hier ausdrücklich auf jene geistvolle Darstellung, da wir an diesem Orte keine Veranlassung haben, auf den Gegenstand selbst näher einzugehen.

Alle Erscheinungen, welche uns die rein empirische Chorologie als Thatsachen kennen gelehrt hat — die Verbreitung der verschiedenen Organismen-Arten über die Erde in horizontaler und verticaler Richtung; die Ungleichartigkeit und veränderliche Begrenzung dieser Verbreitungs-Bezirke; das Ausstrahlen der Arten von sogenannten „Schöpfungs-Mittelpunkten"; die zunehmende Variabilität an den Grenzen der Verbreitungs-Bezirke; die nähere Verwandtschaft der Arten innerhalb eines engeren Bezirkes; das eigenthümliche Verhältniss der Süsswasser-Bewohner zu den See-Bewohnern, wie der Inselbewohner zu den benachbarten Festlands-Bewohnern; die Differenzen zwischen den Bewohnern der südlichen und nördlichen, wie der östlichen und westlichen Hemisphaere — alle diese wichtigen Erscheinungen erklären sich durch die Descendenz-Theorie als die nothwendigen Wirkungen der natürlichen Züchtung im Kampfe um das Dasein, als die mechanischen Folgen wirkender Ursachen. Wenn wir von jener Theorie ausgehend uns ein allgemeines theoretisches Bild von den nothwendigen allgemeinen Folgen der natürlichen Züchtung für die geographische und topographische Verbreitung der Organismen entwerfen wollten, so würden die Umrisse dieses Bildes vollständig mit den Umrissen des chorologischen Bildes zusammenfallen, welches uns die empirische Beobachtung liefert.

Wir finden also, dass die thatsächlich existirenden Beziehungen der Organismen zur Aussenwelt, wie sie sich in der gesammten Summe der oecologischen und chorologischen Verhältnisse aussprechen, durch die Descendenz-Theorie als die nothwendigen Folgen mechanischer Ursachen erklärt werden, während sie ohne dieselbe vollkommen unerklärt bleiben, und wir erblicken in dieser Erklärung einen starken Stützpfeiler der Descendenz-Theorie selbst.

XII. Die Descendenz-Theorie als Fundament der organischen Morphologie.

Die Selections-Theorie und die durch sie causal begründete Descendenz-Theorie sind physiologische Theorieen, welche für die Morphologie der Organismen das unentbehrliche Fundament bilden. Die Darstellung der beiden Theorieen, welche wir in den vorhergehenden Abschnitten gegeben haben, hielten wir für unerlässlich, weil wir in denselben — und nur in ihnen allein! — den Schlüssel zum monistischen Verständniss der Entwickelungsgeschichte, und dadurch zur gesammten Morphologie der Organismen überhaupt finden. Die unermessliche Bedeutung jener Theorieen liegt nach unserer Ansicht darin, dass sie die gesammten Erscheinungen der Biologie, und ganz besonders der Morphologie der Organismen, monistisch, d. h. mechanisch erklären, indem sie dieselben als die nothwendigen Folgen wirkender Ursachen nachweisen. Die beiden physiologischen Functionen der Anpassung, welche mit der Ernährung, und der Vererbung, welche mit der Fortpflanzung zusammenhängt, genügen, um durch ihre mechanische Wechselwirkung in dem allgemeinen Kampfe um das Dasein die ganze Mannichfaltigkeit der organischen Natur hervorzubringen, welche die entgegengesetzte dualistische Weltansicht nur als das künstliche Product eines zweckmässig thätigen Schöpfers betrachtet, und somit nicht erklärt. Bei den vielfachen Missverständnissen, welche in dieser Hinsicht über die Bedeutung der Selections-Theorie und der Descendenz-Theorie herrschen, und bei der falschen Beurtheilung, welche dieselben in so weiten Kreisen gefunden haben, erscheint es passend, das Verhältniss der beiden Theorieen zu einander, zur Entwickelungsgeschichte und dadurch zur gesammten Morphologie der Organismen nochmals ausdrücklich hervorzuheben.

Die Selections-Theorie von Darwin ist die causale Begründung der von Goethe und Lamarck aufgestellten Descendenz-Theorie. Die erstere zeigt uns, warum die unendlich mannichfaltigen Organismen-Arten sich in der Weise aus gemeinsamen Stammformen durch Umbildung und Divergenz entwickeln, wie es die Descendenz-Theorie behauptet hatte. Wir selbst haben gezeigt, wie die beiden formenden Bildungstriebe, welche Darwin als die beiden Factoren der Selection nachwies, Vererbung und Anpassung, keine besonderen, unbekannten und räthselhaften Naturkräfte, sondern einfache und nothwendige Eigenschaften der organischen Materie, mechanisch erklärbare physiologische Functionen sind. Es ist möglich, dass neben der natürlichen Züchtung auch andere ähnliche mechanische Verhältnisse in der organischen Natur werden entdeckt werden, welche bei der Umwandlung der Species mit wirksam sind. Indessen erscheint uns die natürliche Züchtung vollkommen ausreichend, um die Entstehung der Species auf mechanischem Wege zu erklären.

Die Descendenz-Theorie ist die causale Begründung der Entwickelungsgeschichte, und dadurch der gesammten Morphologie der Organismen. Wie wir zu dieser höchst wichtigen Erkenntniss gelangt sind, haben die vorhergehenden Capitel gezeigt, und werden die folgenden noch weiter erläutern. Hier wollen wir nur als besonders wichtig nochmals hervorheben, dass der Grundgedanke der Descendenz-Theorie, die gemeinsame Abstammung der „verwandten" Organismen von einfachsten Stammeltern, der einzige Gedanke ist, welcher überhaupt die Entwickelung der Organismen und dadurch ihre gesammten Form-Verhältnisse mechanisch erklärt. Es giebt keine andere Theorie und es ist auch keine andere Theorie denkbar, welche uns die gesammten Form-Verhältnisse der Organismen erklärt. Hierin finden wir einen Unterschied zwischen der Descendenz-Theorie und der Selections-Theorie. Die Descendenz-Theorie steht nach unserer Ansicht als einzig mögliche unerschütterlich fest und kann durch keine andere ersetzt werden. Es giebt keine andere Erklärung für die morphologischen Erscheinungen, als die wirkliche Blutsverwandtschaft der Organismen. Eine Vervollkommnung der Descendenz-Theorie kann daher nur insofern stattfinden, als die Abstammung der einzelnen Organismen-Gruppen von gemeinsamen Stammformen im Einzelnen näher bestimmt, und die Zahl und Beschaffenheit der letzteren ermittelt wird. Dagegen kann die Selections-Theorie, wie bemerkt, wohl dadurch noch ergänzt werden, dass neben der natürlichen Züchtung andere mechanische Verhältnisse entdeckt werden, welche in ähnlicher Weise die Umbildung der Arten bewirken oder doch befördern helfen.

Die der Descendenz-Theorie entgegengesetzte dualistische Behauptung, dass jede Art oder Species unabhängig von den verwandten entstanden sei, und dass die Formen-Verwandtschaft der ähnlichen Arten keine Blutsverwandtschaft sei, ist ein unwissenschaftliches Dogma, und als solches keiner Widerlegung bedürftig. Es erscheint daher hier keineswegs angemessen, noch weiter auf dieses ganz unhaltbare Dogma einzugehen und die absurden Consequenzen, zu denen dasselbe nothwendig führt, hervorzuheben. Nur das wollen wir hier noch bemerken, dass gerade in dieser Absurdität und vollständigen Grundlosigkeit des Species-Dogma und der damit zusammenhängenden Schöpfungs-Hypothesen seine innere Stärke liegt. Die Culturgeschichte der Menschheit, und ganz besonders die Religionsgeschichte zeigt uns auf jeder Seite, dass willkürlich ersonnene Dogmen um so fester und tiefer wurzeln, um so sicherer und allgemeiner geglaubt werden, je unbegreiflicher sie sind, und je mehr sie sich einer wissenschaftlichen Begründung entziehen. Es fehlt dann der gemeinschaftliche Boden, auf welchem der Kampf zwischen Beiden entschieden werden könnte. Zugleich finden alle solche Dogmen eine kräftige Stütze in der Trägheit des Denkvermögens bei den meisten Menschen. Die grosse Mehrheit scheut sich, anstrengenden Gedanken über den tieferen Causalnexus der Erscheinungen nachzuhängen und ist froh, wenn ein aus der Luft gegriffenes Dogma sie dieser Anstrengungen überhebt. Dies gilt ganz besonders von den organischen Morphologen, welche von jeher in dieser Beziehung sich vor allen anderen Naturforschern ausgezeichnet haben. Natürlich liegt dies nicht an den Personen, sondern an der Sache selbst. Die Beschäftigung mit der unendlichen Fülle, Mannichfaltigkeit und Schönheit der organischen Formen, sättigt so sehr den Anschauungstrieb (Naturgenuss) der organischen Morphologen, dass darüber der höhere Erkenntnisstrieb meistens nicht zur Entwickelung kömmt. Man begnügt sich mit der Kenntniss der Formen, statt nach ihrer Erkenntniss zu streben. Der heitere Formen-Genuss tritt an die Stelle des ernsten Formen-Verständnisses. Hieraus und aus der mangelhaften philosophischen Bildung der meisten Morphologen erklärt sich genügend ihr Abscheu gegen den wissenschaftlichen Ernst der Descendenz-Theorie, und ihre Vorliebe für das sinnlose Species-Dogma. Die Annahme einer selbstständigen Erschaffung constanter Species und die damit zusammenhängenden dualistisch-teleologischen Vorstellungen wenden sich an transcendentale, vollkommen unbegreifliche, unerklärliche und unerforschliche Kräfte und Processe, und entfernen sich somit gänzlich von dem empirischen Boden der Wissenschaft.

Die Descendenz-Theorie und die Selections-Theorie sind keine willkührlichen Hypothesen, sondern vollberechtigte Theorieen. Nicht allein die verblendeten und unverständigen Gegner derselben, sondern auch manche treffliche und verständige Anhänger derselben nennen die Descendenz-Theorie eine Hypothese [1]). Diese Bezeichnung müssen wir entschieden verwerfen. Die Descendenz-Theorie behauptet keine Vorgänge, welche nicht empirisch festgestellt sind, sondern sie verallgemeinert nur die Resultate zahlloser übereinstimmender empirischer Beobachtungen und zieht daraus einen mächtigen Inductions-Schluss, welcher so sicher steht, wie jede andere wohl begründete Induction. Eine solche Induction ist aber keine blosse Hypothese, sondern eine vollberechtigte Theorie. Sie verbindet die Fülle aller bekannten Erscheinungen in der organischen Formen-Welt durch einen einzigen erklärenden Gedanken, welcher keiner einzigen bekannten Thatsache widerspricht. Eine Hypothese, wenngleich eine nothwendige, und zugleich eine Hypothese, welche die Schlusskette der gesammten Descendenz-Theorie vervollständigt, ist unsere Annahme der Autogonie, welche im sechsten Capitel des zweiten Buches von uns begründet worden ist. Wir bedürfen dieser Hypothese durchaus, um die einzige Lücke noch auszufüllen, welche die Descendenz-Theorie in dem mechanischen Gebäude der monistischen Morphologie gelassen hat. Wir können nicht zweifeln, dass zu irgend einer Zeit des Erdenlebens Moneren durch Autogonie entstanden sind. Indessen bleibt die Autogonie (und ebenso die Plasmogonie, als die andere Form der Archigonie), eine reine Hypothese, weil wir darin einen Naturprocess, den Uebergang lebloser Materie in belebten Stoff, annehmen, welcher bis jetzt noch durch keine sichere Beobachtung eine empirische Begründung erhalten hat.

1) In einer der neuesten, so eben erschienenen Kritiken des „Darwinismus" (Preussische Jahrbücher, 1866, p. 272 und 404) verurtheilt Jürgen Bona Meyer denselben, weil er eine „schlechte Hypothese" ist. Wir verweisen auf diese Kritik besonders desshalb, weil sie zeigt, wie gänzlich schief jede philosophische Beurtheilung der Descendenz-Theorie ausfallen muss, die sich nicht auf gründliche empirische Kenntnisse auf dem gesammten Gebiete der organischen Morphologie stützt. Fast alle Thatsachen, die der Verfasser anführt, kennt er nur halb und oberflächlich, und kann daher auch aus ihrer Verknüpfung nur ein ganz schiefes Bild gewinnen. Der Verfasser besitzt, wie er in seiner trefflichen Schrift über die „Thierkunde des Aristoteles" gezeigt hat, weit umfassendere morphologische und speciell zoologische Kenntnisse, als sie sonst bei speculativen Philosophen zu finden sind. Wenn er trotzdem zu einer so gänzlich verfehlten Auffassung, oder vielmehr zu gar keinem Verständniss der Descendenz-Theorie gelangt ist, zeigt er nur, dass jene Kenntnisse nicht gründlich sind. Um so weniger dürfen wir uns wundern, in den hohlen Kritiken, welche andere, aller empirischen Basis entbehrende Philosophen gegen den „Darwinismus", diese „schlechte Hypothese" (!), geschleudert haben, den erheiterndsten Unsinn und die unglaublichsten Proben von Unkenntniss der realen Natur zu finden.

Ganz anders verhält es sich mit der Descendenz-Theorie und der Selections-Theorie, welche sich in jedem Punkte auf eine Fülle von empirischen Erfahrungen stützen, und für welche die gesammte Morphologie der Organismen, sobald man ihre Thatsachen-Ketten objectiv beurtheilt und richtig verknüpft, eine einzige zusammenhängende Beweiskette herstellt. Daher wissen auch die kenntnissreicheren Morphologen, welche Gegner derselben sind, keine Thatsache gegen dieselbe vorzubringen, sondern nur Einwürfe, welche theils Ausflüsse blinden Autoritäten-Glaubens, theils consequente Folgen einer falschen dualistisch-teleologischen Gesammtauffassung der organischen Natur sind [1]).

Die Selections-Theorie Darwin's bedarf zu ihrer vollen Gültigkeit keine weiteren Beweise. Sie stützt sich auf allgemein anerkannte physiologische Processe, die sich gleich allen anderen auf mechanische Ursachen zurückführen lassen. Wer überhaupt

1) Eine vergleichende Zusammenstellung der verschiedenen antidarwinistischen Urtheile ergiebt eben so erheiternde als belehrende Resultate. Doch können wir hier nicht näher auf dieselben eingehen und versparen uns dies auf eine andere Gelegenheit. Auf der einen Seite finden wir bei ausgebildetem Verstande und gesunder Urtheilsfähigkeit grosse Unkenntniss der Thatsachen, auf der anderen Seite bei reicher Kenntniss derselben völlige Unfähigkeit, sie richtig zu beurtheilen und aus ihrer Verknüpfung allgemeine Schlüsse zu ziehen. Sehr oft endlich sind sowohl Thatsachen-Kenntniss als Urtheilsfähigkeit vorhanden; aber Vorurtheile, die seit vielen Generationen ererbt, und durch lange Vererbung befestigt sind, hindern die Entwickelung einer vernünftigen Erkenntniss. Die ausserordentliche Stärke, welche der Autoritäts-Glaube an das gelehrte Dogma besitzt, zeigt sich hier in seiner ganzen Macht. Da der Verstand nichts gegen Darwin und seine Lehre auszurichten vermag, so appellirt das autoritätsbedürftige Gefühl an den „Glauben", und an die „allgemeine Meinung der Menschheit von Alters her". Für letzteres nur ein Beispiel. Einer der eifrigsten Gegner Darwins, Keferstein, Professor der Zoologie (nicht der Theologie!) in Göttingen, äussert sich in den „Göttinger gelehrten Anzeigen" (1861, p. 1875 und 1862, p. 198) folgendermaassen über die „neuerdings von Darwin ausgesprochenen Ansichten, welche bei allgemeiner Theilnahme und dem grössten Aufsehen jetzt von Einigen als eine besondere Lehre der Naturwissenschaften (!) unter dem Namen Darwinismus betrachtet werden, und selbst in Deutschland nicht ohne Anhänger zu sein scheinen (!)": — „Es erfüllt den strebenden Naturforscher mit Beruhigung, einen Mann wie Agassiz, durch die grossartigsten Arbeiten in der Zoologie zur Autorität (!) geworden, eine Lehre unbedingt verwerfen zu sehen, die den Jahrhunderte langen Fleiss der Systematiker auf einmal zu Schanden machen wollte (!!), und zu sehen, dass also die durch Generationen ausgebildeten Ansichten und zugleich die allgemeine Meinung der Menschheit von Alters her (!!) fester stehen, als die, wenn auch mit noch so grosser Beredsamkeit ausgeführten Lehren eines Einzelnen (!)." Wenn wir nicht irren, so war früher auch „die allgemeine Meinung der Menschheit von Alters her," dass die Sonne sich um die Erde drehe, dass die Krankheiten Strafen der Gottheit für die sündigen Menschen, und dass die Petrefacten „Naturspiele", so wie die Walfische Fische seien. Und doch sind diese „durch Generationen ausgebildeten Ansichten" auf den bösen Anfang des Zweifels „eines Einzelnen" hin jetzt wohl ziemlich allgemein verlassen.

eines logischen Schlusses aus anerkannt richtigen Prämissen fähig ist, kann ihr seine Anerkennung nicht vorenthalten. Wie selten aber solche Logik unter den „empirischen" Naturforschern und unter den scholastischen „Gelehrten" sind, beweisen am besten die zahlreichen Verdammungs-Urtheile über Darwin's bewunderungswürdiges Werk, die, wie Huxley sehr richtig sagt, „keineswegs das darauf verwendete Papier werth sind."

Die Descendenz-Theorie Lamarck's und Goethe's bedarf zu ihrer vollen Gültigkeit keine weiteren Beweise. Wer sich auf Grund aller bisherigen Erfahrungen noch nicht von ihrer Wahrheit überzeugen kann, den wird auch keine einzige mögliche weitere „Entdeckung" davon überzeugen. Abgesehen davon, dass Darwin's Selections-Theorie eine vollkommen ausreichende causal-mechanische Begründung derselben liefert, finden wir die stärksten Beweise für ihre Wahrheit in der gesammten Morphologie und Physiologie der Organismen. Alle uns bekannten Thatsachen dieses Wissenschafts-Gebiets, namentlich alle Erscheinungen der paläontologischen, individuellen und systematischen Entwickelung, sowie die äusserst wichtige dreifache Parallele zwischen diesen drei Entwickelungsreihen, die gesammte Dysteleologie, Oecologie und Chorologie — kurz alle allgemeinen Phänomen-Complexe der organischen Natur sind uns nur durch den einen Grundgedanken der Descendenz-Theorie verständlich und werden durch ihn vollkommen erklärt. Ohne ihn bleiben sie gänzlich unverständlich und unerklärt. Andererseits existirt in der gesammten organischen Natur keine einzige Thatsache, welche mit demselben in unvereinbarem Widerspruch steht. Wir haben also bloss die Wahl zwischen dem völligen Verzicht auf jede wissenschaftliche Erklärung der organischen Natur-Erscheinungen und zwischen der unbedingten Annahme der Descendenz-Theorie.

Zwanzigstes Capitel.

Ontogenetische Thesen.

„Kein Phänomen erklärt sich aus sich selbst; nur viele zusammen überschaut, methodisch geordnet, geben zuletzt etwas, was für Theorie gelten könnte.“ Goethe.

I. Thesen von der mechanischen Natur der organischen Entwickelung.

1. Die Entwickelung der Organismen ist ein physiologischer Process, welcher als solcher auf mechanischen „wirkenden Ursachen“, d. h. auf physikalisch-chemischen Bewegungen beruht [1]).

2. Die Bewegungs-Erscheinungen der Materie, welche jeden physiologischen Entwickelungs-Process veranlassen und bewirken, sind in letzter Instanz Anziehungen der Massen-Atome und Abstossungen der Aether-Atome, aus welchen die organische Materie ebenso wie die anorganische zusammengesetzt ist.

---

1) Indem wir am Schlusse dieses und des folgenden Buches eine Anzahl von allgemeinen Grundsätzen der organischen Entwickelungsgeschichte in Form von „Thesen“, zusammenstellen, wiederholen wir, was wir bereits am Eingange des elften Capitels in Betreff unserer morphologischen „Thesen“ bemerkt haben (Bd. I, S. 364 Anmerkung): „Wir wollen damit nicht sowohl eine „Gesetzsammlung der organischen Morphologie“ begründen, als vielmehr einen Anstoss und Fingerzeig zu einer solchen Begründung geben Eine Wissenschaft, die noch so sehr in primis cunabulis liegt, wie die Morphologie der Organismen, muss noch bedeutende Metamorphosen durchmachen, ehe sie es wagen kann, für ihre allgemeinen Sätze der Rang von unbedingten, ausnahmslos wirkenden Naturgesetzen in Anspruch zu nehmen. Statt daher das Schlusscapitel jedes unserer vier morphologischen Bücher mit dem mehr versprechenden als leistenden Titel: „Theorieen und Gesetze“ zu schmücken, ziehen wir es vor, die Primordien derselben, gemischt mit einigen allgemeinen Regeln, als „Thesen“ zusammenzufassen, deren weitere Entwickelung zu Gesetzen wir von unseren Nachfolgern hoffen.“

Was speciell die ontogenetischen Thesen des zwanzigsten Capitels betrifft, so heben wir hier nur die wichtigsten allgemeinen Sätze nochmals hervor, da wir im fünften Buche bereits mehr, als es in den übrigen Büchern uns möglich war, eine Anzahl von feststehenden einzelnen Gesetzen formulirt und in bestimmter Form präcisirt haben. In Betreff

3. Die Entwickelung der Organismen äussert sich in einer continuirlichen Kette von Formveränderungen der organischen Materie, welche sämmtlich auf derartige physikalisch-chemische Bewegungen, als auf ihre wirkenden Ursachen zurückzuführen sind.

4. Gleich allen wahrnehmbaren Bewegungs-Erscheinungen in der Natur, also auch gleich allen physiologischen Erscheinungen, welche wir überhaupt kennen, erfolgen auch diejenigen der organischen Entwickelung mit absoluter Nothwendigkeit und sind bedingt durch die ewig constanten Eigenschaften der Materie und die beständige Wechselwirkung ihrer wechselnden Verbindungen.

5. Alle organischen Entwickelungs-Bewegungen gehen unmittelbar und zunächst aus von den labilen und höchst zusammengesetzten Kohlenstoff-Verbindungen der Eiweissgruppe, welche als „Plasma" der Plastiden das active materielle Substrat oder den „Lebensstoff" im Körper aller Organismen bilden.

6. Es existirt weder ein „Ziel", noch ein „Plan" der organischen Entwickelung.

II. Thesen von den physiologischen Functionen der organischen Entwickelung.

7. Die physiologischen Functionen, auf denen ausschliesslich alle organische Entwickelung beruht, lassen sich sämmtlich als Theilerscheinungen auf die allgemeine organische Fundamental-Function der Selbsterhaltung oder der Ernährung im weiteren Sinne zurückführen.

8. Die physiologischen Entwickelungs-Functionen, auf welche sich alle während der Morphogenese eintretenden Formveränderungen, als auf ihre bewirkenden Ursachen zurückführen lassen, sind die fünf Functionen der Zeugung, des Wachsthums, der Verwachsung, der Differenzirung und der Degeneration.

9. Die erste Entwickelungs-Function, die Zeugung (Generatio) oder die Entstehung des morphologischen Individuums, mit welcher jeder organische Entwickelungs-Process beginnt, ist entweder Urzeugung (Archigonia, Generatio spontanea) oder Elternzeugung (Fortpflanzung, Tocogonia, Propagatio, Generatio parentalis), und im letzteren Falle stets mit der Vererbung verknüpft, und als ein Ernährungs-Process aufzufassen, welcher über das individuelle Maass hinausgeht.

---

dieser einzelnen „individuellen Entwickelungs-Gesetze", welche zum grossen Theil übrigens ebenso gut als „phyletische Entwickelungsgesetze" im sechsundzwanzigsten Capitel des sechsten Buches stehen könnten, verweisen wir ausdrücklich auf die einzelnen Abschnitte des vorhergehenden Textes, und vorzüglich des neunzehnten Capitels. Speciell sind zu vergleichen: I. über die Gesetze der (ungeschlechtlichen und geschlechtlichen) Fortpflanzung S. 70, 71; II. über die Gesetze der Differenzirung der Zeugungskreise S. 83, 84; III. über die Gesetze der Vererbung S. 170—190; IV. über die Gesetze der Anpassung S. 192—219; V. über die Gesetze der (natürlichen und künstlichen) Züchtung S. 248.

10. Die zweite Entwickelungs-Function, das Wachsthum (Crescentia), welches als einfaches oder zusammengesetztes Wachsthum jeden organischen Entwickelungs-Process, mindestens in der ersten Zeit, begleitet, ist eine Ernährungs-Erscheinnng, welche mit Volumszunahme des Individuums verbunden ist.

11. Die dritte Entwickelungs-Function, die Differenzirung (Divergentia), welche sich in einer Hervorbildung ungleichartiger Theile aus gleichartiger Grundlage äussert, ist eine Ernährungs-Veränderung, welche durch die Anpassung an die Aussenwelt, d. h. durch die materielle Wechselwirkung der Materie des organischen Individuums mit der umgebenden Materie bedingt ist.

12. Die vierte Entwickelungs-Function, die Entbildung (Degeneration), welche zuletzt stets das Ende der individuellen Entwickelung herbeiführt, ist eine Ernährungs-Veränderung, welche mit Abnahme der physiologischen Functionen verbunden ist.

13. Die fünfte Entwickelungs-Function, die Verwachsung (Concrescentia) welche gleich den vorigen die morphologischen Individuen aller sechs Ordnungen betreffen kann, besteht in einer secundären Verbindung von mehreren vorher getrennten Individuen einer und derselben morphologischen Ordnung, durch welche ein neues Individuum nächst höherer Ordnung entsteht[1]).

III. Thesen von den organischen Bildungstrieben.

14. Die Formveränderungen, welche die organische Materie während ihrer Entwickelung durchläuft, sind das Resultat der Wechselwirkung zweier entgegengesetzter Bildungstriebe oder Gestaltungskräfte, eines inneren und eines äusseren Bildungstriebes[2]).

15. Der innere Bildungstrieb oder die innere Gestaltungskraft (Vis plastica interna) ist die unmittelbare Folge der materiellen Zusammensetzung des Organismus, und daher mit der Erblichkeit (Atavismus) identisch.

16. Der äussere Bildungstrieb oder die äussere Gestaltungskraft (Vis plastica externa) ist die unmittelbare Folge der Abhängigkeit, in

---

1) In der Charakteristik der Entwickelungs-Functionen, welche wir im siebzehnten Capitel (p. 72) gaben, haben wir bloss die vier erstgenannten als die wichtigsten Functionen der Ontogenese angeführt. Wir schliessen hier die weniger wichtige und weniger bekannte Function der Concrescenz oder Verwachsung als eine fünfte denselben an, um die Aufmerksamkeit auf diesen interessanten Entwickelungs-Vorgang mehr hinzulenken. Vergl. darüber S. 147 Anmerkung.

2) Vergl. über die Natur der beiden Bildungstriebe, welche nicht allein bei der Entstehung jedes individuellen Organismus, sondern auch bei der Entstehung jeder individuellen anorganischen Form wirksam sind, das fünfte Capitel, woselbst wir die beiden entgegenwirkenden Gestaltungskräfte als das nothwendige Resultat der allgemeinen Wechselwirkung der gesammten Materie nachgewiesen haben (Bd. I, S. 154 ff.).

welcher die materielle Zusammensetzung des Organismus von derjenigen der umgebenden Materie (der Aussenwelt) steht, und daher mit der Anpassungsfähigkeit (Variabilitas) identisch.

17. Die beiden fundamentalen Bildungstriebe, welche durch ihre beständige Wechselwirkung die jeden organischen Entwickelungs-Process begleitenden Form-Veränderungen bedingen, sind demnach nicht verschieden von den oben angeführten Entwickelungs-Functionen, da die Vererbung unmittelbar durch die Fortpflanzung, die Anpassung dagegen unmittelbar durch die Ernährung des Organismus vermittelt wird.

18. Alle Charaktere der Organismen sind entweder ererbte (durch Heredität erhaltene) oder angepasste (durch Adaptation erworbene) Eigenschaften.

19. Die ererbten Eigenschaften (Characteres hereditarii) erhält der Organismus durch Vererbung von seinen Eltern und Voreltern mittelst der Fortpflanzung.

20. Die angepassten Eigenschaften (Characteres adaptati) erwirbt der Organismus entweder unmittelbar durch seine eigene Anpassung oder mittelbar durch Vererbung der Anpassungen seiner Eltern und Voreltern.

21. Die erblichen Charaktere sind in letzter Instanz Wirkungen der materiellen Zusammensetzung der Eiweissverbindungen, welche das Plasma der constituirenden Plastiden bilden, und welche in gewisser Beharrlichkeit durch alle Generationen übertragen werden.

22. Die angepassten Charaktere sind in letzter Instanz die Folgen der Wechselwirkung zwischen den Eiweissverbindungen der Plastiden des Organismus und den damit in Berührung kommenden Materien der Umgebung, welche in allen Generationen eine gewisse Verschiedenheit zeigen.

23. Die erblichen Charaktere zeigen sich vorzugsweise in der Bildung morphologisch wichtiger, physiologisch dagegen unwichtiger Körpertheile; sie erscheinen daher nur bei blutsverwandten Organismen ähnlich, als Homologieen.

24. Die angepassten Charaktere zeigen sich vorzugsweise in der Bildung physiologisch wichtiger, morphologisch dagegen unwichtiger Körpertheile; sie erscheinen daher auch bei nicht blutsverwandten Organismen ähnlich, als Analogieen.

25. Im Laufe der individuellen Entwickelung treten die erblichen Charaktere im Ganzen früher als die angepassten auf, und je früher ein bestimmter Charakter in der Ontogenese auftritt, desto weiter liegt die Zeit zurück, in welcher er von den Vorfahren erworben wurde, und desto bedeutender ist sein morphologischer Werth.

26. Für die Erkenntniss der Blutsverwandtschaft verschiedener

Organismen haben nur die erblichen oder homologen Charaktere, nicht die angepassten oder analogen Charaktere Bedeutung.

IV. Thesen von den ontogenetischen Stadien.

27. Die Ontogenesis oder biontische Entwickelung, d. h. die Entwickelung jedes Bionten oder physiologischen Individuums ist ein physiologischer Process von bestimmter Zeitdauer.

28. Die Zeitdauer der individuellen Entwickelung jedes Bionten wird durch die Gesetze der Vererbung und Anpassung bestimmt, und ist lediglich das Resultat der Wechselwirkung dieser beiden physiologischen Factoren.

29. In dem zeitlichen Verlaufe der individuellen Entwickelung lassen sich allgemein drei verschiedene Abschnitte oder Stadien unterscheiden, welche mehr oder minder deutlich von einander sich absetzen.

30. Jedes Stadium der individuellen Entwickelung ist durch einen bestimmten physiologischen Entwickelungs-Process charakterisirt, welcher in demselben zwar nicht ausschliesslich, aber doch vorwiegend wirksam ist.

31. Das erste Stadium der biontischen Entwickelung, das Jugendalter oder die Aufbildungszeit, Anaplasis, ist durch das Wachsthum des Individuums charakterisirt.

32. Das zweite Stadium der biontischen Entwickelung, das Reifealter oder die Umbildungszeit, Metaplasis, ist durch die Differenzirung des Individuums charakterisirt.

33. Das dritte Stadium der biontischen Entwickelung, das Greisenalter oder die Rückbildungszeit, Cataplasis, ist durch die Degeneration des Individuums charakterisirt.

V. Thesen von den drei genealogischen Individualitäten.

34. Da die Lebensdauer der organischen Individuen eine beschränkte ist, die durch sie repräsentirte bestimmte organische Form (Art) aber sich durch die Fortpflanzung der Individuen erhält, so müssen wir bei Betrachtung der organischen Entwickelung unterscheiden zwischen derjenigen der Bionten und derjenigen der Arten.

35. Die individuelle oder biontische Entwickelung (Ontogenesis) umfasst die gesammte Reihe der Formveränderungen, welche das physiologische Individuum (Bion) und der durch eines oder mehrere verschiedene Bionten repräsentirte Zeugungskreis (Cyclus generationis) während der ganzen Zeit seiner individuellen Existenz durchläuft.

36. Die paläontologische oder phyletische Entwickelung (Phylogenesis) umfasst die gesammte Reihe der Formveränderungen, welche die Art (Species) und der durch eine oder mehrere verschiedene Ar-

ten repräsentirte Stamm (Phylum) während der ganzen Zeit seiner individuellen Existenz durchläuft.

37. Der Zeugungskreis (Cyclus generationis) bildet entweder als Spaltungskreis (Cyclus monogenes) oder als Eikreis (Cyclus amphigenes) die genealogische Individualität erster Ordnung.

38. Die Art (Species) bildet als die Summe aller gleichen Zeugungskreise die genealogische Individualität zweiter Ordnung.

39. Der Stamm (Phylum) bildet als die Summe aller blutsverwandten Arten die genealogische Individualität dritter Ordnung.

VI. Thesen von dem Causalnexus der biontischen und der phyletischen Entwickelung.

40. Die Ontogenesis oder die Entwickelung der organischen Individuen, als die Reihe von Formveränderungen, welche jeder individuelle Organismus während der gesammten Zeit seiner individuellen Existenz durchläuft, ist unmittelbar bedingt durch die Phylogenesis oder die Entwickelung des organischen Stammes (Phylon), zu welchem derselbe gehört.

41. Die Ontogenesis ist die kurze und schnelle Recapitulation der Phylogenesis, bedingt durch die physiologischen Functionen der Vererbung (Fortpflanzung) und Anpassung (Ernährung).

42. Das organische Individuum (als morphologisches Individuum erster bis sechster Ordnung) wiederholt während des raschen und kurzen Laufes seiner individuellen Entwickelung die wichtigsten von denjenigen Formveränderungen, welche seine Voreltern während des langsamen und langen Laufes ihrer paläontologischen Entwickelung nach den Gesetzen der Vererbung und Anpassung durchlaufen haben.

43. Die vollständige und getreue Wiederholung der phyletischen durch die biontische Entwickelung wird verwischt und abgekürzt durch secundäre Zusammenziehung, indem die Ontogenese einen immer geraderen Weg einschlägt; daher ist die Wiederholung um so vollständiger, je länger die Reihe der successiv durchlaufenen Jugendzustände ist.

44. Die vollständige und getreue Wiederholung der phyletischen durch die biontische Entwickelung wird gefälscht und abgeändert durch secundäre Anpassung, indem sich das Bion während seiner individuellen Entwickelung neuen Verhältnissen anpasst; daher ist die Wiederholung um so getreuer, je gleichartiger die Existenzbedingungen sind, unter denen sich das Bion und seine Vorfahren entwickelt haben.

Sechstes Buch.

Zweiter Theil der allgemeinen Entwickelungsgeschichte.

Generelle Phylogenie

oder

Allgemeine Entwickelungsgeschichte der organischen Stämme.

(Genealogie und Paläontologie.)

„Die Kenntniss der organischen Naturen überhaupt, die Kenntniss der vollkommneren, welche wir im eigentlichen Sinne Thiere und besonders Säugethiere nennen, der Einblick, wie die allgemeinen Gesetze bei verschieden beschränkten Naturen wirksam sind, die Einsicht zuletzt, wie der Mensch dergestalt gebaut sei, dass er so viele Eigenschaften und Naturen in sich vereinige und dadurch auch schon physisch als eine kleine Welt, als ein Repräsentant der übrigen Thiergattungen existire — alles dieses kann nur dann am deutlichsten und schönsten eingesehen werden, wenn wir nicht, wie bisher leider nur zu oft geschehen, unsere Betrachtungen von oben herab anstellen und den Menschen im Thiere suchen, sondern wenn wir von unten herauf anfangen und das einfachere Thier im zusammengesetzten Menschen endlich wieder entdecken.

„Es ist hierin schon unglaublich viel gethan; allein es liegt so zerstreut, so manche falsche Bemerkungen und Folgerungen verdüstern die wahren und echten, täglich kommt zu diesem Chaos wieder neues Wahre und Falsche hinzu, so dass weder des Menschen Kräfte, noch sein Leben hinreichen, Alles zu sondern und zu ordnen, wenn wir nicht den Weg, den uns die Naturhistoriker nur äusserlich vorgezeichnet, auch bei der Zergliederung verfolgen, und es möglich machen, das Einzelne in übersehbarer Ordnung zu erkennen, um das Ganze nach Gesetzen, die unserem Geiste gemäss sind, zusammen zu bilden.

„Man wendete auch hier, wie in anderen Wissenschaften, nicht genug geläuterte Vorstellungsarten an. Nahm die eine Partei die Gegenstände ganz gemein und hielt sich ohne Nachdenken an den blossen Augenschein, so eilte die andere, sich durch Annahme von Endursachen aus der Verlegenheit zu helfen; und wenn man auf jene Weise niemals zum Begriff eines lebendigen Wesens gelangen konnte, so entfernte man sich auf diesem Wege von eben dem Begriffe, dem man sich zu nähern glaubte.

„Ebenso viel und auf gleiche Weise hinderte die fromme Vorstellungsart, da man die Erscheinungen der organischen Welt zur Ehre Gottes unmittelbar deuten und anwenden wollte.

„Sollte es denn aber unmöglich sein, da wir einmal anerkennen, dass die schaffende Gewalt nach einem allgemeinen Schema die vollkommneren organischen Naturen erzeugt und entwickelt, dieses Urbild, wo nicht den Sinnen, doch dem Geiste darzustellen? Hat man aber die Idee von diesem Typus gefasst, so wird man erst recht einsehen, wie unmöglich es sei, eine einzelne Gattung als Kanon aufzustellen. Das Einzelne kann kein Muster vom Ganzen sein, und so dürfen wir das Muster für Alle nicht im Einzelnen suchen. Die Classen, Gattungen, Arten und Individuen verhalten sich wie die Fälle zum Gesetz; sie sind darin enthalten, aber sie enthalten und geben es nicht.“

Goethe (1796).

Einundzwanzigstes Capitel.

Begriff und Aufgabe der Phylogenie.

„Eine innere und ursprüngliche Gemeinschaft liegt aller Organisation zu Grunde; die Verschiedenheit der Gestalten dagegen entspringt aus den nothwendigen Beziehungsverhältnissen zur Aussenwelt, und man darf daher eine ursprüngliche, gleichzeitige Verschiedenheit und eine unaufhaltsam fortschreitende Umbildung mit Recht annehmen, um die eben so constanten als abweichenden Erscheinungen begreifen zu können."

Goethe (1824).

I. Die Phylogenie als Entwickelungsgeschichte der Stämme.

Die Phylogenie oder Entwickelungsgeschichte der organischen Stämme ist die gesammte Wissenschaft von den Formveränderungen, welche die Phylen oder organischen Stämme während der ganzen Zeit ihrer individuellen Existenz durchlaufen, von dem Wechsel also der Arten oder Species, welche als successive und coexistente blutsverwandte Glieder jeden Stamm zusammensetzen. Die Aufgabe der Phylogenie ist mithin die Erkenntniss und die Erklärung der specifischen Formveränderungen, d. h. die Feststellung der bestimmten Naturgesetze, nach welchen alle verschiedenen organischen Arten oder Species entstehen, welche als divergente Nachkommen einer einzigen, gemeinsamen, autogonen Urform ein einziges Phylon constituiren.

Begriff und Aufgabe der Phylogenie im Allgemeinen haben wir bereits im ersten Buche (Bd. I, S. 57) festgestellt, wo wir als organischen Stamm oder Phylon „die Summe aller Organismen bezeichneten, welche von einer und derselben einfachsten, spontan entstandenen Stammform ihren gemeinschaftlichen Ursprung ableiten". Die Gesammtheit aller biologischen Erscheinungen führt uns, wenn wir sie von dem allgemeinen und vergleichenden Standpunkte aus richtig würdigen, mit zwingender Nothwendigkeit zu dem inductiven Schlusse, dass alle die unendlich mannichfaltigen Formen von Thieren, Protisten und Pflanzen, welche wir als ausgestorbene oder noch lebende Arten unterscheiden, die allmählich veränderten und umgeformten Nachkommen einer sehr geringen Anzahl (vielleicht einer einzigen) autogoner Stammformen sind. Diese Stammformen können wir uns nur als Organismen der einfachsten Art, als structurlose homogene Eiweissklumpen oder Moneren denken, gleich den Protogeniden oder Protamoeben. Durch sehr langsame und allmähliche Form-Veränderungen, welche durch die physiologischen Gesetze der Vererbung und Anpassung geregelt wurden, entwickelten sich aus ihnen innerhalb unermesslich langer Zeiträume die äusserst vollkommen organisirten Wesen, welche wir jetzt in den höchsten Ausbildungsstufen des Thier- und Pflanzenreichs bewundern. Wie dieser Grundgedanke der Descendenz-Theorie durch physiologische Erwägungen vollständig begründet, wie er aus ihnen als nothwendig nachgewiesen werden kann, haben wir in der vorhergehenden Darstellung von Darwin's Selections-Theorie gezeigt. Die beiden physiologischen Functionen der Vererbung und der Anpassung, jene auf die Fortpflanzung, diese auf die Ernährung als Fundamental-Function gestützt, reichen in ihrer beständigen und mächtigen Wechselwirkung vollständig aus, um unter den gegebenen irdischen Existenz-Bedingungen die unendliche Mannichfaltigkeit der organischen Formen hervorzubringen. In langsamem, aber ununterbrochenem Wechsel folgen Arten auf Arten, und so bietet die gesammte organische Bevölkerung der Erde zu allen Zeiten einen verschiedenen Anblick dar. Doch kann die richtige Einsicht in diese beständige Formen-Veränderung der organischen Welt nur durch allgemeine Vergleichung aller grossen Erscheinungsreihen derselben gewonnen werden. In jedem einzelnen Zeitmoment betrachtet, erscheint uns die Gesammtheit der lebendigen Bevölkerung der Erde nicht als eine derartige Kette wechselnder und vergänglicher Formen, sondern als Complex einer bestimmten Anzahl von stabilen und von einander unabhängigen Organisations-Formen, welche wir als verschiedene Arten oder Species zu unterscheiden gewohnt sind.

Wenn wir also auch allgemein und mit Recht als die Aufgabe der Phylogenie die Entwickelungsgeschichte der organischen Stämme oder Phylen bezeichnen können, so wird dennoch der reale Inhalt dieser Disciplin eigentlich die concrete Entwickelungsgeschichte der Arten oder Species sein. Denn die sogenannten Arten oder Species der Organismen setzen in ähnlicher Weise die höhere Individualität des Stammes zusammen, wie sie selbst aus der niederen Individualität des Zeugungskreises oder Generations-Cyclus zusammengesetzt sind. Wie wir oben (S. 30) zeigten, stehen diese drei subordinirten Individualitäten, der Generations-Cyclus, die Species und das Phylon, in einem ähnlichen Verhältniss zu einander, wie die verschiedenen, im neunten Capitel festgestellten Kategorieen der morphologischen Individualität. Jedes Phylon ist eine Vielheit von blutsverwandten Species und jede Species ist eine Vielheit von gleichen oder vielmehr höchst ähnlichen Zeugungskreisen. Wir konnten daher dieselben als drei verschiedene Ordnungen oder Kategorieen der genealogischen Individualität, oder als drei subordinirte Entwickelungs-Einheiten folgendermaassen über einander stellen: I. Der Zeugungskreis *(Cyclus generationis)* ist die erste und niedrigste Stufe, II. die Art *(Species)* ist die zweite und mittlere Stufe, III. der Stamm *(Phylum)* ist die dritte und höchste Stufe der genealogischen Individualität.

Die Phylogenie, als die Entwickelungsgeschichte der Stämme, verhält sich demnach zur genealogischen Systematik, oder der Entwickelungsgeschichte der Arten ganz analog, wie die Entwickelungsgeschichte der physiologischen Individuen zu derjenigen der morphologischen Individuen. Wie das physiologische Individuum während verschiedener Perioden seiner individuellen Existenz durch eine wechselnde Anzahl von morphologischen Individuen verschiedener Ordnung repräsentirt wird, so wird gleicherweise das Phylon während verschiedener Zeiten seiner individuellen Existenz durch eine wechselnde Anzahl von verschiedenen Species dargestellt, welche sich nach dem Grade ihres genealogischen Zusammenhanges in die verschiedenen Ordnungsstufen oder Kategorieen des Systems neben und über einander ordnen lassen. Die concrete Aufgabe der Phylogenie wird also zunächst die Entwickelungsgeschichte der einzelnen blutsverwandten Arten oder Species sein, und erst aus deren richtiger Erkenntniss und vergleichenden Synthese ergiebt sich dann weiterhin als das höhere und höchste Ziel der genealogische Zusammenhang der verschiedenen Arten im natürlichen System, oder die wirklich zusammenhängende Entwickelungsgeschichte der Stämme.

II. Palaeontologie und Genealogie.

Der innige und allgemeine Zusammenhang, welcher zwischen der Phylogenie und der Ontogenie besteht, ist von uns bereits im fünften Buche auf das entschiedenste hervorgehoben worden. Wir erblicken in diesem unlösbaren Zusammenhange, in der gegenseitigen Erläuterung der Phylogenie und der Ontogenie, in ihrem durch die Descendenz-Theorie erklärten Causalnexus, die wissenschaftliche Grundlage der gesammten Entwickelungsgeschichte, und dadurch zugleich der gesammten Morphologie. Diese äusserst wichtige Wechselbeziehung zwischen der Entwickelungsgeschichte der organischen Individuen und der organischen Stämme bewog uns im achtzehnten Capitel, am Schlusse jedes Abschnitts unser „Ceterum censeo“ folgen zu lassen: „Alle Erscheinungen, welche die individuelle Entwickelung der Organismen begleiten, erklären sich lediglich aus der paläontologischen Entwickelung ihrer Vorfahren. Die gesammte Ontogenie der Organismen ist eine kurze Recapitulation ihrer Phylogenie.“

Dieses Gesetz halten wir für so äusserst wichtig, dass wir dasselbe nicht genug glauben hervorheben zu können; denn ohne die Phylogenie bleibt uns die Ontogenie ein unverstandenes Räthsel. Wenn wir dagegen das causale Verständniss der Phylogenie durch die Descendenz-Theorie gewonnen haben, so erklärt sich uns daraus die Ontogenie eben so einfach, als harmonisch. Andererseits bedürfen wir der Ontogenie auf das dringendste, um die Phylogenie richtig zu würdigen. Dieses Verhältniss ist vorzüglich in dem Umstande begründet, dass unsere empirischen Kenntnisse in der Entwickelungsgeschichte der Individuen weit umfassender und vollständiger sind, als in derjenigen der Stämme. Fast das einzige unmittelbare empirische Material, welches der letzteren zu Grunde liegt, liefert uns die Paläontologie. Dieses Material ist aber nicht im entferntesten zu vergleichen mit demjenigen, welches uns für die Ontogenie zu Gebote steht; vielmehr ist dasselbe im höchsten Grade lückenhaft und unvollständig.

In der individuellen oder biontischen Entwickelungsgeschichte können wir, wenigstens in sehr vielen Fällen, unmittelbar und Schritt für Schritt mit unseren Augen die Form-Veränderungen verfolgen, welche das physiologische Individuum während der ganzen Zeit seiner Existenz, von seiner Entstehung bis zu seinem Tode durchläuft. Es ist daher nicht zu verwundern, dass selbst sehr gedankenlose Zoologen und Botaniker bisweilen ganz brauchbare biontische Entwickelungsgeschichten von Thieren und Pflanzen schreiben. Es gehört dazu wesentlich nur ein gesundes Auge, ein wenig Geduld und Fleiss, und so viel Verstand, um das unmittelbar Beobachtete getreu wiedergeben zu können.

Unendlich schwieriger gestaltet sich die Aufgabe für die paläontologische oder phyletische Entwickelungsgeschichte. Hier liegt nirgends eine zusammenhängende Kette von Thatsachen vor, welche der glückliche Beobachter einfach aufzunehmen und so darzustellen hat, wie er sie sieht. Niemals ist der continuirliche Zusammenhang zwischen den einzelnen auf einander folgenden Entwickelungs-Stadien so wie in der Embryologie gegeben. Vielmehr findet der Genealoge, welcher es unternimmt, die Entwickelungsgeschichte eines Stammes und der denselben zusammensetzenden Arten darzustellen, in allen Fällen nur höchst unvollständige und vereinzelte Bruchstücke vor, welche es gilt, mit kritischem Blicke — und fast möchten wir sagen: mit richtigem morphologischem Instincte — zusammenzusetzen und daraus das ungefähre Schattenbild des längst entschwundenen Entwickelungs-Vorganges zu reconstruiren. Diese Reconstruction erfordert ebenso umfassende biologische und specielle morphologische Kenntnisse, als allgemeines Verständniss des Zusammenhanges der biologischen Erscheinungen; sie erfordert ebenso die äusserste Vorsicht, als die grösste Kühnheit in der hypothetischen Ergänzung der dürftigen Fragmente, welche die Paläontologie uns liefert. Die Hypothese ist hier, wie in der gesammten Genealogie, nicht bloss das erste Recht, sondern auch die dringendste Pflicht.

Da wir in den unten folgenden Entwürfen der Stammbäume für die einzelnen Phylen zeigen werden, in welcher Weise hier nach unserer Ansicht die Hypothese, die Ergänzung des dürftigen paläontologischen Materials durch das vollständigere embryologische und systematische Material zu handhaben ist, so wollen wir hier nur im Allgemeinen ausdrücklich darauf hinweisen, welche gewaltige Kluft in dieser Beziehung zwischen der Phylogenie und der Ontogenie herrscht. Diese Kluft ist in der That so gross, dass darüber der innige Zusammenhang dieser beiden nächst verwandten Wissenschaftszweige von den meisten Biologen bisher entweder ganz übersehen oder doch nicht entfernt in seinem vollen Werthe anerkannt worden ist.

Die paläontologische Entwickelungsgsgeschichte, wie sie bisher behandelt, und in neuerer Zeit auch von einigen hervorragenden Paläontologen im Zusammenhange dargestellt worden ist, bleibt ein vollständig lückenhaftes und zerrissenes Flickwerk, wenn sie sich auf die blossen Thatsachen beschränkt, welche die Paläontologie uns liefert, und wenn sie nicht zu deren Ergänzung den äusserst wichtigen dreifachen Parallelismus benutzt, welcher zwischen der biontischen, der phyletischen und der systematischen Entwickelungsreihe besteht [1]). Diese Ergänzung durch eben so umfassende und kühne, als vorsichtige und kritische Anwendung der phyletischen Hypothese ist die erste Pflicht der Genealogie oder Stammbaums-Lehre im weiteren Sinne, wie wir auch die gesammte Phylogenie oder phyletische Entwickelungsgeschichte nennen könnten. Wenn wir aber unter Genealogie im engeren Sinne nur den ergänzenden und unentbehrlichen hypothetischen Theil, unter Paläontologie im engeren Sinne dagegen den empirischen, unmittelbar durch die Versteinerungskunde gegebenen Theil der Phylogenie verstehen, so verhält sich die letztere zur ersteren wohl nur selten ungefähr wie Eins zu Tausend, in den allermeisten Fällen wohl

[1]) Welche dürftigen Resultate auch die gründlichsten und sorgfältigsten, und selbst die genauesten statistischen Untersuchungen über die paläontologische Entwickelung liefern, wenn sie sich bloss auf die nackte Synthese des paläontologischen Materials beschränken, zeigen am deutlichsten die trefflichen Arbeiten des verdienstvollen **Bronn**.

kaum wie Eins zu Hunderttausend oder zur Million. Dennoch ist hier bei Anwendung der nothwendigen Kritik ausserordentlich Viel zu leisten, und vorzüglich auf Grund der Ergänzung der Paläontologie durch die Embryologie und Systematik, eine Reihe der wichtigsten und sichersten Resultate zu erzielen.

Die Phylogenie oder die Entwickelungsgeschichte der organischen Stämme in unserem Sinne ist also eine Wissenschaft, welche sich nur zum allerkleinsten Theile aus dem empirischen Materiale der Paläontologie oder Versteinerungskunde, zum bei weitem grössten Theile aus den ergänzenden Hypothesen der kritischen Genealogie oder Stammbaumskunde zusammensetzt. Die letztere muss sich in erster Linie auf das ergänzende Material der Ontogenie und Systematik, und weiterhin auf eine denkende Benutzung aller allgemeinen Organisations-Gesetze stützen.

III. Kritik des paläontologischen Materials.

Für das richtige Verständniss der Phylogenie ist eine der ersten und nothwendigsten Vorbedingungen die richtige und volle Erkenntniss von dem ausserordentlich hohen Grade der Unvollständigkeit und Lückenhaftigkeit, den das gesammte empirische Material der Paläontologie besitzt. Wir haben schon im Vorhergehenden hervorgehoben, dass der philosophischen Genealogie, welche auf Grund ontogenetischer und systematischer Inductionen den hypothetischen Bau der zusammenhängenden Phylogenie zu errichten hat, ein weit grösserer und umfassenderer Theil der phylogenetischen Aufgabe zufällt, als der empirischen Paläontologie, welche uns nur einzelne isolirte Bruchstücke für den Aufbau derselben zu liefern vermag. Diese Erkentniss ist so höchst wesentlich, dass wir hier kurz die wichtigsten Ursachen der ausserordentlichen Unvollständigkeit des paläontologischen Materials hervorheben müssen. Niemand hat dieselben bisher so richtig gewürdigt, als die beiden grossen Engländer Darwin und Lyell, von denen der erstere dieselbe Reformation auf dem Gebiete der Paläontologie, wie der letztere auf dem der Geologie durchgeführt hat. Darwin hat der „Unvollkommenheit der geologischen Ueberlieferungen" ein besonderes Capitel seines Werkes (das neunte) gewidmet, auf welches wir hier als besonders wichtig ausdrücklich verweisen [1]).

---

[1]) Am Schlusse dieses Capitels macht Darwin folgende treffende Vergleichung: „Ich für meinen Theil betrachte (um Lyell's bildlichen Ausdruck durchzuführen), den natürlichen Schöpfungsbericht als eine Geschichte der Erde, unvollständig erhalten und in wechselnden Dialecten geschrieben, wovon aber nur der letzte, bloss auf einige Theile der Erd-Oberfläche sich beziehende Band bis auf uns gekommen ist. Doch auch von diesem Bande ist nur hier und da ein kurzes Capitel erhalten, und von jeder Seite sind

Wenn wir die sämmtlichen Umstände, welche die empirische Paläontologie zu einem so höchst fragmentarischen Stückwerk machen, vergleichend erwägen, so können wir sie in zwei Reihen bringen, von denen die einen ihre Ursache in der Beschaffenheit der Organismen, die anderen in der Beschaffenheit der Umstände haben, unter denen ihre Reste in den neptunischen, aus dem Wasser abgelagerten Erdschichten erhalten werden können. In ersterer Beziehung ist vor Allem zu erwägen, dass in der Regel nur harte und feste Theile, vorzüglich also Skelete, der Erhaltung im fossilen Zustande oder der Petrification fähig waren. Nur verhältnissmässig selten konnten auch von weichen und zarten Theilen der Organismen Abdrücke erhalten werden. Es fehlen daher fast alle erkennbaren Reste von solchen Organismen, die keine Skelete oder harten Theile besassen. Dahin gehören alle autogonen Moneren, welche wir als die ursprünglichen Stammformen sämmtlicher Phylen zu betrachten haben, sowie eine grosse Anzahl zunächst von jenen Autogonen abstammender Generationen; sodann sehr viele Protisten, die meisten Wasserpflanzen, sehr viele niedere Thiere (Medusen, Würmer, Nacktschnecken, Wirbelthiere mit bloss knorpeligem Skelet etc.), endlich alle Embryonen aus der ersten und sehr viele auch aus späterer Entwickelungs-Zeit; sowie überhaupt sehr viele zarte jugendliche Formen, auch von solchen Organismen, die späterhin ein hartes Skelet erhalten. Bei allen diesen Organismen fehlten eigentliche innere oder äussere Skelete, und überhaupt geformte harte Theile, welche der Erhaltung fähig gewesen wären. Aber auch bei den übrigen Organismen, welche solche harte conservationsfähige Theile besitzen, machen dieselben in der Regel nur einen sehr unbedeutenden und oft einen morphologisch sehr werthlosen Theil des ganzen Körpers aus. Am wichtigsten sind in dieser Beziehung diejenigen Wirbelthiere, welche ein verknöchertes inneres Skelet besitzen, ferner die hartschaligen Echinodermen und Crustaceen, sowie die mit Kalkgehäusen versehenen Mollusken. Doch kann man inbesondere bei den letzteren aus der Form der äusseren Schale nur sehr unsichere Schlüsse auf die anatomische Beschaffenheit der Weichtheile ziehen. Von der Beschaffenheit des Nervensystems und des Gefässsystems, sowie der meisten übrigen Organsysteme sagen uns aber jene conservirten Hartgebilde unmittelbar gar nichts, und die Andeutungen, welche wir von ihnen in dieser Beziehung erhalten, sind nur sehr unsicher. Die ganze Summe der wirklich erhaltenen thierischen Reste giebt uns also schon aus die-

nur da und dort einige Zeilen übrig. Jedes Wort der langsam wechselnden Sprache dieser Beschreibung, mehr und weniger verschieden in der unterbrochenen Reihenfolge der einzelnen Abschnitte, mag den anscheinend plötzlich wechselnden Lebensformen entsprechen, welche in den unmittelbar auf einander liegenden Schichten unserer weit von einander getrennten Formationen begraben liegen."

sem Grunde nur ein sehr unsicheres Bild von ihrer vormaligen Gesammt-Organisation. Nicht besser steht es mit den Pflanzen, von denen gerade die morphologisch wichtigsten Theile, die Blüthen, wegen ihrer zarten Structur nur sehr selten und höchst unvollständig in Abdrücken erhalten werden konnten. Die Schlüsse, welche wir hier aus den Abdrücken ganzer Pflanzen, sowie aus den besser conservirten härteren Theilen (Holzstämmen, Früchten) ziehen können, ersetzen jenen Mangel nur in sehr beschränktem Maasse.

Höchst ungleichmässig sind ferner die Bedingungen der Conservation je nach dem verschiedenen Wohnorte der Organismen. Bei weitem die grösste Mehrzahl der Petrefacten gehört Meeresbewohnern an; viel seltener sind die Reste von Süsswasserbewohnern und von Landbewohnern, und am seltensten diejenigen der Luftbewohner. Die Gründe, wesshalb das Meer die günstigsten, das Süsswasser viel ungünstigere, und das Festland die ungünstigsten Bedingungen zur Fossilisation verstorbener Organismen darbot, liegen so nahe, dass wir dieselben hier nicht zu erörtern brauchen. Ebenso konnten selbstverständlich von Entozoen und von anderen Parasiten keine Reste conservirt werden. Wenn wir ferner bedenken, wie rasch überall jedes Cadaver seine Liebhaber findet, wie schnell überall Tausende von Organismen beschäftigt sind, sich Fleisch und Blut der Verstorbenen zu Nutze zu machen, wie die allermeisten organischen Individuen nicht natürlichen Todes sterben, sondern von übermächtigen Feinden vernichtet werden, so werden wir uns mehr darüber wundern, dass noch so viele, als dass so äusserst wenige deutlich erkennbare Reste übrig bleiben konnten.

Die andere Reihe von Ursachen, welche auf die fossile Conservation der organischen Reste höchst nachtheilig einwirken, liegt in den Umständen, unter denen die neptunischen Erdschichten aus dem Wasser abgelagert werden. Vor allem ist hier der von Darwin mit Recht besonders hervorgehobene Umstand äusserst wichtig, dass versteinerungsführende Schichten nur während langer Perioden andauernder Senkung des Bodens abgelagert werden konnten. Wenn dagegen Senkungen mit Hebungen wechselten, oder wenn lange Zeit hindurch Hebungen fortdauerten, so konnten die neuabgelagerten Schichten nicht erhalten bleiben, da sie alsbald wieder in den Bereich der Brandung versetzt und so zerstört wurden. Diesen Umstand gehörig zu würdigen, ist aber um so wichtiger, als gerade während der Hebungszeit (durch Gewinnung neuer Stellen im Naturhaushalte) die Divergenz der organischen Formen und die Entstehung neuer Arten sehr begünstigt wurde, während dagegen in den Senkungszeiten mehr Arten erlöschen und zu Grunde gehen mussten. Zwischen den langen Zeiträumen, in welchen je zwei auf einander folgende Formationen oder Etagen abgelagert wurden, und welche zwei

Senkungsperioden entsprechen, liegt demnach ein ungeheuer langer Zeitraum, in welchem die alternirende Hebung des Bodens und die damit parallel gehende Entstehung neuer Arten stattfand, von denen uns aber gar keine Reste erhalten werden konnten. So erklärt sich ganz einfach der zunächst befremdende Umstand, dass Flora und Fauna zweier verschiedener, übereinander liegender Schichten so sehr verschieden sind. In sehr vielen Sedimentschichten endlich, wie z. B. in vielen grobkörnigen Sandsteinen, ist die Erhaltung organischer Reste schon wegen der Structur des Gesteins selbst fast ganz unmöglich.

Aber auch die wirklich erhaltenen versteinerungsführenden Schichten sind uns nur im höchsten Grade unvollständig bekannt. Wir kennen von diesen fossiliferen Straten nur einen äusserst geringen Theil; sorgfältiger ist bisher nur ein Theil Europas und Nordamerikas hierauf untersucht. Von den Sedimentschichten Asiens, Südamerikas, Afrikas und Australiens, sowie überhaupt der ganzen südlichen Hemisphäre kennen wir nur ganz geringe Bruchstücke. Wie unvollständig wir aber selbst die am meisten untersuchten Schichten (z. B. den lithographischen Schiefer des Jura) kennen, geht am besten daraus hervor, dass noch jährlich neue Formen in denselben entdeckt werden. Wir kennen ferner gar nichts von den ungeheueren Massen fossilienhaltiger Schichten, welche gegenwärtig unter dem Meeresspiegel ruhen, von denjenigen, welche jenseits der Polarkreise liegen und von denjenigen, welche sich in metamorphischem Zustande befinden. Und doch sind die letzteren allein aller Wahrscheinlichkeit nach bedeutend mächtiger, als alle nicht metamorphischen Schichtenlagen zusammen.

Alle diese Umstände zusammengenommen beweisen uns, dass die Gesammtheit des paläontologischen Materials oder die sogenannte „geologische Schöpfungs-Urkunde" im allerhöchsten Maasse unvollständig und lückenhaft ist, und dass sie uns für die zusammenhängende phyletische Entwickelungsgeschichte nur einzelne dürftige Andeutungen, nirgends aber eine vollständige und zusammenhängende Entwickelungsreihe liefert. Von sehr vielen fossilen Organismen-Arten kennen wir nur ein einziges Exemplar oder einige wenige höchst unvollkommene Bruchstücke, z. B. einen einzelnen Zahn oder ein paar Knochen. Von keiner einzigen fossilen Art können wir uns ein einigermaassen vollständiges Bild ihrer gesammten Verbreitung und Entwickelung in der Vorzeit entwerfen. Alle unsere paläontologischen Sammlungen zusammengenommen sind nur ein winziges Fragment, nur ein Tropfen im Meere, gegenüber der ungeheueren Masse erloschener Organismen, die in früheren Zeiten unsere Erdrinde belebten. Bevor diese Ueberzeugung nicht durch reifliche Erwägung aller hier einschlagenden Umstände befestigt ist, wird jede Beurtheilung des paläontologischen Materials verfehlt bleiben und zu irrigen Schlüssen verführen.

IV. Die Kataklysmen-Theorie und die Continuitäts-Theorie (Cuvier und Lyell).

Wenn wir die ausserordentliche Unvollständigkeit des gesammten phylogenetischen Materials mit der befriedigenden Vollständigkeit mindestens eines grossen Theiles des ontogenetischen Materials vergleichen, so begreifen wir, warum die Entwickelungsgeschichte der Arten und Stämme so weit hinter derjenigen der Individuen und Zeugungskreise zurückbleiben konnte. Doch ist diese Differenz in der Ausbildung beider Zweige der Entwickelungsgeschichte nicht allein in jener ganz verschiedenen Beschaffenheit des empirischen Materials, sondern auch zum grossen Theil in der eigenthümlichen Stellung begründet, welche die Paläontologie von Anfang an zu ihren nächstverbündeten Wissenschaften einnahm. Vorzüglich aber ist in dieser Beziehung die Abhängigkeit derselben von der Geologie sehr einflussreich geworden, sowie der Umstand, dass die meisten sogenannten Zoologen und Botaniker dieselbe wie ein Stiefkind behandelten, oder sich wohl auch gar nicht um die Thiere und Pflanzen der unbekannten „Vorwelt" bekümmerten.

Die empirische Paläontologie, als die Versteinerungskunde oder „Petrefactologie", verdankt ihre Entwickelung und Cultur grösstentheils nicht den Untersuchungen der Zoologen und Botaniker, (welche in den Petrefacten meistens nicht die Ueberbleibsel der ausgestorbenen Vorfahren der jetzt lebenden Organismen zu erkennen vermochten), sondern den Bemühungen der Geologen, welche die Petrefacten nur als „Leitmuscheln", als „Denkmünzen der Schöpfung" schätzen und verwerthen, um mit Hülfe derselben das relative Alter der über einander gelagerten Gebirgsschichten zu bestimmen. Das Interesse der beiderlei Naturforscher an diesen Objecten ist daher nicht weniger verschieden, als etwa das Interesse eines Archäologen und eines Künstlers oder Aesthetikers an einer antiken Statue. Der genealogische Zusammenhang der fossilen und der lebenden Organismen, sowie überhaupt die paläontologische Entwickelungsgeschichte der Organismen musste den eigentlichen Geologen von jeher als ein untergeordneter Nebenzweck oder auch als eine gleichgültige Sache erscheinen, um so mehr, als die meisten Geologen nicht hinreichend gründliche biologische und namentlich morphologische Bildung besassen, um das hohe Interesse jenes Zusammenhanges richtig würdigen zu können. Dazu kam, dass die falsche Kataklysmen-Theorie die gesammte Geologie und die davon in Abhängigkeit erhaltene Paläontologie im vorigen Jahrhundert und in den drei ersten Decennien des jetzigen vollständig beherrschte. Allgemein nahm man an, dass die aus dem Bau der festen Erdrinde ersichtliche Uebereinanderlagerung einer bestimmten Anzahl verschiedener Gebirgsformationen, deren jede ihre eigenthümlichen thierischen und pflanzlichen

Reste einschliesst, einer gleichen Anzahl von aufeinanderfolgenden Erdrevolutionen unbekannten Ursprungs entspreche, deren jede die damals existirende Flora und Fauna vernichtet und in den zusammengeschütteten Trümmern der umgewühlten Erdrinde begraben habe. Am Anfange jeder neuen Periode der Erdgeschichte sollte ebenso unmotivirt plötzlich eine neue Flora und Fauna erschaffen worden sein, wie die vorhergehende durch unmotivirte, ungeheuere, allgemeine Ueberschwemmungen und Umwälzungen der Erdrinde vernichtet worden war.

Diese falsche Theorie wurde vorzüglich dadurch verhängnissvoll, dass sie durch Cuvier zu allgemeiner Anerkennung gelangte, der sich im Anfange unseres Jahrhunderts die grössten Verdienste um eine schärfere Bestimmung und Erkenntniss der organischen fossilen Reste erwarb. Seine grosse Autorität hielt das gesammte Gebiet der Paläontologie ein halbes Jahrhundert hindurch so vollständig beherrscht, und erhielt die Kataklysmen-Theorie als fundamentales Dogma in derselben so unbedingt aufrecht, dass selbst heute noch ein grosser Theil der Paläontologen sich nicht entschliessen kann, dasselbe aufzugeben. Hier tritt nun die Paläontologie, insofern sie noch heute in weiten Kreisen das Dogma von einer Reihenfolge plötzlicher Vernichtungen der schubweise in die Welt gesetzten Schöpfungen aufrecht erhält, in einen seltsamen Gegensatz zu der früher sie beherrschenden Geologie, in welcher jenes Dogma seit nunmehr 36 Jahren als beseitigt betrachtet werden kann. Im Jahre 1830 erschien das bewunderungswürdige Werk von Charles Lyell: *„the Principles of Geology“*, durch welches dieser grosse Engländer dieselbe Reformation auf dem Gebiete der Geologie und in der Entwickelungsgeschichte der anorganischen Erdrinde durchführte, welche sein ebenbürtiger Landsmann, Charles Darwin, fast dreissig Jahre später auf dem Gebiete der Paläontologie und in der phyletischen Entwickelungsgeschichte der Organismen vollendete. Lyell wies überzeugend nach, dass wir zur Erklärung der geologischen Thatsachen nicht jene mythischen „Revolutionen und Kataklysmen“ unbekannten Ursprungs, nicht jene plötzlichen und unmotivirten Ueberschwemmungen und Umwälzungen der gesammten Erdrinde bedürfen, auf denen die frühere Geologie beruht. Er zeigte, wie die gegenwärtig existirenden geoplastischen Ursachen, wie namentlich der Wechsel wiederholter langsamer Hebungen und Senkungen, wie die Thätigkeit des Wassers und der atmosphärischen Agentien, wie die „existing causes“ der Meteorologie und die vulkanische Action des Erdinnern vollkommen ausreichen, um in dem Verlaufe sehr langer Zeiträume durch sehr langsame und allmähliche, aber beständige und ununterbrochene Thätigkeit jene gewaltigen Wirkungen hervorzubringen, die wir in dem Gebirgsbau der entwickelten Erdrinde bewundern.

Das grosse Princip des Actualismus, der Grundsatz, dass

die Kräfte der Materie ebenso wie sie selbst, zu allen Zeiten dieselben bleiben, und dass heute noch ebenso wie in der Primordialzeit gleiche Ursachen gleiche Wirkungen hervorbringen, war durch jenes Werk Lyell's gewahrt, und dadurch das grosse Gesetz der continuirlichen Entwickelung, der successiven Metamorphose, der ununterbrochenen Umbildung für die anorganische Natur festgestellt. So gross war aber die Macht des durch Cuvier's Autorität gestützten Dogmas von den Kataklysmen und den schubweise in die Welt gesetzten Schöpfungen, dass das letztere dadurch in der Paläontologie gar nicht erschüttert zu sein schien. Nun muss es aber für jeden Denkenden klar sein, dass jenes Dogma in der Paläontologie zum vollständigen Unsinn wurde, nachdem ihm in der Geologie aller Boden entzogen war. Und dennoch lehrten die Zoologen und Botaniker im Verein mit den Paläontologen unbekümmert und ungestört ihr absurdes Dogma weiter, und behaupteten, dass jede Art selbstständig und unabhängig von der anderen erschaffen, und nach ihrem Untergange durch andere, von ihr unabhängige, verwandte Arten ersetzt worden sei.

Es ist in der That erstaunlich, dass noch dreissig Jahre verfliessen konnten, ehe die von Lyell in der Geologie durchgeführte Reform auch in der Paläontologie zur Geltung gelangte. Sobald die ununterbrochene und allmähliche Entwickelung der anorganischen Erdrinde durch Lyell's Continuitäts-Theorie begründet war, musste die Descendenz-Theorie in der von Darwin gegebenen Vollständigkeit als die nothwendige Folge derselben erscheinen, und die gleiche ununterbrochene und allmähliche Entwickelung auch für die organische Bevölkerung der Erdrinde nachweisen. Wir sehen aber hier wiederum einen neuen Beweis von der ausserordentlichen Gewalt, welche eingerostete falsche Dogmen auf die Ansichten der Menschen dauernd ausüben, sobald sie durch mächtige Autoritäten gestützt werden. Und wieder müssen wir an Goethe's Wort denken: „Die Autorität verewigt im Einzelnen, was einzeln vorüber gehen sollte, lehnt ab und lässt vorüber gehen, was festgehalten werden sollte, und ist hauptsächlich Ursache, dass die Menschheit nicht vom Flecke kommt."

Nach unserer unerschütterlichen Ueberzeugung ist die Kataklysmen-Lehre in der Geologie und das damit untrennbar verbundene Dogma von der selbstständigen Schöpfung der einzelnen Species in der Paläontologie vollkommen eben so falsch und unhaltbar, wie die Evolutions-Theorie in der Ontogenie (vergl. S. 12). Wie wir in der letzteren die Epigenesis als die einzig möglich und wirkliche Grundlage anerkennen mussten, so müssen wir in der Phylogenie die Continuität der organischen ebenso wie der anorganischen Natur-Entwickelung als das erste und unentbehrliche Fundament festhalten, und dieses Fundament ist nicht zu trennen von der Descendenz-Theorie.

V. Die Perioden der Erdgeschichte.

Jede der vielen über einander gelagerten neptunischen Schichten der Erdrinde bezeichnet einen bestimmten Zeitraum der Erdgeschichte. Die versteinerten Reste und Abdrücke von Thieren und Pflanzen, welche in denselben enthalten sind, geben uns ein rudimentäres und höchst unvollständiges Bild von der Fauna und Flora, welche während jener Zeit die Erdrinde belebten. Dagegen besitzen wir gar keine solchen Reste oder „Denkmünzen der Schöpfungsgeschichte" aus den sehr langen Zeiträumen, welche zwischen der Ablagerung je zweier Schichten oder Formationen verflossen. Diese empfindlichen Lücken sind, wie wir vorher sahen, um so mehr zu bedauern, als grade in jenen Zwischenzeiten, in welchen Hebungen der Erdrinde stattfanden und desshalb keine versteinerungsführenden Schichten abgelagert wurden, die Umbildung der Organismen und die Entstehung neuer Arten und Artengruppen wegen der Umgestaltung der Existenz-Bedingungen und wegen der Entstehung neuer Stellen im Naturhaushalte sehr lebhaft sein mussten. Wir müssen daher jene empirisch nie ausfüllbaren Lücken durch Hypothesen überbrücken und den durch jene Intervalle zerrissenen Faden der paläontologischen Entwickelung wieder zusammenknüpfen.

Es erscheint uns desshalb von der grössten Wichtigkeit, nicht bloss, wie es bisher üblich war, die Zeiträume der Senkung, während welcher die fossiliferen Schichten abgelagert wurden, bestimmt zu unterscheiden, und mit Namen zu bezeichnen, sondern auch die für die Genealogie viel wichtigeren Zeiträume der Hebung, welche jene unterbrachen, und innerhalb deren keine petrefactenhaltigen Straten abgelagert wurden. Dem allgemeinen Brauche folgend bezeichnen wir die Senkungs-Zeiträume nach den fossiliferen Straten und Schichtengruppen, welche während derselben abgelagert wurden, also z. B. die Kohlen-Zeit als die Periode, in welcher das Steinkohlen-System, die Eocen-Zeit als die Periode, in welcher das Eocen-System sich bildete. Dagegen bezeichnen wir die zwischenliegenden Hebungs-Zeiträume, welche bisher nicht berücksichtigt worden sind, dadurch, dass wir vor den Namen der darauf folgenden Senkungs-Zeit ein *„Ante"* setzen, also z. B. die Antecarbon-Zeit als den Zeitraum zwischen der Ablagerung der devonischen und carbonischen Schichten, die Anteocen-Zeit als den Zeitraum zwischen der Ablagerung der Kreide- und Eocen-Schichten u. s. w.

Man pflegt gewöhnlich die sämmtlichen Perioden der organischen Erdgeschichte in drei grosse Hauptperioden zu bringen, welche man als primäre (paläozoische), secundäre (mesozoische) und tertiäre (cänozoische) unterscheidet. Wir glauben jedoch, dass es richtiger ist, am Anfang und am Ende dieser drei Hauptperioden noch zwei besondere abzuscheiden, von denen wir die erste als die primordiale (archozoische) und die letzte als die quartäre (anthropozoische) bezeichnen. Die erstere entfernt sich von der primären gänzlich durch den ausschliesslich marinen Charakter ihrer Fauna und Flora; ebenso unterscheidet sich die letztere wesentlich von der tertiären Hauptperiode durch das Erscheinen des Menschen, welcher durch seine Cultur auf die Erdrinde einen weit grösseren umgestaltenden Einfluss ausübte als irgend ein anderer Organismus vor ihm. Die fünf grossen Hauptperioden oder Zeitalter (Aetates) der organischen Erdgeschichte lassen sich mit kurzen Worten folgendermaassen charakterisiren:

I. Das archolithische Zeitalter oder die Primordialzeit.

Vom Beginn des organischen Lebens auf der Erde bis zum Ende der silurischen Zeit.

Mit dem ersten Act der Autogonie beginnt dieser erste Zeitraum, welcher bis zum Anfang des Landlebens, nach Ablagerung der obersten silurischen Schichten, reicht. Die Schichten, welche während der vielen Millionen Jahre dieses ungeheuer langen Zeitraums abgelagert wurden, umfassen drei verschiedene Schichten-Systeme: I. das laurentische, II. das cambrische, und III. das silurische System. Alle Versteinerungen, welche in diesen Schichten sich finden, gehören Protisten, Pflanzen und Thieren an, welche im Wasser lebten, und es ist demnach der Schluss gerechtfertigt, dass zu dieser Zeit noch gar kein Landleben existirte. Von Pflanzen kennen wir aus diesen Schichten nur ausschliesslich Algen, von Wirbelthieren nur einzelne Fische aus den obersten silurischen Schichten. Die charakteristischen Wirbelthiere dieser Periode müssen die nicht erhaltungsfähigen Leptocardier gewesen sein, aus denen sich die Fische erst entwickelt haben. Wir können daher diese Zeit auch das Zeitalter der Leptocardier oder der Algen nennen. Aller Wahrscheinlichkeit nach ist der archolithische Zeitraum, welcher bisher immer noch mit dem wesentlich verschiedenen paläolithischen vereint erhalten worden ist, sehr viel länger gewesen als alle vier übrigen Zeitalter zusammengenommen, wie schon aus der ungeheueren Mächtigkeit der archäolithischen Schichten hervorgeht.

II. Das paläolithische Zeitalter oder die Primärzeit.

Vom Beginn der antedevonischen Zeit bis zum Ende der permischen Zeit.

Mit der antedevonischen Zeit beginnt zum ersten Male das Landleben auf der Erde, und in ihren ältesten (unterdevonischen) Schichten treten bereits Reste von entwickelten landbewohnenden Thieren und Pflanzen auf. Die Schichten, welche während der vielen Millionen Jahre dieses ungeheuer langen Zeitraums abgelagert wurden, umfassen drei verschiedene Schichten-Systeme: I. das devonische, II. das carbonische, und III. das permische System. Unter den Wirbelthieren dieses Zeitalters sind ganz vorherrschend die Fische, unter den Pflanzen die Prothallophyten oder Filicinen (Gefäss-Cryptogamen) gewesen. Wir können daher diese Zeit auch das Zeitalter der Fische oder der Prothallophyten nennen.

III. Das mesolithische Zeitalter oder die Secundär-Zeit.

Vom Beginn der antetriassischen bis zum Ende der cretacischen Zeit.

In diesem Zeitraum treten zum ersten Male warmblütige und luftbewohnende Wirbelthiere auf, die Vögel und auch schon die Säugethiere, aber nur didelphe Beutelthiere. Die Schichten, welche während dieser sehr langen Periode abgelagert wurden, umfassen drei verschiedene Schichten-Systeme: I. Trias-, II. Jura- und III. Kreide-System. Nach den Reptilien, welche unter den Wirbelthieren, oder nach den Gymnospermen, welche unter den Pflanzen ganz vorzugsweise dieses Zeitalter charakterisirten, können wir dasselbe auch das Zeitalter der Reptilien oder der Gymnospermen nennen.

IV. Das cänolithische Zeitalter oder die Tertiär-Zeit.

Vom Beginn der anteocenen bis zum Ende der pliocenen Zeit.

In diesem Zeitraum fehlen die eigenthümlichen, die Secundär-Zeit charakterisirenden Gruppen der Ammoniten, der Pterodactylen, Halisaurier etc. Fauna und Flora nähern sich dem Charakter der Jetztzeit. Die Schichten, welche während dieses langen Zeitalters abgelagert wurden, umfassen drei verschiedene Schichten-Systeme: I. das eocene, II. das miocene, III. das pliocene System. Da dieser Zeitraum vorzugsweise durch die Entwickelung der monodelphen Säugethiere charakterisirt ist, sowie durch die reichliche Entwickelung der Angiospermen, so können wir ihn demnach auch als das Zeitalter der Säugethiere oder der Angiospermen bezeichnen.

V. Das anthropolithische Zeitalter oder die Quartär-Zeit.

Vom Beginn der pleistocenen Zeit bis zur Jetztzeit.

Mit der Entwickelung des Menschen aus catarrhinen Primaten beginnt dieser letzte Abschnitt der Erdgeschichte, welcher bis zur Gegenwart reicht. Während der menschlichen Existenz wurden die postpliocenen oder pleistocenen (diluvialen) und die recenten (alluvialen) Schichten abgelagert. Man kann diese verhältnissmässig sehr kurze Zeit nach dem ganz überwiegenden Einfluss, welchen der Mensch durch seine Cultur auf die Umgestaltung der Erdrinde ausgeübt hat, nur das Zeitalter des Menschen oder der Cultur nennen.

VI. Uebersicht der versteinerungsführenden Schichten der Erdrinde.

Terrains	*Systeme*	*Formationen*	*Synonyme der Formationen*
Primordiale Terrains oder archolithische (archozoische) Schichtengruppen	I. Laurentisches	1. *Ottawa*	Unterlaurentische
		2. *Labrador*	Oberlaurentische
	II. Cambrisches	3. *Longmynd*	Untercambrische
		4. *Potsdam*	Obercambrische
	III. Silurisches	5. *Landeilo*	Untersilurische
		6. *Landovery*	Mittelsilurische
		7. *Ludlow*	Obersilurische
Primäre Terrains oder paläolithische (paläozoische) Schichtengruppen	IV. Devonisches (Altrothsand)	8. *Linton*	Unterdevonische
		9. *Ilfracombe*	Mitteldevonische
		10. *Pilton*	Oberdevonische
	V. Carbonisches (Steinkohle)	11. *Kohlenkalk*	Untercarbonische
		12. *Kohlensand*	Obercarbonische
	VI. Permisches (Penäisches)	13. *Neurothsand*	Unterpermische
		14. *Zechstein*	Oberpermische
Secundäre Terrains oder mesolithische (mesozoische) Schichtengruppen	VII. Trias	15. *Buntsand*	Untertriassische
		16. *Muschelkalk*	Mitteltriassische
		17. *Keuper*	Obertriassische
	VIII. Jura	18. *Lias*	Liassische
		19. *Bath*	Unteroolithische
		20. *Oxford*	Mitteloolithische
		21. *Portland*	Oberoolithische
	IX. Kreide	22. *Wealden*	Wälder-Formation
		23. *Neocom*	Untercretacische
		24. *Grünsand*	Mittelcretacische
		25. *Weisskreide*	Obercretacische
Tertiäre Terrains oder caenolithische (caenozoische) Schichtengruppen	X. Eocen (Alttertiär)	26. *Londonthon*	Untereocene
		27. *Grobkalk*	Mitteleocene
		28. *Gyps*	Obereocene
	XI. Miocen (Mitteltertiär)	29. *Limburg*	Untermiocene
		30. *Falun*	Obermiocene
	XII. Pliocen (Neutertiär)	31. *Subapennin*	Unterpliocene
		32. *Arvern*	Oberpliocene
Quartäre Terrains oder anthropolithische (anthropozoische) Schichtengruppen	XIII. Pleistocen (Postpliocen)	33. *Glacial*	Unterpleistocene
		34. *Postglacial*	Oberpleistocene
	XIV. Recent (Alluvium)	35. *Recent*	Alluvium.

VII. Uebersicht der paläontologischen Perioden
oder der grösseren Zeitabschnitte der organischen Erdgeschichte.

I. Erster Zeitraum: **Archozoisches Zeitalter.** *Primordial-Zeit.*
(Archolithischer Zeitraum. Zeitalter der Leptocardier oder der Algen.)

Aeltere Primordialzeit	1. Erste Periode:	Antelaurentische Zeit (Autogonie-Zeit)
	2. Zweite Periode:	Laurentische Zeit (Eozoon-Zeit)
Mittlere Primordialzeit	3. Dritte Periode:	Antecambrische Zeit
	4. Vierte Periode:	Cambrische Zeit
Neuere Primordialzeit	5. Fünfte Periode:	Antesilurische Zeit
	6. Sechste Periode:	Silurische Zeit.

II. Zweiter Zeitraum: **Paläozoisches Zeitalter.** *Primär-Zeit.*
(Paläolithischer Zeitraum. Zeitalter der Fische oder der Prothallophyten.)

Aeltere Primärzeit	7. Siebente Periode:	Antedevonische Zeit (Vordevon-Zeit)
	8. Achte Periode:	Devonische Zeit (Rothsand-Zeit)
Mittlere Primärzeit	9. Neunte Periode:	Antecarbonische Zeit (Vorkohlen-Zeit)
	10. Zehnte Periode:	Carbonische Zeit (Kohlen-Zeit, Steinkohlen-Zeit)
Neuere Primärzeit	11. Elfte Periode:	Antepermische Zeit (Vorperm-Zeit)
	12. Zwölfte Periode:	Permische Zeit (Kupferschiefer-Zeit).

III. Dritter Zeitraum: **Mesozoisches Zeitalter.** *Secundär-Zeit.*
(Mesolithischer Zeitraum. Zeitalter der Reptilien oder der Gymnospermen.)

Aeltere Secundärzeit	13. Dreizehnte Periode:	Antetriassische Zeit (Vorsalz-Zeit)
	14. Vierzehnte Periode:	Triassische Zeit (Salz-Zeit)
Mittlere Secundärzeit	15. Fünfzehnte Periode:	Antejurassische Zeit (Vorlias-Zeit)
	16. Sechzehnte Periode:	Jurassische Zeit (Lias-Zeit und Oolith-Zeit)
Neuere Secundärzeit	17. Siebzehnte Periode:	Antecretacische Zeit (Vorkreide-Zeit)
	18. Achtzehnte Periode:	Cretacische Zeit (Kreide-Zeit).

IV. Vierter Zeitraum: **Caenozoisches Zeitalter.** *Tertiär-Zeit.*
(Caenolithischer Zeitraum. Zeitalter der Säugethiere oder der Angiospermen.)

Aeltere Tertiärzeit	19. Neunzehnte Periode:	Anteocene Zeit
	20. Zwanzigste Periode:	Eocene Zeit
Mittlere Tertiärzeit	21. Einundzwanzigste Periode:	Antemiocene Zeit
	22. Zweiundzwanzigste Periode:	Miocene Zeit
Neuere Tertiärzeit	23. Dreiundzwanzigste Periode:	Antepliocene Zeit
	24. Vierundzwanzigste Periode:	Pliocene Zeit.

V. Fünfter Zeitraum: **Anthropozoisches Zeitalter.** *Quartär-Zeit.*
(Anthropolithischer Zeitraum. Zeitalter des Menschen und der Cultur.)

Aeltere Quartärzeit (Affenmenschenzeit)	25. Fünfundzwanzigste Periode:	Glacial-Zeit
	26. Sechsundzwanzigste Periode:	Postglacial-Zeit
Neuere Quartärzeit (Culturzeit)	27. Siebenundzwanzigste Periode:	Dualistische Cultur-Zeit
	28. Achtundzwanzigste Periode:	Monistische Cultur-Zeit.

VIII. Epacme, Acme, Paracme.

Aufbildung *(Anaplasis)*, Umbildung *(Metaplasis)* und Rückbildung *(Cataplasis)* haben wir im sechzehnten Capitel (S. 18) drei verschiedene Stadien der Entwickelung genannt, welche wir allgemein in der Genesis der organischen Individuen unterscheiden konnten. Den Charakter dieser drei individuellen Entwickelungs-Perioden haben wir im siebzehnten Capitel (S. 76) schärfer zu bestimmen versucht. Wir kommen hier auf jene Bestimmung zurück, weil die vollständige Parallele zwischen der Ontogenie und Phylogenie auch in dieser Beziehung nicht fehlt, und weil auch die organischen Arten und Stämme in gleicher Weise wie die organischen Individuen, die drei Stadien der Aufbildung, der Umbildung und der Rückbildung zu durchlaufen haben.

Wie die gesammte Entwickelungs-Bewegung der Arten und der Stämme bisher nur selten als continuirliche Bewegungs-Erscheinung erkannt, und noch seltener in ihrem hohen Interesse gewürdigt worden ist, so gilt dies auch von den verschiedenen Stadien oder Hauptperioden ihrer Entwickelung. Allerdings mussten schon die ersten Anfänge der paläontologischen Statistik zu der Ueberzeugung führen, dass die verschiedenen Gruppen des Systems hinsichtlich der Dauer und Ausdehnung ihrer Entwickelung sich zu verschiedenen Zeiten der Erdgeschichte sehr verschieden verhalten haben, und dass das Zahlenverhältniss der Arten und der sie repräsentirenden Individuen in den verschiedenen Gruppen des Thier- und Pflanzenreichs sich zu allen Zeiten sehr verschieden gestaltet hat. Die Zunahme und Abnahme der Artenzahl und der Sippenzahl in den einzelnen Familien, Ordnungen und Classen ist daher schon seit längerer Zeit Gegenstand der Aufmerksamkeit und der statistischen Bestimmung der Paläontologen gewesen, und man hat namentlich sehr oft die Zeitdauer der einzelnen Gruppen, sowie ihre Zunahme und Abnahme an Zahl der Gattungen und Arten in den verschiedenen Perioden der Erdgeschichte graphisch durch doppelkegelförmige Linien darzustellen versucht. Insbesondere ist Bronn in seiner „Geschichte der Natur“ und in seinen trefflichen „Untersuchungen über die Entwickelungs-Gesetze der organischen Welt“ bemüht gewesen, diese historische Zunahme, Dauer und Abnahme der Artenzahl und Sippenzahl in den verschiedenen Abtheilungen des Thier- und Pflanzen-Reichs festzustellen. Indessen musste diesen Bemühungen so lange ihr bestimmtes Ziel und ihr causaler Leitstern fehlen, als nicht der leitende Grundgedanke der Descendenz-Theorie den genealogischen Zusammenhang der „verwandten“ Organismen als die Ursache ihrer paläontologischen Erscheinungsweise nachgewiesen hatte. Nur von diesem Standpunkte aus können wir begreifen, warum die Arten, Gattungen, Classen u. s. w., kurz alle die verschiedenen Kategorieen des Systems, von der Varietät bis zum Stamm hinauf, überall ebenso verschiedene Stadien ihrer Entwickelung unterscheidenlassen, wie die einzelnen Individuen während der Zeit ihrer individuellen Existenz.

Wie wir aber zeigten, dass wir unter Ontogenese die gesammte Reihe von Formveränderungen begreifen müssen, welche der individuelle Organismus während der ganzen Zeit seiner individuellen Existenz durchläuft, so müssen wir hier dasselbe für die Phylogenese wiederholen. Auch die Entwickelung der Arten und der Stämme, und gleicherweise jeder anderen Kategorie des Systems, umfasst ebenso wie diejenige der physiologischen Individuen die ganze Reihe von Fomveränderungen, welche jede dieser genealogischen Kategorieen während der gesammten Zeit ihrer Existenz durchläuft. Jede dieser Kategorieen hat eine beschränkte Zeitdauer ihrer Existenz, und diese wird durch den Kampf um das Dasein bestimmt.

Die drei Stadien der Aufbildung, Umbildung und Rückbildung sind nun zwar in der Phylogenese ebenso wie in der Ontogenese allgemein zu unterscheiden; indessen ist es dort ebenso wenig als hier möglich, dieselben scharf zu charakterisiren, und durch scharfe Grenzlinien von einander zu scheiden. Vielmehr gehen die Stadien der phylogenetischen ebenso wie die der ontogenetischen Entwickelung allmählich in einander über, und oft sind selbst ihre ungefähren Grenzen nur sehr unsicher zu bestimmen. Dennoch ist die Unterscheidung derselben von grossem Vortheil, und sogar durchaus nothwendig, um eine klare Uebersicht über das phylogenetische Verhältniss der einzelnen Gruppen zu einander und zum ganzen Stamme zu erhalten.

Um die Verwechselung der phylogenetischen Entwickelungs-Stadien mit den ontogenetischen zu vermeiden, erscheint es passend, dieselben durch besondere feststehende Ausdrücke zu bezeichnen, welche den letzteren entsprechen. Wir nennen das erste Stadium der Phylogenese, welches der ontogenetischen Anaplase gleich steht, ihre Aufblühzeit *(Epacme)*, das zweite, welches der Metaplase entspricht, die Blüthezeit *(Acme)*, und das dritte, welches der Cataplase correspondirt, die Verblühzeit *(Paracme)*.

I. Die Aufblühzeit *(Epacme)*, das erste Stadium der Phylogenese, umfasst diejenige Zeit in der Entwickelung der Arten und der Stämme, welche von ihrer Entstehung bis zu ihrer Blüthezeit reicht. Sie entspricht also dem Jugendalter *(Juventus, Adolescentia)* oder der Aufbildungszeit *(Anaplasis, Evolutio)*, welche wir oben als das erste Stadium der individuellen Entwickelung charakterisirt haben (S. 76). Als diejenige physiologische Entwickelungs-Function, welche vorzugsweise für dieses Stadium der Ontogenese characteristisch und bedeutend ist, haben wir daselbst das Wachsthum bezeichnet, und ebenso werden wir das Wachsthum auch als den charakteristischen Process der phylogenetischen Epacme betrachten können. Die epacmastische Crescenz der Arten und Stämme besteht ebenso wie das anaplastische Wachsthum der Bionten, in einer Ausdehnung und Grössenzunahme. Bei den Arten wächst die Anzahl der Individuen und bei den Stämmen die Anzahl der subordinirten Kategorieen (Classen, Ordnungen etc.), welche dieselben zusammensetzen.

II. Die Blüthezeit *(Acme)*, das zweite und mittlere Stadium der Phylogenese, begreift diejenige Zeit in der Entwickelung der Arten und Stämme, welche zwischen der Epacme und der Paracme liegt. Sie correspondirt mithin dem Reifealter *(Maturitas, Adultas)* oder der Umbildungszeit *(Metaplasis, Transvolutio)*, welche wir oben als das zweite Stadium der individuellen Entwickelung abgesteckt haben (S. 78). Diejenige physiologische Entwickelungs-Function, welche vorzugsweise dieses Stadium der Ontogenese beherrscht, ist die Differenzirung oder Divergenz der Form, und ebenso können wir diesen Process auch als die wesentlichste Function der phylogenetischen Acme betrachten. Die acmastische Differenzirung der reifen Arten und Stämme besteht, ebenso wie die metaplastische Divergenz der Bionten, weniger in einer quantitativen als in einer qualitativen Vervollkommnung, und vorzugsweise in der vielseitigen Anpassung an die verschiedenartigsten Existenzbedingungen. Durch diese Differenzirung der Arten bilden dieselben ein reiches und vielstrahliges Varietätenbüschel, während durch die Divergenz der Stämme eine grosse Anzahl von neuen Gruppen entstehen.

III. Die Verblühzeit *(Paracme)*, das dritte und letzte Stadium der Phylogenese, umfasst diejenige Zeit in der Entwickelung der Arten und Stämme, welche vom Ende der Blüthezeit bis zum Ende ihrer Existenz reicht. Sie entspricht also dem Greisenalter *(Deflorescentia, Senilitas)* oder der Rückbildungszeit *(Cataplasis, Involutio)*, welche oben als das dritte und letzte Stadium der individuellen Entwickelung geschildert worden ist (S. 79). Als diejenige physiologische Entwickelungs-Function, welche vorzugsweise in diesem Stadium der Ontogenese herrscht, haben wir daselbst die Degeneration nachgewiesen, und dieser Process charakterisirt ebenso auch die phylogenetische Paracme. Die paracmastische Degeneration der Arten und Stämme besteht ebenso wie die ontogenetische Entbildung der Bionten, zunächst in einer Beschränkung und Verminderung ihres physiologischen und in Folge dessen auch ihres morphologischen Bestandes und Vermögens. Bei den Arten nimmt die Zahl der Individuen ab, indem sie entweder aussterben oder in andere Arten übergehen. Bei den Stämmen nimmt die Zahl aller Kategorieen, und der sie vertretenden Bionten ab, bis zum vollständigen Aussterben.

Zweiundzwanzigstes Capitel.

Entwickelungsgeschichte der Arten oder Species.

(Naturgeschichte der organischen Arten oder der genealogischen Individuen zweiter Ordnung.)

„Die Idee der Metamorphose ist gleich der vis centrifuga und würde sich ins Unendliche verlieren, wäre ihr nicht ein Gegengewicht zugegeben: ich meine den Specificationstrieb, das zähe Beharrlichkeitsvermögen dessen, was einmal zur Wirklichkeit gekommen, eine vis centripeta, welcher in ihrem tiefsten Grunde keine Aeusserlichkeit etwas anhaben kann.“ Goethe.

I. Allgemeine Kritik des Species-Begriffes.

Seitdem Linné vor 130 Jahren in seinem *Systema naturae* zum ersten Male die ausserordentlichen Vortheile gezeigt hatte, welche die von ihm eingeführte binäre Nomenclatur für die übersichtliche Registratur der Organismen bietet, und seitdem die Einordnung der verschiedenartigen Formen in das System, und ihre Benennung mit Genus- und Species-Namen mehr und mehr Hauptbeschäftigung der sogenannten „Systematik“ geworden war, hat es nicht an vielfältigen Versuchen gefehlt, das eigentliche Wesen der Art oder Species in seinem eigenthümlichen Werthe zu erkennen, und den Begriff derselben zu bestimmen. Die Geschichte dieser grösstentheils verfehlten Versuche ist für die Geschichte der gesammten organischen Morphologie von grosser Bedeutung. Denn einerseits hat das zur allgemeinen Herrschaft gelangte Dogma von der Constanz der Species die irrthümlichsten allgemeinen Anschauungen in allen einzelnen Zweigen der morphologischen Botanik und Zoologie hervorgerufen. Andererseits aber zeigen sich gerade in der Art und Weise, in welcher man jenes Dogma aufgebaut und zum Fundament aller generellen morphologischen Reflexionen erhoben hat, auf das Klarste alle die principiellen Fehler und methodologischen Irrwege, welche bisher in allen Zweigen der organischen Morphologie die Geltung der allein richtigen monistischen

Naturanschauung, und somit auch die Erkenntnis der allein maassgebenden causal-mechanischen Naturgesetze gehindert haben. Die blinde Dogmatik und der Mangel an Kritik, die einseitige Vertiefung in der isolirenden Analyse und der Mangel an vergleichender Synthese, das unklare Haschen nach teleologischen Schein-Gründen und die vorurtheilsvolle Vernachlässigung der wirklichen mechanischen Gründe kurz alle die Mängel und Fehler, welche bisher die Morphologie der Organismen gehindert haben, sich auf den objectiven monistischen Standpunkt aller übrigen Naturwissenschaften zu erheben, und welche sie in der Knechtschaft subjectiver dualistischer Vorurtheile erhalten haben — alle diese Mängel und Fehler sind auf das engste mit dem fundamentalen Dogma von der absoluten Individualität und Constanz der Species verknüpft, und durch dasselbe, grösstentheils unmittelbar bedingt. Der allgemeine Mangel an natürlicher Logik, und überhaupt an gesunder Philosophie, welcher das Grundübel der ganzen organischen Morphologie bildet, zeigt sich daher auch nirgends so auffallend wie in der Species-Frage.

Obwohl desshalb eine kritische Entwickelungs-Geschichte der Species-Dogmatik für die gesammte Morphologie der Organismen von hohem Interesse ist, würde es uns doch hier viel zu weit führen, wollten wir alle verschiedenen Ansichten auch nur der hervorragendsten Morphologen über die Species einer allgemeinen Besprechung unterziehen und den verwickelten Knäuel unklarer und widersprechender Vorstellungen darüber entwirren. Dies muss einer zukünftigen Geschichte der Descendenz-Theorie vorbehalten bleiben. Wir beschränken uns vielmehr hier darauf, den ganz verschiedenartigen Inhalt und Umfang des Species-Begriffes hervorzuheben, welchen derselbe, von morphologischem, physiologischem und genealogischem (morphogenetischem) Gesichtspunkte aus bestimmt, besitzt.

Das Wichtigste, was in dieser Beziehung zunächst zu beachten ist, finden wir in dem Umstande, dass der praktische Gebrauch des Species-Begriffes sich meistens ganz unabhängig von der theoretischen Bestimmung desselben erhielt. Die alte, authentische Definition Linné's, welcher den Species-Begriff nicht allein zuerst theoretisch aufstellte, sondern auch mit dem glänzendsten Erfolge praktisch anwandte, lautete: „Species tot sunt diversae, quot diversae formae ab initio sunt creatae." Diese Definition ist offenbar rein speculativer Natur, auf das eingewurzelte theoretische Schöpfungs-Dogma gegründet, und ganz unabhängig von der praktischen, auf die Vergleichung concreter Individuen und ihre Unterscheidung durch constante Merkmale gestützten Bestimmung der Arten. Mehr in Verbindung mit der letzteren wurde späterhin die theoretische Species-Definition durch Cuvier gebracht, welcher nächst Linné den grössten und nachhaltigsten Einfluss auf die Systematik ausübte. Nach Cuvier ist die Species „la réunion der individus descendant l' un de l' autre et des parents communs, et de ceux, qui leur ressemblent autant, qu' ils se ressemblent entre eux." In dieser Bestimmung, an welche sich die meisten späteren mehr oder minder eng anschliessen, wird offenbar zweierlei für die zu einer Species gehörigen Individuen verlangt, erstens nämlich ein gewisser Grad von Aehnlichkeit oder annähernder Gleichheit der Charaktere, und zweitens ein verwandtschaftlicher Zusammenhang durch das Band gemeinsamer Abstammung. Von den späteren Autoren ist bei den zahlreichen Versuchen, die Definition zu vervollkommnen, bald mehr auf die genealogische Blutsverwandtschaft aller Individuen einer Art, bald mehr auf ihre morphologische Uebereinstimmung in allen wesentlichen Charakteren Rücksicht genommen worden. Im Allgemeinen kann man aber behaupten, dass bei der praktischen Anwendung des Artbegriffs, bei der Unterscheidung und Benennung der einzelnen Species, fast immer nur das letztere Moment zur Geltung gelangte, das erstere dagegen ganz vernachlässigt wurde. Späterhin wurde zwar die genealogische Vorstellung von der gemeinsamen Abstammung aller Individuen einer Art noch durch die physiologische Bestimmung ergänzt, dass alle Individuen einer Art mit einander eine fruchtbare Nachkommenschaft erzeugen können, während die sexuelle Vermischung von Individuen verschiedener Arten gar keine oder nur eine unfruchtbare Nachkommenschaft liefert. Indessen war man in der systematischen Praxis allgemein vollkommen zufrieden, wenn man bei einer untersuchten Anzahl höchst ähnlicher Individuen die Uebereinstimmung in allen wesentlichen Charakteren festgestellt hatte, und frug nicht weiter danach, ob diese zu einer Art gerechneten Individuen in der That gemeinsamen Ursprungs und fähig seien, bei der Begattung mit einander eine fruchtbare Nachkommenschaft zu erzeugen. Vielmehr kam diese physiologische Bestimmung natürlicherweise bei der praktischen Unterscheidung der Thier- und Pflanzen-Arten eben so wenig in Anwendung, als die vorausgesetzte gemeinsame Abstammung von einem und demselben Eltern-Paare. Andererseits unterschied man ohne Bedenken zwei nächstverwandte Formen als zwei verschiedene „gute Arten", sobald man bei einer untersuchten Anzahl von ähnlichen Individuen eine constante Differenz, wenn auch nur in einem verhältnissmässig untergeordneten Charakter, nachgewiesen hatte. Auch hier kümmerte man sich nicht darum, ob die beiden verschiedenen Reihen wirklich nicht von gemeinsamen Voreltern abstammten, und wirklich mit einander keine oder doch nur unfruchtbare Bastarde zeugen konnten.

Aus diesen einfachen Gründen, und besonders aus der Unmöglichkeit, die gemeinsame Abstammung und die Fähigkeit zur Erzeugung fruchtbarer Nachkommen bei allen Individuen derselben Species nachzuweisen, wurde dann die offenbare Trennung zwischen der theoretischen und der ganz davon unabhängigen praktischen Unterscheidung der Species mehr oder weniger unbewusst den Systematikern zur Gewohnheit. Theoretisch wurde die Art bestimmt als der Inbegriff aller Individuen verschiedenen Geschlechts, die mit einander eine fruchtbare, die Gattung als Inbegriff derer, die keine oder eine unfruchtbare Nachkommenschaft erzeugen. Dabei setzte man gewöhnlich stillschweigend voraus, dass alle Individuen einer Art ursprünglich von gleichen, alle Arten einer Gattung dagegen von verschiedenen Voreltern abstammten. Ebenso wurde die Unveränderlichkeit oder Constanz der Art in der Zeit vorausgesetzt. Bei der praktischen Species-Unterscheidung dagegen wurde diese Voraussetzung gewöhnlich nicht im mindesten berücksichtigt und man hielt sich bloss an die Uebereinstimmung oder die Differenz der sogenannten „wesentlichen" Charaktere in den grade zur Bestimmung vorliegenden und zu vergleichenden Exemplaren. Leichtere und auch oft bedeutende, aber inconstante Differenzen zwischen denselben wurden nicht als Merkmale von besonderen Arten, sondern nur von Abarten oder Spielarten (Varietäten, Subspecies) angesehen. Die Probe mit der Fortpflanzungsfähigkeit wurde nicht gemacht. Auch wäre es ja in der That in den allermeisten Fällen, wie z. B. bei der Feststellung der Species von nicht lebend zu beobachtenden, sowie von allen ausgestorbenen Thieren, ganz unmöglich gewesen, die verlangte Probe mit der gleichartigen Fortpflanzung anzustellen, und die Abstammung von einem einzigen Elternpaare empirisch nachzuweisen. Dass aber auf diese Weise die erwähnten Voraussetzungen bald nur zu einem leeren Dogma ausarteten, welches bloss in den Handbüchern in Ermangelung einer besseren Definition der Species schulgerecht fortgeführt und allgemein wiederholt wurde, liegt auf der Hand. Jede eingehende kritische Untersuchung zeigt, dass in der zoologischen und botanischen Praxis allein die morphologische Rücksicht auf die unterscheidenden sogenannten specifischen Charaktere zur Geltung kam, nicht aber das genealogische Kriterium, gezogen aus der Voraussetzung gemeinsamer Abstammung, und eben so wenig die physiologische Erwägung, dass zwei verschiedene Species keine fruchtbare Nachkommenschaft mit einander erzeugen können.

Dass dieser Mangel an Zusammenhang zwischen der theoretisch-physiologischen und der praktisch-morphologischen Bestimmung der Species den Werth der ersteren ganz illusorisch machte, wurde seltsamer Weise von den meisten zoologischen und botanischen Systematikern gar nicht bemerkt. In dem Eingange zu den Handbüchern wurde immer wieder gewissenhaft die theoretische Definition wiederholt, dass zu einer Art alle Individuen (und nur diese!) gehören, welche von gemeinsamen Voreltern abstammen und welche bei der sexuellen Vermischung eine fruchtbare Nachkommenschaft erzeugen. In der That aber wurde die Richtigkeit dieser Bestimmung niemals wirklich geprüft, vielmehr die Unterscheidung und Benennung der Species lediglich durch Ermittelung der Uebereinstimmung in allen „wesentlichen“ morphologischen Charakteren bewirkt.

Die schlimmen Folgen für die gesammte Systematik, besonders die Verwirrung und Haltlosigkeit, welche hieraus entstanden, zumal Niemand genau festsetzte, welche unterscheidenden Charaktere „wesentliche oder specifische“ seien, welche nicht, hat der verdienstvolle Reformator der thierischen Entwickelungsgeschichte, C. E. von Bär, schon vor 45 Jahren höchst treffend geschildert [1]). Sein scharfer kritischer

[1]) „Linné's Gedanke, allen unter sich ähnlichen Naturproducten einen gemeinschaftlichen Namen, und jedem für sich einen eigenen dazu zu geben, so dass der Doppelname eines Körpers mit der ersten Hälfte seine Verwandten, mit der zweiten seine eigene Individualität bezeichnet, dieser Gedanke allein verdiente Unsterblichkeit, und musste sie zu einer Zeit erwerben, wo lichtvolle Uebersicht und Entfernung der Namenverwirrung der sehnlichste Wunsch war. Linné war weit entfernt, die künstliche Aneinander-Reihung der einzelnen Formen (Systematik) für den höchsten Zweck zu halten, und unzweideutig spricht er sich dagegen aus; allein jenes Systema naturae, das er selbst entworfen, und als Basis für alle Zeiten hingestellt hatte, musste ihn nothwendiger Weise am meisten beschäftigen, und er verdient unseren grössten Dank dafür, da er stets sich bemühte, die nothwendige Kritik anzuwenden, und nichts aufnahm, was er nicht selbst gesehen, oder worüber er nicht gründliche und ausführliche Nachrichten zu haben glaubte. Wenn aber Linné's Streben nach den Verhältnissen der Wissenschaft nothwendig auf Systematik, und besonders auf künstliche Systeme gerichtet sein musste (denn nur diese konnten dem Bedürfnisse schnelle Abhülfe thun), so blendete das grosse Ansehen dieses Mannes seine zahlreichen Schüler so sehr, und der Gewinn eines Systems war so gross, dass nunmehr das für Zweck galt, was doch nur Mittel sein sollte.

„So sehen wir denn das Verzeichniss der Arten organischer Körper zu einer ungeheuren Ausdehnung anwachsen, die zu übersehen kein Sterblicher mehr vermag. Wie viel Arbeit, wie viel Menschenleben musste daran gesetzt werden, um bis dahin zu gelangen. Bedenkt man, wie wenig die schwache Kraft des Einzelnen an einem solchen Bau fördert, so muss man Rechenschaft fordern über den Gewinn, den so gemeinschaftliche Opfer der menschlichen Cultur brachten. Ach! Es war ein geringer Preis, für den man kämpfte! Vergrösserung des angefangenen Registers der Naturkörper! Was helfen hundert Rietgräser, die man mehr aufzählen kann, wenn man über ihre Benutzung oder ihren Werth in der Oekonomie der Natur nichts angeben kann? Wozu frommt es, eine Fliege mit perlfarbenem Steissfleck von einer ähnlichen mit kreideweissem Fleck auf demselben edlen Körpertheil sorgsam unterscheiden, mit gelehrten Kunstwörtern beschreiben, und prächtig in Kupfer stechen? Das kann doch nur Werth haben, wenn es als Mittel zu einem anderen, wahren Gewinn gebenden Zweck dient!

„So ist denn das Systema naturae, anfangs als segensreiche Quelle aus der Hand seines Schöpfers hervorgegangen, dann, angeschwollen durch unübersehbare Zuflüsse, verunreinigt durch unerforschliche Irrthümer, ein Strom geworden, der alle Arbeit der Naturforscher zu vernichten droht. Die Nachwelt wird es nicht glauben, dass unser Zeit-

Blick erkannte vollkommen richtig das Grundübel, welches diese chao-

---

alter so hingerissen sein konnte für dieses Verzeichniss der Arten, ohne Rechenschaft ablegen zu können, was überhaupt eine „Art" der organischen Körper sei. So paradox es klingt, so kann ich doch nicht umhin, es als meine Ueberzeugung auszusprechen, dass in unseren Tagen Niemand dies vermöge. Ich habe mich bemüht, die Definition hierüber bei den berühmtesten Botanikern und Zoologen aufzusuchen. Statt sie einzeln anzuführen, bemerke ich, dass sie sich sämmtlich auf folgende drei Hauptbestimmungen zurückführen lassen: I. Was sich unter einander befruchten kann, bildet eine Art. Diese Bestimmung beruht auf der Erfahrung, dass gewöhnlich nur lebende Wesen von demselben äusseren und inneren Bau sich paaren, eine Erfahrung, die nicht mehr als entscheidend angesehen werden kann, seitdem die Beobachtungen vom Gegentheil sich zu häufen anfangen." (Hierauf zählt Bär zahlreiche sicher constatirte Beispiele von fruchtbarer Paarung verschiedener Arten und unzweifelhafter Bastardzeugung auf [l. c. S. 26, 27].) „II. Die Bemerkung, dass äussere Verhältnisse, als Lebensart, Clima u. s. w. die Form der Pflanzen und Thiere ein wenig verändern, diese Modificationen aber bei veränderten äusseren Verhältnissen sich wieder verlieren, gab zu einer anderen Begränzung der Arten Veranlassung. „„Species tot numeramus, quot diversae formae a principio sunt creatae."" Abgesehen davon, dass fruchtbare Bastardzeugung dabei stillschweigend geleugnet wird, nimmt man als ausgemacht an, was erst erwiesen werden sollte, dass alle Pflanzen und Thiere, wie wir sie jetzt kennen, ursprünglich entstanden, nicht Umänderungen früher bestehender Formen sind. III. Organische Körper, die in wesentlichen Merkmalen mit einander übereinstimmen, muss man zu einer Art zählen, wenn sich auch Verschiedenheiten in unwesentlichen Dingen, als Farbe, Grösse u. s. w. finden. So lange aber dieser Satz nicht bestimmter ausgedrückt werden kann, ist er nicht im Stande, eine Norm für die Praxis abzugeben; denn da „„Wesentlich"" und „„weniger Wesentlich"" relativ ist, so bleibt es immer der Willkür der Naturforscher überlassen, wie weit sie die Grenzen der Species ausdehnen wollen.

„Gesetzt aber auch, diese oder eines der früher berührten Kennzeichen für Species wären wahr, so sind sie doch meistens nicht anwendbar bei Aufstellung neuer Arten, und lassen daher fast immer ungewiss. In der That scheint die Natur mit ihren Forschern ein Spiel zu treiben, da diese gerade in den gewöhnlichsten Dingen die grössten Schwierigkeiten finden. Für die tausendjährigen treuen Begleiter des Menschen-Geschlechts, die Hausthiere und Getreide-Arten, wollen sich die specifischen Charaktere immer noch nicht fest bestimmen lassen. Welches ist die Diagnose des Hundes? Warum sollen die Dogge und das Windspiel zu einer Art gehören, wenn man den Unterschied der Katzen-Arten nach den Flecken der Haut bestimmt? Die Hunde pflanzen sich alle unter einander fort, antwortet man. Ist aber der Versuch mit dem Jaguar und Panther auch gemacht worden?

„Aus dem bisher Gesagten lässt sich wohl die allgemeine Folgerung ziehen, dass wir auf dem Wege der blossen Beobachtung nicht tief ins Innere der Natur dringen können, und dass, um richtig beobachten zu können, wir einer Einsicht in die Gesetze der organischen Bildung, als eines leitenden Princips bedürfen. Aus den endlosen Versuchen, auf empirischem Wege zu einer allgemein gültigen Bestimmung des Umfangs der Arten zu gelangen, und den vielen Reden und Gegenreden darüber sollte man sich endlich überzeugen, dass auf diesem Wege das Ziel nicht zu erreichen ist, und dass nur die Speculation (die jedoch, wie überall in der Naturwissenschaft, der Beobachtung als Materials nicht entbehren darf) uns die richtige Erkenntniss geben kann." C. E. v. Bär, Zwei Worte über den jetzigen Zustand der Naturgeschichte. Königsberg 1821.

tische Confusion herbeigeführt hatte, den Mangel einer gesunden Speculation, einer klaren und logischen Synthese der analytisch gesammelten empirischen Beobachtungen. Seit jener Zeit ist aber dieses Uebel in beständiger Zunahme gewachsen, und seine damaligen Vorwürfe gelten heute in verstärktem Maasse. Der Grundirrthum der meisten Morphologen liegt noch heutigen Tages, ebenso bei anderen allgemeinen Fragen, wie bei der Species-Frage, darin, dass sie glauben, auf rein empirischem Wege und ohne philosophische Verstandes-Operationen, zu allgemeinen Resultaten und zu klaren Begriffsbestimmungen gelangen zu können. Die Vernachlässigung der Philosophie und die gedankenlose Anhäufung unverbundenen empirischen Roh-Materials rächt sich hier auf das empfindlichste und bringt die unsinnigsten Aeusserungen zu Tage. Viele Zoologen scheinen wirklich zu glauben, dass sie in ihren Museen Urtheile in Weingeist und ausgestopfte Begriffe besitzen, und ebenso scheinen viele Botaniker in dem glücklichen Wahne zu leben, dass ihre Herbarien nicht concrete Pflanzen-Individuen, sondern unter der Pflanzen-Presse getrocknete Begriffe und Urtheile enthalten[1]).

Alles, was wir in unserer methodologischen Einleitung (Bd. I, S. 63) über die nothwendige Wechselwirkung von Empirie und Philosophie, und über die Unentbehrlichkeit streng philosophischer Gehirn-Thätigkeit für jede zunächst bloss sinnlich vermittelte naturwissenschaftliche Untersuchung bemerkt haben, gilt in ganz besonderem Grade für die Species-Frage. Die verkehrten Vorstellungen und die gänzlich unwissenschaftlichen Arbeiten der meisten sogenannten „reinen Systematiker“ beweisen dies auf das deutlichste. Obgleich diese Species-Fabrikanten mit Unterscheidung und Benennung der Arten ihr ganzes Leben zubringen, sind die meisten dennoch ganz ausser Stande, zu sagen, was sie selbst sich eigentlich unter „Species“ denken. In ihren Versuchen, den Begriff derselben zu bestimmen, springt schlagend der unendliche Nachtheil in die Augen, welcher der einseitige Cultus der nackten Empirie und die völlige Vernachlässigung der Philosophie hervorrufen, Fehler, die neuerdings immer allgemeiner werden. Wir wiederholen ausdrücklich, dass Empirie ohne Philosophie ebenso wenig „Wissenschaft“ ist, als Philosophie ohne Empirie. Ein Berg von empirischen Thatsachen ohne verbindende Gedanken ist ein wüster Steinhaufen. Ein künstliches System von philosophischen Gedanken ohne die reale Basis der thatsächlichen Erfahrung ist ein Luftschloss. Weder jener, noch dieses ist ein massives wissenschaftliches Lehrgebäude. Wie wir also den

[1]) Als hervorragende Beispiele der beschränktesten Auffassung in dieser Beziehung verdienen vorzüglich die einschlagenden Arbeiten von Andreas Wagner hervorgehoben zu werden, z. B. sein Vortrag „zur Feststellung des Artbegriffes“ in den Sitzungsberichten der Münchener Akademie, 1861, S. 308.

rein speculativen Philosophen dringendst die Erwerbung reicher empirischer Kenntnisse, so müssen wir den rein empirischen Naturforschern eben so dringend die Erwerbung philosophischen Verständnisses ans Herz legen. Wohin die Vernachlässigung des letzteren führt, zeigen uns die gedankenlosen und ohne jedes scharfe Urtheil, ohne jeden klaren Begriff geschriebenen Angriffe der sogenannten „exacten Empiriker“ auf die Descendenz-Theorie und ihre Versuche, die Species als einen „rein empirischen Begriff“ zu bestimmen [1]).

Dass bei der Begriffsbestimmung der Species der unerlässliche Compass der strengen philosophischen Methode ebenso wenig als bei allen anderen allgemeinen naturwissenschaftlichen Bestrebungen zu entbehren ist, hat nächst Bär besonders Schleiden hervorgehoben, welcher auf dem Gebiete der Botanik ebenso, wie der erstere auf dem der Zoologie, die grössten Verdienste um eine denkende und klare Behandlung der wichtigsten allgemeinen Probleme, und so auch dieser fundamentalen Frage hat. Schleiden hat insbesondere über die Beziehung der Species-Frage zu dem allgemeinen philosophischen Gesetze der Specification eine so treffliche Erörterung gegeben, dass wir die-

---

[1]) Wir führen hier statt unzähliger Beispiele nur eines aus neuester Zeit an. Nach Giebel „spricht die Darwinsche Theorie allen zoologischen Thatsachen Hohn. Sie will reine Begriffe, Ideen materialisiren, denn die Arten, die Gattungen, die Familien, die Classen existiren im System nur begrifflich, bloss ideell als Typen, und sie sollen nach Darwin als materielle Individuen in der Urzeit existirt haben; wie nirgends in der Vorwelt Misch- oder Uebergangs-Gestalten sich finden, so fehlen dieselben auch in der heutigen Pflanzen- und Thier-Reihe. — Man glaube doch nicht, dass man in den paar Merkmalen, welche unsere Balggelehrten in eine zwei Zeilen lange Diagnose zur Charakteristik ihrer Arten und Gattungen zusammenfassen, schon die ganze Wesenheit, den vollen Begriff der Arten oder Gattungen habe. — Die Darwinsche Theorie materialisirt in der plattesten Weise die abstractesten Begriffe der systematischen Zoologie und sieht in ihrer Blindheit nicht, dass diese Begriffe, diese specifischen, generischen u. s. w. Wesenheiten wirklich realiter sichtbar und handgreiflich existiren; die Entwickelungsgeschichte zeigt sie jedem, der sie sehen und verstehen kann. — Für uns gehört die Darwinsche Theorie mit der Tischrückerei und dem Od in ein und dasselbe Gebiet.“ (!!!) Giebel, Zeitschrift für die gesammten Naturwissenschaften, Bd. XXVII, 1866, p. 53.

Ein Commentar zu diesem erheiternden Verdammungs-Urtheil ist überflüssig. Man sieht, dass der Verfasser weder von „Typus“, noch von „Wesenheit“, weder von „Idealem“, noch von „Realem“ irgend eine klare Vorstellung besitzt. Er hat weder einen Begriff vom „Begriff“, noch eine Idee von der „Idee“. Alles geht bunt durch einander. Und doch ist dieser confuse Wirrwarr noch lange nicht das Schlimmste! Wir führen ihn nur deshalb an, weil Giebel gewiss zu den „kenntnissreichsten“ Zoologen gehört, und sowohl „paläontologische“ als „zoologische“ Namen und Formen in bewundernswürdiger Masse im Kopfe hat. Nur Schade, dass diese Namen keine Begriffe und diese Formen keine Vorstellungen sind! Dies Beispiel zeigt schlagend, dass auch die grösste Masse von thatsächlichen „Kenntnissen“ nichts hilft, wenn dieselbe als rohe und unbehauene Bausteine unverbunden neben einander liegen, und wenn jede philosophische Verbindung von Begriffen ebenso wie jede klare Begriffs-Bildung selbst fehlt.

selbe hier wörtlich folgen lassen [1]): „Fragen wir nach dem charakteristischen Merkmale des Begriffs „Art“ bei organischen Wesen, so kann uns nur folgende Betrachtung leiten. Das Gesetz der Specification ist eigentlich subjectiven Ursprungs; in der Art und Weise, wie sich nothwendig unsere Begriffe und Abstractionen bilden, liegt der Grund, weshalb wir nach allgemeinen Merkmalen Arten und Geschlechter als Gegenstände unserer geistigen Thätigkeit festhalten müssen, und denkend niemals zum Einzelwesen kommen können, welches nur anschaulich durch die bestimmte Eingrenzung in Raum und Zeit, durch das „Hier“ erkannt wird. Dieses subjectiven Ursprungs wegen würde aber das Gesetz der Specification für unsere wissenschaftliche' Naturerkenntniss ohne alle Bedeutung bleiben, wenn uns nicht die Natur entgegenkäme, und der subjectiven Auffassungsweise durch die Erfahrung objective Gültigkeit verschaffte. Das Individuum ist vergänglich, und mithin Alles, was von ihm allein gilt; es ist nur anschaulich für jeden Einzelnen zu erfassen, und nicht durch Begriffe mittheilbar; die Wissenschaft aber ist bedingt durch die Andauer ihres Objects, weil davon ihre allmähliche Entwickelung, also ihre Wirklichkeit abhängt, und durch die Mittheilbarkeit ihres Inhalts, weil sie aufhört, Wissenschaft und fortbildungsfähig zu sein, wenn sie im einzelnen Menschen beschlossen bleibt, also mit ihm untergeht. Wir müssen hier also auf irgend eine Weise, selbst mit dem Bewusstsein, dass es nur eine vorläufige Aushülfe sei, dieser Anforderung an die Anwendung des Gesetzes der Specification Genüge leisten. Die schärfste Bestimmung des Artbegriffs wäre eigentlich folgende: „„Zu Einer Art gehören alle Individuen, die, abgesehen von Ort und Zeit, unter völlig gleichen Verhältnissen auch völlig gleiche Merkmale zeigen.““ Es ist uns aber für die wenigsten Fälle vergönnt, dies Princip in der Artbestimmung geltend zu machen, am allerwenigsten aber bei den Organismen, bei denen die Bedingungen ihrer Existenz so mannichfaltig und verwickelt sind, dass wir sie niemals alle beherrschen, und daher niemals völlige Gleichheit der Verhältnisse herstellen können. Halten wir auch hier die Wichtigkeit der Entwickelungsgeschichte als Princip der Botanik fest, so können wir den Begriff der Pflanzenart nur darin suchen, dass in der Zeitfolge eine gewisse Gruppe von Merkmalen sich constant und gleich erweise; diese Constanz muss aber bei den Pflanzen sich über das nicht andauernde Individuum, also durch mehrere Generationen, fortsetzen; was daher nicht nach seiner Abstammung von anderen Individuen erkannt werden kann, ist auch gar nicht als Pflanzenart zu bestimmen, und desshalb fällt Alles, was durch Urzeugung und selbst durch ein-

[1]) Schleiden, Grundzüge der wissenschaftl. Botanik. III. Aufl. II. Bd. S. 515.

malige, sich nicht in folgenden Generationen wiederholende Zeugung entsteht, nicht unter den Begriff einer Pflanzen-Art, obschon es anderweitig als Naturkörper auch seine specifische Bestimmung finden muss.“ Zu diesen letzteren, in der That eigentlich keine Arten bildenden Organismen gehören nach unserer Auffassung viele einfachste Formen des Protisten-Reiches. Wollte man bei diesen, und namentlich bei den autogonen Moneren von Arten reden, so könnte man sie oft nicht nach der Form, sondern nur nach der chemischen Constitution und nach etwaigen untergeordneten physiologischen Eigenschaften unterscheiden. Ueberhaupt sind bei vielen Gruppen niederster Organismen Art-Unterschiede sehr viel schwerer festzustellen, als bei den meisten höheren, weil die Constanz der Merkmale überhaupt hier noch nicht zur Geltung gelangt ist. Neuerdings hat z. B. für die Polythalamien Carpenter nachgewiesen, dass man bei ihnen eigentlich gar keine Species in dem Sinne, wie bei den höheren Organismen unterscheiden könne. Sobald man überhaupt die Grundsätze der Species-Bestimmung bei den niederen und höheren Gruppen verschiedener Stämme kritisch vergleicht, wird man gewahr, dass dieselben allerwärts verschiedene sind, und nach der Natur des Gegenstandes verschiedene sein müssen.

Bei der ausnehmenden Wichtigkeit, welche die klare Erkenntniss dieses Verhältnisses für die richtige Beurtheilung der gesammten Systematik, und der von ihr geübten Specification und Classification hat, wollen wir nachstehend den Unterschied zwischen der morphologischen, physiologischen und genealogischen Begriffsbestimmung der Species noch näher beleuchten.

II. Der morphologische Begriff der Species.

Die praktische Unterscheidung und Benennung der Arten, wie sie von der botanischen und zoologischen Systematik allgemein geübt wird, gründet sich ganz vorwiegend auf die Erkenntniss morphologischer, und nicht physiologischer Differenzen, welche zwischen den verglichenen ähnlichen Formen sich auffinden lassen. Jeder Blick auf die kurz gefassten Diagnosen, oder die ausführlicheren Beschreibungen, durch welche in den systematischen Handbüchern und Monographieen die verschiedenen Arten einer Gattung getrennt werden, lehrt uns, dass dasjenige Moment, welches man in der systematischen Praxis durchgängig und fast allein zur Feststellung und Unterscheidung der Species benutzt, die Vergleichung und Wägung der morphologischen Charaktere ist. Dass dieses morphologische Princip allein, mit völliger Beiseitlassung des gemeinsamen Abstammungs-Princips, und ohne Rücksicht auf das physiologische Princip der fruchtbaren Fortpflanzungsfähigkeit, die Systematiker bei ihrer analytischen Species-Bestimmung leitet, muss allgemein zugegeben werden. Eben so sicher ist es aber auch, dass die meisten Systematiker nicht im Stande sind, anzugeben, welche Rücksichten sie hierbei als maassgebende Richtschnur im Auge haben, und worin das Wesen der „specifischen Form-Charaktere“ besteht. Sehr Wenige nur haben sich die Mühe genommen, hierüber nachzudenken, und unter diesen ist vor Allen Louis Agassiz hervorzuheben.

Von den meisten anderen Naturforschern abweichend, erklärt Agassiz die Species für eine ebenso ideale Wesenheit *(„ideal entity“)*, als die übergeordneten Begriffe der Gattung, Familie, Ordnung, Classe und Typus. Alle diese idealen Einheiten sind in der Natur realisirt, sind verkörperte Schöpfungs-Gedanken. Die Charaktere, durch welche sich diese verschiedenen, stufenweise sich erhebenden Kategorieen unterscheiden, sind von verschiedener Qualität. Die Unterschiede der Species [1]) betreffen das Verhältniss der einzelnen Körpertheile zu einander, sowie die absolute Grösse des ganzen Thiers, ferner die Färbung und allgemeine Verzierung der Körperoberfläche, endlich die Beziehungen der Individuen zu einander und zur umgebenden Welt. Die Species wird durch eine gewisse Menge von Individuen repräsentirt, die als solche in engster Beziehung zu einander stehen, niemals aber durch ein einzelnes Individuum. Denn keines der zu einer Species gehörigen Individuen bietet alle charakteristischen Merkmale dieser Species dar. Durch diese Auffassung nimmt Agassiz dem Species-Begriffe die absolute Starrheit, die er in den Augen der meisten Systematiker besitzt, und stellt ihn als eine subjective Kategorie, einen Collectiv-Begriff hin, der ebenso viel objective Begründung in der Natur, und nicht mehr besitzt, als die höhern Begriffe der Gattung, Ordnung, Klasse u. s. w. Wenn wir nun aber die morphologischen, oder richtiger anatomischen, Kriterien näher betrachten, welche Agassiz als „specifische“ Merkmale κατ᾽ ἐξοχήν betrachtet, die absolute Grösse und das Verhältniss der einzelnen Körpertheile zu einander, die Farbe und die allgemeine Verzierung der Körperoberfläche, so ergiebt sich, dass diese zwar in vielen, aber bei weitem nicht in allen Fällen bestimmend sind. Oft sind dieselben Merkmale kaum genügend, zwei anerkannte Varietäten zu unterscheiden, während sie anderemale selbst zur Unterscheidung „guter“ Genera für ausreichend erachtet werden. Andrerseits

---

1) „What is now the nature of these differences, by which we distinguish Species? They are totally distinct from any of the categories on which Genera, Families, Orders, Classes or Branches are founded, and may readly be reduced to a few heads. They are differences in the proportion of the parts and in the absolute size of the whole animal, in the color and general ornamentation of the surface of the body, and in the relations of the individuals to one another and to the world around.“ Agassiz, Methods of study of natural history. Boston 1863, p. 138.

braucht man bloss eine Reihe beliebiger Species-Gruppen aus verschiedenen Hauptabtheilungen des Pflanzen- oder Thierreichs mit einander zu vergleichen, und auf diesen Punkt zu untersuchen, und man wird sehen, dass Charaktere von der allerverschiedensten Qualität zur Unterscheidung benutzt werden.

Die wenigen, von Agassiz und anderen gemachten Versuche, das Wesen und Gewicht der unterscheidenden morphologischen Species-Charaktere schärfer zu bestimmen, und dadurch bei der praktischen Unterscheidung der Species zu einer sicheren Grundlage zu gelangen, sind auch bei der systematischen Praxis zu keiner allgemeinen Geltung gelangt. Wenden wir uns von diesen mehr oder minder missglückten Versuchen zu der Betrachtung der zoologischen und botanischen Praxis, wie sie von den Systematikern täglich bei der Unterscheidung, Benennung und Bestimmung der Arten geübt wird, so zeigt sich bald, dass die meisten Systematiker sich dabei wesentlich von einem gewissen praktischen Tacte leiten lassen. Höchstens kömmt bei den kritischer Verfahrenden hie und da eine bestimmte Maxime von ziemlich vager Natur zur Anwendung. Eine der am weitesten verbreiteten derartigen Maximen oder Bestimmungsregeln ist der Satz: „Zu einer Art gehören alle Individuen, die in allen wesentlichen Merkmalen übereinstimmen.“ Indessen ist nur bei einer geringen Zahl der niedrigsten Organismen diese Behauptung ohne Weiteres richtig. Bei den allermeisten dagegen umfasst der Speciesbegriff nicht eine einzige Form, sondern eine ganze Entwickelungsreihe verschiedener Formen, nämlich den Zeugungskreis, die Formenkette, die das Individuum vom Momente seiner Entstehung an bis zu seinem Tode durchläuft. Es müssen also die verschiedenen Jugendzustände berücksichtigt werden, die oft sehr abweichend von den Erwachsenen sich verhalten, und bei denjenigen, die einer Metamorphose unterworfen sind, die verschiedenen Larven-Zustände, die das Individuum durchläuft. Gleicherweise sind bei den der Metagenesis unterworfenen Arten die verschiedenen Generationen zu berücksichtigen. Wie oft sind aber nicht, lediglich aus Nichtberücksichtigung dieses so einfachen Verhältnisses, abweichend gebildete Jugendformen, Larven und Ammen als eigene Species, wie oft als Glieder weit entfernter Familien oder selbst Classen beschrieben worden! Wer hätte bei der paradoxen Form des *Pluteus* gedacht, dass er die Amme einer Ophiure sei, bei *Pilidium*, dass es zu einem Nemertes gehöre, bei *Phyllosoma*, dass es die Larve von *Palinurus* sei? Wie oft sind selbst bei den höheren Wirbelthieren eigenthümlich gefärbte Jugendformen als besondere Arten beschrieben worden! Wie zahlreich sind in der Abtheilung der Würmer, der Crustaceen, der Mollusken die Beispiele von zusammengehörigen Larven und reifen Formen, die man früher als ganz verschiedene Species beschrieben und erst vor Kurzem als himmelweit verschiedene Zustände eines Individuums entdeckt hat!

Nicht minder wesentlich, als die Formverschiedenheiten der zusammengehörigen Entwickelungsstadien eines und desselben Individuums, sind die Gestaltdifferenzen, welche zwischen den verschiedenen polymorphen Individuen einer und derselben Species sich vorfinden. Auch diese sind unendlich oft in der systematischen Praxis nicht berücksichtigt worden und daraus zahllose Irrthümer entsprungen. Wie oft sind nicht allein die beiden zusammengehörigen Geschlechter einer einzigen Species als verschiedene Arten beschrieben worden! Freilich sind die Verschiedenheiten der beiden zusammengehörigen Geschlechts-Bionten in vielen Fällen von weitgehendem sexuellen Dimorphismus auch der Art, dass dieselben fast in gar keinem „wesentlichen" Merkmale mehr übereinstimmen. Man denke nur an die parasitenähnlichen Männchen vieler niederer Crustaceen und der Rotatorien!

Schon aus diesen wenigen Erwägungen geht hervor, wie ungenügend die vielfach angewendete Definition ist, dass „die Species der Complex aller Individuen sei, die in allen wesentlichen Merkmalen übereinstimmen". Um ein naturgemässes Bild von der Species zu erhalten, ist es durchaus nothwendig, alle die erwähnten, oft so weit divergirenden Gestalten ihres Formenkreises in Betracht zu ziehen. Auch ist in der That diese Nothwendigkeit von den besseren Systematikern in ihrer analytischen Praxis mehr oder weniger unbewusst anerkannt und gewürdigt worden und man hat also ausser den anatomischen auch die ontogenetischen Formen zugleich mit berücksichtigt. Sehr oft ist dies aber auch nicht geschehen und sehr oft konnte es nicht geschehen. Und wie viel Irrthum und Verwirrung ist daraus für die Systematik entsprungen! Wie viel verschiedene Jugendzustände, Larven, Ammen, dimorphe Geschlechts-Individuen und polymorphe differenzirte Gesellschafts-Individuen sind nicht als selbstständige Arten beschrieben worden!

Lassen wir indessen diesen, oft unvermeidlichen Fehler bei Seite, und verfolgen wir weiter den Systematiker in seiner praktischen Arbeit, wie er die Species unterscheidet, bestimmt, benennt, ordnet und für das System zurecht macht. Sehen wir dabei ab von den möglichen Irrungen, die durch die verschiedenen Jugendformen, die Geschlechts-Differenzen, den oft so weit abweichenden Generations-Wechsel innerhalb einer und derselben Art vorkommen können, und nehmen wir an, dass geschlechtsreife Individuen beider Geschlechter oder doch wenigstens ausgewachsene und geschlechtsreife Männchen (die gewöhnlich bei Feststellung des Speciescharakters bevorzugt werden) von vielen verschiedenen Arten zur Untersuchung vorliegen. Nach welchen Regeln, aus welchen Gesichtspunkten sucht der Systematiker die unterscheidenden Merkmale aufzufinden und festzustellen? Giebt es überhaupt für diesen Zweck feste leitende Grundsätze? Nicht im Mindesten! das Geschäft wird vielmehr rein empirisch betrieben! Als die entscheidenden und die wichtigsten Species-Charaktere gelten allein die constantesten, d. h. diejenigen, die am wenigsten bei den am meisten sich ähnlichen Individuen variiren, und die bei diesen Allen vorkommen, wärend sie bei einer Anzahl anderer, ebenfalls ähnlicher Individuen, die aber eine besondere Art bilden sollen, constant fehlen. Offenbar bewegt man sich hier aber (und es geschieht unendlich oft) in einem vollkommenen Cirkelschluss. Einmal fordert man, dass der Artbegriff alle diejenigen Individuen umfasse, die in allen „wesentlichen" Merkmalen übereinstimmen, und dann wieder hält man nur diejenigen Merkmale für „wesentlich", welche man in allen untersuchten Individuen, die eine sogenannte „gute Art" zusammensetzen sollen, constant vorfindet. Mit anderen Worten lautet dieser sehr beliebte Cirkelschluss: „Jede Art wird charakterisirt durch die Constanz der Merkmale; constante Merkmale aber sind solche, die sich bei allen Individuen einer Art vorfinden." Jeder aufrichtige Naturforscher muss zugeben, dass das „Wesentliche" des Speciescharakters nichts Anderes ist, als seine Constanz, und dass man umgekehrt nur eben die constanten Merkmale als wesentliche ansieht. Dieselben deutlich ausgeprägten Artmerkmale, wie z. B. relative Länge der Extremitäten, Färbung des Haars, Zahl der Zähne, welche in der einen Gattung allgemein zur Unterscheidung ihrer Arten benutzt werden, weil sie hier sehr constant sind und wenig variiren, können in einem andern nahe verwandten Genus nicht zur Diagnose der Species dienen, weil sie hier vielfach abändern und nicht constant sind. Hier sucht man sich dann andere Merkmale heraus, die constanter sind, die aber in der ersten Gattung nicht gelten konnten, weil sie dort variirten. Die Qualität der unterscheidenden Merkmale ist also niemals das für eine Art Charakteristische, sondern ihre Constanz, und dieselben Unterschiede, auf welche man in der einen Formen-Gruppe Gattungen oder selbst Familien gründet, reichen in anderen nicht aus, um nur die Arten zu unterscheiden. Die unbedeutendsten, geringfügigsten Merkmale, ein paar bunte Flecke oder ein Haarbüschel oder eine nackte Hautstelle auf dem Fell eines Säugethiers gelten aber als vollkommen genügende „gute" Charaktere, wenn sie zufällig bei allen jetzt zur Untersuchung vorliegenden Individuen übereinstimmend vorkommen, und wenn sie allen Individuen von sonst nächstverwandten Arten, die vielleicht aus einer andern Gegend stammen, fehlen. Auf dieses letztere Moment, den geographischen Verbreitungs-Bezirk, wird dabei oft unbewusst grosses Gewicht gelegt. Zwei kaum verschiedene Formen gelten oft als zwei gute Arten, wenn sie aus zwei entfernten und nicht zusammenhängenden Gegenden stammen, während Jedermann dieselben nur als untergeordnete Varietäten einer und derselben Art betrachten würde, wenn sie in derselben Gegend gemischt vorkämen. Derartige secundäre Erwägungen sind auch bei Unterscheidung der fossilen Thierformen oft fast allein maassgebend. Sehr oft werden hier zwei kaum zu unterscheidende Formen als zwei gute Arten angenommen, weil sie in zwei weit auseinanderliegenden Formationen gefunden wurden, während sie in den dazwischen liegenden fehlten. Würden beide Arten in einer und derselben Formation vereinigt vorkommen, so würden sie nur für eine einzige Art gelten. In der Paläontologie ist man überhaupt mit Unterscheidung und Benennung der Arten noch weit gedankenloser und unvorsichtiger vorgegangen, als bei der Diagnostik der lebenden Formen, obwohl gerade bei der Unvollständigkeit der fossilen Reste scharfe Kritik doppelt nöthig wäre. Vergleicht man wägend ihrem Werthe nach die Differential-Charaktere, durch welche fossile Species, mit denjenigen, durch welche lebende Species unterschieden werden, so wird man sehr oft finden, dass höchst minutiöse Charaktere bei den ersteren schon als vollkommen ausreichend zur specifischen Unterscheidung zweier Arten angesehen werden, welche bei den letzteren nicht für genügend gelten würden, um nur zwei verschiedene Varietäten einer Art darauf zu basiren.

Untersucht man nun aber näher die sogenannten „guten", d. h. wesentlichen oder constanten Charaktere der Arten, indem man eine grössere Anzahl von Individuen sorgfältig vergleicht, so findet man in der Regel bald, dass auch diese angebliche Constanz niemals absolut ist, dass vielmehr auch sie einen gewissen, wenn auch nur geringen Spielraum von Abänderung zulässt; unter einer grossen Zahl kaum zu unterscheidender Individuen wird man dann meistens einige Wenige treffen, die doch die wesentlichen Artmerkmale weniger deutlich und scharf ausgeprägt zeigen, als die grosse Mehrzahl der Uebrigen. Gerade diese aber, die weniger scharf bestimmten Grenzformen, die häufig Mittelstufen und Uebergangsbildungen zu nahe verwandten Arten herstellen, sind bisher überwiegend vernachlässigt worden. In dem vorherrschenden Bestreben, die Arten durch möglichst scharfe Charaktere von einander zu trennen und die einzelnen Species-Diagnosen klar von einander abzusetzen, hat man das ganze Gewicht auf die, oft sehr geringfügigen, Unterschiede gelegt und dagegen das Gemeinsame der Erscheinungen in den Hintergrund gedrängt und nicht berücksichtigt. So ist es denn gekommen, dass in unseren Systemen sich überall die einzelnen Arten weit schärfer und klarer von einander abheben, als es in der Natur der Fall ist. Fast bei allen Gruppen von Organismen haben sich deshalb die besseren und gewissenhafteren Systematiker genöthigt gesehen, von denjenigen Arten, die genauer bekannt und in sehr zahlreichen Exemplaren untersucht sind, und namentlich von denjenigen, welche einen sehr grossen Verbreitungsbezirk besitzen, die abweichenderen Individuen, welche die specifischen Charaktere mehr oder weniger modificirt zeigen, oder sich als mehr oder minder entschiedene Uebergangsbildungen zu verwandten Arten hinneigen, als besondere Unterarten (Subspecies) oder Spielarten (Varietates) zu beschreiben. Das genauere Studium derselben ist aber bisher überwiegend vernachlässigt worden, weil sie dem Schematismus des Systemes Abbruch thun. Und doch sind sie gerade von der höchsten Bedeutung für das Verständniss der natürlichen Verwandtschaft. In vollständiger Verkennung der letzteren hat man immer nur den Hauptnachdruck auf die sogenannten „typischen" Individuen der Art gelegt, die weniger ausgesprochen charakterisirten Varietäten dagegen bei Seite geschoben.

Befriedigende Definitionen von dem Begriffe der Subspecies und Varietät existiren eben so wenig, als von dem der Species, und sie können auch in der That eben so wenig gegeben werden. Wie bei den theoretischen Begriffsbestimmungen der Art, hat man sich auch bei denjenigen der Spielart theils auf die sichtliche Differenz gewisser morphologischer Charaktere, theils auf das genetische und physiologische Verhalten derselben zu einander gestützt. Was die Merkmale betrifft, durch welche Subspecies oder Varietäten sich untereinander und von der übergeordneten Art unterscheiden, so sollen dieselben niemals so „wesentlich" sein, als die diagnostischen Differenzen, welche Species zu scheiden vermögen. Auch hier wieder zeigt sich bei genauer Betrachtung, dass der Begriff des „Wesentlichen" nichts mit der Qualität der Charaktere zu thun hat, sondern nur mit deren Constanz. Und in der That wird meistens in der Praxis die Varietät dadurch als solche erkannt und bestimmt, dass ihre ausgezeichneten Merkmale variabler sind, und bedeutenderen und häufigeren individuellen Abänderungen unterliegen, als es bei den Species der Fall ist. Daher kommt es, das die Meinungen fast aller Forscher über die Grenzbestimmung zwischen Art und Abart so unendlich weit in der Praxis auseinandergehen. In der genau bekannten Vogel-Fauna von Deutschland unterscheidet Bechstein 367, L. Reichenbach 379, Meyer und Wolf 406, und Brehm mehr als 900 verschiedene Arten. Die Vögel Europa's dagegen vertheilt Blasius auf 490, Schinz auf 520, und Bonaparte auf 530 Species! Die verschiedenen Formen von *Hieracium* in Deutschland werden von einigen Botanikern auf mehr als dreihundert Arten vertheilt. Fries zählt deren aber nur 106, Koch 52, und noch Andere kaum zwanzig! Diese paar Beispiele zeigen, wie es auf diesem Gebiete überall aussieht. Der Formenkreis einer sehr variablen Art kann ausserordentlich gross sein, so dass die extremsten Formen durch Summe und Qualität der Charaktere viel weiter auseinander stehen, als sonst verschiedene Arten einer Gattung oder verschiedene Gattungen einer Ordnung. Sie werden aber von allen Forschern als zu einer einzigen Art gehörig angesehen, wenn sie durch eine zusammenhängende Reihe fein abgestufter Zwischenformen continuirlich verbunden sind, oder sobald sich die Abstammung von der gemeinsamen Stammart empirisch erweisen lässt. Ist dies aber nicht der Fall oder fehlen alle Zwischenformen zwischen zwei, auch nur durch einen geringfügigen (aber constanten) Charakter getrennten, nächstverwandten Zwischenformen, so werden dieselben als „gute Arten" betrachtet. In der Regel werden dann auch noch die verbindenden Uebergangsformen bei Seite geschoben und als „zufällige" Abweichungen ignorirt, wenn dieselben selten sind; kommen sie aber häufig vor, so steigt allein aus diesem Grunde ihr Werth so sehr, dass sie nun für die Zusammengehörigkeit der verschiedenen Formen zu einer Art entscheiden.

Von der Varietät, Abart oder Spielart nicht scharf zu unterscheiden ist der Begriff der Subspecies oder Unterart, der auch nur selten angewandt wird. Er soll einen geringeren Grad der Schwankung des Charakters andeuten, so dass also die unterscheidenden Merkmale zweier Subspecies weniger constant, als bei der übergeordneten Art, weniger veränderlich, als bei den ihnen untergeordneten Abarten sind. Mit anderen Worten, die Unterschiede zwischen zwei Subspecies sind „wesentlicher" als bei zwei Varietäten, weniger „wesentlich", als bei zwei Arten. Es liegt auf der Hand, dass auch diese Bestimmung vollkommen willkührlich und ihre Anwendung ganz dem Gutdünken des Autors anheimgegeben ist. Nicht anders verhält es sich mit dem Begriff der Rasse. Man liebt es zwar, diese Bezeichnung vorzugsweis für die im Culturzustande durch die künstliche Zuchtwahl des Menschen entstandenen, und besonders für die durch längere Zeit bereits befestigten Varietäten und Subspecies zu gebrauchen. Indessen haben wir schon oben gezeigt, dass zwischen den Producten der natürlichen und der künstlichen Züchtung ebenso wie zwischen ihrer Wirkungsweise, durchaus kein qualitativer, sondern nur ein quantitativer Unterschied existirt. Es ist eben so wenig von der Rasse als von der Varietät und Subspecies möglich, irgend eine scharfe und allgemein gültige Definition zu geben. Will man diese Begriffe als mehrere verschiedene, dem Speciesbegriffe untergeordnete Kategorieen des Systems beibehalten, so kann man sie mit Nutzen nur verwenden, um dadurch verschiedene Grade in der Constanz der wesentlichen Differentialcharaktere zu bezeichnen, so dass also die Varietät den höchsten, die Rasse den mittleren, die Subspecies den niedersten Grad der Veränderlichkeit anzeigt.

Wir sehen also, dass es mit der Begriffsbestimmung der Unterart (Subspecies), Rasse und Abart (Varietas), wenn man bloss die unwesentlichen, d. h. die nicht constanten Charaktere zur Unterscheidung derselben von der mit wesentlichen (constanten) Merkmalen ausgestatteten Art (Species) benutzen will, ebenso schlimm steht, wie mit dieser letzteren selbst. Denn es giebt eben keine absolut constanten Unterschiede in der Grösse, Farbe, Form derjenigen Theile, die man zur Species-Diagnostik benutzt. Alle diese Merkmale sind innerhalb gewisser Grenzen veränderlich und schwankend, von den Existenzbedingungen abhängig. Am constantesten sind die unterscheidenden Charaktere der Art, weniger diejenigen der Subspecies; noch weniger constant sind diejenigen der Rasse, und am wenigsten die der Varietät.

Aus allen diesen Erwägungen geht hervor, dass die **Aufstellung der Species und ihre Unterscheidung durch bestimmte Charaktere ein rein willkührlicher und künstlicher Akt** ist, der nur durch unsere ganz unvollständige Kenntniss der verschiedenen Beziehungen jeder Species zu allen ihren Blutsverwandten gerechtfertigt und ermöglicht wird. Die Unterscheidung der unendlich vielen verschiedenen Formen, welche unsere Erde beleben, durch verschiedene Namen ist ein nothwendiges praktisches Bedürfniss, und diese Speciesbildung ist verständig und gerechtfertigt, so lange man sich nur vergegenwärtigt, dass sie eine künstliche ist, und nur auf unvollständigen Kenntnissen beruht. Dies wird aber von der gewöhnlichen Systematik ebenso wenig berücksichtigt, als sie sich erinnert, dass alle Charaktere nur einen relativen und vergänglichen Werth haben. Auch die schärfsten Charaktere, durch welche wir im gegenwärtigen Zeitraum zwei verwandte „gute Arten" auf das Bestimmteste unterscheiden können, behalten doch immer nur für eine gewisse Periode diese specifische Bedeutung, und büssen dieselbe ein, sobald beide Arten im Laufe ihrer Variation sich weiter von einander entfernen. Die Systematiker werden durch den Irrthum, dass die Species constant sei, gewöhnlich auch noch in den weiteren Irrthum hineingeführt, dass die verschiedenen Species gleich alt seien. Auch hierdurch wird eine naturgemässe Auffassung der Arten-Verhältnisse wesentlich verhindert. Denn in der Wirklichkeit sind die allermeisten Species von sehr ungleichem Alter, und dieses Alter lässt sich auch niemals absolut bestimmen, da sie eben so allmählich entstehen, als sie entweder durch Transmutation oder durch Aussterben vergehen. Unter zahlreichen Species, die der Systematiker vergleicht, werden sich immer epacmastische, acmastische und paracmastische Arten neben einander befinden; einige, die der Höhe ihrer Entwickelung, andere, die ihrem Untergange entgegen gehen, während noch andere sich grade im gegenwärtigen Zeitraum in ihrer höchsten Blüthe befinden und daher als relativ „gute", constante und wenig veränderliche Arten erscheinen. Jede Species hat, so gut wie jedes Individuum, eine beschränkte Existenz-Dauer. Sie entsteht durch Trasmutation aus Varietäten einer vorhandenen Art, und sie erreicht, indem sie sich unter günstigen Verhältnissen zur Species entwickelt, einen bestimmten Grad der Reife, in welcher sie sich am constantesten zeigt. Diese Acme, das Reife-Alter der Species kann, wenn die für sie günstigen Existenzbedingungen sich sehr lange erhalten, oft sehr lange, oft viele Jahrtausende dauern. Endlich tritt aber doch immer zuletzt, wenn auch nur sehr langsam, ein Wechsel in dieser oder jener wesentlichen Lebensbedingung ein; sie geht entweder, wenn sie sich diesem Wechsel vermöge ihrer Variabilität nicht anpassen kann, zu Grunde, sie stirbt aus; oder sie bildet, indem sie sich ihm anpasst, neue Varietäten, die sich allmählich wiederum durch langsame Transmutation, und durch natürliche Zuchtwahl im Kampfe um das Dasein, zu relativ constanten neuen Species umbilden. Allein schon diese Thatsache erklärt uns bei Vergleichung einer grösseren genauer bekannten Artenzahl den Umstand, dass die Werthe der specifischen morphologischen Charaktere so äusserst ungleiche sind, dass einige Arten sich so scharf umschreiben lassen und so wenig variiren, während andere einen so weiten divergirenden Varietätenbüschel bilden, dass sie selbst wieder von anderen Systematikern als Gruppen von Arten angesehen werden.

III. Der physiologische Begriff der Species.

Die vorstehend erörterten, constanten oder wesentlichen Charaktere der Species, welche meistens rein **morphologischer** Natur sind und welche bei der praktischen Unterscheidung und Benennung der Species fast ausschliesslich in Betracht kommen, hat man bei der theoretischen Begriffsbestimmung der Art gewöhnlich ignorirt oder doch weniger hervorgehoben, und dagegen, wie schon oben bemerkt wurde, fast ausschliesslich die **physiologischen** Eigenschaften der Species zur Definition derselben benutzt. Wir haben hier zu unterscheiden zwischen der von den älteren Naturforschern vorzugsweise gebrauchten Definition, die sich auf die gemeinsame Abstammung aller Individuen einer Species, und zwischen der von den neueren besonders hervorgehobenen Begriffsbestimmung, welche sich auf die Bastardzeugungs- oder Hybridismus-Verhältnisse der Species bezieht. Indem wir die Besprechung der ersteren, rein genealogischen Auffassung dem folgenden Abschnitte vorbehalten, beschränken wir uns hier auf die Erörterung der letzteren, welche wir als die physiologische Begriffsbestimmung der Species im engeren Sinne bezeichnen.

Wir schicken die Bemerkung voraus, dass man im Ganzen die

Verhältnisse der Bastardzeugung oder des Hybridismus, um welche es sich hier handelt, ausserordentlich überschätzt, und insbesondere ihre Bedeutung, sowohl für die exacte Begriffsbestimmung der Art, als auch für die Entstehung neuer Arten, viel zu hoch angeschlagen hat. Die Frage ist im Ganzen sehr schwierig und verwickelt, aber von den meisten Autoren keineswegs mit der entsprechenden Vorsicht und Sorgfalt behandelt worden. Grade hier hat man mit auffallendem Leichtsinn aus sehr unvollkommenen und zweifelhaften Beobachtungen die weitgreifendsten Schlüsse ziehen wollen. Darwin hat dies im achten Capitel seines Werks, auf welches wir hiermit ausdrücklich verweisen, sehr klar nachgewiesen. Im Ganzen sind die Erscheinungen des Hybridismus nur selten mit der nothwendigen physiologischen Kritik untersucht worden, und daher hat man ihre Bedeutung für die Species-Frage so sehr übertrieben.

Nach der gewöhnlichen Angabe sollen alle geschlechtsreifen Individuen einer und derselben Art, mögen dieselben als Rassen oder Varietäten noch so weit aus einander gehen, das Vermögen besitzen, sich fruchtbar geschlechtlich zu vermischen, und alle von ihnen erzeugten Jungen sollen sich wiederum sowohl unter einander, als mit den Stamm-Eltern fruchtbar kreuzen, und so in infinitum fortpflanzen können. Andrerseits sollen Individuen von zwei verschiedenen Species nur ausnahmsweise [1]) mit einander eine fruchtbare Begattung vollziehen können und die daraus entsprungenen Bastarde sollen weder unter einander, noch mit einem der Stammeltern auf die Dauer fruchtbare Nachkommenschaft erzeugen können. Alle diese Angaben sind, insofern sie die Geltung absoluter Gesetze beanspruchen, vollkommen falsch, und durch sichere Beobachtungen und Experimente nicht nur in neuester Zeit, sondern theilweis schon vor vielen Jahren als vollständig den Thatsachen widersprechend nachgewiesen worden.

Sowohl verschiedene Arten, als verschiedene Varietäten einer Art vermögen sich geschlechtlich zu vermischen, und die Producte der Verbindung können in beiden Fällen selbst wieder der fruchtbaren Zeugung fähig sein. Die Producte der sexuellen Vermischung zweier verschiedenen Species pflegt man im engern Sinne als Bastarde *(Hybridi)* zu bezeichnen, dagegen die Producte zweier verschiedenen Varietäten als Blendlinge *(Spurii)*.

Zunächst muss hier unterschieden werden zwischen zwei wesentlich verschiedenen Verhältnissen, nämlich erstens der Unfruchtbarkeit zweier verschiedenen Formen bei ihrer Paarung, also der ersten Kreu-

1) Eine absolute Unfähigkeit zweier verschiedener Arten, überhaupt eine fruchtbare Begattung mit einander einzugehen, ist zwar auch vielfach behauptet worden, verdient indess angesicht der zahlreichen Bastarde, die man selbst zwischen Arten verschiedener Gattungen längst kennt, keine weitere Widerlegung.

zung, und zweitens der Unfruchtbarkeit der aus solchen Kreuzungen entsprungenen Bastarde oder Blendlinge. Die erstere beruht wesentlich auf der verschiedenen Beschaffenheit der zweierlei, an sich normalen Fortpflanzungs-Organe, wogegen die zweite meist durch unentwickelten Zustand oder pathologische Ausbildung der Geschlechts-Organe bedingt ist.

Was nun zuerst die Unfruchtbarkeit zweier gekreuzten verschiedenen Formen bei ihrer ersten Paarung anbelangt, so ist fast überall das Dogma verbreitet, dass eine Paarung zwischen Individuen zweier verschiedenen Arten nur ausnahmsweise fruchtbar sei, während alle verschiedenen Rassen und Varietäten einer einzigen Species sich fruchtbar sollen kreuzen können. Beides ist vollkommen unbegründet. Allerdings kommen Bastarde von zwei verschiedenen Arten im wilden Naturzustande nur selten vor, schon aus dem einfachen Grunde, weil der gesunde Geschlechtstrieb stets nur nah verwandte Thiere, meistens also von einer und derselben Art, zusammenführt. „Gleich und Gleich gesellt sich gern“. Allein sobald den Thieren die Befriedigung des Geschlechtstriebs auf diesem normalen Wege versagt ist, so suchen sie denselben bei anderen Arten, die ihnen die Gelegenheit zuführt, zu befriedigen. Wenn nun in diesem Falle die beiderlei Geschlechtsthiere zu zwei verschiedenen Species eines und desselben Genus gehören, und in Grösse und Charakter nicht gar zu verschieden sind, so ist die Fruchtbarkeit einer solchen Verbindung die Regel. Solche Bastarde sind schon seit den ältesten Zeiten in Menge beobachtet und zum Theil absichtlich vom Menschen gezüchtet worden [1]). Seltener entspringen Bastarde aus der Paarung zweier Arten, die verschiedenen Gattungen angehören, obwohl auch hiervon einzelne Beispiele mit Sicherheit constatirt sind [2]). Die Aussicht auf einen Erfolg der Paarung ist aber in der Regel um so geringer, je grösser die Differenz in dem ganzen Charakter und in der systematischen Verwandtschaft beider Formen ist. Dabei ist sehr zu beachten, dass in vielen Fällen beständig die wechselseitige Kreuzung fehlschlägt, indem zwar die Paarung des Männchens von der Art A mit dem Weibchen von der Art B fruchtbar, dagegen die Kreuzung des Weibchens von A mit dem

1) Die ältesten und bekanntesten Bastarde sind die zwischen Pferd und Esel (Maulesel, Maulthiere), zwischen Pferd und Zebra, Esel und Zebra, Steinbock und Ziege, Löwe und Tiger, ferner zwischen den verschiedensten Arten der Finken-Gattung, des Genus *Phasianus* etc. In neuerer Zeit sind auch echte Bastarde von Fischen, Insecten etc. in grösserer Zahl bekannt geworden. Von den Pflanzen (*Salix*, *Verbascum*, *Cirsium* etc.) kennt man sie längst in Menge.

2) Zu den sichersten Beispielen von fruchtbarer Begattung verschiedener Genera gehören die Bastarde von Schaf und Reh, von Ente und Huhn, Auerhahn und Truthahn. Auch Bastarde ziemlich entfernt stehender Fisch-Gattungen sind neuerlich beobachtet.

Männchen von B unfruchtbar ist[1]). Schon aus diesem letzten, sehr wichtigen Umstande geht hervor, dass (mindestens in vielen Fällen) eine solche Unfruchtbarkeit nicht durch den specifisch verschiedenen Gesammt-Charakter der beiden Arten, und auch nicht durch den Grad ihrer systematischen Verwandtschaft, sondern lediglich entweder durch den verschiedenen, nicht zusammen passenden Bau der betreffenden Geschlechts-Organe oder durch die natürliche Abneigung der divergenten Formen gegen einander bedingt ist.

Wie nun die Fähigkeit der Bastard-Zeugung zwischen verschiedenen Arten factisch besteht, aber in sehr verschiedenen Graden abgestuft ist, so gilt dasselbe auch von den Kreuzungs-Verhältnissen der Varietäten und Rassen, die sich auch in dieser Beziehung nicht durchgreifend von den Species unterscheiden. Allerdings ist es die Regel, dass die verschiedenen in den Formenkreis einer einzigen Art gehörigen Abarten und Rassen sich unter einander fruchtbar vermischen können: allein auch hier ist diese Fruchtbarkeit der ersten Kreuzung keineswegs überall gleich, sondern zwischen verschiedenen Rassen sehr verschieden entwickelt, und man kennt mehrere Beispiele mit Sicherheit, wo zwei verschiedene Rassen oder Abarten, die von derselben Stammform abgeleitet sind, sich entweder gar nicht mehr, oder nur selten, mit Abneigung und ohne Erfolg paaren. Die Fruchtbarkeit der Kreuzung von Varietäten ist also durchaus kein absolutes Gesetz[2]).

Ebenso verhält es sich nun zweitens auch mit der überall behaupteten Unfruchtbarkeit der Bastarde von zwei verschiedenen Arten, der man die absolute Fruchtbarkeit der Blendlinge zwischen zwei Varietäten oder Rassen einer Art schroff gegenüberstellt. In ersterer Beziehung wird allenthalben das Beispiel der Maulthiere und Maulesel als beweiskräftig angeführt. Allerdings ist es richtig, dass diese beiden Bastardformen von Pferd und Esel, sowohl wenn sie sich unter einander, als wenn sie sich mit einem der Stammeltern paaren, sich entweder gar nicht, oder nur auf wenige Generationen fortpflanzen, worauf die Bastardform erlischt. Allein grade dieses so sehr betonte Beispiel scheint nach den neuesten Erfahrungen eine seltene

1) So z. B. ist die Paarung zwischen Ziegenbock und Schaf, zwischen dem amerikanischen Bisonstier und der europäischen Kuh sehr leicht, dagegen die Kreuzung zwischen Schafbock und Ziege, zwischen dem europäischen Stier und der amerikanischen Bisonkuh sehr schwer oder gar nicht herbeizuführen.

2) So paart sich z. B. die in Paraguay eingeführte und einheimisch gewordene Hauskatze nicht mehr mit ihrem europäischen Stammvater. Das in Europa domesticirte Meerschweinchen *(Cavia cobaya)* paart sich nicht mehr mit seinem brasilianischen Stammvater *(Cavia aperea)*. Ferner findet keine Kreuzung mehr statt zwischen manchen Hunde-Rassen (die man doch meist alle als Varietäten einer Art betrachtet). Zum Theil ist hier, wie in andern Fällen (auch bei manchen Rinder- und Pferde-Rassen) die physische Unmöglichkeit der Paarung schon durch die sehr verschiedene Grösse bedingt.

Ausnahme zu sein. Man kennt jetzt zahlreiche Beispiele von Bastarden sehr verschiedener Arten (und selbst Gattungen), die sich sowohl bei Paarung unter sich, als mit einem ihrer Stammeltern, durch eine lange Reihe von zahlreichen Generationen unverändert und mit unverminderter Fruchtbarkeit fortgepflanzt haben, also nach der üblichen Vorstellung zu neuen Arten geworden sind[1]). Ja man hat selbst solche unbegrenzte und reiche Fruchtbarkeit in einzelnen Fällen bei Bastarden von zwei Arten beobachtet, welche verschiedenen Gattungen angehören, wie namentlich bei den berühmten „Bockschafen", Bastarden von Ziegenböcken und Schafen, welche in Chile massenhaft zu industriellen Zwecken gezogen werden. Aber auch diese Fruchtbarkeit der Bastarde zeigt sich, wie jene der ersten Kreuzung, bei verschiedenen Gattungen und Familien sehr verschieden entwickelt und gradweise abgestuft.

Dasselbe gilt endlich auch von der Fruchtbarkeit der Blendlinge, welche durch Kreuzung verschiedener Varietäten oder Rassen einer Art entstehen. Von dieser hat man ebenso allgemein die absolute Fruchtbarkeit, wie von den Bastarden verschiedener Arten die Unfruchtbarkeit behauptet, und mit eben so viel Unrecht. Allerdings sind in der Regel die Blendlinge, welche Rassen und Abarten einer und derselben Art bei wechselseitiger Vermischung erzeugt haben, sehr fruchtbar, und häufig steigern solche Kreuzungen sogar die Fruchtbarkeit bedeutend; allein auch hier ist der Grad der Fruchtbarkeit der Blendlinge oft vollkommen unabhängig von dem Grade der systematischen Verwandtschaft. In vielen Fällen sind die Blendlinge, welche durch Kreuzung zweier weit verschiedenen Rassen entstanden sind, sehr fruchtbar; und in anderen Fällen zeigen umgekehrt die Blendlinge, welche aus der Paarung von zwei nah verwandten Rassen hervorgegangen sind, einen sehr geringen Grad von Fuchtbarkeit; dieser letztere kann sogar gänzlich auf Null herabsinken. Denn es giebt Blendlinge, welche von zwei nahe verwandten Rassen einer und derselben Species abstammen, und dennoch sich niemals als solche fortzupflanzen vermögen. So kennen wir z. B. eine Blendlingsform von zwei verschiedenen Hunde-Rassen, welche constant unfruchtbar ist, und ebenso werden mehrere Blendlinge von verschiedenen Rinder-Rassen angegeben, die sich durch beständige Unfruchtbarkeit auszeichnen. Gleiche Beispiele von Unfruchtbarkeit einer pflanzlichen Blendlingsform, die nach-

1) Eines der auffallendsten neueren Beispiele liefern die berühmten Hasen-Kaninchen, Bastarde von männlichen Hasen und weiblichen Kaninchen, welche seit 1850 in Frankreich gezüchtet werden und nun in unveränderter Form und Fruchtbarkeit bereits mehr als hundert Generationen zurückgelegt haben. Hasen und Kaninchen sind zwei, in jeder Beziehung so verschiedene Arten der Gattung *Lepus*, dass es noch Niemandem eingefallen ist, sie für Rassen oder Abarten einer Species zu halten.

gewiesener Maassen aus zwei divergenten Rassen einer gemeinsamen Stammart entsprungen ist, haben auch schon mehrere Gärtner angeführt.

Es geht also schon aus den bisherigen Erfahrungen, obwohl dieselben keinesweges zahlreich sind, mit Sicherheit hervor, dass auch hinsichtlich der Fähigkeit zur Bastarderzeugung, sowie der Fruchtbarkeit der so erzeugten Bastarde selbst, Species und Varietäten nicht durchgreifend verschieden sind. Wie es einerseits sicher constatirte Fälle giebt, in denen nicht allein zwei allgemein als verschiedene Species anerkannte Formen unter sich Bastarde erzeugen, sondern auch diese Bastarde unter sich eine fruchtbare Nachkommenschaft Generationen hindurch erzeugt haben, so kennen wir andererseits eben so unzweifelhafte Fälle, in denen zwei verschiedene Varietäten oder Rassen, die nachweisbar aus einer und derselben Species-Form hervorgegangen sind, im Laufe von Generationen durch immer weiter gehende Divergenz des Charakters die Fähigkeit, mit einander Nachkommen zu erzeugen, vollständig eingebüsst haben. Mit anderen Worten: es besteht kein absoluter Unterschied zwischen den Bastarden (Hybridi) zweier verschiedener Arten, und den Blendlingen (Spurii) zweier verschiedener Unterarten, Rassen oder Varietäten. Die physiologischen Verhältnisse ihrer Fortpflanzungsfähigkeit sind nur quantitativ, nicht qualitativ verschieden.

Hieraus ergiebt sich die vollkommene Werthlosigkeit aller der vielen Versuche, die von früheren Systematikern gemacht worden sind, und die auch jetzt noch so vielfach wiederholt werden, die Species als die Summe aller Formen (Varietäten, Rassen etc.) zu umschreiben, welche unter sich fruchtbare Nachkommen erzeugen können. Bei dem grossen Gewicht aber, welches mit vollem Unrecht noch immer auf diesen Punkt gelegt wird, ist es interessant, noch nachträglich hervorzuheben, dass gerade zwei von den bedeutendsten Naturforschern die sich am meisten mit dem Species-Begriff beschäftigt haben, nämlich der Schöpfer desselben, Linné, und der exclusivste Vertheidiger seiner absoluten Immutabilität, Agassiz, auf die oben besprochene Fähigkeit, fruchtbare Bastarde zu erzeugen, bei der Umschreibung der Art nicht den mindesten Werth gelegt haben. Linné gestand späterhin, im Widerspruch mit seiner früheren Definition, nicht allein verschiedenen Species die Fähigkeit zu, mit einander fruchtbare Bastarde zu erzeugen, sondern er spricht sogar die oft von ihm gehegte Vermuthung aus, dass im Anfang von jedem Genus nur eine einzige Species geschaffen worden sei, aus der die übrigen durch Bastardbildung hervorgegangen seien[1]). Agassiz weist sehr richtig

[1]) „Omnes species ejusdem generis ab initio unam constituerint speciem, sed postea

nach, dass die Versuche, die Species auf jenes Verhältniss zu basiren, auf einem vollständigen Irrthum, und zum mindesten auf einer petitio principii beruhen (Essay on classification, p. 250). Nach seiner Ansicht ist die fruchtbare geschlechtliche Vermischung zweier Individuen nur ein Ausdruck der innigen Beziehungen zwischen denselben, und nicht die Ursache ihrer Identität in auf einander folgenden Generationen. Agassiz weicht dann noch sehr viel weiter dadurch von den gewöhnlichen Vorstellungen der Species-Dogmatiker ab, dass er nicht alle Individuen einer Species als Descendenten eines Stammes betrachtet, sondern vielmehr zahlreiche Individuen von jeder Species an verschiedenen Stellen der Erde gleichzeitig geschaffen sein lässt. Die gewöhnliche Vorstellung, dass der Species-Begriff von der Generationssphäre abhängig sei, dass alle Individuen einer Species durch genealogische Bande verknüpft seien, ist nach Agassiz's Ansicht ein Irrthum, der in der Kindheit der Wissenschaft eingeführt sei, und von dem es eine absurde Prätension sei, ihn noch jetzt festzuhalten.

Gewiss können wir für unsere Ueberzeugung, dass die physiologischen Kriterien des Hybridismus in keiner Weise den Begriff der Species sicher zu stellen vermögen, kein vollgültigeres Autoritäts-Zeugniss beibringen, als dasjenige von Agassiz, welcher seinerseits die absolute Individualität und Immutabilität der Species mit allen Kräften zu vertheidigen sucht, und dennoch jene Argumente dafür vollständig verwirft. Wir heben dies hier noch ausdrücklich hervor, weil seltsamer Weise einer der geistvollsten Vertheidiger der Descendenz-Theorie, vor dessen wissenschaftlichen Leistungen wir die grösste Hochachtung hegen, Huxley nämlich, in neuester Zeit wiederholt die physiologischen Verhältnisse des Hybridismus der Species und Varietäten als den einzigen schwachen und angriffsfähigen Punkt der Abstammungslehre bezeichnet hat. Da die Gegner der letzteren hierin ein gewichtiges Zugeständniss für die Schwäche derselben gefunden haben, so müssen wir diesen Punkt hier noch besonders erledigen.

In seinen vortrefflichen „Zeugnissen für die Stellung des Menschen in der Natur", in welchen Huxley die Descendenz-Theorie warm vertheidigt, bemerkt derselbe: „Trotz alledem muss unsere Annahme der Darwin'schen Theorie so lange nur provisorisch sein, als ein Glied in der Beweiskette noch fehlt; und so lange alle Thiere und Pflanzen, die sicher durch Zuchtwahl von einem gemeinsamen Stamme entstanden sind, fruchtbar sind, und ihre Nachkommen unter einander, so lange fehlt jenes Glied. Denn für so lange kann nicht be-

per generationes hybridas propagatae sint" (Linné, „fundamentum fructificationis" im 6ten Band der Amoenitates academicae).

wiesen werden, dass die Zuchtwahl Alles das leistet, was zur Erzeugung natürlicher Arten nöthig ist."

Wir bemerken gegen diesen Einwurf Huxley's Zweierlei: Erstens erinnern wir an die oben bereits angeführten sicheren Thatsachen, dass zwei verschiedene Formen (Rassen oder Varietäten), welche „sicher durch Zuchtwahl von einem gemeinsamen Stamme entstanden sind", keine fruchtbare Verbindung mit einander eingehen. Die Hauskatze von Paraguay paart sich nicht mehr mit ihrem europäischen Stammvater. Das europäische Meerschweinchen geht keine fruchtbare Verbindung mehr mit seiner brasilianischen Stammform ein. Wir erinnern ferner daran, dass bei vielen Hausthier-Rassen, welche nachweisbar von einer und derselben Stammform abzuleiten sind, eine fruchtbare Begattung schon wegen der sehr verschiedenen Grösse der Genitalien ganz unmöglich ist. Der Pony von Shetland, welcher nur die Grösse eines starken Hundes hat, kann sich nicht mit dem Riesenpferde der Londoner Brauer verbinden, welches fast dreimal so hoch und lang ist, und vielleicht das zehnfache Volum besitzt. Ebenso wenig ist eine Begattung zwischen dem grossen Neufundländer Hunde und dem zwerghaften Carls-Hündchen möglich. Wir erinnern ferner an die zahlreichen, völlig unfruchtbaren Ehen des Menschengeschlechts. Wird man desshalb Mann und Weib einer solchen Ehe als zwei verschiedene Species ansehen wollen?

Man wird uns vielleicht entgegnen, dass in diesen Fällen mechanische (d. h. physikalische oder chemische) Hindernisse der fruchtbaren Begattung vorhanden seien. Allein sind die Hindernisse, welche die Unfruchtbarkeit in den meisten Fällen von Begattung verschiedener Species bedingen, etwa nicht mechanischer Natur?

Bei Betrachtung dieser, wie vieler ähnlichen Verhältnisse, haben sich die Morphologen noch nicht gewöhnt, die mystische Vitalismus-Brille abzulegen, durch welche sie früher alle physiologischen Erscheinungen, und besonders diejenigen der Fortpflanzung zu betrachten gewohnt waren. Wir bemerken daher nochmals ausdrücklich, dass die Phänomene des Hybridismus sämmtlich einfache Theilerscheinungen der Fortpflanzungs-Functionen, und als solche durch mechanische, physikalisch-chemische Ursachen mit Nothwendigkeit bedingt sind. Insbesondere die Abhängigkeit der Fortpflanzungs-Erscheinungen von den Ernährungs-Functionen ist hierbei gehörig zu berücksichtigen. Wir erinnern bloss daran, dass, wie Darwin mit Recht besonders hervorgehoben hat, oft die einfachsten Veränderungen in der Lebensweise, und speciell in der Ernährung, ausreichend sind, um die Fruchtbarkeit, und oft selbst den Geschlechtstrieb zu vermindern, und endlich selbst ganz zu vernichten. Dies beweisen z. B. schon die Papageyen, Affen, Bären, Elephanten und viele andere Thiere, welche sich in der Gefangenschaft entweder niemals oder nur höchst selten fortpflanzen.

Was nun aber zweitens den hohen Werth betrifft, den Huxley den Erscheinungen des Hybridismus gegenüber der Descendenz-Theorie beilegt, so können wir ihnen diesen nicht zugestehen. Selbst wenn die angeführten Thatsachen, die hiergegen sprechen, nicht bekannt wären, würden wir ihnen, gegenüber der ungeheuren Beweiskraft aller übrigen organischen Erscheinungs-Reihen zu Gunsten der Abstammungslehre, nicht den geringsten Werth beilegen. Uebrigens giebt auch Huxley selbst weiterhin zu, „dass die Zustände der Fruchtbarkeit und Unfruchtbarkeit sehr falsch verstanden werden, und dass der tägliche Fortschritt der Erkenntniss dieser Lücke in dem Beweis eine immer geringere Bedeutung beilegt, besonders verglichen mit der Menge von Thatsachen, welche mit Darwin's Lehre harmoniren, oder von ihr aus Erklärung erhalten.“ Diesem Ausspruche schliessen wir uns vollständig an, und bemerken nur noch, dass uns gegenwärtig bereits durch die angeführten Thatsachen die von Huxley hervorgehobene „Lücke im Beweis“ ganz befriedigend ausgefüllt zu sein scheint, und dass demnach die Erscheinungen des Hybridismus, ebenso wie alle übrigen organischen Naturerscheinungen, nicht im Widerspruch, sondern im Einklang mit der Descendenz-Theorie stehen [1]).

Endlich ist zu bemerken, dass die ganze Frage vom Hybridismus, abgesehen von allem bisher Angeführten, ihren kritischen Werth für die Begriffsbestimmung der Species vollständig einbüsst, sobald man sich erinnert, dass die Differenzirung der Geschlechter erst ein sehr später Vervollkommnungs-Akt in der Phylogenie der Organismen ist, und dass es auch jetzt noch sehr zahlreiche niedere Organismen, vorzüglich Protisten (Rizopoden, Protoplasten, Diatomeen, Myxomyceten etc.) giebt, welche gleich allen ältesten Arten nur auf ungeschlechtlichem Wege sich fortpflanzen. Da hier die Differenzirung der Geschlechter fehlt, so kann auch kein Hybridismus stattfinden!

Es ist also eben so wenig möglich, auf die physiologischen Functionen des Hybridismus eine allgemein befriedigende theoretische Definition des Species-Begriffes zu begründen, als es praktisch möglich ist, durch die „wesentlichen“ morphologischen Charaktere die Art als solche zu erkennen. In keiner einzigen Beziehung ist die Species oder Art dnrchgreifend und absolut, einerseits von der subordinirten Unterart, Rasse und Varietät, andererseits von der übergeordneten Untergattung und Gattung zu unterscheiden.

1) Wenngleich demnach die Hybridismus-Phänomene für die theoretische Begriffsbestimmung der Species ganz werthlos sind, so verdienen sie doch in anderer Hinsicht das sorgfältigste Studium, da dieselben vielleicht eine (von der natürlichen Züchtung gänzlich verschiedene) Quelle der Entstehung neuer Arten bilden.

IV. Der genealogische Begriff der Species.

Wie alle anderen morphologischen Fragen, so kann auch die schwierige und verwickelte Species-Frage nur vom Standpunkte der Entwickelungsgeschichte aus gelöst werden, wie es schon längst von den einsichtsvollsten Biologen, insbesondere Bär und Schleiden, ausgesprochen worden ist. (Vergl. S. 331 und S. 6.) Dass die Species als absolute Individualität, als unveränderliche und constante Formeinheit, weder in der systematischen Praxis durch ihre morphologischen „wesentlichen Charaktere" unterschieden, noch als theoretischer Begriff durch ihre physiologischen Fortpflanzungs-Functionen festgestellt werden kann, haben wir im Vorhergehenden gezeigt. Es erübrigt also nur noch, festzustellen, welchen Werth die Entwickelungsgeschichte dem Species-Begriffe zuweist. Das Wichtigste hierbei ist, dass man gleichmässig die individuelle und die paläontologische Entwickelungsgeschichte, die Ontogenie und die Phylogenie berücksichtigt, und vorzüglich die gegenseitige Ergänzung dieser beiden Hauptzweige der Morphogenie benutzt.

Wenn wir auf die zahlreichen verschiedenen Versuche, den Species-Begriff zu bestimmen, zurückblicken, so finden wir zwar meistens die Beziehungen zur Entwickelungsgeschichte nicht deutlich ausgesprochen, dennoch aber ist in vielen dieser Versuche eine Ahnung oder ein dunkles Gefühl von dem hohen Werthe jener Beziehungen nicht zu verkennen. Wir können dies sogar bereits in jener ältesten Definition der Species von Linné erkennen, welche für die Anschauungen seiner meisten Nachfolger maassgebend geblieben ist: „Species tot numeramus, quot diversae formae a principio sunt creatae." Die gemeinsame Abstammung von einer einzigen gemeinsamen Stammform, welche hiernach alle unveränderlichen Glieder einer constanten Species verbindet, involvirt zugleich die Identität der Entwickelung aller Individuen, welche einer und derselben Art angehören. Dasjenige Band, welches alle Individuen einer Species hiernach zusammenhält, ist das genealogische Princip der Blutsverwandtschaft.

Die grosse Geltung, welche sich diese theoretische, nicht unmittelbar durch die Beobachtung empirisch zu begründende Definition der Species nach Linné erwarb, ist besonders darin zu suchen, dass dieselbe eine sehr wichtige wahre Vorstellung mit einer sehr einflussreich gewordenen falschen verbindet. Richtig ist die in jenem Satze liegende Behauptung, dass die Formen-Aehnlichkeit oder „Verwandtschaft", welche alle Individuen einer Species verbindet, auf ihrer gemeinsamen Abstammung von einer gemeinschaftlichen Stammform beruht. Unrichtig dagegen ist die damit verknüpfte Behauptung, dass die Stammformen der verschiedenen Species ursprünglich verschiedene und unabhängig von einander erschaffen sind. Sowohl bei Linné, als bei Cuvier, der dieser Ansicht die ausgedehnteste Geltung verschaffte, und ebenso bei den meisten ihrer Nachfolger, war hierbei offenbar die Autorität der herrschenden, durch religiöse Dogmen schon in frühester Kindheit befestigten, und auf angebliche Offenbarungen begründeten Schöpfungs-Mythen vom grössten Einfluss. Indem man von diesen sich mehr oder minder unbewusst leiten liess, nahm man an, dass von jeder Species ursprünglich entweder ein einziges hermaphroditisches Individuum, oder ein einziges gonochoristisches Paar „erschaffen" worden sei, und dass alle anderen Individuen der Species von diesen abstammen [1]).

Dass dieses Dogma von der ursprünglichen Erschaffung einer besonderen Stammform für jede Species völlig unbegründet ist, dass vielmehr diese angeblichen Ur-Individuen oder Ur-Eltern der Species selbst wieder durch das Band der Blutsverwandtschaft zusammenhängen, ist bereits im neunzehnten Capitel bewiesen worden. Die Betrachtung jener genealogischen Species-Definition von Linné, Cuvier und ihrer Schule ist aber desshalb von besonderem Interesse, weil sie zeigt, welchen hohen Werth dieselben der gemeinsamen Abstammung als der wirkenden Ursache der Formen-Aehnlichkeit „verwandter" Organismen zuschrieben. Obgleich die verschiedenen Unterarten, Rassen und Varietäten, welche sie zu einer einzigen Species rechneten, oft noch mehr als zwei ganz verschiedene Arten in ihren Charakteren divergirten, haben sie dennoch ohne Weiteres gemeinsame Abstammung für dieselben angenommen. Und doch haben diese Systematiker, welche behaupten, dass sämmtliche in den Formenkreis der Art fallende Individuen entweder von gemeinsamen oder von identischen Stamm-Eltern abstammen, während die verschiedenen (obschon nahe verwandten) Arten ebenso verschiedene Stamm-Eltern haben sollen — doch haben alle Urheber und Anhänger dieser fast allgemein herrschenden Vorstellung niemals einen directen empirischen Beweis für diese Behauptung vorzubringen vermocht, niemals eine stärkere und überzeugendere Analogie dafür anzuführen gewusst, als es die Anhänger der von ihnen bekämpften Trantasmutionslehre für ihre

1) Unter den verschiedenen Modificationen, welche dieser Schöpfungs-Mythus neuerdings erfahren hat, sind besonders diejenigen von Agassiz bemerkenswerth, welcher nicht ein einzelnes Individuum oder ein einzelnes Elternpaar von jeder Species ursprünglich erschaffen sein lässt, sondern annimmt, dass von jeder Art gleich eine grössere Anzahl von Individuen und selbst an verschiedenen Stellen der Erdoberfläche unabhängig von einander Gruppen von Individuen derselben Art „erschaffen" wurden. Auch glaubt derselbe, dass diese ursprünglich erschaffenen Individuen nicht als reife Species-Formen, sondern als „Eier" erschaffen worden seien.

analoge und nur weiter gehende Behauptung vermocht haben, dass die verschiedenen Arten von gemeinsamen Stammformen abzuleiten sind. Der Beweis für die von den Anhängern des Species-Dogma's aufgestellte Behauptung, dass die ursprünglichen Stammformen der verschiedenen Species verschiedene, und nicht dieselben seien, ist niemals geführt worden und kann niemals geführt werden. Für die wilden Thiere und Pflanzen im Naturzustand ist die Beweisführung hierfür rein unmöglich; für die domesticirten Formen fehlt den Vertheidigern der Species-Constanz selbst jeder Anhaltspunkt zur Feststellung der Species; sollte aber experimentell die Frage entschieden werden, so würde nur der Cirkelschluss, die Petitio principii offenbar werden, in welcher man sich bei jener Bestimmung beständig bewegt. Denn angenommen, man hält die Nachkommen eines einzigen Eltern-Paares oder mehrerer, nicht zu unterscheidender, fast absolut gleicher Eltern-Paare eine lange Reihe von Generationen hindurch in reiner Inzucht; man erzieht aus denselben, indem man sie gruppenweise unter sehr verschiedenen Lebensbedingungen erhält, mehrere verschiedene Spielarten; diese Spielarten entfernen sich allmählich, durch Divergenz des Charakters, weiter von einander, als es sonst verschiedene Species derselben Gattung thun; endlich befestigen sich diese tiefgreifenden Unterschiede durch eine lange Reihe von Generationen so sehr, dass ein Rückschlag in die gemeinsame Stammform nicht mehr stattfindet — dies Alles vorausgesetzt, wie es als möglich vorausgesetzt werden muss — werden die Anhänger des Dogma's von der Constanz der Art dadurch überzeugt sein, dass aus einer Art mehrere entstanden sind? Nicht im Mindesten! Sie werden vielmehr sagen, dass diese verschiedenen Formenreihen, welche mit ihren tief durchgreifenden Differenzen sich unverändert fortpflanzen, und thatsächlich in allen Charakteren stärker, als sogenannte „gute Arten“ divergiren, doch nur Varietäten oder Rassen einer und derselben Art seien, weil sie eben von einem gemeinsamen Eltern-Paare abstammen. Einerseits also definirt man die Species als den Inbegriff aller derjenigen, wenn auch noch so verschiedenen Individuen, die von einer und derselben Stammform entsprungen sind, und rechnet also zu einer einzigen Art eine Anzahl von ganz verschiedenen Formen bloss desshalb, weil ihre Abstammung von einer gemeinsamen Stammform erwiesen ist. Andrerseits setzt man für eine Anzahl höchst ähnlicher Individuen gemeinsame Abstammung voraus, weil man sie wegen ihrer Aehnlichkeit zu einer Art rechnet.

Schon aus diesem Widerspruch geht hervor, dass sich die Species auf diesem genealogischen Wege, durch das Merkmal der gemeinsamen Abstammung, weder in der systematischen Praxis unterscheiden, noch als theoretischer Begriff fixiren lässt. Vielmehr würden wir in letzterer Beziehung zu der Ueberzeugung gelangen, dass die Species nicht von dem Stamme oder Phylon verschieden ist, für dessen sämmtliche Glieder wir nach der Descendenz-Theorie gemeinsame Abstammung postuliren müssen. Wir würden also dadurch zur Annahme der Identität der genealogischen Individualität zweiter und dritter Ordnung, der Species und des Phylon geführt werden. In der That findet aber diese Identität nicht statt. Vielmehr lässt sich der Begriff der Species als einer genealogischen Individualität, welche der höheren Individualität des Phylon untergeordnet ist, eben so wohl theoretisch feststellen, als es praktisch nothwendig und möglich ist, Species zu unterscheiden und zu benennen. Wir glauben, jene genealogische Begriffsbestimmung der Species in folgendem Satze formuliren zu können: „Die Species oder organische Art ist die Gesammtheit aller Zeugungskreise, welche unter gleichen Existenzbedingungen gleiche Formen besitzen.“

Die Species ist hiernach ebenso eine Vielheit von Zeugungskreisen, wie das Phylon eine Vielheit von Species ist. Diese Beziehung der Species zum Generationscyclus oder Zeugungs-Kreise ist bisher noch nicht bestimmt erkannt worden. Zwar haben einige Autoren einen Theil der Zeugungskreise, nämlich die amphigenen Eikreise oder Eiproducte (p. 83, 87) als „Art-Individualität“, oder als „systematisches“ oder Species-Individuum bezeichnet, und die Summe aller gleichen Zeugungskreise als Species. Indessen ist hierbei bloss der amphigene und nicht der monogene Theil der Zeugungskreise in Betracht gezogen. Ferner ist nicht der Umstand berücksichtigt, dass bei der grossen Mehrzahl aller Thiere schon der sexuelle Dimorphismus, und bei Manchen ausserdem noch ein weiter gehender Polymorphismus die vollständige Repräsentation der Arten-Formen durch ein einziges Eiproduct unmöglich macht. Dann aber, und dieser Umstand ist noch viel wichtiger, ist bei der obigen Aufstellung der Formen-Kreis der Species als ein begrenzter angenommen, während er doch in Wirklichkeit wegen der allen Species eigenen unbegränzten Variabilität sich unmöglich vollkommen scharf umschreiben lässt. Wenn daher auch in ersterer Beziehung wenigstens bei denjenigen hermaphroditischen Species, welche der Selbstbefruchtung fähig sind (wie die meisten Phanerogamen, aber nur eine verhältnissmässig geringe Anzahl von Thieren), jedes einzelne Eiproduct vollkommen den gesammten Formenkreis der Species repräsentiren könnte, so wird diese Möglichkeit durch den zweiten Umstand, durch die grenzenlose Variabilität aller Species, vollkommen wieder aufgehoben.

Um daher unsere genealogische Definition der Species als der Summe aller gleichen Zeugungskreise als allgemein gültig hinstellen zu können, müssen wir zunächst hervorheben, dass sowohl die monogenen als die amphigenen Zeugungskreise hierbei in Betracht kommen. Die geschlechtslose Species ist die Summe aller gleichen Spaltungskreise. Die sexuell differenzirte Species dagegen ist die Summe aller gleichen Eikreise (S. 82 f. f.). Zweitens müssen wir die monomorphen und die polymorphen Zeugungskreise unterscheiden. Drittens müssen wir von der Variabilität der Zeugungskreise dabei absehen, und die äusseren Existenzbedingungen, die Anpassungsverhältnisse, deren Wechsel in Verbindung mit der Variabilität neue Species erzeugt, als constant und sich gleich bleibend voraussetzen. Denn wenn wir die Veränderungen der Existenz-Bedingungen und die davon abhängigen Veränderungen der Species selbst verfolgen, wenn wir die Species als historisch entwickeltes Wesen vom paläontologischen Gesichtspunkte aus betrachten, so finden wir, dass die Species ein untrennbares Glied des Genus ist, gleichwie das Genus nur ein subordinirtes Glied der Familie, diese ein Glied der Ordnung, die Ordnung ein Glied der Klasse, und die Klasse endlich ein abhängiges Glied des Stammes ist. Die Bedeutung der Species von diesem Gesichtspunkte aus, als Glied des Stammes, und als Kategorie des systematischen Stammbaums, haben wir noch im nächsten Abschnitte zu erörtern.

Als die nächste Aufgabe bleibt uns daher hier die Betrachtung des Polymorphismus der Zeugungskreise übrig, welcher bei den bisherigen Species-Definitionen entweder gar nicht oder doch nicht gehörig berücksichtigt worden ist. Es scheint aber, wenn unsere genealogische Definition der Species erschöpfend sein soll, unerlässlich, auch die durch den Polymorphismus adelphischer oder geschwisterlicher Zeugungskreise bedingten Form-Differenzen mit in die Bestimmung aufzunehmen. Wir können in dieser Beziehung zunächst monomorphe und polymorphe, und unter den letzteren wiederum dimorphe, trimorphe Species etc. unterscheiden.

Monomorphe Species oder einförmige Arten nennen wir diejenigen, bei welchen sämmtliche adelphische Zeugungskreise gleich oder doch nahezu gleich sind. Dies ist der Fall bei allen Spaltungskreisen oder esexuellen (monogenetischen) Zeugungskreisen; bei denen alle Bionten der Species durch ungeschlechtliche Zeugung entstehen (Cycli amphigenes). Ferner gehören hierher alle Eikreise oder sexuellen (amphigenetischen) Zeugungskreise, welche nur hermaphroditische Bionten produciren, also die allermeisten Pflanzen (nur die dioecischen ausgenommen), ferner eine geringe Anzahl von Thieren (die hermaphroditischen Infusorien, Würmer, Mollusken etc.). Bei allen diesen Organismen sind sämmtliche Zeugungskreise, welche einer Species angehören, unter gleichen äusseren Existenz-Bedingungen einander gleich. Jeder Cyclus generationis ist hier der vollständige Repräsentant seiner Species.

Polymorphe Species dagegen, oder vielförmige Arten, nennen wir diejenigen, welche aus mehreren verschiedenen, mindestens zwei verschieden geformten Zeugungskreisen zusammengesetzt sind. Hierher gehören alle Species mit Eikreisen oder sexuellen (amphigenetischen) Zeugungskreisen, welche gonochoristische Bionten produciren, also die allermeisten Thiere und die dioecischen Pflanzen. Hier ist niemals ein einzelner Cyclus generationis der vollständige Repräsentant seiner Species.

In den allermeisten Fällen ist bei diesen Arten der Polymorphismus der Eikreise oder Eiproducte zunächst durch die Vertheilung der beiderlei Geschlechtsorgane auf zwei verschiedene physiologische Individuen bedingt. Dieser sexuelle Dimorphismus findet sich weit häufiger bei den Thieren als bei den Pflanzen, und dieser Umstand steht offenbar in inniger Beziehung zu der weiteren physiologischen Arbeitstheilung, welche im Allgemeinen die Thiere vor den Pflanzen auszeichnet. Auch der Umstand, dass die meisten Pflanzenstöcke zeitlebens festsitzen, während die meisten Thiere sich frei bewegen, wird zu der weit häufigeren Ausbildung des Gonochorismus der Bionten bei den Thieren Veranlassung gegeben haben. Denn durch die freie Beweglichkeit ist den beiden Geschlechtern der Thiere, auch bei vollständiger Vertheilung der beiderlei Zeugungsorgane auf verschiedene Bionten, reiche Gelegenheit zur Vereinigung gegeben, während die Vereinigung der männlichen und weiblichen Geschlechtsproducte, welche für die eigentliche sexuelle Fortpflanzung stets unerlässlich ist, bei den räumlich getrennten und festsitzenden dioecischen Pflanzen in weit höherem Grade dem Zufall überlassen bleibt.

Die Differenz in der Bildung der beiderlei Personen oder der Grad des sexuellen Dimorphismus ist bei den verschiedenen dimorphen Species ausserordentlich verschieden entwickelt. In sehr vielen Fällen ist es lediglich die verschiedene Beschaffenheit der Geschlechtsproducte, welche die beiden Zeugungskreise unterscheidet. Abgesehen davon, dass die Geschlechtszellen sich bei den Weibchen zu Eiern umbilden, während sie bei den Männchen Zoospermien entwickeln, sind beide Generations-Cyclen hier in Grösse, Körperform und Structur völlig gleich, so bei den meisten im Wasser lebenden Thieren, den Anthozoen, Echinodermen, sehr vielen Mollusken, Crustaceen, Fischen etc. Auch bei den meisten dioecischen Pflanzen ist dies der Fall. Insbesondere beschränkt sich meistens auch hierauf der Geschlechtsunterschied der gonochoristischen Cormen, wo die beiderlei Geschlechtsproducte nicht allein auf verschiedene Personen, sondern auch auf verschiedene Stöcke vertheilt sind, wie bei den dioecischen Bäumen, Anthozoen-Colonieen etc. Das Zusammentreffen der beiderlei Zeugungsstoffe bleibt in diesen Fällen, da eine eigentliche Begattung nicht stattfindet, dem zufälligen Transporte durch die Bewegung des Mediums überlassen, in dem das Thier oder die Pflanze lebt. Eine weitere Ausbildung des sexuellen Dimorphismus tritt bei den gonochoristen Zeugungskreisen dann ein, wenn die Vereinigung der beiderlei Genitalproducte mit einer unmittelbaren Vereinigung der beiderlei sexuellen Bionten, mit Begattung verbunden ist. Es bilden sich dann mehr oder minder complicirte Begattungsapparate aus, welche sich über einen engeren oder weiteren Umkreis der Genitalstätten erstrecken und oft schon äusserlich die beiden Geschlechter unterscheiden lassen.

Sehr viel auffallender und folgenreicher gestaltet sich aber der sexuelle Dimorphismus durch Ausbildung der secundären Geschlechtsdifferenzen, durch die verschiedenartige sexuelle Differenzirung von Körpertheilen, welche zunächst an und für sich bei dem Fortpflanzungs-Geschäfte nicht unmittelbar betheiligt sind. Es entstehen dann die oft so sehr auffallenden Unterschiede der beiden Geschlechter in Grösse, Form, Färbung, Entwickelung einzelner Theile und Organe, welche vorzugsweise bei den höher stehenden Thieren sich allgemein vorfinden, und Mann und Weib so auffallend unterscheiden. Mit der Form-Differenzirung der beiden Geschlechts-Personen ist dann auch eine weiter gehende Arbeitstheilung in ihren Functionen verbunden, eine Erscheinung, die bei den Säugethieren, Vögeln, Reptilien, Amphibien, Insecten nach ungemein verschiedenartigen Richtungen hin sich entwickelt. Meist ist es hier das Weibchen, seltener das Männchen, welchem vorzugsweise die Sorge für die Nachkommenschaft anheimfällt, während das andere Geschlecht für Ernährung, Beschützung der Familie u. s. w. sorgt. Bei den Pflanzen sind diese secundären Geschlechtsdifferenzen ungleich seltener und in viel geringerem Grade als bei den Thieren entwickelt. Die von Darwin in so geistreicher Weise hervorgehobene sexuelle Zuchtwahl, welche sicher bei der Bildung der secundären Geschlechtseigenthümlichkeiten der Thiere eine hervorragende Rolle spielt, fällt hier bei den Pflanzen natürlich fort, ebenso die stark einwirkende Sorge für die Nachkommenschaft, die Neomelie, welche sicher bei vielen Thieren die nächste Ursache zur Entwickelung besonderer secundärer Geschlechtseigenthümlichkeiten ist. Unter den Pflanzen ist es schon eine seltene Ausnahme, wenn die sexuelle Arbeitstheilung so weit geht, wie z. B. bei *Vallisneria*.

Der höchste Grad der sexuellen Differenzirung findet sich jedoch nicht bei den Wirbelthieren vor, obwohl hier die Leistungen der beiden Geschlechter in der Oeconomie etc. der Species am weitesten aus einander gehen, sondern bei einer geringen Anzahl von niederen Thieren, bei denen offenbar eigenthümliche specielle Verhältnisse in der Lebensweise etc. in ausserordentlichem Maasse umbildend auf die Form der beiden Geschlechter gewirkt haben. Hier sinkt die eine der beiden Personen, und zwar meistens das Männchen, fast zum blossen Werth eines Geschlechtsorgans herab. Dies ist der Fall bei den einen Hectocotylus producirenden Männchen der Philonexiden unter den Cephalopoden, bei den gänzlich verkümmerten Männchen vieler Rotatorien, vieler Crustaceen, insbesondere aus den Ordnungen der Cirripedien, der parasitischen Copepoden etc.

Bei allen diesen gonochoristen Species wird der vollständige Formenkreis der Art nicht durch ein einziges monomorphes Eiproduct, sondern durch die Summe von zwei verschiedenen, dimorphen Eiproducten gebildet, da ja jedes der beiden Geschlechter einem besonderen Eie seine Entstehung verdankt. So wesentlich nun auch dieser Umstand die gonochoristischen Zeugungskreise von den hermaphroditischen zu trennen scheint, so verliert doch diese Differenz viel von ihrem Gewicht, sobald man sich erinnert, dass die Verschiedenheit der beiderlei Eiproducte, der männlichen und weiblichen, nicht in einer ursprünglichen Verschiedenheit der Eier begründet ist, sondern in der Wirkung bestimmter Einflüsse, welche die reifen Eier vor ihrer Entwickelung betreffen. Bei den Bienen liefert ein und dasselbe Ei, wenn es von den Zoospermien befruchtet wird, ein weibliches, wenn es nicht befruchtet wird, ein männliches Eiproduct. Bei den höheren Thieren scheint vielfach der verschiedene Entwickelungsgrad, den das Ei im Moment der Befruchtung erreicht hat, dafür entscheidend zu sein, ob aus demselben ein Männchen oder ein Weibchen wird. Wenigstens sollen bei den Wiederkäuern nach Thury's Behauptung diejenigen Eier, welche im Anfange der (mit der Loslösung der reifen Eier verbundenen) Brunst befruchtet werden, Weibchen, diejenigen dagegen, welche später, am Ende der Brunst befruchtet werden, Männchen liefern. Wie wenig zahlreich unsere Erfahrungen auf diesem Gebiete auch sind, so scheint doch soviel daraus hervorzugehen, dass die Differenz der beiden Geschlechter nicht durch eine ursprüngliche Verschiedenheit der Eier bedingt ist, sondern vielmehr von den Umständen abhängt, unter denen das Ei befruchtet wird. Je nach den verschiedenen Umständen der Befruchtung kann ein und dasselbe Ei sich entweder zu einem weiblichen oder zu einem männlichen Embryo gestalten. Für die Beurtheilung des sexuellen Dimorphismus der gonochoristen Zeugungskreise ist dieser Umstand sehr wichtig, denn es geht daraus hervor, dass die beiden verschiedenen Eiproducte, welche bei diesen Organismen die Species repräsentiren, lediglich als Differenzirungs-Resultate eines und desselben Eikörpers anzusehen sind, bedingt durch die verschiedenen Umstände seiner Befruchtung.

Während der Dimorphismus der Species, welcher durch die sexuelle Differenzirung der Zeugungskreise bedingt ist, im Thierreich so ausserordentlich weit verbreitet und wichtig, im Pflanzenreiche seltener ist, so gehören dagegen diejenigen Fälle, in denen die Species durch mehr als zwei verschiedene polymorphe Eiproducte repräsentirt wird, zu den grossen Seltenheiten. Am ausgiebigsten entwickelt ist dieser mehrfache Polymorphismus der Eiproducte unter denjenigen Insecten, welche in Beziehung auf psychische Entwickelung die höchste Stufe unter den Gliederthieren einnehmen, insbesondere bei den Hymenopteren in den merkwürdigen Staaten der Ameisen, Bienen etc. Gewöhnlich sind es hier drei, selten vier oder sogar fünf verschiedene Eiproducte, welche die Species zusammensetzen. Der Trimorphismus der Bienen und vieler Ameisen beruht darauf, dass die Weibchen nur theilweise geschlechtsreif werden, während der andere Theil derselben, deren Genitalien sich nicht entwickeln, sich zu Arbeitern umgestaltet, so dass also die Species sich hier aus einem männlichen und zwei verschiedenen weiblichen Eiproducten zusammensetzt. Von dem Tetramorphismus, der bei den Termiten, Ameisen und einigen anderen Hymenopteren sich findet, ist es noch zweifelhaft, ob die beiden sogenannten „geschlechtslosen“ Formen, die Arbeiter und die Soldaten, welche neben den entwickelten Männchen und Weibchen den Staat zusammensetzen, wirklich immer, gleich den letzteren, selbstständige Eiproducte sind, oder ob nicht mindestens die Soldaten in vielen Fällen bloss Larven von Sexualformen sind. Bei vielen Ameisen ist sicher das erstere der Fall, und namentlich bei den Gattungen *Eciton* und *Cryptocerus* ist jede Species wirklich aus vier verschiedenen Eiproducten zusammengesetzt, aus geflügelten Männchen und Weibchen, und zwei verschiedenen Classen von Arbeitern, grossköpfigen und kleinköpfigen. Bei den blättertragenden Ameisen oder Sauben, (*Oecodoma cephalotes*) finden sich sogar fünf verschiedene Formen von Zeugungskreisen in einer und derselben Species vor, indem neben den geflügelten Männchen und Weibchen hier nicht weniger als drei verschiedene Arten von geschlechtslosen Arbeitern sich finden: kleine Arbeiter, grosse Arbeiter und unterirdische Arbeiter. Hier liegt also wirklicher Pentamorphismus der Species vor [1]).

Man stellt diese polymorphen Thierstaaten der Insecten gewöhnlich mit den polymorphen Thiercolonieen der Siphonophoren etc. zusammen. Der wesentliche Unterschied Beider liegt aber darin, dass die polymorphen constituirenden Individuen der Gesammtheit im letzteren Falle ungeschlechtlich erzeugte morphologische Individuen fünfter Ord-

---

1) Vergl. über den Polymorphismus der Insecten und der Ameisen insbesondere die interessanten Angaben von Henry Walter Bates in seinem Reisewerke: Der Naturforscher am Amazonen-Strom (1866); einem Werke, welches reich an sehr werthvollen oecologischen Beobachtungen und besonders an wichtigen speciellen Beiträgen für die Descendenz-Theorie ist.

nung (Personen) sind, welche die concrete Form des Stockes, also ein physiologisches Individuum sechster Ordnung zusammensetzen; während sie im ersteren Falle geschlechtlich erzeugte Personen sind, welche als selbstständige physiologische Individuen (Bionten) ein genealogisches Individuum erster Ordnung, den polymorphen Eikreis in der abstracten Form des Thierstaates zusammensetzen. Der differenzirte Thierstaat ist also nichts Anderes als die specifische Einheit von mehreren polymorphen Bionten in einem amphigenen Generations-Cyclus.

Aus diesen Erläuterungen wird zur Genüge hervorgehen, dass der Polymorphismus der Zeugungskreise bei der Bestimmung der polymorphen Species wohl zu berücksichtigen ist, und dass demnach unsere Definition der Species als der genealogischen Individualität zweiter Ordnung die oben gegebene Fassung erhalten muss: „Die Species ist die Gesammtheit aller Zeugungskreise, welche unter gleichen Existenzbedingungen gleiche Form besitzen, und sich höchstens durch den Polymorphismus adelphischer Bionten unterscheiden.“

V. Gute und schlechte Species.

„Gute und schlechte Arten“ bilden eine der gebräuchlichsten Unterscheidungen in der systematischen Praxis. Gleichwohl haben die meisten Systematiker gar keine klaren oder nur falsche Vorstellungen über den eigentlichen Werth dieser Unterscheidung, wesshalb wir hier ein paar Worte darüber beifügen wollen.

„Gute Arten“ werden gewöhnlich entweder solche Species genannt, deren meiste Charaktere innerhalb des kurzen Zeitraums, seit dem sie beobachtet sind, sich sehr wenig verändert haben, auch jetzt noch sehr wenig variiren und sich desshalb scharf umschreiben lassen; oder solche Arten, deren verbindende und den Uebergang zu anderen Arten vermittelnde Zwischenformen uns unbekannt sind, und deren unterscheidende Charaktere daher scharf hervortreten. Je besser wir eine Species kennen, je grösser die Anzahl der dazu gehörigen Individuen ist, die wir haben untersuchen können und je weiter ihr geographischer Verbreitungsbezirk ist, insbesondere aber je verschiedenartiger ihre Existenzbedingungen an den verschiedenen Wohnorten sind, desto umfangreicher und desto mehr divergirend ist gewöhnlich der Varietätenbüschel dieser Art, desto zahlreicher sind die unmittelbaren Uebergänge zu verwandten Arten und in desto mehr verschiedene Formengruppen lässt sich diese eine Species spalten, Formengruppen, die von den einen Systematikern für Arten, von den andern bloss für Varietäten gehalten werden. Daher sind denn in der Regel die am wenigsten bekannten Species die „besten“, und sie werden um so schlechter, je besser wir sie kennen lernen, je weiter wir die Divergenz ihres Varietätenbüschels verfolgen und je deutlicher wir ihren genealogischen Zusammenhang mit verwandten Formen nachweisen können. Wenn Jemand behaupten wollte, dass die grosse Mehrzahl aller bekannten Arten „gute“ seien, so würde sich diese Behauptung, ihre Wahrheit vorausgesetzt, ganz einfach aus unserer ausserordentlichen Unkenntniss von der übergrossen Mehrzahl aller Organismen-Arten erklären. Von unendlich vielen Arten sind nur einzelne wenige oder gar nur ein einziges Exemplar bekannt. Dazu kennt man die meisten nur von wenigen ihrer Wohnorte her, und bei weitem nicht aus allen Theilen des Gebiets, über welches sie verbreitet sind. Von sehr vielen Species kennen wir nur einzelne Alters- und Entwickelungs-Zustände, oder nur das eine der beiden Geschlechter. Und wie oberflächlich und ungenau sind die allermeisten Untersuchungen, auf welche neue Species begründet werden! Man begnügt sich mit der Erfassung dieses oder jenes mehr oder weniger in die Augen fallenden oberflächlichen Unterschieds, gewöhnlich in der Form, Färbung oder dem Grössenverhältniss eines einzelnen Theils hervortretend, ohne die geringe Bedeutung dieses specifischen Charakters, seine Variabilität etc. gehörig zu würdigen. Hierbei kommen wir wieder auf den Grundfehler zurück, der unsere ganze Systematik beherrscht, dass man stets nur bemüht ist, das Unterscheidende jeder organischen Form möglichst scharf hervorzuheben, während man das Gemeinsame, das sie mit den nächstverwandten Formen verbindet, gänzlich vernachlässigt. Zu welchen Irrthümern diese streng analytische Richtung und der Ausschluss der synthetischen Vergleichung führt, haben wir schon oben gezeigt, als wir die nothwendige Wechselwirkung von Analyse und Synthese erörterten (Bd. I, S. 74).

„Schlechte Arten“ im Sinne der Speciesfabricanten würden alle Species ohne Ausnahme sein, wenn wir sie vollständig kennen würden, d. h. wenn wir nicht allein ihren gesammten gegenwärtigen Formenkreis, wie er über die ganze Erde verbreitet ist, kennen würden, sondern auch alle ihre ausgestorbenen Blutsverwandten, die zu irgend einer Zeit gelebt haben. Es würden dann überall die verbindenden Zwischenformen und die gemeinsamen Stammformen der einzelnen Arten hervortreten, deren Kenntniss uns jetzt fehlt. Es würde ganz unmöglich sein, die einzelnen Formengruppen als Species scharf von einander abzugrenzen, so unmöglich als es an jedem Baume ist, zu sagen wo der eine Zweig aufhört und der andere anfängt. Die meisten derjenigen Arten, die wir genauer kennen, werden allerdings im Systeme als „gute Arten“ fortgeführt. Dies ist aber nur dadurch möglich, dass man einestheils nicht ihre historische Entwickelung und ihren genealogischen Zusammenhang mit den verwandten Formen berücksichtigt, anderntheils aber die zahlreichen am stärksten divergirenden und am meisten abweichenden Formen ihres Varietätenbüschels, die schon von Andern als „gute Arten“ angesehen werden, als „schlechte“ betrachtet, und als Varietäten um die „typische“ Hauptform sammelt. Aber auch desshalb erscheinen uns viele unter den genauer bekannten Species als „gute“, d. h. scharf zu umschreibende Arten, weil sie bereits im Erlöschen sind und ihrem Untergange entgegengehen, weil ihr Varietäten-Büschel sich nicht mehr ausdehnt, und weil sie schon auf einen engen Raum und einförmige Existenzbedingungen zurückgedrängt sind, so dass sie sich nicht mehr an neue Bedingungen anpassen können [1]).

VI. Stadien der specifischen Entwickelung.

Der Parallelismus in der Entwickelung der Individuen, der Arten und der Stämme zeigt sich, wie wir bereits oben hervorgehoben haben, auch darin, das sich drei verschiedene Stadien der Genesis in allen drei Entwickelungsreihen unterscheiden lassen (S. 320). Der Aufbildung, Umbildung und Rückbildung der Bionten oder physiologischen Individuen entspricht die Aufblühzeit, Blüthezeit und Verblühzeit der Arten und Stämme, sowie aller übrigen Kategorieen des Systems, welche zwischen die Arten und Stämme eingeschaltet werden. Wir beschränken uns an dieser Stelle darauf, jene drei Stadien in ihrer Bedeutung für die Entwickelung der Arten oder Species noch etwas näher zu betrachten.

I. Die Aufblühzeit der Arten *(Epacme specierum)*, welche das erste Stadium der specifischen Enwickelung bildet, und welche der Aufbildungszeit oder Anaplasis der physiologischen Individuen entspricht, ist gleich der letzteren vorzugsweise durch das Wachsthum charakterisirt. Sie beginnt mit der Entstehung der Arten, und reicht bis zu ihrer vollständigen Ausbildung, welche als Reife oder Blüthezeit das zweite Stadium der Art-Entwickelung bildet. Die Entstehung der Arten, welche der Entstehung des Individuums durch Zeugung entspricht, erfolgt durch die Wechselwirkung zwischen Vererbung und Anpassung, durch den Process der natürlichen Züchtung im Kampfe um das Dasein, welchen wir im neunzehnten Capitel ausführlich erörtert und als einen mechanisch-physiologischen Vorgang nachgewiesen haben [2]). Das Wachsthum der Arten besteht vorzüglich in einer

---

1) Vergl. auch über diesen Gegenstand das treffliche Schriftchen von A. Kerner: „Gute und schlechte Arten“ (Innsbruck, Wagner 1866), welches, gleich anderen Schriften desselben Botanikers („Das Pflanzenleben der Donauländer“ etc.) eine Fülle von vorzüglichen Beobachtungen zu Gunsten der Descendenz-Theorie und vortreffliche Bemerkungen über die Systematik enthält.

2) Wir sehen hier natürlich ab von der Autogonie der Moneren, von der Entste-

Zunahme der constituirenden Individuen und in ihrer Ausbreitung über einen gewissen Verbreitungs-Bezirk, dessen Existenz-Bedingungen so gleichartig sind, dass eine relative Constanz der Species innerhalb desselben möglich wird. Die Species erringt sich im Kampfe um das Dasein ihre specifische Position, ihre bestimmte Stelle im Naturhaushalt. Die vermittelnden Uebergangsformen, welche während der Entstehung der neuen Art aus der alten oder elterlichen Art Beide verbinden, und welche meistens rasch erlöschen, fallen gewöhnlich ganz in den Anfang der Aufblühzeit. Das epacmastische Wachsthum der Art ist vollendet, die Species ist gewissermaassen „ausgewachsen und reif“, wenn im Ganzen eine weitere Ausdehnung über die Grenzen jenes Bezirks nicht mehr statt findet, und wenn die Individuen-Masse der Art innerhalb desselben im Grossen und Ganzen beständig bleibt. Es beginnt damit das zweite Stadium, die Blüthezeit.

II. Die Blüthezeit der Arten *(Acme specierum)*, welche das zweite Stadium der specifischen Entwickelung umfasst, und welche der Umbildungszeit oder Metaplasis der Bionten parallel ist, zeichnet sich gleich der letzteren vorzugsweise durch relative Constanz der Form, verbunden mit feineren Differenzirungs-Processen aus. Der Umfang der Art, die Anzahl ihrer constituirenden Individuen und die Ausdehnung ihres Verbreitungs-Bezirks bleibt während dieses Zeitraums im Grossen und Ganzen unverändert. Die Art ist nun „reif und ausgewachsen“, befestigt sich innerhalb des erlangten Verbreitungs-Bezirks, der eine relative Constanz erhält, und passt sich innerhalb desselben möglichst den passendsten Existenz-Bedingungen an. Die Species behauptet und befestigt den specifischen Platz, die bestimmte Position, welche sie im Kampfe um das Dasein errungen hat, und vertheidigt dieselbe mit Glück gegen die Angriffe der mitbewerbenden Arten. Die meisten Arten entwickeln während der Blüthezeit einen höheren oder geringeren Grad von acmastischer Differenzirung. Sie bilden einen vielstrahligen und reichverzweigten Varietäten-Büschel, und durch die besondere Accommodation der Varietäten an verschiedenartige Existenz-Bedingungen erreicht die reife Art eine grössere Herrschaft, als es ohnedem möglich wäre. Die Varietäten können zum Theil innerhalb der Species-Schranke verharren und mit der Stammform durch viele verbindende Zwischenstufen continuirlich verbunden bleiben. Zum Theil können sie dieselbe auch überschreiten und sich zu selbstständigen neuen Arten entwickeln, indem die vermittelnden Uebergangsformen erlöschen. Die Art kann also schon während ihrer Blüthezeit zahlreiche neue Arten erzeugen und man kann selbst die Production neuer Spe-

---

hung der ersten Organismen jedes Phylum durch Generatio spontanea, da diese Stammformen, wie schon Schleiden bemerkte, kaum als eigentliche „Species“ unterschieden werden können (Vergl. S. 332).

cies als ein Zeichen der kräftigen Acme bezeichnen, ebenso wie beim Individuum die Erzeugung neuer Bionten, die Fortpflanzung als Zeichen erlangter Reife (Metaplase) gilt. Doch darf diese Production nicht so weit gehen, dass die Stammform der Species selbst dabei abnimmt und zu Grunde geht. Sobald diese Abnahme eintritt, und die Stammform von ihren erzeugten „Abarten“ ganz zurückgedrängt wird, so geht die Acme in die Paracme über.

III. Die Verblühzeit der Arten *(Paracme specierum)*, welche das dritte und letzte Stadium der specifischen Entwickelung darstellt, und welche der Rückbildungszeit oder Cataplase der Bionten correspondirt, ist ebenso wie die beiden vorhergehenden Stadien, bei den verschiedenen Arten von sehr verschiedener Dauer. Sie umfasst die gesammte Zeit der Abnahme der Arten, also vom Nachlasse der Acme an bis zu ihrem Ende. Bisweilen kann der Verlauf dieser Abnahme ein sehr rascher sein, und es kann die Art in verhältnismässig sehr kurzer Zeit aussterben, indem z. B. ein plötzlicher und höchst nachtheiliger Klimawechsel eintritt, oder indem ein übermächtiger Feind in den Kampf um das Dasein mit ihr tritt und sie rasch besiegt. So ist es historisch erwiesen von *Didus ineptus,* welcher innerhalb 81, und von der *Rhytine Stelleri*, welche innerhalb 27 Jahren von dem übermächtigen Menschen ausgerottet wurde. Gewöhnlich ist aber die Abnahme oder Decrescenz der Art eine viel langsamere, indem sie den errungenen Platz im Naturhaushalte, ihre feste Position im Kampfe um das Dasein hartnäckig vertheidigt und nur Schritt für Schritt von demselben zurückweicht. Je weiter aber ihr Verbreitungs-Bezirk dadurch eingeengt, je mehr die Species dadurch zurückgedrängt wird, desto rascher geht sie ihrem vollständigen Erlöschen, ihrem Ende entgegen. Oft wird dasselbe beschleunigt durch besondere Processe der paracmastischen Degeneration, wie es z. B. bei den aussterbenden Rothhäuten Amerika's der Fall ist, welche nicht bloss in dem Kampfe um das Dasein mit der übermächtigen weissen Menschen-Art erliegen, sondern auch gleichzeitig der inneren Degeneration ihres eigenen Volkslebens. Ebenso wie bei dieser Menschen-Art, wirken auch bei anderen Thierarten und bei Pflanzen-Arten nicht bloss äussere Einflüsse, sondern auch innere Veränderungen, die wir allgemein als paracmastische Degenerations-Processe bezeichnen können, und die den cataplastischen Degenerations-Processen der physiologischen Individuen analog sind, nachtheilig auf den Bestand der Art ein, und fördern ihren Untergang. In den meisten Fällen dürfte jedoch die Species ihren Untergang erleiden durch ihre eigenen Nachkommen, durch den Kampf um das Dasein mit den vervollkommneten neuen Arten, welche zuerst als Varietäten von ihr erzeugt worden sind, und welche sich nunmehr auf Unkosten ihrer schwächeren Stammform ausbreiten. Sobald die Individuen-Zahl und der Verbreitungs-Bezirk der befestigten Art durch die übermächtige Entwickelung der von ihr erzeugten Varietäten, die sich durch Divergenz des Charakters und Anpassung an differenzirte Existenz-Bedingungen zu neuen „guten Arten" entwickelt haben, wesentlich und in zunehmendem Maasse eingeschränkt wird, so hat damit die Paracme der Stammform begonnen, und sie geht früher oder später ihrem vollständigen Erlöschen entgegen. Das Aussterben der Species, ihr Ende, ist wahrscheinlich in den meisten Fällen eine solche allmähliche Vertilgung durch ihre übermächtig gewordenen Nachkommen, und nicht ein plötzlicher Tod durch eine einmalige Catastrophe.

Die Lebensdauer der verschiedenen Species ist natürlich aus allen diesen Gründen eine äusserst verschiedenartige, und das Alter, welches jede einzelne Art thatsächlich erreicht, wird einzig und allein durch die Wechselwirkung der Vererbung und Anpassung, und durch den Einfluss der Existenzbedingungen, unter welchen dieselbe im Kampfe um das Dasein erfolgt, bestimmt. Je zäher die Art auf ihrer Acme beharrt und die erworbenen Eigenschaften auf ihre Nachkommen vererbt, je weniger ihre Existenzbedingungen sich ändern, desto länger wird ceteris paribus ihre Lebensdauer sein. Je leichter umgekehrt die Species sich neuen und sehr verschiedenen Existenzbedingungen anpasst, je weniger sie an den ererbten Species-Charakteren constant festhält, desto schneller wird sie sich in ein reiches Varietäten-Büschel auflösen, und desto kürzer wird ihre Lebensdauer sein. Einerseits also wird der Variabilitäts-Grad der Species, andererseits der Wechsel der Existenz-Bedingungen, denen sie sich anpassen muss, ihr Alter bedingen; und lediglich die unendliche Verschiedenheit dieser mechanischen Ursachen bewirkt die unendliche Verschiedenheit in der factischen Dauer der einzelnen Arten. Keineswegs aber ist für jede Species ein bestimmtes Alter prädestinirt. Natürlich ist es unter diesen Umständen völlig unmöglich, eine Durchschnitts-Dauer der verschiedenen Species festzusetzen, und die Versuche, welche verschiedene Naturforscher gemacht haben, die durchschnittliche oder mittlere Dauer der Arten auf paläontologisch-empirischem Wege zu bestimmen, mussten selbstverständlich zu den grössten Widersprüchen führen. Während die sehr zähen Arten einen Zeitraum von mehreren geologischen Perioden überdauern können, gehen die weniger constanten vielleicht schon im zehnten, und die sehr variablen Arten schon in weniger als dem tausendsten Theile eines solchen Zeitraums zu Grunde.

Dreiundzwanzigstes Capitel.

Entwickelungsgeschichte der Stämme oder Phylen.

(Naturgeschichte der organischen Stämme oder der genealogischen Individuen dritter Ordnung.)

„Die Schwierigkeit, Idee und Erfahrung mit einander zu verbinden, erscheint sehr hinderlich bei aller Naturforschung: die Idee ist unabhängig von Raum und Zeit, die Naturforschung ist in Raum und Zeit beschränkt; daher ist in der Idee Simultanes und Successives innigst verbunden, auf dem Standpunkt der Erfahrung hingegen immer getrennt.“ Goethe.

I. Functionen der phyletischen Entwickelung.

Die Phylogenese oder paläontologische Entwickelung, die Divergenz der blutsverwandten Formen, welche zur Entstehung der Arten, Gattungen, Familien und aller anderen Kategorieen des organischen Systems führt, ist ein physiologischer Process, welcher, gleich allen übrigen physiologischen Functionen der Organismen, mit absoluter Nothwendigkeit durch mechanische Ursachen bewirkt wird. Diese Ursachen sind Bewegungen der Atome und Moleküle, welche die organische Materie zusammensetzen, und die unendliche Mannichfaltigkeit, welche sich in den phyletischen Entwickelungsprocessen offenbart, entspricht einer gleich unendlichen Mannichfaltigkeit in der Zusammensetzung der organischen Materie, und zunächst der Eiweissverbindungen welche das active Plasma der constituirenden Plastiden aller Organismen bilden. Die phyletische oder paläontologische Entwickelung der Stämme und ihrer sämmtlichen subordinirten Kategorieen ist also weder das vorbedachte zweckmässige Resultat eines denkenden Schöpfers, noch das Product irgend einer unbekannten mystischen Naturkraft, sondern die einfache und nothwendige Wirkung derjenigen bekannten physikalisch-chemischen Processe, welche uns die Physiologie als mechanische Entwickelungs-Functionen der organischen Materie nachweist.

Die physiologischen Functionen, auf welche sich sämmtliche phyletische oder paläontologische Entwickelungs-Erscheinungen als auf ihre bewirkenden Ursachen zurückführen lassen, sind die beiden fundamentalen Entwickelungs-Functionen der Vererbung *(Hereditas)* und der Anpassung *(Adaptatio)*, von denen die erstere eine Theilerscheinung der Fortpflanzung, die letztere der Ernährung ist. Die beiden ursprünglichen Conservations-Functionen der Propagation (Erhaltung der Art) und der Nutrition (Erhaltung des Individuums) genügen also vollständig, um durch ihre beständige Wechselwirkung unter dem Einflusse der in der Aussenwelt gegebenen Existenz-Bedingungen die Divergenz der Arten, und somit die Entwickelung der Stämme zu bewirken. Diese Grundanschauung halten wir zum richtigen Verständniss der Phylogenese für unentbehrlich. Wie wir vermittelst der Descendenz-Theorie zu derselben gelangt sind, ist im neunzehnten Capitel von uns erörtert worden. Die daselbst von uns erläuterte Entstehung der Arten durch natürliche Züchtung, durch die Wechselwirkung der Vererbung und Anpassung im Kampf um das Dasein, ist in der That weiter nichts, als die Grundlage der phyletischen Entwickelung selbst. Das ganze neunzehnte Capitel würde eigentlich hier seine Stelle finden. Wir haben es aber absichtlich dem fünften Buche überwiesen, weil die Ontogenese oder die individuelle Entwickelungsgeschichte ohne die Phylogenese oder die paläontologische Entwickelungsgeschichte gar nicht zu verstehen ist, und weil die Erläuterung der phyletischen Entwickelungs-Functionen, welche die Selections-Theorie und die durch sie begründete Descendenz-Theorie giebt, für das Verständniss der biontischen Entwickelungs-Functionen unerlässlich ist.

II. Stadien der phyletischen Entwickelung.

Die Stämme sowohl, als alle untergeordneten Kategorieen derselben, von der Classe und Ordnung bis zur Gattung und Art herab, zeigen ihren Parallelismus mit der individuellen Entwicklung, wie schon oben gezeigt wurde, auch darin, dass im Laufe ihrer historischen Entwickelung mehrere verschiedene Stadien sich unterscheiden lassen, welche den Stadien der individuellen Entwickelung entsprechen (S. 320). Den drei Perioden der ontogenetischen Anaplase, Metaplase und Cataplase entsprechend haben wir die drei Abschnitte der phylogenetischen Epacme, Acme und Paracme unterschieden, welche ebensowohl bei den ganzen Stämmen, wie bei den ihnen untergeordneten Gruppen sich finden. Wie sich die Arten oder Species hierin verhalten, ist bereits oben erörtert. Wir wenden uns daher hier nur zu den Entwicklungs-Stadien der höheren Stamm-Gruppen, von dem Genus und der Familie an aufwärts, wobei wir ausdrücklich bemerken, dass auch in dieser Beziehung ein scharfer und absoluter Unterschied zwischen den verschiedenen Kategorieen des natürlichen Systems ebenso wenig existirt, als ein solcher sich in anderer Hinsicht constatiren lässt. Alle Genera und Familien, Ordnungen und Classen, sowie auch alle diesen subordinirte Gruppen des Systems, die Subgenera, Subfamilien, Sectionen, Tribus etc. verhalten sich auch hinsichtlich der Entwickelungs-Stadien ebenso wie die ganzen Stämme, welche sie zusammensetzen, und wie die Arten, aus denen sie selbst zusammengesetzt sind.

I. Die Aufblühzeit oder *Epacme* der Phylen und ihrer subordinirten Kategorieen umfasst das erste Stadium ihrer phyletischen Entwickelung, welches dem Jugendalter oder der Anaplase der Bionten entspricht, und von ihrer Entstehung bis zum Beginne der Blüthezeit reicht. Die erste Entstehung der Stämme ist in allen Fällen als Archigonie, und wohl meistens, vielleicht immer als Autogonie (nicht als Plasmogonie) zu denken, wie wir bereits im sechsten und siebenten Capitel des zweiten Buches (Bd. I, S. 179, 205) und im siebzehnten Capitel (Bd. II, S. 33) erörtert haben. Sie beginnt mit der Archigonie von structurlosen Moneren, aus denen sich zunächst nur monoplastide, später erst polyplastide Species differenziren. Die Entstehung der subordinirten Kategorieen der Stämme dagegen erfolgt durch die Divergenz des Charakters der Species, welche aus der Differenzirung der autogonen Moneren hervorgehen, durch das Erlöschen der verbindenden Zwischenformen zwischen den divergirenden Species. Derjenige Process, welcher nun bei der weiteren Entwickelung der entstandenen Stämme und ihrer subordinirten Gruppen das Stadium der Epacme vorzugsweise charakterisirt, ist das Wachsthum. Die phyletische Crescenz äussert sich ebenso wie die specifische zunächst in der progressiven Zunahme der Individuen-Zahl und in der Ausdehnung des von ihnen eroberten Verbreitungsbezirks. Ebenso wie die Arten, so erringen sich auch die aus ihrer Divergenz entstehenden Gattungen, Familien, Classen etc. und ebenso der ganze Stamm, welchem alle diese Gruppen angehören, während ihres epacmastischen Wachsthums eine Anzahl von Stellen im Naturhaushalte, und vertheidigen die so gewonnenen Positionen im Kampf um das Dasein gegenüber den in Mitbewerbung befindlichen Gruppen. So lange jede Gruppe sich immer weiter ausbreitet, so lange die Zahl der ihr untergeordneten Gruppen, und damit zugleich der Individuen, in denen sie verkörpert sind, zunimmt, so lange ist die Gruppe im Wachsthum begriffen, und erst wenn eine weitere quantitative Zunahme und Ausdehnung ihres Verbreitungsbezirks im Grossen und Ganzen nicht mehr stattfindet, beginnt die zweite Periode der Entwickelung, die Acme.

II. Die Blüthezeit oder *Acme* der Phylen und der verschiedenen untergeordneten Systems-Gruppen, welche das zweite Stadium der phyletischen Entwickelung bildet und als solches dem Reifealter oder der Metaplase der Bionten correspondirt, ist gleich dem letzteren vorzüglich durch qualitative Vervollkommnung ausgezeichnet, gegen welche das quantitative Wachsthum nunmehr zurücktritt. Das Genus, die Familie, Ordnung, Classe etc., ebenso der ganze Stamm, welcher sich in der Blüthezeit, auf der Höhe seiner Entwickelung befindet, nimmt nicht mehr oder doch nicht wesentlich am Umfang, wohl aber an Vollkommenheit zu. Die phyletische Position, der geographische und topographische Verbreitungs-Bezirk, welchen die Gruppe im Kampf um das Dasein errungen hat, wird behauptet und befestigt, und gegen die Angriffe der mitbewerbenden Gruppen mit Erfolg vertheidigt. Dieser Kampf an sich schon vervollkommnet die Gruppe, und zwingt sie, sich möglichst gut den verschiedenen Existenz-Bedingungen innerhalb des errungenen Gebiets anzupassen. Daher finden in grosser Ausdehnung Processe der acmastischen Differenzirung statt, indem jede Gruppe in einen reichen und vielverzweigten Büschel von subordinirten Gruppen zerfällt. Jedes Genus bildet eine Menge Subgenera, jede Familie eine Anzahl Subfamilien, jede Ordnung eine Gruppe von Unterordnungen u. s. w. Die reichliche Production solcher subordinirter Gruppen, welche wesentlich durch Divergenz des Characters und Ausfall der verbindenden Zwischenformen erfolgt, charakterisirt die Acme jeder Gruppe ebenso, wie die Erzeugung neuer Individuen die Metaplase der Bionten. Erst wenn die erzeugten Gruppen so weit divergiren, dass sie die Ranghöhe der parentalen Gruppe erreichen und selbst überschreiten, so dass die letztere hinter ihnen zurücktritt, erst dann ist die Acme der letzteren vorbei und die Paracme hat begonnen.

III. Die Verblühzeit oder *Paracme* der Phylen und ihrer subordinirten Kategorieen begreift das dritte und letzte Stadium ihrer Entwickelung und entspricht als solches dem Greisenalter oder der Cataplase der physiologischen Individuen. Sie umfasst die ganze Zeit vom Ende der Acme bis zum Erlöschen der Gruppe, und verläuft meist, wie die entsprechende Decrescenz der Art, langsam und allmählich. Wie bei den Species, sind es auch bei den übergeordneten Gruppen des Systems, bei den Gattungen, Familien, Classen u. s. w. vorzugsweise die nächstverwandten und die coordinirten Gruppen einer jeden Kategorie, welche sich auf Kosten der letzteren entwickeln und ihren Untergang herbeiführen. Namentlich sind auch hier wieder am gefährlichsten für ihr Bestehen die eigenen Nachkommen, d. h. die aus der Differenzirung der reifen Gruppe hervorgegangenen neuen Gruppen, welche anfänglich subordinirt sind, späterhin aber durch fortschreitende Vervollkommnung und Ausfall der verbindenden Zwischenform sich zur gleichen Stufenordnung erheben und nunmehr über die parentale Stammgruppe das Uebergewicht gewinnen. In weiterem Sinne kann auch dieses Zurückbleiben der letzteren hinter den ersteren als paracmastische Degeneration bezeichnet werden, insofern die parentale Gruppe nicht mehr den Anforderungen entspricht, welche die gesteigerten Existenz-Bedingungen an sie stellen, während sie früher denselben gewachsen war. Doch ist diese Degeneration wohl mehr ein Mangel an der nothwendigen Fortbildung, als eine positive Rückbildung, und es erfolgt der Untergang der Gruppen in der Mehrzahl der Fälle weniger durch vollständiges Aussterben, durch Erlöschen aller Zweige derselben, als vielmehr durch einseitige Fortbildung und bevorzugte Ausbildung einzelner Zweige, welche sich auf Kosten ihrer coordinirten und übergeordneten älteren Zweige entwickeln. Je höher der Rang einer systematischen Gruppe ist, desto weniger leicht tritt ihr vollständiges Erlöschen ein, weil desto grösser die Möglichkeit und Wahrscheinlichkeit ist, dass auch beim Erlöschen des grössten Theils der Gruppe doch noch einer oder der andere Zweig derselben erhalten bleibt und den ursprünglichen Stamm in dieser Richtung fortsetzt. Daher ist die Zahl der ausgestorbenen Gattungen nicht bloss absolut, sondern auch relativ viel grösser als die Zahl der ausgestorbenen Familien, diese letztere ebenso viel grösser als die Zahl der ausgestorbenen Ordnungen, und diese wiederum viel grösser als die Zahl der ausgestorbenen Classen. Von letzteren kennen wir nur sehr wenige, und von ausgestorbenen ganzen Stämmen mit Sicherheit sogar kein Beispiel, obwohl es offenbar ist, dass einzelne Stämme bereits auf dem Wege der Rückbildung, in der Verblühzeit sind, wie z. B. derjenige der Mollusken. Vielleicht stellt die Gruppe der Petrospongien einen völlig erloschenen Stamm dar (vergl. die systematische Einleitung).

III. Resultate der phyletischen Entwickelung.

Die physiologischen Functionen der phyletischen Entwickelung, deren Wechselwirkung wir im neunzehnten Capitel ausführlich dargelegt haben, Vererbung und Anpassung, führen unmittelbar und mit absoluter Nothwendigkeit die höchst bedeutenden und grossartigen Veränderungen der Organismen-Welt herbei, welche wir ebendaselbst als das Divergenz-Gesetz und als das Fortschritts-Gesetz erläutert haben. Das allgemeinste Endresultat dieses ungeheueren und unaufhörlich thätigen Entwickelungs-Processes ist in jedem einzelnen Abschnitt der Erdgeschichte einerseits die endlose Mannichfaltigkeit, welche sich in der Form und Structur der verschiedenen Protisten, Pflanzen und Thiere offenbart, andererseits die allgemeine Familien-Aehnlichkeit oder die „Formen-Verwandtschaft“, welche trotzdem die blutsverwandten Organismen eines jeden Stammes zu einem Systeme von subordinirten

Formengruppen verbindet. Diese natürliche Gruppirung der „verwandten“ Organismen in zahlreiche über und neben einander geordnete Gruppen oder Kategorieen, die Thatsache, dass nur eine sehr geringe Anzahl von obersten, grundverschiedenen Hauptgruppen existirt, unter welche alle übrigen als „verwandte“ Formen sich einordnen lassen, diese Thatsache ist lediglich das einfache und nothwendige Resultat des phyletischen Entwickelungsprocesses, und die Selections-Theorie zeigt uns im Allgemeinen, warum dieses Resultat gerade so erfolgen musste, wie es wirklich erfolgt ist.

Wir stehen hier vor einem der grössten und bewunderungswürdigsten Phänomene der organischen Natur, vor der Thatsache des natürlichen Systems oder der baumförmig verzweigten Anordnung der verwandten Organismen-Gruppen, einer Thatsache, von der Darwin sehr richtig bemerkt, dass wir das Wunderbare derselben nur in Folge unserer vollständigen Gewöhnung daran zu übersehen pflegen. Von frühester Jugend an von einer Fülle ähnlicher und doch verschiedener Gestalten umgeben, gewöhnen wir uns schon, indem wir sprechen lernen, daran, die verwandtesten Formen unter einer engen Collectivbezeichnung zusammenzufassen und die divergenteren Formen wieder unter einem weiteren Collectivnamen zu vereinigen. So unterscheiden wir zuerst Thiere und Pflanzen, dann unter den Thieren Vögel und Fische, unter den Vögeln Raubvögel und Schwimmvögel u. s. w. Kurz die Gruppenbildung, die Specification des natürlichen Systems verwächst so frühzeitig mit allen unseren Vorstellungen, dass wir dieselbe nur zu leicht als etwas Selbstverständliches betrachten und das grosse Räthsel übersehen, welches uns die Verwandtschaft der Formen beständig vorlegt. Am auffallendsten zeigt sich dies bei den gedankenlosen Systematikern, welche ihr ganzes Leben mit der Umschreibung und Bezeichnung der Systems-Gruppen, mit der Registratur und Nomenclatur der Organismen verbringen, und dennoch niemals oder nur selten sich die naheliegende Frage nach der Ursache dieser merkwürdigen Gruppenbildung vorlegen.

Die Lösung dieses „heiligen Räthsels“, dieses „geheimen Gesetzes“ von der „Verwandtschaft“ der organischen Gestalten ist einzig und allein in der Descendenz-Theorie zu finden. Nachdem Goethe schon 1790 auf diese Lösung hingewiesen, nachdem Lamarck dieselbe 1809 wesentlich weiter geführt hatte, wurde sie endlich 1859 durch Darwin vollendet, welcher in dem dreizehnten Capitel seiner Selections-Theorie das natürliche System für den Stammbaum der Organismen und „gemeinsame Abstammung für das Band erklärte, wonach alle Naturforscher unbewusster Weise in ihren Classificationen gesucht haben, nicht aber ein unbekannter Schöpfungs-Plan, oder eine bequeme Form für allgemeine Beschreibung, oder eine angemessene Methode, die Naturgegenstände nach den Graden ihrer Aehnlichkeit oder Unähnlichkeit zu sortiren.“ Sobald wir den Grundgedanken der Descendenz-Theorie richtig erfasst und uns mit den nothwendigen Consequenzen desselben vertraut gemacht haben, so muss uns die wunderbare Thatsache der Gruppenbildung im natürlichen System als das nothwendige Resultat des natürlichen Züchtungs-Processes, d. h. der mechanischen Entwickelung der Stämme erscheinen. Bei der ausserordentlichen Wichtigkeit dieses Verhältnisses wollen wir dasselbe im folgenden Capitel noch ausführlicher betrachten.

IV. Die dreifache genealogische Parallele.

Schon zu wiederholten Malen haben wir in diesem und im ersten Bande auf den dreifachen Parallelismus der phyletischen (paläontologischen), der biontischen (individuellen) und der systematischen (specifischen) Entwickelung hingewiesen als auf eine der grössten, merkwürdigsten und wichtigsten allgemeinen Erscheinungsreihen der organischen Natur. Bisher ist dieselbe nicht entfernt in dem Maasse, in welchem sie es verdient, hervorgehoben und an die Spitze der organischen Morphologie gestellt worden. Sehr vielen sogenannten Zoologen und Botanikern ist dieselbe gänzlich unbekannt; die meisten Anderen, denen sie bekannt ist, bewundern sie als ein schnurriges Curiosum oder als einen Ausfluss der unverständlichen Weisheit eines unverständlichen Schöpfers. Sehr wenige Naturforscher nur haben bisher das ganze colossale Gewicht dieses grossartigen Phänomens begriffen und nach einem wirklichen Verständniss desselben gesucht. Dieses Verständniss ist aber nur durch die Descendenz-Theorie zu gewinnen, welche uns die dreifache genealogische Parallele ebenso einfach als vollständig erklärt, wie andererseits die Parallele selbst eine der stärksten Stützen der Descendenz-Theorie ist.

Seltsamer Weise hat derjenige Naturforscher, welcher bisher den Parallelismus der phyletischen, biontischen und systematischen Entwickelung am meisten hervorgehoben und am längsten besprochen hat. Louis Agassiz, gerade den entgegengesetzten Weg zu seiner Erklärung betreten, und es vorgezogen, dadurch den indirecten Beweis für die Wahrheit der Descendenz-Theorie zu führen. Denn nur als solchen können wir die seltsamen teleologisch-theosophischen Speculationen bezeichnen, welche der geistvolle Agassiz in seinem berühmten dualistischen „Essay on classification“ zur Erklärung der dreifachen genealogischen Parallele herbeizieht, und durch deren Ausführung er zeigt, dass dieselben in der That Nichts erklären!

Was nun die mechanisch-monistische Erklärung der dreifachen genealogischen Parallele selbst betrifft, so haben wir bereits im fünften Buche und namentlich im achtzehnten und neunzehnten Capitel darüber so Viel gesagt, dass wir hier nur die wichtigsten Punkte nochmals hervorheben wollen. Auszugehen ist dabei immer zunächst von der paläontologischen Entwickelung, an welche die individuelle Entwickelung sich als kurze und schnelle Recapitulation, die systematische Entwickelung dagegen als das anatomische Resultat, wie wir es im vorhergehenden Abschnitte bezeichnet haben, unmittelbar anschliesst.

I. Der Parallelismus zwischen der phyletischen (paläontologischen) und der biontischen (individuellen) Entwickelung erklärt sich einfach mechanisch aus den Vererbungs-Gesetzen und insbesondere aus den Gesetzen der gleichzeitlichen, der gleichörtlichen und der abgekürzten Vererbung. Alle Erscheinungen, welche die individuelle Entwickelung begleiten, erklären sich lediglich, soweit sie nicht unmittelbares Resultat der Anpassung an neue Existenz-Bedingungen sind, aus der paläontologischen Entwickelung der Vorfahren des Individuums. Die gesammte Ontogenie ist eine kurze und schnelle Recapitulation der langen und langsamen Phylogenie, wie wir im achtzehnten Capitel für die morphologischen Individuen aller sechs Ordnungen einzeln nachgewiesen haben.

II. Der Parallelismus zwischen der phyletischen (paläontologischen) und der systematischen (specifischen) Entwickelung erklärt sich einfach aus der Descendenz-Theorie und speciell aus den Gesetzen der Divergenz und des Fortschritts, insbesondere aber aus dem Umstande, dass die divergente Entwickelung der verschiedenen Zweige und Aeste eines und desselben Stammes so äusserst ungleichmässig in Bezug auf Grad und Schnelligkeit der Veränderung verläuft. Einige Aeste haben sich seit der silurischen Zeit fast unverändert erhalten, wie z. B. die Colastren unter den Echinodermen, die Phyllopoden unter den Crustaceen; andere haben sich zwar bedeutend, aber doch nur langsam verändert, wie z. B. die Crinoiden unter den Echinodermen, die Macruren unter den Crustaceen; noch andere haben sich endlich sehr bedeutend und sehr rasch verändert, wie z. B. die Echiniden unter den Echinodermen, die Brachyuren unter den Crustaceen. Ebenso haben sich unter den Cormophyten die Farrne seit der Steinkohlen-Zeit nur sehr wenig, die Coniferen mässig stark, die erst in der Tertiärzeit entstandenen Gamopetalen sehr bedeutend verändert; die ersten haben sich sehr langsam, die zweiten mässig rasch, die dritten sehr schnell entwickelt; die ersten sind ihren ursprünglichen Stammeltern sehr ähnlich, und daher auf einer verhältnissmässig tiefen Stufe stehen geblieben (langsam reife [bradypepone] oder sehr zähe Typen); die zweiten haben sich mässig entwickelt, indem sie zwischen conservativer und progressiver Richtung hin und her schwankten (mittelreife [mesopepone] oder halbzähe Typen); die dritten endlich, schnell und kräftig neuen, günstigen Existenz-Bedingungen sich anpassend, haben in kurzer Zeit einen hohen Grad der Vollkommenheit erreicht (schnellreife [tachypepone] oder nichtzähe Typen). Unter den Wirbelthieren gehören z. B. die Rochen und die Monitoren zu den langsamreifen, die Ganoiden und die Crocodile zu den mittelreifen, die Acanthopteren und Dinosaurier zu den schnellreifen Typen. In vielen Fällen sind die langsamreifen zugleich polytrope oder ideale, die schnellreifen zugleich monotrope oder praktische Typen (S. 222); in vielen Fällen findet aber auch gerade das Gegentheil statt, so dass jene Kategorieen sich keineswegs decken. Jeder Blick auf die paläontologische Uebersichts-Tabelle irgend einer Organismen-Gruppe lehrt uns die äusserst ungleichmässige, an Schnelligkeit, Qualität und Quantität der Veränderung äusserst divergente Entwickelung ihrer verschiedenen Formenbüschel, und so erklärt sich vollständig die aufsteigende und baumförmig verästelte Gestalt, welche das natürliche System aller gleichzeitig lebenden Glieder der Gruppe als das anatomische Resultat ihrer phyletischen Entwickelung darbietet und welche der aufsteigenden und baumähnlich verästelten Form entspricht, die ihre gemeinsamen Vorfahren durch ihre paläontologische Entwickelungs-Reihe bilden.

III. Der Parallelismus zwischen der biontischen (individuellen) und der systematischen (specifischen) Entwickelung erklärt sich einfach schon aus der Verbindung der beiden vorigen Parallelen. Wenn zwei Linien (systematische und biontische Entwickelungsreihe) einer dritten (der phyletischen Entwickelungsreihe) parallel sind, so sind sie auch unter einander parallel (so ist auch die systematische der biontischen Entwickelungsreihe parallel). Die Parallele der phyletischen und systematischen Entwickelungsreihe zeigt uns (z. B. in der aufsteigenden Stufenleiter der Wirbelthier-Classen oder in derjenigen der Cormophyten-Gruppen (Pteridophyten, Gymnospermen, Monocotyledonen, Monochlamydeen, Polypetalen, Gamopetalen), dass die verschiedenen Stufen der paläontologischen Entwickelung nicht allein in der Zeit aufeinanderfolgen, sondern auch im Systeme der gegenwärtig lebenden Organismen eine jener successiven Scala parallele coexistente, aufsteigende Stufenleiter bilden, indem von jeder Stufe sich zähe, bradypepone Repräsentanten erhalten und bis zur Gegenwart nur wenig verändert haben, während ihre Geschwister sich der Veränderung zuneigten und zu tachypeponen Seitenzweigen schnell entwickelten. Andererseits zeigt uns die Parallele der phyletischen und biontischen Entwickelung, dass die letztere nur eine kurze und schnelle Recapitulation der ersteren ist. Es muss daher mit Nothwendigkeit auch die biontische Entwickelung im Ganzen der systematischen parallel verlaufen.

Vierundzwanzigstes Capitel.

Das natürliche System als Stammbaum.

(Principien der Classification.)

„Der Triumph der physiologischen Metamorphose zeigt sich da, wo das Ganze sich in Familien, Familien sich in Geschlechter, Geschlechter in Sippen, und diese wieder in andere Mannichfaltigkeiten bis zur Individualität scheiden, sondern und umbilden. Ganz ins Unendliche geht dieses Geschäft der Natur; sie kann nicht ruhen, noch beharren, aber auch nicht Alles, was sie hervorbrachte, bewahren und erhalten. Haben wir doch von organischen Geschöpfen, die sich in lebendiger Fortpflanzung nicht verewigen konnten, die entschiedensten Reste. Dagegen entwickeln sich aus dem Samen immer abweichende, die Verhältnisse ihrer Theile zu einander verändert bestimmende Pflanzen.“ Goethe (1819).

I. Begriffsbestimmung der Kategorieen des Systems.

Die Aehnlichkeits-Beziehungen, welche zwischen den verschiedenen Formen der Organismen existiren, und welche man gewöhnlich mit dem Ausdruck der Verwandtschaft bezeichnet, sind sowohl hinsichtlich ihrer Qualität als Quantität ausserordentlich verschieden. Auf die Erkenntniss dieser Verschiedenheit gründet sich grösstentheils die kunstvolle Gliederung der meisten organischen Systeme, ihr Aufbau aus zahlreichen, theils über, theils neben einander geordneten Gruppen oder Kategorieen, die Unterscheidung der Classen, Ordnungen, Familien, Gattungen, Arten, Varietäten u. s. w. Alle diese verschiedenen Kategorieen des Systems unterscheiden sich vorzugsweise durch den Grad der Aehnlichkeit oder Verschiedenheit in der äusseren Form und in der inneren Structur, welcher die verwandten Formen theils näher zusammenstellt, theils weiter trennt. Je mehr sich die Systematik entwickelte, desto sorgfältiger fing man an, diese verschiedenen Aehnlichkeitsgrade gegen einander vergleichend abzuwägen, und desto mehr differenzirte und erweiterte sich die Stufenleiter der darauf gegründeten Kategorieen.

Eine klare und bestimmte Unterscheidung der verschiedenen Kategorieen des Systems begann jedoch erst im Anfange des vorigen Jahrhunderts, als der um die formelle Ausbildung der systematischen Naturgeschichte hochverdiente Linné mittelst der binären Nomenclatur eine logisch geordnete Benennung und strengere systematische Anordnung der bis dahin regellos benannten und zusammengeworfenen Organismen einführte. Linné unterschied fünf über einander geordnete Stufenreihen oder Kategorieen des Systems, deren gegenseitige Beziehungen er in dem folgenden Schema ausdrückte:

Classis	Ordo	Genus	Species	Varietas
(Genus summum)	(Genus intermedium)	(Genus proximum)	(Species)	(Individuum)
Provinciae	Territoria	Paroecia	Pagi	Domicilium
Legiones	Cohortes	Manipuli	Contubernia	Miles.

Die Nachfolger Linné's waren meistens vor Allem bestrebt, die zu beschreibenden Arten in diese Kategorieen einzuordnen. Die Thierclassen aber, als die allgemeinsten und umfassendsten dieser Kategorieen, wurden von ihnen in eine einzige Reihe von der niedersten bis zur höchsten geordnet, gleich wie auch innerhalb der Classe die Ordnungen, innerhalb jeder Ordnung die dieselbe constituirenden Familien, innerhalb der Familie die verschiedenen Genera derselben, und endlich innerhalb jedes Genus seine Species in einer einzigen Reihe hinter einander geordnet wurden. Man hielt dafür, dass eine einzige, in eine continuirliche Reihe geordnete Stufenleiter vom unvollkommensten bis zum vollkommensten Organismus hierauf führe („la chaine des êtres").

Diese Anschauung wurde erst überwunden und ein wesentlicher Schritt weiter in der Systematik gethan, als im Anfange unseres Jahrhunderts gleichzeitig zwei grosse Naturforscher die Theorie von den vier grundverschiedenen Typen oder grossen Hauptabtheilungen des Thierreichs aufstellten, die ganz von einander unabhängig seien. Carl Ernst von Bär gelangte zu dieser höchst wichtigen Anschauung auf vergleichend embryologischem, George Cuvier dagegen auf vergleichend anatomischem Wege. Cuvier fand den Grund der fundamentalen Verschiedenheit der vier thierischen Typen oder Hauptformen (Embranchements) in vier grundverschiedenen Bauplänen, welche deren anatomischer Structur zu Grunde liegen [1]). Bär fand den we-

[1]) „Si l'on considère le regne animal en n'ayant égard qu' à l' organisation et à la nature des animaux, on trouvera, qu'il existe quatre formes principales, quatre plans généraux, si l'on peut s'exprimer ainsi, d'après lesquels tous les animaux semblent avoir été modelés, et dont les divisions ultérieures, de quelque titre que les naturalistes les aient décorées, ne sont que des modifications assez légères, fondées sur le développement ou l'addition de quelques parties, qui ne changent rien à l'essence du plan" Wir führen diese 1812 von Cuvier gegebene Definition der vier Typen des Thierreichs, als auf vier verschiedenen Baupläne begründet, hier wörtlich an, da sie für die nachfolgende

sentlichsten Unterschied derselben in ihrer von Anfang an gänzlich verschieden embryonalen Entwickelungsweise. Nach der übereinstimmenden und unabhängig von einander erworbenen Ansicht beider Forscher stellten die vier grossen Hauptgruppen, die Wirbelthiere, Gliederthiere, Weichthiere und Strahlthiere, ebenso viele ganz selbstständige Entwickelungsreihen dar, deren jede, unabhängig von den anderen, eine Stufenleiter von niederen zu höheren Formen zeigt[1]).

Durch diese Aufstellung der Typen, als allgemeinster und umfassendster Hauptabtheilungen und oberster Kategorieen des Systems, denen sich alle verschiedenen Classen u. s. w. unterordnen liessen, war eine höchst wesentliche Erweiterung nicht allein der formellen Systematik, sondern auch der gesammten Morphologie geschehen. Eine weitere wesentliche Bereicherung des systematischen künstlichen Fachwerks führte Cuvier dadurch ein, dass er zuerst natürliche Familien unterschied, eine Kategorie des Systems, die er zwischen Ordo und Genus stellte, und die Linné unbekannt war. Ausserdem schuf Cuvier in seinem Systeme auch noch eine Anzahl anderer untergeordneter, jedoch über dem Genus stehender Kategorieen, die er mit dem Namen der Sectionen, Divisionen und Tribus belegte, sowie er auch die grossen Genera in Subgenera spaltete.

Auf dieser von Cuvier gegebenen formellen Grundlage des Systems hat sich nun die neuere Systematik in seinem Sinne weiter entwickelt, ohne dass sie sich in der Regel die geringste Mühe gab, den relativen Werth der verschiedenen über einander geordneten Kategorieen näher zu prüfen und zu bestimmen. Vielmehr verfuhren die allermeisten Systematiker bei der Einreihung neuer Arten und Gattungen in das System lediglich nach einem gewissen praktischen, durch Uebung erworbenen Takt, wobei jedoch häufig das subjective Gutdünken sehr willkührlich obwaltete. Man fasste im Allgemeinen immer zuerst die nächstähnlichen concreten Individuen, welche zur Untersuchung vorlagen, in der abstracten Einheit der Art oder Species zusammen, vereinigte dann die sich am nächsten stehenden, nur durch „specifische" Merkmale getrennten Species zu einem Genus, die nächst ähnlichen Genera zu einer Familie u. s. w., wobei man dann je nach

---

Zoologie in dieser speciellen Form und Ausdrucksweise vom entscheidendsten Einfluss geblieben ist.

1) Wir bemerken hierbei ausdrücklich, dass Bär nicht allein gleichzeitig und ganz unabhängig von Cuvier den grossen und fruchtbaren Gedanken von der Selbstständigkeit der vier thierischen Typen erfasste, sondern dass er denselben auch mit weit tieferem und innigerem Verständniss des thierischen Organismus durchführte, indem er ihn auf die Entwickelungsgeschichte begründete. Cuvier, dessen Verdienste bisher höchst einseitig überschätzt worden sind, erfasste dieselbe Idee viel äusserlicher und blieb ihrem Verständniss viel fremder, indem er sich bloss an das fertige Resultat der Anatomie hielt.

Bedürfniss untergeordnete Kategorieen (z. B. Subclassis, Subordo, Subfamilia) zwischen die am meisten gebräuchlichen Systemstufen der Classe, Ordnung, Familie, Gattung u. s. w. einschaltete. Allgemein sind alle diese verschiedenen über einander geordneten Rangstufen in der systematischen Praxis im Gebrauch, ohne dass sich aber irgend ein bestimmter Begriff mit denselben verbindet. Vielmehr muss zugegeben werden, dass meistens lediglich das relative und nur nach subjectivem Gutdünken zu bemessende Verhältniss der graduellen Form-Aehnlichkeit oder morphologischen Differenz es ist, das die Erhebung einer neuen specifischen Form zu einer besondern Gattung, Familie, Ordnung u. s. w. rechtfertigt. Je mehr zwei verschiedene Species in äusserer Form und innerer Structur übereinstimmen, je grösser die Anzahl der übereinstimmenden Charaktere ist, desto tiefer ist die Stufe der Kategorieenscala, auf welcher sie vereinigt sind; je weiter sie sich in allen inneren und äusseren Formbeziehungen von einander entfernen, je geringer die Summe ihrer gemeinsamen Charaktere ist, auf desto höherer Stufe des Systems erst werden sie zusammengestellt.

Sehr häufig ist es aber auch nicht der wirkliche Grad der morphologischen Differenz, sondern es sind ganz untergeordnete, secundäre und unbedeutende Nebenumstände, welche die Trennung zweier nächstverwandten Formen und ihre Stellung in zwei verschiedene Gattungen, Familien, Ordnungen u. s. w. bestimmen. Insbesondere übt hier der absolute Umfang der einzelnen Abtheilungen auf die Vorstellung vieler Systematiker einen entscheidenden Einfluss aus. Viele früher einfachen Gattungen sind allmählich in mehrere Genera zerspalten und zum Range von Familien erhoben worden, lediglich weil die Zahl der in denselben enthaltenen Arten beträchtlich gewachsen ist, obschon deren Differenzgrad nicht gleichzeitig sich erhöhte. Andererseits sind vielfach einzelne sehr ausgezeichnete Formen (sogenannte aberrante Formen) nicht zu dem eigentlich ihnen zukommenden Range einer besonderen Ordnung, Classe etc. erhoben worden, bloss aus dem Grunde, weil die betreffende Form nur durch eine einzige Species oder eine einzige Gattung repräsentirt ist, so z. B. *Amphioxus*, *Dentalium*, *Hydra*. Auch andere dergleichen secundäre Erwägungen sind häufig für die Bestimmung der Kategorieenstufe, die einer einzelnen Species zukömmt, ganz maassgebend gewesen, und an die Stelle einer objectiven vergleichenden Wägung der Charaktere getreten, die allein jene Stufe bestimmen sollte.

Da nun aber ein bestimmtes Gewicht für jene Wägung, ein allgemein gültiger Maassstab für die Messung der Entfernung der einzelnen Species-Charaktere, gleichwie eine anerkannte Werthbestimmung der Systems-Kategorieen selbst vollständig fehlt, so ist der subjectiven Willkühr der Systematiker überall Thor und Thür geöffnet. Die Folge davon zeigt sich denn auch deutlich genug in der chaotischen Verwirrung, die auf allen Gebieten der Systematik herrscht. Nicht zwei Naturforscher sind in allen Fällen über die Rangstufe, auf welche eine bestimmte Form zu erheben ist, einig. Unterschiede, die den Einen bestimmen, sie zu einer Gattung zu erheben, lässt ein Anderer nur als Species-Differenzen gelten, während ein Dritter darauf eine neue Familie gründet. Eine Formengruppe, die der Erste als Ordnung betrachtet, sieht der Zweite nur als eine untergeordnete Familie an, während der Dritte sie zum Werth einer Classe erhebt. Aber auch ein und derselbe Naturforscher misst die Arten, Gattungen, Familien u. s. w. in verschiedenen Abtheilungen des Pflanzenreichs und des Thierreichs mit verschiedenem Maasse. Jeder vergleichende Blick auf eine grössere Anzahl von Familien, Gattungen und Arten aus verschiedenen Classen zeigt, dass dieselben Unterschiede, welche in der einen Classe kaum für genügend gelten, um zwei verschiedene Formgruppen als Genera zu trennen, in einer anderen Classe von demselben Naturforscher für vollkommen ausreichend gehalten werden, um zwei Formgruppen als Familien aufzustellen, während sie ihm in einer dritten Classe vielleicht gar für so wesentlich gelten, dass er darauf hin zwei Formengruppen als besondere Ordnungen unterscheidet.

Alle denkenden und unbefangenen Systematiker müssen uns eingestehen, dass der specielle Ausbau des systematischen Fachwerks ohne alle allgemein gültigen Regeln, in sehr willkührlicher Weise geschieht, dass die verschiedenen Kategorieenstufen künstliche Abtheilungen, und dass die Differenzen derselben keine absoluten, sondern nur relative sind. Der grössere Theil der Naturforscher nahm jedoch bis jetzt gewöhnlich, wenn er auch jene Willkühr zugab, den Species-Begriff davon aus. Die Species-Kategorie allein sollte eine absolut bestimmte, reale, in der Natur selbst begründete und fest umschriebene Formensumme umfassen [1]).

[1]) Diese Auffassung des Systems und seiner verschiedenen Kategorieen, welche in der Vorstellung der meisten Zoologen und Botaniker mehr oder minder bewusst herrscht und in der Systematik angewendet wird, ist am deutlichsten von Burmeister, einem Systematiker, der sich vor vielen Andern durch Klarheit und Ueberblick auszeichnet, in seinen Zoonomischen Briefen ausgesprochen worden. Er vergleicht, wie schon Linné in dem so eben angeführten Schema that, die übliche Kategorieenbildung des Systems mit der Gruppirung einer Armee. Die Reihen, Classen, Ordnungen, Familien und Gattungen des Thier- und Pflanzenreichs sind gleich den Divisionen, Regimentern, Bataillonen, Compagnien, Zügen, Rotten, blosse Begriffe, ideale Abstractionen, die nur dadurch eine Bedeutung haben, dass ihnen schliesslich eine Vielheit von realen Körpern, den Individuen, zu Grunde liegt. In der Armee sind diese Individuen die einzelnen Soldaten; in dem organischen System sind es nach Burmeister die Arten. „Wirklich vorhanden", sagt er, „als reales Wesen ist nur die unterste und letzte Abtheilung, welche man Art, Species, genannt hat; sie allein kann gesehen, gegriffen, gesammelt, in Sammlungen aufgestellt werden; alle übrigen höheren Gruppen sind blosse Begriffe, die man

Gegenüber dieser am weitesten verbreiteten Ansicht, dass nur die Species ein reales Wesen, die übergeordneten Kategorieen des Genus, Familia etc. dagegen ideale und grösstentheils willkührliche Abstractionen seien, hat neuerdings Louis Agassiz eine ganz eigenthümliche, im höchsten Grade dualistische und scholastische Ansicht von der Bedeutung der Systems-Kategorieen aufgestellt und in einem besondern Werk mit vielem Geist und in blendender Form begründet [1]). Bei dem grossen Aufsehen, das ihre Originalität, durch die Autorität des

---

nach diesen oder jenen übereinstimmenden Merkmalen feststellt, deren reale Existenz aber geleugnet werden muss." Alle verschiedenen Gruppen des Systems „haben strenggenommen so wenig Realität, wie die Typen, welche sie einschliessen; es sind menschliche Producte, ideale Gestalten, welche die Naturforscher aus den realen Formen der Arten (Species) ableiten, und dabei mehr nach Gutdünken, als nach einer bestimmten Regel verfahren. Hierauf gründet sich das Schwankende und Veränderliche des Systems." Diese Ansicht wird von Burmeister (l. c. p. 7—14) ausführlich begründet, und es ist diese Ausführung desshalb sehr lesenswerth und merkwürdig, weil sie die Befangenheit in Betreff des Species-Begriffs deutlich zeigt, in welcher selbst ein so vorzüglicher Systematiker sich befindet, der das systematische Handwerk mit mehr Sinn und Verstand treibt, als die meisten Andern. Nachdem er die ganz subjective Willkührlichkeit, die in der Unterscheidung der verschiedenen Kategorieen herrscht, hervorgehoben, fügt er noch folgende merkwürdige Stelle hinzu: „Im Grunde existiren in Wirklichkeit nur die Arten, und das sind stets mehr oder weniger verschiedene Gestalten. Es ist also nichts leichter, als sie zu trennen; viel schwieriger ist es, sie durch gute und sichere Charaktere zu haltbaren Gruppen zu verbinden. Darum werden immer mehr Gattungen entstehen, je mehr man die Arten sicher unterscheiden lernt; ja man wird zuletzt dahin kommen, aus jeder Art eine Gattung zu machen, und das wäre am Ende das Richtigste, weil doch nur die Arten wirklich existiren, alle höheren Gruppen aber blosse Begriffe, blosse Abstractionen gewisser übereinstimmender Artmerkmale sind." (!)

Wir haben diese Stellen, in denen Wahrheit und Irrthum in der seltsamsten Weise gemischt ist, wörtlich angeführt, weil sie äusserst bezeichnend sind für die unklare und unvollständige Bestimmung der Begriffe, mit denen die Systematiker ganz unbesorgt täglich operiren, und weil der Grundirrthum, das Dogma von der realen Existenz der Species, in dem sich hier ein hervorragender Systematiker befangen findet, von der grossen Mehrzahl aller Zoologen und Botaniker noch heute getheilt wird. Nach unserem Dafürhalten muss jede einigermaassen in die Tiefe des Species-Begriffes eindringende Untersuchung alsbald zu der klaren Ueberzeugung führen, dass die Species nicht minder ein blosser Begriff, eine ideale Abstraction ist, als die höheren übergeordneten Begriffe des Genus, Familia, Ordo etc. Den Beweis hierfür haben wir bereits im zweiundzwanzigsten Capitel geführt, wo wir die Art als genealogisches Individuum zweiter Ordnung näher bestimmt haben. Wenn Burmeister bei dem sehr treffenden Vergleiche der systematischen Kategorieen mit einer Armeegruppirung schliesslich das reale Einzelwesen, welches dem Soldaten entspricht, in der Species findet, so thut er damit selbst einen grossen Rückschritt hinter Linné, welcher in dem oben angeführten Schema vollkommen richtig Miles und Individuum vergleicht.

[1]) Louis Agassiz, An Essay on classification. Contributions to the natural history of the united States. Boston. Vol I. 1857. 4⁰. Als besonderer Abdruck in Octav ist derselbe Essay 1859 in London erschienen. Diese letztere Ausgabe haben wir hier citirt.

Urhebers noch mächtig gestützt, erregt hat, müssen wir diese Ansicht hier nothwendig besprechen und widerlegen [1]).

Nach Agassiz ist nicht allein die Species eine reale Existenz, sondern es sind auch die übergeordneten Kategorieen des Genus, Familia, Ordo, Classis, Typus („Branch", Embranchement) eben solche reale, in der Natur begründete und nicht künstlich von den Systematikern geschiedene Existenzen, „verkörperte Schöpfungsgedanken Gottes". Diese sechs verschiedenen Abtheilungs-Arten decken alle Kategorieen der Verwandtschaft, welche zwischen den Organismen existiren, soweit sich dieselben auf ihre Naturverhältnisse beziehen. Es sind diese weiteren und engeren Gruppen nicht, wie man gewöhnlich annimmt, quantitativ, durch den Grad der Uebereinstimmung oder Differenz der Charaktere, sondern qualitativ, durch die Art und Weise der Charakter-Aehnlichkeit und Differenz, verschieden. Jeder dieser sechs Haupt-Kategorieen des Systems kommt also ein bestimmter, realer Inhalt zu. Dieser Werth, diese Qualität derselben wird von Agassiz in der folgenden Weise zu bestimmen versucht.

I. Die Art *(Species)* ist nach Agassiz dadurch charakterisirt, „dass sie einer bestimmten Periode der Erdgeschichte angehört, und dass sie bestimmte Beziehungen hat zu den in dieser Periode waltenden physikalischen Bedingungen und zu den in dieser Periode lebenden Pflanzen und Thieren." — „Die Species sind auf ganz bestimmte Beziehungen der Individuen zu einander und zu der umgebenden Welt gegründet." — „Die Individuen als Repräsentanten der Species zeigen die engsten Beziehungen zu einander und zu den umgebenden Elementen, und ihre Existenz ist auf eine gewisse Periode beschränkt [2])." Diese mannichfaltigen, die Species als solche charakterisirenden „Beziehungen" (relations) werden dann von Agassiz in folgender Weise näher bestimmt: 1) Die Arten haben einen bestimmten natürlichen, geographischen Verbreitungsbezirk, sowie die Fähigkeit, sich in anderen Gegenden, wo sie nicht primitiv sich finden, zu acclimatisiren.

---

1) Bei dem grossen Gewicht, welches Agassiz selbst und seine Anhänger auf die teleologisch-theosophischen Ausführungen seines „Essay" legen, wollen wir die wichtigsten Stellen desselben hier wörtlich in Anmerkungen citiren.

2) „If we would not exclude from the characteristics of species any feature which is essential to it, nor force into it one which is not so, we must first acknowledge that it is one of the characters of the species, to belong to a given period in the history of our globe, and to holt definite relations to the physical conditions then prevailing, and to animals and plants then existing. — Species are based upon well determined relations of individuals to the world around them, and to their kindred, and upon the proportions and relations of their parts to one another, as well as upon their ornamentation" (Essay etc. p. 258. 260). „The individuals as representatives of species bear the closest relations to one another; the exhibit definite relations also to the surrounding elements, and their existence is limited within a definite period." (Ibid. p. 257.)

2) Die Arten haben eine bestimmte Beziehung zu örtlichen Verhältnissen, einen topographischen Verbreitungsbezirk; sie wohnen entweder auf dem Lande, oder im Wasser, in Meeren oder Flüssen, Ebenen oder Gebirgen etc. 3) Die Arten sind abhängig von gewissen Nahrungsmitteln. 4) Die Arten haben eine bestimmte Lebensdauer. 5) Die Arten leben in gewissen gesellschaftlichen Beziehungen, in Heerden oder isolirt etc. 6) Die Arten besitzen eine bestimmte Periode ihrer Reproduction. 7) Die Arten haben bestimmte Wachsthumsverhältnisse und Metamorphosen. 8) Die Arten stehen in gewissen Beziehungen zu anderen Organismen, z. B. Parasiten. 9) Die Arten sind charakterisirt durch eine bestimmte Grösse, Proportion ihrer Theile, Ornamentation und Variabilität.

Es ist nicht schwer, nachzuweisen, dass alle diese Beziehungen, welche hier Agassiz als charakteristische Eigenthümlichkeiten der Species anführt und als ihren realen Inhalt betrachtet, ganz ebenso gut und mit demselben Rechte ohne Weiteres vielen Varietäten, vielen Gattungen, vielen Familien u. s. w. vindicirt werden könnten. Auch die Varietät, auch das Genus gehört, ganz ebenso gut, wie die Species, einer bestimmten Periode der Erdgeschichte an und hat seine bestimmten Beziehungen zu den physikalischen Bedingungen derselben und zu den gleichzeitigen Pflanzen und Thieren. Auch die Varietäten, auch die Genera, auch die Familien u. s. w. haben, so gut als die Arten, ihren bestimmten geographischen Verbreitungsbezirk, ihren bestimmten Wohnort, bestimmte Nahrung, Lebensdauer, gesellige Beziehungen, bestimmte Reproductions-, Wachsthums- und Entwickelungs-Verhältnisse, bestimmte Beziehungen zu anderen Organismen etc. Auch innerhalb der Varietäten, Gattungen, Familien etc. ist ganz eben so wie innerhalb der Arten eine bestimmte Gränze und ein gewisses mittleres Maass der Grösse, der Proportion der einzelnen Körpertheile, der Ornamentation u. s. w. gegeben, oder wird vielmehr, ebenso wie bei der Species, künstlich von uns abgegränzt. Wenn wir die Species hinsichtlich dieser „Beziehungen" mit der engeren Kategorie der Varietät und mit dem weiteren Begriff des Genus vergleichen, so können wir weiter nichts sagen, als dass jene „ganz bestimmten Beziehungen zu einander und zu der umgebenden Welt" ganz ebenso für die Varietäten und Gattungen, wie für die Arten existiren, und dass also diese ganz bestimmten „engsten Beziehungen" für die Varietäten engere, für die Gattungen dagegen weitere sind, als für die Art. Die vollkommene Haltlosigkeit der von Agassiz versuchten Definition der Species geht aus dieser einfachen Betrachtung ohne Weiteres hervor.

II. Die Sippe oder Gattung *(Genus)* ist bekanntlich diejenige nächsthöhere und allgemeinere Kategorie, unter welcher wir die nächstverwandten Arten zusammenfassen. Seit Linné hat diese Kategorie eine höhere Bedeutung, insbesondere in der systematischen Praxis, dadurch gewonnen, dass in der binären Nomenclatur der erste Name (Nomen genericum) die nahe verwandtschaftliche Beziehung der Species zu den nächstähnlichen Formen, die wir als Arten unterscheiden, ausdrückt, während der zweite Name (Nomen specificum) den specifischen Unterschied selbst bezeichnet. Wenn wir den Hirsch *Cervus elaphus*, das Reh *Cervus capreolus*, den Dammhirsch *Cervus dama*, das Rennthier *Cervus tarandus* und den Elch, *Cervus alces*, als verschiedene Species des einen Genus *Cervus* zusammenfassen, so wollen wir durch den ersten oder Genus-Namen der einzelmen Formen *(Cervus)* die sie zunächst verbindende Aehnlichkeit, durch den zweiten oder Species-Namen *(elaphus, capreolus, dama etc.)* den sie zunächst trennenden Unterschied ausdrücken. Es stehen also, wie dies allgemein bekannt ist, die verwandten Genera als Gruppen von nächstverwandten Species neben einander; als Gruppen, welche in allgemeineren Charakteren übereinstimmen, als diejenigen sind, die die einzelnen Individuen zur Species verbinden; und welche durch weitere Unterschiede getrennt sind, als diejenigen, welche Arten einer und derselben Gattung trennen. Die Verschiedenheiten zweier nächstverwandten Gattungen sind also grösser und zahlreicher, die Aehnlichkeiten geringer und spärlicher, als diejenigen, welche wir zwischen zwei Arten einer Gattung finden.

Diese einzig richtige Auffassung des Genus als einer nächst höheren Species-Gruppe wird von Agassiz gänzlich verworfen, und statt dessen behauptet, dass die Sippen oder Gattungen „die am engsten verbundenen Thiergruppen sind, welche weder in der Form noch in der Zusammensetzung ihres Baues, sondern einfach in den letzten Structur-Eigenthümlichkeiten einzelner ihrer Theile sich unterscheiden.“ — „Die Individuen als Repräsentanten der Gattungen haben eine bestimmte und specifische feinste Structur, identisch mit derjenigen der Repräsentanten von anderen Arten.“ [1]) Es bedarf keines ausführlichen Beweises, dass auch diese von Agassiz versuchte Bestimmung des Genus eine vollkommen leere Phrase ist. Welcher Art sind denn diese „letzten Structur-Eigenthümlichkeiten einiger ihrer Theile“, welche allein das Genus als solches bestimmen sollen und welche jedem Genus ausschliesslich eigenthümlich sein sollen? Wir fragen jeden Systematiker, ob er nicht ganz ebenso gut diese Bestimmung auf Species, Varietäten etc. wird anwenden wollen, ob es schliesslich nicht

[1]) „Genera are most closely allied groups of animals, differing neither in form nor in complication of structure, but simply in the ultimate structural peculiarities of same of their parts“ (Essay etc. p. 249). „The Individuals as representatives of genera have a definite and specific ultimate structure, identical with that of the representatives of other species“ (Ib p. 257).

auch „letzte Structur-Eigenthümlichkeiten einzelner Theile“ sind, welche die für die Species, für die Varietät etc. charakteristische Form hervorbringen. Es ist dies ohne weiteres so klar, dass eine eingehende Widerlegung nicht nöthig ist.

III. Die Familie *(Familia)*, die nächsthöhere Kategorie des Systemes, welche die nächstverwandten Gattungen umfasst, ist diejenige Systems-Stufe, welche Agassiz die meisten Schwierigkeiten verursacht hat und über die er am wenigsten Herr geworden ist. Aus dem langen Capitel, in welchem er die Kategorie der Familie einerseits gegen die nächsthöhere Stufe der Ordnung, andererseits gegen die nächstniedere Stufe der Gattung abzugränzen versucht, kommt als endliches Schlussresultat weiter nichts heraus, als dass „Familien natürliche Gruppen sind, welche durch ihre Form charakterisirt sind, soweit dieselbe durch Structur-Eigenthümlichkeiten bedingt ist.“ Die allgemeine Form allein, bedingt durch die Structur, nicht der blosse Umriss, ist das Kennzeichen der Familie. „Die Individuen, als Repräsentanten der Familie, haben eine bestimmte Figur, welche entweder zusammen mit ähnlichen Formen von andern Gattungen, oder für sich allein (wenn die Familie nur ein Genus enthält) einen gewissen specifischen Zug zeigt.“ Eine richtige Definition und Abgrenzung der Familien ist nicht möglich ohne vollständige Erkenntniss aller Züge der inneren Structur, welche zusammen die Form bestimmen [1]).

Dieser Definitions-Versuch der Familien-Kategorie ist wohl der unglücklichste von allen, welche Agassiz gemacht hat; denn lässt sich nicht ganz dasselbe, mit ganz demselben Rechte, von der Kategorie der Ordnung, der Gattung u. s. w. behaupten? Ist es nicht überall die Form, bedingt durch die Structur, welche den Charakter jeder Gruppe bedingt? Offenbar schwebte Agassiz hierbei die allgemeine Physiognomie, der allgemeine Habitus vor, welcher gewöhnlich (aber durchaus nicht immer!) alle Glieder einer von uns als Familie zusammengefassten Gruppe verbindet. Aber findet sich nicht auch eine gleiche allgemeine Uebereinstimmung in der „Form, bedingt durch die Structur“, nur in engerem Maasse, in höherem Grade, bei den verschiedenen Gattungen einer Familie wieder? Und können wir nicht gleicherweise alle Familien, die zu einer Ordnung

[1]) „Families are natural groups, charakterized by their form as determined by structural peculiarities.“ Essay etc. p. 245. — „Form is the essential characteristic of families. I do not mean the mere outline, bat form as determined by structure; that is to say, that families cannot be well defined, nor circumscribed within their natural limits, without a thorough investigation of all those features of the internal structure which combine to determine the form.“ Ib. p. 244. — „The individuals as representatives of families, have a definite figure, exhibiting, with similar formes of other genera, or for themselves, if the family contains but one genus, a distinct, specific pattern.“ (Ib. p. 257.)

gehören, an einer solchen allgemeinen physiognomischen Aehnlichkeit, einer habituellen Uebereinstimmung, nur in weiterem Maasse, in niederem Grade erkennen?

Diese ganz unfassbare Definition der Familie, als einer natürlichen Formgruppe, ist denn auch so gänzlich unhaltbar, dass selbst Rudolph Wagner sie weder verstehen noch billigen kann, obgleich er derjenige deutsche Naturforscher ist, welcher der eigenthümlichen theosophisch-naturwissenschaftlichen Richtung von Agassiz am nächsten von Allen steht. In der Kritik, welche Rudolph Wagner von Agassiz's „Essay on classification" gibt, und in welcher er sonst fast in keinem Punkte dem letzteren seine aufrichtige Zustimmung und seine vollkommene Bewunderung versagt, kann er doch nicht umhin, bei der „Familie" zu bemerken: „Wir müssen bekennen, dass es uns unmöglich gewesen ist, hier den Verfasser genau zu verstehen, wodurch sich eben die Formverhältnisse als Familien-Charaktere charakterisiren."

IV. Die Ordnung *(Ordo)*, diejenige Kategorie des Systems, welche zunächst als umfassenderer, allgemeinerer Begriff über der Familie steht, und von dieser oft so schwer geschieden werden kann, wird von Agassiz definirt als diejenige Abtheilung, welche „durch die natürlichen Grade der Complication ihrer Structur innerhalb der Grenzen der Classe bestimmt wird". Lediglich die Complication oder Gradation der Structur als solche charakterisirt der Ordnungsbegriff. „Die Individuen aber, als Repräsentanten der Ordnung, stehen auf einer bestimmten Rangstufe, wenn man sie mit den Repräsentanten von andern Familien vergleicht." Die Ordnungen sind natürliche Gruppen, welche den Rang, die relative Stufenhöhe, die höhere oder niedere Stellung der Thiere in ihrer Classe ausdrücken [1]).

Wenn auch nicht so unglücklich und so ganz unhaltbar, als die Definition der Familie, entspricht diese Definition der Ordnung dennoch ebenso wenig den natürlichen Verhältnissen. Liesse sich nicht ganz dasselbe eben so gut in den meisten Fällen von der Classe als der nächst höheren, und von der Familie als der nächstniederen Kategorie behaupten? Wenn die Definition von Agassiz richtig wäre, so müssten sich alle Ordnungen einer jeden Classe nach dem höheren oder geringeren Complicationsgrade ihrer Structur in eine einzige fort-

---

[1]) „Orders alone are strictly defined by the natural degrees of structural complications exhibited within the limits of the classes." (Essay etc. p. 234.) „The complication or gradation of structure is the feature which should regulate their limitation, if under order we are to understand natural groups expressing the rank, the relative standing, the superiority or inferiority of animals, in their respective classes." (Ib. p. 236.) „The individuals as representatives of orders stand in a definite rank when compared to the representatives of other families" (Ib. p. 257).

laufende Stufenreihe bringen lassen. Dasselbe müsste aber in allen Fällen bei den verschiedenen Classen eines Typus, und ebenso bei den verschiedenen Familien einer Ordnung unmöglich sein. Jeder Systematiker wird sich sofort sagen, dass diese Behauptung fast nirgends zutrifft. Jeder muss zugeben, dass die Ordnungen ganz ebenso wie die Classen und wie die Familien, theils coordinirte und theils subordinirte Gruppen darstellen, und dass es ganz unmöglich sein würde, in irgend einer Classe die verschiedenen Ordnungen lediglich gemäss dem höheren oder niederen Grade ihrer Structur-Complication, und ohne alle Rücksicht auf die Form (die lediglich die Familie charakterisiren soll) in eine einzige Stufenreihe zu ordnen.

V. Die Classe *(Classis)*, diejenige umfassendere Kategorie, der sich die Ordnungen zunächst unterordnen, ist nach Agassiz weder durch die Form noch durch den Complications-Grad der Structur bestimmt, sondern „durch die Combination der verschiedenen Organsysteme, welche den Körper ihrer Repräsentanten zusammensetzen. Die Classen unterscheiden sich durch die Art und Weise, in welcher der Plan ihres Typus (der entsprechenden grossen Hauptabtheilung des Thierreiches) durchgeführt ist, durch die Mittel und Wege, auf welchen dies geschieht, oder, mit anderen Worten, durch die Combination ihrer Structur-Elemente.“ Dagegen sind nach der Ansicht von Agassiz die Classen nicht, wie sie häufig angesehen werden, blosse Modificationen des grossen umfassenden Planes des Typus, welchem sie angehören, vielmehr Ausdrücke einer bestimmten, charakteristischen Idee des Schöpfers. „Die Individuen als Repräsentanten der Classen zeigen den Structurplan ihrer bezüglichen Typen in einer speciellen Art und Weise ausgeführt, mit speciellen Mitteln und auf speciellen Wegen [1].“

Auch dieser Versuch einer Begriffsbestimmung der Classe leidet an denselben Mängeln, wie die vorhergehenden der Ordnung, Familie u. s. w. Abgesehen von der ganz unbestimmten und unfassbaren Allgemeinheit der darin ausgedrückten Idee, welche die verschiedenartigsten Deutungen zulässt, und abgesehen von dem gänzlich unwissenschaftlichen Anthropomorphismus, der auch hier in der Vorstellung eines bestimmten speciellen Schöpfungsgedankens liegt, dessen Ausdruck nur die Classen-Kategorie sein soll, liesse sich dieselbe Definition, wenn wir sie

1) „Classes are to be distinguished by the manner in which the plan of their type is executed, by the ways and means by which this is done, or, in other words, by the combinations of their structural elements; that is to say, by the combinations of the different systems of organs building up the body of their representatives.“ (Essay etc. p. 224.) „The individuals as representatives of classes exhibit the plan of the structure of their respective types in a special manner, carried out with special means and in special ways“ (Ib. p. 257).

präcisiren, ebenso gut als auf die meisten Classen, auch auf die meisten untergeordneten Kategorieen, Ordnungen, Familien etc. anwenden. Wenn wir den Gedanken, welchen Agassiz unklar und mystisch verhüllt in diese dunkle Definition hineinträgt, klar und scharf zu fassen versuchen, so läuft er darauf hinaus, dass die Classen nicht quantitativ, gleich den Ordnungen, sondern qualitativ, gleich den Familien, von einander verschieden sind. Die Classen im Sinne von Agassiz sind einfache Stufenleitern von subordinirten Ordnungen, die sich stufenweis über einander erheben, wogegen das Verhältniss der stets nur coordinirten Classen zu einander (ebenso wie das der coordinirten Familien einer jeden Ordnung) nicht durch das Bild einer Stufenleiter, sondern einer Radiation sich ausdrücken lässt. „It may be represented by one single diagram, and may be expressed in one single word, Radiation." (l. c. p. 224.) Es könnten also niemals Classen eines Typus sich über einander ordnen lassen, da sie niemals durch den Grad ihrer Structur-Complication verschieden sind. Lässt sich diese Behauptung auf alle Classen anwenden, welche gewöhnlich als solche aufgefasst, und auch von Agassiz als solche anerkannt werden? Ist stets das Verhältniss der Classen zu einander ein coordinirtes, und stets dasjenige der Ordnungen zu einander (innerhalb einer Classe) ein subordinirtes? Wir glauben, dass jeder einigermaassen unbefangene Systematiker diese Frage verneinen wird. Es genügt in der That eine nur mässig tief gehende Vergleichung vieler Classen mit vielen Ordnungen und mit vielen Familien, die Agassiz selbst als solche anerkennt, um zu beweisen, dass dasjenige, was Agassiz den Classen allein vindicirt, sich ebenso gut von vielen Ordnungen und vielen Familien, die er selbst als solche Kategorieen betrachtet, aussagen liesse.

VI. Der Typus oder Stamm (Branch, Zweig, Embranchement, Unterreich, Subkingdom), die letzte und höchste der sechs „realen" Kategorieen, welche Agassiz im Systeme unterscheidet, ist zugleich die einzige, die wir als solche anerkennen können. Wie schon oben erwähnt, war es das grosse Verdienst Bär's und Cuvier's, erkannt zu haben, dass die noch im Anfang unsers Jahrhunderts herrschende Ansicht von einer einzigen Stufenleiter in den Organisations-Abstufungen des Thierreichs falsch sei, dass vielmehr mehrere solche wesentlich verschiedene Stufenleitern unabhängig neben einander existirten, in deren jeder eine Abstufungsreihe von den vollkommensten zu unvollkommneren Organisationen nachweisbar sei.

Sowohl Cuvier als Bär unterschieden im Thierreiche vier solcher Hauptabtheilungen, die sie Typen nannten. Jedem dieser Typen sollte ein besonderer eigenthümlicher Bauplan (Cuvier) und ein eigener Entwickelungsplan (Bär) zu Grunde liegen. Die Auffassung, welche Cuvier von dem Wesen dieser Typen oder Kreise und von ihrer fundamental verschiedenen Structur hatte, wird nun auch von Agassiz im Wesentlichen adoptirt und einem von Grund aus verschiedenen Bauplan der grossen Hauptabtheilungen zugeschrieben. „Es kann gewiss kein Grund vorhanden sein, warum wir nicht alle übereinstimmen sollten, als Typen oder „Branches“ alle die grossen Abtheilungen des Thierreichs zu bezeichnen, die auf einen speciellen Plan gegründet sind, wenn wir praktisch finden, dass wirklich solche Gruppen in der Natur existiren.“ Jene vier grossen Typen mit aller ihrer unendlichen Formenmannichfaltigkeit sind nichts Anderes, als die ursprünglichen vier Baupläne, die der Schöpfer zuerst entwarf, und nach denen er dann die Organismen ausführte. „Die Individuen als Repräsentanten des Typus sind alle nach einem bestimmten Plan gebaut, der sich von dem Plan aller anderen Typen unterscheidet [1].“

Unsere eigene Auffassung von dem Werthe der grossen Hauptabtheilungen des Thierreichs, welche Bär und Cuvier Typen, Agassiz Branches nennt, haben wir bereits oben dahin ausgesprochen, dass wir diese Hauptabtheilungen als selbstständige Stämme (Phyla) betrachten, deren jeder sich unabhängig vom anderen aus einer eigenen, einfachsten Wurzel entwickelt hat, so dass wir also alle zu einem Stamm gehörigen Formen, alle Classen, Ordnungen, Familien, Gattungen und Arten eines und desselben Typus als Blutsverwandte, als Abkömmlinge eines und desselben autogonen Ur-Organismus ansehen. Wir haben diese Stämme oben als genealogische Individuen dritter Ordnung bezeichnet, und werden uns über die Abgrenzung derselben und ihre etwaige Verwandtschaft in dem nächsten Capitel noch näher aussprechen.

Für unseren gegenwärtigen Zweck, das Verhältniss der verschiedenen Kategorieen des Systems auseinanderzusetzen und deren Werth zu bestimmen, genügt die wiederholte bestimmte Erklärung, dass wir in diesen Stämmen allerdings reale Einheiten sehen, und dass wir sie also als die einzigen, wirklich natürlichen, vollkommen selbstständigen Formengruppen betrachten, während wir alle anderen Kategorieen des Systems als durchaus künstliche Abtheilungen, als subjective Gruppenbildungen betrachten, die uns lediglich den Ueberblick über den Stammbaum eines jeden Typus erleichtern und uns den näheren oder entfernteren Grad der Blutsverwandtschaft zwischen den einzelnen Gliedern des Stammes anzeigen sollen.

[1]) „Now there can certainly be no reason, why we should not all agree to designate as types or branches all such great divisions of the animal kingdom as are constituded upon a special plan, if we should find practically that such groups may be traced in nature.“ (Essay etc. p. 215.) „The individuals as representatives of branches are all organized upon a distinct plan, differing from the plan of other types“ (Ib. p. 257).

Der wesentliche Unterschied, der unsere Auffassung des Typus oder Stammes von derjenigen, die nach Cuvier und Bär die meisten neueren Naturforscher gleich Agassiz angenommen haben, trennt, liegt darin, dass wir die Ursache des Typus, welche jeden dieser Stämme charakterisirt, der Uebereinstimmung in den wesentlichsten Grundzügen des inneren Baues, welche alle zu einem Stamme gehörigen Glieder zeigen, nicht finden können in einer planmässigen Idee, einem angeblichen „Bauplane", den die Natur oder der persönliche Schöpfer bei der mannichfaltigen Ausführung der verschiedenen Gestalten als Thema zu Grunde gelegt hat, sondern vielmehr einfach in dem ganz natürlichen Verhältnisse der gemeinsamen Abstammung aus einer Wurzel, in dem materiellen Bande der continuirlichen Blutsverwandtschaft. Jeder Typus mit seinem „Specialbauplan" ist für uns ein einzelner selbstständiger Stamm (Phylum), der seinen eigenen Stammbaum hat.

Was nun im Ganzen, wenn wir alles Vorhergehende zusammen erwägen, den von Agassiz mit so viel Aufwand von Mühe und Scharfsinn, von Worten und Wendungen gemachten Versuch betrifft, die Kategorieen des Systems in der oben dargelegten Weise als „realisirte Schöpfungsgedanken verschiedener Ordnung" von absolutem Inhalt und Umfang zu bestimmen, so können wir nicht anders, als denselben in jeder Beziehung für vollkommen verfehlt und von Grund aus falsch zu erklären. Es wird dies für jeden unbefangenen und mit den realen Verhältnissen der systematischen Morphologie vertrauten Naturforscher entweder schon aus der vorhergehenden Kritik der einzelnen Theile des Versuchs sich ergeben haben, oder doch bei einigermaassen eingehender vergleichender Prüfung sich sofort ergeben[1]).

---

[1]) Wir würden nicht so viel Zeit und Raum auf die Beleuchtung und Widerlegung dieses gänzlich verunglückten Versuchs von Agassiz verwendet haben, wenn nicht derselbe den Anspruch machte, als der eigentliche Kern und der werthvollste Theil eines Buches aufzutreten, welches die gesammte Biologie und vor Allem die systematische Morphologie in dogmatischem und theosophischem Sinne reformiren soll. Das ganze künstliche Gebäude fällt wie ein Kartenhaus vor dem scharfen Angriffe einer ernstlich prüfenden und vergleichenden Kritik zusammen. Es tritt aber mit seinem Anspruche, die wahren Fundamente der Morphologie zu begründen, in so glänzender Form, mit einem solchen Apparat von Gelehrsamkeit ausgerüstet, durch einen so berühmten Namen getragen, und in solcher ausführlichen, oft blendenden und scheinbar gründlichen Argumentation hervor, dass wir nothwendig an diesem Orte darauf einzugehen und die wesentlichsten Blössen desselben aufzudecken gezwungen waren.

Vielleicht wird dieser oder jener Naturforscher beim Nachdenken über die künstlichen Kategorieen von Agassiz zunächst an einige von den wenigen grösseren Gruppen des Thierreichs (wie z. B. an die Säugethiere) denken, deren Ordnungen, Classen, Gattungen und Arten sich grösstentheils (aber auch immer nur theilweis!) scharf und voll von einander absetzen, und sogenannte „gute" d. h. scharf umschriebene Gruppen bilden, deren Ueber-

Wie wenig aber Agassiz selbst von der vollen Richtigkeit seiner künstlichen und scholastischen Systems-Auffassung, und von der absoluten Differenz seiner sechs realen Kategorieen überzeugt ist (trotzdem er sie für das reife Resultat jahrelangen Nachdenkens ausgiebt!) geht am deutlichsten aus den merkwürdigen nachträglichen Concessionen hervor, welche derselbe auf die ausführliche Besprechung der sechs „realen" Classifications-Gruppen folgen lässt, und die wir desshalb unten in der Anmerkung wörtlich wiedergeben [1]). Nachdem er in sechs langen Abschnitten, welche den eigentlichen Kern des „Essay" bilden sollen und fast das ganze zweite Capitel desselben einnehmen, die Begründung seiner sechs Kategorieen, und ihre wirkliche Existenz in der Natur ganz ausführlich nachzuweisen versucht hat, kömmt ein siebentes Capitel, in welchem zwar zu Anfang ganz bündig wiederholt wird,

gänge und Zwischenformen entweder ausgestorben oder aus andern Gründen uns nicht bekannt sind. Wenn Jemand in diesen (übrigens im Ganzen nur sehr seltenen) Beispielen von sogenannten „guten" oder „natürlichen" Gruppen einen Beleg sollte finden wollen für irgend eine thatsächliche Grundlage, auf der Agassiz sein künstliches Luftschloss von der realen Existenz der sechs Systems-Kategorieen aufgerichtet habe, den ersuchen wir, seinen Blick auf die ganz überwiegende Zahl derjenigen Abtheilungen des Thier- und Pflanzen-Reichs zu richten, in denen eine solche scharfe und schematische Abgrenzung der Classen, Ordnungen, Familien, Gattungen und Arten nicht möglich ist, wo vielmehr die „schlechten" und „unnatürlichen" Gruppen, d. h. diejenigen, deren verbindende Uebergangsformen uns bekannt sind, dem künstelnden Systematiker endlose Schwierigkeiten bereiten; oder wir ersuchen ihn, seinen Blick auf die verschiedenen Gebiete der niederen Thierwelt, in die Stämme der Articulaten, Echinodermen, Coelenteraten, Rhizopoden etc. zu werfen. Wo finden wir in diesen Abtheilungen, z. B. in den verschiedenen Classen und Ordnungen der Würmer, in den verschiedenen Classen und Ordnungen, Familien und Gattungen der Hydromedusen, Anthozoen etc. irgend thatsächliche Belege dafür, dass sich die Classen nur durch die Ausführungsweise ihres gemeinsamen Bauplans unterscheiden, die Ordnungen nur durch den Complicationsgrad des Baues, die Familien nur durch die Form, soweit sie durch die Structur bestimmt wird, und die Gattungen nur durch das Detail der Ausführung in einzelnen Theilen? Oder wo finden wir die Species, welche bloss desshalb als Species gelten, weil alle Individuen derselben einer bestimmten Periode angehören und in ganz bestimmten Verhältnissen zu einander und zur umgebenden Welt stehen? In der That, wir möchten glauben, dass Agassiz, als er diese eben so willkührlichen als unbegründeten Behauptungen niederschrieb, nicht an seine eigenen berühmten systematischen Arbeiten gedacht habe, nicht an das System der fossilen Fische, und vor Allen nicht an sein prachtvolles Werk über die Discophoren und die Hydroiden, welche grade in dieser Beziehung so lehrreich sind.

[1]) „Upon the closest scrutiny of the subject I find that these six divisions cover all the categories of relationship (!) which exist among animals, as far as their structure is concerned. 1. Branches or types are characterized by the plan of their structure, 2. Classes, by the manner, in which that plan is executed, as far as ways and means are concerned, 3. Orders, by the degrees of complication of that structure, 4. Families by their form, as far as determined by structure, 5. Genera, by the details of the execution in special parts; and 6. Species, by the relations of individuals to one another and to the world, in which they live, as well as by the proportions of their parts, their ornamentation etc. And yet there are other natural

dass diese sechs Gruppen alle Kategorieen der Verwandtschaft decken, dann aber kurz und trocken erklärt wird, dass es nun auch noch andere natürliche Abtheilungen im Thierreiche gebe, die nur nicht so gleichmässig in allen Classen sich wiederholten, vielmehr nur Beschränkungen jener ersten sechs seien. Dann wird plötzlich zugegeben, dass alle die sechs realen Kategorieen ihre Abstufungen haben, welche als Unterklassen, Unterordnungen, Unterfamilien, Untergattungen etc. unterschieden werden können. Jedoch sollen diese Unterabtheilungen nur durch willkührliche Abschätzung abgegrenzt werden können! Man sieht, nur noch ein Schritt, und Agassiz kommt am Ende aller seiner vergeblichen Mühe zu der Ansicht von Lamarck und Darwin, dass alle diese Abtheilungen vollkommen willkührlich und künstlich sind!

Aber auch noch eine andere und zwar eine höchst bedeutende und dankenswerthe Concession müssen wir hervorheben, welche Agassiz der Descendenz-Theorie macht. Das ist nämlich seine eigenthümliche Behandlung des Species-Begriffs, in welcher er weit von allen anderen Species-Dogmatikern abweicht, und durch welche er zu seinem Gesinnungsgenossen Rudolph Wagner und den anderen Species-Conservativen in den entschiedensten Gegensatz tritt. Agassiz lässt nämlich erstens, wie wir bereits oben bemerkt haben, die gebräuchlichen physiologischen Kriterien der Species, ihre Abstammung von einem Paare, sowie ihre Unfähigkeit, mit anderen Arten fruchtbare Bastarde zu erzeugen, gänzlich fallen. Er giebt zu, dass ganz verschiedene Species unter Umständen fruchtbare Bastarde zu erzeugen vermögen, und behauptet ferner, dass jede Art nicht in einem einzigen Individuum oder Paare, sondern in zahlreichen Individuen und wohl auch an verschiedenen Orten der Erde geschaffen worden sei. Zweitens aber, und dies ist uns besonders wichtig, hält Agassiz, im schroffen Gegensatz zu den herrschenden Vorstellungen, die Species für einen ebenso abstracten Begriff, als es die übrigen Kategorieen, Gattung, Familie etc. sind. Alle diese sechs Gruppen-Begriffe sind nach ihm gleichermaassen „ideal und real". Mit dieser Behauptung stellt sich Agassiz entschieden der gewöhnlichen Form des Species-Dogmas entgegen, welche die Species für eine reale Wesenheit, die

divisions (!) which must be acknowledged in a natural zoological system; but these are not to be traced so uniformly in all classes as the former (!) — they are in reality only limitations of the other kinds of divisions (!). — I must confess at the same time, that I have not yet been able to discover the principle which obtains in the limitation of their respective subdivisions (!). All I can say is, that all the different categories considered above, upon which branches, classes, orders, families, genera, and species are founded, have their degrees (!) and upon these degrees subclasses, suborders, subfamilies and subgenera have been established. For the present, these subdivisions must be left to arbitrary estimations" (!) (Essay etc. p. 263).

andern Kategorieen für willkührliche Begriffe erklärt. Wenn demnach der Begriff der Species nicht mehr reale Grundlage hat, als derjenige der Gattung, Familie etc., so dürfen wir ihn gleich den letzteren für eine willkührliche Abstraction von bloss relativer Geltung erklären.

II. Bedeutung der Kategorieen für die Classification.

Dass alle Gruppenbildungen unserer zoologischen und botanischen Systeme von der Species an bis zur Classe hinauf, vollkommen künstliche und willkührliche sind, hat bereits Lamarck, der geistvolle Begründer der Descendenz-Theorie, auf das Bestimmteste ausgesprochen. An der Spitze seiner klassischen „Philosophie zoologique", im ersten Capitel des ersten Bandes, handelt er von den künstlichen Betrachtungsweisen der Naturkörper („des parties de l'art dans les productions de la nature") und weist nach, dass alle unsere systematischen Abtheilungen, die Classen, die Ordnungen, die Familien und die Gattungen, ebenso wie die Nomenclatur, willkührlich geschaffene Kunstproducte sind; dass die Abtheilungen, welche wir in unsern stets künstlichen Systemen scharf trennen und umgrenzen, in der Natur überall durch continuirliche Verbindungsstufen unmittelbar zusammenhängen, und dass der relative Werth der einzelnen Gruppen sich durchaus nicht in absoluter Weise bestimmen lässt. Wenn man alle Arten eines organischen Reiches vollständig kennte, so würden alle durch dieselben gebildeten Gruppen verschiedenen Grades (die Gattungen, Ordnungen, Classen etc.) lediglich kleinere und grössere über einander geordnete Familien von verschiedenem Umfang darstellen, deren Grenzen nur willkührlich zu ziehen wären [1]).

Nach Lamarck haben auch noch manche andere Naturforscher, darunter die kenntnissreichsten und erfahrensten Systematiker, ihre Ueberzeugung von der künstlichen Abgrenzung der Systems-Gruppen und dem subjectiven Werthe dieser Kategorieen (die Species ausgenommen!) ausgesprochen. Niemand hat jedoch dieselben richtiger er-

---

[1]) „Si toutes les races (ce qu'on nomme les espèces), qui appartiennent à un règne des corps vivants, étaient parfaitement connues, et si les vrais rapports, qui se trouvent entre chacune de ces races, ainsi qu'entre les différentes masses qu'elles forment, l'étaient pareillement, de manière que partout le rapprochement de ces races et le placement de leurs divers groupes fussent conformes aux rapports naturels de ces objects, alors les classes, les ordres, les sections et les genres séraient des familles de différents grandeurs; car toutes ces coupes séraient des portions grandes ou pétites de l'ordre naturel Dans ce cas, rien sans doute, ne sérait plus difficile que d'assigner des limites entre ces différentes coupes; l'arbitraire les férait varier sans cesse, et l'on ne serait d'accord que sur celles que des vides dans la série nous montréraient clairement." Lamarck, philosophie zoologique, tome I, p. 30. 1809

kannt und erläutert, als Darwin, welcher zuerst klar die Bedeutung des natürlichen Systems als Stammbaums und der Gruppen desselben, als Aeste und Zweige dieses genealogischen Baumes dargethan hat. Er wies auch besonders auf die sehr wichtige radiale Divergenz der Verwandtschaftslinien hin, welche jene Kategorieen verschiedener Ordnung verbinden. Die trefflichsten Bemerkungen hierüber enthält in Darwin's Werke das vierte Capitel, welches von der Divergenz des Charakters handelt, und das dreizehnte, welches die Gruppenbildungen bei der Classification erläutert, und das Verhältniss der Coordination und Subordination der verschiedenen Kategorieen aus der gemeinsamen Abstammung aller Gruppen und aus ihrem verschiedenen Abgange und Abstande vom Hauptstamme erklärt.

Da unsere eigene Ansicht von der systematischen Classification der Organismen und von dem Werthe der verschiedenen Kategorieen des natürlichen Systems sich auf das Engste an die genealogische, von Lamarck und Darwin bereits begründete Auffassung anschliesst, so beschränken wir uns hier darauf, einige von denjenigen Punkten der Classifications-Frage hervorzuheben, von denen wir glauben, dass wir zu ihrer schärferen Fassung und tieferen Klärung Einiges beitragen können. Wir gehen dabei wiederum aus von dem vorher erörterten Begriffe der Species, welche ja immer der Angelpunkt bleiben wird, um den sich alle verschiedenen morphologischen Ansichten der Systematiker in letzter Instanz drehen.

Wir glauben im vorhergehenden Abschnitt zur Genüge dargethan zu haben, dass wir die Species als eine geschlossene Summe von Individuen, als ein genealogisches Individuum zweiter Ordnung nur dann betrachten können, wenn wir von ihrer Variabilität ganz absehen und sie als in der Zeit unveränderlich hinstellen. Es ist in diesem Falle die Species „die Gesammtheit aller Zeugungskreise, welche unter gleichen Existenzbedingungen gleiche Formen zeigen und sich höchstens durch den Polymorphismus adelphischer Bionten unterscheiden". Diese Bestimmung der Species verliert aber ihren Werth, sobald wir die Variabilität, welche allen Species eigen ist, mit in den Kreis unserer Betrachtung ziehen. Aus dieser ergiebt sich vielmehr, wenn wir zugleich den thatsächlichen Kampf ums Dasein in Erwägung ziehen, den alle Arten zu bestehen haben, dass der Varietätenbüschel jeder Species sich beständig erweitern und die einzelnen abweichenden Formen durch Divergenz des Charakters immer weiter auseinander gehen müssen. Viele von diesen Varietäten gehen früher oder später als solche unter. Andere gelangen in Verhältnisse, unter denen sie ihre Charaktere lange Zeit hindurch (oft viele hundert Jahrtausende!) verhältnissmässig constant erhalten können. Diese werden dann als Arten bezeichnet. Die Varietäten sind also beginnende Arten.

Ebenso willkührlich, ebenso künstlich und ebenso ungleichartig als die Umgrenzung der Species aus diesem Grunde sein muss, ist die Bildung der Genera, Familien, Ordnungen, Classen, und wie man alle die verschiedenen Gruppen nennen will, die innerhalb eines einzigen Typus unterschieden werden. Alle diese verschiedenen Kategorieen des Systems haben durchaus nur einen relativen und subjectiven Werth; sie können ebenso wenig als die Species absolut umschrieben werden und lassen eben so wenig eine entsprechende Definition zu. Alle Versuche, diesen Kategorieen einen bestimmten Werth und Inhalt beizulegen, sind als vollkommen verfehlte zu betrachten, weil sie scharfe Grenzen da ziehen, wo in der Natur keine vorhanden sind. Wir glauben dies zur Genüge durch die vorhergehende Kritik des „*Essay on classification*“ von Agassiz gezeigt zu haben, des bei weitem ausführlichsten und gründlichsten Versuches, der jemals von Systematikern zur Lösung dieser Frage angestellt worden ist.

Die grosse Mehrzahl der heutigen Systematiker wird wohl keinen Anstand nehmen, diese subjective Bedeutung der verschiedenen Systemsgruppen zuzugestehen, da ja selbst viele von denjenigen, welche die Species als einen realen Begriff, als unveränderlich, constant und absolut festhalten, nicht dasselbe von der Gattung, Familie u. s. w. behaupten, vielmehr die bloss relative Geltung dieser Begriffe zugestehen. Der weit verbreiteten Auffassung dieser letzteren gegenüber, dass demnach der Species-Begriff ein concreter und absoluter, und dadurch wesentlich von den abstracten und relativen Begriffen des Genus, der Familie u. s. w. verschieden sei, müssen wir jedoch hier nochmals auf die richtige Ansicht von Agassiz hinweisen, dass die Species, sobald man ihre Variabilität in Betracht zieht, sich in dieser Beziehung (hinsichtlich ihrer Realität) nicht von den übrigen höheren Kategorieen unterscheidet. Während aber Agassiz allen diesen Kategorieen des Systems einen gleichen Grad von Realität zuerkennt, müssen wir ihnen allen denselben gleichermaassen absprechen.

Als die einzige reale Kategorie des zoologischen und botanischen Systems können wir nur die grossen Hauptabtheilungen des Thier- und Pflanzen-Reichs anerkennen, welche wir Stämme oder Phylen genannt und als genealogische Individuen dritter Ordnung erörtert haben. Jeder dieser Stämme ist nach unserer Ansicht in der That eine reale Einheit von vielen zusammengehörigen Formen, da es das materielle Band der Blutsverwandtschaft ist, welches sämmtliche Glieder eines jeden Stammes vereint umschlingt. Alle verschiedenen Arten, Gattungen, Familien, Ordnungen und Classen, welche zu einem solchen Stamme gehören, sind continuirlich zusammenhängende Glieder dieser grossen umfassenden Einheit und haben sich aus einer einzigen gemeinsamen Urform allmählich entwickelt. Die verschiedenen

Urformen selbst aber, welche die Wurzel der einzelnen Stämme bilden, sind gänzlich unabhängig von einander durch Generatio spontanea entstanden, wie wir bereits im sechsten und siebenten Capitel erläutert haben (Bd. I, S. 167, 198 ff.) [1]).

[1]) Da wir den Stamm oder das Phylon für die einzige reale und für die einzige genau durch ihren Inhalt und Umfang zu definirende Kategorie des Systems halten, so können wir in den übrigen, so eben ausführlich besprochenen Kategorieen nichts Anderes als künstliche und nach subjectivem Gutdünken abgegränzte Abtheilungen erkennen, welche in Wirklichkeit niemals scharf geschieden sind. Alle diese Kategorieen von der Varietät und Species bis zu der Ordnung und Classe hinauf, können lediglich den engeren und weiteren Grad der Blutsverwandtschaft bezeichnen, den näheren oder weiteren Abstand, welcher eine jede Form von ihren Verwandten und von der gemeinsamen Stammform trennt Der Werth der einzelnen Kategorieen ist also stets nur ein relativer, und hiermit stimmt die Thatsache überein, dass es unmöglich ist, die Kategorie der Classe, Ordnung, Familie etc. als solche zu bestimmen und durch einen bestimmten Inhalt und Umfang zu charakterisiren.

Alle möglichen Kategorieen des Systems, mit einziger Ausnahme des Stammes oder Typus, also alle Classen, Ordnungen, Familien, Gattungen, Arten und Varietäten, sowie alle untergeordneten Gruppen, welche man unter und zwischen diesen Hauptgruppen verschiedener Ordnung noch gebildet hat (die Unterclassen, Reihen, Unterordnungen, Sectionen, Unterfamilien, Tribus, Untergattungen, Rotten, Subspecies etc) alle diese Kategorieen verschiedenen Ranges sind ebenso willkührliche und subjective Abstractionen, als die Species selbst, deren Bedeutung wir bereits auf ihren wahren Werth zurückgeführt haben. Daher stellt sich denn auch der Werth jeder dieser Kategorieen in den verschiedenen Abtheilungen des Systems und bei den verschiedenen Stämmen als ein höchst verschiedenartiger heraus. Unterschiede, die in dem einen Stamme für ausreichend gelten, darauf zwei verschiedene Klassen zu begründen, werden in einem andern kaum für wichtig genug angesehen, um die betreffenden Formengruppen als Ordungen, oder selbst als Familien zu unterscheiden; und dieselbe Formengruppe, die der eine Systematiker als eine Gattung mit mehreren Subgenera, vielen Arten und sehr vielen Varietäten betrachtet, sieht der zweite als eine Familie mit mehreren Gattungen, vielen Untergattungen und sehr vielen Arten, der dritte als eine Ordnung mit mehreren Familien, vielen Subfamilien und vielen Gattungen, aber verhältnissmässig nur wenigen Arten an. Dieselben Formengruppen, welche Linné als Genera aufstellte, sind jetzt meistens zum Range von Familien, viele selbst von Ordnungen erhoben worden, und sehr viele von Linné's Species sind jetzt Untergattungen, Gattungen oder selbst Familien. Dass in der systematischen Praxis bei der Bestimmung des Ranges der einzelnen Formengruppen, bei der Umschreibung und Begränzung der verschiedenen Kategorieen des Systems, bei der Ausdehnung und Beschränkung derselben, allenthalben die grösste Willkühr herrscht, und dass nicht zwei Naturforscher in allen Fällen über den Rang, den sie einer Formengruppe zu ertheilen haben, einig sind, ist eine so allbekannte und jedem Systematiker täglich aufstossende Thatsache, dass dieselbe hier keines Beweises bedarf. Diese Thatsache ist aber nicht, wie Agassiz meint, in der Ungenauigkeit und Willkührlichkeit der bestimmenden Systematiker begründet, sondern in der Unbestimmtheit und wirklichen Unbestimmbarkeit der Kategorieen, welche dem subjectiven Gutdünken des Einzelnen vollen Spielraum lassen

Unter diesen Umständen kann Nichts verkehrter und sinnloser erscheinen, als die endlosen Streitigkeiten der Systematiker über die Rangstufe, welche jeder Formengruppe anzuweisen sei. Weit mehr Arbeitskraft und Mühe, Scharfsinn und Geduld, Papier und Zeit, als jemals für wissenschaftliche zoologische und botanische Untersuchungen aufge-

III. Gute und schlechte Gruppen des Systems.

„Gute und schlechte Gruppen, gute und schlechte Gattungen, Familien, Ordnungen, Classen u. s. w.“ werden in der systematischen Praxis ebenso allgemein, wie „gute und schlechte Arten“ unterschieden: und wie bei den letzteren, so haben auch hier die meisten Systematiker keine richtige Vorstellung von dem eigentlichen Werth dieser Unterscheidung. Der Grund derselben ist dort wie hier derselbe, und was wir oben von den „guten und schlechten Arten“ bemerkten, gilt ebenso von den übrigen Kategorieen des Systems.

„Gute Gruppen“, gute oder natürliche Genera, Familien, Ordnungen, Classen sind solche, die sich scharf und bestimmt umschreiben lassen, und durch keine Uebergänge mit den verwandten Formen verbunden sind. Solche Classen sind z. B. die der Säugethiere, Vögel und Reptilien. Es fehlen hier lebende Uebergangsformen und es fehlt uns die Kenntniss der ausgestorbenen Zwischenformen, welche die gemeinsamen Stammeltern dieser Gruppen waren und dieselben aufs innigste verbanden. Ebenso sind gute Ordnungen diejenigen der Insecten-Classe, deren verbindende Zwischenglieder uns grösstentheils unbekannt sind. Wenn sich eine Classe so scharf und bestimmt umschreiben lässt, wie die der Vögel, der Insecten, so beruht dies zunächst immer auf unserer höchst unvollständigen Kenntniss derselben, die hauptsächlich durch grosse und wesentliche Lücken in ihrer paläontologischen Entwickelungsgeschichte bedingt ist.

„Schlechte Gruppen“, schlechte oder unnatürliche Genera, Familien, Ordnungen, Classen nennen die Systematiker solche, deren Abgrenzung sehr schwierig ist, weil die entferntesten Formen der Gruppe durch eine continuirliche Kette von verbindenden Zwischengliedern zusammenhängen. Solche Classen sind z. B. die der Amphibien und Fische, zwischen denen *Lepidosiren* in der Mitte steht, der seltsame, wenig veränderte Nachkomme von den alten gemeinsamen Stammeltern der Amphibien und Teleostier. Ebenso sind schlechte Gruppen die einzelnen Ordnungen z. B. der Crustaceen, der Gasteropoden etc. Je vollständiger wir die lebenden und ausgestorbenen Glie-

wendet worden sind, haben die gänzlich unfruchtbaren und grundverkehrten, ja wahrhaft kindischen Streitigkeiten über die Frage gekostet, ob diese oder jene Formengruppe als Varietät oder Species, als Subgenus oder Genus, als Tribus oder Familie zu betrachten sei; und dabei ist es in der Regel nur sehr Wenigen von den zahllosen Speciesfabricanten eingefallen, sich zu fragen, was denn diese Begriffe eigentlich sagen wollen; diejenigen aber, die diese Frage wohl hier und da aufwarfen, waren von dem Dogma der Species-Constanz so geblendet, dass sie dieselbe für ganz unlösbar erklärten. Betrachtet man das Treiben der Systematik von diesem Standpunkt aus, so lässt sie sich nur mit dem Fass der Danaiden vergleichen.

der irgend einer Gruppe kennen lernen, desto unmöglicher wird es, die einzelnen Unterabtheilungen scharf von einander zu trennen, und desto schwieriger, den gesammten Charakter der ganzen Gruppe zusammen zu fassen. Während wir einerseits die Charaktere der Insectenclasse scharf definiren, und ihre einzelnen Ordnungen glatt abtrennen können, ist es bei der nahe verwandten Classe der Crustaceen ganz unmöglich, den Gesammt-Charakter der Gruppe zusammenzufassen und ihre einzelnen Ordnungen scharf zu unterscheiden. Die drei Ordnungen der Hufthiere, Pachydermen, Wiederkäuer und Einhufer, waren drei der besten und natürlichsten Ordnungen, so lange man ihre fossilen Zwischenformen nicht kannte. Als diese gemeinsamen Stammformen entdeckt waren, wurde es unmöglich, sie noch länger scharf zu trennen. Es waren nun schlechte und unnatürliche Abtheilungen geworden. Sehr viele kleinere und grössere Abtheilungen des Thierreichs erscheinen uns nur desshalb als „natürliche“ Gruppen, weil wir bloss die hoch ausgebildeten und differenzirten Epigonen aus einer verhältnissmässig späten Zeit ihrer historischen Entwickelung kennen, so die Wirbelthiere, die Echinodermen. Während die Charakteristik solcher späteren Gruppen sich leicht und präcis zusammenfassen lässt, weil wir nicht genöthigt sind, ihre relativ unvollkommenen und einfachen Vorfahren mit darunter zu begreifen, so können wir umgekehrt eine allgemeine und zugleich bestimmte Charakteristik z. B. der Würmer gar nicht aufstellen, weil wir hier neben den hoch ausgebildeten späteren Epigonen noch die unvollkommensten niedersten Anfänge der Reihe kennen und von den ersteren nicht trennen können. Hieraus geht hervor, dass wir eine für alle Glieder eines Stammes gültige allgemeine Charakteristik desselben, wenn wir alle Glieder vom ersten bis zum letzten kennten, gar nicht würden geben können, weil die niedersten Anfangsstufen, die Wurzeln noch zu indifferent, für unsere Definitionen noch viel zu charakterlos sind.

Ganz ebenso wie die Species, werden also auch die umfassenderen und weiteren Kategorieen des Systems, die Genera, Familien, Classen etc. gut und natürlich genannt, wenn wir ihre gesammten Formensummen und namentlich die ausgestorbenen Stammformen derselben schlecht und unvollständig kennen; dagegen werden dieselben Abtheilungen schlecht und unnatürlich genannt, wenn wir ihren gesammten Formenkreis und namentlich die gemeinsamen Stammeltern derselben gut und vollständig in ihrem genealogischen Zusammenhange kennen. Daher wird jede gute und natürliche Gruppe des Systems um so schlechter und unnatürlicher, je vollständiger wir sie durch Auffindung der verbindenden Uebergangsformen und namentlich der ausgestorbenen gemeinsamen Stammformen kennen lernen.

IV. Die Baumgestalt des natürlichen Systems.

Wenn wir das gesammte System der Organismen vollständig von Anfang an kennen würden, wenn wir im vollständigen Besitze aller Thier- und Pflanzen-Arten sein würden, welche jetzt leben und jemals auf der Erde gelebt haben, so würde es, wie Lamarck, Goethe und Darwin bemerkt haben, ganz unmöglich sein, ein System mit scharf abgegrenzten Kategorieen aufzustellen. Da die einzige reale Kategorie des Systems der Stamm oder Typus ist, so würden wir nur eine (wahrscheinlich geringe) Zahl von solchen Stämmen neben einander vor uns sehen; Stämme, deren jeder sich im Laufe der Zeit aus einer ganz einfachen Wurzel durch fortgesetzte Ramification (Divergenz des Charakters) zu einem vielverzweigten Baume mit gewaltiger Krone und äusserst formenreichen Aesten entwickelt hat. Kein anderes Bild vermag uns die wahre Bedeutung, welche die verschiedenen Kategorieen innerhalb eines jeden Stammes besitzen, so treffend, klar und anschaulich zu versinnlichen, als das Bild eines weit verzweigten Baumes, dessen Aeste und Zweige, nach verschiedenen Richtungen divergirend, sich zu verschiedenen Formen entwickelt haben. Es ist dies in der That der genealogische Stammbaum jedes Stammes oder Typus, wie wir ihn auf den diesem Bande angehängten genealogischen Tafeln bildlich darzustellen versucht haben. Die einfache Wurzel des Hauptstammes ist die gemeinsame Urform, aus welcher der gesammte Formenreichthum der Aeste, Zweige etc. sich entwickelt hat. Die grossen Hauptäste, in welche zunächst der Stamm sich spaltet, sind die Classen des Stammes, die Aeste, die aus deren Theilung hervorgehen, die Ordnungen; jede Ordnung verästelt sich wieder in mehrere Zweige, welche wir Familien nennen, und die Verästelungen dieser Zweige sind die Gattungen; die feineren Aestchen dieser Ramificationen sind die Species, und die feinsten Zweiglein dieser die Varietäten; die Blätter endlich, welche büschelweis an den letzten Zweigspitzen sitzen, sind die Zeugungskreise oder die physiologischen Individuen, welche diese repräsentiren. Die Zweige und Aeste mit frisch grünenden Blättern sind die lebenden, die älteren mit den abgestorbenen welken Blättern die ausgestorbenen Formen und Formgruppen des Stammes.

Gleichwie es nun ganz unmöglich ist, an einem solchen Stamme zu sagen, wo die Grenze der einzelnen Astgruppen ist, wo die gröberen Aeste als Einheiten aufhören und die feineren aus ihnen hervorgehenden anfangen, oder wie es unmöglich ist, den Antheil des gemeinsamen Stammes scharf zu bestimmen, der jedem Aste zukommt, ganz so unmöglich ist es, an jedem Stamme des Thier- und Pflanzen-

Reichs die Grenze der einzelnen Classen, Ordnungen, Familien, Gattungen, Arten scharf anzugeben. Wo dies möglich ist, da befindet sich eine Lücke in unserer Kenntniss, welche uns eine Kluft zwischen zwei verwandten Formengruppen vorspiegelt, die in der Natur nicht vorhanden, sondern entweder durch noch lebende oder durch ausgestorbene Zwischenformen überbrückt ist. Alle Aeste und Zweige dieses Baumes gehen auf ungleicher Höhe vom Stamme ab, erreichen einen ungleichen Grad der Entwickelung in Länge, Dicke und Verzweigung, und alle Zweige enden auf verschiedener Höhe und tragen eine ungleiche Anzahl von Blättern. Ganz so verhält es sich mit jedem Stamme des Thier- und Pflanzen-Reichs und es ergiebt sich hieraus, dass die Coordination und Subordination der verschiedenen Kategorieen (Verästelungs-Grade) durchaus nicht in der Weise schematisch zu bestimmen ist, wie es gewöhnlich geschieht. Der Grad der Coordination und Subordination kann vielmehr bei allen Gruppen eines Stammes ein äusserst verschiedenartiger sein.

Aus dieser und der vorhergehenden Betrachtung erledigt sich nun die vielventilirte Frage, ob es ein natürliches System der Organismen gebe, und welches dieses einzige System sei, von selbst. *Es giebt allerdings ein natürliches System*, und zwar nur ein einziges, innerhalb jeder der selbstständigen grossen natürlichen Hauptabtheilungen, der Stämme oder Phylen des Thier- und Pflanzen-Reichs. Dieses einzig natürliche System ist der *reale Stammbaum eines jeden Stammes oder Phylum*, und zeigt uns unter der Form eines einzigen, vielfach verästelten Baumes durch *radial divergirende Verwandtschafts-Linien* (Aeste und Zweige des Baums) den verschiedenen Grad der Blutsverwandtschaft an, der die verschiedenen unter und neben einander geordneten Gruppen des Stammes verbindet.

Wenn wir dieses Bild festhalten und uns dabei stets erinnern, dass alle Kategorieen des Systems, die wir innerhalb des Stammes bilden, künstlich und nicht absolut zu umgrenzen sind, sondern nur wegen der Lückenhaftigkeit unserer Kenntnisse absolut zu sein scheinen; wenn wir uns ferner erinnern, dass alle diese Kategorieen abstracte Begriffe von relativem Werthe sind, und dass jede Kategorie in verschiedenen Stämmen und Stammtheilen einen sehr ungleichen Werth, sehr verschiedenen Umfang und Inhalt haben kann — wenn wir dieser künstlichen Natur des systematischen Fachwerks stets eingedenk bleiben, so werden wir dasselbe mit dem grössten Vortheile zur übersichtlichen und vergleichenden Darstellung der complicirten Verwandtschafts-Verhältnisse der einzelnen Stammgruppen anwenden können; ja es wird sich sogar eine wirklich naturentsprechende Anschauung von dem natürlichen Systeme jedes Stammes nur dann gewinnen lassen, wenn wir die einzelnen über und neben einander geordneten Gruppen durch zahlreiche dichtverzweigte und radial divergirende Verwandtschaftslinien verbinden und uns so die ursprüngliche Gestalt des reich verästelten Stammes möglichst reconstruiren. Den Versuch einer solchen ungefähren Reconstruction, welche allerdings eben so schwierig als wichtig ist, haben wir auf den angehängten genealogischen Tafeln, welche jedoch nur einen ganz provisorischen Werth besitzen, zum ersten Male gewagt.

V. Anzahl der subordinirten Kategorieen.

Da die einzelnen Kategorieen oder Gruppen des natürlichen Systems keinen absoluten Inhalt und Umfang besitzen, sondern nur die verschiedenen Divergenz-Grade der Aeste des Stammbaums bezeichnen, da ihr ganzer Werth für die Classification mithin in dem relativen Verhältniss der Subordination liegt, so ist es klar, dass die Zahl derselben ganz unbeschränkt ist, und dass der Stammbaum um so übersichtlicher wird, je grösser die Zahl der übereinander geordneten Gruppen ist. Wenn Agassiz und viele andere Systematiker diese Zahl auf sechs beschränken und nur die Begriffe der *Species*, *Genus*, *Familia*, *Ordo*. *Classis*, *Typus* als wirklich natürliche und reale Kategorieen gelten lassen wollen, so ist dies vollkommen willkührlich, und wird am besten durch die Thatsache widerlegt, dass Agassiz selbst genöthigt war, dennoch die untergeordneten Kategorieen der *Subclassis*, *Subordo*. *Subfamilia* etc. nachträglich anzuerkennen und selbst in Gebrauch zu ziehen. Wir werden also die Zahl der Kategorieen ganz beliebig je nach Bedürfniss vervielfältigen können und die einzige praktische Regel, die bei deren Anwendung zu verfolgen sein wird, dürfte diejenige sein, dass wir den relativen Rang der einzelnen Kategorieen constant fixiren und stets in einem und demselben Sinne festhalten, dass wir also z. B. die Ordnung stets als eine weitere, umfassendere Kategorie über die Familie, die Familie über die Tribus stellen, und nicht umgekehrt (wie es auch geschehen ist). Wenn wir in diesem Sinne die Stufenleiter der verschiedenen subordinirten Gruppen in der Reihenfolge, wie sie von den meisten Systematikern angenommen und befolgt wird, festsetzen, so ergiebt sich die nachstehende Rangordnung, in welcher jede vorausgehende Kategorie einen umfassenderen und weiteren Begriff hat, als jede nachfolgende. Als Beispiel fügen wir die systematische Bezeichnung der verschiedenen Kategorieen für ein Säugethier (*Hypudaeus amphibius*) und für eine Dicotyledone (*Hieracium pilosella*) bei[1]).

---

[1]) Wir glauben, dass die 24 vorstehenden Kategorieen in der Regel vollkommen

VI. Stufenleiter der subordinirten Kategorieen.

Kategorie des Systems.	Deutsche Bezeichnung der Gruppe.	Beispiel aus dem Thierreiche	Beispiel aus dem Pflanzenreiche.
1. Phylum	Stamm (Typus)	*Vertebrata*	*Cormophyta*
2. Subphylum	Unterstamm	*Pachycardia*	*Anthophyta (Cotyledoneae)*
3. Cladus	Stammast	*Allantoidia*	*Angiospermae*
4. Subcladus	Unterast		
5. Classis	Classe	*Mammalia*	*Dicotyledones*
6. Subclassis	Unterclasse	*Monodelphia*	*Dichlamydeae*
7. Legio	Legion	*Deciduata*	
8. Sublegio	Unterlegion	*Discoplacentalia*	
9. Ordo	Ordnung	*Rodentia*	*Aggregatae*
10. Subordo	Unterordnung		
11. Sectio	Haufe	*Myomorpha*	
12. Subsectio	Unterhaufe		
13. Familia	Familie	*Murina*	*Compositae (Syngenesia)*
14. Subfamilia	Unterfamilie		*Liguliflorae*
15. Tribus	Sippschaft	*Arvicolida*	*Cichoraceae*
16. Subtribus	Untersippschaft	*Hypudaei*	*Crepideae*
17. Genus	Sippe (Gattung)	*Arvicola*	*Hieracium*
18. Subgenus	Untersippe (Untergattung)		
19. Cohors	Rotte	*Paludicola*	*Piloselloidea*
20. Subcohors	Unterrotte		*Monocephala*
21. Species	Art	*Arvicola amphibius*	*Hieracium pilosella*
22. Subspecies	Unterart		*Hieracium pilosissimum*
23. Varietas	Rasse	*Arvicola (amphibius) terrestris*	
24. Subvarietas	Spielart	*Arvicola (amphibius terrestris) argentoratensis*	*Hieracium (pilosella pilosissimum) peleterianum*

ausreichen werden, um die verschiedenen Glieder eines jeden Stammes übersichtlich neben und übereinander zu gruppiren. Jedoch ist hiermit die Einführung von weiteren und untergeordneten Kategorieen keineswegs ausgeschlossen. Vielmehr wird ein natürliches System, welches wirklich die natürliche Gruppirung aller Kategorieen eines Stammes unter dem Bilde eines ramificirten Stammbaues anschaulich überblicken lassen soll, um so klarer und übersichtlicher das relative Verwandtschaftsverhältniss der einzelnen Gruppen enthüllen, je grösser die Zahl der über einander stehenden Kategorieen ist. Wenn dagegen, wie es in den systematischen Werken meistens der Fall ist, die verwandten Gruppen nach einander aufgeführt werden (statt durch radial divergirende Verwandtschaftslinien verbunden zu sein), so wird man mit den gewöhnlich am meisten gebrauchten Kategorieen des Stammes, der Classe, Ordnung, Familie, Genus und Species und der Subdivisionen dieser Stufen meistens ausreichen.

VII. Charakter-Differenzen der subordinirten Gruppen.

Nachdem wir unsere Ansicht von der genealogischen Bedeutung der Classification, und von dem natürlichen Systeme als dem wirklichen Stammbaum der Organismen dargelegt haben, wird es vielleicht nicht unpassend erscheinen, noch einen Blick auf den Werth der Charaktere der verschiedenen Kategorieen bezüglich ihres relativen Gewichtes zu werfen. Dass eine absolute Bestimmung des Inhalts und Umfangs dieser absracten Begriffe nicht möglich sei, wurde schon durch die oben gegebene Analyse des bezüglichen von Agassiz gemachten Versuches klar. Dagegen sahen wir, dass ein relativer Unterschied zwischen denselben insofern existirt, als jede weitere und höhere Kategorie durch allgemeinere und tiefer greifende Charaktere ausgezeichnet ist, als die nächst vorhergehende, engere und niedere Stufe. Je niedriger und enger die Kategorie ist, desto mehr haften ihre Charaktere bloss an der Oberfläche des Organismus und desto beschränkter und weniger tief sind sie. Zunächst erscheint diese Differenz lediglich als eine graduelle; jedoch ist in vielen Fällen auch ein qualitativer Unterschied ihres Werthes insofern nachzuweisen, als die Charaktere der niederen Kategorieen vorzugsweise analoge, durch Anpassung erworbene, diejenigen der höheren dagegen vorzugsweise homologe, durch Erbschaft erworbene sind. Je umfassender und allgemeiner eine Kategorie ist, wie z. B. diejenigen der Ordnung, der Classe, desto ausschliesslicher sind ihre auszeichnenden Charaktere in der Gesammtanlage und in der innern Structur des Körpers ausgesprochen, und durch Vererbung von vielen Generationen her erworben; je enger und beschränkter umgekehrt die Kategorie ist, wie z. B. Genus, Species, desto exclusiver spricht sich ihr Charakter bloss im Einzelnen und im Aeusseren der Körperform aus, und ist durch Anpassung erst seit kurzer Zeit erworben. Die Charaktere der höheren und allgemeineren Kategorieen sind ältere, längere Zeit hindurch vererbte, während diejenigen der niederen und specielleren Gruppen jüngere und erst durch eine kleinere Reihe von Generationen vererbt sind. Tiefer greifend und mehr den Gesammtcharakter der Form bestimmend sind aber die wesentlichen Charaktere der allgemeineren und älteren Kategorieen eben desshalb. weil sie älter sind, und weil nur die tieferen Veränderungen der Structur sich durch eine lange Reihe von Generationen vererben können, während die oberflächlichen und mehr äussere Einzelheiten der Form betreffenden Charaktere der specielleren und jüngeren Kategorieen leichter wieder sich verwischen und durch andere Abänderungen verdrängt werden, eben weil sie jünger und nicht durch so lang dauernde Vererbungen befestigt sind.

Diese Betrachtung bestätigt vollkommen unsere Auffassung von dem genealogischen Charakter des natürlichen Systems. Es ist hiernach wesentlich das höhere Alter, die längere Reihe der vererbenden Generationen, welche den höheren Grad der Differenz und damit die allgemeinere Bedeutung der Kategorieen bestimmt. Im Allgemeinen wird daher jede Kategorie des Systems älter sein, als die nächstengere, darunter stehende, jünger als die nächstweitere, darüber stehende Stufe des Systems. So ist die Species jünger als das zugehörige Genus, älter als die zugehörenden Varietäten; ebenso ist die Ordnung jünger als die zugehörige Classe, älter als die zugehörenden Familien. Diese Erwägung ist insofern sehr wichtig, als sie uns den Causalnexus offenbart zwischen dem Alter und dem systematischen Werthe der Charaktere. Je älter ein Differential-Charakter ist, je grösser die Anzahl der Generationen, durch welche hindurch er sich vererbt und so befestigt hat, desto tiefer greift er in die Gesammt-Organisation des Thieres ein, desto schwerer ist er durch weiter gehende Veränderung zu verwischen und desto allgemeiner und höher ist die Rangstufe, auf welche er die betreffende Form erhebt.

Auf diesen höchst wichtigen Unterschied in dem systematischen Werthe der ererbten und der angepassten Charaktere muss der Morphologe bei der genealogischen Subordination der verschiedenen Systems-Gruppen das meiste Gewicht legen. Viel unwichtiger ist der Umstand, ob sich der gemeinsame typische Charakter einer bestimmten Gruppe in Form einer exclusiven Diagnose zusammenfassen lässt, oder nicht. Je besser wir die betreffende Gruppe mit allen ihrer Uebergangsformen zu den nächstverwandten Gruppen kennen, desto weniger wird eine solche scharfe und exclusive Diagnose möglich seien. Bei der genealogischen Reconstruction des natürlichen Systems, als des Stammbaums der Organismen, wird es daher nicht darauf ankommen, die einzelnen coordinirten und subordinirten Gruppen durch scharfe und exclusive Charakteristiken zu trennen, sondern vielmehr die vorwiegend erbliche oder angepasste Natur der Differential-Charaktere, ihr relatives Alter zu erkennen, und danach die gegenseitige Stellung der verwandten Gruppen zu bestimmen.

Fünfundzwanzigstes Capitel.

Die Verwandtschaft der Stämme.

„Der Mensch, wo er bedeutend auftritt, verhält sich gesetzgebend. In der Wissenschaft deuten die unzähligen Versuche, zu systematisiren, zu schematisiren dahin. Unsere ganze Aufmerksamkeit muss aber dahin gerichtet sein, der Natur ihr Verfahren abzulauschen, damit wir sie durch zwängende Vorschriften nicht widerspänstig machen, aber uns dagegen auch durch ihre Willkühr nicht vom Zweck entfernen lassen.“ Goethe.

I. Die Stämme des Protistenreichs.

Unter denjenigen biologischen Fragen, welche durch die Descendenz-Theorie an die Spitze der allgemeinen Entwickelungsgeschichte gestellt worden sind, tritt uns in erster Linie die Frage nach der Zahl und dem Umfang der natürlichen Stämme oder Phylen entgegen. Diese Frage besitzt aber nicht allein das grösste Interesse und die höchste Wichtigkeit; sondern es stehen zugleich ihrer Lösung die bedeutendsten Schwierigkeiten und die erheblichsten Hindernisse entgegen. Eine absolut sichere Beantwortung derselben wird niemals gegeben werden können, weil uns die Primordien des organischen Lebens, die Autogonie der ersten Phylen im Anfange der archolithischen Zeit, ewig verborgen bleiben müssen, und weil die Schlüsse, welche wir auf diesen Entwickelungs-Process aus unseren embryologischen, paläontologischen und anatomischen Kenntnissen ziehen können, immer im höchsten Grade unsicher und unvollständig bleiben werden. Dennoch sind wir verpflichtet, wenigstens den Versuch zu machen, zu einer annähernd wahrscheinlichen Vorstellung über Zahl, Umfang und Inhalt der selbstständigen organischen Phylen zu gelangen.

Die verschiedenen Möglichkeiten, welche in dieser Beziehung vorliegen, haben wir bereits im siebenten Capitel des zweiten Buches im Allgemeinen erörtert, als wir Inhalt und Umfang des Thier- und Pflanzenreichs bestimmten, und uns genöthigt sahen, neben diesen beiden allgemein unterschiedenen Reichen noch ein drittes „Reich“, das der Protisten zu constituiren (Bd. I, S. 191—238). Wir sind dort zu dem

Resultate gelangt, dass wahrscheinlich jedes der drei Reiche eine Collectivgruppe von mehreren selbstständigen Stämmen ist. Mit voller Sicherheit glauben wir dies insbesondere für das Protisten-Reich annehmen zu können, während für das Thierreich, und noch mehr für das Pflanzenreich daneben die Möglichkeit übrig bleibt, dass jedes derselben einem einzigen blutsverwandten Stamme entspricht (Bd. I, S. 198—206). Wir müssen hier auf diese wichtige Frage zurückkommen, und wenigstens die Hauptpunkte, die hierbei zu erwägen sind, hervorheben. Auf eine einigermaassen eingehende Discussion dieses interessanten Gegenstandes müssen wir jedoch hier verzichten, da selbst eine gedrungene Erörterung aller hierbei in Frage kommenden Verhältnisse den diesem Werk gesteckten Raum bei weitem überschreiten würde. Wir behalten uns jedoch ausdrücklich vor, unsere hier dargelegten Ansichten, welche zugleich in der systematischen Einleitung zu diesem Bande und in den demselben angehängten genealogischen Tafeln einen präciseren Ausdruck gefunden haben, in einer besonderen Arbeit ausführlich zu begründen.

Was zunächst das Protistenreich betrifft, so müssen wir auf unserer bereits im siebenten Capitel kurz erläuterten Ansicht beharren, dass dasselbe eine Gruppe von mehreren selbstständigen, nicht blutsverwandten Stämmen ist, welche vorzüglich nur durch das gemeinsame Band negativer Charaktere zusammengehalten werden. Einerseits nämlich fehlen den sämmtlichen Protisten die wesentlichsten von denjenigen Eigenschaften, durch welche wir das Thierreich und das Pflanzenreich in ihrem Gegensatze positiv charakterisirt haben. Andererseits stimmen dieselben überein in einer Anzahl von, allerdings meistens ziemlich indifferenten, Eigenschaften, welche wir im siebenten Abschnitt des siebenten Capitels zusammenzustellen versucht haben. Wir sind dort zur Aufstellung von acht getrennten und vollkommen selbstständigen Protisten-Stämmen gekommen. Von diesen schliessen sich zwei, nämlich die Diatomeen und Myxomyceten, im Ganzen mehr dem Pflanzenreiche, drei dagegen, nämlich die Rhizopoden, Noctiluken und Spongien, mehr dem Thierreiche an. Die drei übrigen, die Moneren, Protoplasten und Flagellaten bleiben vollständig indifferent. Wollte man daher unser Protistenreich auflösen und die Bestandtheile desselben den beiden anerkannten Reichen einreihen, so würde man nur die Rhizopoden, Noctiluken und Spongien dem Thierreiche, nur die Diatomeen und Myxomyceten dem Pflanzenreiche annectiren dürfen, während die Moneren, Protoplasten und Flagellaten als völlig indifferente Gruppen ewig die alten Grenzstreitigkeiten zwischen den Zoologen und Botanikern von Neuem anfachen würden. Unserer Ansicht nach haben nur die Protistiker Besitzrecht auf die Protisten, und von ihren Bemühungen hoffen wir, dass der dichte

Schleier, welcher gegenwärtig noch die Naturgeschichte des Protistenreichs umhüllt, mehr und mehr gelüftet werden wird.

Ein wichtiges Verhältniss, welches die Erkenntniss des Protistenreichs besonders erschwert, liegt in dem Umstande, dass aller Wahrscheinlichkeit nach auch die ersten Anfänge und die niedersten Entwickelungsstufen der thierischen und pflanzlichen Phylen von echten Protisten morphologisch nicht werden verschieden gewesen sein. Nach unserer Ueberzeugung muss der Ursprung jedes organischen Phylum mit der Autogonie von Moneren begonnen haben. Aus diesen structurlosen Eiweissklümpchen, welche den Formwerth einer Gymnocytode besassen, müssen sich dann zunächst einfache kernhaltige Zellen (durch Differenzirung von Kern und Plasma) entwickelt haben. Diese Zellen werden bald den Amoeben und Gregarinen des Protoplasten-Stammes (die thierischen Eier!), bald den Euglenen des Flagellaten-Stammes (die pflanzlichen Schwärmsporen!) ähnlicher gewesen sein. Wie sind nun diese ersten Jugendformen, welche alle thierischen und pflanzlichen Phylen im Beginn ihrer Epacme nothwendig durchlaufen haben müssen, von echten Moneren, echten Protoplasten, echten Flagellaten verschieden? Sind nicht vielleicht diese äusserst einfachen Organismen sämmtlich nur permanente Jugendzustände echter thierischer und pflanzlicher Phylen? Oder deuten sie nicht vielmehr sämmtlich auf eine gemeinsame Abstammung aller Organismen, auf eine einzige einfachste Moneren-Form, als gemeinsame Wurzel alles organischen Lebens auf der Erde hin?

Wir gestehen, dass wir uns mit diesen primordialen Fragen lange und intensiv beschäftigt haben, ohne zu irgend einem befriedigenden Resultate gekommen zu sein. Die Uebersicht, welche wir über den möglichen genealogischen Zusammenhang aller Stämme auf Tafel I geben, wird die Vorstellungen, die man sich etwa hierüber bilden kann, besser als eine lange Discussion erläutern. Einerseits spricht allerdings die Uebereinstimmung in den Anfängen der embryologischen Entwickelung für eine völlige Einheit der Abstammung; andererseits aber sprechen viele und gewichtige Gründe für eine ursprüngliche Verschiedenheit der autogonen Moneren und somit auch der aus ihnen hervorgegangenen Phylen. Selbst wenn das ganze Pflanzenreich einen einzigen selbstständigen Stamm, und ebenso wenn das ganze Thierreich einen einzigen selbstständigen Stamm bilden sollte, würden wir immer noch mehr geneigt sein, das Protistenreich als eine Collectivgruppe von mehreren selbstständigen Stämmen anzusehen. Damit wollen wir jedoch keineswegs die Möglichkeit, dass auch diese an ihrer Wurzel unter einander und mit den beiden anderen Reichen zusammenhängen, ausgeschlossen haben. (Vergl. Taf. I nebst Erklärung.)

Nach unserer subjectiven Ansicht ist die Zahl der verschiedenen Protisten-Stämme, die während der ganzen langen Zeit des organischen Lebens auf der Erde, während dieser Milliarden-Reihe von Jahrtausenden, sich entwickelt haben, ausserordentlich gross gewesen, und die wenigen Protisten-Stämme, die wir noch jetzt unterscheiden können, sind nur ein verschwindend geringer Rest von jener reichen Fülle. Wie schon Darwin sehr hübsch entwickelt hat, konnte auch in dem Falle, dass ursprünglich sehr zahlreiche selbstständige Urformen entstanden, doch verhältnissmässig nur ein sehr kleiner Theil derselben im Kampfe um das Dasein erhalten bleiben. Wir möchten in dieser Beziehung die ganze Organismen-Welt einer ungeheuren verdorrten Wiese vergleichen, auf welcher nur an ein paar feuchten Stellen ein wenig Rasen nebst einigen grossen und vielverzweigten Bäumen am Leben erhalten worden ist. Diese wenigen Bäume, von denen nur noch ein paar Aeste grünen, sind die wenigen thierischen und pflanzlichen Phylen. Die wenigen Grashalme, welche in ihrem Schatten noch leben, sind die wenigen, noch jetzt existirenden Protisten-Stämme; die ungeheuere Masse der abgestorbenen Grashalme entspricht der Menge der untergegangenen protistischen Phylen. Höchstwahrscheinlich sind zahllose indifferente protistische Phylen in ihrer ersten Epacme zu Grunde gegangen, ebenso wie von zahllosen individuellen Keimen immer nur einzelne wenige zur Entwickelung gelangen. Vielleicht dauert die Archigonie von Moneren, sei es nun Autogonie oder Plasmogonie, noch beständig fort; vielleicht ist sie nie unterbrochen gewesen. Von den Moneren, den Protoplasten, den Flagellaten und vielen anderen Protisten ist es nicht wahrscheinlich, dass sie sich seit der antelaurentischen Zeit unverändert auf ihrem niedrigsten Organisations-Zustande erhalten haben. Vielleicht sind sie erst viel später durch Autogonie entstanden; vielleicht entstehen sie so noch fortwährend. Wir besitzen nicht die Mittel, diese Fragen zu entscheiden.

II. Die Stämme des Pflanzenreichs.

Von allen drei Reichen zeigt uns das Pflanzenreich die grösste Einheit in seiner gesammten Organisation, so dass hier noch am ersten die genealogische Einheit des ganzen Reiches angenommen werden kann. Wir haben bei der Begrenzung der drei Reiche, welche wir im siebenten Capitel des zweiten Buchs versuchten, auch das Pflanzenreich, gleich dem Thierreiche und dem Protistenreiche, als einen Complex von mehreren getrennten und selbstständigen Phylen hingestellt. Wir unterschieden daselbst vier verschiedene vegetabilische Stämme, nämlich 1) die Phycophyten (den grössten Theil der Algen, nach Ausschluss der zu den Protisten gehörigen und derjenigen Archephyten, welche Jugendformen der anderen Phylen sind); 2) die Characeen (Chara, Nitella); 3) die Nematophyten oder Inophyten (Pilze und Flechten); 4) die Cormophyten (sämmtliche Phanerogamen oder Anthophyten, und die Cryptogamen nach Ausschluss der vorher genannten Gruppen). In der systematischen Einleitung zu diesem Bande fügten wir diesen vier Stämmen noch zwei andere hinzu, indem wir den Phycophyten-Stamm in die drei Stämme Archephyten, Florideen und Fucoideen auflösten.

Wenn man überhaupt das Pflanzenreich als einen Complex von mehreren getrennten Phylen betrachten will, so werden sich diese sechs Gruppen wohl noch am ersten von einander trennen lassen. Der bei weitem mächtigste Stamm ist derjenige der Cormophyten, welcher nicht allein sämmtliche Phanerogamen, sondern auch von den Cryptogamen die Pteridophyten und Bryophyten umfasst, sowie diejenigen, nicht mit Sicherheit erkennbaren niederen Pflanzenformen, welche letzteren den Ursprung gegeben haben, und welche vielleicht theils unter den Inophyten, theils unter den Archephyten versteckt sind. Dass alle Cormophyten blutsverwandte Glieder eines einzigen Stammes sind, kann wohl nicht bestritten werden, und die Paläontologie liefert uns über die historische Entwickelungs-Folge der einzelnen Glieder dieses Stammes eine so vollständige und so trefflich zum Fortschritts-Gesetze passende Reihe von Thatsachen, dass sich, gestützt zugleich auf die vergleichende Anatomie und Ontogenie der Cormophyten, ihr Stammbaum sehr befriedigend in der auf Taf. II dargestellten Form entwerfen lässt. Als drei eigenthümliche Stämme, die sich durch ihre Anatomie und Ontogenie wesentlich auszeichnen, möchten wir die drei Gruppen der Fucoideen, Florideen und Characeen unterscheiden. Alle Pflanzen, welche innerhalb des Stammes der Fucoideen, innerhalb des Phylum der Florideen und innerhalb des Stammes der Characeen vereinigt sind, erscheinen innerhalb jedes dieser drei Phylen als nächste Blutsverwandte. Dagegen wird es bei den Nematophyten und noch mehr bei den Archephyten fraglich erscheinen, ob dieselben nicht vielmehr, gleich den Protisten, Aggregate von mehreren, vollkommen selbstständigen Phylen darstellen. Von sehr vielen Gliedern der Pilz-Classe, der Flechten-Classe und des Archephyten-Stammes (Codiolaceen, Nostochaceen etc.) erscheint es keineswegs unwahrscheinlich, dass dieselben zahlreichen selbstständigen autogonen Moneren ihren Ursprung verdanken, und vielleicht entstehen dieselben noch heutzutage durch Autogonie.

Auf der anderen Seite scheinen uns zu viele Gründe für eine genealogische Einheit des gesammten Pflanzenreichs zu sprechen, als dass wir nicht den Versuch hätten machen sollen, einen einheitlichen Stammbaum des ganzen Pflanzenreichs herzustellen, wie es auf Taf. II geschehen ist. In diesem Falle müssen die vorhergenannten Phylen sämmtlich an ihrer Wurzel zusammenhängen. Den Ausgangspunkt würden dann ohne Zweifel die Archephyten geben, von denen aus sich einerseits im Meere die Fucoideen und Florideen, andererseits im Süsswasser die Characeen, und auf dem Festlande die Inophyten und Cormophyten als frühzeitig divergirende Subphylen entwickelt haben würden. Da die sämmtliche archolithische Flora, so viel wir aus der Paläontologie wissen, lediglich aus Algen, (Archephyten, Florideen und Fucoideen) bestand, und da erst in der antedevonischen Zeit, bei Beginn des paläolithischen Zeitalters, Cormophyten und Inophyten, als Landbewohner, aufgetreten sind, so ist es das Wahrscheinlichste, dass diese Stämme sich zu jener Zeit von der Archephyten-Wurzel aus entwickelt haben.

III. Die Stämme des Thierreichs.

Das Thierreich, wie wir dasselbe nach Ausschluss des grössten Theils der sogenannten Protozoen [1]) (der Spongien, Rhizopoden, Noctiluken, Flagellaten, Protoplasten etc.) begrenzt haben, umfasst die fünf Stämme der Coelenteraten, Echinodermen, Articulaten, Mollusken und Vertebraten. Es entsprechen diese Stämme im Ganzen den grossen Hauptabtheilungen des Thierreichs, welche seit Bär und Cuvier allgemein als „Kreise, Typen, Unterreiche“ etc. des Thierreichs von den Zoologen unterschieden werden, und deren Selbstständigkeit als besondere „Organisations-Typen“ von Bär auf Grund vergleichend embryologischer, von Cuvier auf Grund vergleichend anatomischer Untersuchungen festgestellt wurde. Bär sowohl als Cuvier, welche gleichzeitig und unabhängig von einander zu dieser

1) Den sogenannten Kreis der Protozoen halten wir, wie schon wiederholt bemerkt wurde, für eine durchaus künstliche Gruppe, die keineswegs eine derartige genealogische Einheit repräsentirt, wie die fünf übrigen „Kreise“ oder „Typen“ des Thierreichs. Wie früher die Würmer-Klasse, so wurde neuerdings der Protozoen-Kreis die Rumpelkammer, in der man alle Thiere und thierähnlichen Protisten zusammenwarf, die man sonst nirgends unterbringen konnte, oder die man nicht hinreichend kannte, um eine positive Charakteristik derselben geben zu können. Daher sucht man vergeblich in den zoologischen Handbüchern nach einer befriedigenden Begründung der Protozoen als einer natürlichen Gesammtgruppe. Wir glauben indess, dass dieser Umstand nicht sowohl in der Indifferenz und dem geringen Differenzirungs-Grad ihrer Charaktere, als in der thatsächlichen ursprünglichen Verschiedenheit der Abstammung der verschiedenen Protozoen-Classen begründet ist. Von den fünf Classen, welche man neuerdings gewöhnlich in dem Protozoen-Kreise vereinigt, können wir nur eine einzige, die der Ciliaten oder echten Infusorien, als eine unzweifelhaft thierische anerkennen. Wir halten dieselbe für den Ausgangspunkt des Würmerstammes, und damit vielleicht zugleich des ganzen Thierreichs. Die drei Protozoen-Classen der Rhizopoden, Noctiluken und Spongien halten wir für selbstständige Protisten-Stämme; die Gregarinen endlich, die fünfte Classe, betrachten wir als parasitische Protoplasten.

wichtigen Erkenntniss gelangten, unterschieden nur vier solche Typen: die Wirbel-, Glieder-, Weich- und Strahl-Thiere. Der letztere Kreis, der der Radiaten, wurde späterhin als eine unnatürliche Vereinigung verschiedener Typen erkannt, indem 1848 zuerst Leuckart die Coelenteraten, und gleichzeitig v. Siebold die Protozoen (Infusorien und Rhizopoden) aus demselben entfernte. Es blieben somit nur die Echinodermen übrig, welche eine eben so „natürliche" und selbstständige Hauptabtheilung als die Coelenteraten darstellen. Zwar hat in neuester Zeit Agassiz wiederum den Versuch gemacht, die vier Typen Bärs und Cuviers in aller Strenge festzuhalten, und die Einheit des Radiaten-Kreises als durch die nächste Verwandtschaft der Coelenteraten und Echinodermen berechtigt nachzuweisen. Indessen müssen wir diesen Versuch vollständig für verfehlt halten. Ebenso gut, oder selbst mit noch mehr Recht, wie man Coelenteraten und Echinodermen als Radiaten, könnte man Articulaten, Mollusken und Vertebraten als Bilateral-Symmetrische oder Dipleuren zusammenfassen. Die Verwandtschaft dieser drei Typen ist noch enger, als die der beiden ersteren unter sich.

Die neueren Zoologen nehmen fast allgemein sieben Typen oder Kreise des Thierreichs an, nämlich 1) Vertebraten, 2) Mollusken, 3) Arthropoden, 4) Würmer, 5) Echinodermen, 6) Coelenteraten und 7) Protozoen[1]). Von diesen schliessen wir die Protozoen aus den schon genannten Gründen aus, indem wir die Infusorien als Anfänge der Articulaten, die übrigen Protozoen als selbstständige Protisten-Phylen betrachten. Von den sechs übrigen Typen lassen wir die beiden Kreise der Würmer und Arthropoden als Articulaten (in Bärs Sinne) vereinigt, da wir nicht im Stande sind dieselben als getrennte Typen auseinander zu halten, vielmehr die Würmer nur niedere Entwickelungs-Stufen des Arthropoden-Typus darstellen[2]).

1) Nach dem Vorgange von Gegenbaur (in seinen ausgezeichneten „Grundzügen der vergleichenden Anatomie", 1859) werden diese sieben „Grundtypen" gewöhnlich neuerdings folgendermaassen eingetheilt: I) Protozoa (1) Rhizopoda. 2) Gregarinae. 3) Infusoria. 4) Porifera.) II) Coelenterata (1) Polypi. 2) Hydromedusae. 3) Ctenophora). III) Echinodermata (1) Crinoidea. 2) Asteroidea. 3) Echinoidea. 4) Holothurioidea). IV) Vermes (1) Platyelminthes. 2) Nematelminther. 3) Chaetognathi. 4) Annulata.) V) Arthropoda (1) Rotatoria. 2) Crustacea. 3) Arachnida. 4) Myriopoda. 5) Insecta). VI) Mollusca (1) Bryozoa. 2) Tunicata. 3) Brachiopoda. 4) Lamellibranchiata. 5) Cepholophora. 6) Cepholopoda.) VII) Vertebrata (1) Pisces. 2) Amphibia. 4) Reptilia. 4) Aves. 5) Mammalia).

2) In neuester Zeit hat Huxley in seinen trefflichen „Lectures on the elements of comparative Anatomy (London, 1864, p. 85) acht verschiedene Hauptgruppen oder Typen („Primary divisions, subkingdoms") des Thierreichs unterschieden, nämlich I) Vertebrata (1) Mammalia. 2) Sauroida (Aves, Reptilia) 3) Ichthyoida (Amphibia, Pisces). II) Mollusca (1) Cephalopoda, 2) Pteropoda. 3) Pulmogasteropoda. 4) Branchiogasteropoda. 5) Lamellibranchiata). III) Molluscoida (1) Ascidioidea. 2) Brachiopoda.

Wenn wir nun diese wenigen obersten Hauptgruppen des Thierreichs, deren Anzahl je nach der Auffassung der verschiedenen Zoologen zwischen vier und acht schwankt, vom Standpunkte der Descendenz-Theorie aus vergleichend und synthetisch betrachten, so können wir zunächst nach unserer Ueberzeugung in keinem Zweifel darüber bleiben, dass jeder dieser thierischen Kreise, Typen oder Unterreiche eine Gruppe bildet, deren sämmtliche Bestandtheile unter sich blutsverwandt sind, und von einer und derselben gemeinsamen Stammform abstammen. Wenn jede dieser einheitlichen Gruppen aus einem besonderen autogonen Moner entsprungen ist, so müssen wir jede derselben für einen Stamm, ein selbstständiges Phylon erklären. Wir glauben auch, dass diese Ansicht, obwohl sie bisher noch nirgends ausgesprochen worden ist, unter denjenigen denkenden Zoologen, welche Anhänger der Descendenz-Theorie sind, allgemeine Zustimmung finden wird, abgesehen von den Modificationen, welche die einzelnen Zoologen in der Begrenzung der Zahl und des Umfangs dieser Stämme für passend erachten [1]).

Sobald nun aber diese genealogische Auffassung der thierischen „Typen" zugegeben ist, so tritt an uns die weitere Frage heran, ob dieselben wirklich alle von Grund aus vollkommen selbstständige und verschiedene organische Phylen sind, oder ob sie nicht doch vielleicht im Grunde an ihrer Wurzel zusammenhängen, und nur sehr früh divergirende Aeste eines einzigen thierischen Hauptstammes oder Archephylum darstellen. Im ersteren Falle müsste jedes der vier bis acht thierischen Phylen aus einer eigenen Moneren-Form entstanden sein und alle Formveränderungen vom einfachsten structurlosen Moner bis zum hochdifferenzirten zusammengesetzten Organismus selbstständig durchlaufen haben. Im zweiten Falle könnten wir für alle thierischen Stämme eine gemeinsame ursprüngliche Moneren-Form annehmen und die typischen Grundformen der einzelnen Phylen müssten sich dann erst später von der gemeinsamen Grundform abgezweigt haben. Wir

3) Polyzoa). IV) Coelenterata (1) Actinozoa (Anthozoa, Ctenophora). 2) Hydrozoa (Hydromedusae). V) Annulosa (1) Arthropoda. 2) Annelida). V) Annuloidea (1) Scolecida (Vermes) 2) Echinodermata). VII) Infusoria (Ciliata). VIII) Protozoa (1) Spongida. 2) Rhizopoda. 3) Gregarinida). Wir glauben ohne Gefahr einerseits die Mollusken und Molluskoiden, andererseits die Annulosen, Annuloideen und Infusorien vereinigen zu können. Vergl. die Einleitung.

1) Keferstein und andere Gegner Darwins haben wiederholt und mit besonderem Nachdruck hervorgehoben, dass allein schon die fundamentale Verschiedenheit der thierischen Typen (welche nach Hopkins „die Kepplerschen Gesetze in der Thierkunde" sein sollen!), die schlagendste Widerlegung von Darwins Irrlehre liefere. Diese Behauptung ist uns völlig unverständlich geblieben. Wenn die thierischen Typen wirklich völlig und von Grund aus verschiedene Organisations-Gruppen sind, so beweist dies doch weiter Nichts, als dass jeder derselben einen eigenen Stamm darstellt und seinen eigenen Stammbaum besitzt.

haben bisher vorwiegend die Ansicht von der völlig selbstständigen Natur der einzelnen thierischen Phylen vertreten, und haben auch an den vorhergehenden Stellen unseres Werkes, wo wir diese Frage berühren mussten, jene Annahme als die wahrscheinlichste hingestellt. Wir müssen aber nun bekennen, dass, je länger und intensiver wir über diese äusserst dunkle und schwierige Frage nachgedacht haben, wir desto mehr zu der entgegengesetzten, anfänglich sehr unwahrscheinlichen Ansicht hinübergeleitet worden sind, und wir wollen nun kurz die wichtigsten Gründe, welche für diesen genealogischen Zusammenhang aller thierischen Stämme sprechen, sowie die mögliche Art und Weise dieses Zusammenhangs erörtern. Bei Verwerthung der anatomischen Aehnlichkeiten für diese Frage kömmt zuletzt immer Alles auf die Entscheidung an, ob die letzten Uebereinstimmungen in der Structur als Homologieen (durch gemeinsame Abstammung erhalten) oder als Analogieen (durch gleichartige Anpassung erworben) aufzufassen seien. Grade diese wichtige Entscheidung ist aber oft äusserst schwierig.

Am meisten scheint uns zunächst für eine Blutsverwandtschaft aller Thiere die histologische Uebereinstimmung im Bau ihrer differenzirten Elementartheile, der Plastiden und der aus diesen abgeleiteten „Gewebe“ zu sprechen. Bei Thieren aller Stämme finden wir Nervenfasern und quergestreifte Muskelfasern, complicirt gebaute Gewebe, deren Uebereinstimmung sich leichter als Homologie wie als Analogie auffassen lässt. Weniger Gewicht wollen wir auf die gleiche morphologische Beschaffenheit der Eizelle und der aus dieser hervorgehenden Furchungskugeln legen, da diese theils nicht allgemein nachgewiesen ist (Infusorien), theils auch bei echten Pflanzen (Pteridophyten) und Protisten (Spongien) vorkömmt. Sehr wichtig scheint uns ferner der Umstand zu sein, dass alle thierischen Stämme nur in ihren hoch differenzirten und vollkommenen Formen so stark divergiren, dass gar keine Verwandtschaft mit den übrigen zu bestehen scheint, während dagegen die niederen und unvollkommneren, indifferenteren Formen der verschiedenen Stämme (ebenso wie viele ihrer jüngsten Jugendzustände) sich viel näher stehen und selbst mehrfach zweifelhafte Mittelstufen und Uebergangsformen einschliessen. Endlich, und dies scheint besonders der Erwägung werth, müssen wir bekennen, dass, wenn wir uns die möglichen ältesten Stammformen und ältesten Generationsreihen der verschiedenen isolirt entstandenen Stämme vor Augen stellen könnten, wir aller Wahrscheinlichkeit nach nicht im Stande sein würden dieselben zu unterscheiden. Das autogone Moner, aus dem jeder Stamm entsprungen sein müsste, würde vermuthlich immer eine völlig indifferente, structurlose Protisten-Form darstellen, deren etwaige geringe chemische Unterschiede wir nicht im Stande sein würden wahrzunehmen; ebenso würden die daraus entwickelten einfachsten Zellen, amoebenartige Gymnoplastiden, wahrscheinlich eben so wenig erkennbare Differentialcharaktere darbieten. Wenn also auch wirklich ursprüngliche Unterschiede der animalen Phylen bestanden und alle sich selbstständig entwickelt hätten, würden wir doch höchst wahrscheinlich dieselben nicht unterscheiden können. Da die Urgenerationen mikroskopisch kleine und höchst zerstörbare weiche Organismen, gleich den niedersten jetzt lebenden Protisten (Moneren, Protoplasten, Flagellaten etc.), gewesen sein müssen, so wird uns auch die empirische Paläontologie niemals über dieselben aufklären können.

Angenommen nun, dass wirklich ein genealogischer Zusammenhang aller thierischen Phylen bestanden hat, wofür viele und gewichtige Gründe sprechen, so tritt die äusserst schwierige und verwickelte Frage an uns heran, wie derselbe zu denken sei. Da eine ausführliche Erörterung dieser Frage uns hier viel zu weit führen würde, so versparen wir uns dieselbe für eine andere Gelegenheit und wollen nur ganz kurz die wichtigsten Punkte der hypothetischen Erwägungen, die sich uns darüber aufgedrängt haben, berühren. Wir verweisen dabei auf Taf. I nebst Erklärung, wo wir die mögliche Art und Weise des Zusammenhanges bildlich dargestellt haben, so wie auf die allgemeine Besprechung der einzelnen Stämme in der systematischen Einleitung zu diesem Bande.

Wenn alle echten Thiere von einer gemeinsamen einfachsten Stammform, und von einer aus dieser zunächst entwickelten gemeinsamen Stammgruppe ausgegangen sind, so würden als die nächsten lebenden Verwandten dieser ganz oder grösstentheils ausgestorbenen Stammgruppe die niederen Würmer (Scoleciden) und zwar weiterhin die unterste Stufe derselben, die echten Infusorien oder Ciliaten zu betrachten sein. Diese hängen so nahe mit Protisten (Flagellaten und Protoplasten) zusammen, dass die mögliche Entwickelungsfolge des ältesten gemeinsamen Thierstammes folgende sein könnte: 1) Moner (structurlose homogene Stammform, durch Autogonie entstanden); 2) Protoplast (Gymnamoebe, nackte Kernzelle); 3) Flagellat (bewimperte Schwärmzelle); 4) Infusor (Ciliat); 5) Turbellar (bewimperter Strudelwurm). Würmer, welche den heute noch lebenden Turbellarien von allen bekannten Thieren am nächsten stehen, scheinen uns, wie bereits in der systematischen Einleitung erörtert wurde, die niedrigsten, aus den Infusorien zunächst hervorgegangenen Würmer zu sein, aus denen sowohl die übrigen divergenten Aeste des Würmerstammes, als auch möglicherweise die übrigen Thierstämme direct oder indirect hervorgegangen sein können.

Was nun die einzelnen Hauptabtheilungen des Thierreichs betrifft, welche gewöhnlich als getrennte „Phylen“ angesehen werden, so scheint uns zunächst die Blutsverwandtschaft sämmtlicher Arthropoden und Anneliden mit den echten Würmern (Scoleciden) keinem Zweifel zu unterliegen, wesshalb wir dieselben in dem schon von Bär und Cuvier in diesem Umfang umschriebenen Typus der Articulaten vereinigt gelassen haben.

Der genealogische Zusammenhang der Würmer und der Coelenteraten scheint uns vorzüglich durch die ersten Jugendformen vieler Petracalephen und Nectalephen angedeutet zu werden, welche von den einfachsten Formen der bewimperten Infusorien oder Ciliaten (z. B. *Opalina*) nicht zu unterscheiden sind. Aber auch tectologische und promorphologische Aehnlichkeiten zwischen den niedersten Formen der Platyelminthen und der Coelenteraten scheinen uns für eine solche Stammesverwandtschaft zu sprechen.

Am wenigsten einleuchtend dürfte zunächst die Blutsverwandtschaft der Würmer und der Echinodermen erscheinen, und doch ist grade diese sehr nah und innig, wenn die Hypothese richtig ist, welche wir in der systematischen Einleitung vom Ursprunge der Echinodermen aus den Würmern gegeben haben. Hiernach würden die Asteriden, als die ältesten gemeinsamen Stammformen der Echinodermen, Colonieen oder echte Stöcke von gegliederten Würmern darstellen, welche durch innere Keimbildung oder Knospung in einer niederen Wurmform (noch jetzt durch die Amme der ersten Echinodermen-Generation repräsentirt) entstanden sind und innerhalb derselben zu einem strahligen Cormus mit gemeinsamer Ingestions-Oeffnung verwachsen sind. Jedes der fünf Antimeren des fünfstrahligen Echinoderms ist dann einem einzigen gegliederten Wurme homolog.

Viel augenfälliger ist der genealogische Zusammenhang der Würmer und der Mollusken, welche letzteren die älteren Zoologen allgemein mit den Würmern vereinigt liessen. Die Bryozoen, welche jetzt gewöhnlich als die niederste Stufe des Weichthierstammes betrachtet werden, sehen andere bewährte Zoologen noch heute als Würmer an. Besonders auffallend aber ist die nahe Verwandtschaft zwischen den niedersten lipobranchien Schnecken (*Rhodope* etc.) und den Turbellarien. Von einigen derselben ist noch heute zweifelhaft, ob sie als Schnecken oder als Strudelwürmer zu betrachten sind. Vielleicht sind übrigens die beiden Subphylen, welche wir in dem Mollusken-Phylum vereinigt haben, Himategen und Otocardier, zwei oder selbst mehrere getrennte Gruppen, welche sich selbstständig von verschiedenen Stellen des Würmerstammes abgezweigt haben.

Was endlich die Blutsverwandtschaft der Würmer und der Wirbelthiere anbelangt, so dürfte diese zunächst vielleicht noch mehr Anstoss erregen, als diejenige der Würmer und Echinodermen. Und dennoch bleibt uns dieselbe immerhin noch wahrscheinlicher, als die Entwickelung der Wirbelthiere aus einer besonderen autogonen Moneren-Form, so lange wenigstens, als der *Amphioxus*, ein verhältnissmässig schon so hoch differenzirter Organismus, die niederste bekannte Vertebraten-Form bleibt. Als diejenigen lebenden Würmer, welche vermuthlich den alten unbekannten Vorfahren der Wirbelthiere am nächsten stehen, haben wir oben in der systematischen Einleitung die Nematelminthen (Sagitten und Nematoden) angeführt, und verweisen zur Stütze dieser Annahme auf die dort gegebenen Andeutungen.

Die Gründe, auf welche wir die vorstehend ausgesprochene Vermuthung von einem gemeinsamen Ursprung aller Thierstämme aus dem Urstamme der Würmer stützen, sind zahlreicher und gewichtiger, als es auf den ersten Anblick scheinen könnte. Da jedoch das viele Detail aus der vergleichenden Anatomie, Ontogenie und Phylogenie, welches hierfür anzuführen wäre, hier nicht am Orte sein und uns viel zu weit führen würde, so behalten wir uns dessen kritische Verwerthung für eine andere Arbeit vor. Immerhin wollen wir auf Grund desselben keineswegs mit der gleichen Sicherheit eine Blutsverwandtschaft aller thierischen Stämme behaupten, wie wir eine solche bestimmt für alle Glieder eines jeden Stammes annehmen.

Zur Beurtheilung dieser äusserst dunklen und schwierigen Frage ist es immer von Werth, sich die folgende phylogenetische Alternative vorzuhalten: Entweder ist jeder thierische Stamm (mögen wir nun deren fünf oder vier oder acht oder mehr annehmen) selbstständigen Ursprungs, aus einer eigenen autogonen Moneren-Form hervorgegangen, und dann fehlt uns, denjenigen der Würmer ausgenommen, völlig die Kenntniss der Kette von niederen Entwickelungsformen, welche von dem autogonen Moner bis zum niedersten uns bebekannten Repräsentanten des Phylum heranreichen (also bis zur *Hydra*, zum *Uraster*, zur *Rhodope*, zum *Amphioxus* etc.) — oder aber es giebt nur einen einzigen thierischen Urstamm (Archephylum), welcher entweder selbstständig aus einer autogonen Urform hervorgegangen ist oder aber wiederum mit einem Theile der Protisten und vielleicht selbst mit allen übrigen Organismen aus einer einzigen Moneren-Wurzel entsprossen ist. In diesem Falle ist zweifelsohne der Würmerstamm derjenige, welcher am ersten als Ausgangspunkt der übrigen Phylen in der angedeuteten Weise angesehen werden kann. Tafel I nebst Erklärung ist dazu bestimmt, diese Vorstellung näher zu präcisiren.

Eine sichere Entscheidung dieser primordialen Fragen über Anzahl und Begrenzung, Umfang und Inhalt, Verwandschaft und Alter der einzelnen thierischen Stämme, und ebenso aller organischen Phylen überhaupt, wird niemals gegeben werden können, so weit sich auch noch die Biologie weiter entwickeln mag. Eine definitive oder selbst nur eine einigermaassen wahrscheinliche Beantwortung derselben würde uns nur die Paläontologie zu liefern vermögen, wenn dieselbe nicht grade in diesem Punkte äusserst unvollständig wäre und aus sehr nahe liegenden Gründen sein müsste. Alle jene primitiven Urformen und ältesten Generationsreihen, selbst wenn dieselben in lebendem Zustande für uns erkennbar und unterscheidbar wären, müssen grösstentheils aus mikroskopisch kleinen und aus völlig weichen, skeletlosen Formen bestanden haben, welche also keinenfalls erkennbare Reste in den geschichten Gesteinen der Erdrinde hinterlassen konnten. Selbst wenn sie aber an und für sich versteinerungsfähig gewesen wären, würden sie uns doch gegenwärtig grösstentheils ganz unbekannt sein, weil der allergrösste Theil der archolithischen Ablagerungen, in denen dieselben begraben sein müssten, sich in metamorphischem Zustande befindet und daher keine oder nur höchst dürftige erkennbare Reste mehr einschliesst.

Aus dem Umstande, dass in jenen neptunischen Schichten, welche zuerst von allen ältesten Formationen zahlreiche Versteinerungen einschliessen, in dem silurischen Systeme, bereits hoch entwickelte und weit differenzirte Repräsentanten aller einzelnen thierischen Stämme sich finden, könnte man vielleicht auf eine gesonderte Entwickelung derselben schliessen wollen. Indessen beweist jener Umstand desshalb gar nichts, weil jenen silurischen Schichten, die so lange als die ältesten fossiliferen Straten galten, verhältnissmässig jungen Ursprungs sind, und weil diejenige Zeit der organischen Erdgeschichte, welche vor Ablagerung des silurischen Systems verfloss, jedenfalls sehr viel länger ist, als diejenige, welche nach derselben bis zur Jetztzeit dahin rollte. Wir müssen auf diesen wichtigen Punkt noch besonders aufmerksam machen, weil die Gegner der Descendenz-Theorie ihn stets als ein besonders starkes Argument gegen dieselbe betont haben. Im silurischen Systeme, dem ältesten von allen Schichtensystemen, welche Versteinerungen in grösserer Menge und aus allen thierischen Stämmen führen, finden sich von den Wirbelthieren bereits Fische vor, von den Arthropoden Trilobiten, von den Würmern Anneliden, von den Mollusken Cephalopoden, von den Echinodermen Asteriden, von den Coelenteraten Anthozoen. Aus der Existenz dieser verhältnissmässig schon so hoch entwickelten Repräsentanten hat man eine Menge der verkehrtesten Schlüsse von der grössten Tragweite gezogen, mit einem Mangel von Kritik und Vorsicht, welcher für die gewöhnliche Urtheilsunfähigkeit der „exacten Empiriker" äusserst bezeichnend ist. In der That würde die Descendenz-Theorie durch jene Fossilien völlig gestürzt werden, wenn dieselben wirklich die Reste der ältesten Organismen wären, die jemals auf dieser Erde gelebt haben. Dies ist aber ganz bestimmt nicht der Fall. Schon Darwin sprach hiergegen mit wahrhaft prophetischem Geiste das Wort aus: „Wenn meine Theorie richtig ist, so müssten unbestreitbar schon vor Ablagerung der silurischen Schichten eben so lange oder noch längere Zeiträume, wie nachher verflossen, und müsste die Erdoberfläche während dieser ganz unbekannten Zeiträume von lebenden Geschöpfen bewohnt gewesen sein." Diese wichtige Behauptung ist in den acht seitdem verflossenen Jahren in der glänzendsten Weise empirisch bestätigt worden. Die Entdeckung des ungeheuer mächtigen laurentischen Schichtensystems, in dessen unteren Schichten das *Eozoon canadense* gefunden worden ist, sowie die bessere Erkenntniss des fossilienarmen cambrischen Schichtensystems, welches über dem laurentischen und unter dem silurischen liegt, hat plötzlich die ganze archolithische Zeit, welche vor der Silur-Zeit verfloss, und während welcher bereits die Erde von Organismen bevölkert war, in ganz ungeheuren Dimensionen verlängert. Aller Wahrscheinlichkeit nach ist das archolitische Zeitalter, aus dem wir fast bloss die fossilen Reste der jüngsten, der silurischen Periode kennen, sehr viel länger, als alle folgenden Zeiträume zusammengenommen bis zur Jetztzeit, und in diesen ungeheuren Milliarden von Jahrtausenden, deren Länge das menschliche Anschauungsvermögen gänzlich übersteigt, hatten die einzelnen Phylen hinlänglich Zeit, sich aus autogonen Moneren bis zu der Höhe, die sie in der Silurzeit schon zeigen, zu entwickeln [1]).

Allein schon dieser äusserst bedeutungsvolle Umstand erinnert uns wieder daran, mit welcher äussersten Vorsicht und Kritik wir stets das paläontologische Material beurtheilen, und Schlüsse daraus auf die Phylogenie ziehen müssen. Wenn wir nicht die empirische Paläontologie in der ausgedehntesten Weise durch die hypothetische Genealogie ergänzen, und uns dabei auf die breite Grundlage der vergleichenden Anatomie und Ontogenie stützen, so müssen wir überhaupt auf jeden Entwurf einer zusammenhängenden Phylogenie verzichten. Ganz besonders gilt dies aber von der hier vorliegenden

1) Unter den zahlreichen albernen und kindischen Einwürfen gegen die Descendenz-Theorie, welche nicht allein von unwissenden Laien, sondern auch von kenntnissreichen Naturforschern stets wiederholt werden, spielt eine der bedeutendsten Rollen derjenige, dass dieselbe in den Milliarden von Jahrtausenden, deren sie zweifelsohne für ihre Erklärung der organischen Entwickelungs-Erscheinungen bedarf, doch viel zu lange Zeiträume erfordere! Als ob durch irgend ein Polizei-Gesetz die unbegreiflich lange Zeit der organischen Entwickelung auf der Erde in bestimmte Schranken geschlossen wäre; und als ob diese unendlichen Zeiträume nicht existiren könnten, weil wir sie nicht anschaulich zu erfassen vermögen! Es ist dies grade so unverständig, als wenn eine Eintagsfliege behaupten wollte, ein Eichbaum könne unmöglich tausend Jahre alt werden!

Frage über Anzahl, Umfang, Inhalt und Verwandtschaft der ursprünglichen Phylen. Die empirische Paläontologie, welche erst von der Silurzeit an aufwärts uns berichtet, und also erst mitten in einem bereits weit vorgerückten Stadium der phyletischen Entwickelungsgeschichte beginnt, lässt uns hier völlig im Stich. Aufschluss über diese eben so dunkeln als schwierigen Fragen können wir nur von einem gründlichen inductiven Verständniss der gesammten organischen Morphologie, und der Ontogenie insbesondere erwarten. Der rothe Faden in dem dunklen Labyrinthe dieser primordialen phyletischen Entwickelungs-Verhältnisse bleibt auch hier stets der lichtvolle dreifache Parallelismus der phyletischen, biontischen und systematischen Entwickelungs-Geschichte.

---

1) Von den zahlreichen möglichen Vorstellungen, welche man sich über Zahl und Zusammenhang der organischen Stämme machen kann, haben wir auf Taf I drei der am meisten wahrscheinlichen Fälle schematisch dargestellt. Von den drei longitudinalen neben einander stehenden) Feldern enthält das linke (p x f a) das Pflanzenreich, das mittlere (a f h c) das Protistenreich, und das rechte (c h y q) das Thierreich Von den drei transversalen (über einander stehenden) Feldern zeigt das oberste (p m n q) die Hypothese einer grösseren Anzahl von selbstständigen organischen Phylen, nämlich sechs (9—14) für das Pflanzenreich (p m e a), acht (1—8) für das Protistenreich (a e g c), und fünf (15—19) für das Thierreich (c g n q). Eine zweite Hypothese ist durch die Linie x y angedeutet; diese nimmt nur drei ursprüngliche Phylen an, einen Pflanzenstamm (p x f a), einen Protistenstamm (a f h c) und einen Thierstamm (c h y q). Das unterste Feld endlich zeigt in dem mittleren Quadrat (f b d h) eine dritte mögliche Hypothese, die monophyletische Hypothese von der einheitlichen Abstammung sämmtlicher Organismen. Ausser den hier angedeuteten Fällen lassen sich noch eine grosse Anzahl anderer Möglichkeiten denken, die indessen im Ganzen sehr wenig Interesse und Sicherheit bieten. Viel wichtiger für die organische Morphologie, als diese schwierige und dunkle Frage, bleibt die Erkenntniss des genealogischen Zusammenhanges innerhalb jeder der grösseren typischen Gruppen, die wir oben als 19 Phylen unterschieden haben.

Sechsundzwanzigstes Capitel.

Phylogenetische Thesen.

„Der Philosoph wird gar bald entdecken, dass sich die Beobachter selten zu einem Standpunkte erheben, aus welchem sie so viele bedeutend bezügliche Gegenstände übersehen können.“

Goethe

I. Thesen von der Continuität der Phylogenese.

1. Die Phylogenesis oder die phyletische Entwickelung, d. h. die Epigenesis der Arten und der aus ihnen zusammengesetzten Stämme, ist ein ebenso continuirlicher Process, als die Ontogenesis oder die biontische Entwickelung, d. h. die Epigenesis der Bionten oder der physiologischen Individuen[1]).

2. Die continuirliche Phylogenesis ist ebenso eine wirkliche Epigenesis (und nicht eine Evolution), wie die continuirliche Ontogenesis.

3. Die einzelnen Arten oder Species, aus denen jeder Stamm oder Phylum zusammengesetzt ist, sind daher ebenso unmittelbar aus einander hervorgegangen, wie die einzelnen Entwickelungszustände, aus denen die Ontogenesis jedes physiologischen Individuums zusammengesetzt ist.

---

1) Ueber die „Thesen“ vergl. S 295 Anm und Bd. I, S 364 Anm Wir führen auch hier unter den „phylogenetischen Thesen“ nur einige der hauptsächlichsten Theorieen, Gesetze und Regeln an, zu welchen uns die „Entwickelungsgeschichte der Arten und Stämme“ im sechsten Buche geführt hat, und verweisen wegen deren Begründung auf den vorhergehenden Text dieses Buches selbst, sowie auch besonders auf das neunzehnte Capitel des funften Buches, in welchem wir bereits die Entwickelungsgeschichte der Arten und Stämme erläutern mussten, um zu wirklichem Verständniss der Ontogenie zu gelangen Ausdrücklich hervorzuheben sind in diesen Capitel die Gesetze der Vererbung (S. 170—190) und die Gesetze der Anpassung (S 192—219), welche als die beiden fundamentalen Functionen der Phylogenesis in ihrer beständigen Wechselwirkung vollkommen ausreichen, um alle Erscheinungen in der Entwickelung der Arten, der Stämme und aller anderen Kategorieen des Systems zu begreifen Ebenso verweisen wir noch besonders auf die Gesetze der natürlichen Züchtung (S 248), der Divergenz (S. 249 und des Fortschritts (S 257.)

4. Die Entstehung der Arten aus einander ist ein mechanischer Process, welcher durch die Wechselwirkung der Anpassung und Vererbung im Kampfe um das Dasein bedingt wird.

5. Es existirt also eben so wenig eine Schöpfung oder Erschaffung der einzelnen organischen Arten, als der einzelnen organischen Individuen.

6. Es existirt mithin auch ebenso wenig ein „zweckmässiger Plan“ oder ein „vorbedachtes Ziel“ in der phyletischen Entwickelung der Arten, wie in der biontischen Entwickelung der Individuen.

II. Thesen von der genealogischen Bedeutung des natürlichen Systems der Organismen.

7. Es existirt ein einziges zusammenhängendes natürliches System der Organismen und dieses einzige natürliche System ist der Ausdruck realer Beziehungen, welche thatsächlich zwischen allen Organismen bestehen, die gegenwärtig auf der Erde leben und zu irgend einer Zeit auf derselben gelebt haben.

8. Die realen Beziehungen, welche alle lebenden und ausgestorbenen Organismen unter einander zu den Hauptgruppen des natürlichen Systems verbinden, sind genealogischer Natur; ihre Formen-Verwandtschaft ist Blutsverwandtschaft; das natürliche System ist daher der Stammbaum der Organismen, oder ihr Genealogema.

9. Entweder sind alle Organismen Glieder eines einzigen Urstammes (Phylum) d. h. Descendenten einer und derselben gemeinsamen autogonen Stammform; oder es existiren verschiedene selbstständige Phylen neben einander, welche sich unabhängig von einander aus selbstständigen autogonen Stammformen entwickelt haben; im ersteren Falle bildet das natürliche System einen einzigen Stammbaum, im letzteren Falle eine Collectivgruppe von mehreren Stammbaumen, und zwar von so vielen Stammbäumen, als autogone Stammformen unabhängig von einander entstanden sind. (Vergl. Taf. I—VIII.)

10. Die autogonen Stammformen aller Stämme, welche unabhängig von einander durch unmittelbaren Uebergang anorganischer Materie in organische entstanden sind, können nur Organismen der denkbar einfachsten Natur, völlig structurlose und homogene Plasmastückchen (Moneren) gewesen sein.

11. Alle Organismen sind in letzter Linie Nachkommen solcher autogonen Moneren, in Folge der Divergenz des Charakters durch natürliche Züchtung entwickelt.

12. Die verschiedenen subordinirten Gruppen des natürlichen Systems, die Kategorieen der Classe, Ordnung, Familie, Sippe etc. sind schwächere und stärkere Aeste des Stammbaumes, deren Divergenz-

Grad den genealogischen Entfernungs-Grad der blutsverwandten Organismen von einander und von der gemeinsamen Stammform bezeichnet.

13. Alle verschiedenen Gruppen oder subordinirten Kategorieen des natürlichen Systems besitzen demnach nur eine relative, keine absolute Bedeutung, und sind untereinander durch alle möglichen Zwischenstufen continuirlich verbunden.

14. Die Lebensdauer jeder Gruppe des Systems ist nicht durch Praedestination beschränkt, sondern lediglich die nothwendige Folge der Wechselwirkung von Anpassung und Vererbung im Kampfe um das Dasein.

15. Diejenige Gruppenstufe oder Kategorie des natürlichen Systems, welche alle Organismen umfasst, die unter gleichen Existenzbedingungen gleiche Charaktere besitzen, zeichnen wir als Art oder Species vor den übergeordneten Gruppen der Sippe, Familie etc., und vor den untergeordneten Gruppen der Subspecies, Varietät etc. aus.

III. Thesen von der organischen Art oder Species.

16. Die organische Art oder Species, als das genealogische Individuum zweiter Ordnung, ist einerseits ebenso eine Vielheit von Zeugungskreisen oder genealogischen Individuen erster Ordnung, wie andererseits jeder Stamm (Phylum) als genealogisches Individuum dritter Ordnung die Vielheit aller blutsverwandten Arten ist.

17. Die Species ist die Gesammtheit aller Zeugungskreise, welche unter gleichen Existenzbedingungen gleiche Form besitzen und sich höchstens durch den Polymorphismus adelphischer Bionten unterscheiden.

18. Die Subspecies und Varietäten, als die nächst untergeordneten Gruppenstufen des Systems, sind beginnende Species.

19. Die Genera und Familien, als die nächst übergeordneten Gruppenstufen des Systems, sind untergegangene Species, welche sich in ein divergirendes Formenbüschel aufgelöst haben.

20. Die Species sind in unbegränztem Maasse veränderlich und können sich durch Anpassung an neue Existenzbedingungen jederzeit in neue Arten umwandeln.

21. Die Umwandelung oder Transmutation der Species in neue Arten, und die Divergenz ihres Varietätenbüschels, durch welche neue Arten entstehen, wird vorzüglich durch die Wechselwirkung der Vererbung und Anpassung im Kampfe um das Dasein bedingt.

22. Es existiren keine morphologischen Eigenthümlichkeiten, welche die Species von den anderen Gruppenstufen des Systems (Varietäten, Genera etc.) durchgreifend unterscheiden.

23. Es existiren keine physiologischen Eigenthümlichkeiten, welche die Species von den anderen Gruppenstufen des Systems (Varietäten, Genera etc.) durchgreifend unterscheiden.

24. Die Lebensdauer jeder Art ist nicht durch Praedestination beschränkt, sondern lediglich die nothwendige Folge der Wechselwirkung von Anpassung und Vererbung im Kampfe um das Dasein.

IV. Thesen von den phylogenetischen Stadien.

25. Die Phylogenesis oder phyletische Entwickelung, d. h. die Entwickelung jeder genealogischen Gruppe oder Kategorie des natürlichen Systems, von der Varietät, Species und Genus bis hinauf zur Ordnung, Classe und Stamm, ist ein physiologischer Process von bestimmter Zeitdauer.

26. Die Zeitdauer der phyletischen Entwickelung jeder Systems-Gruppe wird durch die Gesetze der Vererbung und Anpassung bestimmt, und ist lediglich das Resultat der Wechselwirkung dieser beiden physiologischen Factoren.

27. In dem zeitlichen Verlaufe der phyletischen Entwickelung jeder Systemsgruppe lassen sich allgemein drei verschiedene Abschnitte oder Stadien unterscheiden, welche mehr oder minder deutlich von einander sich absetzen.

28. Jedes Stadium der phyletischen Entwickelung jeder Systemsgruppe ist durch einen bestimmten physiologischen Entwickelungs-Prozess charakterisirt, welcher in demselben zwar nicht ausschliesslich, aber doch vorwiegend wirksam ist.

29. Das erste Stadium der phyletischen Entwickelung, das Jugendalter der Systems-Gruppe oder die Aufblühzeit, Epacme, ist durch das Wachsthum der Gruppe charakterisirt.

30. Das zweite Stadium der phyletischen Entwickelung, das Reifealter oder die Blüthezeit, Acme, ist durch die Differenzirung der Gruppe charakterisirt.

31. Das dritte Stadium der phyletischen Entwickelung, das Greisenalter oder die Verblühzeit, Paracme, ist durch die Degeneration der Gruppe charakterisirt.

V. Thesen von dem dreifachen Parallelismus der drei genealogischen Individualitäten.

32. Die Kette von successiven Formveränderungen, welche die Zeugungs-Kreise oder die dieselben repräsentirenden Bionten während ihrer individuellen Existenz durchlaufen, ist im Ganzen parallel der Kette von successiven Formveränderungen, welche die Vorfahren

der betreffenden Zeugungskreise während ihrer paläontologischen Entwickelung aus der ursprünglichen Stammform ihres Phylon durchlaufen haben.

33. Diese Parallele zwischen ber biontischen und der phyletischen Entwickelung erklärt sich aus den Gesetzen der Vererbung, und insbesondere aus den Gesetzen der abbreviirten, homotopen und homochronen Vererbung.

34. Die Kette von coexistenten Formverschiedenheiten, welche die verwandten Arten und Artengruppen jedes Stammes zu jeder Zeit der Erdgeschichte darbieten, ist im Ganzen parallel der Kette von successiven Formveränderungen, welche die divergenten Formenbüschel dieses Stammes während ihrer paläontologischen Entwickelung aus der gemeinsamen ursprünglichen Stammform durchlaufen haben.

35. Diese Parallele zwischen der systematischen und der phyletischen Entwickelung erklärt sich aus den Gesetzen der Divergenz, und insbesondere aus der Erscheinung, dass die verschiedenen Aeste und Zweige eines und desselben Stammes einen sehr ungleich raschen Verlauf ihrer phyletischen Veränderung erleiden und zu sehr ungleicher Höhe sich entwickeln.

36. Die Kette von coexistenten Formverschiedenheiten, welche die verwandten Arten und Artengruppen jedes Stammes zu jeder Zeit der Erdgeschichte darbieten, ist im Ganzen parallel der Kette von successiven Formveränderungen, welche die Bionten der betreffenden Artengruppe während ihrer individuellen Existenz durchlaufen.

37. Diese Parallele erklärt sich aus der gemeinsamen Abstammung der verwandten Arten, und zunächst schon aus der Verbindung der beiden vorhergehenden Parallelen; denn wenn die phyletische Entwickelungsreihe sowohl der biontischen als der systematischen Entwickelungsreihe parallel ist, so müssen auch diese beiden letzteren unter einander parallel sein [1]).

38. Der dreifache Parallelismus der phyletischen, biontischen und systematischen Entwickelung erklärt sich demnach, gleich allen anderen allgemeinen Entwickelungs-Erscheinungen, einfach und vollständig durch die Descendenz-Theorie, während er ohne dieselbe, gleich diesen allen, völlig unerklärt bleibt.

---

1) Da die biontische Entwickelung die gesammte Ontogenesis der genealogischen Individuen erster Ordnung oder der Zeugungskreise — die phyletische Entwickelung die gesammte Phylogenesis der Phylen oder der genealogischen Individuen dritter Ordnung — die systematische Entwickelung aber (als Object der vergleichenden Anatomie) das fertige Resultat der Phylogenese in der Entwickelung der Arten oder der genealogischen Individuen zweiter Ordnung umfasst, so können wir den dreifachen genealogischen Parallelismus auch als die Parallele der drei genealogischen Individualitäten bezeichnen.

Siebentes Buch.

Die Entwickelungsgeschichte der Organismen in ihrer Bedeutung für die Anthropologie.

„Grosser Brama, Herr der Mächte!
Alles ist von Deinem Samen,
Und so bist Du der Gerechte!
Hast Du denn allein die Bramen,
Nur die Rajas und die Reichen,
Hast Du sie allein geschaffen?
Oder bist auch Du's, der Affen
Werden liess und unser's Gleichen?

„Edel sind wir nicht zu nennen,
Denn das Schlechte das gehört uns,
Und was Andre tödtlich kennen,
Das alleine, das vermehrt uns.
Mag dies für die Menschen gelten,
Mögen sie uns doch verachten;
Aber Du, Du sollst uns achten,
Denn Du könntest Alle schelten!

„Also Herr, nach diesem Flehen,
Segne mich zu Deinem Kinde;
Oder Eines lass entstehen,
Das auch mich mit Dir verbinde!
Denn Du hast den Bajaderen
Eine Göttin selbst erhoben;
Auch wir Andern, Dich zu loben,
Wollen solch ein Wunder hören!"

Goethe (des Paria Gebet).

Siebenundzwanzigstes Capitel.

Die Stellung des Menschen in der Natur.

„Ein wenig besser würd' er leben,
Hätt'st Du ihm nicht den Schein des Himmelslichts gegeben;
Er nennt's Vernunft, und braucht's allein,
Nur thierischer als jedes Thier zu sein.
Er scheint mir, mit Verlaub von Euer Gnaden,
Wie eine der langbeinigen Cicaden,
Die immer fliegt und fliegend springt,
Und gleich im Gras ihr altes Liedchen singt."

Goethe.

Von allen speciellen Folgerungen, welche die causale Begründung der organischen Entwickelungsgeschichte durch die Descendenz-Theorie nach sich zieht, ist keine einzige von so hervorragender Bedeutung, als ihre Anwendung auf den Menschen selbst. Nur durch sie wird die Frage von der „Stellung des Menschen in der Natur" gelöst, diese „Frage aller Fragen für die Menschheit" — wie sie Huxley mit Recht nennt — „das Problem, welches allen übrigen zu Grunde liegt, und welches tiefer interessirt als irgend ein anderes." In der That ist dieses Problem von so fundamentaler theoretischer Wichtigkeit für die gesammte menschliche Wissenschaft, von so unermesslicher praktischer Bedeutung für das gesammte menschliche Leben, dass wir nicht umhin können, am Schlusse unserer allgemeinen Entwickelungsgeschichte einen Blick auf dasselbe zu werfen. Denn nur allein vom Standpunkte der Descendenz-Theorie und der durch diese begründeten Entwickelungsgeschichte kann diese Frage wissenschaftlich gelöst werden, und ist dieselbe bereits in den letzten Jahren auf den Weg ihrer definitiven Lösung geführt worden. Zwar gehört sie eigentlich in das Gebiet der speciellen Entwickelungsgeschichte; indessen wird ihr ungeheueres Gewicht und der Umstand, dass die allgemeine Entwickelungsgeschichte zunächst den festen Boden für deren Entscheidung liefert, es gewiss genügend rechtfertigen, dass wir derselben hier einen besonderen, wenn auch ganz aphoristisch gehaltenen Abschnitt widmen.

Darwin selbst hat in seinem epochemachenden Werke die Anwendung seiner Theorie auf den Menschen nicht gemacht, in weiser Voraussicht der Aufnahme, welche dieselbe finden würde. Sicherlich würde die durch sein Werk reformirte Descendenz-Theorie gleich von Anfang an noch weit mehr Widerstand und Anfeindung gefunden haben, wenn sogleich jene wichtigste Folgerung in dasselbe mit wäre aufgenommen worden. Dagegen wurde diese Lücke schon wenige Jahre nach dem Erscheinen von Darwin's Werke durch Arbeiten von mehreren der hervorragendsten Zoologen ausgefüllt, unter denen wir hier insbesondere Huxley und Carl Vogt hervorzuheben haben [1].

---

[1]) Die erste Schrift, welche die Anwendung der Descendenz-Theorie auf den Menschen in ihrer ganzen Bedeutung nachwies und in einer trefflichen Darstellung durchführte, sind die hochst lesenswerthen „Zeugnisse für die Stellung des Menschen in der Natur (Mans place in nature)" von Thomas Henry Huxley (in das Deutsche übersetzt von Victor Carus, Braunschweig 1863). Die drei in denselben enthaltenen Abhandlungen „über die Naturgeschichte der menschenähnlichen Affen, über die Beziehungen des Menschen zu den nächstniederen Thieren, über einige fossile menschliche Ueberreste" behandeln die wesentlichsten Punkte, auf welche es hierbei ankömmt, in der bekannten klaren, lichtvollen und allgemein verständlichen Darstellung, welche den Verfasser, einen der bedeutendsten Zoologen der Gegenwart, in so hohem Maasse auszeichnet. Wir wollen bei dieser Gelegenheit nicht versäumen, neben der genannten Abhandlung von Huxley auch noch eine andere von demselben ausgezeichneten Verfasser auf das Wärmste zu empfehlen: „über unsere Kenntniss von den Ursachen der Erscheinungen in der organischen Natur". Sechs Vorlesungen für Laien, übersetzt von Carl Vogt. Braunschweig 1865. Die darin enthaltene musterhafte Darstellung der Bedeutung, welche Darwin's Selections-Theorie und die dadurch mechanisch begründete Descendenz-Theorie für die gesammte Biologie besitzt, verdient nicht nur von allen gebildeten Laien gelesen und beherzigt zu werden, sondern namentlich auch von jenen zahlreichen Botanikern und Zoologen, welche ihre gedankenlose Detail-Krämerei als „exacte Empirie" zu verherrlichen belieben.

Weit ausführlicher, und mit zahlreichen und wichtigen speciellen Beweisen aus den verschiedensten biologischen Gebieten belegt, behandelte demnächst dieselbe Frage Carl Vogt in seinen vortrefflichen „Vorlesungen über den Menschen, seine Stellung in der Schöpfung und in der Geschichte der Erde" (Giessen 1863, 2 Bände). Auch diese Vorlesungen verdienen, gleich denjenigen von Huxley, die weiteste Verbreitung. Geschrieben in der lebendigen, anregenden und allgemein verständlichen Weise, durch welche sich Carl Vogt so sehr vor den meisten übrigen deutschen Naturforschern auszeichnet, und gestützt durch die ausgebreiteten Kenntnisse, welche derselbe als einer der ersten deutschen Zoologen besitzt, erörtern diese Vorlesungen unsern Gegenstand in so vortrefflicher und vielseitig anregender Weise, dass wir für alle speciellen, hier einschlagenden Fragen lediglich darauf verweisen können.

Eine kürzere und gedrängtere, ebenfalls allgemein verständliche Darstellung desselben Gegenstandes, welche sich insbesondere durch übersichtliche Kürze und durch vielseitige Blicke in die verwandten Gebiete empfiehlt, verdanken wir Friedrich Rolle: „der Mensch, seine Abstammung und Gesittung im Lichte der Darwin'schen Lehre von

Es ist unbestritten und es ist auch noch von allen frei denkenden und consequent schliessenden Naturforschern, sowohl von den Gegnern als von den Anhängern der Descendenz-Theorie, jetzt allgemein anerkannt, dass unter allen Umständen die Abstammung des Menschengeschlechts von niederen Wirbelthieren, und zwar zunächst von affenartigen Säugethieren deren nothwendige und unvermeidliche Consequenz ist. Gerade wegen dieser Consequenz, welche mit den Vorurtheilen der meisten Menschen unvereinbar ist, sind Viele zu Gegnern der Descendenz-Theorie geworden, welche an und für sich derselben geneigt sein würden.

Die Descendenz-Theorie ist ein allgemeines Inductions-Gesetz, welches sich aus der vergleichenden Synthese aller organischen Naturerscheinungen und insbesondere aus der dreifachen Parallele der phyletischen, biontischen und systematischen Entwickelung mit absoluter Nothwendigkeit ergiebt. **Der Satz, dass der Mensch sich aus niederen Wirbelthieren, und zwar zunächst aus echten Affen entwickelt hat, ist ein specieller Deductions-Schluss, welcher sich aus dem generellen Inductions-Gesetz der Descendenz-Theorie mit absoluter Nothwendigkeit ergiebt.**

Diesen Stand der Frage „von der Stellung des Menschen in der Natur" glauben wir nicht genug hervorheben zu können. Wenn überhaupt die Descendenz-Theorie richtig ist, so ist die Theorie von der Entwickelung des Menschen aus niederen Wirbelthieren weiter nichts, als ein unvermeidlicher einzelner Deductions-Schluss aus jenem allgemeinen Inductions-Gesetz. Es können daher auch alle weiteren Entdeckungen, welche in Zukunft unsere Kenntnisse über die phyletische Entwickelung des Menschen noch berei-

der Artentstehung und auf Grundlage der neuen zoologischen Entdeckungen dargestellt" (Frankfurt 1866). Schon vorher hatte sich derselbe Verfasser verdient gemacht durch eine gleichfalls sehr empfehlenswerthe populäre Darstellung von „Darwin's Lehre von der Entstehung der Arten im Pflanzen- und Thierreich in ihrer Anwendung auf die Schöpfungsgeschichte". Frankfurt 1863.

In Italien hat der ausgezeichnete Zoologe Filippo de Filippi in einem geistvollen Vortrage: „L'uomo e le Scimie" die Abstammung des Menschen trefflich behandelt und durch Hervorhebung einiger neuer Seiten bereichert.

Endlich müssen wir hier als ein für unsere Frage sehr wichtiges Werk das umfangreiche Buch von Charles Lyell hervorheben: „Das Alter des Menschengeschlechts auf der Erde und der Ursprung der Arten durch Abänderung, nebst einer Beschreibung der Eiszeit in Europa und Amerika, übersetzt von Louis Büchner. Leipzig 1864". Der grosse englische Geologe, welcher auf dem Gebiete der Geologie sich ähnliche Verdienste erworben hat, wie Darwin auf dem der Biologie, hat in diesem Werke vorzüglich die geologischen und paläontologischen Thatsachen, welche sich auf diese Frage beziehen, sehr gründlich und kritisch erörtert.

chern werden, nichts weiter sein, als specielle Verificationen jener Deduction, die auf der breitesten inductiven Basis ruht. Denn in der That ist es die Summe aller bekannten Erscheinungen in der organischen Morphologie, auf welche wir jenes grosse Inductions-Gesetz der Descendenz-Theorie gründen, und jene specielle Folgerung aus demselben ist eben so sicher, als irgend eine andere Deduction. Eben so sicher, als wir schliessen, dass alle von uns gezüchteten Pferde-Rassen Nachkommen einer gemeinsamen Stammform, dass alle Hufthiere Epigonen eines und desselben Stammvaters, dass alle Säugethiere Descendenten eines und desselben Mammalien-Stammes sind, vollkommen eben so sicher schliessen wir auch, dass das Menschengeschlecht nichts weiter, als eines der kleinsten und jüngsten Aestchen dieses formenreichen Stammes ist.

Was die speciellen Abstammungs-Verhältnisse des Menschengeschlechts von der Affen-Ordnung betrifft, so haben wir bereits oben in dem Anhange zur Einleitung in die allgemeine Entwickelungsgeschichte das Wichtigste derselben angeführt, und darauf die systematische Stellung des Menschen in der Ordnung der Affen begründet. Die Phylogenie der Wirbelthiere, so weit sie sich durch die Paläontologie empirisch begründen, und durch den Parallelismus der embryologischen und systematischen Entwickelung ergänzen lässt, ergiebt folgende

Ahnenreihe des Menschen.

(Vergl hierüber Taf. VII und VIII.)

1. Leptocardier oder Röhrenherzen; dem *Amphioxus* nächstverwandte Wirbelthiere ohne Gehirn und ohne centralisirtes Herz (in der archolithischen Zeit, vor der Silur-Zeit)[1]).
2. Selachier oder Urfische, und zwar speciell den Squalaceen oder Haifischen nächstverwandte Fische (zu Ende des archolithischen und im Beginne des paläolithischen Zeitalters, in der Silur- und Devon-Zeit).
3. Amphibien, und zwar früher den Sozobranchien oder Perennibranchien (*Proteus*, *Siren*), später den Sozuren oder Salamandern (*Triton*, *Salamandra*) nächstverwandte Amphibien (während des grössten Theiles der paläolithischen Zeit).
4. Amnioten von unbekannter Form, welche den Uebergang von den Amphibien (Sozuren) zu den niedersten Säugethieren (Ornithodelphien) vermittelten (zu Ende des paläolithischen oder im Beginne des mesolithischen Zeitalters).

---

[1]) Was die wahrscheinliche Abstammung der Leptocardier von niederen Wirbellosen (und zwar von Nematelminthen) anbetrifft, so haben wir diese schon oben erläutert (vergl. S. LXXXII, CXIX und 414).

5. Ornithodelphien oder Amasten von unbekannter Form, den niedersten jetztlebenden Säugethieren, *Ornithorhynchus* und *Echidna* nächstverwandt (im Beginne der Secundär-Zeit).
6. Didelphien oder Marsupialien, echte Beutelthiere, und zwar wahrscheinlich den Beutelratten oder Pedimanen (*Didelphys*) nächstverwandte Formen (während des grössten Theiles, vielleicht während der ganzen Secundär-Zeit).
7. Indeciduen von unbekannter Form, Monodelphien ohne Decidua, welche den Uebergang von den Didelphien zu den Deciduaten und zwar speciell zu den Discoplacentalien, und zu deren Stammform, den Prosimien, vermittelten (gegen Ende der Secundär-Zeit oder in der Anteocen-Zeit).
8. Prosimien oder Halbaffen (Hemipitheken), den jetzt lebenden Lemuren (*Lemur*, *Stenops* etc.) nächstverwandte Deciduaten, und zwar Discoplacentalien (während der Anteocen-Zeit).
9. Catarrhinen oder schmalnasige Affen, und zwar zunächst Menocerken, den heutigen Anasken (*Semnopithecus*, *Colobus*) nächstverwandt, mit Schwanz und mit Gesässschwielen (während der Eocen-Zeit).
10. Lipocerken, d. h. Catarrhinen ohne Schwanz, den heutigen Anthropoiden nächstverwandte Affen, und zwar früher Tylogluten, dem *Hylobates* ähnlich, noch mit Gesässschwielen, später Lipotylen, dem *Gorilla* ähnlich, ohne Gesässschwielen (während der mittleren und neueren Tertiär-Zeit).

Wir müssen uns hier mit einer flüchtigen Andeutung dieser wichtigsten Grundlinien für die paläontologische Entwickelungsgeschichte des Menschengeschlechts begnügen, wie sie aus einer denkenden und vergleichenden Betrachtung der embryologischen, paläontologischen und systematischen Thatsachen mit unvermeidlicher Nothwendigkeit sich ergeben. Im Einzelnen ist natürlich die Phylogenie des Menschen zur Zeit noch sehr schwierig, und ihre specielle Motivirung würde uns hier viel zu weit führen.

Ebenso wenig können wir hier auf eine Widerlegung der heftigen Angriffe eingehen, welche die unvermeidliche Anwendung der Descendenz-Theorie auf die Entstehung des Menschen hervorgerufen hat, und bei dem gegenwärtigen niederen Bildungsgrade der sogenannten „Culturvölker“ nothwendig hervorrufen musste. Glücklicher Weise sind die meisten dieser Angriffe entweder so ohne alle biologische Thatsachen-Kenntniss, oder so ohne allen logischen Verstand geschrieben, dass sie einer ernstlichen Widerlegung kaum bedürfen. Interessant und lehrreich ist dabei nur der Umstand, dass besonders diejenigen Menschen über die Entdeckung der natürlichen Entwickelung des Menschengeschlechts aus echten Affen am meisten empört sind und in den heftigsten Zorn gerathen, welche offenbar hinsichtlich ihrer intellectuellen Ausbildung und cerebralen Differenzirung sich bisher noch am wenigsten von unsern gemeinsamen tertiären Stammeltern entfernt haben.

Viele Menschen haben in der Aufstellung des natürlichen Stammbaums unseres Geschlechts eine „Entwürdigung" des Menschen finden wollen, und weisen mit Abscheu die Affen, Amphibien und Haifische als ihre uralten Vorfahren zurück [1]). Wir unsererseits können in der Erkenntniss dieser Abstammung umgekehrt nur die höchste Ehre und Verherrlichung des Menschengeschlechts erblicken. Denn was kann es für den Menschen Erhebenderes geben und worauf kann er stolzer sein, als auf die Thatsache, dass er in der unendlich complicirten Entwickelungs-Concurrenz, in welcher sich die Organismen seit vielen Milliarden von Jahrtausenden befinden, sich von der niedrigsten Organisationsstufe zur höchsten von allen erhoben, alle seine Verwandten überflügelt und sich zum Herrn und Meister über die ganze Natur erhoben hat; dass er Haifische und Salamander, Beutelthiere und Halbaffen so weit hinter sich gelassen hat, dass in der That Nichts weiter in der gesammten organischen Natur mit diesem Entwickelungstriumphe zu vergleichen ist!

Obgleich alle somatischen und psychischen Differenzen zwischen dem Menschen und den übrigen Thieren nur quantitativer, nicht qualitativer Natur sind, so erscheint dennoch die Kluft, welche ihn von jenen trennt, als höchst bedeutend. Dieser Umstand ist nach unserer Ansicht vorzugsweise darin begründet, dass der Mensch in sich mehrere hervorragende Eigenschaften vereinigt, welche bei den übrigen Thieren nur getrennt vorkommen. Als solche Eigenschaften von der höchsten Wichtigkeit möchten wir namentlich vier hervorheben, nämlich die höhere Differenzirungs-Stufe des Kehlkopfs (der Sprache), des Gehirns (der Seele) und der Extremitäten, und endlich den aufrechten Gang. Alle diese Vorzüge kommen einzeln auch anderen Thieren zu: die Sprache, als Mittheilung articulirter Laute, vermögen Vögel (Papageien etc.) mit hoch differenzirtem Kehlkopf und Zunge eben so vollständig als der Mensch zu erlernen. Die Seelenthätigkeit steht bei vielen höheren Thieren (insbesondere bei Hunden, Elephanten, Pferden) auf einer höheren Stufe der Ausbildung,

---

[1]) Nach der herrschenden Vorstellung über die Entstehung des Menschen, welche mit unserer mythologischen Jugendbildung uns schon in frühester Kindheit eingeimpft wird, ist der Mensch aus einem „Erdenklos" entstanden. Inwiefern in dieser Vorstellung etwas Erhebenderes liegt, als in der wahren Erkenntniss seiner Abstammung vom Affen, vermögen wir nicht zu begreifen. Jeder Organismus, auch das einfachste Moner, ist edler und vollkommener als ein Erdenklos, geschweige denn ein so feiner und hoch differenzirter Organismus, als es der des Affen ist.

als bei den niedersten Menschen. Die Hände sind als ausgezeichnete mechanische Werkzeuge bei den höchsten Affen schon eben so entwickelt, wie bei den niedersten Menschen. Den aufrechten Gang endlich theilt der Mensch mit dem Pinguin und einigen anderen Thieren; die Locomotionsfähigkeit ist ausserdem bei sehr vielen Thieren vollkommener und höher als beim Menschen entwickelt. Aber der Mensch ist das einzige Thier, welches alle diese äusserst wichtigen Eigenschaften in seiner Person vereinigt und gerade dadurch sich so hoch über seine nächsten Verwandten emporgeschwungen hat. Es ist also lediglich die glückliche Combination eines höheren Entwickelungsgrades von mehreren sehr wichtigen thierischen Organen und Functionen, welche die meisten Menschen (nicht alle!) so hoch über alle Thiere erhebt. Dadurch wird aber die Thatsache ihrer Abstammung von echten Affen in keiner Weise alterirt. Der Mensch hat sich ebenso aus den Affen, wie diese aus niederen Säugethieren entwickelt [1]).

[1]) Der Zeitraum, während dessen die langsame Umbildung der dem Gorilla nächststehenden Lipocerken oder anthropoiden Affen zu „wirklichen Menschen" stattfand, lässt sich gegenwärtig noch nicht näher bestimmen, fällt aber wahrscheinlich schon in die mittlere (miocene), vielleicht erst in die neuere (pliocene) Tertiär-Zeit. Der miocene *Dryopithecus Fontani*, welcher dem Menschen schon näher steht, als alle jetzt noch lebenden Anthropoiden, lässt dies vermuthen. Jedenfalls erfolgte auch dieser Umbildungs-Process, wie die allermeisten ähnlichen, unter dem unmittelbaren Einfluss der natürlichen Züchtung, und so langsam und allmählich, dass man von einem „ersten Menschen" gar nicht sprechen kann. Ein „erster Mensch" oder ein „erstes Menschenpaar" hat so wenig existirt, als ein erstes Rennpferd, ein erster Jagdhund, ein erster Affe u. s. w. Die vor einigen Jahren so viel ventilirte Frage von der Einheit der Abstammung des Menschengeschlechts löst sich nun natürlich in der einfachsten Weise. Nicht nur alle Menschen, sondern auch alle Säugethiere, alle Amphirrhinen, alle Wirbelthiere hatten einen gemeinsamen Stammvater. Die verschiedenen sogenannten Menschen-Rassen, welche durch Divergenz einer einzigen catarrhinen Urmenschen-Form entstanden sind, halten wir für eben so gute „Species", als etwa die verschiedenen anerkannten Arten der Katzen, Marder etc. Es lassen sich mindestens 5—7, vielleicht aber auch gegen ein Dutzend oder mehr „gute Menschen-Arten" noch gegenwärtig unterscheiden. Für den wichtigsten Schritt, welcher die Entwickelung echter Menschen aus echten Affen vermittelte, halten wir die Differenzirung des Kehlkopfs, welche die Entwickelung der Sprache und somit der deutlicheren Mittheilung und der historischen Tradition zur Folge hatte.

Achtundzwanzigstes Capitel.

Die Anthropologie als Theil der Zoologie.

„Der Erdenkreis ist mir genug bekannt;
Nach drüben ist die Aussicht uns verrannt.
Thor, wer dorthin die Augen blinzend richtet,
Sich über Wolken seines Gleichen dichtet!
Er stehe fest und sehe hier sich um;
Dem Tüchtigen ist diese Welt nicht stumm.
Was braucht er in die Ewigkeit zu schweifen?
Was er erkennt, lässt sich ergreifen!
Er wandle so den Erdentag entlang;
Wenn Geister spuken, geh' er seinen Gang;
Im Weiterschreiten find' er Qual und Glück,
Er, unbefriedigt jeden Augenblick.
Ja! diesem Sinne bin ich ganz ergeben,
Das ist der Weisheit letzter Schluss:
Nur der verdient sich Freiheit wie das Leben,
Der täglich sie erobern muss."
Goethe (Faust).

Die vollständige Umwälzung, welche die Descendenz-Theorie und ihre specielle Anwendung auf den Menschen in allen menschlichen Wissenschaften hervorrufen wird, verspricht nirgends fruchtbarer und segensreicher zu wirken, als auf dem Gebiete der Anthropologie. Erst seitdem die Abstammung des Menschen vom Affen, seine allmähliche Entwickelung aus niederen Wirbelthieren, durch die Descendenz-Theorie festgestellt, erst seitdem dadurch die „Stellung des Menschen in der Natur" ein für allemal bestimmt ist, erscheint der Bauplatz abgesteckt, auf welchem das Lehrgebäude der wissenschaftlichen Anthropologie errichtet werden kann.

Da der Mensch nur durch quantitative, nicht durch qualitative Differenzen von den übrigen Thieren getrennt ist, da er seinem Baue, seinen Functionen, seiner Entwickelung nach sich weniger von den höheren Thieren entfernt, als diese von den niederen, so wird auch dieselbe Methode, durch welche wir die Erkenntniss der übrigen Thiere erwerben, uns bei unserem Streben nach Erkenntniss des Menschen leiten müssen. Diese Methode ist nicht verschieden von derjenigen aller anderen Naturwissenschaften, wie wir sie im vierten Capitel erläutert haben. Die Modificationen der Erkenntniss-Methode, welche durch die eigenthümliche Natur des thierischen Organismus bedingt sind, werden eben so in der Anthropologie ihre Anwendung finden; es wird also auch hier in erster Linie die Entwickelungsgeschichte der rothe Faden sein, welcher uns als unentbehrlicher Führer durch das weite Gebiet der mannichfaltigen und verwickelten Erscheinungen hindurch leiten muss. Wie uns die vergleichende Ontogenie und Phylogenie, die individuelle und die paläontologische Entwickelungsgeschichte des Menschen zur Erkenntniss seiner Abstammung von den Affen geführt hat, so müssen wir ihrer Leitung auch auf allen einzelnen Gebieten der Anthropologie folgen. Und da für alle biologischen, sowohl physiologischen als morphologischen Untersuchungen die Vergleichung der verwandten Erscheinungen unerlasslich ist, so werden wir auch zur wissenschaftlichen Anthropologie nur durch das intensivste und extensivste Studium der vergleichenden Zoologie gelangen.

Da die Anthropologie nichts Anderes ist, als ein einzelner Special-Zweig der Zoologie, die Naturgeschichte eines einzelnen thierischen Organismus, so wird diese Wissenschaft natürlich auch in alle die untergeordneten Wissenschaften zerfallen, aus welchen sich die gesammte Zoologie zusammensetzt (vergl. Bd. I, S. 238). Es wird also zunächst die Anthropologie als die Gesammtwissenschaft vom Menschen in die beiden Hauptzweige der menschlichen Morphologie und Physiologie zerfallen, von denen jene die gesammten Form-Verhaltnisse, diese die gesammten Lebens-Erscheinungen des menschlichen Organismus zu erforschen hat. Die Morphologie des Menschen spaltet sich wiederum in die beiden Zweige der menschlichen Anatomie und der menschlichen Entwickelungsgeschichte, zu welcher letzteren nicht bloss die Embryologie des Menschen, sondern auch seine Paläontologie, sowie die Völkergeschichte oder die sogenannte „Weltgeschichte" gehört. Die Physiologie des Menschen andererseits zerfallt in die beiden Zweige der Conservations-Physiologie und der Relations-Physiologie des Menschen; erstere hat alle auf die menschliche Ernährung und Fortpflanzung bezüglichen Verhaltnisse, letztere die Beziehungen seiner einzelnen Körpertheile zu einander (Physiologie der Nerven und Muskeln etc.), sowie seine Beziehungen zur Aussenwelt (Oecologie und Geographie des Menschen) zu untersuchen. In diese vier Hauptzweige der Anthropologie lassen sich sammtliche Wissenschaften, welche überhaupt von menschlichen Verhaltnissen handeln (insbesondere auch alle sogenannten moralischen, politischen, socialen und historischen Wissenschaften, die Ethnographie etc.) einordnen und die Methoden ihrer

Behandlung müssen dieselben sein, wie in der übrigen Zoologie und wie in der Biologie überhaupt.

Von allen Zweigen der Anthropologie wird keiner so sehr von der Descendenz-Theorie betroffen und umgestaltet, als die Psychologie oder Seelenlehre, jener schwierige Theil der Physiologie, welcher von den Bewegungs-Erscheinungen des Central-Nervensystems handelt. Auf keinem Gebietstheile der Anthropologie sind Vorurtheile aller Art so mächtig und so allgemein herrschend, als auf diesem, und auf keinem wird die Descendenz-Theorie grössere Fortschritte bewirken, als hier. Nichts beweist dies so sehr, als der Umstand, dass man noch heutzutage fast allgemein die Seelen-Erscheinungen von allen übrigen physiologischen Functionen unterscheidet, und dass man die menschliche Seele als etwas ganz Besonderes hinstellt, was aller Analogie in der übrigen organischen Natur entbehren soll. Und doch gehorcht auch das Seelenleben des Menschen ganz denselben Gesetzen, wie das Seelenleben der übrigen Thiere, und ist von diesem nur quantitativ, nicht qualitativ verschieden. Wie alle übrigen complicirten Erscheinungen an den höheren Organismen, so kann auch die Seele, als die complicirteste und höchste Function von allen, nur dadurch wahrhaft verstanden und in ihrem innersten Wesen erkannt werden, dass wir sie mit den einfacheren und unvollkommneren Erscheinungen derselben Art bei den niederen Organismen vergleichen, und dass wir ihre allmähliche und stufenweise Entwickelung Schritt für Schritt verfolgen. Wie wir schon oben bemerkten, müssen wir hier überall nicht bloss auf die biontische, sondern auch auf die phyletische Entwickelung zurückgehen. Wir müssen also, um das hoch differenzirte, feine Seelenleben des Cultur-Menschen richtig zu verstehen, nicht allein sein allmähliches Erwachen im Kinde zu Rathe ziehen, sondern auch seine stufenweise Entwickelung bei den niederen Naturmenschen, und bei den Wirbelthieren, aus denen sich diese zunächst entwickelt haben.

Die eigentliche Natur der thierischen Seele haben wir bereits im siebenten Capitel gelegentlich erörtert (Bd. I, S. 232). Wenn wir hier auf das dort Gesagte zurückkommen, und nun mit Rücksicht auf die daselbst gegebene Erlauterung der wichtigsten psychischen Functions-Gruppen, des Empfindens, Wollens und Denkens, menschliche und thierische Psyche objectiv und unbefangen vergleichen, so kommen wir überall unausbleiblich zu dem Resultat, dass nur quantitative, nicht qualitative Differenzen auch in dieser Beziehung den Menschen vom Thiere trennen. Natürlich dürfen wir, um hier zu reinen Resultaten zu gelangen, nicht den gänzlich verkehrten Weg der speculativen Philosophen von Fach gehen, welche ihr hoch differenzirtes eigenes Gehirn als einziges empirisches Untersuchungs-Material benutzen und daraus die Psychologie des Menschen construiren wollen. Vielmehr müssen wir vor Allem auf die vergleichende Psychologie der Kinder, der Geistesarmen, der Geisteskranken und der niederen Menschen-Rassen zurückgehen, und wir müssen deren ganzes Seelenleben mit demjenigen der höchst entwickelten Thiere vergleichen, um uns hier ein richtiges und objectives Urtheil zu erwerben. Wenn wir dies mit unbefangenem Blicke thun, so gelangen wir auf dem psychologischen Gebiet zu demselben hochwichtigen Resultat, welches die Physiologie bereits für alle anderen Lebens-Erscheinungen, die vergleichende Morphologie für die Form-Verhältnisse festgestellt hat: dass die Unterschiede zwischen den niedersten Menschen und den höchsten Thieren nur quantitativer Natur, und viel geringer sind, als die Unterschiede zwischen den höheren und den niederen Thieren. Mit Bezug auf alle einzelnen Seelen-Erscheinungen können wir selbst den Satz dahin formuliren, dass die Unterschiede zwischen den höchsten und den niedersten Menschen grösser sind, als diejenigen zwischen den niedersten Menschen und den höchsten Thieren[1]).

Von den einzelnen Bewegungs-Erscheinungen des Central-Nervensystems, welche man gewöhnlich als Seele zusammenfasst, wollen wir hier nur auf die wichtigsten einen flüchtigen Blick werfen. Der Wille ist bei den höheren Thieren ganz ebenso wie beim Menschen entwickelt, häufig an Intensität und Beweglichkeit letzterem überlegen. Der Wille ist bei dem Menschen ebenso, wie bei den Thieren, niemals wirklich frei, vielmehr in allen Fallen durch causale Motive mit Nothwendigkeit bedingt (vergl. oben S. 212). Die Empfindung ist bei den edelsten Thieren ebenso wie beim Menschen, oft aber zarter und feiner entwickelt. Selbst die edelsten und schönsten aller menschlichen Gemüths-Regungen, die Gattenliebe, die Mutterliebe, die Freundschaft, die Nächstenliebe, sind bei vielen Thieren zu einem höheren Grade, als bei vielen Menschen entwickelt. Die Zärtlichkeit der „Inseparables“, bei denen der Tod des einen Gatten stets den des anderen nach sich zieht, die Mutterliebe der Löwin und der Elephantin, die Treue und Aufopferungsfähigkeit der Hunde und Pferde ist sprüchwörtlich geworden, und kann leider der grossen Mehrzahl der Menschen als Muster dienen. Die Regungen des Mitleids, des Gewissens

[1]) Wenn unsere speculativen Philosophen sich eine gehörige empirisch-zoologische Basis erworben, und statt nur den verwickeltsten Bewegungs-Erscheinungen der höchst differenzirten Gehirne zu folgen, das Seelenleben der Kinder, der Wilden, der Geistesschwachen und der höheren Thiere, der Affen, Hunde, Pferde, Elephanten etc. vergleichend studirt hätten, so würden sie schon längst zu ganz anderen Resultaten gekommen sein, als sie in den zahlreichen, höchst einseitigen Werken über Psychologie niedergelegt sind, welchen die unentbehrliche Basis der Entwickelungsgeschichte und der Vergleichung fehlt.

u. s. w. sind bei Hunden und Pferden bekanntlich ebenfalls oft sehr entwickelt, und mehr als bei vielen Menschen, ebenso die Leidenschaften des Ehrgeizes, der Eitelkeit etc. Selbst die Laster der Lüge und Heuchelei, welche einen Grundzug der neueren Cultur bilden, finden wir bei den am meisten cultivirten Hausthieren, insbesondere den Hunden, ebenso wie beim Menschen entwickelt. Hier wie dort giebt es böse und gute, falsche und treue Individuen.

In der That sind die Vorstellungen der Empfindung und des Willens bei vielen der höheren Thiere so hoch differenzirt, dass sie diesen nur selten abgesprochen worden sind. Anders verhält es sich aber mit der Function des Denkens, der Gedankenbildung, jenen höchsten und verwickeltsten Vorstellungen der thierischen Seele, welche wahrscheinlich immer durch eine höchst complicirte Wechselwirkung zahlreicher centrifugaler und centripetaler Erregungen erzeugt werden (vergl. Bd. I, S. 234). Die Gedankenbildung wird merkwürdiger Weise den Thieren sehr allgemein abgesprochen, während doch in der That Nichts leichter ist, als sich durch objective Beobachtung zu überzeugen, dass die Gesetze des Denkens bei den höheren Thieren und beim Menschen durchaus dieselben sind, und dass die Inductionen und Deductionen hier wie dort durchaus in der gleichen Weise gebildet werden. Auch in dieser Frage stossen wir wiederum auf die heftigste Opposition gerade bei denjenigen Menschen, welche durch ihre unvollkommnere Verstandes-Entwickelung oft selbst hinter den höheren Thieren zurückbleiben. Dies gilt nicht allein von den niederen Menschen-Rassen, sondern auch von vielen Individuen der höchsten Rassen, und selbst von solchen, bei denen man vermuthen sollte, dass die Masse erworbener Kenntnisse ihr Denkvermögen geschärft habe [1]).

Das geistige Leben wird also ebenso wie das körperliche bei den Thieren von denselben Naturgesetzen regiert, wie beim Menschen. Dagegen ist die Stufenleiter der psychischen Entwickelung innerhalb des Thierreiches ausserordentlich viel mannichfaltiger differenzirt, und erstreckt sich von Nullpunkt der Reflexion bis zu ihrer höchsten Potenzirung. Gerade für das richtige Verständniss der Entwickelung neuer Functionen durch Differenzirung ist die vergleichende Seelenlehre der Thiere vom höchsten Interesse, und für die wissenschaftliche Psychologie des Menschen ganz unentbehrlich.

---

[1]) Besonders interessant sind gerade in dieser Beziehung zahlreiche Aeusserungen von Gegnern der Descendenz-Theorie, welche oft in wahrhaft erstaunlicher Weise einen Mangel an natürlicher, klarer und scharfer Gedanken-Bildung und Gedanken-Verbindung bezeugen, der sie entschieden unter die verständigeren Hunde, Pferde und Elephanten stellt. Da diese Thiere meistens nicht durch die alpenhohen Gebirgsketten von Dogmen und Vorurtheilen beschrankt werden, welche das Denken der meisten Menschen von Jugend an in schiefe Bahnen lenken, so finden wir bei ihnen nicht selten richtigere und natürlichere Urtheile, als sie namentlich bei den „Gelehrten" anzutreffen sind.

Wie mit dem Seelenleben im Ganzen, so verhält es sich auch mit allen einzelnen Theilen desselben. Alle werden bei Menschen und Thieren durch dieselben Naturgesetze regiert, und alle psychischen Functionen und die daraus hervorgehenden Institutionen des menschlichen Lebens haben sich erst aus den entsprechenden Functionen der Vorfahren des Menschen, zunächst insbesondere der Affen, allmählich heraufgebildet. Ganz besonders gilt dies auch von allen staatlichen und socialen Einrichtungen der menschlichen Gesellschaft. Wir finden die Anfänge, und zum Theil vollkommnere Stufen derselben, bei den Thieren, und oft selbst bei weit vom Menschen entfernten Thieren wieder, wie z. B. bei den Insecten (Ameisen). Auch für das Verständniss dieser höchst verwickelten Erscheinungen ist das vergleichende Studium derselben bei den Thieren unerlässlich, und die Staatsmänner, die Volkswirthschaftslehrer, die Geschichtsschreiber der Zukunft werden vor Allem vergleichende Zoologie, d. h. vergleichende Morphologie und Physiologie der Thiere als unerlässliche Grundlage studiren müssen, wenn sie zu einem wahrhaft naturgemässen Verständnisse der entsprechenden menschlichen Erscheinungen gelangen wollen.

Die interessantesten, wichtigsten und lehrreichsten Erscheinungen des organischen Lebens versprechen auf diesem noch fast ganz uncultivirten Wissenschaftsgebiete eine bisher ungeahnte Fülle der reichsten Ausbeute [1]. Die zoologisch gebildeten und vergleichend untersuchenden Psychologen der Zukunft werden hier eine Ernte halten, von der sich die erfahrungslosen Psychologen der scholastischen Speculation bisher nichts haben träumen lassen. In noch weit höherem Maasse, als die „vergleichende Anatomie" der Thiere die früher ausschliesslich cultivirte „rein menschliche" Anatomie überflügelt und dennoch ihr zugleich ein unendlich höheres Interesse gegeben hat, wird die „vergleichende Psychologie" der Thiere mit allen ihren Zweigen die bisherige „rein menschliche" Psychologie überflügeln und sie zugleich zu einer ganz neuen Wissenschaft umgestalten.

Wie weit man aber noch allgemein von der richtigen Erkenntniss dieses Verhältnisses entfernt ist, zeigt sich nicht allein in der gänzlichen Vernachlässigung der Thierseelenkunde, sondern auch in der allgemeinen Unterschätzung der psychischen Differenzirung des Menschen selbst. Die wenigsten Menschen wissen den unermesslich weiten Abstand zu schätzen, welcher die höchsten von den tiefsten

---

[1]) Unter den wenigen psychologischen Werken, welche in neuester Zeit die ersten ernstlichen Versuche gemacht haben, sich von dem scholastischen Zwange der traditionellen Speculation zu befreien und eine monistische Psychologie auf dem einzig festen Boden der vergleichenden Zoologie zu begründen, sind hier insbesondere die trefflichen „Vorlesungen über die Menschen- und Thier-Seele" von Wilhelm Wundt hervorzuheben (Leipzig 1863)

Menschen-Rassen, und unter den ersteren wiederum die höchst differenzirten Seelen von den wenigst differenzirten trennt.

Die richtige Werthschätzung dieser äusserst wichtigen Verhältnisse wird uns lediglich durch die vergleichende Entwickelungsgeschichte gelehrt. Nur durch sie erkennen wir die wahre Stellung des Menschen in der Natur. Nur durch sie gewinnen wir die werthvolle Ueberzeugung, dass die Anthropologie nur ein Special-Zweig der Zoologie ist.

Achtes Buch.

Die Entwickelungsgeschichte der Organismen in ihrer Bedeutung für die Kosmologie.

Bedecke deinen Himmel, Zeus, mit Wolkendunst,
Und übe, dem Knaben gleich, der Disteln köpft,
An Eichen dich und Berge höhn;
Musst mir meine Erde doch lassen stehn,
Und meine Hütte, die du nicht gebaut,
Und meinen Heerd, um dessen Gluth
Du mich beneidest.

Ich kenne nichts Aermeres
Unter der Sonn', als euch Götter!
Ihr nähret kümmerlich
Von Opfersteuern und Gebetshauch eure Majestät
Und darbtet, wären nicht Kinder und Bettler
Hoffnungsvolle Thoren

Da ich ein Kind war, nicht wusste wo aus noch ein,
Kehrt' ich mein verirrtes Auge zur Sonne, als wenn drüber wär'
Ein Ohr, zu hören meine Klage,
Ein Herz, wie mein's, sich des Bedrängten zu erbarmen.
Wer half mir wider der Titanen Uebermuth?
Wer rettete vom Tode mich, von Sclaverei?
Hast du nicht Alles selbst vollendet, heilig glühend Herz?
Und glühtest, jung und gut, betrogen, Rettungsdank
Dem Schlafenden da droben?

Ich dich ehren? Wofür?
Hast du die Schmerzen gelindert je des Beladenen?
Hast du die Thränen gestillet je des Geängsteten?
Hat nicht mich zum Manne geschmiedet
Die allmächtige Zeit und das ewige Schicksal,
Meine Herren und deine?

Wähntest du etwa, ich sollte das Leben hassen,
In Wüsten fliehen, weil nicht alle
Blüthenträume reiften?

Hier sitz' ich, forme Menschen nach meinem Bilde,
Ein Geschlecht, das mir gleich sei,
Zu leiden, zu weinen,
Zu geniessen und zu freuen sich,
Und dein nicht zu achten,
Wie ich!

Goethe (Prometheus)

Neunundzwanzigstes Capitel.

Die Einheit der Natur und die Einheit der Wissenschaft.

(System des Monismus.)

„Nach ewigen, ehrnen
Grossen Gesetzen
Müssen wir Alle
Unseres Daseins
Kreise vollenden."

Goethe.

Nachdem wir versucht haben, in dem Objecte unserer Untersuchung, in der gesammten organischen Formenwelt, die absolute Herrschaft eines einzigen, allumfassenden Naturgesetzes, des allgemeinen Causalgesetzes, nachzuweisen, nachdem wir gezeigt haben, dass alle Organismen ohne Ausnahme, den Menschen mit inbegriffen, diesem obersten und höchsten Naturgesetze der absoluten Nothwendigkeit unterworfen sind, erscheint es am Schlusse unserer Darstellung wohl nicht unpassend, von dem so errungenen Standpunkte aus einen Blick auf unser Verhältniss zur Gesammt-Natur, sowie insbesondere auf das Verhältniss der organischen Morphologie zur gesammten Natur-Wissenschaft zu werfen.

Kosmos oder Weltall nennen wir das allumfassende Naturganze, wie es der Erkenntniss des Menschen zugänglich ist. Dieser Kosmos ist die Gesammtsumme aller Materie und aller Kraft, da wir uns als Menschen weder eine Vorstellung von einer Materie ohne Kraft, noch von einer Kraft ohne Materie machen können [1]). Man kann die-

---

[1]) Diesen äusserst wichtigen Fundamentalsatz haben wir bereits an mehreren Stellen unseres Werkes erläutert und wir kommen im nächsten Capitel noch auf ihn zurück. Bei der allgemeinen Selbsttäuschung, welche in dieser Beziehung unter den Menschen herrscht, kann nicht oft genug darauf hingewiesen werden, dass alle Kräfte ohne Ausnahme, also auch die geistigen, an die Materie gebunden sind, und nur an ihr zur Erscheinung kommen. Wir sind als Menschen vollkommen unvermögend, uns irgend eine immaterielle Kraft vorzustellen. Alle angeblichen Vorstellungen einer solchen

sen Kosmos oder Mundus, das Universum (τὸ πᾶν), wie ihn Alexander von Humboldt in der grossartigsten Weise als Ganzes erfasst und dargestellt hat, in einen siderischen und in einen tellurischen Theil zerlegen, von denen der letztere sich bloss mit dem vom Menschen bewohnten Planeten, der Erde, der letztere mit dem gesammten übrigen, ausserirdischen Weltall beschäftigt. Der tellurische Kosmos wird wiederum in eine anorganische und in eine organische Natur zerfällt, deren gegenseitige Beziehungen wir im fünften Capitel ausführlich erläutert haben (Bd. I, S. 111).

Kosmologie oder Weltlehre können wir im weitesten Sinne die menschliche Wissenschaft vom Weltall nennen. Diese allumfassende Wissenschaft ist zugleich die Wissenschaft κατ᾽ ἐξοχήν, da es eine andere Erkenntnissquelle als das Weltall oder die Gesammtnatur nicht giebt. Alle wirklichen Wissenschaften sind also entweder Theile der Kosmologie oder das umfassende Ganze der Kosmologie selbst. Der Eintheilung des Kosmos in siderischen und tellurischen Theil entsprechend kann man die Uranologie (Himmelskunde) und die Pangeologie (Erdkunde im weitesten Sinne, oder Gesammtwissenschaft von der Erde) unterscheiden. Die Pangeologie ist ebenso ein Theil der Kosmologie, wie die Anthropologie ein Theil der Biologie. Die Pangeologie zerfällt wiederum in die beiden Zweige der anorganischen Erdwissenschaft (Abiologie) und der organischen Erdwissenschaft (Biologie), deren Verhältniss zu einander, so wie das ihrer einzelnen Zweige wir im zweiten Capitel erörtert haben (Bd. I, S. 21).

Die Materie und die davon untrennbare Kraftsumme der Welt sind in Zeit und Raum unbeschränkt, ewig und unendlich. Da aber ein ununterbrochenes Wechselspiel von Kräften, eine unbeschränkte Wechselfolge und Gegenwirkung von Anziehungen und Abstossungen die Materie in beständiger Bewegung erhält, so befindet sich ihre Form in beständiger Veränderung. Während also Stoff und Kraft ewig und unendlich sind, ist dagegen ihre Form in ewiger und unendlicher Veränderung (Bewegung) begriffen. Die Wissenschaft von dieser ewigen Bewegung des Weltalls kann als Weltgeschichte im weitesten Sinne oder auch als Entwickelungsgeschichte des Universums, als Kosmogenie bezeichnet werden. Die Kosmogenie zerfällt in die beiden Zweige der Uranogenie (welche Kant sehr richtig die „Naturgeschichte des Himmels" nannte) und in die Pangeogenie, die „Naturgeschichte der Erde" oder die Entwickelungsgeschichte der Erde,

sind in Wirklichkeit nur Vorstellungen von gasförmigen Materien, oder von feineren, schwerelosen Materien, gleich dem expansiven Warmestoff zwischen den cohäsiven Atomen und Molekülen der Materie (vergl. Bd. I, S. 117 und 172).

welche auch häufig mit dem mehrdeutigen Namen der „Geologie" bezeichnet wird [1]).

Wenn wir von der Entwickelungs-Bewegung des Weltalls als solcher absehen und das fertige Resultat derselben in irgend einem Zeitmomente betrachten, so bezeichnen wir die wissenschaftliche Kenntniss

---

[1] *Die Erde als Planet*, als Theil unseres Sonnensystems, hat sich ebenso *entwickelt*, wie jeder andere Theil der Welt. Die *einzige Theorie*, welche wir von der Entwickelung der Erde besitzen, ist die bekannte, mathematisch begründete Theorie von *Kant* und *Laplace*, nach welcher die Erde allmählich durch Abnahme der Temperatur aus dem gasförmigen in den feurigflüssigen, aus diesem in den festen (oder wenigstens auf der oberflächlichen Rinde festen) Aggregatzustand übergegangen ist. Diese Theorie involvirt selbstverständlich einen *zeitlichen Anfang des organischen Lebens auf der Erde*, da dieses erst dann entstehen konnte, nachdem die Temperatur bis zur tropfbar-flüssigen Verdichtung des Wassers gesunken war. Eine nothwendige Consequenz dieser Theorie ist die *Autogonie*, d. h. die (wenigstens einmal stattgehabte) unmittelbare Entstehung von einfachsten Organismen (Moneren) aus anorganischen Materien, welche wir im sechsten Capitel erläutert haben. Diese *Kant-Laplace'sche Theorie ist die einzige wissenschaftliche Entwickelungs-Theorie der Erde*, welche wir besitzen, und sie befindet sich in vollkommenem Einklang mit allen unseren sonstigen Natur-Erkenntnissen, insbesondere mit der Astronomie und mit der Morphogenie. Neuerdings ist von *Bischof* in Bonn und von einigen seiner Schüler der Versuch gemacht worden, auf chemische Argumente gestützt, diese Theorie umzustürzen, und es ist namentlich die Behauptung aufgestellt worden, dass die *Erde als solche ewig* und ebenso das *organische Leben auf der Erde ewig*, d. h. ohne Anfang sei. Diese Behauptung ist sowohl aus allgemeinen philosophischen als aus besonderen empirischen Gründen völlig zu verwerfen. Es wird dadurch die *Ewigkeit der Form* behauptet, während doch nur Stoff und Kraft ewig, die Form dagegen beständig veränderlich ist. Jene Theorie verwirft die *Kant-Laplace'sche* Theorie, ohne etwas Anderes an ihre Stelle zu setzen; sie ist einfach *negativ*. Sie ist aber auch *völlig unvereinbar mit allen Thatsachen der Morphogenie* oder der organischen Entwickelungsgeschichte. *Alle Thatsachen der Ontogenie und Phylogenie*, vor Allem aber die äusserst wichtige *dreifache genealogische Parallele der phyletischen, biontischen und systematischen Entwickelung* beweisen mit der grössten Sicherheit und Uebereinstimmung, dass *das organische Leben auf der Erde zu irgend einer Zeit einen Anfang hatte* (mag derselbe auch noch so viele Milliarden von Jahrtausenden hinter uns liegen). Sie beweisen ferner mit der grössten Evidenz das *grosse Gesetz des Fortschritts oder der Vervollkommnung*, welche eine nothwendige Wirkung der Selection ist (S. 257). Unsere genealogischen Tafeln am Ende dieses Bandes weisen im Einzelnen nach, wie dieses grosse Gesetz, welches eine *logische Nothwendigkeit* ist, durch die allgemeinen Resultate der Paläontologie empirisch begründet wird. Das sicherste Argument dafür aber finden wir in der *individuellen Entwickelungsgeschichte* der Organismen, welche bloss eine kurze und schnelle Recapitulation ihrer paläontologischen Entwickelung ist. Nur aus gänzlichem Mangel an Kenntniss oder an Verständniss der *organischen Entwickelungsgeschichte* und der *Biologie überhaupt* konnte die Behauptung aufgestellt werden, dass das organische Leben auf der Erde von Ewigkeit her bestanden habe. *Wir unsererseits halten an der Kant-Laplace'schen Theorie in der Geogenie, ebenso wie an der atomistischen Theorie in der Chemie, so lange fest, als dieselbe mit allen beobachteten Thatsachen in Einklang, und als sie nicht durch eine bessere Theorie ersetzt ist.*

dieses Resultates als Weltbeschreibung oder Kosmographie, welche wiederum in einen siderischen und tellurischen Theil, in die Uranographie und in die Pangeographie zerfallt. Diese Wissenschaften nehmen zu den vorhergehenden (zur Kosmogenie, Uranogenie und Pangeogenie) dieselbe Stellung ein, wie die Anatomie der Organismen zu ihrer Entwickelungsgeschichte. Erst durch die Erkenntniss der letzteren gelangen wir zum Verständniss der ersteren. Erst durch die Geschichte der Welt oder eines Theiles derselben wird ihre Beschreibung zur wirklichen Wissenschaft, zur Erkenntniss. Wir erhalten demnach folgendes Schema von dem gegenseitigen Verhältniss der obersten Hauptzweige menschlicher Wissenschaft zu einander:

Kosmologie oder Naturphilosophie.
(Weltkunde oder Gesammtwissenschaft von der erkennbaren Welt; die einzige, allumfassende, wirkliche Wissenschaft, identisch mit der natürlichen Theologie.)

I. Uranologie oder Himmelskunde.
(Gesammtwissenschaft von der ausserirdischen Natur.)
Siderischer Theil der Kosmologie.

A. Uranogenie oder Naturgeschichte des Himmels.
(Entwickelungsgeschichte der ausserirdischen Natur.)
Siderischer Theil der Kosmogenie.

B. Uranographie oder Naturbeschreibung des Himmels.
Gesammtwissenschaft von der ausserirdischen Natur in irgend einem Zeitmoment.)
Siderischer Theil der Kosmographie.

II. Pangeologie oder Erdkunde (Geologie im weitesten Sinne).
(Gesammtwissenschaft von der irdischen Natur.)
Tellurischer Theil der Kosmologie (Abiologie und Biologie).

A. Pangeogenie oder Naturgeschichte der Erde.
(Entwickelungsgeschichte der irdischen Natur.)
Tellurischer Theil der Kosmogenie.

B. Pangeographie oder Naturbeschreibung der Erde.
(Gesammtwissenschaft von der irdischen Natur in irgend einem Zeitmoment.)
Tellurischer Theil der Kosmographie.

Diese wenigen obersten Wissenschafts-Zweige umfassen das gesammte Gebiet der menschlichen Erkenntniss-Sphäre. Alle menschliche Wissenschaft ist Kosmologie, und zwar entweder Uranologie oder Pangeologie; und diese letztere wiederum ist entweder Abiologie oder Biologie (vergl. Bd. I, S. 21). Es existiren nun zwar dem Namen nach eine Menge anderer Wissenschaften, welche in keine dieser Kategorieen zu gehören scheinen; indessen sind diese angeblichen Wissenschaften entweder untergeordnete Zweige der Kosmologie, oder es sind gar keine Wissenschaften [1]).

„Nihil est in intellectu, quod non ante fuerit in sensu." Dieser Satz bildet den Ausgangspunkt für die richtige Werthschätzung unseres Erkenntniss-Vermögens [2]. *„Homo naturae minister et interpres tantum facit et intelligit, quantum de naturae ordine, re et mente observaverit; nec amplius scit aut potest."* Mit diesen Worten hat bereits Baco von Verulam den wichtigen Grundsatz festgestellt, dass

[1]) Wie die gelehrte Scholastik des Mittelalters noch vielfach unsere Anschauungen beherrscht, zeigt sich vielleicht nirgends so auffallend als in der üblichen und althergebrachten Eintheilung der Wissenschaften, wie sie sich namentlich auch in der Eintheilung der Facultäten auf unseren Universitäten offenbart. Voran steht die Theologie. Die wirklich natürliche, d. h. wahrheitsgemässe Theologie fällt zusammen mit der Kosmologie, oder was dasselbe ist, mit der Naturphilosophie. Denn da Gott allmächtig, da er die Summe aller Kräfte in der Welt ist, da er das ganze Universum umfasst, so muss er auch in allen Theilen des Kosmos erkennbar sein, so ist jede Naturerscheinung eine Wirkung Gottes, oder was dasselbe ist, des Causalgesetzes und die allumfassende Naturwissenschaft ist zugleich Gotteserkenntniss. Die scholastische Theologie dagegen, wie sie gewöhnlich gelehrt wird, ist in ihrem historischen Theile (als Entwickelungsgeschichte der Glaubens-Dichtungen) ein kleiner Theil der Anthropologie und speciell der genetischen Psychologie; in ihrem dogmatischen Theile ist sie keine Wissenschaft, da Dogma und Erkenntniss als solche sich ausschliessen. Zum grossen Theile gehört die Theologie in das psychiatrische Gebiet; zum grossen Theile ist sie, ebenso wie die Jurisprudenz und Medicin, eine Kunst, eine praktische Sammlung von Kenntnissen und Anweisung zu deren Gebrauch, aber keine reine Wissenschaft. Dass alle Wissenschaften, welche speciell menschliche Verhältnisse betreffen, insbesondere auch die historischen, philologischen, statistischen Wissenschaften etc. Theile der Anthropologie und mithin der Zoologie sind, wurde bereits im vorigen Capitel gezeigt. Es bleibt mithin als einzige reine, allumfassende Wissenschaft in der That nur die Naturphilosophie (identisch mit der Kosmologie) übrig, von welcher die Anthropologie nur ein ganz kleiner beschränkter Theil ist. Die Mathematik ist ein Theil der allgemeinen Kosmologie, wie die Psychologie ein Theil der speciellen Anthropologie und die Logik ein Theil der Psychologie.

[2]) Hier kann ich es mir nicht versagen, einige Worte meines hochverehrten Freundes Rudolph Virchow anzuführen, mit denen derselbe in seinem trefflichen Aufsatze „über die Einheits-Bestrebungen in der wissenschaftlichen Medicin" schon 1849 die Stellung des Menschen zur Natur und zur Erkenntniss derselben sehr richtig bezeichnet hat: „Alle menschliche Erkenntniss begründet sich auf das Bewusstsein der Einwirkungen, welche der Einzelne von dem erfährt, was ausser ihm ist. Diese Einwirkungen werden bewusst durch die Veränderungen, welche an den Centralapparaten des Gehirns erregt werden. Der menschliche Stolz hat sich darin gefallen, gegenüber dieser mitgetheilten Erregung eine freiwillige als charakteristische Eigenschaft der menschlichen Species aufzustellen, die Spontaneität des Denkens, den Willen. Allein die Beobachtung sowohl der Naturvölker als des einzelnen Menschen von den ersten Tagen seiner Geburt an zeigt uns, dass eine ursprüngliche Spontaneität nicht besteht, sondern dass von Anfang an überall nur Empfindung und Reflexthätigkeit, oder wie man sagt, instinctive Thätigkeit vorhanden ist."

alle menschliche Erkenntniss in letzter Instanz sinnlich, d. h. a posteriori ist. Es giebt keine Erkenntnisse a priori. Der weit verbreitete Irrthum, dass solche existiren, konnte nur auf einer falschen anthropologischen Basis sich erheben. Seitdem wir in der wahren Erkenntniss der menschlichen Descendenz, in der Gewissheit, dass sich der Mensch aus niederen Wirbelthieren entwickelt hat, den allein richtigen Standpunkt für die Werthschätzung seiner Geistesthätigkeit ein für allemal gewonnen haben, ist es klar, dass man nicht mehr von Erkenntnissen a priori sprechen kann. Die Vererbungs-Gesetze und namentlich das Gesetz der abgekürzten oder vereinfachten Vererbung, erklaren uns vollkommen jenen Irrthum (s. oben S. 184). Alle Erkenntnisse ohne Ausnahme sind a posteriori, durch die sinnliche Erfahrung, erworben; sie scheinen aber häufig a priori zu sein, weil sie schon durch viele Generationen vererbt sind. Ebenso werden auch die durch Dressur anerzogenen Fähigkeiten bestimmter Hunderassen (z. B. der Spürhunde durch Vererbung zu angeborenen (a priori). Von der Mathematik, welche am meisten von allen wirklichen Wissenschaften als a priori construirt gelten könnte, hat bereits John Stuart Mill in seiner vortrefflichen inductiven Logik gezeigt, dass dieselbe in der That eine Wissenschaft a posteriori ist. Jede Zahlgrösse, jede Raumgrösse, jedes Gesetz über deren Verhaltnisse ist eine Abstraction aus vorhergegangener Erfahrung, oder ein durch Combination mehrerer solcher Abstractionen gewonnener Schluss.

Hier tritt nun die unermessliche Bedeutung, welche die allgemeine Entwickelungsgeschichte der Organismen und die des Menschen im Besonderen für die universale Kosmologie besitzt, in ihr volles Licht. Lediglich vermittelst der durch die Descendenz-Theorie erworbenen Erkenntniss, dass der Mensch Nichts weiter ist, als einer der letzten und jüngst entwickelten Zweige des Wirbelthierstammes, gelangen wir, wie im vorigen Capitel gezeigt wurde, zu einem richtigen, naturgemässen Verstandniss der Anthropologie, und somit auch der Erkenntnissgrenzen des Menschen, und des Verhaltnisses seiner Wissenschaft zum Weltganzen. Nur wenn man auf Grund der Descendenz-Theorie und der durch sie causal begründeten Morphogenie die „Stellung des Menschen in der Natur“ richtig begriffen und consequent durchdacht hat, kann man auch zu dem allein wahren, d. h. naturgemassen Verstandniss der menschlichen Wissenschaft gelangen.

Der Grundgedanke, welcher unser System der „generellen Morphologie der Organismen“ als rother Faden durchzieht, und welcher nach unserer unerschütterlichen Ueberzeugung die unerlassliche Basis aller wahrhaft wissenschaftlichen Bestrebungen zum Verständniss der organischen Formenwelt sein muss, ist der Gedanke von der absoluten

Einheit der Natur, der Grundgedanke, dass es ein und dasselbe allmächtige und unabänderliche Causal-Gesetz ist, welches die gesammte Natur ohne Ausnahme, die organische wie die anorganische Welt regiert. Dieses Causal-Gesetz ist die allumfassende Nothwendigkeit, die ἀνάγκη, welche ebenso wenig einen „Zufall“, als einen „freien Willen“ zulasst. Durch eingehende Vergleichung der Organismen und der Anorgane hinsichtlich ihrer Stoffe, Formen und Kräfte haben wir im fünften Capitel zu zeigen versucht, dass diese äusserst wichtige philosophische Erkenntniss von der Einheit der organischen und anorganischen Natur empirisch fest begründet ist.

Dieser Einheit der Natur entspricht vollständig die Einheit der menschlichen Natur-Erkenntniss, die Einheit der Naturwissenschaft, oder was dasselbe ist, die Einheit der Wissenschaft überhaupt. Alle menschliche Wissenschaft ist Erkenntniss, welche auf Erfahrung beruht, ist empirische Philosophie, oder wenn man lieber will, philosophische Empirie. Die denkende Erfahrung oder das erfahrungsmässige Denken sind die einzigen Wege und Methoden zur Erkenntniss der Wahrheit. So kommen wir auf den wichtigen Satz zurück, welchen wir bereits im vierten Capitel begründet haben:

Alle wahre Naturwissenschaft ist Philosophie und alle wahre Philosophie ist Naturwissenschaft. Alle wahre Wissenschaft aber ist Naturphilosophie.

Dreissigstes Capitel.

Gott in der Natur.

(Amphitheismus und Monotheismus.)

Wer darf ihn nennen? und wer bekennen: Ich glaub' ihn?
Wer empfinden, und sich unterwinden, zu sagen: Ich glaub' ihn nicht?
Der Allumfasser, der Allerhalter,
Fasst und erhält er nicht dich, mich, sich selbst?
Wölbt sich der Himmel nicht da droben?
Liegt die Erde nicht hier unten fest?
Und steigen, freundlich blinkend, ewige Sterne nicht herauf?
Goethe

Der Monismus, wie wir denselben in der generellen Morphologie der Organismen als das unentbehrliche Fundament der Wissenschaft und als die nothwendige Voraussetzung der reinen Erkenntniss nachgewiesen und allgemein durchgeführt haben, ist von vielen Seiten als Atheismus und als Materialismus verschrieen und als solcher auf das Heftigste bekämpft worden. Wir sind darauf gefasst, diesen Vorwurf auch gegen unsere monistische Naturanschauung erhoben zu sehen, um so mehr, als wir die herrschende, dualistische Vorstellung eines persönlichen Schöpfers, wie jeder „Schöpfung" überhaupt, auf das Entschiedenste verwerfen und bekämpfen. Bei der allgemeinen Unklarheit und Urtheilslosigkeit, welche gerade in der empirischen Morphologie in Betreff dieser wichtigsten Grund-Principien herrscht, erscheint es passend, am Schlusse dieses Werkes unsern betreffenden Standpunkt klar zu bestimmen, und kurz zu zeigen, dass der von uns ausschliesslich cultivirte Monismus zugleich der reinste Monotheismus ist.

Was zunächst den Vorwurf des Materialismus betrifft, den man gegen den Monismus erhoben hat, so ist derselbe, wie schon Schleicher bemerkt hat, ganz „eben so verkehrt, als wollte man ihn des Spiritualismus zeihen" (Bd. I, S. 105). Der Monismus kennt weder die Materie ohne Geist, von welcher der Materialismus spricht, noch den Geist ohne Materie, welchen der Spiritualismus annimmt.

Vielmehr giebt es für ihn „weder Geist noch Materie im gewöhnlichen Sinne, sondern nur Eins, das Beides zugleich ist.“ Wir kennen eine geistlose Materie, d. h. einen Stoff ohne Kraft, ebenso wenig, als einen immateriellen Geist, d. h. eine Kraft ohne Stoff. Jeder Stoff als solcher besitzt eine Summe von Spannkraften, welche als lebendige Kraft in die Erscheinung treten, und jede Kraft kann nur durch die Materie, an welcher sie haftet, als solche wirksam sein. Diese rein monistische Ansicht, welche wir auf das Entschiedenste vertreten, ist schon vor langer Zeit von einem unserer hervorragendsten Denker und Naturforscher, von Wolfgang Goethe, so klar und bestimmt ausgesprochen worden, dass wir nichts Besseres thun können, als seinen merkwürdigen Ausspruch hier nochmals hervorzuheben:

„Weil die Materie nie ohne Geist, der Geist nie ohne Materie existirt und wirksam sein kann, so vermag auch die Materie sich zu steigern, sowie sich's der Geist nicht nehmen lässt, anzuziehen und abzustossen; wie derjenige nur allein zu denken vermag, der genugsam getrennt hat, um zu verbinden, genugsam verbunden hat, um wieder trennen zu mögen!“

Was nun aber zweitens den Vorwurf des Atheismus betrifft, den zweifelsohne sowohl gedankenlose Naturkenner, als auch kenntnisslose Naturdenker gegen unseren Monismus erheben werden, so schleudern wir diesen schweren Vorwurf dadurch auf sie zurück, dass wir ihren angeblichen Theismus als Amphitheismus, unseren Monismus dagegen als reinen Monotheismus nachweisen.

Es ist in der That nicht schwer, bei objectiver und vorurtheilsfreier Betrachtung zu der klaren Ueberzeugung zu gelangen, dass der mythologisch begründete Theismus, welcher angeblich als „reiner Monotheismus“ die Culturvölker der neueren Zeit beherrscht, und welcher in der organischen Morphologie als Schöpfungs-Mythus noch gegenwärtig eine so hervorragende Rolle spielt, in der That kein Monotheismus, sondern Amphitheismus ist. Monotheismus war diese herrschende Gotteslehre nur so lange, als alle Naturerscheinungen ohne Ausnahme für das unmittelbare Resultat der persönlichen göttlichen Weltherrschaft galten, nur so lange, als alle anorganischen und organischen Phanomene — vom Wehen des Windes und dem Rollen des Donners bis zu dem Lichte der Sonne und dem Laufe der Gestirne, von dem Blüthenduft der Pflanze und dem Fluge des Vogels bis zu der Gedankenbildung des Menschen und der Entwickelungsgeschichte der Völker — directe Wirkungen eines monarchischen, persönlichen Schöpfers waren. Als aber die neuere Naturwissenschaft nachwies, dass das gesammte Gebiet der anorganischen Natur durch feste und ausnahmslose Naturgesetze regiert werde, als Physik und Chemie die Abiologie in mathematische Formeln brachten, da wurde dem persönlichen Schöpfer die Halfte seines Gebiets entrissen, und es blieb ihm nur noch die organische Natur übrig, und selbst von dieser wurde durch die neuere Physiologie abermals die Hälfte abgelöst, so dass bloss noch die organische Morphologie dem persönlichen Willkühr-Regimente des mediatisirten Weltherrschers unterworfen blieb. So wurde aus dem früheren Monotheismus der vollständige Amphitheismus, welcher gegenwärtig die moderne Weltanschauung der Culturvölker beherrscht, und welcher in der Wissenschaft als der grundverkehrte Dualismus erscheint, den wir in der generellen Morphologie auf das Entschiedenste bekämpft haben. Denn was ist dieser Dualismus Anderes, als der Kampf zwischen zwei Göttern von grundverschiedener Natur? Dort sehen wir auf dem von dem Mechanismus eroberten Gebiete der Abiologie die ausschliessliche Herrschaft von ausnahmslosen und nothwendigen Naturgesetzen, von der *ἀνάγκη*, welche zu allen Zeiten und an allen Orten dieselbe, und sich beständig gleich bleibt. Hier dagegen erblicken wir auf dem von der Teleologie noch beherrschten Gebiete der Biologie, und vorzüglich auf dem der organischen Morphologie, die launenhafte Willkührherrschaft eines persönlichen und durchaus menschenähnlichen Schöpfers, welcher sich vergeblich abmüht, endlich einmal einen „vollkommenen" Organismus zu schaffen, und beständig die früheren Schöpfungen der „Vorwelt" verwirft, indem er neue verbesserte Auflagen an deren Stelle setzt. Wir haben schon im sechsten Capitel gezeigt, warum wir diese klägliche Vorstellung des „persönlichen Schöpfers" durchaus verwerfen müssen (Bd. I, S. 173). In der That ist dieselbe eine Entwürdigung der reinen Gottes-Idee. Die meisten Menschen stellen sich diesen „lieben Gott" durchaus menschenähnlich vor; er ist in ihren Augen ein Baumeister, welcher nach einem vorher entworfenen Plane den Weltbau ausführt, aber nie damit fertig wird, weil er während der Ausführung immer auf neue, bessere Ideen kommt; er ist ein Theater-Director, welcher die Erde wie ein grosses Marionetten-Theater dirigirt, und die zahllosen Drahte, an denen er der Menschen Herzen lenkt, gewöhnlich mit leidlicher Geschicklichkeit zu handhaben weiss; er ist ein halbbeschränkter König, der nur auf dem anorganischen Gebiete constitutionell, nach fest beschworenen Gesetzen, auf dem organischen Gebiete dagegen absolut, als patriarchalischer Landesvater herrscht, und sich hier durch die Wünsche und Bitten seiner Landeskinder, unter denen die vollkommensten Wirbelthiere die am meisten begünstigten sind, bestimmen lasst, seinen Weltenplan täglich abzuändern.

Wenden wir uns weg von diesem unwürdigen Anthropomorphismus der modernen Dogmatik, welcher Gott selbst zu einem gasförmigen Wirbelthier erniedrigt, und betrachten wir dagegen die unendlich erhabenere Gottes-Vorstellung, zu welcher uns der Monismus hinführt, indem er die Einheit Gottes in der gesammten Natur nachweist, und den Gegensatz eines organischen und eines anorganischen Gottes aufhebt, welcher den Todeskeim in der Brust jenes herrschenden Amphitheismus bildet[1]). Unsere Weltanschauung kennt nur einen einzigen Gott, und dieser allmächtige Gott beherrscht die gesammte Natur ohne Ausnahme. Wir erblicken seine Wirksamkeit in allen Erscheinungen ohne Ausnahme. Die gesammte anorganische Körperwelt ist ihr ebenso, wie die gesammte organische unterworfen. Wenn jeder Körper im luftleeren Raume in der ersten Secunde 15 Fuss fällt, wenn jedesmal drei Atome Sauerstoff mit einem Atom Schwefel sich zu Schwefelsäure verbinden, wenn der Winkel, den eine Säulenfläche des Bergkrystalls mit der benachbarten macht, stets 120° beträgt, so sind diese Erscheinungen ebenso die unmittelbaren Wirkungen Gottes, wie es die Blüthen der Pflanzen, die Bewegungen der Thiere, die Gedanken der Menschen sind. Wir sind alle „von Gottes Gnaden", der Stein so gut wie das Wasser, das Radiolar so gut wie die Fichte, der Gorilla so gut wie der Kaiser von China.

Nur diese Weltanschauung, welche Gottes Geist und Kraft in allen Naturerscheinungen erblickt, ist seiner allumfassenden Grösse würdig; nur wenn wir alle Kräfte und alle Bewegungs-Erscheinungen, alle Formen und Eigenschaften der Materie auf Gott, als den Urheber aller Dinge, zurückführen, gelangen wir zu derjenigen menschlichen Gottes-Anschauung und Gottes-Verehrung, welche seiner unendlichen Grösse in Wahrheit entspricht. Denn „in ihm leben, weben und sind wir". So wird die Naturphilosophie in der That zur Theologie. Der Cultus der Natur wird zu jenem wahren Gottesdienste, von welchem Goethe sagt: „Gewiss es giebt keine schönere Gottesverehrung, als diejenige, welche aus dem Wechselgespräch mit der Natur in unserem Busen entspringt!"

Gott ist allmächtig; er ist der einzige Urheber, die Ursache aller Dinge, d. h. mit andern Worten: Gott ist das allgemeine Causalgesetz. Gott ist absolut vollkommen, er kann niemals anders, als vollkommen gut handeln; er kann also auch niemals willkührlich oder frei handeln, d. h. Gott ist die Nothwendigkeit. Gott ist die Summe aller Kräfte, also auch aller Materie. Jede Vorstellung von Gott, welche ihn von der Materie trennt, setzt ihm eine Summe von

[1]) Wir sehen hier ganz davon ab, dass ausser dem anorganischen (nothwendigen) und dem organischen (willkührlichen Gott, welche gegenwärtig in der Weltanschauung der meisten Menschen sich gegenüber stehen, gewöhnlich noch eine Anzahl anderer Götter (z. B. der Teufel, die Engel, die Heiligen) verehrt oder gefürchtet werden, welche diesen Amphitheismus zum vollen Polytheismus stempeln

Kräften gegenüber, welche nicht göttlicher Natur sind, jede solche Vorstellung führt zum Amphitheismus, mithin zum Polytheismus.

Indem der Monismus die Einheit in der gesammten Natur nachweist, zeigt er zugleich, dass nur ein Gott existirt, und dass dieser Gott in den gesammten Natur-Erscheinungen sich offenbart. Indem der Monismus die gesammten Phänomene der organischen und anorganischen Natur auf das allgemeine Causal-Gesetz begründet, und dieselben als die Folgen „wirkender Ursachen" nachweist, zeigt er zugleich, dass Gott die nothwendige Ursache aller Dinge und das Gesetz selbst ist. Indem der Monismus keine anderen, als die göttlichen Kräfte in der Natur erkennt, indem er alle Naturgesetze als göttliche anerkennt, erhebt er sich zu der grössten und erhabensten Vorstellung, welcher der Mensch als das vollkommenste aller Thiere fähig ist, zu der Vorstellung der Einheit Gottes und der Natur.

„Was wär' ein Gott, der nur von aussen stiesse,
Im Kreis das All am Finger laufen liesse!
Ihm ziemt's, die Welt im Innern zu bewegen,
Natur in Sich, Sich in Natur zu hegen,
So dass, was in Ihm lebt und webt und ist,
Nie Seine Kraft, nie Seinen Geist vermisst."

Register.

Druck von Fr. Frommann in Jena.

Taf. I.

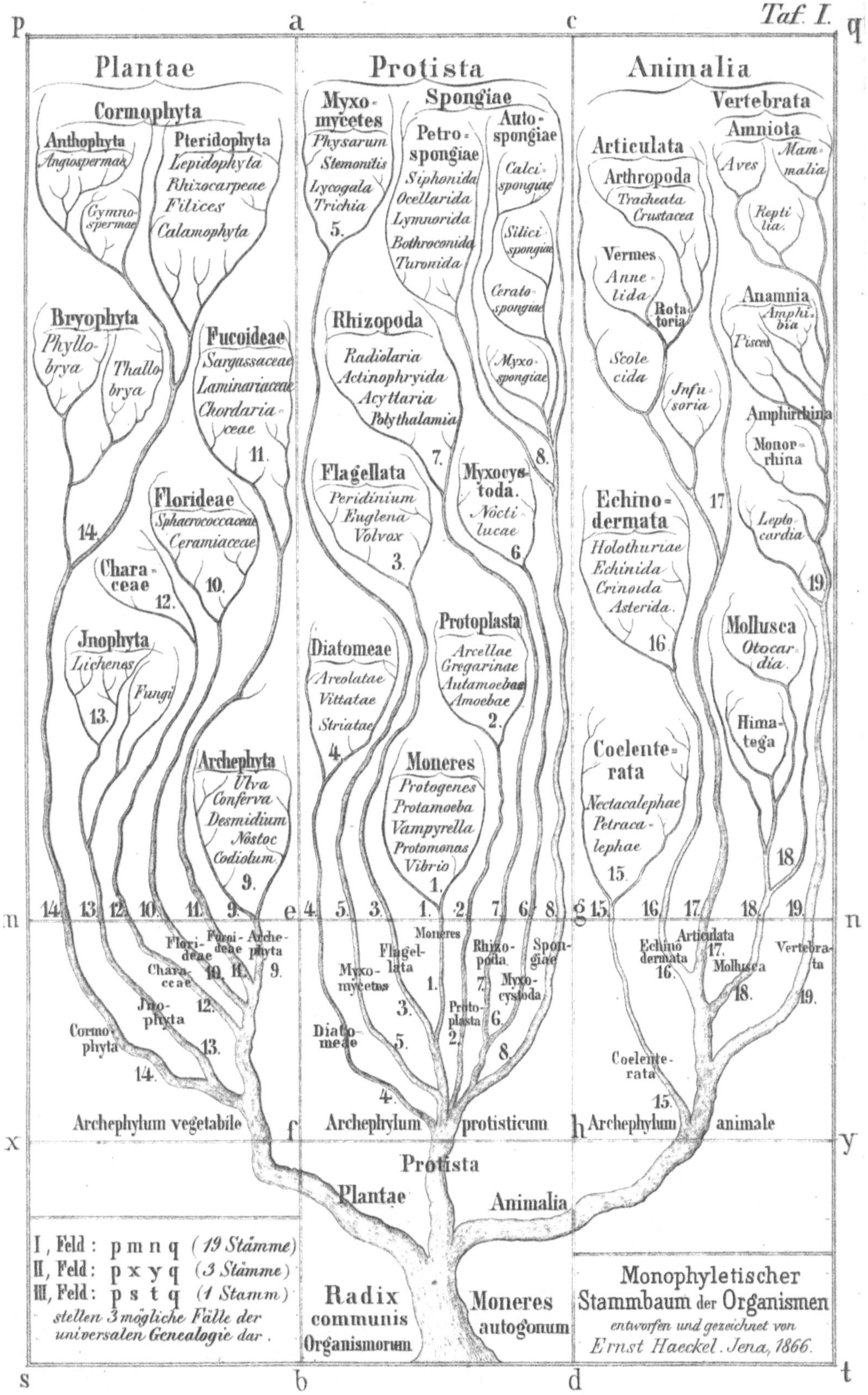

p
a
c
q
Plantae
Protista
Animalia
Cormophyta
Anthophyta
Angiospermae
Gymnospermae
Pteridophyta
Lepidophyta
Rhizocarpeae
Filices
Calamophyta
Bryophyta
Phyllobrya
Thallobrya
Fucoideae
Sargassaceae
Laminariaceae
Chordariaceae
11.
14.
Florideae
Sphaerococcaceae
Ceramiaceae
10.
Characeae
12.
Jnophyta
Lichenes
Fungi
13.
Archephyta
Ulva
Conferva
Desmidium
Nostoc
Codiolum
9.
Myxomycetes
Physarum
Stemonitis
Lycogala
Trichia
5.
Spongiae
Petrospongiae
Siphonida
Ocellarida
Lymnorida
Bothroconida
Turonida
Autospongiae
Calcispongiae
Silicispongiae
Ceratospongiae
Myxospongiae
8.
Rhizopoda
Radiolaria
Actinophryida
Acyttaria
Polythalamia
7.
Flagellata
Peridinium
Euglena
Volvox
3.
Myxocystoda.
Noctilucae
6.
Protoplasta
Arcellae
Gregarinae
Autamoebae
Amoebae
2.
Diatomeae
Areolatae
Vittatae
Striatae
4.
Moneres
Protogenes
Protamoeba
Vampyrella
Protomonas
Vibrio
1.
Vertebrata
Amniota
Aves
Mammalia
Reptilia
Articulata
Arthropoda
Tracheata
Crustacea
Vermes
Annelida
Rotatoria
Scolecida
Infusoria
Anamnia
Amphibia
Pisces
Amphirrhina
Monorrhina
Leptocardia
19.
17
Echinodermata
Holothuriae
Echinida
Crinoida
Asterida
16.
Mollusca
Otocardia
Himatega
Coelenterata
Nectacalephae
Petracalephae
15.
18
m 14. 13. 12. 10. 11. 9. e 4. 5. 3. 1. 2. 7. 6. 8. g 15. 16. 17. 18. 19. n
Cormophyta 14.
Jnophyta 13.
Characeae 12.
Florideae 10.
Fucoideae 11.
Archephyta 9.
Diatomeae 4.
Myxomycetes 5.
Flagellata 3.
Moneres 1.
Protoplasta 2.
Rhizopoda 7.
Myxocystoda 6.
Spongiae 8.
Coelenterata 15.
Echinodermata 16.
Articulata 17.
Mollusca 18.
Vertebrata 19.
Archephylum vegetabile
f
Archephylum protisticum
h
Archephylum animale
x
y
Protista
Plantae
Animalia
I, Feld: p m n q (19 Stämme)
II, Feld: p x y q (3 Stämme)
III, Feld: p s t q (1 Stamm)
stellen 3 mögliche Fälle der universalen Genealogie dar.
Radix communis Organismorum
Moneres autogonum
Monophyletischer Stammbaum der Organismen
entworfen und gezeichnet von Ernst Haeckel. Jena, 1866.
s
b
d
t

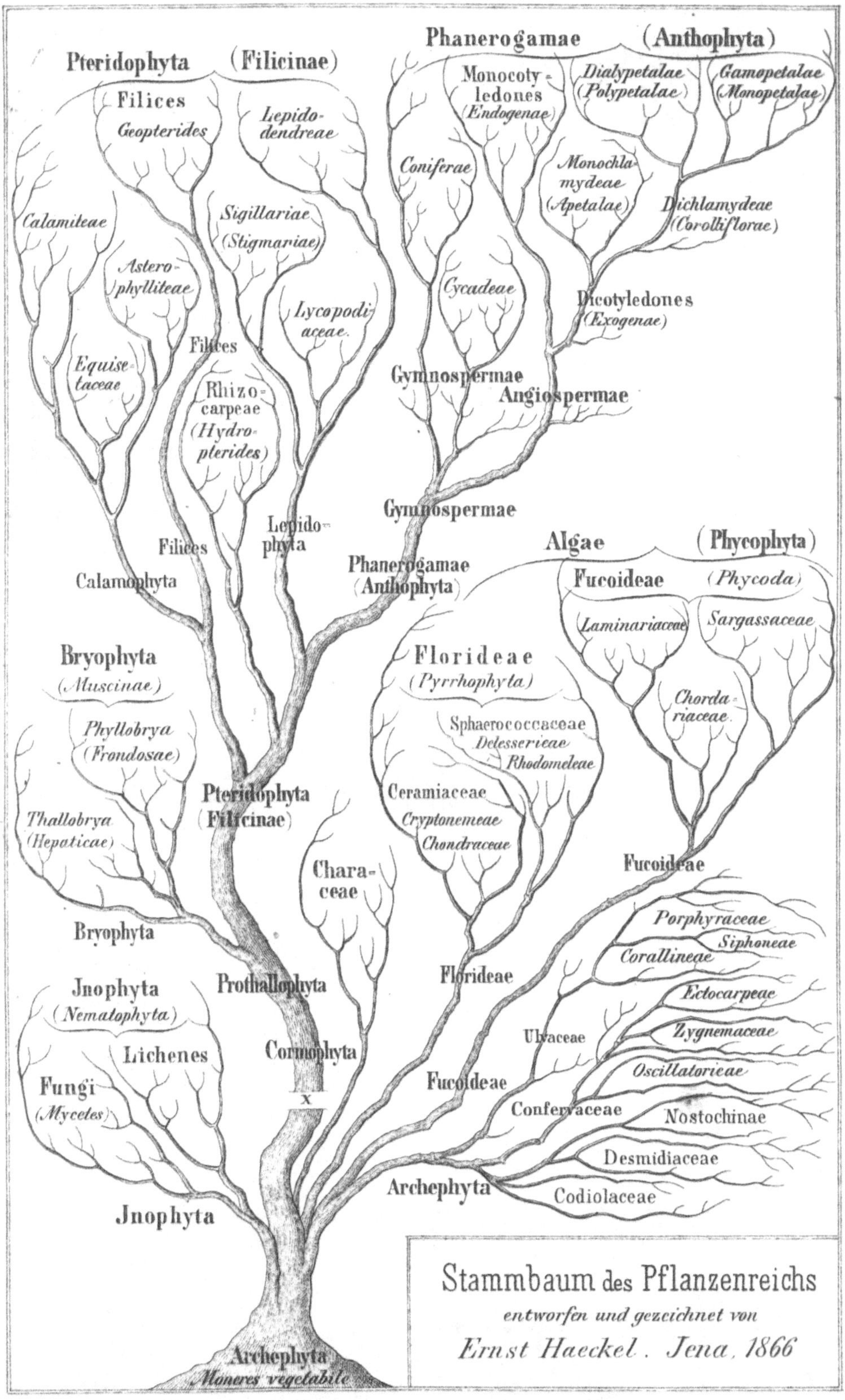

Stammbaum des Pflanzenreichs
entworfen und gezeichnet von
Ernst Haeckel. Jena, 1866

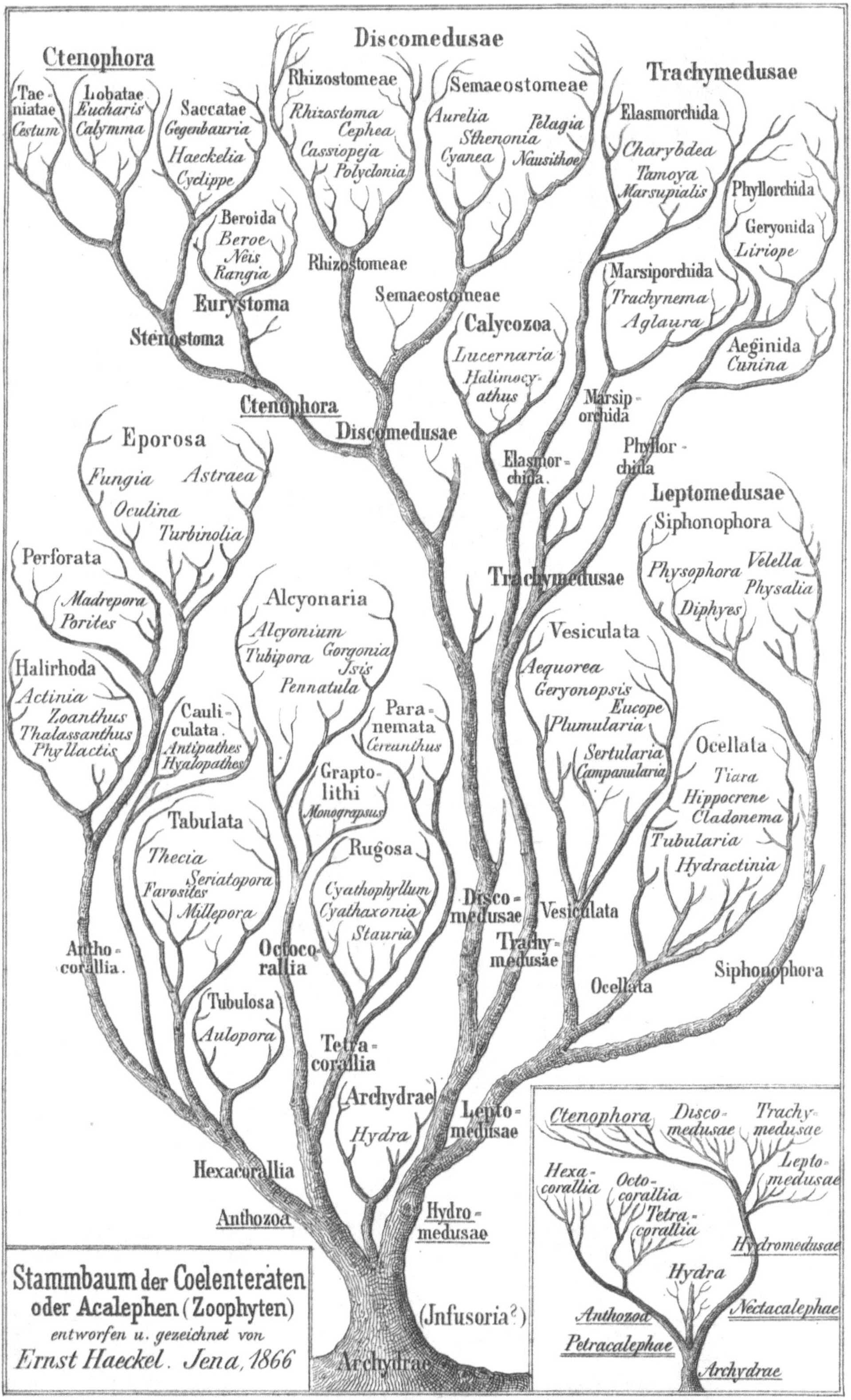

Stammbaum der Coelenteraten oder Acalephen (Zoophyten)
entworfen u. gezeichnet von
Ernst Haeckel. Jena, 1866

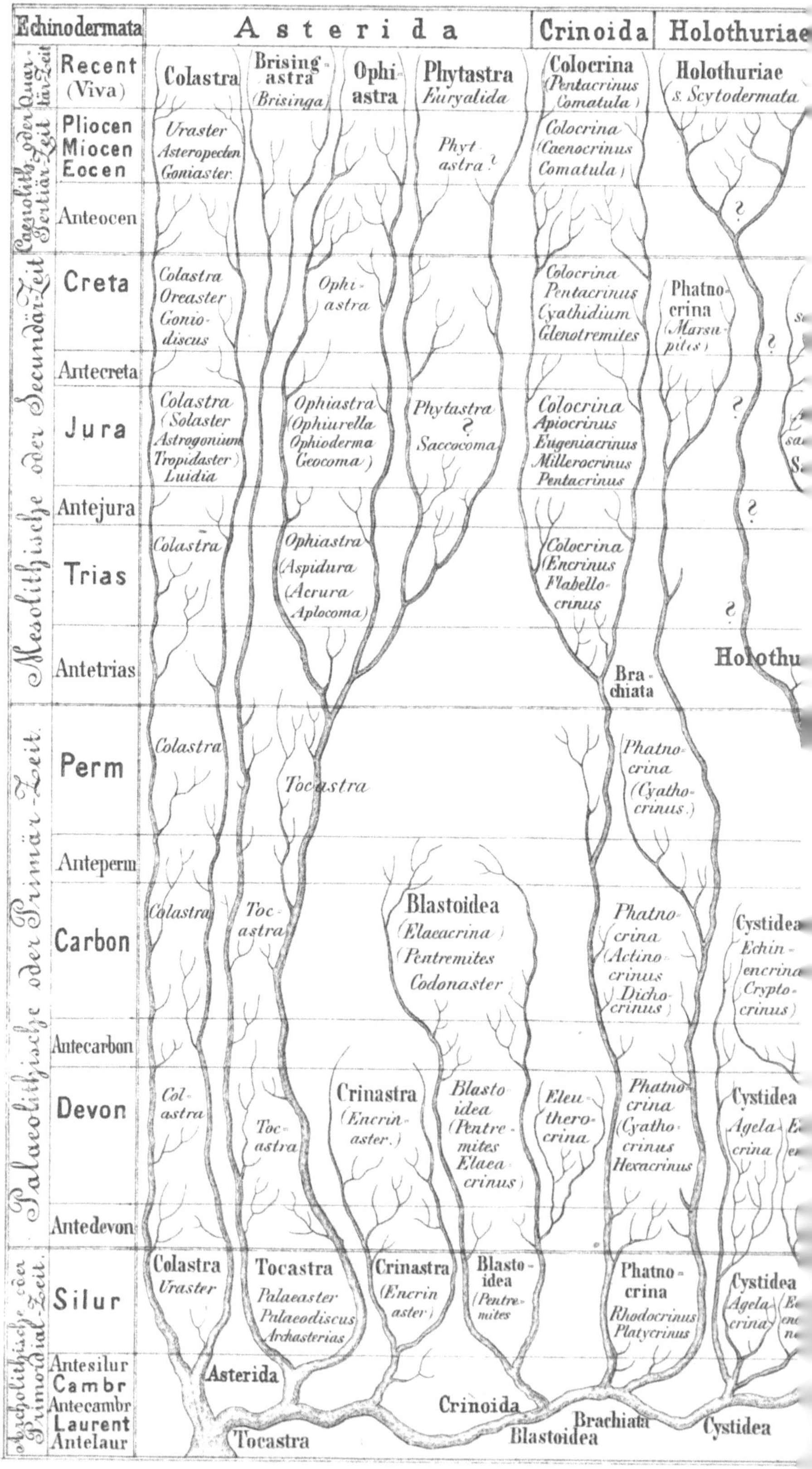

Echinodermata
Asterida
Crinoida
Holothuriae
Caenolith. oder Tertiär-Zeit
Quartär-Zeit
Mesolithische oder Secundär-Zeit
Palaeolithische oder Primär-Zeit
Archolithische oder Primordial-Zeit.
Recent (Viva)
Pliocen
Miocen
Eocen
Anteocen
Creta
Antecreta
Jura
Antejura
Trias
Antetrias
Perm
Anteperm
Carbon
Antecarbon
Devon
Antedevon
Silur
Antesilur
Cambr
Antecambr
Laurent
Antelaur
Colastra
Brisingastra (Brisinga)
Ophiastra
Phytastra Euryalida
Colocrina (Pentacrinus Comatula)
Holothuriae s. Scytodermata
Uraster Asteropecten Goniaster
Phytastra ?
Colocrina (Caenocrinus Comatula)
Colastra Oreaster Goniodiscus
Ophiastra
Colocrina Pentacrinus Cyathidium Glenotremites
Phatnocrina (Marsupites)
Colastra (Solaster Astrogonium Tropidaster) Luidia
Ophiastra (Ophiurella Ophioderma Geocoma)
Phytastra ? Saccocoma
Colocrina Apiocrinus Eugeniacrinus Millerocrinus Pentacrinus
Colastra
Ophiastra (Aspidura (Acrura Aplocoma)
Colocrina (Encrinus Flabellocrinus
Brachiata
Colastra
Tocastra
Phatnocrina (Cyathocrinus.)
Colastra
Tocastra
Blastoidea (Elaeacrina) (Pentremites Codonaster
Phatnocrina (Actinocrinus Dichocrinus)
Cystidea Echinencrina (Cryptocrinus)
Colastra
Tocastra
Crinastra (Encrinaster.)
Blastoidea (Pentremites Elaeacrinus)
Eleutherocrina
Phatnocrina (Cyathocrinus Hexacrinus
Cystidea Agelacrina
Colastra Uraster
Tocastra Palaeaster Palaeodiscus Archasterias
Crinastra (Encrinaster)
Blastoidea (Pentremites
Phatnocrina Rhodocrinus Platycrinus
Cystidea Agelacrina
Asterida
Tocastra
Crinoida
Blastoidea
Brachiata
Cystidea

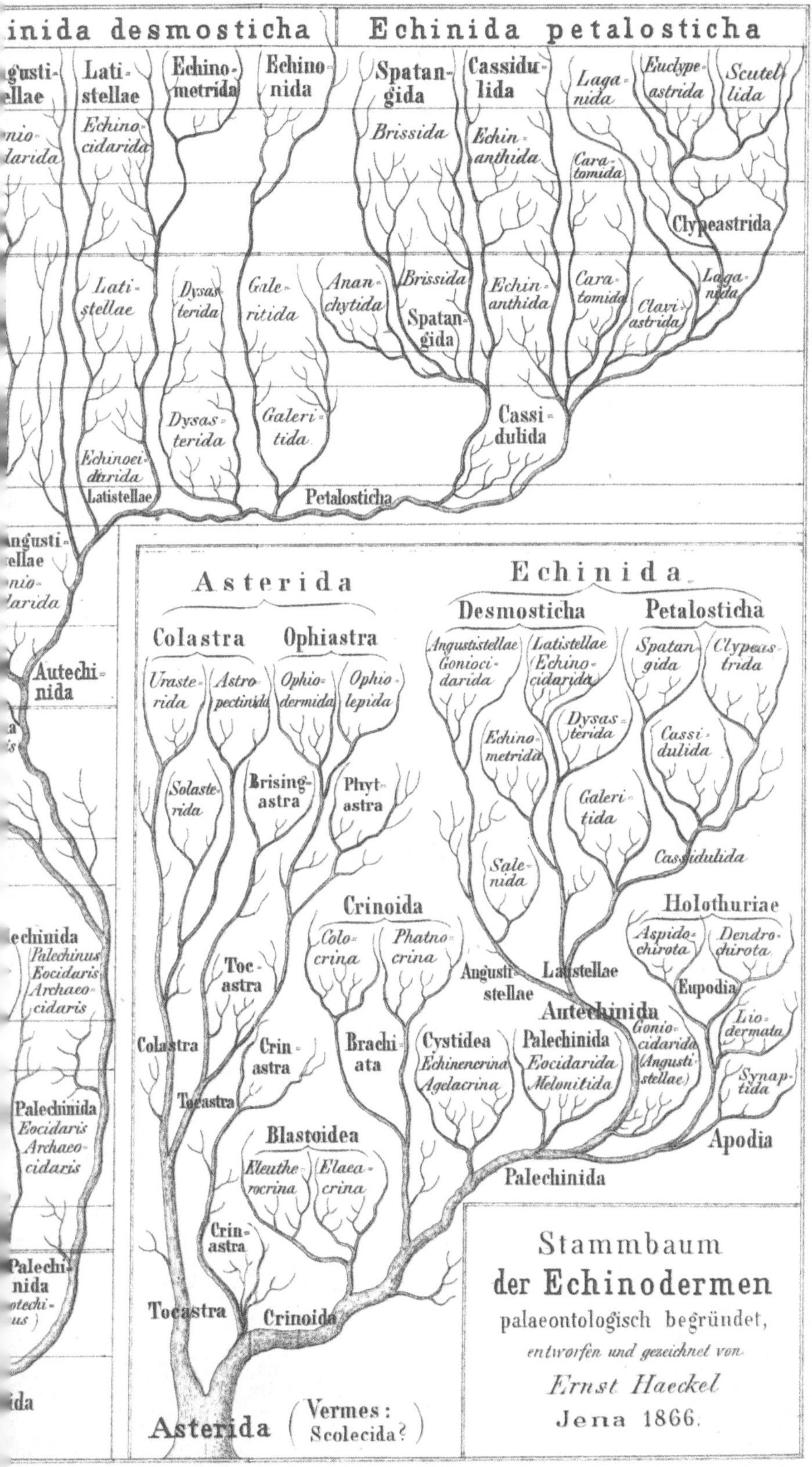

Stammbaum
der Echinodermen
palaeontologisch begründet,
entworfen und gezeichnet von
Ernst Haeckel
Jena 1866.

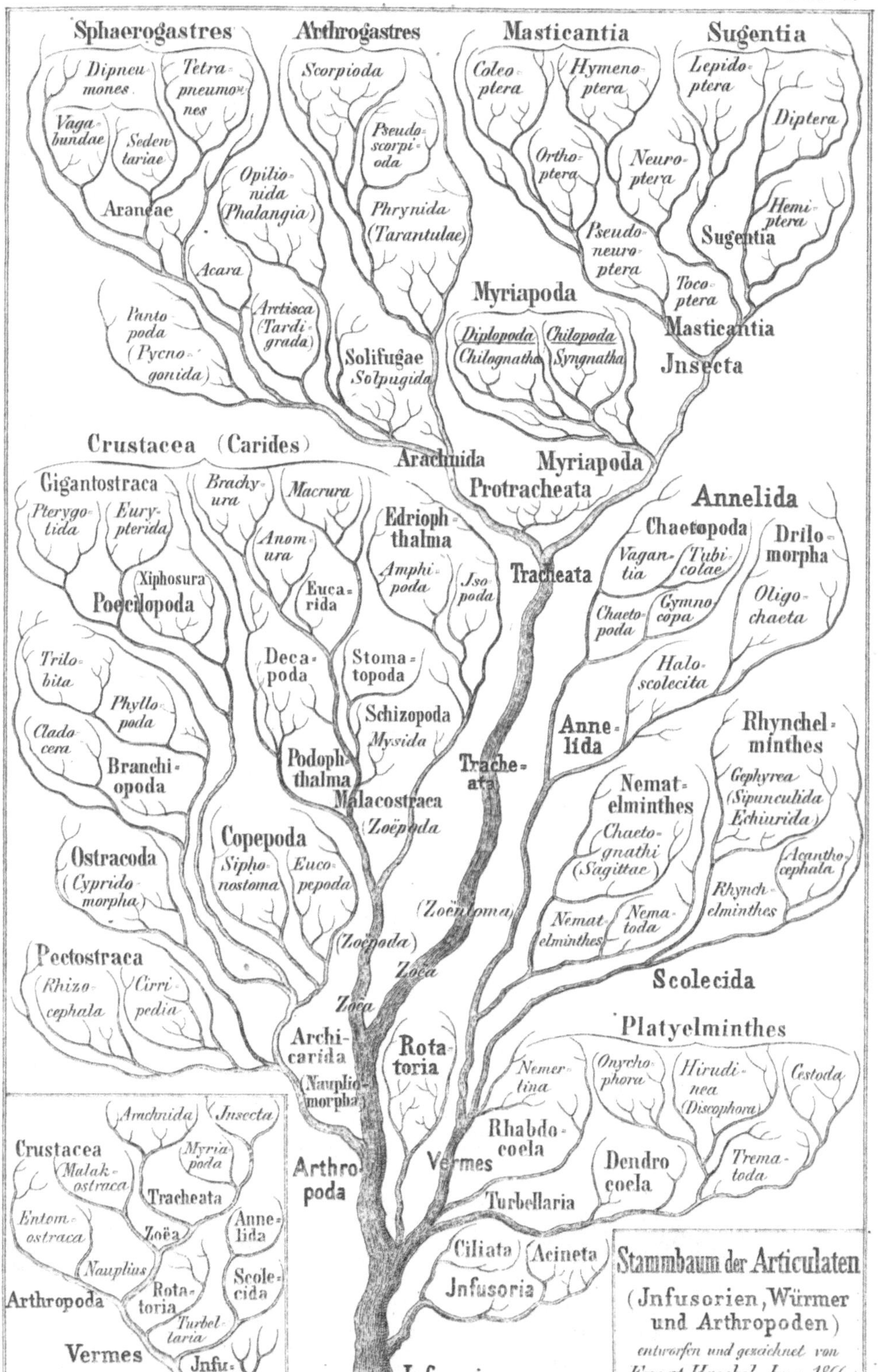

Stammbaum der Articulaten
(Jnfusorien, Würmer und Arthropoden)
entworfen und gezeichnet von Ernst Haeckel. Jena, 1866.

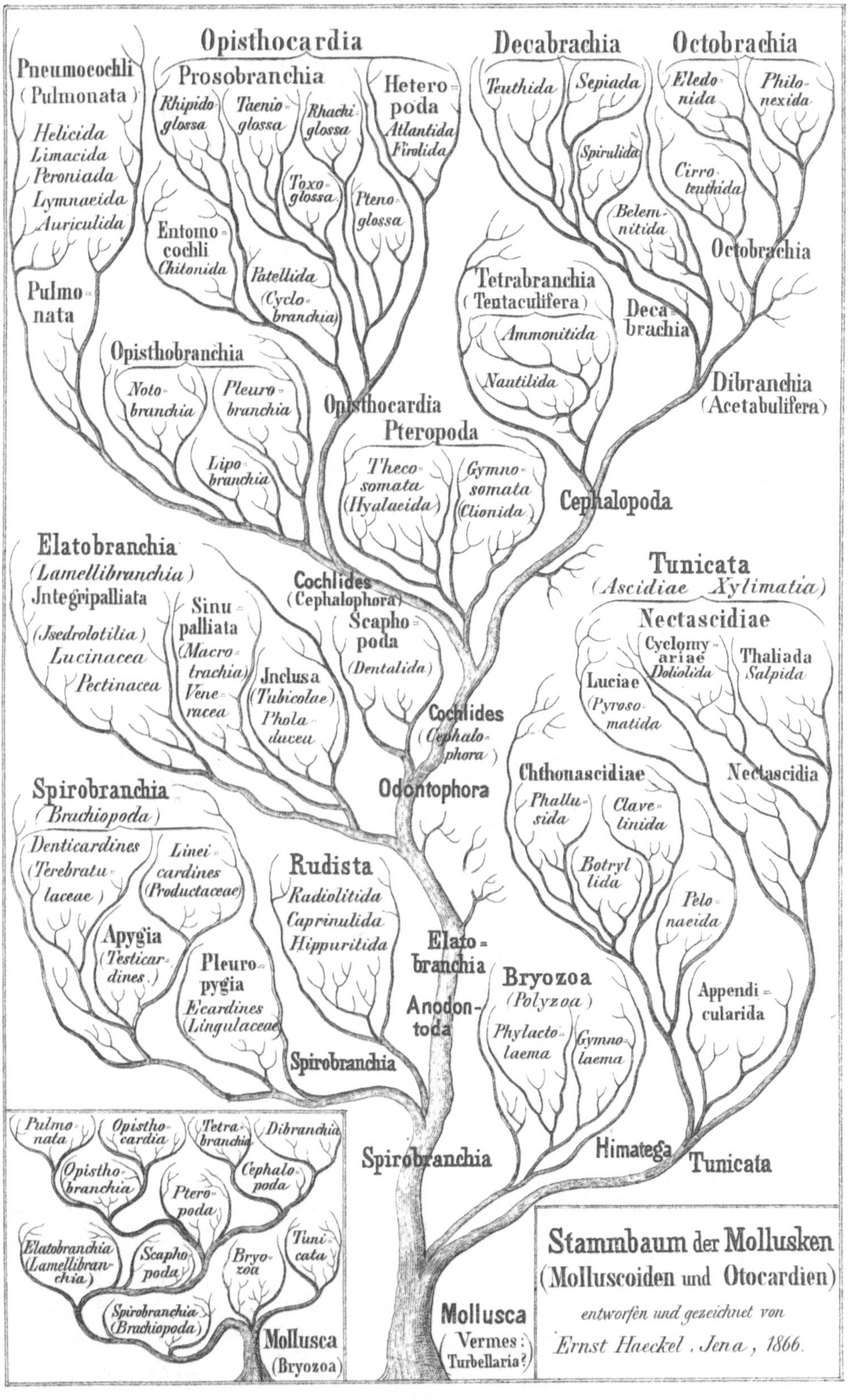

Stammbaum der Mollusken
(Molluscoiden und Otocardien)
entworfen und gezeichnet von
Ernst Haeckel, Jena, 1866.

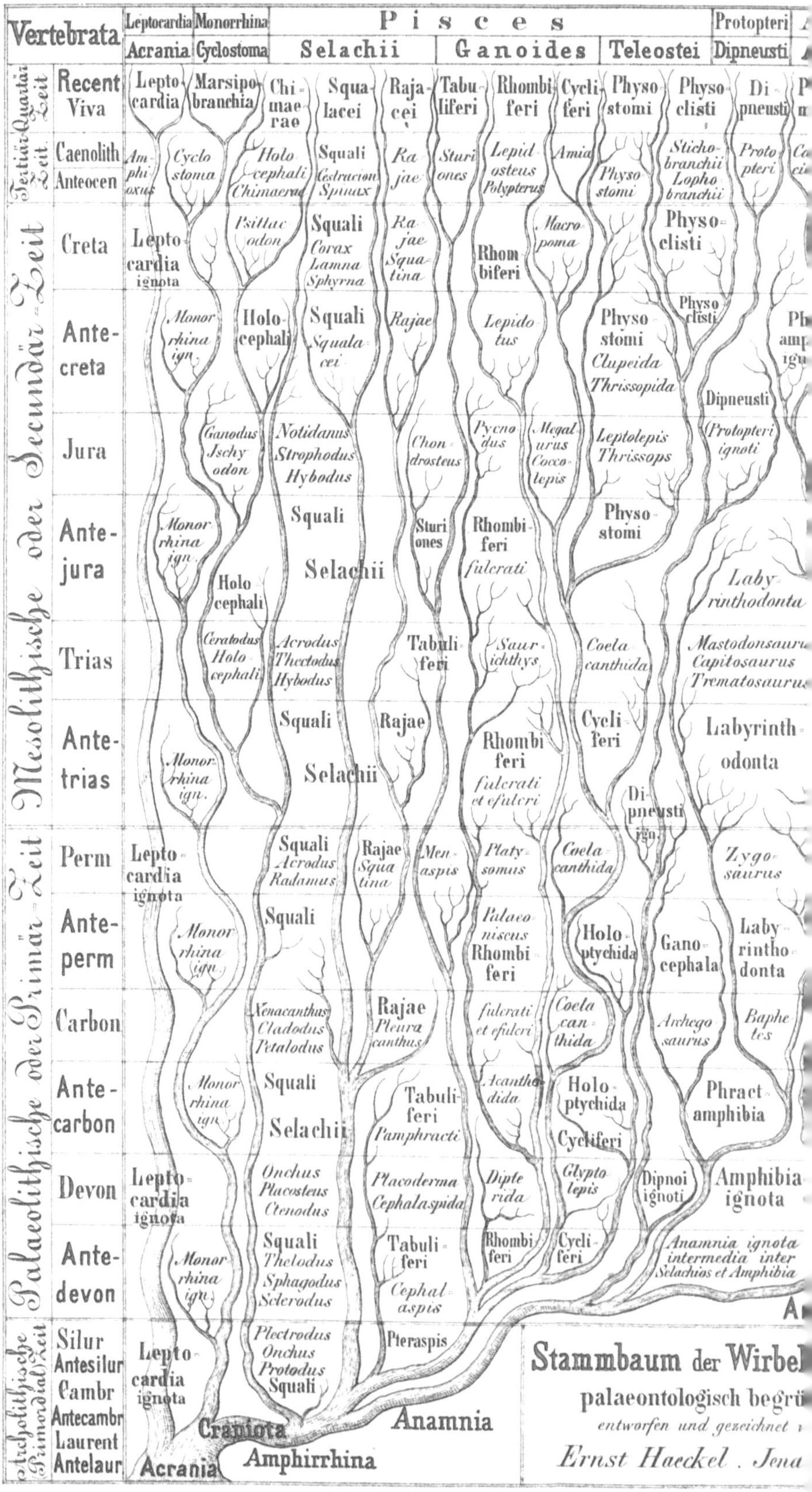

Vertebrata
Leptocardia
Acrania
Monorrhina
Cyclostoma
Pisces
Selachii
Ganoides
Teleostei
Protopteri
Dipneusti
Quartär-Zeit
Tertiär-Zeit
Mesolithische oder Secundär-Zeit
Palaeolithische oder Primär-Zeit
Archolithische Primordial-Zeit
Recent Viva
Caenolith
Anteocen
Creta
Ante-creta
Jura
Ante-jura
Trias
Ante-trias
Perm
Ante-perm
Carbon
Ante-carbon
Devon
Ante-devon
Silur
Antesilur
Cambr
Antecambr
Laurent
Antelaur
Leptocardia
Marsipobranchia
Chimaerae
Squalacei
Rajacei
Tabuliferi
Rhombiferi
Cycliferi
Physostomi
Physoclisti
Dipneusti
Amphioxus
Cyclostoma
Holocephali Chimaera
Squali Cestracion Spinax
Rajae
Sturiones
Lepidosteus Polypterus
Amia
Physostomi
Stichobranchii Lophobranchii
Protopteri
Leptocardia ignota
Psittacodon
Squali Corax Lamna Sphyrna
Rajae Squatina
Rhombiferi
Macropoma
Physoclisti
Monorrhina ign.
Holocephali
Squali Squalacei
Rajae
Lepidotus
Physostomi Clupeida Thrissopida
Physoclisti
Dipneusti
Ganodus Ischyodon
Notidanus Strophodus Hybodus
Chondrosteus
Pycnodus
Megalurus Coccolepis
Leptolepis Thrissops
Protopteri ignoti
Monorrhina ign.
Squali
Sturiones
Rhombiferi fulcrati
Physostomi
Holocephali
Selachii
Labyrinthodonta
Ceratodus Holocephali
Acrodus Thectodus Hybodus
Tabuliferi
Saurichthys
Coelacanthida
Mastodonsaurus Capitosaurus Trematosaurus
Monorrhina ign.
Squali
Rajae
Selachii
Rhombiferi fulcrati et efulcri
Cycliferi
Labyrinthodonta
Dipneusti ign.
Leptocardia ignota
Squali Acrodus Radamus
Rajae Squatina
Menaspis
Platysomus
Coelacanthida
Zygosaurus
Monorrhina ign.
Squali
Palaeoniscus Rhombiferi
Holoptychida
Ganocephala
Labyrinthodonta
Xenacanthus Cladodus Petalodus
Rajae Pleuracanthus
fulcrati et efulcri
Coelacanthida
Archegosaurus
Baphetes
Monorrhina ign.
Squali
Selachii
Tabuliferi Pamphracti
Acanthodida
Holoptychida
Cycliferi
Phractamphibia
Leptocardia ignota
Onchus Placosteus Ctenodus
Placoderma Cephalaspida
Dipterida
Glyptolepis
Dipnoi ignoti
Amphibia ignota
Monorrhina ign.
Squali Thelodus Sphagodus Sclerodus
Tabuliferi
Cephalaspis
Rhombiferi
Cycliferi
Anamnia ignota intermedia inter Selachios et Amphibia
Leptocardia ignota
Plectrodus Onchus Protodus Squali
Pteraspis
Craniota
Anamnia
Amphirrhina
Acrania
Stammbaum der
palaeontologisch
entworfen und gezeichnet
Ernst Haeckel . Jena

M

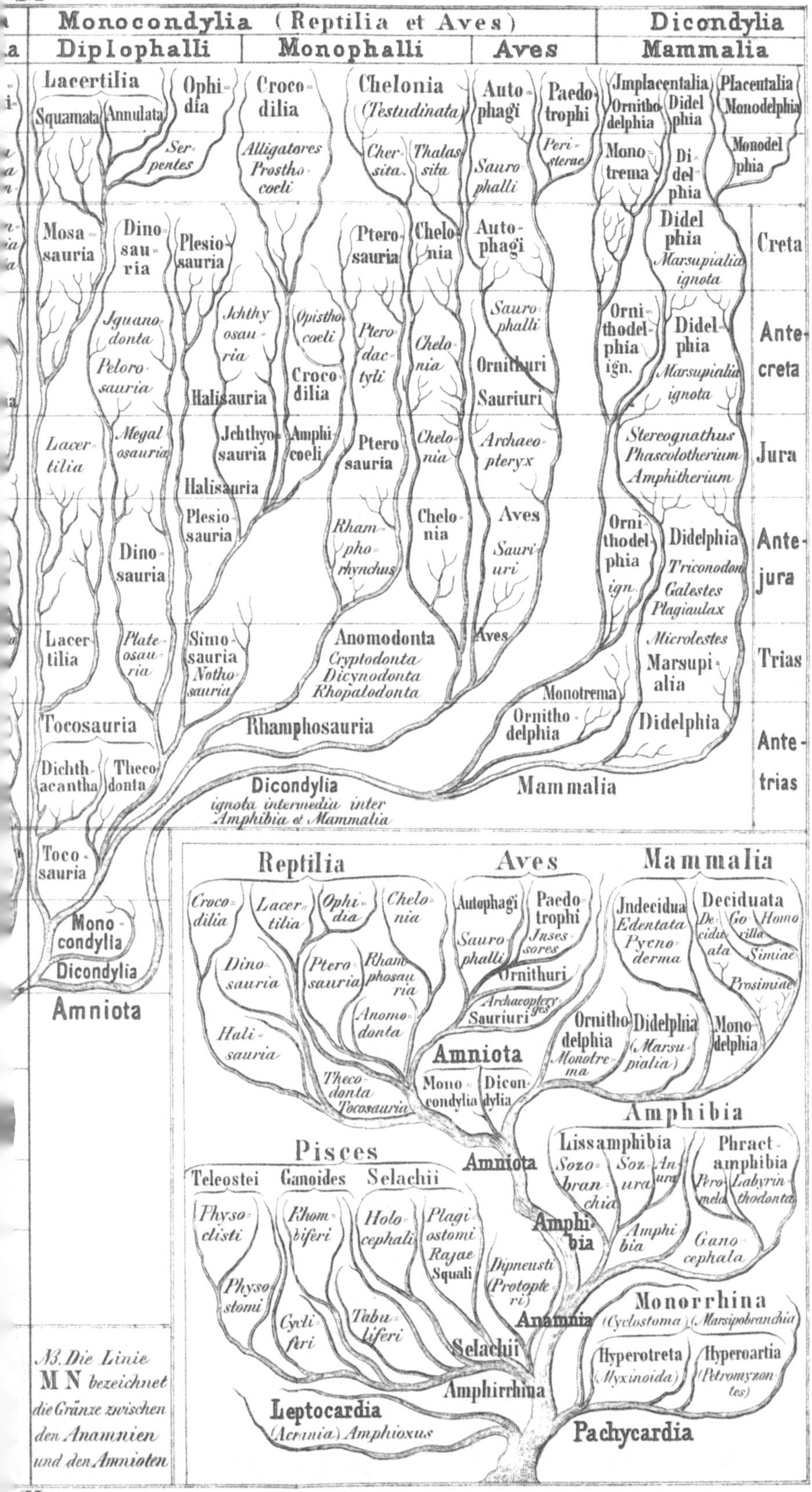
Monocondylia (Reptilia et Aves)
Dicondylia
Diplophalli
Monophalli
Aves
Mammalia
Lacertilia
Squamata
Annulata
Ophidia
Serpentes
Crocodilia
Alligatores
Prosthocoeli
Chelonia
(Testudinata)
Chersita
Thalassita
Autophagi
Paedotrophi
Saurophalli
Peristerae
Implacentalia
Placentalia
Monodelphia
Ornithodelphia
Didelphia
Monotrema
Monodelphia
Mosasauria
Dinosauria
Plesiosauria
Pterosauria
Chelonia
Autophagi
Didelphia
Marsupialia ignota
Creta
Iguanodonta
Pelorosauria
Ichthyosauria
Opisthocoeli
Crocodilia
Pterodactyli
Chelonia
Saurophalli
Ornithuri
Sauriuri
Ornithodelphia ign.
Didelphia
Marsupialia ignota
Antecreta
Halisauria
Lacertilia
Megalosauria
Ichthyosauria
Amphicoeli
Pterosauria
Chelonia
Archaeopteryx
Stereognathus
Phascolotherium
Amphitherium
Jura
Halisauria
Plesiosauria
Dinosauria
Rhamphorhynchus
Chelonia
Aves
Sauriuri
Ornithodelphia ign.
Didelphia
Triconodon
Galestes
Plagiaulax
Antejura
Lacertilia
Plateosauria
Simosauria
Nothosauria
Anomodonta
Cryptodonta
Dicynodonta
Rhopalodonta
Aves
Microlestes
Marsupialia
Monotrema
Trias
Tocosauria
Rhamphosauria
Ornithodelphia
Didelphia
Antetrias
Dichthacantha
Thecodonta
Dicondylia
ignota intermedia inter Amphibia et Mammalia
Mammalia
Tocosauria
Monocondylia
Dicondylia
Amniota
Reptilia
Aves
Mammalia
Crocodilia
Lacertilia
Ophidia
Chelonia
Autophagi
Paedotrophi
Indecidua
Edentata
Pycnoderma
Deciduata
Deciduata
Gorilla
Homo
Simiae
Prosimiae
Saurophalli
Insessores
Ornithuri
Archaeopteryges
Sauriuri
Dinosauria
Pterosauria
Rhamphosauria
Anomodonta
Halisauria
Thecodonta
Tocosauria
Amniota
Monocondylia
Dicondylia
Ornithodelphia
Monotrema
Didelphia
(Marsupialia)
Monodelphia
Amphibia
Lissamphibia
Sozobranchia
Sozura
Anura
Phractamphibia
Peromela
Labyrinthodonta
Amphibia
Ganocephala
Pisces
Teleostei
Ganoides
Selachii
Physoclisti
Rhombiferi
Holocephali
Plagiostomi
Rajae
Squali
Physostomi
Cycliferi
Tabuliferi
Dipneusti
(Protopteri)
Amniota
Amphibia
Anamnia
Monorrhina
(Cyclostoma)
(Marsipobranchia)
Hyperotreta
(Myxinoida)
Hyperoartia
(Petromyzontes)
Selachii
Amphirrhina
Leptocardia
(Acrania) Amphioxus
Pachycardia
NB. Die Linie MN bezeichnet die Gränze zwischen den Anamnien und den Amnioten

N

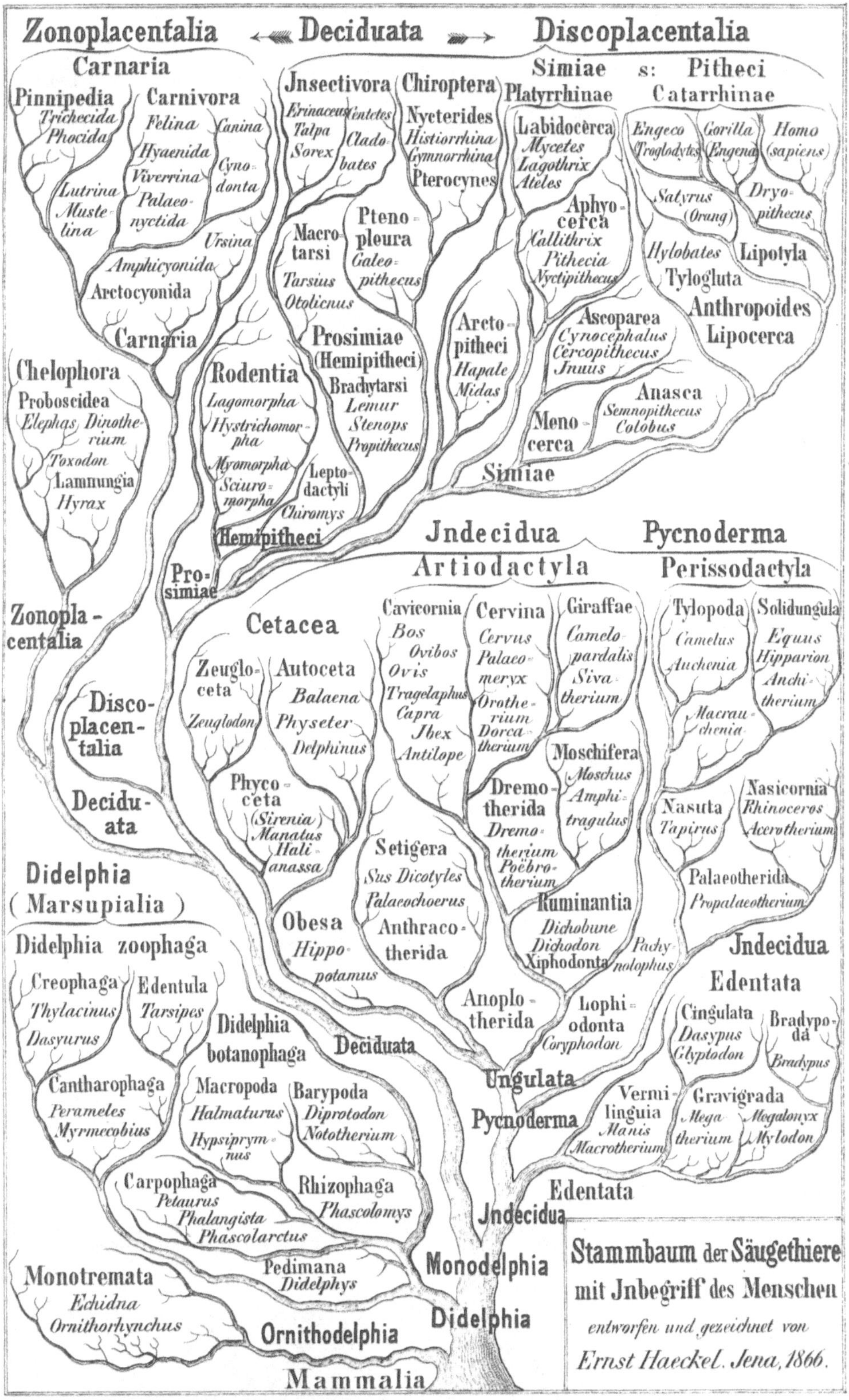

Stammbaum der Säugethiere mit Jnbegriff des Menschen

entworfen und gezeichnet von

Ernst Haeckel. Jena, 1866.

FSC
www.fsc.org
MIX
Papier | Fördert gute Waldnutzung
FSC® C083411

Kolibri 360 GmbH
Ferdinand-Jühlke-Straße 7
99095 Erfurt, Deutschland
produktsicherheit@kolibri360.de